JN312719

日本の固有植物

国立科学博物館叢書 ⑪

日本の固有植物

加藤雅啓・海老原 淳 編

東海大学出版部

A Book Series from the National Museum of Nature and Science No. 11
Endemic Plants of Japan
Edited by Masahiro KATO and Atsushi EBIHARA

Tokai University Press, 2011
ISBN978-4-486-01897-1

まえがき

　固有植物とはまさしくその地域にしか存在しない特産の植物のことで，それらは総体としてその地域の植物相あるいは植物の多様性をもっともよく特徴づける．自分が生まれ住んだ日本の植物相を端的に示す固有種が書かれた1冊の本がほしい．これが本書をつくりたいと思った動機である．本書では日本の固有植物を網羅した．これまで内外の知人から，日本には固有植物が何種あるのか，それぞれの種はどういうものか教えてほしいという問い合わせがしばしばあった．しかし即座に応えられず，その都度，固有植物がわかるコンパクトな本があればどんなに便利かと思ったものである．本書をつくろうとしたのは，いままでそのような本がなかったからということに尽きる．

　昨年2010年，生物多様性締約国第10回会議が名古屋で開かれた．ヒトという種もその一員である生物の多様性は，40億年という長い地球の歴史の中で培われたものであり，地球の歴史の重要な部分を占める．われわれの子孫の生活が豊かであるために，どのようにそれを保全するかが話し合われた．植物多様性についても国際植物保全戦略GSPC2010で掲げられた目標がどの程度達成されたかが検討され，次期目標GSPC2020が策定された．そんな中で，自国の植物相を知ることは目標達成のための根幹であり，それを電子情報として容易に共有できるようにすることが求められている．とりわけ，固有種についてはその必要度が高いといえる．

　日本の植物相については古くはリンネが「植物の種」（1753）の中で多くの種を記載したが，それ以降明治初期までは，ツュンベリー（1784），シーボルトら（1835，1870），フランシェ・サバティエ（1879）といった西欧の植物学者によって研究されてきた．その後は，牧野富太郎，大井次三郎，田川基二，北村四郎ら，佐竹義輔ら，岩槻邦男ら，岩月善之助らなど日本人研究者によって編著された植物誌を通して日本の植物相は基本的には明らかにされた．それらの本の中で固有種であるかどうか触れられてはいるが，すべての種についてはっきりと示されているわけではない．また，固有植物のデータや記述がまとめられているわけでもない．そのため，固有植物を取り上げた文献があればよいと多くの人が思ったことであろう．本書はそのような要望に応えるためにつくられたが，植物誌と相補的に活用することによって，固有種とそれに関連する種をまとめて把えることができる．目当ての植物が固有種かどうかを調べるのに本書が役立てばうれしいことである．

　多様性研究にとって，種の形質，分類，系統，分布の情報はその基礎をなしている．現在の分布域はその種が誕生してから集団が各地域で繁殖の成功と失敗，分布拡大・後退，さらには分断と分散を繰り返した結果である．植物によっては広く分布するものもあれば，狭い地域に限られるものもあるが，それらはすべて歴史的変遷の結果である．また集団の密度もさまざまであり，純群落をなす場合もあれば少数個体が散在する希少種もありうる．同一種といえども分布域によって遺伝的多様性が均一でないこともありうる．分布のパターンとダイナミズムを対象とする生物地理学は，生物相を研究する分類学から派生した分野であるが，近年の分子系統学によって新しい歴史生物地理学として発展しており，その中には系統地理学という最新の分野が含まれる．歴史生物地理学をさらに展開するためにも，正確な分布の基礎情報が必要とされている．学会などの生物地理に関するシンポジウムなどが開かれ，重要な研究テーマに位置づけられていることがわかる．生物地理の研究に，本書が情報提供できることを期待したい．

　植物誌は全種を網羅することが必須である．ある地域の植物相はそれを構成する全種からなるからであり，部分的な植物相はその体をなさないといえる．それは固有種についても当てはまり，特定の種だけを取り上げるのでは全容は見えてこない．しかし，これまで日本の固有植物を網羅した書物は出版されなかった．主な理由は，その種が日本に固有であるのか，日本以

外にも同種あるいは近縁種が分布するのか，判断がつきにくい種が少なくないからであり，そして何よりも1人や少数の人が全種を扱うにはあまりにも内容が多くて多岐にわたるからである．しかし，分類研究が進み分布域が詳しくわかるにつれて，固有種かどうかの判定もより確実になってきた．国立科学博物館は東北大学，東京大学，京都大学などとともに植物多様性の研究を先導してきた．今日，そのような研究を行うことができる研究機関として役割を果たすよう，今まで以上に国立科学博物館に期待が寄せられている．国立科学博物館は植物標本を収集保管することに加えて，機関や個人でもはや維持できなくなった貴重な標本をできるだけ引き取って保管することにつとめてきた．さらに，所蔵標本についてのネットワークによって国内の博物館等とともに共同利用を促進している．このような標本を活用して，館の研究者や内外の研究者が植物多様性の研究を行っている．本書の分布図も，国内の主要な植物標本室の標本を調査したりネットワークを使ってつくった．

　国立科学博物館は平成19年に開館130周年を迎えたのを機に，開館130周年記念研究プロジェクト「生物多様性ホットスポットの特定と形成に関する研究」を立ち上げた．ホットスポットは維管束植物の固有種が集中する一方で，原生植生が著しく破壊された地域で，世界34ヶ所の中に日本も含まれている．我が国のどこに生物多様性ホットスポットがあるのか，どのように形成されたのか，ホットスポットは種形成の中心なのか逃避地（レフュージア）なのか，を主たるテーマにして研究を行っている．本研究の成果の1つが本書の刊行である．本研究に直接携わってはいない外部の方からも出版の趣旨に賛同いただき，植物群の専門家として執筆して下さった．巻末にある著者一覧，協力者一覧をみていただければわかるように，たくさんの人が関わって本書がつくられた．いやむしろ，それによってこそ刊行できたといえる．固有種を網羅した本書は国立科学博物館ならではの出版物であると自負している．

　本書は4部構成になっている．導入部に当たる「固有植物の生物学」では重要な固有種の特性を取り上げて，固有植物とはどのようなものか理解しやすくなるように心がけた．時宜を得たトピックスを取り上げたコラムもその中に載せた．「日本の固有植物図鑑」では固有種を網羅して特徴などを簡潔に記述し，代表的な固有種の写真をつけた．続く「日本固有植物目録」と「日本固有植物分布図」は図鑑とともに本書の心臓部であり，日本の全固有種の和名・学名と分布図を載せた．固有種を網羅したつもりであるが，漏れなどがないとはいいきれない．それらは追加修正を行って，より完璧なものに仕上げたいと考えている．

　上述したように，本書は「生物多様性ホットスポットの特定と形成に関する研究」の成果である．本書が出版されたのは実に多くの方々のご協力，ご支援があったからであるが，なかでも，本書の出版構想を支え，執筆を分担してくださった国立科学博物館植物研究部の同僚からの連帯が大きかった．佐々木正峰前館長には本研究の発足にご支援いただいた．本書をつくるのに欠かせないデータ，資料，写真などを大勢の方々からご提供いただいたが，それらの方々のお名前は巻末の謝辞であげさせていただく．北海道大学，金沢大学，琉球大学の関係者には標本データ入力でお世話になり，全国の博物館等から標本データの提供や標本庫の利用許可を受けた．固有種の目録作成は原則として「Flora of Japan」に準拠したが，未出版の単子葉類の固有種の目録作成には，原稿執筆分担の研究者からデータを提供していただいた．これについて編集者の岩槻邦男博士，大場秀章博士，出版元の講談社からご理解とご協力をいただいた．コケ植物は「日本の野生植物．コケ」（平凡社），「Moss Flora of China」などに基づいた．最後になったが，東海大学出版会の稲英史氏には編集に当たっていろいろ有益なご助言を得ながら出版に漕ぎ着けることができた．これらの方々に厚くお礼申し上げる次第である．

加藤雅啓・海老原淳

目次

まえがき　v

口絵　ix

形態図（用語解説）　xix

Ⅰ. 固有植物の生物学　　1

日本の固有植物……………………………………………加藤　雅啓 … 3
固有種の起源………………………………………………瀬戸口浩彰 … 12
島の固有種…………………………………………………伊藤　元己 … 19
固有植物の歴史……………………………………………植村　和彦 … 24
日本固有植物のホットスポット…………………………海老原　淳 … 29
固有植物の環境……………………………………………門田　裕一 … 36

　　植物の固有性に菌根菌は影響を与えているか？／遊川知久　10
　　固有植物と昆虫／奥山雄大　17
　　汎熱帯海流散布種と固有種／梶田忠・高山浩司　22
　　生物多様性と植物園／國府方吾郎　34

Ⅱ. 日本の固有植物図鑑　　39

種子植物 ……………………………………………………………41
　被子植物 …………………………………………………………41
　　双子葉類 ………………………………………………………41
　　　離弁花類 ……………………………………………………41
　　　合弁花類 ……………………………………………………102
　　単子葉類 ………………………………………………………153
　裸子植物 …………………………………………………………193

シダ植物 …………………………………………………………198
　小葉類 ……………………………………………………………198
　シダ類 ……………………………………………………………198

コケ植物 211
    蘚類 211
    苔類 220

Ⅲ. 日本固有植物目録 List of endemic land plants of Japan　　227

Ⅳ. 日本固有植物分布図 Distribution maps of endemic land plants of Japan　　281

謝辞 451
和名索引 453
学名索引 479
事項索引 503

日本の固有科

シラネアオイ科 Glaucidiaceae ［→58ページ］

北海道雨竜町，2007.06，奥山雄大撮影

シラネアオイ *Glaucidium palmatum* Siebold et Zucc.

岩手県西和賀町，2007.06，海老原淳撮影

コウヤマキ科 Sciadopityaceae ［→195ページ］

茨城県つくば市（栽培），2009.07，加藤雅啓撮影

コウヤマキ *Sciadopitys verticillata* (Thunb.) Siebold et Zucc.

日本の固有属

レンゲショウマ属 *Anemonopsis*（キンポウゲ科）［→57ページ］

山梨県山中湖村，2009.08，海老原淳撮影

レンゲショウマ
Anemonopsis macrophylla Siebold et Zucc.

トガクシソウ属 *Ranzania*（メギ科）[→58ページ]

トガクシソウ *Ranzania japonica*（T.Itô ex Maxim.）T.Itô　（左）秋田県田沢湖町，2005.06，門田裕一撮影．（右）新潟県苗場山，1985.05，岩科司撮影

オサバグサ属 *Pteridophyllum*（ケシ科）[→65ページ]

オサバグサ *Pteridophyllum racemosum* Siebold et Zucc.
秋田県美郷町，2008.07，海老原淳撮影

シロテツ属 *Boninia*（ミカン科）［→84ページ］

シロテツ *Boninia glabra* Planch.　東京都小笠原父島，2005.04，加藤英寿撮影

シャクナンガンピ属 *Daphnimorpha*（ジンチョウゲ科）［→92ページ］

ツチビノキ
Daphnimorpha capitellata（H.Hara）Nakai
宮崎県延岡市，2008.07，南谷忠志撮影

シャクナンガンピ
Daphnimorpha kudoi（Makino）Nakai
鹿児島県屋久島，1995.08，川原勝征撮影

エキサイゼリ属 Apodicarpum（セリ科）[→99ページ]

エキサイゼリ *Apodicarpum ikenoi* Makino
茨城県水海道市，2005.04，大谷雅人撮影

スズコウジュ属 Perillula（シソ科）[→124ページ]

イナモリソウ属 Pseudopyxis（アカネ科）[→118ページ]

シロバナイナモリソウ *Pseudopyxis heterophylla* (Miq.) Maxim.
山梨県山中湖村，2010.08，海老原章子撮影

スズコウジュ *Perillula reptans* Maxim.
鹿児島県屋久島，1975.07，村川博実撮影

クサヤツデ属 *Diaspananthus*（キク科）［→143ページ］

クサヤツデ *Diaspananthus uniflorus*（Sch.Bip.）Kitam.　宮崎県大崩山，2003.09，斉藤政美撮影

ハマギク属 *Nipponanthemum*（キク科）［→150ページ］

青森県青森市，2009.10，上原歩撮影

ハマギク *Nipponanthemum nipponicum*
（Franch. ex Maxim.）Kitam.

茨城県高萩市（栽培），2009.11，上原歩撮影

オオモミジガサ属 *Miricacalia*（キク科）［→142ページ］

オオモミジガサ *Miricacalia makinoana*（Yatabe）Kitam.　宮崎県諸塚村，2005.07，南谷忠志撮影

ワダンノキ属 *Dendrocacalia*（キク科）［→153ページ］

ワダンノキ *Dendrocacalia crepidifolia*（Nakai）Nakai　東京都小笠原母島，2008.12，加藤英寿撮影

オゼソウ属 *Japonolirion*（ユリ科）［→155ページ］

オゼソウ *Japonolirion osense* Nakai
群馬県谷川岳，2009.07，門田裕一撮影

ケイビラン属 *Comospermum*（ユリ科）［→156ページ］

ケイビラン *Comospermum yedoense*
（Maxim. ex Franch. et Sav.）Rausch.

鹿児島県屋久島，1994.09，川原勝征撮影

ヤエヤマヤシ属 *Satakentia*（ヤシ科） [→176ページ]

ヤエヤマヤシ *Satakentia liukiuensis*（Hatus.）H.E.Moore　沖縄県石垣市．2010.07．國府方吾郎撮影

イラスト 中島睦子

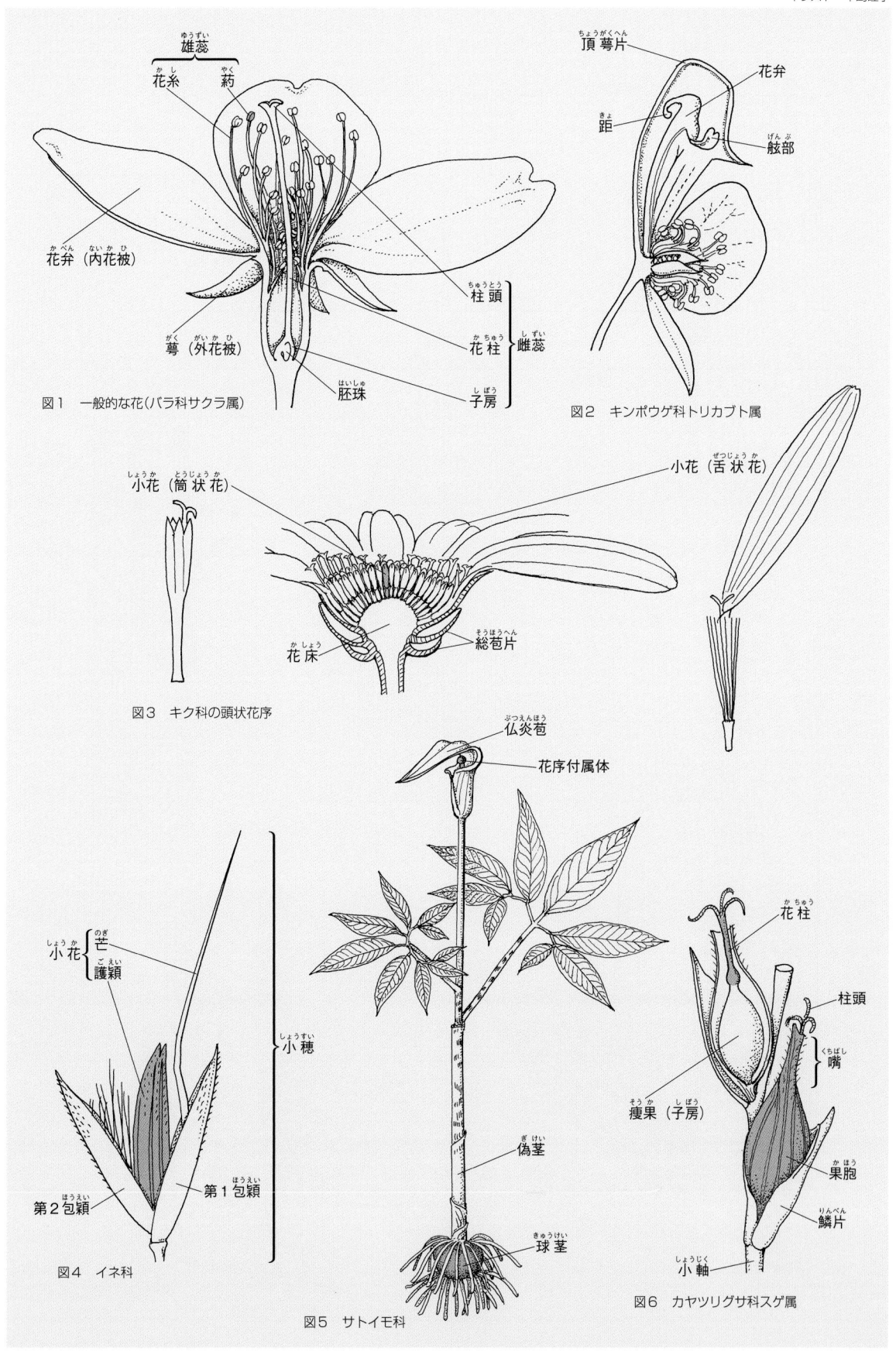

図1 一般的な花(バラ科サクラ属)
- 雄蕊
  - 花糸(かし)
  - 葯(やく)
- 花弁(かべん)(内花被(ないかひ))
- 萼(がく)(外花被(がいかひ))
- 胚珠(はいしゅ)
- 柱頭(ちゅうとう)
- 花柱(かちゅう)
- 子房(しぼう)
- 雌蕊(しずい)

図2 キンポウゲ科トリカブト属
- 頂萼片(ちょうがくへん)
- 花弁
- 距(きょ)
- 舷部(げんぶ)

図3 キク科の頭状花序
- 小花(しょうか)(筒状花(とうじょうか))
- 小花(舌状花(ぜつじょうか))
- 花床(かしょう)
- 総苞片(そうほうへん)

図4 イネ科
- 小花(しょうか)
  - 芒(のぎ)
  - 護穎(ごえい)
- 小穂(しょうすい)
- 第1包穎(ほうえい)
- 第2包穎(ほうえい)

図5 サトイモ科
- 仏炎苞(ぶつえんほう)
- 花序付属体
- 偽茎(ぎけい)
- 球茎(きゅうけい)

図6 カヤツリグサ科スゲ属
- 花柱(かちゅう)
- 柱頭
- 嘴(くちばし)
- 痩果(そうか)(子房(しぼう))
- 果胞(かほう)
- 鱗片(りんぺん)
- 小軸(しょうじく)

xix

図7 ラン科
- 背萼片
- 側花弁
- 蕊柱
- 側萼片
- 唇弁
- 距

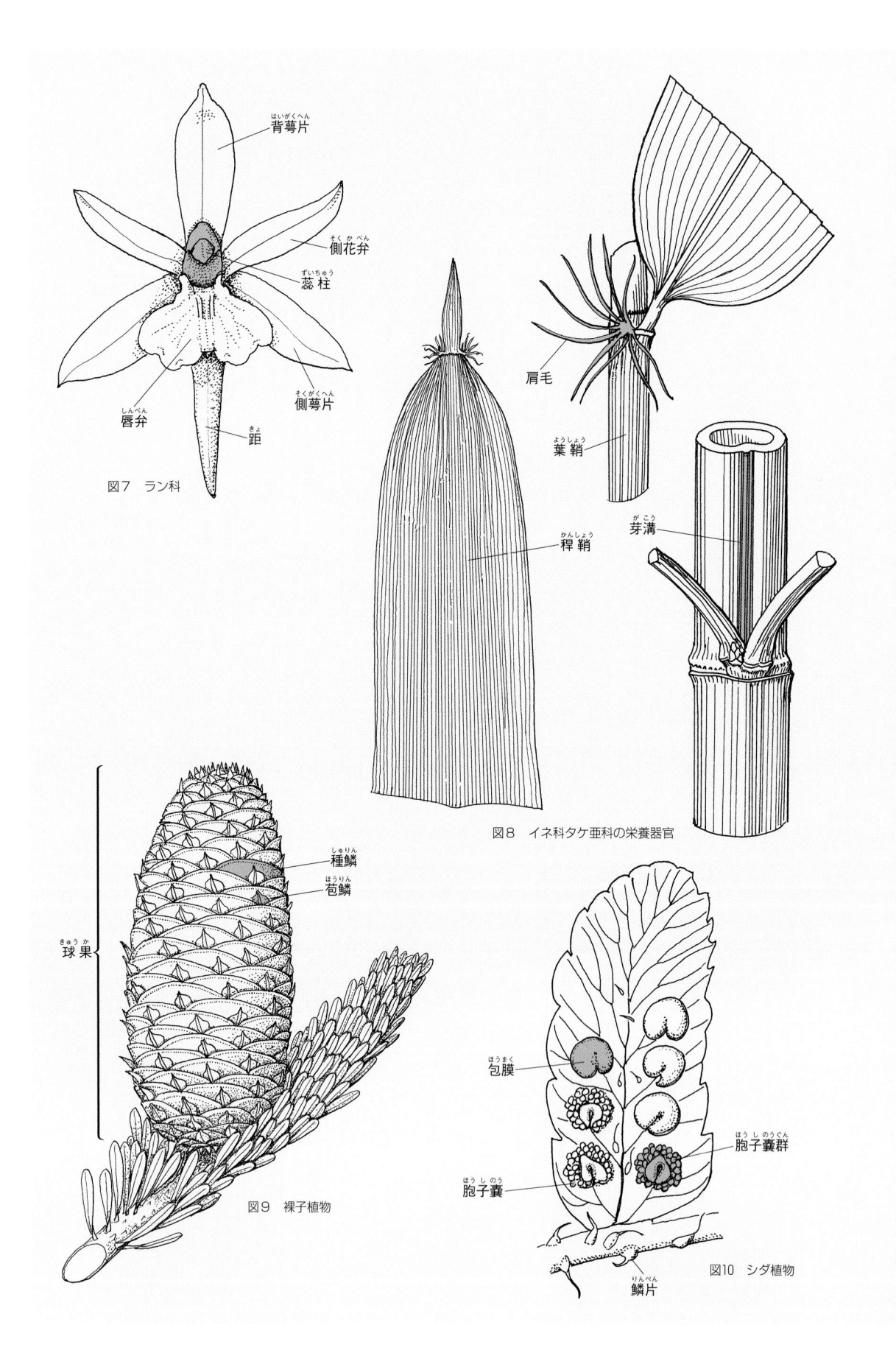

図8 イネ科タケ亜科の栄養器官
- 肩毛
- 葉鞘
- 稈鞘
- 芽溝

図9 裸子植物
- 種鱗
- 苞鱗
- 球果

図10 シダ植物
- 包膜
- 胞子嚢群
- 胞子嚢
- 鱗片

図11 蘚類と苔類

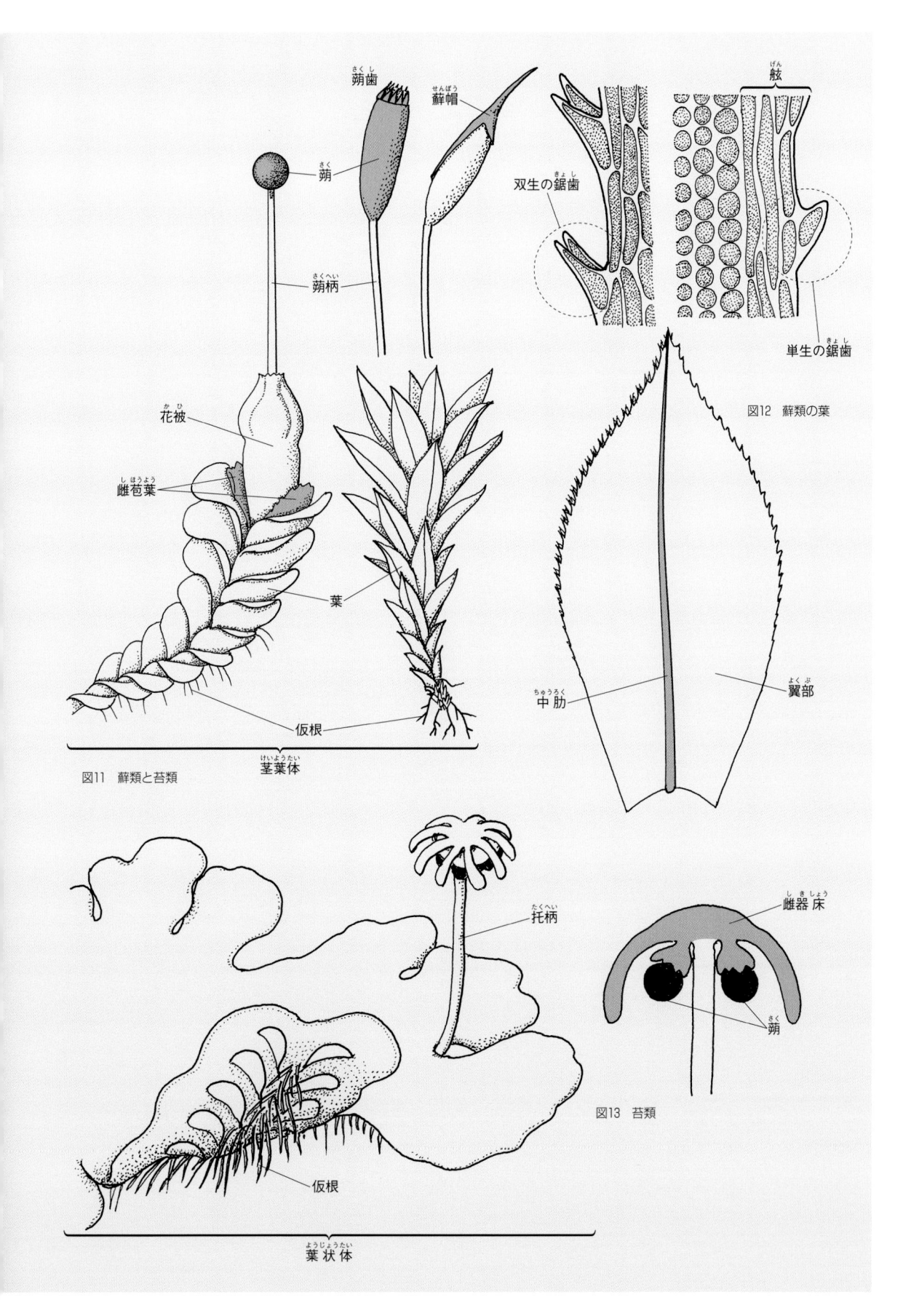

- 蒴歯（さくし）
- 蘚帽（せんぼう）
- 蒴（さく）
- 蒴柄（さくへい）
- 花被（かひ）
- 雌苞葉（しほうよう）
- 葉
- 仮根
- 茎葉体（けいようたい）

図12 蘚類の葉

- 舷（げん）
- 双生の鋸歯（きょし）
- 単生の鋸歯（きょし）
- 中肋（ちゅうろく）
- 翼部（よくぶ）

図13 苔類

- 托柄（たくへい）
- 雌器床（しきしょう）
- 蒴（さく）
- 仮根
- 葉状体（ようじょうたい）

xxi

I
固有植物の生物学

日本の固有植物

加藤雅啓

はじめに

　生物の種はそれぞれある限られた分布域があり，その範囲で生きている．18世紀中頃になって人々は，世界の異なる地域には異なる生物が存在していることに気づき，その後，生物地理学という学問分野が生まれた．その背景には，15世紀中頃から17世紀中頃まで続いた大航海時代に世界の各地から資料や知識が集まったことがあるだろう．その後も探検は繰り返された．そんな中，フンボルト A. von Humboldt は数年かけて南米を探検した後，1805年に「植物の地理に関するエッセイ」を著した．そのために彼は植物地理学の祖と称されるようになった．そして，植物分類学者ド・カンドル A. de Candolle は植物の散布，他植物との競争などが起こった結果，地域毎に違った植物が分布するようになったと考えた．その考察の時に彼は"固有 endemic"という言葉をはじめて使った（Cox and Moore 2005）．このように，固有種は植物地理学の始まりとともに注目されていたといえる．ダーウィン C. Darwin も，世界一周の航海中に各地で調査を行なって進化論を唱えたが，生物地理的な事実を重視し，長距離散布によって広分布種が生じる可能性とともに，島は固有種の割合が高いことに注目した．固有種は特定の地域に限定して分布するために，生物地理学や進化論が生まれた時代から今日に至るまで，人々の関心を惹き続けてきたのである．

　生物地理学　生物地理学は，生物の分布パターンに関する複合的な科学である．世界各地で調査し収集した植物標本がヨーロッパに，後にはアメリカにも集まるようになって各生物種の分布域の輪郭がはっきり捉えられ，総和として地域の植物相が明らかになってきた．植物相を地域間で比較し全球的に分布パターンを分類して，世界を地理的区系に分ける区系地理学がまず発展した．日本は，ヒマラヤにまで達する日華区系の一角を占めると認識された．一方で，東アジアと北米東部は遠く隔たっているにも関わらず，両地域に隔離分布する近縁種があることなども明らかにされた．このように生物地理学は分類学の関連分野として発展したが，分類する上で系統関係を重視する系統分類学が盛んになるのに伴って，生物地理の歴史もより客観的に推論できるようになった．さらに，系統関係を分岐学的に解析する分岐系統学や，大量の分類形質を定量的に扱う数量分類学などが発展し，今日では分子系統学が系統解析の主流となっている．それに伴って，生物地理の歴史性，進化的側面を解明する歴史生物地理学が進展するようになったといえる．また，比較的短期間に起こった種レベルの系統関係と分布変遷は互いに密接に関連しているといえる．そこで，種内の地域集団間の系統関係に集団遺伝学的解析を取り入れて生物地理を解析する系統地理学が台頭してきた．それにより，ある種の地域集団が環境変化に対応して移動し，分布拡大あるいは縮小した過程を推定できるようになった．このように進歩を遂げた生物地理学において，固有種の生物地理を明らかにする重要性はますます高まったといえる．

　分布域は，当然のことながら，今という瞬間の空間的な広がりとしてのみとらえるべきではない．むしろ，散布から定着，その後の集団の維持と繁殖という一連の生活史の出来事が起こり，さらにはそれが地史的に長く繰り返された結果であるといえる．そして気候，地形・地質などの変化も加わって分布域は時間とともに変化する．分布域を種の属性の1つとするならば，分布域はさまざまな要因が複合的に係わって決まる．別の言い方をすると，分布域は遺伝子からもっとも遠ざかった形質といえる．ここに生物地理を理解するむずかしさがある．しかし一方で，分布は生物らしい特徴である．固有種の生物地理はその系統進化的な由来と同様，面白さと困難さの両方を抱えている．

環境と固有種

　土壌と植物　陸上植物は陸上，つまり下に土壌があってその上に大気が広がるという二層構造をした環境の中で生きている．そして植物は，生態学的には生産者として位置づけられている．空中の二酸化炭素と土壌から吸収した水分を原料と

して，太陽からの光エネルギーを用いて二酸化炭素同化作用により炭水化物をつくる．その化合物と土壌から吸収した塩類などを基に，他の有機物を合成する．さらに，取り込まれた他の土壌成分も植物の生育に影響を与える．このように植物は土壌という環境とは切っても切り離せない関係にある．しかも植物は，種子胞子という散布体が到達したその場所で定着に成功した後はそこから動くことはない．このような定着性のある植物の進化や多様化にとって土壌は重要な環境因子といえる．この点で，植物は移動性のある動物とは大きく異なっている．

土壌固有　植物の分布と土壌との関係は，両者の特殊な関係の研究によって明確に把握された（Mason 1946a, b）．Mason はカリフォルニアの植物の分布を研究し，石灰岩地域や蛇紋岩地域という特定の土壌にだけ分布する植物，つまり土壌固有種がいることに注目した．このような土壌にはカルシウム，鉄分，マグネシウムなど特有の成分が過剰に含まれているのでふつうの植物は生育できないが，そのような環境でも生きていける土壌に固有の植物が分化する．そのような例として，日本のハヤチネウスユキソウ，ユウバリソウ，イチョウシダなど多くがあげられる．ボルネオ島北部にある東南アジア屈指の高山キナバル山には蛇紋岩地帯があちこちに露出しているが，そこは種多様性が高いばかりでなく稀少種など固有種も多い．ラン科，食虫植物ウツボカズラなどは固有種の多さに目を見張るものがある．土壌固有性は定着性の植物にとって著しい特性であり，そのことから，土壌の分布パターンが植物の分化と分布に直結していることがわかる．分布域の周辺集団は，同じ種の大部分の分布域とは異なる土壌型で生きざるを得ないことが多いが，その集団は劇的な選択を受けて新しい種に分化しうると指摘されている（Raven 1964）．

環境パターン　植物の生存にとって環境因子は土壌因子を含めさまざまなものがある．温度・水・光などの無機要因，動物・植物・菌類などとの関わりという生物要因も植物の分布に強く作用する．これらの因子が地域的に変異して環境パターンをつくり，さまざまに組み合わさって植物の分布に影響するといえる．そのようなパターンだけでなく環境に対する植物自身の適性や可塑性，種間競争なども加わって，集団がいろいろなサイズと密度で分布し，ひいては種の分布域が決まる．ある種の分布域の中でも周辺の集団は中央に比べて小集団で，遠く隔離している傾向があるといえる（図1）．この環境パターンは勾配を示すのが普通である．分布の中央よりも周辺の方が植物にとって生存しにくい状態にあり，周辺は一時的な分布域であることもある．そして，分布域の外側はもはや生存できないか，生存したことがないところといえる．周辺集団は最適とはいえない環境で生きるために，絶えずストレスを受けているが，それでもそのような周辺環境に適応する変異が生き残り，種分化につながることもありえる．

生物の種が生存できる気温・降水量などの環境因子の変異範囲は，以前から生態的ニッチとして捉えられてきた．近年は，そのような生態的ニッチを各種の分布域と比較する解析が盛んになってきた．地球温暖化に直面する現代では，将来の生物の分布変化を予測する上でこうした生態ニッチモデルを用いた研究が注目を浴びている．

散布と隔離　植物は個体の成長によって周囲に少しは広がることはあっても，移動はできない．その代わりに，植物は種子胞子を散布することによって新天地に定着することができる．散布能力は散布体の種類によってさまざまであり，微小な胞子で増えるコケやシダ，小さな種子をつくる種子植物で風散布するものや海流散布する海浜植物には広分布種が多い．陽地に繁茂する雑草にも広分布種が多い．また，多くの植物は動物散布し，分布域は動物の行動と範囲や他の要因によって限定されるだろう．一方，発芽と定着に至らなかった散布は分布拡大につながらないので，植物の散布様式の他に，定着できる環境が散布可能な範囲にあるかどうかが重要である．たとえば，渓流沿いを好む植物にとって生育できる河川の渓流帯がある場合にだけ，分布拡大することが可能である．渓流沿い植物が渓流帯の外に広がって行かないのは，渓流沿い植物として特殊化するあまり，普通の陸上植物など他生物との競争に勝てないためなのだろう．また，菌共生する植物にとっては散布先で菌共生を結び直すことができるかどうかがカギとなる．

島は，大洋島のように周囲から海で隔てられていればいるほど，そこに生育する生物も隔離されている．ブナ科などは種子が大型であるため遠くに散布されにくいのでそのような植物が大洋島に

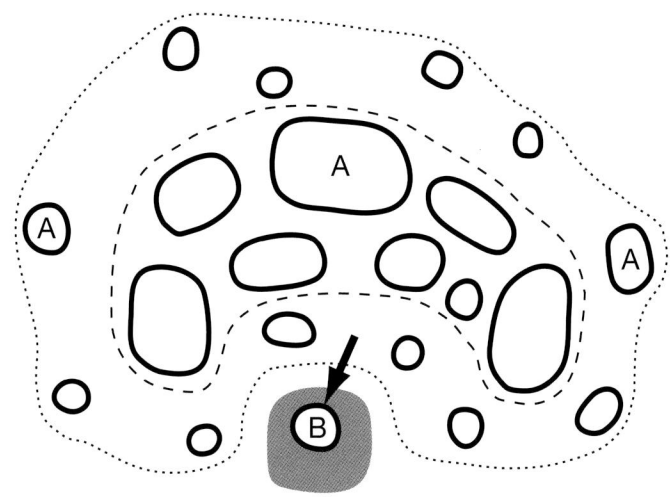

図1 植物種Aの集団および分布域と，それから由来した土壌固有種B．分布域は中央の恒久的な地域と周辺の一時的な地域からなるとする．灰色は特殊土壌地域を示し，種Aは生育できない．

は分布していない．このように，大きな地理的隔離によって特定の科がすっぽり抜け落ちて，島の植物相に非調和が起こっている．島の生物多様性（種数）は一次的には，近くの大陸が生物の供給源となってそこから島に種が移入（増加）するのと，島の中で絶滅（減少）する程度で決まる．大陸に近い小さな島だと，移入と絶滅の2因子で多様性を捉えることができるかもしれない．しかしながら島が大陸から隔たっていればいるほど，島自身で固有種が形成され島の植物相が特徴づけられることも見過ごすことはできない．大洋島は大陸から大きくかけ離れているため，種子胞子の散布による大陸からの植物供給がごく稀にしか起こらず，島の中で独自の種分化が起こった結果，そして場合によっては島内の異なる環境で種分化した結果，固有率がさらに高くなっている．典型的な大洋島であるハワイ諸島の固有率（約90％）がきわめて高いことはよく知られている．しかし，このような状況は大洋島だけとは限らない．大陸にも，ある植物種がそこしか生育できない環境がまばらに散在することがあり，そのような場所は大陸の孤島とみなすことができる．その環境が超塩基性岩や河川の早瀬のように特異であればあるほど周囲から隔離される一方で，固有種が生まれやすい．

固有種 固有種は，ある地域に分布が限定した種のことである．固有種にとってその地域は大陸のこともあれば島や山の場合もあるが，国のような非生物的といえる領土ということもある．本著でいう日本は領土ではあるが，島国でもあるので，生物学的な隔離が国境などの海峡で起る．も

ちろん，固有と非固有の間には中間的な分布型があって，たとえば日本と済州島，中国あるいは台湾の一部に分布する場合を準固有といったりする．一方，もっと生物学的な区別として，特定の地域に関わりなく分布域の広さだけからみて，狭分布種と広分布種，さらにはさまざまな中間的な分布を示す種がある．屋久島や本州の北岳にだけ分布するような植物が狭分布種であるのに対して，汎熱帯種や周北極分布種は著しい広分布種である．北海道から琉球まで日本に広く分布する固有種も，場合によったら広分布種の部類に入るかもしれない．

固有種が生まれる成因にはいろいろなものがありえるが，隔離されやすい環境だと固有種ができやすい．たとえば，地理的，生殖的，あるいは生態的な隔離によって種分化が起こり，その種が広く散布されることなく特定の地域にとどまっていると固有種になる．すでに土壌固有のところで触れたように，種の本体集団から離れた小集団が隔離されて周辺種分化 peripatric speciation を起こすとその地域の固有種になりやすい．大きな本体集団に比べて，周辺はより過酷な環境にさらされているので，適応的な変異が起これば新たな種になるが，反対に絶滅しやすいかもしれない（図1）．固有種形成には周辺種分化の他に，広分布種の地理的分断隔離による異所的種分化（そして隔離が不十分ながら起こる側所的種分化），送粉者の変更や倍数体形成，雑種の有性生殖または無配生殖の獲得など，劇的な生殖的隔離を伴った同所的種分化が地域に固有に起こることもありえる．

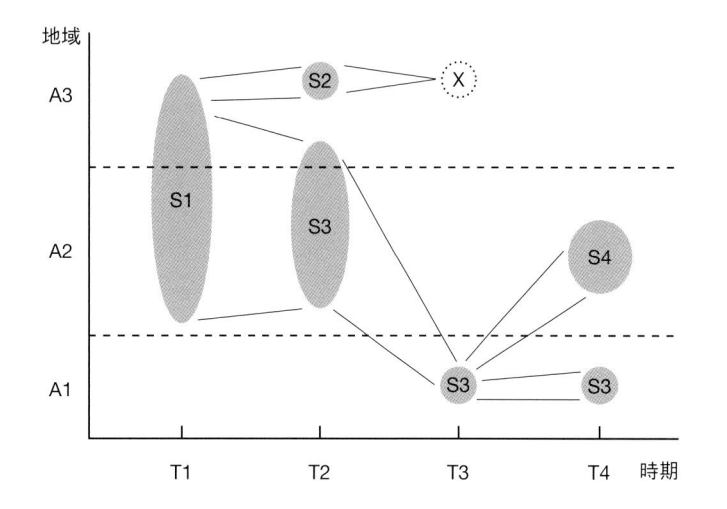

図2 植物種の分布域の変化例．種S1は，T1の時期で地域A2とA3に分布する．S2はS1から分かれ，T2で新固有種になった後，T3で絶滅する．S1に由来するS3は，T3にA1のレフュージアで古固有種として生き残り，T4でA2の固有種S4を分化する．

固有種の歴史性

新固有と古固有　固有種には時間軸からみて新固有と古固有があると理解されている（「固有種の起源」参照）．種分化してからまもない若い種は分布拡大が十分に起らず分布域が起源地の近くにとどまっているので新固有種ととらえることができる．一方，かつては広分布であったがその後衰退して，ある地域に限定して生き残るようになった場合は古固有種となり，そのため遺存種ともいわれる（図2）．このように，固有性の歴史については2つのパターンが認められる．現在の分布地域が生まれたところと一致する新固有種は原地性autochthonousであり，両者が一致しない古固有種は異地性allochthonousといわれる（Lomolino et al. 2006）．拡大と縮小を経て分布が変遷した結果，異地的な古固有種が派生するのは起こりえることである．話はそれるが，白亜紀〜第三紀境界で生物多様性が激減しその後に回復したとき，脊椎動物相の主役は爬虫類（恐竜）から哺乳類に置き換わった．このように大量絶滅を境にして，繁栄する系統が元と異なってしまった生物多様性は，異地性に似た表現をすると"異系統的"であったといえようか．

生物は環境が過酷であった時期にはレフュージア（避難地）の中で耐えたが，その外では絶滅してしまった．レフュージアは異地的な地域である場合もあるだろう．生物の分布は，氷期とそれに続く間氷期が繰り返された気候変動により大きく変動したが，花粉分析のような古生物学的解析などに加えて系統地理解析によって，レフュージアがより詳しく論じられるようになった．ヨーロッパでは，温暖を好む生物は最終氷期にはイベリア半島，イタリア半島，バルカン半島の地中海沿岸地域あるいは大陸内部のレフュージアに後退し，後氷期に温暖になるとそのレフュージアから分布域が再拡大したり新しい群がつくられた（Weiss and Ferrand 2007）．更新世というせいぜい200万年前以降，特に2万年前の最終氷期とその後という地史的には近年に起ったこの出来事には大陸移動のような大規模地殻変動は関与せず，主に気候変化が影響したと見られている．また，生物の方も生態環境に対する好みも同じか，さほど変わらずに移動して分布域を変えたとみなしてよいだろう．

このようなレフュージアの生物地理学的な重要性は世界各地で以前から指摘されている．特に，熱帯アメリカのアマゾン周辺で更新世に起った寒冷化・乾燥化の気候変動に応じて，多雨林が縮小していくつかのレフュージアに分断したと考えられている（図3）．そのレフュージアであったとされる地域に固有種が集中しているとしばしば指摘される（Prance 1982）．固有種が多いのは，集団が小さい状態でレフュージアで生き残り，さらにレフュージアの中でも集団がもっと小さく分断されて，集団間で隔離が起こったために種分化して固有種が生まれたと解釈されている．この解釈は支持を得ているといえるが，それは，そのような分布パターンを示す生物が1つの群に限らず，鳥類，蝶類，植物など異なる群で固有種が集中する地域がかなり重なりあい，しかも地史とも合致するとみられているからである．しかし，こ

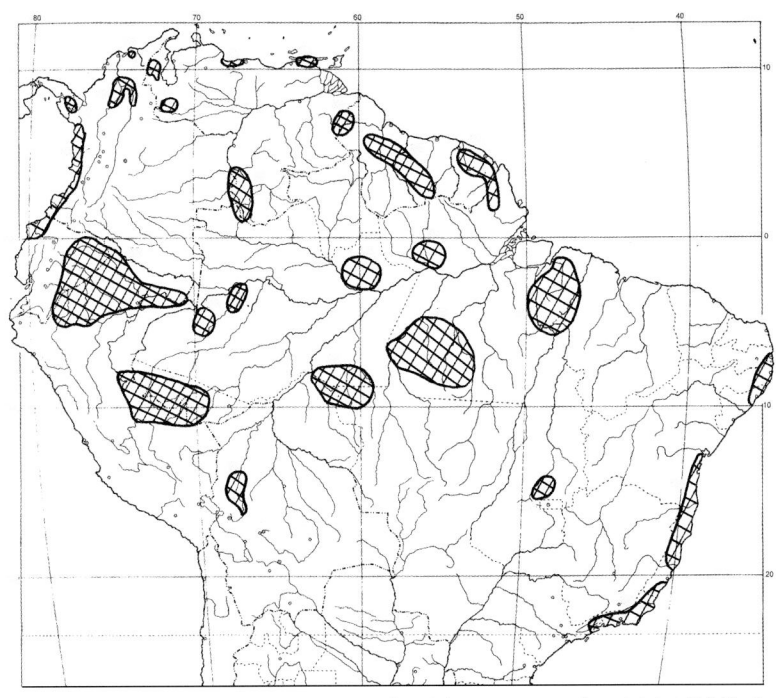

図3　南アメリカで推定される森林レフュージア（斜線部）．このレフュージアのかなりの部分が，鳥類，蝶類，地史で推定されるレフュージアと重なる．著者承諾を得て Prance(1982) を改写．

の「レフュージア＝固有種中心」説は批判を受ける傾向にある（Knapp and Mallet 2003）．データに強い説得力がないとみられるためである．このように，遺存種が集中したレフュージアで新固有種が生まれやすいとみるダイナミックな生物地理モデルは魅力的であるだけに，批判に耐えられるしっかりしたものになることが望ましい．

　北米東部のカリフォルニアは地質変異に富み，地史，気候変化が比較的わかっているので，植物の進化と生物地理を明らかにするのに適している（Raven and Axelrod 1978）．この地域では中新世から鮮新世にかけて気温が大幅に変動するようになり，降雨が冬季に限定したために地中海気候に変わった．また，海退や火山活動に伴って陸地が隆起して蛇紋岩地域があちこちで露出したので植物が侵出を試みることが可能になった．このような地域に生える植物は大きく3つの群に分けられている．つまり，蛇紋岩を含めそのほかの土壌にも広く分布する木本植物，分布が蛇紋岩に限られることが多くそのため不連続に分布する木本植物，ならびに蛇紋岩に完全に限定される草本植物である．そのうち，2つの木本グループは古固有種であり，分布域が特殊環境に次第に限定されるようになったとみられている．それに対して，草本グループは蛇紋岩のような特殊な環境に最近になって適応した新固有種であると考えられている．この推論が妥当かどうか，分子系統解析などによって検証されることを期待したい．

　分岐年代　ある固有種がいつごろどんな母種から生まれたかはぜひ知りたいことである．分子系統樹の枝の長さ（塩基置換数）と化石年代を組み合わせて分岐年代を測定して，種間の分岐年代を推定する研究がさかんになった．もちろん，推定の精度を上げることを心がけなければならない．系統樹上では，新固有種は近縁種とは分岐した先の枝の長さが短く，反対に古固有種は長いであろう（図4）．極端な場合，塩基置換が認められないほど短期間で起こった分岐でも形態的な種差が大きい場合がある．たとえば，オーストラリアのカワゴケソウ科のある種は別属（さらには別亜科）に属すると誤って判断されたほど形態が近縁種から異なっているが，*matK* 遺伝子は同じ塩基配列で，他の遺伝子でも少ししか違っていないほど最近に分かれたのである（Kato *et al.* 2003）．それとは対照的にイチョウのように，近縁種がすべて絶滅したために，もっとも近い裸子植物の現生種からでも3.5億年近く前に相当するほど塩基置換数が多いものもある（Hedges and Kumar 2009）．コウ

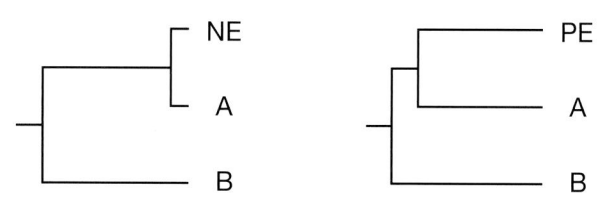

図4 分岐時期が異なる固有種の2つの系統樹の例. A, B：近縁種. NE：新固有種. PE：古固有種.

ヤマキもそうである．コウヤマキの仲間は白亜紀から第三紀鮮新世にかけて北半球に広く分布していたが，現在では関連種の絶滅と縮小の結果として日本にだけ分布するコウヤマキ科の唯一の遺存種である．反対に，メタセコイアは白亜紀から更新世まで日本をはじめ北半球に広く分布していたが，今は中国湖北省・四川省などにまたがる限られた地域にのみ分布している．系統上だけでなく分布上もまさに「生きた化石」といえる．このように化石データからばかりでなく分子データからも，新固有と古固有を識別することができるようになった．分子系統解析によって，本州中部山岳地域，屋久島，小笠原など固有種が多い，あるいは固有率の高い地域で，新固有種と古固有種がどのような割合で存在し，どのように分布しているかなどがわかると期待される．そして，そこが種分化の多発地域なのかレフュージアなのか，あるいは両者の混合地域なのかという興味深い問題の解明につながる．

上述したように，生物の分布を環境因子の変異範囲と対応づけて把握する生態ニッチモデルは，分布域の変動を過去や将来にわたって予測するのに役立つ．このモデルはさらに系統解析と結びつくようになった（Yesson and Culham 2006）．系統分化のパターンと分岐時期，現在の分布，および過去から現在の環境パターンの変化モデルを総合して，分布域の変化を推測することによって，固有種の形成から衰退に至る生物地理的過程を捉えることができるかもしれない．

日本の固有種

日本には約7500種の陸上植物が分布し，その中で約2700種が固有（同左）である（表1）．日本の植物の多様性が高い要因として，地理・地形が複雑なことがまずあげられる．日本は北海道から琉球まで南北に長く，山あり谷ありで起伏に富む上に，川・湿地も多くて環境が多様な山岳島である．しかも気候も南北に冷温帯から亜熱帯まであ

り，さらに脊梁山脈の両側で異なるように，地域によってさまざまである．蛇紋岩，石灰岩などの岩石地，その風化土壌，堆積土壌などいろいろな土壌タイプがパッチ状に分布していることも環境変異を大きくしている．動物や菌類など植物と関わりの深い生物の豊かさも，植物の多様性を増幅したに違いない．また，日本の植物は中国などと共通種が多くて両方が同じ日華区系に含まれているように，近隣地域とくに中国との植物相のつながりも，生物的要因として大きな影響を与えている．

一方，日本列島はかつてアジア大陸の一部であったが日本海ができたのに伴って大陸から分離した（「固有植物の歴史」参照）．今では琉球列島，対馬さらにはサハリンなどを通じてある程度つながっているとはいえ，東シナ海や日本海によって隔てられている．このような列島の形成過程も，日本の植物の独自性を醸成した大きな要因となったに違いない．日本に固有種が多いのは，地域毎に環境が変異に富むばかりでなく，日本列島がアジア大陸に沿ってはいても，ある程度隔離された島嶼だからである．その中でも，小笠原諸島は北太平洋に浮かび隔離された大洋島であるため，植物相の固有性はより高い（「島の固有種」参照）．

固有種を含む日本の植物の生物地理は堀田（1974）が総説の中でまとめている．堀田は日本の固有種を分布型によって，山地・ブナ帯を中心に

表1　日本の植物の数

分類群	全種数	固有種数	全属数	固有属数
被子植物	5016[a]	1586	1081	19
裸子植物	46[a]	21	18	2
シダ植物	623[a]	112	101	0
コケ植物	1766	143	472	3
全植物	7451	1862	1672	24

[a] 日本分類学会連合（2003）第1回日本産生物種数調査 http://research2.kahaku.go.jp/ujssb/

表2 日本の種子植物固有属

堀田(1974)*	田村(1981)	本書
———	コウヤマキ属(コウヤマキ科)	コウヤマキ属(コウヤマキ科)
———	アスナロ属(ヒノキ科)	アスナロ属(ヒノキ科)
シラネアオイ属(シラネアオイ科)	シラネアオイ属(シラネアオイ科)	シラネアオイ属(シラネアオイ科)
レンゲショウマ属(キンポウゲ科)	レンゲショウマ属(キンポウゲ科)	レンゲショウマ属(キンポウゲ科)
トガクシソウ属(メギ科)	トガクシソウ属(メギ科)	トガクシソウ属(メギ科)
オサバグサ属(ケシ科)	オサバグサ属(ケシ科)	オサバグサ属(ケシ科)
ワサビ属(アブラナ科)**	ワサビ属(アブラナ科)	
ワタナベソウ属(ユキノシタ科)	ヤワタソウ属(ユキノシタ科)	
バイカアマチャ属**(ユキノシタ科)		
クサアジサイ属**(ユキノシタ科)		
イワユキノシタ属**(ユキノシタ科)		
ギンバイソウ属**(ユキノシタ科)		
キレンゲショウマ属**(ユキノシタ科)		
		シロテツ属(ミカン科)
		シャクナンガンピ属(ジンチョウゲ科)
		エキサイゼリ属(セリ科)
		セントウソウ属(セリ科)
ホツツジ属(ツツジ科)	ホツツジ属(ツツジ科)	
		イナモリソウ属(アカネ科)
サワルリソウ属(ムラサキ科)	サワルリソウ属(ムラサキ科)	サワルリソウ属(ムラサキ科)
スズコウジュ属(シソ科)	スズコウジュ属(シソ科)	スズコウジュ属(シソ科)
クサヤツデ属(キク科)	クサヤツデ属(キク科)	クサヤツデ属(キク科)
オオモミジガサ属(キク科)	オオモミジガサ属(キク科)	オオモミジガサ属(キク科)
		ワダンノキ属(キク科)
		ハマギク属(キク科)
オゼソウ属(ユリ科)	オゼソウ属(ユリ科)	オゼソウ属(ユリ科/サクライソウ科)
ケイビラン属(ユリ科)	ケイビラン属(ユリ科)	ケイビラン属(ユリ科/クサスギカズラ科)
ウラハグサ属(イネ科)	ウラハグサ属(イネ科)	ウラハグサ属(イネ科)
	ヤエヤマヤシ属(ヤシ科)	ヤエヤマヤシ属(ヤシ科)
	フウラン属(ラン科)	
	サワラン属(ラン科)	
イチヨウラン属(ラン科)	イチヨウラン属(ラン科)	
コイチヨウラン属(ラン科)**	コイチヨウラン属(ラン科)	

* 被子植物のみが対象　** 準固有属

分布する冷温帯系種，太平洋型分布と日本海型分布の種，分布域の比較的狭い地方種に分けた（第Ⅳ章参照）．その上で，冷温帯系固有種は多くが第三紀周北極要素のような古い群から分化した遺存種とみなした．太平洋型分布と日本海型分布の固有種は，多雪によって特徴づけられる日本海気候という，太平洋気候と異なる環境が生まれた結果それぞれで分化したとされる．冬季の多雪に埋もれて植物が保護される一方，雪解け後の成長期間が短いなど，独特の環境への適応と隔離が固有種を生んだのであろう．地方的固有種でもっとも顕著なのは蛇紋岩地域，石灰岩地域，フォッサマグナのような地溝帯や火山前線に並んだ火山地帯のような特殊岩石地域に特有の土壌固有種である．その他にも高山植物，ソハヤキ要素などに地方的固有種が見られるという．

固有種には日本の固有属や準固有属のように属のレベルでも日本固有なものがある．堀田は被子植物だけでも20を超える固有属・準固有属があるとみている．田村（1981）も被子植物・裸子植物でほぼ同数の固有属を認めた．本著では，属数はほぼ同じだが，固有属の顔ぶれはかなり違っている（表2）．その違いは，近年の系統分類学の研究成果や新しい分布データが積み重ねられて種属が再検討されたからである．20余属のうち，レンゲショウマ，シラネアオイ，トガクシソウ，コウヤマキなどの各属は1種～少数種からなる日本の代表的な固有属である．固有属が生まれた原因は，他地域に分布した近縁種が絶滅したか，分布域の拡大をもたらす種分化が起こらなかったこと

などが考えられる．国内で固有属がもっとも多く集中する地域は，ソハヤキ要素が分布する九州南部（襲），四国（速），紀伊半島（紀）から本州中部山岳地帯にかけての地域とされる．しかし，日本海側の多雪地帯に分布するシラネアオイ属，トガクシソウ属のような固有属もある．堀田は，多くの固有属は第三紀始新世の古い周北極要素が生き残ったものであり，それ以外にも比較的新しく起源した固有属も含まれると推定する．今日の分子系統解析などによって，これらが検証できる段階に達したといえる．

このように，過去とりわけ直近の第四紀において氷期と間氷期が交互に繰り返された環境変化と火山活動などの地史的変動といった地球表層の激しい変化が起こり，それに応じて生物自身が進化した結果，植物の多様性は大きく変化した．その中で，さまざまな時期にさまざまな状況で固有植物が生まれた．多様な固有植物の進化を明らかにするためには，植物種それぞれについて理解を深めるのと同時に，その知識をまとめて包括的に把握することが必要である．固有種が形成される複雑な過程を，豊富に蓄積された資料データと現代手法を用いて解明できれば，日本の植物相の成立が深く理解されるようになると期待したい．

固有種を個々の植物について調べる以外に，日本の固有種の全容を把握することも重要である．近年，維管束植物の固有種数を原生植生の破壊度とともに基準にした生物多様性ホットスポットという概念が使われるようになった（「日本固有植物のホットスポット」参照）．もともとこの概念は，マイヤーズ N. Myers が生物多様性を保全するための客観的な指標として提唱したものであるが，生物多様性そのものを研究する立場からみても，固有種の集中する地域を認識する上で重要である．これを用いて固有種の成り立ちを解析する動きも出ている．

引用文献

Cox, C. B. and P. D. Moore. 2005. Biogeography: An Ecological and Evolutionary Approach. 7th ed. Blackwell, Malden, MA.

Hedges, S. B. and S. Kumar (eds.). 2009. The Timetree of Life. Oxford University Press, Oxford.

堀田 満．1974．植物の進化生物学 III．植物の分布と分化．三省堂，東京．

Kato, M., Y. Kita and S. Koi. 2003. Molecular phylogeny, taxonomy and biogeography of *Malaccotristicha australis* comb. nov. (syn. *Tristicha australis*) (Podostemaceae). Aust. Syst. Bot. 16: 177-183.

Knapp, S. and J. Mallet. 2003. Refuting refugia? Nature 300: 71-72.

Lomolino, M. V., B. R. Riddle and J. H. Brown. 2006. Biogeography. 3rd ed. Sinauer Associates, Sunderland.

Mason, H. L. 1946a. The edaphic factor in narrow endemism. I. The nature of environmental inluences. Madroño 8: 209-226.

Mason, H. L. 1946b. The edaphic factor in narrow endemism. II. The geographic occurrence of plants of highly restricted patterns of distribution. Madroño 8: 241-257.

Prance, G. T. (ed.) 1982. Biological Diversification in the Tropics. Columbia University Press, New York.

Raven, P. H. 1964. Catastrophic selection and edaphic endemism. Evolution 18: 336-338.

Raven, P. H. and D. I. Axelrod. 1978. Origin and relationships of the California flora. University of California Publications in Botany 72: 1-134.

田村道夫（編著）．1981．日本の植物：研究ノート．培風館，東京．

Weiss, S. and N. Ferrand (eds.). 2007. Phylogeography of Southern European Refugia. Springer, Dordrecht.

Yesson, C. and A. Culham. 2006. A phyloclimatic study of Cyclamen. BMC Evolutionary Biology 6: 72.

植物の固有性に菌根菌は影響を与えているか？

遊川知久

陸上植物の約80％の種は，担子菌類，子のう菌類，グロムス菌類のいずれかと菌根共生を営んでいる．そして菌根菌が多くの植物の適応度に重大な影響を及ぼすことが明らかになりつつある．担子菌の外生菌根菌に手厚く守られているブナ科，マツ科，フタバガキ科などの木本植物が，世界の湿潤気候の陸地を優占することはひとつの証左だ．巨大な光合成装置に見えるこ

れらの木だが，適当な菌根菌と共生しないと枯れる種さえあるように，菌と共生できるかどうかで運命が大きく変わる．菌根共生系の理解なしで植物の進化や分布を語ることはできない，と言っても言い過ぎではない．

　ここで植物と菌根菌の分布の重なりを整理してみよう．3つのパターンが考えられる（図1）．パターン1と3の場合，植物の分布に菌根菌のみが決定的な影響を与えている可能性は低い．しかしパターン2の場合，植物と菌根菌のいずれか，あるいは両方が，分布を強く規定している可能性が高い．モデルとしてはこのように考えられるとしても，実際には，ひとつの植物種は多くの菌の種と共生するのが普通であること，また菌根を作らず植物の生長が悪くなっても枯死にはいたらない場合が多いことから，植物の固有性におよぼす菌根菌の影響を検証することは容易ではない．

　ところがこうした問題を克服できそうな植物がある．ラン科だ．ランはパートナーとなりうる菌の種特異性が高いことが多い．また種子発芽のときに，共生できる特定の菌から栄養をもらわなければ生長することができないため，その菌の分布範囲の中でしか生きていけない．パターン1は排除される．こうしてみるとランは，植物の固有性におよぼす菌根菌のインパクトを調べるのにうってつけの材料である．

　日本固有のラン，ヤクシマラン（写真193ページ）は，西南日本にわずかな自生地しか知られていない．私たちがこの種の分布域全体にわたって菌根菌の調査をおこなったところ，すべての自生地のすべての個体で，パートナーは担子菌のケラトバシディウム属 *Ceratobasidium* の1種に限定されていた（Yukawa *et al.* 2009）．パートナーとなる菌の分布はどうだろうか．もしヤクシマランの分布とだいたい重なるならば（パターン2），この菌の分布がヤクシマランの固有性を規定している可能性が高いだろう．一方，菌の分布がヤクシマランの分布よりはるかに広ければ，菌根菌だけでなくほかの理由とあいまって，ヤクシマランの分布を狭めているということになりそうだ（パターン3）．菌根菌の分布のせいでヤクシマランの分布が極端に狭くパッチ状となった可能性は大いにありうると思う．ヤクシマランの自生地はふつうの二次林だからだ．環境や植生などが原因で分布が局限されているとは考えにくい．

　ところが肝心のケラトバシディウムの分布が謎である．ヤクシマランの菌根菌パートナーに限らず，大多数の菌の分布はブラックボックスの中だ．菌根菌の分布という正に地下の暗黒に光が当たらない限り，表題の疑問にはっきり答えることはできない．土壌の中にターゲットの菌がいるかどうかを，簡便に網羅して探索する方法の改良が問題解決に不可欠だ．

引用文献

Yukawa, T., Y. Ogura-Tsujita, R. P. Shefferson and J. Yokoyama. 2009. Mycorrhizal diversity in *Apostasia* (Orchidaceae) indicates the origin and evolution of orchid mycorrhiza. Amer. J. Bot. 96: 1997-2009.

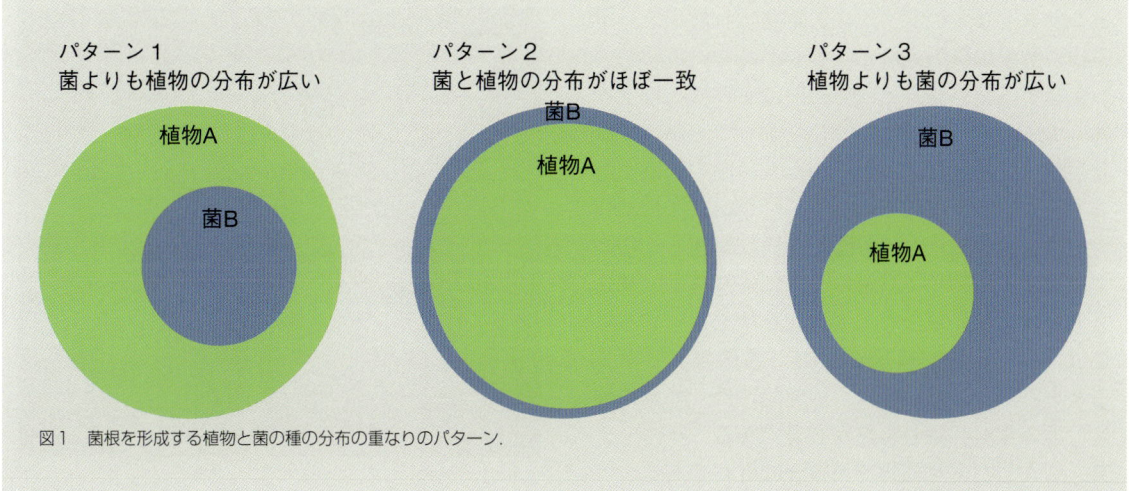

図1　菌根を形成する植物と菌の種の分布の重なりのパターン．

パターン1　菌よりも植物の分布が広い（植物A／菌B）

パターン2　菌と植物の分布がほぼ一致（菌B／植物A）

パターン3　植物よりも菌の分布が広い（菌B／植物A）

固有種の起源

瀬戸口浩彰

古固有と新固有

　日本列島は南北に長く，多くの島嶼群から形成される大陸島である．かつて，北では千島列島やサハリンを介してユーラシア大陸と接続しており，南では対馬や琉球列島を介して大陸と接していた．そのために，日本の固有種の多くは，こうしたユーラシア大陸などに，祖先となる分類群をもつと言える．進化のパターンは固有種ごとに異なるので，起源を一般化することには無理がある．したがって，せめて幾つかのパターンに類別することが必要になる．この点において，植物分類学の分野では，起源の観点から固有種を「新固有」と「古固有（あるいは遺存固有）」に二分類してきた（たとえば Engler 1872）．日本列島における「新固有」とは，もちろん，日本において新種が形成されることを指している．その一方で「古固有」とは，元来は他地域（例えば中国や朝鮮などの大陸部）にも分布していた種が，第四紀気候変動などの要因などによって分布範囲を減じた結果として，日本だけに残存した場合に該当する．その代表格は，コウヤマキ *Sciadopitys verticillata*（コウヤマキ科：図1）である．

　コウヤマキは単型科（1科1属1種）であり，近縁なマツ科やスギ科の植物とは，葉や維管束などの形態が大きく異なっている．コウヤマキの花粉や球果，枝葉の化石は，ユーラシア大陸やグリーンランドなどの北半球に広範囲にわたって，中生代白亜紀以降の地層から見つかっている（図2）．しかし第三紀末から第四紀初期にかけて，日本以外の場所からは絶滅した．したがって，かつては北半球に広範囲に分布していたものが，気候変動にともなって分布域を縮小して，ついには日本列島だけに残存したという歴史が検証できる．このような木本植物で，球果のように残りやすい構造，あるいは送粉が風散布で大量の花粉を放出する場合は，化石記録が残りやすい．「古固有」であることを証明するためには，論理的には，絶滅地域における化石記録の存在が必要である．そのうえで，こうした木本植物での検証は有利である．

　その一方で，草本植物は概して化石が残りにくいために，古固有であることを検証しにくい．たとえば，キンポウゲ科のレンゲショウマ *Anemonopsis macrophylla*，シラネアオイ科（キンポウゲ科に含むこともある）のシラネアオイ *Glaucidium palmatum*，メギ科のトガクシソウ *Ranzania japonica* は，古固有の例としていくつもの専門書で挙げられてきた．これらの植物は単型属（1属1種）であり，近縁属に比較した場合に形態が大きく異なっている．論理的には，絶滅地域における化石記録の存在が証拠となって，初めて「遺存」であることが支持されることになるのだが，こうした日本固有の属・種が化石記録に基づいて規定されているわけではない．したがって，とくに古固有種に関しては，類別に限界があることを認識しておく必要がある．化石の発見は相当に偶然に依存するので（単に見つかっていない可能性もある），「遺存」を証明することの難しさが伴う．

　その一方で，新固有であることを検証することは可能である．種分化の年代が新しいこと，姉妹種とともに同じエリアに留まっていることを証明できれば，新固有であることに論理的な根拠を与えることが出来る．Englerが上記の概念を提唱してから，既に130年が経過した．その間に植物の系統もDNA解析のツールなどが使えるようになり，固有種の起源に対して時間軸を導入しながら祖先

図1　コウヤマキ．

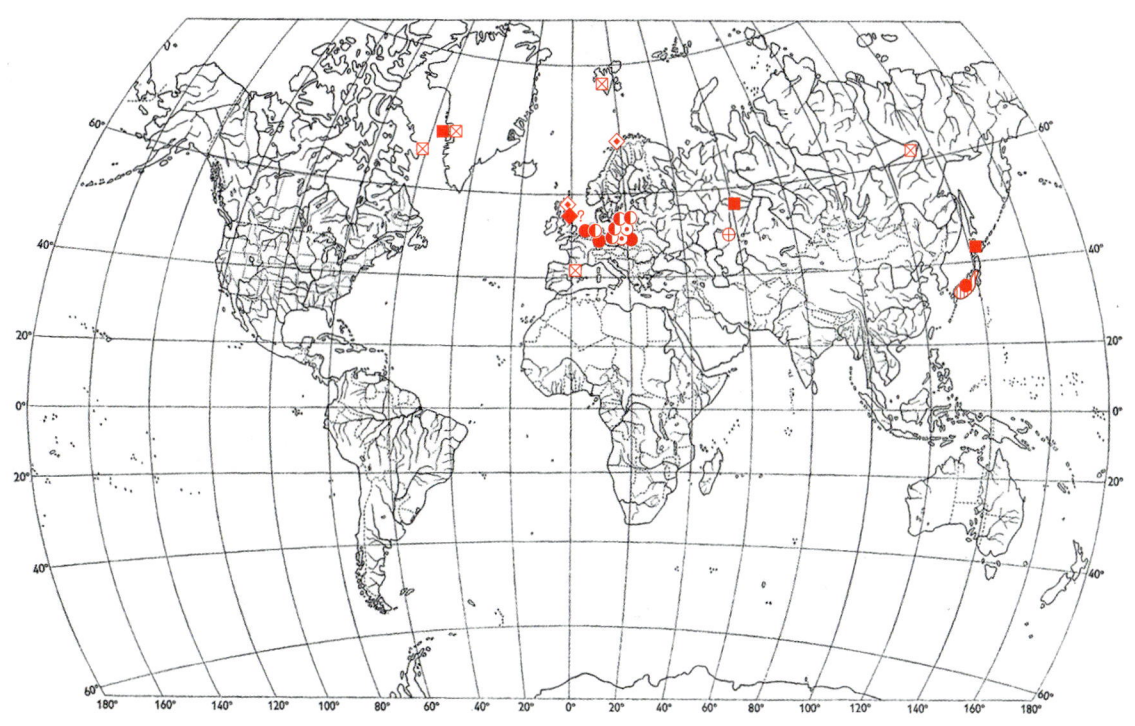

図2 コウヤマキの分布．枠で囲った縦線（日本の本州）は，現在の分布を示す．◆ジュラ紀中期の化石，◇ジュラ紀後期の化石，⊠白亜紀前期の化石，■白亜紀後期の化石，⊕第三紀始新世の化石，▲第三紀漸新世の化石，⊙第三紀中新世の化石，●第三紀鮮新世の化石．Florin (1963) から引用．

種推定を行い，議論が出来るようになった．今日的な知見を含めて，日本の固有種の起源について，とくに新固有を対象に考えてみたい．

日華植物区系要素

日本の植物相の代表的な区系要素として，日華植物区系要素（Good 1953, Takhtajan 1969）がある．ヒマラヤから中国南部，台湾，そして日本列島がそのエリアに含まれるが，第四紀における植物の移動を考慮すると，これに琉球列島を加えたうえで固有種形成を考えることが適切になってくる．第四紀後期以降は，氷期と間氷期を繰り返したことで特徴づけられるが，この結果として琉球列島は，中国南部から台湾を経て九州南端に至る陸橋を氷期に形成し，間氷期にこれを分断することを繰り返した．このエリアの海水面高の変動は，最大で230mに及ぶと見積もる研究もある（Kimura 1996, 2000）．これに陸橋の形成を伴って，植物は移動が可能となり，陸橋の分断とともに分布が寸断されて島内に隔離された．隔離（生育地の異所化）と環境適応は，進化生物学において進化をもたらすと考えられている二大要因である．

具体例として，日華植物区系の要素である，ツツジ科のアセビ属 *Pieris* と，キク科のモミジハグマ属 *Ainsliaea* を考えてみる．

ツツジ科アセビ属 *Pieris*

アセビ属の植物は日本列島の本土（本州・四国・九州）にアセビ *P. japonica* が，そして屋久島にその変種のヤクシマアセビ *P. j.* var. *yakushimensis* が分布する．そして奄美大島にはアマミアセビ *P. amamioshimensis*（図3）が，沖縄島にはリュウキュウアセビ *P. koidzumiana* が分布する．国外では，台湾（*P. taiwanensis*）のほか，中国南部からヒマラヤ地域，ならびに北米東部に分布する．DNA系統解析の結果（図4：Setoguchi *et al.* 2008）は，本土から琉球列島，台湾にかけてのアセビ属植物が，単系統であり，これがアジア大陸側のグループから分岐したのが110～230万年前（第三紀末～第四紀初期）であることを示した（図4の分岐①）．このことは，日本列島から台湾にかけての，いわば東アジア辺縁にある島嶼群を場にして，固有種形成が進んだことを示唆している．また，この系統関係は（本土（（屋久島，奄美大島）（沖縄島，台湾）））となったことから，琉球列島と台湾のアセビは単系統群であり，かつて

図3 奄美大島の固有種アマミアセビ P. amamioshimensis.

図4 ツツジ科アセビ属 Pieris の DNA 分子系統樹．分岐の枝の左側は100回のブートストラップ値を，右側は崩壊指数を表す．Setoguchi et al.(2008)より引用．

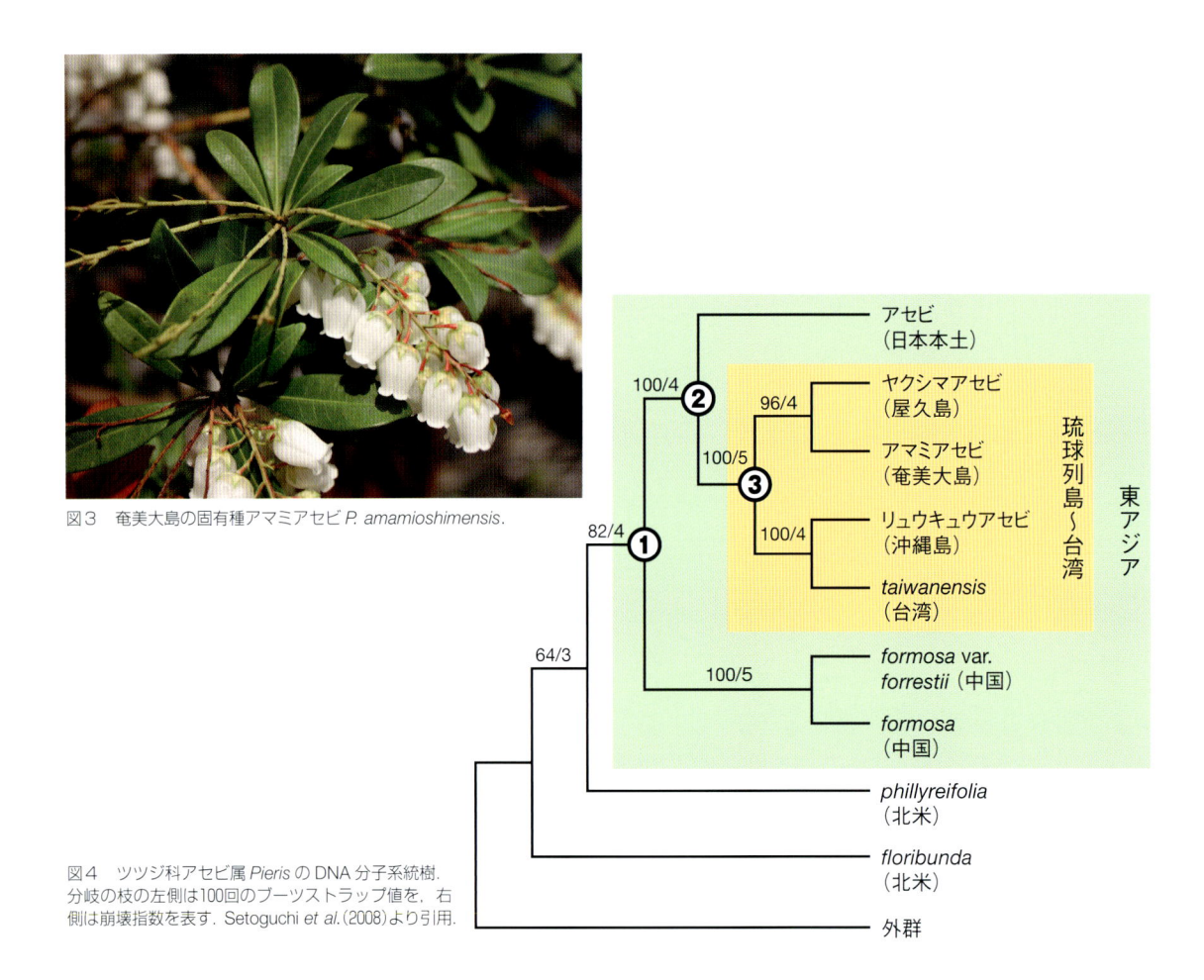

の陸橋であった島嶼群が，固有種形成の場になった可能性が示された．これら琉球列島から台湾にかけてのアセビ属植物が本土のアセビと分岐したのは，約80万年前と推定された（図4の分岐②）．その後に（屋久島，奄美大島）（沖縄島，台湾）に分岐したのが約20万年前となった（図4の分岐③）．この時代は最後の間氷期に相当しており，温暖気候のもとで陸橋が分断して，このようなユニットで祖先種が分岐したものと考えられる．ちなみに，屋久島と奄美大島の間，あるいは沖縄島と台湾の間の分岐は，塩基置換が蓄積していなかったために，分岐年代を推定することはできなかった．これらと同様な結果は，ユキノシタ科（アジサイ科）のクサアジサイ属 Cardiandra でも得られており，琉球列島～台湾のクレードが，中国南部の種から分岐したのが約8万年前（第四紀後期の最終間氷期）と推定された．(Setoguchi et al. 2006) 島嶼固有種の形成年代は，アセビの場合と同様に塩基置換が蓄積していなかったために，分岐年代を推定することはできなかった．このよ

うに，琉球列島における島嶼固有種の形成年代は，相当に新しいものであると考察される．

上述のように，琉球列島においては，第四紀に，激しい寒暖を伴った気候変動が陸地（陸橋）の形を著しく改変した．このことが，そこに棲む植物の異所的な種分化を促進して，新固有とされる固有種の形成につながったと考えられる．島嶼ごとの独自な環境は，隔離された植物群に作用して，それぞれの種の形態を改変したであろう．たとえば，奄美大島と沖縄島にはマルハナバチがおらずに独自の送粉昆虫系をもつことから，アセビの花冠のサイズや形状に影響をもたらした可能性がある（両島の花冠は大型で，入り口が開いた釣鐘型になる）．また，沖縄島の自生地は渓流帯であるために，増水に耐性をもつ細長い葉になっている．いわゆる渓流沿い植物種 rheophyte の形成である．このように，アセビ属植物の場合には，琉球列島において異所的種分化を比較的短期間に起こして，新固有の種形成を行っていることが示唆される．

図5 キク科モミジハグマ属の4種．a. キッコウハグマ，b. オキナワハグマ（琉球列島固有種），c. ホソバハグマ（屋久島固有種），d. ナガバハグマ（沖縄島固有種）．

キク科モミジハグマ属 Ainsliaea

　キク科モミジハグマ属は，およそ40種がヒマラヤから中国南部から台湾，琉球列島，日本本土（北海道まで），朝鮮半島を中心に分布する，典型的な日華植物区系要素の植物群である．日本本土には，キッコウハグマ Ainsliaea apiculata（図5a），テイショウソウ A. cordifolia，モミジハグマ A. acerifolia などの5種が分布する．さらに，琉球列島では，広域にオキナワハグマ A. macroclinioides var. okinawensis（図5b）が分布しており，屋久島にはホソバハグマ A. faurieana（屋久島固有種：図5c）と上記のキッコウハグマが，沖縄島にはナガバハグマ A. oblonga（沖縄島固有種：図5d）が生育する．ホソバハグマとナガバハグマは，ともに渓流帯に特異的に生育する渓流沿い植物であり，周期的に起きる増水に適応した，細くて厚い葉身をもつ．

　Mitsui et al.（2008）は，分布全域から採集したサンプルを対象にしてDNA分子系統解析を行った（図6）．この系統樹は，日本固有種の起源を如実に示している．モミジハグマ属は，大きくは3群に分かれる：日華植物区系の西側，東側，四川省のそれぞれのエリアに分布するグループである．その分岐年代は約110万年前と推定され，ちょうど更新世初期にヒマラヤが隆起して，中国西南部の地形が大きく変化した時期に相当する（図6における分岐①）．日本に分布する種は，全てが植物区系の東側に位置するグループに含まれる．すなわち，日本本土から琉球列島，台湾を経て中国東南部に至るエリアにおいて，種分化が進んだと推測される．その分化が始まった年代は，約31万年前（更新世中期），氷期と間氷期が繰り返されていた時期に相当する（図6における分岐②）．

　屋久島と沖縄島に固有な渓流沿い植物種のホソバハグマとナガバハグマは，林床種のキッコウハグマやオキナワハグマとともに，クレードを形成した（図6における分岐③）．しかし塩基置換が少ないために，年代推定には至らなかった．三井と瀬戸口（未発表）は，現在，別の手法でこの年代推定をしており，詳細は伏せるが，ホソバハグマとキッコウハグマが旧石器時代の終焉期に分岐した結果が得られている．相当に新しい年代に，渓流沿い植物種が形成されたと考えられ，その場所も，年代に基づくと島嶼部であったと考えられる．このように，琉球列島では，植物が比較的短期間に適応放散することによって，新固有種が形成されていることがわかる．前述のアセビ属やクサアジサイ属の知見も併せてみると，島嶼部における固有種の形成は，第四紀末に数万年のオーダーで進んだと推測される．「歴史の浅い」新固有のパターンである．他方で，本土における固有種は，図6でも示されているように，中国東南部の種とクレードを形成することもあるので，固有種形成の場が何処であったかは判断できないことに注意が必要である．

おわりに

　日本列島の維管束植物の植物相の固有率は，31%（Raven and Axelrod 1978）から約40%（堀田 1974）と推定されている（本書では約30%）．固有種は，前者の少ない見積りでも1370種はあり，豊富で

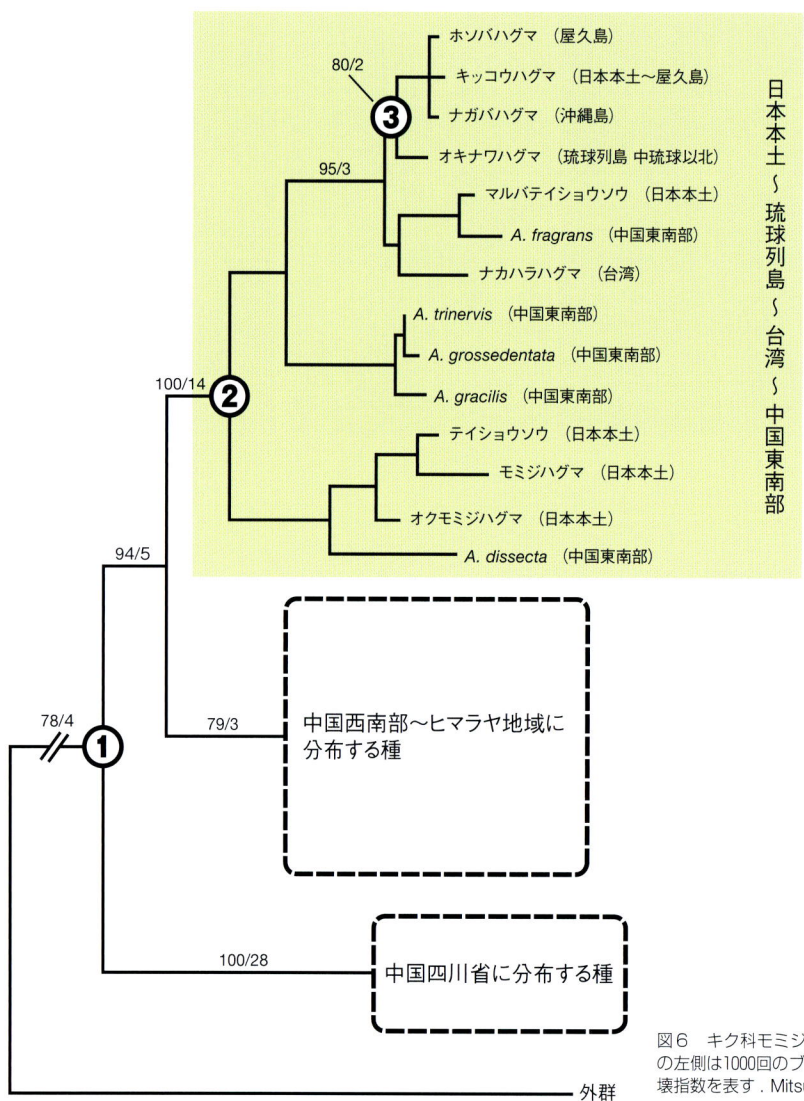

```
                    ┌─ ホソバハグマ   (屋久島)
              ┌─────┤
         80/2 ③    ├─ キッコウハグマ (日本本土～屋久島)
              │    └─ ナガバハグマ   (沖縄島)
        ┌─────┤
        │     ├─ オキナワハグマ (琉球列島 中琉球以北)
        │     │  ┌─ マルバテイショウソウ (日本本土)
   95/3 │     ├──┤
        │     │  └─ A. fragrans (中国東南部)
        │     └─ ナカハラハグマ (台湾)
        │     ┌─ A. trinervis (中国東南部)
        ├─────┤
        │     ├─ A. grossedentata (中国東南部)
  100/14│     └─ A. gracilis (中国東南部)
   ②   │     ┌─ テイショウソウ (日本本土)
        │     ├─ モミジハグマ (日本本土)
        └─────┤
              ├─ オクモミジハグマ (日本本土)
              └─ A. dissecta (中国東南部)
```

(日本本土～琉球列島～台湾～中国東南部)

94/5 — 78/4 ① — 79/3 中国西南部～ヒマラヤ地域に分布する種

100/28 中国四川省に分布する種

外群

図6 キク科モミジハグマ属のDNA分子系統樹．分岐の枝の左側は1000回のブーツストラップ値を百分率で，右側は崩壊指数を表す．Mitsui *et al*.（2008）より引用．

る．これらの固有種の起源を考える上では，化石記録とDNAデータにもとづいて科学的に検証することが必要である．化石記録に関しては，研究者数の動向を考えると，将来に多くのデータを得ることは難しいであろう．他方でDNAデータに関しては，とくに近年では，集団遺伝学分野の解析手法が発達して，系統樹作成とは異なる分岐年代推定が可能になっており，とくに分岐が浅い年代の推定に有効である．したがって，固有種の起源を考えるうえで，これから我々が得ることが出来る情報は増えていくであろう．その一方で，広域分布する植物種が，じつは地域的に隠蔽種に分化していたという報告があることにも注意が必要である（たとえばSkrede *et al*. 2008）．今となっては検証のしようもないが，コウヤマキのように，かつては広域に分布していた場合であっても，それが果たして同一種であったかについては，慎重な見方が望まれる．

引用文献

Engler, A. 1872. Monographie der Gattung *Saxifraga* L.: mit besonderer Berücksichtigung der geographischen Verhältnisse. J.U. Kern's, Breslau.

Florin, R. 1963. The distribution of conifer and taxad genera in time and space. Acta Horti Bergiani 20: 121-312.

Good, R. 1953. The Geography of the Flowering Plants, 2nd ed. Longmans - Green, London.

堀田 満．1978．植物の進化生物学Ⅲ．植物の分布と分化．三省堂，東京．

Kimura, M. 1996. Quaternary paleogeography of the Ryukyu arc. J. Geogr. 105: 259-285.
Kimura, M. 2000. Paleogeography of the Ryukyu Islands. Tropics 10: 5-24.
Mitsui, Y., S.-T. Chen, Z.-K. Zhou, C.-I. Peng, Y.-F. Deng and H. Setoguchi. 2008. Phylogeny and biogeography of the genus *Ainsliaea* (Asteraceae) in the Sino-Japanese Region based on nuclear rDNA and cpDNA sequence data. Ann. Bot. 101: 111-124.
Raven, P. H. and D.I. Axelrod. 1978. Origin and relationships of the California flora. Univ. Calif. Publ. Bot. 72: 1-134.
Setoguchi, H., T. Yukawa, T. Tokuoka, A. Momohara, A. Sogo, T. Takaso and C.-I. Peng. 2006. Phylogeography of the genus *Cardiandra* based on genetic variation in cpDNA sequences. J. Plant Res. 119: 401-406.
Setoguchi, H., W. Watanabe and Y. Maeda 2008. Molecular phylogeny of the genus *Pieris* (Ericaceae) with special reference to phylogenetic relationships of insular plants on the Ryukyu Islands. Plant Syst. Evol. 270: 217-230.
Skrede, I., C. Brochmann, L. Borgen and L. H. Rieseberg. 2008. Genetics of intrinsic postzygotic isolation in a circumpolar plant species, *Draba nivalis* (Brassicaceae). Evolution 62: 1840-1851.
Takhtajan, A. 1969. Flowering plants: origin and dispersal (authorised translation from the Russian by C. Jeffrey), Oliver & Boyd, Edinburgh.

固有植物と昆虫

奥山雄大

　被子植物の大部分はその繁殖を，送受粉という形で昆虫に依存しており，これは日本の固有植物においても例外ではない．例えば本書で収録された日本固有の被子植物2372種・亜種・変種のうち，明らかに昆虫媒（ごく一部は鳥媒，コウモリ媒である可能性もある）であると推定される種を数えたところ1900種・亜種・変種（80.1%）に上った．日本の固有植物の進化や保全を考える際でも，これらの種がどのような昆虫と相互関係を結んでいるかについての知見は大変重要であるが，未だ著しく不足しており，体系的な調査と情報の集約が待たれる．

　日本の固有植物の中にはその独自の進化的背景を反映し，昆虫と特異な関係を結んでいるものが多数あると考えられる．したがって日本の固有植物の自然史的研究は，重要な新発見の宝庫として期待される．例えば日本の固有植物種ではじめてその驚くべき送粉様式が明らかになった例として，トウダイグサ科（コミカンソウ科）カンコノキ，ウマノスズクサ科タマノカンアオイ，ユキノシタ科チャルメルソウなどを挙げることができるだろう．Kato *et al.*（2003）は和歌山県由良町衣奈の海岸林においてカンコノキの訪花昆虫の観察を行い，本種が未記載種カンコハナホソガ（仮称）による能動的送粉行動によって繁殖を達成していることを突き止め

図1　カンコノキの雌花に訪花したカンコハナホソガの雌（鹿児島県大島郡瀬戸内町加計呂麻島，2010年5月　後藤龍太郎撮影）．

た．カンコハナホソガは送粉行動の後，カンコノキ雌花の子房に産卵し，その後孵化した幼虫は発達する種子のうち一部を食べることで成長できる．このように，特異的に結びついている植物と送粉昆虫の双方が，受粉によって直接的に利益を得る共生系は絶対送粉共生系と呼ばれる．その後の研究によってこのような関係は広くカンコノキ属全般や，さらには近縁なコミカンソウ亜科の複数の属に共通して見られる現象であることが明らかになっており，同様の共生系を持つリュウゼツラン科（クサスギカズラ科）ユッカ属や，クワ科イチジク属と並んで植物と動物の共生関係の進化を解析する

図2 チャルメルソウの両性花に訪花したミカドシギキノコバエの雌（京都市左京区大文字山，2006年4月28日 奥山雄大撮影）．

図3 ヒメカンアオイに産卵するギフチョウの雌（岐阜県恵那市，2006年4月30日 戸苅淳撮影）．

ための重要なモデル系となっている（Kawakita 2010）．Sugawara（1988）はタマノカンアオイについて訪花昆虫の観察を行い，キノコバエ科の Cordyla 属の雌が主要な送粉者として働いていることを報告している．この系では送粉者であるキノコバエは利益を得ていないと考えられる．すなわち，タマノカンアオイの花はキノコバエのおそらく本来の産卵基質である真菌の子実体に擬態しており，誤って花を訪れたキノコバエの体表に花粉を付着させ，送受粉を達成させるのである．キノコバエはしばしば萼筒内壁に産卵するが，この卵が孵化することはないという．日本にカンアオイ節植物は58種・変種が知られており，特に花形態の多様性が顕著である．これらの多様化の背景を明らかにするためにも他種における送粉様式の解明が待たれる．Okuyama *et al.*（2004, 2008）はチャルメルソウをはじめチャルメルソウ属の日本産ほぼ全種の訪花昆虫を観察し，これらの種がいずれもキノコバエ科の数種の昆虫によって特異的に送粉されていることを明らかにした．真正双子葉植物でキノコバエ科の昆虫に特異的に依存した送粉様式が発見されたのはこれが最初の例である．タマノカンアオイの場合と異なり，チャルメルソウ属では送粉者の報酬として蜜を提供していることから両者は共生関係にあると考えられる．また近縁で同所的なチャルメルソウ属種間で送粉者となるキノコバエの種に違いがあることから，キノコバエとの関係は日本におけるチャルメルソウ属の種分化にも大きな役割を果たしてきたと考えられている．

植物を食べる昆虫（植食性昆虫）の多くは，特定の植物にその生活史を依存している（寄主特異性）．日本の固有植物も特定の植食性昆虫の重要な餌資源となっていることが多く，しばしばそれらの昆虫も日本固有種である．その好例としては例えば，幼虫期の餌資源としてもっぱら日本固有のカンアオイ節に依存しているギフチョウを挙げることができるだろう．送粉様式と同様，日本の固有植物を特異的に利用している植食性昆虫についての知見は十分でなく，今後は植物学，昆虫学の分野横断的な研究がますます重要となる．

引用文献

Kato, M., A. Takimura and A. Kawakita. 2003. An obligate pollination mutualism and reciprocal diversification in the tree genus *Glochidion* (Euphorbiaceae). Proc. Natl. Acad. Sci. U.S.A. 100: 5264-5267.

Kawakita, A. 2010. Evolution of obligate pollination mutualism in the tribe Phyllantheae (Phyllanthaceae). Pl. Sp. Biol. 25: 3-19.

Okuyama, Y., M. Kato and N. Murakami. 2004. Pollination by fungus gnats in four species of the genus *Mitella* (Saxifragaceae). Bot. J. Linn. Soc. 144: 449-460.

Okuyama, Y., O. Pellmyr and M. Kato. 2008. Parallel floral adaptations to pollination by fungus gnats within the genus *Mitella* (Saxifragaceae). Molec. Phyl. Evol. 46: 560-575.

Sugawara, T. 1988. Floral biology of *Heterotropa tamaensis* (Aristolochiaceae) in Japan. Pl. Sp. Biol. 3: 7-12.

島の固有種

伊藤元己

　島を，他の陸地との位置関係に注目すると，大陸島と大洋島に分類される．大陸島とは，主に大陸棚に位置し，近くに他の陸地がある島であり，一方，大洋島とは，大陸や他の陸地から遠く離れた大洋の中に存在する島である．たとえば，日本では，伊豆諸島や琉球列島などは大陸島であり，小笠原諸島は大洋島である．

　島の植物相の特徴として，固有植物，すなわち他の場所には見られずその島にのみ知られている植物が多いことが指摘される．図1に代表的な大洋島と，大陸島として琉球列島の維管束植物の固有率を示した．この図でわかるように大洋島では，植物の固有率が非常に高い．ここでは，大洋島に焦点を当てて，固有植物について見ていく．

　固有種は，一般に古固有種，新固有種の2種類に分類されるが，前者はかつての広域分布種が分布域を狭め，遺存的にある地域のみに残っている場合，後者は，ある地域で新種が誕生し，その分布がその地域に限られている場合を指す．島で見られる固有種は，どちらの固有も考えられるが，特に大洋島では後述のように新固有がほとんどである．

大洋島の植物相と生物多様性

　大洋島の生物相は，一般的に大陸やその近くの大陸島でみられるものとは大きく異なっていることが多い．それは大洋島には，他の場所には見られずその島嶼群にのみ知られている生物，すなわち固有種が数多く存在するためである．世界の代表的な大洋島ではどれも固有率が高く，維管束植物の固有率はハワイ諸島では90%を越えている．これに対して大陸島である琉球列島では固有率が5%以下である（図1）．大洋島の多くは火山活動により新たに作られたものなので，そこに分布する固有種のほとんどは新固有—すなわち島嶼内で種分化が進行した結果生じた新しい固有種と推定される．

適応放散的種分化

　一つの祖先種が多様な環境へ進出し，それぞれ

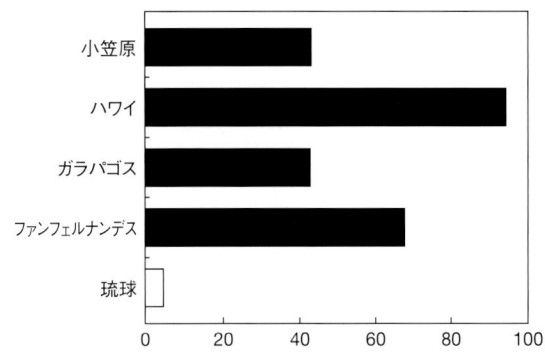

図1　島嶼における維管束植物の固有率．黒：大洋島，白：大陸島．

の環境で複数の種へ分化がする場合がある．このような種分化の様式は適応放散 adaptive radiation と呼ばれている．

　大洋島での適応放散による種分化の例としては，動物ではガラパゴス諸島のダーウィンフィンチやハワイ諸島のミツスイなどが有名である．これらの各群の鳥類の種はそれぞれ食性が異なっており，種の違いはくちばしに最も特徴的に現われている．大陸では他のグループの鳥にすでに利用されている食物が大洋島ではまだ使用されずにいる場合，それを利用するように1種から適応放散してきたためと考えられている．このように動物の場合はニッチの違いは主に食物として現れるが，植物の場合は一般的に生育環境の違いとして現れる．そのため植物の適応放散では，島に多様な環境がある場合，それぞれの環境条件に適応した種が生じることで起きている．

　大洋島では前述のように空白のニッチが多く存在するため生態的解除が起こりやすい．さらに，島そのものも小さいため，生物集団も比較的小さく，遺伝的浮動により新たな変異が固定しやすい条件もそなえている．その結果として大洋島では一つの祖先種からさまざまな環境に適応した新しい種が生まれやすいと思われる．

小笠原諸島での適応放散

　小笠原諸島の各島は面積が小さく，また，山も低い．そのため，環境の多様性がハワイ諸島のような他の大洋島より低いため大規模な適応

島の固有種　19

図2　小笠原産アゼトウナ属の固有種．左からコヘラナレン，ヘラナレン，ユズリハワダン．

放散は見られず，もっとも種数の多いトベラ属 *Pittosporum* でも4種が生育するのみである．ここではアゼトウナ属 *Crepidiastrum* とトベラ属を中心に紹介する．

アゼトウナ属はキク科に属し，東アジアに7種が分布する．小笠原諸島には固有種が3種（ヘラナレン，ユズリハワダン，コヘラナレン）分布する（図2）．コヘラナレンは草本性多年草で黄色の花をつけるが，ヘラナレン，ユズリハワダンの2種は木本性の植物であり白色の花を咲かせる．小笠原諸島以外のアゼトウナ属植物はすべて草本で黄花であり，ヘラナレン，ユズリハワダンの2種は小笠原諸島内で，2次的に木本で白花に進化したものと推定される．

葉緑体DNAや核リボソームDNAのITS領域を用いた系統解析の結果，小笠原固有種3種は単系統群であり，この結果は小笠原3固有種が単系統，すなわち，共通の祖先種から分化したことが示している．また，この系統樹からは他の地域に分布する種の中で直接3固有種の祖先種にあたるものはなかった．小笠原固有種の祖先種はアゼトウナ属の分化の初期に分かれたもので，その子孫種は他の地域には見られない．

小笠原固有種の種分化の時期を調べる目的で，固有種3種を含むアゼトウナ属全種について酵素多型解析を行なった．この方法は様々な酵素がそれぞれの種においてどの程度異なっているかを比較することにより，種間の分化の程度を推定する方法である．遺伝的な分化の程度は遺伝的同一度という数値で表され，集団間の遺伝的な類似度を示し，完全に同一の場合には1となる．その結果，ヘラナレンおよびユズリハワダンは遺伝的同一度が高く，0.99であった．これまでの研究で，同じ属内の別種種間で測られた遺伝的同一度の平均は0.65ほどと報告されているので，ヘラナレンおよびユズリハワダンの間の遺伝的同一度は非常に高く，このような値は通常，同種内の集団間で観察されるほどの高い値である（Gottlieb 1981, Crawford 1983）．これは，ヘラナレンとユズリハワダンの種分化からあまり時間が経過していないこと示す．一方，コヘラナレンは他の2種と遺伝的同一度が0.76という値をとり，ヘラナレンとユズリハワダンの共通祖先とコヘラナレンの祖先が比較的古い時代に分岐したことを示す．小笠原固有種と他の日本のアゼトウナ属の植物との間の遺伝的同一度は平均値が0.47であり，大きな遺伝的分化があり，さらに古い時代に小笠原諸島の固有種と分岐したことが示唆される．

小笠原諸島で適応放散している群でもっとも種数の多いトベラ属は4種の固有種があり，各種はそれぞれ異なった環境に生育している．シロトベラは山地の低木林に生育し広い分布範囲を持つ．ハハジマトベラは母島諸島の海岸林にのみ分布する．この2種に対し，オオミノトベラとコバトベラの生育地は限られ，個体数も非常に少なく絶滅が危惧されている種類である．オオミノトベラは父島および兄島東海岸の比較的疎らな乾性林に生育し，コバトベラは海からの風が強くあたる環境である乾性低木林に生育する．4種は葉と花序の形態で異なっていてそれぞれの種の間には中間型は見られず，外部形態から判断する限り完全な別種として認識することができる．

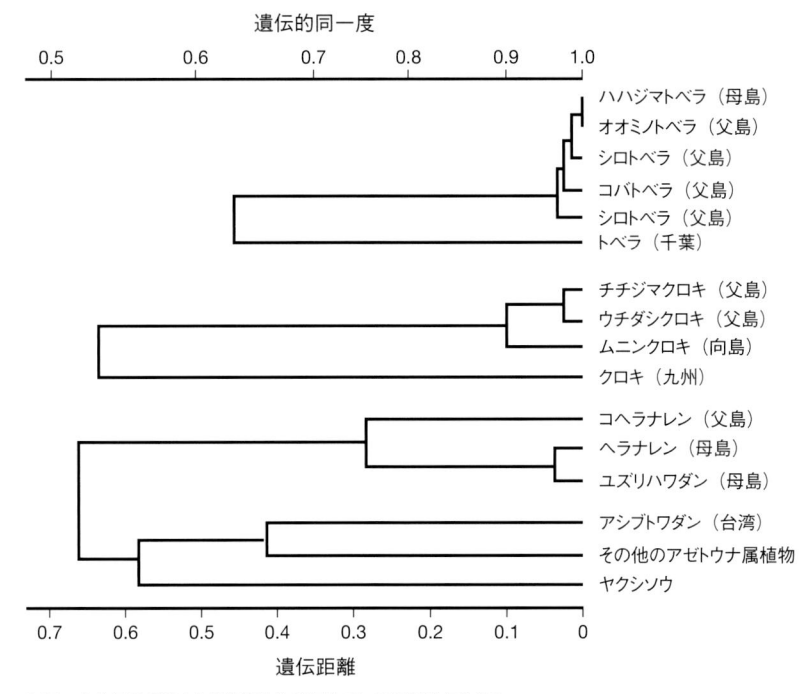

図3 小笠原産の適応放散的種分化が起きている属の遺伝的分化.

　トベラ属の4固有種についても同様に遺伝的同一度を測ってみると，小笠原の固有種間の遺伝的な差異は非常に小さくすべての組み合わせで0.97以上であった．このような高い遺伝的同一度は，通常同種内の集団間で観察されるような値である(Gottlieb 1981, Crawford 1983)．小笠原諸島に産するトベラ属植物は，遺伝的な分化が低く，どのような順序で分化していったかは明らかにはならなかったが，固有種間での非常に高い遺伝的同一度はこれらの種の分化が比較的短時間の間に，おそらくそれほど多くの遺伝的な変化を伴わず起きたことを示している．これに対して，小笠原固有種と，関東地方のトベラの集団との遺伝的同一度は平均0.64であった（図3）．前述のように，同属の植物種間の遺伝的同一度の平均は0.65ほどであり，トベラと小笠原固有種の間の値はほぼこの値に近い．

　小笠原諸島では，トベラ属と同じような種分化が他の木本性の固有種群であるハイノキ属 *Symplocos*，イチジク属 *Ficus* やタブノキ属 *Machilus* においても見られている．これらの3群においても，トベラ属と同様に，酵素多型を用いて調べたところ，固有種間の遺伝的同一度は高いという結果が得られた．

　酵素多型による遺伝的分化の解析により，小笠原諸島で適応放散を起こしている群では，群内の遺伝的同一度が非常に高いことを明らかになった．遺伝的同一度は隔離されてからの時間と共に減少するので，小笠原の固有種群内の高い遺伝的同一度は種分化が急速に起こったことを物語っている．小笠原諸島で適応放散的種分化が起こっている群内では遺伝的同一度が高いにもかかわらず，それぞれの群内各種の外部形態は明瞭に異なっており，明らかな別種として認識できる．急速な外部形態の変化を伴った種分化が，短期間の間に生じたと推定される．

　計算式は省略するが，遺伝的同一度から，集団間の遺伝的分化の程度を現す遺伝的距離が計算できる．種間の遺伝的距離は，集団が分岐してからの時間と比例するため，それぞれの種の起源の時期を推定することが可能となる．遺伝的距離から推定した小笠原の固有種内の分化時期および周辺地域の近縁種との分化時期は表1のようになった．小笠原諸島内での各属の適応放散的種分化は数十万年の間に起きたことが示唆される．これに対して，それぞれの種群の祖先の移入は200〜300万年前と推定され，祖先種が移入した時期と，適応放散的種分化が起きた時期とは大きく異なっているように思われる．この食い違いの原因は特定できていないが，おそらく，現在，それぞれの種が生

表1 小笠原産固有種の推定分岐年代

属	固有種間	固有種と祖先種間
トベラ属	16万年	225万年
ハイノキ属	51万年	315万年
イチジク属	17万年	224万年
アゼトウナ属	—	315万年
ユズリハワダン－ヘラナレン	5万年	—
コヘラナレン－他の固有種	114万年	—

育している環境の多様性が，50万年前以降になって形成されたのではないかと推測している．

引用文献

Crawford, D. J. 1983. Phylogenetic and systematic inferences from electrophoretic studies. *In* Tanksley, S.D. and T. J. Orton (eds.) Isozymes in Plant Genetics and Breeding, Part A. pp. 257-287. Elsever, New York.

Gottlieb, L. D. 1981. Electrophoretic evidence and plant populations. Prog. Phyotchem. 7: 1-45.

汎熱帯海流散布種と固有種

梶田忠・高山浩司

　汎熱帯海流散布植物とは，種子や果実などを海流で散布することで，1種あるいは近縁の数種が，全世界の熱帯・亜熱帯の海岸域に広大な分布域を獲得した植物のことだ．代表的なものとして，グンバイヒルガオ（ヒルガオ科），ナガミハマナタマメ（マメ科），オオハマボウ（アオイ科）の他，マングローブ植物のオオバヒルギ属（ヒルギ科）があげられる．このうち，グンバイヒルガオとナガミハマナタマメは純粋な汎熱帯海流散布植物で，1種が汎熱帯域に広がっている．一方，オオハマボウやオオバヒルギ属は，複数の種の分布域をあわせたものが汎熱帯域になるため，準汎熱帯海流散布植物と呼ばれている（図1）．

　ヒトによって世界中に分散された植物を除けば，純粋な汎熱帯海流散布植物は，地球上で最も広い分布域を獲得した種子植物だと言えるだろう．海流を利用した長距離種子散布が分布の拡大を可能にしたと考えられるが，これほど広大な分布域をどのようにして維持しているのかはよく分かっていなかった．この問題に対して我々は，分布域全体を網羅するような集団サンプルを用いて，系統地理学的研究を行ってきた．その過程で，長距離種子散布を行う広分布種を母種として，固有種が分化するという事例を明らかにすることができた．

　まず，ナガミハマナタマメからは，ハワイ諸島の固有亜属で海流散布能力を持たないマウナロア亜属が分化したことが示された（Vatanparast *et al*. 印刷中）．また，インド洋から太平洋にかけて広く分布するオオハマボウからは，小笠原固有種のモンテンボク，日本と韓国の暖温帯に固有のハマボウ，さらに，新熱帯に固有のアメリカハマボウやヤママフウが生じたことが示された（Takayama *et al*. 2005, 2006, 2008）．ここで，海洋島や異なる大陸の

固有種（マウナロア亜属，モンテンボク，アメリカハマボウ）に注目したい．いずれの場合も，海流を利用した長距離種子散布により，母種である広分布種の種子が大洋を越えて新しい場所に分布を拡大したのだが，その後の遺伝子流動が維持されなかったために，別種へと分化したのだろう．特に，東太平洋は，複数の準汎熱帯海流散布植物に共通する大きな障壁になっている．また，ハマボウは，オオハマボウの分布域の北端に分布しており，環境パターンの変化と適応が，種分化を引き起こしたと考えられる．

では，準汎熱帯海流散布植物で種分化を引き起こす要因になった地理的な障壁は，グンバイヒルガオとナガミハマナタマメには影響しないのだろうか？　分子マーカーを用いた我々の研究によると，いずれの種でも，東太平洋や大西洋，さらにはアフリカ大陸を越えるような遺伝子流動が生じていることが示唆された（梶田・高山ら 未発表）．純粋な汎熱帯海流散布種では，非常に高い種子散布能力が，これらの障壁を越える遺伝子流動を可能にしているのだろう．一方，これら全ての汎熱帯海流散布植物にとって，南北アメリカ大陸が，海流による種子散布を妨げる大きな障壁になっていることも明らかになってきた．もしかすると，グンバイヒルガオやナガミハマナタマメは，南北アメリカ大陸を境に，大西洋－インド洋－太平洋を通って地球をほぼ一周するような種子散布によって，現在の広大な分布域を保っているのかもしれない．

引用文献

Takayama, K., T. Kajita, J. Murata and Y. Tateishi. 2006. Phylogeography and genetic structure of *Hibiscus tiliaceus*-speciation of a pantropical plant with sea-drifted seeds. Molec. Ecol. 15: 2871-2881.

Takayama, K., T. Ohi-Toma, H. Kato and H. Kudoh. 2005. Origin and diversification of *Hibiscus glaber* an endemic species to the oceanic Bonin Islands, revealed by chloroplast DNA polymorphism. Molec. Ecol. 14: 1059-1071.

Takayama, K., Y. Tateishi, J. Murata and T. Kajita. 2008. Gene flow and population subdivision in a pantropical plant with sea-drifted seeds *Hibiscus tiliaceus* and its allied species: evidence from microsatellite analyses. Molec. Ecol. 17: 2730-2742.

Vatanparast, M., K. Takayama, M. S. Sousa, Y. Tateishi and T. Kajita. 印刷中. Origin of Hawaiian endemic species of *Canavalia* via sea-dispersal species revealed by chloroplast and nuclear DNA sequences. J. Jpn. Bot.

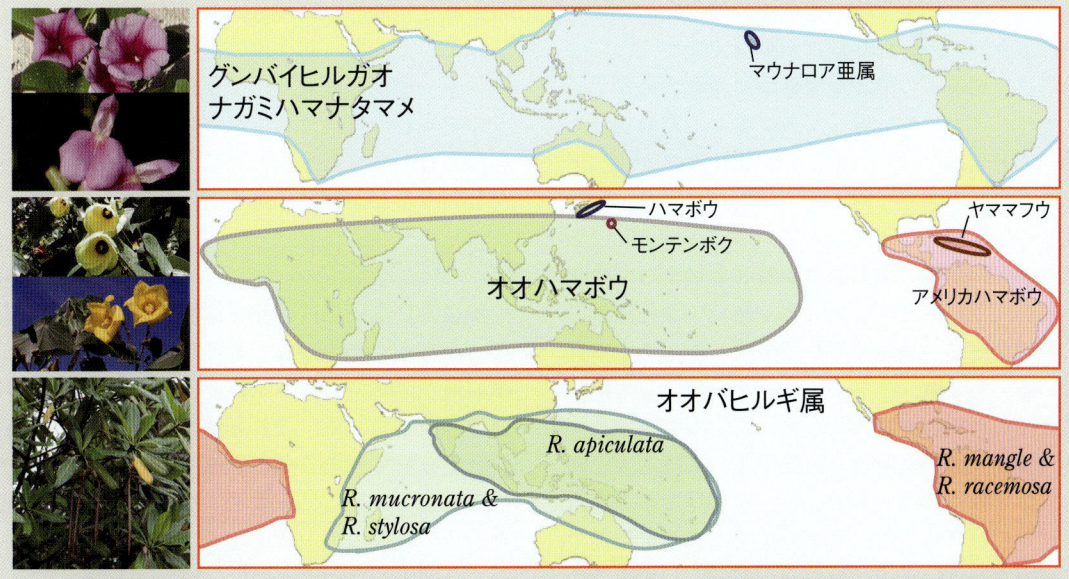

図1　汎熱帯海流散布植物と固有種の分布図．グンバイヒルガオとナガミハマナタマメは，1種が汎熱帯の海岸域に広がる純粋な汎熱帯海流散布植物．オオハマボウーアメリカハマボウとオオバヒルギ属は複数種で汎熱帯的な分布域を構成する準汎熱帯地域分布種で，構成要素のそれぞれをその地域の固有種ということもできる．写真は上から，グンバイヒルガオ，ナガミハマナタマメ，オオハマボウ，アメリカハマボウ，*Rhizophora mangle*.

固有植物の歴史

植村和彦

現在の日本列島には多様な植物相が知られていて，地球上で日本列島だけに分布する植物も多数含まれている．これら植物それぞれの歴史を明らかにすることは容易ではないが，化石に残された植物の進化や分布変遷をたどることによってその一端を知ることができる．新生代の気候や環境の変動史，さらに日本列島の形成史が日本に固有な植物の歴史に深く関わっている．

新生代の気候変動と植物群の変遷

約5000万年前（始新世中期）を中心とした古第三紀の前半は，北極や南極にも氷床のない温暖な気候下にあった．北極圏のこの時代の植物群には，イチョウ属や，メタセコイア，スイショウ，ヌマスギ，トウヒ，マツ，イヌカラマツ，カラマツの各属などの裸子植物と，ハンノキ，カバノキ，カリア，スズカケノキ，"カツラ"の各属などの落葉広葉樹が多数知られている．当時の水湿地に優勢な森林がメタセコイアやスイショウを中心とした落葉針葉樹林であったことも，化石林の研究で明らかである．イチョウやメタセコイアの存在からわかるように，当時の北極圏には現在の東アジアに遺存的にみられる植物が少なくない．

古第三紀前半の温暖な地球は，南極大陸がオーストラリア大陸の分離（タスマニア海路の成立；約3400万年前），少し遅れて南米大陸の分離（ドレーク海路の成立；約3000万年前）により，地球は寒冷な気候が支配的になる（図1：Zachos et al. 2001）．南極大陸が孤立することによって，氷床が形成されるとともに，重く冷たい深層海流の大循環を生じ，地球全体が寒冷化したと考えられている．同じ頃，インド大陸がユーラシア大陸に接合し，ユーラシア大陸を東西に分断していた，トゥルガイ海峡も陸化し消滅する．大陸増大と寒冷化は年較差の増大を起こし，北半球で落葉広葉樹林が広く発達した．その過程で，古第三紀前半に栄えた，古いタイプの植物が絶滅し，属や種のレベルでより現代的な組成の植物群が登場するようになる．

インド大陸のユーラシア大陸への衝突は，ヒマラヤ山脈やチベット高原の隆起をもたらし，2200万年前後（中新世前期）にはモンスーン気候を生じた（Guo et al. 2002；Sun and Wang 2005）．この造構運動はさらに，インドシナ半島の回転をもたらし，オーストラリア大陸の北上とあいまって，2000～1500万年前にはインドネシア海路が閉塞するようになり（Hall 1998など），フィリピン沖を源とする黒潮暖流を生じた．中新世の中頃（1600～1500万年前）に一時的な温暖な時代を迎え，日本周辺でも台島型植物群と呼ばれる温暖系植物群，マングローブの花粉化石や貝類化石が知られている．

1500万年以降の地球は再び寒冷化する．そして，700～800万年前にはヒマラヤ山脈の隆起が加速され，モンスーン気候がさらに顕著になる．大陸内部では，C4植物の草原植生が発達した．

約300万年前には寒冷化が進み，北極周辺にも氷床が発達するようになる．さらに，260万年前（第四紀の始まり；ICS 2009），従来，第四紀の始まりとされた180万年前，80万年前と，段階的に寒冷化が進行し，氷期・間氷期の変動が顕著になる．現在は最終氷期後の間氷期にあたる．

以上のような，新生代の古気候変動に応じて，植物相や植生も地域ごとに変化してきた．氷期にやや乾燥した時代はあったが，日本の植物相変遷を考えるとき，新生代を通じて湿潤環境下にあったということが重要である．

日本列島の形成

現在の日本列島に多様な植物相がみられるのはなぜだろう．その理由として挙げられるのは，日本列島が南北に長く，気候変化に富み，起伏の多い地形などである．これらは日本列島が弧状列島の歴史を経てきたことによる．例えば，東北地方の東西断面を見ると，太平洋から北上山地や阿武隈山地の非火山性山地，北上川などの低地帯を経て，奥羽山地などの火山性山地，日本海へという島弧に典型的な地形が発達している．非火山性山地には，古い時代の石灰岩や蛇紋岩の分布もみられる．この様な特徴に加え，日本列島は千島弧，

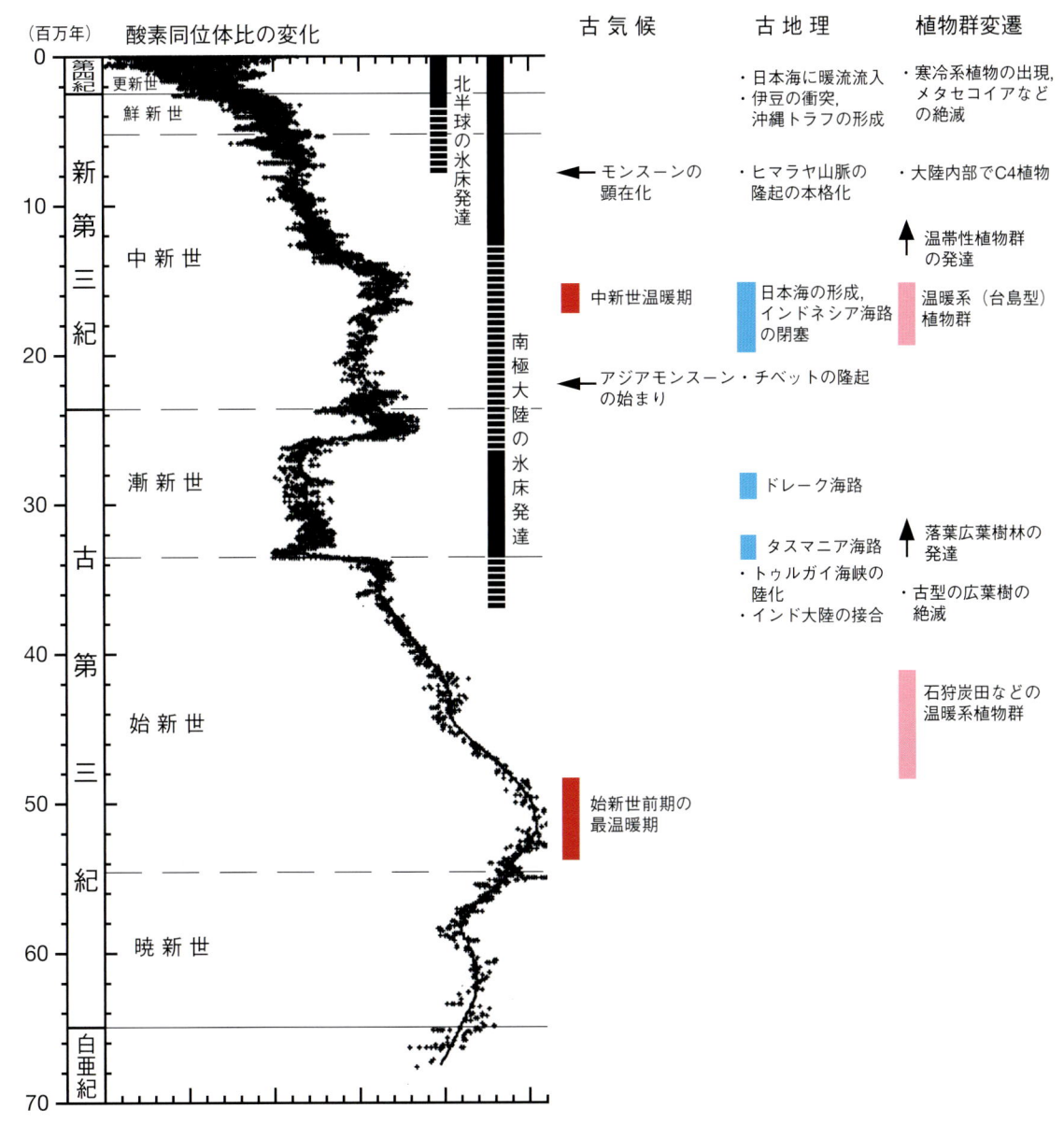

図1 新生代の気候変動と古地理,植物群の変遷.酸素同位対比の変化と氷床発達(Zachos et al. 2001)は,始新世前期の温暖期から地球が寒冷化する様子を示す.

東北日本弧,西南日本弧,伊豆・小笠原弧,琉球弧の5つの島弧が合体したものであり,それらの衝突・合体でさらに複雑な地形が形成されている.

日本列島の形成は,2000～1500万年前(中新世前期～中新世中期初め)に始まる.ユーラシア大陸の東縁にあった日本は,その頃に東北日本が反時計まわりに回転,1500万年前に西南日本が時計回りに回転して,日本海という縁海が形成され始めた(斉藤 1992).1500万年前頃には,オホーツク海の形成・拡大も始まったようだ.この1500万年前の日本海形成をもって,日本列島に固有な植物の始まりと考えることができる(小笠原・植村 2006).ただし,日本海の形成後,1400万年前頃には西南日本は隆起し,現在の朝鮮・対馬海峡地域が陸橋となり,日本海は北に開いた湾(古日本湾)の状況が続いた(図2).朝鮮・対馬海峡を通って,日本海に定常的に暖流が流入するようになるのは,第四紀の170万年前以降である(北村・木元 2004).

琉球を含む東シナ海の地域は新第三紀の時代に陸地として存在していた.琉球弧は,200万年前以降に本格化した沖縄トラフの拡大で形成された

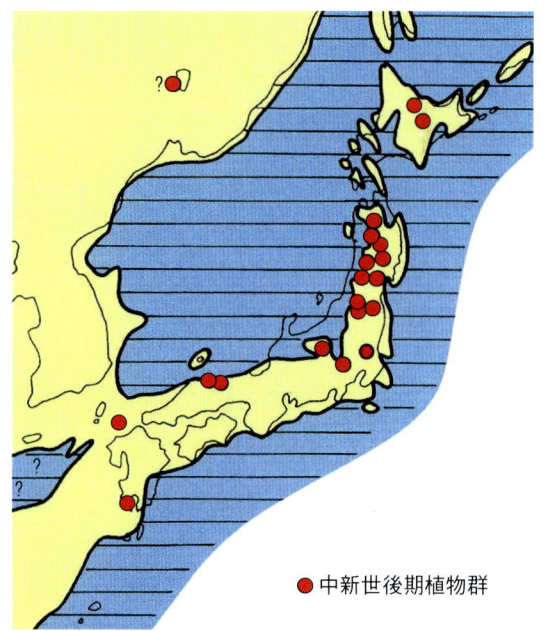

図2 700〜500万年前の古地理と植物群の分布. 中新世後期を中心に, 一部中新世ー鮮新世を含む(小笠原・植村 2006を改変).

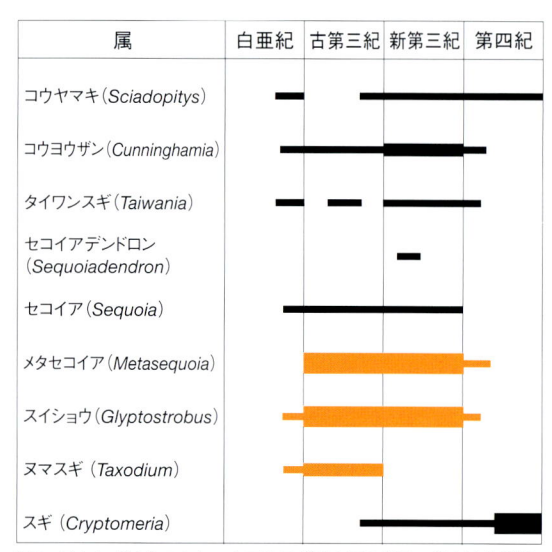

図3 日本におけるコウヤマキ属とスギ科の属の消長. 橙色は落葉樹, 黒色は常緑樹.

若い島弧である（平 1990；神谷 2007）．陸上植物の分布に制約となる，トカラ海峡やケラマ海裂もまた琉球弧の形成過程で生じた地形である．

伊豆・小笠原弧の島列はフィリピン海プレートにのって北上し，それらの一部が本州に衝突・付着した．丹沢の衝突の後，伊豆は200万年前から50万年前に本州・丹沢に衝突し，現在の伊豆半島の姿になった（斉藤 1992など）．

日本固有の針葉樹

現在の日本にはマツ科，コウヤマキ科，ヒノキ科，スギ科，イヌガヤ科，イチイ科，マキ科の16属39種が自生している．このうち，コウヤマキ科は1属1種からなる日本に固有の科・属・種，ヒノキ科のアスナロ属も1種からなる日本に固有の属・種である．スギ科のスギ属はスギの1種からなり，日本に固有または準固有の針葉樹である．中国の南東部にはスギとは別の種（柳杉）が知られているが，これは日本のスギと区別できず，しかも日本から移入された可能性が強い（Farjon 2005）．

コウヤマキ属の化石は，ユーラシア大陸の白亜紀以降の地層から多数知られている．日本でも，北海道の白亜紀後期層や日本各地の新第三紀〜第四紀の地層に球果や針状葉（短枝），材，花粉の化石を産する．イチョウ類と同じく，コウヤマキ属は"生きている化石"植物である．

ヒノキ科とされることもあるスギ科の属に，コウヨウザン，タイワンスギ，セコイア，メタセコイア，スイショウ，ヌマスギ属などがある．これらは新生代の大部分を通じて，北半球に広く分布していたことが各地の化石記録でわかっている．日本での時代的な消長をみると（図3），スギ属はメタセコイア属やスイショウ属などの衰退・絶滅の後，それらを置きかえるように発達し，現在に至っている．

スギ属の化石は多くはないが，その化石記録はユーラシア大陸にかつて広く分布していたことを示している．一例をヨーロッパの新第三紀植物群で紹介しておこう．ドイツ，ライン川下流の褐炭層（中新世中期）では，スギ属がセコイア，スイショウ，ヌマスギ，タイワンスギ，ランダイスギの各属やコウヤマキ属と相伴って産出する（Kilpper 1968）．スイショウ属とヌマスギ属の優勢な湿地林とその背後の森林にこれらのスギ科の属が混在していたことが岩相や化石の産状から推定できる．

コウヤマキもスギも，長い歴史の後，日本列島に残った遺存固有の針葉樹である．アスナロ属は，日本の中新世以降の地層から産出が知られている．アスナロ属と近縁なネズコ属の化石記録を参考にすると，本属も古い歴史を有していると考えられるが，日本以外からは確実な化石が知られていな

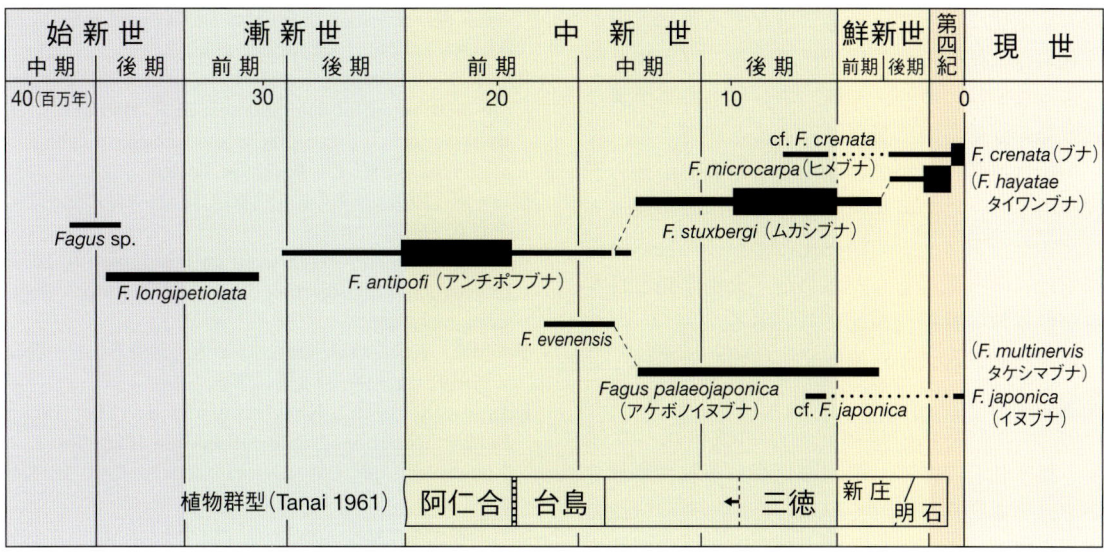

図4 日本とその周辺のブナ属化石の時代分布（植村 2002を改変）.

い，コウヤマキ属とスギ属，それにアスナロ属とも，現生種の分布からも明らかなように温帯の多雨環境がそれらの残存に大きな役割をはたしたと考えることができる．

日華区系と日本の植物相

琉球列島や小笠原諸島を除いて，日本は朝鮮半島から中国，ヒマラヤへとつづく地域と同様，植物地理区分で日華区系と呼ばれ，温帯の多様な植物相が存在する（堀田 1974）．フサザクラ科，カツラ科，ヤマグルマ科などはこの地域に固有の科で，フサザクラ属，カツラ属，ヤマグルマ属が日本に分布している．このうち，カツラ属とヤマグルマ属は豊富な化石記録が知られている．それらの祖先型（*Nyssidium* や *Nordenskioeldia* など）は白亜紀後期～古第三紀前期の北半球中緯度～北極圏，カツラ属は漸新世以降の北半球，ヤマグルマ属は始新世以降の北米とアジアに産出する（Manchester *et al.* 2009）．日華区系に固有な属のうち，被子植物木本で，化石の記録が知られている植物のほとんどは，カツラ属やヤマグルマ属と同様，この地域が遺存分布の地であることを示している．

日本に固有の種子植物の属は21属（本書）がある．八重山列島のヤエヤマヤシ属，小笠原諸島のシロテツ属とワダンノキ属，針葉樹のコウヤマキ属とアスナロ属を除く16属については，化石によってその歴史をたどることができない．

種レベルの例として，ブナ属化石を紹介しよう．ブナ属は湿潤温帯の代表的な樹木で，10種あるいはそれ以上の現生種が，ヨーロッパ東南部，東アジア，北米東部に分布する．ブナとイヌブナは日本に固有の種である．日本とその周辺のブナ属進化を概観すると（植村 2002），始新世に出現したブナ属の後，アンチポフブナという広分布種（アラスカ～アジア）から，ブナとイヌブナの系統に分化し，現生種へと繋がっていく（図4）．ブナとイヌブナの2群に分かれたのは，日本列島の形成後の世界的な寒冷化と関係しているかもしれない．ムカシブナは本州から九州，アケボノイヌブナは本州から北海道に分布し，前者は本州以南，後者は本州北部から北海道の落葉広葉樹林において，それぞれ優占種であった．

中新世中期以降，日本列島は朝鮮半島・東シナ海地から続く陸域であった（図2参照）．ムカシブナは壱岐の中新世後期層に産することから，当時の大陸域にも分布したと思われるが，大陸域ではこの時代の植物化石群がほとんど欠如している．大陸域への広がりはわからないが，ムカシブナ，アケボノイヌブナとも中新世中期～鮮新世前期の日本固有種とみてよい．現生種のブナ，イヌブナの出現については，不明の点が多い．しかし，両現生種に近縁な化石が中新世後期には存在するので，その頃かそれ以降に分化したのであろう．

日本列島が形成された頃の1600～1500万年前は温暖な時代であったことを前に述べたが，その

固有植物の歴史 27

後の寒冷化によって，日本に現存する種に近縁か，それにほぼ比較できる種が出現する．ブナ属と同じような例は，カバノキ属，ニレ属，カエデ属など多くの温帯落葉広葉樹にみることができる．

中新世後期には島弧の軸に沿った脊梁山地の形成が始まる．この隆起運動と日本海への暖流流入は，冬季モンスーンの顕在化とともに，日本海沿岸地域に多雪環境をもたらした．太平洋側と日本海側の地域的種分化の始まりである．

新第三紀鮮新世から第四紀の植物相変遷は，近畿地方などで詳しく調べられている（百原 1993 など）．この時代の植物化石は組織の残った果実・種子化石が多く，草本の化石も多数含まれている．日本列島で新しく出現した植物や種分化の過程を実証する上で，今後の研究が大いに期待できる．

第四紀後半の氷期・間氷期変動は，著しい気候変化とともに，海水準の変動を伴っている．この変動は植物の分布に大きな影響を与え，植生にも大きな変化を与えた．1万8千年前の最終氷期の最寒冷期にブナはより南方の低地に移動し，現在のようなブナ林植生は存在しなかったか，極めて局所的であった（安田・三好編 1998）．スギは12〜13万年前の最終間氷期に増加するようになり，最終氷期の前半（〜6万年前）にはスギの優勢な針葉樹林が存在した（辻 1995）．氷期・間氷期変動が与えた影響は，現在の植物分布や植生を南北に移動した単純なものではないことをこの2例は示している．さらに，氷期・間氷期の短期的変動で，種の地域的絶滅（消滅）はあっても，種の顕著な絶滅現象はみられない．日本列島で新しく分化した新固有の植物を考えるとき，このことは考慮しなければならないであろう．

引用文献

Farjon, A. 2005. A Monograph of Cuppressaceae and *Sciadopitys*. Royal Botanic Gardens, Kew.

Guo, Z. T., W. F. Ruddiman, Q, Z. Hao *et al.* 2002. Onset of Asian desertification by 22 Myr ago inferred from loess deposits in China. Nature 416: 159-163.

Hall, R. 1998. The plate tectonics of Cenozoic SE Asia and the distribution of land and sea. *In* R. Hall and J. D. Holloway (eds.): Biogeography and Geological Evolution of SE Asia. pp. 99-131. Backhuys, Leiden.

堀田 満．1974．植物の進化生物学 III．植物の分布と分化．三省堂，東京．

ICS (International Commission on Stratigraphy). 2009. International Stratigraphic Chart 2009. (http://www.stratigraphy.org/)

神谷厚昭．2007．琉球列島ものがたり：地層と化石が語る二億年史．ボーダーインク，那覇．

Kilpper, K. 1968. Koniferen aus den Tertiären Deckschichten des Niederrheinischen Hauptflözes, 3. Taxodiaceae und Cupressaceae. Palaeontogr., B, 124: 102-111.

北村晃寿・木元克典．2004．3.9 Maから1.9 Maの日本海の南方海峡の変遷史．第四紀研究 43: 417-434.

Manchester, S. R., Z.-D. Chen, A.-M. Lu and K. Uemura. 2009. Eastern Asian endemic seed plant genera and their paleogeographic history throughout the Northern Hemisphere. J. Syst. Evol. 47: 1-42.

百原 新．1993．近畿地方とその周辺の大型植物化石相．pp. 256-270．市原 実（編）：大阪層群．創元社，大阪．

小笠原憲四郎・植村和彦．2006．日本列島の生い立ちと動植物相の由来．pp. 60-78．国立科学博物館叢書，4．日本列島の自然史，東海大学出版会，秦野．

斉藤靖二．1992．日本列島の生い立ちを読む．自然景観の読み方，8．岩波書店，東京．

Sun, Z.-J. and P.-X. Wang. 2005. How old is the Asian monsoon system? - Palaeobotanical records from China. Palaeogeogr. Palaeoclimat. Palaeoecol. 222: 181-222.

平 朝彦．1990．日本列島の誕生．岩波書店，東京．

Tanai, T. 1961. Neogene floral change in Japan. J. Fac. Sci., Hokkaido Univ., ser. 4, 11: 119-398, pl. 1-32.

辻誠一郎．1995．植生の地史的変遷．pp. 55-68．大沢雅彦・大原 隆（編）：生物・地球環境の科学－南関東の自然史．朝倉書店，東京．

植村和彦．2002．新生代植物群における"アジア要素"とその植物地理学的意義．分類 2: 107.

安田喜憲・三好教夫（編）．1999．図説日本列島植生史．朝倉書店，東京．

Zachos, J., M. Pagani, L. Sloan, E. Thomas and K. Billups. 2001. Trends, rhythms, and aberrations in global climate 65 Ma to present. Nature 292: 686-693.

日本固有植物のホットスポット

海老原 淳

生物多様性ホットスポット

　生物の種の多様さを客観的な基準で評価し，1枚の地図上に示すことができれば大きなインパクトがある．従来は，「マダガスカルや南アフリカには変わった植物がたくさんある」というように直感に基づいて議論されてきたが，2000年代になると信頼性の高い根拠に基づいて客観的に多様さを評価する研究が次々と発表されるようになった．その背景には，250年に及ぶ分類学の知識の蓄積が，情報処理技術と手を結ぶようになったという事情がある．一方で，これらの研究の動機として，「多様な生物がいる地域を知りたい」という好奇心よりは，加速度的に自然環境の破壊が進行する中で「優先的に保護すべき地域」を選定する必要に迫られたという事実も直視しなくてはならない．

　多くの研究が発表されているとはいっても，地球規模での多様性の分布は，未だ客観的に把握されているとは言い難い．種多様性の高い昆虫や微生物では，伝統的な手法による分類研究では膨大な多様性に対して全く歯が立たず，諦めムードすら漂っている．一方で，脊椎動物や維管束植物については，時折新種が発見されることはあっても，ほぼ種多様性の全貌を地球規模で概観できる状況になりつつある．その地域毎の動植物相を纏めた植物誌Flora，動物誌Faunaや，特定の生物群を地球規模で整理し直したモノグラフといった出版物が充実してきたからである．Myers（1988）は，元来は地球科学用語であったホットスポットhotspotという言葉を，生物の多様性の表現のために用い，「生物多様性が高いながらも，破壊の危機に瀕している地域」を「生物多様性ホットスポット」biodiversity hotspotと呼んだ．その際に生物多様性の高さの指標として用いたのは，維管束植物の固有種数である．種子植物とシダ植物を含む維管束植物は，植生の主要構成要素として重要であることは言うまでもないが，地球上の大半の地域で何らかの植物誌が出版されており，地域毎の固有種数のカウントに好都合であっただろうことは想像に難くない．2005年には，2つの条件

(1) 維管束植物の固有種1500種以上，(2) 原生生態系の喪失が70％以上，に基づいて世界の生物多様性ホットスポットの再選定が行われ，34地域が世界のホットスポットとして発表された．追加された中の1地域が日本であった．世界のホットスポットの「地域」については，必ずしも一定の定義に従っているわけではなく，その面積も様々である．日本の場合は一国の国境とホットスポットの選定地域が一致しているが，一国の中の一地域が選定されている例（オーストラリア南西部），複数国が1ホットスポットに選定されている例（インドビルマ）など様々である．異なる面積あたりの固有種数を比較することにどれほどの科学的意義があるのか，など重箱の隅をつつきはじめればきりがないが，「データが揃うまで待つ」のではなく「現時点で収集可能なデータを'わりきって'取りまとめる」という方針によって選定された多様性ホットスポットは，多様性の保全のアピールに効果的に用いられている．

日本の現状

　世界の34ホットスポットの1つとなった日本．その中の生物多様性の分布はどうなっているのだろうか？　日本は世界的に見ても生物相の研究レベルの高い地域だと言える．日本ほど多種多様な野生生物の図鑑が書店に並んでいる国は世界的にも珍しい．ここ数十年で多くの県に自然史系博物館が開館し，地域の生物多様性情報・資料を集積している．その活動を支えている多くの在野の研究者がいる．このように，潜在的な多様性情報・資料は極めて豊富であると言える．しかしながら，国家レベルの取り組みは残念ながら他国に水をあけられているのが現状である．例えばオーストラリアでは，既に2001年の時点で維管束植物の国内の分布について統合的な解析が行われている（Crisp *et al.* 2001）．日本の場合は，潜在的な情報・資料を結びつけるハブが機能していなかった（国立科学博物館や環境省がその役割を果たせなかった）ことで，他国に遅れをとってしまった．2001年のGBIF（地球規模生物多様性情報機

構）の設立とともに，ようやく国内でも積極的な標本資料の電子化（データベース化）とそのデータ統合（例えば　サイエンスミュージアムネット（S-Net）http://science-net.kahaku.go.jp/ の開設）の気運が高まり，国内のホットスポットの解析も夢ではなくなってきた．折しも，国立科学博物館では開館130周年記念研究プロジェクト「生物多様性ホットスポットの特定と形成に関する研究」が2007年より開始され，世界のホットスポット選定基準としても用いられている維管束植物固有種が最初の解析対象として用いられることとなったのである．

固有種と狭分布種

「固有種」は本書序論でも述べられているように，相対的な概念にすぎない．日本の場合は，国境＝海であるために，「日本固有種」にも生物学的な意義付けが可能であるが，例えば千島列島に目を向けると，中千島と南千島の間に引かれた国境線は政治的な色合いが強く，生物学的な意義が十分検討されているとは言いがたい．この国境線に沿って生物地理学的な境界線としての「宮部線」が提唱されているが，「国境を越えると（同一種でも）別の名前で呼ばれる」という現象は珍しくないので，政治的な国境をリセットして生物を見直すことが必要である．「日本固有種」という言葉は，とかく国家主義的に響きがちであるが，本書の主な目的は「日本固有種」をリストアップすることによって，7000種類近くに及ぶ日本の維管束植物の中から「分布域の狭い種」を洗い出すことにある．理想的には日本の全野生種について「分布域の広さ」の情報を得るべきだが，それではあまりに壮大すぎるプロジェクトになってしまう（広域分布種については海外の分布面積も把握しなくてはならない）ため，「日本固有」というフィルターで対象種を絞り込んでいるのである．実際，今回の方法によって，ほとんどの「狭分布種」の網羅が可能ではないかと思われる．絶滅してしまったら代わりのない「狭分布種」こそ，保全の対象として優先度の高いものであるだけでなく，種分化の機構や歴史を研究する上でも重要な鍵を握るものと言えるのである．

固有種分布データ収集の実際

ここでは，今回のプロジェクトにおける固有種の分布データ収集過程を紹介したい．当然であるが，最初に固有種リストを作成しないことには，データの入力を開始できない．日本の固有種のリストは，これまで本格的に作成されたことがなかったため，白紙状態からのスタートとなった．幸い現在刊行中のFlora of Japan（英文版日本植物誌，講談社刊）には，各種の分布に固有であるかどうかの記述が添えられているので，ここから情報を拾い出す作業を手始めに行った．単子葉植物の巻のみ未刊であるため，原稿執筆者の厚意で提供頂いた情報を用いた．この仮リストを元に，最近記載された種などを加え，標本データ入力対象種が確定した．いよいよここからは人海戦術である．およそ100万点の標本を所蔵する国立科学博物館の維管束植物標本庫の中から，対象種を取り出して標本情報を入力しなくてはならない．設立年代が新しい標本庫では，配架されている全標本の情報が電子化されていることも珍しくないが，長い歴史を持つ標本庫ではほとんど電子化は進んでおらず，国立科学博物館の場合も電子化率1割以下という有様であった．標本情報の入力は，取り出した標本をコンピューターの傍らに置いて一点ずつ入力していくのが通常の方法であるが，今回は短期間に多数の標本を入力しなくてはならないため，標本をデジタルカメラで撮影した後，撮影した画像ファイルを複数の入力者に送付し，在宅入力を依頼することにした．この方法を採用した効果で，最大3000点/月程度の入力効率を実現することができた．一方で，固有種のはずなのにもかかわらず外国産の標本も混じっているという事例がしばしば発生した．その際には本書の執筆分担者が逐一再同定を行って対応した．単純な誤同定が大多数であったが，従来知られていなかった海外産がこの作業によって判明した種も少なからず存在した．固有性が十分に検討されてこなかったことの顕れであろう．さて，もう一つの難関は産地の地理座標の取得である．入力対象の標本のラベルは，大半が産地情報として地名が記されているのみで，地理座標（経緯度）の情報を伴っているものはごく少数である．「茨城県つくば市天久保4丁目」のように郵便物が届くような地名が書かれている場合は経緯度に自動変換する方法もあるが，「武蔵高尾山」のような不完全な地名表記，あるいはローマ字表記では，地名データベースと首っ

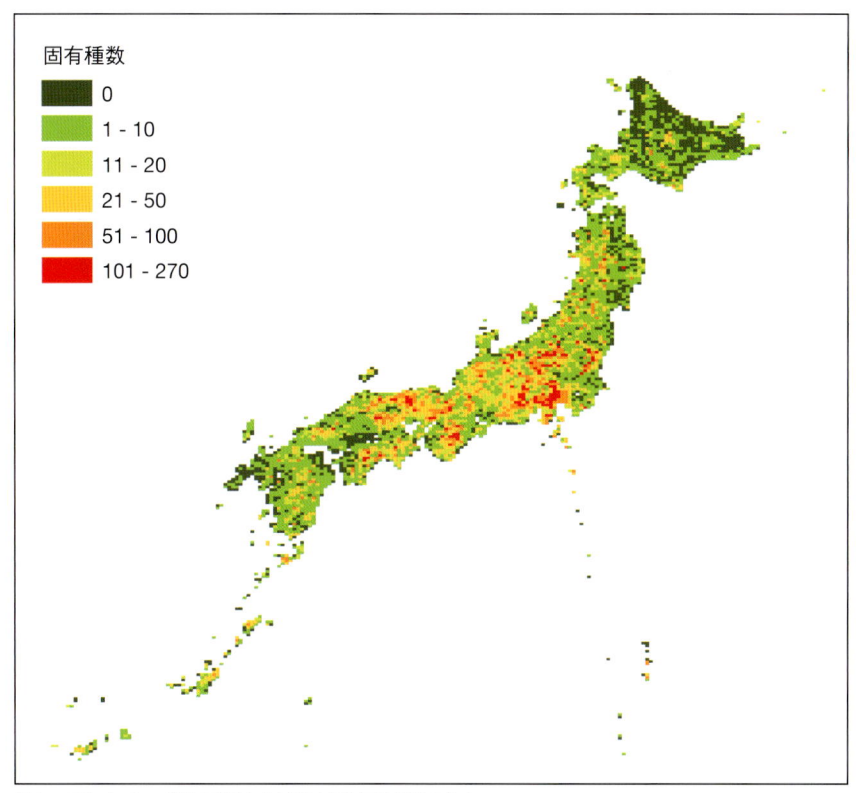

図1　2次メッシュ単位で集計した維管束植物固有種数の分布.

引きで1件1件手作業で変換するしか方法がない．数々の作業ミス（ラベル記載時の誤り，入力時の誤判読・誤変換等）にも悩まされ，結局この作業は全て筆者自身の手で行うこととなった．日本の植物相と地理の両方を熟知していなければ確実に行うことが難しい作業なのである．なお，収集された分布情報は本書第Ⅳ章の分布図の作成にも用いられている．

日本固有種のホットスポット解析

2010年2月までに，約18万件の固有種の標本データが収集された．内訳は国立科学博物館収蔵分が約10.2万件，所蔵標本のデータ入力に協力いただいた3大学（北海道大学，金沢大学，琉球大学）から約1.8万件，S-Netに登録された国内の自然史系博物館計18館からのデータ約6万件であった．解析にあたっては2次メッシュ（約10 km四方，日本全体は4866のメッシュに分割される）の単位で分布情報を集計することとした．前述の通り産地情報の精度が低い標本が多く，さらに小さい単位での解析はあまり意味がないと考えられたからである．メッシュごとに固有種の種数を集計したところ，有名な採集サイトやデータ提供機関の分布によるバイアスがかかっていることが明らかに読み取れる結果となった（図1）．不足地域の標本データを短期間で補うことは現実的ではないことから，不足データは生態ニッチモデリング ecological niche modeling を用いた分布予測で補うこととした（図2）．この手法では，与える分布情報が乏しい種や歴史に強く影響された分布を持つ種では実態に合わない分布が予測されることがあり，今回は274分類群に限って予測された分布を集計に用いた．また，「狭分布種の集中地域を見出す」という本来の趣旨を重視して，分布域の狭さによる重み付けも行うことにした．ただし，現在の分類群の認識が一般的な生物学的種概念と著しく乖離している可能性のある群（イネ科タケ亜科，キク科アザミ属など）は解析対象から外した．このような方法で求めたメッシュ毎の得点（「固有種指数」と呼ぶ）を集計し地図上に示したのが図3である．この地図では，少なくとも我々の持っている直感とも大きくは矛盾しない結果が得られているのではないだろうか？

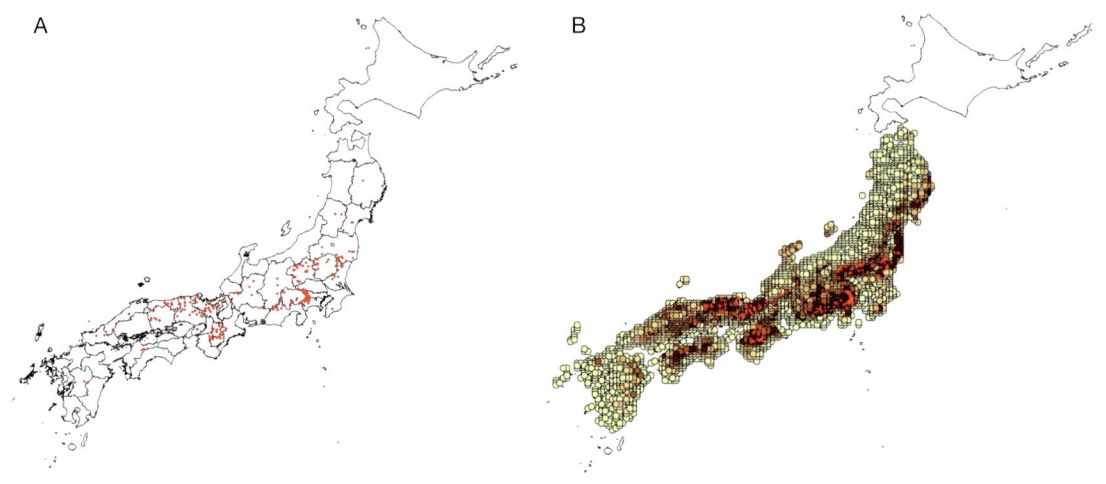

図2　A: イヌブナ Fagus japonica の標本分布．B: A の分布情報を用い，生態ニッチモデリングによって予測したイヌブナの分布．茶色の地点ほど分布確率が高い．北海道にはイヌブナの自生は知られていないため，分布予測の対象としなかった．

日本国内のホットスポット

　具体的に固有種指数が高い地点を見てみよう．最も高い値が記録されたのは，小笠原諸島父島である．同じ小笠原諸島の母島も3位にランクインしている．大洋島である小笠原諸島には100種以上の固有植物が知られている（本書「島の固有種」参照）．狭い面積にこれだけの数の固有種が集中している地点は国内には他に見あたらず，当然とも言える結果である．第2位の屋久島は，小笠原諸島とは異なり大洋島ではないため，その固有種は周辺地域に姉妹種が生育しているものが多い．南日本では稀少な宮之浦岳（標高1936 m）の山岳環境や，急峻な谷間を流れる河川沿いの環境などに適応して，比較的新しい時代に分化した新固有種が多いと考えられ，実際に変種レベルの固有が多い．第4位の奄美大島の湯湾岳周辺は，国立・国定公園に指定されておらず地味な印象があるが，特に住用川流域には世界でここでしか見られない植物が多い．住用川に固有種が集中する要因については説得力のある仮説が提唱されておらず，今後の研究課題と言えるだろう．第5位から第10位は全地点が高山植物が集中する山岳である．第6位（北岳・仙丈ヶ岳），第8位（八ヶ岳），第9位（赤石岳）はいずれも中部山岳地域に位置する標高2500〜3000 m級の高山で，固有種も草本のいわゆる高山植物が大半である．寒冷期に北方から侵入した種が高標高地に遺存状態で置かれている間に独自の種に分化したと解釈することができる．山岳ではあるが，島状に隔離された生育環境によってもたらされた固有種とも捉えられよう（序論参照）．一方，第5位の夕張岳，第7位のアポイ岳，第10位の早池峰山は北海道から北東北に位置するいずれも標高2000 m以下の山岳である．どの山岳も超塩基性岩地帯を擁する点で共通し，固有種も超塩基性岩地帯に特異的に見られる（序論参照）．これらの地域は，気候的な観点からは北方との遺伝的交流の機会は少なくないことが予想される（例えば大雪山の高山植物は多くが固有種ではなく，サハリンなどとの共通種である）．超塩基性岩という稀な基質を好む特性によって，分布拡大の機会が限られているのかもしれない．

　さて，日本列島全体で固有種指数の分布を眺めるとどんなことが言えるだろうか？　フォッサマグナ地域やソハヤキ地域といった日本の植物地理学の議論でしばしば用いられてきた地域は，確かに固有種指数も高い傾向が見られるが，その成因についてはさらなる研究が必要といえるだろう．島嶼部を除く主要4島では，内陸の山地で指数が高く，海岸近くや平野部で指数が低くなる傾向が見られる．非固有種の分布情報が未だ揃っていないため比較ができないが，この傾向は日本の植物の多様性の一般的な分布を反映しているのかもしれない．島嶼部では，標高差の大きい島では指数が高めになるのに対し，隆起珊瑚礁の島のように標高が低い島では概して指数が低い．これも固有種に限った傾向ではなく，一般的な植物の多様性と対応している可能性が高い．

　世界や日本国内の生物多様性の高さの分布を，

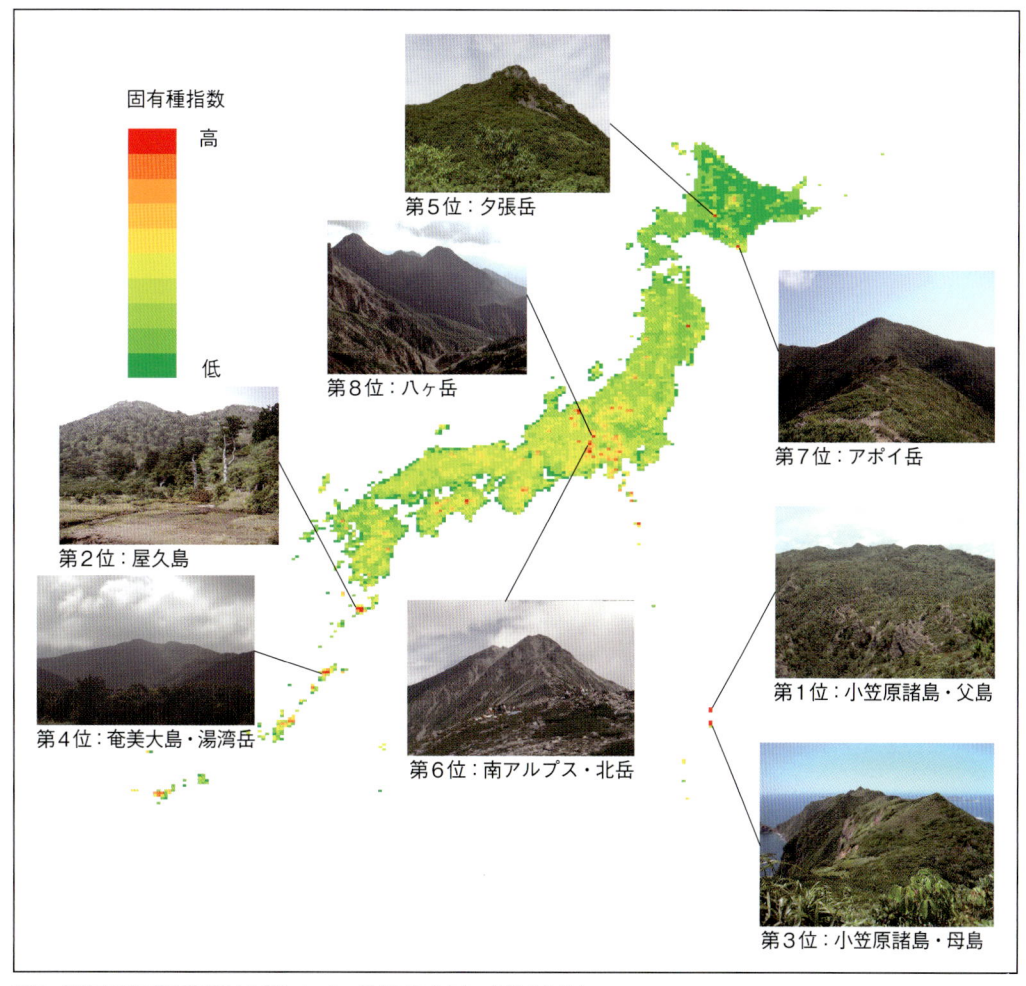

図3　維管束植物「固有種指数」の2次メッシュ単位での分布と，指数上位地点．
撮影：海老原淳（屋久島，夕張岳），加藤英寿（父島，母島），國府方吾郎（湯湾岳），樋口正信（北岳，八ヶ岳），綿野泰行（アポイ岳）．

維管束植物の固有種のみに代表させるのは実際には無理があるという見方が大勢である．生物群毎に種多様性の分布パターンを比較しても一致するとは限らないという報告（Prendergast et al. 1993）や，固有種数と全種数の豊富さは必ずしも対応していないという報告（Orme et al. 2005）もある．しかし，現時点で利用可能な情報を保全の施策に最大限活かしていくことは必要である．今回の固有種指数上位10地点に限っても，そのうち2地点（奄美大島湯湾岳周辺，北海道夕張岳）は国立・国定公園の指定地域外であった．本プロジェクトで得られた分布データの一部が，環境省の国立・国定公園総点検事業の基礎資料の一つとして活用され，結果として両地域とも国立公園に新規指定する方針が2010年秋に発表されたのは喜ばしいニュースである．なお，固有植物のホットスポット解析に先立って行った絶滅危惧植物（環境省2007年版レッドリストに基づく）集中地域の解析結果を，今回の結果と比較すると，本州中部の高山が「ホットスポット」となる傾向は共通して見られ，日本固有植物のおよそ3分の1の種類がレッドリストにも掲載されているという深刻な現状を如実に示している．

引用文献

Crisp, M. D., S. Laffan, H. P. Linder and A. Monro. 1991. Endemism in the Australian flora. J. Biogeogr. 28: 183-198.

Myers, N. 1998. Threatened biotas: 'Hot spots" in tropical forests. Environmentalists 18: 187-208.

Orme, C. D. L., R. G. Davies, M. Burgess, F. Eigenbrod, N. Pickup, V. A. Olson, A. J. Webster, T.-S. Ding, P. C. Rasmussen, R. S. Ridgely, A. J. Stattersfield, P. M. Bennett, T. M. Blackburn, K. J. Gaston and I. P. F. Owens. 2005. Global hotspots of species richness are not congruent with endemism or threat. Nature 436: 1016-1019.

Prundergast, J. R., R. M. Quinn, J. H. Lawton, B. C. Eversham and D. W. Gibbons. 1993. Rare species, the coincidence of diversity hotspots and conservation strategies. Nature 365: 335-337.

生物多様性と植物園

國府方吾郎

　2010年は国連の定める「生物多様性年」であり，10月には名古屋市で生物多様性条約第10回締約国会議（通称，COP10）が開催されたこともあり，最近，生物多様性を取り上げた話題に事欠かない．一方，2010年，生物多様性保全のための絶滅危惧種減少阻止の国際計画は達成できなかったことが国連生物多様性条約事務局から発表され，現在でも絶滅危惧植物の加速度的な増加は改善されていないことが明らかとなった．そのなかでも日本は世界の生物多様性ホットスポット34地域の1つに指定されたことからもわかるように，生物多様性減少の抑制が早急の課題となっている．これらの深刻な現状に反し，2009年に実施された内閣府調査によると，回答した国民の6割が生物多様性という言葉さえも聞いたこともないという結果が示され，日本社会の生物多様性に対する認識の脆弱性が浮き彫りとなった．この現状のなか，自然史系植物園として生物多様性保全についてどのようなことを行うべきかを考えてみたい．

　自然史系植物園である国立科学博物館筑波実験植物園では当館植物研究部と協力し，生物多様性そのものであるとともにその基盤をなし，人類にとっては生態系サービスの主要因子である維管束植物に重点を置いて，'植物多様性を「知る」・「守る」・「伝える」'を大きなテーマとしている．このテーマこそが自然史系植物園に求められている生物多様性保全に対する学術的かつ社会的な役割であると確信している．

「知る」＝学術研究

　今日，生物多様性保全は生態学から経済学に至るまで多岐分野からのアプローチによって研究が行われている．そのうち，筑波実験植物園では，絶滅危惧植物を主対象とした自然史研究，その成果によってもたらされる生物多様性保全のための基盤資料の充実を積極的に推進している（図1）．特に，日本産絶滅危惧種の固有性

図1　国外共通と考えられている植物種の中には日本固有とすべき種が含まれる（クスノキ科　イトスナヅル）．

図2　多くの生物間の相互関係は未だその実体が明らかになっていない（タイワンイワタバコとコハナバチ類）．

図3 筑波実験植物園で系統維持されている絶滅危惧植物 オオシマノジギク.

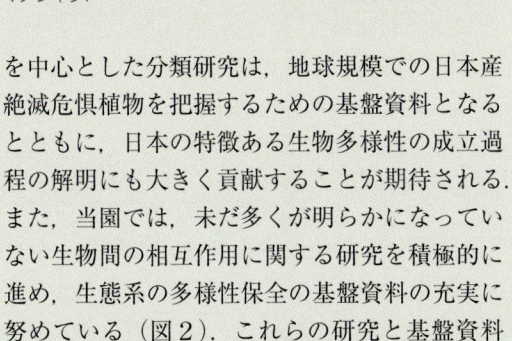

図4 筑波実験植物園「生命(いのち)を支える多様性区」の日本庭園.

を中心とした分類研究は，地球規模での日本産絶滅危惧植物を把握するための基盤資料となるとともに，日本の特徴ある生物多様性の成立過程の解明にも大きく貢献することが期待される．また，当園では，未だ多くが明らかになっていない生物間の相互作用に関する研究を積極的に進め，生態系の多様性保全の基盤資料の充実に努めている（図2）．これらの研究と基盤資料の充実が確実な生物多様性保全につながる．

「守る」＝保全

ある植物種について種内の遺伝的多様性を維持して保全するには十分な空間が必要であり，面積の限られた植物園で行うことには限界がある．しかし，植物園における絶滅危惧植物の系統維持は，遺伝子資源の確保以外に他機関への提供を含む研究試料としての活用，社会発信の展示資料としての活用を行うことができることに意義がある（図3）．この系統維持植物の活用は，重複採取を減少させて自生地へのダメージを最小限に抑え，自生地内保全を推進させる効果もある．穀類など既知の有用植物の系統維持とは性格が若干異なる絶滅植物種の系統維持は，潜在的有用性を含めた将来の研究のためにも自然史系植物園が担うべき役割である．

「伝える」＝社会発信

先に述べたように生物多様性の深刻な現状と反し，日本における生物多様性の社会的理解は非常に脆弱である．その理由は，多くの国民にとって生物多様性とは学術用語に過ぎず，自身の生活とはあまり関係しないという誤認によることが多い．それを解決するには，人類は生物多様性の恩恵を受けながら生きている，つまり，生物多様性なくして我々人類は生きていくことができないことを知ってもらうことが必要である．筑波実験植物園では「生命（いのち）を支える多様性区」（図4）を新設し，人類の生活を支える様々な主要植物を植栽展示し，生物多様性を身近に感じてもらいながらその重要性を社会発信している．古来より日本では，衣食住はもとより和歌や日本庭園などにいたるまで様々な生物を取り込んで独自の文化を築いてきた．その背景から日本社会では生物多様性の重要性をすぐに理解できる素地がすでに整っており，社会発信をする側が工夫をすれば全国的な社会発信によって多くの国民に生物多様性を広く深く理解してもらうことも難しくない．そして，この国民理解こそが，全国規模，ひいては地球規模での生物多様性の保全を行ううえでの重要な社会基盤となる．

固有植物の環境

門田裕一

　日本の多様な植物はさまざまな環境に生え，固有種もそれぞれの環境に適応している．ここでは，固有種の代表的な環境をいくつか紹介する．

日本海側と太平洋側

　日本列島は脊梁山脈を挟んで日本海側と太平洋側に分かれ，とくに冬期の天候は対照的である．北海道から本州中部にかけての日本海側多雪地帯に分布する植物は日本海要素と呼ばれる．この場合の日本海とは日本海型気候の意味で，冬型のいわゆる西高東低の気圧配置になった時に大量の降雪が見られる地域のことである．大量の積雪は冬期に植物を保護するとともに，一斉に芽吹く春には豊富な融雪水をもたらす．ここに多くの固有植物が生育している．日本海要素の中身には古固有と新固有の2種類が認められる（古固有，新固有については「固有種の起源」を参照）．古固有の例としては，1科1属1種の日本固有として知られるシラネアオイや1属1種のトガクシソウやオサバグサなどがあり，近縁種は見当たらない．一方，新固有とみられる植物にはハイイヌガヤやヒメアオキ，ユキツバキなどがあり，それぞれに近縁な植物が太平洋側地域にある．

　太平洋側では，九州山地，四国山地，紀伊山地の主に温帯域に分布する植物が知られている．そのような分布を示す植物をソハヤキ（襲速紀）要素という．しかし，現在では範囲をさらに東に拡げて，九州山地から関東山地を経て日光山地に達する地域を指すことが多い．ソハヤキ要素が分布する地域を逆にソハヤキ地域と呼ぶこともある．ソハヤキ地域は西南日本の骨格を成し，古い地史を有している．ソハヤキ要素の植物は温帯から中間温帯の林内や渓谷に多く生育している．ソハヤキ要素にも古固有と新固有がある．古固有とみられるものには，キク科オオモミジガサ（単型属）やシソ科シモバシラなどがある．新固有種には，前掲の日本海側地域に対応するイヌガヤ，アオキ，ヤブツバキなどがある他，キク科コウモリソウ属やシソ科アキチョウジ属のイヌヤマハッカ類のように，本州中部で複雑な分化を遂げているものもある．

高山

　北海道から本州中部には高山が連なり，山頂部には高山帯が成立する（図1）．この高山帯にはいわゆる高山植物が生育する．高山帯といってもその生育環境は一様ではなく，斜面に成立する高茎草原（お花畑），岩礫地，雪田などさまざまである．岩礫地にはバラ科のチョウノスケソウを代表とする周北極要素の植物が多く見られ，固有種は多くない．ただし，ヒナリンドウ，ヒメセンブリなどはアジア大陸の高山に分布する植物と同一種とみなされているが，検討を要する．

　固有種の多くは草地や砂礫地に見られる．キンポウゲ科トリカブト属，ゴマノハグサ科ルリトラノオ属・コゴメグサ属，キク科アザミ属・トウヒレン属・ウスユキソウ属などが代表的な例である．とくにトリカブト属やアザミ属の高山性の種群は近縁種がどこにも見られない日本固有のグループである．日本列島では高山帯が山岳の上部に限られるため，高山帯は島のように隔離的に分布している．このため，高山帯における地理的な分化は島嶼における分化と似た側面をもっている．結果として，山系毎に固有の種が分布する．また，上述の日本海側地域と太平洋側地域の対比は高山帯にも見られ，とくに本州中部の山岳地帯で明瞭に観察される．

　雪田は北海道から本州中部の日本海側多雪地に

図1　高山帯の代表的な景観（静岡県荒川三山）．

図2 カンラン岩地域(愛媛県東赤石山).

図3 琉球石灰岩(沖縄県万座毛).

特徴的に見られる傾斜の緩い斜面で，そこには夏の遅い時期まで雪が残る．雪田の周囲には豊富な融雪水に支えられた湿性の草原が成立する．こうした湿性草原の成立にはもちろん大量の降雪が必要であるが，それに加えて夏季に十分高温になることが必須の条件となる．このように，雪田に結びついた植生は日本列島の高山の植物相を特徴づける重要な要素である．雪田に結びついた固有種としてはサクラソウ科のヒナザクラやハクサンコザクラなどがあげられる．

特殊な土壌

冒頭の「日本の固有植物」で述べられているように，超塩基性岩地と石灰岩地などは他とは非常に異なっている．超塩基性岩とは蛇紋岩やカンラン岩などを指す．超塩基性岩を基岩とする土壌は貧栄養で，かつ植物の生育にとって有害なニッケルやクローム，マグネシウムなどを含んでいる．この化学的な面に加えて，土砂崩れを起こしやすいという物理的な面があり，植物の生育に適していない．超塩基性岩植物はこうした環境に耐えて生育する．この植物は，矮小性，葉の光沢，葉の下面や茎が紫色を帯びるなどという形態的特徴を共通にもつ．北海道の日高山脈や夕張山地，岩手県早池峰山，尾瀬至仏山，北アルプス白馬岳とその周辺，広島県猫山，愛媛県東赤石山（図2）などの超塩基性岩地が固有種の多い地域として知られている．超塩基性岩植物にも古固有と新固有が認められる．古固有種には，オゼソウ（道北地域と群馬県至仏山や谷川岳とその周辺），ナンブイヌナズナ（日高山脈北部と早池峰山），新固有種にはホソバトウキやシソバキスミレなどがある．

石灰岩はカルシウムを過剰に含み，断崖を成すことが多く，土壌は乾燥しやすいという性質があり，ここも植物の生育に適していない．日本列島の全域に石灰岩地域があり，各々の地域に固有種が生育している．北海道の夕張山地（崕山）や狩場山地（大平山），本州では北上山地，阿武隈山地，関東山地，南アルプス，伊吹山地，鈴鹿山脈，紀伊山地，阿哲台・帝釈台などにはキリギシソウやオオヒラウスユキソウなど多くの石灰岩固有種が分布し，この他にも四国山地，九州山地，琉球などに多くの固有種が見られる．とくに，琉球列島に広く分布する琉球石灰岩地は沿海地にも見られ，ハナコミカンボクやオキナワスミレなど亜熱帯性の固有植物が見られる（図3）．

火山地域

日本列島は火山列島でもあり，各地に火山がある．そのうち，火山地域に固有種が見られるのは富士箱根地域（フォッサマグナ地域の南半部）のみである．植物地理学で富士箱根要素あるいはフォッサマグナ要素と呼ばれる一群の植物がある．しかしながら，その中身はこの地域に分布域が重なるのみで，火山活動との関連が示唆されるものは次の2例である．それらは，ユキノシタ科のフジアカショウマとキンポウゲ科のオオサワトリカブトである．フジアカショウマはブナ帯以上の風当たりの強い草原的な環境に，近縁なアカショウマは富士箱根地域ではモミ・ツガ帯以下の夏緑林林縁に生えるというように生態的に棲み分けている．オオサワトリカブトは富士山の五合目付近に生育するもので，火山活動の結果生じた裸地的環境に適応した新固有の植物と考えられる．

阿蘇山，久住山，霧島山の山麓部には広大な，九州ならではの火山性草原が展開する．ここには

図4　高層湿原（群馬県尾瀬）．

ヒゴタイ，ハナシノブなどの絶滅を危惧される植物が数多く生育するが，これらは満鮮草原要素と呼ばれる植物群であって，日本固有ではない．この草原に生育する固有植物は数が少なく，ツクシフウロ，アソノコギリソウ，アソタカラコウなどが挙げられる．

湿原

水分は植物にとって必須の成分だが，過剰な水分は植物にとって逆に害を及ぼす．一般的に水分が過剰な止水域には，狭義の湿原のほか，湖沼，水田，干潟などいわゆる湿地（英語の wetland）などがあり，固有植物は湿原に出現する．湿原には尾瀬ヶ原（図4）やサロベツ原野に代表される高層湿原と，釧路湿原に代表される低層湿原がある．サロベツ原野や釧路湿原は規模が大きいが北方系の植物（寒地植物）が大部分を占め，固有種はほとんどない．尾瀬ヶ原は本州では規模が大きく，周囲を山岳に囲まれているために地理的に隔離された形となり，オゼヌマアザミ，オゼコウホネ，オゼキンポウゲなどいくつかの固有種が生育する．

丘陵地の浅い谷の源頭部には谷戸（谷津，谷地とも）と呼ばれる小規模の湿地があり，シデコブシやハナノキで代表される東海丘陵要素やホシクサ科の固有植物はこのような環境に生育する．

川沿い

日本列島では雨期と乾期がはっきりしているので，季節毎に河川の流量が明瞭に異なる．また，河川そのものの規模や流域も大陸の河川に比べて明らかに狭い．このため，日本の河川では中流域に河原という地形ができる．河原は定期的に撹乱を受け，渇水期には高温と乾燥にさらされ，増水期には栄養分が流される．植物にとっては過酷な環境である．カワラノギクはこのような環境に生育する．これらの植物は次の典型的な渓流沿い植物と同様，線形の葉をもつ．

河川敷は木本植物が混じった草原となり，満鮮草原要素と呼ばれる植物が生育する．これらはアジア大陸系のもので，日本の固有植物は少ない．固有植物としてはセリ科のエキサイゼリ（固有属）がある．

降水量の多い地域では河川，とくに上流部では降雨後に流量が急激に変動する．そのような環境に適応した植物群は渓流沿い植物と呼ばれ，ふつうは陸生植物として生活するが，増水時には急流中で耐えなければならない．日本では琉球列島に多くの渓流沿い植物が知られている．渓流から離れたところにその祖先種と考えられる植物が生育している．例えば，ゼンマイとヤシャゼンマイ，キッコウハグマとホソバハグマ（いずれも後者が渓流沿い植物）のように渓流沿い植物が生える河川近くの陸上に近縁種が生育することもある．渓流沿い植物には分類群が違っても共通した特徴があるが，中でも葉が細長い狭葉の性質は顕著である．狭葉は冠水中の水流に対して抵抗を低くするためと考えられている．渓流沿い植物は，祖先種が渓流沿いという環境に適応分化したと考えられるため，新固有の植物といえる．渓流沿い固有種にはアワモリショウマ，ケイリュウタチツボスミレなど約30種（変種を含む）が知られている．

島嶼

島嶼は大洋島と大陸島の二つに大別される（大洋島の固有種については「島の固有種」参照）．琉球列島や対馬，佐渡ヶ島，伊豆諸島，礼文島，利尻島などは大陸島である．それぞれ，近傍のアジア大陸各地域のフロラに深い関連があり，石灰岩地，火山地域，高山とそれに似た環境に固有種が生育している．とりわけ，屋久島の上部温帯域にはイッスンキンカ（キク科），ヒメウマノアシガタ（キンポウゲ科）など矮小植物が生えている．

II
日本の固有植物図鑑

日本の固有植物図鑑

- 日本の陸上植物（種子植物，シダ植物，コケ植物）の全固有分類群（亜種・変種を含み，品種・雑種は除く）を解説している．
- ここでの「日本」には南千島・歯舞諸島を含んでいる．
- 固有植物の和名は初出時に太字で示されている．
- Flora of Japan（1993-，講談社サイエンティフィク）で固有とされながら，本書で固有種から除外した種については，できるかぎりその根拠を記述した．
- 種子植物の科の分類は新エングラー体系（H. Melchior, A. Engler's Syllabus der Pflanzenfamilien, ed. 12, vol. 2, 1964）に基づくが，シラネアオイ科を認めるなどの点で一部改変している．今後は分子系統に基づいた分類体系が標準となることが予想されるため，その最新版である APGIII 分類体系（Angiosperm Phylogeny Group, Bot. J. Linn. Soc. 161: 105-121, 2009）で現行の科の扱いがどう変更されるかに言及した．
- シダ植物の科の分類は，分子系統に基づいた分類体系（Smith *et al*., Taxon 55: 705-731, 2006）に準拠し，そこで扱われていない小葉類については現行の分類を踏襲した．
- コケ植物の科の分類は，分子系統に基づいた分類体系（B. Goffinet & A. J. Shaw, Bryophyte Biology, 2nd ed., 2009）に準拠したが，オオトラノオゴケ科を認めるなどの点で一部改変している．なお，科の配列は「日本の野生植物　コケ（2001，平凡社）」によった．
- 科内の属の配列は，属の和名の五十音順とした．属内の種の配列は順不同である．なお，種数の多い属については属内分類群毎に配列している場合もある．
- 固有分類群の初出時には学名を併記しているが，前出のものと種内分類群の関係にある場合は種名を省略している．また，基準亜種・変種の自動名はスペースの都合で原則省略している．正確な学名については，「日本固有植物目録」を参照されたい．
- 主要な固有植物の写真を右列に掲載している．なお，写真が掲載されている種は本文中の和名に*を付している．

種子植物

被子植物

双子葉類

離弁花類

ヤナギ科 Salicaceae

　主に北半球の亜熱帯から亜寒帯に分布する．世界に54属1200種，日本に2属35種，日本の固有植物は8種1亜種．APGIII 分類体系でも科の取り扱いは基本的に変更ないが，従来イイギリ科に分類された属の一部が加えられている．

ヤナギ属 *Salix*　［分布図1〜10］

　ヨシノヤナギ *S. yoshinoi* は本州（近畿，中国），四国に分布する高木である．**シロヤナギ** *S. jessoensis* は北海道，本州（東北から近畿（滋賀））に分布し，**コゴメヤナギ*** subsp.（serissifolia）は本州（東北南部，関東，中部，近畿）に分布する．シロヤナギとコゴメヤナギは高木で河畔に多くみられ，枝は分岐点で折れやすい．コゴメヤナギは成葉と花穂が小さく，子房の毛はあっても基部のみであることなどでシロヤナギと区別される．**シバヤナギ*** *S. japonica* は本州（東北南部，関東，中部）に分布する．低木で，高さは1〜2 m ほどで，枝はやや水平にでて，先端は多少枝垂れるものが多く，丘陵地に生える．**シライヤナギ** *S. shiraii* は本州（東北南部，関東北部，長野）に分布する．シバヤナギに似るが，分布はさらに狭く，山地の崖地や岩上などに生える．**コマイワヤナギ** *S. rupifraga* は本州（群馬，長野，山梨）に分布する．小低木で，高さは0.5〜1 m ほどで，枝は短くやや密に分岐して横に開く．山岳地帯の崖地の岩場などに生える．**ヤマヤナギ*** *S. sieboldiana* は本州（近畿以西），四国，九州に分布する．低木または小高木で，若枝にはビロード状綿毛が密生するが，のちに無毛となる．丘陵地から山岳地帯にかけて広く生える．**ユビソヤナギ** *S. hukaoana* は本州（岩手，宮城，福島，群馬）に分布する．高木で，樹冠は丸い．枝の樹皮をはがすとその内面は美しい黄色である．河畔に生える．**オオキツネヤナギ** *S. futura* は本州（東北南部から近畿）に分布する．キツネヤナギに似るが，小枝がやや太く，若枝に毛が多いこと，葉が大きいこと，葉裏面主脈上に伏した長軟毛があることで区別される．**キツネヤナギ** *S. vulpina* は南千島，北海道，本州，四国，九州（福岡）に分布する．葉と苞などに鉄サビ色の毛があるのが特徴である．西日本のものは花穂の基部に葉がないか，あるいはごく小さな葉がある．（秋山忍）

コゴメヤナギ *Salix jessoensis* subsp. *serissifolia*（兵庫県三田市，1994.04，橋本光政撮影）

シバヤナギ *Salix japonica*（神奈川県湯河原町，1996.04，勝山輝男撮影）

ヤマヤナギ *Salix sieboldiana*（兵庫県蘇武岳，2006.06，橋本光政撮影）

カバノキ科 Betulaceae

主に北半球の温帯を中心に分布する．世界に6属140種，日本に5属30種，日本の固有植物は12種2変種．APGIII分類体系でも科の扱いに変更はない．

イヌシデ属 Carpinus　［分布図25］

クマシデ* *C. japonica* は本州，四国，九州に分布する．高木で，中国・朝鮮などにも分布するサワシバ *C. cordata* に似るが，葉は基部がわずかに浅心形または円形で，幅が狭い．

カバノキ属 Betula　［分布図17〜24］

ウダイカンバ *B. maximowicziana* は南千島，北海道，本州（福井・岐阜以北）に分布する．高木で，果穂は2〜4個つき，下垂する．**ネコシデ** *B. corylifolia* は本州（近畿以北）に分布する．高木で，葉の裏面は著しい粉白色で，果穂は単生し，直立する．亜高山に生える．**ダケカンバ** *B. ermanii* は朝鮮半島，中国，サハリンなどに広く分布し，変異が多いが，本州（中部，関東北部）に分布する変種**ナガバノダケカンバ** var. *japonica* は，葉は三角状長卵形で14〜15の側脈がある．**ヒダカヤエガワ** *B. davurica* var. *okuboi* は，北海道（アポイ岳）に分布し，果鱗の中裂片の長さが側裂片の2倍ほどである．**チチブミネバリ** *B. chichibuensis* は本州（秩父）に分布する（岩手県から報告があるが，検討を要する）．小高木で，石灰岩地帯の岸壁や尾根筋に生える．果穂は直立する．**アポイカンバ*** *B. apoiensis* は北海道（アポイ岳）に分布し，最近の研究ではダケカンバとヤチカンバ *B. ovalifolia* の交雑に起源する4倍体種とされる．高さ1mほどの低木．葉は長さ1.5〜4cmほどで小さく，尾根沿いの斜面に生える．**ジゾウカンバ** *B. globispica* は本州（関東，中部東部）に分布する．高木で，葉は広卵形で，長さ4〜10cmほどで，山岳地帯の岩尾根などに生える．**ミズメ** *B. grossa* は本州（岩手以西），四国，九州（高隈山以北）の山地に分布する．高木で，枝は折るとサリチル酸メチル臭がする．

ハンノキ属 Alnus　［分布図11〜16］

オオバヤシャブシ* *A. sieboldiana* は本州（関東から紀伊半島），琉球（諏訪之瀬島）に分布する．大型の低木または小高木で，雄花序には柄がなく単生し，花は葉芽の展開と同時に開き，果実には翼が発達する．葉は狭卵形である．**ヤシャブシ** *A. firma*（品種ミヤマヤシャブシ f. *hirtella* を含む）は本州，四国，九州に分布する．オオバヤシャブシに似るが，雌花序は枝先または葉腋に1〜2個つく．**ヤハズハンノキ** *A. matsumurae* は本州北部と中部に分布する．葉は倒心円形で長さ5〜10cmほどである．**サルクラハンノキ** *A. hakkodensis* は本州（八甲田山）に分布する．葉は円形で先端はいちじるしく凹入し，基部は心形で，長さ1.5〜4cmほどである．**ミヤマカワラハンノキ** *A. fauriei* は本州北部と中部の日本海側に分布する．葉は倒卵形から倒心円形で先はしばしば凹入する．多雪地帯のやや湿った山の斜面に生える．**カワラハンノキ*** *A. serrulatoides* は本州中部，南部，四国に分布する．葉は広倒卵形で先は円形である．川岸などに生える．（秋山忍）

クマシデ *Carpinus japonica*（滋賀県高島市，2008.07，高橋弘撮影）

アポイカンバ *Betula apoiensis*（北海道アポイ岳，2010.06，奥山雄大撮影）

オオバヤシャブシ *Alnus sieboldiana*（茨城県つくば市（栽培），2006.03，植村仁美撮影）

カワラハンノキ *Alnus serrulatoides*（茨城県つくば市（栽培），2006.08，佐藤絹枝撮影）

ブナ科 Fagaceae

世界の温帯から亜熱帯に分布するが，北半球に種数が多く，世界各地の森林を構成する主要樹種であるものが多い．世界に7属970種，日本に5属30種，日本の固有植物は5種2亜種4変種．APGIII分類体系では，ナンキョクブナ属 Nothofagus が独立科として扱われている．

コナラ属 Quercus　［分布図30〜35］

ミヤマナラ* Q. crispula var. horikawae は北海道，本州（中部以北の日本海側亜高山帯）に分布する．**フモトミズナラ** Q. serrata subsp. mongolicoides は本州（関東北部，東海地域）に分布する．しばしばモンゴリナラ Q. mongolica とされてきたが，モンゴリナラは日本には分布しない．**マルバコナラ** Q. serrata var. pseudovariabilis は四国に，**アオナラガシワ** Q. aliena var. pellucida は本州（長野・愛知以西），九州に，**ハナガガシ*** Q. hondae は四国，九州に，**アマミアラカシ** Q. glauca var. amamiana は琉球（奄美大島以南）に，**オキナワウラジロガシ** Q. miyagii は琉球（奄美大島以南）に，それぞれ分布する．

シイ属 Castanopsis　［分布図26］

オキナワジイ C. sieboldii subsp. lutchuensis は琉球（奄美大島以南）に分布する．基準変種のスダジイに比べて，殻斗は一回り大きく，堅果も長さ1.5〜1.7cmと大きい．

ブナ属 Fagus　［分布図27〜28］

ブナ* F. crenata は北海道西南部，本州，四国，九州（大隈以北）に分布する．葉は若い時を除いて葉脈以外ほとんど無毛であり，側脈は7〜11対．果期の総苞は長さ2〜2.5cmほどである．**イヌブナ** F. japonica はブナに似るが成葉の側脈が多く（10〜14対），下面に毛があり，本州（岩手以南の主に太平洋側），四国，九州（熊本以北）に分布する．果期の総苞は長さ5mmほどで，堅果の半分くらいである．

マテバシイ属 Lithocarpus　［分布図29］

マテバシイ L. edulis は九州，琉球に分布する．関東以南ではしばしば植栽され，それらや，それらから生じた株が野生化している．（秋山忍）

ニレ科 Ulmaceae

主に北半球の熱帯から温帯に分布する．世界に7属50種，日本に5属11種，日本の固有植物は1種．APGIII分類体系ではエノキ属などがアサ科へと移動された．

エノキ属 Celtis　［分布図36］

クワノハエノキ* C. boninensis は本州（山口），九州（西海岸），琉球，小笠原に分布する落葉樹である．小枝はふつう無毛で，果実は赤褐色に熟する．小笠原に生育する植物は，小枝や葉柄に毛があり，半常緑性である．（秋山忍）

ミヤマナラ Quercus crispula var. horikawae（新潟県巻機山，1979.08，能城修一撮影）

ハナガガシ Quercus hondae（宮崎県西都市，2009.10，黒木秀一撮影）

ブナ Fagus crenata（茨城県つくば市（栽培），2008.04，佐藤絹枝撮影）

クワノハエノキ Celtis boninensis（沖縄県与那覇岳，2009.11，勝山輝男撮影）

クワ科 Moraceae

世界の熱帯から温帯に広く分布する．世界に38属1150種，日本に6属27種が分布し，日本の固有植物として5種が知られている．APGIII分類体系では一部の属がアサ科へと移動した．

イチジク属 Ficus　　［分布図37～39］

オオヤマイチジク *F. iidaiana* は小笠原（母島）に分布する．イヌビワ *F. erecta* に似るが，常緑高木で，イチジク状花序は径10～15 mmで洋ナシ形である．トキワイヌビワ *F. boninsimae* は小笠原（硫黄島を含む）に分布する．オオヤマイチジクに似るが，低木であり，イチジク状花序は径7～8 mmである．オオトキワイヌビワ* *F. nishimurae* は小笠原（父島，母島）に分布する．トキワイヌビワより葉が大きく，より高所の高木林内に生える傾向がみられる．

クワ属 Morus　　［分布図40～41］

ハチジョウグワ* *M. kagayamae* は伊豆諸島と伊豆半島南部に分布する．落葉高木で，ヤマグワ *M. australis* に似るが，葉は厚く，裏面はほとんど無毛で，表面に毛状突起がなく，花柱は基部で約2 mmほど合生する．オガサワラグワ *M. boninensis* は小笠原（父島，母島）に分布し，花柱はほぼ基部まで離生する．小笠原に移植され野生化しているヤマグワと交雑して，純粋のオガサワラグワの若木は見当たらないといわれている．（秋山忍）

イラクサ科 Urticaceae

熱帯から温帯にかけて48属1050種，日本には14属62種，日本の固有植物は14種3変種．APGIII分類体系でも科の扱いに変更はない．ソハヤキミズ *Pilea sohayakiensis* については日本固有種とする見解と，中国産 *P. swinglei* と同種とする見解がある．

ウライソウ属 Procris　　［分布図59］

熱帯アジアに16種が分布する．日本固有種として小笠原諸島（母島）に分布するセキモンウライソウ* *P. boninensis* が分布する．自生地である石門は他の絶滅危惧植物も多く分布する貴重な場所であるが，石灰岩の崩落による環境変化によって稀少種の個体数が激減している．

ウワバミソウ属 Elatostema　　［分布図51～57］

熱帯を中心に約300種が知られている．トキホコリ *E. densiflorum* とヤマトキホコリ *E. laetevirens* は北海道から九州にかけて，ヒメウワバミソウ *E. japonicum* は本州から九州にかけて分布する．屋久島にヒメトキホコリ *E. yakushimense*，奄美大島にアマミサンショウソウ* *E. oshimense*，沖縄島にクニガミサンショウヅル *E. suzukii*，与那国島の湿潤な環境にヨナクニトキホコリ* *E. yonakuniense* が，琉球列島固有種としてそれぞれわずかに分布する．

カラムシ属 Boehmeria　　［分布図42～50］

熱帯を中心に80種が分布する．葉形の種内変異が著しく，種間雑種が報告されており，分類が不明瞭な場合もある．強靭な繊維を含み，衣類，紙の原料として利用される有用植物．ヤブマオ *B. japonica* var. *longispica* は北海道から九州にかけて，コバノコアカ

オオトキワイヌビワ *Ficus nishimurae*（東京都小笠原智島，2008.07，加藤英寿撮影）

ハチジョウグワ *Morus kagayamae*（静岡県伊東市，1994.05，八田洋章撮影）

セキモンウライソウ *Procris boninensis*（東京都小笠原母島，2004.06，加藤英寿撮影）

アマミサンショウソウ *Elatostema oshimense*（鹿児島県奄美大島，1993.08，山下弘撮影）

ヨナクニトキホコリ *Elatostema yonakuniense*（沖縄県与那国町，2005.11，横田昌嗣撮影）

ソ *B. spicata* var. *microphylla* と**ツクシヤブマオ** *B. kiusiana* は本州から九州にかけて，**ラセイタソウ*** *B. biloba* は北海道から本州にかけて広く分布する．ラセイタソウと日本からインドシナにかけて分布するオニヤブマオ *B. holosericea* の中間型を示す**ハマヤブマオ** *B. arenicola* が，本州（東海）の太平洋側に分布する．一方，**ゲンカイヤブマオ** *B. nakashimae* は福岡に，**リュウノヤブマオ** *B. tosaensis* は高知に，**ニオウヤブマオ** *B. gigantea* は山口，高知，屋久島，種子島，トカラ列島，奄美大島，徳之島に，**ヤエヤマラセイタソウ*** *B. yaeyamensis* は石垣島，西表島と与那国島にそれぞれ分布している．

サンショウソウ属 *Pellionia*　［分布図58］

熱帯から温帯にかけて20種が知られている．ウワバミソウ属に含める見解もある．葉形，毛の量などが環境によって種内でも変異するため分類が難しい場合もある．日本固有種としては宮崎と対馬のみに分布する**ナガバサンショウソウ** *P. yosiei* 1種がある．他の本属の種と異なり，葉の裏面に0.5 mm以下の微細な毛状突起がある．また，反り返ってねじれる葉縁の鋸歯は本種とサンショウソウ *P. minima* だけにみられる特徴である．花粉稔性がないため雑種起源と推定されている．（國府方吾郎）

ビャクダン科 Santalaceae

世界の温帯と熱帯に34属540種，日本に3属4種，日本の固有植物は1種．APGIII分類体系のビャクダン科は，エングラー体系のヤドリギ科，クロンキスト体系のオオバヤドリギ科の一部を含み広く再定義された．

ビャクダン属 *Santalum*　［分布図60］

アジアからオセアニアの熱帯を中心に25種が知られている．日本の固有種として**ムニンビャクダン*** *S. boninense* が小笠原諸島の父島，母島，兄島に分布する．日当たりの良い環境に生育し，シマイスノキ，モンテンボクなどに半寄生する．遠地の株との交配でないと結実が難しいと考えられている．（國府方吾郎）

ツチトリモチ科 Balanophoraceae

世界に17属約50種，日本に1属5種，日本の固有植物は2種．APGII分類体系では系統関係は不明であったが，APGIII分類体系では，ビャクダン目に含められている．日本ではツチトリモチ属のみが知られる．

ツチトリモチ属 *Balanophora*　［分布図61〜62］

ツチトリモチ* *B. japonica* と**ミヤマツチトリモチ** *B. nipponica* が固有である．いずれも雌雄異株で雌株のみが知られる．ツチトリモチは，紀伊半島〜沖縄までの分布が知られ，花は黄色で花序は赤く，主にハイノキ属の根に寄生する．ミヤマツチトリモチは，花は黄色く花序はクリーム色からオレンジ色で，本州，四国，九州の冷温帯に生え，主にカエデ属，シデ属に寄生する．（堤千絵）

ラセイタソウ *Boehmeria biloba*（茨城県つくば市（栽培），2006.07，佐藤絹枝撮影）

ヤエヤマラセイタソウ *Boehmeria yaeyamensis*（沖縄県石垣市，2007.09，横田昌嗣撮影）

ムニンビャクダン *Santalum boninense*（東京都小笠原父島，撮影日不明，加藤英寿撮影）

ツチトリモチ *Balanophora japonica*（鹿児島県開聞岳，1990.12，岩科司撮影）

タデ科 Polygonaceae

世界の熱帯から温帯に広く分布する．世界に46属1200種あるが，特に北半球温帯に多く，日本に8属63種分布し，日本の固有植物は5種1亜種3変種．APGIII 分類体系でも科の扱いに変更はない．

イタドリ属 Fallopia ［分布図67］

ケイタドリ F. japonica var. uzenensis は北海道西南部，本州（北部と中部の主に日本海側）に分布し，基準変種イタドリと比べて茎や葉に毛が多い．**ハチジョウイタドリ** var. hachidyoensis は伊豆諸島に分布する．全体に壮大で，葉は厚く，光沢がある．

ハチジョウイタドリ Fallopia japonica var. hachidyoensis（東京都大島町，2008.10，米倉浩司撮影）

イヌタデ属 Persicaria ［分布図68］

ヤマミゾソバ P. thunbergii var. oreophila は本州，四国，九州に分布する．基準変種ミゾソバに似るが，葉の裏面の星状毛の枝は7～11と多く，痩果は茶色で表面は滑らかで光沢がある．最近，ニシミゾソバ P. hassegawae とコミゾソバ P. mikawana が記載されているが，詳しく検討する必要がある．

イブキトラノオ属 Bistorta ［分布図64～66］

アブクマトラノオ* B. abukumensis は本州（阿武隈山地）に分布する．花は4月下旬から5月中旬に咲く．根生葉の基部は明らかに心形である．**ハルトラノオ*** B. tenuicaulis は本州（福島以西の太平洋側と島根，山口の日本海側），四国，九州に分布する．根生葉の基部は葉柄に沿って狭くなる．**オオハルトラノオ** var. chionophila は本州（富山から広島の日本海側）に分布し，ハルトラノオに似るが，根生葉の葉身は開花時に卵形または三角状卵形，基部は切形または浅い心形である．**ナンブトラノオ** B. hayachinensis は本州（早池峰山）に分布する．葉柄に翼があり，花は8月に咲く．

アブクマトラノオ Bistorta abukumensis（福島県都路村，2002.05，黒沢高秀撮影）

ウラジロタデ属 Aconogonon ［分布図63］

オヤマソバ Aconogonon nakaii は北海道（日高，後志），本州北部と中部に分布する．高山に生える多年草で，茎は太く，直立し，高さ10～60（～100）cm ほどになる．花は両性で，葉には短い柄がある．

ハルトラノオ Bistorta tenuicaulis（茨城県つくば市（栽培），2008.03，佐藤絹枝撮影）

ダイオウ属 Rumex ［分布図69～70］

キブネダイオウ R. nepalensis var. andreaeanus は本州（京都，岡山）に分布する．川辺に生える多年草で，茎は高さ1mになる．翼状萼片は横に幅広く，縁にカギ状の長毛がある．**マダイオウ** R. madaio は本州（宮城以南），四国，九州に分布する．キブネダイオウに似るが，翼状萼片は円心形で，縁の中央部以下に鋭鋸歯がある．（秋山忍）

スベリヒユ科 Portulacaceae

汎世界に32属380種，日本に2属3種，日本の固有植物は1種．APGIII 分類体系でも科の扱いに変更はない．

スベリヒユ属 Portulaca ［分布図71］

20種が熱帯を中心に知られている．日本の固有種として奄美群島と沖縄群島の海岸のさんご礁岩上の乾燥した特殊な環境に**オキナワマツバボタン*** P. okinawensis がわずかに分布する．花期でも十分

オキナワマツバボタン Portulaca okinawensis（沖縄県恩納村，2007.09，國府方吾郎撮影）

な日光量がないと開花しない．小笠原諸島に知られているマルバケツメクサ *P. boninensis* は自生とする見解と帰化とする見解とがある．（國府方吾郎）

ナデシコ科 Caryophyllaceae

世界に約70属1800種，日本に約16属70種，日本の固有植物は15種10変種．APGIII 分類体系でも科の扱いに変更はない．

ナデシコ属 *Dianthus*　［分布図80〜81］

シナノナデシコ* *D. shinanensis* は本州中部と兵庫県の山地の河原に生育する．これに対して，ヒメハマナデシコ *D. kiusianus* は和歌山県と九州（西部，南部）から沖縄にかけて海岸の岩の間に自生している．

ノミノツヅリ属 *Arenaria*　［分布図72〜76］

タカネツメクサ *A. arctica* var. *hondoensis* は飯豊山と本州中部の高山に分布する．葉は1脈で，基部以外は無毛．種子は平滑．カトウハコベ* *A. katoana* は北海道（夕張岳と日高山脈）および本州の早池峰山，谷川岳，至仏山とその周辺の蛇紋岩地に分布し，その変種であるアポイツメクサ var. *lanceolata* は北海道のアポイ岳周辺と夕張岳にのみ分布している．メアカンフスマ *A. merckioides* は北海道の羅臼岳と雌阿寒岳周辺および択捉島に分布し，その品種のチョウカイフスマ f. *chokaiensis* は本州の鳥海山にのみ分布する．ミヤマツメクサの基準変種はロシアのシベリアから極東地域に広く分布するが，変種のミヤマツメクサ* *A. macrocarpa* var. *jooi* は本州の高山（南アルプス，北アルプス，八ヶ岳）に固有．もうひとつの変種であるエゾミヤマツメクサ var. *yezoalpina* は北海道の大雪山にのみ自生している．ミヤマツメクサの葉は3脈で縁に毛があり，種子の周辺に長い突起があるのに対して，エゾミヤマツメクサは種子の突起が小さい．タカネツメクサ，ミヤマツメクサおよびエゾミヤマツメクサはタカネツメクサ属とされたが，この属は現在ノミノツヅリ属に含まれる．

ハコベ属 *Stellaria*　［分布図90〜93］

サワハコベ *S. diversiflora* は北海道と沖縄を除く，日本全土の山林下の湿地に生育する．ヤマハコベ *S. uchiyamana* もまた，本州から九州に自生するが，東北から中部地方には分布しない．イワツメクサ* *S. nipponica* は本州中部の高山の岩礫地に自生する一方，その変種のオオイワツメクサ var. *yezoensis* は北海道の夕張山地と日高山脈にのみ生育する．エゾイワツメクサ *S. pterosperma* もまた北海道の大雪山系を中心に分布する．ヤクシマハコベ *S. diversiflora* var. *yakumontana* は屋久島に特産する．

マンテマ属 *Silene*　［分布図83〜89］

オオビランジ *S. keiskei* は栃木から長野・山梨・静岡にかけての山地の崖に自生する．またタカネビランジ *S. akaisialpina* は南アルプスの高山帯に固有である．アオモリマンテマ* *S. aomorensis* は東北の和賀山域などに限って分布が知られている．トカチビランジ *S. tokachiensis* は北海道の石狩山地から報告があり，またロシア，中

シナノナデシコ *Dianthus shinanensis*（茨城県つくば市（栽培），2007.06，佐藤絹枝撮影）

カトウハコベ *Arenaria katoana*（群馬県至仏山，1973.07，村川博實撮影）

ミヤマツメクサ *Arenaria macrocarpa* var. *jooi*（長野県白馬村，1989.08，岩科司撮影）

イワツメクサ *Stellaria nipponica*（長野県安曇村，1988.07，岩科司撮影）

アオモリマンテマ *Silene aomorensis*（茨城県つくば市（栽培），2007.05，佐藤絹枝撮影）

国，朝鮮に広く分布するカラフトマンテマ S. repens の変種である**アポイマンテマ** var. apoiensis は北海道のアポイ岳と幌尻岳に固有の植物である．**フシグロセンノウ*** S. miqueliana は北海道と沖縄を除く，本州から九州までの山地の林下に自生しており，橙色から赤橙色の大きな花をつける．**センジュガンピ*** S. gracillima もまた山地の林下に生え，その分布も北海道・青森から岐阜までと比較的広いが花は白色である．なお，フシグロセンノウとセンジュガンピはセンノウ属に含められることもある．

ミミナグサ属 Cerastium　　［分布図77〜79］

ミヤマミミナグサ C. schizopetalum は本州中部の南アルプスと北アルプスおよび八ヶ岳を中心に高山の岩礫地に自生する．花弁が単純に2裂することで区別できる変種の**クモマミミナグサ** var. bifidum は北アルプス北部に固有．**ミツモリミミナグサ** C. arvense var. mistumorense は北海道と青森県西部にのみ自生する．

ワチガイソウ属 Pseudostellaria　　［分布図82］

基準変種の**ワチガイソウ** P. heterantha は本州の福島から九州ばかりでなく，中国大陸にも分布があるが，その変種の**ヒナワチガイソウ** var. linearifolia は群馬，茨城，千葉，東京と遠く離れて高知，徳島，愛媛での報告がある．（岩科司）

アカザ科 Chenopodiaceae

世界中の乾燥した土地や塩の多い土地，あるいはアルカリ性の土地に多い．アカザ科はAPGIII分類体系ではヒユ科 Amaranthaceae に編入されている．世界に100属以上約1500種が知られている．日本産は帰化種も含め約6属25種あるが，固有種は1種のみ．

マツナ属 Suaeda　　［分布図94］

ヒロハマツナ* S. malacosperma は海岸に生える1年草で，北半球に広く分布するハママツナ S. australis に類似する．あまり目立たない花を10〜11月につける．本州（瀬戸内海岸）と九州の各県に分布する．なお，日本固有であるとされたシチメンソウ S. japonica は，その後，韓国や中国東北部でも発見されている．（岩科司）

モクレン科 Magnoliaceae

世界の熱帯から温帯に広く分布する．世界の熱帯から温帯に12属220種，日本に2属7種，日本の固有植物は4種．APGIII分類体系でも科の扱いに変更はない．

モクレン属 Magnolia　　［分布図95〜98］

ホオノキ* M. hypoleuca は南千島，北海道，本州，四国，九州に分布し，葉の展開後の5〜6月に，直径12〜18cmの白い花をつける落葉高木である．葉も大きく，長さ20〜40cmほどである．**コブシモドキ** M. pseudokobus は四国（徳島）に1個体のみ知られていて，コブシ M. kobus に似るが葉が13〜22cmと長く，花も大きい．3倍体で結実しないことが知られている．**タムシバ** M. salicifolia は本州，四国，九州に分布する．落葉高木で，葉の展開前の4〜5月に花開く．花被片はふつう9枚で，外側の3枚は小さい．**シデコブシ*** M.

フシグロセンノウ Silene miqueliana（山梨県山中湖村，2009.08，海老原淳撮影）

センジュガンピ Silene gracillima（富山県僧ヶ岳，2007.08，岩科司撮影）

ヒロハマツナ Suaeda malacosperma（広島県三原市，2010.10，小池周司撮影）

ホオノキ Magnolia hypoleuca（茨城県つくば市（栽培），1988.05，八田洋章撮影）

シデコブシ Magnolia stellata（愛知県田原市，2006.03，細川健太郎撮影）

stellata は本州（愛知，岐阜，三重）に分布し，葉の展開前の3〜4月に，紅色を帯びた12〜18個の花被片をもつ花を開く落葉小高木または低木である．（秋山忍）

クスノキ科 Lauraceae

世界の温帯と熱帯に52属2850種，日本に10属44種，日本の固有植物は10種7変種．APGIII分類体系でも科の扱いに変更はない．

クロモジ属 *Lindera*　［分布図105〜110］

アジア，オーストラリアの熱帯から温帯と北アメリカにかけて150種が分布する．**アブラチャン****L. praecox* は本州から九州にかけて分布する．葉の裏の脈上に毛を有して日本海側に分布する個体を固有変種（あるいは品種）のケアブラチャン var. *pubescens* として区別する見解もある．関東から四国，九州にかけて分布する**ウスゲクロモジ** *L. sericea* var. *glabrata* は葉の表面に短い絹毛をもたないことでクロモジから区別される．関東から四国，九州にかけて分布する**クロモジ****L. umbellata* は日本固有であるが，近似種と識別が困難なことがあるために分布が詳しく把握されていない．ケクロモジ *L. sericea* var. *sericea* を日本固有とする見解もあるが，本書では朝鮮半島北部，中国との共通種とする見解を採用する．東海，四国東部，九州に分布する**ヒメクロモジ** var. *lancea* はケクロモジの変種であり，葉の表面が無毛であることから基準変種と区別され，花柄の毛が鮮やかな赤褐色であることからウスゲクロモジとも区別される．**シロモジ****L. triloba* は本州中部から四国，九州にかけて分布し，葉が3裂することから他の日本産クロモジ属と区別される．北海道と本州に分布する**オオバクロモジ** *L. umbellata* var. *membranacea* は，葉が大きいことから変種としてクロモジから区別されるが，中間型も見られ区別が難しい場合もある．

シロダモ属 *Neolitsea*　［分布図113〜115］

アジアの熱帯から亜熱帯にかけて100種が分布する．小笠原諸島には2種の固有種が知られ，**オガサワラシロダモ** *N. boninensis* が弟島，兄島，父島，母島に，**ナガバシロダモ** *N. gilva* が父島列島と母島列島にそれぞれ分布する．両種とも，本州から琉球を経て台湾の蘭嶼島に分布するキンショクダモ *N. sericea* var. *aurata* に類似するが，前者は若い葉の裏面に黄褐色の絹毛をもつことで，後者は若い葉の裏面に淡黄褐色の絹毛をもつことで，それぞれ区別される．また後者は前者と比べて，より長楕円形で表面に光沢のない成葉をもつことから区別される．琉球の南北大東島に分布する**ダイトウシロダモ** *N. sericea* var. *argentea* はシロダモの変種で，葉の裏に銀灰色の毛を密にもつことから区別される．

スナヅル属 *Cassytha*　［分布図99］

つる性の半寄生草本．オーストラリアを中心にアジア，マダガスカルにかけて20種が分布する．本属をクスノキ科他属と亜科のレベルで区別する見解もある．琉球の久米島と伊是名島に分布する**イトスナヅル****C. pergracilis* はオーストラリアとの共通種（*C. glabella*）とする見解もあるが，最近の研究により琉球の固有種と

アブラチャン *Lindera praecox*（茨城県つくば市（栽培），1990.03，八田洋章撮影）

クロモジ *Lindera umbellata*（茨城県つくば市（栽培），2006.04，二階堂太郎撮影）

シロモジ *Lindera triloba*（茨城県つくば市（栽培），2006.09，佐藤絹枝撮影）

イトスナヅル *Cassytha pergracilis*（沖縄県伊是名村，2005.07，國府方吾郎撮影）

する見解が支持された．その場合の基準産地となる久米島では絶滅したと推測されている．

タブノキ属 *Machilus*　［分布図111〜112］

　アジアの熱帯から亜熱帯にかけて100種が分布する．小笠原諸島には父島列島と母島列島に分布する**コブガシ** *M. kobu*，兄島，父島，母島に分布する**オガサワラアオグス** *M. boninensis* が知られている．両種ともホソバタブ *M. kusanoi* に類似するが，前者は若い枝や葉に密毛があること，後者は葉がより披針形になることからそれぞれ区別される．後者は葉の形と光沢に著しい種内変異が認められる．

ニッケイ属 *Cinnamomum*　［分布図100〜104］

　アジアからオーストラリアにかけて350種が分布する．**ニッケイ** *C. sieboldii* は徳之島，沖縄島，久米島に，**マルバニッケイ*** *C. daphnoides* は福岡（大島）から琉球の硫黄鳥島に，**シバニッケイ** *C. doederleinii* はトカラ列島から西表島にかけて，そしてシバニッケイの変種である**ケシバニッケイ*** var. *pseudodaphnoides* は奄美大島，沖縄島，慶良間諸島に分布する．ケシバニッケイはシバニッケイとマルバニッケイの中間的な葉形をもつ．また，シバニッケイとヤブニッケイ *C. tenuifolium* の推定雑種としてシバヤブニッケイ *C.* ×*takushii* が沖縄群島に知られている．小笠原諸島に分布する**オガサワラヤブニッケイ** *C. pseudopedunculatum* はヤブニッケイに類似するが，葉形と花序の形態，花柄の長さ，果実の大きさが異なることから区別される．風衝地に生育する個体は葉が丸みを帯びるなど，生育環境によって葉の形態が著しく異なる．（國府方吾郎）

マルバニッケイ *Cinnamomum daphnoides*（鹿児島県宝島，2008.11，國府方吾郎撮影）

ケシバニッケイ *Cinnamomum doederleinii* var. *pseudodaphnoides*（沖縄県座間味島，2009.11，國府方吾郎撮影）

フサザクラ科 Eupteleaceae

　東アジアに1属2種あり，日本に分布する1種は固有である．APGIII分類体系でも科の扱いに変更はない．

フサザクラ属 *Euptelea*　［分布図116］

　フサザクラ**E. polyandra* は本州，四国，九州に分布する落葉高木で，ふつう高さ3〜5mほどであるが，20mに達するものもある．葉は互生するが，短枝では節間が短縮するため，枝先に集まってつくようにみえる．葉には3〜7cmほどの葉柄があり，葉身には不揃いの粗い鋸歯があり，先は尾状鋭尖形である．葉の展開前の3〜5月に花開く．花はふつう両性であるが，単性のこともある．萼や花弁はない．雄蕊の葯は暗赤色で，十数個あり，垂れ下がり，目立つ．果実は翼果であり，長い柄があり，垂れ下がる．谷筋に多く，崩壊地ややせ地にもよく見られる．本属は1属1種であるとされてきたが，中国に別種 *E. pleiosperma* が分布する．（秋山忍）

フサザクラ *Euptelea polyandra*（神奈川県箱根町，1989.06，八田洋章撮影）

カツラ科 Cercidiphyllaceae

　東アジアに1属2種が分布し，1種が日本固有．APGIII分類体系でも科の扱いに変更はない．

カツラ属 *Cercidiphyllum*　［分布図117］

　ヒロハカツラ* *C. magnificum* は本州（北部，中部）の亜高山帯に分布する．カツラに似るが，種子は両端に翼がある．短枝につく

ヒロハカツラ *Cercidiphyllum magnificum*（岐阜県高山市，2008.09，髙橋弘撮影）

葉はほぼ円形で，先は広円形，基部は深い心形である．（秋山忍）

キンポウゲ科 Ranunculaceae

　世界の熱帯から寒帯に広く分布し，温帯に多くの種が生育し，62属2500種がある．日本に22属149種，日本の固有植物は1属80種9亜種26変種．花弁は蜜腺をもつため蜜弁あるいは蜜葉と呼ばれ，その形態と発生過程の違いは分類形質として有用である．APGIII分類体系ではシラネアオイ科も含むことになった．

オウレン属 Coptis　［分布図182〜188］

　日本産は7種で，そのうち6種1変種が固有．**コセリバオウレン** C. japonica は根生葉が3回3出複葉で，小葉はさらに深く羽状に切れ込み，本州（東北南部〜近畿），四国の太平洋側に分布する．**キクバオウレン*** var. anemonifolia の根生葉は1回3出複葉，小葉は粗い欠刻があり，北海道（西南部）と本州（中国以北）の日本海側に分布する．**セリバオウレン** var. major の根生葉は2回3出複葉，小葉は羽裂し，本州と四国に分布する．**ウスギオウレン** C. lutescens は淡黄色の花をつけ，根生葉は2〜4回3出複葉で，本州中部（太平洋側）に分布する．八ヶ岳では**ミツバオウレン** C. trifolia と同所的に生育する．
　次の4分類群は根生葉が掌状に5裂する．**ヒュウガオウレン** C. minamitaniana は花弁の舷部が倒卵形で，宮崎県に分布する．**バイカオウレン** C. quinquefolia は花弁の舷部がさじ形で，本州（東北南部〜中国）に分布する．変種の**シコクバイカオウレン** var. shikokumontana は花弁の舷部が浅いコップ状となり，四国に分布する．**オオゴカヨウオウレン*** C. ramosa は屋久島に分布し，花弁の舷部は円形となる．
　以上の本属植物は森林性であるが，**ミツバノバイカオウレン*** C. trifoliolata は亜高山帯から高山帯の水湿の草地に生え，本州（中部以北）の日本海側に分布する．根生葉は3全裂し，花茎は太くかつ紫色を帯びる．

オキナグサ属 Pulsatilla　［分布図201］

　日本産2種のうち1種が固有である．**ツクモグサ** P. nipponica は高山植物の一つで，北海道（利尻島，中央高地）と本州中部の岩礫地に生育し，淡黄色の花を上向きに咲かせる．

オダマキ属 Aquilegia　［分布図163］

　日本産2種のうち，1種が固有．**ヤマオダマキ** A. buergeriana は，花弁の距が360°屈曲するオオヤマオダマキ var. oxysepala に比べて，距が直立あるいは先端がわずかに屈曲するもので，北海道から九州まで広く分布する．花は褐色を帯びた紫色のものと黄色のもの（キバナヤマオダマキ）がある．

カラマツソウ属 Thalictrum　［分布図212〜225］

　日本産は18種5変種あり，そのうち6種8変種が固有．ここでは便宜的に痩果が無柄のものと有柄のものの2群に分けて紹介する．
　次の7分類群は痩果に柄がない．**タイシャクカラマツ*** T. kubotae は淡紫褐色で宿存性の萼片をもつことで他種と区別され，広島県

キクバオウレン Coptis japonica var. anemonifolia（新潟県弥彦村，2000.03，海老原淳撮影）

オオゴカヨウオウレン Coptis ramosa（鹿児島県屋久島，2007.02，門田裕一撮影）

ミツバノバイカオウレン Coptis trifoliolata（群馬県至仏山，2009.07，門田裕一撮影）

タイシャクカラマツ Thalictrum kubotae（広島県神石高原町，2006.05，窪田正彦撮影）

帝釈峡の石灰岩地に生育する．**チャボカラマツ*** *T. foetidum* var. *glabrescens* は全体が灰緑色で，普通葉と痩果に腺毛があり，北海道と本州北部（岩手）に分布する．**シギンカラマツ** *T. actaeifolium* var. *actaeifolium* は托葉と小托葉が共になく，雄蕊の葯隔が突出しないもので，本州（福島以南），四国，九州に分布する．**ヒメカラマツ** var. *stipitatum* は花期に根生葉があり，花序が総状となる小型の高山植物で，本州（岩手，中部地方）に分布する．**ミョウギカラマツ** var. *chionophyllum* は全体が青緑色で，葉の下面が雪白色になり，本州（秋田，関東）に分布する．**イワカラマツ** *T. minus* var. *sekimotoanum* は植物体全体に微細な腺毛があって粘り，本州中部（栃木，群馬，埼玉，長野）に分布し，岩壁に生える．**イシヅチカラマツ*** *T. minus* var. *yamamotoi* は花梗と痩果に短腺毛がまばらにあり，葉の下面に腺点があるもので，四国と九州（宮崎）に分布し，石灰岩地やカンラン岩地の岩壁に生える．ミョウギカラマツ，イワカラマツ，イシヅチカラマツはいずれも多型的とされる *T. minus* の変種として扱われているが，さらに検討を要する．

次の6分類群は痩果には長い柄があって開出し，根は紡錘状に膨らむ．**ナガバカラマツ** *T. integrilobum* は小葉が長楕円形で，果体は三日月形になるもので，北海道日高地方に分布する．**タマカラマツ** *T. watanabei* は小葉が広楕円形で，果体は紡錘形になり，本州（静岡，紀伊半島），四国，九州に分布する．**コゴメカラマツ** *T. microspermum* は頂小葉が倒卵状菱形〜菱形になり，痩果の嘴が短いもので，四国（徳島，高知）と九州（宮崎）に分布する．**ヒメミヤマカラマツ** *T. nakamurae* は頂小葉が小型でやや円形ないし倒卵形になり，痩果の嘴がより長く，本州（新潟，群馬）に分布する．**ヒレフリカラマツ** *T. toyamae* は頂小葉がより大きく，広倒卵形〜広卵形，花は淡いピンク色で，九州（佐賀）に分布する．**ヤクシマカラマツ** *T. tuberiferum* var. *yakusimense* は基準変種のミヤマカラマツより全体が小型で，花糸が紫色を帯びるもので，屋久島に分布する．**カラマツソウ*** *T. aquilegifolium* var. *intermedium* は雄蕊の葯隔は突出せず，痩果に顕著な翼と長い柄があって懸垂するもので，北海道と本州に分布し，海岸草原から高山までさまざまな環境に生育する．

キタダケソウ属 *Callianthemum*　　［分布図164〜166］

日本産は3種あり，全て固有種．**キリギシソウ*** *C. kirigishiense* は北海道夕張山系の崕山の固有種で，石灰岩地域の草地に生える．本属の他の2種とは，花と共に葉が開き，花弁の蜜腺が半月状となる点で異なる．キリギシソウは当初サハリンの石灰岩地産のカラフトミヤマイチゲ *C. sachalinense* の亜種とされたが，その後独立種として扱われている．**キタダケソウ** *C. hondoense* は山梨県北岳の高山帯石灰岩草原に生え，**ヒダカソウ** *C. miyabeanum* は北海道アポイ岳とその周辺のカンラン岩地に生え，共に花弁の蜜腺がカップ状となる．朝鮮北部にはキタダケソウに近縁なウメザキサバノオ *C. insigne* が分布するが，その生育地は花崗岩地である．このように，極東アジアのキタダケソウ属植物は石灰岩やカンラン岩地に遺存的に生育する．

チャボカラマツ *Thalictrum foetidum* var. *glabrescens*（北海道えりも町，2006.08，門田裕一撮影）

イシヅチカラマツ *Thalictrum minus* var. *yamamotoi*（宮崎県白岩山，2009.07，門田裕一撮影）

カラマツソウ *Thalictrum aquilegiifolium* var. *intermedium*（長野県諏訪市，1999.07，海老原淳撮影）

キリギシソウ *Callianthemum kirigishiense*（北海道崕山，2009.06，梅沢俊撮影）

キンバイソウ属 *Trollius* ［分布図226〜229］

　日本産5種のうち3種1亜種が固有である．本属には花弁が長くかつ質が薄く，蜜腺があまり発達しない，山地性のキンバイソウと，花弁が短くかつ質が厚く，蜜腺が良く発達する，高山性のシナノキンバイソウのグループの2群がある．**キンバイソウ** *T. hondoensis* は本州中部（福島，山梨，長野，岐阜）に分布する．**シナノキンバイソウ（シナノキンバイ）** *T. japonicus* は北海道から本州中部に，**ヒダカキンバイソウ** *T. citrinus* は北海道日高山脈に分布する．**ボタンキンバイソウ*** *T. altaicus* subsp. *pulcher* は利尻山の固有で，近縁な亜種がサハリン南部とアルタイ山脈にそれぞれ分布する．北海道にはこの他に低地の渓流沿いに生育するものが知られている．

ボタンキンバイソウ *Trollius altaicus* subsp. *pulcher*（北海道利尻島，2008.06，門田裕一撮影）

キンポウゲ属 *Ranunculus* ［分布図202〜211］

　日本産は26種あり，そのうち8種2変種が固有である．高山性の3種は花弁にカップ状の蜜腺があるが，これを被う付属体を欠く．**タカネキンポウゲ*** *R. altaicus* subsp. *shinanoalpinus* は扇形ないしやや円形で欠刻があるか浅裂し，光沢のある根生葉があり，本州中部の白馬岳周辺で夏遅くまで残雪のある石灰岩地に生える．**キタダケキンポウゲ*** *R. kitadakeanus* は3深裂する根生葉があり，南アルプスの北岳から間ノ岳にかけての稜線上岩礫地に生える．**ヤツガタケキンポウゲ** *R. yatsugatakensis* も同じく3深裂する根生葉をもち，八ヶ岳に分布する．大ヒマラヤ地域の高山帯に広く分布する *R. brotherusii* はキタダケキンポウゲとヤツガタケキンポウゲに形態的に良く似ている．

　次の5分類群は花弁に付属体をもつ．**ソウヤキンポウゲ** *R. horieanus* はミヤマキンポウゲ *R. acris* subsp. *novus* に似るが，花弁や蜜腺がより小型で，枝や花柄は開出して伸長し，北海道（道北地方や道央地方）低地の渓流沿いに生える．**オオウマノアシガタ** *R. grandis* はウマノアシガタ *R. japonicus* に似るが地下茎をもち，青森県と岩手県に分布する．**グンナイキンポウゲ** var. *mirissimus* も地下茎をもつがオオウマノアシガタに比べて花期がやや早く，細長い花弁をもち，本州（栃木，群馬，山梨，静岡）に分布する．群馬県尾瀬特産の**オゼキンポウゲ** *R. subcorymbosus* var. *ozensis* も地下茎があるが，葉の基部が浅い心形となり，裂片の幅が狭い．**ツルキツネノボタン** *R. hakkodensis* は水湿地の植物で節から発根する匍匐性の茎をもち，本州（北部〜中部）に分布する．**ヒメウマノアシガタ*** *R. yakushimensis* はウマノアシガタを小型にした感じの植物で屋久島のミズゴケ湿原に生える．一方，**ヒメキツネノボタン** *R. yaegatakensis* はキツネノボタン *R. silerifolius* を小型にした感じで，葉身が三全裂する点でヒメウマノアシガタと異なる．屋久島の山地草原に生える．

　イチョウバイカモ *R. nipponicus* は沈水植物で白色の花を咲かせ，北海道と本州に分布する．イチョウバイカモに似て浮葉のないものは**バイカモ** var. *submersus* で，北海道と本州（中国地方以北）に分布する．中国山地（岡山，広島）には大型のものがあり，これを**ヒルゼンバイカモ** var. *okayamensis* として区別することもある．

タカネキンポウゲ *Ranunculus altaicus* subsp. *shinanoalpinus*（長野県白馬岳，1986.08，永田芳男撮影）

キタダケキンポウゲ *Ranunculus kitadakeanus*（山梨県北岳，1990.08，門田裕一撮影）

ヒメウマノアシガタ *Ranunculus yakushimensis*（鹿児島県屋久島，1975.07，村川博實撮影）

キンポウゲ科

サラシナショウマ属 Cimicifuga　［分布図167］

　日本産は3種1変種あり，1変種が固有．**キケンショウマ** *C. japonica* var. *peltata* は，基準変種のウスバミツバショウマやオオバショウマ var. *macrophylla* に似るが小葉が楯着するもので，本州（東北〜関東）に分布する．

シロカネソウ属 Dichocarpum　［分布図188〜197］

　日本産は9種で，全て固有である．

　サバノオ* *D. dicarpon* は二年草で，花は点頭し，花弁の舷部は2裂し，九州に分布する．**サイコクサバノオ** *D. univalve* はサバノオに似るが，花弁の舷部は2裂せず，本州（紀伊山地）と四国に分布する．**サンインシロカネソウ** *D. sarmentosum* は多年草で，花は点頭し，近畿から中国地方の日本海側に分布する．**アズマシロカネソウ** *D. nipponicum* はサンインシロカネソウに似るがストロンを欠き，本州（東北〜中国）に分布する．**コウヤシロカネソウ** *D. numajirianum* は花は白色ないし緑色を帯びた白色で直立して咲き，本州（紀伊半島）と四国（香川，徳島）に分布する．**キバナサバノオ** *D. pterigionocaudatum* は花がオレンジ色である点で前種と異なり，北陸から近畿北部に分布する．**ツルシロカネソウ*** *D. stoloniferum* は白色の花を上向きに咲かせ，ストロンをつけ，本州（関東〜近畿）の太平洋側に分布する．**ハコネシロカネソウ** *D. hakonense* はツルシロカネソウに良く似ているが，ストロンを欠き，花と花弁の舷部がより小さく，富士箱根地方を中心に分布する．

　上記の本属植物は光沢のある種子をつけるが，**トウゴクサバノオ** *D. trachyspermum* の種子は光沢がなく，二年草で，花弁の舷部は倒三角形，閉鎖花をつけ，本州〜九州に分布する．

スハマソウ属 Hepatica　［分布図200］

　ミスミソウ* *H. nobilis* var. *japonica* は根生葉が3浅裂し，裂片の先端は鋭形となり，品種のスハマソウ，ケスハマソウ，オオミスミソウを含めて本州，四国（香川），九州（福岡）に分布する．スハマソウ属は輪生する3枚の茎葉（苞葉）が花の直下につく点でイチリンソウ属と異なる．

セツブンソウ属 Eranthis　［分布図198］

　セツブンソウ* *E. keiskei* は萼片は白色，花弁は黄色で舷部（身部）が2裂し，本州（関東〜中国）に分布し，石灰岩地に生える．かつて本種に用いられた属名 *Shibateranthis* は本属の属内分類群（節名）とされている．

センニンソウ属 Clematis　［分布図168〜181］

　日本産は25種4変種あり，そのうち11種4変種が固有．**ミヤマハンショウヅル** *C. ochotensis* var. *japonica* は広鐘形で紫青色の花が単生して下垂し，花弁があり，北海道から中部以北の本州に分布する．**エゾワクノテ** *C. sibiricoides* も大型の花が単生するが，花色は黄色である．稚内で採集されたことがあるが，その後は確認されていない．**ハンショウヅル** *C. japonica* は紫褐色で鐘形の花が単生して下垂し，本州（東北南部以西，紀伊半島を除く）と九州に分布する．**コウヤハンショウヅル** *C. obvallata* は小苞が大きく葉状で，花

サバノオ *Dichocarpum dicarpon*（宮崎県五ヶ瀬町，2009.03，斉藤政美撮影）

ツルシロカネソウ *Dichocarpum stoloniferum*（山梨県山中湖村，2009.04，海老原淳撮影）

（オオ）ミスミソウ *Hepatica nobilis* var. *japonica*（新潟県弥彦村，2000.03，海老原淳撮影）

セツブンソウ *Eranthis keiskei*（埼玉県横瀬町，1997.03，海老原淳撮影）

の基部につき，本州（紀伊半島）と四国に分布する．**シコクハンショウヅル**＊ var. *shikokiana* は母種より小苞が小型で，四国に分布する．**トリガタハンショウヅル** *C. tosaensis* は花がクリーム色で，本州，四国，九州に分布する．**シロバナハンショウヅル** *C. williamsii* は花が広鐘形で，雄蕊が無毛で，本州（東北南部，関東西部，東海東部，近畿），四国，九州に分布する．**コボタンヅル** *C. apiifolia* var. *biternata* は花は白色で多数が円錐花序につき，基準変種のボタンヅルとは葉が2回3出の複葉となる点で異なり，本州（紀伊半島以北）に分布する．**フジセンニンソウ** *C. fujisanensis* は乾燥すると黒変するもので，本州（東京，山梨，神奈川，静岡，岡山）と九州に分布する．**キイセンニンソウ** *C. ovatifolia* は花が大型で，痩果に毛がなく，小葉柄に関節があり，本州（紀伊半島），九州（熊本），石垣島に分布する．

センニンソウ属はつる植物が多いが次の3種は直立する灌木で，花は筒状となる．**クサボタン** *C. stans* は淡青色の花を咲かせ，北海道，本州に分布する．変種**ツクシクサボタン** var. *austrojaponensis* は四国と九州の石灰岩地に分布し，クサボタンとは花糸が葯より長い点で異なる．**オオクサボタン**＊ *C. speciosa* は葉に鈍い光沢があり，花が長く，四国と九州の石灰岩岩礫地に生える．**ホクリククサボタン** *C. satomiana* は雌雄異株，より大型で低木となり，東北から北陸地方に分布する．**ムラサキボタンヅル**＊ *C. takedana* も筒状の花を咲かせるが，クサボタン類とは異なってつる植物で，本州（東北〜中部）の日本海側に分布する．

トリカブト属 *Aconitum* ［分布図118〜153］

日本に28種8亜種6変種あり，そのうち23種8亜種6変種が固有．日本産トリカブト属にはレイジンソウ亜属とトリカブト亜属の二つがある．

レイジンソウ亜属 subgen. *Lycoctonum*

本亜属には黄花と淡青花の2群が認められる．北海道ではこれまでに黄花の種のみが知られており，ほぼ全道的に**エゾレイジンソウ** *A. gigas* が分布するほか，大雪山，夕張山地，日高山脈には花が小さく花弁の距が囊状の**ダイセツレイジンソウ** *A. tatewakii* が分布する．これらはいずれも花梗に屈毛が生える．黄花で花梗に開出毛が生える種は**ソウヤレイジンソウ** *A. soyaense* と**マシケレイジンソウ** *A. mashikense* があり，それぞれ，宗谷地方と増毛地方の特産である．

本州以西のレイジンソウ亜属には黄花と淡青花の2群がある．黄花の種としては**オオレイジンソウ** *A. hondoense* が東北から中部地方に分布する．**レイジンソウ** *A. loczyanum* は淡青花で花梗に開出毛が生え，四国と九州に分布する．**アズマレイジンソウ** *A. pterocaule* は花梗に屈毛が生える点でレイジンソウと区別され，本州に分布する．東北と中部地方の主に日本海側には全体が大型で茎が地上を這う，**シロウマレイジンソウ**＊ var. *siroumense* が分布する．

トリカブト亜属 subgen. *Aconitum*

本亜属（トリカブト類）には2n=16の2倍体種と2n=36の4倍体種がある．さらに，2倍体種のグループには北海道の高山性種と本州

シコクハンショウヅル *Clematis obvallata* var. *shikokiana*（高知県東津野村，1988.06，高知県立牧野植物園撮影）

オオクサボタン *Clematis speciosa*（熊本県五木村，2005.10，門田裕一撮影）

ムラサキボタンヅル *Clematis takedana*（青森県青森市，2008.09，門田裕一撮影）

シロウマレイジンソウ *Aconitum pterocaule* var. *siroumense*（新潟県妙高市，2010.09，門田裕一撮影）

と四国の山地性種の2群がある．**ダイセツトリカブト** *A. yamazakii* は大雪山系に分布し，花梗に開出毛と腺毛がある．**エゾノホソバトリカブト** *A. yuparense* は北海道（道北，道央，道南）に分布し，花梗に屈毛がある．日高山脈の**ヒダカトリカブト** var. *apoiense* は心皮に屈毛が密生することで区別される変種．**ガッサントリカブト** *A. gassanense* は花梗に屈毛が生え，山形県月山，朝日連峰の一角と吾妻山に分布する．**イイデトリカブト*** *A. iidemontanum* は飯豊山地の山形県側と月山に分布し，花梗に開出毛と腺毛が生える．**サンヨウブシ** *A. sanyoense* は本州と四国（高知）に分布し，花梗は無毛．**ジョウシュウトリカブト** *A. tonense* は群馬県（尾瀬，奥日光）に分布し，茎葉の切れ込みがより深く，常習的にムカゴをつけることでサンヨウブシと区別される．

　4倍体種のグループには，高山性，山地性，低地性の3群がある．高山性のグループとしては，**ホソバトリカブト*** *A. senanense* subsp. *senanense* は磐梯山（絶滅？），日光山地，関東山地，八ヶ岳連峰，赤石山脈に分布し，花梗に開出毛と腺毛が生える．富士山大沢周辺には**オオサワトリカブト** var. *ishidzukae* があり，ホソバトリカブトとは上萼片が僧帽形になる点で区別される．飛騨山脈と頸城山地には**ヤチトリカブト** subsp. *paludicola* があり，ホソバトリカブトに比べて茎葉の切れ込みが浅く，花梗の枝は広角度に伸びる．**ミヤマトリカブト** *A. nipponicum* subsp. *nipponicum* は東北南部から乗鞍岳，白山にかけての地域に分布し，花梗に屈毛が生える．**ミョウコウトリカブト*** var. *septemcarpum* は心皮に屈毛が密生するもので，頸城山地の他越後山脈に分布する．**キタザワブシ** subsp. *micranthum* は日光，関東山地，八ヶ岳，赤石山脈，木曽山脈に分布し，茎葉の切れ込みがより深く，上萼片が僧帽形になる．赤石山脈北岳の山頂付近の石灰岩地には**キタダケトリカブト*** *A. kitadakense* が分布し，全体が小型でありながら茎がよく分枝して伸長する．**タカネトリカブト** *A. zigzag* は木曽山脈と御嶽，乗鞍岳に分布し，花梗は無毛である．**ハクバブシ** subsp. *kishidae* は谷川連峰から志賀高原にかけて分布し，茎葉の切れ込みが浅く，花梗は広角度に伸長する．和名は白馬附子だが，飛騨山脈白馬岳付近からは知られていない．**リョウハクトリカブト** subsp. *ryohakuense* は両白山地に，**ナンタイブシ** subsp. *komatsui* は日光山地にそれぞれ分布する．

　山地性の種群としては，東北の太平洋側と茨城，群馬および長野に**センウヅモドキ*** *A. jaluense* subsp. *iwatekense*，内陸から日本海側地域に**ウゼントリカブト** *A. okuyamae* がある．ウゼントリカブトの風衝地型を**ワガトリカブト** var. *wagaense* といい，奥羽山脈の高山帯に分布する．本州中部の内陸には**アズミトリカブト** *A. azumiense* と**キヨミトリカブト** *A. kiyomiense*，**オンタケブシ** *A. metajaponicum* がある．関東から近畿の太平洋側山地には**カワチブシ** *A. grossedentatum* が分布する．四国山地には葉身と葉裂片の切れ込みが深い**シコクブシ** var. *sikokianum* が分布する．

　低地性の種としては，北海道道央を中心に**エゾトリカブト** *A. sachalinense* subsp. *yezoense* が分布する．知床半島の海岸草原と南

イイデトリカブト Aconitum iidemontanum（山形県小国町，1995.09，門田裕一撮影）

ホソバトリカブト Aconitum senanense（静岡県赤石岳（南アルプス），2005.08，門田裕一撮影）

ミョウコウトリカブト Aconitum nipponicum subsp. nipponicum var. septemcarpum（新潟県妙高市，2010.09，門田裕一撮影）

キタダケトリカブト Aconitum kitadakense（山梨県北岳，2007.08，川内野姿子撮影）

センウヅモドキ Aconitum jaluense subsp. iwatekense（青森県階上町，2008.09，門田裕一撮影）

千島には**シコタントリカブト** A. maximum subsp. kurilense が生える。道北地方の超塩基性岩地には**セイヤブシ** A. ito-seiyanum がある。北海道道南地方から九州にかけての広い地域にはヤマトリカブト A. japonicum 群が分布する。北から、道南地方から関東北部に**オクトリカブト*** subsp. subcuneatum、東北太平洋側から関東にかけての沿海地と山梨県と長野県の内陸地域に**ツクバトリカブト** subsp. maritimum、長野県の湿地にはその変種**イヤリトリカブト** var. iyariense、関東から中部地方の太平洋側には**ヤマトリカブト** subsp. japonicum、近畿から中国地方には**イブキトリカブト** subsp. ibukiense が分布する。

ニリンソウ属 Anemone ［分布図156〜161］

日本に13種1亜種4変種あり、うち2種1亜種3変種が固有。**ハクサンイチゲ*** A. narcissiflora subsp. nipponica は東北と中部地方に分布する、日本の代表的な高山植物の一つである。**シコクイチゲ** A. sikokiana はハクサンイチゲに似るが、花序が複散形になるもので、愛媛県石鎚山の石灰岩地に生える。**イチリンソウ** A. nikoensis は本州、四国、九州に分布する。**オトメイチゲ** A. flaccida var. tagawae は基準変種のニリンソウに比べて小型で、根茎が紡錘状に膨らむもので、本州（近畿以西）、四国、九州に分布する。**コキクザキイチゲ** A. pseudoaltaica var. gracile は基準変種キクザキイチゲよりも小型で、小葉の幅が1cm以下、神奈川県に分布する。**ヒロハキクザキイチゲ** var. katonis は大型になるもので、花は直径7cmにもなり、山形県飛島の固有。**ユキワリイチゲ*** A. keiskeana は近畿以西の本州、四国、九州に分布し、日本産の他の本属の種とは異なり、萼片が12〜15個と多く、痩果に明瞭な柄がある。

ヒメキンポウゲ属 Halerpestes ［分布図199］

ヒメキンポウゲ H. kawakamii はキンポウゲ属に似るが痩果に稜があり、長いストロンを出して繁殖する。関東以北の本州に分布し、砂浜海岸に生える。

フクジュソウ属 Adonis ［分布図154〜155］

日本に4種あり、そのうち2種が固有。**エダウチフクジュソウ**（フクジュソウ）A. ramosa は北海道と本州に分布し、しばしば2〜3個の花をつけ、萼片は花弁とほぼ等長で、托葉があり、果托が有毛で、葉の下面が有毛であることで日本産の他のフクジュソウ属と異なる。**シコクフクジュソウ*** A. shikokuensis は果托と葉の下面が無毛である点で前種と異なり、本州、四国、九州に分布するが、日本の固有種であるかどうかという点についてはさらに検討を要する。

モミジカラマツ属 Trautvetteria ［分布図225］

モミジカラマツ T. palmata var. palmata は、葉は両面共に無毛、果実の嘴（残存花柱と柱頭）は直立ないしわずかに屈曲し、南千島（択捉島）、北海道、本州（中国以北）、四国、九州（大分、宮崎）に分布し、谷側や山地〜高山草原に生える。

レンゲショウマ属 Anemonopsis ［分布図162］

レンゲショウマ属は日本固有の単型属であり、**レンゲショウマ*** A. macrophylla 1種からなる。本州（岩手〜静岡、紀伊山地）と四

国（徳島，愛媛）に分布する．花は点頭して咲くが，熟した蒴果は直立する．本属はルイヨウショウマ属に近縁とされることもあるが，分子系統解析からは中国の *Beesia* 属と姉妹群をなすことが示唆されている．（門田裕一）

シラネアオイ科 Glaucidiaceae

1属1種からなる日本固有科．分子系統ではキンポウゲ科の *Hydrastis canadense*（北米産）との姉妹関係が示唆され，APGIII分類体系ではキンポウゲ科シラネアオイ亜科として扱われている．しかしながら，果実が背腹両縫合線で裂開するなど，この科にはキンポウゲ科には見られないいくつかの特徴があり，未解決の問題が残されている．

シラネアオイ属 *Glaucidium*　　［分布図230］

1科1属1種の日本固有種．**シラネアオイ**＊ *G. palmatum* は大型の根生葉とピンク色の花で特徴づけられ，北海道（西南部）から本州中部に分布し，日本海側に偏る傾向がある．（門田裕一）

シラネアオイ *Glaucidium palmatum*（北海道雨竜町，2007.06，奥山雄大撮影）

メギ科 Berberidaceae

世界の主として北半球の温帯に14属715種，日本に7属13種，日本の固有植物は1属9種4変種．APGIII分類体系でも科の扱いに変更はない．

イカリソウ属 *Epimedium*　　［分布図234〜239］

バイカイカリソウ *E. diphyllum* は本州西部，四国，九州に分布し，花は白色で，花弁には距がない．**サイコクイカリソウ** var. *kitamuranum* は淡路島と四国に分布する．バイカイカリソウに似るが，葉の表面には毛があり，小葉の先は尖り，縁には刺状の鋸歯がある．**トキワイカリソウ** *E. sempervirens* は本州の日本海側に分布し，根出葉は冬でも枯れずに翌年まで残る．花は白色で径4cmほどである．**オオイカリソウ**（ウラジロイカリソウ）var. *rugosum* は本州西部の日本海側に分布する．花は紅紫色で，トキワイカリソウより大きく，径5cmほどである．**ヤチマタイカリソウ** *E. grandiflorum* は本州西部，四国，九州に分布し，花は白色または淡紅紫色である．**イカリソウ**＊ var. *thunbergianum* は本州北部と中部の太平洋側に分布し，花はふつう紅紫色である．**ヒメイカリソウ**＊ *E. trifoliatobinatum* は四国（南部と西部）に分布し，葉はふつう6小葉からなる．**シオミイカリソウ** var. *maritimum* は四国西部（高知）と九州東部（大分，宮崎）に分布し，葉は2回3出複葉である．

イカリソウ *Epimedium grandiflorum* var. *thunbergianum*（茨城県つくば市（栽培），2007.04，佐藤絹枝撮影）

ヒメイカリソウ *Epimedium trifoliatobinatum* var. *trifoliatobinatum*（茨城県つくば市（栽培），2006.04，二階堂太郎撮影）

トガクシソウ属 *Ranzania*　　［分布図240］

トガクシソウ＊（トガクシショウマ）*R. japonica* は本州北部および中部の日本海側に分布する．茎葉は2枚で対生し，長い柄があり，3出複葉である．花は淡紫色で，径2.5cmほどで，下向きに咲く．萼片は9個，外側の3個は小さく，花時には落ちる．内側の6個は大きく，花弁状である．花弁は6個で，内萼片より小さい．雄蕊は6個，雌蕊は1個．果実は長さ1.8cmほどで，白色である．1属1種の固有属である．分子系統解析では染色体基本数 x=7 を共有する

トガクシソウ *Ranzania japonica*（秋田県田沢湖町，2005.06，門田裕一撮影）

メギ属やヒイラギナンテン属との類縁が示唆されている．

メギ属 Berberis ［分布図231〜233］

　ヘビノボラズ *B. sieboldii* は本州（中部南西部，近畿），九州に分布する．小型の落葉低木で，葉は鋸歯があり，披針形で幅1〜2cmほどである．**メギ** * *B. thunbergii* は本州，四国，九州に分布する．葉は全縁で，長さ1〜3cmほどであり，枝には明らかな稜と溝がある．**オオバメギ** *B. tschonoskyana* は本州（中部以西），四国，九州に分布する．メギに似るが，葉は大きく，長さ3〜8cmほどで，枝の稜と溝は不明瞭である．（秋山忍）

メギ *Berberis thunbergii*（茨城県つくば市（栽培），1989.04，八田洋章撮影）

スイレン科 Nymphaeaceae

　分子系統解析から被子植物の中でアンボレラ科の次に分岐したとされる．APGIII分類体系ではスイレン目に入り，バルクラヤ属，オニバス属，コウホネ属，スイレン属，オンディネア属，オオオニバス属を含む．ハゴロモモ科が姉妹群となる．世界の温帯〜熱帯に6属70種，日本に4属8種，日本の固有植物は3種2変種．

コウホネ属 Nuphar ［分布図241〜244］

　オグラコウホネ *N. oguraensis* は東海〜九州に分布し，葉柄が細く中心に間隙があることなどで区別される．この種の柱頭盤が赤いものが**ベニオグラコウホネ** var. *akiensis* で，広島県西条盆地とその周辺に分布する．普通種のコウホネ *N. japonica* よりも小型で葉が丸い**ヒメコウホネ** *N. subintegerrima* は西日本に広く分布すると考えられてきたが，その多くが交雑由来の個体であり，真のヒメコウホネは東海地方に限られて分布することがわかってきた．柱頭盤が赤い**オゼコウホネ** * *N. pumila* var. *ozeensis* は北海道，本州北部，尾瀬ヶ原に分布する．**シモツケコウホネ** * *N. submersa* は葉が沈水葉のみで，栃木県にのみ分布する．（田中法生）

オゼコウホネ *Nuphar pumila* var. *ozeensis*（茨城県つくば市（栽培），2008.05，佐藤絹枝撮影）

シモツケコウホネ *Nuphar submersa*（栃木県日光市，2008.07，志賀隆撮影）

コショウ科 Piperaceae

　熱帯を中心に8属3000種，日本には2属4種，日本の固有植物は2種．APGIII分類体系でも科の扱いに変更はない．

コショウ属 Piper ［分布図246］

　熱帯を中心に2000種が知られている．日本の固有種として**タイヨウフウトウカズラ** * *P. postelsianum* が小笠原諸島母島に分布する．熱帯アジアとアフリカに分布する *P. umbellatum* に近縁とされ，同種とする見解もある．自生地では生育環境の変化，食害により絶滅が危惧され，環境省により国内希少野生動植物種に指定されている．

サダソウ属 Peperomoia ［分布図245］

　熱帯から温帯にかけて1000種が知られている．日本の固有種として**シマゴショウ** *P. boninsimensis* が小笠原諸島に分布する．日本と台湾に分布するサダソウ *P. japonica* に似るが茎と葉が無毛であること，葉形が異なることで区別される．（國府方吾郎）

タイヨウフウトウカズラ *Piper postelsianum*（東京都小笠原母島，2004.06，加藤英寿撮影）

ウマノスズクサ科 Aristolochiaceae

　形態的にはっきりとした科であり，APGIII分類体系でもコショウ

目の中の一単系統群としてそのまとまりが強く支持されている．世界の温帯および熱帯域に5属約600種，日本に56種14変種，日本の固有植物は52種．

ウマノスズクサ属 *Aristolochia* ［分布図247〜249］

つる性の多年生草本または木本で，世界の熱帯域を中心に300種あまりが知られる．花は左右相称で，萼が互いに合着しくびれた筒状となり，特徴的である．**オオバウマノスズクサ** *A. kaempferi* は関東以西の本州太平洋側，四国，九州にふつうに見られるつる性木本で，大型の花を単生する．花の開口部は緑黄色であり，紫褐色の細い線状模様を生じる．その変種**タンザワウマノスズクサ**＊ var. *tanzawana* は関東と東海地方から知られており，葉裏の葉脈上に長い開出毛を密生し，花の開口部に赤褐色の模様が目立つ．**リュウキュウウマノスズクサ**＊ *A. liukiuensis* は慶良間諸島以東の琉球に分布し，前種によく似るが花は複数が葉腋につき，より大型である．本種は八重山列島には分布せず，代わりに台湾との共通種である**アリマウマノスズクサ** *A. shimadae* が分布する．

カンアオイ属 *Asarum* ［分布図250〜300］

約100種が知られ，世界の温帯域の林床に生育する多年草．花は放射相称で，萼は離生するものから完全に合着し萼筒を形成するものまでさまざまである．日本産植物の中で最も固有種数の多い属の一つであり，また多くの種は非常に地域性が強い．形態の多様性は植物体全体に及ぶが，特に萼筒の形態，雄蕊，雌蕊の数，雌蕊の形態の変異が顕著である．またこの多様性に対応して栽培人気が高く，特に稀少な種ほど珍重されるため乱獲の影響を強く受けている種も少なくない．萼片の合着程度などの形質によりフタバアオイ節，ウスバサイシン節，カンアオイ節に細分され，これらはしばしば別属として扱われるが，全体としてはっきりした単系統群となるため，本書ではまとめて1属として扱う．このうち特に日本で多様化しているのはカンアオイ節であり，これらは北米東部に10種が分布する *Hexastylis* 節と近縁な常緑多年草の群である．日本産のカンアオイ節は全種が固有であり，本稿で取り扱う種もクロフネサイシン以外は全てカンアオイ節に属する．本属は地表すれすれに非常に特徴的な花をつけるが，その送粉様式はほとんどの種で未知である．

クロフネサイシン＊ *A. sieboldii* var. *dimidiatum* は紀伊半島，四国，九州の林床に生える落葉性多年草．本州，四国，九州に分布するウスバサイシンの変種とされるが，雌蕊と雄蕊の数がそれぞれ3個，6個と母種の半分となっており，別種とする見解もある．

以下カンアオイ節について述べるが，多くのものは地域固有性が高いため，地域ごとの種組成を念頭において紹介する．**ミチノクサイシン** *A. fauriei* はカンアオイ節で最も北に分布するもので新潟県，栃木県以北の，主に東北に広く分布する．他の変種と比べ葉が小さいのが特徴である．その変種**ミヤマアオイ** var. *nakaianum* は中部地方の山地に分布し，春に開花する．同じくその変種**ヒメカンアオイ** var. *takaoi* は中部以西の本州，四国の低地に広く見られ，秋から冬にかけて開花する．**コシノカンアオイ**＊ *A. megacalyx*

タンザワウマノスズクサ *Aristolochia kaempferi* var. *tanzawana*（神奈川県箱根町，1977.06，八田洋章撮影）

リュウキュウウマノスズクサ *Aristolochia liukiuensis*（鹿児島県奄美大島，2004.02，國府方吾郎撮影）

クロフネサイシン *Asarum sieboldii* var. *dimidiatum*（香川県小豆島，1992.04，高知県立牧野植物園撮影）

コシノカンアオイ *Asarum megacalyx*（新潟県上越市，2010.06，菅原敬撮影）

も北日本に分布する種の代表的なもので，中部地方以北，秋田県南部までの日本海側多雪地に適応した種である．春に直径が4 cmに達する大型の赤黒い花をつける特徴的な種で，また知られている限りカンアオイ節で唯一の4倍体種である．**クロヒメカンアオイ** A. *yoshikawae* は新潟県および富山県に分布し，前種に似るが萼筒開口部が非常に小さい．この他の北日本に分布する種としては新潟県，福島県から**ユキグニカンアオイ** A. *ikegamii* が知られており，またその変種**アラカワカンアオイ** var. *fujimakii* が新潟県，山形県の県境付近から報告されている．**カギガタアオイ** A. *curvistigma* は山梨県，静岡県に固有でかぎ状に雌蕊の先端が湾曲することが名の由来．東海地方に固有の**イワタカンアオイ** A. *kurosawae* はヒメカンアオイにやや似るが，花が大きく，萼筒内面の格子紋が細かい．**カンアオイ** A. *nipponicum* は関東，東海地方で最もふつうに見られる種で，冬に直径2 cm程度の花をつける．その変種**ナンカイアオイ** var. *nankaiese* は紀伊半島，淡路島および四国に分布する．**ランヨウアオイ** A. *blumei* は東京都から静岡県に至る太平洋岸域に分布し，葉は薄くほこ形になるものが多いのが特徴．**タマノカンアオイ*** A. *tamaense* は関東西南部に固有で，萼裂片がうねったやや大型の花をつける．本種は *Cordyla* 属のキノコバエが産卵場所と誤って花を訪れる際に送粉されることが報告されている．**アマギカンアオイ** A. *muramatsui* は伊豆半島に固有で前種に似るが，葉の表面の脈が強く窪む点で区別される．前種と接して富士，箱根地域固有の**オトメアオイ** A. *savatieri* が分布するが，花柱先端部の突起が発達する本種は前種とはっきり系統的に異なるものである．その亜種**ズソウカンアオイ*** subsp. *pseudosavatieri* は神奈川県丹沢地方および伊豆半島に分布する．その変種**イセノカンアオイ** var. *iseanum* は三重県志摩半島に固有である．近畿を中心に山陰地方にまで分布する**アツミカンアオイ** A. *rigescens*（サンインカンアオイと呼ばれる型を含む）はカンアオイに似るが，萼裂片上面に毛が生えるのが特徴である．その変種**スズカカンアオイ** var. *brachypodion* は萼裂片が萼筒よりも長く発達する．近畿にはこの他に**コウヤカンアオイ** A. *kooyanum*，**スエヒロアオイ*** A. *dilatatum*，**ジュロウカンアオイ** A. *kinoshitae* が局所的に分布する．本州広域に分布する代表的な種としては他に，中部以西の本州，四国および福岡県と大分県の林下に生育する**ミヤコアオイ** A. *asperum* がある．本種は春に萼筒入口が著しくくびれた花をつける．その変種**ツチグリカンアオイ** var. *geaster* は徳島県と高知県に分布する．**サンヨウアオイ** A. *hexalobum* は中国地方，四国，九州に分布し，前種に似るが萼筒外側に6列の隆起を生じる．その変種**キンチャクアオイ*** var. *perfectum* は四国，九州に分布し，母種では12個の雄蕊のうち半数が退化するのに対し，全て完全な雄蕊となる．同じくその変種の**シジキカンアオイ** var. *controversum* は長崎県平戸島に固有である．**トサノアオイ** A. *costatum* は高知県に固有で，萼筒が強くくびれる．**サカワサイシン** A. *sakawanum* は高知県および愛媛県に固有で前種に似るが萼裂片がより細長い．その変種**ホシザキカンアオイ** var. *stellatum* は高知県南西部に分布する．

タマノカンアオイ *Asarum tamaense*（神奈川県川崎市，1990.04，菅原敬撮影）

ズソウカンアオイ *Asarum savatieri* subsp. *pseudosavatieri*（静岡県伊豆市，2010.12，奥山雄大撮影）

スエヒロアオイ *Asarum dilatatum*（三重県野登山，2007.10，菅原敬撮影）

キンチャクアオイ *Asarum hexalobum* var. *perfectum*（熊本県五木村，2007.04，奥山雄大撮影）

タイリンアオイ *Asarum asaroides*（熊本県菊池市，2007.04，奥山雄大撮影）

中国地方から九州北部に分布する**タイリンアオイ****A. asaroides* は黒く巨大なつぼ状の萼筒部をもつ花が特徴的な種である．この他に九州北西部には，花の外観がやや前種に似て萼裂片がうねる**ウンゼンカンアオイ** *A. unzen* と，萼裂片のうねりが見られない**ツクシアオイ** *A. kiusianum* が分布する．**マルミカンアオイ** *A. suglobosum* は熊本県，宮崎県に固有で，ツクシアオイに似るがその名の通り萼筒が丸いつぼ状である．**オナガカンアオイ****A. minamitanianum* は宮崎県に固有で，長さ10 cmにも達する著しく細長く発達した萼裂片を有する特異な種である．この奇抜な花形態から園芸用の採取圧が著しく，現在では自生状態で見ることが困難になっている．薩摩半島に固有の**サツマアオイ** *A. satsumense* はタイリンアオイに似た種だが，花柱先端突起の形状が異なる．長崎県福江島には**フクエジマカンアオイ** *A. mitoanum* が分布する．**クワイバカンアオイ** *A. kumageanum* は屋久島に固有で，萼筒の外部には毛が散生し，萼裂片にも毛が多い．その変種**ムラクモアオイ** var. *satakeanum* は薩摩半島，種子島に固有のものである．屋久島にはもう一種，**オニカンアオイ** *A. yakusimense* が前種より高標高域に生育し，葉が無毛で萼裂片がより大きいことで区別できる．鹿児島県下甑島には**サンコカンアオイ** *A. trigynum*，宇治群島には**ナンゴクアオイ** *A. crassum*，トカラ列島には**トカラカンアオイ** *A. tokarense* がそれぞれ分布する．

奄美大島のカンアオイ節の多様性は著しく，**オオバカンアオイ** *A. lutchuense*，**フジノカンアオイ****A. fudsinoi*，**ミヤビカンアオイ** *A. celsum*，**グスクカンアオイ** *A. gusk*，**トリガミネカンアオイ** *A. pellucidum*，**カケロマカンアオイ** *A. trinacriforme* と6種もが分布し，このうち4種は奄美大島固有である．中でもオオバカンアオイとフジノカンアオイは植物体も花も比較的大型になるもので，前者では冬に咲き萼片が著しくうねるのに対し後者では春に咲き，萼裂片のうねりが見られない．残りの4種は互いによく似た種でいずれも春に開花し，雄蕊，雌蕊の数や萼裂片の反り返りの有無などで区別できる．オオバカンアオイは徳之島に，カケロマカンアオイは加計呂麻島，請島にも分布する．徳之島にはオオバカンアオイの他に萼裂片が白く美しい**タニムラアオイ** *A. leucosepalum* をはじめ，**ハツシマカンアオイ****A. hatsushimae* や**トクノシマカンアオイ** *A. simile* が分布する．**ヒナカンアオイ** *A. okinawense* は沖縄島の石灰岩地に固有で，直径1 cm程度の小型の花をつける．萼裂片上面は無毛である．**モノドラカンアオイ** *A. monodoriflorum* は沖縄島および西表島に分布し，前種によく似るが萼裂片上面に密に毛が生える．**エクボサイシン****A. gelasinum* は西表島に固有でやや前種に似るが，雄蕊，雌蕊の数が6個，3個と半数である．**オモロカンアオイ** *A. dissitum* は石垣島，西表島に固有で，萼筒内面の水平方向のひだが開口部付近にだけ発達する．魚釣島に固有の**センカクカンアオイ** *A. senkakuinsulare* は前種に似るが，雄蕊，雌蕊の数が6個，3個と半数である．**ヤエヤマカンアオイ** *A. yaeyamense* は西表島に固有で，沖縄県に分布するこの仲間としては花も葉も大きい種である．（奥山雄大）

オナガカンアオイ *Asarum minamitanianum*（茨城県つくば市（栽培），2006.05，佐藤絹枝撮影）

フジノカンアオイ *Asarum fudsinoi*（鹿児島県奄美大島，1995.03，山下弘撮影）

ハツシマカンアオイ *Asarum hatsushimae*（鹿児島県徳之島，2009.02，山下弘撮影）

エクボサイシン *Asarum gelasinum*（茨城県つくば市（栽培），2007.02，佐藤絹枝撮影）

ボタン科 Paeoniaceae

過去にはキンポウゲ科の一員とみなされることもあった．ユーラシア大陸と北米西部に2属34種，日本に1属2種，日本の固有植物は1種．APGIII分類体系でも科の扱いに変更はない．

ボタン属 Paeonia ［分布図301］

ヤマシャクヤク* *P. japonica* は北海道，本州，四国，九州に分布し，葉の裏面はふつう無毛で，ふつう6枚（ときに5～7枚）の花弁からなる白い花をつける．（秋山忍）

ヤマシャクヤク *Paeonia japonica*（熊本県五木村，2007.04，奥山雄大撮影）

ツバキ科 Theaceae

世界の主として熱帯，亜熱帯に30属500種，日本に8属21種，日本の固有植物は13種1変種．APGIII分類体系では，ヒサカキ属，サカキ属，モッコク属等がペンタフィラクス科 Pentaphylacaceae として分割された．

ツバキ属 Camellia ［分布図304～306］

ユキツバキ* *C. japonica* var. *decumbens* は本州（秋田から福井・滋賀の日本海側）に分布し，枝は積雪のため這い，雄蕊は黄色である．**サザンカ** *C. sasanqua* は四国，九州，琉球（オキナワサザンカとして区別されることがある）に分布する．萼片は開花時には落ちている．しばしば栽培され，ときに野生状態でみられることがある．**ヒメサザンカ** *C. lutchuensis* は琉球（徳之島，沖永良部島，沖縄島，久米島，石垣島，西表島）に分布し，サザンカに似るが花が小さく直径4cm以下である．

ユキツバキ *Camellia japonica* var. *decumbens*（新潟県十日町市，2002.04，秋山忍撮影）

ナガエサカキ属 Adinandra ［分布図302～303］

リュウキュウナガエサカキ *A. ryukyuensis* は沖縄島に分布する．常緑の小高木で，花は白色，萼片は長さ1cmほどである．**ケナガエサカキ** *A. yaeyamensis* は石垣島と西表島に分布し，前種に似るが，花は淡紅色で，花弁と果実は有毛である．

ナツツバキ属 Stewartia ［分布図314～315］

ヒコサンヒメシャラ *S. serrata* は本州（神奈川から近畿の太平洋側），四国，九州に分布し，ヒメシャラに似るが花の径は3.5～4.5（～5.5）cm，萼片は長さ1.2～1.7cmほどと大きい．**ヒメシャラ*** *S. monadelpha* は本州（神奈川から近畿の太平洋側），四国，九州に分布する．花は径1.5～2cm，萼片は長さ4～7mmほどである．

ヒメシャラ *Stewartia monadelpha*（茨城県つくば市（栽培），1988.06，八田洋章撮影）

ヒサカキ属 Eurya ［分布図307～311］

ヤエヤマヒサカキ *E. yaeyamensis* は石垣島と西表島に分布する．枝はジグザグ状になり，雄蕊は16～25個，果実は長さ5～8mmである．**クニガミヒサカキ** *E. zigzag* は沖縄島に分布し，ヤエヤマヒサカキに似るが雄蕊は10～16本と少なく，果実の長さも4～4.5mmと短い．**アマミヒサカキ*** *E. osimensis* は奄美大島，徳之島，沖縄島，石垣島，西表島に分布し，枝に翼はない．**サキシマヒサカキ** *E. sakishimensis* は石垣島，西表島に分布し，アマミヒサカキ同様に枝に翼はないが，花柄は1.5～4mmと長い．**ヒメヒサカキ** *E. yakushimensis* は屋久島に分布し，当年枝は緑色のままであり，葉は小さく，長さ1～3.5cmである．

アマミヒサカキ *Eurya osimensis*（鹿児島県徳之島，2010.11，奥山雄大撮影）

ヒサカキサザンカ属 *Pyrenaria* ［分布図312］

ヒサカキサザンカ *P. virgata* は琉球（沖永良部島，沖縄島，久米島，石垣島，西表島）に分布し，常緑の高木で，ヒメサザンカに似るが果実は基部からも裂開する．

ヒメツバキ属 *Schima* ［分布図313］

ヒメツバキ*（ムニンヒメツバキ）*S. mertensiana* は小笠原に分布し，常緑の高木，ときに低木状で，花は5～7月に咲き直径4～5cmで白色である．沖縄に生育するイジュ *S. noronhae* は亜熱帯地方に広く分布する．（秋山忍）

ヒメツバキ *Schima mertensiana*（東京都小笠原兄島，2006.06，加藤英寿撮影）

オトギリソウ科 Hypericaceae (Guttiferae)

世界の熱帯から温帯に約50属1000種以上，日本に4属43種，日本の固有植物は30種3亜種1変種．APGIII分類体系では，一部の属がテリハボク科 Clusiaceae へと移動した．

オトギリソウ属 *Hypericum* ［分布図316～347］

日本に40種近くあり，その多くが固有種である．日本産のものの多くは草本植物であり，葉や花弁などの腺や点の色や入り方などが種を識別する特徴とされているが，実際の種の識別は困難であるものが多い．

タイワンキンシバイ節 sect. *Takasagoya*

低木である．センカクオトギリ *H. senkakuinsulare* は琉球（尖閣諸島魚釣島）に分布する．

シナノオトギリ *Hypericum senanense*（山梨県北岳，1997.08，勝山輝男撮影）

オトギリソウ節オトギリソウ列 sect. *Hypericum* ser. *Hypericum*

草本，茎の節間は2稜がある．トサオトギリ *H. tosaense* は本州（近畿西部から中国東部），四国（小豆島，高知）に分布する．シオカゼオトギリ *H. iwatelittorale* は本州（岩手）に分布する．セイタカオトギリ *H. momoseanum* は本州（長野県鉢伏山，浅間山，愛知県渥美半島）に分布する．

オトギリソウ節シナノオトギリ列 sect. *Hypericum* ser. *Senanensia*

草本，茎の節間は最初2または4稜があるか，つねに丸く，茎の基部は匍匐枝がある．オオバオトギリ *H. pibairense* は北海道（利尻山，札幌山，ピパイロ岳）に分布する．サマニオトギリ *H. nakaii* は北海道南部）に分布し，トウゲオトギリ subsp. *miyabei* は北海道（釧路）に分布し，シラトリオトギリ subsp. *tatewakii* は北海道（石狩白鳥山）に分布する．シナノオトギリ* *H. senanense* は本州（栃木から石川）に分布し，イワオトギリ subsp. *mutiloides* は本州（北部，中部）に分布する．タカネオトギリ* *H. sikokumontanum* は四国，九州に分布する．カワラオトギリ *H. kawaranum* は北海道（石狩豊平川）に分布する．クロテンシラトリオトギリ *H. watanabei* は北海道（石狩白鳥山など）に分布する．ミネオトギリ *H. kimurae* は北海道（後志，留萌）に分布する．マシケオトギリ *H. yamamotoi* は北海道（暑寒別山）に分布する．タニマノオトギリ *H. pseudoerectum* は北海道（定山渓）に分布する．オシマオトギリ *H. vulcanicum* は北海道南西部，本州（新潟以北）に分布する．センゲンオトギリ *H. yamamotoanum* は北海道南西部（渡島大千軒岳）に分布する．キタ

タカネオトギリ *Hypericum sikokumontanum*（徳島県剣山，2009.08，斉藤政美撮影）

ダイセンオトギリ *Hypericum asahinae*（広島県安芸太田町，2010.09，小池周司撮影）

ミオトギリ *H. kitamense* は北海道（宗谷，網走?）に分布する．エゾヤマオトギリ *H. kurodakeanum* は北海道（大雪山）に分布する．フルセオトギリ *H. furusei* は北海道（士別市白山）に分布する．ヌポロオトギリ *H. nuporoense* は北海道（留萌ヌポロマポロ川）に分布する．ダイセツヒナオトギリ *H. yojiroanum* は北海道（大雪山）に分布する．オオシナノオトギリ *H. ovalifolium* は本州（白馬岳）に分布し，トガクシオトギリ subsp. *hisauchii* は本州（戸隠山）に分布する．ダイセンオトギリ* *H. asahinae* は本州（中部，西部）に分布する．オクヤマオトギリ *H. gracillimum* は本州（北部，中部）に分布する．ミヤコオトギリ *H. kinashianum* は本州中部と西部に分布する．ハチジョウオトギリ* *H. hachijyoense* は伊豆諸島（三宅島，八丈島）に分布する．ハコネオトギリ *H. hakonense* は本州（富士箱根伊豆地域）に分布する．ニッコウオトギリ *H. nikkoense* は本州（栃木，群馬，長野）に分布する．ナガサキオトギリ *H. kiusianum* は本州（富士箱根伊豆地域），四国，九州に分布し，ヤクシマコオトギリ* var. *yakusimense* は屋久島に分布する．サワオトギリ *H. pseudopetiolatum* は北海道（渡島），本州（東北，関東北部，中部，近畿北部，中国），九州（北部，中部）に分布する．（秋山忍）

モウセンゴケ科 Droseraceae
　世界の温帯〜熱帯に3属100種，日本に2属7種，日本の固有植物は1種．APGIII分類体系でも科の扱いに変更はない．
モウセンゴケ属 *Drosera* ［分布図348］
　トウカイコモウセンゴケ* *D. tokaiensis* は東海丘陵要素植物で，葉の基部に腺毛がない，托葉が4裂する，種子が大きいことなどで近似種のコモウセンゴケ *D. spathulata* と区別される．モウセンゴケ *D. rotundifolia* とコモウセンゴケの雑種に起源する複2倍体と考えられている．（田中法生）

ケシ科 Papaveraceae
　主に北半球の温帯に43属820種，日本に7属20種，日本の固有植物は1属4種3変種．APGII分類体系ではケシ科，ケマンソウ科，オサバグサ科の3科に分割されたが，最新のAPGIII分類体系ではこれらは再びケシ科としてまとめられた．結果として科の範囲は従来と変更はない．
オサバグサ属 *Pteridophyllum* ［分布図354］
　オサバグサ* *P. racemosum* は本州（北部，中部）に分布する．葉はシダの葉を思わせる櫛の歯状に羽状全裂する．花茎は15〜25 cmほどになり，白色の花を総状につける．花弁は長さ5 mmほどである．本属はオサバグサ1種からなり，日本固有属である．
キケマン属 *Corydalis* ［分布図349〜352］
　ミチノクエンゴサク *C. capillipes* は本州（北部および中部の日本海側）に分布する．ヤマエンゴサク *C. lineariloba* に似るが，花は小さく，長さ10〜13 mmほどである．エゾオオケマン *C. curvicalcarata* は北海道（富良野岳，富良野西岳）に分布する．高さ1 mほどにな

る大型の草本で，花序は4〜11 cmほどで，白色（後に紅紫色になる）花を10〜20個ほどつける．**チドリケマン** *C. kushiroensis* は北海道に分布する．花は黄色で，長さ9〜14 mmほど，上花弁の距はまっすぐかやや上を向く．**ヒメエンゴサク** *C. lineariloba* var. *capillaris* は四国，九州に分布し，葉の最終小葉または裂片は，基準変種のヤマエンゴサクより小さく，長さ5〜8 mm，幅3〜5 mmほどで，種子は平滑である．**キンキエンゴサク*** var. *papilligera* は本州に分布し，種子には縁近くに微小な乳頭状突起がある．

ケシ属 *Papaver* ［分布図353］

リシリヒナゲシ**P. nudicaule* var. *fauriei* は北海道（利尻島）の高山帯岩礫地に生える．全体に粗い毛があり，葉は根生し，柄があり，羽状に全裂する．下方の裂片はさらに2〜4裂する．花茎は高さ10〜20 cmほどで，1花を頂生する．花弁は淡黄色で，長さ2 cmほどである．（秋山忍）

アブラナ科 Brassicaceae (Cruciferae)

世界に321属約3400種，日本に18属56種，日本の固有植物は11種．APGIII分類体系でも科の扱いに変更はない．

イヌナズナ属 *Draba* ［分布図362〜365］

本属の日本産固有種はいずれも高山に生育する．北海道（夕張・日高）と本州の早池峰山・岩手山に分布し，黄色の花をもつ**ナンブイヌナズナ** *D. japonica* を除き，いずれも白色の花をつけ，識別が難しい．**シロウマナズナ** *D. shiroumana* は本州の白馬岳と赤石山脈に分布し，**クモマナズナ*** *D. sakuraii* は本州中部と栃木県日光の高山に分布する．**キタダケナズナ** *D. kitadakensis* は北海道（層雲峡・後志）と本州中部の高山に分布する．地域間の変異性を重視し，**ヤツガタケナズナ** *D. oiana*，**シリベシナズナ** *D. igarashii*，**ソウウンナズナ** *D. sakaiana* などを別種として区別する見解もあるが，種内変異や種分化は未だ十分に解明されていない．

シロイヌナズナ属 *Arabidopsis* ［分布図355］

リシリハタザオ**A. umezawana* は利尻山の高所に分布し，**ミヤマハタザオ** *A. kamchatika* subsp. *kamchatika* に似るが，葉腋や花序に小植物体（新苗）を付け，花柱がより細くかつ長いこと，種子が円形であることなどで区別できる．小植物体をもつ点では**ハクサンハタザオ** *A. gemmifera* に似るが，これとは種子が円いことの他，多年生ではなく一年生あるいは二年生である点で異なっている．

タネツケバナ属 *Cardamine* ［分布図357〜361］

タネツケバナ属は200種以上を含む，温帯性の属で，日本では湿潤地を中心に17種が生育し，うち5種が固有である．**ミツバコンロンソウ****C. anemonoides* は本州（関東以西），四国，九州に分布し山地の林下に生える．**マルバコンロンソウ****C. tanakae* は本州，四国，九州に，**コシジタネツケバナ** *C. niigatensis* は本州（群馬，新潟，富山）に，**ヒロハコンロンソウ** *C. appendiculata* は本州に，**オオマルバコンロンソウ** *C. arakiana* は本州（京都，兵庫，岡山）に，それぞれ分布する．マルバコンロンソウとヒロハコンロンソウでは茎の上

キンキエンゴサク *Corydalis lineariloba* var. *papilligera*（石川県金沢市，2005.04，福原達人撮影）

リシリヒナゲシ *Papaver nudicaule* var. *fauriei*（北海道利尻島，1995.07，藤井紀行撮影）

クモマナズナ *Draba sakuraii*（長野県／山梨県八ヶ岳，1992.07，勝山輝男撮影）

リシリハタザオ *Arabidopsis umezawana*（北海道利尻島，2007.07，梅沢俊撮影）

部の葉の基部は耳状になるのに対して，コシジタネツケバナとオオマルバコンロンソウでは耳状にならない．マルバコンロンソウは越年草で根茎はないが，ヒロハコンロンソウは多年草で長く水平に伸びる根茎をもつ．オオマルバコンロンソウでは頂小葉には縁に切れ込みがあるのに対して，コシジタネツケバナでは縁に切れ込みがない．

ヤマハタザオ属 Arabis　［分布図356］

　北半球の温帯から中央アフリカ山地にかけて約100種が知られ，日本には6種が分布する．そのうち固有種は本州中部の高山に生育する**クモイナズナ** A. tanakana のみである．なお，従来は本属に分類され，日本の固有種とされたハクサンハタザオとタチスズシロソウは，その後の研究で東アジアの広い地域に分布することが判明し，またシロイヌナズナ属に分類されることになった．（秋山忍）

ミツバコンロンソウ Cardamine anemonoides（山梨県都留市，2010.05，海老原淳撮影）

マンサク科 Hamamelidaceae

　世界の熱帯から温帯に29属95種，日本に5属9種，日本の固有植物は4種3変種．APGIII 分類体系ではフウ属がフウ科 Altingiaceae として分割されている．

イスノキ属 Distylium　［分布図368］

　シマイスノキ D. lepidotum は小笠原に分布する高さ2〜4mの常緑低木である．葉身は広倒卵状楕円形，長さ1.5〜4cm，幅1.3〜2.5cm，先は鈍頭である．乾いた低木林内に生える．

マルバコンロンソウ Cardamine tanakae（東京都奥多摩町，1974.05，村川博實撮影）

トサミズキ属 Corylopsis　［分布図366〜367］

　キリシマミズキ C. glabrescens は本州（紀伊半島），四国，九州に分布する．萼筒，子房，蒴果は無毛であり，雄蕊は長さ4〜5mmほど，葯は黄色である．**トサミズキ*** C. spicata は四国（高知）に分布する．萼筒，子房には長軟毛があり，蒴果には星状毛があり，雄蕊は長さ8〜9mmほど，葯は暗赤色である．愛知県にはダンドミズキと呼ばれるものがあり，しばしばキリシマミズキと同定されることがあるが，コウヤミズキ C. gotoana の変種で，固有変種であるという見解がある．

マンサク属 Hamamelis　［分布図369〜371］

　マンサク* H. japonica は本州（太平洋側），四国，九州に分布し，葉には若いときにはふつう星状毛があるが，後に無毛となる．葉身は菱形状円形から広卵円形で，長さ5〜10（〜14）cmほど，幅3.5〜7（〜11）cmほどである．**オオバマンサク** var. megalophylla は本州（岩手から関東・中部の太平洋側）に分布し，葉身は長さ7〜17cm，幅6〜11cmほどである．**マルバマンサク** var. discolor（ニシキマンサク，ウラジロマルバマンサクを含む）は北海道西南部，本州（鳥取以東の日本海側）に分布し，葉身は倒卵円形である．**アテツマンサク** var. bitchuensis は本州（中国）に分布し，葉はふつう成葉になっても星状毛がある．（秋山忍）

トサミズキ Corylopsis spicata（岐阜県土岐市（栽培），1990.04，八田洋章撮影）

ベンケイソウ科 Crassulaceae

　33属約1400種があり，オセアニアを除く全世界に分布するが，特にアフリカからユーラシア，北アメリカに属，種ともに多い．気候

マンサク Hamamelis japonica var. japonica（千葉県松戸市（栽培），1988.02，八田洋章撮影）

的に湿潤な日本には5属37種12変種が分布し，日本の固有植物として11種9変種が知られているが，その多くは岩上，樹上や水涸れの長い沼沢地や沢など，局所的に乾燥が強い立地に生育する．APGIII分類体系でも科の扱いに変更はない．

イワレンゲ属 Orostachys ［分布図378～379］

コモチレンゲ O. boehmeri は北海道に分布し，多数のストロンを出し新個体を形成する．**イワレンゲ** O. malacophylla subsp. malacophylla var. iwarenge は本州（関東以西），九州に分布し，葉は全体に帯粉し，緑白色となり，葯は濃黄色．日本では北海道・東北に分布する別変種**アオノイワレンゲ** var. aggregeata は，葉は粉白せず鮮緑色で，葯は濃紅紫色となる点でイワレンゲと区別できる．

キリンソウ属 Phedimus ［分布図380］

ヒメキリンソウ P. sikokianus は四国に分布し，**キリンソウ** P. aizoon var. floribundus に似るが，葉は常に対生する．対生葉をもつのは本属中この種のみである．また，本属中唯一の2倍体種で，2n=16の染色体をもつ．

ベンケイソウ属 Hylotelephium ［分布図372～377］

チチッパベンケイ* H. sordidum は本州（北部，中部）に分布し，**オオチチッパベンケイ** var. oishii は本州（福島，茨城）に分布する．**アオベンケイ** H. viride は本州（中部以西），四国，九州に分布し，葉は対生し，明らかな柄がある．**ツガルミセバヤ** H. ussuriense var. tsugaruense は本州（青森）に分布する．**ミセバヤ*** H. sieboldii は小豆島に分布し，**エッチュウミセバヤ** var. ettyuense は本州（北陸）に分布する．**ヒダカミセバヤ** H. cauticola は北海道に分布する．**ショウドシマベンケイソウ** H. verticillatum var. lithophilos は香川県（小豆島）や岡山県などの石灰岩地に産する．

マンネングサ属 Sedum ［分布図381～390］

ヤハズマンネングサ S. tosaense は四国（高知）に分布し稀な植物である．**マルバマンネングサ** S. makinoi は本州（群馬以南），四国，九州に分布する．**マツノハマンネングサ*** S. hakonense は扁平な線形葉をもち，関東（埼玉，東京，神奈川）と中部（山梨，静岡）の山地に点在し，多くは樹上に生える．**オオメノマンネングサ*** S. rupifragum は島根県立久恵峡と周辺に特産する．**ミヤマンネングサ** S. japonicum subsp. japonicum var. senanense は多型なメノマンネングサの小型の変種で本州（中部）の山岳地に分布し，**ムニンタイトゴメ*** subsp. boninense は小笠原に産し，地中にむかごをつくる．**ナガサキマンネングサ** S. nagasakianum は九州にあり，**ハママンネングサ** S. formosanum に似るが，葉は幅狭く，茎は匍匐する．**サツママンネングサ** S. satumense はマルバマンネングサとハママンネングサの中間的な形をもち，薩摩半島（磯間岳）に知られる．**ツシママンネングサ** S. polytrichoides subsp. yabeanum は多型なウンゼンマンネングサの変種で平戸，対馬，壱岐，五島に分布し，葉は茎先に群がってつくことなく，線形から狭披針形または狭倒披針形でやや扁平な葉をもち，これによく似て葉が小さい変種**セトウチマンネングサ** var. setouchiense は本州（兵庫，岡山）と四国

（香川）に分布する．**ヒメマンネングサ** *S. zentaro-tashiroi* は，九州と本州（福井）に知られ，葉が4輪生する．**タカネマンネングサ** *S. tricarpum* は本州（近畿以西），四国，九州に分布し，葉は倒卵形からさじ形または倒披針形で，花柱はふつう3本である．（秋山忍）

ユキノシタ科 Saxifragaceae

主に北半球の温帯域に約60属1100種，日本に22属115種，日本の固有植物は70種45変種．APGIII分類体系では多系統群であることが示されている．木本および草本性のアジサイ科 Hydrangeaceae，草本のみからなるウメバチソウ属（ニシキギ科に含まれる）が他と類縁の遠いものとしてまず隔てられ，さらに草本のみから成り蒴果をつける狭義ユキノシタ科，木本のみから成り液果をつけるスグリ科 Grossulariaceae，木本のみから成り蒴果をつけるズイナ科 Iteaceae に分けられる．

狭義ユキノシタ科

アラシグサ属 Boykinia　［分布図406］

アラシグサ *B. lycoctonifolia* は北海道，本州中部以北の高山帯に分布する．花盤が発達し花弁が退化傾向にある点が本属としても特異．

イワユキノシタ属 Tanakaea　［分布図486］

東アジア特産属で中国と日本に各1種が分布するが，両者を同一のものとする見解もある．**イワユキノシタ*** *T. radicans* は本州（神奈川，山梨，静岡），四国（徳島，高知）に分布し，山地の陰湿な岩上に生える常緑の多年草．狭義ユキノシタ科では珍しく雌雄異株である．生育地が限られ絶滅が危惧される．

チダケサシ属 Astilbe　［分布図391〜405］

東アジアと北米に分布する．日本では地方固有種および変種が多く知られていて，その分類についてはさらに研究が必要である．

モミジバショウマ *A. platyphylla* は北海道に分布し，雌雄異株で花に花弁がない．**ヒトツバショウマ** *A. simplicifolia* は本州（神奈川，静岡）に分布し，葉が単葉である．**アワモリショウマ** *A. japonica* は本州（中部以西），四国，九州に分布し，小葉は菱状披針形から菱状楕円形で，渓流に生える．**ヤクシマショウマ** *A. glaberrima* は九州（屋久島）に分布し，小葉は欠刻状鋸歯がある．変種の**コヤクシマショウマ*** var. *saxatilis* も九州（屋久島）に分布し，基準変種に似るが，小型で草丈2.5〜10 cmほど．渓流の湿った岩の上に生える．**チダケサシ** *A. microphylla* は本州，四国，九州に分布し，小葉の先は鈍形で花序の枝は短く斜上し，花は淡紅色である．**キレバチダケサシ** var. *riparia* は九州（宮崎，鹿児島）に分布し，渓流の岩の上に生える．**ハチジョウショウマ*** *A. hachijoensis* は伊豆諸島に分布し，葉は厚く光沢がある．**ミカワショウマ** *A. okuyamae* は本州（愛知）に分布し，葉は1〜2回3出複葉である．**ハナチダケサシ** *A. formosa* は本州中部山地に分布し，花は白色で花弁が長く4〜6 mmである．**アカショウマ** *A. thunbergii* は本州に分布し，花序の下部の側枝はほとんど分枝せず，花弁は長さ約3 mm．富士箱根地域

ムニンタイトゴメ *Sedum japonicum* subsp. *boninense*（東京都小笠原村，2010.03，池田博撮影）

イワユキノシタ *Tanakaea radicans*（高知県物部村，1984.05，高知県立牧野植物園撮影）

コヤクシマショウマ *Astilbe glaberrima* var. *saxatilis*（鹿児島県屋久島，2005.09，池田博撮影）

ハチジョウショウマ *Astilbe hachijoensis*（東京都八丈島，2009.07，海老原淳撮影）

に固有変種**フジアカショウマ** var. *fujisanensis*，九州に固有変種**テリハアカショウマ** var. *kiusiana* がある．九州からは固有変種**ツクシアカショウマ** var. *longipedicellata* が記載されていて，テリハアカショウマの異名とされることもあるが，詳しい検討が必要である．**シコクショウマ** *A. shikokiana* は四国に分布し，低地の林縁などに生え，赤石山地（標高1000 m以上）に固有変種**ヒメシコクショウマ** var. *sikokumontana*，剣山などの産地（標高1000 m以上）に固有変種**ツルシコクショウマ** var. *surculosa* が分布する．**トリアシショウマ*** *A. odontophylla* は本州（主に東日本の日本海側）と北海道に分布し，全体に大きく草丈は1 m前後になる．アカショウマの変種とされることもある．**バンダイショウマ** var. *bandaica* は小型で磐梯山などに分布する．

トリアシショウマ *Astilbe odontophylla*（滋賀県東近江市，2008.07，秋山忍撮影）

チャルメルソウ属 *Mitella*　　［分布図456〜466］

本属は東アジアと北米の主に渓流沿いの林床に分布し，線状でしばしば分枝する花弁や雨滴散布に適応したコップ状の果実で特徴づけられる多年生草本．和名もこの果実の形が楽器のチャルメラに似ていることに由来する．最近の研究では多系統群であることが示されているが，日本固有種はエゾノチャルメルソウを除き全て単系統群のチャルメルソウ節に属する．日本産のものは全てキノコバエ類が特異的に花粉を媒介し，特にミカワチャルメルソウ，タキミチャルメルソウおよびその変種では，唯一ミカドシギキノコバエ *Gnoriste mikado* だけが有効な送粉者として働く．**エゾノチャルメルソウ** *M. integripetala* は北海道西部と東北に分布する．花茎に根生葉と同形の葉が2枚つき，花弁は枝分かれせず雄蕊が花弁と互生する点で日本産の本属としては特異な外見をもつ．**モミジチャルメルソウ** *M. acerina* は福井県，京都府，滋賀県の渓流域にのみ生育する．葉の腺毛を欠き，種子が柔らかく，緑色で水に浮くことなど，渓流環境への特殊化が特に著しい．また本属で唯一の雌雄異株性でもある．**ミカワチャルメルソウ** *M. furusei* は東海地方特産で，その変種**チャルメルソウ** var. *subramosa* は本州近畿地方以西に産し，前者では花弁が羽状に7〜11裂するのに対し後者は3〜5裂する．**コチャルメルソウ*** *M. pauciflora* は本州，四国，九州に分布する．花序あたりの花数が7内外と少なく，萼片は平開，雄蕊が花弁から完全に離生し，また花柱の先が曲がらず柱頭が花の正面を向くのが大きな特徴．匍匐茎をよく出す．**コシノチャルメルソウ** *M. koshiensis* は新潟県と富山県に特産し，多雪地に適応した大型の葉が特徴．鈴鹿地方特産の**タキミチャルメルソウ** *M. stylosa* と四国および九州に分布する変種**シコクチャルメルソウ** var. *makinoi* は，チャルメルソウに似るが種皮に乳頭状の突起を散生する点で異なる．同様の種皮の突起はヒメチャルメルソウ，ツクシチャルメルソウにも見られる．**ヒメチャルメルソウ** *M. doiana* は屋久島の雲霧林帯の林床に特産し，植物体が著しく矮小化し花弁も失っている．**ツクシチャルメルソウ*** *M. kiusiana* は九州に分布し，他種と比べ葉の鋸歯が鋭く，深裂する．**オオチャルメルソウ*** *M. japonica* は紀伊半島，四国，九州に分布するが，最近の研究から紀伊半島の集団は明確に別種であると

コチャルメルソウ *Mitella pauciflora*（京都府京都市，2007.02，奥山雄大撮影）

ツクシチャルメルソウ *Mitella kiusiana*（熊本県五木村，2007.04，奥山雄大撮影）

オオチャルメルソウ *Mitella japonica*（熊本県菊池市，2007.04，奥山雄大撮影）

考えられている．葉が縦に長く匍匐茎は出さない．四国および九州に分布する**トサノチャルメルソウ*** *M. yoshinagae* は前種に似るが匍匐茎を出す．やはり最近の研究から四国と九州の集団は互いに別種の関係にあると考えられている．

ネコノメソウ属 *Chrysosplenium*　[分布図410～426]

　主に北半球の温帯から亜寒帯に分布するが，数種がアフリカ北部や南アメリカに隔離分布する．狭義ユキノシタ科の中でも4数性の花をつけ，花弁を持たない点で特異である．いずれの種も早春に開花し，萼片の色が目立たない代わりに花を取り囲む苞が鮮やかに着色する種も多い．チャルメルソウ属とも共通する特徴として，果実が上向きに裂開し，コップ状であることが挙げられるが，これは種子が雨滴散布されるための適応と考えられ，和名の由来もこの果実の様子が猫の目に似ていることによる．本属は分子系統解析により，葉が対生する群と互生する群に大きく分かれることが示されている．**ネコノメソウ** *C. grayanum* は日本各地のやや開けた湿地にふつうに見られ，雄蕊が4個であり種子に1稜がある．**ムカゴネコノメソウ** *C. maximowiczii* は関東，東海地方に分布し，地下に走出枝を出し，その先端にむかごを生じる点で特異である．**シロバナネコノメソウ*** *C. album* は萼片が花弁状になり鮮やかな白色で，赤い葯とのコントラストが美しい．ツクシネコノメソウやコガネネコノメソウ *C. pilosum* var. *sphaerospermum* と同じく植物体全体には長軟毛が散生する．**ハナネコノメ*** var. *stamineum*，**キイハナネコノメ** var. *nachiense*，**キバナハナネコノメ** var. *flavum* はその変種でそれぞれ本州近畿地方以北，紀伊半島，東海地方に分布する．萼片の色や形態および葯の色などで区別される．**ツクシネコノメソウ** *C. rhabdospermum* は九州に分布し，コガネネコノメソウに似るが裂片が淡緑色．その変種**トゲミツクシネコノメ** var. *shikokianum* は愛媛・高知県に特産する．**イワネコノメソウ** *C. echinus* は関東以西の本州，四国，九州に分布し，萼裂片が平開し，花盤がよく発達する．また種子表面には隆条が多数あり，その上に棍棒状突起が密に並ぶ．**ヒメオオイワボタン** *C. pseudofauriei* var. *nipponense* は徳島県に特産し，ネコノメソウにやや似ているが雄蕊は8個であり，種子の陵を欠く．**ホクリクネコノメ** *C. fauriei* は新潟県から島根県の日本海側の多雪地帯に分布し，上記の他種と比べ植物体がやや大きく，強靭な印象を受ける．花を取り囲む苞は鮮黄色で，円形の根出葉はほぼ無柄で花時にも残る．雄蕊は萼裂片より長く，裂開直前の葯の色は暗紅色である．**ボタンネコノメソウ*** *C. kiotoense* は近畿地方以西の本州に分布し，前種に似るが雄蕊や花柱が萼裂片より短い．**ヒダボタン** *C. nagasei* は中部から北陸（長野県，岐阜県，福井県）および中国地方に分布し，前種に酷似するが花がより大型である．その変種**ヒメヒダボタン** var. *luteoflorum* は岐阜県，福井県に分布し葯の色が黄色である．別の変種**アカヒダボタン** var. *porphyranthes* は萼裂片が赤褐色である．**イワボタン** *C. macrostemon* は関東以西の本州太平洋側および四国，九州に分布する．ボタンネコノメソウと比べ葉が細長く，根出葉にははっきりとした柄がある．葉の表面

トサノチャルメルソウ *Mitella yoshinagae*（熊本県五木村，2007.04，奥山雄大撮影）

シロバナネコノメソウ *Chrysosplenium album*（京都府京都市，2008.04，奥山雄大撮影）

ハナネコノメ *Chrysosplenium album* var. *stamineum*（東京都八王子市，2005.04，海老原淳撮影）

ボタンネコノメソウ *Chrysosplenium kiotoense*（京都府京都市，2010.04，奥山雄大撮影）

ヨゴレネコノメ *Chrysosplenium macrostemon* var. *atrandrum*（東京都奥多摩町，2007.04，海老原淳撮影）

には葉脈に沿って灰白色の斑紋が入る．花の色は全体に明るい．その変種ヨゴレネコノメ*var. *atrandrum* はやはり関東以西の本州太平洋側および四国，九州に分布するが花は暗色であり萼裂片は褐色，裂開直前の葯の色も暗紅色である．同じく変種のニッコウネコノメ var. *shiobarense* は本州太平洋側に分布し，ふつう花時に根出葉を欠き，萼裂片がほぼ平開することで区別される．同じく変種のキシュウネコノメ var. *calicitrapa* は紀伊半島に分布し，種子の隆起上の突起が母種より細長い．同じく変種のサツマネコノメ var. *viridescens* は九州に分布する．トウノウネコノメ *C. pseudopilosum* は岐阜県に特産し，コガネネコノメソウに酷似するが雄蕊が萼裂片より長いことで区別される．その変種ヤマシロネコノメ var. *divaricatistylosum* は京都府に特産する．上記の種はいずれも葉が対生する．一方で関東以西の本州，四国，九州に分布するタチネコノメソウ* *C. tosaense* は葉が互生し，ツルネコノメソウ *C. flagelliferum* に酷似するが花後にも地上性の走出枝を出さない点で区別される．

ヤワタソウ属 *Peltoboykinia* ［分布図470］

東アジア固有属で大型の盾状葉を根茎から伸ばす．種皮の表面構造や分子系統解析からネコノメソウ属に近縁と考えられている．ワタナベソウ* *P. watanabei* は四国，九州の湿った林床に分布し同属のヤワタソウ *P. tellimoides* と比べ葉が著しく深く切れ込む．

ユキノシタ属 *Saxifraga* ［分布図474～485］

北半球の温帯域の山地から高山帯にかけて約480種が分布する．近年の分子系統解析からは，多系統群であり，それぞれ390種，90種からなる *Saxifraga* 属と *Micranthes* 属からなることがわかっている．日本固有種では，クロクモソウ，フキユキノシタ，およびタテヤマイワブキが *Micranthes* 属に含まれ，それ以外が *Saxifraga* 属となる．

センダイソウ *Saxifraga sendaica* は本州（紀伊半島），四国，九州に分布し，花は左右相称で，上部の花弁に斑点がない．イズノシマダイモンジソウ* *S. fortunei* var. *jotanii* は本州（千葉）と伊豆諸島に分布し，花柄には長い腺毛があり，葉は浅く切れ込み，10月～1月に開花する．ウチワダイモンジソウ var. *obtusocuneata* は本州（東北～中部，紀伊半島），四国，九州（屋久島以北）に分布し，花柄の腺毛は細かく，葉は倒卵形から円形で，ふつう基部は楔形で，7～10月に開花する．ナメラダイモンジソウ var. *suwoensis* は本州（長野西部，岐阜，近畿北部，中国地方），九州北部に分布し，葉は円形から広円形で，深く5～7裂する．エチゼンダイモンジソウ *S. acerifolia* は本州（福井，石川）に分布し，根茎は長く這って分枝し，ときに走出枝を出す．ジンジソウ *S. cortusifolia* は本州（関東以西），四国，九州に分布し，上部の花弁には斑点があり，葉はふつう中裂する．ツルジンジソウ var. *stolonifera* は九州（熊本，長崎）に分布し，少数の細長い匍匐枝がある．ハルユキノシタ* *S. nipponica* は本州（関東，中部，北陸，近畿）に分布し，ジンジソウに似るが，春に開花し葉はわずかに浅裂する．クロクモソウ *S. fusca* var. *kikubuki* は本州（近畿以北），四国，九州に分布し，花は放射相称，花弁は紫褐色から淡緑色で，花盤は環状で顕著に隆起す

タチネコノメソウ *Chrysosplenium tosaense*（京都府京都市，2010.04，奥山雄大撮影）

ワタナベソウ *Peltoboykinia watanabei*（宮崎県高千穂町，2008.07，斉藤政美撮影）

イズノシマダイモンジソウ *Saxifraga fortunei* var. *jotanii*（東京都八丈島，2002.12，勝山輝男撮影）

ハルユキノシタ *Saxifraga nipponica*（茨城県つくば市（栽培），2006.04，二階堂太郎撮影）

る．**フキユキノシタ** S. japonica は北海道，本州（福井以東），四国（剣山）に分布し，花弁は白色で，花盤は目立たない．**タテヤマイワブキ** S. nelsoniana var. tateyamensis は本州中部（富山県立山）に分布し，葉柄，花柄，花序軸に長い毛があり，花弁は長さ5mmほどである．**エゾノクモマグサ** S. nishidae は北海道（夕張岳）に分布し，萼筒は発達せず皿状で，花弁には黄色または紅色の斑点がある．**クモマグサ** S. merkii var. idsuroei は本州（中部）に分布し，エゾノクモマグサに似るが，花弁には斑点がない．**ユウバリクモマグサ** S. bronchialis subsp. funstonii var. yuparensis は北海道（夕張岳）に分布し，葉の先端は3裂し，腺毛がある．

APGIII 分類体系でスグリ科に含まれる属
スグリ属 Ribes　　［分布図472〜473］

主に北半球の温帯域を中心に分布し，約200種からなる木本の属だが，南米からも数種が知られている．葉は互生し，掌状でよく切れ込み，茎には棘があるものが多い．果実は液果で食用に利用されるものも多い．**コマガタケスグリ**＊ R. japonicum は北海道，本州，四国の亜高山帯に生育し，枝に刺がなく，下向きに垂れ下がる総状花序に多数の皿状の花をつける．**スグリ** R. sinanense は本州（長野，山梨，静岡）に分布する落葉低木で，葉腋に分枝する棘を持つ．

APGIII 分類体系でニシキギ科に含まれる属
ウメバチソウ属 Parnassia　　［分布図467〜469］

湿地に生える多年草である．根生葉には葉柄があり，葉身は全縁である．花は茎の先端に1個つく．発達した仮雄蕊があり，先はふつう分裂する．**ヒメウメバチソウ** P. alpicola は本州北部および中部に分布する．**ウメバチソウ** P. palustris に似るが花が小さく，仮雄蕊の裂片の数がふつう3から5でウメバチソウより少なく，黄色い腺体がない．**イズノシマウメバチソウ** var. izuinsularis は伊豆諸島の新島，三宅島，御蔵島に分布し，草丈が10〜15cmと低く，花弁は長さ約1.2cm，幅約1cmと大きい．**ヤクシマウメバチソウ**＊ var. yakusimensis は屋久島に分布し，草丈が10cm以下で小型である．**オオシラヒゲソウ**＊ P. foliosa var. japonica は本州（秋田〜兵庫の日本海側）に分布し，基準変種のシラヒゲソウより全体に大きく，葉は長さ4〜6.5cmほどである．

APGIII 分類体系でズイナ科に含まれる属
ズイナ属 Itea　　［分布図455］

東・東南アジア（十数種）と北米（1種）に分布する．落葉または常緑の低木または高木であり，葉は互生する．**ズイナ**＊ I. japonica は本州（近畿以西），四国，九州に分布する．花序は総状で，長さ5〜12cmほどで，花は小さく，白色で，花弁は長さ3〜5mmほどである．

コマガタケスグリ Ribes japonicum（長野県南牧村，2007.06，高橋弘撮影）

ヤクシマウメバチソウ Parnassia palustris var. yakusimensis（鹿児島県屋久島，1996.10，川原勝征撮影）

オオシラヒゲソウ Parnassia foliosa var. japonica（長野県大町市，1998.08，藤井猛撮影）

ズイナ Itea japonica（茨城県つくば市（栽培），2006.06，佐藤絹枝撮影）

APGIII 分類体系でアジサイ科に含まれる属

アジサイ属 *Hydrangea* ［分布図442〜454］

　アジアと南北アメリカに分布する．落葉または常緑の低木，小高木，またはつる性木本であり，葉はふつう対生する．**ヤハズアジサイ** *H. sikokiana* は本州（紀伊半島），四国，九州に分布し，葉は羽状に浅く分裂する．**タマアジサイ*** *H. involucrata* は本州（福島〜岐阜の主に太平洋側）に分布し，花序ははじめ円形の大きな苞に包まれて球形であり，伊豆諸島（大島，三宅島，八丈島，青ヶ島）に固有変種**ラセイタタマアジサイ** var. *idzuensis*，琉球（黒島，口之島，諏訪之瀬島）に固有変種**トカラタマアジサイ** var. *tokarensis* が分布する．**ガクアジサイ** *H. macrophylla* f. *normalis* は本州（関東太平洋側，伊豆半島，伊豆諸島），小笠原に分布し，葉は表面無毛で光沢がある．**コアジサイ** *H. hirta* は本州（福島以西）に分布し，花序の周縁に装飾花がない．**トカラアジサイ** *H. kawagoeana* は琉球（黒島，トカラ列島，徳之島，沖永良部島，伊平屋島）に分布し，花序に柄がなく，屋久島に固有変種**ヤクシマアジサイ** var. *grosseserrata* が分布する．**リュウキュウコンテリギ*** *H. liukiuensis* は沖縄島に分布し，花序の周縁に装飾花がない．**ガクウツギ*** *H. scandens* は本州（関東〜近畿），四国，九州に分布し，両性花は径5mmほどであり，葉の表面には光沢がある．**コガクウツギ** *H. luteovenosa* は本州（伊豆半島，近畿以西），四国，九州に分布し，両性花は径8mmほどであり，屋久島に葉身の長さ3〜5cmと長い固有変種**ヤクシマガクウツギ** var. *yakusimensis* が分布する．**ヤエヤマコンテリギ** *H. chinensis* var. *koidzumiana* は，琉球（石垣島，西表島）に分布し，葉は厚く革質で常緑である．**ヤマアジサイ** *H. serrata* var. *serrata* は日本固有とされることがあるが，朝鮮半島にも分布する．**エゾアジサイ*** var. *yesoensis* は北海道，本州（島根以東の主に日本海側），九州に分布し，全体に大形で，葉身は長さ（10〜）13〜17cmであり，伊豆半島に分布する固有変種**アマギアマチャ** var. *angustata* は葉身が広披針形で，幅2〜3cmほどである．本州（関東，中部，近畿東部）に分布する固有変種**アマチャ** var. *thunbergii* は葉身は幅（3〜）4〜5cmで，装飾花の萼裂片は広倒卵形である．九州（宮崎）に分布する固有変種**ヒュウガアジサイ** var. *minamitanii* は葉の裏面の脈腋に白毛が密生する．九州（鹿児島）に分布する固有変種**ナンゴクヤマアジサイ** var. *australis* はヒュウガアジサイに似るが，葉の裏面の細脈上に毛がある．

ウツギ属 *Deutzia* ［分布図428〜441］

　アジアとメキシコに分布するが，大多数は東アジアからヒマラヤに分布する．落葉まれに常緑の低木で，星状毛をもち，葉は対生する．**ウメウツギ** *D. uniflora* は本州（関東西部，山梨，静岡）に分布し，花は少数で，葉腋に1または2個つく．**コウツギ** *D. floribunda* は本州（紀伊半島以西），四国，九州に分布し，円錐状花序に多数の花がつく．**アオコウツギ** *D. ogatae* は四国（愛媛）に分布し，コウツギに似るが，葉の裏面も明るい緑色である．**ウツギ*** *D. crenata* は北海道南部，本州，四国，九州に分布し，若い枝や花

タマアジサイ *Hydrangea involucrata*（茨城県つくば市（栽培），2006.08，佐藤絹枝撮影）

リュウキュウコンテリギ *Hydrangea liukiuensis*（沖縄島国頭村，2008.03，横田昌嗣撮影）

ガクウツギ *Hydrangea scandens*（山梨県都留市，2010.05，海老原淳撮影）

エゾアジサイ *Hydrangea serrata* var. *yesoensis*（岩手県久慈市，2008.07，奥山雄大撮影）

ウツギ *Deutzia crenata*（茨城県つくば市（栽培），2006.06，二階堂太郎撮影）

序には星状毛が密生する．**ビロードウツギ** var. *heterotricha* は本州，四国，九州に分布し，葉の裏面全体に星状毛がある．**ヒメウツギ*** *D. gracilis* は本州（福島・新潟以南），四国，九州に分布し，葉の裏面に星状毛がない．**コミノヒメウツギ** *D. hatusimae* は九州（大分，熊本，宮崎）に分布し，葉の裏面は淡緑色で灰白色でなく，雄蕊は花弁より長く，花糸の翼の上端にはやや歯牙があり，果実の径は1.5 mmほどである．**ウラジロウツギ** *D. maximowicziana* は本州（中部，近畿），四国に分布し，葉の裏面に星状毛が密生し，白味を帯びる．**ブンゴウツギ** *D. zentaroana* は九州（福岡，大分，宮崎，熊本）に分布し，葉の裏面に星状毛がまばらにある．**オオシマウツギ** *D. naseana* は琉球（奄美大島，徳之島，喜界島，加計呂麻島）に分布し，雄蕊の花糸の翼は上端が歯牙状に突出しない．沖縄島には固有変種**オキナワヒメウツギ** var. *amanoi* が分布し，葉は葉身の長さが2〜3 cmと小さい．**ヤエヤマヒメウツギ*** *D. yaeyamensis* は西表島に分布し，花弁は大きく，長さ1 cmほどである．**マルバウツギ*** *D. scabra* は本州（関東以西の太平洋側），四国，九州に分布し，花序のつく枝の葉は無柄で，基部はやや茎を抱く．九州には固有変種**ツクシウツギ** var. *sieboldiana* が分布し，葉の先は鋭形で，雄蕊の花糸の翼の上端はやや歯牙状である．**マルバコウツギ** *D. bungoensis* は本州（岡山），九州（熊本，大分，宮崎）に分布し，葉は無柄で，花糸の翼の上端はやや歯牙状である．

ギンバイソウ属 *Deinanthe*　　［分布図427］

　東アジア特産属で，装飾花よりも両性花が大型化した花序を特徴とする．**ギンバイソウ*** *D. bifida* は関東地方以西の本州，四国，九州に分布し，先が二分する特徴的な葉をつけることから識別は容易である．

クサアジサイ属 *Cardiandra*　　［分布図407〜409］

　東アジア特産．アジサイ属に近縁だが草本性でふつう葉が互生する．**クサアジサイ** *C. alternifolia* subsp. *alternifolia* は本州（日本海側は新潟以南，太平洋側は宮城以南），四国，九州（大隈半島以北）に，**ハコネクサアジサイ** var. *hakonensis* は本州（神奈川と静岡東部）に分布し，湿った林床に生育する多年草．装飾花は3弁で白色〜淡紫色，しばしば葉が対生する．**アマミクサアジサイ** *C. amamioshimensis* は奄美大島に分布し，装飾花がない．

バイカウツギ属 *Philadelphus*　　［分布図471］

　バイカウツギ* *P. satsumi* は本州（岩手以南），四国，九州に分布する．花は白色で，花弁は4枚，長さ1.2〜1.5 mmほどである．（奥山雄大・秋山忍）

トベラ科 Pittosporaceae

　旧世界の熱帯から温帯に分布し，オーストラリアに多くある．世界に9属200種，日本に1属4種，日本の固有植物は2種3変種．日本では小笠原諸島での分化が著しい．APGIII分類体系でも科の扱いに変更はない．

ヒメウツギ *Deutzia gracilis*（茨城県つくば市（栽培），2006.05，佐藤絹枝撮影）

ヤエヤマヒメウツギ *Deutzia yaeyamensis*（沖縄県西表島，2004.04，米倉浩司撮影）

マルバウツギ *Deutzia scabra*（長崎県高来町，2006.04，奥山雄大撮影）

ギンバイソウ *Deinanthe bifida*（高知県東津野村，1995.08，高知県立牧野植物園撮影）

バイカウツギ *Philadelphus satsumi*（茨城県つくば市（栽培），1989.06，八田洋章撮影）

トベラ属 *Pittosporum*　　[分布図487〜490]

　シロトベラ* *P. boninense* は小笠原（父島列島，母島列島，聟島）に分布し，乳白色の花は4〜5月に開花する．オオミノトベラ var. *chichijimense* は小笠原（父島）に分布し，シロトベラに似るが総花梗は花梗と比べて短く花は3〜4月に下垂して開花する．オキナワトベラ var. *lutchuense* はシロトベラとオオミノトベラに似るが琉球に分布する．コバトベラ *P. parvifolium* は小笠原（父島列島，兄島，聟島）に分布し，葉は3〜4cmと短く，花はふつう単生する．ハハジマトベラ var. *beecheyi* は小笠原（母島列島）に分布し，コバトベラに似るが葉は4〜8cmである．（秋山忍）

シロトベラ *Pittosporum boninense*（東京都小笠原父島，2005.04，加藤英寿撮影）

バラ科 Rosaceae

　世界に85属3000種，日本に39属164種，日本の固有植物は39種26変種．APGIII 分類体系でも科の扱いに変更はない．

アズキナシ属 *Aria*　　[分布図492]

　ウラジロノキ* *A. japonica* は本州，四国，九州に分布する．単葉であるが，ナナカマド属とされることもある．最近の果実の解剖学的研究によりアズキナシ属はナナカマド属とは別属とする見解が報告されている．

ウラジロノキ *Aria japonica*（茨城県つくば市（栽培），1988.05，八田洋章撮影）

ウワミズザクラ属 *Padus*　　[分布図510]

　ウワミズザクラ* *P. grayana* は北海道（石狩平野以南），本州，四国，九州（熊本以北）に分布する．葉身の基部に蜜腺があり，花は総状花序につき，花序をつけた枝に葉がある．

カナメモチ属 *Photinia*　　[分布図511]

　シマカナメモチ *P. wrightiana* は小笠原（父島）と琉球に分布する．常緑の小高木で，葉柄は長さ1〜1.5cmほどで，成葉では中部以上に鋸歯がある．

ウワミズザクラ *Padus grayana*（茨城県つくば市（栽培），2007.04，佐藤綱枝撮影）

キイチゴ属 *Rubus*　　[分布図523〜533]

　クワノハイチゴ *R. nesiotes* は琉球に分布し，托葉は早落性で，花序は頂生する．アマミフユイチゴ *R. amamianus* は琉球（奄美大島，徳之島）に分布し，地を這い，花序は頂生と腋生する．ホウロクイチゴ *R. sieboldii* は本州（新島以西），四国，九州，琉球に分布し，花は大型で，直径2cmほど．キソイチゴ *R. kisoensis* は本州（中部）に分布し，葉はほとんど切れ込まず，基部は深い心形．イオウトウキイチゴ *R. boninensis* は硫黄列島に分布し，萼に腺毛があり，果実は赤く熟する．ミヤマモミジイチゴ *R. pseudoacer* は本州（関東，中部，近畿），四国に分布し，葉は深く5〜7裂し，果実期に小花柄は反転する．ベニバナイチゴ *R. vernus* は北海道西南部，本州北部と中部（日本海側）に分布し，花は濃赤色である．バライチゴ *R. illecebrosus* は本州（中部と西部），四国，九州（屋久島以北）に分布し（最近，奄美大島にも分布するとされる），葉は羽状複葉であり，茎は一年生である．オキナワバライチゴ *R. okinawensis* は九州南部，琉球に分布し（最近，静岡県須崎にも分布するとされる），茎は2年生で，葉の表面は無毛で，裏面に刺がない．ハチジョウクサイチゴ* *R. nishimuranus* は伊豆諸島，小笠原に分布し，葉は3出複

ハチジョウクサイチゴ *Rubus nishimuranus*（茨城県つくば市（栽培），2008.04，佐藤綱枝撮影）

葉である．**ヒメゴヨウイチゴ** *R. pseudojaponicus* は南千島，北海道，本州（北部・中部）に分布し，草本性で，地を這い，葉は落葉する．

キジムシロ属 Potentilla　［分布図512〜515］

メアカンキンバイ *P. miyabei* は北海道に分布し，葉は両面が緑色で，小葉には粗い3鋸歯がある．**ユウバリキンバイ** *P. matsumurae* var. *yuparensis* は，北海道（夕張岳）に分布し，葉は羽状に分裂し，両面に毛がある．別の変種**アポイキンバイ** var. *apoiensis* は北海道（アポイ岳）に分布し，ユウバリキンバイに似るが，葉はほぼ無毛で表面に光沢がある．**エチゴツルキジムシロ**＊ *P. toyamensis* は本州（新潟〜兵庫）に分布し，匍匐枝があり，小葉は5枚で，頂小葉の先は尖る．**コテリハキンバイ** *P. riparia* var. *miyajimensis* は本州（広島県宮島）に分布し，基準変種テリハキンバイより花が直径8〜12 mmと小さく，花弁の長さは3 mmほどである．

エチゴツルキジムシロ *Potentilla toyamensis*（富山県南砺市，2006.05，池田博撮影）

キンミズヒキ属 Agrimonia　［分布図491］

ダルマキンミズヒキ *A. pilosa* var. *succapitata* は本州（富山）に分布するキンミズヒキの変種で，花序が短く，果実期の長さは1.5〜6.5 cmほどである．

コゴメウツギ属 Stephanandra　［分布図547〜548］

シマコゴメウツギ *S. incisa* var. *macrophylla* は伊豆諸島に広く分布し，コゴメウツギ *S. incisa* より葉が厚く，托葉の幅が広い．**カナウツギ**＊ *S. tanakae* は本州の主に太平洋側（神奈川，群馬，静岡，山梨，新潟）に分布し，雄蕊は20本で，コゴメウツギ（雄蕊10本）と区別される．

カナウツギ *Stephanandra tanakae*（静岡県富士宮市，2009.06，海老原淳撮影）

サクラ属 Cerasus　［分布図494〜502］

チョウジザクラ *C. apetala* は本州（東北から広島の主に太平洋側と中部），九州（熊本）に分布し，葉には欠刻状の2重鋸歯があり，花は小型である．地方変異があり，**ミヤマチョウジザクラ** var. *monticola* は本州（長野，岐阜，福井）に分布し，萼筒と葉柄の毛は密生せずまばらであり，**オクチョウジザクラ** var. *pilosa* は本州（青森から滋賀の日本海側）に分布し，花が一回り大きく，花柱はふつう無毛である．**マメザクラ** *C. incisa* は本州（関東，中部）に分布し，葉は小型で，葉身の長さ5 cmほど，両面に伏毛があり，花柄に密生する斜上毛がある．**キンキマメザクラ**＊ var. *kinkiensis* は本州（富山，石川，福井，長野南部，岐阜，近畿，中国）に分布し，花柄は無毛またはほとんど無毛である．**ブコウマメザクラ**は var. *bukosanensis* は本州（埼玉）に分布し，葉身の長さは5〜8 cmで，葉の両面はほとんど無毛である．**クモイザクラ** *C. nipponica* var. *alpina* は本州（中部山岳）に分布し，花柄は長く1〜2.5 cmほどである．**オオシマザクラ** *C. speciosa* は伊豆諸島に分布し，花はほとんど白色で芳香がある．**ヤマザクラ** *C. jamasakura* は本州（太平洋側は宮城，日本海側は新潟以西），四国，九州に分布し，若芽はしばしば赤色を帯びる．**ツクシヤマザクラ** var. *chikusiensis* は本州（山口），九州，トカラ列島（諏訪之瀬島以北）に分布し，葉や花はヤマザクラより大型で，葉身の幅は4〜6 cmほど，萼筒は長さ7〜9 mmほどである．**キリタチヤマザクラ**＊ *C. sargentii* var. *akimotoi*

キンキマメザクラ *Cerasus incisa* var. *kinkiensis*（石川県珠洲市，2005.04，秋山忍撮影）

キリタチヤマザクラ *Cerasus sargentii* var. *akimotoi*（宮崎県五ヶ瀬町，2003.04，斉藤政美撮影）

バラ科　77

は九州（宮崎）に分布し，基準変種のオオヤマザクラより小花柄が長く，3.5 cmほどである．

シモツケ属 Spiraea　［分布図541～546］

イワシモツケ S. nipponica var. nipponica は本州（近畿以東）に，トサシモツケ* var. tosaensis は四国（高知，徳島）に，イブキシモツケ S. nervosa は本州（近畿以西），四国，九州に，それぞれ分布する．トサシモツケは葉が倒披針形で幅3～8 mmで，葉が狭長円形から倒卵状円形で幅5～18 mmのイワシモツケから区別される．イブキシモツケは葉の鋸歯が顕著である．ウラジロシモツケ S. japonica var. hypoglauca は九州（鹿児島）に分布し，葉は小型で卵形，長さ1～3 cmほどで，裏面は緑白色である．ドロノシモツケ var. ripensis は本州（近畿）に分布し，葉は披針形で，長さ3～5 cmである．エゾノシジミバナ S. faurieana は北海道，本州（北部）に分布し，シジミバナに似るが花は一重である．日本の野生種ではなく，栽培植物であるとの説がある．ウラジロイワガサ S. blumei var. hayatae は本州（中国）に分布し，若枝と花序にまばらに毛がある．イヨノミツバイワガサ var. pubescens は四国（愛媛）に分布し，若枝と花序に密に毛がある．これらの2変種はイワガサ S. blumei とイブキシモツケの自然雑種であるという説がある．

シモツケソウ属 Filipendula　［分布図504～507］

シコクシモツケソウ F. tsuguwoi は四国，九州（宮崎）に分布し，雌雄異株で，花は白色で，痩果は半卵形で柄がない．シモツケソウ* F. multijuga は本州（関東・新潟以西），四国，九州に分布し，葉に側小葉があり，よく発達し，花は紅色である．アカバナシモツケソウ var. ciliata は本州（関東北部，長野，山梨）に分布し，痩果の縁に毛がある．コシジシモツケソウ F. auriculata は本州（北部から中部の日本海側）に分布し，葉の側小葉は少数でふつう1または2対である．

バクチノキ属 Laurocerasus

リンボク L. spinulosa は従来日本固有種とされていたが，中国にも分布する．

バラ属 Rosa　［分布図517～522］

ツクシイバラ R. multiflora var. adenochaeta は九州に分布し，基準変種のノイバラより葉は大型で，花序も大型の円錐花序である．ヤブイバラ R. onoei は本州（神奈川および山梨以南），四国，九州に分布し，茎は直立または斜上し，花は直径1.5 cmほどである．モリイバラ var. hakonensis は本州（関東以西の太平洋側），四国，九州に分布し，花はふつう枝の先に1または2個つく．アズマイバラ* var. oligantha は本州（宮城～愛知）に分布し，花はふつう3個以上集まってつく．ミヤコイバラ R. paniculigera は本州（静岡および新潟以西），四国，九州に分布し，葉は7または9小葉からなり，花は直径1.8～2 cmほどである．フジイバラ R. fujisanensis は本州（中部と奈良）に分布し，花は直径2.5～3 cmほどする．サンショウバラ* R. hirtula は本州（富士箱根地域）に分布し，葉は9～19小葉からなり，果実に刺がある．

トサシモツケ Spiraea nipponica var. tosaensis（茨城県つくば市（栽培），2007.05，佐藤絹枝撮影）

シモツケソウ Filipendula multijuga var. multijuga（茨城県つくば市（栽培），2008.06，佐藤絹枝撮影）

アズマイバラ Rosa onoei var. oligantha（神奈川県横須賀市，2003.05，秋山忍撮影）

サンショウバラ Rosa hirtula（山梨県山中湖村，2009.06，海老原淳撮影）

ボケ属 Chaenomeles　　[分布図503]

クサボケ* *C. japonica* は本州（宮城・山形以南）と九州に分布する．落葉小低木で，幹は地面を這うか斜上し，よく分枝する．花は，葉の展開前，または展開と同時に開く．

ナシ属 Pyrus　　[分布図516]

アオナシ *P. ussuriensis* var. *hondoensis* は本州中部（山梨，長野）に分布する．基準変種ミチノクナシ var. *ussuriensis* は日本では本州北部にあり，ウスリー，韓国，中国にも分布する．アオナシはミチノクナシより葉が小さい（長さ2～6 cm）ことと鋸歯の形の違いにより区別される．

ナナカマド属 Sorbus　　[分布図538～540]

サビバナナカマド *S. commixta* var. *rufoferruginea* は本州中部の亜高山帯に分布し，ウラジロナナカマド *S. matsumurana* は北海道と本州（北部と中部）に分布し，ナンキンナナカマド *S. gracilis* は本州（新潟・福島以西），四国，九州に分布する．ナンキンナナカマドでは1枚の葉の中で先端部の小葉がもっとも大きい．ウラジロナナカマドとサビバナナカマドではナナカマド *S. commixta* と同様に1枚の葉の中でふつう中部の小葉がもっとも大きい．ウラジロナナカマドでは花柱は5個（ナンキンナナカマドとサビバナナカマドでは2～4個）で区別される．

ヤマブキショウマ属 Aruncus　　[分布図493]

固有の2変種はいずれもヤマブキショウマ *A. dioicus* の変種で，ミヤマヤマブキショウマ var. *astilboides* は本州（岩手県早池峰山）に分布する．熟した果実は直立する．シマヤマブキショウマ* var. *insularis* は伊豆諸島に分布し，葉は厚く，裏面は無毛で，花は大きい．

リンゴ属 Malus　　[分布図508～509]

ノカイドウ *M. spontanea* は九州（霧島山系）に分布し，オオウラジロノキ* *M. tschonoskii* は本州，四国，九州（九重山）に分布する．ノカイドウでは葉が幼時両端から中央に巻き込んでいるのに対して，オオウラジロノキでは表面を内側にして縦に2つ折りとなっている．

ワレモコウ属 Sanguisorba　　[分布図534～537]

シロバナトウウチソウ *S. albiflora* は本州（東北）に分布し，花は白色である．ナンブトウウチソウ *S. obtusa* は本州（岩手県，早地峰山）に分布し，花は淡紅色である．エゾノトウウチソウ *S. japonensis* は北海道（日高）に分布し，花は紅紫色で，花序の基部の方から開花する．カライトソウ *S. hakusanensis* は本州に分布し，花は紅紫色で，花序の先端の方から開花する．韓国にも分布するとの報告があるが，検討する必要がある．（秋山忍）

マメ科 Fabaceae (Leguminosae)

世界に720属19500種，日本に39属147種，日本の固有植物は16種4亜種2変種．APGIII分類体系でも科の扱いに変更はない．

オヤマノエンドウ属 Oxytropis　　[分布図562～563]

レブンソウ* *O. megalantha* は北海道（礼文島，利尻島，知床）

クサボケ Chaenomeles japonica（茨城県つくば市（栽培），2008.03，佐藤絹枝撮影）

シマヤマブキショウマ Aruncus dioicus var. insularis（茨城県つくば市（栽培），2006.06，佐藤絹枝撮影）

オオウラジロノキ Malus tschonoskii（埼玉県和光市（栽培），1989.04，福田泰二撮影）

レブンソウ Oxytropis megalantha（北海道礼文島，1980.06，村川博實撮影）

に分布し，花は紅紫色で，1花序に5～15個ほどつく．**オヤマノエンドウ*** *O. japonica* は本州（山形，中部）に分布し，花は1花序に1または2個つく．**エゾオヤマノエンドウ** var. *sericea* は北海道に分布し，茎や葉柄に白色の立毛が密にある．

ゲンゲ属 *Astragalus* 　　　［分布図549～553］

ナルトオウギ *A. sikokianus* は四国（徳島）に分布し，花は黄白色，長さ1.3 cmほど，小葉は11～15対ほどである．**モメンヅル** *A. reflexistipulus* は北海道，本州（中北部から京都府貴船）に分布し，花は黄色，長さ12～13 mmほど，小葉は6～9対ほどである．**シロウマオウギ*** *A. shiroumensis* は本州（中部）に分布し，花は黄白色，長さ12～15 mmほどである．**カリバオウギ** *A. yamamotoi* は北海道（狩場山，後志）に分布し，花は紅紫色，長さ2.5 cmほどである．**トカチオウギ** *A. tokachiensis* は北海道（十勝岳）に分布し，花は黄白色，長さ2 cmほどである．

シマエンジュ属 *Maackia* 　　　［分布図561］

シマエンジュ* *M. tashiroi* は本州（紀伊半島），四国，九州，琉球に分布し，**イヌエンジュ** *M. floribunda* に似るが，果実は長さ2～4 cmと短い．

ソラマメ属 *Vicia* 　　　［分布図564～566］

ツガルフジ *V. fauriei* は北海道（松前），本州の日本海側（東北および新潟・長野）に分布し，巻きひげの発達しない多年草で，**ミヤマタニワタシ** *V. bifolia* に似るが小葉は4～8で，先は細長く尖る．**シロウマエビラフジ** *V. venosa* subsp. *cuspidata* var. *glabristyla* は本州中部（新潟，長野）に分布し，花柱が無毛である．**ビワコエビラフジ** subsp. *stolonifera* は本州（中部，近畿）に分布し，根茎が細長く，匍匐枝があり，小葉は長さ3～6 cmである．**シコクエビラフジ** subsp. *yamanakae* は，四国（徳島，高知，愛媛）に分布し，匍匐枝があり，小葉は長さ1～2.5 cmほどである．

ツルマメ属 *Glycine* 　　　［分布図556］

ミヤコジマツルマメ *G. koidzumii* は琉球に分布し，常緑のつる性草本である．小葉の表面に毛がある．

ハギ属 *Lespedeza* 　　　［分布図557～560］

チャボヤマハギ *L. bicolor* var. *nana* は，ヤマハギの変種で，北海道（アポイ岳）に分布し，高さ15～40 cmほどである．**ツクシハギ** *L. homoloba* は本州，四国，九州に分布し，ふつう旗弁は龍骨弁より短く，旗弁の基部の耳状突起は大きい．**ケハギ** *L. patens* は本州の日本海側（東北，中部，北陸）に分布し，花は10～16 mmと大きい．**サツマハギ*** *L. formosa* subsp. *velutina* var. *satsumensis* は，ビッチュウヤマハギの変種で，九州（長崎男女群島，鹿児島南部）に分布し，枝にはふつう立毛が密生する．

ハカマカズラ属 *Bauhinia* 　　　［分布図554］

ハカマカズラ* *B. japonica* は本州（和歌山以南），四国，九州に分布するつる性の木本植物である．側枝の第1節および第2節は巻きひげを生ずる．葉は単葉で，先は2裂し，基部は円心形である．花序は頂生し，長さ8～20 cmほどである．花は淡黄緑色であ

オヤマノエンドウ *Oxytropis japonica*（山梨県北岳，1990.08，門田裕一撮影）

シロウマオウギ *Astragalus shiroumensis*（富山県朝日町，1977.08，門田裕一撮影）

シマエンジュ *Maackia tashiroi*（鹿児島県奄美大島，2010.07，國府方吾郎撮影）

サツマハギ *Lespedeza formosa* subsp. *velutina* var. *satsumensis*（東京都（栽培），1987.11，秋山忍撮影）

ハカマカズラ *Bauhinia japonica*（宮崎県串間市，2007.07，斉藤政美撮影）

る．海岸近くの林に生える．

フジ属 Wisteria　　［分布図567〜568］

フジ *W. floribunda* は本州，四国，九州に分布し，ヤマフジに似るが葉の裏面は成葉では無毛で，小葉は5〜9対，花序は長さ20〜60 cmである．**ヤマフジ**＊ *W. brachybotrys* は本州（兵庫以西），四国，九州に分布し，葉の裏面は成葉でも有毛で，小葉は4〜6対，花序は長さ10〜20 cmである．

フジキ属 Cladrastis　　［分布図555］

ユクノキ *C. sikokiana* は本州（関東および富山以南），四国，九州に分布し，フジキ *C. platycarpa* に似るが花は15〜20 mmと大きい．（秋山忍）

カワゴケソウ科 Podostemaceae

雨期乾期が比較的はっきりした熱帯・亜熱帯の河川の滝や早瀬にのみ生育する．世界に50属300種，半数の属が単型属．日本には2属6種が鹿児島県，宮崎県に分布し，日本の固有植物は3種．APGIII分類体系でも科の扱いに変更はない．

カワゴケソウ属 Cladopus

根は帯状で，葉は糸くず状，果実は球状で平滑．東南アジアを中心に約90種が知られている．日本には以前は4種の全て固有種があるとされたが，カワゴケソウ *C. doianus* とタシロカワゴケソウ *C. fukienensis* の2種に統合されいずれも中国福建省などにも分布することがわかった．

カワゴロモ属 Hydrobryum　　［分布図569〜571］

栄養期の植物は葉状の根からなり，見かけが緑藻アオサやコケ類ツノゴケ・ゼニゴケによく似ている．しかし，ラオスでの野外調査によると，カワゴケソウ属などのように根が帯状の種もあり，根の形態だけで属を分類するのは無理がある（厚井・加藤 未発表）．果実は扁平で縦縞がある．東南アジアに約22種が分布し，特にタイ・ラオスに種数が多い．日本の4種のうち東南アジア・ミャンマーにも分布するカワゴロモ *H. japonicum* 以外の，**ウスカワゴロモ**＊ *H. floribundum*，**オオヨドカワゴロモ** *H. koribanum*，**ヤクシマカワゴロモ**＊ *H. puncticulatum* は全て固有種で鹿児島県・宮崎県に超狭分布する．（加藤雅啓）

カタバミ科 Oxalidaceae

熱帯から温帯に5属565種，日本に1属6種，日本の固有植物は1種2変種．APGIII分類体系でも科の扱いに変更はない．

カタバミ属 Oxalis　　［分布図572〜574］

アマミカタバミ＊ *O. amamiana* は琉球（奄美大島）に分布し，小葉は3〜5 mmと小さい．**カントウミヤマカタバミ** *O. griffithii* var. *kantoensis* は本州（関東，中部）に分布し，基準変種のミヤマカタバミに似るが，果実が卵球形で長さ6〜12 mmである．**ヒョウノセンカタバミ** *O. acetosella* var. *longicapsula* は本州（日本海側）に分布し，基準変種のコミヤマカタバミに似るが，全体的に大きく，果実

ヤマフジ *Wisteria brachybotrys*（熊本県五木村, 2007.04, 奥山雄大撮影）

ウスカワゴロモ *Hydrobryum floribundum*（鹿児島県志布志市, 2006.12, 加藤雅啓撮影）

ヤクシマカワゴロモ *Hydrobryum puncticulatum*（鹿児島県屋久島, 2009.08, 加藤雅啓撮影）

アマミカタバミ *Oxalis amamiana*（鹿児島県奄美大島, 2007.05, 國府方吾郎撮影）

は長楕円形で長さ8～15mmである．（秋山忍）

フウロソウ科 Geraniaceae

主に温帯に5属650種，日本に1属12種，日本の固有植物は1属2種7変種．APGIII分類体系でも基本的に科の扱いに変更はない．

フウロソウ属 *Geranium*　［分布図575～582］

ビッチュウフウロ *G. yoshinoi* は本州（中部南部から中国）に分布し，花は径2cmほどである．**エゾフウロ** *G. yesoense* は南千島，北海道，本州北部と中部に分布し，萼片に開出毛が密生する．**ハクサンフウロ***var. *nipponicum* は本州（伊吹山以北）に分布し，萼片に伏毛がある．**ハマフウロ** var. *pseudopalustre* は北海道，本州（東北）に分布し，葉の切れ込みが浅く，萼片の開出毛は少ない．エゾフウロは種としても固有である．**カイフウロ*** *G. shikokianum* var. *kaimontanum* は本州（山梨県三ッ峠）に分布し，葉の裂片は尖り，全体に毛が少ない．**ヤマトフウロ** var. *yamatense* は本州（奈良県大峰山）に分布し，葉の裂片は深く切れ込む．**ヤクシマフウロ** var. *yoshiianum* は屋久島に分布し，葉は小さく幅1～2cmほどである．**ツクシフウロ** *G. soboliferum* var. *kiusianum* は，日本，朝鮮半島，中国東北部に分布するアサマフウロの変種であり，九州（久住山，阿蘇山）に分布し，葉の裏面に全体に細毛がある．**ホコガタフウロ** *G. wilfordii* var. *hastatum* は本州（栃木県日光）に分布し，葉は側裂片が張り出してほこ型である．（秋山忍）

ハクサンフウロ *Geranium yesoense* var. *nipponicum*（長野県諏訪市，1997.08，海老原淳撮影）

カイフウロ *Geranium shikokianum* var. *kaimontanum*（山梨県富士河口湖町，2010.08，海老原淳撮影）

トウダイグサ科 Euphorbiaceae

極地以外の全世界に313属8100種，日本に24属60種，日本の固有植物は13種2亜種2変種．APGIII分類体系では4つの科に分けられ，そのうち日本には狭義トウダイグサ科（セイシボク属，セキモンノキ属，ニシキソウ属，トウダイグサ属など），コミカンソウ科 Phyllanthaceae（カンコノキ属，コミカンソウ属など），ツゲモドキ科 Putranjivaceae（ツゲモドキ属，ハツバキ属）の3科が分布する．

カンコノキ属 *Glochidion*　［分布図595］

カンコノキ属は，花に花盤がなく種子に仮種皮があるなどの特徴を持つ．しかし，近年の分子系統学的研究により，コミカンソウ属として扱われてきた植物群内の特殊化した一系統であることが明らかにされている．**カンコノキ*** *G. obovatum* は本州（愛知以西），四国，九州，琉球に分布する．

コミカンソウ属 *Phyllanthus*　［分布図596～598］

コバンノキ *P. flexuosus* は本州（岐阜以西），四国，九州に分布する．琉球や中国などからの報告は誤同定による．**ハナコミカンボク** *P. liukiuensis* は沖縄島の万座毛の固有種である．香港の *P. leptoclados* と同種とされてきたが，花柄が短く種子表面が平滑である点で異なる．**ドナンコバンノキ*** *P. oligospermus* subsp. *donanensis* は与那国島の固有亜種で，雌花の萼が4～5枚と少ない傾向がある点などで台湾の基準亜種と区別される．

カンコノキ *Glochidion obovatum*（鹿児島県加計呂麻島，2010.05，後藤龍太郎撮影）

ドナンコバンノキ *Phyllanthus oligospermus* subsp. *donanensis*（沖縄県与那国島，1999.11，黒沢高秀撮影）

ミヤマシキミ属 Skimmia ［分布図607］

ヒマラヤからアジアにかけて4種が知られている．日本の固有変種としてリュウキュウミヤマシキミ*S. japonica* var. *lutchuensis* が奄美以南の琉球の山地に知られている．基準変種のミヤマシキミとは葉形により区別される．（國府方吾郎）

ヒメハギ科 Polygalaceae

主に温帯に5属650種，日本に1属12種，日本の固有植物は1種．APGIII分類体系でも科の扱いに変更はない．

ヒメハギ属 Polygala ［分布図612］

カキノハグサ*P. reinii* は本州（東海，近畿）に分布し，多年草で，葉は長さ8～17 cmほど．花は黄色で，長さ2 cmほどである．（秋山忍）

カキノハグサ Polygala reinii （岐阜県恵那市，2010.06，細川健太郎撮影）

カエデ科 Aceraceae

北半球に2属約200種，日本に1属26種，日本の固有植物は22種2亜種5変種．APGIII分類体系ではムクロジ科に含められた．

カエデ属 Acer ［分布図613～639］

葉は複葉で，3個の小葉からなる種

ミツデカエデ *A. cissifolium* は北海道（南部），本州，四国，九州に分布し，雌雄異株の落葉高木，葉は複葉で，小葉は3，雄花は下垂する総状花序につく．メグスリノキ *A. maximowiczianum* は本州（宮城・山形以南），四国，九州に分布し，葉は3小葉からなり，花は当年枝に頂生する．

葉は単葉で，分裂しない種

チドリノキ*A. carpinifolium* は本州（岩手以西），四国，九州に分布し，葉は羽状脈があり，分裂しない．

チドリノキ Acer carpinifolium （茨城県つくば市（栽培），1986.09，八田洋章撮影）

葉は単葉で，掌状に分裂し，縁には鋸歯がある種

アサノハカエデ *A. argutum* は本州，四国に分布し，雌雄異株，葉は単葉で5裂し，細鋸歯がある．ウリハダカエデ*A. rufinerve* は，本州，四国，九州に分布し，雌雄異株，樹皮は緑色で黒色の筋が縦にあり（瓜の果皮に似る），葉は5角形で浅く3～5裂する．ホソエカエデ *A. capillipes* は本州（栃木・群馬から兵庫），四国に分布し，ウリハダカエデに似るが，葉の裏面は脈上に毛はなく，脈腋に薄膜があり，花序につく花は20～50と多い．ヤクシマオナガカエデ *A. morifolium* は九州（屋久島）に分布し，ホソエカエデに似るが，葉の裏面脈腋に薄膜がなく，果実はほぼ水平に開く．シマウリカエデ *A. insulare* は琉球（奄美大島，徳之島）に分布し，ヤクシマオナガカエデに似るが小さく，高さ5～7 mほど，葉は幅狭く，卵形，葉柄は長さ2～6 cmほど，果実の翼は斜めに開く．ウリカエデ *A. crataegifolium* は本州（宮城以南），四国，九州に分布し，葉は分裂しないか，浅く3裂し，葉柄は長さ1～3 cmほど，果実の翼は水平に開く．ミネカエデ *A. tschonoskii*（オオバミネカエデを含む）は南千島，北海道，本州（福井・岐阜・静岡以北）に分布し，葉は掌状に5裂し，分果は長さ2～3 cmほどである．ナンゴ

ウリハダカエデ Acer rufinerve （長崎県千々石町，2006.04，奥山雄大撮影）

ナンゴクミネカエデ Acer tschonoskii var. australe （愛媛県石鎚山，1972.05，八田洋章撮影）

クミネカエデ* var. *australe* は本州中部（岩手から紀伊半島），四国，九州に分布し，ミネカエデに似るが，小葉の先は尾状鋭尖形で，分果は長さ1.5〜2 cmほどである．**コミネカエデ** *A. micranthum* は本州，四国，九州に分布し，ミネカエデ，ナンゴクミネカエデに似るが，1花序につく花数が多く20〜30個ほどである．**ヒトツバカエデ*** *A. distylum* は本州（岩手・秋田から近畿東部）に分布し，葉は円形で分裂しない．**テツカエデ** *A. nipponicum* は本州（岩手以南），四国，九州に分布し，花序は大きく複総状花序で400〜1000個ほどの花がつく．**コハウチワカエデ** *A. sieboldianum* は本州，四国，九州に分布し，葉はふつう9裂し，当年枝に軟毛があり，花序や若い葉にも白色の綿毛が密生する．**ハウチワカエデ** *A. japonicum* は北海道，本州に分布し，コハウチワカエデに似るが，葉は9〜11裂し，今年枝の毛は早くに落ち，萼片は長く6 mmほどである．**ヒナウチワカエデ** *A. tenuifolium* は本州，四国，九州に分布し，葉は9〜11裂し，縁には欠刻状の重鋸歯がある．**オオイタヤメイゲツ** *A. shirasawanum* は本州（福島以南），四国に分布し，葉は11〜13裂し，葉柄は長く，葉身と同長または葉身の2/3の長さである．**オオモミジ*** *A. amoenum* は北海道，本州（太平洋側は青森以南，日本海側は中部以南），四国，九州に分布し，葉はふつう7裂，そろった単鋸歯がある．**ヤマモミジ** var. *matsumurae* は本州（青森から兵庫の日本海側）に分布し，葉はふつう9裂，粗い欠刻状重鋸歯がある．**ナンブコハモミジ** var. *nanbuanum* は本州（岩手・宮城の太平洋側）に分布し，オオモミジに似るが，葉が小型で長さ3.5〜5.5 cmほどである．**カラコギカエデ** *A. ginnala* var. *aidzuense* は北海道，本州，四国，九州に分布し，葉は3浅裂または分裂せず，鋸歯がある．**ハナノキ*** *A. pycnanthum* は本州中部（長野，岐阜，愛知）に分布し，雌雄異株で，葉は3裂し，無毛で，花は紅色である．**カジカエデ** *A. diabolicum* は本州（宮城以南），四国，九州に分布し，葉はふつう浅く（3〜）5裂し，裂片はさらに浅く3裂する．

葉は単葉で，掌状に分裂し，縁は鋸歯がない種

イトマキイタヤ *A. pictum* subsp. *savatieri* は本州（栃木から紀伊半島），四国（高知）に分布し，葉はふつう7〜9裂し，裏面の基部の脈腋に毛の束が目立つ．**ウラジロイタヤ** subsp. *glaucum* は本州（山形，新潟，福島）に分布し，小高木で，高さ5〜7 mほど，葉は3〜5裂する．**アカイタヤ*** subsp. *mayrii* は北海道，本州（日本海側）に分布し，葉は5（〜7）裂し，裏面は無毛であり，果実は大きく，分果の長さは3〜4 cmほどである．**タイシャクイタヤ** subsp. *taishakuense* は本州（広島県帝釈峡）に分布し，小高木で高さ15 mほどになり，葉は5（〜7）裂し，表面は脈に沿って毛がある．基準亜種のオニイタヤは朝鮮半島に産すると考えらるため，固有種ではない．**クロビイタヤ** *A. miyabei*（果実に毛がない品種シバタカエデ f. *shibatae* を含む）は北海道，本州北部と中部に分布し，葉は両面に立毛があり，裂片に大きな波状の鋸歯がある．**クスノハカエデ** *A. oblongum* var. *itoanum* は琉球（奄美大島以南）に分布し，葉は全縁で羽状脈がある．（秋山忍）

ヒトツバカエデ *Acer distylum*（茨城県つくば市（栽培），2008.05，佐藤絹枝撮影）

オオモミジ *Acer amoenum*（北海道札幌市（栽培），1999.05，八田洋章撮影）

ハナノキ *Acer pycnanthum*（岐阜県土岐市，1990.04，八田洋章撮影）

アカイタヤ *Acer pictum* subsp. *mayrii*（岐阜県揖斐川町，2008.04，高橋弘撮影）

トチノキ科 Hippocastanaceae

　南北両半球に2属15種，日本にはトチノキ属の固有種1種のみが産する．APGIII分類体系では，カエデ科とともにムクロジ科に含まれることになった．

トチノキ属 Aescuculus　　[分布図640]

　トチノキ*A. turbinata* は落葉高木で，長さ10〜30 cmになる5〜9個の小葉からなる大きな掌状葉をもつ．葉柄は長さ5〜25 cm．果実は洋梨形．北海道（南西部），本州，四国，九州（野生ではなく栽培されたものに由来する可能性が高い）に分布する．中国に産する *A. chinensis* の葉は小さく，柄は長さ1 cm以下で，果実は略球形になる，などの違いがある．（秋山忍）

トチノキ *Aesculus turbinata*（石川県金沢市，1993.05，八田洋章撮影）

アワブキ科 Sabiaceae

　アジアとアメリカの熱帯に3属50種，日本に2属6種，日本の固有植物は1種．APGIII分類体系でも科の扱いに変更はない．

アワブキ属 *Meliosma*　　[分布図641]

　サクノキ*M. arnottiana* subsp. *oldhamii* var. *hachijoensis* は伊豆諸島に分布する．本州，九州，琉球，台湾，中国大陸に分布する基準変種であるフシノハアワブキに似るが，小葉は13〜19と多く，ほぼ全縁である．（秋山忍）

サクノキ *Meliosma arnottiana* subsp. *oldhamii* var. *hachijoensis*（東京都御蔵島，2004.09，勝山輝男撮影）

ツリフネソウ科 Balsaminaceae

　旧世界の亜熱帯から温帯に2属1000種，日本に1属3種，日本の固有植物は2変種．APGIII分類体系でも科の扱いに変更はない．

ツリフネソウ属 *Impatiens*　　[分布図642〜643]

　ハガクレツリフネ*I. hypophylla* は本州（紀伊半島），四国，九州に分布する．葉腋から出る花序は垂れ下がり，葉の裏に隠れるように花が開く．花は淡い紅紫色であり，距は渦巻状にはならない．エンシュウツリフネソウ var. *microhypophylla* はハガクレツリフネの分布域に分布する．花は小型で，色が淡い．なお別変種が韓国に分布する．（秋山忍）

ハガクレツリフネ *Impatiens hypophylla*（大分県庄内町，1996.09，秋山忍撮影）

モチノキ科 Aquifoliaceae

　汎世界に4属420種が分布するが，うち400種がモチノキ属である．日本に1属23種，日本の固有植物は7種1変種．APGIII分類体系でも科の扱いに変更はない．

モチノキ属 *Ilex*　　[分布図644〜651]

　フウリンウメモドキ *I. geniculata* は北海道から九州にかけて分布する．北海道から北陸にかけて分布する葉の両面が無毛な個体を変種のオクノフウリンウメモドキ var. *glabera* として区別する見解もある．クロソヨゴ *I. sugerokii* は本州（山梨から中国地方），四国に分布し，そのうち北海道と東北，中部に分布し，果柄の短い個体を変種のアカミノイヌツゲ var. *brevipedunculata* として区別する見解もある．ヒメモチ *I. leucoclada* は東北から日本海側を経て山陰まで，ミヤマウメモドキ *I. nipponica* は東北から近畿にかけて

ムニンイヌツゲ *Ilex matanoana*（東京都小笠原父島，2005.02，加藤英寿撮影）

の山地にそれぞれ分布する．小笠原諸島の固有種として**ムニンイ
ヌツゲ**＊*I. matanoana*と**シマモチ***I. mertensii*の2種が知られてい
る．父島列島と母島に分布するムニンイヌツゲは日本産本属で最小
の葉をもち，九州から台湾に分布し，小型葉をもつムッチャガラ*I.
maximowicziana* var. *kanehirae*に近縁と考えられている．父島列島
と母島列島に分布するシマモチのうち，弟島，母島，向島の湿った
林縁に生育し，葉のやや小さい個体を変種の**ムニンモチ** var. *beecheyi*
として区別する見解もある．九州南部の一部と琉球に分布する**リュ
ウキュウモチ**＊*I. liukiuensis*はシマモチと形態が似るが葉形，鋸歯
数などにより区別される．**アマミヒイラギモチ**＊*I. dimorphophylla*
は奄美大島の固有種で山地林床にわずかに生育する．（國府方吾郎）

リュウキュウモチ *Ilex liukiuensis*（沖縄県沖縄島，2010.12，國府方吾郎撮影）

ニシキギ科 Celastraceae

熱帯から温帯に100属約1300種，日本に5属27種，日本の固有植
物は6種2変種．APGIII分類体系では，海外産の一部の属が分割さ
れた一方，ウメバチソウ属などを含めてニシキギ科が広く再定義さ
れた．

クロヅル属 *Tripterygium*　［分布図659］

コバノクロヅル*T. doianum*は九州南部に分布する．**クロヅル***T.
regelii*に似るが，花序は無毛で，花は小さく径5mmほどで，花柄
の関節は基部近くにある．

アマミヒイラギモチ *Ilex dimorphophylla*（鹿児島県奄美大島（栽培），2005.04，山下弘撮影）

ニシキギ属 *Euonymus*　［分布図652〜658］

オオコマユミ*E. alatus* var. *rotundatus*は本州，四国，九州に分布
し，基準変種マユミでは枝にコルク質の翼ができるが，本変種では
できない．**リュウキュウマユミ**＊*E. lutchuensis*は九州（南部），琉
球に分布し，常緑性で，葉は多くは披針形である．**ヒメマサキ**＊*E.
boninensis*は小笠原に分布し，花序は当年枝の基部の葉腋および芽
鱗痕の腋につき，蒴果は径8〜10mmほどである．**ムラサキマユミ**
*E. lanceolatus*は本州（日本海側）に分布し，花は5数性で暗紫色で
ある．**サワダツ***E. malananthus*は本州，四国，九州に分布し，蒴果
に翼がない．**ケツルマサキ***E. fortunei* var. *villosus*は本州西部，四国，
九州に分布し，ツルマサキ var. *radicans*では無毛であるのに対して，
1年枝や2年枝や葉の裏面の脈上に短い立毛を密生する．**アオツリ
バナ***E. yakushimensis*は九州（霧島，屋久島）に分布し，花は4数
性で帯紫色，蒴果に翼がない．（秋山忍）

リュウキュウマユミ *Euonymus lutchuensis*（沖縄県西表島，2010.02，勝山輝男撮影）

ツゲ科 Buxaceae

世界に5属約50種，日本に2属3種，日本の固有植物は3変種．
APGIII分類体系でも基本的に科の扱いに変更はない．

ツゲ属 *Buxus*　［分布図660〜661］

ツゲ*B. microphylla* var. *japonica*は本州（東北南部以南），四国，
九州に分布し，樹高は2〜3m，大きいものは4m，葉は長さ1〜
1.5cmほどである．**ベンテンツゲ**＊（ミクラツゲ）var. *kitashimae*
は伊豆諸島に分布し，葉は大きく，長さ1.8〜3.6cmほどである．**コ
ツゲ** var. *riparia*は本州（近畿，中国），四国に分布し，茎はしばし

ヒメマサキ *Euonymus boninensis*（東京都小笠原母島，2009.06，加藤英寿撮影）

ベンテンツゲ *Buxus microphylla* var. *kitashimae*（東京都御蔵島，2009.10，門田裕一撮影）

ば匍匐する．基準変種ヒメツゲは栽培植物のみ知られている．（秋山忍）

クロタキカズラ科 Icacinaceae

主に熱帯に52属約300種，日本に2属3種，日本の固有植物は2種．APGIII 分類体系でも科の扱いに変更はない．

クサミズキ属 *Nothapodytes*　［分布図663］

ワダツミノキ*N. amamianus* は奄美大島に分布する．5月頃に径1cmほどの白い花が咲く．これまで八重山に分布するクサミズキ *N. nimmonianus* と同種とされてきたが，2004年に新種として発表された．クサミズキに比べて葉や花が大きい．

クロタキカズラ属 *Hosiea*　［分布図662］

クロタキカズラ *H. japonica* は本州（近畿，中国），四国，九州（北部，中部）に分布する．落葉の藤本で，雌雄異株である．花は黄緑色で，下向きに咲き，径8mmほどである．花冠は短い花筒があり，雄蕊は花筒より長い．果実は赤色に熟する．（秋山忍）

ワダツミノキ *Nothapodytes amamianus*（鹿児島県大和村，2001.05，山下弘撮影）

クロウメモドキ科 Rhamnaceae

主に熱帯と暖帯に57属約950種，日本に9属21種，日本の固有植物は12種．APGIII 分類体系でも科の扱いに変更はない．

クマヤナギ属 *Berchemia*　［分布図664〜666］

ミヤマクマヤナギ *B. pauciflora* は本州中部に分布し，つる性ではなく，葉は長さ2.5〜4cmで，花序には少数の花をつける．ホナガクマヤナギ *B. longiracemosa* は本州（日本海側）に分布し，ミヤマクマヤナギ同様につる性ではなく，葉は長さ4〜10cmで，花序には多数の花をつける．クマヤナギ*B. racemosa* は北海道，本州，四国，九州，琉球に分布し，つる性の木本植物である．

クロウメモドキ属 *Rhamnus*　［分布図670〜675］

クロカンバ *R. costata* は本州，四国，九州に分布し，葉は正しく対生し，大型で葉身の長さ8〜17cm，花は4数性である．ミヤマハンモドキ*R. ishidae* は北海道の高山に分布し，葉は互生し，花は5数性である．エゾノクロウメモドキ *R. japonica* は北海道，本州（日本海側）に分布し，葉は長さ5〜10cm，クロウメモドキ*var. *decipiens* は本州，四国，九州に分布し，葉は長さ2〜7cm，コバノクロウメモドキ var. *microphylla* は本州（関東以西），四国，九州に分布し，葉は小さく，長さ2.5cm以下である．リュウキュウクロウメモドキ *R. liukiuensis* は琉球（トカラ列島悪石島以南）に分布し，葉は長さ5〜8cmである．ヒメクロウメモドキ *R. kanagusukii* は琉球だけでなく台湾にも分布するので固有ではない．

ケンポナシ属 *Hovenia*　［分布図668］

ケケンポナシ *H. tomentella* は本州，四国に分布する．ケンポナシ *H. dulcis* に似るが，花序，葉の裏などに毛がある．

ネコノチチ属 *Rhamnella*　［分布図669］

ヤエヤマネコノチチ *R. fraguloides* var. *inaequilatera* は基準変種のネコノチチに似るが，葉の基部はより不相称になり，葉の鋸歯はよ

クマヤナギ *Berchemia racemosa*（茨城県つくば市（栽培），1990.07，八田洋章撮影）

ミヤマハンモドキ *Rhamnus ishidae*（北海道アポイ岳，2010.06，堤千絵撮影）

クロウメモドキ *Rhamnus japonica* var. *decipiens*（茨城県つくば市（栽培），2006.11，佐藤絹枝撮影）

り鈍く，果実は長さ5～6mmと短く，琉球（奄美以南）に分布する．

ヨコグラノキ属 Berchemiella ［分布図667］

ヨコグラノキ B. berchemiifolia はつる性ではない落葉小高木で，本州，四国，九州に分布する．（秋山忍）

ブドウ科 Vitaceae

主に熱帯と暖帯に13属725種，日本に5属13種，日本の固有植物は4変種．APGIII分類体系ではオオウドノキ科 Leeaceae もブドウ科に含められている．

エビヅル属 Vitis ［分布図677～680］

シチトウエビヅル* V. ficifolia var. izu-insularis は伊豆諸島，九州，琉球に分布し，基準変種のエビヅルに似るが葉の裂片の先は長く尖る．アマヅル V. saccharifera は本州（東海以西），四国，九州に分布する．ヨコグラブドウ var. yokogurana はアマヅルと同じ地域に分布し，成葉の裏面に赤褐色のクモ毛がある．ウスゲサンカクヅル V. flexuosa var. tsukubana は本州（関東，新潟）に分布し，葉の裏面に薄くクモ毛がある．ケサンカクヅル* var. rufotomentosa は本州（福井，近畿），四国，九州に分布し，葉の裏面は秋まで全面クモ毛に被われる．

ヤブガラシ属 Cayratia ［分布図676］

アカミノブドウ（リュウキュウヤブカラシ）C. yoshimurae は九州南部，琉球に分布し，ヤブカラシに似るが枝や花序は無毛である．ヒイラギヤブカラシは C. japonica var. dentata として変種レベルで日本固有とされることがあるが，中国にも同様の形態の植物が分布する．（秋山忍）

ホルトノキ科 Elaeocarpaceae

熱帯から温帯にかけて9属540種，日本に1属15種，日本の固有植物は1種．APGIII分類体系でも科の扱いに変更はない．

ホルトノキ属 Elaeocarpus ［分布図681］

東アジアからミクロネシア，マダガスカルにかけて約360種が知られている．日本の固有種として小笠原諸島（硫黄列島を除く）にシマホルトノキ* E. photiniifolius が分布する．広域分布のホルトノキ E. sylvestris とは葉形と葉柄長により区別される．小笠原諸島の硫黄島に分布するホルトノキの変種チギ var. pachyecarpus を固有変種として認める見解もある．（國府方吾郎）

シナノキ科 Tiliaceae

熱帯から温帯に50属450種，日本に5属12種，日本の固有植物は2種1変種．APGIII分類体系では，アオイ科とナンヨウザクラ科 Muntingiaceae に分解され，シナノキ科は消滅している．

シナノキ属 Tilia ［分布図682～684］

ヘラノキ T. kiusiana は本州（奈良，中国），四国，九州に分布し，葉の下面には星状毛がなく，苞葉には柄がない．オオバボダイジュ*

シチトウエビヅル Vitis ficifolia var. izuinsularis（茨城県つくば市（栽培），2006.07．佐藤絹枝撮影）

ケサンカクヅル Vitis flexuosa var. rufotomentosa（宮崎県北浦町，2006.07．斉藤政美撮影）

シマホルトノキ Elaeocarpus photiniifolius（東京都小笠原父島，2004.06．加藤英寿撮影）

T. maximowicziana は北海道，本州（東北，関東北部，中部）に分布し，葉の下面に星状毛があり，脈腋には淡褐色の毛が密にある．**エチゴボダイジュ** *T. mandshurica* var. *toriiana* は本州（新潟）に分布し，若い枝と葉柄には短い伏した毛とともに開出ないし斜上する長い毛があり，葉の下面の星状毛は基準変種のマンシュウボダイジュより密である．（秋山忍）

アオイ科 Malvaceae

熱帯を中心とした汎世界に111属1800種，日本には9属25種，日本の固有は4種．APGIII分類体系ではパンヤ科，アオギリ科，シナノキ科（ナンヨウザクラ属を除く）を含めて再定義されている．

フヨウ属 Hibiscus　［分布図685〜688］

温帯を中心に300種が分布する．**モンテンボク**（テリハハマボウ）*H. glaber* は小笠原諸島の固有種で葉が無毛であることから他の日本産種と区別される．**ハマボウ** *H. hamabo* は関東以西の本州から琉球にかけて分布する．黄色い花弁をもつ日本産種は前記2種と汎熱帯に分布するオオハマボウ *H. tiliaceus* の3種である．これらのうち，モンテンボクはオオハマボウから分化したことが近年の分子系統解析によって示された（**ページ参照）．**サキシマフヨウ*** *H. makinoi* は九州から琉球にかけて分布し，帯紅白色または淡紅色まれに白色と花弁色に著しい種内変異がみられる．小笠原諸島の硫黄列島に固有の**イオウトウフヨウ** *H. pacificus* はサキシマフヨウに似るが，托葉の形，葉の切れ込み，萼の形態で区別される．（國府方吾郎）

ジンチョウゲ科 Thymelaeaceae

オーストラリアとアフリカの熱帯を中心に53属750種，日本に5属16種，日本の固有植物は1属9種．APGIII分類体系でも科の扱いに変更はない．

アオガンピ属 Wikstroemia　［分布図697］

アジア，太平洋地域に50種が分布し，日本の固有種として小笠原諸島の父島列島と母島列島に分布する**ムニンアオガンピ*** *W. pseudoretusa* が知られている．琉球から台湾にかけて分布するアオガンピ *W. retusa* に似るが，枝，葉，花柄に毛が多いことにより区別される．

ガンピ属 Diplomorpha　［分布図692〜696］

アジアに20種が分布する．アオガンピ属に合一する見解もある．**ミヤマガンピ** *D. albiflora* は紀伊半島，四国，九州の岩石地にまれに産し，ソハヤキ要素の植物と考えられている．**サクラガンピ** *D. pauciflora* は東海地方の渓谷に分布し，コガンピ *D. ganpi* との推定雑種ミトガンピ *D.* ×*ramulos* が知られている．**オオシマガンピ*** *D. phymatoglossa* は琉球の奄美大島と徳之島に分布するが，奄美大島では自生株はほとんどみられない．**ガンピ** *D. sikokiana* は北陸，東海から九州にかけての蛇紋岩などにみられる．**シマサクラガンピ** *D. yakushimensis* は九州と屋久島の高地に分布し，サクラガンピに似るが，大きい葉と花，密な花序などにより区別される．

シャクナンガンピ属 Daphnimorpha　［分布図690〜691］

　日本の固有属で2種が知られている．**ツチビノキ*** *D. capitellata* は宮崎県の一部に分布し，天然スギ林の林床に生育する．**シャクナンガンピ** *D. kudoi* は屋久島の高地風衝低木林の林縁に生育する．後者は植物体がほとんど分枝しないこと，折れ曲がる萼筒をもつことによって区別される．

ジンチョウゲ属 Daphne　［分布図689］

　ユーラシア大陸と北アフリカを中心に50種が知られ，日本の固有種として**カラスシキミ** *D. miyabeana* が北海道から本州日本海側を島根（隠岐を含む）まで分布する．（國府方吾郎）

ツチビノキ *Daphnimorpha capitellata*（宮崎県延岡市，2008.07，南谷忠志撮影）

グミ科 Elaeagnaceae

　北半球の温帯，暖帯からアジアとオーストラリアの熱帯に3属45種，日本に1属16種，日本の固有植物は12種3変種．APGIII 分類体系でも科の扱いに変更はない．

グミ属 Elaeagnus　［分布図698〜712］

　オガサワラグミ* *E. rotundata* は小笠原（父島列島，母島）に分布し，常緑で枝には刺がない．**リュウキュウツルグミ** *E. liukiuensis* は琉球（奄美大島以南）に分布し，オガサワラグミに似るが，小花柄は短く長さ5〜6mmである．**マメグミ** *E. montana* は本州（神奈川以西），四国，九州に分布し，葉柄や花柄などには星状毛がなく，葉の表面には白色の鱗片があり，5月下旬から7月に開花する．**ツクバグミ** var. *ovata* は本州（福島から長野）に分布し，マメグミに似るが若いときに葉の表面に星状毛がある．**ナツグミ** *E. multiflora* は本州（福島〜静岡の太平洋側）に分布し，4月から5月上旬に開花する．**トウグミ** var. *hortensis* は北海道（渡島），本州（近畿・中国以北の日本海側）に分布し，ナツグミに似るが葉の表面には鱗片がなく，早落性の星状毛がある．**ヤクシマグミ*** *E. yakusimensis* は屋久島に分布し，葉は小さく葉身は長さ3.2〜6.5cmほどで，裏面に赤褐色を帯びた鱗片がある．**コウヤグミ** *E. numajiriana* は本州（紀伊半島），四国に分布し，ヤクシマグミに似るが，葉の裏面に銀色の鱗片と黄色の鱗片がある．**クマヤマグミ** *E. epitricha* は四国（愛媛），九州（福岡県背振山から鹿児島県霧島）に分布し，葉の表面に星状毛がある．**アリマグミ** *E. murakamiana* は本州（東海〜近畿），四国に分布し，葉の裏面に銀色の鱗片があり，その上に赤褐色を帯びた星状毛がある．**カツラギグミ** *E. takeshitae* は本州（近畿）に分布し，葉の裏面には鱗片がなく星状毛がある．**ハコネグミ** *E. matsunoana* は本州（関東，山梨，静岡）に分布し，葉の裏面に銀色の鱗片があり，さらに黄褐色の星状毛がある．**ナツアサドリ** *E. yoshinoi* は本州（兵庫，中国）に分布し，葉の裏面にほとんど鱗片がなく，全面星状毛に覆われる．**タンゴグミ** *E. arakiana* が本州丹後地方に知られていて，マメグミに似るが，葉身は楕円状倒卵形で先は鈍形である．**マルバアキグミ*** *E. umbellata* var. *rotundifolia* は本州（主に関東の沿岸域，伊豆半島，伊豆諸島，および渥美半島），九州の海岸に分布し，葉は幅広く，5cmになり，基準変種のアキ

オガサワラグミ *Elaeagnus rotundata*（東京都小笠原父島，2005.02，加藤英寿撮影）

ヤクシマグミ *Elaeagnus yakusimensis*（鹿児島県屋久島，1995.06，川原勝征撮影）

マルバアキグミ *Elaeagnus umbellata* var. *rotundifolia*（静岡県東伊豆町，2009.05，佐藤絹枝撮影）

グミより丸みをおびた果実が集まってつく．（秋山忍）

スミレ科 Violaceae

世界に24属700種，日本に1属55種，日本の固有植物は14種13変種．APGIII分類体系でも科の扱いに変更はない．

スミレ属 Viola　［分布図713～737］

スミレサイシン *V. vaginata* は北海道，本州（日本海側）に分布し，地下茎は太く横に伸び，葉は円心形で，花は淡紫色である．ナガバノスミレサイシン *V. bissetii* は本州（東北南部以西の太平洋側），四国，九州に分布し，スミレサイシンに似るが，葉は狭三角状卵形から三角状披針形である．シコクスミレ* *V. shikokiana* は本州（関東から近畿の太平洋側），四国，九州に分布し，地下茎は横に伸びるが細く，花は白色で紫色の線がある．アツバスミレ *V. mandshurica* var. *triangularis* は本州（房総半島，伊豆半島），伊豆諸島に分布し，基準変種のスミレより葉が厚く光沢がある．リュウキュウコスミレ *V. yedoensis* var. *pseudojaponica* は九州南部（宮崎以南），琉球に分布し，葉は冬季にもあり，葉身は広三角状披針形で，花は11月から4月に開花する．フジスミレ *V. tokubuchiana* は本州中部に分布し，花は淡紅紫色で4～5月に開花する．アマミスミレ *V. amamiana* は奄美大島に分布し，葉は小さく，葉身は広卵形から三角状卵形で長さ1cmほどであり，花は白色で紫色の線があり，下方の花弁は他の花弁より小さい．ヤクシマスミレ *V. iwagawae* は屋久島，琉球（奄美大島，徳之島，沖縄島）に分布し，アマミスミレに似るが，葉身は三角形から広三角形または菱形である．コミヤマスミレ *V. maximowicziana* は本州（関東以南），四国，九州に分布し，萼片は開花時に反り返る．ヤエヤマスミレ *V. tashiroi* は琉球（西表島，石垣島）に分布し，下方の花弁は他の花弁と同じ大きさである．エイザンスミレ* *V. eizanensis* は本州，四国，九州に分布し，3全裂し，側裂片はさらに2全裂し，葉は鳥足状である．ヒゴスミレ *V. chaerophylloides* var. *sieboldiana* は本州，四国，九州に分布し，エイザンスミレに似るが，花はふつう白色である．コケスミレ *V. verecunda* var. *yakushimana* は屋久島に分布し，ツボスミレのきわめて小型な変種である．オキナワスミレ *V. utchinensis* （シマジリスミレを含む）は琉球（沖縄島）に分布し，花後に匍匐枝を伸ばし，その先に新しい株を生じる．オリヅルスミレ* *V. stoloniflora* は琉球（沖縄島）に分布し，オキナワスミレに似るが，葉は毛がある．シチトウスミレ *V. grypoceras* var. *hichitoana* は本州（千葉以南の太平洋側，伊豆諸島），四国，九州，琉球に分布し，海岸に生育し，基準変種のタチツボスミレと比較して葉の表面に光沢がある．ツルタチツボスミレ var. *rhizomata* は本州（日本海側，北陸から鳥取）に分布し，茎は匍匐する．ケイリュウタチツボスミレ var. *ripensis* は本州（神奈川から山口），四国に分布し，渓流の岩に生育し，葉身の基部は切形である．イソスミレ* *V. grayi* は北海道南西部，本州（青森～鳥取の日本海側）に分布し，海岸の砂地に生える．ナガハシスミレ *V. rostrata* var. *japonica* は北海道南部，本州（鳥取以北の

シコクスミレ Viola shikokiana（神奈川県箱根町，1974.06，村川博實撮影）

エイザンスミレ Viola eizanensis（茨城県北茨城市，2009.04，海老原淳撮影）

オリヅルスミレ Viola stoloniflora（沖縄県沖縄島北部，1994.04，横田昌嗣撮影）

イソスミレ Viola grayi（茨城県つくば市（栽培），2008.04，佐藤絹枝撮影）

主に日本海側)，四国に分布し，距は細長い．

　オオバキスミレ＊ *V. brevistipulata* は南千島，北海道，本州（島根以東の主に日本海側）に分布し，花は黄色である．**フギレオオバキスミレ** var. *laciniata* は北海道南西部に分布し，葉身は不規則に切れ込む．**ミヤマキスミレ** var. *acuminata* は北海道（大雪山，日高，夕張），本州（東北から白山の日本海側）に分布し，茎葉は3輪生し，**エゾキスミレ** var. *hidakana* は北海道（日高）に分布し，葉身は革質である．**シソバキスミレ** var. *crassifolia* は北海道（夕張岳）に分布し，葉身は広心形から広卵形である．**ジンヨウキスミレ** *V. alliariifolia* は北海道（大雪山，札幌）に分布し，葉身は腎形である．**シレトコスミレ** *V. kitamiana* は北海道（知床）に分布し，花は白色で中心部は黄色である．（秋山忍）

オオバキスミレ *Viola brevistipulata*（秋田県美郷町，2007.06，海老原淳撮影）

キブシ科 Stachyuraceae

　主に北半球の温帯を中心に分布する．ヒマラヤから日本に1属5または6種，日本に1属1種，日本の固有植物は1種3変種が知られている．APGIII分類体系でも科の扱いに変更はない．

キブシ属 *Stachyurus*　　［分布図738〜740］

　キブシ *Stachyurus praecox* は北海道（西南部），本州，四国，九州に分布する．葉の展開前に開花する．花は淡黄色で，長さ7〜9 mmほどで，長さ3〜10 cmほどの垂れ下がる総状花序につく．**ケキブシ** var. *leucotrichus* は本州（東北から北陸の日本海側）に分布し，葉の裏面の脈上や脈に沿って密に毛がある．**ハチジョウキブシ**＊ var. *matsuzakii* は本州（伊豆諸島，三浦半島以南），四国，九州（奄美大島と徳之島以北のものはナンバンキブシ *S. lancifolius* として区別されたことがある）に分布し，葉はやや厚く大きく，葉身は長さ12〜22 cmほどである．**ナガバキブシ** var. *macrocarpus* は小笠原諸島に分布し，葉はハチジョウキブシより厚く，葉身は狭長円形または長円状披針形で，長さ9〜14 cmほど，果実は大きく長さ1.2〜2 cmほどである．（秋山忍）

ハチジョウキブシ *Stachyurus praecox* var. *matsuzakii*（東京都三宅島，1999.03，海老原淳撮影）

ウリ科 Cucurbitaceae

　主に熱帯から亜熱帯に122属940種，日本に8属16種，日本の固有植物は2種4変種．APGIII分類体系でも科の扱いに変更はない．

カラスウリ属 *Trichosanthes*　　［分布図741〜745］

　ムニンカラスウリ *T. ovigera* var. *boninensis* は小笠原に分布し，カラスウリ *T. cucumeroides* に似るが，萼裂片は長さ12〜15 mmほどである．**モミジカラスウリ** *T. multiloba* は本州（伊豆半島，近畿，中国），四国，九州に分布し，葉はふつう掌状に5〜9裂する．**キカラスウリ**＊ *T. kirilowii* var. *japonica* は北海道（奥尻島），本州，四国，九州，琉球に分布し，果実は黄色で長さ7〜10 cmほどであり，種子は濃茶色で，淡黄茶色の種子をもつ基準変種（東アジアの温帯から暖帯に分布する）と異なる．**イシガキカラスウリ** *T. ishigakiensis* は琉球（石垣島，宮古島）に分布し，キカラスウリに似るが，花は小さく，萼筒は長さ1〜1.5 cm，萼裂片は長さ約7

キカラスウリ *Trichosanthes kirilowii* var. *japonica*（東京都練馬区（栽培），1993.01，福田泰二撮影）

mm，果期の果柄は長さ約2cmである．**リュウキュウカラスウリ*** *T. miyagii* は琉球（奄美大島，徳之島，沖縄島）に分布し，葉は両面ともに無毛である．

スズメウリ属 *Zehneria*　　［分布図746～747］

　ホソガタスズメウリ *Z. perpusilla* var. *deltifrons* は九州（鹿児島）に分布し，雌雄異株で，果実は球形で径8～10 mmほどである．**クロミノオキナワスズメウリ** *Z. liukiuensis* は琉球（奄美以南）に分布し，雌雄同株で，果実はやや球形から長円状卵形で，長さ1.5～3 cmほどである．（秋山忍）

リュウキュウカラスウリ *Trichosanthes miyagii*（沖縄県大宜味村，2004.05，國府方吾郎撮影）

ミソハギ科 Lythraceae

　世界の主に熱帯に31属600種，日本に5属13種，日本の固有植物は2種1変種．APGIII 分類体系ではヒシ科，ザクロ科，ハマザクロ科まで含めて科が広く定義されている．

キカシグサ属 *Rotala*　　［分布図749～750］

　ミズスギナ* *R. hippuris* は本州（関東以西），四国，九州に分布し，池や湿地に生える多年草である．根茎は細長く，横に這う．茎は円柱状で，基部より分枝する．葉が5～12枚輪生する多年草である．**ヒメキカシグサ** *R. elatinomorpha* は本州（関東以西），四国に分布し，水辺に生える一年草である．茎は地面を這い，枝は直立して高さ4～7cmほどになる．葉は対生し，キカシグサ *R. indica* に似るが葉縁は透明ではなく，雄蕊は2個である．

サルスベリ属 *Lagerstroemia*　　［分布図748］

　ヤクシマサルスベリ* *L. subcostata* var. *fauriei* は屋久島，種子島，奄美大島に分布し，基準変種のシマサルスベリに似るが，枝と花序は無毛で，葉は長さ8～10 cmと長い．（秋山忍）

ミズスギナ *Rotala hippuris*（撮影地不明，1978.08，大滝末男撮影）

フトモモ科 Myrtaceae

　熱帯から温帯にかけて129属4620種，日本に4属6種，日本の固有植物は2種．APGIII 分類体系でも基本的に科の扱いに変更はない．

フトモモ属 *Syzygium*　　［分布図752］

　旧世界に1000種が分布する．日本の固有種として小笠原諸島の父島列島と母島列島に**ヒメフトモモ** *S. cleyerifolium* が知られている．**アデク** *S. buxifolium* の変種とする見解もある．ヒメフトモモのうち葉が厚い個体を**アデクモドキ** var. *microphyllum* とする場合もある．

ムニンフトモモ属 *Meterosideros*　　［分布図751］

　オセアニア，太平洋地域に42種が分布する．日本には固有種**ムニンフトモモ*** *M. boninensis* の1種のみが小笠原諸島の父島に知られている．ポリネシアに広く分布する *M. polymorpha* に近縁と考えられている．風衝地では低木であるが，沢沿いでは10 mに達する．（國府方吾郎）

ヤクシマサルスベリ *Lagerstroemia subcostata* var. *fauriei*（鹿児島県屋久島，1995.07，川原勝征撮影）

ムニンフトモモ *Meterosideros boninensis*（東京都小笠原父島，2005.09，加藤英寿撮影）

ノボタン科 Melastomataceae

　熱帯から温帯にかけて188属4950種が分布し，日本には4属8種，日本の固有植物は3種2変種．APGIII 分類体系でも基本的に科の扱

いに変更はない．

ノボタン属 Melastoma　　［分布図755〜757］

常緑の低木．アジアから太平洋地域にかけて70種が分布する．日本の固有種として2種1変種が小笠原諸島に分布する．**イオウノボタン** M. candidum var. alessandrense は琉球からフィリピン，インドシナにかけて分布するノボタンの変種で南・北硫黄島に特産する．**ムニンノボタン*** M. tetramerum は父島のみに知られており（記録として兄島），環境破壊によって1株にまで激減したが，その後，新群落が発見された．その変種で母島に分布する**ハハジマノボタン** var. pentapetalum は母島固有種であり，風衝地にみられるが多湿環境にも生育し，5mの樹高に達する場合もある．ムニンノボタンと葉脈数や若枝や葉柄の毛の形態により区別される．

ハシカンボク属 Bredia　　［分布図753〜754］

常緑の低木．東・東南アジアに30種が分布する．日本の固有種として琉球に2種が知られている．**コバノミヤマノボタン*** B. okinawensis は琉球の沖縄島固有で明るい林床に生育する．**ヤエヤマノボタン*** B. yaeyamensis は石垣島と西表島の沢沿いなどの湿った環境に生育する．（國府方吾郎）

ムニンノボタン Melastoma tetramerum（東京都小笠原父島，2007.09，加藤英寿撮影）

コバノミヤマノボタン Bredia okinawensis（沖縄県国頭村，2007.07，横田昌嗣撮影）

アリノトウグサ科 Haloragaceae

グンネラ属と近縁とされてきが，APGIII分類体系ではグンネラ科が分割され，近縁性は否定された．世界に8属150種，日本に2属7種，日本の固有植物は2種．

アリノトウグサ属 Haloragis　　［分布図758］

ホソバアリノトウグサ H. walkeri は鹿児島県馬毛島にのみ分布する．葉に柄がないことでアリノトウグサ H. micrantha と，茎葉に剛毛がないことでナガバアリノトウグサ H. chinensis と区別できる．

フサモ属 Myriophyllum　　［分布図759］

フサモ M. verticillatum は北半球の温帯に広く分布するが，**オグラノフサモ*** M. oguraense は日本固有で西日本を中心に分布する．殖芽がフサモよりも長いことなどで区別できる．（田中法生）

ヤエヤマノボタン Bredia yaeyamensis（沖縄県西表島，2005.06，國府方吾郎撮影）

ヤマトグサ科 Theligonaceae

世界に1属4種あり，日本に分布する1種が固有である．エングラー体系ではヤマトグサ属1属からなるヤマトグサ科とされたが，APGIII分類体系ではアカネ科に含まれる．

ヤマトグサ属 Theligonum　　［分布図760］

ヤマトグサ* T. japonicum は本州（秋田以南），四国，九州に分布する．茎は高さ15〜30cmほどで，短い毛があり，下部でまばらに分枝する．葉は対生する．葉柄は0.5〜1cmほどであるが，上部の葉では短い．葉身は卵形または狭卵形で，長さ1〜3cm，幅0.8〜2cmほどで，全縁で，先は短く尖るか，鈍形である．花は茎の上部の葉状苞に対生する．雄花は1節に1または2個つく．外花被片は3個で，長さ0.8〜1cmほどである．雌花は非常に小さい．果実は狭倒卵形で，長さ3〜3.5mmほどである．花の後，茎の下部

オグラノフサモ Myriophyllum oguraense（新潟県笹神村，2010.08，田中法生撮影）

の側枝が伸びて地を這い，新芽をつくる．ヤマトグサ属は4種からなり，マカロネシアから地中海地方，中国，日本に隔離分布する．（秋山忍）

ミズキ科 Cornaceae

主に北半球の温帯に2属80種，日本に5属8種，日本の固有植物は1亜種3変種．従来のミズキ科は多系統群であり，APGIII分類体系ではミズキ科，ヌマミズキ科（ミズキ目），ハナイカダ科（モチノキ目）とアオキ属を含むガリア科（ガリア目）に分割された．

アオキ属 Aucuba　　［分布図761］

ヒメアオキ* *A. japonica* var. *borealis* は北海道，本州（日本海側）に分布する．樹高は低く，幹は直立せず斜上し，葉は小さく，若芽や花序に毛が多い．4倍体植物であり，日本海型気候の多雪地帯の山地に生育し，ときに基準変種アオキとの間の中間的な植物体がみられる．本州（中国），四国，九州，琉球に分布するナンゴクアオキ var. *ovoidea* は，アオキが4倍体植物であるのに対して，2倍体植物でる．生育が遅いことが知られていて，日本の固有変種とされてきたが，形態的にアオキから識別することは困難であり，最近の研究では変種とは認められていない．本州（中部を除く），四国（東部）に分布するアオキはこれまでは日本固有とされてきたが，朝鮮半島と台湾に分布することが判明している．

ハナイカダ属 Helwingia　　［分布図762］

コバノハナイカダ *H. japonica* subsp. *japonica* var. *parvifolia* は本州（中部，南部），四国，九州に分布する．全体小型で，葉も小さく長さ2～6（～8）cm，幅1～3（～4）cmで，側脈は2～4対である．托葉も小さい．リュウキュウハナイカダ* subsp. *liukiuensis* は琉球（奄美諸島以南）に分布する．葉は細長く，披針状長楕円形で，長さ5～18cm，幅2～8cmである．托葉はふつう糸状で長さ1～3mmである．ハナイカダが6倍体であるのに対して，コバノハナイカダとリュウキュウハナイカダは2倍体である．また本州（近畿以西），四国，九州にはコバノハナイカダとハナイカダの中間的形態をした4倍体植物が見出される．（秋山忍）

ウコギ科 Araliaceae

熱帯から温帯に39属1425種，日本に9属20種，日本の固有植物は8種6変種．APGIII分類体系では，従来セリ科とされていた種の一部を加えて再定義されている．

ウコギ属 Eleutherococcus　　［分布図765～772］

ヤマウコギ *E. spinosus* は本州に分布し，ふつう枝に刺のある低木で，葉は5小葉からなる掌状複葉であり，花柱は2本でほぼ基部まで離生する．オカウコギ var. *japonicus* は本州，九州に分布し，ヤマウコギに似るが，葉の裏面に脈が顕著に出る．ウラゲウコギ var. *nikaianus* は本州（岐阜以西），九州に分布し，葉の裏面の脈は隆起しない．ミヤマウコギ *E. trichodon* は本州（関東，東海，近畿）に分布し，花序は，ヤマウコギが短枝の先につくのに対して，

ヤマトグサ *Theligonum japonicum*（茨城県つくば市，2006.05，辻田有紀撮影）

ヒメアオキ *Aucuba japonica* var. *borealis*（茨城県つくば市（栽培），1988.04，八田洋章撮影）

リュウキュウハナイカダ *Helwingia japonica* subsp. *liukiuensis*（鹿児島県奄美大島，2009.03，國府方吾郎撮影）

ヤマウコギ *Eleutherococcus spinosus*（茨城県つくば市（栽培），2010.05，佐藤絹枝撮影）

長枝の先に1個つく．**タカノツメ** E. innovans は北海道，本州，四国，九州（含む対馬）に分布し，葉は3小葉である．**コシアブラ*** E. sciadophylloides は北海道，本州，四国，九州に分布し，全体に無毛であり，花柱は2本であるが，先端部を除いて合生する．**ウラジロウコギ** E. hypoleucus は本州（関東以西），四国，九州に分布し，葉の裏面は白色で無毛であり，花柱は5本で，先端部を除いて合生する．**ヒゴウコギ** E. higoensis は九州（熊本）に分布し，葉の裏面は暗色である．

タラノキ属 Aralia　［分布図763～764］

シチトウタラノキ A. ryukyuensis var. inermis は伊豆諸島に分布し，琉球に分布する基準変種のリュウキュウタラノキに似るが，葉は3回羽状複葉で，刺がなく，小花柄は無毛かほぼ無毛である．**ミヤマウド** A. glabra は本州（福島，関東，中部）に分布し，刺のない多年草で，植物体はほぼ全体が無毛で，花は紫色である．

トチバニンジン属 Panax　［分布図776～777］

トチバニンジン* P. pseudoginseng subsp. japonicus var. japonicus は北海道，本州，四国，九州に分布し，高さ50～80cmほどの多年草で，地下茎は這い，葉はふつう5（または3か7）小葉からなる掌状複葉である．**ホソバチクセツニンジン** は var. angustatus は本州中部（関東，東海），四国，九州に分布し，小葉はふつう7枚で，幅が狭い．

ハリブキ属 Oplopanax　［分布図775］

ハリブキ* O. japonicus は北海道，本州（北部と中部および紀伊半島の大峰山），四国に分布し，高さ1mほどの落葉低木である．茎には針状の刺が密生し，葉は大きく，葉身は長さ20～40cmほどで，掌状に7～9裂する．

ヤツデ属 Fatsia　［分布図773～774］

リュウキュウヤツデ F. japonica var. liukiuensis は琉球（奄美大島以南）に分布し，基準変種ヤツデより葉は薄く，裂片は細長く，先は長く鋭尖形である．**ムニンヤツデ*** F. oligocarpella は小笠原（父島，母島）に分布し，高さ4～6mほどの常緑の小高木で，ヤツデに似るが，小葉は楕円形から広卵形で，先は鈍形であり，花序には白色の星状毛がある．かつて小笠原固有のムニンヤツデ属 Boninofatsia とされたこともある．（秋山忍）

セリ科 Apiaceae (Umbelliferae)

主に北半球に428属3500種，日本に31属79種，日本の固有植物は27亜種27変種．2つの固有属を含む．APGIII分類体系では一部の属がウコギ科へと移動している．

イブキボウフウ属 Seseli　［分布図818］

タカネイブキボウフウ S. libanotis subsp. japonica var. alpicola は本州中部の高山帯に分布し，イブキボウフウの変種であり，草丈が低く，葉はほぼ無毛である．

ウマノミツバ属 Sanicula　［分布図817］

ヤマナシウマノミツバ S. kaiensis は本州（中部）に分布する．ウ

コシアブラ Eleutherococcus sciadophylloides（青森県青森市，1987.10，八田洋章撮影）

トチバニンジン Panax pseudoginseng subsp. japonicus（茨城県筑波山，2008.08，佐藤綱枝撮影）

ハリブキ Oplopanax japonicus（青森県青森市，2010.08，海老原淳撮影）

ムニンヤツデ Fatsia oligocarpella（東京都小笠原母島，2008.12，加藤英寿撮影）

マノミツバ S. chinensis に似るが，茎は細長く，15〜60 cm ほどで，茎葉はなく，先端部に苞状の葉がある．根出葉には長さ10〜30 cm ほどの長い柄がある．

エキサイゼリ属 Apodicarpum　　[分布図802]

エキサイゼリ＊A. ikenoi は本州（関東，愛知）に分布し，1属1種の固有属．小型の多年草で，茎は直立し5〜20 cm ほどである．葉は柄があり，単羽状複葉である．根生葉と茎の下部の茎葉では，小葉は7〜9個である．

エゾノシシウド属 Coelopleurum　　[分布図808]

ミヤマゼンコ＊C. multisectum は本州（中部）に分布し，高山帯に生育し，茎は直立し，40〜70 cm ほど，葉の最終裂片は狭卵形から披針形で，長さ1.5〜3 cm ほどである．**エゾヤマゼンコ** var. trichocarpum は北海道に分布し，葉の最終裂片は卵形，まれに狭卵形で，長さ2〜5 cm ほどである．

カノツメソウ属 Spuriopimpinella　　[分布図821]

カノツメソウ S. calycina は北海道，本州，四国，九州に分布する．茎は単一で直立し，高さ50〜80 cm ほどで，上部で枝がでる．果実は幅より長さが長い．

シシウド属 Angelica　　[分布図778〜801]

ツクシゼリ＊A. longiradiata は本州（蒜山），九州に分布し，茎は5〜25 cm ほどで，花柄は10〜15本である．**ヒナボウフウ** var. yakushimensis は屋久島に分布し，ツクシゼリより小型で，茎はふつう5〜15 cm ほど，果実は長さ2〜2.5 cm ほどである．**ウバタケニンジン**＊A. ubatakensis は四国，九州に分布し，茎は20〜50 cm ほど，葉の最終裂片は長さ1〜3 cm ほどである．**オオウバタケニンジン** var. valida は九州（宮崎）に分布し，ウバタケニンジンより大型で，茎は60〜90 cm ほど，葉の最終裂片は長さ（2〜）3〜8.5 cm ほどである．**トウキ**＊A. acutiloba は北海道〜四国に分布し，茎は無毛で，30〜70 cm ほどで，葉の最終裂片は披針形から狭卵形で，幅1〜2.5 cm ほど，果実の幅は1.2〜2 mm ほどである．**ミヤマトウキ** var. iwatensis は北海道・本州に分布し，トウキに似るが，果実の幅は2〜3 mm ほどである．**ホソバトウキ** var. lineariloba は北海道（夕張岳，アポイ岳など）に分布し，葉の最終裂片の幅は0.3〜0.8 cm ほどである．**シナノノダケ** A. sinanomontana は本州（長野）に分布し，高さ1 m ほどになる大型の多年草で，小花柄には腺毛がある．**イヌトウキ** A. shikokiana は四国，九州に分布し，シナノノダケに似るが，小花柄は無毛またはほぼ無毛で，腺毛はない．**イシヅチボウフウ** A. saxicola は四国（石鎚山域）に分布し，茎は無毛で，花弁には1脈がある．**トサボウフウ** var. yoshinagae は四国（石立山，高知県旧土佐山村）に分布し，イシヅチボウフウに似るが，茎の上部には毛があり，花弁には羽状の脈がある．**ヤクシマノダケ**＊A. yakusimensis は屋久島に分布し，茎は1.5 m に達し，葉や小苞や花弁などに白色の油点がある．**ツクシトウキ** A. pseudoshikokiana は九州北部に分布し，ヤクシマノダケに似るが，油点がない．**カワゼンコ** A. tenuisecta は本州（紀伊半

エキサイゼリ Apodicarpum ikenoi（茨城県水海道市，2005.04，大谷雅人撮影）

ミヤマゼンコ Coelopleurum multisectum（岐阜県高山市，2008.09，高橋弘撮影）

ツクシゼリ Angelica longiradiata（熊本県菊池市，2007.04，奥山雄大撮影）

ウバタケニンジン Angelica ubatakensis（愛媛県東赤石山，2009.07，門田裕一撮影）

トウキ Angelica acutiloba（滋賀県／岐阜県伊吹山，2008.07，高橋弘撮影）

セリ科　99

島）に分布し，茎は35 cmほどに達し，花弁は白色，外側は紫色を帯びる．**クマノダケ** var. *mayebarana* は九州（佐賀，熊本）に分布し，カワゼンコに似るが，茎は30〜80 cmほどであり，花弁は緑色である．**ヒュウガトウキ** var. *furcijuga* は九州中部（宮崎，熊本）に分布し，クマノダケ同様に花弁は緑色であるが，茎は1.8〜2.5 mほどである．**ミヤマノダケ** *A. cryptotaeniifolia* は四国，九州に分布し，茎は50〜80 cmほどで，花弁は濃紫色，果実は長さ4 mmほどである．**ツクシミヤマノダケ** var. *kyushiana* は九州（熊本，宮崎）に分布し，ミヤマノダケに似るが，果実が大型で，長さ6 mmほどである．**イワニンジン** *A. hakonensis* は本州（関東，東海）に分布し，葉は2〜3回3出複葉であり，ミヤマノダケに似るが，花弁は白色である．**ノダケモドキ** var. *nikoensis* は本州（関東，中部）に分布し，葉は1または2回複葉であり，小葉はイワニンジンより大型で，長さ5〜10 cmほどである．**ムニンハマウド** *A. japonica* var. *boninensis* は小笠原，琉球（南大東島）に分布し，根生葉および茎の下部の茎葉の鋸歯は鈍形で，小花柄は無毛になるか，まばらに毛がある．**アシタバ*** *A. keiskei* は本州（関東，伊豆半島，紀伊半島）に分布し，茎は80〜120 cmほどで，葉の表面は無毛で，小葉には鋭くやや不規則な鋸歯がある．**シシウド** *A. pubescens* は本州，四国，九州に分布し，大型の多年草で，茎は1〜2 mほどで，毛があり，小葉は卵形から楕円形で，先は急に尖る．**ミヤマシシウド*** var. *matsumurae* は本州（東北南部から近畿）に分布し，茎は無毛で，小葉は広披針形から卵状長円形で，先は長く尖る．**ミチノクヨロイグサ** *A. anomala* subsp. *sachalinensis* var. *glabra* は本州（青森から山陰の日本海側）に分布し，茎は1〜2 mほどで，葉の側小葉は披針形から狭卵形で，基部は沿下し，長さ10〜20 cmほど，最終裂片は披針形から狭長円状卵形である．**ハナビゼリ** *A. inaequalis* は本州（東北以南），四国，九州に分布し，茎は60〜80 cmほど，葉は2〜3回3出複葉で，葉柄は鞘状でふくらまない．**ヒュウガセンキュウ*** *A. minamitanii* は九州（宮崎）に分布し，茎は1.5〜2 mほどで，小葉は卵形から長円状卵形で，先は鋭形から鋭尖形である．

シラネニンジン属 *Tilingia*　　［分布図822〜824］

　イブキゼリモドキ *T. holopetala* は北海道，本州北部と中部に分布し，茎は50〜80 cmで，葉はふつう2回3出複葉で，最終裂片は広卵形から広披針形で，長さ2〜8 cmほどである．**ヒメシラネニンジン** *T. ajanensis* var. *angustissima* は北海道（日高）に分布し，基準変種シラネニンジンより葉の最終裂片は幅狭く，線形である．**ツシマノダケ** *T. tsusimensis* は対馬に分布し，葉は1回3出複葉である．

セリモドキ属 *Dystaenia*　　［分布図809］

　セリモドキ *D. ibukiensis* は本州北部と中部の主に日本海側に分布する．茎は直立し，30〜70 cmほどである．葉は2または3回羽状複葉である．

セントウソウ属 *Chamaele*　　［分布図805〜807］

　日本固有の単型属で4変種からなる．**セントウソウ*** *C. decumbens* は北海道，本州，四国，九州に分布し，小型の多年草で，茎は10〜

ヤクシマノダケ *Angelica yakusimensis*（鹿児島県屋久島，1975.07，村川博實撮影）

アシタバ *Angelica keiskei*（茨城県つくば市（栽培），2007.09，佐藤絹枝撮影）

ミヤマシシウド *Angelica pubescens* var. *matsumurae*（岐阜県高山市，2008.08，高橋弘撮影）

ヒュウガセンキュウ *Angelica minamitanii*（宮崎県須木村，2005.10，門田裕一撮影）

30 cmほどで細長く軟弱である．ミヤマセントウソウ var. *japonica* は本州，四国，九州に分布し，基準変種セントウソウより葉の最終裂片は狭く，線形で，幅0.7～2 mmほどである．ヒナセントウソウ var. *gracillima* は本州，四国に分布し，葉の最終裂片は糸状に細く，幅0.2～0.6 mmほどである．ヤクシマセントウソウ var. *micrantha* は屋久島に分布し，さらに小型で，花序は単散形花序である．

タニミツバ属 Sium　　［分布図819～820］

　タニミツバ S. *serra* は北海道，本州北部と中部に分布し，無毛の多年草で，茎は60～80 cmほど，花序の花柄は3～5本である．葉腋にむかごができない．ヒロハヌマゼリ S. *suave* var. *ovatum* は本州，四国に分布し，基準変種トウヌマゼリより小葉は幅広く，卵形から狭卵形であり，花序の花柄は7～11本である．

チドメグサ属 Hydrocotyle　　［分布図812］

　ヒメチドメ* H. *yabei* は本州，四国，九州に分布する．葉は小さく，葉身は円腎形で，幅0.5～2 cmほどで，深く切れ込む．花序には数個の花がつく．

ツクシボウフウ属 Pimpinella　　［分布図816］

　ツクシボウフウ P. *thellungiana* var. *gustavohegiana* は九州（熊本，大分）に分布する．茎は高さ30～80 cmほどで，上部は枝がでる．葉は1回羽状複葉で，小葉は5～9個である．果実は狭卵形で長さ2.5～3 mmである．基準変種は台湾および中国本土からダフリアに分布する．

ハナウド属 Heracleum　　［分布図810～811］

　ハナウド* H. *sphondylium* subsp. *sphondylium* var. *nipponicum* は本州（関東以西），四国，九州に分布し，茎は70～100 cmほどで，下部の葉は長円形で，ふつう無毛または裏面の脈に沿ってわずかに毛があり，葉は5または7小葉からなり，最終裂片は卵形から三角状卵形または広卵形で，不規則な低い鋸歯がある．ツルギハナウド var. *turugisanense* は四国に分布し，葉は3小葉からなり，側小葉は広卵形である．ホソバハナウド var. *akasimontanum* は本州（赤石山脈）に分布し，葉の最終裂片は広線形であり，不規則な鋭い鋸歯がある．

ボタンボウフウ属 Peucedanum　　［分布図814～815］

　コダチボタンボウフウ P. *japonicum* var. *latifolium* は九州南部（屋久島，トカラ列島）に分布し，基準変種ボタンボウフウに比べ基部はより木質となり，海岸に生える強壮な多年草．ハクサンボウフウ* P. *multivittatum* は北海道，本州（中部以北）に分布し，高山の斜面に生える．

ミシマサイコ属 Bupleurum　　［分布図803～804］

　コガネサイコ B. *longiradiatum* var. *shikotanense* は南千島，北海道に分布し，ホタルサイコに似るが，全体に小さく，茎は20～30 cmほどで，果実の柄は2～3 mmと短い．オオハクサンサイコ var. *pseudonipponicum* は本州（山梨）に分布し，茎は70 cmに達する．ハクサンサイコ B. *nipponicum* は本州（中部以北）に分布し，茎は20～40（～50）cmほどで，小総苞片は卵形から倒卵状長円形，長

セントウソウ Chamaele decumbens（茨城県つくば市(栽培)，2006.04，佐藤絹枝撮影）

ヒメチドメ Hydrocotyle yabei（宮崎県宮崎市，2003.09，斉藤政美撮影）

ハナウド Heracleum sphondylium subsp. sphondylium var. nipponicum（岐阜県揖斐川町，2007.09，高橋弘撮影）

ハクサンボウフウ Peucedanum multivittatum（岐阜県高山市，2008.08，高橋弘撮影）

さ6〜8mmほどである．**エゾサイコ** var. *yesoense* は北海道（日高）に分布し，ハクサンサイコに似るが，小総苞片は細長く，狭卵形である．

ミヤマセンキュウ属 Conioselinum
従来日本固有とされてきたミヤマセンキュウ *C. filicinum* は中千島のウルップ島から最近報告されており，固有とはいえない．

ヤマゼリ属 Ostericum　［分布図813］
ミヤマニンジン *O. florentii* は本州（関東，中部）に分布する．無毛の多年草で，茎は15〜30 cmほどで，細い．葉は，2〜3回羽状または3出複葉である．小葉は卵形から広卵形で，長さ1〜3 cmほど，切れ込み，裂片は広線形である．（門田裕一・秋山忍）

合弁花類

イワウメ科 Diapensiaceae
北半球の温帯から寒帯に分布する．世界に6属20種，日本に3属6種，日本の固有植物は3種9変種．APGIII分類体系でも科の範囲に変更はない．従来の分類体系ではイワウメ科一科で単型のイワウメ目とされることが多かったが，APGIII分類体系ではツツジ目に含まれ，エゴノキ科やハイノキ科に類縁があるとされる．

イワウチワ属 Shortia　［分布図832〜834］
オオイワウチワ *S. uniflora* は常緑の多年草で林下に生え，葉は円形〜広楕円形で直径4〜8 cm，基部は心形〜くさび形，先端はへこみ，花は花茎に単生し直径約3 cm，淡紅紫色あるいは白色，本州（中部以北）の日本海側地域に分布する．**イワウチワ*** var. *kantoensis* は本州（東北南部〜中国地方東部）の太平洋側に分布し，葉は円形〜偏円形で直径2〜4 cm，花は直径2〜2.5 cm．**トクワカソウ** var. *orbicularis* は北陸から近畿地方の北部に分布する日本海側の植物で，葉はオオイワウチワよりも小さく長さ3〜7 cm，鋸歯は低平で波状縁となり，基部はくさび形〜円形〜浅心形．

イワウチワ *Shortia uniflora* var. *kantoensis*（茨城県高萩市，2010.04，大谷雅人撮影）

イワカガミ属 Schizocodon　［分布図825〜831］
ヒメイワカガミ* *S. ilicifolius* は常緑の多年草で岩場に生え，葉は卵状披針形〜卵形で，長さ1〜5 cm，辺縁は上半部に2〜3対の鋸歯があり，下面は淡緑色，基部は円形〜浅心形，花は葉腋から出た総状花序につき，白あるいは淡紅紫色で，仮雄蕊の先端は鈍く，本州（中部以北）に分布する．**ヒメコイワカガミ** var. *minimus* は屋久島の高所に分布し，葉は卵円形で長さ幅ともに0.5〜1 cm，鋸歯は1〜2対，花は単生し淡紅紫色．**アカバナヒメイワカガミ** var. *australis* は葉は卵状円形〜円形，長さ2〜5 cm，鋸歯は2〜8対，花は紅紫色で，本州（埼玉，東京，神奈川，静岡，山梨）に分布する．**ナンカイヒメイワカガミ** var. *nankaiensis* は葉は広卵形で長さ1.5〜5 cm，鋸歯は2〜4対で先端は鋭く尖り，下面は灰緑色，基部は心形，花は白色あるいは淡いピンク色，本州（中部〜近畿地方）に分布する．**ヤマイワカガミ** var. *intercedens* は葉が卵形で長

ヒメイワカガミ *Schizocodon ilicifolius*（神奈川県箱根町，1975.05，八田洋章撮影）

さ3〜10cm，辺縁は全体にわたって鋸歯縁となり，鋸歯は7〜18対，花は白色あるいは稀にごく淡いピンク色で多数つき，山梨と静岡，長野（南アルプスの中部以北）に分布する．

イワカガミ S. soldanelloides は葉は円形で直径3〜6cm，3〜12対の細かい鋸歯があり，花は淡紅紫色，仮雄蕊の先は鋭く，北海道（西南部），本州，四国，九州に分布する．**オオイワカガミ**＊var. magnus は北海道（渡島半島）と本州の日本海側地域に分布し，葉が大型で直径8〜12cmになる．**ナガバイワカガミ** var. longifolius は葉が卵形で長さ5〜10cm，鋸歯は11〜20対あるいはそれ以上あり，花は紅紫色〜淡いピンク色，稀に白色で，静岡と長野（南アルプス南部と中央アルプス南部）に分布する．（門田裕一）

オオイワカガミ Schizocodon soldanelloides var. magnus（島根県飯南町，2008.05，海老原淳撮影）

イチヤクソウ科 Pyrolaceae

主として北半球の温帯から亜寒帯に分布し，世界に11属50種，葉緑体のあるイチヤクソウ亜科と葉緑体のない腐生植物のギンリョウソウ亜科に区分される．日本産は7属14種，2種が日本固有．APGIII分類体系ではシャクジョウソウ科とともにツツジ科に含め，シャクジョウソウ亜科としている．

イチヤクソウ属 Pyrola ［分布図835〜836］

日本産は7種あり，2種が固有．**コバノイチヤクソウ**＊P. alpina は，葉は楕円形〜円形，苞は広線形，花柱は上向きに湾曲し，萼裂片は三角状心形で鋭頭，南千島（国後島，択捉島），北海道，本州（紀伊山地，中部以北）に分布する．**マルバノイチヤクソウ** P. nephrophylla は，葉は偏円形，苞は披針形，萼裂片は三角状披針形で先端は次第に尖り，色丹島，北海道，本州，四国，九州に分布する．（門田裕一）

コバノイチヤクソウ Pyrola alpina（岩手県岩泉町，2009.06，海老原淳撮影）

ツツジ科 Ericaceae

世界の熱帯から寒帯に2000種以上が知られ，日本に21属約150種，日本の固有植物は71種2亜種33変種．その姿は高木，低木，つる性，着生とさまざまである．日当たりの良い岩地や風当たりの強い場所，酸性土壌を好む種も多い．従来のツツジ科は多系統であることが明らかになっており，APGIII分類体系では，ガンコウラン科，イチヤクソウ科，エパクリス科を含めて広義のツツジ科として扱われている．

アセビ属 Pieris ［分布図856〜859］

本州に広く分布する**アセビ** P. japonica，屋久島には**ヤクシマアセビ** var. yakushimensis，奄美大島には**アマミアセビ**＊P. amamioshimensis，沖縄本島には**リュウキュウアセビ** P. koidzumiana が知られる．アセビは花序が下垂し，他は花序が直立する．最近の分子系統解析の研究から，花がやや小型のヤクシマアセビは，リュウキュウアセビやタイワンアセビ P. taiwanensis と近縁であることが示されている．奄美のアマミアセビは，葉の幅が広く花冠が大きく，沖縄の渓流型のリュウキュウアセビから最近になって分けられた（本書「固有種の起源」参照）．アセビについては，中国大陸にも記録があり（Flora of China），これが日本のアセビと同種か否か，今後検討が必要である．

アマミアセビ Pieris amamioshimensis（鹿児島県奄美大島（栽培），1998.03，山下弘撮影）

イワナシ属 Epigaea　　［分布図844］

　北半球の温帯に3種が知られる．日本には**イワナシ*** *E. asiatica* 1種が分布し，日本固有で，初夏にピンク色の花を咲かせる．

イワナンテン属 Leucothoe　　［分布図847］

　山地の岩上に生育する常緑の**イワナンテン** *L. keiskei* が固有である．落葉性のハナヒリノキ *L. grayana* には，ヒメハナヒリノキ var. *parvifolia*，ウラジロハナヒリノキ var. *hypoleuca*，ハコネハナヒリノキ var. *venosa*，エゾウラジロハナヒリノキ var. *glabra* など複数の変種が知られるが，分類形質とされる毛の量や葉のサイズでは区別がつかない個体が多いこと，樺太植物誌によればサハリンにもハナヒリノキの記録があることから，本書では全変種を固有種として扱わない．詳細な形態解析や遺伝情報を用いた集団解析が待たれる．

シラタマノキ属 Gaultheria　　［分布図845〜846］

　アカモノ* *G. adenothrix* と**ハリガネカズラ** *G. japonica* が固有である．これらは花が葉腋に1個ずつつくことで，花が総状花序となるシラタマノキ *G. miqueliana* とは区別される．アカモノは，花は赤みがかり，果実（萼）は赤くなる．ハリガネカズラは，果実（萼）は白色となり，葉は長さ1cm程度と小型である．

スノキ属 Vaccinium　　［分布図917〜925］

　ブルーベリーやクランベリーの仲間で，世界に約450種が知られる．
　オオバスノキ *V. smallii* の変種で関東地方〜中国地方，四国に葉が小型の**スノキ** var. *glabrum* が分布する．東海，近畿以西に分布し，葉柄に粗い毛があるものをカンサイスノキとして区別する見解もある．ウスノキ類はオオバスノキによく似るが，果実は赤熟し果実や枝に稜があることで，果実が黒熟し稜がないオオバスノキ類から区別できる．北海道，本州，四国に分布する**ウスノキ*** *V. hirtum* と九州に分布する小型の**ツクシウスノキ** var. *kiusianum* が固有である．ウスノキの小型のものをカクミノスノキとして区別されることもあるが，差は不明瞭である．また毛が多いものをケウスノキ var. *lasiocarpum* として区別する見解もあり，分類学的な再検討が必要である．**アクシバモドキ*** *V. yakushimense* はスノキによく似るが，屋久島のみに分布し，樹上に着生する．Flora of Japan (Yamazaki 1993) では，クロマメノキ *V. uliginosum* のうち，標高2000m以下に分布し，花が伸長した若枝につく狭義クロマメノキ var. *japonicum* を固有変種として扱っており，国内外の十分な解析が待たれる．

　クロウスゴ *V. ovalifolium* の変種**ミヤマエゾクロウスゴ** var. *alpinum* は北海道の高山に生え，丈が低く茎は横に這い，葉は卵円形で小さい．**マルバウスゴ** *V. shikokianum* は日本海側の高山に分布し，クロウスゴによく似るが葉の全体に細かい鋸歯がある．**ヒメウスノキ** *V. yatabei* は，花は釣鐘状，枝は緑色で明確な稜がある．

　静岡県と愛知県に知られる**ナガボナツハゼ*** *V. sieboldii* は花柄が長く，本州西部の日本海側に分布する**アラゲナツハゼ** *V. ciliatum* は花柄が短い．両種はナツハゼ *V. oldhamii* に似るが，葉脈が明瞭で，苞葉が大きく，花冠は白い点で区別できる．

イワナシ *Epigaea asiatica*（群馬県六合村，2009.05，堤千絵撮影）

アカモノ *Gaultheria adenothrix*（新潟県妙高市，2010.07，堤千絵撮影）

ウスノキ *Vaccinium hirtum*（福島県二本松市，2010.05，堤千絵撮影）

アクシバモドキ *Vaccinium yakushimense*（鹿児島県屋久島，2008.05，堤千絵撮影）

ナガボナツハゼ *Vaccinium sieboldii*（静岡県浜松市，2010.05，堤千絵撮影）

常緑性の種では，ギーマ V. wrightii やシャシャンボ V. bracteatum によく似た小笠原固有の常緑低木**ムニンシャシャンボ** V. boninense がある．

ツガザクラ属 Phyllodoce　［分布図854〜855］

ツガザクラ P. nipponica と**ナガバツガザクラ** subsp. tsugifolia が固有で，両者は葉長の違いから亜種として区別される．北海道，東北には後者が，本州には前者が多く分布する．

ツツジ属 Rhododendron　［分布図860〜916］

世界で850種以上が知られ，日本の野生種の多くが固有である．本書では分類と分布は Yamazaki（1996, A revision of the genus Rhododendron in Japan, Taiwan, Korea and Sakhalin）に従い，亜属の体系は Chamberlain et al.（1996, The genus Rhododendron: its classification and synonymy）に従っている．しかし遺伝情報に基づく体系とは矛盾がみられることから，今後改訂されるであろう．日本固有とされていたハコネコメツツジ属 Tsusiophyllum は，最近の研究に基づき本属に含める．イソツツジ属 Ledum についても本属に組み込まれる見解が主流となっている．イソツツジ L. palustre subsp. diversipilosum var. nipponicum は固有とする見解もあるが，サハリンにもイソツツジとよく似た個体が分布することから，固有から除いている．

ヒカゲツツジ亜属 subgen. Rhododendron

葉や若枝に円形の鱗状毛があるグループで，花が淡黄色の**ヒカゲツツジ*** R. keiskei とその2変種**ウラジロヒカゲツツジ** var. hypoglaucum, **ハイヒカゲツツジ** var. ozawae が固有である．ウラジロヒカゲツツジは葉の裏面が白色を帯び，ハイヒカゲツツジはよく分枝し背丈が10〜15 cmと小さく，葉や花も小さい．

トキワバイカツツジ亜属・バイカツツジ亜属 subgen. Azaleastrum & Mumeazalea

枝の先端が葉芽となり，その下に花序がつくグループで，八重山諸島や中国に分布する**セイシカ** R. latoucheae 以外が固有である．奄美大島に生える**アマミセイシカ** R. var. amamiense は常緑性で雄蕊は10本，セイシカより葉が細く，花が漏斗状となる．葉や花は小さく，雄蕊は5本で常緑性の**トキワバイカツツジ** R. uwaense は愛媛県にのみ知られる．南北海道〜九州には雄蕊は5本で落葉性の**バイカツツジ** R. semibarbatum が分布する．

シャクナゲ亜属 subgen. Hymenanthes

日本のシャクナゲの仲間は，花が黄色い**キバナシャクナゲ** R. aureum を除く全てが固有である．**ホソバシャクナゲ***（エンシュウシャクナゲ）R. makinoi は葉が細く，花序の苞葉片は開花時も残る．東北〜中部地方には葉裏の枝状毛が短く花冠が5裂する**アズマシャクナゲ*** R. degronianum, 伊豆半島には若枝に白色の綿毛がある変種**アマギシャクナゲ** var. amagianum が生える．枝状毛がより長いものには，紀伊半島・四国・九州に花冠が7裂し雄蕊が14本，葉裏に真綿状の毛が密生する**ツクシシャクナゲ** R. japonoheptamerum, 本州，四国には成熟した葉裏にはロゼット状毛のみとなる**ホンシ**

ヒカゲツツジ Rhododendron keiskei（鹿児島県屋久島, 2008.05, 堤千絵撮影）

ホソバシャクナゲ Rhododendron makinoi（愛知県新城市, 2010.05, 堤千絵撮影）

アズマシャクナゲ Rhododendron degronianum（栃木県日光市, 2001.05, 海老原淳撮影）

ヤクシマシャクナゲ Rhododendron yakushimanum（鹿児島県屋久島, 2008.05, 堤千絵撮影）

ャクナゲ var. *hondoense*，東海地方には花冠が5裂する**キョウマルシャクナゲ** var. *kyomaruense*，島根県隠岐には**オキシャクナゲ** var. *okiense* が知られる．屋久島には，花が開くと次第に白色となる**ヤクシマシャクナゲ*** *R. yakushimanum* がある．背丈が低く葉裏に褐色の綿状の毛が密生し高標高に生育する狭義ヤクシマシャクナゲと，より低標高に生え背丈が高く葉裏の毛が少ないオオヤクシマシャクナゲ var. *intermedium* は，変種として区別されることもあるが，中間型も多いため本書では区別しない．北海道・本州中北部・四国に分布し，花が白〜淡紅色の**ハクサンシャクナゲ** *R. brachycarpum* は，成熟した葉裏は無毛あるいは軟毛があるのみである．

レンゲツツジ亜属 subgen. *Pentanthera*

葉芽と花芽がふつう別々の落葉性のグループで，橙色の大きな花をつける**レンゲツツジ*** *R. molle* subsp. *japonicum*，花が筒形で黄白色の**オオバツツジ** *R. nipponicum*，雄蕊が10本で半数は短くなる**シロヤシオ** *R. quinquefolium*，**アカヤシオ** *R. pentaphyllum* var. *nikoense*，**ムラサキヤシオツツジ** *R. albrechtii* が固有である．シロヤシオは花と葉が同じ芽の中にあり，葉が5輪生で白い花をつける．アカヤシオは葉が5輪生で，1個の花芽からピンクの花を1つ咲かせる．アカヤシオの他，紀伊半島と四国に花柄が無毛となる**アケボノツツジ** var. *shikokianum*，九州山地には花糸が無毛の**ツクシアケボノツツジ*** *R. pentaphyllum* var. *pentaphyllum* の2変種が知られる．ムラサキヤシオツツジは，1個の花芽に複数の花がつき，葉は枝先に集まるが輪生はしない．最近の分子系統解析からレンゲツツジ亜属は多系統であることが示唆されている．

ツツジ亜属 subgen. *Tsutsusi*

花が葉と同じ芽にあるグループで，枝先で3枚の葉が輪生するミツバツツジ節と，葉が互生するツツジ節がある．

ツツジ節 sect. *Tsutsusi*

花冠が1cm以下と小さいものに，コメツツジの2変種**チョウジコメツツジ** *R. tschonoskii* var. *tetramerum*，**オオコメツツジ*** var. *trinerve*，および**ハコネコメツツジ** *R. tsusiophyllum* がある．チョウジコメツツジは花が4裂し雄蕊が花冠の外に伸びず，オオコメツツジは花弁が4〜5裂し，葉がより大きく3脈が顕著という特徴がある．ハコネコメツツジは花弁が5裂し花糸や萼などに白い毛が密生する．

花冠は1cm以上と大きく，花芽や花柄，萼には腺毛や腺点があって粘る常緑性のものには以下の種がある．小笠原には花が白色の**ムニンツツジ*** *R. boninense*，先島諸島には花が赤色で萼片が披針形で先はとがる**サキシマツツジ** *R. amanoi*，奄美や沖縄島には花が赤色で萼片は卵形で先が鈍い**ケラマツツジ** *R. scabrum*，屋久島にはケラマツツジより花が小型の**ヤクシマヤマツツジ** var. *yakuinsulare* が分布する．同様に腺毛や腺点があるが，半落葉性で花が桃色になるものとして，東海〜岡山，四国東部に雄蕊が5本の**モチツツジ** *R. macrosepalum* が，中国地方，四国，九州には雄蕊が10本の**キシツツジ** *R. ripense* がある．

腺点や腺毛がないか少なく粘らないものには以下の種がある．花

レンゲツツジ *Rhododendron molle* subsp. *japonicum*（茨城県つくば市（栽培），2007.05，佐藤絹枝撮影）

ツクシアケボノツツジ *Rhododendron pentaphyllum*（鹿児島県垂水市，2010.04，堤千絵撮影）

オオコメツツジ *Rhododendron tschonoskii* var. *trinerve*（富山県南砺市，2010.08，堤千絵撮影）

ムニンツツジ *Rhododendron boninense*（東京都小笠原父島，2004.05，加藤英寿撮影）

モチツツジ *Rhododendron macrosepalum*（和歌山県日高町，2010.05，堤千絵撮影）

は1～1.5cmと小さく，花芽から1個花が咲く**ウンゼンツツジ*** *R. serpyllifolium*，その白花変種**シロバナウンゼンツツジ** var. *albiflorum*，花が大きく1つの花芽から複数の花が咲くものの中には，花が春葉の伸びた後に咲き，渓流型で雄蕊が5本の**サツキ** *R. indicum*，葉は卵形で雄蕊が7～10本となる**マルバサツキ** *R. eriocarpum*，その変種で花が小型の**センカクツツジ** var. *tawadae* がある．花が春葉の伸びる前後に咲き，雄蕊が7～10本のものに，関東周辺には**オオヤマツツジ** *R. transiens*，静岡県愛鷹山近隣には**アシタカツツジ** *R. komiyamae* が知られ，雄蕊がふつう5本のものには，花が小型の**ミヤマキリシマ** *R. kiusianum*，葉が披針形で花が藤色の**フジツツジ** *R. tosaense*，葉は卵形で花は朱色から赤紫色となる**ヤマツツジ*** *R. kaempferi* が知られる．ヤマツツジには地理的にまとまりのある集団が変種として区別され，五島列島や鹿児島県甑島には**サイカイツツジ** var. *saikaiense*，愛知県豊橋市付近には**ミカワツツジ** var. *mikawanum*，広島県，山口県，島根県には**ヒメヤマツツジ** var. *tubiflorum*，伊豆七島や伊豆半島には**オオシマツツジ** var. *macrogemma* が知られる．

ミツバツツジ節 sect. Brachicalyx

　常緑性のものには，白～桜，淡紫色の花を咲かせる**サクラツツジ*** *R. tashiroi*，その変種で葉の裏面全体に伏した毛が散生する**アラゲサクラツツジ** var. *lasiophyllum* が知られる．

　落葉性で花がふつう葉の展開後に咲き，花芽が長さ15～22 mm，幅6～8 mmと大きいものに以下がある．紀伊半島，四国，九州に分布する**オンツツジ** *R. weyrichii* は，朱色の花が葉の展開と同時に咲く．花が葉の展開後に咲く，三重県の**ジングウツツジ** *R. sanctum*，愛知，静岡両県の**シブカワツツジ*** var. *lasiogynum* は，葉の表面に光沢があり花が紅紫色となる．静岡県天城山近隣の**アマギツツジ** *R. amagianum* は，葉に光沢がなく，花が朱赤色である．

　落葉性で花がふつう葉の展開前に咲き，花芽が長さ10～15 mm，幅3～5 mmと小さいミツバツツジ類は，他の属内分類群と比較して，種が細分されており分類が極めて難しい．葉柄，子房，果実に腺点があって粘るものには，**ミツバツツジ** *R. dilatatum*，**ウラジロミツバツツジ** *R. osuzuyamense*，**アマクサミツバツツジ** *R. amakusaense*，**ヒュウガミツバツツジ** *R. hyugaense*，**タカクマミツバツツジ** *R. viscistylum* がある．ミツバツツジは，葉がやや大きく，1個の花芽に2～3個の花が咲く．複数の変種が知られ，関東～近畿地方に分布する雄蕊が5本となるミツバツツジ，北海道には雄蕊が10本となる**ヒダカミツバツツジ** *R. dilatatum* var. *boreale*，紀伊半島，滋賀県や岐阜県，四国，九州には雄蕊が10本となり，子房には腺点とともに長毛が混じる**トサノミツバツツジ** var. *decandrum*（アワノミツバツツジを含む），鹿児島には雄蕊が10本で花期がやや早い**ハヤトミツバツツジ** var. *satsumense* がある．花芽からふつう1個の花が咲くものに，葉裏が白色を帯びるウラジロミツバツツジ，葉裏は淡緑色で，花は葉とほぼ同時に開くアマクサミツバツツジ，葉の展開前に花が咲くヒュウガミツバツツジ，葉の展開後に花が咲くタカクマミツバツツジが知られる．

ウンゼンツツジ *Rhododendron serpyllifolium*（鹿児島県垂水市，2010.04，堤千絵撮影）

ヤマツツジ *Rhododendron kaempferi*（福島県二本松市，2010.05，堤千絵撮影）

サクラツツジ *Rhododendron tashiroi*（鹿児島県屋久島，2008.05，堤千絵撮影）

シブカワツツジ *Rhododendron sanctum* var. *lasiogynum*（静岡県引佐町，2010.05，堤千絵撮影）

葉柄，花柄，子房，果実に腺毛はないものには以下がある．花冠裂片が楕円形で葉に鋸歯がないものに，花柱の下部に腺毛が生える**トウゴクミツバツツジ** R. wadanum，葉柄に毛がない**ユキグニミツバツツジ** R. lagopus var. niphophilum，葉柄から葉裏主脈にかけて軟毛が密生する**ダイセンミツバツツジ** var. lagopus，葉がやや厚くなる**ツルギミツバツツジ** R. tsurugisanense（アカイシミツバツツジを含む）がある．九州には，**サイゴクミツバツツジ** R. nudipes，**ヒメミツバツツジ** var. nagasakianum，**キリシマミツバツツジ** var. kirishimense，**ヤクシマミツバツツジ*** R. yakumontanum が知られ，果実や葉の形状，毛の有無で区別される．花冠裂片が狭楕円形で葉にやや鋸歯があるものに，宮崎，熊本，薩摩半島に花がやや小型の**ナンゴクミツバツツジ** R. mayebarae，宮崎，大隅半島には**オオスミミツバツツジ** R. mayebarae var. ohsumiense，本州太平洋側には**キヨスミミツバツツジ** R. kiyosumense が知られる．関東以西の本州，四国，九州に分布する**コバノミツバツツジ** R. reticulatum は，花が小型で葉脈がよく目立つ．

ヤクシマミツバツツジ Rhododendron yakumontanum（鹿児島県屋久島，2008.05，海老原淳撮影）

ドウダンツツジ属 Enkianthus　［分布図839〜843］

日本〜ヒマラヤに20種弱が知られ，日本産種では花序が散形状となる**ドウダンツツジ** E. perulatus 以外は固有である．**サラサドウダン** E. campanulatus は長さ2〜3cmの総状花序に5〜15個の花が咲き，花には通常紅色の縦筋がある．濃紅色の花を咲かせるものは**ベニサラサドウダン** var. palibinii として区別されるが，標本では花色による同定は困難で，本書ではサラサドウダンと区別していない．サラサドウダンの変種**ツクシドウダン** var. longilobus は，九州に生え，花冠の切れ込みが深い．**カイナンサラサドウダン** E. sikokianus は花序が5〜10cmと長く伸び，8〜20個の多数の花をつける．**シロドウダン** E. cernuus および花が紅色となる品種**ベニドウダン** f. rubens は，花冠の裂片が細かく切れ込む．中部地方以北に分布する**アブラツツジ** E. subsessilis は，葉に光沢があり，花冠が小さいつぼ型で白い．よく似た**コアブラツツジ*** E. nudipes は，東海〜近畿，四国に分布し，若枝や花序が無毛である．葉が線形となるアブラツツジの変種ホソバアブラツツジ var. angustifolius が記載されているが，自生は確認されておらず本書では固有種としては扱わない．

コアブラツツジ Enkianthus nudipes（愛知県新城市，2010.05，堤千絵撮影）

ホツツジ属 Elliottia　［分布図837〜838］

日本に**ホツツジ** E. paniculata と**ミヤマホツツジ*** E. bracteata の2種，北米に2種が知られ，花弁が反り返る．ホツツジは，葉の先端が尖り花柱がまっすぐ伸びる．ミヤマホツツジの葉の先端は尖らず，花柱は曲がる．両種は別属とされることもあるが，最近の研究ではいずれもホツツジ属として扱われる．

ミヤマホツツジ Elliottia bracteata（新潟県妙高市，2010.07，堤千絵撮影）

ヨウラクツツジ属 Menziesia　［分布図848〜853］

花が小型で雄蕊が5本（他は8〜10本）のコヨウラクツツジ以外は固有である．**ホザキツリガネツツジ*** M. katsumatae，**ウラジロヨウラク** M. multiflora，**ムラサキツリガネツツジ** var. purpurea，**ツリガネツツジ** M. ciliicalyx は花が5数性．ホザキツリガネツツジは花序が長く，花芽の鱗片が花時にも残る．萼裂片が長いものを**ガクウラ**

ホザキツリガネツツジ Menziesia katsumatae（神奈川県箱根町，1979.06，八田洋章撮影）

ジロヨウラク *M. multiflora* var. *longicalyx* としてウラジロヨウラクから区別する見解があるが，同一個体内でも変異があるため，本書では区別しない．ただし，関東や中部地方にはウラジロヨウラク，東北地方にはガクウラジロヨウラクが多い傾向がみられる．ムラサキツリガネツツジは萼が5裂し，花柄に長い腺毛があり，神奈川県箱根にのみ分布する．ツリガネツツジは萼が裂けない．**ヨウラクツツジ** *M. purpurea*，**ヤクシマヨウラクツツジ** *M. yakushimensis*，**ゴヨウザンヨウラク*** *M. goyozanensis* は花が4数性で，それぞれ九州，屋久島，岩手県五葉山に生育する．近年の分子系統解析から，本属は系統的にはツツジ属に含まれることが明らかになっている．（堤千絵）

ゴヨウザンヨウラク *Menziesia goyozanensis*（岩手県釜石市，2009.06，堤千絵撮影）

ヤブコウジ科 Myrsinaceae

熱帯から温帯にかけて33属1225種，日本に4属12種，日本の固有植物は1種．APGIII分類体系では，広く定義されたサクラソウ科の中に含まれることになった．

ツルマンリョウ属 *Myrsine*　[分布図926]

熱帯から温帯にかけて約200種が分布する．日本の固有種として**シマタイミンタチバナ*** *M. maximowiczii* が小笠原諸島に分布する．日本からミャンマーにかけて分布するタイミンタチバナ *M. seguinii* と近縁と考えられている．葉がより円形で小低木である個体を独立種のマルバタイミンタチバナ *M. okabeana* とする見解もある．（國府方吾郎）

シマタイミンタチバナ *Myrsine maximowiczii*（東京都小笠原父島，撮影日不明，加藤英寿撮影）

サクラソウ科 Primulaceae

主として北半球の亜熱帯から寒帯に，一部は南半球に分布し，世界に28属1000種，日本に10属38種16変種，日本の固有植物は16種16変種．APGIII分類体系では，従来のヤブコウジ科などを含んで広く定義されている．

オカトラノオ属 *Lysimachia*　[分布図927〜933]

日本産は15種2変種，そのうち5種2変種が固有．**モロコシソウ*** *L. sikokiana* は茎は直立ないし斜上し，花は黄色，長い柄があって葉腋に単生し，蒴果は灰白色で，本州（関東以西）〜沖縄，小笠原に分布する．**ヒメコナスビ** *L. japonica* var. *minutissima* は屋久島の高所に分布し，基準変種コナスビに比べて全体に小さく，花は逆に大型である．**ミヤマコナスビ*** *L. tanakae* は茎は屈毛が生えて地面を這い，萼筒は5深裂し，裂片は披針形で鈍頭，本州（紀伊半島），四国，九州に分布する．**ヘツカコナスビ** *L. ohsumiensis* は茎に開出毛が生え，萼裂片が倒卵形で鋭頭，褐色の条があり，鹿児島県大隅半島に分布する．**ヒメミヤマコナスビ*** *L. liukiuensis* は奄美大島に分布し，茎に腺毛があり，萼裂片は楕円形で円頭．**オニコナスビ** *L. tashiroi* は茎が太く赤褐色の縮れ毛が密生し，花は茎の上部に集まり，萼裂片は三角状披針形で鈍頭，九州に分布する．**オオハマボッス** *L. mauritiana* var. *rubida* は小笠原（父島列島，母島列島）の海岸に生え，花は白色で，基準変種ハマボッスに比べて蒴果が大きく，花柱に向かって次第に細くなる．

モロコシソウ *Lysimachia sikokiana*（沖縄県西表島，2005.06，國府方吾郎撮影）

ヒメミヤマコナスビ *Lysimachia liukiuensis*（鹿児島県奄美大島，2004.05，山下弘撮影）

サクラソウ属 *Primula* ［分布図934～952］

　日本産は14種14変種，そのうち11種14変種が固有．**オオサクラソウ** *P. jesoana* var. *jesoana* は葉が円形で掌状に分裂し，柄が明瞭で，花は1～3段に輪生し，北海道～本州（静岡以北）に分布し，湿地に生える．**カッコソウ***P. kisoana* は群馬県に分布し，全体に白色の開出する長毛があり，葉は円形で掌状に浅く切れ込み，林下に生える．**シコクカッコソウ** var. *shikokiana* は萼筒は長さ1cm以上となり，裂片の先は鈍形，四国に分布する．**クリンソウ***P. japonica* は葉が倒卵状長楕円形で柄が明瞭ではなく，下面に腺点があり，北海道～本州（近畿以北）に分布する．

　コイワザクラ *P. reinii* は本州（関東～中部），伊豆諸島の山地帯の岩場に生え，葉が円形～腎円形で小さく，掌状に3～5浅裂し，蒴果は湾曲する．埼玉県武甲山に分布する**チチブイワザクラ** var. *rhodotricha* は花が大きく，直径2～3.5cmになる石灰岩植物である．**クモイコザクラ** var. *kitadakensis* は葉の裂片が鋭く，関東山地（奥秩父），南アルプス，八ヶ岳に分布する．**ミョウギイワザクラ** var. *myogiensis* は葉がごく浅く分裂するもので，群馬県（妙義山，荒船山）に分布する．**オオミネコザクラ** var. *okamotoi* は萼裂片が三角状披針形で鋭頭，蒴果は萼筒と等長で湾曲するもので，紀伊山地に分布する．**イワザクラ** *P. tosaensis* は本州（岐阜～奈良），四国（徳島，愛媛，高知），九州（熊本，宮崎，鹿児島）の低山地の岩場に生えるが，葉には光沢があって無毛，蒴果は湾曲しない．**シナノコザクラ** var. *brachycarpa* は蒴果が萼筒より少し大きく，直立あるいは少し湾曲し，本州（長野，山梨，静岡）の石灰岩地に生える．**ナガバイワザクラ** var. *ovatifolia* は葉は卵円形，蒴果は萼筒と等長で少し湾曲し，静岡県に分布し，渓流沿いの岩場に生える．

　ヒダカイワザクラ *P. hidakana* は木化した地下茎があり，花は紅紫色で，葉は掌状に浅裂し，日高山脈に分布し，山地の岩上に生える．日高山脈の高山帯には葉柄や花梗に長毛がある**カムイコザクラ** var. *kamuiana* が分布する．**テシオコザクラ** *P. takedana* は花は白色で，葉は掌状に中裂し，道北地方の沢沿いの超塩基性岩地に生える．

　ユキワリソウ*P. modesta* は葉は下面に黄色の粉状物があり，葉身は倒卵形で基部は次第に細くなり，本州（吾妻山，中部地方，紀伊山地）に分布する．**イシヅチコザクラ** var. *shikokumontana* は葉柄が明瞭で，花数が多く，四国，九州（宮崎）に分布し，石灰岩地に生える．**ユキワリコザクラ***var. *fauriei* は葉が広卵形～楕円形，基部が細くなって明瞭な葉柄となり，北海道，本州（東北）に分布する．**レブンコザクラ** var. *matsumurae* は葉が大型で長楕円形となり，蒴果が萼筒よりも長くなるもので，北海道（礼文島，夕張山地，知床半島，北見山地）の草地に生える．**サマニユキワリ** var. *samanimontana* は葉が倒披針形～楕円形で明瞭な葉柄があり，北海道日高山脈のアポイ岳周辺の超塩基性岩地に生える．

　ユウパリコザクラ *P. yuparensis* は葉は広披針形，下面に白色の粉状物があり，花は紅紫色，萼筒は浅裂し，夕張岳高山帯の超塩基性岩地に生える．**ソラチコザクラ***P. sorachiana* は葉がへら形で，萼

カッコソウ *Primula kisoana*（群馬県鳴神山，1973.05，村川博實撮影）

クリンソウ *Primula japonica*（茨城県つくば市（栽培），2007.04，佐藤絹枝撮影）

ユキワリソウ *Primula modesta*（群馬県片品村，2007.07，大谷雅人撮影）

ユキワリコザクラ *Primula modesta* var. *fauriei*（北海道根室市，2006.06，大谷雅人撮影）

ソラチコザクラ *Primula sorachiana*（北海道沙流郡，2005.05，大谷雅人撮影）

筒は深裂し，夕張岳と日高山脈の渓谷の岩上に生える．**ヒメコザクラ** *P. macrocarpa* は葉は広卵形〜卵形，下面に粉状物はなく緑色で，花は白色，早池峰山上部の超塩基性岩地に生える．

ハクサンコザクラ *P. cuneifolia* var. *hakusanensis* は葉は倒卵形で上半部にのみ鋸歯があり，花は紅紫色，蒴果は萼筒よりも短く，本州（山形〜石川）に分布し，高山湿地に生える．**ミチノクコザクラ** var. *heterodonta* は全体に大きく，花数も5〜10個となるもので，葉柄がはっきりし，本州（青森県岩木山，秋田県田代岳）に分布する．**ヒナザクラ*** *P. nipponica* は花は白色で直径約1cmと小型で，本州（東北）に分布する．（門田裕一）

ヒナザクラ *Primula nipponica*（岩手県一関市，2007.07，大谷雅人撮影）

イソマツ科 Plumbaginaceae

汎世界に27属730種，日本にはイソマツ属1属の4種が分布し，日本の固有植物は1種．APGIII分類体系でも科の扱いに変更はない．

イソマツ属 *Limonium* ［分布図953］

汎世界に50種が分布する．日本の固有種として尖閣諸島の魚釣島に分布する**センカクハマサジ*** *L. senkakuense* が知られている．ハマサジ *L. tetragonum* に似るが，萼がより筒状で切れ込みがより浅いことなどから区別される．記載以前はタイワンハマサジ *L. sinense* と同定されていた．（國府方吾郎）

センカクハマサジ *Limonium senkakuense*（沖縄県魚釣島，1979.06，新城和治撮影）

アカテツ科 Sapotaceae

熱帯を中心に53属975種，日本にはアカテツ属1属の2種が分布する．日本の固有植物は1種．調査の行き届かない熱帯の森林に分布するため研究が遅れている科の1つ．APGIII分類体系でも科の扱いに変更はない．

アカテツ属 *Planchonella* ［分布図954］

熱帯に200種が分布する．日本の固有種として**ムニンノキ*** *P. boninensis* が小笠原諸島の父島，兄島，母島，向島に分布する．小笠原諸島を含む日本の亜熱帯から熱帯アジア，太平洋地域に広く分布するアカテツ *P. obovata* に似るが枝や葉に伏毛が少ないこと，果実がより大きいことから区別される．島間で葉形に変異がみられ，母島の個体はよりアカテツに似る．（國府方吾郎）

ムニンノキ *Planchonella boninensis*（東京都小笠原父島，2002.07，加藤英寿撮影）

ハイノキ科 Symplocaceae

ハイノキ属1属のみからなり，熱帯から温帯にかけて250種，日本に23種，日本の固有植物は11種3変種．APGIII分類体系でも科の扱いに変更はない．

ハイノキ属 *Symplocos* ［分布図955〜967］

熱帯から温帯を中心に約300種が分布する．**クロキ** *S. kuroki* は本州からトカラ列島にかけて分布する．韓国の済州島産のものと同一種とみなして *S. lucida* とする見解もある．本州から九州にかけて分布する**ハイノキ*** *S. myrtacea* とその変種で南九州に分布する**ヒロハハイノキ** var. *latifolia* は，琉球（石垣島，西表島）と台湾に分布する**ヤエヤマクロバイ** *S. caudata* と近縁であることが分子系統解析に

ハイノキ *Symplocos myrtacea*（広島県広島市，1995.05，八田洋章撮影）

よって示されている．クロミノニシゴリ S. paniculata は本州中部以西の山間の湿地などに生育する．ヒロハノミミズバイ S. tanakae は四国と九州からトカラ列島にかけて分布する．

小笠原諸島には3種の固有種が知られている．ムニンクロキ S. boninensis は小笠原諸島の向島特産で稜線付近では低木だが沢沿いでは8mの樹高に達する．ウチダシクロキ S. kawakamii は小笠原諸島の父島特産で山稜の乾燥した低木林に生育する．チチジマクロキ* S. pergracilis は父島列島の山地斜面に生育する．これら小笠原諸島3種のうち，ウチダシクロキとチチジマクロキが近縁でそれらとムニンクロキが単系統群を形成することが近年の研究から示されている．

琉球列島の固有種としては4種2変種が知られている．ナカハラクロキ* S. nakaharae はトカラ列島以南にみられ，クロキと近縁であることが分子系統解析から示されている．アマシバ S. microcalyx は奄美大島以南にみられ，台湾産を含める見解もある．リュウキュウハイノキ S. okinawensis は沖縄島特産で，形態的には台湾の S. morrisonicola と似ている．沖永良部島と沖縄島の特産アオバナハイノキ S. liukiuensis と西表島特産のイリオモテハイノキ var. iriomotensis は変種関係とされ，葉の質と大きさ，葉脈数によって区別される．これら2変種は中国に産する S. botryantha に近縁であることが分子系統解析から示されている．ナガバクロバイ S. prunifolia var. tawadae は石垣島と西表島の特産で，基準変種クロバイよりも葉身が長いことなどから変種として区別される．近年の研究から，これらの琉球列島産はかならずしも単系統群にはならないことが示されている．（國府方吾郎）

モクセイ科 Oleaceae

世界の熱帯から温帯に広く分布し，24属約600種が認められ，日本産は7属29種6変種，そのうち12種4変種が固有．これまでは独立したモクセイ目とされてきたが，APGIII分類体系ではシソ目の一員として扱われ，従来クマツヅラ科に置かれていた一部の属も含むようになった．

アオダモ属 Fraxinus　［分布図970～974］

シオジ F. spaethiana は花序の基部に葉はなく，花冠を欠き，葉は奇数羽状複葉で小葉は3～4対，葉柄の基部は膨らみ，翼果は長さ3～5cm，本州（関東以西），四国，九州に分布する．トネリコ F. japonica は花序の基部に葉があり，小葉は2～3対で卵形～長楕円形，先端は急に尖り，明瞭な柄があり，翼果は長さ3～4cm，北海道（奥尻島），本州（中部以北）に分布する．ヤマトアオダモ F. longicuspis は，小葉は長楕円状披針形で先端は尾状に長く尖り，翼果は長さ3～4cm，本州，四国，九州に分布する．アオダモ F. lanuginosa var. serrata 小葉は1～3対，長楕円形で短い柄があり，翼果は長さ2～3cm，冬芽の鱗片は圧着して先端は反曲せず，北海道，本州，四国，九州（大分）に分布する．ミヤマアオダモ F. apertisquamifera は冬芽の鱗片は先端が反曲し，翼果は長さ

チチジマクロキ Symplocos pergracilis（東京都小笠原父島，2005.12，加藤英寿撮影）

ナカハラクロキ Symplocos nakaharae（鹿児島県奄美大島，2009.12，横田昌嗣撮影）

オキナワイボタ Ligustrum liukiuense（鹿児島県大和村，2002.06，山下弘撮影）

ムニンネズミモチ Ligustrum micranthum（東京都小笠原父島，2004.05，加藤英寿撮影）

2.5〜3cm，本州（中部）に分布する．

イボタ属 Ligustrum　［分布図976〜982］

　日本産は10種4変種，うち4種3変種が固有．**オキナワイボタ*** *L. liukiuense* は常緑の小高木，葉は卵形〜卵状楕円形で長さ1.5〜4cm，質が厚く，液果は球形で，鹿児島（奄美大島，徳之島）〜沖縄に分布する．**ムニンネズミモチ*** *L. micranthum* は小笠原（父島，母島）の固有種で高さ1mほどの低木，葉は楕円形で長さ3〜8cm，液果は楕円形．**トゲイボタ*** *L. tamakii* は匍匐性の灌木，葉は広楕円形〜倒卵形で長さ1〜2cm，枝の先端は刺になり，沖縄（渡名喜島，伊良部島，与那国島）に分布する．果実は知られていない．**オカイボタ** *L. ovalifolium* var. *hisauchii* は半常緑の低木，葉は楕円形で，基準変種のオオバイボタに比べて小さく，長さ3〜9cm，下面はふつう無毛で，本州（千葉，神奈川，静岡）に分布し，沿海地に生える．**ハチジョウイボタ** var. *pacificum* は花冠が短く長さ6〜7mm，葉は長さ4〜12cmで下面に腺点があり，伊豆諸島（大島〜鳥島）と伊豆半島（南部）に分布する．**サイゴクイボタ** *L. ibota* は落葉低木で，葉は卵状楕円形で長さ2.5〜7cm，先端は鋭頭，花は下垂する小型の総状花序に数個つき，花冠は長さ7〜8mm，液果は球形で，本州（近畿以西），四国，九州に分布する．**キヨズミイボタ** *L. tschonoskii* var. *kiyozumianum* は花は斜上するやや大型の総状花序に多数つき，花冠は長さ6〜7mmで，本州（千葉，神奈川，静岡）に分布する．

ソケイ属 Jasminum　［分布図975］

　日本に産する1種が固有．**オキナワソケイ** *J. superfluum* は常緑のつる植物で，葉は3出複葉で頂小葉は卵状披針形，花は円錐花序につき白色，果実は液果で黒熟し，鹿児島（喜界島）〜沖縄に分布する．

モクセイ属 Osmanthus　［分布図983］

　日本産5種のうち1種が固有．**オオモクセイ** *O. rigidus* は常緑の低木で，葉は長楕円形，全縁で質は硬く，長さ8〜15cm，花は葉腋に束生し白色，液果は楕円形で，鹿児島（南部），黒島に分布する．

レンギョウ属 Forsythia　［分布図968〜969］

　2種が固有．**ヤマトレンギョウ*** *F. japonica* は葉は広卵形で細かい鋸歯があり，花は濃黄色で葉よりも先に開く．岡山と広島で石灰岩の岩壁に生える．**ショウドシマレンギョウ** *F. togashii* は，葉はほとんど全縁で，花は緑色を帯びた黄色で葉と共に開く．小豆島で集塊岩の岩上に生える．（門田裕一）

マチン科 Loganiaceae

　熱帯から温帯にかけて29属570種，日本に3属5種，日本の固有植物は2種．APGIII分類体系においては，一部の属がリンドウ科およびゲルセミウム科に移動されたが，日本産種の取り扱いには変更はない．

トゲイボタ *Ligustrum tamakii*（沖縄県伊良部島，2008.03，國府方吾郎撮影）

ヤマトレンギョウ *Forsythia japonica*（広島県神石高原町，2006.04，窪田正彦撮影）

オガサワラモクレイシ *Geniostoma glabrum*（東京都小笠原父島，2005.04，加藤英寿撮影）

ホウライカズラ *Gardneria nutans*（高知県物部村，1997.07，高知県立牧野植物園撮影）

オガサワラモクレイシ属 Geniostoma　　[分布図985]

日本からミクロネシア，ニュージーランド，マダガスカルにかけて52種が分布する．本属とハワイ諸島固有の Labordia 属のみを独立した科 Geniostomaceae とする見解もある．日本の固有種として小笠原諸島の父島，兄島，母島の山地林床に**オガサワラモクレイシ** G. glabrum が知られている．

ホウライカズラ属 Gardneria　　[分布図984]

日本からインド，インドネシアの熱帯，亜熱帯に5種が分布し，日本の固有種として**ホウライカズラ** *G. nutans* が千葉から九州までと琉球列島にかけて分布する．琉球産をリュウキュウホウライカズラ G. liukiuensis として独立種とする見解もある．（國府方吾郎）

リンドウ科 Gentianaceae

ほぼ世界中に80属1500種，日本に10属39種1亜種7変種，日本の固有植物は17種1種10変種．APGIII 分類体系でも大きな変更はないが，従来マチン科とされていた一部の属を含むようになった．

サンプクリンドウ属 Comastoma　　[分布図986]

日本に産する1種が固有．**サンプクリンドウ** C. sectum は萼筒が基部まで5深裂し裂片は鈍頭，花冠の内片は白色で2裂し，裂片はさらに細裂して花筒を塞ぎ，蜜腺は花筒の基部に2個ずつつき，南アルプスと八ヶ岳に分布し，高山帯の岩混じりの草地に生える．

シロウマリンドウ属 Gentianopsis　　[分布図1001]

日本に2種1変種あり，1種1変種が固有．**シロウマリンドウ** *G. yabei* は，花は4数性で，花冠裂片はふつう白色，副花冠も内片もなく，花筒の内側基部に腺体があり，北アルプスの白馬岳と清水岳に分布する．**アカイシリンドウ** var. *akaisiensis* は，花冠裂片はふつう淡赤紫色あるいは青紫色で，花柄は短く，萼筒の稜がやや発達し，南アルプス中部以北と白山に分布する．

センブリ属 Swertia　　[分布図1002〜1007]

日本に10種1亜種2変種分布し，5種1亜種2変種が固有．**ヘツカリンドウ** *S. tashiroi* は，根生葉は花期にも生存し，倒卵形で鋭頭，花は点頭し，蜜腺は1個で花冠の中部よりも上部に位置し，鹿児島県（大隅半島〜徳之島，黒島，沖永良部島），沖縄（沖縄島，久米島，渡嘉敷島）に分布する．**シマアケボノソウ** S. makinoana は根生葉がさじ形で鈍頭あるいは円頭，蜜腺は花冠の基部につき，沖縄（石垣島，西表島）に分布する．

エゾタカネセンブリ S. tetrapetala subsp. tetrapetala var. yezoalpina は花期に根生葉は生存せず，花は赤紫色，花冠裂片は長さ約1cm，蜜腺は心形で周囲に毛はないかまばらに長毛があり，北海道に分布する．**タカネセンブリ** subsp. micrantha は花は青紫色，花冠裂片は長さ約5mm，本州（中部以北）に分布する．**ハッポウタカネセンブリ** var. happoensis は北アルプスの八方尾根に分布し，萼裂片の脈が明瞭でない植物である．

シノノメソウ S. swertopsis は花が直立して咲き，花冠の蜜腺は2個あり，裂片には紫色の斑点があり，本州（静岡），四国（高知），

サンプクリンドウ Comastoma sectum（山梨県北岳，2007.08，門田裕一撮影）

シロウマリンドウ Gentianopsis yabei（長野県白馬村，1991.08，門田裕一撮影）

ヘツカリンドウ Swertia tashiroi（鹿児島県奄美大島，2010.11，奥山雄大撮影）

ソナレセンブリ Swertia noguchiana（静岡県下田市，2002.11，松本定撮影）

九州（熊本，大分）に分布する．**ソナレセンブリ*** *S. noguchiana* は伊豆半島と伊豆諸島（新島）の海岸に生える植物で，葉は肉質で，2個ある蜜腺の周囲にはまばらに短毛があるか無毛．

チシマリンドウ属 *Gentianella* ［分布図999〜1000］

日本に3種あり，うち2種が固有．**ユウバリリンドウ** *G. yuparensis* は花冠のど部に細裂する内片があり，内片は花冠と同じ紫色で基部まで切れ込み，蜜腺は花筒の基部に1個ずつつき，萼裂片は狭披針形で萼筒よりはるかに長く，北海道（大雪山，夕張山地，日高山脈）に分布する．**オノエリンドウ** *G. takedae* は花冠の内片が中部まで切れ込み，萼裂片は卵状披針形で萼筒と等長あるいはやや長く，北海道（羊蹄山），本州（鳥海山，北アルプス，八ヶ岳，南アルプス）に分布する．

ツルリンドウ属 *Tripterospermum* ［分布図1008〜1009］

日本に2種1変種あり，うち1種1変種が固有．**ハナヤマツルリンドウ*** *T. distylum* は多年生のつる植物で，花は鐘形，果実は蒴果となり，屋久島に分布する．**テングノコヅチ** *T. trinervium* var. *involubile* は果実は漿果で，基準変種ツルリンドウに比べて，花はより小さく茎の先に単生し，萼裂片は線形〜披針形で，南千島（択捉島），北海道，本州（中部以北）に分布する．

リンドウ属 *Gentiana* ［分布図987〜998］

日本産は17種3変種，そのうち8種3変種が固有．**アサマリンドウ*** *G. shikokiana* は多年草で，花期に根生葉はなく，萼裂片は卵形で平開し，葉は有柄，本州（三重，奈良，和歌山），四国に分布する．**リンドウ** *G. scabra* var. *buergeri* は萼裂片が披針形〜線形で斜上し，葉は縁がざらつき，無柄．本州，四国，九州（〜沖永良部島）に分布する．**キタダケリンドウ** var. *kitadakensis* は萼裂片が狭卵形で長短の二型あり，南アルプス北岳に分布する．**オヤマリンドウ** *G. makinoi* は葉の縁がざらつかず，本州（中部以北），四国（石鎚山）に分布する．**ミヤマリンドウ** *G. nipponica* は副花冠は狭三角形で，開花時に開出し，北海道，本州（中部以北）に分布する．**イイデリンドウ** var. *robusta* は本州（飯豊山）に分布し，副花冠が直立して花筒のど部を被うものである．**ヤクシマリンドウ** *G. yakushimensis* は葉が四枚輪生し，萼筒や花冠が6〜8裂し，屋久島の高所に分布し，岩場に生える．**コヒナリンドウ** *G. laeviuscula* は一年草で，根生葉は花期にも生存し，花はほとんど無柄，花冠は萼筒より明らかに長く，本州（日光女峰山，南アルプス三伏峠，福井県三ノ峰）に分布する．なお，福井県のものはコヒナリンドウそのものと花糸や種子などに違いがあり，検討を要する．**タテヤマリンドウ** *G. thunbergii* var. *minor* は花は有柄で，花冠は萼筒の二倍以上あり，北海道〜本州（中部以北）に分布し，高山帯の湿地に生える．**ヤクシマコケリンドウ*** *G. yakumontana* は花冠は長さ約1cmで萼筒の二倍以上長く，萼筒は長さ5mmほどで，萼裂片は狭三角状披針形で鋭尖頭，屋久島の高所に分布する．**リュウキュウコケリンドウ*** *G. satsunanensis* は花冠は萼筒よりもわずかに長く，蒴果も萼筒より少し長く，鹿児島県（屋久島，宝

ハナヤマツルリンドウ *Tripterospermum distylum*（鹿児島県屋久島，1996.10，川原勝征撮影）

アサマリンドウ *Gentiana sikokiana*（三重県伊勢市，2005.10，細川健太郎撮影）

ヤクシマコケリンドウ *Gentiana yakumontana*（鹿児島県屋久島，1996.05，川原勝征撮影）

リュウキュウコケリンドウ *Gentiana satsunanensis*（鹿児島県喜界町，2003.02，山下弘撮影）

島，徳之島，喜界島，沖永良部島）に分布し，沿海地に生える．ミヤココケリンドウ *G. takushii* は花期に根生葉がなく，茎葉は肉質で，副花冠の先端が2浅裂し，沖縄（宮古島）に分布し，隆起サンゴ礁上の草地に生える．（門田裕一）

ミツガシワ科 Menyanthaceae

世界の亜寒帯〜熱帯に5属60種，日本に3属5種，日本の固有植物は1亜種．しばしばリンドウ科に近縁とされてきたが，APGIII分類体系ではキク目に入り，リンドウ目のリンドウ科との近縁性は否定された．

イワイチョウ属 *Fauria* ［分布図1010］

イワイチョウ* *F. crista-galli* subsp. *japonica* は南千島，北海道，本州（中部以北）に分布するが，北アメリカ北西部の基準亜種はより大きな花をつける．（田中法生）

イワイチョウ *Fauria crista-galli* subsp. *japonica*（秋田県仙北市，1994.07，仲澤恒輝撮影）

キョウチクトウ科 Apocynaceae

熱帯を中心に163属1850種，日本に9属12種，日本の固有植物は2種．APGIII分類体系ではガガイモ科が本科と合一された．

ヤロード属 *Neisosperma* ［分布図1011〜1012］

アジアからオーストラリアに30種が知られている．本属を Ochrosia 属に含める見解もある．**ヤロード** *N. nakaianum* は小笠原諸島の固有種として各島に分布する．北硫黄島特産のホソバヤロード *Ochrosia hexandra* を認める見解もあるが十分に調べられていない．**シマソケイ*** *N. iwasakianum* は琉球の先島諸島に固有であるが，アジア熱帯に広く分布する *N. oppositifolia* とする見解もある．（國府方吾郎）

シマソケイ *Neisosperma iwasakianum*（沖縄県宮古島市，2008.03，國府方吾郎撮影）

ガガイモ科 Asclepiadaceae

世界の温帯および熱帯域を中心に約250属3000種，日本に35種5変種，日本の固有植物は15種．APGIII分類体系ではキョウチクトウ科の内群として扱われており，アルカロイドを含有する乳液を持つ点などで共通する．ガガイモ科の共有派生形質として副花冠が発達すること，そして葯が柱頭に接して花粉塊を作ることが挙げられるが，これらの形質も複数回起源しており，したがってガガイモ科自体も多系統群であるということになる．

オオカモメヅル属 *Tylophora* ［分布図1026〜1029］

世界の熱帯域を中心に50種程度が知られているつる性の多年草の群で，中には木化するものもある．植物体の形はつるになるカモメヅル属の種とよく似ているが，花粉塊のつき方，すなわち柄でぶら下がらず直立する点で異なっている．**オオカモメヅル** *T. aristolochioides* は北海道，本州，四国，九州に広く分布し，夏に紫色を帯びた小さな花を葉腋から出る短い花序にまばらにつける．四国，九州，琉球に分布する**トキワカモメヅル** *T. japonica* は葉が革質で，紫色の花をつける．**ツルモウリンカ*** *T. tanakae* はやや前種に似るが葉は卵状楕円形から楕円形で，花冠裂片は全体にクリーム色で中央部のみ紫

ツルモウリンカ *Tylophora tanakae*（鹿児島県屋久島，1995.07，川原勝征撮影）

色を帯びる．主に鹿児島県以南に分布するが，伊豆半島からも記録がある．その変種**ケナシツルモウリンカ** var. *glabrescens* は花柄や萼筒が無毛のものであり，沖縄島以南に分布する．

カモメヅル属 *Cynanchum*　　[分布図1013〜1025]

　直立またはつる性のおもに常緑多年草で世界の暖帯から亜熱帯に100種あまりが知られている．**アオカモメヅル** *C. ambiguum* は紀伊半島，四国，九州の山地の明るい場所に生えるつるで，葉腋から出た花序に径7〜8mmの黄白色の花をまばらにつける．宮崎県，鹿児島県に分布する**ナンゴクカモメヅル** *C. austrokiusianum* は前種にやや似るが，花冠裂片は無毛である．本州（近畿以東の太平洋側）に分布する**コバノカモメヅル*** *C. sublanceolatum* もこれらとよく似るが，葉はより細長く，また花は暗紅色である．その変種**シロバナカモメヅル*** var. *macranthum* は北海道と本州（近畿以東）の日本海側に分布し，花が白く，葉は先が細く鋭く尖り，滋賀県付近では母種との混生集団も存在する．同じくその変種の**キノクニカモメヅル** var. *kinokuniense* は紀伊半島に分布し，母種と比べて花冠裂片が幅広く短い．与那国島に特産する**ヨナクニカモメヅル** *C. yonakuniense* はやはりこれらの種とやや似ており，緑黄色の花をつける．**リュウキュウガシワ** *C. liukiuense* は琉球南西部の草地に生育するつる植物で，全体に無毛であり紫色を帯びた花冠裂片の中央の白く発達した副花冠が目立つ．**ツクシガシワ**（ツルガシワ）*C. grandifolium* は茎の先のみがつる状に伸びる多年草で，本州（関東以西），四国，九州に分布する．葉は7〜15cmと大きいのに対し葉腋の花序につく暗紫色の花は小さい．**クサナギオゴケ*** *C. katoi* は本州（関東以西），四国，九州の太平洋側に点々と分布し，やはり茎の先だけがややつる状に伸びる多年草である．上部の葉は小型となりその葉腋によく分枝した花序をつけ，全体としては円錐花序のように見える．高知県に稀産する**ヤマワキオゴケ** *C. yamanakae* は前種に酷似するが全体的に大型で，葉がより硬質である．鹿児島県に稀産する**サツマビャクゼン** *C. doianum* は，植物体が全体に無毛である．**タチガシワ** *C. magnificum* はつるにならない多年草で，本州の太平洋側と四国に分布し，緑褐色の花が茎頂に集まってつく．同じくつるにならない**イシダテクサタチバナ** *C. ascyrifolium* var. *calcareum* はクサタチバナの変種で四国山地の石灰岩地に生育する．**ヒメイヨカズラ** *C. matsumurae* は奄美大島から沖縄島にかけての海岸石灰岩上に生育する背の低い多年草で，先の丸い楕円形の葉が茎に密につく．花序は短く，淡黄色の花が葉の隙間からのぞくようにしてつく．（奥山雄大）

アカネ科 Rubiaceae

　熱帯を中心に630属10200種，日本に29属81種，日本の固有植物は1属18種1亜種7変種．APGIII分類体系ではヤマトグサ科を吸収している．

アリドオシ属 *Damnacanthus*　　[分布図1031〜1032]

　東アジアに9種が分布する．**ジュズネノキ** *D. macrophyllus* は近

畿から四国，九州にかけて分布する．大きく基部が鋭形の葉をもつ品種ナガバジュズネノキ f. *giganteus* を独立種あるいは変種とする見解もある．**リュウキュウアリドオシ*** *D. biflorus* は琉球列島に分布し，オオアリドオシ *D. indicus* var. *major* との間に種間雑種のヤンバルアリドオシ *D.* ×*okinawensis* が知られている．

イナモリソウ属 Pseudopyxis　［分布図1051～1052］

本属は日本の固有属で2種が知られている．**イナモリソウ** *P. depressa* は関東から九州，**シロバナイナモリソウ** *P. heterophylla* は関東から近畿にかけてそれぞれ分布する．2種間には花色の他に茎の毛，葉のつき方などの違いがある．

ギョクシンカ属 Tarenna　［分布図1055］

旧世界の熱帯を中心に180種が分布する．**シマギョクシンカ** *T. subsessilis* は小笠原諸島の固有種で，近縁種のギョクシンカ *T. gyokushinkwa* よりも葉柄と花柄が短いことで区別される．

クチナシ属 Gardenia　［分布図1039］

旧世界の熱帯から温帯にかけて60種が分布する．小笠原諸島の固有種**オガサワラクチナシ*** *G. boninensis* は，広域分布種であるクチナシ *G. jasminoides* と比べて葉が厚く，先端が鋭く尖る．

クルマバソウ属 Asperula　［分布図1030］

ユーラシアからオーストラリアにかけて90種が分布する．関東から九州にかけて**ウスユキムグラ** *A. trifida* が知られている．托葉が普通葉と同形のため見かけ上は輪生となる．

サツマイナモリ属 Ophiorrhiza　［分布図1049～1050］

アジアに150種が分布する．**アマミイナモリ*** *O. amamiana* は沖縄島奄美大島に固有で，日本，台湾，中国に分布するサツマイナモリ *O. japonica* の変種とする見解もあるが近年の研究では直接的な系統関係が認められていない．当初コケサンゴ属 *Nertera* として記載された，矮小な葉を持つ奄美大島固有種**アマミアワゴケ** *O. yamashitae* は近年の研究から本属に含まれることが判明した．日本と中国からフィリピンにかけて分布するリュウキュウイナモリ *O. kuroiwae* の一部を独立させて固有種 *O. liukiuensis* とする見解もある．

シチョウゲ属 Leptodermis　［分布図1044］

日本からヒマラヤにかけて30種が分布する．日本には固有種の**シチョウゲ** *L. pulchella* だけが紀伊半島と高知県の一部に分布する．

ハシカグサ属 Neanotis　［分布図1047～1048］

アジアからオーストラリアにかけての熱帯を中心に28種が分布する．**ヤクシマハシカグサ** *N. hirsuta* var. *yakusimensis* は屋久島，**オオハシカグサ** var. *glabra* は東北から山陰にかけての主に日本海側に分布する．これらは基準変種ハシカグサと比べ，前者は矮小化した葉をもつこと，後者はやや大きい葉をもち萼に毛がないことからそれぞれ基準変種と区別される．

フタバムグラ属 Hedyotis　［分布図1040～1043］

熱帯から温帯にかけて250種が分布する．小笠原諸島には父島・母島群島に**シマザクラ*** *H. grayi*，南北硫黄島に**アツバシマザクラ** *H. pachyphylla*，各島に**マルバシマザクラ** *H. mexicana* がそれぞれ分布

シロバナイナモリソウ *Pseudopyxis heterophylla*（山梨県山中湖村，2010.08，海老原章子撮影）

オガサワラクチナシ *Gardenia boninensis*（東京都小笠原母島，撮影日不明，加藤英寿撮影）

アマミイナモリ *Ophiorrhiza amamiana*（沖縄島国頭村，2007.02，中村剛撮影）

シマザクラ *Hedyotis grayi*（東京都小笠原聟島，2008.07，加藤英寿撮影）

する．これら小笠原諸島の3分類群は低木であり，草本である他の日本産種とは異なる．**オオソナレムグラ** *H. strigulosa* var. *luxurians* は琉球の大東諸島に分布し，アジアに広く分布するソナレムグラ var. *parvifolia* よりも茎が太いこと，葉が厚いことにより区別される．

ボチョウジ属 *Psychotria* ［分布図1053～1054］

熱帯を中心に800～1500種が分布する．**オオシラタマカズラ** *P. boninensis* は小笠原諸島の固有種で，シラタマカズラ *P. serpens* に似るが葉と包葉の形態によって区別される．**オガサワラボチョウジ*** *P. homalosperma* は小笠原諸島の固有種で近縁種のボチョウジ *P. rubra* とは葉の形態で区別される．

ヤエムグラ属 *Galium* ［分布図1033～1038］

汎世界に600種が分布する．対生する普通葉が托葉と同形になるため輪生のようにみえる．**ヤクシマムグラ*** *G. kamtschaticum* var. *yakusimense* は屋久島に固有で，本州中部からカムチャツカ，北米にかけて分布する基準変種のエゾノヨツバムグラと比べ，葉が矮小化している．**キクムグラ** *G. kikumugura* は北海道から九州にかけて分布する．**キヌタソウ*** *G. kinuta* は本州から四国，九州にかけて分布するが，本種に中国産の植物を含める見解もある．**ミヤマキヌタソウ** *G. nakaii* は北海道から本州にかけて分布し，前種と似るが花柄が短く，花の数が少ないことより区別される．**ヤブムグラ** *G. niewerthii* は関東から長野にかけて分布する．近畿以西の本州と四国に分布する**オオヤマムグラ** *G. pogonanthum* var. *trichopetalum*，屋久島に固有の**ヤクシマヤマムグラ** var. *yakumontanum* は日本と朝鮮に分布するヤマムグラの変種であり，前者は茎に毛が多いこと，後者は葉の大きさと形，花序様式の違いにより基準変種から区別される．

ヤエヤマアオキ属 *Morinda* ［分布図1045～1046］

旧世界の熱帯に80種が分布する．日本の固有亜種として小笠原諸島の父島列島に**ムニンハナガサノキ*** *M. umbellata* subsp. *boninensis*，母島列島にその変種の**ハハジマハナガサノキ** var. *hahazimensis* のつる性低木が知られている．前者は托葉の形で，後者は葉が薄く，葉柄が細いことで，それぞれハナガサノキ *M. umbellata* から区別される．（國府方吾郎）

ハナシノブ科 Polemoniaceae

北半球と南アメリカに分布し，温帯から亜寒帯に約20属400種，日本にはハナシノブ属1属のみが知られており，1種3亜種1変種が認められ，そのうち1亜種1変種が固有．APGIII分類体系でも科の扱いに変更はないが，従来のハナシノブ目からツツジ目に移され，北アメリカ南西部に分布するフウキエリア（フォウキエリア）科に類縁があるとされる．

ハナシノブ属 *Polemonium* ［分布図1056］

エゾハナシノブ* *P. caeruleum* subsp. *yezoense* の葉は奇数羽状複葉で，小葉は6～10対，花は散房状円錐花序につき，花冠裂片の先はへこみ，花序の柄や花梗，萼には白色の長軟毛と短腺毛があり，蒴果は球形で，北海道，本州（白神山地）に分布し，山地草原に生

える．ミヤマハナシノブ*var. *nipponicum* は花序の柄と花梗に短腺毛が密生して多少とも長軟毛が混じり，花冠裂片の先端が鋭く尖る傾向があり，本州（白馬山系，北岳）に分布し，亜高山帯の草原に生える．北アルプスの個体は萼がより深く裂け，無毛になる傾向がある．（門田裕一）

ヒルガオ科 Convolvulaceae

汎世界の熱帯を中心に56属1600種，日本には11属26種，日本の固有植物は1種．APGIII 分類体系でも科の扱いに変更はない．

アサガオガラクサ属 *Evolvulus*　［分布図1057］

熱帯，特に熱帯アメリカから温帯にかけて98種が分布する．日本の固有種としてシロガネガラクサ* *E. boninensis* が小笠原諸島の向島，姉島，妹島，姪島の崩壊地などの乾燥した環境に知られている．沖縄島から東南アジアに広く分布するアサガオガラクサ *E. alsinoides* に含める見解もある．（國府方吾郎）

ムラサキ科 Boraginaceae

世界に熱帯から寒帯に広く分布し，150属2700種がある．日本には15属35種，そのうち9種2変種が固有．サソリ状花序（巻散花序）をつけるのが特徴的．これまでは分果をつくることなどからシソ科に近縁と考えられてきたが現在これは否定されている．APGIII 分類体系ではハゼリソウ科の一部も本科に加えられている．

キュウリグサ属 *Trigonotis*　［分布図1068～1071］

日本産は6種，そのうち3種が固有．タチカメバソウ* *T. guilielmii* は直立する多年草で，葉は卵形～広卵形，花序はふつう二又になり，花梗は萼筒よりも長く，花は直径約8 mm，分果は丸みを帯びた倒三角錐状で，北海道，本州（日本海側）に分布する．ツルカメバソウ *T. iinumae* は茎は倒伏し，上部の葉腋からストロンを出し，本州（中部以北）に分布する．ミズタビラコ *T. brevipes* は花が直径3 mmほど，花梗は萼筒よりも短いか等長で鋭角的に斜上し，分果は倒三角錐状で光沢があり，本州，四国，九州に分布する．コシジタビラコ *T. coronata* は倒台形状の分果の光沢は鈍く，背面に環状の付属体があり，そのために果時の萼筒は広鐘形となる．青森から福井に分布し，分布域は日本海側に偏る．

サワルリソウ属 *Ancystrocarya*　［分布図1058］

日本固有の単型属．サワルリソウ *A. japonica* は中型の多年草，葉は長楕円形で無柄，花は総状花序につき淡青色，分果は長く先が鉤状に伸びて湾曲し，本州（福島以南），四国，九州に分布する．

ハマベンケイソウ属 *Mertensia*　［分布図1061］

日本産は2種あり，1変種が固有．エゾルリソウ* *M. pterocarpa* var. *yezoensis* は全体に灰緑色を帯び，葉は卵状心形で先端は鋭尖型．分果は扁平で広い翼があり，北海道に分布し，高山帯の草地に生える．

ミヤマムラサキ属 *Eritrichium*　［分布図1059～1060］

日本には固有の1種が分布する．ミヤマムラサキ *E. nipponicum* は高山植物で，全体に毛が多く，葉は倒卵状長楕円形でロゼット状

ミヤマハナシノブ *Polemonium caeruleum* subsp. *yezoense* var. *nipponicum*（山梨県芦安村，1987.07，岩科司撮影）

シロガネガラクサ *Evolvulus boninensis*（東京都小笠原姪島，2003.07，加藤英寿撮影）

タチカメバソウ *Trigonotis guilielmii*（長野県戸隠村，1993.05，福田泰二撮影）

エゾルリソウ *Mertensia pterocarpa* var. *yezoensis*（北海道オプタテシケ山，1991.08，梅沢俊撮影）

につき，花冠の喉部に黄色の鱗片があり，分果は長さ約2 mm，一列に並んだ鉤状の刺があり，本州（東北，関東，中部）に分布し，砂礫地に生える．変種のシロバナミヤマムラサキ var. *albiflorum* は北海道に分布し，分果が長さ3 mmと大きく，花も一回り大きい．

ルリソウ属 *Omphalodes* ［分布図1062〜1067］

　日本に産する4種全てが固有．ヤマルリソウ* *O. japonica* はロゼット状になる大型の根生葉が多数つき，茎は多数あって基部が倒伏して上部が立ち上がり，花序は単純な総状で，分果は偏球形で上部にドーナツ状の付属体があり，本州（福島以南），四国，九州に分布する．変種のトゲヤマルリソウ var. *echinospermum* は分果の付属体の縁に短い鉤状の刺があり，四国（愛媛，高知）に分布する．ハイルリソウ *O. prolifera* は花後茎が地面に倒れ，下部の葉腋に小植物体（新苗）ができる．愛知県から記録されたが，現在では絶滅した可能性が高い．アキノハイルリソウ* *O. akiensis* もハイルリソウと同様に葉腋に新苗をつけて繁殖するが，茎はより太くかつ生育の初期段階から地面を長く這い，根生葉が有柄であることなどで明瞭に異なり，広島，鳥取の両県に分布する．ルリソウ *O. krameri* は茎が直立し，下部の茎葉は根生葉よりも大きく，花序はふつう二又になり，分果の付属体に鉤状の刺があり，北海道（西南部），本州（中部以北）に分布する．エチゴルリソウ *O. laevisperma* はルリソウに似るが，分果の付属体に刺がなく，本州（山形，福島，新潟）に分布する．（門田裕一）

クマツヅラ科 Verbenaceae

　世界に90属3000種があり，熱帯から亜熱帯にかけての地域に多い．日本には11属27種4変種あり，そのうちムラサキシキブ属の5種2変種が固有．APGIII分類体系ではクマツヅラ科は多系統とされ，ムラサキシキブ属やカリガネソウ属などがシソ科に移されている．

ムラサキシキブ属 *Callicarpa* ［分布図1072〜1077］

　日本産は10種3変種，うち5種2変種が固有．トサムラサキ* *C. shiokiana* は落葉低木で，葉は長楕円形で粗い鋸歯があり，先端は尾状に長く伸長し，両面に黄色の腺点があり，本州（和歌山，広島），四国，九州に分布する．オオシマムラサキ *C. oshimensis* は葉は長卵形で長さ2.5〜8 cm，先端は鋭形あるいは鋭尖形で粗い鋸歯があり，基部はくさび形，上面には腺点がなく，下面脈上に腺点と星状毛があり，奄美大島，徳之島に分布する．イリオモテムラサキ var. *iriomotensis* は葉の下面脈上に星状毛がなく，石垣島，西表島，与那国島に分布する．オキナワヤブムラサキ var. *okinawensis* は葉が長さ1〜4 cmと小型で，下面脈状に星状毛が密生し，基部は切形から円形となり，沖縄島に分布する．

　シマムラサキ* *C. glabra* は全体が無毛の常緑低木で，葉は長楕円形〜楕円形で肉質，光沢があり，低い鋸歯があり，下面に腺点が密生し，小笠原（父島，兄島，母島）に分布し，林内に生える．ウラジロコムラサキ *C. parvifolia* は枝や葉の下面，花序などに星状毛が密生し，葉は倒卵形〜広楕円形で円頭，小笠原（父島，兄島）に

分布し，乾いた岩場に生える．**オオバシマムラサキ** *C. subpubescens* も小笠原（父島列島，母島列島）に分布するが，葉が長卵形～広卵形で質が薄く光沢がなく，先端は鋭頭，下面に腺点があり星状毛が密生し，明るい林縁に生える．（門田裕一）

シソ科 Lamiaceae (Labiatae)

両半球に広く分布し，180属3500種がある．日本には33属111種284変種あり，そのうち50種23変種が固有．APGIII 分類体系でもシソ科自体に大きな変更はないが，クマツヅラ科のムラサキシキブ属のように，他の科からシソ科に移された属がある．

アキギリ属 *Salvia*　　［分布図1113～1125］

日本産は10種7変種，うち8種7変種が固有．**アキギリ** *S. glabrescens* は花が長さ2～3cmで紅紫色，花冠内面は全体に長毛があり，本州（秋田～京都，奈良）に分布する．**ハイコトジソウ** var. *repens* の茎は匍匐して節から根を出し，葉が卵状矛形で3深裂するもので，本州（近畿）に分布する．**キバナアキギリ** *S. nipponica* は花が黄色，花冠の基部に長毛が環状に生え，本州～九州に分布する．**ミツデコトジソウ**（ミツバコトジソウ）var. *trisecta* は葉が卵状矛形で三裂するもので，本州（大阪），四国，九州に分布する．**キソキバナアキギリ** var. *kisoensis* は葉が薄質で初夏に開花し，長野県南部と岐阜県美濃地方に分布する．**シナノアキギリ** *S. koyamae* は，葉は心形，茎や花序に腺毛が密生し，群馬県と長野県に分布する．

ナツノタムラソウ* *S. lutescens* var. *intermedia* は花は長さ約1cmで濃紫色，花冠内面に生える環状の毛は中部にあり，本州（関東～近畿），四国に分布する．**ミヤマタムラソウ** var. *crenata* は普通葉は1～2回羽裂し，羽片は卵形で先が短く尾状に尖り，本州（東北，中部地方）に分布する．**ダンドタムラソウ** var. *stolonifera* は本州（神奈川，静岡，愛知，長野，岐阜）に分布し，茎の基部からストロンを伸ばすものである．基準変種**キバナナツノタムラソウ** *S. lutescens* は花は黄色で，三重県と奈良県に分布する．**シマジタムラソウ** *S. isensis* は葉が厚く，花が小さくて雄蕊は花冠から長く突き出すもので，本州（静岡，愛知，三重）の超塩基性岩地に生える．**ハルノタムラソウ*** *S. ranzaniana* は初夏に開花し，花は白色で，本州（紀伊半島），四国，九州に分布する．

タジマタムラソウ *S. omerocalyx* は花は紫色，萼筒の内部全体に毛があり，雄蕊は花冠から長く突き出し，葉の頂羽片が大きく，本州（京都～鳥取）に分布する．**ハイタムラソウ** var. *prostrata* は茎の下部が匍匐し節間が伸長するもので，福井県に分布する．**ヒメタムラソウ** *S. pygmaea* は花は白色，葉は2回羽状に切れ込み，鹿児島（奄美大島，徳之島），沖縄に分布する渓流沿い植物である．**アマミタムラソウ*** var. *simplicior* は山地の林下に生え，葉の切れ込みが浅く，頂小葉がやや円形になるもので，鹿児島（奄美大島，徳之島）に分布する．

アキチョウジ属 *Rabdosia*　　［分布図1104～1112］

日本産は7種7変種あり，そのうち5種7変種が固有．**クロバナ**

ナツノタムラソウ *Salvia lutescens* var. *intermedia*（東京都五日市町，1974.05，村川博實撮影）

ハルノタムラソウ *Salvia ranzaniana*（鹿児島県南大隅町，2008.05，南谷忠志撮影）

アマミタムラソウ *Salvia pygmaea* var. *simplicior*（鹿児島県徳之島，2003.07，山下弘撮影）

カメバヒキオコシ *Rabdosia umbrosa* var. *leucantha*（栃木県日光市，1982.08，八田洋章撮影）

ヒキオコシ *R. trichocarpa* は花が黒紫色，葉は三角状卵形で下面脈状に短伏毛と腺点があり，北海道（西南部），本州（広島・島根以北）に分布する．

イヌヤマハッカ *R. umbrosa* は花冠が青紫色で長さ 1 cm 以下，葉は長楕円状披針形，本州（神奈川，静岡）に分布する．**コウシンヤマハッカ** var. *latifolia* は葉が卵形で，本州（長野，山梨，静岡，愛知）に分布する．**コマヤマハッカ** var. *komaensis* は葉が広卵形で鋸歯が少ないもので，長野県南部と山梨県に分布する．**カメバヒキオコシ*** var. *leucantha* は葉が卵形で先端が切れ込んで尾状に尖るもので，本州（関東〜中部）に分布する．**ハクサンカメバヒキオコシ** var. *hakusanensis* も葉の先端に亀の尾状の頂裂片をつけるが粗い鋸歯のあるもので，本州（中部〜近畿）に分布する．**タイリンヤマハッカ** var. *excisinflexa* も葉に頂裂片があるが，花がやや大きく，長さ12〜13 mm となり，本州（秋田〜新潟）に分布する．

ミヤマヒキオコシ *R. shikokiana* は花は長さ約 5 mm，萼筒が二唇形となり，上唇の 3 萼歯が狭三角形となって反り返り，葉は卵形で，本州（紀伊山地），四国に分布する．**タカクマヒキオコシ** var. *intermedia* は葉が細く，広披針形〜頂卵形，本州（福島以南），四国，九州に分布する．**サンインヒキオコシ** var. *occidentalis* は葉が広披針形〜長卵形，花が大きく，長さ15 mm になるもので，本州（富山〜山口），九州に分布する．

セキヤノアキチョウジ *R. effusa* は花冠が長く 2 cm に達して筒状部が目立ち，花梗は長さ 1 cm 以下で短毛があり，花序に苞があり，本州（関東〜中部）に分布する．**アキチョウジ*** *R. longituba* はこれに似るが，花梗は長さ 1〜2.5 cm で無毛，花序に苞はなく，本州（中部以西），四国，九州に分布する．

イヌハッカ属 *Nepeta*　　[分布図1100]

日本産 2 種のうち 1 種が固有．**ミソガワソウ*** *N. subsessilis* は葉が長卵形で細鋸歯があり，花は頂生の花序につき，北海道，本州（紀伊半島以北），四国（愛媛）に分布し，山地帯〜高山帯の草原に生える．

ウツボグサ属 *Prunella*　　[分布図1103]

日本産は 2 種，うち 1 種が固有．**タテヤマウツボグサ*** *P. prunelliformis* は地下茎を出さず，葉は長卵形で無柄あるいは短い柄があり，花糸の上部に突起がなく，本州（岩手〜福井）に分布し，山地帯〜高山帯の草地に生える．

オドリコソウ属 *Lamium*　　[分布図1094〜1095]

日本産 5 種のうち 2 種が固有．**マネキグサ** *L. ambiguum* は高さ 50 cm ほどで細い地下茎があり，葉は卵形，花は暗紅紫色で，本州（関東以西），四国，九州に分布する．**ヤマジオウ** *L. humile* は高さが10 cm 以下，倒卵形の葉が茎の上部に輪生状につき，花は淡紅色，本州（神奈川以西），四国，九州に分布し，典型的なソハヤキ要素の一つである．

キランソウ属 *Ajuga*　　[分布図1078〜1085]

日本産は13種あり，そのうち 8 種が固有．**オウギカズラ** *A. japonica*

アキチョウジ *Rabdosia longituba*（高知県仁淀村，1992.10，高知県立牧野植物園撮影）

ミソガワソウ *Nepeta subsessilis*（北海道夕張岳，2003.07，梅沢俊撮影）

タテヤマウツボグサ *Prunella prunelliformis*（長野県乗鞍岳，1976.07，八田洋章撮影）

ヒイラギソウ *Ajuga incisa*（茨城県筑波山，2009.05，岩科司撮影）

シソ科　123

は花は青紫色で花冠は長さ2cm以上，ストロンを出し，葉は五角形状心形で鋸歯は鈍く，本州（関東以西），四国，九州に分布する．**ヒイラギソウ*** *A. incisa* はストロンを出さず，葉は卵形〜広卵形で粗く鋭い鋸歯があり，本州（東北南部，関東）に分布する．

　タチキランソウ *A. makinoi* は花冠が1cm以下，茎は直立ないし斜上し，花は青紫色で花冠上唇は2深裂し，本州（関東〜東海）に分布する．**ニシキゴロモ** *A. yesoensis* はこれによく似るが，花は淡いピンク色で，北海道，本州，四国（愛媛），九州（福岡，熊本）に分布する．**ツクバキンモンソウ** *A. tsukubana* も花は淡いピンク色であるが，花冠上唇は短く，長さ約1mmで，本州（茨城〜近畿，岡山），四国（徳島），九州（大分）に分布する．

　カイジンドウ* *A. ciliata* var. *villsior* は茎は単純で分枝せず軟毛が密生し，花が短い総状花序につき，やや赤紫色を帯び，葉は長卵形，北海道，本州（中部以北），九州に分布する．**ツルカコソウ** *A. shikotanensis* は葉は倒卵形〜楕円形，花後にストロンを出し，色丹島，本州（東北〜近畿）に分布する．

　シマカコソウ *A. boninsimae* は花後ストロンを伸ばし，葉は倒卵状楕円形で縁は波状の低平な鋸歯があり，花は総状花序につき，ごく淡く紫色がかった白色で，花冠の筒部は長く，小笠原（父島，母島）に分布する．

シソ属 *Perilla*　［分布図1101］

　日本に4種あり，うち1種が固有．**トラノオジソ** *P. hirtella* は葉は円形で上面に長毛があり，基部にまで鋸歯があり，苞は宿存性，雄蕊は花冠より長く，本州，四国，九州に分布する．なお，レモンエゴマ *P. citriodora* とセトエゴマ *P. setoyensis* は日本の固有種と考えられてきたが，最近中国からも見出されている．

シモバシラ属 *Keiskea*　［分布図1093］

　日本産の1種が固有．**シモバシラ*** *K. japonica* は，葉は長楕円形，花は白色で偏側生の総状花序に多数つき，本州（埼玉以西），四国，九州に分布する．典型的なソハヤキ要素の一つである．

ジャコウソウ属 *Chelonopsis*　［分布図1086〜1088］

　日本産3種は全て固有．**ジャコウソウ** *C. moschata* は花柄が短く葉柄と同長，葉の基部は心形となり，北海道（石狩以西）〜九州に分布する．**アシタカジャコウソウ** *C. yagiharana* は前種に似るが，葉の基部がくさび形となって心形とはならず，花数も少ないもので，本州（神奈川，静岡），四国（徳島）に分布する．**タニジャコウソウ** *C. longipes* は花柄が葉柄よりも明らかに長く，本州（東京〜近畿），四国，九州に分布する．

スズコウジュ属 *Perillula*　［分布図1102］

　日本固有の単型属．**スズコウジュ*** *P. reptans* は地下茎に塊状の部分があり，葉は卵形，花は白色で鐘形，本州（愛知以西），四国，九州，沖縄（沖縄島）に分布する．

タツナミソウ属 *Scutellaria*　［分布図1126〜1142］

　日本産は18種8変種，そのうち11種7変種が固有．**ミヤマナミキ** *S. shikokiana* の花冠は白色，基部で折れ曲がることがなく，葉は広

カイジンドウ *Ajuga ciliata* var. *villosior*（茨城県つくば市（栽培），2007.05，佐藤絹枝撮影）

シモバシラ *Keiskea japonica*（鹿児島県笠沙町，1998.10，八田洋章撮影）

スズコウジュ *Perillula reptans*（高知県室戸市，1986.09，高知県立牧野植物園撮影）

ハナタツナミソウ *Scutellaria iyoensis*（広島県東広島市，2007.05，窪田正彦撮影）

卵形で，本州（岩手以南），四国，九州に分布する．**ケミヤマナミキ** var. *pubicaulis* は全体に長軟毛が目立つもので，四国〜九州に分布する．

ヤマジノタツナミソウ S. *amabilis* は花冠が青紫色でほぼ直角に折れ曲がり，下唇の切れ込みがはっきりせず，葉は広卵形で両面に細毛があり，萼筒には腺毛があり，本州（関東〜中部，広島）に分布する．**ハナタツナミソウ*** S. *iyoensis* は花が大きく，長さ約3 cm，葉の両面に腺点があり，本州（中国地方），四国に分布する．**シソバタツナミ** S. *laeteviolaceae* は葉は鈍い光沢があり，三角状卵形で大きく，下面が紫色を帯び，本州（福島・新潟以南），四国，九州に分布する．**トウゴクシソバタツナミ** var. *abbreviata* は茎に長毛が生えるもので，本州に分布する．**イガタツナミ*** var. *kurokawae* は花序が長く，茎に長毛が生え，葉の下面が紫色にならず，本州（福島，中部〜中国）に分布する．**ホナガタツナミソウ** var. *maekawae* も花序が長くなるが，茎には下向きの屈毛が生え，本州（中部〜近畿，広島，山口）に分布する．**ヤクシマシソバタツナミ**（ヤクシマナミキ）S. *kuromidakensis* は小型の植物で茎は倒伏し，葉は卵形で粗い鋸歯があり，屋久島の特産．**ツクシタツナミソウ*** S. *kiusiana* は本属としては大型の植物で，葉は長卵形で両面に短軟毛が多く，本州（中国），四国（徳島），九州に分布する．**オカタツナミソウ** S. *brachyspica* は花序が短く，本州（福島以南），四国に分布する．

デワノタツナミソウ S. *muramatsui* は長い地下茎があり，茎には下向きの屈毛があり，葉は下面に腺点があり，本州（東北〜中国）に分布する．**コバノタツナミ** S. *indica* var. *parvifolia* は茎の下部が長く地を這い，葉は小型で厚く，本州（関東以西），四国，九州，沖縄に分布する．**アカボシタツナミソウ** S. *rubropunctata* は茎に下向きに曲がった毛があり，葉三角状卵形で基部は切形，下面に赤褐色の腺点が密生し，琉球に分布する．**ヒメアカボシタツナミソウ** var. *minima* は屋久島の固有で，葉は卵形で基部は円形〜くさび形．**アマミタツナミソウ** var. *naseana* は茎に開出毛が生え，葉は卵形で基部は切形〜円形〜くさび形，鹿児島（沖永良部島，奄美大島，与論島）に分布する．**ヒメタツナミソウ** S. *kikai-insularis* は匍匐する茎の節から根を下ろすもので，琉球（喜界島）に分布する．

ムニンタツナミソウ* S. *longituba* は大型の植物で，花は白色で長さ5 cmにもなり直立しないで斜上し，茎に短毛があり，葉は卵形，小笠原（父島，兄島）に分布する．

テンニンソウ属 *Leucosceptrum* ［分布図1096〜1097］

日本には2種1変種が産し，全て固有．**テンニンソウ** L. *japonicum* は，花は淡黄色，葉は楕円状披針形，苞の先端は尾状に尖り，本州〜九州に分布する．**ミカエリソウ*** L. *stellipilum* は，花は淡紅色，葉は広楕円形で下面には星状毛があり，苞の先は短く尖り，本州（中部〜中国）に分布する．変種の**ツクシミカエリソウ**（オオマルバノテンニンソウ）var. *tosaense* は低木で，葉は広卵形で大形，長さ20 cmにもなり，本州（広島，島根，山口），四国，九州に分布する．

イガタツナミ *Scutellaria laeteviolacea* var. *kurokawae*（広島県東広島市，2003.06，窪田正彦撮影）

ツクシタツナミソウ *Scutellaria kiusiana*（宮崎県都城市，1997.04，南谷忠志撮影）

ムニンタツナミソウ *Scutellaria longituba*（東京都小笠原父島，2003.03，加藤英寿撮影）

ミカエリソウ *Leucosceptrum stellipilum*（奈良県十津川村，2007.09，奥山雄大撮影）

トウバナ属 Clinopodium　［分布図1089～1091］

日本産は6種3変種，うち2種1変種が固有．**ミヤマクルマバナ** *C. macranthum* は花は紅紫色，苞は萼筒の½以上になり，葉は長卵形で，本州（青森～鳥取）に分布する．**ヒロハヤマトウバナ** *C. latifolium* は，葉は卵形，花は白色で，萼筒には長軟毛があり，本州（東北～中部）に分布．**コケトウバナ*** *C. multicaule* var. *minimum* は小型の植物で，葉は卵形で長さ1cm以下，萼筒はほとんど無毛で，本州（奈良，兵庫），屋久島に分布する．

ナギナタコウジュ属 Elsholtzia　［分布図1092］

日本産2種のうち1種が固有．**フトボナギナタコウジュ** *E. nipponica* は，葉は卵形，苞は扇形で先端は短く尾状に尖り，本州（宮城以南），四国，九州に分布する．植物体の大きさは変異の幅が広い．

ニガクサ属 Teucrium　［分布図1143］

日本産は4種，そのうち1種が固有．**テイネニガクサ** *T. teinense* は地中に細いストロンを出し，葉は長卵形～卵形で多細胞の長い伏毛があり，萼筒に短い腺毛があり，北海道，本州（山形，宮城，福島）に分布する．

ハッカ属 Mentha　［分布図1099］

日本産2種のうち1種が固有．**ヒメハッカ*** *M. japonica* は葉が卵状長楕円形で全縁，花序は頂生し，北海道（日高），本州（紀伊半島以北）の太平洋側地域に分布し，湿地に生える．

メハジキ属 Leonurus

日本固有とされることもあったキセワタ *L. macranthus* は，朝鮮半島にも分布し，固有種ではない．

ヤエヤマスズコウジュ属 Suzukia

沖縄に分布するヤエヤマスズコウジュ *S. luchuensis* が固有とされたが，近年台湾でも発見されている．

ラショウモンカズラ属 Meehania　［分布図1098］

オチフジ *M. montis-koyae* は地下にストロンがあり，花は腋生し，茎や花冠のど部に長毛はなく，本州（和歌山，兵庫）に分布する．
（門田裕一）

ナス科 Solanaceae

世界の熱帯から温帯に90属2500種，日本に7属23種，日本の固有植物は6種．APGIII分類体系でも大きな変更はない．

イガホオズキ属 Physaliastrum　［分布図1144］

日本産2種のうち1種が固有．**アオホオズキ*** *P. japonicum* は多年草で，葉は卵状楕円形で全縁，両面にまばらに軟毛が生え，花冠は広鐘形で淡緑色，先端が浅く5裂し，液果は淡緑色で萼が密着して包み，本州（東北南部～中国），四国，九州（屋久島）に分布する．

ナス属 Solanum　［分布図1146～1147］

日本産は12種あり，2種が固有．**マルバノホロシ*** *S. maximowiczii* は草本性で無毛のつる植物で，葉は長楕円形～狭卵形で全縁，花はまばらな集散花序につき淡紫色，萼裂片は5個，液果は赤く熟し，本州，四国，九州，沖縄に分布する．**ムニンホオズキ** *S. boninense*

コケトウバナ *Clinopodium multicaule* var. *minimum*（鹿児島県屋久島，1996.07，川原勝征撮影）

ヒメハッカ *Mentha japonica*（茨城県つくば市（栽培），2007.08，佐藤絹枝撮影）

アオホオズキ *Physaliastrum japonicum*（神奈川県箱根町，1974.06，村川博實撮影）

マルバノホロシ *Solanum maximowiczii*（高知県安芸市，1988.11，高知県立牧野植物園撮影）

は直立する多年草で，茎は二又分枝し，葉は卵形で短い葉柄があり，花は茎頂あるいは葉腋に1～3個が束生し白色，萼裂片は線形で10個あり，液果は赤く熟し，小笠原（母島，南硫黄島）に分布する．

ハダカホオズキ属 Tubocapsicum　［分布図1148］

ムニンハダカホオズキ *T. boninense* は多年草で，葉はハダカホオズキ *T. anomalum* と異なり広楕円形で先端は鋭形，花は枝先に束生し，花冠は鐘形で長さ約8mm，花梗は長さ2～4cm，液果は直径1cmほどの球形で朱色，萼筒は皿形で果実を包まず，小笠原（母島，聟島），北硫黄島に分布する．

ホオズキ属 Physalis　［分布図1145］

日本産4種のうち1種が固有．**ヤマホオズキ** *P. chamaesarachoides* は多年草で，葉は卵形で粗い鋸歯があり，ほとんど無毛で，花冠は杯形で白色，先端が浅く5裂し，液果は黄熟し萼がゆるく包み，本州（関東以西），四国，九州に分布する．（門田裕一）

フジウツギ科 Buddlejaceae

10属150種ほどがあり，フジウツギ属以外は南アフリカやマダガスカルに分布する．日本には1属2種あり，そのうち1種が固有．APGIII分類体系ではゴマノハグサ科に含まれている．

フジウツギ属 Buddleja　［分布図1149］

日本産2種のうち1種が固有．**フジウツギ** *B. japonica* は茎に稜があり，葉は披針形で先端は尖り，葉柄の基部に托葉が合生した半円形の付属体があり，花冠外面に星状毛がある．本州（近畿以北の太平洋側）と四国に分布する．（門田裕一）

ゴマノハグサ科 Scrophulariaceae

世界の熱帯から温帯に300属4500種，日本には27属101種5亜種37変種，日本の固有植物は35種5亜種34変種．APGIII分類体系では旧来の分類体系と大きく異なり，クワガタソウ属やクガイソウ属などはオオバコ科へ，コゴメグサ属やママコナ属，シオガマギク属などはハマウツボ科へ移されている．

オオアブノメ属 Gratiola　［分布図1166］

日本産は2種のうち1種が固有．**カミガモソウ** *G. fluviatilis* は葉は卵形で不規則な鋸歯があり，有柄．本州（京都，兵庫），四国（高知），九州（長崎，奄美大島）に分布し，湿地に生える．

キクガラクサ属 Ellisiophyllum　［分布図1150］

日本に固有の1変種が分布する．**キクガラクサ** *E. pinnatum* var. *reptans* は細長い地下茎を伸ばし，葉は広卵形で羽状に深裂し，花は鐘形で放射相称で，本州（近畿～中国），四国に分布する．

クガイソウ属 Veronicastrum　［分布図1203～1206］

日本産は6種2変種，そのうち3種2変種が固有．**クガイソウ** *V. japonicum* は直立する草本で，茎頂に総状の花序をつけ，花序の中軸には短毛があり，葉は長楕円状披針形で，本州（青森～滋賀，紀伊半島，隠岐）に分布する．**イブキクガイソウ** var. *humile* は全体が小型で，葉は長さ4～6cmで伊吹山の上部草原に生える．**ナン**

ヤマホオズキ *Physalis chamaesarachoides*（宮崎県延岡市，2007.09，斉藤政美撮影）

フジウツギ *Buddleja japonica*（群馬県榛名町，1995.07，福田泰二撮影）

キクガラクサ *Ellisiophyllum pinnatum* var. *reptans*（広島県福山市，2006.05，小池周司撮影）

ナンゴククガイソウ *Veronicastrum japonicum* var. *australe*（愛媛県西条市，1983.07，高知県立牧野植物園撮影）

ゴククガイソウ*var. australe は花序の中軸が無毛のもので，本州（中国），四国，九州（熊本）に分布する．**リュウキュウスズカケ* V. liukiuense** は茎は斜上して，先端は地面に接して新苗を作り，花序は枝に頂生し，淡い紫色を帯びた白色で，鹿児島県（奄美大島，喜界島），沖縄県に分布する．**キノクニスズカケ V. tagawae** は，花序は腋生し，花は白色で和歌山県に分布する．

クワガタソウ属 Veronica　［分布図1196～1202］

日本産は13種2変種，そのうち5種2変種が固有．**ヒメクワガタ V. nipponica** は小型の高山植物で，花は茎に頂生する短い総状花序につき，葉は卵状楕円形で無柄，蒴果は楕円形で先端が凹み，本州（鳥海山～白山山系，乗鞍岳）に分布する．**シナノヒメクワガタ var. sinanoalpina** は蒴果は倒卵形で先端は鈍形，花序が短く，本州（南アルプス，中央アルプス）に分布する．

クワガタソウ* V. miqueliana は花は腋生し，葉は長卵形で有柄，蒴果は三角状扇形で，本州（東北～中部）に分布する．**コクワガタ var. takedana** は花序が長さ1cmほどで花数も少なく，本州（関東～近畿），四国，九州に分布する．**ヤマクワガタ V. japonensis** は茎に開出毛が密生し，葉は基部が切形で下面は有毛，蒴果は菱形で，本州（山形～富山）に分布する．**サンインクワガタ V. muratae** は茎に屈毛が生え，葉はほどんど無毛で基部はくさび形，本州（京都～山口）に分布する．**グンバイヅル V. onoei** は茎が地面を長く這い，花は腋生の総状花序につき，葉は円形～広楕円形で短い柄があり，本州（群馬，長野）に分布し，岩礫地に生える．

コゴメグサ属 Euphrasia　［分布図1151～1165］

日本産は10種1亜種14変種，うち9種1亜種13変種が固有．**ミヤマコゴメグサ E. insignis subsp. insignis** は花冠が大きく長さ8～9mm，萼筒が鐘形，萼裂片は鋭頭，下部の茎葉は倒卵形，鈍い鋸歯があり，基部が鋭形あるいはくさび形で葉柄に向かって次第に細くなり，本州（山形～滋賀）に分布する．**マルバコゴメグサ var. nummularia** は葉が広卵形，本州（月山，飯豊山，朝日連峰）に分布する．**ホソバコゴメグサ var. japonica** は葉が楕円状倒卵形で，本州（鳥海山～新潟，長野）に分布する．**トガクシコゴメグサ var. togakushiensis** は葉の鋸歯が鋭く，苞葉に芒状の短い鋸歯があるもので，本州（中部～北陸）に分布する．**マツラコゴメグサ var. pubigera** は葉に2～3対の深い鋸歯があるもので奈良県大台ヶ原山からの記録があるが現状不明とされる．**オオミコゴメグサ var. omiensis** は葉に1～2対の低い鋸歯があるもので，滋賀県比良山からの報告がある．

イブキコゴメグサ E. insignis subsp. iinumae は葉の基部が広いくさび形あるいは円形となり，葉柄が短く，鋸歯は円く，苞葉にやや鋭い鋸歯があり，伊吹山と霊山に分布する．**イズコゴメグサ var. idzuensis** は葉の鋸歯が鋭く，苞葉に鋭形の鋸歯があり，神奈川県と静岡県，愛知県に分布する．**トサノコゴメグサ* var. makinoi** は苞葉に短い芒状の鋸歯があり，四国に分布する．**キュウシュウコゴメグサ var. kiusiana** は苞葉に尾状に尖る鋸歯があり，本州（北陸～中国），九州に分布する．**ハチジョウコゴメグサ* E. hachijoensis** は

リュウキュウスズカケ Veronicastrum liukiuense（鹿児島県奄美大島，2008.10, 國府方吾郎撮影）

クワガタソウ Veronica miqueliana（埼玉県名栗村，2001.05, 海老原淳撮影）

トサノコゴメグサ Euphrasia insignis subsp. iinumae var. makinoi（徳島県東祖谷山村，1991.08, 高知県立牧野植物園撮影）

ハチジョウコゴメグサ Euphrasia hachijoensis（東京都御蔵島，2008.10, 門田裕一撮影）

萼筒が筒状鐘形でやや大きく，長さ約5mm，上部の茎葉の鋸歯は芒状となり，伊豆諸島に分布する．

コバノコゴメグサ（ヒメコゴメグサ） *E. matsumurae* は萼筒の切れ込みが浅く，裂片は鈍頭で，本州（関東〜中部）の太平洋側山地に分布する．**ヒナコゴメグサ** *E. yabeana* は北アルプス北部に分布し，萼筒は中部まで切れ込み，萼裂片は三角状披針形で反曲し，茎や葉に腺毛がない．**コケコゴメグサ** *E. kisoalpina* は小型の植物で，花冠が小型で長さ約5mm，茎や葉に腺毛があり，萼裂片は反曲し，中央アルプス北部の高山帯に分布する．**ナヨナヨコゴメグサ*** *E. microphylla* は萼筒が無毛で，萼裂片は反曲せず，四国（徳島，愛媛）に分布し，超塩基性岩地や石灰岩地に生える．

イナコゴメグサ *E. multifolia* は萼筒が筒形，葉は倒卵形で鋸歯はやや鋭く，苞葉は楕円状卵形，鋭鋸歯があり，長野県南部に分布し，湿地に生える．**クモイコゴメグサ*** var. *kirishimana* は葉が卵形で鋸歯が鋭いもので，霧島山に分布する．

エゾノダッタンコゴメグサ *E. pectinata* var. *obtusiserrata* は葉と苞葉は円状卵形，鋸歯はふつう芒状に長く伸び，花冠は長さ7〜8mm，下唇は上唇より長く，北海道（道北，道東），色丹島，択捉島に分布する．**シライワコゴメグサ** *E. maximowiczii* var. *calcarea* は苞葉は狭卵形で，鋸歯は鋭形，南アルプス中部の石灰岩地に生える．**ミチノクコゴメグサ** var. *arcuata* は茎に開出気味の長軟毛があり，本州（東北）に分布する．**エゾコゴメグサ** var. *yezoensis* は苞葉が卵形で小さく，鋸歯は芒状とはならず，色丹島，北海道，東北（青森，福島）に分布する．基準変種タチコゴメグサはサハリンや朝鮮半島にも産するため固有ではない．

シオガマギク属 *Pedicularis*　[分布図1171〜1181]

日本産は15種1亜種4変種，そのうち10種1亜種4変種が固有．**オニシオガマ*** *P. nipponica* は花期に大型の根生葉があり，茎は単純，花は大型で上唇は先端が丸くなった船形で，苞は円形で無柄，本州（青森〜石川）に分布し，湿地に生える．典型的な日本海要素である．**ハンカイシオガマ** *P. gloriosa* は茎が上部で分枝し，苞葉は卵形で有柄，本州（関東〜中部）に分布する．**イワテシオガマ** *P. iwatensis* は萼筒が3裂し，萼裂片に鋸歯があり，岩手県と秋田県に分布する．**ヤクシマシオガマ** *P. ochiaiana* は萼筒が2裂し，萼裂片は全縁で，屋久島の高所に生える．

ツクシシオガマ* *P. refracta* は茎葉が4枚輪生し，花は初夏に開花し，赤紫色で，九州（中部）に分布する．**ヨツバシオガマ** *P. chamissonis* var. *japonica* は代表的な高山植物の一つで，花冠の上唇が中部で曲がって嘴状に尖り，本州（東北南部〜中部）に分布する．**ミヤマシオガマ** *P. apodochila* は花期に根生葉が残り，葉身は2回羽状に切れ込み，北海道〜本州（中部以北）に分布する．

セリバシオガマ *P. keiskei* は，花は緑白色，葉は羽状に全裂し，本州（中部）に分布し，針葉樹林下に生える．

ミカワシオガマ *P. resupinata* subsp. *oppositifolia* var. *microphylla* は全体に毛が少なく，花序が頭状になる傾向があり，基準変種シオ

ナヨナヨコゴメグサ *Euphrasia microphylla*（愛媛県別子山村，2001.09，高知県立牧野植物園撮影）

クモイコゴメグサ *Euphrasia multifolia* var. *kirisimana*（宮崎県えびの市，1971.10，南谷忠志撮影）

オニシオガマ *Pedicularis nipponica*（新潟県糸魚川市，2006.08，門田裕一撮影）

ツクシシオガマ *Pedicularis refracta*（宮崎県高千穂町，2005.04，南谷忠志撮影）

ガマギクよりも葉がやや硬くて小型．本州（愛知，岐阜，広島）に分布する．**トモエシオガマ*** subsp. *teucriifolia* var. *caespitosa* は花序が頭状となるもので，北海道（道央～日高），本州（岩手，山形～近畿）に分布する．**エゾシオガマ** *P. yezoensis* は花は淡黄色，葉の基部が切形で柄が明瞭，北海道～本州（中部以北）に分布する．**ビロードエゾシオガマ** var. *pubescens* は茎，葉の下面，花梗，萼筒が有毛で，北海道と本州（中部以北）に分布する．

ヒナノウスツボ属 Scrophularia　　［分布図1191～1195］

日本産は5種4変種，そのうち2種4変種が固有．**ヒナノウスツボ** *S. duplicatoserrata* は根が塊状で，花は茎頂の円錐花序にまばらにつき，葉は卵状長楕円形で，本州，四国，九州に分布する．**ナガバヒナノウスツボ** var. *surugensis* は葉が狭卵形で柄が長く，腋生の花序がよく発達するもので，静岡，長野，愛知に分布する．**サツキヒナノウスツボ** *S. musashiensis* は花が腋生の花序につき，葉は長卵形，本州（関東～近畿）に分布する．**イナサツキヒナノウスツボ** var. *ina-vallicola* は，花序は葉よりも短く，葉は卵形で，長野県伊那谷に分布する．**ツシマヒナノウスツボ** *S. kakudensis* var. *toyamae* は基準変種オオヒナノウスツボに比べて葉の鋸歯が細かく，萼裂片が披針形で先が尖り，対馬に分布する．**ハマヒナノウスツボ*** *S. grayanoides* はエゾヒナノウスツボ *S. alata* に比べて茎の翼がなく，花が小さいもので，岩手県と宮城県の海岸岩礫地に生える．

ママコナ属 Melampyrum　　［分布図1167～1170］

日本産は4種4変種，うち2種3変種が固有．**シコクママコナ*** *M. laxum* は，苞葉は三角状卵形～三角状披針形，1～3対の刺状の鋸歯があり，花は淡赤紫色でのど部は黄色，萼裂片は三角形で先端は鋭形あるいは鋭尖形，本州（宮城・山形以南），四国，九州に分布する．**ミヤマママコナ** var. *nikkoense* は苞葉は披針形～狭卵形で全縁，萼裂片は三角形で鋭頭，北海道（西南部）～本州に分布する．**タカネママコナ** var. *arcuatum* は花は黄白色，苞葉は全縁，萼裂片は楕円形で円頭，本州（群馬，山梨，埼玉，長野）に分布し，山地帯～亜高山帯の草地に生える．**ヤクシマママコナ** var. *yakusimense* は花は赤紫色で小型，萼裂片は披針形で鋭頭，屋久島の高所に生える．**エゾママコナ** *M. yezoense* は苞葉に3～5対の長い鋸歯があり，花冠ののど部は赤紫色，萼裂片の先端は芒状に長く伸び，北海道（東部）に分布する．

ルリトラノオ属 Pseudolysimachion　　［分布図1182～1190］

日本に8種3亜種6変種あり，そのうち4種3亜種6変種が固有．**エゾルリトラノオ** *P. ovatum* subsp. *miyabei* は花冠は広鐘形で中裂し，葉には明瞭な柄があり，花梗には開出毛があり，北海道（中部以西），本州（青森，岩手，秋田）に分布する．**ヤマルリトラノオ** var. *japonicum* は葉の下面脈上を除いて無毛のもので，北海道，本州に分布する．**ビロードトラノオ** var. *villosum* は葉の下面全面に長毛があり，本州（山形，福島，富山）に分布する．**エチゴトラノオ*** subsp. *maritimum* は花序の柄と花梗は多細胞の軟毛があり，葉には光沢があり，本州（青森～富山，福井）に分布する．**キタダケ**

トモエシオガマ *Pedicularis resupinata* subsp. *teucriifolia* var. *caespitosa*（山梨県富士山，2009.08，奥山雄大撮影）

ハマヒナノウスツボ *Scrophularia grayanoides*（岩手県宮古市，2009.06，海老原淳撮影）

シコクママコナ *Melampyrum laxum*（愛媛県別子山村，1982.07，高知県立牧野植物園撮影）

エチゴトラノオ *Pseudolysimachion ovatum* subsp. *maritimum*（茨城県つくば市（栽培），2007.07，佐藤絹枝撮影）

ラノオ subsp. *kiusianum* var. *kitadakemontanum* は葉に光沢がなく，三角状楕円形になり，南アルプス北部に分布する．**トウテイラン** *P. ornatum* は葉の下面に灰色を帯びた白色の毛が密生し，本州（京都，鳥取，島根）の海岸に生える．

ヒメトラノオ *P. rotundum* var. *petiolatum* は花冠が鐘形で深裂し，裂片は楕円状卵形～楕円形で鋭頭，葉に光沢がなく，狭卵形～披針形で，ほとんど無柄となり，本州（福島以南，関東，中部）に分布する．**イブキルリトラノオ** *P. subsessile* var. *ibukiense* は葉が卵形，花冠裂片は卵形で円頭，伊吹山山頂部の石灰岩草原に固有．**サンイントラノオ** *P. ogurae* は葉が卵形で，島根県に分布し，岩壁に生える．**ハマトラノオ*** *P. sieboldianum* は葉がやや多肉で光沢があり，九州（～奄美群島）に分布し，海岸沿いの岩場に生える．

ミヤマクワガタ* *P. schmidtianum* subsp. *senanense* は総状花序に花をまばらにつけ，葉は長卵形で鈍頭，明瞭な柄があり，本州（東北～中部，鳥取県大山）に分布し，高山草原に生える．**エゾミヤマクワガタ** subsp. *yezoalpinum* は葉は長楕円状卵形で両面共に無毛，北海道に分布し，超塩基性岩地に生えることが多い．（門田裕一）

ウルップソウ科 Globulariaceae

9属260種ほどからなり，アジア北部，シベリア中央部，ヨーロッパ南部，アフリカの東部及び南部，大西洋の諸島など隔離的に分布する．日本にはウルップソウ属のみが分布し，3種が認められ，うち2種が固有．APGIII分類体系ではオオバコ科に含められている．

ウルップソウ属 Lagotis　［分布図1207〜1208］

ホソバウルップソウ* *L. yesoensis* は葉は肉質で光沢があり，狭卵形～長楕円状披針形で，花は青紫色，雄蕊は花冠上唇の中部に合着し，上唇とほぼ等長だが外観上は雄蕊が花冠から突き出す．大雪山高山帯の湿った礫地や草地に生える．**ユウバリソウ** *L. takedana* は夕張岳高山帯の超塩基性岩地に生え，花は淡い紫色を帯びた白色で，雄蕊は花冠上唇の基部に合着し，葉は広卵形～楕円形．**ウルップソウ** *L. glauca* の白花品種に一見似ているが，花序が細長く，苞が広卵形ではなく卵形であることなどで区別できる．（門田裕一）

キツネノマゴ科 Acanthaceae

熱帯を中心に229属3450種，日本に10属19種，日本の固有植物は2種．APGIII分類体系では，クマツヅラ科の一部の属を含む．

イセハナビ属 Strobilanthes　［分布図1209〜1210］

熱帯を中心に約250種が分布する．日本の固有種として**オキナワスズムシソウ*** *S. tashiroi* がトカラ列島と沖縄群島に知られている．本種と琉球列島と台湾に分布する近縁種のアリサンアイ *S. flexicaulis* とは葉裏表面に毛があることから区別されるが，雑種も知られている．1993年に新種として記載された**ユキミバナ** *S. wakasana* は福井県と滋賀県の限られた地域に分布する．本種はスズムシバナ *S. oligantha* に似るが，より匍匐すること，花茎に毛が多いことなどから区別される．**イセハナビ** *S. isophylla* は，固有種

ハマトラノオ *Pseudolysimachion sieboldianum*（鹿児島県奄美大島，2010.11，奥山雄大撮影）

ミヤマクワガタ *Pseudolysimachion schmidtianum* subsp. *senanense*（長野県白馬村，1989.08，岩科司撮影）

ホソバウルップソウ *Lagotis yesoensis*（北海道大雪山，1990.07，梅沢俊撮影）

オキナワスズムシソウ *Strobilanthes tashiroi*（鹿児島県徳之島，2003.01，山下弘撮影）

とする見解と中国から導入されたという見解がある．（國府方吾郎）

イワタバコ科 Gesneriaceae

熱帯を中心に141属2900種，日本に8属8種．日本の固有植物は1種．旧世界産と新世界産は亜科レベルで二分される（マツムラソウ属 *Titanotricum* を除く）．葉形の違いをもとにシシンラン *Lysionotus pauciflorus* を台湾，中国産と区別し，日本の固有種とする見解もあるが，台湾産と比較すると有意な差は認められない．ヤマビワソウ *Rhynchotechum discolor* の種内において，日本の固有変種としてタマザキヤマビワソウ var. *austrokiushiuense* を認める見解もあり，更なる研究が必要である．APGIII 分類体系でも科の扱いに変更はない．

イワギリソウ属 Opithandra　［分布図1211］

日本と中国に8種が分布する．かつては日本の固有属とされていたが現在では中国産の種を含む見解が主流である．**イワギリソウ*** *O. primuloides* は本州から九州にかけての湿潤な岩場に生育する．花弁の形態に著しい種内変異が認められ，特に九州南部産の個体が丸みを帯びる．（國府方吾郎）

イワギリソウ *Opithandra primuloides*（茨城県つくば市（栽培），2007.05，國府方吾郎撮影）

ハマウツボ科 Orobanchaceae

葉緑体を欠く寄生植物．世界に14属180種，日本には帰化種を含め4属7種．日本の固有植物は1種．APGIII 分類体系ではゴマノハグサ科の半寄生，完全寄生植物（ゴマクサ属，シオガマギク属など）が本科に含められ，寄生植物が最も多い科となっている．

ハマウツボ属 Orobanche　［分布図1212］

ハマウツボ *O. coerulescens* より葉や花が大型で，植物体が黄色い**シマウツボ*** *O. boninsimae* が小笠原にある．シマウツボはかつて固有属 *Platypholis* とされたが，形態の類似性から1946年に本属に組み換えられている．（堤千絵）

シマウツボ *Orobanche boninsimae*（東京都小笠原父島，1998.03，海老原淳撮影）

タヌキモ科 Lentibulariaceae

乾燥地帯を除き，世界に3属300種，日本に2属13種，日本の固有植物は2種．APGIII 分類体系でも大きな変更はない．

タヌキモ属 Utricularia　［分布図1214］

日本産は11種のうち1種が固有．**フサタヌキモ*** *U. dimorphanta* は水中に生える食虫植物で，葉は糸状の裂片に細かく裂け，捕虫嚢はほとんどつけず，開放花は黄色で稀につけ，短い柄のある球形の閉鎖花をつける．本州（東北〜近畿）に分布し，ため池や流れのゆるい小川などに生える．

ムシトリスミレ属 Pinguicula　［分布図1213］

日本産2種のうち1種が固有．**コウシンソウ** *P. ramosa* は栃木県（庚申山，袈裟丸山，男体山，女峰山）に分布し，岩場に生育する食虫植物の一つで，葉は卵形〜楕円形で有柄，表面に短腺毛が密生し，花は淡紫色，結実すると花茎は反り返って種子を岩につける．（門田裕一）

フサタヌキモ *Utricularia dimorphantha*（新潟県上越市，2003.07，久原泰雅撮影）

オオバコ科 Plantaginaceae

オオバコ科はこれまでは3属200種ほどの小さな科として扱われてきた．しかし，APGIII分類体系ではこれまでのゴマノハグサ科やアワゴケ科，ウルップソウ科，スギナモ科の各属を含めて，世界中に広く分布する90属1700種を含む大きな植物群として扱われている．従来の定義に従うと，日本にはオオバコ属の1属4種があり，1種1変種が固有．

オオバコ属 Plantago ［分布図1215］

ハクサンオオバコ* *P. hakusanensis* は葉は楕円形〜倒卵状楕円形，軟らかく下面に軟毛がまばらに生え，葉柄ははっきりせず，花冠裂片は反曲し，雄蕊は花冠から長く突き出し，本州（白山以北）の日本海側に分布し，高山帯の湿った草地に生える．（門田裕一）

ハクサンオオバコ *Plantago hakusanensis*（富山県僧ヶ岳，2007.08，岩科司撮影）

スイカズラ科 Caprifoliaceae

北半球の温帯域を中心に13属420種，日本に54種27変種，日本の固有植物は29種．わずかに南半球からも知られている．APGIII分類体系では，従来のスイカズラ科はオミナエシ科やマツムシソウ科とともにマツムシソウ目に再編された．マツムシソウ目はガマズミ属，ニワトコ属，レンプクソウ属などからなるレンプクソウ科とそれ以外のスイカズラ科から構成されている．

ガマズミ属 Viburnum ［分布図1238〜1245］

北半球の暖温帯域に150種あまりが分布する小型木本の群である．**シマガマズミ** *V. brachyandrum* は伊豆諸島に固有で，落葉樹ではあるが他種と比べ葉が厚く，また雄蕊が花冠裂片より短い点で特徴づけられる．**ハクサンボク** *V. japonicum* は本州の暖地（伊豆半島，渥美半島），伊豆諸島，九州以西（奄美群島を除く）に分布する常緑の種であり，葉の光沢が顕著である．その変種**トキワガマズミ** var. *boninsimense* は小笠原父島，母島，北硫黄島に固有で葉が幅広であり，母種とはやや違った印象のものである．**オトコヨウゾメ*** *V. phlebotrichum* は宮城県以西の本州太平洋側，四国，九州に分布し，花がまばらにつく様子が特異である．また葉は乾くと黒変するのも本種の特徴である．**コヤブデマリ** *V. plicatum* var. *parvifolium* は中部地方以西の内陸部の湿った林内に生育し，ヤブデマリ var. *tomentosum* と比べて葉が小型である．**ゴマキ*** *V. sieboldii* は本州，四国，九州に分布し，葉の側脈が平行に縁部近くまで伸びるのが特徴．葉や枝を傷つけるとゴマの匂いがすることが本種の名の由来である．その変種**マルバゴマキ** var. *obovatifolium* は主に中部以北の多雪地帯に適応した大型の葉を持つものだが，兵庫県や島根県にも分布が確認されている．**ゴモジュ*** *V. suspensum* は琉球列島に固有の陽地を好んで生育する常緑樹．葉は小型で革質であり，やや小型の花序に花筒が発達した花をつける．**オオシマガマズミ** *V. tashiroi* は奄美群島に固有であり，シマガマズミに似るが，葉の両面に細かい油点が存在する．

オトコヨウゾメ *Viburnum phlebotrichum*（京都府京都市（栽培），1985.11，八田洋章撮影）

ゴマキ *Viburnum sieboldii*（茨城県つくば市（栽培），2007.05，佐藤絹枝撮影）

ゴモジュ *Viburnum suspensum*（鹿児島県天城町，2010.02，國府方吾郎撮影）

スイカズラ属 Lonicera ［分布図1221〜1236］

北半球の温帯域を中心に180種あまりが分布する属で小型木本ある

いはつる性木本である．花はふつう左右相称で花冠が発達し，マルハナバチやスズメガといった口吻の発達した昆虫による送粉に適応している．**イボタヒョウタンボク** L. demissa は山梨県，長野県，静岡県の高標高域に分布し，淡黄色の花を背中合わせに2つずつつける．その変種**キタカミヒョウタンボク** var. borealis は岩手県北上山地に固有で，母種と比べ葉や花が大きい．**ウグイスカグラ** L. gracilipes var. glabra は本州に広く分布し，淡紅色で花冠裂片がほぼ同長の花を下向きにつける．変種の**ミヤマウグイスカグラ**＊ var. glandulosa は本州，四国，九州に分布し，植物体全体に毛が多く，特に萼筒や子房にまで腺毛が生じる．基準変種の**ヤマウグイスカグラ** var. gracilipes は本州の主に太平洋側，四国，九州に分布し，やはり植物体全体に毛を生じるが，萼筒や子房はほぼ無毛である．**ヤブヒョウタンボク** L. linderifolia は岩手県北上山地に固有で，暗紅色で釣鐘型の花を背中合わせ，下向きに2つずつつける．その変種**コゴメヒョウタンボク** var. konoi は八ヶ岳，南アルプスに稀に生育し，葉が母種よりもはるかに小さい．**チチブヒョウタンボク**＊ L. ramosissima は東北南部から近畿地方・四国に分布し，淡黄白色の花を下向きに2つずつつける．葉は丸く，小型である．その変種**キンキヒョウタンボク** var. kinkiensis は母種と異なり葉が細長く披針形となる．**アラゲヒョウタンボク** L. strophiophora は北海道南西部，本州東部の山地に生育し，対になった下向きの花を大型の苞が取り囲むのが特徴．その変種**ダイセンヒョウタンボク** var. glabra は近畿地方，中国地方，四国のおもに石灰岩地に分布し，子房と花柱が無毛である．**ハヤザキヒョウタンボク**＊ L. praeflorens var. japonica は福島県以南の東日本に局所的に分布し，展葉前に白色の花を開くのが特徴．**スルガヒョウタンボク** L. alpigena var. watanabeana は山梨県，長野県，静岡県の山地に稀産する．**ウスバヒョウタンボク** L. cerasina は紀伊半島，中国地方，四国，九州に広く分布するが個体数は少ない．**オオヒョウタンボク** L. tschonoskii は中部地方の山地に生育し，葉の上に白色の花を2つずつつける．**ニッコウヒョウタンボク** L. mochidzukiana は関東地方から近畿地方北部の山地に生育し，前種に似るが，花柄がはるかに短く無毛である．その変種**ヤマヒョウタンボク** var. nomurana は東海地方以西，四国，九州に点々と分布し，母種に比べ花や葉がやや小型である．同じくその変種**アカイシヒョウタンボク** var. filiformis は四国北西部の蛇紋岩地に特産する．**ハマニンドウ**＊ L. affinis は中部地方以南の海沿いに生育するつる性木本である．**ヒメスイカズラ** L. japonica var. miyagusukiana は琉球列島の石灰岩の岩場に生育するつる性木本である．スイカズラの変種とされているが，形態的には乾燥地に適応した革質の葉など母種と大きく異なる．

タニウツギ属 Weigela　　［分布図1246〜1253］

東アジア特産の低木の群で10種あまりが知られ，その大部分は日本に分布する．**キバナウツギ** W. maximowiczii は近畿地方以東の本州に分布し，淡黄色で花筒が細く伸びた花をつける．**ヤブウツギ**＊ W. floribunda は本州（茨城県以西）および四国の主に太平洋側に分布し，紅色で毛の多い花をつける．**ツクシヤブウツギ** W. japonica

ミヤマウグイスカグラ Lonicera gracilipes var. glandulosa（長野県松本市，2009.05，中路真嘉撮影）

チチブヒョウタンボク Lonicera ramosissima（長野県松本市，2009.05，中路真嘉撮影）

ハヤザキヒョウタンボク Lonicera praeflorens var. japonica（長野県松本市，2010.04，中路真嘉撮影）

ハマニンドウ Lonicera affinis（鹿児島県奄美大島，1993.05，山下弘撮影）

ヤブウツギ Weigela floribunda（東京都文京区（栽培），1990.5，八田洋章撮影）

は四国，九州に分布し，前種に似るが花色が開花後の時間に応じて変化する．**ハコネウツギ*** *W. coraeensis* は本州，四国，九州の海沿いに点々と分布し，植物全体がほぼ無毛である．本種もやはり花色変化をする．その変種**ニオイウツギ** var. *fragrans* は伊豆諸島に固有で，母種より花冠が短く，また芳香のある花をつける．**タニウツギ** *W. hortensis* は北海道，本州の日本海側を中心に広く分布し，淡紅色で毛の少ない花を密につける．**ニシキウツギ** *W. decora* は本州，四国，九州のおもに太平洋側に分布し，白色から紅色へとはっきりとした花色変化をするのがその名（二色ウツギ）の由来である．しかし地域によっては花色変化が顕著でない**ベニバナニシキウツギ** f. *unicolor* といった型も見られる．変種**アマギベニウツギ** var. *amagiensis* は伊豆半島に固有で花色変化しない．

ツクバネウツギ属 *Abelia*　　［分布図1216～1220］

東アジアとメキシコに30種程度が分布する低木の群である．花後萼裂片が宿存し，果実はツクバネの実状となり風によって散布されることが本属の名の由来である．**ベニバナノツクバネウツギ*** *A. spathulata* var. *sanguinea* はツクバネウツギの変種で本州東部太平洋側の山地に生育し，暗紅色の花冠をつける．同じく変種の**ウゴツクバネウツギ** var. *stenophylla* は本州北部の主に日本海側に分布し，花冠は母種と異なり黄白色でより大きく，葉は無毛であることで特徴づけられる．**オニツクバネウツギ** *A. serrata* var. *tomentosa* はコツクバネウツギ *A. serrata* の変種で愛媛県，高知県に分布し，全体に白い開出毛を密生する．**オオツクバネウツギ*** *A. tetrasepala* は本州の主に太平洋側と四国に分布するが九州ではごく稀である．前種と異なり，5つの萼裂片のうちの1つが著しく小さいことで区別される．**イワツクバネウツギ** *A. integrifolia* は関東以西の本州，四国，九州の主に石灰岩地斜面に生育する．本種の樹皮には6本の溝が縦走し特徴的である．しばしば別属とされるが本属に含めるのが妥当である．

ニワトコ属 *Sambucus*　　［分布図1237］

北半球，オーストラリア，南アメリカに9種あまりが分布する小型木本の群である．**オオニワトコ***（ミヤマニワトコ）*S. racemosa* subsp. *sieboldiana* var. *major* はニワトコの変種で本州（東北，中部，中国）の多雪地に適応し背が低くなったもの．主幹が横に這い，高さが1.5m程度にしかならない．（奥山雄大）

オミナエシ科 Valerianaceae

主に北半球の温帯と南アメリカに分布し，15属300種からなり，属の数は研究者によって大きく異なる．日本には2属8種3変種があり，うち3種2変種が固有．APGIII分類体系では広く定義されたスイカズラ科に含まれることになった．

オミナエシ属 *Patrinia*　　［分布図1254～1257］

ハクサンオミナエシ *P. triloba* は葉が掌状に3～5中裂し，花は直径約5mm，長さ1mmほどの短い距をもち，本州（東北～北陸）に分布し，山地帯～高山帯の岩場に生える．**キンレイカ*** var. *palmata* は，花はより大きく直径6mmほどで，長さ2～3mmに

ハコネウツギ *Weigela coraeensis*（神奈川県箱根町，1979.07，八田洋章撮影）

ベニバナノツクバネウツギ *Abelia spathulata* var. *sanguinea*（茨城県つくば市（栽培），2007.05，佐藤絹枝撮影）

オオツクバネウツギ *Abelia tetrasepala*（佐賀県太良町，2006.04，奥山雄大撮影）

オオニワトコ *Sambucus racemosa* subsp. *sieboldiana* var. *major*（長野県長野市，2010.07，海老原淳撮影）

キンレイカ *Patrinia triloba* var. *palmata*（群馬県榛名山，1991.07，福田泰二撮影）

なる明瞭な距があり，本州（関東，中部，近畿）の太平洋側地域に分布し，山地の岩場に生える．**シマキンレイカ** var. *kozushimensis* は全体に毛が少なく，葉が厚く，距が長さ1mmと短いかあるいはないもので伊豆諸島（神津島，御蔵島）に分布する．**マルバキンレイカ** *P. gibbosa* は葉が広卵形で羽状に浅裂～中裂し，距は長さ1mmほど，南千島（国後島），北海道，本州（佐渡を含む新潟以北）の日本海側地域に分布する．**オオキンレイカ*** *P. takeuchiana* はキンレイカ類では最も大型になり，葉は掌状に5～7中裂し，距は長さ1～2mm，痩果の小苞は幅が狭く，福井・京都境界の青葉山とその周辺に分布し，集塊岩上に生える．（門田裕一）

オオキンレイカ *Patrinia takeuchiana*（福井県高浜町，1995.07，多田雅充撮影）

マツムシソウ科 Dipsacaceae

ユーラシアとアフリカの温帯から亜寒帯を中心に11属300種，日本に2属2種3変種，日本の固有植物は1種3変種．APGIII分類体系では広く定義されたスイカズラ科に含まれることになった．

マツムシソウ属 *Scabiosa*　［分布図1258～1259］

マツムシソウ *S. japonica* は高さ60～90cmになり，頭花は直径約4cm，葉は2回羽状に切れ込み，終裂片は鈍頭で，本州，四国，九州に分布し，山地草原に生える．**エゾマツムシソウ** var. *acutiloba* は葉の終裂片が鋭頭で，北海道，本州（津軽半島）に分布する．**タカネマツムシソウ*** var. *alpina* はマツムシソウに比べて頭花が大きく，直径約5cmとなり，本州（東北南部～中部），四国（愛媛県東赤石山）に分布し，高山帯～山地帯の草原に生える．**ソナレマツムシソウ***（アシタカマツムシソウ）var. *lasiophylla* は茎や葉に長毛が密生し，葉がやや厚く光沢があり，本州（千葉，神奈川，静岡，愛知）の海岸や内陸の山地に分布する．（門田裕一）

タカネマツムシソウ *Scabiosa japonica* var. *alpina*（茨城県つくば市（栽培），2006.06，佐藤絹枝撮影）

キキョウ科 Campanulaceae

世界の熱帯から寒帯に約80属2400種，日本に10属32種8変種，日本の固有植物は9種7変種．APGII分類体系では，キキョウ科とミゾカクシ科の2科に分割されたが，APGIII分類体系では再び元のキキョウ科にまとめられた．

タニギキョウ属 *Peracarpa*　［分布図1273～1274］

単型属で，日本に3変種があり，2変種が固有．**ツクシタニギキョウ** *P. carnosa* var. *pumila* はタニギキョウ var. *circaeoides* に比べて小型で，葉は直径1cm以下，やや質が厚く鈍い光沢があり，四国，九州に分布する．**エダウチタニギキョウ** var. *kiusiana* は逆に大型で，茎は良く分枝して地面を這い，九州に分布する．

ソナレマツムシソウ *Scabiosa japonica* var. *lasiophylla*（茨城県つくば市（栽培），2007.07，佐藤絹枝撮影）

ツリガネニンジン属 *Adenophora*　［分布図1260～1267］

日本産は13種5変種，そのうち6種3変種が固有．**ヒナシャジン*** *A. maximowicziana* は岩壁から懸垂し，葉は線状披針形で短い柄があり，萼裂片は全縁，花冠は白色で，花柱は花冠より短く，高知県に分布する．**ツクシイワシャジン*** *A. hatsushimae* は花冠が紫色，葉は披針形～卵形で，花柱は花冠よりも長く，萼裂片に細鋸歯があり，宮崎県と熊本県に分布する．ヒナシャジンと共に石灰岩植物で

ヒナシャジン *Adenophora maximowicziana*（高知県東津野村，1994.09，高橋裕子撮影）

ある．**イワシャジン** *A. takedana* は，葉は披針形で，花柱は花冠より短く，本州（埼玉，神奈川，山梨，静岡，愛知）に分布し，渓谷の岩壁上に生える．**ホウオウシャジン** var. *howozana* は高山植物で，葉は質がやや厚くて無柄，萼裂片の鋸歯が少なく，南アルプス北部に分布する．

ヒメシャジン *A. nikoensis* は茎が直立し，花冠は鐘形，花盤は円筒形で長さよりも直径が大きく，花柱は花冠と等長かあるいはわずかに長く，萼裂片に細鋸歯があり，本州（東北～中部地方）に分布し，亜高山帯～高山帯の草原に生える．**ミョウギシャジン** var. *petrophila* は葉が輪生し，花柱は花冠より長く，萼裂片は全縁または細鋸歯があり，本州（群馬，東京）に分布し，岩壁に生える．北海道（道南）や岩手県からの報告には再検討が必要である．**シライワシャジン** *A. teramotoi* は花柱が花冠から長く突き出し，萼裂片は全縁で，南アルプス中部の石灰岩地に生える．**シラトリシャジン*** *A. uryuensis* は花冠が広鐘形で中部以上まで深裂し，花盤は低平な環状，萼裂片は卵形～広披針形で全縁，北海道雨竜地方の超塩基性岩地に生える．

オトメシャジン *A. triphylla* var. *puellaris* は，変異の幅が広い広義のサイヨウシャジン *A. triphylla* の中でも，葉が互生して細く線形，花が長さ1 cm と小さく，花柱は長く花冠から突き出す点で特異であり，東赤石山系（愛媛県）に分布し，上部の超塩基性岩地に生える．

ツルニンジン属 *Codonopsis*　［分布図1270］

日本産は2種1変種，うち1変種が固有．**シブカワニンジン** *C. lanceolata* var. *omurae* は基準変種のツルニンジンに似て，葉が狭披針形，下面に長い伏毛が密生するもので，静岡県と愛知県，三重県の超塩基性岩地に生える．

ホタルブクロ属 *Campanula*　［分布図1268～1269］

日本産は5種1変種，うち1種1変種が固有．**ヤマホタルブクロ** *C. punctata* var. *hondoense* は高さ70 cm ほどの多年草で全体に剛毛があり，根生葉は花時には生存せず，下部の茎葉の葉身は卵形～披針形で葉柄には明瞭な翼があり，花冠は長さ約5 cm，淡紅紫色，萼裂片は狭三角形で，基準変種のホタルブクロに見られる萼裂片と互生する付属体がない．本州（東北南部～近畿）に分布し，山地帯～高山帯の草地に生える．**シマホタルブクロ*** *C. microdonta* は全体が無毛で，葉柄は翼がないかあるいは狭い翼があり，花冠はホタルブクロに比べてより小型で長さ約3 cm，総状花序に多数つき白色，千葉，静岡，伊豆諸島に分布する．

ミゾカクシ属 *Lobelia*　［分布図1271～1272］

オオハマギキョウ* *L. boninensis* は低木状になる一稔性多年草で高さ3 m にもなり，花冠は単唇型で，小笠原（父島，母島ほか）に分布し，海岸の岩場に生える．**マルバハタケムシロ** *L. loochooensis* は茎が匍匐する小型の多年草で，葉は肉質で光沢があり，花は二唇型で，琉球（奄美大島，沖縄島，久米島）に分布し，海岸の岩場や畑の畔などに生える．（門田裕一）

ツクシイワシャジン *Adenophora hatsushimae*（宮崎県西米良村，2007.10，南谷忠志撮影）

シラトリシャジン *Adenophora uryuensis*（北海道幌加内町，1989.07，門田裕一撮影）

シマホタルブクロ *Campanula microdonta*（茨城県つくば市（栽培），2007.07，佐藤絹枝撮影）

オオハマギキョウ *Lobelia boninensis*（東京都小笠原平島，2004.06，加藤英寿撮影）

キク科 Asteraceae (Compositae)

世界に1500属24000種，日本に73属452種14亜種81変種，日本の固有植物は4属281種63変種．従来キク科はキク亜科とタンポポ亜科の二つの亜科に区別されていたが，APGIII分類体系ではタンポポ亜科が細分され，現在では合計で12の亜科が認識されている．

アキノキリンソウ属 Solidago　[分布図1594〜1597]

日本産は4種2亜種2変種，そのうち3種2変種が固有．**ハチジョウアキノキリンソウ*** *S. virgaurea* subsp. *leiocarpa* var. *praeflorens* は葉はやや質が厚く卵形，総苞は筒状鐘形で片は3列，千葉県と伊豆諸島に分布する．**シマコガネギク** subsp. *asiatica* var. *insularis* は葉は狭卵形で茎の下部に集まり，総苞は鐘形で片は4列，鹿児島県（黒島，奄美群島）と沖縄県に分布する．**イッスンキンカ*** *S. minutissima* は屋久島の高所に固有の矮性植物で，高さは10 cm以下，葉は卵形〜長楕円状披針形，総苞は鐘形で片は4列．**アオヤギバナ** *S. yokusaiana* は葉は線状披針形，総苞は筒状鐘形で片は3列，本州（宮城，山形以南），四国，九州，沖縄に分布し，川岸の岩上に生える渓流植物である．**ソラチアオヤギバナ** *S. horieana* も渓流沿い植物で，アオヤギバナよりも花が大きく，総苞は筒状鐘形で片は3列，北海道（空知地方）に分布し，超塩基性岩地の植物でもある．

アザミ属 Cirsium　[分布図1352〜1465]

日本産は109種8変種，そのうち104種8変種が固有．モリアザミ節の**モリアザミ** *C. dipsacolepis* は直根があり，本州，四国，九州に分布する．**アキヨシアザミ** var. *calcicola* は総苞外片が内片よりも明らかに短いもので，山口県秋吉台の石灰岩草原に生える．

以下の種はナンブアザミ節に所属する．フジアザミ亜節の**フジアザミ*** *C. purpuratum* は総苞片に鋭い刺があり，本州中部に分布する．イナベアザミ亜節の**イナベアザミ** *C. magofukui* も総苞片に刺があるが，花期に根生葉がなく，三重県と福井県に分布する．**ナンブタカネアザミ** *C. nambuense* は根生葉があり，頭花が無柄で，東北地方の高山に分布する．

ハマアザミ亜節は海岸性のアザミで5種あり，本州，四国，九州に**ハマアザミ** *C. maritimum*，九州南部から屋久島，種子島に**オイランアザミ** *C. spinosum*，奄美諸島から沖縄本島に**シマアザミ*** *C. brevicaule*，宮古島から西表島に**イリオモテアザミ** *C. irumtiense*，小笠原諸島に**オガサワラアザミ*** *C. boninense* が分布する．

リョウノウアザミ亜節は頭花が総苞が狭筒形で，**リョウノウアザミ** *C. grandirosuliferum* が岐阜県と長野県に，**タキアザミ** *C. yoshidae* が三重県に，**ギョウジャアザミ** *C. gyojanum* は本州（紀伊山地）と四国に分布する．

ノアザミ亜節ノアザミ列では，**ノアザミ** *C. japonicum* の変種**ケショウアザミ** var. *vestitum* は全体に毛が多く，刺が鋭いもので，本州西部と四国に分布する．**ビャッコアザミ** var. *villosum* は全体に毛が多い他，小花と痩果が大型で，岐阜県南部に分布する．

ノハラアザミ列では**ノハラアザミ** *C. oligophyllum* は本州に分布する．**ニッコウアザミ** var. *nikkoense* は葉身が2回羽状に深裂するもの

ハチジョウアキノキリンソウ *Solidago virgaurea* subsp. *leiocarpa* var. *praeflorens*（茨城県つくば市（栽培），2006.11，佐藤絹枝撮影）

イッスンキンカ *Solidago minutissima*（鹿児島県屋久島，撮影日不明，八田洋章撮影）

フジアザミ *Cirsium purpuratum*（山梨県富士山，2009.08，奥山雄大撮影）

シマアザミ *Cirsium brevicaule*（沖縄県本部町，1998.05，國府方吾郎撮影）

オガサワラアザミ *Cirsium boninense*（東京都小笠原母島，2009.06，加藤英寿撮影）

で，東北南部〜中部地方に分布する．**アオモリアザミ** *C. aomorense* は頭花がより大型で，北海道〜東北地方北部に分布する．

　オニアザミ亜節は大型の頭花を点頭させるグループで，次の7種がある．**ツガルオニアザミ** *C. shimae* は白神山地に，**ハチマンタイアザミ** *C. hachimantaiense* は八幡平に，**チョウカイアザミ*** *C. chokaiense* は鳥海山に，**オニアザミ** *C. borealinipponense* は本州（秋田〜福井）に，**ジョウシュウオニアザミ** *C. okamotoi* は群馬，新潟，長野の各県に，**エチゼンオニアザミ** *C. occidentalinipponense* は福井県に，**ムラクモアザミ** *C. maruyamanum* は中国地方に分布する．

　キセルアザミ亜節は湿地性のアザミで3種あり，**キセルアザミ** *C. sieboldii* は本州と四国に，**ヒダキセルアザミ** *C. hidapaludosum* は岐阜県飛騨地方に，**サツママアザミ** *C. austrokiushianum* は九州に分布する．

　エゾノサワアザミ亜節は3種あり，葉身は羽状に深裂し，**エゾノサワアザミ** *C. pectinellum* と**エゾマミヤアザミ** var. *fallax* は北海道に広く分布し，**アポイアザミ*** *C. apoense* はアポイ岳周辺に分布する．

　ワタムキアザミ亜節は**ワタムキアザミ** *C. tashiroi* 1種のみで，本州中部（鈴鹿山脈，養老山脈）に分布する．変種**ヒダアザミ** var. *hidaense* は総苞外片が内片の半長よりも長いもので，葉は全縁〜羽状深裂し，本州（岐阜，長野，愛知，静岡）に分布する．

　ダイニチアザミ亜節は**ダイニチアザミ** *C. babanum* と**オニオオノアザミ** *C. diabolicum* の2種があり，いずれも本州中部の高山に分布する．

　キリシマアザミ亜節は九州の温帯に**キリシマアザミ** *C. kirishimense*，**ウンゼンアザミ** *C. unzenense*，**クジュウアザミ** *C. kujuense* の3種がある他，中国地方に**サンベサワアザミ** *C. tenuisquamatum* が分布する．

　ツクシアザミ亜節は苞葉が多数あり，花期に根生葉がないもので，次の11種がある．**オオミネアザミ** *C. ohminense* は紀伊山地に，**ニセツクシアザミ** *C. pseudosuffultum* は四国山地に，**ツクシアザミ** *C. suffultum* は九州の北半部に，**シライワアザミ** *C. akimotoi* は宮崎県に，**ヒュウガアザミ** *C. masami-saitoanum* は鰐塚山地（宮崎，鹿児島）に，**ノマアザミ*** *C. chikushiense* は鹿児島県に，**ヤクシマアザミ** *C. yakusimense* は屋久島の上部に分布する．**サワアザミ** *C. yezoense* は北海道と本州の日本海側に広く分布するが，**カツラカワアザミ** *C. opacum* は滋賀県北部の固有種である．これらに近縁な**テリハアザミ** *C. lucens* は熊本県に分布する．**ハチジョウアザミ*** *C. hachijoense* は伊豆諸島に分布する．

　チシマアザミ亜節は大型の頭花を点頭させるアザミで，北海道に分布する．**アッケシアザミ** *C. ito-kojianum* は道東地方の特産で，**ヒダカアザミ** *C. hidakamontanum* は日高山脈の固有種である．**コバナアザミ** *C. boreale* は総苞片が圧着し，痕跡的ながら総苞片に腺体が認められるもので，北海道の道東を除くほぼ全域に広く分布する．

　カガノアザミ亜節は長い柄の先に小型の頭花を点頭させるアザミであり，本州と四国に多くの種が知られている．日本海側には，北

チョウカイアザミ *Cirsium chokaiense*（秋田県鳥海山，2009.09，門田裕一撮影）

アポイアザミ *Cirsium apoense*（北海道様似町，2005.07，門田裕一撮影）

ノマアザミ *Cirsium chikushiense*（鹿児島県肝付町，2005.10，門田裕一撮影）

ハチジョウアザミ *Cirsium hachijoense*（東京都御蔵島，2008.10，門田裕一撮影）

から，**オガアザミ** C. horiianum，**ハナマキアザミ** C. hanamakiense，**ウゼンアザミ** C. uzenense，**ミョウコウアザミ** C. myokoense，**エチゼンヒメアザミ** C. wakasugianum，**カガノアザミ** C. kagamontanum，**ナガエノアザミ** C. longipedunculatum，**ゲイホクアザミ** C. akimontanum，**ナガトアザミ** C. nagatoense がある．太平洋側には，**イワキヒメアザミ** C. yuzawae，**ホソエノアザミ** C. tenuipedunculatum，**ホウキアザミ** C. gratiosum，**ナギソアザミ** C. nagisoense，**ウラジロカガノアザミ**＊（**キソウラジロアザミ**）C. furusei，**ハリカガノアザミ** C. spinuliferum，**ウスバアザミ** C. tenue，**イシヅチウスバアザミ** C. ishidzuchiense がある．

　ナンブアザミ亜節キソアザミ列は本州の高山帯に生え，北から，**ザオウアザミ** C. zawoense，**オクヤマアザミ**（**ヤツガタケアザミ**）C. ovalifolium，**キソアザミ** C. fauriei，**タテヤマアザミ** C. otayae，**ハッポウアザミ** C. happoense，**センジョウアザミ** C. senjoense，**ヤツタカネアザミ** C. yatsualpicola，**ノリクラアザミ** C. norikurense が分布する．ナンブアザミ列は山地帯に生育し，**ナンブアザミ**＊（**サドアザミ**）C. makinoi，**トネアザミ** C. tonense，**ハクサンアザミ** C. matsumurae，**ヨシノアザミ**（**シコクアザミ**）C. yoshinoi，**ホッコクアザミ** C. hokkokuense がある．

　ヤチアザミ亜節には唯1種**ヤチアザミ** C. shinanense があり，長野県北部の湿地に生える．

　ヒメアザミ亜節は頭花が直立ないし斜上し，**エゾヤマアザミ** C. albrechtii，**トオノアザミ** C. heiianum，**マミガサキアザミ** C. takahashii，**ウゼンヒメアザミ** C. katoanum，**アイヅヒメアザミ** C. aidzuense，**ハッタチアザミ** C. yamauchii，**ウエツアザミ** C. uetsuense，**スズカアザミ** C. suzukaense，**コイブキアザミ** C. confertissimum，**ビッチュウアザミ** C. bitchuense，**ヒッツキアザミ** C. congestissimum，**ヤマアザミ** C. spicatum，**ヒメアザミ** C. buergeri がある．**アズマヤマアザミ** C. microspicatum は頭花が無柄で花序が穂状になるもので，本州（関東～近畿）に分布する．**オハラメアザミ** var. kiotoense は頭花に長さ1cmほどの柄があり，北陸～近畿地方に分布する．オハラメアザミはアズマヤマアザミとは独立した種である可能性が高い．

　タチアザミ亜節は頭花は直立し，総苞片が斜上するもので，**タチアザミ** C. inundatum と**オゼヌマアザミ**＊ C. homolepis は本州の湿地に生え，**マルバヒレアザミ** C. grayanum，**ミネアザミ** C. alpicola，**ウゴアザミ** C. ugoense は北海道道南から東北地方に分布する．ニッポウアザミ亜節は九州産の植物で，大分・宮崎両県の県境地域に**ニッポウアザミ** C. nippoense，種子島に**タネガシマアザミ**＊ C. tanegashimense が分布する．

　ダキバヒメアザミ亜節は東北地方の植物で，**ダキバヒメアザミ** C. amplexifolium は東北～中部地方（新潟県まで）の山地帯に，**ガンジュアザミ** C. ganjuense は早池峰山と岩手山の高山帯に生育する．

　リシリアザミ亜節は花期に根生葉がなく，頭花が直立するアザミで，北海道（利尻島）と本州に分布する．日本海側地域には，**リシリア**

ウラジロカガノアザミ Cirsium furusei（長野県大桑村，2008.09，門田裕一撮影）

ナンブアザミ Cirsium makinoi（福島県天栄村，2010.09，門田裕一撮影）

オゼヌマアザミ Cirsium homolepis（群馬県片品村，2005.08，門田裕一撮影）

タネガシマアザミ Cirsium tanegashimense（鹿児島県種子島，2008.11，門田裕一撮影）

ザミ *C. umezawanum*，トガアザミ *C. togaense*，アシノクラアザミ *C. ashinokuraense*，リョウウアザミ *C. domonii* がある．太平洋側地域には，マツシマアザミ *C. sendaicum*，キンカアザミ *C. muraii*，シドキヤマアザミ *C. shidokimontanum* がある．

アゼトウナ属 *Crepidiastrum* ［分布図1466～1470］

日本産は6種，そのうち5種が固有．以下の3種は高さ10～20 cmの矮性低木で，花は黄色．**コヘラナレン***C. grandicollum* は側枝の葉は卵形，基部は広く抱茎し，小笠原（父島）に分布する．**アゼトウナ** *C. keiskeanum* は側枝の葉は倒卵形，基部は抱茎せず，本州（東海地方，紀伊半島），四国（香川を除く），九州（大分，宮崎，鹿児島）の太平洋側に分布する．**ワダン** *C. platyphyllum* は側枝の葉は倒卵形，基部は少し抱茎し，本州（千葉，神奈川）と伊豆諸島に分布する．

次の2種は高さ1～2mの小低木で，花は白色．**ユズリハワダン*** *C. ameristophyllum* は側枝を出さず，主茎の葉は狭卵形で有柄，小笠原（父島，母島）に分布する．**ヘラナレン** *C. linguifolium* は側枝の葉は卵形で小型，主茎の葉は倒卵状披針形，小笠原（母島と付近の島嶼）に分布する．

ウサギギク属 *Arnica* ［分布図1292］

日本産は3種1変種，そのうち1種が固有．**チョウジギク*** *A. mallotopus* は頭花が白色の毛が密生した長い花柄に横向きに咲き，舌状花がない．このため独立属チョウジギク属 *Mallotopus* とされることもある．本州（岩手・秋田～島根の主に日本海側）に分布する．

ウスユキソウ属 *Leontopodium* ［分布図1495～1501］

日本産は7種5変種，そのうち5種5変種が固有．次の5種は花期に根生葉が生存する．**チシマウスユキソウ** *L. kurilense* は茎葉は約10個つき，両面に綿毛が密生し，苞葉と共に円頭．歯舞諸島（色丹島），千島列島（択捉島）に分布し，海岸の岩壁に生える．**オオヒラウスユキソウ*** *L. miyabeanum* はこれに似て，苞葉と茎葉の先端が短く尖り，北海道（大平山，崕山）の石灰岩地に生える．**ハヤチネウスユキソウ** *L. hayachinense* は苞葉と茎葉の先端が鋭形，上面はまばらに綿毛があり，早池峰山の超塩基性岩地に生える．**ミヤマウスユキソウ** *L. fauriei* は茎葉が5個以下，頭花は4～10個，痩果に微毛があり，本州（岩手山～朝日連峰）の高山に生える．変種**ホソバヒナウスユキソウ** var. *angustifolium* は葉の幅1～2.5 mm，群馬県の超塩基性岩地に生える．**ヒメウスユキソウ*** *L. shinanense* は全体が小さく，頭花は2～3個，痩果は無毛で，長野県（中央アルプス北部）の高山岩壁や砂礫地に生育する．

種としての**ウスユキソウ** *L. japonicum* は花期に根生葉がなく，痩果に微毛がある．**ミネウスユキソウ** var. *shiroumense* は北海道（西南部）と本州（中部地方以北）に分布する高山型で，ウスユキソウ var. *japonicum* に比べて全体が小型で，苞葉は長いもので長さ2 cm，頭花はほとんど無柄，総苞は鐘形で直径約5 mm，草原に生える．**ヤマウスユキソウ** var. *orogenes* はこれに似て，総苞は鐘形で直径約4～5 mm，頭花の柄は長さ2 mmほど，苞葉は長さ1 cm，本州

コヘラナレン *Crepidiastrum grandicollum*（東京都小笠原父島，2005.06，加藤英寿撮影）

ユズリハワダン *Crepidiastrum ameristophyllum*（東京都小笠原母島，2008.12，加藤英寿撮影）

チョウジギク *Arnica mallotopus*（長野県戸隠村，2001.08，海老原淳撮影）

オオヒラウスユキソウ *Leontopodium miyabeanum*（北海道大平山，2009.08，門田裕一撮影）

（広島県猫山）の超塩基性岩地の草原に生える．**カワラウスユキソウ** var. *perniveum* は頭花の柄がやや長く約 1 cm になり，総苞は筒形で直径 3～4 mm，苞葉は長さ 1 cm，本州（南アルプス中部，群馬南部）の石灰岩岩壁に生える．**コウスユキソウ** var. *spathulatum* は頭花の柄は長さ 1 mm 以下，総苞は筒形で直径 2～3 mm，苞葉は広楕円形で長さ 1 cm 以下，本州（紀伊山地），四国，九州（宮崎）の石灰岩地や超塩基性岩地の岩壁に生える．

ヒメウスユキソウ *Leontopodium shinanense*（長野県木曽駒ヶ岳，2008.08，牧野純子撮影）

エゾコウゾリナ属 *Hypochaeris*　　［分布図1488］

エゾコウゾリナ *H. crepidioides* は広倒披針形の根生葉をつけ，総苞は広筒形で黒味を帯び，総苞片は 3 列，黒色の剛毛がある．北海道アポイ岳の特産で，超塩基性岩地に生える．

オオモミジガサ属 *Miricacalia*　　［分布図1506］

日本固有の単型属．**オオモミジガサ*** *M. makineana* は総苞の基部に苞葉（小萼輪）が輪生し，花は黄色，葉は大きく円形で掌状に 9～11 中裂し，本州（福島以南），四国，九州に分布する．西日本のものは裂片の先端が尖る傾向がある．

オオモミジガサ *Miricacalia makinoana*（宮崎県諸塚村，2005.07，南谷忠志撮影）

オグルマ属 *Inula*　　［分布図1489～1490］

日本産は 3 種 1 亜種 2 変種，そのうち 2 変種が固有．**ミズギク** *I. ciliaris* は花時に根生葉をつけ，へら形，茎葉は抱茎し，北海道（静狩），本州（近畿以北），九州（宮崎）に分布する．変種**オゼミズギク*** var. *glandulosa* は葉の特に下面に多少とも黄色い腺点があるもので，北海道（樽前岳？），東北南部，尾瀬・日光周辺地域に分布する．

オタカラコウ属 *Ligularia*　　［分布図1502～1505］

日本産は 8 種 1 変種，3 種 1 変種が固有．**ヤマタバコ** *L. angusta* は総苞片が合生して総苞は筒になり，根生葉は直立して，葉身は卵状長楕円形，本州（関東，中部）に分布する．**ミチノクヤマタバコ** *L. fauriei* は根生葉が直立する点でヤマタバコに似るが，総苞片は離生して 5 個あり，本州（東北～関東北部）に分布する．**カイタカラコウ*** *L. kaialpina* は頭花は散房花序につき，総苞は幅約 5 mm，冠毛は花冠より短く，本州（関東～中部）に分布し，亜高山草原に生える．**アソタカラコウ** *L. fischeri* var. *takeyukii*（正式発表名でない）は基準変種のオタカラコウに似るが，より大型で高さ 2 m に達し，葉の光沢が強く，6～7 月に開花し，九州（宮崎，熊本）に分布し，草原に生え，単生することが多い．

オゼミズギク *Inula ciliaris* var. *glandulosa*（岩手県／宮城県栗駒山，1998.07，岩科司撮影）

キク属 *Chrisanthemum*　　［分布図1338～1551］

日本産は14種 5 変種，そのうち10種 4 変種が固有．次の 3 種は舌状花を欠く．**イワインチン** *C. rupestre* は葉が羽状に深裂し，裂片は線形で，本州（東北部，中部地方）に分布し，高山帯の岩礫地に生える．**イソギク** *C. pacificum* は葉が倒披針形～倒卵形で羽状に浅裂するか粗い鋸歯縁となり，総苞は直径 5～6 mm で，本州（茨城～静岡），伊豆諸島の海岸岩壁に生える．**シオギク** *C. shiwogiku* は葉が倒卵形，総苞は直径 8～10 mm，四国（徳島，高知）に分布する．**キイシオギク**（キノクニシオギク）var. *kinokuniense* はシオギクに似るが，葉はさじ形になるもので，本州（三重，和歌山）に分布する．

以下の 8 種は舌状花がある．**コハマギク** *C. arcticum* subsp.

カイタカラコウ *Ligularia kaialpina*（静岡県荒川岳（南アルプス），2005.07，門田裕一撮影）

maekawanum は葉が広卵形で掌状に中裂し，長い葉柄があり，北海道，本州（茨城以北）の太平洋側海岸に分布する．**ノジギク** *C. japonense* は葉が広卵形，羽状に中裂し，本州（兵庫以西）と九州（熊本，大分，宮崎，鹿児島）に分布する．**アシズリノジギク** var. *ashizuriense* はノジギクよりも頭花と葉が小さく，四国（高知，愛媛）に分布する．**サツマノギク** *C. ornatum* は葉の下面が銀白色となるもので，九州（熊本，鹿児島）に分布する．**オオシマノジギク** * *C. crassum* はノジギクに似るが，頭花がより大型で柄が太くかつ長く，鹿児島県（屋久島，奄美大島〜与論島）に分布する．**リュウノウギク** *C. makinoi* は葉が卵形〜広卵形で掌状に3浅裂し，下面が灰白色となり，本州（福島・新潟以西），四国，九州（宮崎，屋久島？）に分布する．**ワカサハマギク*** var. *wakasaense* は本州（福井〜鳥取）に分布し，リュウノウギクよりも全体が大型で，葉は長さ5〜10 cmになる．**ナカガワノギク** *C. yoshinaganthum* の葉は倒卵状〜倒披針状くさび形で，先端が3裂する．四国（徳島）に分布し，那賀川の川岸岩壁に生える渓流沿い植物の一つである．

イヨアブラギク *C. indicum* var. *iyoense* は黄色い舌状花をつけ，基準変種シマカンギクに比べて葉が小型で，四国（香川，愛媛）に分布の山地草原に生える．**ツルギカンギク** var. *tsurugisanense* は葉が2回羽状に中裂し，四国（徳島，高知）の石灰岩地に生える．**オキノアブラギク** *C. okiense* は葉が卵形で羽状に5中裂し，本州（島根，山口），九州（福岡）に分布し，海岸の岩壁に生える．

クサヤツデ属 *Diaspananthus* ［分布図1473］

日本固有の単型属．**クサヤツデ*** *D. uniflorus* は頭花は1個の筒状花からなり，花冠は濃い紫色で，本州（神奈川〜紀伊半島の太平洋側），四国，九州に分布する．モミジハグマ属と近縁であることは分子系統解析で示唆されているが，確実な系統関係は未だ解明されていない．

クルマバハグマ属 *Pertya* ［分布図1536〜1541］

日本に6種1変種，そのうち4種1変種が固有．**コウヤボウキ*** *P. scandens* は低木で，葉は卵形〜広卵形で圧毛があり，頭花は長く伸びた枝先に単生し，本州（宮城以南），四国，九州に分布する．**シマコウヤボウキ** *P. yakushimensis* も低木だが，葉は楕円形で無毛，頭花は短枝の先につき，屋久島に特産する．**クルマバハグマ** *P. rigidula* は多年草で，葉は狭楕円形で輪生し，低い鋸歯があり，無柄あるいは短い柄があり，本州（東北〜近畿）に分布する．**オヤリハグマ** *P. triloba* は葉が楕円形〜円形，3浅裂し，長い葉柄があり，本州（東北〜茨城，新潟）に分布する．**ツクシカシワバハグマ** *P. robusta* var. *kiushiana* は，葉が卵状楕円形で分裂しない基準変種の**カシワバハグマ** var. *robusta* に似るが，頭花は有柄で，四国（剣山），九州（大分，熊本，宮崎）に分布する．

コウゾリナ属 *Picris* ［分布図1542］

日本には1種2亜種2変種，そのうち2変種が固有．**アカイシコウゾリナ** *P. hieracioides* subsp. *japonica* var. *akaishiensis* は分枝した枝が鋭角的に伸び，花期にも根生葉が生存し，総苞は黒味を帯び剛

オオシマノジギク *Chrysanthemum crassum*（鹿児島県奄美大島，2010.11，奥山雄大撮影）

ワカサハマギク *Chrysanthemum makinoi* var. *wakasaense*（茨城県つくば市（栽培），2006.11，佐藤絹枝撮影）

クサヤツデ *Diaspananthus uniflorus*（宮崎県大崩山，2003.09，斉藤政美撮影）

コウヤボウキ *Pertya scandens*（福井県敦賀市，1997.10，若杉孝生撮影）

毛が少なく，本州（関東西部～中部地方）の山地帯～高山帯の草原に生える．ハマコウゾリナ var. *litoralis* はより小型で，茎は地面付近で分枝して枝は斜上し，根生葉は花期にも生存する．本州（千葉，神奈川，静岡），伊豆諸島の砂浜海岸に生える．

コウモリソウ属 *Parasenecio*　［分布図1511～1535］

　日本に20種2亜種8変種，そのうち20種5変種が固有．ヤマタイミンガサ節は2種あり，**ヤマタイミンガサ** *P. yatabei* は葉身は掌状に五裂し，本州（岩手～広島）と四国に分布する．変種の**ニシノヤマタイミンガサ** var. *occidentalis* は総苞片が2～4枚あり，本州（岐阜以西），四国，九州に分布する．**イズカニコウモリ** *P. amagiensis* は葉が腎形になり，伊豆半島に分布する．タイミンガサ節の**タイミンガサ** *P. peltifolius* は葉が楯着するもので，本州（新潟～兵庫）に分布する．

　モミジガサ節は3種あり，**モミジガサ** *P. delphiniifolia* は北海道～九州に広く分布する．**テバコモミジガサ** *P. tebakoensis* は地中を横走するストロンをもち，本州～九州に分布し，典型的なソハヤキ要素として知られている．**モミジコウモリ*** *P. kiusianus* は総苞の基部に小型の苞葉があり，九州（熊本，宮崎，鹿児島）に分布する．

　コウモリソウ節は葉身の概形が腎形になるものと五角形になるものの2群がある．腎形になるものでは，**ウスゲタマブキ** *P. farfarifolia* が本州～九州に，その変種**タマブキ** var. *bulbifer* は本州（中部以北）に分布し，**モミジタマブキ**（ミヤマコウモリソウ）var. *acerinus* は葉身が掌状に切れ込むもので，本州，四国，九州に分布する．**カニコウモリ** *P. adenostyloides* は総苞片が3個で，本州（兵庫，紀伊山地以北），四国に分布する．**コモチミミコウモリ** *P. auriculata* var. *bulbifer* は葉柄の基部が耳状に抱茎し，北海道に分布する．**ツガルコウモリ** *P. hosoianus* は青森県と秋田県に，**オガコウモリ** *P. ogamontanus* は秋田県男鹿半島に分布する．**イヌドウナ** *P. tanakae* は葉柄に広い翼があり，基部は耳状に抱茎し，東北地方に分布するほか，広島県西部に隔離的に分布する．**オオカニコウモリ*** *P. nikomontanus* は本州（秋田～広島，島根）に分布する．**ヒメコウモリ** *P. shikokianus* は本州（紀伊山地）と四国に，**ツクシコウモリ** *P. nipponicus* は九州に分布し，共に葉身は浅裂するか粗い欠刻がある．

　葉身が五角形になるものには，岩手県と青森県南部に分布する**ハヤチネコウモリ** *P. hayachinensis*，東北地方の日本海側地域に分布する**コバナノコウモリ**（チョウカイコウモリ）*P. chokaiensis*，本州中部地方以北に分布する**オオバコウモリ** *P. hastatus* subsp. *orientalis* var. *ramosus*，栃木県日光とその周辺に分布する**ニッコウコウモリ** var. *nantaicus*，本州中部地方に分布する**コウモリソウ** *P. maximowiczianus* と，葉柄に翼があって抱茎するその変種**オクヤマコウモリ** var. *alatus*，屋久島の山地帯に分布する**ヤクシマコウモリ*** *P. yakusimensis* がある．

コケタンポポ属 *Solenogyne*　［分布図1593］

　コケタンポポ *S. mikadoi* は小型で常緑の多年草，典型的な渓流沿い植物として知られ，葉は倒卵形で羽状に深く切れ込み，琉球（奄美大島，徳之島，沖縄島，西表島）に分布する．

モミジコウモリ *Parasenecio kiusianus*（宮崎県北郷町，2007.09，斉藤政美撮影）

オオカニコウモリ *Parasenecio nikomontanus*（群馬県片品村，2009.10，門田裕一撮影）

ヤクシマコウモリ *Parasenecio yakusimensis*（鹿児島県屋久島，1994.10，川原勝征撮影）

サワオグルマ *Tephroseris pierotii*（神奈川県箱根町，1997.05，八田洋章撮影）

サワオグルマ属 Tephroseris　[分布図1621〜1623]

日本産は6種1亜種，そのうち3種が固有．**タカネコウリンカ** T. takedana は花はオレンジ色，根生葉は長楕円形，総苞は黒色，総苞の基部に苞葉があり，本州（中部）の高山草原に生える．**キバナコウリンカ** T. furusei は花は黄色，根生葉は卵形〜長卵形，翼のある長柄があり，本州（埼玉，群馬）の石灰岩地に生える．**サワオグルマ*** T. pierotii は根生葉の基部が次第に細くなって明瞭な柄がないもので，本州〜沖縄の湿地に生える．

サワギク属 Nemosenecio　[分布図1508]

1種が固有．**サワギク*** N. nikoensis は葉が羽状に深裂し，裂片もさらに切れ込み，頭花は散房花序につき，北海道〜九州に分布する．

サワギク Nemosenecio nikoensis（三重県藤原岳，2001.06，海老原淳撮影）

シオン属 Aster　[分布図1301〜1332]

日本産は32種12変種，そのうち23種10変種が固有．**サワシロギク** A. rugulosus は総苞は筒形，葉は線状披針形，地下茎があり，北海道〜本州，九州に分布し，湿り気のあるところに生える．**シブカワシロギク** var. shibukawaensis は地下茎を出さずに叢生し，葉が厚く光沢があり鋸歯が目立つもので，静岡県と愛知県の超塩基性岩地に生える．**ホソバノギク** A. sohayakiensis は総苞が筒形，葉は狭披針形，本州（三重，奈良，和歌山）に分布し，川岸の岩上に生える．**ミヤマヨメナ*** A. savatieri は総苞は半球形，葉は楕円形〜卵形，冠毛がなく，本州，四国，九州に分布する．**シュンジュギク** var. pygmaeus はミヤマヨメナに似て全体が小型のもので，本州（愛知，三重，中国地方），四国（徳島，高知，愛媛）に分布し，超塩基性岩地や石灰岩地に多い．**コモノギク** A. komonoensis は総苞は半球形，葉は卵形，本州（三重，奈良，和歌山），四国（徳島，愛媛）に分布し，岩礫地に生える．**クルマギク** A. tenuipes は和歌山県熊野川流域の固有植物で，茎は崖から懸垂し，葉は狭披針形．**テリハノギク*** A. taiwanensis var. lucens は総苞が狭筒形，葉は長卵形で鈍い光沢があり，沖縄（西表島，魚釣島）に分布する．**イナカギク**（ヤマシロギク）A. semiamplexicaulis は毛が多く，葉は披針形で短柄があり，基部は半抱茎し，本州，四国，九州に分布する．**サツマシロギク** A. satsumensis はイナカギクに似るが，短毛の他に長毛があり，九州（熊本，宮崎，鹿児島）に分布する．**シコクシロギク** A. yoshinaganus は葉の基部が広く耳状に抱茎するもので，四国（徳島，高知）に分布する．

ミヤマヨメナ Aster savatieri（栃木県日光市（栽培），1984.07，八田洋章撮影）

ケシロヨメナ A. ageratoides var. intermedius は葉が粗渋で有毛，本州（長野，近畿以西），四国，九州に分布する．**キントキシロヨメナ** var. oligocephalus は茎に開出毛が多いもので，本州（神奈川，静岡）に分布する．**タマバシロヨメナ** var. ovalifolius は葉が広卵形になり，本州（東北以南），九州に分布する．**ナガバシロヨメナ** var. tenuifolius は葉は狭披針形，シロヨメナ類の渓流沿い植物で，本州（中部地方以西），四国，九州に分布する．

テリハノギク Aster taiwanensis var. lucens（沖縄県西表島，2010.02，門田裕一撮影）

アキハギク A. sugimotoi は葉が卵形〜長卵形，葉柄に翼があり，本州（関東〜東海地方，長野）に分布する．**タテヤマギク*** A.

タテヤマギク Aster dimorphophyllus（神奈川県箱根町，1987.08，八田洋章撮影）

dimorphophyllus は葉が心形で掌状に浅～深裂し，冠毛が長く，本州（神奈川，静岡）に分布する．**オオバヨメナ*** *A. miquelianus* は葉に粗い欠刻があり，冠毛が短く，四国（愛媛，高知），九州に分布する．**ゴマナ** *A. glehnii* var. *hondoensis* は総苞が狭筒形，葉の下面に腺点があり，本州（中国地方以東）に分布する．

ハコネギク *A. viscidulus* は総苞片が粘着し，茎葉がほとんど無柄となり，本州（関東，中部地方）に分布する．**タカネコンギク** var. *alpina* は花はふつう淡紫色，総苞片が卵円形になり，本州（関東，中部地方）に分布し，亜高山帯～高山帯の草原に生える．

ノコンギク *A. microcephalus* var. *ovatus* は葉が粗渋で基部が次第に細くなり，北海道～九州に分布する．基準変種の**センボンギク**（タニガワコンギク）var. *microcephalus* は葉が狭披針形，本州（中部以西），四国（徳島），九州に分布する渓流植物である．**ヤクシマノギク** *A. yakushimensis* は屋久島の低所の渓流沿いに生え，葉が厚く光沢がある．

以下の5種は冠毛が長短の二型があるハマベノギク属 *Heteropappus* とされていたものを含む．**ヤナギノギク** *A. hispidus* var. *leptocladus* は葉は線形，本州（静岡，愛知），四国（高知），九州（佐賀）の超塩基性岩地などに生える．**ブゼンノギク** var. *koidzumianus* は茎や葉は無毛，葉は線形，九州の岩礫地に生える．**ハマベノギク*** *A. arenarius* は茎が倒伏し，葉はへら形～さじ形，本州（富山以西），九州に分布し，砂浜海岸に生えることが多い．**ソナレノギク** *A. hispidus* var. *insularis* は四国，九州の海岸岩場に生え，葉は倒卵状楕円形．**ヨナクニイソノギク** *A. walkeri* は花が淡紫色，総苞や茎，葉など全体に長毛が多く，根生葉はさじ形で葉柄が明瞭，与那国島に分布する．**オキナワギク*** *A. miyagii* は葉は円形で光沢があり，ストロンを出して繁殖し，琉球（奄美群島，沖縄島）の海岸の岩礫地に生える．**カワラノギク** *A. kantoensis* は本州（関東）の河川中流域の河岸に生え，花は淡紫色，葉は線形で，冠毛は長い．

次の2種はヨメナ属 *Kalimeris* として区別されていたもので，冠毛が冠状でごく短い．**ヨメナ** *A. yomena* は花は淡紫色，冠毛は長さ0.5mmほどで，本州（中部以西），四国，九州に分布する．**カントウヨメナ** var. *dentatus* は花が小さく，冠毛が長さ0.25mm，瘦果に腺毛があり，本州（東北～関東）に分布する．**ユウガギク*** *A. iinumae* は花は白色で，葉は羽状に浅裂し，本州（中国以北）に分布する．

スイラン属 *Hololeion*　［分布図1487］

日本産は2種，そのうち1種が固有．**スイラン** *H. krameri* は狭披針形の長い根生葉をつけ，総苞外片は披針形で鋭尖頭，本州（長野以西），四国，九州（大分，宮崎）に分布し，水湿地に生える．

センダングサ属 *Bidens*　［分布図1333］

日本に7種1変種，うち1変種が固有．**マルバタウコギ** *B. biternata* var. *mayebarae* は基準変種のセンダングサが1～2回羽状複葉であるのに対して，葉は単葉あるいは3裂し，熊本県に分布する．

オオバヨメナ *Aster miquelianus*（熊本県菊池市，2010.08，長谷部光泰撮影）

ハマベノギク *Aster arenarius*（茨城県つくば市（栽培），1984.09，八田洋章撮影）

オキナワギク *Aster miyagii*（沖縄県名護市，2004.12，國府方吾郎撮影）

ユウガギク *Aster iinumae*（茨城県つくば市（栽培），1984.09，八田洋章撮影）

タビラコ属 Lapsana

ヤブタビラコ L. humilis は中国にも広く分布するので固有種ではない．

タンポポ属 Taraxacum　［分布図1605～1620］

日本産は18種1変種，そのうち15種1変種は固有．次の10種は低地生の種類である．**トウカイタンポポ** T. longeappendiculatum は総苞外片に斧状の大型の角状突起をもち，外片は内片の半長以上で，本州（千葉～和歌山）に分布する．**カントウタンポポ** * T. platycarpum も総苞外片に大型の突起をつけるが，外片は内片の半長以下で，本州（茨城～長野，静岡）に分布する．**シナノタンポポ** T. hondoense は本州（東北～中部）の内陸部に分布し，総苞外片の突起は小さい．**ケンサキタンポポ** T. ceratolepis は総苞外片に斧状とはならない大型の突起をつけ，葉は羽状中～浅裂，本州（福井～山口）に分布する．**クシバタンポポ** T. pectinatum の総苞外片の突起は小さく，葉は羽状に深裂し，本州（富山～鳥取）に分布する．**ツクシタンポポ** T. kiushianum も総苞外片の突起が明瞭で，外片が内片の半長よりも長く，四国（愛媛），九州に分布する．**オキタンポポ** * T. maruyamanum は島根県隠岐島の固有種で，ツクシタンポポに似るが，総苞外片の突起がより小さく，外片は内片の半長よりも長い．**シロバナタンポポ** T. albidum は花が白色，総苞外片には明瞭な突起があって，外片は花後に反曲し，本州（茨城・山形以南），四国，九州，沖縄（帰化？）に分布する．**オクウスギタンポポ** T. denudatum は花は白色あるいは淡黄色，総苞外片は卵形で，小角突起は小さく長さ0.5 mm，痩果は褐色で東北地方（宮城，福島）に分布する．**キビシロタンポポ** T. hideoi はオクウスギタンポポに似るが，総苞外片は楕円形で，痩果は黒色あるいは暗褐色で，本州（岡山，広島），愛知県に分布する．

次の5種は高山ないし北地生の種類である．**タカネタンポポ** * T. yuparense は総苞外片に角状突起がなく，白い縁取りがあり，葉は羽状に深裂し，北海道（胆振，上川，日高）の超塩基性岩地に分布し，高山草原や川岸の岩上に生える．**オオヒラタンポポ** T. ohirense も総苞外片に角状突起がなく，外片は花後反曲し，北海道後志（大平山）の石灰岩草原に生える．**シコタンタンポポ** T. shikotanense は海岸生の大型のタンポポで，総苞外片に明瞭な角状突起があり，北海道（胆振～根室）と歯舞諸島（色丹島）に分布する．**ミヤマタンポポ** T. alpicola は葉が羽状に浅裂し，総苞外片は長卵形で内片の半長より長く，総苞外片は角状突起がなく，本州（妙高山系，北アルプス，白山）の日本海側高山に分布する．**シロウマタンポポ** var. shiroumense は総苞外片に低平な角状突起があるもので，北アルプス（白馬岳）と南アルプス（北岳，荒川岳，赤石岳）に分布する．**ヤツガタケタンポポ** T. yatsugatakense は総苞外片が内片の半長以下で，外片に突起がなく，八ヶ岳と南アルプスの高山帯に分布する．

トウヒレン属 Saussurea　［分布図1544～1591］

日本に48種5変種，43種5変種が固有．ユキバヒゴタイ節は花床に剛毛を欠くことで特徴づけられる．日本産の植物はユキバヒゴタ

カントウタンポポ Taraxacum platycarpum（埼玉県浦和市，1993.04，福田泰二撮影）

オキタンポポ Taraxacum maruyamanum（島根県隠岐の島町，2006.05，保谷彰彦撮影）

シロバナタンポポ Taraxacum albidum（東京都練馬区，1993.04，福田泰二撮影）

タカネタンポポ Taraxacum yuparense（北海道占冠村，2009.07，堀江健二撮影）

ユキバヒゴタイ Saussurea chionophylla（北海道夕張岳，2008.07，門田裕一撮影）

イ*S. chionophylla* 1種のみで，これは夕張岳と日高山脈北部の超塩基性岩地に生える．ユキバヒゴタイ節は日華区系の植物である．

ミヤコアザミ節には3種あり，ネコヤマヒゴタイ *S. modesta* が兵庫と広島県の草原に，キリガミネトウヒレン *S. kirigaminensis* は長野県の草原に，イナトウヒレン *S. inaensis* は長野県伊那地方の超塩基性岩地に生える．

以下の植物はトウヒレン節に所属する．フォーリーアザミ列のフォーリーアザミ *S. fauriei* は北海道（道北）と南千島の海岸草原に生える．

シラネヒゴタイ列の種は花期にも根生葉が残り，北海道から九州に分布する．総苞が鐘形〜広筒形になるものには高山帯〜山地帯上部のものと低山性の2群がある．前者としては，ミヤマキタアザミ *S. franchetii*，イワテヒゴタイ *S. brachycephala*，フボウトウヒレン *S. fuboensis*，シラネアザミ *S. nikoensis*，タカネヒゴタイ *S. kaimontana*，クロトウヒレン *S. sessiliflora*，シナノトウヒレン *S. tobitae*，オオトウヒレン *S. sikokiana*，ツクシトウヒレン *S. higomontana*，ヤクシマトウヒレン *S. yakusimensis* がある．後者としては，トガヒゴタイ *S. muramatsui*，センダイトウヒレン *S. sendaica*，アサマヒゴタイ *S. savatieri*，タカオヒゴタイ *S. sinuatoides*，ホクロクトウヒレン *S. hokurokuensis*，アベトウヒレン *S. kurosawae* がある．総苞が筒形〜狭筒形になるものには，ウスユキトウヒレン *S. yanagisawae*，ナンブトウヒレン*S. sugimurae*，ムツトウヒレン *S. hosoiana*，ハチノヘトウヒレン *S. neichiana* ヤハズトウヒレン *S. sagitta*，チャボヤハズトウヒレン var. *yoshizawae*，コウシンヒゴタイ *S. pseudosagitta*，コウシュウヒゴタイ *S. amabilis*，ヤハズヒゴタイ *S. triptera*，タンザワヒゴタイ *S. hisauchii*，ミクラシマトウヒレン*S. mikurasimensis*，キントキヒゴタイ *S. sawadae*，ワカサトウヒレン *S. wakasugiana*，オオダイトウヒレン*S. nipponica*，ツクシヒゴタイ *S. kiusiana*，ミヤマトウヒレン *S. pennata*，トサトウヒレン *S. yoshinagae*，キリシマヒゴタイ *S. scaposa*，シマトウヒレン *S. insularis* がある．セイタカトウヒレン *S. tanakae* は総苞片が圧着するもので，本州（関東と岡山及び広島）に分布し，宮崎県にはこれに似たものが得られている．セイタカトウヒレンに似て総苞片の列数が多いタイシャクトウヒレン *S. kubotae* は広島県帝釈峡の固有である．ヒダカトウヒレン *S. kudoana* は北海道アポイ岳周辺の超塩基性岩地の特産で，2変種ユウバリキタアザミ var. *yuparensis* とウリュウトウヒレン var. *uryuensis* もそれぞれ，夕張岳周辺と雨竜地方の超塩基性岩地に生える．

トウヒレン列は花期に根生葉がなく，総苞が狭筒形になるもので，ナガバキタアザミ（ダイセツヒゴタイ）*S. riederi* var. *yezoensis* が北海道の高山と早池峰山に，レブントウヒレン var. *insularis* は礼文島と利尻島の海岸草原に，オクキタアザミ var. *japonica* は東北地方の高山に分布する．エゾトウヒレン*S. yesoensis* は北海道と青森県（下北半島）の海岸草原に生える．

ナンブトウヒレン *Saussurea sugimurae*（青森県階上町，2008.09，門田裕一撮影）

ミクラシマトウヒレン *Saussurea mikurasimensis*（東京都御蔵島，2009.10，門田裕一撮影）

オオダイトウヒレン *Saussurea nipponica*（広島県庄原市，2009.10，門田裕一撮影）

エゾトウヒレン *Saussurea yezoensis*（北海道小平町，2008.08，門田裕一撮影）

ノコギリソウ属 Achillea　［分布図1275〜1277］

日本産は2種3亜種2変種，そのうち2亜種2変種が固有．**ヤマノコギリソウ** *A. alpina* subsp. *alpina* var. *discoidea* は葉の基部に茎を抱く裂片があり，頭花が小さく，総苞は筒形〜鐘形，舌状花冠は白色で長さ3mm以下かあるいはなく，本州（中部以北）に分布し，山地の草原に生える．**アカバナエゾノコギリソウ** subsp. *pulchra* は葉が羽状に浅裂し，総苞は半球形，舌状花は円形でピンク，北海道の海岸部に分布する．**アソノコギリソウ** subsp. *subcartilaginea* の総苞は筒形，舌状花冠は楕円形で白またはピンク，九州（大分，熊本，宮崎）に分布する．**ホソバエゾノコギリソウ*** *A. ptarmica* var. *yezoensis* は葉は幅が狭く鋸歯縁となって分裂せず，基部には茎を抱く裂片がない．花は白．北海道（道北〜道央）の超塩基性岩地に生える．

ホソバエゾノコギリソウ Achillea ptarmica var. yezoensis（北海道幌加内町，2009.06，門田裕一撮影）

ツルハグマ属 Blumea　［分布図1334］

日本に6種，そのうち1種が固有．**オオキバナムカシヨモギ** *B. conspicua* は高さ2mに達する大型の草本で，総苞は幅約1cmで片は5列，葉は倒卵形で，九州（屋久島，種子島）〜沖縄に分布する．

ツワブキ属 Farfugium　［分布図1484〜1485］

日本産は2種3変種，そのうち1種1変種が固有．**リュウキュウツワブキ*** *F. japonicum* var. *luchuense* は基準変種ツワブキに似るが，葉身が広倒卵形〜狭倒卵形で，基部がくさび形になるもので，琉球（沖縄島〜西表島）に分布し，渓流沿い植物である．**カンツワブキ** *F. hiberniflorum* は葉の質が薄く，葉身が卵形，基部は深い心形，鋭く不規則な重鋸歯があり，九州（屋久島，種子島）に分布する．

リュウキュウツワブキ Farfugium japonicum var. luchuense（沖縄県西表島，2004.12，國府方吾郎撮影）

ニガナ属 Ixeris　［分布図1491〜1494］

タカネニガナ *I. alpicola* は花の直径が約2cm，頭花あたりの小花は9〜11個，茎葉は抱茎せず，北海道，本州（中部以北，奈良）の高山に分布する．**クモマニガナ** *I. dentata* subsp. *kimurana* は花の直径が1〜1.5cm，頭花あたりの小花は5〜11個，茎葉は抱茎し，北海道，本州（北陸以北）に分布する．**イソニガナ*** subsp. *nipponica* は茎葉が円形〜楕円形，基部が大きく耳状に抱茎し，本州（新潟）に分布し，海岸近くの湿った岩場に生える．**ヤクシマニガナ** *I. parva* は高さ10cm以下の小型の植物で，根生葉は発達し狭披針形，茎葉は苞状になり，屋久島の高所に分布する．**ツルワダン** *I. longirostra* は根生葉がなく，狭倒卵状楕円形の茎葉が輪生状につき，ストロンを出して繁殖し，小笠原諸島の海岸に生える．

イソニガナ Ixeris dentata subsp. nipponica（新潟県柏崎市，2009.06，中川さやか撮影）

ハハコグサ属 Anaphalis　［分布図1287〜1291］

日本に3種5変種あり，そのうち3種4変種が固有．**タカネヤハズハハコ*** *A. alpicola* は茎葉の基部が茎に流れ，葉の両面が密に綿毛で被われるもので，北海道（雨竜地方，夕張岳，アポイ岳，厚沢部町）と本州（早池峰山，中部山岳）に分布し，超塩基性岩地や高山に生育する．**トダイハハコ** *A. sinica* var. *pernivea* は茎葉が楕円形，円頭で，厚く綿毛に被われ，長野県と静岡県の石灰岩地に生える．**クリヤマハハコ** var. *viscosissima* は茎葉が倒披針形で腺毛が密生するもので，栃木県，群馬県，埼玉県に分布し，岩壁に生える．石灰

タカネヤハズハハコ Anaphalis alpicola（静岡県荒川岳（南アルプス），2005.07，門田裕一撮影）

岩地に多い．**ヤクシマウスユキソウ** var. *yakusimensis* は全体が小型，葉が広線形で綿毛が密生し，屋久島の高所に生える．

ホソバノヤマハハコ *A. margaritacea* var. *japonica* は茎葉の基部が茎に流れず，茎の分枝が少ないもので，本州（関東以西），四国，九州に分布する．**カワラハハコ** var. *yedoensis* は葉の幅が1〜2mmで茎が良く分枝し，北海道〜九州に広く分布し，河原に生える．

ハマギク属 *Nipponanthemum* ［分布図1509］

日本固有の単型属．**ハマギク*** *N. nipponicum* は他のキクの仲間と異なり低木で，痩果の基部に小冠があり，葉は革質へら形で鋸歯があり，青森県〜茨城県に分布し，海岸の岩礫地や草原に生える．

ヒメキクタビラコ属 *Myriactis* ［分布図1507］

1種が固有．**ヒメキクタビラコ** *M. japonensis* は高さ10cmほどの小型の多年草，葉は羽状に深裂し，花はふつう白色．屋久島の固有で，高所の湿った草地に生える．

ヒヨドリバナ属 *Eupatorium* ［分布図1479〜1483］

日本産は10種2変種，うち4種1変種が固有．**ハマサワヒヨドリ** *E. lindleyanum* var. *yasushii* は茎葉が広楕円形で柄がなく，下面に白色の長毛が生えるもので，千葉，東京（伊豆諸島），静岡（伊豆半島）の海岸に生える．**サケバヒヨドリ** *E. laciniatum* は茎葉が3深裂し，下面に腺点がなく，本州（関東以西），四国，九州（〜奄美大島）に分布する．**ヤクシマヒヨドリ*** *E. yakushimense* はこれに似るが，葉の下面に腺点があり，屋久島の固有種で，渓流に沿って生える．**ヤマヒヨドリバナ** *E. variabile* は葉が楕円形で基部が円形になり，下面に腺点がないもので，本州（和歌山，山口），四国（高知），九州に分布する．**シマフジバカマ** *E. luchuense* はこれに似るが，葉の下面に腺点があり，琉球（奄美大島〜西表島）に分布する．

フクオウソウ属 *Prenanthes* ［分布図1543］

日本に2種，1種が固有．**フクオウソウ*** *P. acerifolia* は根生葉が円心形で3〜7浅裂し，頭花は円錐花序に多数つき，わずかに紫色を帯びた白色で，本州（宮城・新潟以南），四国，九州に分布する．

フタナミソウ属 *Scorzonera* ［分布図1592］

フタナミソウ* *S. rebunensis* は根生葉がへら形で全縁，光沢があり，茎は分枝せず，頭花が単生し，礼文島の岩礫地に生える．

フタマタタンポポ属 *Crepis* ［分布図1471］

日本に2種，そのうち1種が固有．**エゾタカネニガナ** *C. gymnopus* の茎は上部で分枝し，茎葉はなく，根生葉はさじ形で微細な鋸歯がある．北海道の超塩基性岩地に生える．

ミヤマコウゾリナ属 *Hieracium* ［分布図1486］

ミヤマコウゾリナ *H. japonicum* は根生葉が良く発達し，倒卵状披針形，総苞は黒味を帯び，総苞片は2列，外片に黒い腺毛と白い短毛があり，内片に白い腺毛がある．本州（中部以北）と四国（剣山）に分布し，岩がちの草原に生える．

ムカシヨモギ属 *Erigeron* ［分布図1474〜1478］

日本産は3種1亜種3変種，うち1種4変種が固有．**ヒロハムカシヨモギ** *E. acer* var. *amplifolius* は中部の茎葉が広倒披針形〜倒披

ハマギク *Nipponanthemum nipponicum*（茨城県つくば市（栽培），1983.10，八田洋章撮影）

ヒメキクタビラコ *Myriactis japonensis*（鹿児島県屋久島，1996.10，川原勝征撮影）

ヤクシマヒヨドリ *Eupatorium yakushimense*（鹿児島県屋久島，1995.07，川原勝征撮影）

フクオウソウ *Prenanthes acerifolia*（宮崎県大崩山，2003.09，斉藤政美撮影）

フタナミソウ *Scorzonera rebunensis*（北海道礼文島，2009.06，門田裕一撮影）

針形になり，葉の両面や縁に長毛があるもので，北海道と本州（中部以北）に分布する．**ホソバムカシヨモギ** var. *linearlifolius* は茎葉が狭披針形で無毛となり，北海道（後志），本州（中部以北，鳥取県大山），四国（石鎚山）に分布する．**アズマギク** *E. thunbergii* は全体に毛が多く，根生葉はへら形で全縁，葉身は次第に細くなり葉柄は不明瞭，冠毛は赤褐色，本州（中部以北）の草原に生える．**ジョウシュウアズマギク** subsp. *glabratus* var. *heterotrichus* は茎に長短二種類の毛が生え，葉が細く幅2〜5mm，冠毛が汚白色となるもので，本州（群馬）の超塩基性岩地に生える．**アポイアズマギク*** var. *angustifolius* は，茎が無毛あるいは短い屈毛と長い軟毛が生え，葉は幅4〜9mmとなるもので，北海道（アポイ岳，夕張岳，崋山など）に分布し，超塩基性岩地や石灰岩地，時に渓流沿いの岩上に生える．**ミヤマノギク** *E. miyabeanus* は全体に綿毛が多く，根生葉の葉柄は明瞭で，葉身は卵状楕円形でふつう粗い鋸歯があり，北海道（道北）の岩礫地に生える．

モミジハグマ属 *Ainsliaea*　［分布図1278〜1286］

日本産は8種4変種，そのうち4種4変種が固有．**ホソバハグマ** *A. faurieana* の葉は狭披針形，ときに長卵形で明瞭な柄があり，針状の鋸歯があり屋久島の低所に生える．**ナガバハグマ*** *A. oblonga* の葉は長楕円形で低いながら明瞭な鋸歯があり，基部はくさび形で有柄，屋久島，奄美大島，沖縄（沖縄本島）に分布する．**マルバテイショウソウ** *A. fragrans* var. *integrifolia* の葉は卵形で全縁，先端は円形，基部は心形となり，九州（熊本，宮崎，鹿児島）に分布する．**エンシュウハグマ** *A. dissecta* の葉は掌状に3〜5深裂し，本州（静岡，愛知，三重）に分布する．**モミジハグマ** *A. acerifolia* の葉は腎形で掌状に全裂〜深裂し，本州，四国，九州に分布する．**テイショウソウ*** *A. cordifolia* の葉は長卵形で粗い鋸歯があってほこ矛形で，基部は深い心形となり，本州（千葉，静岡，三重，奈良，大阪，和歌山），四国（香川，徳島，高知）に分布する．**ヒロハテイショウソウ** var. *maruoi* は葉が広卵形で矛形にはならないもので，テイショウソウとほぼ同じ地域に分布する．**リュウキュウハグマ** *A. apiculata* var. *acerifolia* は基準変種キッコウハグマ var. *apiculata* よりも葉が深く3〜5裂し，裂片の先端がやや伸長するもので，屋久島の高所に生える．**オキナワハグマ** *A. macroclinidium* var. *okinawensis* は葉が卵形で粗い鋸歯があり，基部は心形〜浅い心形になるもので，鹿児島県（黒島以南），沖縄に分布する．

ヤクシソウ属 *Paraixeris*　［分布図1510］

日本産は3種，そのうち1種が固有．**ナガバヤクシソウ** *P. yoshinoi* はヤクシソウ *P. denticulata* に似るが，多年草で，茎葉は楕円形〜倒卵状長楕円形，長い柄があり，小花は5個，冠毛は汚白色，岡山県と広島県に分布し，石灰岩地に生える．

ヤブタバコ属 *Carpesium*　［分布図1335〜1337］

日本産は10種，そのうち3種が固有．**ホソバガンクビソウ** *C. koidzumii* は花時に根生葉がなく，総苞は扁球形，片は4列で外片が

アポイアズマギク *Erigeron thunbergii* subsp. *glabratus* var. *angustifolius*（北海道アポイ岳，2010.06，奥山雄大撮影）

ナガバハグマ *Ainsliaea oblonga*（沖縄県東村，2006.12，國府方吾郎撮影）

テイショウソウ *Ainsliaea cordifolia*（高知県日高村，1984.11，高知県立牧野植物園撮影）

ミヤマヤブタバコ *Carpesium triste*（山梨県櫛形山，1975.08，村川博實撮影）

キク科

短く，北海道〜九州に分布する．**ノッポロガンクビソウ** *C. matsuei* は総苞は半球形で片は3列，外片は内片と同長かやや短く，北海道，本州（近畿以北）に分布する．**ミヤマヤブタバコ*** *C. triste* は花時に根生葉があり，葉柄には明瞭な翼があり，総苞は鐘形で片は3列で同長，北海道〜九州に分布する．

ヤブレガサ属 Syneilesis　［分布図1598〜1600］

タンバヤブレガサ *S. aconitifolia* var. *longilepis* はヤブレガサ *S. palmata* とは異なり，上部が平らな散房状花序に頭花がつき，葉は楯着，掌状に深裂し，終裂片は幅4〜8mm，総苞は長さ約1cmで片は5列，京都府と兵庫県に分布する．**ヤブレガサモドキ*** *S. tagawae* は葉が革質で裂片の幅が広く，終裂片は1〜2cm，ほとんど全縁で，頭花の柄が短く長さ5mm以下で花序に頭花が密集する傾向があり，染色体数2n=3x=78，高知県と愛媛県に分布する．高知県植物誌（2009; p. 511）によると，同県内ではヤブレガサとヤブレガサモドキに明瞭な地理的棲み分けが見られる．**ヒロハヤブレガサモドキ** var. *latifolia* は葉の裂片に不規則な鋸歯があり，花序の枝は広角度に開出し，染色体数2n=2x=52で，愛媛県と高知県に分布する．

ヤマボクチ属 Synurus　［分布図1601〜1604］

日本産は3種2変種，そのうち2種2変種が固有．**ハバヤマボクチ** *S. excelsus* は葉は三角形，矛形で粗い鋸歯があり，頭花の柄は短く，花は黒紫色で，本州（福島・秋田以南），四国，九州に分布する．**オヤマボクチ*** *S. pungens* は，葉は卵形で細鋸歯があり，頭花の柄は長く，北海道（道南），本州，四国，九州に分布する．**オニヤマボクチ** var. *giganteus* は総苞が幅6〜7cmになり，小花は長さ25mmになるもので，本州（石川，富山，岐阜）に分布する．**キクバヤマボクチ*** *S. palmatopinnatifidus* は花が淡黄色で，葉は卵形で羽状に中裂し，本州（近畿以西），四国，九州に分布する．

ヨモギ属 Artemisia　［分布図1293〜1300］

日本産は31種，そのうち8種が固有．次の4種は高山生の種で，直径8mmほどの大型の頭花を付ける．**キタダケヨモギ** *A. kitadakensis* は花床が有毛，総苞片は4列，根生葉はなく，茎葉は1〜2回3全裂し，本州（南アルプス）に分布する．**タカネヨモギ** *A. sinanensis* は総苞片は3列，根生葉は2〜3回羽状に全裂し，毛が少なく，本州（飯豊山地，朝日山地，中部山岳）に分布する．**エゾハハコヨモギ** *A. trifurcata* var. *pedunculosa* は全体に絹毛が密生し，総苞片が2列，根生葉は掌状に2回全裂する植物で，北海道（大雪山）に分布する．**ミヤマオトコヨモギ*** *A. pedunculosa* の葉は単葉，狭倒卵形で上半部に粗い鋸歯があり，総苞片は3列，本州（関東・中部）に分布する．

ヒトツバヨモギ *A. monophylla* は総苞の直径が2〜3mm，葉は長卵形の単葉で粗い鋸歯があり，本州（青森〜島根の日本海側）に分布し，山地の草原に生える．**ユキヨモギ** *A. momiyamae* は葉が羽状に中裂し，下面に白い綿毛が多いもので，本州（千葉，神奈川，静岡）と伊豆諸島に分布し，海岸に生える．**オオバヨモギ** *A. koidzumii* var. *megaphylla* は北海道（西南部，日高，十勝南部）と青森県北部

ヤブレガサモドキ *Syneilesis tagawae*（高知県室戸市，2009.07，前田綾子撮影）

オヤマボクチ *Synurus pungens*（茨城県つくば市（栽培），2006.08，佐藤絹枝撮影）

キクバヤマボクチ *Synurus palmatopinnatifidus*（熊本県産山村，2005.09，南谷忠志撮影）

ミヤマオトコヨモギ *Artemisia pedunculosa*（山梨県富士山，2009.08，奥山雄大撮影）

が，本変種では赤紫色から暗紫色になる．

オゼソウ属 Japonolirion　[分布図1678]

オゼソウ*J. osense* のみからなる固有単型属で，至仏山，谷川岳，北海道北部に隔離分布する．近年，葉緑体のないサクライソウ属と近縁であることがわかった．

オモト属 Rohdea　[分布図1699]

サツマオモト *R. japonica* var. *latifolia* はオモトより葉が広い変種で，奄美大島に固有．

キバナノアマナ属 Gagea　[分布図1655]

ヒメアマナ**G. japonica* が北海道，本州，および福岡県に分布する．キバナノアマナ *G. lutea* に似るが，全体が小型で，根出葉の幅は約2mmしかなく，5〜7mmのキバナノアマナと区別できる．

ギボウシ属 Hosta　[分布図1663〜1677]

本属は主に日本で分化したと考えられ，大部分の9種が日本に固有である．**オオバギボウシ**H. sieboldiana* は北海道から本州，四国，九州に分布し，葉は大きく，裏面葉脈に荒い突起があってざらつく，葉裏脈に突起がない変種**ナメルギボウシ** var. *glabra* は中部地方の日本海側と隠岐にみられる．これらは花茎伸長時に苞が開出して星状にみえる．**キヨスミギボウシ**H. kiyosumiensis* は関東〜紀伊半島の太平洋側に生じ，苞は花茎伸長時に覆瓦状に重なって開花時でも開出せずにボート形．**ヒュウガギボウシ** *H. kikutii* は花茎伸長時の苞が密に重なって嘴状になるのが特徴で，九州東部に固有．その変種**トサノギボウシ**（ウナズキギボウシ）var. *tosana*，**アワギボウシ** var. *densinervia*，および**ザラツキギボウシ** var. *scabrinervia* はそれぞれ近畿地方と四国東部，近畿地方南部と四国，および四国中部に分布する．ヒュウガギボウシとトサノギボウシは葉脈間が広くて成葉時に14mmに達する．前者は花茎が斜上するが，後者は基部が多少とも曲がる．アワギボウシとザラツキギボウシは成葉時の脈間は約9mmまでで，前者は葉裏脈上に僅かに乳頭状突起があり，後者は乳頭状突起が多い．**ウラジロギボウシ** *H. hypoleuca* は愛知県，**セトウチギボウシ** *H. pycnophylla* は山口県大島に固有で，葉が厚くて裏が白くなる点で同様の特徴をもつが，開花時の苞が前者では開出せず，後者では開出する．**イワギボウシ** *H. longipes* は東北地方南部から関東，および中部地方東部に分布し，その変種**イズイワギボウシ** var. *latifolia*，**オヒガンギボウシ**var. *aequinoctiiantha*，および**ヒメイワギボウシ** var. *gracillima* は，それぞれ関東及び伊豆半島と伊豆諸島，中部地方西部，近畿地方北部と岡山県，および四国と小豆島に分布する．これらは苞が小さくて花茎伸長時の初めから花蕾が見える．基準変種イワギボウシは開花時に苞が萎れるが，他の変種は萎れない．後者群のうち，ヒメイワギボウシは花被内側の脈がかなり濃く着色し，イズイワギボウシとオヒガンギボウシは濃くならない．また，花茎伸長時の苞が，イズイワギボウシでは開出せず，オヒガンギボウシでは開出する．**ウバタケギボウシ** *H. pulchella* は大分県祖母山，**ツシマギボウシ** *H. tsushimensis* は対馬，その変種**ナガサキギボウシ** var. *tibae* は長崎県，**シコクギボウシ** *H.*

オゼソウ *Japonolirion osense*（群馬県谷川岳，2009.07，門田裕一撮影）

ヒメアマナ *Gagea japonica*（茨城県常総市，2008.04，國府方吾郎撮影）

オオバギボウシ *Hosta sieboldiana*（東京都雲取山，1974.07，村川博實撮影）

キヨスミギボウシ *Hosta kiyosumiensis*（茨城県つくば市（栽培），2008.07，佐藤絹枝撮影）

オヒガンギボウシ *Hosta longipes* var. *aequinoctiiantha*（岐阜県金山町，1997.08，高橋弘撮影）

shikokiana は四国に固有である．これらは花被内側の脈が著しく濃く着色する点で共通するが，前三者は葉裏脈に突起はなく，後者は小突起があることで区別できる．前三者のうち，ウバタケギボウシは葯と小花柄が帯紫色，ツシマギボウシとナガサキギボウシはほとんど紫色にならない．ツシマギボウシとナガサキギボウシについては，花被が前者は漏斗形，後者は釣鐘形になる点で区別できる．

キンコウカ属 Nartheciurn　［分布図1691］

キンコウカ* *N. asiaticum* が北海道～島根県までの山地上部から亜高山帯に生育する．

キンコウカ *Nartheciurn asiaticum*（山形県月山，1976.08，高橋弘撮影）

クサスギカズラ属 Asparagus　［分布図1639］

ハマタマボウキ *A. kiusianus* が山口県と九州北部に固有．海岸に生え，クサスギカズラ *A. cochinchinensis* に似るが，花被の長さが5 mm と2倍になる．

ケイビラン属 Comospermum　［分布図1645］

日本固有属で，ケイビラン *C. yedoense* のみからなり，紀伊半島から四国，九州にかけて分布する．島根県にもみられると言われるが，野生かどうかの確認が必要．

ケイビラン *Comospermum yedoense*（大分県祖母山，1970.09，高橋弘撮影）

ジャノヒゲ属 Ophiopogon　［分布図1692］

オオバジャノヒゲ *O. planiscapus* は本州，伊豆諸島（利島），四国，九州に分布する．葉は幅が4～6 mm で，2～3 mm のジャノヒゲ *O. japonicus* より細い．

シュロソウ属 Veratrum　［分布図1722～1723］

オオバイケイソウ *V. oxysepalum* var. *maximum* はバイケイソウの変種で，一般に花が大きく，開花期が遅くて7月．北海道の最南部から近畿地方まで分布する．コバイケイソウ *V. stamineum* は花糸が斜上し，直上してから平開するバイケイソウとは異なる．北海道から本州中部の亜高山帯と高山帯の湿性草原に生育する．変種ミカワバイケイソウ* var. *micranthum* は岐阜県南東部，愛知県東部，長野県南西端，静岡県西端の低湿地にみられる．これは花がまばらについて，大部分の葉が長楕円形になるが，基準変種は花が密につき，大部分の葉が円形に近くなる．

ミカワバイケイソウ *Veratrum stamineum* var. *micranthum*（岐阜県美濃市，1990.05，高橋弘撮影）

ショウジョウバカマ属 Heloniopsis　［分布図1656～1659］

ツクシショウジョウバカマ *H. breviscapa* は関東，中国地方，四国，九州に分布し，その変種シロバナショウジョウバカマ* var. *flavida* は近畿，中国地方，および四国東部に分布する．前者は夏葉が緑色で花被は白色から淡紫色になるのに対して，後者は夏葉が淡緑色で花被は白色のみである．コショウジョウバカマ *H. kawanoi* は奄美大島から西表島までの島嶼に点々と分布する．オオシロショウジョウバカマ* *H. leucantha* は沖縄本島，石垣島，および西表島にみられる．前者は全体がショウジョウバカマ属の中で最も小型の種で，花被片は長さ約6 mm，葉の長さ2～5 cm，後者はショウジョウバカマ属の中で最も大型の種で，花被片の長さは15～20 mm，葉の長さ10～25 cm になる．

シロバナショウジョウバカマ *Heloniopsis breviscapa* var. *flavida*（奈良県天川村，1994.04，高橋弘撮影）

シライトソウ属 Chionographis　［分布図1642～1644］

アズマシライトソウ *C. hisauchiana* は東京都と埼玉県に，その亜

オオシロショウジョウバカマ *Heloniopsis leucantha*（沖縄県西表島，2004.12，國府方吾郎撮影）

種とされる**ミノシライトソウ*** subsp. *minoensis* は岐阜県に，**クロヒメシライトソウ** subsp. *kurohimensis* は新潟県と秋田県にそれぞれ固有．ミノシライトソウとクロヒメシライトソウは葉が濃緑色で細くて厚い．また，**チャボシライトソウ** *C. koidzumiana* が西日本の太平洋側にあり，その変種**クロカミシライトソウ** var. *kurokamiana* が佐賀県に固有．チャボシライトソウは下方の2枚の花被片がなく，上方4枚の花被片は細くて長さ9〜15 mm，葯が1室（シライトソウは2室）になることでシライトソウから区別できる．花被片は緑白色か紫色を帯びる．花被片が細長く，一見チャボシライトソウに似るシライトソウもある．クロカミシライトソウは花被片がチャボシライトソウより少し短く（4〜12 mm），先端が太くなることが特徴．

ソクシンラン属 *Aletris* ［分布図1629］

ネバリノギラン *A. foliata* が北海道から九州の山地から高山帯に分布する．花被外面，花柄，花序軸に腺毛があって粘る．

タケシマラン属 *Streptopus* ［分布図1702］

ヒメタケシマラン *S. streptopoides* の変種**タケシマラン*** var. *japonicus* が本州の近畿以北にみられる．前者は根茎の節間が長くて通常1〜2 cmになるが，後者はほとんどない．

チゴユリ属 *Disporum* ［分布図1646〜1647］

キバナチゴユリ *D. lutescens* が紀伊半島南部，四国，九州に固有．チゴユリ *D. smilacinum* に似るが，花被が黄色味を帯び，内面下部に乳頭状突起がある．**ホウチャクソウ** *D. sessile* の変種**ナンゴクホウチャクソウ** var. *micranthum* はトカラ列島，奄美大島，および徳之島に固有．**ヒメホウチャクソウ*** var. *minus* は本州中部と近畿地方，四国，九州に固有．どちらもホウチャクソウ全体を小型にした形状を示すが，後者はより小型で，花糸に突起がない．

チシマゼキショウ属 *Tofieldia* ［分布図1703〜1707］

チシマゼキショウ *T. coccinea* の変種**チャボゼキショウ** var. *gracilis* が本州，四国，および九州，**アッカゼキショウ** var. *akkana* と**ゲイビゼキショウ** var. *geibiensis* が岩手県，**ナガエチャボゼキショウ** var. *kiusiana* が宮崎県にある．チシマゼキショウは花柄が極めて短いが，チャボゼキショウの花柄は長さ2〜4 mm，アッカゼキショウとゲイビゼキショウは6〜10 mm，ナガエチャボゼキショウは4〜6 mmになる．また，アッカゼキショウは外花被片が内花被片より短い点で，両片同長のゲイビゼキショウと区別できる．**ハナゼキショウ** *T. nuda* は本州（栃木県以西）と九州にみられる．これらは葉縁に突起がないことで，突起のあるチャボゼキショウ群やヒメイワショウブと区別できる．**ヒメイワショウブ*** *T. okuboi* は北海道から本州中部の亜高山帯と高山帯に生育する．これは花柄と果実が斜上する点で，花柄が平開し，果実が下向きになるチャボゼキショウ群と区別できる．**イワショウブ** *T. japonica* は北海道と本州の広島県までの湿地に分布する．これは他の種より大型で花茎は20〜30 cmになる．

ツクバネソウ属 *Paris* ［分布図1693〜1694］

ツクバネソウ *P. tetraphylla* は単子葉類には珍しい4数性で内花被を欠く花をもつ．葉も通常4枚だが，ときに5〜6枚のものがある．

ミノシライトソウ *Chionographis hisauchiana* subsp. *minoensis*（岐阜県揖斐川町，1998.05，高橋弘撮影）

タケシマラン *Streptopus streptopoides* var. *japonicus*（山梨県芦安村，1974.05，村川博實撮影）

ヒメホウチャクソウ *Disporum sessile* var. *minus*（和歌山県中辺路町，1992.05，高橋弘撮影）

ヒメイワショウブ *Tofieldia okuboi*（岐阜県双六岳，2008.08，高橋弘撮影）

ユリ科

北海道から九州にみられる．**キヌガサソウ*** *P. japonica* は本州に固有．外花被片が広くて白色から赤味を帯び，内花被片は線形．どちらも8枚前後の不定数．

ツルボ属 *Barnardia*　［分布図1640］

ツルボ *B. japonica* の変種**ハマツルボ** var. *litoralis* は伊豆半島の海岸にあり，花茎が太く短くて，葉が厚く広くなる．**オニツルボ** var. *major* は和歌山県，岡山県と四国に固有．全体が大型で，葉の幅が4〜6mmのツルボに対して10〜20mmもある．

ネギ属 *Allium*　［分布図1630〜1637］

ナンゴクヤマラッキョウ *A. austrokyushuense* は南九州（霧島山と薩摩半島）に固有で，子房の蜜腺に被いがない．**タマムラサキ** *A. pseudojaponicum* は日本固有とみられていたが，朝鮮半島にも分布することが判明したため固有種から外した．**カンカケイニラ** *A. togashii* は小豆島に固有で，明らかな根茎をもつのが特徴．これら3種は鱗茎が葉鞘由来の暗褐色の繊維束で被われる．**アサツキ** *A. schoenoprasum* の変種**ヒメエゾネギ** var. *yezomonticola*，**シブツアサツキ** var. *shibutuense* および**イズアサツキ** var. *idzuense* は，それぞれ北海道，至仏山と谷川岳，伊豆半島と三浦半島に固有．基準変種アサツキの花被長が8〜14mm，雄蕊長が約6mmであるのに対して，ヒメエゾネギは丈が低く花被長が6.5〜8mmで雄蕊はその2/3，シブツアサツキは花被，雄蕊とも長さ6.5mm，イズアサツキは花被長が8mm前後で，雄蕊はその3/4でときに花茎が葉束から分かれて出る点が特徴．**イトラッキョウ*** *A. virgunculae* は長崎県に固有で，葉は中実．その変種である**ヤクシマイトラッキョウ** var. *yakushimense* と**コシキイトラッキョウ** var. *koshikiense* はそれぞれ鹿児島県の屋久島と甑島に固有で，両変種とも葉は中空になり，前者は花被が淡紫色，後者はほぼ白色．**キイイトラッキョウ*** *A. kiiense* は紀伊半島南部，岐阜県，愛知県，および山口県に生じる．イトラッキョウ群とキイイトラッキョウは花茎が葉束とは分かれて出る点で共通するが，前者は花が上向きに，後者は斜め下向きに咲く．またこれらは，アサツキ群とともに，鱗茎が葉鞘由来の膜質の被いをもつ．

ノギラン属 *Metanarthecium*　［分布図1690］

ノギラン *M. luteoviride* だけの単型属．矮性型である変種**ヤクシマノギラン** var. *nutans* が屋久島とトカラ列島に生育する．

バイモ属 *Fritillaria*　［分布図1648〜1654］

日本に産するこの仲間は地域的な分化が顕著で，7種がある．**コバイモ*** *F. japonica* はミノコバイモとも呼ばれ，東海地方西部，北陸地方西部から中国地方東部にかけて分布．**カイコバイモ** *F. kaiensis* は東京都，山梨県，および静岡県にみられる．コバイモに似るが，花被の蜜腺が基部近くにあって，花が広い釣鐘型になる．**イズモコバイモ** *F. ayakoana* は島根県に，**コシノコバイモ*** *F. koidzumiana* は東北南部の日本海側，北陸，および東海地方にみられ，花被片の縁が細かく切れ込むのが特徴．**アワコバイモ** *F. muraiana* は四国にあり，コバイモによく似るが，葯が前者は赤紫色，後者は白色．**ホソバナコバイモ** *F. amabilis* は中国地方と九州

キヌガサソウ *Paris japonica*（岐阜県高山市，2006.08，高橋弘撮影）

イトラッキョウ *Allium virgunculae*（長崎県平戸島，2003.11，高橋弘撮影）

キイイトラッキョウ *Allium kiiense*（岐阜県坂祝町，2003.11，高橋弘撮影）

コバイモ *Fritillaria japonica*（岐阜県揖斐川町，1997.03，高橋弘撮影）

コシノコバイモ *Fritillaria koidzumiana*（岐阜県揖斐川町，2010.04，高橋弘撮影）

にみられ，花が細く直径が1cm以下である点が特徴．葯は白色．**トサコバイモ** *F. shikokiana* は四国と熊本県，宮崎県にみられ，ホソバナコバイモによく似るが葯が紫色．

ハナビニラ属 *Caloscordum* ［分布図1641］

ステゴビル* *C. inutile* は宮城県から広島県まで点々と分布するが，少ない．ネギ類に似るが，ネギ特有の匂いがなく，葉のない9月に花茎を出す．

ステゴビル *Allium inutile*（岐阜県郡上市，2003.09．高橋弘撮影）

ホトトギス属 *Tricyrtis* ［分布図1708〜1720］

本属は東アジアに分布が限られるが，特に日本での分化が著しく，その大部分の12種が日本固有種である．**ジョウロウホトトギス** *T. macrantha* は高知県，**キイジョウロウホトトギス** *T. macranthopsis* は紀伊半島南部，**サガミジョウロウホトトギス** *T. ishiiana* は神奈川県，その変種**スルガジョウロウホトトギス*** var. *surugensis* は静岡県東部に生育する．これらは黄色い花を下向きに咲かせる．ジョウロウホトトギスとキイジョウロウホトトギスは多くの葉腋に花をつけ，若い蕾は上を向いている．前者は茎に毛が多く，葉には短い柄があり，後者は茎がほぼ無毛で，葉柄がない．サガミジョウロウホトトギスとスルガジョウロウホトトギスは総状の花序をつくり，蕾のときから下向きである．前者は茎の長さが1mを越えることもあり，葉の幅は〜3.5cmになるのに対して，後者は通常茎の長さが70cm以下で，葉の幅は2.5cm以下である．**チャボホトトギス*** *T. nana* は静岡県，紀伊半島南部，四国，九州南部と屋久島に，**キバナノホトトギス** *T. flava* は宮崎県に，**タカクマホトトギス** *T. ohsumiensis* は鹿児島県に，**キバナノツキヌキホトトギス** *T. perfoliata* は宮崎県の尾鈴山に生じる．これらは黄色い上向きの花を葉腋につける．チャボホトトギスは草丈が5cm以下で，小型の1日花を咲かせる．キバナノホトトギスはチャボホトトギスを大型にした形状で，30cmに達し，2日花をもつ．タカクマホトトギスは一見キバナノホトトギスに似るが，葉の幅は4〜8cmになり，2.5〜4cmの後者と区別ができる．キバナノツキヌキホトトギスは葉の基部が茎に貫かれる形になるのが特徴．上向きで白色系の花をもち，茎に上向きの毛が密生する**ホトトギス** *T. hirta* は，主に本州（栃木県・茨城県以西の太平洋側）と四国，九州にみられるが，北陸地方にもまばらにあり，隠岐と対馬にもみられる．この変種**サツマホトトギス** var. *masamunei* は全草無毛で，鹿児島県西部に分布し，別の変種**イワホトトギス*** var. *saxicola* は毛が少なくて葉が細く，水の滴る崖に懸垂するもので，関東地方西部と東海地方東部の内陸部にみられる．**ヤマジノホトトギス** *T. affinis* は北海道（南西部），本州，四国，九州に広く見られるが，北陸地方には極めて少なく，また，太平洋側でもヤマホトトギスの分布域には少ない．固有種とされることもあるヤマホトトギス *T. macropoda* は韓国にも分布し，固有ではない．その変種**イヨホトトギス** var. *nomurae* は花が白色，葉が小型で，愛媛県で採集されたものである．**セトウチホトトギス*** *T. setouchiensis* は瀬戸内海を囲む地域に生じる．これらは上向きの白色系の花をもつが，茎の毛は下向きである．ヤマジ

スルガジョウロウホトトギス *Tricyrtis ishiiana* var. *surugensis*（静岡県富士宮市，1980.09．高橋弘撮影）

チャボホトトギス *Tricyrtis nana*（三重県伊勢市，1978.09．高橋弘撮影）

イワホトトギス *Tricyrtis hirta* var. *saxicola*（静岡県本川根町，1978.01．高橋弘撮影）

セトウチホトトギス *Tricyrtis setouchiensis*（徳島県高越山，1992.01．高橋弘撮影）

ノホトトギスとセトウチホトトギスは花被が下から1/3のところで平開し，前者は花被基部の蜜標が赤紫色，後者は黄橙色．ヤマホトトギスは花被が顕著に反曲し，蜜標らしいものはない．**タマガワホトトギス** *T. latifolia* は北海道から九州までの冷温帯に分布し，集散花序に上向きの黄色い花をつける．

ユキザサ属 *Smilacina* ［分布図1700〜1701］

本属には雌雄異株と両性花をもつ種とがあるが，日本固有の**ヒロハユキザサ** *S. yesoensis* と**ヤマトユキザサ*** *S. viridiflora* は雌雄異株．前者は全体がほぼ無毛で，東北から中部地方にかけての亜高山帯を中心に，後者は全体に毛が多くあり，東北南部から中部地方と奈良県の山地帯から亜高山帯下部に分布する．

ユリ属 *Lilium* ［分布図1679〜1689］

ウケユリ *L. alexandrae* は奄美大島とその周辺にある．**ヤマユリ*** *L. auratum* は東北から近畿地方まで，その変種**サクユリ** var. *platyphyllum* は伊豆諸島に分布する．**スカシユリ** *L. maculatum* は花被片の間があいた花が上向きに咲き，東北地方から新潟県と伊豆半島の海岸にみられる．その変種**ヤマスカシユリ** var. *monticola* は長野県以北の本州の山地に，**ミヤマスカシユリ** var. *bukosanense* は茨城県と埼玉県にみられる．スカシユリは茎が角張り，若いとき全体に綿毛があるのに対して，ヤマスカシユリは茎が丸く，蕾や花柄に綿毛がない．これらの花被片の幅は2〜3cm，葉の幅は3〜7mmだが，ミヤマスカシユリは花被片が約2cm，葉の幅は3〜5mmと細い．**キバナノヒメユリ*** *L. callosum* var. *flaviflorum* は長崎県と沖縄県に固有．コオニユリ *L. leichtlinii* var. *maximowiczii* に似るが，葉が線形で花がより小さいノヒメユリの変種で，花被片が黄色から黄橙色になる．**ササユリ*** *L. japonicum* は本州（新潟以西）と四国，九州にみられる．**サドクルマユリ** *L. medeoloides* var. *sadoinsulare* は佐渡島にあり，鱗茎の鱗片に関節がない点が基準変種のクルマユリと異なる．**ヒメサユリ** *L. rubellum* は新潟県，福島県，山形県，宮城県にみられる．ササユリに似るが，ササユリの花がラッパ型になるのに対して，こちらは花被の先が大きく開く．**カノコユリ** *L. speciosum* は九州西部に，その変種**タキユリ** var. *clivorum* は四国と長崎県に分布する．どちらも花被内面に赤紫の鹿の子斑がある．カノコユリは花が横かやや下向きに咲き，頭状の柱頭をもつのに対して，後者は花が下向きに咲き，柱頭は切形になる．

ワスレグサ属 *Hemerocallis* ［分布図1660〜1662］

トビシマカンゾウ* *H. dumortieri* var. *exaltata* は山形県飛島と新潟県佐渡島に固有．一つの花茎につく花がゼンテイカ var. *esculenta* は数個だが，トビシマカンゾウは10個以上である．**ニシノハマカンゾウ** *H. fulva* var. *aurantiaca* は九州西部にあり，基準変種ノカンゾウとは葉がより厚くて常緑であることで区別できる．また，ハマカンゾウはストロンを出すが，ニシノハマカンゾウは出さないことでも区別できる．ノカンゾウのもう一つの変種**ヒメノカンゾウ** var. *pauciflora* は3倍体の不稔性で，京都府にある．**トウカンゾウ** *H. major* は長崎県男女群島にあり，晩春に咲く．ハマカンゾウに似る

ヤマトユキザサ *Smilacina viridiflora*（岐阜県根尾村，1982.06，高橋弘撮影）

ヤマユリ *Lilium auratum*（岩手県一関市，2007.07，高橋弘撮影）

キバナノヒメユリ *Lilium callosum* var. *flaviflorum*（沖縄県久米島，2005.09，國府方吾郎撮影）

ササユリ *Lilium japonicum*（岐阜県高山市，2003.06，高橋弘撮影）

トビシマカンゾウ *Hemerocallis dumortieri* var. *exaltata*（宮城県仙台市（栽培），1992.07，福田泰二撮影）

が，こちらは晩夏から秋に咲くことで区別できる．（高橋弘）

ビャクブ科 Stemonaceae

　東アジアからオーストラリア，北米に3属約25種，日本にはナベワリ属の4種が自生，うち3種が固有．APGIII分類体系でも科の扱いに変更はない．

ナベワリ属 Croomia　［分布図1724〜1726］

　ナベワリ*C. heterosepala* はヒメナベワリ *C. japonica* と比べ，花被片が平開し，外花被片の1枚が大きくなる点で区別できる．関東〜近畿，四国，九州に分布する．**コバナナベワリ** *C. saitoana* は花が小さくて単生し，紫褐色を帯びる点などでヒメナベワリと異なる．**ヒュウガナベワリ** *C. hyugaensis* は茎葉が4〜6枚あり，心形でやや肉質で，基部も心形であることでヒメナベワリから区別され，花が大きく，花糸が長いことなどでコバナナベワリから区別される．コバナナベワリとヒュウガナベワリは共に宮崎県の固有種である．（遊川知久・門田裕一）

ナベワリ *Croomia heterosepala*（高知県高知市，1992.06，高知県立牧野植物園撮影）

ヒガンバナ科 Amaryllidaceae

　世界に約60属800種，日本には2属3種，日本の固有植物は1変種．APGIII分類体系では，従来のヒガンバナ科に加えネギ属とその近縁属，アガパンサス属 *Agapanthus* を含む範囲をヒガンバナ科としている．

ヒガンバナ属 Lycoris　［分布図1727］

　キツネノカミソリ* *L. sanguinea* は本州，四国，九州に分布する．オオキツネノカミソリ var. *kiushiana*，ムジナノカミソリ var. *koreana* の3分類群は花被片，雄蕊，花柱の長さ等で区別されるが，変異は連続的である．（遊川知久）

キツネノカミソリ *Lycoris sanguinea*（茨城県つくば市（栽培），2007.08，佐藤絹枝撮影）

ヤマノイモ科 Dioscoreaceae

　世界の熱帯から温帯に6属約750種，日本には1属14種，日本の固有植物は2種1変種．APGIII分類体系ではタシロイモ科とトリコポダ科を含む範囲でヤマノイモ科を定義している．

ヤマノイモ属 Dioscorea　［分布図1728〜1730］

　ツクシタチドコロ* *D. asclepiadea* はタチドコロ *D. gracillima* と比べ仮雄蕊を欠き雄花に短い柄があることで区別できる．九州南部と奄美大島に分布する．奄美大島のものをアマミタチドコロ *D. zentaroana* として区別する見解もある．**シマウチワドコロ** *D. septemloba* var. *sititoana* はキクバドコロの変種で，後者より葉と果実がより大きい．伊豆諸島に分布する．**ユワンオニドコロ*** *D. tabatae* はヤマノイモ *D. japonica* やキールンヤマノイモ *D. pseudojaponica* に似るが，葉に2型性が見られ，葉の形も異なる．奄美大島に固有．（遊川知久）

ツクシタチドコロ *Dioscorea asclepiadea*（宮崎県小林市，2007.04，南谷忠志撮影）

アヤメ科 Iridaceae

　世界に70属1500種，日本に3属10種，日本の固有植物は1種3変

ユワンオニドコロ *Dioscorea tabatae*（鹿児島県奄美大島，2000.05，山下弘撮影）

種．APGIII分類体系でも科の扱いに変更はない．
アヤメ属 Iris　　［分布図1731〜1733］

　ヒメシャガ *I. gracilipes* は山地のやや乾いた林下に生える．北海道，沖縄を除く日本全土に分布するが，四国，九州には少ない．北半球の亜寒帯や高地に広く分布するヒオウギアヤメ *I. setosa* の変種である**ナスノヒオウギアヤメ** var. *nasuensis* と**キリガミネヒオウギアヤメ*** var. *hondoensis* は，それぞれ栃木県那須地方および長野県霧ヶ峰だけに固有の植物である．ヒオウギアヤメおよびナスノヒオウギアヤメと比較してキリガミネヒオウギアヤメの花の色は濃く，内花被も若干大きい．**トバタアヤメ*** *I. sanguinea* var. *tobataensis* は福岡県北九州市に自生していたが，開発によって自生地はなくなった．個体は地元の農家に保存されていたものが偶然見つかり，これが維持繁殖されており，2009年にアヤメの1新変種として正式に記載された．（岩科司）

ヒナノシャクジョウ科 Burmanniaceae

　温帯〜熱帯地域に9属100種以上，日本に3属10種，日本の固有植物は5種．日陰に生える小型の腐生植物が多い．日本ではヒナノシャクジョウ属，タヌキノショクダイ属，ヒナノボンボリ属が知られる．タヌキノショクダイ属やヒナノボンボリ属はタヌキノショクダイ科として，ヒナノシャクジョウ科から区別する見解もあるが，APGIII分類体系でも決着はついていない．

タヌキノショクダイ属 Thismia　　［分布図1737〜1738］

　熱帯を中心に約40種，日本には**タヌキノショクダイ*** *T. abei* とキリシマタヌキノショクダイ *T. tuberculata* が知られる．霧島で発見され記載された後者は，最近見つかっておらず，環境省2007年版レッドリストでは絶滅とされる．

ヒナノボンボリ属 Oxygyne　　［分布図1734〜1736］

　極めて小型の腐生植物で，日本に3種，アフリカに1種知られ，愛媛に**ヒナノボンボリ** *O. hyodoi*，屋久島に**ヤクノヒナホシ** *O. yamashitae*，沖縄に**ホシザキシャクジョウ*** *O. shinzatoi* が分布する．それぞれ花被片の形や色等で区別される．ホシザキシャクジョウは，かつて固有属ホシザキシャクジョウ属 *Saionia* とされたことがあるが，アフリカに分布する種との類似性から本属に移されている．ヒナノボンボリは1989年に，ヤクノヒナホシは2008年に新種として報告されている．（堤千絵）

イグサ科 Juncaceae

　世界に8属400種あり，温帯に多くの種が分布する．日本にはイグサ属とスズメノヤリ属の2属があり，約40種，1種2亜種が固有．APGIII分類体系でも大きな変更はない．イグサ科は形態的にはイネ科やカヤツリグサ科に似るが，花は小穂をつくらない．

スズメノヤリ属 Luzula　　［分布図1739〜1741］

　日本産は12種，そのうち1種2亜種が固有．**ミヤマヌカボシソウ** *L. jimboi* subsp. *atrotepala* は高さ10〜30cmの多年草．葉は幅3〜6

キリガミネヒオウギアヤメ *Iris setosa* var. *hondoensis*（長野県諏訪市，1989.07，岩科司撮影）

トバタアヤメ *Iris sanguinea* var. *tobataensis*（福岡県北九州市（栽培），2009.04，水野貴行撮影）

タヌキノショクダイ *Thismia abei*（徳島県木沢村，撮影日不明，村川博實撮影）

ホシザキシャクジョウ *Oxygyne shinzatoi*（沖縄県国頭村，2006.10，横田昌嗣撮影）

mm で辺縁には長軟毛があり，花はまばらな集散花序につき，細長い花梗に単生し，花被片は披針形で赤褐色，葯は花糸より短く，蒴果は倒卵形で淡赤褐色，長さ 2 mm で花被片よりも少し長く，種子は黒褐色で長さ約 1 mm，種枕は種子とほぼ等長で，本州（中部以北）に分布し，高山帯の草地に生える．**クロボシソウ** *L. plumosa* subsp. *dilatata* は時に短いストロンを出し，葉は幅 2〜10 mm，花被片は濃赤褐色，葯は花糸と等長かより長く，蒴果は狭卵形で黒褐色，長さ 3 mm で花被片より長く，種枕は種子とほぼ等長で，本州，四国に分布する．**アサギスズメノヒエ** *L. lutescens* の花は頭状花序につき，葯は花糸と等長かやや長く，蒴果は倒卵形で黄褐色，長さ 2 mm で花被片とほぼ等長，種枕は種子の半長で，本州（山形以南），四国，九州に分布する．（門田裕一）

ホシクサ科 Eriocaulaceae

世界の温帯〜熱帯に10属1300種，日本に1属約40種，日本の固有植物は11種．APGIII 分類体系でも科の扱いに変更はない．

ホシクサ属 *Eriocaulon* ［分布図1742〜1752］

ホシクサ属は雄蕊が2列し4本または6本であること，雌花の花弁が離生することなどで他の属から区別される．ほとんどが湿生で一部は沈水性．世界の温帯から熱帯に約400種が分布し，地域固有種が多い．

イズノシマホシクサ *E. zyotanii* は東京都神津島にのみ自生する．**タカノホシクサ** *E. cauliferum* は群馬県館林市多々良沼が唯一の自生地であったがすでに絶滅した．この2種はいずれも萼片が離生することで共通するが，前者は茎が短く総苞片が花よりも長く，後者は茎が長く総苞片が花よりも短い．**コシガヤホシクサ** *E. heleocharioides* は根茎が発達することで区別できる．全ての自生地（埼玉県越谷市，茨城県下妻市砂沼）ですでに絶滅したが，保存個体群からの野生復帰事業が進められている．萼片が合着する以下の種類の中で比較的広い分布域を持つものは，子房が1室である**エゾホシクサ** *E. monococcon*（北海道〜本州）と種子にかぎ毛がない**ヤマトホシクサ** *E. japonicum*（本州〜四国）だけである．愛知県東部にのみ生育する**ミカワイヌノヒゲ** *E. mikawanum* はエゾホシクサに似ているが，総苞片が幅広く花床に毛があり雌花の花弁が萼より長いことで区別される．**エゾイヌノヒゲ** *E. perplexum* は北海道日高地方に，**アズマホシクサ** *E. takaii* は福島県吾妻山にのみ分布する．**シラタマホシクサ** *E. nudicuspe* は典型的な東海丘陵要素植物で伊勢湾を取り囲むように分布する．頭花が球形で白色の短毛が密生し白い玉に見えるのが特徴である．尾瀬ヶ原にのみ分布する**ユキイヌノヒゲ** *E. dimorphoelytrum* は花苞と萼片の背面に白色の短毛があることで北海道に分布する近似種の**シロエゾホシクサ** *E. pallescens* から区別される．（田中法生）

イネ科 Poaceae (Gramineae)

APGIII 分類体系でも科の単系統性は強く支持されている．熱帯ア

メリカに分布するアノモクロア亜科，新旧両熱帯に分布するファルス亜科，およびアフリカの湿潤熱帯に分布するプエリア亜科からなる初期分岐群をのぞくと，タケ亜科，イネ亜科，イチゴツナギ亜科からなるグループと，ササクサ亜科，ダンチク亜科，ヒゲシバ亜科，キビ亜科からなるグループの2つの単系統群にわかれる．世界に793属10000種，日本に162属622種，日本の固有植物は113種11亜種43変種．

これまで，分類形質や生活形などの違いのために，タケ亜科をその他のイネ科とは別に扱うことがよく行われてきた．本書でも伝統的な分類に従って，この2群を別に掲載することにした（タケ亜科は169～176ページ）．

キタダケイチゴツナギ Poa glauca subsp. kitadakensis（山梨県北岳，2001.08，勝山輝男撮影）

アズマガヤ属 Hystrix ［分布図1795］

イワタケソウ H. japonica は，本州，四国，九州の山地の林床に生える．穂状花序で，包穎はごく短く，針形．

イチゴツナギ属 Poa ［分布図1806～1812］

ツクシスズメノカタビラ P. crassinervis は，近畿以西の本州から九州に分布し，路傍や草地などに生える．スズメノカタビラ P. annua に比べて，護穎の脈上の毛が多く，花序の枝が斜上する．**ムカゴツヅリ** P. tuberifera は，本州，四国，九州の林内に生える．基部の節間が肥厚する．花序の枝が長く，小穂は少ない．**キタダケイチゴツナギ*** Poa glauca subsp. kitadakensis は南アルプスの草原に生える．包穎の先が尖る．**ハクサンイチゴツナギ*** P. hakusanensis は北海道，本州（中部）の高山の湿った草原に生える．葉鞘は完筒形．護穎は大きく，長さ約5mm．綴り毛が少ない．**ナンブソモソモ** P. hayachinensis は，北海道と岩手県早池峰山に分布し，高山の礫地に生える．花序の枝が平滑で，護穎の先端が尖り，綴り毛がない．**オガタチイチゴツナギ** P. ogamontana は，秋田県と青森県の林内の湿った岩場生える．草丈は短く，花序の枝が平滑である．**タニイチゴツナギ** P. yatsugatakensis は，本州（中部）の亜高山～高山の草地に生える．葉舌が高く，2～7mmで，護穎は鈍頭．

ハクサンイチゴツナギ Poa hakusanensis（長野県/山梨県八ヶ岳，1992.07，勝山輝男撮影）

ウシノケグサ属 Festuca ［分布図1787～1789］

イブキトボシガラ F. parvigluma var. breviaristata は，本州（伊吹山，大峰山），四国に分布し，トボシガラの護穎に芒のない変種である．**ヤマオオウシノケグサ*** F. rubra var. hondoensis は，北海道，本州の高山帯に生育し，護穎は紫色を帯び，芒がない．**ハマオオウシノケグサ** var. muramatsui は，本州以南の海岸に生える．葉身は幅広く，花序は緑色をしている．**タカネソモソモ** F. takedana は，北アルプスの高山帯の砂礫地に生え，小穂が7～9mmと大きく，護穎に芒がなく，紫褐色を帯びる．タカネウシノケグサ F. ovina var. tateyamensis は，従来，固有種として扱われていたが，朝鮮半島に同じ種があるとの見解（白井 1997，長野県植物誌）があるので本書では除外した．

ヤマオオウシノケグサ Festuca rubra var. hondoensis（北海道夕張岳，1986.08，梅沢俊撮影）

ウラハグサ属 Hakonechloa ［分布図1791］

日本固有の1属1種の植物．長い根茎と匍匐茎を持つ．葉は基部付近でよじれ上下が反転する．円錐花序に5～10小花を持つ小穂を

まばらにつける．護穎にはまっすぐな芒がある．これまでダンチク亜科の植物と考えられてきたが，近年の分子情報を用いた解析ではむしろマツバシバ Aristida boninensis などの含まれるマツバシバ亜科 Aristidoideae に近縁であるとの報告もあり，今後の検討が必要と思われる．**ウラハグサ*** *H. macra* は，本州（関東〜紀伊半島）の太平洋側のみに生育し，山地林内の川沿いなどの岩上に群生する．小穂の形状はアシ *Phragmites australis* やダンチク *Arundo donax* に近いが，草丈は50 cm ほどと小型で，内穎は護穎よりわずかに短く，全ての小穂が両性であることなどで区別される．ヌマガヤ *Moliniopsis japonica* も本種に似るが芒を持たない．

ウラハグサ *Hakonechloa macra*（神奈川県相模原市，2010.09，伴野英雄撮影）

エゾムギ属 *Elymus* ［分布図1783〜1785］

ミズタカモジ* *E. humidus* は本州，四国，九州の休耕田や水田畦など湿った日当りのよい場所に生える．稈は叢生し下部で膝折れ，花序はしなだれず直立する．また類似のカモジグサでは内穎の竜骨に翼がある点でも異なる．**オニカモジグサ** *E. tsukushiensis* は，九州北部沿岸域の荒れ地などに生える．カモジグサ var. *transiens* に似るが，稈は大きく1 m に達する．また護穎に毛があるのは良い区別点とされる．**タカネエゾムギ** *E. yubaridakensis* は，北海道夕張岳の高山帯のみに生育する．エゾムギ *E. sibiricus* に似るが包穎には突起がある程度で長い芒はないことや，護穎の芒が2 cm 以上と長い点で異なる．

ミズタカモジ *Elymus humidus*（東京都町田市（採集），2009.04，木場英久撮影）

オオアブラススキ属 *Spodiopogon* ［分布図1814］

ミヤマアブラススキ *S. depauperatus* は，本州（北部〜近畿）日本海側の山地林中に生える．オオアブラススキ *S. sibiricus* に似るが，本種は根茎が短く，葉は披針形で線形にならず，葉舌は無毛，花序も短い点などで異なる．

カニツリグサ属 *Trisetum* ［分布図1817］

ミヤマカニツリ *T. koidzumianum* は，本州（中部）の高山帯の草原に生える．小穂が密につき，花序は円柱形になる．花序の枝は無毛．

カモノハシ属 *Ischaemum* ［分布図1798］

シマカモノハシ *I. ischaemoides* は，小笠原諸島の山地の岩石地に生える．タイワンカモノハシ *I. aristatum* に似るが，葉が厚く無毛で，稈の基部に集まることや，稈の節のみに毛があること第一包穎の縁に翼がないことなどで区別できる．カモノハシ群とハナカモノハシ群の中間をなすものとも言われている．

エゾコウボウ *Hierochloe pluriflora*（北海道夕張岳，1985.06，梅沢俊撮影）

ギョウギシバ属 *Cynodon* ［分布図1780］

オオギョウギシバ *C. dactylon* var. *nipponicus* は，本州（西部），四国，九州，で，海浜の砂地などに生える．基準変種のギョウギシバに比べ全体に大きく，総は5〜10 cm，小穂は3〜3.5 mm にも達する点で異なる．典型的なものは，明らかにギョウギシバと異なるが，識別形質は両者の間で連続的に変異する．また，沖縄と韓国の済州島にも分布するとの見解がある．

コウボウ属 *Hierochloe* ［分布図1793〜1794］

エゾコウボウ* *H. pluriflora* は，北海道夕張岳の蛇紋岩地に生える．ミヤマコウボウ *H. alpina* に似るが，本種は雄性小花に芒がないか

イネ科　165

あっても2mmほどと短いことや葉舌が2mmにも達する点で異なっている．変種のエゾヤマコウボウ var. intermedia は，北海道（西部），青森の山地に生える．雄性小花の芒が3～5mmほどと母種よりさらに長く，両性小花にも短い芒がある点で区別される．

コメススキ属 Deschampsia　［分布図1781］

ユウバリカニツリ D. cespitosa var. levis は，北海道（夕張岳）の林内に生育する．花序は幅が狭く先が垂れる．第2包穎は線状披針形．サハリンにも分布するとの見解がある．

ササガヤ属 Leptatherum　［分布図1799］

キタササガヤ* L. boreale は，北海道～本州中部の山地に生える．稈の節を見ると，ササガヤ L. japonicum では鞘口側のみに毛があるが，本種では全周に斜上する長毛がある．なお，ササガヤと区別できないという見解もある．

ススキ属 Miscanthus　［分布図1800～1803］

ムニンススキ M. boninensis は，小笠原諸島の開けた草原に生育する．稈が扁平となることなどを特徴とするが，ススキ M. sinensis との識別は難しい．ハチジョウススキ M. condensatus に近縁とする考えもあるが，形態的には本土のススキに近い．オオヒゲナガカリヤスモドキ* M. intermedius は，本州（中北部日本海側）の山地の林縁などに群生する．カリヤスに似るが葉が幅広く，小穂には短いながらも芒がある．カリヤスモドキ M. oligostachyus は，本州，四国，九州の山地の開けた草地やガレ場などに生育する．ススキの貧弱な個体に似るが，小穂が大きく，芒も長い．また葉身と葉鞘の境に長白毛が密生するので識別できる．シナノカリヤスモドキ var. shinanoensis は，本州（長野）の高原の草地に生える．カリヤスモドキに似るが第1包穎に4～5本の脈があることや，小穂の基毛が8.5mmほどとやや長いことが異なるとされる．ススキとカリヤスモドキの中間的な形質を持つ．カリヤス* M. tinctorius は，本州（東北～近畿）の山地の林縁などに群生する．他のススキ属からは，明瞭な芒のないことで識別できる．葉身と葉鞘の境に長白毛が密生する点でもススキとは異なる．

スズメガヤ属 Eragrostis　［分布図1786］

ヌマカゼクサ E. aquatica は，近畿周辺と四国の沼地周辺の湿った場所に生える．イトスズメガヤ E. brownii に似るが，小穂が紫色を帯びる点で異なる．本属の他種に見られるような腺は全くない．

チカラシバ属 Pennisetum　［分布図1805］

シマチカラシバ P. sordidum は，九州南部，沖縄，小笠原の暖地の海岸沿いの岩場や裸地などに生える．チカラシバ P. alopecuroides とは，強く巻いた糸状の葉，白から淡黄褐色の花序，包穎の脈の数などで異なるとされる．フィリピンに産するとの見解もある．

チゴザサ属 Isachne　［分布図1796～1797］

ケナシハイチゴザサ I. lutchuensis は，沖縄の林内の湿った場所に生える．ハイチゴザサ I. nipponensis に類似するが小穂が1.25mmほどと小さく，葉が全く無毛で，稈が立って株立ちに近くなる点で異なるとされる．オオチゴザサ I. subglobosa は，沖縄に生育し，湿

キタササガヤ Leptatherum boreale（北海道長万部町，2001.09，梅沢俊撮影）

オオヒゲナガカリヤスモドキ Miscanthus intermedius（秋田県湯沢市，1997.10，茨木靖撮影）

カリヤス Miscanthus tinctorius（京都府和知町，1997.11，茨木靖撮影）

った草地や水田などに生える．チゴザサ *I. globosa* に類似するが，小穂長が2.5 mmを越え，葉身は硬く，より幅広で，縁には基部の膨らんだ毛が生える点などで異なる．また，和歌山，台湾，マレーシア，インドにも本種が分布するとの考えがある．

ツクシガヤ属 *Chikusichloa* ［分布図1778］

イリオモテガヤ* *C. brachyanthera* は沖縄県西表島の固有種．深い樹林の中の浅い河床の泥底に生える．稈は叢生し葉を斜上する．同属のツクシガヤ *C. aquatica* は大型の植物で稈は100 cm以上にもなるが，本種は70 cmほどと小さい．また芒が小穂よりも短いのは本種の良い特徴．

ドジョウツナギ属 *Glyceria* ［分布図1790］

ウキガヤ *G. depauperata* var. *infirma* は，北海道，本州の湿地に分布し，護穎長が4～5 mmと基準変種ヒメウキガヤ（約3 mm）より大きい．

トダシバ属 *Arundinella* ［分布図1761～1763］

シロトダシバ *A. hirta* var. *glauca* は本州，四国，九州の開けた草地や林縁などに生える．トダシバ *A. hirta* は形態的変異が大きいが，このうちシロトダシバは花序が目立って白みを帯びるものを言う．**ミギワトダシバ** *A. riparia* は，本州，四国の川岸の大きな岩の割れ目などに根を張って生育する．同属のトダシバには芒はないがミギワトダシバには膝折れする長い芒がある．また根茎は伸長しない点もトダシバとは異なる．**オオボケガヤ*** subsp. *breviaristata* は，四国に固有．根茎があまり伸長しないことや，川岸の大きな岩の割れ目などに根を張って生育する点は，ミギワトダシバと類似しているが，芒はほとんどなく，わずかに突起があるのみとなる．

ヌカボ属 *Agrostis* ［分布図1753～1756］

ユキクラヌカボ *A. hideoi* は，新潟県，長野県，富山県などの山地から亜高山の岩場に生える．護穎の中脈から出る長い芒の他に，左右2本の側脈からもそれぞれ短い芒が出る．**キタヤマヌカボ** *A. osakae* は，長野県の低山から亜高山の林縁や草地に生える．高さが60～100 cmとコヌカグサほどの大きさで，小穂も長さ約3 mmと大きいが，小花の内穎は護穎の半分より明らかに短い．**タテヤマヌカボ** *A. tateyamensis* は，本州中部以北の亜高山～高山の礫地や草地に生える．コミヤマヌカボ *A. mertensii* のように護穎に芒があるが，2つの包穎はほぼ等長で，護穎は大きく，包穎よりわずかに短い程度である．**ヒメコヌカグサ*** *A. valvata* は，岩手県以南の本州，四国，九州の低山の湿った草地に生える．護穎が包穎より長い．

ネズミガヤ属 *Muhlenbergia* ［分布図1804］

コシノネズミガヤ *M. curviaristata* は，本州（中部日本海側）の山地の温帯林中に生える．中国や千島列島にも産する変種のミヤマネズミガヤ var. *nipponica* と比較して芒が短く，反ることなどで区別できるが，同一と見る意見もある．

ノガリヤス属 *Calamagrostis* ［分布図1764～1777］

コバナノガリヤス *C. adpressiramea* は，九州（大分，熊本）の山地の草原に生える．護穎の先は浅く2裂し，ノガリヤス *C.*

イリオモテガヤ *Chikusichloa brachyanthera*（沖縄県西表島，2004.12，國府方吾郎撮影）

オオボケガヤ *Arundinella riparia* subsp. *breviaristata*（徳島県三好町，2003.10，茨木靖撮影）

ヒメコヌカグサ *Agrostis valvata*（神奈川県箱根町，2005.06，勝山輝男撮影）

キリシマノガリヤス *Calamagrostis autumnalis* subsp. *autumnalis*（宮崎県／鹿児島県霧島山，1982，館岡亜緒撮影）

brachytricha に似るが，花粉稔性が高い．**キリシマノガリヤス*** *C. autumnalis* subsp. *autumnalis* は，九州の火山荒原に生える．葉身が厚い．その変種**クジュウガリヤス** var. *microtis* は，九重山（大分）に生える．葉身の基部が耳状に張り出さず，花序の枝がざらつき，やや葉舌が長い点が異なる．**シマノガリヤス** subsp. *insularis* は，伊豆七島の火山荒原に生える．**カニツリノガリヤス** *C. fauriei* は，亜高山の谷川の近くの岩の上や雪渓の残る湿った場所に生える．小軸突起が長く小穂の外まで伸び，護穎の中央脈以外の4脈も伸び出して短芒になる．**シロウマガリヤス** var. *intermedia* はその変種で小軸突起が短く，新潟県中部〜福井県の亜高山から高山の草原に生える．**ヒゲノガリヤス*** *C. longiseta* は本州の亜高山の草地や疎林内や林縁に生える．芒は護穎の上半分から出る．**ヤクシマノガリヤス** *C. masamunei* は，屋久島の湿った岩上にマット状に生える．前種に似るが全体に小さく，基毛が短く，芒が護穎基部寄りにつく．**オオヒゲガリヤス** *C. grandiseta* は，本州の高山の湿原に生える．カニツリノガリヤスとヒゲノガリヤスの雑種由来の種とされる．ヒゲノガリヤスよりも護穎の芒が出る位置が低い．**ムツノガリヤス** *C. matsumurae* は，本州（中部以北）の山地から高山に生える．護穎に芒がなく，稈の基部は鱗片葉に覆われてやや太い．**オニノガリヤス*** *C. gigas* は，北海道，本州（兵庫以北の日本海側）の山地に生える．稈が太く，高さも2mに達する．**ヒナガリヤス*** *C. nana* は，本州（北・中部，蔵王以南）の高山の風衝地に生える．葉身は稈の基部に集まり，護穎の芒は短く包穎に包まれる．亜種の**ザラツキヒナガリヤス** subsp. *hayachinensis* は，本州（早池峰山，北岳）の岩場に生える．花序の枝や小穂の柄がざらつく．**オオミネヒナノガリヤス** subsp. *ohminensis* もヒナガリヤスの亜種で，奈良県大峰山系の切り立った崖に生える．狭義ヒナガリヤスと比べると花序の枝や小穂の柄にざらつきがあり，芒がやや長い．**タシロノガリヤス** *C. tashiroi*，**シコクノガリヤス** subsp. *sikokiana*，**オニビトノガリヤス** *C. onibitoana* はまばらに小穂をつけた小さな円錐花序をつけ，護穎の側脈が先端まで届かないなどよく似ている．タシロノガリヤスは九州（大分，熊本，宮崎，鹿児島）の山地の尾根の岩場に生える．包穎はほぼ等長．シコクノガリヤスは四国（石鎚山，剣山）に生え，芒が短い．オニビトノガリヤスは長崎県（雲仙）に生え，小穂各部がタシロノガリヤスより小さい．

ハネガヤ属 *Stipa* ［分布図1815］

ヒロハノハネガヤ* *S. coreana* var. *japonica* は，北海道，本州，四国，九州の山地の草原や林中に生える．同属のハネガヤ *S. pekinensis* からは，閉じて総状に見える花序の形で識別できる．葉が広く，小穂も大きいとされる大陸産の基準変種から分けない見解もある．

ハルガヤ属 *Anthoxanthum* ［分布図1758］

タカネコウボウ* *A. japonicum* subsp. *japonicum* は，奈良県大峰山と本州中部以北の亜高山〜高山の礫地や草地に固有であるが，別亜種**イシヅチコウボウ** subsp. *luzoniense* は四国〜東南アジアにかけて分布する．円錐花序の枝が，日本産本属の他の種より明らかに長

く，花序が垂れる．コウボウ属の第1，第2小花は雄性だが，本種はハルガヤ属なので第1，第2小花は無性である．

ヒナザサ属 Coelachne　［分布図1779］
ヒナザサ C. japonica は本州，四国，九州の野山の湿地に生える．小型の草本で葉舌がなく，護穎にも脈がないのはよい特徴．

ヒロハノコヌカグサ属 Aniselytron　［分布図1757］
ヒロハノコヌカグサ A. treutleri var. japonicum は，本州（中部～西部）の暗く湿った深山の林中に稀産．母種と区別しない意見もあるが，母種では小穂のサイズが2.5～3mmと日本のものよりも小さい点で区別されている．ヌカボ属にも似るが，本種は葉が広く，第一包穎が著しく小さい点で異なる．

フクロダガヤ属 Tripogon　［分布図1816］
フクロダガヤ* T. longearistatus var. japonicus は茨城県と栃木県に分布し，川沿いの岩上に生える．護穎の主脈は，反り返る芒になる．側脈も短い芒になる．

マツバシバ属 Aristida　［分布図1759～1760］
マツバシバ A. boninensis は小笠原諸島の固有種．石の多い斜面に生える．3本ある護穎の芒は基部では互いに絡み合う．葉は著しく強く巻く．オオマツバシバ* A. takeoi は，鹿児島県（奄美大島，徳之島），沖縄県の乾いた低地丘陵に生える．マツバシバに似るが，葉は二つ折れし，強く巻かない．

ミサヤマチャヒキ属 Helictotrichon　［分布図1792］
ミサヤマチャヒキ H. hideoi は，長野県，静岡県の亜高山の草原に生える．小穂に2～4小花があり，護穎の背から基部のねじれた芒が出る．

メヒシバ属 Digitaria　［分布図1782］
ウスゲアキメヒシバ D. violascens var. intersita は水湿地に生えるとされる．アキメヒシバ D. violascens のうち，葉に少し毛のあるものをこのように呼ぶ．

ワセオバナ属 Saccharum　［分布図1813］
ワセオバナ* S. spontaneum var. arenicola は，本州（関東～東海）の海寄りの温暖な平地に生える．母種とは，葉鞘口部に長毛があること，葉舌が高いこと，小穂が大きいことなどで識別される．母種と区別しない見解もある．（木場英久・茨木靖）

タケ亜科 Bambusoideae
世界のタケ亜科植物約100属1000種は，熱帯アメリカを中心に分布する草本性タケ類のオリラ連，東アジアの温帯性タケ類，および熱帯アジア・アフリカ・アンデスのタケ類の3群からなる．日本産タケ類は稈鞘が宿存するササ類が多様に種分化する．そのうえ，稈鞘が成長とともに脱落するマダケ属 Phyllostachys とササ類，もしくはササ類同士の間で推定属間雑種分類群が形成され，これらが互いに独立した属として記載される．全ての日本固有タケ類に，葉の細脈間に格子状横縞と耐凍性がある．日本に16属99種8亜種49変種，日本固有は66種8亜種31変種（＋1複合体）．

タカネコウボウ Anthoxanthum japonicum （長野県大町市，2001.08，勝山輝男撮影）

フクロダガヤ Tripogon longearistatus var. japonicus（茨城県大子町，1995.09，木場英久撮影）

オオマツバシバ Aristida takeoi（鹿児島県奄美大島，2010.07，國府方吾郎撮影）

ワセオバナ Saccharum spontaneum var. arenicola（静岡県森町，2005.08，茨木靖撮影）

アズマザサ属 Sasaella　[分布図1879〜1901]

　ササ属とメダケ属との推定属間雑種分類群で，節のランクに相当する1節より1枝を分枝する群と複数の枝を出す2群よりなる．葉はササ属のように広〜狭楕円状披針形で，枝の先端に掌状に集まるが，葉身の間に隙間ができる．肩毛は基部が放射状で粗渋，先端部が急に細い絹糸状となる．外側の葉舌部が椀状に目立つ．アズマザサ属を北米原産の Arundinaria 属と同属と捉え，これから一方ではササ属を，他方ではメダケ属を系統分岐したとみなす説もあるが，近年の分子系統学的な研究結果は両者の属間雑種起原を支持している．

1節1枝型

　葉裏が無毛の種のうち，**クリオザサ** S. masamuneana は稈の高さ約1.5mで葉は約25cmで葉鞘，稈鞘ともに無毛．屋久島の栗生を基準産地とし，西日本の日本海側から東北地方全域に稀に産する．葉鞘に細毛の出る変種**ヨモギダコチク** var. amoena は東北から関東北部にしばしば産する．**サドザサ** S. sadoensis は前種に似るが葉鞘に長く粗い毛を生じ，東北地方太平洋岸〜福島から富山県に稀に産する．**ジョウボウザサ** S. bichuensis は葉鞘に細毛を密生し，稈鞘に逆向細毛と基部に長毛を生ずる．稈鞘の基部に長毛のない変種**グジョウシノ** var. tashirozentaroana を含め，岩手県から関東北部〜北陸地方を経て山口県まで分布する．**カリワシノ** S. ikegamii の葉鞘は無毛または長毛が，稈鞘には長毛を生ずる．**オニグジョウシノ*** S. caudicepus の葉鞘には上向の細毛と長く粗い毛が混生し，稈鞘は開出長毛と逆向細毛を混生する．葉鞘が無毛の変種**メオニグジョウシノ** var. psilovaginula とともに本州に稀産する．葉裏が有毛の種のうち，**アズマザサ*** S. ramosa は葉鞘と稈鞘が無毛で，東北日本から中国地方の太平洋岸に広く分布する．葉鞘に短毛の出る変種**オオバアズマザサ** var. latifolia と，葉身が波打ち，縁が巻込み，葉の表面に白色細毛を散生する変種**スエコザサ*** var. suwekoana は東海〜東北地方に稀に産する．**シオバラザサ** S. shiobarensis の葉鞘は開出する長毛が密生またはまばらに生じ，稈鞘は無毛．葉鞘に開出長毛と逆向細毛を混生する変種**エッサシノ** var. yessaensis は関東〜東北地方にやや稀に産する．**アタミシノ（タンゴシノチク）** S. atamiana の葉鞘は無毛か最下部のみに長毛がまばらに生じ，稈鞘は開出長毛が出る．変種**ケスエコザサ** var. kanayamensis は葉鞘にも稈鞘と同様に開出長毛を持つ．**コガシアズマザサ** S. kogasensis の葉鞘は開出長毛と細毛が混生し，稈鞘は開出長毛と逆向細毛が混生する．葉鞘が無毛の変種**アリマシノ*** var. yoshinoi は本州北部から西南日本にやや稀に産する．葉鞘が無毛，稈鞘に逆向細毛のある**ヒシュウザサ** S. hidaensis は西日本から，葉鞘に細毛か，または開出長毛と短毛を混生する**ヤブザサ** var. iwatekensis は，中部〜東北太平洋岸に分布する．

1節3枝型

　トウゲダケ* S. sasakiana は**チシマザサ** S. kurilensis を片親とする推定雑種で，稈は3mに達し剛壮で直立または斜上し，上方で盛ん

オニグジョウシノ Sasaella caudiceps（栃木県鹿沼市，2000.08，小林幹夫撮影）

アズマザサ Sasaella ramosa（栃木県宇都宮市，2001.06，小林幹夫撮影）

スエコザサ Sasaella ramosa var. suwekoana（栃木県宇都宮市，2010.07，小林幹夫撮影）

アリマシノ Sasaella kogasensis var. yoshinoi（宮城県松島町，2010.06，小林幹夫撮影）

に分枝する．葉裏，葉鞘はいずれも無毛で葉裏の葉脈に光沢がある．稈鞘は古くなると繊維状に細裂し，時に細毛が出る．主に関東以北のチシマザサの分布域近傍に稀に産する．**ヒメスズダケ**（ヤマキタダケ）S. hisauchii は箱根周辺に多産し，葉は皮質で先端が細く尖るスズダケの特徴を備え，メダケ属とスズダケ属の属間雑種と推定され，今後の検討が待たれる．葉裏が有毛の種のうち，**ハコネシノ** S. sawadae の葉鞘および稈鞘はいずも無毛，東北地方から九州にかけ，稀に産する．葉鞘に細毛があり，稈鞘が無毛か，または脱落性の長毛がまばらに出る変種**アオバヤマザサ** var. aobayamana は東北〜関東，近畿地方にかけ稀産する．**タキナガワシノ** S. takinagawaensis は稈がほぼ直立し高さ2.5 m に達する．葉鞘と稈鞘のいずれにも逆向細毛を密生する．**ミドウシノ** S. midoensis は葉鞘および稈鞘ともに開出長毛と逆向細毛が混生する．両種はともに岩手県の奥羽山麓に知られる．

インヨウチク属 Hibanobambusa ［分布図1818］

マダケ属とササ属との推定属間雑種．**インヨウチク**＊ H. transquillans の葉は長さ30 cm，幅7 cm に及ぶ広楕円状披針形で枝の先に数枚つき，肩毛はマダケに似て長いブラシ状．節間には芽溝が発達する．稈は高さ3 m に達し，直立もしくは地際で湾曲する．島根県，岡山県，福井県に知られる．

ササ属 Sasa ［分布図1848〜1878］

稈は柔軟で斜上し，1節より1枝を分枝する．葉は広楕円状披針形で，分枝型に基づき4節に分類される．チシマザサ節以外は宿存または脱落性の放射状で粗渋な肩毛を持つ．

チシマザサ節 sect. Macrochlamys

稈の高さは3 m に達するが地下茎は浅い．稈の基部で強く湾曲し，上方で盛んに分枝する．枝葉のいずれの部分も無毛．稈鞘が繊維状に細裂し，葉は皮質で葉舌は高い山形となり，隈取らない．葉が長大なチシマザサの変種**ナガバネマガリダケ** var. uchidae が栃木県那須地方〜富山〜若狭湾岸〜大山を中心に分布する．伊豆諸島 御蔵島と八丈島に固有の**ミクラザサ**＊ S. jotanii の葉はチシマザサに似て皮質だが，腰が弱く，細長い広披針形の先端が垂れ下がる．側脈は光沢があるが透かした時に現れる白線が細い．穎果は長さ約18.5 mm と日本産タケ類中では最大で，休眠性を欠く．

アマギザサ節 sect. Monilicladae

稈の高さは約2 m で，基部および上部で分枝する．節上部は球状に膨出し，稈中部の稈鞘は節間長の1/2以下．稈を折った瞬間，やや鼻をつく異臭を放つものが多い．葉は皮質〜紙質で表面には光沢があり，葉舌は山形，冬季に隈取る．東北南部から九州にかけ，太平洋側の内陸部を中心にミヤコザサ節にとって替わるように分布する．また，広島・山口地方ではチマキザサ節に置き換わるように分布する．葉裏が無毛の種のうち，**イブキザサ**＊ S. tsuboiana は葉鞘，稈鞘ともに無毛．木曽御嶽山西麓，鈴鹿山脈北部〜比良山，四国・石鎚山系などに分布の中心がある．**イヌトクガワザサ** S. scytophylla は稈鞘に開出長毛を密生し，西日本を中心にふつう．**ミアケザサ** S.

トウゲダケ Sasaella sasakiana（宮城県仙台市，2010.06，小林幹夫撮影）

インヨウチク Hibanobambusa transquillans（福井県越前町，2000.06，小林幹夫撮影）

ミクラザサ Sasa jotanii（東京都御蔵島，1997.04，小林幹夫撮影）

イブキザサ Sasa tsuboiana（三重県藤原岳，1979.08，小林幹夫撮影）

miakeana は葉鞘に脱落性の長毛を持ち，稈鞘は開出する長毛と逆向細毛を混生する．**サイゴクザサ** *S. occidentalis* の葉鞘は無毛，稈鞘は逆向細毛がある．葉裏が有毛の種のうち，**ミヤマクマザサ*** *S. hayatae* は葉鞘，稈鞘ともに無毛．東京都高尾山，天城山脈，伊豆諸島 御蔵島，四国の石鎚・剣山系などに分布する．葉鞘に長毛と短毛を密生する変種**シコクザサ** var. *hirtella* が剣山系に産する．**トクガワザサ** *S. tokugawana* は稈鞘に開出長毛を密生し，箱根駒ヶ岳周辺に特に多い．**マキヤマザサ** *S. maculata* は葉鞘が無毛，稈鞘は逆向細毛を生ずる．葉鞘に斜上する長毛と細毛を密生する変種**ケマキヤマザサ** var. *abei* が四国 剣山系に稀産する．**ミネザサ** *S. minensis* の葉鞘には脱落性の長毛を生じ，稈鞘には開出または斜上する長毛と逆向する短毛を混生する．**アワノミネザサ*** var. *awaensis* は葉鞘にも稈鞘同様の毛を密生し，いずれも西日本〜四国，九州地方に分布する．

チマキザサ節 sect. *Sasa*

稈の高さは3mに達し，剛壮で，2年目の稈は基部で倒伏し，各節より分枝する．葉は皮質〜紙質で，葉舌は切形で目立たない．冬季には時に葉の縁が白く隈取る．日本海側の多雪地帯を中心に平野部から山岳地帯，さらには，太平洋側の内陸部にかけて分布する．葉裏が無毛の種のうち，**フゲシザサ** *S. fugeshiensis* の稈鞘には逆向細毛がある．**クテガワザサ** *S. heterotricha* では，時に葉裏の基部にのみ軟毛を生じ，葉鞘は開出細毛，または短毛を混生し，稈鞘に開出長毛と逆向短毛を混生する．葉鞘が無毛の変種**イヌクテガワザサ** var. *nagatoensis* は本州の日本海側に稀に産する．**ケザサ** *S. pubens* は葉鞘に上向短毛と細毛が混生し，稈鞘には逆向長毛と短毛が混生する．**クマザサ*** *S. veitchii* の稈鞘には開出長毛が密生し，葉は皮質で丸みを帯び，冬季に著しく白色の隈取りを生じ美しいので，しばしば庭園に植栽される．葉裏が有毛の種のうち，**ヤヒコザサ*** *S. yahikoensis* は会津田島地方〜阿賀野川流域に多産し，葉鞘に開出短毛と細毛，稈鞘に逆向短毛と細毛，節間にビロード状の軟毛を密生する．葉が広い変種**イワテザサ** var. *rotundissima* が富山，新潟，福島，岩手にかけて分布する．**ミヤコザサ−チマキザサ複合体** *S. palmata-S. nipponica* complex は，北海道道東地方から九州北部に至るミヤコザサ線に沿って，ミヤコザサ節とチマキザサ節植物が隣接する地域に，それぞれのいずれかの種を両親種とする限りない中間形として出現する．稈の各節に生ずる冬芽の位置，分枝，葉の質，形状比など，さまざまな程度に中間形が形成されるが，一様に稈が非常に柔らかい．サハリン南部にも分布する可能性を示唆する芽の生態学的挙動に関する新宮らの研究がある．

ミヤコザサ節 sect. *Crassinodi*

稈の高さ約50cm，地際でのみ分枝する．稈は細く，節間は長く，節の上部が球状に膨出する．葉は紙質で表面はくすみ，冬季には隈取る．肩毛は放射状で蜘蛛が足を伸ばしたようにやや長い．関東から北海道に至る太平洋岸に平行する年平均積雪深50cmの等深線に沿ってミヤコザサ節が分布し，鈴木貞雄はこれをミヤコザサ線と命名し，全国的には北海道東部〜本州〜瀬戸内〜九州・大分県側阿蘇

ミヤマクマザサ *Sasa hayatae*（東京都御蔵島，2009.08，小林幹夫撮影）

アワノミネザサ *Sasa minensis* var. *awaensis*（高知県三嶺白髪山，2008.09，小林幹夫撮影）

クマザサ *Sasa veitchii*（静岡県長泉町（栽培），2005.03，小林幹夫撮影）

ヤヒコザサ *Sasa yahikoensis*（福島県田島町，1985.06，小林幹夫撮影）

山系におよぶ．サハリン旧南名好における分布を示唆する研究もある．葉裏が無毛の種のうち，**ウンゼンザサ** S. gracillima は葉鞘，稈鞘いずれも無毛．関東地方から近畿地方および九州に稀に産する．葉鞘が無毛，稈鞘に開出長毛の出る**ウツクシザサ** S. pulcherrima は広島県など瀬戸内海沿岸地方を中心に分布する．**ナスノユカワザサ*** S. kogasensis var. nasuensis は葉鞘が無毛，稈鞘に逆向細毛を密生し，福島県〜栃木県に分布が限られる．**コガシザサ** S. kogasensis は葉鞘に開出細毛を密生する前種の母種だが，基準産地の分布は未確認である．**オヌカザサ** S. hibaconuca は稈鞘の逆向細毛に開出長毛を交える型で，広島地方をはじめ，全国に稀産する．葉裏に軟毛を密生する種のうち，**ミヤコザサ*** S. nipponica は葉鞘，稈鞘いずれも無毛で光沢があり，ミヤコザサ線の全域に分布する．**センダイザサ**（**オオクマザサ**）S. chartacea の葉鞘は開出細毛が，稈鞘は逆向細毛が密生する．葉鞘や稈鞘に開出細毛を混生し毛の多い変種を**ビロードミヤコザサ** var. mollis，葉鞘が無毛の変種を**ニッコウザサ*** var. nana という．**アズマミヤコザサ** var. shimotsukensis の葉鞘は無毛で稈鞘に逆向短毛と細毛を密生する．**アポイザサ** S. samaniana はセンダイザサに似るが，葉鞘，稈鞘のいずれにも長毛が出ることで区別され，しばしば葉柄や葉の先端が捻れる．特に毛の多い変種**ケミヤコザサ** var. villosa が岩手〜長野を中心に京都まで分布する．葉鞘が無毛の変種**ビッチュウミヤコザサ** var. yoshinoi や，葉鞘が無毛，稈鞘に開出長毛を生ずる**タンガザサ** S. elegantissima が三陸沿岸から四国・九州にかけて分布する．

スズザサ属 Neosasamorpha　[分布図1819〜1831]

　ササ属とスズダケ属の推定属間雑種分類群で，多くの点でスズダケ属により近い形質を持ち，分布は太平洋側に偏る．葉身の形態が中肋を境に一方は広楕円状披針形，他方は葉の先端が次第に鋭く尖り，平行四辺形様に不斉形となることが多い．数枚の葉を枝の先に掌状につけ，稈鞘は枝が出ると元の稈を離れ，枝基部を抱く．放射状で粗渋な肩毛がしばしば発達する．小穂はスズダケ Sasamorpha borealis に似て紫褐色〜黒紫色で，開花時には黄色の葯が目立つ．葉裏，葉鞘，稈鞘の各種の毛の形質を同様に保有し，稈が高さ1.5 mに達する剛壮な型と50 cm程度の矮小な型の2型が現れ，鈴木貞雄はそれぞれの一方を他方の亜種と分類した．葉裏が無毛の種のうち，**サイヨウザサ** N. stenophylla は矮小型で，葉鞘，稈鞘いずれも無毛．**ヒメカミザサ** subsp. tobagenzoana は剛壮型の亜種で，岩手県姫神山を基準産地とするが，宮城県蔵王山麓，伊豆大島，山口県，四国，九州と広範囲にやや稀に産する．**オオシダザサ** N. oshidensis は剛壮型で葉鞘は無毛，稈鞘に開出長毛を生ずる．その矮小型亜種の**ケナシカシダザサ** N. subsp. glabra は西日本に稀産する．**カガミナンブスズ** N. kagamiana は剛壮型で葉鞘に上向細毛と長く粗い毛が混生し，稈鞘に開出長毛と逆向細毛を混生する．本州西南部稀産の**アリマコスズ** subsp. yoshinoi はその矮小亜種．剛壮型の**イッショウチザサ** N. magnifica の葉は広い楕円状で皮質〜紙質，葉鞘は上向細毛がビロード状，稈鞘は逆向のややざらつく細毛を密生または散

ナスノユカワザサ Sasa kogasensis var. nasuensis（栃木県鹿沼市，2009.05，小林幹夫撮影）

ミヤコザサ Sasa nipponica（栃木県日光市，1984.06，小林幹夫撮影）

ニッコウザサ Sasa chartacea var. nana（栃木県日光市，2002.08，小林幹夫撮影）

ツクバナンブスズ Neosasamorpha tsukubensis（栃木県日光市，2009.10，小林幹夫撮影）

生する．基準産地は熊本県の一勝地だが，岩手県の奥羽山脈の東縁に稀に産する．**セトウチコスズ** subsp. *fujitae* はその矮小亜種．葉裏が有毛の種のうち，**ツクバナンブスズ**＊ *N. tsukubensis* は剛壮型で，葉は皮質で葉鞘，稈鞘いずれも無毛，花穂は多角形状に小梗を張る．小穂は紫褐色で薙刀状で弱く湾曲する．雄蕊は6本．矮小亜種の**イナコスズ**＊ subsp. *pubifolia* の葉は柔らかく，表面に艶があり，先端がやや垂れ下がり，短い肩毛が発達する．小穂は褐色で短い紡錘形．**タキザワザサ** *N. takizawana* は剛壮型で葉鞘は無毛，稈鞘に開出長毛と逆向細毛を混生する．**キリシマザサ** subsp. *nakashimana* はその矮小亜種．変種**チトセナンブスズ** var. *lasioclada* の稈は剛壮で葉鞘に細毛を密生もしくは細毛と長毛を混生する．**オモエザサ** *N. pubiculmis* は剛壮型で葉鞘は上向細毛を密生しビロード状，稈鞘には逆向細毛を生ずる．矮小亜種の**ミカワザサ**＊ subsp. *sugimotoi* は，2～3枚の細く先端が次第に鋭く尖る紙質の葉をツバメの尾羽に見立てたツバメザサの別名がある．栃木・茨城県境，愛知県，広島県などに稀産する．花穂には数個の淡褐色で短い薙刀状の小穂がまばらに付き，雄蕊は1～数本．葉鞘が無毛の剛壮型変種に**イブリザサ** var. *chitosensis* がある．**ハコネナンブスズ** *N. shimidzuana* は剛壮型で稈鞘には開出長毛を生じ，トクガワザサの分布地を中心に出現する．矮小亜種の**カシダザサ**＊ subsp. *kashidensis* は，岩手県のほか，関東地方以西から九州にやや稀に産する．

スズダケ属 *Sasamorpha* ［分布図1902～1903］

稈は細くほとんど直立し，高さ2mに達するが，もろく，地下茎は浅い．当年生の稈は開出する長毛を散生する稈鞘で覆われる．稈の上方で1節より1枝を盛んに分枝し，枝の先に2～3枚の細長く次第に尖る葉をつける．稈鞘は分枝すると，稈を離れ，枝を抱く．**ウラゲスズダケ** *S. borealis* var. *pilosa* は葉裏にうっすらと細毛を散生する．**ハチジョウスズダケ** var. *viridescens* は枝の先端に数枚の広楕円状披針形の長大な葉を付け，伊豆諸島に分布する．小穂は紫黒色で黄色の6本の雄蕊が目立つ．**ケスズ** *S. mollis* は葉裏にビロード状に軟毛を密生し，三陸地方，八溝山地，中央アルプス天竜川沿いの谷筋，瀬戸内海沿岸地方などに局所的に出現する．

ナリヒラダケ属 *Semiarundinaria* ［分布図1904～1909］

マダケ属とメダケ属との推定属間雑種分類群で，1節より3～8本の枝を出し，節間には多少なりとも芽溝が発達する．稈鞘は開き，脱落寸前の状態で一部が付着する．肩毛は平滑で長く，軸に沿って束生する．葉裏の有毛の種のうち，**ナリヒラダケ** *S. fastuosa* の稈は始め緑色，後に紫褐色になる．葉鞘は無毛もしくは基部にのみ毛が出る．稈鞘は無毛もしくは基部に逆向細毛を生ずる．**アオナリヒラ** var. *viridis* は稈が緑色のままの変種．**ヤシャダケ**＊ *S. yashadake* は稈の高さ約7m，直径3cmで節間は35cmと長く，ややジグザグになる．稈は後に黄褐色になる．葉は広披針形．稈鞘は平滑で基部に長毛がある．葉裏が有毛の種のうち，**リクチュウダケ** *S. kagamiana* は稈の高さ8～10m，直径3～5cm，稈は始め緑色，後にやや帯紫色となる．葉は狭披針形．稈鞘は無毛，または基部に細毛がまばら

イナコスズ *Neosasamorpha tsukubensis* subsp. *pubifolia*（栃木県日光市，2009.10，小林幹夫撮影）

ミカワザサ *Neosasamorpha pubiculmis* subsp. *sugimotoi*（栃木県益子町，1997.05，小林幹夫撮影）

カシダザサ *Neosasamorpha shimidzuana* subsp. *kashidensis*（栃木県茂木町，2002.07，小林幹夫撮影）

ヤシャダケ *Semiarundinaria yashadake*（静岡県長泉町（栽培），2005.08，久本洋子撮影）

に出る．岩手県を中心に稀に出現する．**ビゼンナリヒラ** S. okuboi の稈は緑色，葉鞘，稈鞘いずれも無毛．**クマナリヒラ** S. fortis の稈は緑，葉裏の基部に軟毛を密生する．葉鞘は上向細毛が密生し，稈鞘は逆向細毛と基部に褐色長毛を密生する．

メダケ属 *Pleioblastus*　［分布図1832～1845］

稈は直立し，1節より多数を分枝．肩毛は絹糸状で茎に平行．葉は長楕円形～長楕円状披針形．主として本州以南に分布する．

リュウキュウチク節 sect. *Pleioblastus*

葉身が全体に細長い三角形で，先端が次第に鋭く尖る．**リュウキュウチク** *P. linearis* は稈の高さ約3mに達し，葉が皮質．稈は下方に弓なりに湾曲する．鹿児島県馬毛島以南～琉球列島に分布するが，稀に西南日本の沿岸部に出現する．西表島から報告のあるゴザダケザサは本種の異名と判断される．

メダケ節 sect. *Medakea*

葉鞘の上縁が斜上する．**メダケ** *P. simonii* は稈の高さ5m，直径2cmに達し，葉は細長い長楕円形で途中から垂れ下がる．本州の海岸部を中心に分布し，民家の裏庭にしばしば植栽される．**キボウシノ** *P. kodzumae* は葉がやや厚く短い広楕円状．伊豆半島や西南日本の日本海沿岸部を中心に分布する．**ヨコハマダケ** *P. matsuoi* は葉鞘に上向の粗い毛がまばらで，稈鞘は無毛．**シラシマメダケ** *P. nabeshimanus* は葉が皮質でねじれ，葉鞘に細毛，稈鞘には逆向細毛と基部に長毛を混生する．新潟県～福島県に稀産の**エチゴメダケ** *P. pseudosasaoides* は葉が紙質で，葉鞘は無毛，稈鞘には長毛がまばらに出る．

ネザサ節 sect. *Nezasa*

葉鞘の上縁が水平．葉裏が無毛の種のうち，**アズマネザサ** *P. chino* は，時に葉裏の片側だけに毛が出る．葉鞘は無毛または細毛を生じ，稈鞘は無毛．本州のフォッサマグナ以東の平野部を中心に分布する．変種**ハコネダケ** var. *vaginatus* は稈径が約3.5mm，葉の幅7mmと細く短く，箱根芦ノ湖～十国峠，栃木県那須地方など，冷涼な地域に出現する．葉が広い楕円状披針形の変種**ネザサ** var. *viridis* は，葉鞘，稈鞘いずれも無毛．本州のフォッサマグナ以西に分布する．**トヨオカザサ** *P. humilis* は東北地方南部から関東地方を中心に分布し，時に中肋に沿って細毛が見られ，葉鞘に上向長毛を生じ，稈鞘は無毛．葉鞘に開出細毛，稈鞘に逆向細毛を生ずる**ヒロウザサ** *P. nagashima*，葉鞘が無毛の変種**エチゼンネザサ** var. *koidzumii* はともに西南日本の日本海側を中心に分布する．葉裏が有毛の種のうち，**コンゴウダケ** *P. kongosanensis* は葉鞘に上向細毛もしくは逆向細毛，稈鞘には逆向細毛を生じ，瀬戸内海沿岸地方を中心に西南日本に分布する．**シブヤザサ** *P. shibuyanus* は葉鞘，稈鞘いずれも無毛．関東地方南部を中心に分布する．**アラゲネザサ** *P. hattorianus* は葉裏の中肋に沿って細毛があり，葉鞘，稈鞘いずれにも開出長毛を持つ．

ヤダケ属 *Pseudosasa*　［分布図1846～1847］

稈は直立し1節より1枝を分枝する．節は低く，やや斜めに稈を巻く．当年生の稈は，開出する脱落性の粗い毛を散生する稈鞘で覆

リュウキュウチク *Pleioblastus linearis*（沖縄県与那覇岳，2007.03，小林幹夫撮影）

メダケ *Pleioblastus simonii*（東京都八丈島，1985.05，小林幹夫撮影）

アズマネザサ *Pleioblastus chino*（栃木県宇都宮市，1996.06，小林幹夫撮影）

ネザサ *Pleioblastus chino* var. *viridis*（鹿児島県大口市，2002.09，小林幹夫撮影）

われる．葉は細長い披針形で葉裏，葉鞘いずれも無毛．葉脚は長三角形で肩毛はない．**ヤダケ** *P. japonica* は稈の高さは2〜5m．ごく稀な北海道を除く全域に分布するが，中世の山城など人間活動の影響の強い地域に出現する．節間基部が膨らむ変種ラッキョウヤダケ var. *tsutsumiana* は時に園芸用に植栽される．稀に出現するメンヤダケはメダケ属との推定雑種で，1節より多数を分枝し，絹糸状の白色肩毛を持つ．稈の高さ約20cmの**ヤクシマヤダケ**＊（ヤクザサ）*P. owatari* は屋久島 宮之浦岳の上部に固有．（小林幹夫）

ヤシ科 Arecaceae (Palmae)

熱帯を中心に201属2650種，日本には6属6種，日本の固有植物は1属2種1変種．APGIII 分類体系においても科の扱いに変更はない．

ノヤシ属 *Clinostigma*　　［分布図1910］

小笠原諸島からメラネシアにかけて13種が分布する．日本の固有種として小笠原諸島の父島列島と母島列島の山地に分布する**ノヤシ** *C. savoryanum* が知られている．

ビロウ属 *Livistona*　　［分布図1911］

日本からアフリカ，オーストラリアにかけて28種が分布する．**オガサワラビロウ** *L. chinensis* var. *boninensis* は小笠原諸島各島の丘陵地に生育する．九州から台湾にかけて分布するビロウの変種で果実の形，胚の位置，葉の大きさにより区別される．

ヤエヤマヤシ属 *Satakentia*　　［分布図1912］

ヤエヤマヤシ＊ *S. liukiuensis* の1種からなる日本固有の単型属．琉球列島の石垣島と西表島に計4ヶ所の自生地が知られている．かつてはノヤシ属とされていたが，葉の縁が肥厚しないこと，果実が楕円形であることから区別され，別属が提唱された．（國府方吾郎）

サトイモ科 Araceae

熱帯から温帯まで広く分布し，旧世界では地生種が，新世界では着生種が分化している．世界に107属3700種以上，日本に10属66種9亜種，日本の固有植物は48種8亜種．日本ではテンナンショウ属のマムシグサ節が特に種分化している．APGIII 分類体系ではオモダカ目に含まれ，ショウブ属は独立のショウブ科とされている．

ザゼンソウ属 *Symplocarpus*　　［分布図1964］

ナベクラザゼンソウ *S. nabekuraensis* は長野県および新潟県の湿地に分布し，大きさはヒメザゼンソウ *S. nipponicus* に近いが，葉身が横長で，開花した年のうちに果実が成熟する．

テンナンショウ属 *Arisaema*　　［分布図1913〜1962］

アマミテンナンショウ節 sect. *Clavata*

花序付属体が無柄で退化花をつけるのが共通の特徴．広義アマミテンナンショウ *A. heterocephalum* は花序付属体が棒状で，3亜種があり，亜種**アマミテンナンショウ**＊ subsp. *heterocephalum* は奄美大島と徳之島の山地に，亜種**オオアマミテンナンショウ** subsp. *majus* は徳之島の低地に，亜種**オキナワテンナンショウ** subsp. *okinawense* は沖縄島の山地に分布する．**シマテンナンショウ**＊（ヘンゴダマ）*A.*

ヤクシマヤダケ *Pseudosasa owatarii*（鹿児島県屋久島，1997.07，中村和夫撮影）

ヤエヤマヤシ *Satakentia liukiuensis*（沖縄県石垣市，2010.07，國府方吾郎撮影）

アマミテンナンショウ *Arisaema heterocephalum*（鹿児島県奄美大島，1978.03，邑田仁撮影）

シマテンナンショウ *Arisaema negishii*（東京都八丈島，1978.04，邑田仁撮影）

negishii は伊豆諸島南部に分布し，花序付属体の先がむち状に伸びる．
ウラシマソウ節 sect. *Flagellarisaema*
　花序付属体が無柄でむち状に長く伸びるのが特徴．退化花はない．**ウラシマソウ*** *A. thunbergii* subsp. *urashima* は北海道南部から九州北部に広く分布し，低地で富栄養の林縁や林床に群生する 2 倍体．**ヒメウラシマソウ** *A. kiushianum* は山口県と九州に分布し，4 倍体で仏炎苞内側に T 字の白紋がある．

マムシグサ節 sect. *Pedatisecta*
　花序付属体が有柄で棒状であることが特徴．**ミツバテンナンショウ*** *A. ternatipartitum* は山口県，静岡県および四国と九州に分布し，地下に走出枝を持ち，葉は 3 小葉に分裂，花序が葉より早く開く．**ヒロハテンナンショウ** *A. ovale* は北海道から九州北部まで，主に日本海側に分布し，葉は 5 小葉に分裂，仏炎苞に隆起する縦筋があり，地下茎に横並びの腋芽列がある．**イナヒロハテンナンショウ** *A. inaense* は長野県と岐阜県の山地に分布し，葉は 5 小葉に分裂，仏炎苞に隆起する縦筋があり，舷部が倒卵形である．**ナギヒロハテンナンショウ** *A. nagiense* は兵庫県と岡山県に分布し，葉は 5 小葉に分裂，仏炎苞に隆起する縦筋があり，花序が葉よりも早く展開する．**シコクヒロハテンナンショウ** *A. longipedunculatum* は中部地方から屋久島までの山地上部に点々と分布し，葉は 1 枚で 5 小葉に分裂，花序が小さく，葯がしばしば輪状に合着する．**イシヅチテンナンショウ** *A. ishizuchiense* は四国の山地上部に分布し，葉が 1 枚で 5 小葉に分裂，仏炎苞は紫褐色で葉より早く開く．広義ユモトマムシグサ *A. nikoense* は 4 亜種からなり，亜種**ユモトマムシグサ*** subsp. *nikoense* は本州の中部地方以北に分布し，偽茎の開口部は花序柄に密着し，多くは 2 葉あり 5 小葉に分裂，仏炎苞は葉より早く開き，緑色または紫褐色，花序付属体は太棒状〜棍棒状．亜種**オオミネテンナンショウ** subsp. *australe* は紀伊半島と伊豆半島に知られ，葉は 2 枚，仏炎苞は紫褐色で花序付属体は上部が膨らまない．亜種**カミコウチテンナンショウ** subsp. *brevicollum* は長野県と岐阜県および富山県，福井県境の山地に分布し，葉が 1 枚で，偽茎は葉柄より明らかに短く，仏炎苞は紫褐色で花序付属体は太い．亜種**ハリノキテンナンショウ** subsp. *alpicola* は長野県と岐阜県および富山県，福井県境の日本海側の山地に分布し，葉が 1 枚で，仏炎苞は紫褐色で花序付属体は細い．**オドリコテンナンショウ** *A. aprile* は静岡県と神奈川県に分布し，ユモトマムシグサに似るが偽茎の開口部が襟状に広がる．**オガタテンナンショウ** *A. ogatae* は九州の山地に分布し，オドリコテンナンショウに似るが，仏炎苞舷部が平らで，花序付属体が短い．**アマギテンナンショウ** *A. kuratae* は伊豆半島に分布し，葉が 1 枚で 5〜7 葉小葉に分裂，花序柄が短く，仏炎苞はやや厚い．**ユキモチソウ*** *A. sikokianum* は四国と兵庫県，紀伊半島に分布し，葉は 3〜5 小葉に分裂，仏炎苞が厚く，花序付属体は頭状に膨らみ白色．**キリシマテンナンショウ** *A. sazensoo* は屋久島から九州本土に分布し，葉は通常 1 枚で 5〜7 小葉に分裂，花序は地面に近くつき，仏炎苞はやや革質で舷部が盛り上がる．**セッピコテ**

ウラシマソウ *Arisaema thunbergii* subsp. *urashima*（東京都伊豆大島，2005.04，邑田仁撮影）

ミツバテンナンショウ *Arisaema ternatipartitum*（愛媛県石鎚山，1997.05，邑田仁撮影）

ユモトマムシグサ *Arisaema nikoense*（栃木県日光市，2006.07，邑田仁撮影）

ユキモチソウ *Arisaema sikokianum*（茨城県つくば市（栽培），2006.04，佐藤絹枝撮影）

ンナンショウ A. seppikoense は兵庫県の山地に分布し葉が1枚で5〜9小葉に分裂，仏炎苞の先は尾状に伸びる．ホロテンナンショウ A. cucullatum は紀伊半島の山地に分布し，前種に似るが，仏炎苞が幌状に内巻く．ヒュウガヒロハテンナンショウ A. minamitanii は九州南部に分布し，葉が1枚で5〜9小葉に分裂，仏炎苞は緑色で白い縦筋が多数ある．キシダマムシグサ A. kishidae は近畿地方と隣接地域に分布し，葉は5〜7小葉に分裂，仏炎苞は淡紫褐色で先が細く伸び，時に垂下する．タカハシテンナンショウ A. nambae は岡山県と広島県に分布し，葉は5〜7小葉に分裂，仏炎苞は葉より早く開き，舷部は短い．ハリママムシグサ*A. minus は兵庫県に分布し，葉は5〜7小葉に分裂し，仏炎苞は葉より早く開く．広義ナガバマムシグサ A. undulatifolium は2亜種からなり，亜種ナガバマムシグサ subsp. undulatifolium は伊豆半島に分布し，多数の細長い小葉があり，仏炎苞は葉より早く開く．亜種ウワジマテンナンショウ subsp. uwajimense は四国西南部に分布し，基準亜種に似るが特に胚珠数が多い．ヒガンマムシグサ A. aequinoctiale は本州（関東〜中国），四国に点々と分布し，葉は通常2枚で葉軸が発達し，7〜多数の小葉があり，仏炎苞は葉より早く開く．ミミガタテンナンショウ*A. limbatum は本州の東北地方から関東地方にかけてと，淡路島，高知県沖の島，大分県に分布し，ヒガンマムシグサに似るが，仏炎苞の口縁部が著しく広がって耳状となり，2n=26．トクノシマテンナンショウ A. kawashimae は徳之島の山地上部に分布し，ミミガタテンナンショウに似るが，葉と花序が同時に展開し，2n=28．アオテンナンショウ*A. tosaense は四国および隣接する瀬戸内海地域に分布し，仏炎苞が半透明で先が細長く伸びて垂下する．エヒメテンナンショウ A. ehimense は愛媛県に分布し，形態的特徴がアオテンナンショウとカントウマムシグサ A. serratum の中間であり，それらの雑種起源と考えられる．ツクシマムシグサ A. maximowiczii は九州に分布し，葉が1枚で葉軸が発達し，仏炎苞の先は尾状に長く尖り，縁にしばしば微鋸歯がある．ヒトツバテンナンショウ*A. monophyllum は本州中部地方以北に分布し，ツクシマムシグサに似るが，仏炎苞舷部は長三角形で内側に光沢があり，斜上または前に曲がる．広義オモゴウテンナンショウ A. iyoanum は2亜種からなり，亜種オモゴウテンナンショウ subsp. iyoanum は四国および中国地方西部に分布し，ツクシマムシグサに似るが，仏炎苞舷部は卵状長三角形で垂れ下がる．亜種シコクテンナンショウ subsp. nakaianum は四国に分布し，オモゴウテンナンショウに似るが仏炎苞が紫褐色で舷部が三角状広卵形である．広義ムロウテンナンショウ A. yamatense は2亜種からなり，亜種ムロウテンナンショウ subsp. yamatense は近畿地方および隣接地域に分布し，仏炎苞舷部内面に微細な乳頭状突起が密生し，花序付属体の先は丸い．亜種スルガテンナンショウ subsp. sugimotoi は東海地方から長野県，岐阜県に分布し，花序付属体の先にダイズ大の膨らみがあることで区別される．ツルギテンナンショウ A. abei は四国の山地上部に分布し，ムロウテンナンショウと近縁といわれるが仏炎苞内面は平滑，花

ハリママムシグサ Arisaema minus（兵庫県，1980.05，邑田仁撮影）

ミミガタテンナンショウ Arisaema limbatum（東京都八王子市，1997.05，邑田仁撮影）

アオテンナンショウ Arisaema tosaense（広島県宮島，1980.05，邑田仁撮影）

ヒトツバテンナンショウ Arisaema monophyllum（東京都青梅市，1974.06，村川博實撮影）

序付属体の先はやや長く伸び,その部分に多くの横皺がある.**ホソバテンナンショウ** *A. angustatum* は関東から近畿地方にかけて分布し,葉軸が発達する鳥足状葉を2枚つけ,花序は葉よりもやや早く開き,仏炎苞は緑色で内面に隆起する縦脈が目立たず,花序付属体は先が次第に細まる.**ウメガシマテンナンショウ*** *A. maekawae* は富士箱根地域と中国地方に分かれて分布しており,ホソバテンナンショウに似るが,仏炎苞内面に不明の凹凸があり,花序付属体がより太い.**タシロテンナンショウ** *A. tashiroi* は九州に分布し,ホソバテンナンショウに似るが,仏炎苞舷部先端が短く尖り,かつ内巻する.**ウンゼンマムシグサ** *A. unzenense* はホソバテンナンショウに似るが,偽茎がやや短く,花序付属体が細く,糸状である.**ミクニテンナンショウ** *A. planilaminum* は茨城県から愛知県にかけて点々と分布し,ホソバテンナンショウに似るが,仏炎苞舷部は中央の白筋のみが目立ち,卵形〜広卵形で平坦,前に曲がる.**ヒトヨシテンナンショウ** *A. mayebarae* は九州に分布し,仏炎苞が紫褐色で白筋が目立たず,舷部が盛り上がる.**オオマムシグサ*** *A. takedae* は北海道南部と本州全域に点々と分布し,しばしば湿地の草原に生え,鳥足状葉の葉軸が巻き上がり,仏炎苞は大型で舷部内面に隆起する縦脈が発達し,先は垂れ下がり,花序付属体は棍棒状.**ヤマグチテンナンショウ** *A. suwoense* は伊豆半島と山口県に分布し,偽茎が葉柄より短く,葉は1枚,花序の特徴はオオマムシグサに似る.**ヤマトテンナンショウ*** *A. longilaminum* は群馬県から紀伊半島にかけて点々と分布し,葉軸が発達する鳥足状葉を2枚つけ,花序は葉よりも遅く開き,舷部は長三角形で内面に隆起する縦脈が発達し,花序付属体は細い.**ヤマザトマムシグサ** *A. galeiforme* は中部地方に分布し,ヤマトテンナンショウに似るが,仏炎苞の幅が広く,三角状で,基部が盛り上がって開口部を覆う.**ヤマジノテンナンショウ** *A. solenochlamis* は長野県から栃木県にかけて内陸部に分布し,ヤマザトマムシグサに似るが,仏炎苞舷部は短く丸く,その部分で白脈が広がる.**ハチジョウテンナンショウ** *A. hatizyoense* は八丈島に分布し,ほぼ同大の2枚の鳥足状葉を持ち,2n=26.

このほか,日本産のテンナンショウ属には国外にも分布する6種がある.**ナンゴクウラシマソウ** *A. thunbergii* subsp. *thunbergii* は韓国沿岸の島嶼にも分布する.**ムサシアブミ** *A. ringens* は沿海地にベトナム北部まで分布する.**カントウマムシグサ** *A. serratum* は韓国済州島にも分布する.**マムシグサ** *A. japonicum* は韓国鬱陵島にも分布する.**カラフトヒロハテンナンショウ** *A. sachalinense* はサハリンなどに分布するがアムールテンナンショウ *A. amurense* との区別は明瞭でない.**コウライテンナンンショウ** *A. peninsulae* は朝鮮半島から中国東北部,シベリア南東部にかけて分布する.

ハンゲ属 *Pinellia* [分布図1963]

オオハンゲ* *P. tripartita* は岐阜県から西に沖縄まで分布する.葉は3深裂し,不定芽をつけない.関東地方にはふつうに見られる場所もあるが逸出と考えられる.(邑田仁)

ウメガシマテンナンショウ *Arisaema maekawae* (静岡県身延町,2006.04,邑田仁撮影)

オオマムシグサ *Arisaema takedae* (長野県軽井沢町,1990.06,邑田仁撮影)

ヤマトテンナンショウ *Arisaema longilaminum* (岐阜県郡上市,2006.06,邑田仁撮影)

オオハンゲ *Pinellia tripartita* (沖縄県伊平屋島,2008.05,國府方吾郎撮影)

サトイモ科

ウキクサ科 Lemnaceae

世界の寒帯から熱帯に4属35種，日本に3属10種，日本の固有植物は1亜種．APGIII 分類体系では，サトイモ科の内群とされる．

アオウキクサ属 *Lemna*　［分布図1965］

ホクリクアオウキクサ＊*L. aoukikusa* subsp. *hokurikuensis* はより多くの葉状体が群体を形成する．沈水して越冬することなどで基準亜種アオウキクサと区別される．（田中法生）

ホクリクアオウキクサ *Lemna aoukikusa* subsp. *hokurikuensis*（京都府京都市（栽培），1980.10，別府敏夫撮影）

タコノキ科 Pandanaceae

旧世界の熱帯からニュージーランドにかけて3属875種，日本に2属4種，日本の固有植物は1種．APGIII 分類体系でも科の扱いに変更はない．

タコノキ属 *Pandanus*　［分布図1966］

常緑の高木または小低木．旧世界の熱帯に約700種が分布する．日本の固有種として**タコノキ**＊*P. boninensis* が小笠原諸島各島の，林床を除く海岸から山地までの乾燥した丘陵地に生育する．日本から中国，東南アジアにかけて分布するアダン *P. odoratissimus* よりも核果の数が少ないこと，支柱根が目立つこと，葉縁の刺数が少ないことによって区別される．（國府方吾郎）

タコノキ *Pandanus boninensis*（東京都小笠原父島，2004.06，加藤英寿撮影）

カヤツリグサ科 Cyperaceae

熱帯から温帯まで広く分布し，特に湿地に生育する種が多い．世界に100属5000種以上あり，そのうち約2000種がスゲ属．日本にはスゲ属植物は300種以上あり，維管束植物の中で最も属内の種数が多い．APGIII 分類体系でも科の扱いに変更はない．日本の固有植物は97種28変種．

カヤツリグサ属 *Cyperus*　［分布図2070～2072］

ヒメアオガヤツリ＊*C. extremiorientalis* は岩手県から中国，四国，九州地方の日当たりの良いため池の砂地に生育する．シロガヤツリ *C. pacificus* に似るが，痩果の稜に翼がなく，鱗片が2列性であることで区別する．**ニイガタガヤツリ** *C. niigatensis* はアオガヤツリ *C. nipponicus* に似るが小型で，鱗片が卵円形で鈍頭，痩果が小型であることで区別する．**トサノハマスゲ** *C. rotundus* var. *yoshinagae* は基準変種ハマスゲに似るが，小穂の幅が2.5mmと広いことで区別する．

ヒメアオガヤツリ *Cyperus extremiorientalis*（岡山県岡山市，2002.09，星野卓二撮影）

クロアブラガヤ属 *Scirpus*　［分布図2089～2091］

コマツカサススキ＊*S. fuirenoides* と**マツカサススキ** *S. mitsukurianus* は，いずれも本州，四国，九州に分布し，互いに類似する．前者は側生分花序は1～2個で鱗片の幅が広いのに対し，後者は側生分花序が5～6個で鱗片が披針形で細いことで区別できる．**ツクシアブラガヤ** *S. rosthornii* var. *kiushuensis* は九州地方に分布し，オオアブラガヤ *S. ternatanus* に似るが，基部の鞘は淡緑色で，花序枝がざらつき，小穂が小型である．

スゲ属 *Carex*　［分布図1967～2069］

ヒナスゲ節 sect. *Grallatoriae*

ヒナスゲ *C. grallatoria* は雌雄異株で，本州から九州までの日当た

コマツカサススキ *Scirpus fuirenoides*（富山県氷見市，1998.09，星野卓二撮影）

りの良い岩場や林縁に生える.

キンスゲ節 sect. Callistachys
　キンスゲ* C. pyrenaica var. altior は北海道から本州中部地方の高山に分布し, 雄雌性の小穂を頂部につけ, 果胞は熟すと開出する.

シラコスゲ節 sect. Rhizopoda
　シラコスゲ C. rhizopoda は北海道から九州の湿地に広く分布し, 雄雌性の小穂を頂部につける.

ハリスゲ節 sect. Rarae
　ニッコウハリスゲ C. fulta は本州（中部以北）に分布し, 有花茎の上部は強くざらつき, 密に叢生する. ユキグニハリスゲ C. semihyalofructa は北陸地方以北に分布し, 根茎が伸び, 株はゆるく叢生することで前種と区別する. サトヤマハリスゲ C. ruralis はハリガネスゲ C. capillacea に似るが, 葉の幅が狭く, 果胞には顆粒状の突起がない. コウヤハリスゲ C. koyaensis もハリガネスゲに似るが, 小穂が短く, 地上性の匍枝を伸ばすことで区別する. コケハリガネスゲ var. yakushimensis は屋久島のみに分布し, 有花茎が5 cm未満で, 小型であることで区別される.

ミノボロスゲ節 sect. Multiflorae
　ツクシミノボロスゲ* C. albata var. franchetiana は中国地方と九州地方に分布し, 有花茎が平滑で, 果胞が長いことでミノボロスゲ C. albata と区別される.

カワズスゲ節 sect. Stellulatae
　カワズスゲ* C. omiana var. monticola は北海道から本州の中部地方以北の高層湿原に分布し, 全体が小さく, 果胞が3.5～4 mmで小型であることで基準変種のヤチカワズスゲと区別される. チャボカワズスゲ var. yakushimana は屋久島の高地に生育し, 有花茎の長さが10 cm以下と小型であることでカワズスゲと区別する.

ヤブスゲ節 sect. Remotae
　タカネマスクサ* C. planata は北海道から九州の湿った林縁に広く分布し, 小穂が球形で果胞に幅広い翼があることでヤブスゲ C. rochebrunii と区別される. ホザキマスクサ var. angustealata は愛知県から岡山県の湿った河岸に分布し, 小穂の花序が8～12個と多いことで前種と区別される. ホソゲ C. senanensis は鳥取県氷ノ山以北の日本海側の亜高山帯の林縁に分布し, 苞の葉身が短いことで他のヤブスゲ節の種と区別ができる.

ナキリスゲ節 sect. Graciles
　ムニンナキリスゲ C. hattoriana は小笠原諸島のみに分布し, 花柱が宿存し, 果胞の嘴の口部が深く切れ込むことでフサナキリスゲ C. teinogyna と区別される. チチジマナキリスゲ C. chichijimensis は小笠原父島に分布し, 花柱は宿存せず, 果胞が大きいことでムニンナキリスゲと区別される. ジングウスゲ C. sacrosancta は伊豆諸島以西に林内や林縁に生育し, 果胞の嘴が長いことで他のナキリスゲ節の種と区別される. オキナワヒメナキリスゲ C. tamakii は沖縄県に分布し, 果胞が2.8～3.2 mmと小さいことで前種と区別される.

キンスゲ Carex pyrenaica var. altior （北海道大雪山, 2008.08, 星野卓二撮影）

ツクシミノボロスゲ Carex albata var. franchetiana （広島県北広島町, 2009.06, 星野卓二撮影）

カワズスゲ Carex omiana var. monticola （岩手県栗駒山, 2009.07, 星野卓二撮影）

タカネマスクサ Carex planata （岡山県鏡野町, 2005.01, 星野卓二撮影）

アゼスゲ節 sect. Acutae

　タテヤマスゲ C. aphyllopus は本州の中部地方以北の亜高山帯から高山帯の湿地に分布し，根茎が発達し，まばらに叢生する．ヒルゼンスゲ* var. impura は岡山県蒜山にのみ分布し，果胞が細く，雌鱗片が果胞より短いことで区別する．ナガエスゲ C. otayae は北陸地方から東北地方の日本海側の亜高山帯に分布し，雌小穂に長い柄があり，花序が垂れ下がることでタテヤマスゲと区別する．ホシナシゴウソ C. maximowiczii var. levisaccus は基準変種のゴウソと同所的に生えることがあるが，果胞に乳頭状突起がないことで区別される．カワラスゲ C. incisa は北海道から本州の山地の路傍や踏跡に分布し，小穂は長く垂れ下がる．オタルスゲ C. otaruensis は北海道から九州の湿地や湿った林縁に広く分布し，雌小穂の柄が長く，垂れ下がり，有花茎は著しくざらつく．ヤマテキリスゲ C. flabellata は北海道から九州の山地の渓谷の水湿地に分布する．テキリスゲ C. kiotensis は北海道から九州の山地や渓谷に広く分布し，叢生し，花序は垂れ下がり，有花茎や葉は著しくざらつき，ほとんどざらつかないヤマテキリスゲと区別する．

タヌキラン節 sect. Podogynae

　タヌキラン C. podogyna は北海道から本州（近畿以北）の山地の湿地や湿った斜面に生育し，雄小穂の柄が長く垂れ下がり，果胞の基部に長い柄があることで他のタヌキラン節と区別する．コタヌキラン C. doenitzii は北海道から近畿地方の高山帯に分布し，最下の雄小穂には長い柄があって垂れ下がる．シマタヌキラン* var. okuboi は伊豆諸島の山地の岩場や湿った草地に分布し，雌小穂は無柄で垂れ下がらず，小穂が接近してつくことでコタヌキランと区別する．ヤマタヌキラン C. angustisquama は東北地方の火山の湿った荒地に分布し，果胞の嘴が極めて短いことで他のタヌキラン節と区別する．

クロボスゲ節 sect. Atratae

　ナルコスゲ C. curvicollis は北海道から九州の川沿いや湖畔に広く分布し，果胞の嘴が長く，花序は垂れ下がる．アポイタヌキラン* C. apoiensis は北海道日高地方の川岸の岩場に分布する．基部の鞘が赤褐色で，果胞が長いことで前種と区別する．ミヤマアシボソスゲ C. scita は本州の中央アルプスや南アルプスの高山に分布し，雌鱗片の芒は長く紫褐色．果胞の嘴は大変短く，口部は凹形．アシボソスゲ var. brevisquama は本州の日本海側の高山に分布し，果胞は披針形であり，雌鱗片の芒がやや短いことでミヤマアシボソスゲと区別する．ダイセンアシボソスゲ var. parvisquama は鳥取県大山に生育するが，最近採集された記録はなく，現状は不明．果胞の幅が広いことでミヤマアシボソスゲと区別する．

ミヤマジュズスゲ節 sect. Mundae

　ミヤマジュズスゲ C. dissitiflora は北海道から九州の林床や林縁に広く分布し，小穂は雄雌性で上部に短い線形の雄花，下部のほとんどが雌花であり，果胞の嘴は大変長く，中から小穂軸を伸ばすことがある．

ヒルゼンスゲ Carex aphyllopus var. impura（岡山県中蒜山，2001.07，星野卓二撮影）

シマタヌキラン Carex doenitzii var. okuboi（東京都八丈島，2008.04，星野卓二撮影）

アポイタヌキラン Carex apoiensis（北海道様似町，1999.05，星野卓二撮影）

イワヤスゲ Carex tumidula（愛媛県松山市，2008.05，星野卓二撮影）

タガネソウ節 sect. *Siderostictae*

ササノハスゲ *C. pachygyna* は近畿以西の本州と四国の山地の林縁や林床に生育し，根茎の節は球状に肥厚し，葉は広披針形で常緑性，ほとんど無毛．イワヤスゲ* *C. tumidula* は愛媛県の山地の林縁や林床に生育し，叢生せず長い匐枝があり，葉は細いことで他のタガネソウ節と区別する．

コカンスゲ節 sect. *Decorae*

コカンスゲ *C. reinii* は本州から九州の山地の林床に生育し，側小穂にすべて長い雄花があり，横走する長い匐枝を持つ．葉は硬く，縁は著しくざらつく．フサカンスゲ* *C. tokarensis* はトカラ列島のみに分布し，根茎は短く，葉の縁はややざらつく程度であり，4～8個の側生する雄雌性の小穂をつけることで区別する．

ヒエスゲ節 sect. *Rhomboidales*

セキモンスゲ *C. toyoshimae* は小笠原諸島の湿った林床に生育し，葉幅はやや広く，硬質で濃緑色．基部の鞘は淡緑色で脈が褐色で繊維状に細裂する．ウミノサチスゲ *C. augustini* は南硫黄島と父島に分布し，果胞の長さが約1mmでセキモンスゲより短いことで区別する．カゴシマスゲ *C. kagoshimensis* は山口県と鹿児島県の日当たりの良い林縁に生育する．オオムギスゲ *C. laticeps* に似るが，植物体に毛がないことで区別する．シマイソスゲ *C. boninensis* は小笠原諸島に分布し，ヒゲスゲ *C. wahuensis* var. *robusta* とは果胞が有毛で柱頭が2岐となることで区別する．リュウキュウヒエスゲ *C. collifera* は沖縄本島～石垣島に生育し，ホウザンスゲ *Carex hoozanensis* とは葉の幅が狭く，有花茎が長く伸びるものがあることで区別する．サンインヒエスゲ* *C. jubozanensis* は本州の福井県から島根県の日本海側の林床や林縁に分布し，まばらに生え，長い匐枝がある．ヒロバスゲ *C. insaniae* は北海道から本州の日本海側の山地の林床に生育し，下部の有花茎は小さく葉の基部に埋もれる．アオバスゲ *C. papillaticulmis* は関東地方以西から四国，九州に分布し，ヒロバスゲとは葉幅が8mm以下であり，基部に短い有花茎がなく，果胞の嘴は長いことで区別する．アオヒエスゲ* *C. subdita* は関東南部以西と四国に分布し，アオバスゲとは葉幅が4mm以下で狭く，雄鱗片が緑白色であることで区別する．固有とされていたサコスゲ *C. sakonis* は台湾にも分布することが判明した．

ヌカスゲ節 sect. *Mitratae*

ムニンヒョウタンスゲ *C. yasuii* は小笠原の父島の林縁や林床に生育し，果胞は披針形のヒョウタン形で瘦果の頂部は盆状に凹む．ツクシスゲ *C. uber* は四国や九州の林床や林縁に生育し，密に叢生する．雌鱗片は緑白色で長い芒を持ち，瘦果は3稜のはっきりした菱形．ツシマスゲ *C. tsushimensis* は九州の対馬や佐賀県馬渡島，鹿児島県黒島の林縁に生育し，基部の鞘は繊維状に細裂し，ツクシスゲに似るが，雄小穂は長い柄を持ち，直下の雌小穂は離れてつくことで区別する．トカラカンスゲ* *C. conica* var. *scabrifolia* はトカラ列島や宇治群島の日当たりの良い林縁に生育し，叢生し，まれに匐枝を出す．ヒメカンスゲ *C. conica* とは植物体が大型で，葉が硬質，

フサカンスゲ *Carex tokarensis*（鹿児島県黒島，2004.04，星野卓二撮影）

サンインヒエスゲ *Carex jubozanensis*（鳥取県鷲峰山，2007.05，星野卓二撮影）

アオヒエスゲ *Carex subdita*（高知県宿毛市，2006.04，星野卓二撮影）

トカラカンスゲ *Carex conica* var. *scabrifolia*（鹿児島県黒島，2004.04，星野卓二撮影）

雌花が密花であることで区別する．**オオシマカンスゲ** *C. oshimensis* は伊豆半島と伊豆諸島の各島に広く分布する．トカラカンスゲとは雌鱗片が長芒であり，果胞の脈が少ないことで区別する．**カンスゲ** *C. morrowii* は本州の宮城県以西，中国地方，四国，九州地方に広く分布する．葉幅は広く硬質で，果胞は完熟すると嘴は外曲する．**ホソバカンスゲ** *C. temnolepis* は東北地方から中部地方の日本海側の多雪地と兵庫県の1ヶ所の林縁や林床に分布し，株は密に叢生し，根茎は斜降する．葉の鞘の近くの縁は下向きにざらつくことでカンスゲと区別される．**ヤクシマカンスゲ*** *C. morrowii* var. *laxa* は屋久島の渓谷の岩場に点在して生育し，カンスゲに似るが，葉が細く，果胞は細長く，口部が2歯となることで区別する．**ウスイロオクノカンスゲ** *C. foliosissima* var. *pallidivaginata* は北海道南部から本州の富山県の日本海側の多雪地帯に生育し，オクノカンスゲ *C. foliosissima* に似るが，基部の鞘が淡緑色から淡褐色であることで区別する．**ハシナガカンスゲ** *C. phaeodon* は山梨県と静岡県の山地の林縁や岩場に生え，オクノカンスゲに似るが，長い匍枝があり，果胞がやや長いことで区別する．**スルガスゲ** *C. omurae* は静岡県安倍峠の渓谷の岩場に生え，ヒメカンスゲに似るが，葉の先端が急に狭まり，鱗片の先端が鋭頭で無芒であることで区別される．

ミヤマカンスゲ *C. multifolia* は北海道から九州の山地に広く分布し，カンスゲに似るが，小穂や有花茎が細く，基部の鞘は赤みがかった鮮やかな紫色で区別される．**コミヤマカンスゲ** var. *toriiana* は関東地方から近畿地方の山地に生育し，ミヤマカンスゲに似るが，長い匍枝を伸ばすことで区別できる．**ケナシミヤマカンスゲ** *C. sikokiana* は紀伊半島南部の渓谷や山地の斜面，林縁に見られる．他のミヤマカンスゲ類とは果胞が無毛で細長いことで区別される．**アオミヤマカンスゲ*** var. *pallidisquama* は本州から九州の山地のやや湿った林床に生育し，ミヤマカンスゲに似るが，鱗片が淡緑色で，基部の鞘が淡褐色であることで区別される．**ヤワラミヤマカンスゲ** var. *imbecillis* は宮崎県や鹿児島県の山地の林縁や林床に生え，アオミヤマカンスゲに似るが，細長い匍枝を伸ばし，葉が軟質であることで区別する．**ツルミヤマカンスゲ** *C. sikokiana* は本州の関東から近畿，四国，九州地方の山地の林床に生育する．他のミヤマカンスゲ類と地上性の太い匍枝を伸ばすことで区別する．**ハチジョウカンスゲ*** *C. hachijoensis* は伊豆諸島の林床や林縁に生育し，ミヤマカンスゲに似るが，長い匍枝があり，果胞に太い脈があることで区別する．**ダイセンスゲ** *C. daisenensis* は福井県以西の日本海側から九州北部の林縁や林床に分布し，ミヤマカンスゲに似るが，基部の鞘が著しく繊維状に細裂し，鱗片が緑白色であることで区別する．

ケヒエスゲ *C. mayebarana* は四国や九州地方の林縁や林床に生育し，短い匍枝を伸ばし，果胞の嘴が著しく長く，基部の鞘に毛を密布する．**ニシノホンモンジスゲ*** *C. stenostachys* は東北地方から中国地方の林縁に分布し，叢生して大株となり，基部の鞘や鱗片が暗褐色から濃褐色となる．**ミチノクホンモンジスゲ** *C. stenostachys* var. *cuneata* は本州の富山県以北に分布し，まばらに叢生し，ニシ

ヤクシマカンスゲ *Carex morrowii* var. *laxa*（鹿児島県屋久島，2004.05，星野卓二撮影）

アオミヤマカンスゲ *Carex multifolia* var. *pallidisquama*（大阪府金剛山，2005.05，星野卓二撮影）

ハチジョウカンスゲ *Carex hachijoensis*（東京都八丈島，2008.04，星野卓二撮影）

ニシノホンモンジスゲ *Carex stenostachys*（広島県福山市，2004.04，星野卓二撮影）

ノホンモンジスゲに似るが，短い匍枝を持つことで区別する．**ヤマオイトスゲ** C. clivorum は関東から東海地方の林縁や林床に生える．果胞は長楕円形で，密に毛がある．**ホンモンジスゲ** C. pisiformis は関東〜東海地方に分布し，ニシノホンモンジスゲとは鱗片と基部の鞘が淡褐色であることで区別する．**チャイトスゲ** C. alterniflora var. aureobrunnea は東海〜近畿地方，四国，九州に分布する．まばらに叢生し，匍枝を伸ばし，キイトスゲに似るが，雄小穂は線形で淡褐色，基部の鞘が淡褐色であることで区別する．**キイトスゲ** var. fulva は北海道から本州の中国地方の山地あるいは山頂付近に生育する．まばらに叢生し，短い匍枝がある．**クジュウスゲ*** C. sachalinensis var. elongatula は中国地方，四国，九州の林床や路傍に生育する．まばらに叢生し，短い匍枝があり，チャイトスゲに似るが，果胞の嘴が著しく長いことで区別する．**ワタリスゲ*** C. conicoides は山口県，四国，九州の林床や路傍に生育する．まばらに叢生し，地上性の匍枝を伸ばす．**アリマイトスゲ** C. alterniflora var. arimaensis は近畿・中国・四国の路傍に生育する．まばらに叢生し，地上性の匍枝があり，ホンモンジスゲ類とは果胞がまばらにつき，小さいことで区別する．**コイトスゲ** C. sachalinensis var. iwakiana は東北〜中部地方に分布する．匍枝があり，小穂は棍棒状から円柱状で長い柄を持つ．**ミヤマアオスゲ** var. longiuscula は本州の栃木県，群馬県，長野県，岐阜県に分布し，短い匍枝を持つ．コイトスゲに似るが，果胞の嘴が著しく長いことで区別する．**ハコネイトスゲ** C. hakonemontana は関東や中部地方の山地の林床または岩上に生育する．イトスゲ C. fernaldiana に似るが，葉幅が非常に細く内巻せず，果胞の数が少ないことで区別する．**ツルナシオオイトスゲ** C. tenuinervis は四国や九州に分布し，匍枝はなく叢生する．チャイトスゲに似るが，叢生し，大株となり，匍枝がなく，雄小穂が淡色であることで区別する．**ノスゲ*** C. tashiroana は広島県と山口県の山道脇の斜面や林縁に生育する．ホンモンジスゲ類の他の種とは果胞が著しく短く，匍枝がなく叢生することで区別する．

マメスゲ C. pudica は本州の宮城県以西の湿地周辺や草地に生育する．メアオスゲ C. leucochlora var. aphanandra やシバスゲ C. nervata に似るが，小形で雌小穂が全て根生することで区別される．**イセアオスゲ** C. karashidaniensis は関東，東海地方，紀伊半島の山地の斜面岩場や林縁に生育する．ハガクレスゲ C. jacens に似るが，果期には花序が葉の中に完全に埋まり，果胞は長く，嘴も長いことで区別する．**ミセンアオスゲ*** C. leucochlora var. horikawae は長野県，愛知県，瀬戸内沿岸地域や宮崎県の乾いた路傍や林床に生育する．イトアオスゲ var. gracillima に似るが，雌小穂が互いに離れてつくことで区別する．**イソアオスゲ** var. meridiana は本州の東北地方以南，四国，九州の海岸付近の岩場や石垣などに生育する．ヒメアオスゲに似るが，果胞が長く，脈はやや太いことで区別する．**ヒメアオスゲ** C. discoidea は北海道，本州（伊豆諸島，小笠原諸島を含む），四国，九州の海岸付近の草地や日当たりの良い林床に生育する．他のアオスゲ類とは苞の葉身が長く，果胞が小さいことで区別する．

クジュウスゲ Carex sachalinensis var. elongatula（大分県九重町，2005.06，星野卓二撮影）

ワタリスゲ Carex conicoides（香川県大滝山，2004.06，星野卓二撮影）

ノスゲ Carex tashiroana（広島県大竹市，2008.05，星野卓二撮影）

ミセンアオスゲ Carex leucochlora var. horikawae（岡山県赤磐市，2002.05，星野卓二撮影）

ヤクシマイトスゲ var. *perangusta* は屋久島以南の琉球の山地や渓流沿いの岩場に生育する．植物体は繊細で細長い匍枝を持つ．**クモマシバスゲ** *C. subumbellata* var. *verecunda* は中部地方以北の高山の草地に生育する．シバスゲとは匍枝を出さないことで区別する．

ヒメスゲ節 sect. *Acrocystis*

クロヒナスゲ *C. gifuensis* は岩手県から三重県，愛媛県，鹿児島県のやや乾いた樹林内に群生する．やや叢生し，根茎は斜上する．**ナガミヒメスゲ** * *C. oxyandra* var. *lanceata* は東北から近畿地方の山頂の草地や林縁に生育する．基準変種ヒメスゲとは嘴が著しく長いことで区別する．

ヒカゲスゲ節 sect. *Digitatae*

アズマスゲ *C. lasiolepis* は北海道，本州，四国，九州の林床や草地に生育する．植物体全体に開出した軟毛を密生する．**サヤマスゲ** *C. hashimotoi* は長野県，岐阜県，滋賀県の林縁の斜面に生育する．ヒカゲスゲ節の他の種とは基部の鞘や鱗片が淡緑色であることで区別する．**ビッチュウヒカゲスゲ** *C. bitchuensis* は岡山県高梁市（旧備中町と成羽町）の石灰岩地域に生育する．ヒカゲスゲ *C. lanceolata* とは根茎は長く斜上し，葉幅が広く，雄小穂は梶棒状であることで区別する．

イワカンスゲ節 sect. *Ferrugineae*

イワスゲ *C. stenantha* は中部地方以北の高山の岩場や砂礫地に生育する．果胞は細長く披針形，基部に短い柄がある．**ツクバスゲ** *C. hirtifructus* はショウジョウスゲ *C. blepharicarpa* に似るが，嘴が長いことで区別される．**イワカンスゲ** * *C. makinoensis* は四国と九州の川岸の岩場に広く分布する．密に叢生しコイワカンスゲに似るが，雄小穂が長く黒褐色であることで区別する．**コイワカンスゲ** * *C. chrysolepis* は四国，九州の山地の岩場，火山裸地に生育する．ミヤマイワスゲ var. *odontostoma* に似るが，果胞が短く，嘴の口部は浅い2歯となる．**コバケイスゲ** * *C. tenuior* は奄美大島や沖縄島の渓流沿いの岩場に生育する．アキザキバケイスゲに似るが，果胞が小型である．**アキザキバケイスゲ** *C. mochomuensis* は屋久島の山地の岩場に生育する．叢生し大株となる．バケイスゲ *C. warburgiana* とは花期が異なる．

タチスゲ節 sect. *Anomalae*

リュウキュウタチスゲ *C. tetsuoi* は沖縄本島の山地の湿った林床に生育する．タチスゲ *C. maculata* に似るが，植物体全体に乳頭状突起がなく，果胞が扁平であることで区別する．

タマツリスゲ節 sect. *Depauperatae*

タマツリスゲ *C. filipes* は本州，四国，九州の林床や湿った林縁に生育する．基部の鞘と鱗片は赤紫色で，雌小穂は長い柄があり下垂する．ヒメジュズスゲ var. *tremula* は四国と九州に分布し，タマツリスゲに似るが全体が小型で，雄小穂，雌小穂が小さい．タマツリスゲと連続しており明瞭に区別するのは困難．**オクタマツリスゲ** var. *kuzakaiensis* は東北地方の亜高山帯の林縁に生育する．ヒロハノオオタマツリスゲに似るが，鱗片は緑白色となることで区別する．オ

ナガミヒメスゲ *Carex oxyandra* var. *lanceata*（長野県茅野市，2010.07，星野卓二撮影）

イワカンスゲ *Carex makinoensis*（高知市鏡白岩，2006.04，星野卓二撮影）

コイワカンスゲ *Carex chrysolepis*（熊本県阿蘇山，1983.01，星野卓二撮影）

コバケイスゲ *Carex tenuior*（沖縄県国頭村，2007.04，星野卓二撮影）

オタマツリスゲ *C. rouyana* は東北地方中部から近畿地方の林床に生育する．タマツリスゲに似るが，鞘が淡褐色で雌鱗片が淡赤褐色であることで区別する．**ヒロハノオオタマツリスゲ** *C. arakiana* は北陸から中国地方の日本海側の林床や湿った草地に生育する．前年の葉が残り，基部の鞘は赤紫色．**ナガボノコジュズスゲ** *C. vaniotii* は本州の中部地方以北の亜高山帯の多雪地に生育する．グレーンスゲ *C. parciflora* に似るが，葉が細く，果胞は熟しても開出しない．

ジュズスゲ節 sect. *Ischnostachyae*

オキナワジュズスゲ *C. ischnostachya* var. *fastigiata* は本州の関東以西，四国，九州の林縁や林床に生育する．基準変種ジュズスゲに似るが，葉幅がやや狭く，果胞の長さが3〜3.5 mm と小さい．

ミヤマシラスゲ節 sect. *Confertiflorae*

ミヤマシラスゲ* *C. confertiflora* は北海道から九州の湿地に生育する．叢生し，葉の下面が粉白，雌小穂に果胞が圧縮するほど密集する．**キンキカサスゲ*** *C. persistens* は本州の中部地方以西の河畔や湿地に生育する．雌鱗片は赤紫色で，柱頭が長く宿存する．**ヤマクボスゲ** *C. hymenodon* は宮城県や栃木県の池畔や湿地に生育する．ウマスゲ *C. idzuroei* に似るが，果胞は長さ約6 mm と小さい．

フサスゲ節 sect. *Hymenochlaenae*

アイヅスゲ *C. hondoensis* は岩手県から福井県までの日本海側や栃木県に分布する．基部の鞘は淡色で繊維状に細裂し，果胞の嘴が長く，柱頭が宿存する．

ビロードスゲ節 sect. *Lasiocarpae*

ビロードスゲ* *C. miyabei* は北海道から九州まで分布し，基部の鞘が赤紫色で長い匍枝がある．果胞に密に毛がある．

テンツキ属 *Fimbristylis*　［分布図2075〜2081］

　ムニンテンツキ *F. boninensis* は小笠原諸島の日当たりの良い乾燥した緩斜面に生育する．ナガボテンツキ *F. longispica* に似るが，花序が茎の先に集まる散形花序となることで区別する．**ツクシテンツキ** *F. tashiroana* は九州地方の日当たりの良い草地に生育する．テンツキ *F. dichotoma* に似るが，小型で小穂が短いことで区別する．**イッスンテンツキ** *F. kadzusana* は本州の千葉，静岡，愛知の各県の日当たりの良い湿地に生育する．瘦果は平滑で熟すと黒褐色になる．**チャイロテンツキ** *F. takamineana* は沖縄県石垣島に分布していたが現状は不明である．イッスンテンツキに似るが，瘦果の表面に突起があり淡褐色であることで区別する．**ハハジマテンツキ** *F. longispica* var. *hahajimensis* は小笠原諸島の母島に生育する．ムニンテンツキに似るが，葉が細く小穂も短いことで区別する．**イソテンツキ** *F. pacifica* は伊豆諸島，四国〜琉球に分布し，ヤマイ *F. subbispicata* に似るが，小穂の幅が2.5〜3 mm と狭く，鱗片が薄いことで区別する．**トネテンツキ** *F. tonensis* は本州（東北〜近畿）に分布し，ハタケテンツキ *F. stauntonii* に似るが柱頭が長いことで区別する．

ハリイ属 *Eleocharis*　［分布図2073〜2074］

　コツブヌマハリイ* *E. parvinux* は本州の神奈川県から岐阜県の湖畔に生育する．オオヌマハリイ *E. mamillata* に似るが茎がやや細い．

カドハリイ *E. tsurumachii* は茨城県の湖畔の湿地に生育する．シカクイ *E. wichurae* に似るが，茎に鋭い4稜があり，刺針の小刺は短い．

フトイ属 Schoenoplectus　　[分布図2085〜2088]

ミヤマホタルイ**S. hondoensis* は北海道，本州に分布し，ミチノクホタルイ *S. orthorhizomatus* に似るが，総苞が反り返らず直立する．ロッカクイ *S. mucronatus* var. *ishizawae* は本州（新潟県以西）の日本海側と九州に分布し，茎の稜に広い翼があり，刺針は痩果と同長かやや短い．ツクシカンガレイ *S. multisetus* は本州や九州に分布し，カンガレイ *S. triangulatus* に似るが，長い匍枝を出すことで区別する．ミチノクホタルイ *S. orthorhizomatus* は北海道や東北地方に分布し，ミヤマホタルイに似るが，総苞が反り返ることで区別できる．ハタベカンガレイ *S. gemmifer* は日本固有とされていたが，堀内（2003．すげの会会報（10）: 7-17）により朝鮮半島産が報告された．

ミカヅキグサ属 Rhynchospora　　[分布図2082〜2084]

シマイガクサ *R. boninensis* は小笠原諸島に生育し，イガクサ *R. rubra* に似るが，葉幅がやや広く，痩果が細長いことで区別する．オオイヌノハナヒゲ**R. fauriei* は北海道，本州，九州に分布し，植物体が大型で，刺針状花被片は細く，痩果の3倍以上で下向きにざらつく．ミヤマイヌノハナヒゲ *R. yasudana* は北海道から本州の兵庫県氷ノ山までの日本海側の亜高山帯に生育し，小型で細く，高さ20〜40 cm，刺針状花被片は痩果より長い．（星野卓二・正木智美）

ミヤマホタルイ Schoenoplectus hondoensis（岩手県栗駒山，2009.07，星野卓二撮影）

オオイヌノハナヒゲ Rhynchospora fauriei（鳥取県関金町，1980.09，星野卓二撮影）

ショウガ科 Zingiberaceae

世界の湿潤熱帯を中心に52属1300種，日本に1属6種，日本の固有植物は1種のみ．APGIII 分類体系でも基本的に科の扱いに変更はない．

ハナミョウガ属 Alpinia　　[分布図2092]

シマクマタケラン**A. boninsimensis* はクマタケラン *A. formosana* に類似するが，花がより大きく果実が黄褐色．小笠原諸島の常緑広葉樹林の中に自生する．固有種として扱われることもあるチクリンカ *A. bilamellata* は移入種，ツクシハナミョウガ *A. japonica* var. *kiushiana* は交雑種と考えられる．（遊川知久）

シマクマタケラン Alpinia boninsimensis（東京都小笠原父島，2003.06，加藤英寿撮影）

ラン科 Orchidaceae

世界の湿潤熱帯を中心に880属25000種，日本には88属約300種，日本の固有植物は59種5亜種16変種．APGIII 分類体系でも科の扱いに変更はない．

アツモリソウ属 Cypripedium　　[分布図2104]

レブンアツモリソウ**C. macranthos* var. *rebunense* はアツモリソウの変種で，花が淡黄色である点が異なる．北海道礼文島の草原に自生．同様の花色の個体はユーラシア大陸のアツモリソウの集団でもしばしば出現するが，礼文島のように優占することはない．ホテイアツモリソウ var. *hotei-atsumorianum* も固有変種とされることがあるが，アツモリソウとの違いは連続的である．

レブンアツモリソウ Cypripedium macranthos var. rebunense（北海道礼文島，1980.06，村川博實撮影）

アリドオシラン属 Myrmechis　［分布図2130］

ツクシアリドオシラン *M. tsukusiana* はアリドオシラン *M. japonica* に類似するものの，唇弁の形が異なるとされる．これまで四国，九州，屋久島から記録がある．

イワチドリ属 Amitostigma　［分布図2093〜2094］

3種が日本に分布し，うち2種が固有．イワチドリ *A. keiskei* は本州（中部〜近畿），四国，伊豆諸島の主に川沿いの岩場を住処とし，オキナワチドリ* *A. lepidum* は九州南部から琉球列島の海岸近くの草地や岩礫地に自生する．

ウチョウラン属 Ponerorchis　［分布図2151〜2152］

ヒナチドリ *P. chidori* はウチョウラン *P. graminifolia* に近縁だが，全体により小さく，唇弁の距の形態などが異なる．冷温帯落葉広葉樹林の木に着生する．クロカミラン var. *kurokamiana* とアワチドリ var. *suzukiana* は唇弁の形態などの差異からウチョウランの変種として扱われることが多いが，位置付けについては検討を要する．前者は佐賀県の，後者は千葉県の，それぞれ限られた地域の岩場に自生．ニョホウチドリ *P. joo-iokiana* も日本固有とされたが，朝鮮半島にも分布する．

エビネ属 Calanthe　［分布図2097〜2101］

日本には5固有種があり，いずれも常緑広葉樹林の林床に生育する．アマミエビネ* *C. amamiana* は奄美群島に分布．エビネ *C. discolor* に似るものの全体により大きく，花色が白から桃色である．ニオイエビネ *C. izuinsularis* は伊豆諸島に分布する．アマミエビネに似るが，花弁の距が長く香りが高い．アサヒエビネ *C. hattorii* とホシツルラン *C. hoshii* は小笠原諸島に分布する．両種は近縁だが，前者の花は黄色く後者は白い．また唇弁の形，距の長さなどが異なる．ホシツルランについては，広域分布するツルラン *C. triplicata* を1種とすれば，その範疇に入る．タガネラン *C. bungoana* は大分県と愛媛県の石灰岩地に分布が局限される．ヒマラヤ，中国，台湾によく似た種があるので，精査が必要である．

オニノヤガラ属 Gastrodia　［分布図2108〜2109］

ハルザキヤツシロラン* *G. nipponica* は伊豆諸島，東海地方から琉球列島に至る西南日本に分布する．近縁種は秋から冬に咲くのに対して，本種は春に開花する．ムニンヤツシロラン *G. boninensis* は小笠原諸島に分布し，開花期が冬．これらの種は萼筒，唇弁，蕊柱の形態などで互いに区別できる．

カモメラン属 Galearis　［分布図2107］

オノエラン* *G. fauriei* は東北〜中部地方，紀伊半島の冷温帯から亜高山帯の草地に分布する．日本の亜高山帯のランとしては数少ない固有種．

キヌラン属 Zeuxine　［分布図2158］

ムニンキヌラン *Z. boninensis* は小笠原諸島母島に固有とされるが，現在，自生は確認されていない．アオジクキヌラン *Z. affinis* に似るが，茎に短毛があり，子房は無毛．

オキナワチドリ *Amitostigma lepidum*（鹿児島県奄美大島，1996.03，山下弘撮影）

アマミエビネ *Calanthe amamiana*（鹿児島県奄美大島，1999.03，山下弘撮影）

ハルザキヤツシロラン *Gastrodia nipponica*（鹿児島県奄美大島，1995.04，山下弘撮影）

オノエラン *Galearis fauriei*（山梨県富士河口湖町，2005.06，中山博史撮影）

クモキリソウ属 Liparis　[分布図2121〜2125]

　フガクスズムシソウ L. fujisanensis はクモキリソウ L. kumokiri に似るが，花色が紫褐色で木に着生する．北海道，本州，四国，九州の冷温帯落葉広葉樹林に分布．小笠原諸島に固有のシマクモキリソウ L. hostifolia もクモキリソウに類似するが，唇弁が円形に近いとされる．シテンクモキリ* L. purpureovittata は近年になって認識された種で，クモキリソウと比べ唇弁と蕊柱の形，唇弁の基部が紫色に着色することで区別できる．北海道，東北〜中部地方の冷温帯に分布する．クモイジガバチ L. truncata はジガバチソウ L. krameri に近縁だが，唇弁の先が切形で基部の隆起の形も異なり，常に木に着生する．東北〜近畿地方の冷温帯落葉広葉樹林に分布．キノエササラン L. uchiyamae はチケイラン L. bootanensis に似るが，花の形態が異なる．奄美大島に固有とされる．

コイチヨウラン属 Ephippianthus　[分布図2106]

　ハコネラン E. sawadanus はコイチヨウラン E. schmidtii によく似るが，唇弁と蕊柱の形態が異なる．関東〜近畿地方の冷温帯落葉広葉樹林の林床に分布する．

サイハイラン属 Cremastra　[分布図2102]

　モイワラン* C. aphylla は，北海道から本州中部の冷温帯落葉広葉樹林にまれに分布する．サイハイラン C. variabilis に似るが花色が濃赤紫で唇弁の形態が異なる．また葉が発達しない．

サカネラン属 Neottia　[分布図2131〜2133]

　アオフタバラン N. makinoana は本州，四国，九州，屋久島の山地の林床に生える．他のフタバラン類と比べ，葉が地表近くで展開し，青みがかった色を呈することで区別できる．以下の2種は普通葉を持たない菌寄生植物．タンザワサカネラン* N. inagakii は最近になって認識された．ツクシサカネラン N. kiusiana に似るが，花がより小さく，平開しない．また唇弁と蕊柱の形が異なる．関東地方の固有種．カイサカネラン N. furusei は全体が緑色となることが特徴．北海道と中部地方の冷温帯落葉広葉樹林に隔離分布する．ツクシサカネランは九州に固有とされていたが，関東地方，韓国の済州島にも分布することが分かった．

サワラン属 Eleorchis　[分布図2105]

　キリガミネアサヒラン E. japonica var. conformis は基準変種のサワランと比べ，唇弁が側花弁と同形になり花が上向きに咲く点が異なる．東北〜中部地方と八丈島の湿地に分布．

シュスラン属 Goodyera　[分布図2110〜2112]

　ムニンシュスラン G. hachijoensis var. boninensis はハチジョウシュスランの変種で小笠原諸島の常緑広葉樹林の林床に生える．後者より植物体が大きい．ツリシュスラン G. pendula の変種，ヒロハツリシュスラン var. brachyphylla は北海道〜本州中部の冷温帯落葉広葉樹林の木に着生する．ツリシュスランと比べ葉の幅が広い．ナンカイシュスラン G. augustini はツユクサシュスラン G. foliosa に類似し，南硫黄島に固有とされる．

シテンクモキリ Liparis purpureovittata（新潟県湯沢町，2006.07，堤千絵撮影）

モイワラン Cremastra aphylla（青森県佐井村，2000.06，遊川知久撮影）

タンザワサカネラン Neottia inagakii（神奈川県清川村，2006.06，谷亀高広撮影）

サガミラン Cymbidium nipponicum（茨城県守谷市，2005.08，遊川知久撮影）

シュンラン属 Cymbidium　［分布図2103］

サガミラン*C. nipponicum はマヤラン C. macrorhizon によく似るが花に赤色の斑紋が入らない．遺伝的にも両者は分化している．関東地方に分布．

ショウキラン属 Yoania　［分布図2156〜2157］

シナノショウキラン*Y. flava はショウキラン Y. japonica に近縁だが，花色が淡黄．長野県南部に固有．近年になって認識された．キバナノショウキラン Y. amagiensis はショウキランと比べて花茎が長く，花数が多く，花色が褐色をおびた黄色となる．関東〜近畿地方，四国，九州の冷〜暖温帯落葉広葉樹林の林床に自生．

ツレサギソウ属 Platanthera　［分布図2138〜2150］

以下の2種は白い花をつける．ハチジョウツレサギ P. okuboi はエゾチドリ P. metabifolia に類似するが，距がより長く，蕊柱などの形も異なる．伊豆諸島の明るい林内や林縁に自生．シマツレサギソウ*P. boninensis は小笠原諸島の明るい林内や草地に自生する．花は白いがハチジョウツレサギなどとは近縁でなく，むしろホソバノキソチドリ P. tipuloides などと類縁が近いと考えられる．

その他は緑色系の花をつけるが，地下部の形態で大別できる．ストロン状に匍匐するものとして以下の種類がある．クニガミトンボソウ P. sonoharae はトンボソウ P. ussuriensis によく似るが葉が細い．沖縄島と西表島の渓流沿いに自生する．イイヌマムカゴ P. iinumae は北海道〜九州，屋久島の山地の林床に自生する．日本のツレサギソウ属ではもっとも小さい花をつける．ジンバイソウ*P. florenta は日本全国の冷〜暖温帯の暗い林床に自生する．8〜9月に咲き，本土の低地に分布する本属ではもっとも開花期が遅い．

以下の種類は花が緑色系で地下部が紡錘形にふくらむ．オオバナオオヤマサギソウ P. hondoensis は東北〜近畿地方，四国，九州の冷温帯に産地が点在する稀少種．オオヤマサギソウ P. sachalinensis と比べ，花が大きく唇弁の形態が異なる．イリオモテトンボソウ P. stenoglossa subsp. iriomotensis とソハヤキトンボソウ subsp. hottae は近縁で，いずれも渓流沿いの岩壁を主な棲みかとする．前者は八重山諸島，後者は紀伊半島と九州に分布．後者は前者と比べ，苞が花柄子房より長い点で区別される．キソチドリ P. ophrydioides に似るものの背萼片が幅広く仮雄蕊が発達するのが，伊豆諸島の草地に自生するハチジョウチドリ P. mandarinorum subsp. hachijoensis，奄美大島に自生するアマミトンボ*var. amamiana，屋久島に自生するヤクシマトンボ var. masamunei の3分類群である．これら3者は背萼片，苞などの形態が異なり，変種レベルで区別される．同じく屋久島の標高の高い場所に自生するヤクシマチドリ P. amabilis もキソチドリに近縁だが，葉と地下部の形態が異なる．これらの分類学的取り扱いについてはいっそうの検討が必要である．ミヤマチドリ P. takedae とガッサンチドリ subsp. uzenensis もキソチドリに近縁だが，距がより短いのではっきり区別できる．ミヤマチドリは中部地方高山帯の草原に自生する．ガッサンチドリはミヤマチドリの種内分類群とされ，ミヤマチドリと比べ距は短く，加えて付け根がくび

シナノショウキラン Yoania flava（長野県大滝村，2005.07，遊川知久撮影）

シマツレサギソウ Platanthera boninensis（東京都父島，1998.03，海老原淳撮影）

ジンバイソウ Platanthera florenta（東京都奥多摩町，1975.08，村川博實撮影）

アマミトンボ Platanthera mandarinorum subsp. hachijoensis var. amamiana（鹿児島県奄美大島，1998.04，山下弘撮影）

れ先端が丸い．北海道，東北〜中部地方の冷温帯落葉広葉樹林の縁に見られる．**ナガバトンボソウ** *P. tipuloides* subsp. *linearifolia* はホソバノキソチドリと亜種レベルで区別され，葉がより細く，花のつき方がまばらである．九州南部と屋久島に分布．

ネッタイラン属 *Tropidia*　［分布図2155］
ハチジョウネッタイラン *T. nipponica* var. *hachijoensis* は，基準変種ヤクシマネッタイランから，より小型であることと，側萼片と唇弁の形の違いにより区別される．伊豆諸島の常緑広葉樹林のやや暗い林床に自生する．

ハクウンラン属 *Kuhlhasseltia*　［分布図2114］
オオハクウンラン＊ *K. fissa* は，関東地方，伊豆諸島の常緑広葉樹林の林床に自生する．ハクウンラン *K. nakaiana* より全体に大きいことで区別されるが，実体についての検討が不十分である．

ハツシマラン属 *Odontochilus*　［分布図2136］
ハツシマラン *O. hatusimanus* は九州に固有で，わずかな自生地しか知られていない．常緑広葉樹林の林床に自生する．オキナワカモメラン *O. tashiroi* に似るが，唇弁や蕊柱などの形態が異なる．

ヒトツボクロ属 *Tipularia*　［分布図2154］
ヒトツボクロモドキ *T. japonica* var. *harae* は九州の西部の限られた地域からのみ知られる．基準変種ヒトツボクロと比べ花弁の距がないことが異なる．

ヒメトケンラン属 *Tainia*　［分布図2153］
ヒメトケンラン＊ *T. laxiflora* は伊豆諸島，四国，九州周辺の島嶼，琉球列島の常緑広葉樹林の林床に自生する．台湾に分布する近縁種と比べ，より小型である．

ボウラン属 *Luisia*　［分布図2126］
ムニンボウラン＊ *L. boninensis* は小笠原諸島に分布し，木または岩に着生する．ボウラン *L. teres* と比べ，花が小さく唇弁の形と色が異なる．

マメヅタラン属 *Bulbophyllum*　［分布図2096］
6種が日本に分布し，**オガサワラシコウラン**＊ *B. boninense* が固有とされる．小笠原諸島の木や岩の上に生える．

ミズトンボ属 *Habenaria*　［分布図2113］
ヒメミズトンボ *H. linearifolia* var. *brachycentra* は，基準変種オオミズトンボと比べて，花が小さく，特に距が短いことで区別できる．北海道と尾瀬ヶ原の日当たりのよい湿地に生える．

ミヤマモジズリ属 *Neottianthe*　［分布図2134］
フジチドリ *N. fujisanensis* が固有．本州（東北〜中部）の冷温帯落葉広葉樹林の木に着生する．近縁のミヤマモジズリ *N. cucullata* は地生．

ムカゴサイシン属 *Nervilia*　［分布図2135］
ムカゴサイシン *N. nipponica* は関東〜近畿地方，四国，九州，伊豆諸島，琉球列島の主に常緑広葉樹林の暗い林床に自生する．分布域は広いが，集団は孤立している．さらに本種によく似た未記載の種があり，これも固有の可能性がある．

オオハクウンラン *Vexillabium fissum*（東京都八丈島，2007.07，菊池健撮影）

ヒメトケンラン *Tainia laxiflora*（東京都神津島村，1995.05，中山博史撮影）

ムニンボウラン *Luisia boninensis*（東京都小笠原父島，2000.06，加藤英寿撮影）

オガサワラシコウラン *Bulbophyllum boninense*（東京都小笠原母島，2003.06，加藤英寿撮影）

ムカゴトンボ属 Peristylus　［分布図2137］

ダケトンボ *P. hatusimanus* はムカゴトンボ *P. flagellifer* に類似するが，側花弁，唇弁，蕊柱の形に違いがあるとされる．九州南部と種子島に分布する．

ムヨウラン属 Lecanorchis　［分布図2115～2120］

ムヨウラン *L. japonica* の変種としてホクリクムヨウラン var. *hokurikuensis*，キイムヨウラン var. *kiiensis*，ヤエヤマスケロクラン var. *tubiformis* が知られている．ムヨウランと比べ，ホクリクムヨウランは蕊柱の形態が異なり，東北地方から九州まで分布．キイムヨウランは花色が異なり，紀伊半島から記録された．西表島に固有のヤエヤマスケロクランは，ムヨウランと比べると，唇弁と蕊柱の形態が異なる．エンシュウムヨウラン *L. kiusiana* var. *suginoana* はウスキムヨウランの変種で，唇弁の毛の形質が異なる．中部地方，四国，九州から知られる．サキシマスケロクラン *L. flavicans* は茎がよく分枝し，唇弁の毛が長く密生する．琉球列島に分布．ヤクムヨウラン *L. nigricans* var. *yakusimensis* はクロムヨウランの変種で，唇弁と蕊柱の形態で区別される．アワムヨウラン* *L. trachycaula* はムヨウランに似るが，茎に散生する突起でよく区別できる．伊豆諸島，紀伊半島，四国，琉球列島に分布．

アワムヨウラン *Lecanorchis trachycaula*（鹿児島県奄美大島，2009.06，遊川知久撮影）

ヤクシマラン *Apostasia nipponica*（鹿児島県屋久島，2006.07，辻田有紀撮影）

ヤクシマラン属 Apostasia　［分布図2095］

ヤクシマラン* *A. nipponica* は九州南東部，種子島，屋久島，トカラ列島の低地の常緑広葉樹林下に自生する．ベトナムにも分布するという見解があるが，精査が必要．

ヤチラン属 Malaxis　［分布図2127～2129］

小笠原諸島の常緑広葉樹林下の岩場に以下の2種が自生する．ハハジマホザキラン* *M. hahajimensis* は母島に分布．唇弁の色と切れ込みの形でハハジマホザキランから区別されるシマホザキラン *M. boninensis* は，父島と北硫黄島に分布．カンダヒメラン *M. kandae* は琉球列島（沖縄島，石垣島，西表島）の草地や明るい林床に自生．オキナワヒメラン *M. purpurea* に似るがより大きく，唇弁の形なども異なる．（遊川知久）

ハハジマホザキラン *Malaxis hahajimensis*（東京都小笠原母島，2004.06，加藤英寿撮影）

裸子植物

ソテツ科 Cycadaceae

世界の熱帯に10属300種が分布し，特に南半球で多様性が高い．1種が日本の固有．分子系統に基づく分類体系ではスタンゲリア科とザミア科を独立させて，ソテツ属のみを本科とする見解が主流である．アルカロイド系の有毒物質サイカシンを含む．

ソテツ属 Cycas　［分布図2159］

東アジア，インドシナ，オーストラリア，メラネシア，マダガスカルに94種が分布する．日本には宮崎から琉球列島にかけての海岸

ソテツ *Cycas revoluta*（沖縄県恩納村，2006.06，國府方吾郎撮影）

付近などに**ソテツ****C. revoluta* が知られている．中国にも分布するといわれているが栽培株から逸出した可能性が高い．台湾に分布する *C. taitungensis* が近縁と考えられている．（國府方吾郎）

マツ科 Pinaceae

世界に9属200種が知られている．日本には6属約25種が自生し，そのうち，16種2変種が日本固有である．マツ科は分子系統に基づく分類体系でも基本的に科の扱いに変更はない．

カラマツ属 *Larix*　［分布図2165］

カラマツ**L. kaempferi* はマツ科の中では稀な落葉性の高木である．本来の自生地は，宮城から中部（長野）とされているが，日本各地に造林されているため，自生かどうか不明のものが多い．富士山などでは**ハイマツ** *Pinus pumila* に代わり，高山帯にまで進出している．

ツガ属 *Tsuga*　［分布図2176］

ツガ属は日本には**ツガ** *T. sieboldii* とコメツガの2種が自生している．ツガは朝鮮にも分布する一方で，**コメツガ****T. diversifolia* は日本固有で本州北部（青森）から中部地方（静岡，岐阜）にかけてと紀伊半島および四国にのみ分布する．九州に自生するという報告もある．ツガよりも高所に生える．

トウヒ属 *Picea*　［分布図2166〜2171］

イラモミ（マツハダ）*P. bicolor* は，栃木県から岐阜県にかけての亜高山帯に自生する．**エゾマツ** *P. jezoensis*（北海道，カムチャツカ，朝鮮，中国に広く分布）の変種である**トウヒ** var. *hondoensis* は東北南部から中部地方の亜高山帯と紀伊半島の大台ヶ原山および大峰山系に自生する．**ハリモミ** *P. polita* は本属の中で最も葉の先が鋭く，触ると痛いので，この名前がある．本州（福島以南，主に太平洋側）と四国，九州に分布する．**ヤツガタケトウヒ** *P. koyamae*，**ヒメバラモミ** *P. maximowiczii* および**ヒメマツハダ** *P. shirasawae* は本属の中では分布域が狭く，八ヶ岳及び南アルプス周辺でわずかに知られているのみである．ヒメマツハダはイラモミの変種とする見解もある．

トガサワラ属 *Pseudotsuga*　［分布図2175］

この属は世界に6種が知られているが，日本に自生するのは**トガサワラ****P. japonica* 1種のみである．常緑の高木で，葉はトガ（ツガ）に似て，材はサワラに似ているためにこの名前がある．本州の紀伊半島と四国（高知）に分布する．

マツ属 *Pinus*　［分布図2172〜2174］

キタゴヨウ**P. parviflora* var. *pentaphylla* はゴヨウマツの変種で，北海道南部から静岡，岐阜までの中部地方にかけて分布する．ゴヨウマツに似ているが，球果は大型で，種子の翼は本体と同じか，より長い．葉が5枚のマツのうち，**ヤクタネゴヨウ** *P. amamiana* は屋久島と種子島にのみ分布する．本種を台湾から中国に分布する**タカネゴヨウ** *P. armandii* の変種とする見解もある．葉が2枚の**リュウキュウマツ** *P. luchuensis* は奄美大島以南の琉球に分布する．材はシ

カラマツ *Larix kaempferi*（茨城県つくば市（栽培），2007.06，小坂清巳撮影）

コメツガ *Tsuga diversifolia*（山梨県富士山，2009.08，海老原淳撮影）

トガサワラ *Pseudotsuga japonica*（奈良県川上村，2003.06，保坂健太郎撮影）

キタゴヨウ *Pinus parviflora* var. *pentaphylla*（北海道富良野市，1998.10，八田洋章撮影）

ハナワラビ属 Botrychium　［分布図2193〜2197］

　伊豆諸島固有の**ミドリハナワラビ** *B. triangularifolium* は，**アカハナワラビ** *B. nipponicum* に葉形が似るが紅葉しない．北海道南部に固有の**イブリハナワラビ** *B. microphyllum* もアカハナワラビに似るが，全体に小型で胞子葉の柄が長い点で区別される．**ウスイハナワラビ** *B. nipponicum* var. *minus* は小型の葉を持ち標高の高い地域に見られるアカハナワラビの変種である．これらの関係はさらに研究を要する．伊豆諸島で最初に認識され，関東〜九州にかけて分布が知られるようになった**シチトウハナワラビ*** *B. atrovirens* は，**オオハナワラビ** *B. japonicum* とよく似ており，6倍体である点も共通するが，葉縁の鋸歯が鈍いことで区別できる．**アカフユノハナワラビ** *B. ternatum* var. *pseudoternatum* は，葉の形態はフユノハナワラビに似るが紅葉する変種で，雑種である可能性も含めて検討が必要である．

シチトウハナワラビ *Botrychium atrovirens*
（徳島県海陽町，2008.01，海老原淳撮影）

ハナヤスリ属 Ophioglossum　［分布図2198〜2200］

　サクラジマハナヤスリ *O. kawamurae* は鹿児島県桜島（現在は絶滅）と伊豆諸島青ヶ島に分布し，栄養葉を持たないのが特徴．**チャボハナヤスリ** *O. parvum* は静岡県，三重県及び伊豆諸島青ヶ島に分布する小型種．**トネハナヤスリ*** *O. namegatae* は利根川水系及び大阪府淀川のヨシ原のみに生育し，春植物型の生活史を獲得している．本属には広域分布種が多い上に，高次倍数体が多く含まれるため，属内の系統関係は未だ十分には解明されていない．（海老原淳）

トネハナヤスリ *Ophioglossum namegatae*
（群馬県渡良瀬遊水地，2005.05，小久保恭子撮影）

リュウビンタイ科 Marattiaceae

　真囊シダ類の一系統．世界の熱帯域を中心に4属150種，日本に2属5種，日本の固有植物は1種．大型の葉を持つために完全な標本が乏しく，種の認識に関しては日本産のものも含めてさらに検討が必要．

リュウビンタイモドキ属 Marattia　［分布図2201］

　リュウビンタイモドキ *M. boninensis* は日本産唯一のリュウビンタイモドキ属の種で，リュウビンタイ属と比較すると単体胞子嚢群をつける点で区別できる．小笠原諸島母島に産する．（海老原淳）

ヤシャゼンマイ *Osmunda lancea*（茨城県つくば市（栽培），2007.05，加藤雅啓撮影）

ゼンマイ科 Osmundaceae

　世界に4属20種，日本に2属5種，日本の固有植物は1種．薄囊シダ類の中でもっとも原始的である．分子系統解析により，**オニゼンマイ** *O. claytoniana* がゼンマイ属オニゼンマイ亜属に分類された．

ゼンマイ属 Osmunda　［分布図2202］

　葉は常緑（シロヤマゼンマイ亜属）か夏緑，二型か部分二型，1回全裂，2回深裂，2回全裂かによって，シロヤマゼンマイ亜属，オニゼンマイ亜属，ゼンマイ亜属に分類される．ゼンマイ亜属は3種からなり，**レガリスゼンマイ** *O. regalis* は世界的に，**ゼンマイ** *O. japonica* は東アジアに分布する．**ヤシャゼンマイ*** *O. lancea* は日本の固有で北海道から九州までの川岸に生える渓流沿い植物である．他の渓流沿い植物と同様，豪雨後の増水により冠水するが，晴れて減水すると再び空中に裸出する．小羽片（葉の裂片）は細い

流線型で，流水の圧力に耐えることができる．陸生のゼンマイ O. japonica から種分化したとみられる．（加藤雅啓）

コケシノブ科 Hymenophyllaceae

熱帯・亜熱帯の雲霧林や沢沿いに多く生育し，世界に9属600種，日本に6属36種．日本の固有植物は8種．特に雲霧帯に生育する種には狭分布種が多いが，日本にはそのような環境が稀なため，固有種は少ない．下記の種の他，小笠原諸島固有種としてオガサワラホラゴケ Crepidomanes acuto-obtusum やムニンホラゴケ Trichomanes bonincola が認められることがあるが，明確に区別するのは難しい．愛知・岐阜両県に分布するミカワコケシノブ Hymenophyllum mikawanum も固有とされることがあるが，本種を含むホソバコケシノブ群の世界的な再検討が必要であるため，本書では固有としては扱わない．

ハイホラゴケ属 Vandenboschia ［分布図2204～2210］

ハイホラゴケ V. kalamocarpa とその近縁種は，日本列島で種分化と雑種形成を起こしたと推定され，7種が日本に固有である．葉の裂片が立体的になるヒメハイホラゴケ* V. nipponica は多雪地帯に多く，東北～九州に知られるが，従来本種に同定されたものの多くはハイホラゴケとの雑種（コハイホラゴケ）である．コケハイホラゴケ*（ニセアミホラゴケ）V. subclathrata は八重山諸島，特に西表島に多い小型の種．よく似たものが台湾で採集されており，研究を要する．リュウキュウホラゴケ V. liukiuensis は九州南部から八重山諸島にかけて分布し，明瞭に反転する包膜（胞子嚢群を覆う膜）の唇部（先端部）が特徴である．固有種のうち4種は雑種起源と推定される4倍体種で，ホクリクハイホラゴケ V. hokurikuensis （ハイホラゴケ×ヒメハイホラゴケ），イズハイホラゴケ V. orientalis （ハイホラゴケ×オオハイホラゴケ），ミウラハイホラゴケ V. miuraensis （ヒメハイホラゴケ×オオハイホラゴケ），リュウキュウオオハイホラゴケ（オオハイホラゴケ×リュウキュウホラゴケ）V. oshimensis で，前二者はやや広範囲に，後二者は極めて狭い地域に分布が知られている．

ホソバホラゴケ属 Abrodictyum ［分布図2203］

ハハジマホラゴケ* A. boninense は小笠原諸島で木生シダの幹に着生する．姉妹種である A. cumingii （台湾～フィリピン）には特殊な葉身細胞の配列が見られるが，本種ではその特徴が顕著ではない．（海老原淳）

サンショウモ科 Salviniaceae

浮葉性の水生シダであるサンショウモ属とアカウキクサ属から構成される．世界に2属16種，日本の野生種は2属3種，日本の固有植物は1種．

アカウキクサ属 Azolla ［分布図2211］

オオアカウキクサ* A. japonica 1種が固有で，東北～九州の水田に分布する．本種には遺伝子レベルで「但馬型」と「大和型」の

ヒメハイホラゴケ Vandenboschia nipponica （富山県上市町，2005.09，海老原淳撮影）

コケハイホラゴケ Vandenboschia subclathrata （沖縄県西表島，2006.09，海老原淳撮影）

ハハジマホラゴケ Abrodictyum boninense （東京都小笠原母島，2001.11，海老原淳撮影）

オオアカウキクサ Azolla japonica （岡山県岡山市，2004.04，鈴木武撮影）

2型が知られており，そのうち「大和型」（ニシノオオアカウキクサ）は移入起源である可能性も指摘されている．本属の分類形質として，表皮細胞の突起の細胞数・根毛の有無などが用いられるが，同定には困難が多く，特定外来種に指定されている *A. cristata* と混同されることがある．（海老原淳）

キジノオシダ科 Plagiogyriaceae

環太平洋地域の温帯を中心に1属15種，日本に6種，日本の固有植物は2変種．長らく類縁不明の科とされてきたが，最近の研究によって，主に木生シダから構成されるヘゴ目に含まれることが判明した．

キジノオシダ属 Plagiogyria ［分布図2212～2213］

2種の固有変種はいずれも屋久島産の矮小型植物で，**ヒメキジノオ** *P. japonica* var. *pseudojaponica* は広域分布のキジノオシダ *P. japonica* から，**ヤクシマキジノオ*** *P. adnata* var. *yakushimensis* は広域分布のタカサゴキジノオ *P. adnata* からそれぞれ矮小化して特殊化した型であるとされている．同様の形態の植物は，屋久島以外からの報告もあるが，実体についての研究は未だ十分ではない．（海老原淳）

ヤクシマキジノオ *Plagiogyria adnata* var. *yakushimensis*（鹿児島県屋久島，1993.08，中藤成実撮影）

ヘゴ科 Cyatheaceae

ふつう木生になるシダ植物で，世界に5属600種以上，日本には琉球・小笠原などの亜熱帯域を中心に1属8種，日本の固有植物は3種．

ヘゴ属 Cyathea ［分布図2214～2216］

メヘゴ* *C. ogurae* と**マルハチ** *C. mertensiana* はいずれも小笠原諸島の固有種．前者は葉柄が紫色を帯びるクロヘゴ *C. podophylla* やチャボヘゴ *C. metteniana* のグループと近縁，後者は逆「八」の字の葉の落下跡が目立つ点で琉球に産するヒカゲヘゴ *C. lepifera* と関係が深い．南硫黄島に固有の**エダウチヘゴ***（エダウチムニンヘゴ）*C. tuyamae* は，その名の通り分枝する幹が特徴的であるが，ヘゴ *C. spinulosa* に極めて近縁である．（海老原淳）

メヘゴ *Cyathea ogurae*（東京都小笠原父島，1998.03，海老原淳撮影）

ホングウシダ科 Lindsaeaceae

熱帯・亜熱帯を中心に，世界に8属200種，日本に3属18種，日本の固有植物は2属6種．

ホラシノブ属 Sphenomeris ［分布図2219～2222］

ヒメホラシノブ *S. gracilis* は八重山諸島の渓流沿いに生育し，線形の裂片など渓流沿い植物の特徴を持つ．最近台湾北部からも報告されており，詳しい比較が必要．ほぼ同じ地域から報告されている**ヤエヤマホラシノブ** *S. yaeyamensis* は，ホラシノブ *S. chinensis* とヒメホラシノブの雑種起源複2倍体種．**アイノコホラシノブ** *S. intermedia* も同様の雑種起源複2倍体で，ホラシノブとハマホラシノブ *S. biflora* が推定両親種．八重山諸島からの報告があるのみだが，同じ両親の組み合わせを持つ不稔雑種アイホラシノブ（広域分布）

エダウチヘゴ *Cyathea tuyamae*（東京都南硫黄島，2007.06，加藤英寿撮影）

コビトホラシノブ *Sphenomeris minutula*（鹿児島県奄美大島，2007.05，海老原淳撮影）

と混同されている可能性が高い．**コビトホラシノブ*** *S. minutula* は矮小化が進んだ種で，葉の長さ3cm程度で成熟する．奄美大島の1箇所にのみ知られる．
ホングウシダ属 *Lindsaea*　　［分布図2217～2218］
　シノブホングウシダ *L. kawabatae* は屋久島の固有種で，葉の形状は一見するとホラシノブ属に似る．**ムニンエダウチホングウシダ*** *L. repanda* は小笠原諸島に固有．**シンエダウチホングウシダ** *L. orbiculata* var. *commixta* に似るが，胞子嚢群は途中で寸断される．この群内の種どうしの関係は未だ十分に解明されていない．（海老原淳）

ムニンエダウチホングウシダ *Lindsaea repanda*（東京都小笠原父島，1998.03，海老原淳撮影）

コバノイシカグマ科 Dennstaedtiaceae
　熱帯・亜熱帯を中心に11属170種，日本に6属20種が分布し，日本の固有植物は2種1変種．
フジシダ属 *Monachosorum*　　［分布図2225］
　ヒメムカゴシダ* *M. arakii* は本州（中部）～九州に分布，繊細な葉とは不釣り合いな大きなむかごをつける．台湾などに分布する *M. henryi* に近縁と考えられる．

ヒメムカゴシダ *Monachosorum arakii*（熊本県五木村，2007.02，海老原淳撮影）

フモトシダ属 *Microlepia*　　［分布図2223～2224］
　オドリコカグマ* *M. izupeninsulae*，**フモトカグマ** *M. pseudostrigosa*，**クジャクフモトシダ** *M.* × *bipinnata* の3分類群は，いずれもフモトシダ *M. marginata*（1回羽状複葉）とイシカグマ *M. strigosa*（2回羽状複葉）の中間的形態を示す．不稔性のクジャクフモトシダは雑種，稔性のあるオドリコカグマとフモトカグマは雑種起源の種と推定される．ここでは仮にフモトカグマよりも羽片の切れ込みが深いオドリコカグマを固有とするが，周辺地域との比較がさらに必要である．**ホソバコウシュンシダ** *M. obtusiloba* var. *angustata* は屋久島に分布し，基準変種コウシュンシダよりも葉の切れ込みが浅く，葉裏軸上の毛が疎らで長いことで区別される．（海老原淳）

オドリコカグマ *Microlepia izupeninsulae*（静岡県河津町，2008.10，松本定撮影）

イノモトソウ科 Pteridaceae
　現在のイノモトソウ科は従来のホウライシダ科，シシラン科なども含んで広く定義されており，世界に50属950種がある大きな科となった．地上生種が多いが，着生の旧シシラン科，水生のミズワラビ属，マングローブ植物のミミモチシダ属など，変化に富む．日本に11属58種（帰化1種含む），日本の固有植物は11種1変種．
イノモトソウ属 *Pteris*　　［分布図2230～2237］
　本属の固有種は大半がハチジョウシダ類である．国内のハチジョウシダ類はほとんどが無融合生殖を行うことが知られ，形態が連続的で種の識別が困難な例が多い．屋久島固有の**カワバタハチジョウシダ** *P. kawabatae* は紫色を帯びる葉柄が特徴的．**ニシノコハチジョウシダ*** *P. kiuschiuensis* と**ヤワラハチジョウシダ** *P. natiensis* はいずれも本州～九州の太平洋側の暖地に分布する．後者の方が羽片の幅が広く，葉身は葉柄に対して傾いてつく．**サツマハチジョウシダ** *P. satsumana* は九州（主に南部）にある羽片数が多い型．**ヤクシマハ**

ニシノコハチジョウシダ *Pteris kiuschiuensis*（三重県尾鷲市，1988.01，松本定撮影）

チジョウシダ *P. yakuinsularis* は，羽片の基部の柄が明瞭で，葉柄基部に鱗片が宿存する形質でヤワラハチジョウシダから区別されるが，必ずしも典型的な形態でない株も多い．**オガサワラハチジョウシダ** *P. boninensis* は，硫黄列島を含む小笠原に固有とされる有性生殖種で，形態はハチジョウシダモドキ *P. oshimensis* に似るが，葉質がハチジョウシダ *P. fauriei* 的に厚くなる．鹿児島県紫尾山周辺特産の**ヒノタニシダ*** *P. nakasimae* は，羽片中肋沿いの葉脈が網目を作ることで，アジアに広く分布するヒカゲアマクサシダ *P. tokioi* から区別される．奈良県の石灰岩地に生育する**ヒメイノモトソウ** *P. yamatensis* は，キドイノモトソウ *P. kidoi* に近縁であるが，葉に偽脈はない．

イワガネソウ属 Coniogramme　［分布図2229］

ホソバイワガネソウ* *C. gracilis* は奄美大島に稀産する．イワガネソウ *C. japonica* を小型にした形態を示し，同種から分化したものであろう．

エビガラシダ属 Cheilanthes　［分布図2227～2228］

イワウラジロ *C. krameri* は関東（群馬，埼玉，東京）に知られる石灰岩性の種で，世界に広く分布する *C. farinosa* 複合体と近縁である．**ミヤマウラジロ*** *C. brandtii* は関東（北部，西部）の石灰岩地を中心に分布し，大陸の *C. kuhnii* と近縁である．

ホウライシダ属 Adiantum　［分布図2226］

ホウライシダ *A. capillus-veneris* によく似た**イワホウライシダ** *A. ogasawarense* が小笠原諸島固有種とされている．しかしながら，両者の形態に基づく識別は困難なことも多く，遺伝的にも近縁であることから，今後の検討が必要である．（海老原淳）

チャセンシダ科 Aspleniaceae

世界に2属700種以上が分布し，地上生種の他，着生種も多い．大半の種がチャセンシダ属に含まれる．日本に2属43種，日本の固有植物は2種1変種．

チャセンシダ属 Asplenium　［分布図2238～2239］

日本には30種以上分布するが，周極分布，汎熱帯分布など広域分布種が多く，固有種は2種1変種のみ．**カミガモシダ*** *A. oligophlebium* はヌリトラノオ *A. normale* に近縁な小型種で，主に西日本に分布する．その変種の**イエジマチャセンシダ** var. *iezimaense* は沖縄県伊江島特産で，羽片の耳状突起がカミガモシダほど顕著ではない．**ナンカイシダ** *A. micantifrons* は南北硫黄島で樹上に着生する．ハワイの固有種とされる *A. contiguum* と近縁であり，詳細な比較検討が必要である．（海老原淳）

イワデンダ科 Woodsiaceae

世界に15属700種が分布する大きな科で，日本に10属約110種，日本の固有植物は21種5変種．

イヌワラビ属 Athyrium　［分布図2240～2254］

日本には約40種が分布し，多くの組み合わせで種間雑種も知られる．特に九州・屋久島で多様性が高く，狭分布種・固有種が多数知

られるが，それらの多くは近年個体数が増加したシカによる食害のために，絶滅が危惧される状況にある．

イワイヌワラビ A. nikkoense はヘビノネゴザ群に属し，東日本を中心に分布し，湿潤な沢沿いを好む．**キリシマヘビノネゴザ*** A. kirisimaense はヘビノネゴザ A. yokoscense に似るが，葉柄が太く，鱗片も大型．屋久島を含む九州と伊豆諸島御蔵島に分布する．日本産ヘビノネゴザ群についての研究は近年高宮らによって進められているが，ここでは仮に従来の取り扱いに準じておく．

サトメシダ類は近縁なヤマイヌワラビ A. vidalii としばしば雑種を形成し，同定が難しい群である．**タカネサトメシダ** A. pinetorum は北海道〜本州中部の亜高山帯を中心に分布し，膜質で暗褐色の鱗片を葉柄基部に持つことで認識できる．**コシノサトメシダ** A. neglectum とその亜種**シイバサトメシダ***subsp. australe は，いずれも葉柄基部の鱗片がタカネサトメシダほど黒くならず，胞子嚢群が3mmに達する．前者が太平洋側（四国〜九州），後者が日本海側（北海道〜本州）に分布する．岡山県，高知県，九州（屋久島を含む）に分布する**サカバサトメシダ***A. palustre は，同様に下部の羽片が上向きになるサカバイヌワラビ A. reflexipinnum と混同されていたが，より大型で小羽片が独立することによって区別できる．

山口県に固有の**ヤマグチタニイヌワラビ***A. otophorum var. okanum は，タニイヌワラビの変種で，羽片の柄が長いことで区別される．**ヤクシマタニイヌワラビ** A. yakusimense は屋久島の山地に特産し，タニイヌワラビに比べ葉柄基部の鱗片の色が淡く，羽軸表面の基部の刺も目立たない．ヤクシカの食害によりほぼ絶滅状態に陥っている．**アオグキイヌワラビ** A. viridescentipes はタニイヌワラビに類似するが，葉柄が紫色を帯びずに淡緑色をしている．九州に分布する．**シビイヌワラビ** A. kenzo-satakei は，ツクシイヌワラビ A. kuratae に似るが羽片の切れ込みが浅い．鹿児島県紫尾山周辺と屋久島に特産する．中国産の報告があるが，「中国植物志」の線画を見る限りは誤認の可能性が高い．**サキモリイヌワラビ** A. oblitescens はタニイヌワラビが片親となった複2倍体種で，もう片親はカラクサイヌワラビ A. clivicola の系統とヒロハイヌワラビ A. wardii の系統の2タイプがあることがわかっている．本州〜九州に分布する．

ヤクイヌワラビ A. masamunei は，屋久島の標高900m以上の山地に固有で，近縁なトガリバイヌワラビ A. iseanum var. angustisectum と標高で棲み分けているとされる．トガリバイヌワラビに比べ，葉柄が太く肉質，鱗片が幅広いなどの特徴で区別される．**トゲヤマイヌワラビ** A. spinescens は，形態的にはヤマイヌワラビとタニイヌワラビの中間型であるが，胞子が正常であることから独立種として扱われている．基準産地の九州北部のほか，本州からも報告がある．**トゲカラクサイヌワラビ** A. setuligerum は，カラクサイヌワラビとホソバイヌワラビ A. iseanum の中間型だが，胞子は正常である．本州（西日本）〜九州に分布．**ルリデライヌワラビ** A. wardii var. inadae はヒロハイヌワラビの変種で，葉の先端部が頂羽片状になる．本州西部，四国，九州に知られる．なお，ミヤコイヌワラビ A.

キリシマヘビノネゴザ Athyrium kirisimaense（宮崎県えびの市，2004.06，南谷忠志撮影）

シイバサトメシダ Athyrium neglectum subsp. australe（宮崎県諸塚村，撮影日不明，南谷忠志撮影）

サカバサトメシダ Athyrium palustre（鹿児島県大口市，2009.08，南谷忠志撮影）

ヤマグチタニイヌワラビ Athyrium otophorum var. okanum（山口県山口市，2009.08，岡武利撮影）

frangulum は日本固有とされていたが，中国からも報告されている．

オオシケシダ属 *Deparia* ［分布図2255～2260］

小笠原諸島の**オオシケシダ** *D. bonincola* と九州に稀産する**ヒュウガシケシダ*** *D. minamitanii* の2種は根茎が直立する．**ミヤマシケシダ** *D. pycnosora* の変種**ハクモウイノデ** var. *albosquamata* と**ウスゲミヤマシケシダ** var. *mucilagina* は日本固有とされていたが，同様の形態の植物が台湾にも見られる．**アソシケシダ*** *D. otomasui* は本属らしからぬ常緑性の葉が特徴で四国・九州に稀に産する．**ヒメシケシダ** *D. petersenii* var. *yakusimensis* は屋久島の山地性矮小種の一つで，ナチシケシダから変化したもの．**フモトシケシダ** *D. pseudoconilii* は**ホソバシケシダ** *D. conilii* に似るが，それよりも葉身の基部の幅が広く，包膜が有毛．その変種である**コヒロハシケシダ** var. *subdeltoidofrons* は関東周辺に多く分布し，葉はやや小型で，裂片の切れ込みは深い傾向がある．**ムクゲシケシダ** *D. kiusiana* は従来日本固有とされてきたが，大陸にも同様の形態の植物が分布するため固有種としては扱わない．

ノコギリシダ属 *Diplazium* ［分布図2261～2267］

ヘラシダがオオシケシダ属に移されたことによって，本属の和名もヘラシダ属からノコギリシダ属へと変更された．日本には30種以上あり，無融合生殖種とそれらの絡んだ雑種の存在が種の認識を難しくしている．**シマクジャク** *D. longicarpum* は小笠原諸島母島に稀に生育する単羽状葉の種．近縁種は特定されていない．**ヒメノコギリシダ*** *D. wichurae* var. *amabile* は，基準変種のノコギリシダに比べて葉が小型で，四国と九州（屋久島を含む）に知られている．**ムニンミドリシダ** *D. subtripinnatum* は小笠原諸島母島に固有の2回羽状葉を持つ種．広域分布する**ヒカゲワラビ** *D. chinense* と近縁であることがわかっている．

分類が混乱していたミヤマノコギリシダ群は，高宮らによって5種の有性生殖種とそれらの間の雑種に整理された．そのうち2種は日本に固有で，本州中部～九州に**ウスバミヤマノコギリシダ** *D. deciduum*（6倍体），紀伊半島，四国，九州の暖地に**オオバミヤマノコギリシダ** *D. hayatamae*（4倍体）が分布する．**アマミシダ** *D. amamianum* は奄美大島に固有で，2回羽状に切れ込む大型の葉をつけ，根茎が直立する．**ニセヒロハノコギリシダ** *D. dilatatum* var. *heterolepis* はヒロハノコギリシダの変種で，葉柄基部の鱗片がやや幅広く，辺縁がほとんど黒色にならないことによって区別される．（海老原淳）

ヒメシダ科 Thelypteridaceae

世界に950種がある大きな科．属レベルの分類は未だ整理されておらず，現在用いられている分類体系も自然なものとは言えない．日本に2属42種，日本の固有植物は2種1亜種1変種．

ヒメシダ属 *Thelypteris* ［分布図2269～2271］

オオホシダ* *T. boninensis*，**ムニンヒメワラビ** *T. ogasawarensis* は共に小笠原諸島に固有．オオホシダは熱帯に広く分布するイヌケ

ホシダ T. dentata に近縁であるが，葉はより大型で１ｍ以上になる．ムニンヒメワラビは旧熱帯に広く分布するアラゲヒメワラビ T. torresiana に近縁だが，葉身は基部が幅広く三角形になる．**ヤクシマショリマ** T. quelpaertensis var. yakumontana はオオバショリマが屋久島の高地で矮小化した変種．

ミゾシダ属 Stegnogramma ［分布図2268］

四国から琉球の沢沿いに分布する**ヒメミゾシダ**＊ S. gymnocarpa subsp. amabilis が固有亜種とされる．基準亜種はフィリピンに，別亜種の subsp. celebica はスラウェシにそれぞれ隔離分布するとされ，いずれも矮小化した葉を持つ．十分な検証はまだ行われていないが，それぞれの地域で平行的に矮小化が起こったと考えた方が自然である．実際，日本のヒメミゾシダはミゾシダ S. pozoi subsp. mollissima に近縁であることがわかっている．（海老原淳）

ヒメミゾシダ Stegnogramma gymnocarpa subsp. amabilis（高知県本山町，2007.09，海老原淳撮影）

シシガシラ科 Blechnaceae

世界に200種が分布し，特に熱帯や南半球で多様性が高い．８〜９属が認められることが多いが，現在の科内の分類は系統に即したものではないことがわかっている．日本に２属10種，日本の固有植物は３種．

ヒリュウシダ属 Blechnum ［分布図2272〜2274］

日本産５種のうちヒリュウシダ B. orientale とハクウンシダ B. hancockii を除く３種が固有で，いずれも国内に広く分布している．**シシガシラ**＊ B. niponicum は全国に普通に見られるシダの一つであるが，琉球〜台湾に分布するハクウンシダとの異同は検討を要する．**オサシダ** B. amabile も本州〜九州にかけて広く分布する種で，鱗片はシシガシラよりも幅広い．**ミヤマシシガシラ**＊ B. castaneum は東日本の亜高山帯に分布し，シシガシラに似るが胞子葉が長く，栄養葉の２倍程度に達することで区別できる．（海老原淳）

シシガシラ Blechnum niponicum（千葉県千倉町，2000.01，海老原淳撮影）

ミヤマシシガシラ Blechnum castaneum（秋田県由利本荘市，2007.08，海老原淳撮影）

オシダ科 Dryopteridaceae

種数が多く日本ではなじみ深い科であるが，新しい分類体系ではアツイタ属，ヘツカシダ属，キンモウワラビ属なども含むようになり（一方でナナバケシダ属などは除かれた），40属1700種をも含む巨大な科になった．日本に８属約150種，日本の固有植物は32種３亜種６変種．

アツイタ属 Elaphoglossum ［分布図2304］

新熱帯で多様性の高い属で，日本には３種のみが分布する．そのうちの１種**ヒロハアツイタ** E. tosaense が固有で，本州の太平洋岸暖地，伊豆諸島，四国，九州に分布する．葉縁に半透明の薄膜があることでアツイタ E. yoshinagae から区別できる．

イノデ属 Polystichum ［分布図2306〜2316］

北半球の温帯を中心に分布し，日本では林床性の大型種の多様性が高い．種間雑種も多数知られる．**アスカイノデ**＊ P. fibrillosopaleaceum，**アイアスカイノデ** P. longifrons，**イノデモドキ** P. tagawanum，**チャボイノデ** P. igaense は，いずれも本州を中心に

アスカイノデ Polystichum fibrillosopaleaceum（愛知県田原市，2010.03，松本定撮影）

比較的広い分布域を持つ種であり，鱗片の特徴などで区別できる．葉柄基部の鱗片は，アスカイノデでは褐色で細く，ねじれる．アイアスカイノデでは中心部が栗色を帯び，前種よりは幅が広い．イノデモドキは淡褐色で幅がやや広く，鋸歯縁．チャボイノデでは褐色で幅が狭く，鋸歯縁で乾くとねじれる．**トヨグチイノデ** P. ohmurae は夏緑性の種で本州中部に分布する．胞子嚢群があまり辺縁に寄らない型をフジイノデ var. fujipedis として区別することもある．千葉県に産する**カズサイノデ** P. polyblepharon var. scabiosum は，中軸表面の鱗片が幅広いことで基準変種のイノデと区別される．静岡県にのみ知られる**スルガイノデ** P. fibrillosopaleaceum var. marginale は学名上はアスカイノデの変種であるが，チャボイノデとの雑種であるという意見もある．カラクサイノデ P. microchlamys の変種**アズミイノデ** var. azumiense は，母種よりもやや低い標高に生育し，葉の切れ込みが深い．北海道と本州の日本海側に分布する．奄美大島の渓流沿いに固有の矮小種**アマミデンダ*** P. obae はイノデから種分化した可能性が高い．**センジョウデンダ*** P. gracilipes var. gemmiferum は亜高山性で南アルプスに固有である．基準変種は中国北部に分布するが，詳細な比較が必要である．**イナデンダ*** P. inaense も南アルプス周辺に固有で，ツルデンダ P. craspedosorum との雑種が稀に報告されることから示唆されるように同種と近縁であることがわかっている．中国からヒマラヤに分布する P. capillipes に含める説もある．**ヤエヤマトラノオ** P. yaeyamense は八重山諸島（石垣島，西表島）の渓流沿いに固有で，タイワンジュウモンジシダ P. hancockii とごく近縁だが，最下羽片が目立って発達することはない．

オシダ属 *Dryopteris*　［分布図2286〜2303］

東アジアで多様化が進んだ属である．日本産種では無融合生殖種が占める割合が高く，明らかに雑種起源と思われる系統であっても胞子稔性があるがゆえに「種」のランクで取り扱われている．以下の固有種も特記するもの以外は，無融合生殖を行う「系統」に対して与えられた学名と理解するのが適当である．

ツクシイワヘゴ D. commixta は本州〜九州の比較的温暖な地域に分布し，この仲間では珍しい有性生殖種．イワヘゴ D. atrata に似るが羽片数は20対以下と少ない．**ツツイイワヘゴ** D. tsutsuiana は，九州北部に稀に産し，胞子嚢群が辺縁寄りに並ぶ点はオオクジャクシダ D. dickinsii に似るが，鱗片は黒褐色．**クマイワヘゴ** D. anthracinisquama は前種に似るが，胞子嚢群は中肋に寄る．福岡県，熊本県と宮崎県に稀に産する．**エビノオオクジャク*** D. ebinoensis （未記載種）は，宮崎県で発見されたオオクジャクシダの羽片が深く切れ込む型で，オオクジャクシダとミヤマクマワラビ D. polylepis の雑種に起源する種と推定される．

ホソバヌカイタチシダ D. gymnosora var. angustata は屋久島に固有の型で，ヌカイタチシダ D. gymnosora とホコザキベニシダの中間型とされる．**ヌカイタチシダマガイ** D. simasakii 及び**アツギノヌカイタチシダマガイ** var. paleacea は，ヌカイタチシダモドキ D. indusiata とサイゴクベニシダ D. championii の中間型で，後者の方がよりサ

アマミデンダ *Polystichum obae*（鹿児島県奄美大島，2007.05，海老原淳撮影）

センジョウデンダ *Polystichum gracilipes* var. *gemmiferum*（長野県大鹿村，2008.09，海老原淳撮影）

イナデンダ *Polystichum inaense*（長野県大鹿村，2008.09，海老原淳撮影）

エビノオオクジャク *Dryopteris ebinoensis*（宮崎県えびの市，2002.08，南谷忠志撮影）

イゴクベニシダに近い特徴を示す．アツギノヌカイタチシダマガイと一致する標本は中国でも採集されている．いずれも本州〜九州に分布する．**マルバヌカイタチシダモドキ** *D. tsugiwoi* は，三重県，高知県，鹿児島県から記録され，ヌカイタチシダとマルバベニシダ *D. fuscipes* の中間型．**ニセヨゴレイタチシダ** *D. hadanoi* は山口県，高知県，九州に分布する．ヨゴレイタチシダ *D. sordidipes* に似ているが，包膜は小さく，早落性．

ホコザキベニシダ* *D. koidzumiana* は，ベニシダ類では稀有な2倍体有性生殖種で，屋久島から沖縄本島にかけて分布する．もう1種の2倍体有性生殖種であるハチジョウベニシダ *D. caudipinna* から，葉身先端部の羽片が矛状になる特徴で区別されるが，両者の差異についてはさらに検討が必要．なお，ハチジョウベニシダは韓国に産するため固有種ではない．**キノクニベニシダ** *D. kinokuniensis* は，無融合生殖種で，本州〜九州に知られる．トウゴクシダ *D. nipponensis* とヌカイタチシダモドキの中間的形態などと説明されるが，実体の認識が難しい種である．**ムカシベニシダ** *D. anadroma* は屋久島の山地に固有の未記載種で，小羽片が内先に出る特徴は本属としては特異である．生殖様式は調べられていない．**シビイタチシダ*** *D. shibipedis* はオオイタチシダ *D. pacifica* とギフベニシダ *D. kinkiensis* の交雑起源と推定される4倍体無融合生殖種．鹿児島県紫尾山麓で偶発的に形成されたものと考えられ，現在は栽培株のみが維持されている．**ムニンベニシダ** *D. insularis*，及びその変種**チチジマベニシダ** var. *chichisimensis* は，ベニシダ類ではなくイタチシダ類に近縁である．共に小笠原諸島に産し，後者は伊豆諸島青ヶ島にも分布するとされる．袋状鱗片が少なく，包膜の縁に腺状突起がある．胞子嚢群をつける羽片は，前者が先端近くに限られるのに対し，後者は全体に広がる．

ミヤマイタチシダ *D. sabae* は北海道〜九州（屋久島）の冷温帯の林床で普通に見られる有性生殖種である．本種とナガバノイタチシダ *D. sparsa*（広域分布）の雑種起源と推定されるのが**コスギイタチシダ*** *D. yakusilvicola* で，屋久島の山地に分布する．**リュウキュウイタチシダ** *D. sparsa* var. *ryukyuensis* は，ナガバノイタチシダの変種で，静岡県から沖縄本島にかけて分布する．母種よりも小型になり，イヌタマシダ *D. hayatae* にも似るが包膜が裂けることはほとんどない．**シロウマイタチシダ*** *D. shiroumensis* は東北〜中部の山地に分布する．近縁種は国内にはなく，海外でも未だ見出されていない．有性生殖種と思われるが，生殖様式についての報告はない．

カツモウイノデ属 *Ctenitis*　　［分布図2282〜2283］

コミダケシダ *C. iriomotensis* は沖縄県西表島の固有種で，ホラカグマ *C. eatonii* が小型化したものと考えられる．**コキンモウイノデ** *C. microlepigera* は小笠原諸島母島の石灰岩地帯に僅かに生育することが知られ，やはりホラカグマと近縁である．

カナワラビ属 *Arachniodes*　　［分布図2275〜2281］

ホザキカナワラビ *A. dimorphophylla* は琉球（沖縄島，慶良間諸島）に分布する．コバノカナワラビ *A. sporadosora* に似るが，葉に

ホコザキベニシダ *Dryopteris koidzumiana*（鹿児島県奄美大島，2007.05，海老原淳撮影）

シビイタチシダ *Dryopteris shibipedis*（茨城県つくば市（栽培），2008.06，松本定撮影）

コスギイタチシダ *Dryopteris yakusilvicola*（鹿児島県屋久島，1992.07，加藤雅啓撮影）

シロウマイタチシダ *Dryopteris shiroumensis*（長野県大町市，2007.08，中村武久撮影）

無性芽をつけ，目立って二型になる．**ハガクレカナワラビ** *A. yasuinouei* は本州（紀伊半島），四国，九州に分布し，オニカナワラビ *A. simplicior* var. *major* に似るが葉の辺縁の鋸歯が著しく芒状になる．**イツキカナワラビ** *A. cantilenae* は九州の内陸部（熊本と宮崎）に生育する．ミドリカナワラビ *A. nipponica* に似ているが，切れ込みはより深く，包膜の縁毛が多い．**ヒュウガカナワラビ*** *A. hiugana* は宮崎県と熊本県のみから知られ，最下羽片の下向き第一小羽片が目立って発達しない点はシビカナワラビ *A. hekiana* に似ているが，頂羽片は目立たず，胞子嚢群もより辺縁に寄る．なお，シビカナワラビは従来固有とされてきたが，中国からも報告されている．**オキナワカナワラビ** *A. amabilis* var. *okinawensis* は沖縄本島に産するオオカナワラビの変種で，胞子嚢群が極めて辺縁に近い位置につく．

ナンゴクナライシダ *A. miqueliana* は日本に3種あるナライシダ類のうちの1種で，本州〜九州の比較的温暖な地域を中心に分布する．ホソバナライシダ *A. borealis* に比べて全体に毛が多く，小羽軸の表面は毛に覆われる．軸の色もより赤みを帯びる．**ヒロハナライシダ*** *A. quadripinnata* subsp. *fimbriata* は奈良県と九州に稀に生育し，包膜に長い腺毛があることで他の2種のナライシダ類と区別できる．台湾の基準亜種と区別しない考えもある．

キンモウワラビ属 *Hypodematium* ［分布図2305］

石灰岩地を好む植物で，日本には3種が分布する．そのうち1種，**キンモウワラビ** *H. crenatum* subsp. *fauriei* が日本固有亜種とされ，本州（関東〜長野），四国，九州に分布する．旧世界に広域分布する基準亜種に比べると毛の量が少ないなどの識別形質があるが，さらなる研究が必要である．

ヤブソテツ属 *Cyrtomium* ［分布図2284〜2285］

従来オニヤブソテツ *C. falcatum* と同定されてきた植物のうち，海蝕崖に生育する小型の2倍体（**ヒメオニヤブソテツ*** subsp. *littorale*）は日本固有と考えられる．本属の国内産種は大半が無融合生殖種であり，その中の1つである**イズヤブソテツ** *C. fortunei* var. *atropunctatum* に相当する型は今のところ海外では見出されていないため，固有種として扱う．イズヤブソテツは学名上はヤブソテツの変種として扱われ，本州（静岡）〜九州に分布する．包膜の中心部は黒褐色だが，ミヤコヤブソテツ var. *intermedium* と異なり，羽片の耳片が発達しない．（海老原淳）

ヒュウガカナワラビ *Arachniodes hiugana*（宮崎県えびの市，1972.06，南谷忠志撮影）

ヒロハナライシダ *Arachniodes quadripinnata* subsp. *fimbriata*（熊本県五木村，2007.02，海老原淳撮影）

ヒメオニヤブソテツ *Cyrtomium falcatum* subsp. *littorale*（山形県遊佐町，2007.08，海老原淳撮影）

ウラボシ科 Polypodiaceae

世界の熱帯を中心に56属1200種，日本に17属60種，日本の固有植物は11種．着生種が中心の科で，従来ヒメウラボシ科とされてきた群も本科に含まれる．ただし，旧ヒメウラボシ科の形態からの認識は容易なため，本書では分けて解説する．

旧ヒメウラボシ科

熱帯の雲霧林で多様性が高いグループだが，日本には生育適地は多くはない．日本産種の分布域はいずれも極めて狭いか，あるいは

稀産である．

キレハオオクボシダ属 Ctenopteris ［分布図2318〜2319］

シマムカデシダ C. kanashiroi は八重山諸島の沢沿いに産し，近縁種は東南アジアにあると考えられる．**キレハオオクボシダ*** C. sakaguchiana は沢沿いの岩上に生育し，関東地方から九州にかけて点々と分布する．

ヒメウラボシ属 Grammitis ［分布図2320〜2321］

ヒロハヒメウラボシ G. nipponica は本州（伊豆半島，伊豆諸島）〜九州にかけての暖地にわずかに記録があるが，近年の目撃例はほとんどなく，現存産地は極めて少ないと考えられる．**ナガバコウラボシ** G. tuyamae は南硫黄島の雲霧帯に固有．葉に生える毛は前種より短く1.2〜1.6 mm．

旧ウラボシ科

エゾデンダ属 Polypodium ［分布図2326〜2327］

最近の研究によれば本属は明らかに多系統であり，分類の見直しが必要である．伝統的な定義に従えば，2種が日本固有となる．奄美群島に固有の**アマミアオネカズラ** P. amamianum はアオネカズラ P. niponicum に似るが，鱗片の先端が長く伸びる点で区別される．**ミョウギシダ*** P. someyae は本州（関東西部，静岡）と四国に分布する．国内に類似した種はない．

サジラン属 Loxogramme ［分布図2325］

ムニンサジラン L. boninensis は小笠原諸島に固有である．根茎が太く，胞子嚢群が縁の近くまで伸びる特徴でイワヤナギシダ L. salicifolia から区別されるが，同種として扱われることもある．

ノキシノブ属 Lepisorus ［分布図2322〜2324］

ハチジョウウラボシ* L. hachijoensis は伊豆諸島南部の山頂付近で見られる．ヒメノキシノブ L. onoei に比べ，葉が大きく，根茎も太い．葉脈が透けて見える葉が特徴的な**ホソバクリハラン** L. boninensis は小笠原諸島に分布し，近縁種は未解明である．八丈島産の記録もある．**コウラボシ** L. uchiyamae は本州の太平洋側から奄美大島にかけて分布し，主に海岸近くに生育する．

ミツデウラボシ属 Crypsinus ［分布図2317］

ヤクシマウラボシ C. yakuinsularis は羽状に切れ込む葉を持ち，本州（紀伊半島），四国，屋久島に分布する．国内には特に近縁な種は分布していない．（海老原淳）

キレハオオクボシダ Ctenopteris sakaguchiana（埼玉県秩父市，2008.07，海老原淳撮影）

ミョウギシダ Polypodium someyae（高知県本山町，2007.09，海老原淳撮影）

ハチジョウウラボシ Lepisorus hachijoensis（東京都八丈島，2000.03，海老原淳撮影）

コケ植物

蘚類

ミズゴケ科 Sphagnaceae
　世界に1属300種，日本に1属44種，日本の固有植物は1種．湿地や林床に生育する．
ミズゴケ属 *Sphagnum*　　［分布図2328］
　コバノミズゴケ＊*S. calymmatophyllum* は主に本州（中部以北）の高層湿原に見られ，横方向に伸びる枝と茎に沿って下方に伸びる枝の区別はなく，葉の背面の透明細胞の縁に大きな穴が連続して並ぶのが特徴である．（樋口正信）

コバノミズゴケ *Sphagnum calymmatophyllum*（山形県鶴岡市，2008.07，樋口正信撮影）

イクビゴケ科 Diphysciaceae
　世界に1属15種，日本に1属10種，日本の固有植物は2種．
イクビゴケ属 *Diphyscium*　　［分布図2329～2330］
　コバノイクビゴケ＊*D. perminutum* は本州（中部以西），四国，九州，琉球に分布し，本属中もっとも小型．葉身細胞は膨らみ，内側の雌苞葉の先端部に多数の長い毛があるのが特徴．スズキイクビゴケ *D. suzukii* は本州，四国に知られ，前種に似るが葉身細胞は平滑．（樋口正信）

コバノイクビゴケ *Diphyscium perminutum*（鹿児島県徳之島町，1979.12，西村直樹採集）

スギゴケ科 Polytrichaceae
　世界に23属220種，日本に5属29種，日本の固有植物は1種．
ニワスギゴケ属 *Pogonatum*　　［分布図2331］
　チャボスギゴケ＊*P. otaruense* は北海道，本州，四国，九州に分布し，小型で，葉縁に鋸歯がある．葉の中肋上に縦に並ぶ薄板は4～6細胞の高さがあり，断面で端細胞は双生する．（樋口正信）

ホウオウゴケ科 Fissidentaceae
　世界に1属440種，日本に1属50種，日本の固有植物は5種．
ホウオウゴケ属 *Fissidens*　　［分布図2332～2336］
　オガサワラホウオウゴケ＊*F. boninensis* は小笠原諸島に分布し，葉の上部は横断面で不規則に2細胞層と1細胞層のところがあり，葉縁に舷はなく，中肋は不明瞭で，葉身細胞は平滑．フジホウオウゴケ *F. fujiensis* は山梨県の富士山に見られ，キャラボクゴケ *F. taxifolius* に似るが葉身細胞がより大きく，隅に不明瞭な乳頭突起があることで異なる．マゴフクホウオウゴケ *F. neomagofukui* は三重県に見られ，植物体は小型で，葉の先端はあまり尖らず，中肋は葉頂下で終わる．蒴歯は短く，上部は2本に裂けない．コホウオウゴケモドキ *F. pseudoadelphinus* は静岡県に見られ，葉が小刀状に曲

チャボスギゴケ *Pogonatum otaruense*（東京都奥多摩町，2005.07，樋口正信撮影）

オガサワラホウオウゴケ *Fissidens boninensis*（東京都小笠原村，2008.09，山口富美夫採集）

がり，中肋は葉頂よりかなり下で終わり，先端がしばしば分岐する．**ニセイボエホウオウゴケ** *F. pseudohollianus* は小笠原諸島に分布し，植物体は小型で，上部の葉は他より大きく，葉身細胞は膨らみ，1または2個の乳頭突起がある．（樋口正信）

キンシゴケ科 Ditrichaceae

世界に26属190種，日本に9属20種，日本の固有植物は3種．

キンシゴケ属 *Ditrichum* ［分布図2337〜2338］

チビッコキンシゴケ *D. brevisetum* は静岡県に見られ，**ヒメキンシゴケ** *D. macrorrhynchum* に近縁とされるが，蒴柄が短く，蒴歯も短く折れやすく，雌雄同株の点で区別できる．**ミヤジマキンシゴケ** *D. sekii* は本州，九州に分布し，中肋の横断面は背腹両側で凸状になり，葉身上部の細胞は方形．

キンチャクゴケ属 *Pleuridium* ［分布図2339］

ヤマトキンチャクゴケ＊ *P. japonicum* は北海道，本州，四国，九州に分布し，植物体は微小で，葉は楕円状の基部以外は中肋がほとんどを占める．蒴にはふたも蒴歯も分化しない．（樋口正信）

キヌシッポゴケ科 Seligeriaceae

世界に5属50種，日本に3属16種，日本の固有植物は2種．

キヌシッポゴケモドキ属 *Brachydontium* ［分布図2340〜2341］

ノグチゴケ＊ *B. noguchii* は本州中部の高山に分布し，蒴柄は短く，蒴は苞葉の間に埋もれ，蒴歯を欠くのが特徴．**ヤツガタケキヌシッポゴケ** *B. pseudodonnianum* は本州中部の高山に分布し，ノグチゴケとは僧帽状の蘚帽を持つこと，蒴のふたがはずれるための特殊な細胞があまり発達しないこと，葉縁上部が断面で一細胞層になることなどで異なる．（樋口正信）

シッポゴケ科 Dicranaceae

世界に56属990種，日本に24属87種，日本の固有植物は7種3変種．

コブゴケ属 *Oncophorus* ［分布図2350］

ヒメエゾノコブゴケ（新称）*O. wahlenbergii* var. *perbrevipes* は奈良県に見られ，蒴柄が短いこと，蒴の最外層の細胞が細長いこと，葉はあまり巻縮しないことで他の変種と区別できる．

ススキゴケ属 *Dicranella* ［分布図2342〜2347］

ミチノクオバナゴケ＊ *D. dilatatinervis* は本州（中部以北）に分布し，**ホウライオバナゴケ** *D. coarctata* に似るが，植物体上部の葉は鞘状の基部をもたないことや雌苞葉の上部が芒状になることで区別できる．**キンシゴケモドキ** *D. ditrichoides* は本州に分布し，葉の先端が尖り，中肋は先端まで達し，蒴が直立する．**タマススキゴケ** *D. globuligera* は北海道に分布し，葉の先端は鈍頭で尖らず，反り返る．**ツクシハナガゴケ** *D. mayebarae* は九州に分布し，葉は鞘状の基部をもたず，徐々に狭まる．**ミヤマススキゴケ**＊ *D. subsecunda* は本州，九州に分布し，キンシゴケモドキに似るが，蒴は1mmより長いこ

ヤマトキンチャクゴケ *Pleuridium japonicum*（静岡県島田市，2001.03，樋口正信撮影）

ノグチゴケ *Brachydontium noguchii*（長野県王滝村，2005.08，立石幸敏撮影）

ミチノクオバナゴケ *Dicranella dilatatinervis*（青森県今別町，1978.07，斉藤信夫採集）

ミヤマススキゴケ *Dicranella subsecunda*（青森県青森市，1907.07，飯柴永吉採集）

とで区別できる．**エゾススキゴケ** *D. yezoana* は北海道に分布し，タマススキゴケに似るが，水中に生育することや葉は徐々に細くなることで区別できる．

ナガダイゴケ属 Trematodon　［分布図2351］

マエバラナガダイゴケ *T. mayebarae* は九州に分布し，蒴はやや曲がり，頸部は胞子のできる膨らんだ部分とほぼ同長で，蒴柄は長さ4〜15 mm，蒴歯の全面に乳頭突起が密にある．

ヘリトリシッポゴケ属 Dicranoloma　［分布図2348〜2349］

チョクミシッポゴケ *D. cylindrothecium* var. *brachycarpum* は栃木県塩原に見られ，蒴が楕円形から卵形で短いことから他の変種と区別できる．**ナガバシッポゴケ** var. *maedae* は長野県木曽と屋久島に知られ，葉が卵形の鞘部から細長く伸びることや細胞壁が厚く，強く波打つことで他の変種と区別できる．（樋口正信）

カタシロゴケ科 Calymperaceae

世界に8属210種，日本に4属14種，日本の固有植物は3種．

アミゴケ属 Syrrhopodon　［分布図2353〜2354］

キイアミゴケ＊ *S. kiiensis* は紀伊半島と九州に分布し，カタシロゴケ *S. japonicus* に似るが，葉縁上部の鋸歯は単生で，方形の葉身細胞には多くの小さい乳頭突起があることで区別される．**ヤクシマアミゴケ** *S. yakushimensis* は九州，琉球に分布し，キイアミゴケに似るが，葉縁や中肋の背面は平滑で，葉身細胞には先端が2〜4に分かれた少数の乳頭突起があることで区別される．

カタシロゴケ属 Calymperes　［分布図2352］

オガサワラカタシロゴケ＊ *C. boninense* は小笠原諸島に分布し，植物体は小型で，葉は比較的短く，先端は鈍頭で尖らないのが特徴．（樋口正信）

センボンゴケ科 Pottiaceae

世界に87属1460種，日本に30属103種，日本の固有植物は10種1変種．

アカハマキゴケ属 Bryoerythrophyllum　［分布図2357〜2358］

ホソバアカハマキゴケ *B. linearifolium* は九州に分布し，葉は披針形で，葉縁は平坦で鋸歯がなく，腋毛の基部の細胞は褐色になるのが特徴．**コアカハマキゴケ** *B. rubrum* var. *minus* は本州中部に分布し，小型の植物体，全縁の葉，厚壁でまばらに乳頭突起のある葉の基部の細胞などで基準変種から区別される．

コゴケ属 Weissia　［分布図2364〜2365］

クロジクトジクチゴケ *W. atrocaulis* は岩手県に知られ，黒色の茎，披針形の葉，平坦な葉縁，小さい胞子（直径12〜15 μm）などの特徴がある．**ヤマトトジクチゴケ** *W. deciduaefolia* は本州，九州に分布し，葉は早落性で，中肋腹面の表皮細胞は方形で密に乳頭突起があり，4〜5細胞からなる腋毛をもつ．

ツチノウエノハリゴケ属 Uleobryum　［分布図2363］

ツチノウエノハリゴケ＊ *U. naganoi* は関東地方と香川県に知られ，

キイアミゴケ *Syrrhopodon kiiensis*（三重県松阪市，2005.03，木口博史撮影）

オガサワラカタシロゴケ *Calymperes boninense*（東京都小笠原村，2006.01，木口博史撮影）

ツチノウエノハリゴケ *Uleobryum naganoi*（埼玉県小川町，1998.11，木口博史撮影）

植物体は微小で，蒴は葉の間に埋もれ，ふたも蒴歯も分化しない．

ネジクチゴケ属 Barbula　［分布図2355〜2356］

イノウエネジクチゴケ*B. hiroshii* は本州，四国，九州に分布し，植物体は大型で，茎の表皮細胞は大型で薄壁，葉の上部に明瞭な鋸歯があるのが特徴．**イボスジネジクチゴケ** *B. horrinervis* は本州，九州に分布し，中肋が円頭の葉の先端から突出し，葉縁は平坦，両端が尖った紡錘体状の無性芽をもつ．

ハマキゴケ属 Hyophila　［分布図2360］

トガリバハマキゴケ *H. acutifolia* は本州中部に分布し，葉は狭いへら形で，葉身細胞と中肋腹面の表皮細胞は平滑，胞子体は小型などの特徴をもつ．

フタゴゴケ属 Didymodon　［分布図2359］

イトヒキフタゴゴケ* *D. leskeoides* は本州中部に分布し，植物体は分枝し，先端が鞭状になり，葉の基部は耳状になる．石灰岩上に生育する．

ヨリイトゴケ属 Tortella　［分布図2362］

コネジレゴケ *T. japonica* は本州，四国，九州に分布し，植物体は小型で，茎に中心束があり，葉は披針形で先端が尖り，雌雄同株．

フチドリコゴケ属 Pachyneuropsis　［分布図2361］

フチドリコゴケ* *P. miyagii* は沖縄島に分布し，葉縁は断面で2〜3細胞層になり，中肋には小型で厚い細胞壁をもつ細胞からなる組織がよく発達し，20〜40の膨らんだ方形の細胞からなる．葉腋に生ずる毛をもつ．（樋口正信）

ギボウシゴケ科 Grimmiaceae

世界に11属380種，日本に6属51種，日本の固有植物は3種2変種．

ギボウシゴケ属 Grimmia　［分布図2366〜2367］

コアミメギボウシゴケ* *G. brachydictyon* は北海道，本州，四国に分布し，茎に中心束を欠き，葉の先端に球形の無性芽をつける．**コフタゴゴケ** *G. percarinata* は屋久島に見られ，葉は中肋を境に折りたたまれ，上部は溝状になる．葉身上部は横断面でところどころ2細胞層になり，細胞壁は薄い．

シモフリゴケ属 Racomitrium　［分布図2369〜2370］

コモチシモフリゴケ *R. vulcanicola* は北海道と本州中部に分布し，クロカワキゴケ *R. heterostichum* に似るが，葉腋から生じた分枝した糸状の細胞の先端に多細胞で球形の無性芽をつけることで区別される．**ハヤチネミヤマスナゴケ**（新称）*R. fasciculare* var. *hayachinense* は本州北部に分布し，葉の先端が透明になって尖ることはなく，葉身細胞に乳頭突起があり，葉縁上部が横断面で2細胞層になる．

チヂレゴケ属 Ptychomitrium　［分布図2368］

ホソバシナチヂレゴケ（新称）*P. gardneri* var. *angustifolium* は群馬県に知られ，楕円形の基部から上部は急に狭まり細長くなることで他の変種から区別される．（樋口正信）

ハリガネゴケ科 Bryaceae

世界に17属870種，日本に10属73種，日本の固有植物は3種．

ヒョウタンハリガネゴケ属 Plagiobryum　［分布図2371］

コゴメイトサワゴケ＊ *P. hultenii* は北海道と本州中部に分布し，葉は楕円状披針形，先端は細長く尖り，中肋は葉の先から長く突出し，葉縁は反曲する．

ヘチマゴケ属 Pohlia　［分布図2372～2373］

オタルミスゴケ *P. otaruensis* は北海道，本州，九州に分布し，ヘチマゴケ *P. nutans* に似るが雌雄異株で，葉はより狭く，短い蒴をもつことで区別される．**イワマヘチマゴケ** *P. pseudo-defecta* は本州に分布し，葉は卵形から楕円状披針形，中肋は葉の先から短く突出し，蒴はほぼ直立する．（樋口正信）

チョウチンゴケ科 Mniaceae

世界に14属270種，日本に7属32種，日本の固有植物は2種．

チョウチンゴケ属 Mnium　［分布図2374］

トウヨウチョウチンゴケ *M. orientale* は北海道，本州，四国，九州に分布し，葉縁に双生の鋸歯があり，中肋の背面には歯状の突起があり，茎の下部に小型の葉が多数つく．

ムツデチョウチンゴケ属 Pseudobryum　［分布図2375］

ムツデチョウチンゴケ＊ *P. speciosum* は北海道，本州，四国に分布し，葉には多くの横じわがあり，葉縁に単生の鋸歯がある．中肋は中部でところどころ枝状に分岐する．（樋口正信）

タチヒダゴケ科 Orthotrichaceae

世界に21属860種，日本に8属31種，日本の固有植物は3種．

キンモウゴケ属 Ulota　［分布図2378］

ヤクシマキンモウゴケ *U. yakushimensis* は本州，四国，九州に分布し，つぼが球形になり，外蒴歯は乾燥時に先端が内曲し，内蒴歯は歯突起を欠く．

タチヒダゴケ属 Orthotrichum　［分布図2377］

イブキタチヒダゴケ *O. ibukiense* は本州に分布し，葉縁は強く反曲し，蒴は苞葉からわずかに出る．

ミノゴケ属 Macromitrium　［分布図2376］

トサミノゴケ *M. tosae* は本州，四国，九州に分布し，葉の先端部は尖り，葉身細胞は薄壁で，蘚帽は蒴を覆い，蒴柄が長いのが特徴．（樋口正信）

キブネゴケ科 Rhachitheciaceae

世界に7属20種，日本に2属3種，日本の固有植物は2種．

キサゴゴケ属 Hypnodontopsis　［分布図2379］

キサゴゴケ *H. apiculata* は本州（中部地方以西），四国，九州に分布し，中肋は葉の先端から少し突出し，蒴柄は短く，湿るとらせん状に巻く．蒴歯は一列で，表面に柵状の肥厚がある．

コゴメイトサワゴケ *Plagiobryum hultenii*（埼玉県大滝村，1971.05，永野巖採集）

ムツデチョウチンゴケ *Pseudobryum speciosum*（長野県茅野市，2004.10，樋口正信撮影）

トサミノゴケ *Macromitrium tosae*（和歌山県粉河町，1920.12，関本清吉採集）

キブネゴケ *Rhachithecium nipponicum*（静岡県本川根町，2001.03，樋口正信撮影）

キブネゴケ属 Rhachithecium　［分布図2380］

キブネゴケ*R. nipponicum* は本州に分布し，中肋は葉の先端には届かず，葉身細胞は薄壁で，表面の中央が盛り上がる．雌苞葉が鞘状に蒴柄を包み，蒴歯を欠く．（樋口正信）

カワゴケ科 Fontinalaceae

世界に3属130種，日本に2属3種，日本の固有植物は1種．

コシノヤバネゴケ属 Dichelyma　［分布図2382］

コシノヤバネゴケ*D. japonicum* は北海道，本州（中部以北）に分布し，中肋は葉の先端に達し，葉は中肋を境に縦に折りたたまれ，葉縁は反曲する．（樋口正信）

コシノヤバネゴケ Dichelyma japonicum（長野県木島平村，1972.08，斉藤亀三採集）

ホソバツガゴケ科 Daltoniaceae

世界に14属240種，日本に2属11種，日本の固有植物は1種．南日本に多くの種が分布する．

ツガゴケ属 Distichophyllum　［分布図2381］

キノボリツガゴケ*D. yakumontanum* は屋久島に分布し，植物体は小型で，葉の先端は円頭もしくは微凸頭になり，中肋が上部で分岐する．本属では珍しく，樹幹に生育する．（樋口正信）

キノボリツガゴケ Distichophyllum yakumontanum（鹿児島県屋久町，2005.10，樋口正信撮影）

イタチゴケ科 Leucodontaceae

世界に7属50種，日本に3属14種，日本の固有植物は3種．樹幹に着生するものが多い．

イタチゴケ属 Leucodon　［分布図2383～2385］

ツヤダシタカネイタチゴケ *L. alpinus* は北海道，本州に分布し，茎に中心束を欠き，平滑な蒴柄をもつ．ヨコグライタチゴケ *L. sohayakiensis* は本州，四国，九州に分布し，前種に似るが，植物体に光沢がなく，翼細胞がより多いことなどで区別できる．オオヤマトイタチゴケ *L. giganteus* は四国に分布し，葉身上部の厚壁で紡垂形の細胞，よく分化した翼細胞，平滑な蒴柄などの特徴をもつ．（樋口正信）

サイコクサガリゴケ Meteorium buchananii subsp. helminthocladulum var. cuspidatum（福岡県香春町，1952.08，桑原幸信採集）

ハイヒモゴケ科 Meteoriaceae

世界に24属190種，日本に12属20種，日本の固有植物は2変種．

サナダゴケモドキ属 Aerobryum　［分布図2386］

ミハラシゴケ *A. speciosum* var. *nipponicum* は本州，琉球に分布し，長さ10～20cmになる大型の植物体と平滑な葉身細胞をもつなどの特徴があり，アジアの熱帯から亜熱帯に分布し，日本には分布しない基準変種からは葉の先端が短く尖ることで区別される．

ハイヒモゴケ属 Meteorium　［分布図2387］

サイコクサガリゴケ*M. buchananii* subsp. *helminthocladulum* var. *cuspidatum* は本州，四国，九州に分布し，凹んだ葉が茎に丸くつき，葉は上部で急にせばまり先端は短く尖るなどの特徴があり，東アジアに分布する基準変種コハイヒモゴケからは植物体や葉身細胞がより小型になることで区別される．（樋口正信）

ヒラゴケ科 Neckeraceae

世界に27属240種，日本に8属28種，日本の固有植物は1種1変種．樹幹に着生するものが多い．

ヒラゴケ属 Neckera ［分布図2388〜2389］

モロハヒラゴケ*N. nakazimae* は本州，四国，九州に分布し，蒴柄は長く，蒴は苞葉から出る，葉はもろく，中肋は短いか欠くのが特徴．サガリヒメヒラゴケ *N. pusilla* var. *pendula* は本州に分布し，茎が伸長し，樹幹から垂れ下がることで基準変種ヒメヒラゴケと区別される．（樋口正信）

モロハヒラゴケ Neckera nakazimae（徳島県上勝町，2010.10，立石幸敏撮影）

オオトラノオゴケ科 Thamnobryaceae

世界に1属50種，日本に1属6種，日本の固有植物は1種．ヒラゴケ科に含めることがある．

オオトラノオゴケ属 Thamnobryum ［分布図2390］

ヒラトラノオゴケ *T. planifrons* は北海道，本州，四国に分布し，葉が茎と枝に著しく扁平につき，非相称で，凹まないなどの特徴をもつ．（樋口正信）

イヌエボウシゴケ Dolichomitriopsis crenulata（長野県伊那市，1999.08，木口博史撮影）

トラノオゴケ科 Lembophyllaceae

世界に13属100種，日本に4属約8種，日本の固有植物は2種1変種．

イヌエボウシゴケ属 Dolichomitriopsis ［分布図2392〜2393］

イヌエボウシゴケ*D. crenulata* は北海道，本州，四国，九州に分布し，植物体は光沢があり，葉の先端は鈍頭で，葉縁は広く内曲する．サジバエボウシゴケ *D. obtusifolia* は北海道，本州に分布し，植物体に光沢はなく，葉の先端は円頭で，葉縁は平坦になる．

トラノオゴケ属 Dolichomitra ［分布図2391］

ハナシエボウシゴケ *D. cymbifolia* var. *subintegerrima* は本州，四国，九州に分布し，葉の先端部が円頭になり，鋸歯を欠くことで基準変種トラノオゴケから区別される．（樋口正信）

コシノオカムラゴケ Okamuraea brevipes（長野県長谷村，1967.08，佐久間英二採集）

ウスグロゴケ科 Leskeaceae

世界に22属160種，日本に12属24種，日本の固有植物は3種．

オカムラゴケ属 Okamuraea ［分布図2394〜2395］

コシノオカムラゴケ*O. brevipes* は北海道，本州に分布し，普通に見られるオカムラゴケ *O. hakoniensis* に似るが，枝先は細長く伸びず，葉の先端はより短く尖り，胞子体は小型で，蒴が卵形から球形になるなどで区別できる．キノクニオカムラゴケ *O. plicata* は本州（中部以西），四国，九州に分布し，葉は広卵形で縦じわがあり，上部で急に狭まり先端は細長く尖り，2cm以上の長い蒴柄をもつ．

キツネゴケ属 Rigodiadelphus ［分布図2396］

シワナシキツネゴケ *R. arcuatus* は本州に分布し，枝葉に縦じわがなく，先端は尖るが毛状にはならない．葉身細胞の細胞壁の厚さは一様で，翼部の細胞壁は薄い．（樋口正信）

コケ植物／蘚類　217

シノブゴケ科 Thuidiaceae

世界に21属190種，日本に18属54種，日本の固有植物は1種．

イセノイトツルゴケ属 Heterocladium　［分布図2397］

　ホソイトツルゴケ＊ H. tenellum は本州，四国に知られ，繊細な植物体をもつ．雌雄同株で，葉の先端は短く，背側に反り返り，中肋は二本で短いか不明瞭，葉身細胞の上端に乳頭突起があるのが特徴．（樋口正信）

ホソイトツルゴケ Heterocladium tenellum（福島県楢葉町，1979.08，木口博史採集）

ヤナギゴケ科 Amblystegiaceae

世界に40属190種，日本に21属51種，日本の固有植物は5種1変種．一般に湿った場所に生えるものが多い．

イトヤナギゴケ属 Platydictya　［分布図2402～2403］

　本属の種は微小．**ハットリイトヤナギゴケ** P. hattorii は北海道，本州に分布し，披針形の葉と1本の短い中肋が特徴．石灰岩の上に生育する．**フォーリーイトヤナギゴケ** P. fauriei は北海道，本州に分布し，前種とは葉が卵形で上部が急に細長く尖り，葉縁上部に鋸歯があることで区別できる．

シメリゴケ属 Hygrohypnum　［分布図2399～2400］

　ニセタカネシメリゴケ H. subeugyrium var. japonicum は本州，九州に分布し，中肋は短く，翼細胞は大型で，葉身細胞は厚壁になるのが特徴．**テリハミズハイゴケ**＊ H. alpinum var. tsurugizanicum は北海道，本州，四国に分布し，葉がほぼ円形で，先端が鈍頭になる．

ヒメヤナギゴケ属 Amblystegium　［分布図2398］

　イシバイヤナギゴケ A. calcareum は本州，九州に分布し，葉の翼細胞はあまり分化せず，中肋は1本で短い．石灰岩地に見られる．

ヤナギゴケ属 Leptodictyum　［分布図2401］

　オニシメリゴケ L. mizushimae は北海道，本州に分布し，植物体は大型で，葉は茎に扁平につき，中肋は1本で葉長の4/5になる．湿地に生育する．（樋口正信）

テリハミズハイゴケ Hygrohypnum alpinum var. tsurugizanicum（長野県安曇村，1964.08，渡辺良象採集）

シワバヒツジゴケ Brachythecium camptothecioides（東京都奥多摩町，2004.05，樋口正信採集）

アオギヌゴケ科 Brachytheciaceae

世界に43属540種，日本に12属78種，日本の固有植物は9種．

アオギヌゴケ属 Brachythecium　［分布図2404～2409］

　シワバヒツジゴケ＊ B. camptothecioides は北海道，本州に分布し，枝葉の中肋が葉先近くに達し，広三角形の茎葉に深い縦じわがあるのが特徴．**ヤリヒツジゴケ** B. hastile は本州に分布し，枝葉の中肋は中部付近に終わり，卵状披針形の茎葉には縦じわはない．**ツヤヤナギゴケ** B. nitidulum は本州に分布し，植物体は小型で，枝葉の中肋は中部付近に終わり，茎葉は短く尖る．**オタルヒツジゴケ** B. otaruense は北海道，本州に分布し，植物体は小型で分枝は少なく，枝葉の中肋は中部付近に終わり，茎葉は卵状楕円形．**ニセコヒツジゴケ** B. pseudo-uematsui は北海道，本州に分布し，植物体は小型で，枝葉の中肋は中部付近に終わり，広三角状卵形の茎葉は長く尖る．**コヒツジゴケ**＊ B. uyematsui は北海道，本州，九州に分布し，ニセコヒツジゴケに似るが，茎葉の葉縁上部に鋸歯はない．

コヒツジゴケ Brachythecium uyematsui（長野県茅野市，2003.10，樋口正信採集）

コンテリケゴケ属 Helicodontium　　［分布図2413］

ツクシケゴケ H. kiusianum は本州，四国，九州に分布し，植物体は小型で，葉は狭披針形，中肋は葉の中部に達し，葉身細胞は線形で長い．

ツルハシゴケ属 Eurhynchium　　［分布図2412］

エゾツルハシゴケ E. yezoanum は北海道に分布し，植物体は小型で，枝は茎に丸くつき，枝葉は広披針形で先端は鈍頭．

ヤノネゴケ属 Bryhnia　　［分布図2410〜2411］

ヒメヤノネゴケ B. tenerrima は北海道，本州，四国，九州に分布し，植物体は小型で，茎葉は楕円状披針形，長さ約0.6 mm．**エゾヤノネゴケ** B. tokubuchii は北海道，本州，九州に分布し，植物体は大型で，茎葉は卵形で基部がもっとも幅広く，長さ約2 mm，中肋は先端に達する．（樋口正信）

ナワゴケ科 Myuriaceae

世界に4属20種，日本に3属6種，日本の固有植物は1変種．

オオキヌタゴケ属 Oedicladium　　［分布図2414］

ヤクシマナワゴケ* O. refescens var. yakushimense は本州（紀伊半島），九州に分布し，葉に光沢があり，大型の翼細胞が分化し，仮根に乳頭突起があるのが特徴．熱帯アジアやオセアニアに分布する基準変種とは植物体や葉がより大きく，葉身細胞がより長いことなどで区別される．胞子体は未知．（樋口正信）

ナガハシゴケ科 Sematophyllaceae

世界に38属750種，日本に16属約36種，日本の固有植物は5種．

イボゴケ属 Taxithelium　　［分布図2418］

リュウキュウイボゴケ* T. liukiuense は琉球に分布し，枝葉は楕円状，先端はあまり尖らず，葉身細胞の乳頭突起は形が不規則．

カガミゴケ属 Brotherella　　［分布図2415］

ヒメカガミゴケ* B. complanata は本州（中部以西），四国，九州から知られ，植物体は小型で，葉は茎や枝に扁平につき，葉縁上部にはほとんど鋸歯がない．

トゲハイゴケ属 Wijkia　　［分布図2419］

フナバトガリゴケ W. concavifolia は本州，九州に分布し，葉は枝にやや扁平につき，葉は上部で急に狭まり，先端は細長く尖る．

ニセカガミゴケ属 Rhaphidorrhynchium　　［分布図2416〜2417］

スズキニセカガミゴケ R. hyoji-suzukii は八甲田山から知られ，雌雄同株，規則的な羽状分枝，偽毛葉の欠如，平滑な葉身細胞，発達した内側の蒴歯などの特徴がある．**チチブニセカガミゴケ** R. chichibuense は埼玉県秩父に見られ，前種に似るが，より密に分枝すること，葉の先端がより曲がり，基部は急に狭まること，葉身細胞の幅がより狭いこと，より大きな胞子をもつことなどで区別される．（樋口正信）

ヤクシマナワゴケ Oedicladium rufescens var. yakushimense（鹿児島県屋久町，2005.10，樋口正信撮影）

リュウキュウイボゴケ Taxithelium liukiuense（沖縄県恩納村，2004.08，木口博史撮影）

ヒメカガミゴケ Brotherella complanata（和歌山県田辺市，2009.12，木口博史撮影）

ヒゴイチイゴケ Pseudotaxiphyllum maebarae（沖縄県名護市，2008.03，木口博史撮影）

ハイゴケ科 Hypnaceae

世界に66属870種，日本に23属約86種，日本の固有植物は8種．1属の固有属（キャラハゴケモドキ属）を含む．

アカイチイゴケ属 *Pseudotaxiphyllum*　［分布図2425］

ヒゴイチイゴケ* *P. maebarae* は本州，九州，琉球に分布し，植物体は小型で，柄のある卵形～球形の無性芽を葉腋につける．

ウシオゴケ属 *Ectropothecium*　［分布図2422］

ウルワシウシオゴケ *E. andoi* は関東以南の本州，九州，琉球に分布し，植物体は大型で，茎葉の先端は細長く尖り，鎌状に曲がり，翼部には4～6個の大型で透明な細胞が分化する．

キヌゴケ属 *Pylaisia*　［分布図2426］

アズマキヌゴケ* *P. nana* は関東以西の本州，九州に分布し，茎葉は深く凹み，先端は短く尖り，外蒴歯の外面と内面が乳頭突起で密に覆われ，内蒴歯は断片化し，外蒴歯に貼りつく．

キャラハゴケモドキ属 *Taxiphyllopsis*　［分布図2427］

本属は固有属で次の1種を含む．**キャラハゴケモドキ*** *T. iwatsukii* は岡山県，山口県，高知県に分布し，石灰岩上に生育する．葉は枝に強く扁平につき，翼細胞は多少分化し，雌雄同株で，雌苞葉には一本の幅広い中肋がある．

クシノハゴケ属 *Ctenidium*　［分布図2420～2421］

オニクシノハゴケ *C. percrassum* は本州，四国，九州に分布し，クシノハゴケ *C. capillifolium* に似るが，茎葉の葉身部が相称な三角形または卵形になり，先端部は鎌状に曲がるか反り返ることで区別される．**イボエクシノハゴケ** *C. pulchellum* は北海道，本州に分布し，蒴柄の表面に乳頭突起があるという特徴をもつ．

ヒラツボゴケ属 *Glossadelphus*　［分布図2423］

ヤクシマヒラツボゴケ *G. yakoushimae* は九州，琉球に分布し，ツクシヒラツボゴケ *G. ogatae* に似るが，植物体が緑色になることや葉の先端が急に狭まり，短い凸頭になる点で区別できる．

ラッコゴケ属 *Gollania*　［分布図2424］

オオカギイトゴケ* *G. splendens* は宮城県仙台と千葉県成東の低湿地に分布し，葉は茎に丸くつき，深く凹み，葉身細胞は菱形で薄壁，偽毛葉は三角形になる．（樋口正信）

アズマキヌゴケ *Pylaisia nana*（茨城県つくば市，2005.07，樋口正信撮影）

キャラハゴケモドキ *Taxiphyllopsis iwatsukii*（岡山県井原市，2005.08，木口博史撮影）

オオカギイトゴケ *Gollania splendens*（千葉県成東町，1995.03，樋口正信撮影）

苔類

ムチゴケ科 Lepidoziaceae

世界に29属900種，日本に5属26種，日本の固有植物は1種．

テララゴケ属 *Telaranea*　［分布図2428］

テララゴケ* *T. iriomotensis* は西表島に見られ，茎は羽状に分枝し，葉は3/4まで5～7裂し，基部は方形になり，矩形の細胞が柵状に並ぶ．（樋口正信）

ツキヌキゴケ科 Calypogeiaceae
世界に4属50種，日本に3属18種，日本の固有植物は5種．

ツキヌキゴケ属 *Calypogeia* ［分布図2429〜2433］

ツキヌキゴケ *C. angusta* は北海道，本州の亜高山帯に分布し，腹葉は大きく，1/3まで2裂し，翼部が茎を下延するのが特徴．**ア サカワホラゴケモドキ*** *C. asakawana* は本州中部の低地に見られ，腹葉は小さく，翼部が茎を長く下延する．**イイデホラゴケモドキ** *C. contracta* は東北地方の飯豊山，朝日岳，鳥海山に知られ，葉の先端がV字形に2裂し，翼部は茎を下延せず，腹葉は大きい．**フジホラゴケモドキ** *C. fujisana* は富士山周辺に見られ，葉は丸みをおびた三角形で，先端は鋭頭，腹葉は大きく，翼部は茎を下延しない．**タカネツキヌキゴケ** *C. neesiana* subsp. *subalpina* は北海道，本州，四国，九州の亜高山帯に分布し，腹葉は葉より小さく，先端は円頭からやや凹頭になる．（樋口正信）

コヤバネゴケ科 Cephaloziellaceae
世界に10属140種，日本に2属10種，日本の固有植物は1種．

コヤバネゴケ属 *Cephaloziella* ［分布図2434］

トゲヤバネゴケ *C. acanthophora* は九州南部に知られ，茎の表面は平滑で，葉縁全体に明瞭な鋸歯があり，腹葉を欠く．（樋口正信）

ツボミゴケ科 Jungermanniaceae
世界に28属340種，日本に17属91種，日本の固有植物は15種．1属の固有属（ヤクシマアミバゴケ属）を含む．

アカウロコゴケ属 *Nardia* ［分布図2448〜2449］

イトウロコゴケ *N. minutifolia* は東北，関東北部，伊豆諸島，屋久島に知られ，植物体は小さく，葉は離れてつき，卵形で全縁，細胞当たり1個の油体がある．**ハラウロコゴケ*** *N. scalaris* subsp. *harae* は北海道，本州，四国に分布し，葉は円形〜腎臓形で円頭，葉身細胞の隅の三角形の肥厚部分は大きく，細胞当たり2〜6個の油体がある．

アミバゴケ属 *Anastrophyllum* ［分布図2435］

オノイチョウゴケ *A. ellipticum* は八ヶ岳に見られ，葉の先端は2裂し，約1/2まで切れ込む．楕円形で2細胞性の無性芽を茎頂に生じ，均質の油体をもつ．

タカネイチョウゴケ属 *Lophozia* ［分布図2447］

タカネイチョウゴケ *L. silvicoloides* は北海道，本州中部の亜高山帯以上に分布し，葉は長さが幅より長い．葉身細胞の隅の三角形の肥厚部分は小さく，油体に眼点があり，腹葉を欠く．

ツボミゴケ属 *Jungermannia* ［分布図2437〜2445］

ヤハズツボミゴケ *J. cephalozioides* は北海道，本州のブナ帯以上に分布し，葉の先端が2裂し，ペリギニウムが発達し，内側の雌苞葉は造卵器よりも上につくのが特徴．**ハットリツボミゴケ*** *J. hattoriana* は北海道，本州，四国の亜高山帯に分布し，葉身細胞には隅の三角形の肥厚部分がなく，花被は多稜で，ペリギニウムが発

テララゴケ *Telaranea iriomotensis* （沖縄県西表島，2003.12，山口富美夫撮影）

アサカワホラゴケモドキ *Calypogeia asakawana* （千葉県袖ケ浦市，1999.11，古木達郎撮影）

ハラウロコゴケ *Nardia scalaris* subsp. *harae* （長野県茅野市，1980.09，井上浩採集）

ハットリツボミゴケ *Jungermannia hattoriana* （北海道静内町，1970.07，井上浩採集）

達する．**ヘリトリツボミゴケ** *J. hattorii* は九州の花崗岩地に見られ，葉縁の細胞は他の細胞よりも大型で，細胞壁が厚い．**ヒュウガソロイゴケ** *J. hiugaensis* は近畿以西に分布し，葉は長さが幅よりも長く，ペリギニウムは発達せず，内側の雌苞葉は造卵器と同じ高さにつく．**リシリツボミゴケ** *J. hokkaidensis* は利尻島に見られ，葉縁の細胞は他の細胞と同じ大きさで，細胞壁も厚くならず，ペリギニウムが発達する．**ヒメツボミゴケ** *J. japonica* は北海道，本州，四国，九州の落葉樹林帯に分布し，葉の先端は凹頭で，1/5まで切れ込み，ペリギニウムが発達する．**カタツボミゴケ** *J. kyushuensis* は九州，琉球に分布し，葉縁の細胞は他の細胞より細胞壁が肥厚し，ペリギニウムが発達する．**オオアミメツボミゴケ** *J. shimizuana* は本州の高山帯に見られ，葉縁の細胞は他の細胞と同じ大きさで，細胞壁も厚くならず，ペリギニウムはほとんど発達しない．**ヒトスジツボミゴケ** *J. unispiris* は本州（中部以西），九州の落葉樹林帯に分布し，仮根は葉の基部から生じ，ペリギニウムが発達する．

ブシュカンゴケ属 Leiocolea ［分布図2446］

マエバラヤバネゴケ *L. mayebarae* は北海道，本州，四国，九州に分布し，石灰岩上に生育する．植物体は小さく，葉身細胞の隅の三角形の肥厚部分はほとんどなく，腹葉は痕跡的．

ヤクシマアミバゴケ属 Hattoria ［分布図2436］

本属は日本固有属で次の1種を含む．**ヤクシマアミバゴケ*** *H. yakushimensis* は屋久島，鹿児島県大隅半島甫与志岳，三重県御在所岳に見られ，茎へのつき方，重なり方，ゆがみの有無，透明細胞の有無などで葉が二型を示す．（樋口正信）

ミゾゴケ科 Gymnomitriaceae

世界に12属80種，日本に3属20種，日本の固有植物は3種．

サキジロゴケ属 Gymnomitrion ［分布図2450～2451］

アカサキジロゴケ *G. mucronulatum* は本州中部の高山帯に分布し，葉は幅広く90度以上に1/4まで2裂し，裂片は全縁で，先端は鋭頭から鈍頭．**ノグチサキジロゴケ*** *G. noguchianum* は栃木県那須岳，伊豆諸島，トカラ列島に知られ，葉は2裂せず，卵形で，先端は円頭．

ミゾゴケ属 Marsupella ［分布図2452］

ヒレミゾゴケ *M. alata* は北海道，長野県以北の本州に分布し，葉は二つに折りたたまれ，その折り目（キール）に翼がある．（樋口正信）

チチブイチョウゴケ科 Acrobolbaceae

世界に7属60種，日本に3属3種，日本の固有植物は1種．

モグリゴケ属 Lethocolea ［分布図2453］

モグリゴケ* *L. naruto-toganensis* は千葉県南部に知られ，砂地に埋もれるように生育する．葉は心臓形で，葉縁は全縁．若い胞子体はよく発達した筒状の組織に包まれる．（樋口正信）

ケビラゴケ科 Radulaceae

世界に1属200種，日本に1属25種，日本の固有植物は3種．

ケビラゴケ属 *Radula* ［分布図2454〜2456］

オガサワラケビラゴケ *R. boninensis* は小笠原諸島母島に知られ，植物体は小型で黄褐色，円盤状の無性芽が葉の縁に生じる．葉の腹片は茎をほとんど被わない．**オビケビラゴケ*** *R. campanigera* subsp. *obiensis* は宮崎県と鹿児島県に見られ，茎の表皮細胞は厚壁になる．葉の背片の先端は円頭で，腹片は茎をほとんど覆わない．**フジタケビラゴケ*** *R. fujitae* は沖縄県東村に見られ，葉は扁平で広卵形になり，小型の細胞で縁取られる．（樋口正信）

オビケビラゴケ *Radula campanigera* subsp. *obiensis*（宮崎県日南市，2005.04，古木達郎撮影）

クラマゴケモドキ科 Porellaceae

世界に3属80種，日本に2属15種，日本の固有植物は2変種．

クラマゴケモドキ属 *Porella* ［分布図2457〜2458］

アカクラマゴケモドキ *P. densifolia* var. *oviloba* は徳島県剣山に見られ，葉にキールはなく，背片は楕円状三角形で幅が長さよりわずかに大きく，腹片の腹縁基部は茎の上を長く下延する．**サンカククラマゴケモドキ*** var. *robusta* は本州，四国，九州に分布し，他の変種とは植物体が大型で，腹葉と腹片の先端に1〜2個の鋸歯があることで区別される．（樋口正信）

フジタケビラゴケ *Radula fujitae*（沖縄県東村，2003.08，藤田明嗣撮影）

ヤスデゴケ科 Frullaniaceae

世界に1属350種，日本に1属46種，日本の固有植物は7種1変種．

ヤスデゴケ属 *Frullania* ［分布図2459〜2466］

アマミヤスデゴケ *F. amamiensis* は奄美大島に見られ，腹片は左右非相称で，腹葉は2裂し，1/2まで切れ込み，側縁には鋭い鋸歯が8個以上あるのが特徴．**エゾヤスデゴケ** *F. cristata* は北海道，福島県以北の本州に分布し，もっとも普通に見られるカラヤスデゴケ *F. muscicola* に似るが，腹葉に肩がないことや花被の稜がうねることで区別できる．**イリオモテヤスデゴケ** *F. iriomotensis* は八重山諸島に分布し，腹片は円筒形か棍棒状になり，腹葉の長さは幅の約3倍になる．**イワツキヤスデゴケ** *F. iwatsukii* は長野県に見られ，葉は円頭で，腹片は円筒形か棍棒状になり，眼点細胞は普通8個以上ある．**オキナワヤスデゴケ** *F. okinawensis* は沖縄島に知られ，腹片は左右非相称で，花被には5つの稜があり，全面にイボ状突起がある．**ゴマダラヤスデゴケ** *F. pseudoalstonii* は宮崎県北部に見られ，葉は早落性で，背片全体に眼点細胞があり，葉縁から仮根状の突起を出す．**ホシオンタケヤスデゴケ** *F. schensiana* var. *punctata* は本州，四国の落葉樹林帯に分布し，腹片は左右非相称で，基準変種とは背片に眼点細胞が散在することで区別できる．**オガサワラヤスデゴケ*** *F. zennoskeana* は小笠原諸島に見られ，腹片は左右非相称で，腹葉は幅が茎の幅の4倍以下になる．（樋口正信）

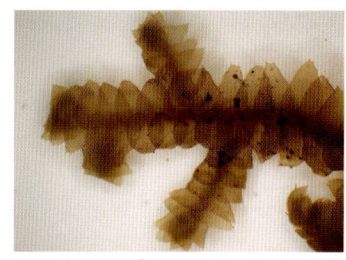

サンカククラマゴケモドキ *Porella densifolia* var. *robusta*（愛媛県美川村，1970.10，井上浩採集）

クサリゴケ科 Lejeuneaceae

世界に90属1370種，日本に25属134種，日本の固有植物は10種．

オガサワラヤスデゴケ *Frullania zennoskeana*（東京都小笠原村，1990.07，古木達郎撮影）

オキナワシゲリゴケ属 Pycnolejeunea ［分布図2475］

オキナワシゲリゴケ *P. minutilobula* は琉球に分布し，葉の背片は円頭，油体は各細胞に２〜３個，眼点細胞は背片の基部に散在し，腹葉は1/2まで２裂する．

クサリゴケ属 Lejeunea ［分布図2472〜2473］

トガリバサワクサリゴケ *L. aquatica* var. *apiculata* は九州に分布し，背片の先端は尖り，腹片は小さく，背片の1/10〜1/5の長さしかない．オノクサリゴケ *L. syoshii* は琉球列島に分布し，背片の先端は尖り，腹片は大きく，背片の1/5以上の長さがあり，腹葉の裂片の先端は尖り，広く切れ込む．

ゴマダラクサリゴケ属 Stictolejeunea ［分布図2476］

ゴマダラクサリゴケ *S. iwatsukii* は西表島に見られ，葉の背片は円頭，腹片は背片の1/5の長さがあり，腹葉は円形で２裂しない．和名は眼点細胞が葉や腹葉に散在することに由来する．

サンカクゴケ属 Drepanolejeunea ［分布図2471］

マルバサンカクゴケ *D. obtusifolia* は石垣島，沖縄島に知られ，葉の背片の先端は鈍頭で曲がらない．腹葉は２裂し，裂片間は広がらず，基部の幅は１〜２細胞．

シゲリゴケ属 Cheilolejeunea ［分布図2476］

オガサワラシゲリゴケ* *C. boninensis* は小笠原諸島に知られ，葉の背片は円頭で，眼点細胞はなく，キールは曲がり，腹片は背片の1/2〜2/3の長さがある．

オガサワラシゲリゴケ *Cheilolejeunea boninensis*（東京都小笠原村，1985.07，古木達郎撮影）

シロクサリゴケ属 Leucolejeunea ［分布図2474］

ヒメシロクサリゴケ *L. japonica* は本州と九州の落葉樹林帯に分布し，植物体は白緑色，葉の背片の先端が内曲し，油体は各細胞に１個，腹葉は円形で２裂しない．

ヒメクサリゴケ属 Cololejeunea ［分布図2468〜2470］

腹葉を欠くことが本属の特徴の一つ．イノウエヨウジョウゴケ* *C. inoueana* は小笠原諸島に見られ，背片の背面は平滑かわずかに膨らみ，無性芽は背片の背腹両面に生じ，背片の縁に薄壁で透明な細胞があるのが特徴．ナカジマヒメクサリゴケ *C. nakajimae* は本州に分布し，背片の背面は細胞の乳頭突起により凹凸があり，無性芽は背片の背面に生じ，腹片の表面は平滑．ウチマキララゴケ *C. uchimae* は琉球に分布し，背片の背面は平滑かわずかに膨らみ，無性芽は背片の背腹両面に生じ，腹片は舌状で，長さは幅の２倍以上．（樋口正信）

イノウエヨウジョウゴケ *Cololejeunea inoueana*（東京都小笠原村，1990.12，古木達郎撮影）

クモノスゴケ科 Pallaviciniaceae

世界に10属60種，日本に３属７種，日本の固有植物は１種．

チヂレヤハズゴケ属 Moerckia ［分布図2477］

ヤマトヤハズゴケ* *M. japonica* は鳥海山，蔵王山，立山の亜高山帯以上に知られ，葉状体は黄緑色で，縁はあまり波うたず，中肋部と翼部の境界は不明瞭で，内部の中心束も不明瞭．（樋口正信）

ヤマトヤハズゴケ *Moerckia japonica*（富山県立山町，2009.06，坂井奈緒子撮影）

ウスバゼニゴケ科 Blasiaceae

世界に2属2種，日本に2属2種，日本の固有植物は1属1種．

シャクシゴケ属 *Cavicularia*　［分布図2478］

本属は日本固有属で次の1種を含む．**シャクシゴケ*** *C. densa* は北海道，本州，四国，九州に分布し，葉状体の縁が細かく切れ込み，藍藻が共生する腔所は不規則に並び，金平糖状の無性芽が葉状体先端の半月状のくぼみにできる．フタマタゴケ目（ウロコゴケ綱）のものとして扱われてきたが，ゼニゴケ目（ゼニゴケ綱）と共通する形態的特徴をもつことが指摘されていた．最近の分子系統学的研究ではゼニゴケ目と姉妹群になることが示されている．（樋口正信）

シャクシゴケ *Cavicularia densa*（石川県尾口村，2002.08，樋口正信撮影）

スジゴケ科 Aneuraceae

世界に4属210種，日本に3属27種，日本の固有植物は8種．

スジゴケ属 *Riccardia*　［分布図2482～2486］

アオテングサゴケ *R. aeruginosa* は九州，琉球，小笠原に分布し，青味がかった緑色の葉状体をもち，どの細胞にも油体があるのが特徴．**ユミスジゴケ** *R. arcuata* は紀伊半島，広島県，屋久島に知られ，横断面で凸状の葉状体をもち，しばしば細胞全体を占める油体をもつ．**シロテングサゴケ** *R. glauca* は本州西部，四国，九州に分布し，大型で白緑色の葉状体をもち，油体は葉状体の表皮細胞すべてにはない．**タカネスジゴケ** *R. subalpina* は北海道と静岡県以北の亜高山帯に分布し，微小な葉状体をもち，細胞は厚壁で，隅の三角形の肥厚部分があり，雌雄同株．**ニセテングサゴケ*** *R. vitrea* は静岡県以西の本州，四国，九州に分布し，幅広で，先端が鈍頭の葉状体をもち，横断面で表皮細胞と内部の細胞は同じ大きさになる．

ニセテングサゴケ *Riccardia vitrea*（広島県広島市，1984.04，古木達郎撮影）

ミドリゼニゴケ属 *Aneura*　［分布図2479～2480］

コモチミドリゼニゴケ* *A. gemmifera* は千葉県，東京都，広島県に知られ，葉状体の背面に棍棒状の無性芽を多数もつ．**ケミドリゼニゴケ** *A. hirsuta* は西表島に見られ，植物体は小型で，葉状体の背面に毛がある．

ヤワラゴケ属 *Lobatiriccardia*　［分布図2481］

ヤクシマテングサゴケ *L. yakusimensis* は屋久島，沖縄島，石垣島，西表島に分布し，葉状体は密に羽状分枝し，縁が内曲する．仮根は葉状体の腹面全体から生じる．（樋口正信）

コモチミドリゼニゴケ *Aneura gemmifera*（千葉県千葉市，1994.12，古木達郎撮影）

ジンガサゴケ科 Aytoniaceae

世界に5属90種，日本に4属11種，日本の固有植物は1変種．

サイハイゴケ属 *Asterella*　［分布図2487］

アツバサイハイゴケ* *A. mussuriensis* var. *crassa* は関東地方に見られ，葉状体の縁がしばしば紅紫色になり，雌器床は半球形で，表面が金平糖状に盛り上がる．（樋口正信）

アツバサイハイゴケ *Asterella mussuriensis* var. *crassa*（千葉県鋸南町，1993.06，古木達郎撮影）

ジンチョウゴケ科 Cleveaceae

世界に3属20種，日本に3属6種，日本の固有植物は1種．

ジンチョウゴケ属 *Sauteria*　［分布図2488］

　ヤツガタケジンチョウゴケ *S. yatsuensis* は八ヶ岳に見られ，葉状体は淡緑色で，スポンジ状になり，造精器のある腔所が雌器托の柄のすぐ後ろにでき，雌器托の柄は断面で溝が1つ．（樋口正信）

ウキゴケ科 Ricciaceae

　世界に2属160種，日本に2属9種，日本の固有植物は3種．

ウキゴケ属 *Riccia*　［分布図2489〜2491］

　庭や畑，冬季の水田などに生育する．**ミヤケハタケゴケ*** *R. miyakeana* は関東地方以西の本州，四国，九州に分布し，葉状体の背面は平滑で，中央に線状の溝があり，葉状体内部には気室がある．**カンハタケゴケ** *R. nipponica* は関東地方以西の本州，四国，九州に分布し，前種に似るが，葉状体の背面には1〜2細胞からなる突起がある．**ケハタケゴケ*** *R. pubescens* は東京都，茨城県，栃木県に見られ，日本産の種では唯一葉状体の背面に透明な毛が密生する．（樋口正信）

ミヤケハタケゴケ *Riccia miyakeana*（千葉県袖ケ浦市，2001.12，古木達郎撮影）

ケハタケゴケ *Riccia pubescens*（栃木県佐野市，2006.06，富永孝昭撮影）

III
日本固有植物目録

日本固有植物目録
List of endemic land plants of Japan

- 本目録は日本国内のみに分布が知られる分類群の和名と学名を，分類順に配列している．
- 種子植物，シダ植物，コケ植物の順で，科の配列は「日本の固有植物図鑑」と同一である．科内は学名のアルファベット順である．
- 固有分類群には，亜種・変種を含み，品種・雑種は除いた．ただし，コケ植物においては，分類学的検討が不十分と考えられる亜種・変種は含めていない．
- 絶滅危惧ランクは，2007年版環境省レッドリストに基づく．EX：絶滅，EW：野生絶滅，CR：絶滅危惧 IA 類，EN：絶滅危惧 IB 類，VU：絶滅危惧 II 類，NT：準絶滅危惧，DD：情報不足．（コケ植物では CR と EN が区別されていない）
- 栽培品のみが知られている分類群は本リストに含めない．
- 学名・分類群の範囲は，各科の執筆担当者の見解によった．
- 正式に発表されていない学名（裸名）であっても，広く認識されていると思われる分類群は目録に含めた．それらは学名の末尾に nom. nud. をつけた．また，未発表の属の組み合わせも，属ごとの解説の都合により一部で採用されている．それらは学名の末尾に ined. をつけた．

本目録に含まれる分類群数

	科数 Family	属数 Genus	分類群数 Taxon	種数 Species	亜種数 Subspecies	変種数 Variety
双子葉 Dicots	1	15	1786	1197	50	723
単子葉 Monocots	0	4	587	389	49	209
裸子 Gymnosperms	1	2	31	21	0	11
シダ Pteridophytes	0	0	141	112	6	28
コケ Bryophytes	0	3	164	143	3	18
合 計 Total	2	24	2709	1862	108	989

学名	和名	絶滅危惧ランク
種子植物		
被子植物		
双子葉類		
離弁花類		
Salicaceae　ヤナギ科		
Salix futura Seemen	オオキツネヤナギ	
Salix hukaoana Kimura	ユビソヤナギ	VU
Salix japonica Thunb.	シバヤナギ	
Salix jessoensis Seemen subsp. *jessoensis*	シロヤナギ	
Salix jessoensis Seemen subsp. *serissifolia* (Kimura) H. Ohashi	コゴメヤナギ	
Salix rupifraga Koidz.	コマイワヤナギ	VU
Salix shiraii Seemen	シライヤナギ	
Salix sieboldiana Blume	ヤマヤナギ	
Salix vulpina Anders.	キツネヤナギ	
Salix yoshinoi Koidz.	ヨシノヤナギ	
Betulaceae　カバノキ科		
Alnus fauriei H. Lév. et Vaniot	ミヤマカワラハンノキ	
Alnus firma Siebold et Zucc.	ヤシャブシ	
Alnus hakkodensis Hayashi	サルクラハンノキ	
Alnus matsumurae Callier	ヤハズハンノキ	
Alnus serrulatoides Callier	カワラハンノキ	
Alnus sieboldiana Matsum.	オオバヤシャブシ	
Betula apoiensis Nakai	アポイカンバ	CR
Betula chichibuensis H. Hara	チチブミネバリ	EN
Betula corylifolia Regel et Maxim.	ネコシデ	
Betula davurica Pall. var. *okuboi* Miyabe et Tatew.	ヒダカヤエガワ	
Betula ermanii Cham. var. *japonica* (Shirai) Koidz.	ナガバノダケカンバ	
Betula globispica Shirai	ジゾウカンバ	
Betula grossa Siebold et Zucc.	ミズメ	
Betula maximowicziana Regel	ウダイカンバ	
Carpinus japonica Blume	クマシデ	
Fagaceae　ブナ科		
Castanopsis sieboldii (Makino) Hatus. ex T. Yamaz. et Mashiba subsp. *lutchuensis* (Koidz.) H. Ohba	オキナワジイ	
Fagus crenata Blume	ブナ	
Fagus japonica Maxim.	イヌブナ	
Lithocarpus edulis (Makino) Nakai	マテバシイ	
Quercus aliena Blume var. *pellucida* Blume	アオナラガシワ	
Quercus crispula Blume var. *horikawae* H. Ohba	ミヤマナラ	
Quercus glauca Thunb. var. *amamiana* (Hatus.) Hatus. ex H. Ohba	アマミアラカシ	
Quercus hondae Makino	ハナガシ	VU
Quercus miyagii Koidz.	オキナワウラジロガシ	
Quercus serrata Murray subsp. *serrata* var. *pseudovariabilis* Nakai	マルバコナラ	
Quercus serrata Murray subsp. *mongolicoides* H. Ohba	フモトミズナラ	
Ulmaceae　ニレ科		
Celtis boninensis Koidz.	クワノハエノキ	
Moraceae　クワ科		
Ficus boninsimae Koidz.	トキワイヌビワ	
Ficus iidaiana Rehder et E. H. Wilson	オオヤマイチジク	EN
Ficus nishimurae Koidz.	オオトキワイヌビワ	EN
Morus boninensis Koidz.	オガサワラグワ	EN
Morus kagayamae Koidz.	ハチジョウグワ	
Urticaceae　イラクサ科		
Boehmeria arenicola Satake	ハマヤブマオ	
Boehmeria biloba Wedd.	ラセイタソウ	
Boehmeria gigantea Satake	ニオウヤブマオ	
Boehmeria japonica (L. f.) Miq. var. *longispica* (Steud.) Yahara	ヤブマオ	
Boehmeria kiusiana Satake	ツクシヤブマオ	
Boehmeria nakashimae Yahara	ゲンカイヤブマオ	
Boehmeria spicata (Thunb.) Thunb. var. *microphylla* Nakai ex Satake	コバノコアカソ	
Boehmeria tosaensis Miyazaki et H. Ohba	リュウノヤブマオ	
Boehmeria yaeyamensis Hatus.	ヤエヤマラセイタソウ	NT

学名	和名	絶滅危惧ランク
Elatostema densiflorum Franch. et Sav. ex Maxim.	トキホコリ	VU
Elatostema japonicum Wedd. var. *japonicum*	ヒメウワバミソウ	
Elatostema laetevirens Makino	ヤマトキホコリ	
Elatostema oshimense (Hatus.) T. Yamaz.	アマミサンショウソウ	CR
Elatostema suzukii T. Yamaz.	クニガミサンショウヅル	NT
Elatostema yakushimense Hatus.	ヒメトキホコリ	EN
Elatostema yonakuniense Hatus.	ヨナクニトキホコリ	CR
Pellionia yosiei H. Hara	ナガバサンショウソウ	EN
Procris boninensis Tuyama	セキモンウライソウ	CR
Santalaceae　ビャクダン科		
Santalum boninense (Nakai) Tuyama	ムニンビャクダン	EN
Balanophoraceae　ツチトリモチ科		
Balanophora japonica Makino	ツチトリモチ	
Balanophora nipponica Makino	ミヤマツチトリモチ	VU
Polygonaceae　タデ科		
Aconogonon nakaii (H. Hara) H. Hara	オヤマソバ	
Bistorta abukumensis Yonek., Iketsu et H. Ohashi	アブクマトラノオ	
Bistorta hayachinensis (Makino) H.Gross	ナンブトラノオ	CR
Bistorta tenuicaulis (Bisset et S. Moore) Nakai var. *tenuicaulis*	ハルトラノオ	
Bistorta tenuicaulis (Bisset et S. Moore) Nakai var. *chionophila* Yonek. et H. Ohashi	オオハルトラノオ	
Fallopia japonica (Houtt.) Ronse Decr. var. *hachidyoensis* (Makino) Yonek. et H. Ohashi	ハチジョウイタドリ	
Fallopia japonica (Houtt.) Ronse Decr. var. *uzenensis* (Honda) Yonek. et H. Ohashi	ケイタドリ	
Persicaria thunbergii (Siebold et Zucc.) H. Gross var. *oreophila* (Makino) Murai	ヤマミゾソバ	
Rumex madaio Makino	マダイオウ	
Rumex nepalensis Spreng. subsp. *andreaeanus* (Makino) Yonek.	キブネダイオウ	EN
Portulacaceae　スベリヒユ科		
Portulaca okinawensis E. Walker et Tawada	オキナワマツバボタン	VU
Caryophyllaceae　ナデシコ科		
Arenaria arctica Steven ex Ser. var. *hondoensis* (Ohwi) H. Hara	タカネツメクサ	
Arenaria katoana Makino var. *katoana*	カトウハコベ	VU
Arenaria katoana Makino var. *lanceolata* Tatew.	アポイツメクサ	
Arenaria macrocarpa Pursh var. *jooi* (Makino) H. Hara	ミヤマツメクサ	
Arenaria macrocarpa Pursh var. *yezoalpina* (H. Hara) H. Hara	エゾミヤマツメクサ	
Arenaria merckioides Maxim.	メアカンフスマ	
Cerastium arvense L. var. *mistumorense* (Miyabe et Tatew.) S. Akiyama	ミツモリミミナグサ	VU
Cerastium schizopetalum Maxim. var. *schizopetalum*	ミヤマミミナグサ	
Cerastium schizopetalum Maxim. var. *bifidum* Takeda ex M. Mizush.	クモマミミナグサ	
Dianthus kiusianus Makino	ヒメハマナデシコ	
Dianthus shinanensis (Yatabe) Makino	シナノナデシコ	
Pseudostellaria heterantha (Maxim.) Pax var. *linearifolia* (Takeda) Nemoto	ヒナワチガイソウ	VU
Silene akaisialpina (T. Yamaz.) H. Ohashi, Tateishi et H. Nakai	タカネビランジ	
Silene aomorensis M. Mizush.	アオモリマンテマ	VU
Silene gracillima Rohrb.	センジュガンピ	
Silene keiskei Miq.	オオビランジ	NT
Silene miqueliana (Rohrb.) H. Ohashi et H. Nakai	フシグロセンノウ	
Silene repens Patrin var. *apoiensis* H. Hara	アポイマンテマ	CR
Silene tokachiensis Kadota	トカチビランジ	CR
Stellaria diversiflora Maxim. var. *diversiflora*	サワハコベ	
Stellaria diversiflora Maxim. var. *yakumontana* (Masam.) Masam.	ヤクシマハコベ	
Stellaria nipponica Ohwi var. *nipponica*	イワツメクサ	
Stellaria nipponica Ohwi var. *yezoensis* H. Hara	オオイワツメクサ	CR
Stellaria pterosperma Ohwi	エゾイワツメクサ	EN
Stellaria uchiyamana Makino	ヤマハコベ	
Chenopodiaceae　アカザ科		
Suaeda malacosperma H. Hara	ヒロハマツナ	VU
Magnoliaceae　モクレン科		
Magnolia hypoleuca Siebold et Zucc.	ホオノキ	

学名	和名	絶滅危惧ランク
Magnolia pseudokobus C. Abe et Akasawa	コブシモドキ	EW
Magnolia salicifolia (Siebold et Zucc.) Maxim.	タムシバ	
Magnolia stellata (Siebold et Zucc.) Maxim.	シデコブシ	NT
Lauraceae　クスノキ科		
Cassytha pergracilis (Hatus.) Hatus.	イトスナヅル	CR
Cinnamomum daphnoides Siebold et Zucc.	マルバニッケイ	NT
Cinnamomum doederleinii Engl. var. *doederleinii*	シバニッケイ	
Cinnamomum doederleinii Engl. var. *pseudodaphnoides* Hatus.	ケシバニッケイ	
Cinnamomum pseudopedunculatum Hayata	オガサワラヤブニッケイ	
Cinnamomum sieboldii Meisn.	ニッケイ	NT
Lindera praecox (Siebold et Zucc.) Blume	アブラチャン	
Lindera sericea (Siebold et Zucc.) Blume var. *glabrata* Blume	ウスゲクロモジ	
Lindera sericea (Siebold et Zucc.) Blume var. *lancea* (Momiy.) H. Ohba	ヒメクロモジ	
Lindera triloba (Siebold et Zucc.) Blume	シロモジ	
Lindera umbellata Thunb. var. *umbellata*	クロモジ	
Lindera umbellata Thunb. var. *membranacea* (Maxim.) Momiy. ex H. Hara et M. Mizush.	オオバクロモジ	
Machilus boninensis Koidz.	オガサワラアオグス	
Machilus kobu Maxim.	コブガシ	
Neolitsea boninensis Koidz.	オガサワラシロダモ	
Neolitsea gilva Koidz.	ナガバシロダモ	
Neolitsea sericea (Blume) Koidz. var. *argentea* Hatus.	ダイトウシロダモ	EN
Eupteleaceae　フサザクラ科		
Euptelea polyandra Siebold et Zucc.	フサザクラ	
Cercidiphyllaceae　カツラ科		
Cercidiphyllum magnificum (Nakai) Nakai	ヒロハカツラ	
Ranunculaceae　キンポウゲ科		
Aconitum azumiense Kadota et Hashido	アズミトリカブト	
Aconitum gassanense Kadota et Shin'ei Kato	ガッサントリカブト	VU
Aconitum gigas H. Lév. et Vaniot	エゾレイジンソウ	
Aconitum grossedentatum (Nakai) Nakai var. *grossedentatum*	カワチブシ	
Aconitum grossedentatum (Nakai) Nakai var. *sikokianum* (Nakai) Nakai ex Tamura et Namba	シコクブシ	
Aconitum hondoense (Nakai ex Tamura et Lauener) Kadota	オオレイジンソウ	
Aconitum iidemontanum Kadota, Y. Kita et K. Ueda	イイデトリカブト	CR
Aconitum ito-seiyanum Miyabe et Tatew.	セイヤブシ	
Aconitum jaluense Kom. subsp. *iwatekense* (Nakai) Kadota	センウヅモドキ	VU
Aconitum japonicum Thunb. subsp. *japonicum*	ヤマトリカブト	
Aconitum japonicum Thunb. subsp. *ibukiense* (Nakai) Kadota	イブキトリカブト	
Aconitum japonicum Thunb. subsp. *maritimum* (Tamura et Namba) Kadota var. *martimum*	ツクバトリカブト	
Aconitum japonicum Thunb. subsp. *maritimum* (Tamura et Namba) Kadota var. *iyariense* Kadota	イヤリトリカブト	CR
Aconitum japonicum Thunb. subsp. *subcuneatum* (Nakai) Kadota	オクトリカブト	
Aconitum kitadakense Nakai	キタダケトリカブト	CR
Aconitum kiyomiense Kadota	キヨミトリカブト	
Aconitum loczyanum Rapaics	レイジンソウ	
Aconitum mashikense Kadota	マシケレイジンソウ	
Aconitum maximum Pall. ex DC. subsp. *kurilense* (Takeda) Kadota	シコタントリカブト	
Aconitum metajaponicum Nakai	オンタケブシ	CR
Aconitum nipponicum Nakai subsp. *nipponicum* var. *nipponicum*	ミヤマトリカブト	
Aconitum nipponicum Nakai subsp. *nipponicum* var. *septemcarpum* (Nakai) Kadota	ミョウコウトリカブト	VU
Aconitum nipponicum Nakai subsp. *micranthum* (Nakai) Kadota	キタザワブシ	VU
Aconitum okuyamae Nakai var. *okuyamae*	ウゼントリカブト	
Aconitum okuyamae Nakai var. *wagaense* Kadota	ワガトリカブト	VU
Aconitum pterocaule Koidz. var. *pterocaule*	アズマレイジンソウ	
Aconitum pterocaule Koidz. var. *siroumense* Kadota	シロウマレイジンソウ	
Aconitum sachalinense F. Schmidt subsp. *yezoense* (Nakai) Kadota	エゾトリカブト	
Aconitum sanyoense Nakai	サンヨウブシ	
Aconitum senanense Nakai subsp. *senanense* var. *senanense*	ホソバトリカブト	

学名	和名	絶滅危惧ランク
Aconitum senanense Nakai subsp. *senanense* var. *isidzukae* (Nakai) Kadota	オオサワトリカブト	CR
Aconitum senanense Nakai subsp. *paludicola* (Nakai) Kadota	ヤチトリカブト	
Aconitum soyaense Kadota	ソウヤレイジンソウ	
Aconitum tatewakii Miyabe	ダイセツレイジンソウ	
Aconitum tonense Nakai	ジョウシュウトリカブト	
Aconitum yamazakii Tamura et Namba	ダイセツトリカブト	EN
Aconitum yuparense Takeda var. *yuparense*	エゾノホソバトリカブト	
Aconitum yuparense Takeda var. *apoiense* (Nakai) Kadota	ヒダカトリカブト	
Aconitum zigzag H. Lév. et Vaniot subsp. *zigzag*	タカネトリカブト	VU
Aconitum zigzag H. Lév. et Vaniot subsp. *kishidae* (Nakai) Kadota	ハクバブシ	
Aconitum zigzag H. Lév. et Vaniot subsp. *komatsui* (Nakai) Kadota	ナンタイブシ	
Aconitum zigzag H. Lév. et Vaniot subsp. *ryohakuense* Kadota	リョウハクトリカブト	
Adonis ramosa Franch.	エダウチフクジュソウ	
Adonis shikokuensis Nishikawa et Koji Ito	シコクフクジュソウ	VU
Anemone flaccida F. Schmidt var. *tagawae* (Ohwi) Honda	オトメイチゲ	
Anemone keiskeana T. Itô ex Maxim.	ユキワリイチゲ	
Anemone narcissiflora L. subsp. *nipponica* (Tamura) Kadota	ハクサンイチゲ	
Anemone nikoensis Maxim.	イチリンソウ	
Anemone pseudoaltaica H. Hara var. *gracilis* (H. Hara) H. Ohba	コキクザキイチゲ	
Anemone pseudoaltaica H. Hara var. *katonis* H. Ohba	ヒロハキクザキイチゲ	
Anemone sikokiana (Makino) Makino	シコクイチゲ	EN
Anemonopsis macrophylla Siebold et Zucc.	レンゲショウマ	
Aquilegia buergeriana Siebold et Zucc. var. *buergeriana*	ヤマオダマキ	
Callianthemum hondoense Nakai et H. Hara	キタダケソウ	VU
Callianthemum kirigishiense (Ken Sato et Koji Ito) Kadota	キリギシソウ	CR
Callianthemum miyabeanum Tatew.	ヒダカソウ	CR
Cimicifuga japonica (Thunb.) Spreng. var. *peltata* (Makino) H. Hara	キケンショウマ	
Clematis apiifolia DC. var. *biternata* Makino	コボタンヅル	
Clematis fujisanensis Hisauti et H. Hara	フジセンニンソウ	
Clematis japonica Thunb.	ハンショウヅル	
Clematis obvallata (Ohwi) Tamura var. *obvallata*	コウヤハンショウヅル	CR
Clematis obvallata (Ohwi) Tamura var. *shikokiana* Tamura	シコクハンショウヅル	EN
Clematis ochotensis (Pall.) Poir. var. *japonica* Nakai ex H. Hara	ミヤマハンショウヅル	
Clematis ovatifolia T. Itô ex Maxim.	キイセンニンソウ	
Clematis satomiana Kadota	ホクリクサボタン	
Clematis sibiricoides Nakai	エゾワクノテ	
Clematis speciosa (Makino) Makino	オオクサボタン	
Clematis stans Siebold et Zucc. var. *stans*	クサボタン	
Clematis stans Siebold et Zucc. var. *austrojaponensis* (Ohwi) Ohwi	ツクシクサボタン	
Clematis takedana Makino	ムラサキボタンヅル	
Clematis tosaensis Makino	トリガタハンショウヅル	
Clematis williamsii A. Gray	シロバナハンショウヅル	
Coptis japonica (Thunb.) Makino var. *japonica*	コセリバオウレン	
Coptis japonica (Thunb.) Makino var. *anemonifolia* (Siebold et Zucc.) H. Ohba	キクバオウレン	
Coptis japonica (Thunb.) Makino var. *major* (Miq.) Satake	セリバオウレン	
Coptis lutescens Tamura	ウスギオウレン	
Coptis minamitaniana Kadota	ヒュウガオウレン	
Coptis quinquefolia Miq. var. *quinquefolia*	バイカオウレン	
Coptis quinquefolia Miq. var. *shikokumontana* Kadota	シコクバイカオウレン	
Coptis ramosa (Makino) Tamura	オオゴカヨウオウレン	
Coptis trifoliolata (Makino) Makino	ミツバノバイカオウレン	
Dichocarpum dicarpon (Miq.) W. T. Wang et P. K. Hsiao	サバノオ	
Dichocarpum hakonense (F. Maek. et Tuyama ex Ohwi) W. T. Wang et P. K. Hsiao	ハコネシロカネソウ	VU
Dichocarpum nipponicum (Franch.) W. T. Wang et P. K. Hsiao	アズマシロカネソウ	
Dichocarpum numajirianum (Makino) W. T. Wang et P. K. Hsiao	コウヤシロカネソウ	EN
Dichocarpum pterigionocaudatum (Koidz.) Tamura et Lauener	キバナサバノオ	EN
Dichocarpum sarmentosum (Ohwi) Murata	サンインシロカネソウ	
Dichocarpum stoloniferum (Maxim.) W. T. Wang et P. K. Hsiao	ツルシロカネソウ	
Dichocarpum trachyspermum (Maxim.) W. T. Wang et P. K. Hsiao	トウゴクサバノオ	

学名	和名	絶滅危惧ランク
Dichocarpum univalve (Ohwi) Tamura et Lauener	サイコクサバノオ	
Eranthis keiskei Franch. et Sav.	セツブンソウ	NT
Halerpestes kawakamii (Makino) Tamura	ヒメキンポウゲ	VU
Hepatica nobilis Schreb. var. *japonica* Nakai	ミスミソウ	NT
Pulsatilla nipponica (Takeda) Ohwi	ツクモグサ	EN
Ranunculus altaicus Laxm. subsp. *shinanoalpinus* (Ohwi) Kadota	タカネキンポウゲ	EN
Ranunculus grandis Honda var. grandis	オオウマノアシガタ	
Ranunculus grandis Honda var. *mirissimus* (Hisauti) H. Hara	グンナイキンポウゲ	
Ranunculus hakkodensis Nakai	ツルキツネノボタン	
Ranunculus horieanus Kadota	ソウヤキンポウゲ	
Ranunculus kitadakeanus Ohwi	キタダケキンポウゲ	CR
Ranunculus nipponicus Nakai var. *nipponicus*	イチョウバイカモ	
Ranunculus nipponicus Nakai var. *submersus* H. Hara	バイカモ	
Ranunculus subcorymbosus Kom. var. *ozensis* (H. Hara) Tamura	オゼキンポウゲ	
Ranunculus yaegatakensis Masam.	ヒメキツネノボタン	NT
Ranunculus yakushimensis (Makino) Masam.	ヒメウマノアシガタ	
Ranunculus yatsugatakensis Honda et Kumazawa	ヤツガタケキンポウゲ	EN
Thalictrum actaeifolium Siebold et Zucc. var. *actaeifolium*	シギンカラマツ	
Thalictrum alpinum L. var. *stipitatum* Y. Yabe	ヒメカラマツ	
Thalictrum aquilegiifolium L. var. *intermedium* Nakai	カラマツソウ	
Thalictrum foetidum L. var. *glabrescens* Takeda	チャボカラマツ	VU
Thalictrum integrilobum Maxim.	ナガバカラマツ	VU
Thalictrum kubotae Kadota	タイシャクカラマツ	EN
Thalictrum microspermum Ohwi	コゴメカラマツ	EN
Thalictrum minus L. var. *chionophyllum* (Nakai ex F. Maek.) Emura	ミョウギカラマツ	CR
Thalictrum minus L. var. *sekimotoanum* (Honda) Kitam.	イワカラマツ	VU
Thalictrum minus L. var. *yamamotoi* (Honda) Sugim. ex Kadota	イシヅチカラマツ	CR
Thalictrum nakamurae Koidz.	ヒメミヤマカラマツ	NT
Thalictrum toyamae Ohwi et Hatus.	ヒレフリカラマツ	EN
Thalictrum tuberiferum Maxim. var. *yakusimense* (Koidz.) Kadota	ヤクシマカラマツ	
Thalictrum watanabei Yatabe	タマカラマツ	VU
Trautvetteria palmata Fisch. et May. var. *palmata*	モミジカラマツ	
Trollius altaicus C. A. Mey. subsp. *pulcher* (Makino) Kadota	ボタンキンバイソウ	
Trollius citrinus Miyabe	ヒダカキンバイソウ	
Trollius hondoensis Nakai	キンバイソウ	
Trollius japonicus Miq.	シナノキンバイソウ	
Glaucidiaceae シラネアオイ科		
Glaucidium palmatum Siebold et Zucc.	シラネアオイ	
Berberidaceae メギ科		
Berberis sieboldii Miq.	ヘビノボラズ	
Berberis thunbergii DC.	メギ	
Berberis tschonoskyana Regel	オオバメギ	
Epimedium diphyllum (C. Morren et Decne.) Lodd. var. *diphyllum*	バイカイカリソウ	
Epimedium diphyllum (C. Morren et Decne.) Lodd. var. *kitamuranum* (T. Yamanaka) K. Suzuki	サイコクイカリソウ	VU
Epimedium grandiflorum C. Morren var. *grandiflorum*	ヤチマタイカリソウ	NT
Epimedium grandiflorum C. Morren var. *thunbergianum* (Miq.) Nakai	イカリソウ	
Epimedium sempervirens Nakai ex F. Maek. var. *sempervirens*	トキワイカリソウ	
Epimedium sempervirens Nakai ex F. Maek. var. *rugosum* (Nakai) K. Suzuki	オオイカリソウ	
Epimedium trifoliatobinatum (Koidz.) Koidz. var. *trifoliatobinatum*	ヒメイカリソウ	
Epimedium trifoliatobinatum (Koidz.) Koidz. var. *maritimum* (K. Suzuki) K. Suzuki	シオミイカリソウ	NT
Ranzania japonica (T. Itô ex Maxim.) T. Itô	トガクシソウ	NT
Nymphaeaceae スイレン科		
Nuphar oguraensis Miki var. *oguraensis*	オグラコウホネ	VU
Nuphar oguraensis Miki var. *akiensis* Shimoda	ベニオグラコウホネ	
Nuphar pumila (Timm) DC. var. *ozeensis* H. Hara	オゼコウホネ	VU
Nuphar subintegerrima (Casp.) Makino	ヒメコウホネ	VU
Nuphar submersa Shiga et Kadono	シモツケコウホネ	CR
Piperaceae コショウ科		
Peperomia boninsimensis Makino	シマゴショウ	VU

学名	和名	絶滅危惧ランク
Piper postelsianum Maxim.	タイヨウフウトウカズラ	CR
Aristolochiaceae　ウマノスズクサ科		
Aristolochia kaempferi Willd. var. *kaempferi*	オオバウマノスズクサ	
Aristolochia kaempferi Willd. var. *tanzawana* Kigawa	タンザワウマノスズクサ	
Aristolochia liukiuensis Hatus.	リュウキュウウマノスズクサ	
Asarum asaroides (C. Morren et Decne.) Makino	タイリンアオイ	
Asarum asperum F. Maek. var. *asperum*	ミヤコアオイ	
Asarum asperum F. Maek. var. *geaster* (F. Maek. ex Akasawa) T. Sugaw.	ツチグリカンアオイ	
Asarum blumei Duch.	ランヨウアオイ	
Asarum celsum F. Maek. ex Hatus. et Yamahata	ミヤビカンアオイ	EN
Asarum costatum (F. Maek.) F. Maek.	トサノアオイ	NT
Asarum crassum F. Maek.	ナンゴクアオイ	VU
Asarum curvistigma F. Maek.	カギガタアオイ	EN
Asarum dilatatum (F. Maek.) T. Sugaw.	スエヒロアオイ	CR
Asarum dissitum Hatus.	オモロカンアオイ	NT
Asarum fauriei Franch. var. *fauriei*	ミチノクサイシン	VU
Asarum fauriei Franch. var. *nakaianum* (F. Maek.) Ohwi	ミヤマアオイ	VU
Asarum fauriei Franch. var. *takaoi* (F. Maek.) T. Sugaw.	ヒメカンアオイ	
Asarum fudsinoi T. Itô	フジノカンアオイ	VU
Asarum gelasinum Hatus.	エクボサイシン	
Asarum gusk Yamahata	グスクカンアオイ	CR
Asarum hatsushimae F. Maek. ex Hatus. et Yamahata	ハツシマカンアオイ	EN
Asarum hexalobum F. Maek. var. *hexalobum*	サンヨウアオイ	
Asarum hexalobum F. Maek. var. *controversum* Hatus. et Yamahata	シジキカンアオイ	CR
Asarum hexalobum F. Maek. var. *perfectum* F. Maek.	キンチャクアオイ	VU
Asarum ikegamii (F. Maek. ex Y. Maek.) T. Sugaw. var. *ikegamii*	ユキグニカンアオイ	
Asarum ikegamii (F. Maek. ex Y. Maek.) T. Sugaw. var. *fujimakii* T. Sugaw.	アラカワカンアオイ	
Asarum kinoshitae (F. Maek.) T. Sugaw.	ジュロウカンアオイ	CR
Asarum kiusianum F. Maek.	ツクシアオイ	VU
Asarum kooyanum Makino	コウヤカンアオイ	EN
Asarum kumageanum Masam. var. *kumageanum*	クワイバカンアオイ	VU
Asarum kumageanum Masam. var. *satakeanum* (F. Maek.) Hatus.	ムラクモアオイ	EN
Asarum kurosawae Sugim.	イワタカンアオイ	VU
Asarum leucosepalum Hatus. ex Yamahata	タニムラアオイ	
Asarum lutchuense T. Itô	オオバカンアオイ	EN
Asarum megacalyx (F. Maek.) T. Sugaw.	コシノカンアオイ	NT
Asarum minamitanianum Hatus.	オナガカンアオイ	CR
Asarum mitoanum T. Sugaw.	フクエジマカンアオイ	
Asarum monodoriflorum Hatus. et Yamahata	モノドラカンアオイ	CR
Asarum muramatsui Makino	アマギカンアオイ	VU
Asarum nipponicum F. Maek. var. *nipponicum*	カンアオイ	
Asarum nipponicum F. Maek. var. *nankaiese* (F. Maek.) T. Sugaw.	ナンカイアオイ	VU
Asarum okinawense Hatus.	ヒナカンアオイ	CR
Asarum pellucidum Hatus. et Yamahata	トリガミネカンアオイ	CR
Asarum rigescens F. Maek. var. *rigescens*	アツミカンアオイ	
Asarum rigescens F. Maek. var. *brachypodion* T. Sugaw.	スズカカンアオイ	
Asarum sakawanum Makino	サカワサイシン	VU
Asarum satsumense F. Maek.	サツマアオイ	CR
Asarum savatieri Franch. subsp. *savatieri*	オトメアオイ	NT
Asarum savatieri F. Maek. subsp. *pseudosavatieri* (F. Maek.) T. Sugaw. var. *pseudosavatieri*	ズソウカンアオイ	NT
Asarum savatieri F. Maek. subsp. *pseudosavatieri* (F. Maek.) T. Sugaw. var. *iseanum* T. Sugaw.	イセノカンアオイ	
Asarum senkakuinsulare Hatus.	センカクカンアオイ	CR
Asarum sieboldii Miq. var. *dimidiatum* (F. Maek.) T. Sugaw.	クロフネサイシン	VU
Asarum simile Hatus.	トクノシマカンアオイ	VU
Asarum stellatum (F. Maek. ex Akasawa) T. Sugaw.	ホシザキカンアオイ	EN
Asarum subglobosum F. Maek. ex Hatus. et Yamahata	マルミカンアオイ	EN
Asarum tamaense Makino	タマノカンアオイ	VU
Asarum tokarense Hatus.	トカラカンアオイ	NT

学名	和名	絶滅危惧ランク
Asarum trigynum (F. Maek.) Araki	サンコカンアオイ	EN
Asarum trinacriforme Yamahata	カケロマカンアオイ	EN
Asarum unzen (F. Maek.) Kitam. et Murata	ウンゼンカンアオイ	VU
Asarum yaeyamense Hatus.	ヤエヤマカンアオイ	EN
Asarum yakusimense Masam.	オニカンアオイ	VU
Asarum yoshikawae T. Sugaw.	クロヒメカンアオイ	

Paeoniaceae　ボタン科

Paeonia japonica (Makino) Miyabe et Takeda	ヤマシャクヤク	NT

Theaceae　ツバキ科

Adinandra ryukyuensis Masam.	リュウキュウナガエサカキ	
Adinandra yaeyamensis Ohwi	ケナガエサカキ	
Camellia japonica L. var. *decumbens* Sugim.	ユキツバキ	
Camellia lutchuensis T. Itô	ヒメサザンカ	
Camellia sasanqua Thunb.	サザンカ	
Eurya osimensis Masam.	アマミヒサカキ	
Eurya sakishimensis Hatus.	サキシマヒサカキ	
Eurya yaeyamensis Masam.	ヤエヤマヒサカキ	
Eurya yakushimensis (Makino) Makino	ヒメヒサカキ	
Eurya zigzag Masam.	クニガミヒサカキ	CR
Pyrenaria virgata (Koidz.) H. Keng	ヒサカキサザンカ	
Schima mertensiana (Siebold et Zucc.) Koidz.	ヒメツバキ	
Stewartia monadelpha Siebold et Zucc.	ヒメシャラ	
Stewartia serrata Maxim.	ヒコサンヒメシャラ	

Hypericaecae (Guttiferae)　オトギリソウ科

Hypericum asahinae Makino	ダイセンオトギリ	
Hypericum furusei N. Robson	フルセオトギリ	
Hypericum gracillimum Koidz.	オクヤマオトギリ	
Hypericum hachijyoense Nakai	ハチジョウオトギリ	
Hypericum hakonense Franch. et Sav.	ハコネオトギリ	NT
Hypericum iwatelittorale H. Koidz.	シオカゼオトギリ	
Hypericum kawaranum N. Robson	カワラオトギリ	
Hypericum kimurae N. Robson	ミネオトギリ	
Hypericum kinashianum Koidz.	ミヤコオトギリ	
Hypericum kitamense (Y. Kimura) N. Robson	キタミオトギリ	
Hypericum kiusianum Koidz. var. *kiusianum*	ナガサキオトギリ	
Hypericum kiusianum Koidz. var. *yakusimense* (Koidz.) T. Kato	ヤクシマコオトギリ	
Hypericum kurodakeanum N. Robson	エゾヤマオトギリ	
Hypericum momoseanum Makino	セイタカオトギリ	
Hypericum nakaii H. Koidz. subsp. *nakaii*	サマニオトギリ	
Hypericum nakaii H. Koidz. subsp. *miyabei* (Y. Kimura) N. Robson	トウゲオトギリ	
Hypericum nakaii H. Koidz. subsp. *tatewakii* (S. Watan.) N. Robson	シラトリオトギリ	
Hypericum nikkoense Makino	ニッコウオトギリ	
Hypericum nuporoense N.Robson	ヌポロオトギリ	
Hypericum ovalifolium Koidz. var. *ovalifolium*	オオシナノオトギリ	
Hypericum ovalifolium Koidz. var. *hisauchii* Y. Kimura	トガクシオトギリ	
Hypericum pibairense (Miyabe et Y. Kimura) N. Robson	オオバオトギリ	
Hypericum pseudoerectum N. Robson	タニマノオトギリ	
Hypericum pseudopetiolatum R. Keller	サワオトギリ	
Hypericum senanense Maxim. subsp. *senanense*	シナノオトギリ	
Hypericum senanense Maxim. subsp. *mutiloides* (R. Keller) N. Robson	イワオトギリ	
Hypericum senkakuinsulare Hatus.	センカクオトギリ	CR
Hypericum sikokumontanum Makino	タカネオトギリ	
Hypericum tosaense Makino	トサオトギリ	CR
Hypericum vulcanicum Koidz.	オシマオトギリ	
Hypericum watanabei N. Robson	クロテンシラトリオトギリ	
Hypericum yamamotoanum H. Koidz.	センゲンオトギリ	
Hypericum yamamotoi Miyabe et Y. Kimura	マシケオトギリ	
Hypericum yojiroanum Tatew. et Koji Ito	ダイセツヒナオトギリ	CR

Droseraceae　モウセンゴケ科

Drosera tokaiensis (Komiya et C.Shibata) T. Nakam. et K. Ueda	トウカイコモウセンゴケ	

Papaveraceae　ケシ科

Corydalis capillipes Franch.	ミチノクエンゴサク	

学名	和名	絶滅危惧ランク
Corydalis curvicalcarata Miyabe et Kudô	エゾオオケマン	CR
Corydalis kushiroensis Fukuhara	チドリケマン	VU
Corydalis lineariloba Siebold et Zucc. var. *capillaris* (Makino) Ohwi	ヒメエンゴサク	
Corydalis lineariloba Siebold et Zucc. var. *papilligera* (Ohwi) Ohwi ex Akiyama	キンキエンゴサク	
Papaver nudicaule L. var. *fauriei* Fedde	リシリヒナゲシ	EN
Pteridophyllum racemosum Siebold et Zucc.	オサバグサ	
Brassicaceae (Cruciferae)　アブラナ科		
Arabidopsis umezawana Kadota	リシリハタザオ	
Arabis tanakana Makino	クモイナズナ	VU
Cardamine anemonoides O. E. Schulz	ミツバコンロンソウ	
Cardamine appendiculata Franch. et Sav.	ヒロハコンロンソウ	
Cardamine arakiana Koidz.	オオマルバコンロンソウ	EN
Cardamine niigatensis H. Hara	コシジタネツケバナ	
Cardamine tanakae Franch. et Sav. ex Maxim.	マルバコンロンソウ	
Draba japonica Maxim.	ナンブイヌナズナ	EN
Draba kitadakensis Koidz.	キタダケナズナ	EN
Draba sakuraii Makino	クモマナズナ	VU
Draba shiroumana Makino	シロウマナズナ	EN
Hamamelidaceae　マンサク科		
Corylopsis glabrescens Franch. et Sav.	キリシマミズキ	NT
Corylopsis spicata Siebold et Zucc.	トサミズキ	NT
Distylium lepidotum Nakai	シマイスノキ	
Hamamelis japonica Siebold et Zucc. var. *japonica*	マンサク	
Hamamelis japonica Siebold et Zucc. var. *bitchuensis* (Makino) Ohwi	アテツマンサク	NT
Hamamelis japonica Siebold et Zucc. var. *discolor* (Nakai) Sugim.	マルバマンサク	
Hamamelis japonica Siebold et Zucc. var. *megalophylla* (Koidz.) Kitam.	オオバマンサク	
Crassulaceae　ベンケイソウ科		
Hylotelephium cauticola (Praeger) H. Ohba	ヒダカミセバヤ	VU
Hylotelephium sieboldii (Sweet ex Hook.) H. Ohba var. *sieboldii*	ミセバヤ	EN
Hylotelephium sieboldii (Sweet ex Hook.) H. Ohba var. *ettyuense* (Tomida) H. Ohba	エッチュウミセバヤ	VU
Hylotelephium sordidum (Maxim.) H. Ohba var. *sordidum*	チチッパベンケイ	
Hylotelephium sordidum (Maxim.) H. Ohba var. *oishii* (Ohwi) H. Ohba et M. Amano	オオチチッパベンケイ	EN
Hylotelephium ussuriense (Kom.) H. Ohba var. *tsugaruense* (H. Hara) H. Ohba	ツガルミセバヤ	VU
Hylotelephium verticillatum (L.) H. Ohba var. *lithophilos* H. Ohba	ショウドシマベンケイソウ	
Hylotelephium viride (Makino) H. Ohba	アオベンケイ	
Orostachys boehmeri (Makino) H. Hara	コモチレンゲ	VU
Orostachys malacophylla (Pall.) Fisch. subsp. *malacophylla* var. *iwarenge* (Makino) H. Ohba	イワレンゲ	VU
Phedimus sikokianus (Maxim.) 't Hart	ヒメキリンソウ	EN
Sedum hakonense Makino	マツノハマンネングサ	VU
Sedum japonicum Siebold ex Miq. subsp. *japonicum* var. *senanense* (Makino) Makino	ミヤママンネングサ	
Sedum japonicum Siebold ex Miq. subsp. *boninense* (T. Yamam. ex Tuyama) H. Ohba	ムニンタイトゴメ	EN
Sedum makinoi Maxim.	マルバマンネングサ	
Sedum nagasakianum (H. Hara) H. Ohba	ナガサキマンネングサ	
Sedum polytrichoides Hemsl. subsp. *yabeanum* (Makino) H. Ohba var. *yabeanum* (Makino) H. Ohba	ツシマママンネングサ	
Sedum polytrichoides Hemsl. subsp. *yabeanum* (Makino) H. Ohba var. *setouchiense* (Murata et Yuasa) H. Ohba	セトウチマンネングサ	
Sedum rupifragum Koidz.	オオメノマンネングサ	NT
Sedum satumense Hatus.	サツママンネングサ	NT
Sedum tosaense Makino	ヤハズマンネングサ	VU
Sedum tricarpum Makino	タカネマンネングサ	
Sedum zentaro-tashiroi Makino	ヒメマンネングサ	
Saxifragaceae　ユキノシタ科		
Astilbe formosa Nakai	ハナチダケサシ	
Astilbe glaberrima Nakai var. *glaberrima*	ヤクシマショウマ	

学名	和名	絶滅危惧ランク
Astilbe glaberrima Nakai var. *saxatilis* (Nakai) H. Ohba	コヤクシマショウマ	
Astilbe hachijoensis Nakai	ハチジョウショウマ	
Astilbe japonica (C. Morren et Decne.) A. Gray	アワモリショウマ	
Astilbe microphylla Knoll var. *microphylla*	チダケサシ	
Astilbe microphylla Knoll var. *riparia* Hatus.	キレバチダケサシ	
Astilbe odontophylla Miq. var. *odontophylla*	トリアシショウマ	
Astilbe odontophylla Miq. var. *bandaica* (Honda) H. Hara	バンダイショウマ	
Astilbe okuyamae H. Hara	ミカワショウマ	VU
Astilbe platyphylla H. Boissieu	モミジバショウマ	EN
Astilbe shikokiana Nakai var. *shikokiana*	シコクショウマ	
Astilbe shikokiana Nakai var. *sikokumontana* (Koidz.) H. Hara	ヒメシコクショウマ	
Astilbe shikokiana Nakai var. *surculosa* S. Akiyama et Kadota	ツルシコクショウマ	
Astilbe simplicifolia Makino	ヒトツバショウマ	
Astilbe thunbergii (Siebold et Zucc.) Miq. var. *thunbergii*	アカショウマ	
Astilbe thunbergii (Siebold et Zucc.) Miq. var. *fujisanensis* (Nakai) Ohwi	フジアカショウマ	
Astilbe thunbergii (Siebold et Zucc.) Miq. var. *kiusiana* (H. Hara) H. Hara ex H. Ohba	テリハアカショウマ	
Astilbe thunbergii (Siebold et Zucc.) Miq. var. *longipedicellata* Hatus.	ツクシアカショウマ	
Boykinia lycoctonifolia (Maxim.) Engl.	アラシグサ	
Cardiandra alternifolia Siebold et Zucc. subsp. *alternifolia* var. *alternifolia*	クサアジサイ	
Cardiandra alternifolia Siebold et Zucc. subsp. *alternifolia* var. *hakonensis* Ohba ex H. Ohba	ハコネクサアジサイ	
Cardiandra amamiohsimensis Koidz.	アマミクサアジサイ	EN
Chrysosplenium album Maxim. var. *album*	シロバナネコノメソウ	
Chrysosplenium album Maxim. var. *flavum* H. Hara	キバナハナネコノメ	NT
Chrysosplenium album Maxim. var. *nachiense* H. Hara	キイハナネコノメ	
Chrysosplenium album Maxim. var. *stamineum* (Franch.) H. Hara	ハナネコノメ	
Chrysosplenium echinus Maxim.	イワネコノメソウ	
Chrysosplenium fauriei Franch.	ホクリクネコノメ	
Chrysosplenium grayanum Maxim.	ネコノメソウ	
Chrysosplenium kiotoense Ohwi	ボタンネコノメソウ	
Chrysosplenium macrostemon Maxim. var. *macrostemon*	イワボタン	
Chrysosplenium macrostemon Maxim. var. *atrandrum* H. Hara	ヨゴレネコノメ	
Chrysosplenium macrostemon Maxim. var. *calicitrapa* (Franch.) H. Hara	キシュウネコノメ	
Chrysosplenium macrostemon Maxim. var. *shiobarense* (Franch.) H. Hara	ニッコウネコノメ	
Chrysosplenium macrostemon Maxim. var. *viridescens* (Sutô) H. Hara	サツマネコノメ	
Chrysosplenium maximowiczii Franch. et Sav.	ムカゴネコノメソウ	NT
Chrysosplenium nagasei Wakab. et H. Ohba var. *nagasei*	ヒダボタン	
Chrysosplenium nagasei Wakab. et H. Ohba var. *luteoflorum* Wakab. et H. Ohba	ヒメヒダボタン	
Chrysosplenium nagasei Wakab. et H. Ohba var. *porphyranthes* Wakab. et H. Ohba	アカヒダボタン	
Chrysosplenium pseudofauriei H. Lév. var. *nipponense* Wakab.	ヒメオオイワボタン	
Chrysosplenium pseudopilosum Wakab. et Hir. Takah. var. *pseudopilosum*	トウノウネコノメ	
Chrysosplenium pseudopilosum Wakab. et Hir. Takah. var. *divaricatistylosum* Wakab. et Hir. Takah.	ヤマシロネコノメ	
Chrysosplenium rhabdospermum Maxim. var. *rhabdospermum*	ツクシネコノメソウ	
Chrysosplenium rhabdospermum Maxim. var. *shikokianum* Wakab.	トゲミツクシネコノメ	
Chrysosplenium tosaense (Makino) Makino ex Suto	タチネコノメソウ	
Deinanthe bifida Maxim.	ギンバイソウ	
Deutzia bungoensis Hatus.	マルバコウツギ	
Deutzia crenata Siebold et Zucc. var. *crenata*	ウツギ	
Deutzia crenata Siebold et Zucc. var. *heterotricha* (Rehder) H. Hara	ビロードウツギ	
Deutzia floribunda Nakai	コウツギ	
Deutzia gracilis Siebold et Zucc.	ヒメウツギ	
Deutzia hatusimae H. Ohba, L. M. Niu et Minamit.	コミノヒメウツギ	
Deutzia maximowicziana Makino	ウラジロウツギ	

学名	和名	絶滅危惧ランク
Deutzia naseana Nakai var. *naseana*	オオシマウツギ	
Deutzia naseana Nakai var. *amanoi* (Hatus.) Hatus. ex H. Ohba	オキナワヒメウツギ	CR
Deutzia ogatae Koidz.	アオウツギ	
Deutzia scabra Thunb. var. *scabra*	マルバウツギ	
Deutzia scabra Thunb. var. *sieboldiana* (Maxim.) H. Hara	ツクシウツギ	
Deutzia uniflora Shirai	ウメウツギ	VU
Deutzia yaeyamensis Ohwi	ヤエヤマヒメウツギ	CR
Deutzia zentaroana Nakai	ブンゴウツギ	
Hydrangea chinensis Maxim. var. *koidzumiana* H. Ohba et S. Akiyama	ヤエヤマコンテリギ	
Hydrangea hirta (Thunb.) Siebold et Zucc.	コアジサイ	
Hydrangea involucrata Siebold var. *involucrata*	タマアジサイ	
Hydrangea involucrata Siebold var. *idzuensis* Hayashi	ラセイタタマアジサイ	
Hydrangea involucrata Siebold var. *tokarensis* M. Hotta et T. Shiuchi	トカラタマアジサイ	CR
Hydrangea kawagoeana Koidz. var. *kawagoeana*	トカラアジサイ	
Hydrangea kawagoeana Koidz. var. *grosseserrata* (Engl.) Hatus.	ヤクシマアジサイ	
Hydrangea liukiuensis Nakai	リュウキュウコンテリギ	VU
Hydrangea luteovenosa Koidz. var. *luteovenosa*	コガクウツギ	
Hydrangea luteovenosa Koidz. var. *yakusimensis* (Masam.) Sugim.	ヤクシマガクウツギ	
Hydrangea macrophylla (Thunb.) Ser. [f. *normalis* (E. H. Wilson) H. Hara]	ガクアジサイ	
Hydrangea scandens (L. f.) Ser.	ガクウツギ	
Hydrangea serrata (Thunb.) Ser. var. *angustata* (Franch. et Sav.) H. Ohba	アマギアマチャ	
Hydrangea serrata (Thunb.) Ser. var. *australis* T. Yamaz.	ナンゴクヤマアジサイ	
Hydrangea serrata (Thunb.) Ser. var. *minamitanii* H. Ohba	ヒュウガアジサイ	EN
Hydrangea serrata (Thunb.) Ser. var. *thunbergii* (Siebold) H. Ohba	アマチャ	
Hydrangea serrata (Thunb.) Ser. var. *yesoensis* (Koidz.) H. Ohba	エゾアジサイ	
Hydrangea sikokiana Maxim.	ヤハズアジサイ	
Itea japonica Oliv.	ズイナ	
Mitella acerina Makino	モミジチャルメルソウ	VU
Mitella doiana Ohwi	ヒメチャルメルソウ	
Mitella furusei Ohwi var. *furusei*	ミカワチャルメルソウ	
Mitella furusei Ohwi var. *subramosa* Wakab.	チャルメルソウ	
Mitella integripetala H. Boissieu	エゾノチャルメルソウ	
Mitella japonica Maxim.	オオチャルメルソウ	
Mitella kiusiana Makino	ツクシチャルメルソウ	NT
Mitella koshiensis Ohwi	コシノチャルメルソウ	
Mitella pauciflora Rosend.	コチャルメルソウ	
Mitella stylosa H. Boissieu var. *stylosa*	タキミチャルメルソウ	VU
Mitella stylosa H. Boissieu var. *makinoi* (H. Hara) Wakab.	シコクチャルメルソウ	VU
Mitella yoshinagae H. Hara	トサノチャルメルソウ	VU
Parnassia alpicola Makino	ヒメウメバチソウ	
Parnassia foliosa Hook. f. et Thomson var. *japonica* (Nakai) Ohwi	オオシラヒゲソウ	
Parnassia palustris L. var. *izuinsularis* H. Ohba	イズノシマウメバチソウ	
Parnassia palustris L. var. *yakusimensis* (Masam.) H. Ohba	ヤクシマウメバチソウ	
Peltoboykinia watanabei (Yatabe) H. Hara	ワタナベソウ	VU
Philadelphus satsumi Siebold ex Lindl. et Paxton	バイカウツギ	
Ribes japonicum Maxim.	コマガタケスグリ	
Ribes sinanense F. Maek.	スグリ	
Saxifraga acerifolia Wakab. et Satomi	エチゼンダイモンジソウ	VU
Saxifraga bronchialis L. subsp. *funstonii* (Small) Hultén var. *yuparensis* (Nosaka) T. Shimizu	ユウバリクモマグサ	CR
Saxifraga cortusifolia Siebold et Zucc. var. *cortusifolia*	ジンジソウ	
Saxifraga cortusifolia Siebold et Zucc. var. *stolonifera* (Makino) Koidz.	ツルジンジソウ	
Saxifraga fortunei Hook. f. var. *jotanii* (Honda) Wakab.	イズノシマダイモンジソウ	
Saxifraga fortunei Hook. f. var. *obtusocuneata* (Makino) Nakai	ウチワダイモンジソウ	
Saxifraga fortunei Hook. f. var. *suwoensis* Nakai	ナメラダイモンジソウ	
Saxifraga fusca Maxim. var. *kikubuki* Ohwi	クロクモソウ	
Saxifraga japonica H. Boissieu	フキユキノシタ	
Saxifraga merkii Fisch. var. *idsuroei* (Franch. et Sav.) Engl. ex Matsum.	クモマグサ	
Saxifraga nelsoniana D. Don var. *tateyamensis* H. Ohba	タテヤマイワブキ	

学名	和名	絶滅危惧ランク
Saxifraga nipponica Makino	ハルユキノシタ	
Saxifraga nishidae Miyabe et Kudô	エゾノクモマグサ	CR
Saxifraga sendaica Maxim.	センダイソウ	VU
Tanakaea radicans Franch. et Sav.	イワユキノシタ	
Pittosporaceae　トベラ科		
Pittosporum boninense Koidz. var. *boninense*	シロトベラ	
Pittosporum boninense Koidz. var. *chichijimense* (Nakai ex Tuyama) H. Ohba	オオミノトベラ	CR
Pittosporum boninense Koidz. var. *lutchuense* (Koidz.) H. Ohba	オキナワトベラ	
Pittosporum parvifolium Hayata var. *parvifolium*	コバトベラ	CR
Pittosporum parvifolium Hayata var. *beecheyi* (Tuyama) H. Ohba	ハハジマトベラ	VU
Rosaceae　バラ科		
Agrimonia pilosa Ledeb. var. *succapitata* Naruh.	ダルマキンミズヒキ	
Aria japonica Decne.	ウラジロノキ	
Aruncus dioicus (Walter) Fernald var. *astilboides* (Maxim.) H. Hara	ミヤマヤマブキショウマ	
Aruncus dioicus (Walter) Fernald var. *insularis* H. Hara	シマヤマブキショウマ	
Cerasus apetala (Siebold et Zucc.) Ohle ex H. Ohba var. *apetala*	チョウジザクラ	
Cerasus apetala (Siebold et Zucc.) Ohle ex H. Ohba var. *montica* (Kawas. et H. Koyama) H. Ohba	ミヤマチョウジザクラ	
Cerasus apetala (Siebold et Zucc.) Ohle ex H. Ohba var. *pilosa* (Koidz.) H. Ohba	オクチョウジザクラ	
Cerasus incisa (Thunb.) Loisel. var. *incisa*	マメザクラ	
Cerasus incisa (Thunb.) Loisel. var. *bukosanensis* (Honda) H. Ohba	ブコウマメザクラ	CR
Cerasus incisa (Thunb.) Loisel. var. *kinkiensis* (Koidz.) H. Ohba	キンキマメザクラ	
Cerasus jamasakura (Siebold ex Koidz.) H. Ohba var. *jamasakura*	ヤマザクラ	
Cerasus jamasakura (Siebold ex Koidz.) H. Ohba var. *chikusiensis* (Koidz.) H. Ohba	ツクシヤマザクラ	
Cerasus nipponica (Matsum.) Ohle ex H. Ohba var. *alpina* (Koidz.) H. Ohba	クモイザクラ	
Cerasus sargentii (Rehder) H. Ohba var. *akimotoi* H. Ohba et Mas. Saito	キリタチヤマザクラ	
Cerasus speciosa (Koidz.) H. Ohba	オオシマザクラ	
Chaenomeles japonica (Thunb.) Lindl. ex Spach	クサボケ	
Filipendula auriculata (Ohwi) Kitam.	コシジシモツケソウ	
Filipendula multijuga Maxim. var. *multijuga*	シモツケソウ	
Filipendula multijuga Maxim. var. *ciliata* Koidz.	アカバナシモツケソウ	
Filipendula tsuguwoi Ohwi	シコクシモツケソウ	EN
Malus spontanea (Makino) Makino	ノカイドウ	EN
Malus tschonoskii (Maxim.) C. K. Schneid.	オオウラジロノキ	
Padus grayana (Maxim.) C. K. Schneid.	ウワミズザクラ	
Photinia wrightiana Maxim.	シマカナメモチ	VU
Potentilla matsumurae Th. Wolf var. *apoiensis* (Nakai) H. Hara	アポイキンバイ	
Potentilla matsumurae Th. Wolf var. *yuparensis* (Miyabe et Tatew.) Kudô ex H. Hara	ユウバリキンバイ	EN
Potentilla miyabei Makino	メアカンキンバイ	VU
Potentilla riparia Murata var. *miyajimensis* Naruh.	コテリハキンバイ	
Potentilla toyamensis Naruh. et T. Sato	エチゴツルキジムシロ	
Pyrus ussuriensis Maxim. var. *hondoensis* (Nakai et Kikuchi) Rehder	アオナシ	VU
Rosa fujisanensis (Makino) Makino	フジイバラ	
Rosa hirtula (Regel) Nakai	サンショウバラ	VU
Rosa multiflora Thunb. var. *adenochaeta* (Koidz.) Ohwi	ツクシイバラ	
Rosa onoei Makino var. *onoei*	ヤブイバラ	
Rosa onoei Makino var. *hakonensis* (Franch. et Sav.) H. Ohba	モリイバラ	
Rosa onoei Makino var. *oligantha* (Franch. et Sav.) H. Ohba	アズマイバラ	
Rosa paniculigera (Koidz.) Makino ex Momiy.	ミヤコイバラ	
Rubus amamianus Hatus. et Ohwi	アマミフユイチゴ	
Rubus boninensis Koidz.	イオウトウキイチゴ	
Rubus illecebrosus Focke	バライチゴ	
Rubus kisoensis Nakai	キソイチゴ	
Rubus nesiotes Focke	クワノハイチゴ	
Rubus nishimuranus Koidz.	ハチジョウクサイチゴ	
Rubus okinawensis Koidz.	オキナワバライチゴ	

学名	和名	絶滅危惧ランク
Rubus pseudoacer Makino	ミヤマモミジイチゴ	
Rubus pseudojaponicus Koidz.	ヒメゴヨウイチゴ	
Rubus sieboldii Blume	ホウロクイチゴ	
Rubus vernus Focke	ベニバナイチゴ	
Sanguisorba albiflora (Makino) Makino	シロバナトウウチソウ	
Sanguisorba hakusanensis Makino	カライトソウ	
Sanguisorba japonensis (Makino) Kudô	エゾノトウウチソウ	CR
Sanguisorba obtusa Maxim.	ナンブトウウチソウ	EN
Sorbus commixta Hedl. var. *rufoferruginea* C. K. Schneid.	サビバナナカマド	
Sorbus gracilis (Siebold et Zucc.) K. Koch	ナンキンナナカマド	
Sorbus matsumurana (Makino) Koehne	ウラジロナナカマド	
Spiraea blumei G. Don var. *hayatae* (Koidz.) Ohwi	ウラジロイワガサ	
Spiraea blumei G. Don var. *pubescens* (Koidz.) Ohwi	イヨノミツバイワガサ	
Spiraea faurieana C. K.Schneid.	エゾノシジミバナ	
Spiraea japonica L. f. var. *hypoglauca* (Koidz.) Kitam.	ウラジロシモツケ	
Spiraea japonica L. f. var. *ripensis* Kitam.	ドロノシモツケ	
Spiraea nervosa Franch. et Sav.	イブキシモツケ	
Spiraea nipponica Maxim. var. *nipponica*	イワシモツケ	
Spiraea nipponica Maxim. var. *tosaensis* (Yatabe) Makino	トサシモツケ	
Stephanandra incisa (Thunb.) Zabel var. *macrophylla* Hid. Takah.	シマコゴメウツギ	
Stephanandra tanakae Franch. et Sav.	カナウツギ	
Fabaceae (Leguminosae)　マメ科		
Astragalus reflexistipulus Miq.	モメンヅル	
Astragalus shiroumensis Makino	シロウマオウギ	
Astragalus sikokianus Nakai	ナルトオウギ	EW
Astragalus tokachiensis T. Yamaz. et Kadota	トカチオウギ	EN
Astragalus yamamotoi Miyabe et Tatew.	カリバオウギ	EN
Bauhinia japonica Maxim.	ハカマカズラ	
Cladrastis sikokiana (Makino) Makino	ユクノキ	
Glycine koidzumii Ohwi	ミヤコジマツルマメ	VU
Lespedeza bicolor Turcz. var. *nana* Nakai	チャボヤマハギ	
Lespedeza formosa (Vogel) Koehne subsp. *velutina* (Nakai) S. Akiyama et H. Ohba var. *satsumensis* (Nakai) S. Akiyama et H. Ohba	サツマハギ	NT
Lespedeza homoloba Nakai	ツクシハギ	
Lespedeza patens Nakai	ケハギ	
Maackia tashiroi (Yatabe) Makino	シマエンジュ	
Oxytropis japonica Maxim. var. *japonica*	オヤマノエンドウ	
Oxytropis japonica Maxim. var. *sericea* Koidz.	エゾオヤマノエンドウ	EN
Oxytropis megalantha H. Boissieu	レブンソウ	EN
Vicia fauriei Franch.	ツガルフジ	
Vicia venosa (Willd. ex Link) Maxim. subsp. *cuspidata* (Maxim.) Y. Endo et H. Ohashi var. *glabristyla* Y. Endo et H. Ohashi	シロウマエビラフジ	
Vicia venosa (Willd. ex Link) Maxim. subsp. *stolonifera* (Y. Endo et H. Ohashi) Y. Endo et H. Ohashi	ビワコエビラフジ	
Vicia venosa (Willd. ex Link) Maxim. subsp. *yamanakae* (Y. Endo et H. Ohashi) Y. Endo et H. Ohashi	シコクエビラフジ	
Wisteria brachybotrys Siebold et Zucc.	ヤマフジ	
Wisteria floribunda (Willd.) DC.	フジ	
Podostemaceae　カワゴケソウ科		
Hydrobryum floribundum Koidz.	ウスカワゴロモ	EN
Hydrobryum koribanum Imamura ex S. Nakayama et Minamit.	オオヨドカワゴロモ	CR
Hydrobryum puncticulatum Koidz.	ヤクシマカワゴロモ	EN
Oxalidaceae　カタバミ科		
Oxalis acetosella L. var. *longicapsula* Terao	ヒョウノセンカタバミ	
Oxalis amamiana Hatus.	アマミカタバミ	CR
Oxalis griffithii Edgew. et Hook. f. var. *kantoensis* (Terao) T. Shimizu	カントウミヤマカタバミ	
Geraniaceae　フウロソウ科		
Geranium shikokianum Matsum. var. *kaimontanum* (Honda) Honda et H. Hara	カイフウロ	VU
Geranium shikokianum Matsum. var. *yamatense* H. Hara	ヤマトフウロ	
Geranium shikokianum Matsum. var. *yoshiianum* (Koidz.) H. Hara	ヤクシマフウロ	CR

学名	和名	絶滅危惧ランク
Geranium soboliferum Kom. var. *kiusianum* (Koidz.) H. Hara	ツクシフウロ	VU
Geranium wilfordii Maxim. var. *hastatum* H. Hara	ホコガタフウロ	
Geranium yesoense Franch. et Sav. var. *yesoense*	エゾフウロ	
Geranium yesoense Franch. et Sav. var. *nipponicum* Nakai	ハクサンフウロ	
Geranium yesoense Franch. et Sav. var. *pseudopalustre* Nakai	ハマフウロ	
Geranium yoshinoi Makino ex Nakai	ビッチュウフウロ	
Euphorbiaceae トウダイグサ科		
Chamaesyce liukiuensis (Hayata) H. Hara	リュウキュウタイゲキ	CR
Claoxylon centinarium Koidz.	セキモンノキ	CR
Drypetes integerrima (Koidz.) Hosok.	ハツバキ	VU
Euphorbia adenochlora C. Morren et Decne.	ノウルシ	NT
Euphorbia lasiocaula Boiss. var. *ibukiensis* (Hurus.) T. Kuros. et H. Ohashi	イブキタイゲキ	
Euphorbia pekinensis Rupr. subsp. *asoensis* T. Kuros. et H. Ohashi	アソタイゲキ	EN
Euphorbia sendaica Makino	センダイタイゲキ	NT
Euphorbia sieboldiana C. Morren et Decne.	ナツトウダイ	
Euphorbia sinanensis (Hurus.) T. Kuros. et H. Ohashi	シナノタイゲキ	
Euphorbia togakusensis Hayata	ハクサンタイゲキ	
Euphorbia watanabei Makino subsp. *watanabei*	フジタイゲキ	CR
Euphorbia watanabei Makino subsp. *minamitanii* T. Kuros., Seriz. et H. Ohashi	ヒュウガタイゲキ	CR
Excoecaria formosana (Hayata) Hayata var. *daitoinsularis* (Hatus.) Hatus. ex Shimabuku	ダイトウセイシボク	VU
Glochidion obovatum Siebold et Zucc.	カンコノキ	
Phyllanthus flexuosus (Siebold et Zucc.) Müll. Arg.	コバンノキ	
Phyllanthus liukiuensis Matsum. ex Hayata	ハナコミカンボク	EN
Phyllanthus oligospermus Hayata subsp. *donanensis* T. Kuros.	ドナンコバンノキ	CR
Putranjiva matsumurae Koidz.	ツゲモドキ	
Daphniphyllaceae ユズリハ科		
Daphniphyllum macropodum Miq. var. *humile* (Maxim. ex Franch. et Sav.) K. Rosenthal	エゾユズリハ	
Rutaceae ミカン科		
Boninia glabra Planch.	シロテツ	
Boninia grisea Planch. var. *grisea*	オオバシロテツ	
Boninia grisea Planch. var. *crassifolia* (Nakai) T. Yamaz. ex H. Ohba	アツバシロテツ	EN
Euodia nishimurae Koidz.	ムニンゴシュユ	VU
Phellodendron amurense Rupr. var. *japonicum* (Maxim.) Ohwi	オオバキハダ	
Phellodendron amurense Rupr. var. *lavallei* (Dode) Sprague	ミヤマキハダ	
Skimmia japonica Thunb. var. *lutchuensis* (Nakai) Hatus. ex T. Yamaz.	リュウキュウミヤマシキミ	
Zanthoxylum ailanthoides Siebold et Zucc. var. *boninshimae* (Koidz. ex H. Hara) T. Yamaz. ex H. Ohba	アコウザンショウ	
Zanthoxylum amamiense Ohwi	アマミザンショウ	
Zanthoxylum beecheyanum K. Koch	イワザンショウ	
Zanthoxylum yakumontanum (Sugim.) Nagam.	ヤクシマカラスザンショウ	
Polygalaceae ヒメハギ科		
Polygala reinii Franch. et Sav.	カキノハグサ	
Aceraceae カエデ科		
Acer amoenum Carrière var. *amoenum*	オオモミジ	
Acer amoenum Carrière var. *matsumurae* (Koidz.) K. Ogata	ヤマモミジ	
Acer amoenum Carrière var. *nambuanum* (Koidz.) K. Ogata	ナンブコハモミジ	
Acer argutum Maxim.	アサノハカエデ	
Acer capillipes Maxim.	ホソエカエデ	
Acer carpinifolium Siebold et Zucc.	チドリノキ	
Acer cissifolium (Siebold et Zucc.) K. Koch	ミツデカエデ	
Acer crataegifolium Siebold et Zucc.	ウリカエデ	
Acer diabolicum Blume ex K. Koch	カジカエデ	
Acer distylum Siebold et Zucc.	ヒトツバカエデ	
Acer ginnala Maxim. var. *aidzuense* (Franch.) K. Ogata	カラコギカエデ	
Acer insulare Makino	シマウリカエデ	
Acer japonicum Thunb.	ハウチワカエデ	
Acer maximowiczianum Miq.	メグスリノキ	
Acer micranthum Siebold et Zucc.	コミネカエデ	

学名	和名	絶滅危惧ランク
Acer miyabei Maxim.	クロビイタヤ	VU
Acer morifolium Koidz.	ヤクシマオナガカエデ	
Acer nipponicum H. Hara	テツカエデ	
Acer oblongum Wall. ex DC. var. *itoanum* Hayata	クスノハカエデ	VU
Acer pictum Thunb. subsp. *glaucum* (Koidz.) H. Ohashi	ウラジロイタヤ	
Acer pictum Thunb. subsp. *mayrii* (Schwer.) H. Ohashi	アカイタヤ	
Acer pictum Thunb. subsp. *savatieri* (Pax) H. Ohashi	イトマキイタヤ	
Acer pictum Thunb. subsp. *taishakuense* (K.Ogata) H. Ohashi	タイシャクイタヤ	EN
Acer pycnanthum K. Koch	ハナノキ	VU
Acer rufinerve Siebold et Zucc.	ウリハダカエデ	
Acer shirasawanum Koidz.	オオイタヤメイゲツ	
Acer sieboldianum Miq.	コハウチワカエデ	
Acer tenuifolium (Koidz.) Koidz.	ヒナウチワカエデ	
Acer tschonoskii Maxim. var. *tschonoskii*	ミネカエデ	
Acer tschonoskii Maxim. var. *australe* Momot.	ナンゴクミネカエデ	

Hippocastanaceae　トチノキ科

Aesculus turbinata Blume	トチノキ	

Sabiaceae　アワブキ科

Meliosma arnottiana (Wight) Walp. subsp. *oldhamii* (Maxim.) H. Ohba var. *hachijoensis* (Nakai) H. Ohba	サクノキ	VU

Balsaminaceae　ツリフネソウ科

Impatiens hypophylla Makino var. *hypophylla*	ハガクレツリフネ	
Impatiens hypophylla Makino var. *microhypophylla* (Nakai) H. Hara	エンシュウツリフネソウ	VU

Aquifoliaceae　モチノキ科

Ilex dimorphophylla Koidz.	アマミヒイラギモチ	CR
Ilex geniculata Maxim.	フウリンウメモドキ	
Ilex leucoclada (Maxim.) Makino	ヒメモチ	
Ilex liukiuensis Loes.	リュウキュウモチ	
Ilex matanoana Makino	ムニンイヌツゲ	EN
Ilex mertensii Maxim.	シマモチ	NT
Ilex nipponica Makino	ミヤマウメモドキ	
Ilex sugerokii Maxim. var. *sugerokii*	クロソヨゴ	

Celastraceae　ニシキギ科

Euonymus alatus (Thunb.) Siebold var. *rotundatus* (Makino) H. Hara	オオコマユミ	
Euonymus boninensis Koidz.	ヒメマサキ	VU
Euonymus fortunei (Turcz.) Hand.-Mazz. var. *villosus* (Nakai) H. Hara	ケツルマサキ	
Euonymus lanceolatus Yatabe	ムラサキマユミ	
Euonymus lutchuensis T. Itô	リュウキュウマユミ	
Euonymus melananthus Franch. et Sav.	サワダツ	
Euonymus yakushimensis Makino	アオツリバナ	VU
Tripterygium doianum Ohwi	コバノクロヅル	VU

Buxaceae　ツゲ科

Buxus microphylla Siebold et Zucc. var. *japonica* (Müll. Arg. ex Miq.) Rehder et E. H. Wilson	ツゲ	
Buxus microphylla Siebold et Zucc. var. *kitashimae* (Yanagita) H. Ohba	ベンテンツゲ	
Buxus microphylla Siebold et Zucc. var. *riparia* (Makino) Makino	コツゲ	

Icacinaceae　クロタキカズラ科

Hosiea japonica Makino	クロタキカズラ	
Nothapodytes amamianus Nagam. et Mak. Kato	ワダツミノキ	CR

Rhamnaceae　クロウメモドキ科

Berchemia longiracemosa Okuyama	ホナガクマヤナギ	
Berchemia pauciflora Maxim.	ミヤマクマヤナギ	
Berchemia racemosa Siebold et Zucc.	クマヤナギ	
Berchemiella berchemiifolia (Makino) Nakai	ヨコグラノキ	
Hovenia tomentella (Makino) Nakai ex Y. Kimura	ケケンポナシ	
Rhamnella franguloides (Maxim.) Weberb. var. *inaequilatera* (Ohwi) Hatus.	ヤエヤマネコノチチ	VU
Rhamnus costata Maxim.	クロカンバ	
Rhamnus ishidae Miyabe et Kudô	ミヤマハンモドキ	EN
Rhamnus japonica Maxim. var. *japonica*	エゾノクロウメモドキ	
Rhamnus japonica Maxim. var. *decipiens* Maxim.	クロウメモドキ	
Rhamnus japonica Maxim. var. *microphylla* H. Hara	コバノクロウメモドキ	

学名	和名	絶滅危惧ランク
Rhamnus liukiuensis (E. H. Wilson) Koidz.	リュウキュウクロウメモドキ	NT
Vitaceae　ブドウ科		
Cayratia yoshimurae (Makino) Honda	アカミノブドウ	
Vitis ficifolia Bunge var. *izuinsularis* (Tuyama) H. Hara	シチトウエビヅル	
Vitis flexuosa Thunb. var. *rufotomentosa* Makino	ケサンカクヅル	
Vitis flexuosa Thunb. var. *tsukubana* Makino	ウスゲサンカクヅル	
Vitis saccharifera Makino var. *saccharifera*	アマヅル	
Vitis saccharifera Makino var. *yokogurana* (Makino) Ohwi	ヨコグラブドウ	
Elaeocarpaceae　ホルトノキ科		
Elaeocarpus photiniifolius Hook. et Arn.	シマホルトノキ	
Tiliaceae　シナノキ科		
Tilia kiusiana Makino et Shiras.	ヘラノキ	
Tilia mandshurica Rupr. et Maxim. var. *toriiana* T. Yamaz.	エチゴボダイジュ	DD
Tilia maximowicziana Shiras.	オオバボダイジュ	
Malvaceae　アオイ科		
Hibiscus glaber (Matsum. ex Hatt.) Matsum. ex Nakai	モンテンボク	
Hibiscus hamabo Siebold et Zucc.	ハマボウ	
Hibiscus makinoi Jotani et H. Ohba	サキシマフヨウ	
Hibiscus pacificus Nakai ex Jotani et H. Ohba	イオウトウフヨウ	
Thymelaeaceae　ジンチョウゲ科		
Daphne miyabeana Makino	カラスシキミ	
Daphnimorpha capitellata (H. Hara) Nakai	ツチビノキ	EN
Daphnimorpha kudoi (Makino) Nakai	シャクナンガンピ	VU
Diplomorpha albiflora (Yatabe) Nakai	ミヤマガンピ	
Diplomorpha pauciflora (Franch. et Sav.) Nakai	サクラガンピ	VU
Diplomorpha phymatoglossa (Koidz.) Nakai	オオシマガンピ	CR
Diplomorpha sikokiana (Franch. et Sav.) Honda	ガンピ	
Diplomorpha yakushimensis (Makino) Masam.	シマサクラガンピ	
Wikstroemia pseudoretusa Koidz.	ムニンアオガンピ	NT
Elaeagnaceae　グミ科		
Elaeagnus arakiana Koidz.	タンゴグミ	CR
Elaeagnus epitricha Momiy. ex H. Ohba	クマヤマグミ	
Elaeagnus liukiuensis Rehder	リュウキュウツルグミ	
Elaeagnus matsunoana Makino	ハコネグミ	VU
Elaeagnus montana Makino var. *montana*	マメグミ	
Elaeagnus montana Makino var. *ovata* (Maxim.) Araki	ツクバグミ	
Elaeagnus multiflora Thunb. var. *multiflora*	ナツグミ	
Elaeagnus multiflora Thunb. var. *hortensis* (Maxim.) Servett.	トウグミ	
Elaeagnus murakamiana Makino	アリマグミ	
Elaeagnus numajiriana Makino	コウヤグミ	
Elaeagnus rotundata Nakai	オガサワラグミ	
Elaeagnus takeshitae Makino	カツラギグミ	EN
Elaeagnus umbellata Thunb. var. *rotundifolia* Makino	マルバアキグミ	
Elaeagnus yakusimensis Masam.	ヤクシマグミ	EN
Elaeagnus yoshinoi Makino	ナツアサドリ	
Violaceae　スミレ科		
Viola alliariifolia Nakai	ジンヨウキスミレ	EN
Viola amamiana Hatus.	アマミスミレ	CR
Viola bissetii Maxim.	ナガバノスミレサイシン	
Viola brevistipulata (Franch. et Sav.) W. Becker var. *brevistipulata*	オオバキスミレ	
Viola brevistipulata (Franch. et Sav.) W. Becker var. *acuminata* Nakai	ミヤマキスミレ	
Viola brevistipulata (Franch. et Sav.) W. Becker var. *crassifolia* (Koidz.) F. Maek. ex S. Akiyama, H. Ohba et Tabuchi	シソバキスミレ	CR
Viola brevistipulata (Franch. et Sav.) W. Becker var. *hidakana* (Nakai) S. Watan.	エゾキスミレ	
Viola brevistipulata (Franch. et Sav.) W. Becker var. *laciniata* (H. Boissieu) W. Becker	フギレオオバキスミレ	
Viola chaerophylloides (Regel) W. Becker var. *sieboldiana* (Maxim.) Makino	ヒゴスミレ	
Viola eizanensis (Makino) Makino	エイザンスミレ	
Viola grayi Franch. et Sav.	イソスミレ	VU
Viola grypoceras A. Gray var. *hichitoana* (Nakai) F. Maek.	シチトウスミレ	

学名	和名	絶滅危惧ランク
Viola grypoceras A. Gray var. *rhizomata* (Nakai) Ohwi	ツルタチツボスミレ	
Viola grypoceras A. Gray var. *ripensis* N. Yamada et M. Okamoto	ケイリュウタチツボスミレ	
Viola iwagawae Makino	ヤクシマスミレ	
Viola kitamiana Nakai	シレトコスミレ	
Viola mandshurica W. Becker var. *triangularis* (Franch. et Sav.) M. Mizush.	アツバスミレ	
Viola maximowicziana Makino	コミヤマスミレ	
Viola rostrata Pursh var. *japonica* (W. Becker et H. Boissieu) Ohwi	ナガハシスミレ	
Viola shikokiana Makino	シコクスミレ	
Viola stoloniflora Yokota et Higa	オリヅルスミレ	EW
Viola tashiroi Makino	ヤエヤマスミレ	
Viola tokubuchiana Makino var. *tokubuchiana*	フジスミレ	
Viola utchinensis Koidz.	オキナワスミレ	EN
Viola vaginata Maxim.	スミレサイシン	
Viola verecunda A. Gray var. *yakushimana* (Nakai) Ohwi	コケスミレ	
Viola yedoensis Makino var. *pseudojaponica* (Nakai) T. Hashim.	リュウキュウコスミレ	
Stachyuraceae　キブシ科		
Stachyurus praecox Siebold et Zucc. var. *praecox*	キブシ	
Stachyurus praecox Siebold et Zucc. var. *leucotrichus* Hayashi	ケキブシ	
Stachyurus praecox Siebold et Zucc. var. *macrocarpus* (Koidz.) Tuyama ex H. Ohba	ナガバキブシ	CR
Stachyurus praecox Siebold et Zucc. var. *matsuzakii* (Nakai) Makino ex H. Hara	ハチジョウキブシ	
Cucurbitaceae　ウリ科		
Trichosanthes ishigakiensis E. Walker	イシガキカラスウリ	CR
Trichosanthes kirilowii Maxim. var. *japonica* (Miq.) Kitam.	キカラスウリ	
Trichosanthes miyagii Hayata	リュウキュウカラスウリ	
Trichosanthes multiloba Miq.	モミジカラスウリ	
Trichosanthes ovigera Blume var. *boninensis* (Nakai ex Tuyama) H. Ohba	ムニンカラスウリ	EN
Zehneria liukiuensis (Nakai) C. Jeffrey	クロミノオキナワスズメウリ	
Zehneria perpusilla (Blume) Bole et M. R. Almeida var. *deltifrons* (Ohwi) H. Ohba	ホソガタスズメウリ	
Lythraceae　ミソハギ科		
Lagerstroemia subcostata Koehne var. *fauriei* (Koehne) Hatus. ex Yahara	ヤクシマサルスベリ	NT
Rotala elatinomorpha Makino	ヒメキカシグサ	CR
Rotala hippuris Makino	ミズスギナ	EN
Myrtaceae　フトモモ科		
Meterosideros boninensis (Hayata ex Koidz.) Tuyama	ムニンフトモモ	EN
Syzygium cleyerifolium (Yatabe) Makino	ヒメフトモモ	VU
Melastomataceae　ノボタン科		
Bredia okinawensis (Matsum.) H. L. Li	コバノミヤマノボタン	VU
Bredia yaeyamensis (Matsum.) H. L. Li	ヤエヤマノボタン	
Melastoma candidum D. Don var. *alessandrense* S. Kobay.	イオウノボタン	VU
Melastoma tetramerum Hayata var. *tetramerum*	ムニンノボタン	CR
Melastoma tetramerum Hayata var. *pentapetalum* Toyoda	ハハジマノボタン	EN
Haloragaceae　アリノトウグサ科		
Haloragis walkeri Ohwi	ホソバアリノトウグサ	
Myriophyllum oguraense Miki	オグラノフサモ	VU
Theligonaceae　ヤマトグサ科		
Theligonum japonicum Okubo et Makino	ヤマトグサ	
Cornaceae　ミズキ科		
Aucuba japonica Thunb. var. *borealis* Miyabe et Kudô	ヒメアオキ	
Helwingia japonica (Thunb.) F. Dietr. subsp. *japonica* var. *parvifolia* Makino	コバノハナイカダ	
Helwingia japonica (Thunb.) F. Dietr. subsp. *liukiuensis* (Hatus.) H. Hara et S. Kuros.	リュウキュウハナイカダ	NT
Araliaceae　ウコギ科		
Aralia glabra Matsum.	ミヤマウド	
Aralia ryukyuensis (J. Wen) T. Yamaz. var. *inermis* (Yanagita) T. Yamaz.	シチトウタラノキ	

学名	和名	絶滅危惧ランク
Eleutherococcus higoensis (Hatus.) H. Ohba	ヒゴウコギ	
Eleutherococcus hypoleucus (Makino) Nakai	ウラジロウコギ	
Eleutherococcus innovans (Siebold et Zucc.) H. Ohba	タカノツメ	
Eleutherococcus sciadophylloides (Franch. et Sav.) H. Ohashi	コシアブラ	
Eleutherococcus spinosus (L. f.) S. Y. Hu var. *spinosus*	ヤマウコギ	
Eleutherococcus spinosus (L. f.) S. Y. Hu var. *japonicus* (Franch. et Sav.) H. Ohba	オカウコギ	
Eleutherococcus spinosus (L. f.) S. Y. Hu var. *nikaianus* (Koidz. ex Nakai) H. Ohba	ウラゲウコギ	
Eleutherococcus trichodon (Franch. et Sav.) H. Ohashi	ミヤマウコギ	
Fatsia japonica (Thunb.) Decne. et Planch. var. *liukiuensis* Hatus. ex H. Ohba	リュウキュウヤツデ	
Fatsia oligocarpella Koidz.	ムニンヤツデ	VU
Oplopanax japonicus (Nakai) Nakai	ハリブキ	
Panax pseudoginseng Wall. subsp. *japonicus* (C. A. Mey.) H. Hara var. *japonicus*	トチバニンジン	
Panax pseudoginseng Wall. subsp. *japonicus* (C. A. Mey.) H. Hara var. *angustatus* (Makino) H. Hara	ホソバチクセツニンジン	
Apiaceae (Umbelliferae) セリ科		
Angelica acutiloba (Siebold et Zucc.) Kitag. var. *acutiloba*	トウキ	
Angelica acutiloba (Siebold et Zucc.) Kitag. var. *iwatensis* (Kitag.) Hikino	ミヤマトウキ	
Angelica acutiloba (Siebold et Zucc.) Kitag. var. *lineariloba* (Koidz.) Hikino	ホソバトウキ	VU
Angelica anomala Ave-Lall. subsp. *sachalinensis* (Maxim.) H. Ohba var. *glabra* (Koidz.) H. Ohba	ミチノクヨロイグサ	
Angelica cryptotaeniifolia Kitag. var. *cryptotaeniifolia*	ミヤマノダケ	
Angelica cryptotaeniifolia Kitag. var. *kyushiana* T. Yamaz.	ツクシミヤマノダケ	
Angelica hakonensis Maxim. var. *hakonensis*	イワニンジン	
Angelica hakonensis Maxim. var. *nikoensis* (Y. Yabe) H. Hara	ノダケモドキ	
Angelica inaequalis Maxim.	ハナビゼリ	
Angelica japonica A. Gray var. *boninensis* (Tuyama) T. Yamaz.	ムニンハマウド	VU
Angelica keiskei (Miq.) Koidz.	アシタバ	
Angelica longiradiata (Maxim.) Kitag. var. *longiradiata*	ツクシゼリ	
Angelica longiradiata (Maxim.) Kitag. var. *yakushimensis* (Masam. et Ohwi) Kitag.	ヒナボウフウ	
Angelica minamitanii T. Yamaz.	ヒュウガセンキュウ	
Angelica pseudoshikokiana Kitag.	ツクシトウキ	VU
Angelica pubescens Maxim. var. *pubescens*	シシウド	
Angelica pubescens Maxim. var. *matsumurae* (Y. Yabe) Ohwi	ミヤマシシウド	
Angelica saxicola Makino ex Y. Yabe var. *saxicola*	イシヅチボウフウ	CR
Angelica saxicola Makino ex Y. Yabe var. *yoshinagae* (Makino) Murata et T. Yamanaka	トサボウフウ	VU
Angelica shikokiana Makino ex Y. Yabe	イヌトウキ	
Angelica sinanomontana Kitag.	シナノノダケ	CR
Angelica tenuisecta (Makino) Makino var. *tenuisecta*	カワゼンコ	EN
Angelica tenuisecta (Makino) Makino var. *furcijuga* (Kitag.) H. Ohba	ヒュウガトウキ	VU
Angelica tenuisecta (Makino) Makino var. *mayebarana* (Koidz.) H. Ohba	クマノダケ	EN
Angelica ubatakensis (Makino) Kitag. var. *ubatakensis*	ウバタケニンジン	VU
Angelica ubatakensis (Makino) Kitag. var. *valida* Kitag.	オオウバタケニンジン	CR
Angelica yakusimensis H. Hara	ヤクシマノダケ	
Apodicarpum ikenoi Makino	エキサイゼリ	NT
Bupleurum longiradiatum Turcz. var. *pseudonipponicum* Kitag.	オオハクサンサイコ	
Bupleurum longiradiatum Turcz. var. *shikotanense* (M. Hiroe) Ohwi	コガネサイコ	
Bupleurum nipponicum Koso-Pol. var. *nipponicum*	ハクサンサイコ	
Bupleurum nipponicum Koso-Pol. var. *yesoense* (Nakai ex H. Hara) H. Hara	エゾサイコ	
Chamaele decumbens (Thunb.) Makino var. *decumbens*	セントウソウ	
Chamaele decumbens (Thunb.) Makino var. *gracillima* H. Wolff	ヒナセントウソウ	
Chamaele decumbens (Thunb.) Makino var. *japonica* (Y. Yabe) Makino	ミヤマセントウソウ	

学名	和名	絶滅危惧ランク
Chamaele decumbens (Thunb.) Makino var. *micrantha* Masam.	ヤクシマセントウソウ	
Coelopleurum multisectum (Maxim.) Kitag. var. *multisectum*	ミヤマゼンコ	
Coelopleurum multisectum (Maxim.) Kitag. var. *trichocarpum* (H. Hara) H. Ohba	エゾヤマゼンコ	
Dystaenia ibukiensis (Y. Yabe) Kitag.	セリモドキ	
Heracleum sphondylium L. subsp. *sphondylium* var. *akasimontanum* (Koidz.) H. Ohba	ホソバハナウド	EN
Heracleum sphondylium L. subsp. *sphondylium* var. *nipponicum* (Kitag.) H. Ohba	ハナウド	
Heracleum sphondylium L. subsp. *sphondylium* var. *turugisanense* (Honda) H. Ohba	ツルギハナウド	VU
Hydrocotyle yabei Makino	ヒメチドメ	
Ostericum florentii (Franch. et Sav. ex Maxim.) Kitag.	ミヤマニンジン	
Peucedanum japonicum Thunb. var. *latifolium* M. Hotta et Shiuchi	コダチボタンボウフウ	
Peucedanum multivittatum Maxim.	ハクサンボウフウ	
Pimpinella thellungiana H. Wolff var. *gustavohegiana* (Koidz.) Kitam. ex H. Ohba	ツクシボウフウ	VU
Sanicula kaiensis Makino et Hisauti	ヤマナシウマノミツバ	EN
Seseli libanotis (L.) Koch subsp. *japonica* (H. Boissieu) H. Hara var. *alpicola* (Kitag.) H. Ohba	タカネイブキボウフウ	
Sium serra (Franch. et Sav.) Kitag.	タニミツバ	
Sium suave Walter var. *ovatum* (Yatabe) H. Hara	ヒロハヌマゼリ	
Spuriopimpinella calycina (Maxim.) Kitag.	カノツメソウ	
Tilingia ajanensis Regel var. *angustissima* (Nakai ex H. Hara) Kitag.	ヒメシラネニンジン	
Tilingia holopetala (Maxim.) Kitag.	イブキゼリモドキ	
Tilingia tsusimensis (Y. Yabe) Kitag.	ツシマノダケ	NT

合弁花類

  Diapensiaceae　イワウメ科

Schizocodon ilicifolius Maxim. var. *ilicifolius*	ヒメイワカガミ	
Schizocodon ilicifolius Maxim. var. *australis* T. Yamaz.	アカバナヒメイワカガミ	
Schizocodon ilicifolius Maxim. var. *intercedens* (Ohwi) T. Yamaz.	ヤマイワカガミ	
Schizocodon ilicifolius Maxim. var. *minimus* (Makino) T. Yamaz.	ヒメコイワカガミ	
Schizocodon ilicifolius Maxim. var. *nankaiensis* T. Yamaz.	ナンカイヒメイワカガミ	
Schizocodon soldanelloides Siebold et Zucc. var. *soldanelloides*	イワカガミ	
Schizocodon soldanelloides Siebold et Zucc. var. *longifolius* (T. Yamaz.) T. Shimizu	ナガバイワカガミ	
Schizocodon soldanelloides Siebold et Zucc. var. *magnus* (Makino) H. Hara	オオイワカガミ	
Shortia uniflora (Maxim.) Maxim. var. *uniflora*	オオイワウチワ	
Shortia uniflora (Maxim.) Maxim. var. *kantoensis* T. Yamaz.	イワウチワ	
Shortia uniflora (Maxim.) Maxim. var. *orbicularis* Honda	トクワカソウ	

  Pyrolaceae　イチヤクソウ科

Pyrola alpina Andres	コバノイチヤクソウ	
Pyrola nephrophylla (Andres) Andres	マルバノイチヤクソウ	

  Ericaceae　ツツジ科

Elliottia bracteata (Maxim.) Hook. f.	ミヤマホツツジ	
Elliottia paniculata (Siebold et Zucc.) Hook. f.	ホツツジ	
Enkianthus campanulatus (Miq.) G. Nicholson var. *campanulatus*	サラサドウダン	
Enkianthus campanulatus (Miq.) G. Nicholson var. *longilobus* (Nakai) Makino	ツクシドウダン	
Enkianthus cernuus (Siebold et Zucc.) Makino	シロドウダン	
Enkianthus nudipes (Honda) Ohwi	コアブラツツジ	
Enkianthus sikokianus (Palib.) Ohwi	カイナンサラサドウダン	
Enkianthus subsessilis (Miq.) Makino	アブラツツジ	
Epigaea asiatica Maxim.	イワナシ	
Gaultheria adenothrix (Miq.) Maxim.	アカモノ	
Gaultheria japonica (A. Gray) Sleumer	ハリガネカズラ	
Leucothoe keiskei Miq.	イワナンテン	
Menziesia ciliicalyx (Miq.) Maxim.	ツリガネツツジ	
Menziesia goyozanensis M. Kikuchi	ゴヨウザンヨウラク	CR
Menziesia katsumatae M. Tash. et H. Hatta	ホザキツリガネツツジ	
Menziesia multiflora Maxim. var. *multiflora*	ウラジロヨウラク	

学名	和名	絶滅危惧ランク
Menziesia multiflora Maxim. var. *purpurea* (Makino) Ohwi	ムラサキツリガネツツジ	VU
Menziesia purpurea Maxim.	ヨウラクツツジ	VU
Menziesia yakushimensis M. Tash. et H. Hatta	ヤクシマヨウラクツツジ	EN
Phyllodoce nipponica Makino subsp. *nipponica*	ツガザクラ	
Phyllodoce nipponica Makino subsp. *tsugifolia* (Nakai) Toyok.	ナガバツガザクラ	
Pieris amamioshimensis Setoguchi et Y. Maeda	アマミアセビ	
Pieris japonica (Thunb.) D. Don ex G. Don var. *japonica*	アセビ	
Pieris japonica (Thunb.) D. Don ex G. Don var. *yakushimensis* T. Yamaz.	ヤクシマアセビ	
Pieris koidzumiana Ohwi	リュウキュウアセビ	CR
Rhododendron albrechtii Maxim.	ムラサキヤシオツツジ	
Rhododendron amagianum (Makino) Makino ex Nemoto	アマギツツジ	EN
Rhododendron amakusaense (K. Takada ex T. Yamaz.) T. Yamaz.	アマクサミツバツツジ	EN
Rhododendron amanoi Ohwi	サキシマツツジ	
Rhododendron boninense Nakai	ムニンツツジ	CR
Rhododendron brachycarpum D. Don ex G. Don var. *brachycarpum*	ハクサンシャクナゲ	
Rhododendron degronianum Carrière var. *degronianum*	アズマシャクナゲ	
Rhododendron degronianum Carrière var. *amagianum* (T. Yamaz.) T. Yamaz.	アマギシャクナゲ	
Rhododendron dilatatum Miq. var. *dilatatum*	ミツバツツジ	
Rhododendron dilatatum Miq. var. *boreale* Sugim.	ヒダカミツバツツジ	EN
Rhododendron dilatatum Miq. var. *decandrum* Makino	トサノミツバツツジ	
Rhododendron dilatatum Miq. var. *satsumense* T. Yamaz.	ハヤトミツバツツジ	CR
Rhododendron eriocarpum (Hayata) Nakai var. *eriocarpum*	マルバサツキ	
Rhododendron eriocarpum (Hayata) Nakai var. *tawadae* Ohwi	センカクツツジ	CR
Rhododendron hyugaense (T. Yamaz.) T. Yamaz.	ヒュウガミツバツツジ	
Rhododendron indicum (L.) Sweet	サツキ	
Rhododendron japonoheptamerum Kitam. var. *japonoheptamerum*	ツクシシャクナゲ	
Rhododendron japonoheptamerum Kitam. var. *hondoense* (Nakai) Kitam.	ホンシャクナゲ	
Rhododendron japonoheptamerum Kitam. var. *kyomaruense* (T. Yamaz.) Kitam.	キョウマルシャクナゲ	VU
Rhododendron japonoheptamerum Kitam. var. *okiense* T. Yamaz.	オキシャクナゲ	
Rhododendron kaempferi Planch. var. *kaempferi*	ヤマツツジ	
Rhododendron kaempferi Planch. var. *macrogemma* Nakai	オオシマツツジ	
Rhododendron kaempferi Planch. var. *mikawanum* (Makino) Makino	ミカワツツジ	
Rhododendron kaempferi Planch. var. *saikaiense* (T. Yamaz.) T. Yamaz.	サイカイツツジ	
Rhododendron kaempferi Planch. var. *tubiflorum* Komatsu	ヒメヤマツツジ	
Rhododendron keiskei Miq. var. *keiskei*	ヒカゲツツジ	
Rhododendron keiskei Miq. var. *hypoglaucum* Sutô et T. Suzuki	ウラジロヒカゲツツジ	CR
Rhododendron keiskei Miq. var. *ozawae* T. Yamaz.	ハイヒカゲツツジ	
Rhododendron kiusianum Makino	ミヤマキリシマ	
Rhododendron kiyosumense (Makino) Makino	キヨスミミツバツツジ	
Rhododendron komiyamae Makino	アシタカツツジ	VU
Rhododendron lagopus Nakai var. *lagopus*	ダイセンミツバツツジ	
Rhododendron lagopus Nakai var. *niphophilum* (T. Yamaz.) T. Yamaz.	ユキグニミツバツツジ	
Rhododendron latoucheae Franch. var. *amamiense* (Ohwi) T. Yamaz.	アマミセイシカ	CR
Rhododendron macrosepalum Maxim.	モチツツジ	
Rhododendron makinoi Tagg ex Nakai	ホソバシャクナゲ	VU
Rhododendron mayebarae Nakai et H. Hara var. *mayebarae*	ナンゴクミツバツツジ	VU
Rhododendron mayebarae Nakai et H. Hara var. *ohsumiense* T. Yamaz.	オオスミミツバツツジ	EN
Rhododendron molle (Blume) G. Don subsp. *japonicum* (A. Gray) Kron	レンゲツツジ	
Rhododendron nipponicum Matsum.	オオバツツジ	
Rhododendron nudipes Nakai var. *nudipes*	サイゴクミツバツツジ	
Rhododendron nudipes Nakai var. *kirishimense* T. Yamaz.	キリシマミツバツツジ	VU
Rhododendron nudipes Nakai var. *nagasakianum* (Nakai) T. Yamaz.	ヒメミツバツツジ	
Rhododendron osuzuyamense T. Yamaz.	ウラジロミツバツツジ	VU
Rhododendron pentaphyllum Maxim. var. *pentaphyllum*	ツクシアケボノツツジ	NT
Rhododendron pentaphyllum Maxim. var. *nikoense* Komatsu	アカヤシオ	
Rhododendron pentaphyllum Maxim. var. *shikokianum* T. Yamaz.	アケボノツツジ	
Rhododendron quinquefolium Bisset et S. Moore	シロヤシオ	

学名	和名	絶滅危惧ランク
Rhododendron reticulatum D. Don ex G. Don	コバノミツバツツジ	
Rhododendron ripense Makino	キシツツジ	
Rhododendron sanctum Nakai var. *sanctum*	ジングウツツジ	VU
Rhododendron sanctum Nakai var. *lasiogynum* Nakai ex H. Hara	シブカワツツジ	VU
Rhododendron scabrum G. Don var. *scabrum*	ケラマツツジ	VU
Rhododendron scabrum G. Don var. *yakuinsulare* (Masam.) T. Yamaz.	ヤクシマヤマツツジ	VU
Rhododendron semibarbatum Maxim.	バイカツツジ	
Rhododendron serpyllifolium (A. Gray) Miq. var. *serpyllifolium*	ウンゼンツツジ	
Rhododendron serpyllifolium (A. Gray) Miq. var. *albiflorum* Makino	シロバナウンゼンツツジ	
Rhododendron tashiroi Maxim. var. *tashiroi*	サクラツツジ	
Rhododendron tashiroi Maxim. var. *lasiophyllum* Hatus. ex T. Yamaz.	アラゲサクラツツジ	
Rhododendron tosaense Makino	フジツツジ	
Rhododendron transiens Nakai	オオヤマツツジ	
Rhododendron tschonoskii Maxim. var. *tetramerum* Komatsu	チョウジコメツツジ	
Rhododendron tschonoskii Maxim. var. *trinerve* (Franch. ex H. Boissieu) Makino	オオコメツツジ	
Rhododendron tsurugisanense (T. Yamaz.) T. Yamaz.	ツルギミツバツツジ	
Rhododendron tsusiophyllum Sugim.	ハコネコメツツジ	VU
Rhododendron uwaense H. Hara et T. Yamanaka	トキワバイカツツジ	EN
Rhododendron viscistylum Nakai	タカクマミツバツツジ	EN
Rhododendron wadanum Makino	トウゴクミツバツツジ	
Rhododendron weyrichii Maxim. var. *weyrichii*	オンツツジ	
Rhododendron yakumontanum (T. Yamaz.) T. Yamaz.	ヤクシマミツバツツジ	VU
Rhododendron yakushimanum Nakai	ヤクシマシャクナゲ	
Vaccinium boninense Nakai	ムニンシャシャンボ	VU
Vaccinium ciliatum Thunb.	アラゲナツハゼ	
Vaccinium hirtum Thunb. var. *hirtum*	ウスノキ	
Vaccinium hirtum Thunb. var. *kiusianum* (Koidz.) H. Hara	ツクシウスノキ	
Vaccinium ovalifolium Sm. var. *alpinum* (Tatew.) T. Yamaz.	ミヤマエゾクロウスゴ	
Vaccinium shikokianum Nakai	マルバウスゴ	
Vaccinium sieboldii Miq.	ナガボナツハゼ	CR
Vaccinium smallii A. Gray var. *glabrum* Koidz.	スノキ	
Vaccinium yakushimense Makino	アクシバモドキ	VU
Vaccinium yatabei Makino	ヒメウスノキ	
Myrsinaceae　ヤブコウジ科		
Myrsine maximowiczii (Koidz.) E. Walker	シマタイミンタチバナ	VU
Primulaceae　サクラソウ科		
Lysimachia japonica Thunb. var. *minutissima* Masam.	ヒメコナスビ	
Lysimachia liukiuensis Hatus.	ヒメミヤマコナスビ	CR
Lysimachia mauritiana Lam. var. *rubida* (Koidz.) T. Yamaz.	オオハマボッス	
Lysimachia ohsumiensis H. Hara	ヘツカコナスビ	CR
Lysimachia sikokiana Miq.	モロコシソウ	
Lysimachia tanakae Maxim.	ミヤマコナスビ	
Lysimachia tashiroi Makino	オニコナスビ	EN
Primula cuneifolia Ledeb. var. *hakusanensis* (Franch.) Makino	ハクサンコザクラ	
Primula cuneifolia Ledeb. var. *heterodonta* Makino	ミチノクコザクラ	VU
Primula farinosa L. subsp. *modesta* (Bisset et S. Moore) Pax var. *samanimontana* Tatew.	サマニユキワリ	
Primula hidakana Miyabe et Kudô ex Nakai var. *hidakana*	ヒダカイワザクラ	VU
Primula hidakana Miyabe et Kudô ex Nakai var. *kamuiana* (Miyabe et Tatew.) H. Hara	カムイコザクラ	EN
Primula japonica A. Gray	クリンソウ	
Primula jesoana Miq. var. *jesoana*	オオサクラソウ	
Primula kisoana Miq. var. *kisoana*	カッコソウ	CR
Primula kisoana Miq. var. *shikokiana* Makino	シコクカッコソウ	VU
Primula macrocarpa Maxim.	ヒメコザクラ	CR
Primula modesta Bisset et S. Moore var. *modesta*	ユキワリソウ	
Primula modesta Bisset et S. Moore var. *fauriei* (Franch.) Takeda	ユキワリコザクラ	
Primula modesta Bisset et S. Moore var. *matsumurae* (Petitm.) Takeda	レブンコザクラ	VU
Primula modesta Bisset et S. Moore var. *shikokumontana* Miyabe et Tatew.	イシヅチコザクラ	

学名	和名	絶滅危惧ランク
Primula nipponica Yatabe	ヒナザクラ	
Primula reinii Franch. et Sav. var. *reinii*	コイワザクラ	VU
Primula reinii Franch. et Sav. var. *kitadakensis* (H. Hara) Ohwi	クモイコザクラ	VU
Primula reinii Franch. et Sav. var. *myogiensis* H. Hara	ミョウギイワザクラ	CR
Primula reinii Franch. et Sav. var. *okamotoi* (Koidz.) Murata	オオミネコザクラ	
Primula reinii Franch. et Sav. var. *rhodotricha* (Nakai et F. Maek.) T. Yamaz.	チチブイワザクラ	DD
Primula sorachiana Miyabe et Tatew.	ソラチコザクラ	VU
Primula takedana Tatew.	テシオコザクラ	VU
Primula tosaensis Yatabe var. *tosaensis*	イワザクラ	NT
Primula tosaensis Yatabe var. *brachycarpa* (H. Hara) Ohwi	シナノコザクラ	NT
Primula tosaensis Yatabe var. *ovatifolia* (Ohwi) Ohwi	ナガバイワザクラ	
Primula yuparensis Takeda	ユウパリコザクラ	EN
Plumbaginaceae　イソマツ科		
Limonium senkakuense T. Yamaz.	センカクハマサジ	CR
Sapotaceae　アカテツ科		
Planchonella boninensis (Nakai) Masam. et Yanagihara	ムニンノキ	EN
Symplocaceae　ハイノキ科		
Symplocos boninensis Rehder et E. H. Wilson	ムニンクロキ	CR
Symplocos kawakamii Hayata	ウチダシクロキ	CR
Symplocos kuroki Nagam.	クロキ	
Symplocos liukiuensis Matsum. var. *liukiuensis*	アオバナハイノキ	
Symplocos liukiuensis Matsum. var. *iriomotensis* Nagam.	イリオモテハイノキ	
Symplocos microcalyx Hayata	アマシバ	
Symplocos myrtacea Siebold et Zucc. var. *myrtacea*	ハイノキ	
Symplocos myrtacea Siebold et Zucc. var. *latifolia* Hatus.	ヒロハハイノキ	
Symplocos nakaharae (Hayata) Masam.	ナカハラクロキ	
Symplocos okinawensis Matsum.	リュウキュウハイノキ	
Symplocos paniculata (Thunb.) Miq.	クロミノニシゴリ	
Symplocos pergracilis (Nakai) T. Yamaz.	チチジマクロキ	EN
Symplocos prunifolia Siebold et Zucc. var. *tawadae* Nagam.	ナガバクロバイ	
Symplocos tanakae Matsum.	ヒロハノミミズバイ	
Oleaceae　モクセイ科		
Forsythia japonica Makino	ヤマトレンギョウ	NT
Forsythia togashii H. Hara	ショウドシマレンギョウ	EN
Fraxinus apertisquamifera H. Hara	ミヤマアオダモ	
Fraxinus japonica Blume ex K. Koch	トネリコ	
Fraxinus lanuginosa Koidz. var. *serrata* (Nakai) H. Hara	アオダモ	
Fraxinus longicuspis Siebold et Zucc.	ヤマトアオダモ	
Fraxinus spaethiana Lingelsh.	シオジ	
Jasminum superfluum Koidz.	オキナワソケイ	VU
Ligustrum ibota Siebold	サイゴクイボタ	
Ligustrum liukiuense Koidz.	オキナワイボタ	
Ligustrum micranthum Zucc.	ムニンネズミモチ	
Ligustrum ovalifolium Hassk. var. *hisauchii* (Makino) Noshiro	オカイボタ	
Ligustrum ovalifolium Hassk. var. *pacificum* (Nakai) M. Mizush.	ハチジョウイボタ	
Ligustrum tamakii Hatus.	トゲイボタ	CR
Ligustrum tschonoskii Decne. var. *kiyozumianum* (Nakai) Ohwi	キヨズミイボタ	
Osmanthus rigidus Nakai	オオモクセイ	EN
Loganiaceae　マチン科		
Gardneria nutans Siebold et Zucc.	ホウライカズラ	
Geniostoma glabrum Matsum.	オガサワラモクレイシ	VU
Gentianaceae　リンドウ科		
Comastoma sectum (Satake) Holub.	サンプクリンドウ	EN
Gentiana laeviuscula Toyok.	コヒナリンドウ	CR
Gentiana makinoi Kusn.	オヤマリンドウ	
Gentiana nipponica Maxim. var. *nipponica*	ミヤマリンドウ	
Gentiana nipponica Maxim. var. *robusta* H. Hara	イイデリンドウ	VU
Gentiana satsunanensis T. Yamaz.	リュウキュウコケリンドウ	VU
Gentiana scabra Bunge var. *buergeri* (Miq.) Maxim. ex Franch. et Sav.	リンドウ	
Gentiana scabra Bunge var. *kitadakensis* (N. Yonez.) Halda	キタダケリンドウ	
Gentiana sikokiana Maxim.	アサマリンドウ	

学名	和名	絶滅危惧ランク
Gentiana takushii T. Yamaz.	ミヤココケリンドウ	CR
Gentiana thunbergii (G. Don) Griseb. var. *minor* Maxim.	タテヤマリンドウ	
Gentiana yakumontana Masam.	ヤクシマコケリンドウ	
Gentiana yakushimensis Makino	ヤクシマリンドウ	EN
Gentianella takedae (Kitag.) Satake	オノエリンドウ	EN
Gentianella yuparensis (Takeda) Satake	ユウバリリンドウ	CR
Gentianopsis yabei (Takeda et H. Hara) Ma ex Toyok. var. *yabei*	シロウマリンドウ	NT
Gentianopsis yabei (Takeda et H. Hara) Ma ex Toyok. var. *akaisiensis* T. Yamaz.	アカイシリンドウ	EN
Swertia makinoana F. Maek.	シマアケボノソウ	
Swertia noguchiana Hatus.	ソナレセンブリ	VU
Swertia swertopsis Makino	シノノメソウ	VU
Swertia tashiroi (Maxim.) Makino	ヘツカリンドウ	VU
Swertia tetrapetala Pall. subsp. *tetrapetala* var. *yezoalpina* (H. Hara) H. Hara	エゾタカネセンブリ	
Swertia tetrapetala Pall. subsp. *micrantha* (Takeda) Kitam. var. *micrantha*	タカネセンブリ	
Swertia tetrapetala Pall. subsp. *micrantha* (Takeda) Kitam. var. *happoensis* Hid. Takah. ex T. Shimizu	ハッポウタカネセンブリ	
Tripterospermum distylum J. Murata et Yahara	ハナヤマツルリンドウ	EN
Tripterospermum trinervium (Thunb.) H. Ohashi et H. Nakai var. *involubile* (N. Yonez.) H. Ohashi et H. Nakai	テングノコヅチ	NT
Menyanthaceae　ミツガシワ科		
Fauria crista-galli (Menzies ex Hook.) Makino subsp. *japonica* (Franch.) J. M. Gillet	イワイチョウ	
Apocynaceae　キョウチクトウ科		
Neisosperma iwasakianum (Koidz.) Fosberg et Sachet	シマソケイ	CR
Neisosperma nakaianum (Koidz.) Fosberg et Sachet	ヤロード	
Asclepiadaceae　ガガイモ科		
Cynanchum ambiguum (Maxim.) Kom.	アオカモメヅル	
Cynanchum ascyrifolium (Franch. et Sav.) Matsum. var. *calcareum* (H. Ohashi) T. Yamaz.	イシダテクサタチバナ	CR
Cynanchum austrokiusianum Koidz.	ナンゴクカモメヅル	EN
Cynanchum doianum Koidz.	サツマビャクゼン	DD
Cynanchum grandifolium Hemsl.	ツクシガシワ	
Cynanchum katoi Ohwi	クサナギオゴケ	VU
Cynanchum liukiuense Warb.	リュウキュウガシワ	
Cynanchum magnificum Nakai	タチガシワ	
Cynanchum matsumurae T. Yamaz.	ヒメイヨカズラ	EN
Cynanchum sublanceolatum (Miq.) Matsum. var. *sublanceolatum*	コバノカモメヅル	
Cynanchum sublanceolatum (Miq.) Matsum. var. *kinokuniense* T. Yamaz.	キノクニカモメヅル	
Cynanchum sublanceolatum (Miq.) Matsum. var. *macranthum* (Maxim.) Matsum.	シロバナカモメヅル	
Cynanchum yamanakae Ohwi et H. Ohashi	ヤマワキオゴケ	CR
Cynanchum yonakuniense Hatus.	ヨナクニカモメヅル	CR
Tylophora aristolochioides Miq.	オオカモメヅル	
Tylophora japonica Miq.	トキワカモメヅル	
Tylophora tanakae Maxim. var. *tanakae*	ツルモウリンカ	
Tylophora tanakae Maxim. var. *glabrescens* Hatus. ex T. Yamaz.	ケナシツルモウリンカ	NT
Rubiaceae　アカネ科		
Asperula trifida Makino	ウスユキムグラ	
Damnacanthus biflorus (Rehder) Masam.	リュウキュウアリドオシ	
Damnacanthus macrophyllus Siebold ex Miq.	ジュズネノキ	
Galium kamtschaticum Steller ex Roem. et Schult. var. *yakusimense* (Masam.) T. Yamaz.	ヤクシマムグラ	
Galium kikumugura Ohwi	キクムグラ	
Galium kinuta Nakai et H. Hara	キヌタソウ	
Galium nakaii Kudô ex H. Hara	ミヤマキヌタソウ	
Galium niewerthii Franch. et Sav.	ヤブムグラ	VU
Galium pogonanthum Franch. et Sav. var. *trichopetalum* (Nakai) H. Hara	オオヤマムグラ	

学名	和名	絶滅危惧ランク
Galium pogonanthum Franch. et Sav. var. *yakumontanum* T. Yamaz.	ヤクシマヤマムグラ	VU
Gardenia boninensis (Nakai) Tuyama ex Toyoda	オガサワラクチナシ	VU
Hedyotis grayi Hook. f.	シマザクラ	VU
Hedyotis mexicana (Hook. et Arn.) Hatus.	マルバシマザクラ	VU
Hedyotis pachyphylla Tuyama	アツバシマザクラ	
Hedyotis strigulosa (Bartl. ex DC.) Fosberg var. *luxurians* (Hatus.) T. Yamaz.	オオソナレムグラ	
Leptodermis pulchella Yatabe	シチョウゲ	NT
Morinda umbellata L. subsp. *boninensis* (Ohwi) T. Yamaz. var. *boninensis*	ムニンハナガサノキ	
Morinda umbellata L. subsp. *boninensis* (Ohwi) T. Yamaz. var. *hahazimensis* T. Yamaz.	ハハジマハナガサノキ	EN
Neanotis hirsuta (L. f.) W. H. Lewis var. *glabra* (Honda) H. Hara	オオハシカグサ	
Neanotis hirsuta (L. f.) W. H. Lewis var. *yakusimensis* (Masam.) W. H. Lewis	ヤクシマハシカグサ	
Ophiorrhiza amamiana (Hatus.) Koh Nakam., Denda,. Kameshima et Yokota	アマミイナモリ	
Ophiorrhiza yamashitae (T. Yamaz.) Kokub., Koh Nakam. et Yokota	アマミアワゴケ	CR
Pseudopyxis depressa Miq.	イナモリソウ	
Pseudopyxis heterophylla (Miq.) Maxim.	シロバナイナモリソウ	
Psychotria boninensis Nakai	オオシラタマカズラ	
Psychotria homalosperma A. Gray	オガサワラボチョウジ	VU
Tarenna subsessilis (A. Gray) T. Itô	シマギョクシンカ	VU
Polemoniaceae　ハナシノブ科		
Polemonium caeruleum L. subsp. *yezoense* (Miyabe et Kudô) H. Hara var. *yezoense*	エゾハナシノブ	VU
Polemonium caeruleum L. subsp. *yezoense* (Miyabe et Kudô) H. Hara var. *nipponicum* (Kitam.) Koji Ito	ミヤマハナシノブ	VU
Convolvulaceae　ヒルガオ科		
Evolvulus boninensis F. Maek. et Tuyama	シロガネガラクサ	
Boraginaceae　ムラサキ科		
Ancistrocarya japonica Maxim.	サワルリソウ	
Eritrichium nipponicum Makino var. *nipponicum*	ミヤマムラサキ	
Eritrichium nipponicum Makino var. *albiflorum* Koidz.	シロバナミヤマムラサキ	
Mertensia pterocarpa (Turcz.) Tatew. et Ohwi var. *yezoensis* Tatew. et Ohwi	エゾルリソウ	CR
Omphalodes akiensis Kadota	アキノハイルリソウ	
Omphalodes japonica (Thunb.) Maxim. var. *japonica*	ヤマルリソウ	
Omphalodes japonica (Thunb.) Maxim. var. *echinosperma* Kitam.	トゲヤマルリソウ	
Omphalodes krameri Franch. et Sav.	ルリソウ	
Omphalodes laevisperma Nakai	エチゴルリソウ	
Omphalodes prolifera Ohwi	ハイルリソウ	CR
Trigonotis brevipes (Maxim.) Maxim. ex Hemsl.	ミズタビラコ	
Trigonotis coronata Ohwi	コシジタビラコ	
Trigonotis guilielmii (A. Gray) A. Gray ex Gürke	タチカメバソウ	
Trigonotis iinumae (Maxim.) Makino	ツルカメバソウ	EN
Verbenaceae　ムラサキ科		
Callicarpa glabra Koidz.	シマムラサキ	CR
Callicarpa oshimensis Hayata var. *oshimensis*	オオシマムラサキ	
Callicarpa oshimensis Hayata var. *iriomotensis* (Masam.) Hatus.	イリオモテムラサキ	
Callicarpa oshimensis Hayata var. *okinawensis* (Nakai) Hatus.	オキナワヤブムラサキ	VU
Callicarpa parvifolia Hook. et Arn.	ウラジロコムラサキ	CR
Callicarpa shikokiana Makino	トサムラサキ	VU
Callicarpa subpubescens Hook. et Arn.	オオバシマムラサキ	
Lamiaceae (Labiatae)　シソ科		
Ajuga boninsimae Maxim.	シマカコソウ	CR
Ajuga ciliata Bunge var. *villosior* A. Gray ex Nakai	カイジンドウ	VU
Ajuga incisa Maxim.	ヒイラギソウ	EN
Ajuga japonica Miq.	オウギカズラ	
Ajuga makinoi Nakai	タチキランソウ	NT
Ajuga shikotanensis Miyabe et Tatew.	ツルカコソウ	EN
Ajuga tsukubana (Nakai) Okuyama	ツクバキンモンソウ	

学名	和名	絶滅危惧ランク
Ajuga yesoensis Maxim. ex Franch. et Sav.	ニシキゴロモ	
Chelonopsis longipes Makino	タニジャコウソウ	
Chelonopsis moschata Miq.	ジャコウソウ	
Chelonopsis yagiharana Hisauti et Matsuno	アシタカジャコウソウ	
Clinopodium latifolium (H. Hara) T. Yamaz. et Murata	ヒロハヤマトウバナ	
Clinopodium macranthum (Makino) H. Hara	ミヤマクルマバナ	
Clinopodium multicaule (Maxim.) Kuntze var. *minimum* (H. Hara) Ohwi	コケトウバナ	NT
Elsholtzia nipponica Ohwi	フトボナギナタコウジュ	
Keiskea japonica Miq.	シモバシラ	
Lamium ambiguum (Makino) Ohwi	マネキグサ	NT
Lamium humile (Miq.) Maxim.	ヤマジオウ	
Leucosceptrum japonicum (Miq.) Kitam. et Murata	テンニンソウ	
Leucosceptrum stellipilum (Miq.) Kitam. et Murata var. *stellipilum*	ミカエリソウ	
Leucosceptrum stellipilum (Miq.) Kitam. et Murata var. *tosaense* (Makino ex Koidz.) Kitam. et Murata	ツクシミカエリソウ	
Meehania montis-koyae Ohwi	オチフジ	VU
Mentha japonica (Miq.) Makino	ヒメハッカ	NT
Nepeta subsessilis Maxim.	ミソガワソウ	
Perilla hirtella Nakai	トラノオジソ	
Perillula reptans Maxim.	スズコウジュ	
Prunella prunelliformis (Maxim.) Makino	タテヤマウツボグサ	
Rabdosia effusa (Maxim.) H. Hara	セキヤノアキチョウジ	
Rabdosia longituba (Miq.) H. Hara	アキチョウジ	
Rabdosia shikokiana (Makino) H. Hara var. *shikokiana*	ミヤマヒキオコシ	
Rabdosia shikokiana (Makino) H. Hara var. *intermedia* (Kudô) H. Hara	タカクマヒキオコシ	
Rabdosia shikokiana (Makino) H. Hara var. *occidentalis* (Murata) H. Hara	サンインヒキオコシ	
Rabdosia trichocarpa (Maxim.) H. Hara	クロバナヒキオコシ	
Rabdosia umbrosa (Maxim.) H. Hara var. *umbrosa*	イヌヤマハッカ	
Rabdosia umbrosa (Maxim.) H. Hara var. *excisinflexa* (Nakai) H. Hara	タイリンヤマハッカ	
Rabdosia umbrosa (Maxim.) H. Hara var. *hakusanensis* (Kudô) H. Hara	ハクサンカメバヒキオコシ	
Rabdosia umbrosa (Maxim.) H. Hara var. *komaensis* (Okuyama) H. Hara	コマヤマハッカ	
Rabdosia umbrosa (Maxim.) H. Hara var. *latifolia* (Okuyama) H. Hara	コウシンヤマハッカ	
Rabdosia umbrosa (Maxim.) H. Hara var. *leucantha* (Murai) H. Hara	カメバヒキオコシ	
Salvia glabrescens (Franch. et Sav.) Makino var. *glabrescens*	アキギリ	
Salvia glabrescens (Franch. et Sav.) Makino var. *repens* (Koidz.) Kurosaki	ハイコトジソウ	
Salvia isensis Nakai ex H. Hara	シマジタムラソウ	VU
Salvia koyamae Makino	シナノアキギリ	VU
Salvia lutescens (Koidz.) Koidz. var. *lutescens*	キバナナツノタムラソウ	
Salvia lutescens (Koidz.) Koidz. var. *crenata* (Makino) Murata	ミヤマタムラソウ	
Salvia lutescens (Koidz.) Koidz. var. *intermedia* (Makino) Murata	ナツノタムラソウ	
Salvia lutescens (Koidz.) Koidz. var. *stolonifera* G. Nakai	ダンドタムラソウ	
Salvia nipponica Miq. var. *nipponica*	キバナアキギリ	
Salvia nipponica Miq. var. *kisoensis* K. Imai	キソキバナアキギリ	
Salvia nipponica Miq. var. *trisecta* (Matsum. ex Kudô) Honda	ミツデコトジソウ	
Salvia omerocalyx Hayata var. *omerocalyx*	タジマタムラソウ	VU
Salvia omerocalyx Hayata var. *prostrata* Satake	ハイタムラソウ	
Salvia pygmaea Matsum. var. *pygmaea*	ヒメタムラソウ	
Salvia pygmaea Matsum. var. *simplicior* Hatus. ex T. Yamaz.	アマミタムラソウ	EN
Salvia ranzaniana Makino	ハルノタムラソウ	
Scutellaria amabilis H. Hara	ヤマジノタツナミソウ	
Scutellaria brachyspica Nakai et H. Hara	オカタツナミソウ	
Scutellaria indica L. var. *parvifolia* (Makino) Makino	コバノタツナミ	
Scutellaria iyoensis Nakai	ハナタツナミソウ	
Scutellaria kikai-insularis Hatus. ex T. Yamaz.	ヒメタツナミソウ	EN
Scutellaria kiusiana H. Hara	ツクシタツナミソウ	
Scutellaria kuromidakensis (Yahara) T. Yamaz.	ヤクシマシソバタツナミ	VU

学名	和名	絶滅危惧ランク
Scutellaria laeteviolacea Koidz. var. *laeteviolacea*	シソバタツナミ	
Scutellaria laeteviolacea Koidz. var. *abbreviata* (H. Hara) H. Hara	トウゴクシソバタツナミ	
Scutellaria laeteviolacea Koidz. var. *kurokawae* (H. Hara) H. Hara	イガタツナミ	
Scutellaria laeteviolacea Koidz. var. *maekawae* (H. Hara) H. Hara	ホナガタツナミソウ	
Scutellaria longituba Koidz.	ムニンタツナミソウ	VU
Scutellaria muramatsui H. Hara	デワノタツナミソウ	
Scutellaria rubropunctata Hayata var. *rubropunctata*	アカボシタツナミソウ	
Scutellaria rubropunctata Hayata var. *minima* T. Yamaz.	ヒメアカボシタツナミソウ	
Scutellaria rubropunctata Hayata var. *naseana* T. Yamaz.	アマミタツナミソウ	
Scutellaria shikokiana Makino var. *shikokiana*	ミヤマナミキ	
Scutellaria shikokiana Makino var. *pubicaulis* (Ohwi) Kitam.	ケミヤマナミキ	EN
Teucrium teinense Kudô	テイネニガクサ	NT
Solanaceae　ナス科		
Physaliastrum japonicum (Franch. et Sav.) Honda	アオホオズキ	VU
Physalis chamaesarachoides Makino	ヤマホオズキ	EN
Solanum boninense Nakai ex Tuyama	ムニンホオズキ	EN
Solanum maximowiczii Koidz.	マルバノホロシ	
Tubocapsicum boninense (Koidz.) Koidz. ex H. Hara	ムニンハダカホオズキ	
Buddlejaceae　フジウツギ科		
Buddleja japonica Hemsl.	フジウツギ	
Scrophulariaceae　ゴマノハグサ科		
Ellisiophyllum pinnatum (Wall.) Makino var. *reptans* (Maxim.) T. Yamaz.	キクガラクサ	NT
Euphrasia hachijoensis Nakai ex Furumi	ハチジョウコゴメグサ	EN
Euphrasia insignis Wettst. subsp. *insignis* var. *insignis*	ミヤマコゴメグサ	
Euphrasia insignis Wettst. subsp. *insignis* var. *japonica* (Wettst.) Ohwi	ホソバコゴメグサ	
Euphrasia insignis Wettst. subsp. *insignis* var. *nummularia* (Nakai) T. Yamaz.	マルバコゴメグサ	VU
Euphrasia insignis Wettst. subsp. *insignis* var. *omiensis* (Y. Kimura ex H. Hara) T. Yamaz.	オオミコゴメグサ	EX
Euphrasia insignis Wettst. subsp. *insignis* var. *pubigera* (Koidz.) Murata	マツラコゴメグサ	EX
Euphrasia insignis Wettst. subsp. *insignis* var. *togakusiensis* (Y. Kimura) Y. Kimura ex H. Hara	トガクシコゴメグサ	
Euphrasia insignis Wettst. subsp. *iinumae* (Takeda) T. Yamaz. var. *iinumae*	イブキコゴメグサ	VU
Euphrasia insignis Wettst. subsp. *iinumae* (Takeda) T. Yamaz. var. *idzuensis* (Takeda) T. Yamaz.	イズコゴメグサ	EN
Euphrasia insignis Wettst. subsp. *iinumae* (Takeda) T. Yamaz. var. *kiusiana* (Y. Kimura) T. Yamaz.	キュウシュウコゴメグサ	
Euphrasia insignis Wettst. subsp. *iinumae* (Takeda) T. Yamaz. var. *makinoi* (Takeda) T. Yamaz.	トサノコゴメグサ	
Euphrasia kisoalpina Hid. Takah. et Ohba	コケコゴメグサ	VU
Euphrasia matsumurae Nakai	コバノコゴメグサ	
Euphrasia maximowiczii Wettst. var. *arcuata* F. Maek. ex T. Yamaz.	ミチノクコゴメグサ	
Euphrasia maximowiczii Wettst. var. *calcarea* T. Yamaz.	シライワコゴメグサ	
Euphrasia maximowiczii Wettst. var. *yezoensis* (H. Hara) H. Hara ex T. Yamaz.	エゾコゴメグサ	
Euphrasia microphylla Koidz.	ナヨナヨコゴメグサ	VU
Euphrasia multifolia Wettst. var. *inaensis* Hid. Takah.	イナコゴメグサ	CR
Euphrasia multifolia Wettst. var. *kirisimana* Y. Kimura	クモイコゴメグサ	EX
Euphrasia pectinata Ten. var. *obtusiserrata* (T. Yamaz.) T. Yamaz.	エゾノダッタンコゴメグサ	CR
Euphrasia yabeana Nakai	ヒナコゴメグサ	
Gratiola fluviatilis Koidz.	カミガモソウ	EN
Melampyrum laxum Miq. var. *laxum*	シコクママコナ	
Melampyrum laxum Miq. var. *arcuatum* (Nakai) Soó	タカネママコナ	VU
Melampyrum laxum Miq. var. *nikkoense* Beauverd	ミヤマママコナ	
Melampyrum laxum Miq. var. *yakusimense* (Tuyama) Kitam.	ヤクシマママコナ	
Melampyrum yezoense T. Yamaz.	エゾママコナ	
Pedicularis apodochila Maxim.	ミヤマシオガマ	
Pedicularis chamissonis Steven var. *japonica* (Miq.) Maxim.	ヨツバシオガマ	
Pedicularis gloriosa Bisset et S. Moore	ハンカイシオガマ	

学名	和名	絶滅危惧ランク
Pedicularis iwatensis Ohwi	イワテシオガマ	
Pedicularis keiskei Franch. et Sav.	セリバシオガマ	
Pedicularis nipponica Makino	オニシオガマ	
Pedicularis ochiaiana Makino	ヤクシマシオガマ	
Pedicularis refracta (Maxim.) Maxim.	ツクシシオガマ	
Pedicularis resupinata L. subsp. *oppositifolia* (Miq.) T. Yamaz. var. *microphylla* Honda	ミカワシオガマ	EN
Pedicularis resupinata L. subsp. *teucriifolia* (M. Bieb. ex Steven) T. Yamaz. var. *caespitosa* Koidz.	トモエシオガマ	
Pedicularis yezoensis Maxim. var. *yezoensis*	エゾシオガマ	
Pedicularis yezoensis Maxim. var. *pubescens* H. Hara	ビロードエゾシオガマ	
Pseudolysimachion ogurae T. Yamaz.	サンイントラノオ	VU
Pseudolysimachion ornatum (Monjuschko) Holub	トウテイラン	VU
Pseudolysimachion ovatum (Nakai) T. Yamaz. subsp. *kiusianum* (Furumi) T. Yamaz. var. *kitadakemontanum* (T. Yamaz.) T. Yamaz.	キタダケトラノオ	VU
Pseudolysimachion ovatum (Nakai) T. Yamaz. subsp. *maritimum* (Nakai) T. Yamaz.	エチゴトラノオ	
Pseudolysimachion ovatum (Nakai) T. Yamaz. subsp. *miyabei* (Nakai et Honda) T. Yamaz. var. *miyabei*	エゾルリトラノオ	
Pseudolysimachion ovatum (Nakai) T. Yamaz. subsp. *miyabei* (Nakai et Honda) T. Yamaz. var. *japonicum* (Miq.) T. Yamaz.	ヤマルリトラノオ	
Pseudolysimachion ovatum (Nakai) T. Yamaz. subsp. *miyabei* (Nakai et Honda) T. Yamaz. var. *villosum* (Furumi) T. Yamaz.	ビロードトラノオ	
Pseudolysimachion rotundum (Nakai) Holub var. *petiolatum* (Nakai) T. Yamaz.	ヒメトラノオ	
Pseudolysimachion schmidtianum (Regel) T. Yamaz. subsp. *senanense* (Maxim.) T. Yamaz.	ミヤマクワガタ	
Pseudolysimachion schmidtianum (Regel) T. Yamaz. subsp. *yezoalpinum* (Koidz. ex H. Hara) Kitam. et Murata	エゾミヤマクワガタ	VU
Pseudolysimachion sieboldianum (Miq.) Holub	ハマトラノオ	VU
Pseudolysimachion subsessile (Miq.) Holub var. *ibukiense* T. Yamaz.	イブキルリトラノオ	
Scrophularia duplicatoserrata (Miq.) Makino var. *duplicatoserrata*	ヒナノウスツボ	
Scrophularia duplicatoserrata (Miq.) Makino var. *surugensis* (Honda) Honda ex H. Hara	ナガバヒナノウスツボ	
Scrophularia grayanoides M. Kikuchi	ハマヒナノウスツボ	
Scrophularia kakudensis Franch. var. *toyamae* (Hatus. ex T. Yamaz.) T. Yamaz.	ツシマヒナノウスツボ	
Scrophularia musashiensis Bonati var. *musashiensis*	サツキヒナノウスツボ	
Scrophularia musashiensis Bonati var. *ina-vallicola* Hid. Takah.	イナサツキヒナノウスツボ	
Veronica japonensis Makino	ヤマクワガタ	
Veronica miqueliana Nakai var. *miqueliana*	クワガタソウ	
Veronica miqueliana Nakai var. *takedana* (Makino) Nemoto	コクワガタ	
Veronica muratae T. Yamaz.	サンインクワガタ	
Veronica nipponica Makino ex Furumi var. *nipponica*	ヒメクワガタ	
Veronica nipponica Makino ex Furumi var. *sinanoalpina* H. Hara	シナノヒメクワガタ	
Veronica onoei Franch. et Sav.	グンバイヅル	VU
Veronicastrum japonicum (Nakai) T. Yamaz. var. *japonicum*	クガイソウ	
Veronicastrum japonicum (Nakai) T. Yamaz. var. *australe* (T. Yamaz.) T. Yamaz.	ナンゴククガイソウ	
Veronicastrum japonicum (Nakai) T. Yamaz. var. *humile* (Nakai) T. Yamaz.	イブキクガイソウ	
Veronicastrum liukiuense (Ohwi) T. Yamaz.	リュウキュウスズカケ	CR
Veronicastrum tagawae (Ohwi) T. Yamaz.	キノクニスズカケ	EN
Globulariaceae　ウルップソウ科		
Lagotis takedana Miyabe et Tatew.	ユウバリソウ	CR
Lagotis yesoensis (Miyabe et Tatew.) Tatew.	ホソバウルップソウ	EN
Acanthaceae　キツネノマゴ科		
Strobilanthes tashiroi Hayata	オキナワスズムシソウ	
Strobilanthes wakasana Wakasugi et Naruh.	ユキミバナ	
Gesneriaceae　イワタバコ科		
Opithandra primuloides (Miq.) B. L. Burtt	イワギリソウ	VU
Orobanchaceae　ハマウツボ科		

学名	和名	絶滅危惧ランク
Orobanche boninsimae (Maxim.) Tuyama	シマウツボ	EN
Lentibulariaceae　タヌキモ科		
Pinguicula ramosa Miyoshi	コウシンソウ	VU
Utricularia dimorphantha Makino	フサタヌキモ	EN
Plantaginaceae　オオバコ科		
Plantago hakusanensis Koidz.	ハクサンオオバコ	
Caprifoliaceae　スイカズラ科		
Abelia integrifolia Koidz.	イワツクバネウツギ	VU
Abelia serrata Siebold et Zucc. var. *tomentosa* (Koidz.) Nakai	オニツクバネウツギ	CR
Abelia spathulata Siebold et Zucc. var. *sanguinea* Makino	ベニバナノツクバネウツギ	
Abelia spathulata Siebold et Zucc. var. *stenophylla* Honda	ウゴツクバネウツギ	
Abelia tetrasepala (Koidz.) H. Hara et S. Kuros.	オオツクバネウツギ	
Lonicera affinis Hook. et Arn.	ハマニンドウ	
Lonicera alpigena L. var. *watanabeana* (Makino) H. Hara	スルガヒョウタンボク	EN
Lonicera cerasina Maxim.	ウスバヒョウタンボク	VU
Lonicera demissa Rehder var. *demissa*	イボタヒョウタンボク	
Lonicera demissa Rehder var. *borealis* H. Hara et M. Kikuchi	キタカミヒョウタンボク	CR
Lonicera gracilipes Miq. var. *gracilipes*	ヤマウグイスカグラ	
Lonicera gracilipes Miq. var. *glabra* Miq.	ウグイスカグラ	
Lonicera gracilipes Miq. var. *glandulosa* Maxim.	ミヤマウグイスカグラ	
Lonicera japonica Thunb. var. *miyagusukiana* Makino	ヒメスイカズラ	CR
Lonicera linderifolia Maxim. var. *linderifolia*	ヤブヒョウタンボク	EN
Lonicera linderifolia Maxim. var. *konoi* (Makino) Okuyama	コゴメヒョウタンボク	EN
Lonicera mochidzukiana Makino var. *mochidzukiana*	ニッコウヒョウタンボク	
Lonicera mochidzukiana Makino var. *filiformis* Koidz.	アカイシヒョウタンボク	
Lonicera mochidzukiana Makino var. *nomurana* (Makino) Nakai	ヤマヒョウタンボク	
Lonicera praeflorens Batalin var. *japonica* H. Hara	ハヤザキヒョウタンボク	
Lonicera ramosissima Franch. et Sav. ex Maxim. var. *ramosissima*	チチブヒョウタンボク	
Lonicera ramosissima Franch. et Sav. ex Maxim. var. *kinkiensis* (Koidz.) Ohwi	キンキヒョウタンボク	EN
Lonicera strophiophora Franch. var. *strophiophora*	アラゲヒョウタンボク	
Lonicera strophiophora Franch. var. *glabra* Nakai	ダイセンヒョウタンボク	
Lonicera tschonoskii Maxim.	オオヒョウタンボク	
Sambucus racemosa L. subsp. *sieboldiana* (Miq.) H. Hara var. *major* (Nakai) Murata	オオニワトコ	
Viburnum brachyandrum Nakai	シマガマズミ	VU
Viburnum japonicum (Thunb. ex Murray) Spreng. var. *japonicum*	ハクサンボク	
Viburnum japonicum (Thunb. ex Murray) Spreng. var. *boninsimense* Makino	トキワガマズミ	EN
Viburnum phlebotrichum Siebold et Zucc.	オトコヨウゾメ	
Viburnum plicatum Thunb. var. *parvifolium* Miq.	コヤブデマリ	
Viburnum sieboldii Miq. var. *sieboldii*	ゴマキ	
Viburnum sieboldii Miq. var. *obovatifolium* (Yanagita) Sugim.	マルバゴマキ	
Viburnum suspensum Lindl.	ゴモジュ	
Viburnum tashiroi Nakai	オオシマガマズミ	
Weigela coraeensis Thunb. var. *coraeensis*	ハコネウツギ	
Weigela coraeensis Thunb. var. *fragrans* (Ohwi) H. Hara	ニオイウツギ	
Weigela decora (Nakai) Nakai var. *decora*	ニシキウツギ	
Weigela decora (Nakai) Nakai var. *amagiensis* (Nakai) H. Hara	アマギベニウツギ	
Weigela floribunda (Siebold et Zucc.) K. Koch	ヤブウツギ	
Weigela hortensis (Siebold et Zucc.) K. Koch	タニウツギ	
Weigela japonica Thunb.	ツクシヤブウツギ	
Weigela maximowiczii (S. Moore) Rehder	キバナウツギ	
Valerianaceae　オミナエシ科		
Patrinia gibbosa Maxim.	マルバキンレイカ	
Patrinia takeuchiana Makino	オオキンレイカ	EN
Patrinia triloba (Miq.) Miq. var. *triloba*	ハクサンオミナエシ	
Patrinia triloba (Miq.) Miq. var. *kozushimensis* Honda	シマキンレイカ	CR
Patrinia triloba (Miq.) Miq. var. *palmata* (Maxim.) H. Hara	キンレイカ	
Dipsacaceae　マツムシソウ科		
Scabiosa japonica Miq. var. *japonica*	マツムシソウ	
Scabiosa japonica Miq. var. *acutiloba* H. Hara	エゾマツムシソウ	

学名	和名	絶滅危惧ランク
Scabiosa japonica Miq. var. *alpina* Takeda	タカネマツムシソウ	
Scabiosa japonica Miq. var. *lasiophylla* Sugim.	ソナレマツムシソウ	
Campanulaceae　キキョウ科		
Adenophora hatsushimae Kitam.	ツクシイワシャジン	CR
Adenophora maximowicziana Makino	ヒナシャジン	VU
Adenophora nikoensis Franch. et Sav. var. *nikoensis*	ヒメシャジン	
Adenophora nikoensis Franch. et Sav. var. *petrophila* (H. Hara) H. Hara	ミョウギシャジン	
Adenophora takedae Makino var. *takedae*	イワシャジン	
Adenophora takedae Makino var. *howozana* (Takeda) Sugim. ex J. Okazaki	ホウオウシャジン	EN
Adenophora teramotoi Hurus. ex T. Yamaz.	シライワシャジン	VU
Adenophora triphylla (Thunb.) A. DC. var. *puellaris* (Honda) H. Hara	オトメシャジン	
Adenophora uryuensis Miyabe et Tatew.	シラトリシャジン	VU
Campanula microdonta Koidz.	シマホタルブクロ	
Campanula punctata Lam. var. *hondoensis* (Kitam.) Ohwi	ヤマホタルブクロ	
Codonopsis lanceolata (Siebold et Zucc.) Trautv. var. *omurae* T. Koyama	シブカワニンジン	
Lobelia boninensis Koidz.	オオハマギキョウ	EN
Lobelia loochooensis Koidz.	マルバハタケムシロ	EN
Peracarpa carnosa (Wall.) Hook. f. et Thomson var. *kiusiana* H. Hara	エダウチタニギキョウ	
Peracarpa carnosa (Wall.) Hook. f. et Thomson var. *pumila* H. Hara	ツクシタニギキョウ	
Asteraceae (Compositae)　キク科		
Achillea alpina L. subsp. *alpina* var. *discoidea* (Regel) Kitam.	ヤマノコギリソウ	
Achillea alpina L. subsp. *pulchra* (Koidz.) Kitam.	アカバナエゾノコギリソウ	
Achillea alpina L. subsp. *subcartilaginea* (Heimerl) Kitam.	アソノコギリソウ	NT
Achillea ptarmica L. var. *yezoensis* Kitam.	ホソバエゾノコギリソウ	EN
Ainsliaea acerifolia Sch. Bip. var. *acerifolia*	モミジハグマ	
Ainsliaea apiculata Sch. Bip. var. *acerifolia* Masam.	リュウキュウハグマ	
Ainsliaea cordifolia Franch. et Sav. var. *cordifolia*	テイショウソウ	
Ainsliaea cordifolia Franch. et Sav. var. *maruoi* (Makino) Makino ex Kitam.	ヒロハテイショウソウ	
Ainsliaea dissecta Franch. et Sav.	エンシュウハグマ	
Ainsliaea faurieana Beauverd	ホソバハグマ	
Ainsliaea fragrans Champ. var. *integrifolia* (Maxim.) Kitam.	マルバテイショウソウ	EN
Ainsliaea macroclinidioides Hayata var. *okinawensis* (Hayata) Kitam.	オキナワハグマ	
Ainsliaea oblonga Koidz.	ナガバハグマ	VU
Anaphalis alpicola Makino	タカネヤハズハハコ	
Anaphalis margaritacea (L.) Benth. et Hook. f. var. *japonica* (Sch. Bip.) Makino	ホソバノヤマハハコ	
Anaphalis margaritacea (L.) Benth. et Hook. f. var. *yedoensis* (Franch. et Sav.) Ohwi	カワラハハコ	
Anaphalis sinica Hance var. *pernivea* T. Shimizu	トダイハハコ	VU
Anaphalis sinica Hance var. *viscosissima* (Honda) Kitam.	クリヤマハハコ	VU
Anaphalis sinica Hance var. *yakusimensis* (Masam.) Yahara	ヤクシマウスユキソウ	CR
Arnica mallotopus Makino	チョウジギク	
Artemisia congesta Kitam.	オニオトコヨモギ	VU
Artemisia kitadakensis H. Hara et Kitam.	キタダケヨモギ	EN
Artemisia koidzumii Nakai var. *megaphylla* Kitam.	オオバヨモギ	EN
Artemisia momiyamae Kitam.	ユキヨモギ	EN
Artemisia monophylla Kitam.	ヒトツバヨモギ	
Artemisia pedunculosa Miq.	ミヤマオトコヨモギ	
Artemisia sinanensis Y. Yabe	タカネヨモギ	
Artemisia trifurcata Stephan ex Spreng. var. *pedunculosa* (Koidz.) Kitam.	エゾハハコヨモギ	
Aster ageratoides Turcz. var. *intermedius* (Soejima) Mot. Ito et Soejima	ケシロヨメナ	
Aster ageratoides Turcz. var. *oligocephalus* (Nakai ex H. Hara) Nor. Tanaka	キントキシロヨメナ	
Aster ageratoides Turcz. var. *ovalifolius* Kitam.	タマバシロヨメナ	
Aster ageratoides Turcz. var. *tenuifolius* Kitam.	ナガバシロヨメナ	
Aster arenarius (Kitam.) Nemoto	ハマベノギク	
Aster dimorphophyllus Franch. et Sav.	タテヤマギク	VU
Aster glehnii F. Schmidt var. *hondoensis* Kitam.	ゴマナ	

学名	和名	絶滅危惧ランク
Aster hispidus Maxim. var. *koidzumianus* (Kitam.) Okuyama	ブゼンノギク	NT
Aster hispidus Thunb. var. *insularis* (Makino) Okuyama	ソナレノギク	
Aster hispidus Thunb. var. *leptocladus* (Makino) Okuyama	ヤナギノギク	VU
Aster iinumae Kitam.	ユウガギク	
Aster kantoensis Kitam.	カワラノギク	EN
Aster komonoensis Makino	コモノギク	
Aster microcephalus (Miq.) Franch. et Sav. var. *microcephalus*	センボンギク	
Aster microcephalus (Miq.) Franch. et Sav. var. *ovatus* (Franch. et Sav.) Soejima et Mot. Ito	ノコンギク	
Aster miquelianus H. Hara	オオバヨメナ	
Aster miyagii Koidz.	オキナワギク	VU
Aster rugulosus Maxim. var. *rugulosus*	サワシロギク	
Aster rugulosus Maxim. var. *shibukawaensis* Kitam. et Murata	シブカワシロギク	EN
Aster satsumensis Soejima	サツマシロギク	
Aster savatieri Makino var. *savatieri*	ミヤマヨメナ	
Aster savatieri Makino var. *pygmaeus* Makino	シュンジュギク	
Aster semiamplexicaulis (Makino) Makino ex Koidz.	イナカギク	
Aster sohayakiensis Koidz.	ホソバノギク	CR
Aster sugimotoi Kitam.	アキハギク	
Aster taiwanensis Kitam. var. *lucens* (Kitam.) Kitam.	テリハノギク	
Aster tenuipes Makino	クルマギク	EN
Aster viscidulus (Makino) Makino var. *viscidulus*	ハコネギク	
Aster viscidulus (Makino) Makino var. *alpina* (Koidz.) Kitam.	タカネコンギク	
Aster walkeri (Kitam.) Kitam. ex Shimabuku	ヨナクニイソノギク	EN
Aster yakushimensis (Kitam.) Soejima et Yahara	ヤクシマノギク	CR
Aster yomena (Kitam.) Honda var. *yomena*	ヨメナ	
Aster yomena (Kitam.) Honda var. *dentatus* (Kitam.) H. Hara	カントウヨメナ	
Aster yoshinaganus (Kitam.) Mot. Ito et Soejima	シコクシロギク	
Bidens biternata (Lour.) Merr. et Sherff var. *mayebarae* (Kitam.) Kitam.	マルバタウコギ	
Blumea conspicua Hayata	オオキバナムカシヨモギ	
Carpesium koidzumii Makino	ホソバガンクビソウ	
Carpesium matsuei Tatew. et Kitam.	ノッポロガンクビソウ	
Carpesium triste Maxim.	ミヤマヤブタバコ	
Chrysanthemum arcticum L. subsp. *maekawanum* Kitam.	コハマギク	
Chrysanthemum crassum (Kitam.) Kitam.	オオシマノジギク	VU
Chrysanthemum indicum L. var. *iyoense* Kitam.	イヨアブラギク	
Chrysanthemum indicum L. var. *tsurugisanense* Kitam.	ツルギカンギク	
Chrysanthemum japonense (Makino) Nakai var. *japonense*	ノジギク	
Chrysanthemum japonense (Makino) Nakai var. *ashizuriense* Kitam.	アシズリノジギク	
Chrysanthemum makinoi Matsum. et Nakai var. *makinoi*	リュウノウギク	
Chrysanthemum makinoi Matsum. et Nakai var. *wakasaense* (Shimot. ex Kitam.) Kitam.	ワカサハマギク	NT
Chrysanthemum okiense Kitam.	オキノアブラギク	
Chrysanthemum ornatum Hemsl.	サツマノギク	
Chrysanthemum pacificum Nakai	イソギク	
Chrysanthemum rupestre Matsum. et Koidz.	イワインチン	
Chrysanthemum shiwogiku Kitam. var. *shiwogiku*	シオギク	
Chrysanthemum shiwogiku Kitam. var. *kinokuniense* Shimot. et Kitam.	キイシオギク	
Chrysanthemum yoshinaganthum Makino ex Kitam.	ナカガワノギク	NT
Cirsium aidzuense Nakai ex Kitam.	アイヅヒメアザミ	CR
Cirsium akimontanum Kadota	ゲイホクアザミ	
Cirsium akimotoi Kadota et Masami Saito	シライワアザミ	
Cirsium albrechtii (Maxim.) Kudô ex Tatew.	エゾヤマアザミ	
Cirsium alpicola Nakai	ミネアザミ	
Cirsium amplexifolium (Nakai) Kitam.	ダキバヒメアザミ	
Cirsium aomorense Nakai	アオモリアザミ	
Cirsium apoense Nakai	アポイアザミ	CR
Cirsium ashinokuraense Kadota	アシノクラアザミ	EN
Cirsium austrokiushianum Kitam.	サツマアザミ	VU
Cirsium babanum Koidz.	ダイニチアザミ	
Cirsium bitchuense Nakai	ビッチュウアザミ	

学名	和名	絶滅危惧ランク
Cirsium boninense Koidz.	オガサワラアザミ	VU
Cirsium boreale Kitam.	コバナアザミ	
Cirsium borealinipponense Kitam.	オニアザミ	
Cirsium brevicaule A. Gray	シマアザミ	
Cirsium buergeri Miq.	ヒメアザミ	
Cirsium chikushiense Koidz.	ノマアザミ	
Cirsium chokaiense Kitam.	チョウカイアザミ	NT
Cirsium confertissimum Nakai	コイブキアザミ	VU
Cirsium congestissimum Kitam.	ヒッツキアザミ	
Cirsium diabolicum Kitam.	オニオノアザミ	
Cirsium dipsacolepis (Maxim.) Matsum. var. *dipsacolepis*	モリアザミ	
Cirsium dipsacolepis (Maxim.) Matsum. var. *calcicola* (Nakai) Kitam.	アキヨシアザミ	
Cirsium domonii Kadota	リョウウアザミ	
Cirsium fauriei Nakai	キソアザミ	
Cirsium furusei Kitam.	ウラジロカガノアザミ	
Cirsium ganjuense Kitam.	ガンジュアザミ	EN
Cirsium grandirosuliferum Kadota	リョウノウアザミ	
Cirsium gratiosum Kitam.	ホウキアザミ	
Cirsium grayanum (Maxim.) Nakai	マルバヒレアザミ	
Cirsium gyojanum Kitam.	ギョウジャアザミ	
Cirsium hachijoense Nakai	ハチジョウアザミ	
Cirsium hachimantaiense Kadota	ハチマンタイアザミ	
Cirsium hanamakiense Kitam.	ハナマキアザミ	
Cirsium happoense Kadota	ハッポウアザミ	
Cirsium heiianum Koidz.	トオノアザミ	
Cirsium hidakamontanum Kadota	ヒダカアザミ	
Cirsium hidapaludosum Kadota et Nagase	ヒダキセルアザミ	
Cirsium hokkokuense Kitam.	ホッコクアザミ	
Cirsium homolepis Nakai	オゼヌマアザミ	VU
Cirsium horiianum Kadota	オガアザミ	VU
Cirsium inundatum Makino	タチアザミ	
Cirsium irumtiense Kitam.	イリオモテアザミ	
Cirsium ishizuchiense (Kitam.) Kadota	イシヅチウスバアザミ	
Cirsium ito-kojianum Kadota	アッケシアザミ	
Cirsium japonicum Fisch. ex DC. var. *vestitum* Kitam.	ケショウアザミ	
Cirsium japonicum Fisch. ex DC. var. *villosum* Kadota	ビャッコアザミ	
Cirsium kagamontanum Nakai	カガノアザミ	
Cirsium katoanum Kadota	ウゼンヒメアザミ	
Cirsium kirishimense Kadota et Masami Saito	キリシマアザミ	
Cirsium kujuense Kadota	クジュウアザミ	
Cirsium longipedunculatum Kitam.	ナガエノアザミ	
Cirsium lucens Kitam.	テリハアザミ	
Cirsium magofukui Kitam.	イナベアザミ	VU
[*Cirsium makinoi* Kadota, nom. nud.]	ナンブアザミ	
Cirsium maritimum Makino	ハマアザミ	
Cirsium maruyamanum Kitam.	ムラクモアザミ	
Cirsium masami-saitoanum Kadota	ヒュウガアザミ	
Cirsium matsumurae Nakai	ハクサンアザミ	
Cirsium microspicatum Nakai var. *microspicatum*	アズマヤマアザミ	
Cirsium microspicatum Nakai var. *kiotoense* Kitam.	オハラメアザミ	
Cirsium muraii Kitam.	キンカアザミ	
Cirsium myokoense Kadota	ミョウコウアザミ	
Cirsium nagatoense Kadota	ナガトアザミ	
Cirsium nagisoense Kadota	ナギソアザミ	
Cirsium nambuense Nakai	ナンブタカネアザミ	
Cirsium nippoense Kadota	ニッポウアザミ	
Cirsium norikurense Nakai	ノリクラアザミ	
Cirsium occidentalinipponense Kadota	エチゼンオニアザミ	
Cirsium ohminense Kadota	オオミネアザミ	
Cirsium okamotoi Kitam.	ジョウシュウオニアザミ	
Cirsium oligophyllum (Franch. et Sav.) Matsum. var. *oligophyllum*	ノハラアザミ	

学名	和名	絶滅危惧ランク
Cirsium oligophyllum (Franch. et Sav.) Matsum. var. *nikkoense* (Nakai ex Matsum. et Koidz.) Kitam.	ニッコウアザミ	
Cirsium opacum (Kitam.) Kadota	カツラカワアザミ	EN
Cirsium otayae Kitam.	タテヤマアザミ	
Cirsium ovalifolium (Franch. et Sav.) Matsum.	オクヤマアザミ	
Cirsium pectinellum A. Gray var. *pectinellum*	エゾノサワアザミ	
Cirsium pectinellum A. Gray var. *fallax* Nakai	エゾミヤアザミ	
Cirsium pseudsuffultum Kadota	ニセツクシアザミ	
Cirsium purpuratum (Maxim.) Matsum.	フジアザミ	
Cirsium sendaicum Nakai	マツシマアザミ	
Cirsium senjoense Kitam.	センジョウアザミ	
Cirsium shidokimontanum Kadota	シドキヤマアザミ	
Cirsium shimae Kadota	ツガルオニアザミ	
Cirsium shinanense T. Shimizu	ヤチアザミ	
Cirsium sieboldii Miq.	キセルアザミ	
Cirsium spicatum (Maxim.) Matsum.	ヤマアザミ	
Cirsium spinosum Kitam.	オイランアザミ	
Cirsium spinuliferum (Kitam.) Kadota	ハリカガノアザミ	
Cirsium suffultum (Maxim.) Matsum. et Koidz.	ツクシアザミ	
Cirsium suzukaense Kitam.	スズカアザミ	
Cirsium takahashii Kadota	マミガサキアザミ	
Cirsium tanegashimense Kitam. ex Kadota	タネガシマアザミ	EN
Cirsium tashiroi Kitam. var. *tashiroi*	ワタムキアザミ	VU
Cirsium tashiroi Kitam. var. *hidaense* (Kitam.) Kadota	ヒダアザミ	VU
Cirsium tenue Kitam.	ウスバアザミ	EN
Cirsium tenuipedunculatum Kadota	ホソエノアザミ	
Cirsium tenuisquamatum Kitam.	サンベサワアザミ	
Cirsium togaense Kadota	トガアザミ	
Cirsium tonense Nakai	トネアザミ	
Cirsium uetsuense Kitam.	ウエツアザミ	
Cirsium ugoense Nakai	ウゴアザミ	
Cirsium umezawanum Kadota	リシリアザミ	
Cirsium unzenense Kadota et Masami Saito	ウンゼンアザミ	
Cirsium uzenense Kadota	ウゼンアザミ	
Cirsium wakasugianum Kadota	エチゼンヒメアザミ	
Cirsium yakusimense Masam.	ヤクシマアザミ	
Cirsium yamauchii Kadota	ハッタチアザミ	
Cirsium yatsualpicola Kadota et Y. Amano	ヤツタカネアザミ	
Cirsium yezoense (Maxim.) Makino	サワアザミ	
Cirsium yoshidae Kadota	タキアザミ	
Cirsium yoshinoi Nakai	ヨシノアザミ	
Cirsium yuzawae Kadota	イワキヒメアザミ	
Cirsium zawoense Kadota	ザオウアザミ	
Crepidiastrum ameristophyllum (Nakai) Nakai	ユズリハワダン	EN
Crepidiastrum grandicollum (Koidz.) Nakai	コヘラナレン	CR
Crepidiastrum keiskeanum (Maxim.) Nakai	アゼトウナ	
Crepidiastrum linguifolium (A.Gray) Nakai	ヘラナレン	EN
Crepidiastrum platyphyllum (Franch. et Sav.) Kitam.	ワダン	
Crepis gymnopus Koidz.	エゾタカネニガナ	VU
Dendrocacalia crepidifolia (Nakai) Nakai	ワダンノキ	VU
Diaspananthus uniflorus (Sch. Bip.) Kitam.	クサヤツデ	
Erigeron acer L. var. *amplifolius* Kitam.	ヒロハムカシヨモギ	
Erigeron acer L. var. *linearifolius* (Koidz.) Kitam.	ホソバムカシヨモギ	VU
Erigeron miyabeanus (Tatew. et Kitam.) Tatew. et Kitam. ex H. Hara	ミヤマノギク	CR
Erigeron thunbergii A. Gray subsp. *thunbergii*	アズマギク	
Erigeron thunbergii A. Gray subsp. *glabratus* (A. Gray) H. Hara var. *angustifolius* (Tatew.) H .Hara	アポイアズマギク	CR
Erigeron thunbergii A. Gray subsp. *glabratus* (A. Gray) H. Hara var. *heterotrichus* (H. Hara) H. Hara	ジョウシュウアズマギク	
Eupatorium laciniatum Kitam.	サケバヒヨドリ	
Eupatorium lindleyanum DC. var. *yasushii* Tuyama	ハマサワヒヨドリ	VU
Eupatorium luchuense Nakai	シマフジバカマ	

学名	和名	絶滅危惧ランク
Eupatorium variabile Makino	ヤマヒヨドリバナ	
Eupatorium yakushimense Masam. et Kitam.	ヤクシマヒヨドリ	VU
Farfugium hiberniflorum (Makino) Kitam.	カンツワブキ	
Farfugium japonicum (L.) Kitam. var. *luchuense* (Masam.) Kitam.	リュウキュウツワブキ	NT
Hieracium japonicum Franch. et Sav.	ミヤマコウゾリナ	
Hololeion krameri (Franch. et Sav.) Kitam.	スイラン	
Hypochaeris crepidioides (Miyabe et Kudô) Tatew. et Kitam.	エゾコウゾリナ	EN
Inula ciliaris (Miq.) Maxim. var. *ciliaris*	ミズギク	
Inula ciliaris (Miq.) Maxim. var. *glandulosa* Kitam.	オゼミズギク	
Ixeris alpicola (Takeda) Nakai	タカネニガナ	
Ixeris dentata (Thunb.) Nakai subsp. *kimurana* Kitam.	クモマニガナ	
Ixeris dentata (Thunb.) Nakai subsp. *nipponica* (Nakai) Kitam.	イソニガナ	VU
Ixeris longirostra (Hayata) Nakai	ツルワダン	VU
Ixeris parva (Kitam.) Yahara	ヤクシマニガナ	
Leontopodium fauriei (Beauverd) Hand.-Mazz. var. *fauriei*	ミヤマウスユキソウ	
Leontopodium fauriei (Beauverd) Hand.-Mazz. var. *angustifolium* H. Hara et Kitam.	ホソバヒナウスユキソウ	VU
Leontopodium hayachinense (Takeda) H. Hara et Kitam.	ハヤチネウスユキソウ	EN
Leontopodium japonicum Miq. var. *orogenes* Hand.-Mazz.	ヤマウスユキソウ	
Leontopodium japonicum Miq. var. *perniveum* (Honda) Kitam.	カワラウスユキソウ	VU
Leontopodium japonicum Miq. var. *shiroumense* Nakai ex Kitam.	ミネウスユキソウ	
Leontopodium japonicum Miq. var. *spathulatum* (Kitam.) Murata	コウスユキソウ	
Leontopodium kurilense Takeda	チシマウスユキソウ	
Leontopodium miyabeanum (S. Watan.) Tatew. ex S. Watan.	オオヒラウスユキソウ	VU
Leontopodium shinanense Kitam.	ヒメウスユキソウ	NT
Ligularia angusta (Nakai) Kitam.	ヤマタバコ	CR
Ligularia fauriei (Franch.) Koidz.	ミチノクヤマタバコ	
[*Ligularia fischeri* (Ledeb.) Turcz. var. *takeyukii*, nom. nud.]	アソタカラコウ	VU
Ligularia kaialpina Kitam.	カイタカラコウ	
Miricacalia makinoana (Yatabe) Kitam.	オオモミジガサ	
Myriactis japonensis Koidz.	ヒメキクタビラコ	EN
Nemosenecio nikoensis (Miq.) B. Nord.	サワギク	
Nipponanthemum nipponicum (Franch. ex Maxim.) Kitam.	ハマギク	
Paraixeris yoshinoi (Makino) Nakai	ナガバヤクシソウ	CR
Parasenecio adenostyloides (Franch. et Sav. ex Maxim.) H. Koyama	カニコウモリ	
Parasenecio amagiensis (Kitam.) H. Koyama	イズカニコウモリ	VU
Parasenecio auriculatus (DC.) J. R. Grant var. *bulbifer* (Koidz.) H. Koyama	コモチミミコウモリ	VU
Parasenecio chokaiensis (Kudô) Kadota	コバノコウモリ	
Parasenecio delphiniifolius (Siebold et Zucc.) H. Koyama	モミジガサ	
Parasenecio farfarifolius (Siebold et Zucc.) H. Koyama var. *farfarifolius*	ウスゲタマブキ	
Parasenecio farfarifolius (Siebold et Zucc.) H. Koyama var. *acerinus* (Makino) H. Koyama	モミジタマブキ	
Parasenecio farfarifolius (Siebold et Zucc.) H. Koyama var. *bulbifer* (Maxim.) H. Koyama	タマブキ	
Parasenecio hastatus (L.) H. Koyama subsp. *orientalis* (Kitam.) H. Koyama var. *nantaicus* (Komatsu) H. Koyama	ニッコウコウモリ	
Parasenecio hastatus (L.) H. Koyama subsp. *orientalis* (Kitam.) H. Koyama var. *ramosus* (Maxim.) H. Koyama	オオバコウモリ	
Parasenecio hayachinensis (Kitam.) Kadota	ハヤチネコウモリ	
Parasenecio hosoianus Kadota	ツガルコウモリ	
Parasenecio kiusianus (Makino) H. Koyama	モミジコウモリ	VU
Parasenecio maximowiczianus (Nakai et F. Maek. ex H. Hara) H. Koyama var. *maximowiczianus*	コウモリソウ	
Parasenecio maximowiczianus (Nakai et F. Maek. ex H. Hara) H. Koyama var. *alatus* (F. Maek.) H. Koyama	オクヤマコウモリ	
Parasenecio nikomontanus (Matsum.) H. Koyama	オオカニコウモリ	
Parasenecio nipponicus (Miq.) H. Koyama	ツクシコウモリ	
Parasenecio ogamontanus Kadota	オガコウモリ	VU
Parasenecio peltifolius (Makino) H. Koyama	タイミンガサ	
Parasenecio shikokianus (Makino) H. Koyama	ヒメコウモリ	VU
Parasenecio tanakae (Franch. et Sav.) Kadota	イヌドウナ	

学名	和名	絶滅危惧ランク
Parasenecio tebakoensis (Makino) H. Koyama	テバコモミジガサ	
Parasenecio yakusimensis (Masam.) H. Koyama	ヤクシマコウモリ	
Parasenecio yatabei (Matsum. et Koidz.) H. Koyama var. *yatabei*	ヤマタイミンガサ	
Parasenecio yatabei (Matsum. et Koidz.) H. Koyama var. *occidentalis* (F. Maek. ex Kitam.) H. Koyama	ニシノヤマタイミンガサ	
Pertya rigidula (Miq.) Makino	クルマバハグマ	
Pertya robusta (Maxim.) Makino var. *robusta*	カシワバハグマ	
Pertya robusta (Maxim.) Makino var. *kiushiana* Kitam.	ツクシカシワバハグマ	
Pertya scandens (Thunb.) Sch. Bip.	コウヤボウキ	
Pertya triloba (Makino) Makino	オヤリハグマ	
Pertya yakushimensis H. Koyama et Nagam.	シマコウヤボウキ	EN
Picris hieracioides L. subsp. *japonica* (Thunb.) Krylov var. *akaishiensis* Kitam.	アカイシコウゾリナ	
Picris hieracioides L. subsp. *japonica* (Thunb.) Krylov var. *litoralis* Kitam.	ハマコウゾリナ	
Prenanthes acerifolia (Maxim.) Matsum.	フクオウソウ	
Saussurea amabilis Kitam.	コウシュウヒゴタイ	
Saussurea brachycephala Franch.	イワテヒゴタイ	
Saussurea chionophylla Takeda	ユキバヒゴタイ	VU
Saussurea fauriei Franch.	フォーリーアザミ	VU
Saussurea franchetii Koidz.	ミヤマキタアザミ	VU
Saussurea fuboensis Kadota	フボウトウヒレン	
Saussurea higomontana Honda	ツクシトウヒレン	
Saussurea hisauchii Nakai	タンザワヒゴタイ	
Saussurea hokurokuensis (Kitam.) Kadota	ホクロクトウヒレン	
Saussurea hosoiana Kadota	ムットウヒレン	
Saussurea inaensis Kitam.	イナトウヒレン	VU
Saussurea insularis Kitam.	シマトウヒレン	CR
Saussurea kaimontana Takeda	タカネヒゴタイ	
Saussurea kirigaminensis Kitam.	キリガミネトウヒレン	
Saussurea kiusiana Franch.	ツクシヒゴタイ	
Saussurea kubotae Kadota	タイシャクトウヒレン	
Saussurea kudoana Tatew. et Kitam. var. *kudoana*	ヒダカトウヒレン	VU
Saussurea kudoana Tatew. et Kitam. var. *uryuensis* Kadota	ウリュウトウヒレン	
Saussurea kudoana Tatew. et Kitam. var. *yuparensis* Kitam.	ユウバリキタアザミ	
Saussurea kurosawae Kitam.	アベトウヒレン	
Saussurea mikurasimensis (Kitam.) Kadota	ミクラシマトウヒレン	
Saussurea modesta Kitam.	ネコヤマヒゴタイ	VU
Saussurea muramatsui Kitam.	トガヒゴタイ	
Saussurea neichiana Kadota	ハチノヘトウヒレン	
Saussurea nikoensis Franch. et Sav.	シラネアザミ	
Saussurea nipponica Miq.	オオダイトウヒレン	
Saussurea pennata Koidz.	ミヤマトウヒレン	
Saussurea pseudosagitta Honda	コウシンヒゴタイ	
Saussurea riederi Herder var. *insularis*	レブントウヒレン	
Saussurea riederi Herder var. *japonica* Koidz.	オクキタアザミ	
Saussurea riederi Herder var. *yezoensis* Maxim.	ナガバキタアザミ	
Saussurea sagitta Franch. var. *sagitta*	ヤハズトウヒレン	
Saussurea sagitta Franch. var. *yoshizawae* Kitam.	チャボヤハズトウヒレン	
Saussurea savatieri Franch.	アサマヒゴタイ	
Saussurea sawadae Kitam.	キントキヒゴタイ	
Saussurea scaposa Franch. et Sav.	キリシマヒゴタイ	
Saussurea sendaica Franch.	センダイトウヒレン	
Saussurea sessiliflora (Koidz.) Kadota	クロトウヒレン	
Saussurea sikokiana Makino	オオトウヒレン	
Saussurea sinuatoides Nakai	タカオヒゴタイ	
Saussurea sugimurae Honda	ナンブトウヒレン	
Saussurea tanakae Franch. et Sav. ex Maxim.	セイタカトウヒレン	
Saussurea tobitae Kitam.	シナノトウヒレン	
Saussurea triptera Maxim.	ヤハズヒゴタイ	
Saussurea wakasugiana Kadota	ワカサトウヒレン	
Saussurea yakusimensis Masam.	ヤクシマトウヒレン	EN

学名	和名	絶滅危惧ランク
Saussurea yanagisawae Takeda	ウスユキトウヒレン	EN
Saussurea yezoensis Franch.	エゾトウヒレン	
Saussurea yoshinagae Kitam.	トサトウヒレン	VU
Scorzonera rebunensis Tatew. et Kitam.	フタナミソウ	CR
Solenogyne mikadoi Koidz.	コケタンポポ	VU
Solidago horieana Kadota	ソラチアオヤギバナ	
Solidago minutissima (Makino) Kitam.	イッスンキンカ	
Solidago virgaurea L. subsp. *asiatica* (Nakai ex H. Hara) Kitam. ex H. Hara var. *insularis* (Kitam.) H. Hara	シマコガネギク	
Solidago virgaurea L. subsp. *leiocarpa* (Benth.) Hultén var. *praeflorens* Nakai	ハチジョウアキノキリンソウ	
Solidago yokusaiana Makino	アオヤギバナ	
Syneilesis aconitifolia (Bunge) Maxim. var. *longilepis* Kitam.	タンバヤブレガサ	DD
Syneilesis tagawae (Kitam.) Kitam. var. *tagawae*	ヤブレガサモドキ	CR
Syneilesis tagawae (Kitam.) Kitam. var. *latifolia* H. Koyama	ヒロハヤブレガサモドキ	
Synurus excelsus (Makino) Kitam.	ハバヤマボクチ	
Synurus palmatopinnatifidus (Makino) Kitam. var. *palmatopinnatifidus*	キクバヤマボクチ	
Synurus pungens (Franch. et Sav.) Kitam. var. *pungens*	オヤマボクチ	
Synurus pungens (Franch. et Sav.) Kitam. var. *giganteus* Kitam.	オニヤマボクチ	
Taraxacum albidum Dahlst.	シロバナタンポポ	
Taraxacum alpicola Kitam. var. *alpicola*	ミヤマタンポポ	
Taraxacum alpicola Kitam. var. *shiroumense* (H. Koidz.) Kitam.	シロウマタンポポ	
Taraxacum ceratolepis Kitam.	ケンサキタンポポ	
Taraxacum denudatum H. Koidz.	オクウスギタンポポ	
Taraxacum hideoi Nakai ex H. Koidz.	キビシロタンポポ	
Taraxacum hondoense Nakai ex Koidz.	シナノタンポポ	
Taraxacum kiushianum H. Koidz.	ツクシタンポポ	VU
Taraxacum longeappendiculatum Nakai	トウカイタンポポ	
Taraxacum maruyamanum Kitam.	オキタンポポ	
Taraxacum ohirense S. Watan. et Morita	オオヒラタンポポ	
Taraxacum pectinatum Kitam.	クシバタンポポ	
Taraxacum platycarpum Dahlst. var. *platycarpum*	カントウタンポポ	
Taraxacum shikotanense Kitam.	シコタンタンポポ	
Taraxacum yatsugatakense H. Koidz.	ヤツガタケタンポポ	
Taraxacum yuparense H. Koidz.	タカネタンポポ	EN
Tephroseris furusei (Kitam.) B. Nord.	キバナコウリンカ	EN
Tephroseris pierotii (Miq.) Holub	サワオグルマ	
Tephroseris takedana (Kitam.) Holub	タカネコウリンカ	NT
単子葉類		
Alismataceae　オモダカ科		
Alisma canaliculatum A. Braun et C. D. Bouché var. *azuminoense* Kadono et Hamashima	アズミノヘラオモダカ	EN
Alisma canaliculatum A. Braun et C. D. Bouché var. *harimense* Makino	ホソバヘラオモダカ	CR
Alisma rariflorum Sam.	トウゴクヘラオモダカ	EN
Hydrocharitaceae　トチカガミ科		
Vallisneria natans (Lour.) H. Hara var. *biwaensis* (Miki) H. Hara	ネジレモ	
Vallisneria natans (Lour.) H. Hara var. *higoensis* (Miki) H. Hara	ヒラモ	VU
Najadaceae　イバラモ科		
Najas tenuicaulis Miki	ヒメイバラモ	CR
Najas yezoensis Miyabe	イトイバラモ	EN
Liliaceae　ユリ科		
Aletris foliata (Maxim.) Bureau et Franch.	ネバリノギラン	
Allium austrokyushuense M. Hotta	ナンゴクヤマラッキョウ	
Allium kiiense (Murata) Hir. Takah. et M. Hotta	キイイトラッキョウ	VU
Allium schoenoprasum L. var. *idzuense* (H. Hara) H. Hara	イズアサツキ	EN
Allium schoenoprasum L. var. *shibutuense* Kitam.	シブツアサツキ	
Allium schoenoprasum L. var. *yezomonticola* H. Hara	ヒメエゾネギ	
Allium togashii H. Hara	カンカケイニラ	CR
Allium virgunculae F. Maek. et Kitam. var. *virgunculae*	イトラッキョウ	NT
Allium virgunculae F. Maek. et Kitam. var. *koshikiense* M. Hotta et Hir. Takah.	コシキイトラッキョウ	EN

学名	和名	絶滅危惧ランク
Allium virgunculae F. Maek. et Kitam. var. *yakushimense* M. Hotta	ヤクシマイトラッキョウ	EN
Amana latifolia (Makino) Honda	ヒロハノアマナ	VU
Asparagus kiusianus Makino	ハマタマボウキ	EN
[*Barnardia japonica* (Thunb.) Schult. et Schult. f. var. *litoralis* (Konta) M. N. Tamura, comb. ined.]	ハマツルボ	
[*Barnardia japonica* (Thunb.) Schult. et Schult. f. var. *major* (Uyeki et Tokui) M. N. Tamura, comb. ined.]	オニツルボ	
Caloscordum inutile (Makino) Okuyama et Kitag.	ステゴビル	VU
Chionographis hisauchiana (Okuyama) N. Tanaka subsp. *hisauchiana*	アズマシライトソウ	VU
Chionographis hisauchiana (Okuyama) N. Tanaka subsp. *kurohimensis* (Ajima et Satomi) N. Tanaka	クロヒメシライトソウ	VU
Chionographis hisauchiana (Okuyama) N. Tanaka subsp. *minoensis* (H. Hara) N. Tanaka	ミノシライトソウ	EN
Chionographis koidzumiana Ohwi var. *koidzumiana*	チャボシライトソウ	VU
Chionographis koidzumiana Ohwi var. *kurokamiana* (H. Hara) M. Maki	クロカミシライトソウ	CR
Comospermum yedoense (Maxim. ex Franch. et Sav.) Rausch.	ケイビラン	
Disporum lutescens (Maxim.) Koidz.	キバナチゴユリ	
Disporum sessile D. Don ex Schult. var. *micranthum* Hatus.	ナンゴクホウチャクソウ	
Disporum sessile D. Don ex Schult. var. *minus* Miq.	ヒメホウチャクソウ	
Fritillaria amabilis Koidz.	ホソバナコバイモ	NT
Fritillaria ayakoana Maruy. et Naruh.	イズモコバイモ	VU
Fritillaria japonica Miq.	コバイモ	
Fritillaria kaiensis Naruh.	カイコバイモ	EN
Fritillaria koidzumiana Ohwi	コシノコバイモ	
Fritillaria muraiana Ohwi	アワコバイモ	VU
Fritillaria shikokiana Naruh.	トサコバイモ	VU
Gagea japonica Pascher	ヒメアマナ	VU
Heloniopsis breviscapa Maxim. var. *breviscapa*	ツクシショウジョウバカマ	
Heloniopsis breviscapa Maxim. var. *flavida* (Nakai) Ohwi	シロバナショウジョウバカマ	
Heloniopsis kawanoi (Koidz.) Honda	コショウジョウバカマ	VU
Heloniopsis leucantha (Koidz.) Honda	オオシロショウジョウバカマ	VU
Hemerocallis dumortieri C. Morren var. *exaltata* (Stout) Kitam. ex M. Matsuoka M. Hotta	トビシマカンゾウ	
Hemerocallis fulva L. var. *aurantiaca* (Baker) M. Hotta	ニシノハマカンゾウ	
Hemerocallis fulva L. var. *pauciflora* M. Hotta et M. Matsuoka	ヒメノカンゾウ	
Hemerocallis major (Baker) M. Hotta	トウカンゾウ	
Hosta hypoleuca Murata	ウラジロギボウシ	EN
Hosta kikutii F. Maek. var. *kikutii*	ヒュウガギボウシ	
Hosta kikutii F. Maek. var. *densinervia* N. Fujita et M. N. Tamura	アワギボウシ	
Hosta kikutii F. Maek. var. *scabrinervia* N. Fujita et M. N. Tamura	ザラツキギボウシ	
Hosta kikutii F. Maek. var. *tosana* (F. Maek.) F. Maek.	トサノギボウシ	
Hosta kiyosumiensis F. Maek.	キヨスミギボウシ	
Hosta longipes (Franch. et Sav.) Matsum. var. *longipes*	イワギボウシ	
Hosta longipes (Franch. et Sav.) Matsum. var. *aequinoctiiantha* (Koidz. ex Araki) Kitam.	オヒガンギボウシ	
Hosta longipes (Franch. et Sav.) Matsum. var. *gracillima* (F. Maek.) N. Fujita	ヒメイワギボウシ	
Hosta longipes (Franch. et Sav.) Matsum. var. *latifolia* F. Maek.	イズイワギボウシ	
Hosta pulchella N. Fujita	ウバタケギボウシ	EN
Hosta pycnophylla F. Maek.	セトウチギボウシ	EN
Hosta shikokiana N. Fujita	シコクギボウシ	
Hosta sieboldiana (Lodd.) Engl. var. *sieboldiana*	オオバギボウシ	
Hosta sieboldiana (Lodd.) Engl. var. *glabra* N. Fujita	ナメルギボウシ	
Hosta tsushimensis N. Fujita var. *tsushimensis*	ツシマギボウシ	
Hosta tsushimensis N. Fujita var. *tibae* (F. Maek.) N. Fujita et M. N. Tamura	ナガサキギボウシ	VU
Japonolirion osense Nakai	オゼソウ	VU
Lilium alexandrae Hort. ex Wallace	ウケユリ	CR
Lilium auratum Lindl. var. *auratum*	ヤマユリ	
Lilium auratum Lindl. var. *platyphyllum* Baker	サクユリ	
Lilium callosum Siebold et Zucc. var. *flaviflorum* Makino	キバナノヒメユリ	CR

学名	和名	絶滅危惧ランク
Lilium japonicum Houtt. var. *japonicum*	ササユリ	
Lilium maculatum Thunb. var. *maculatum*	スカシユリ	
Lilium maculatum Thunb. var. *bukosanense* (Honda) H. Hara	ミヤマスカシユリ	EN
Lilium maculatum Thunb. var. *monticola* H. Hara	ヤマスカシユリ	NT
Lilium medeoloides A. Gray var. *sadoinsulare* (Masam. et Satomi) Masam. et Satomi	サドクルマユリ	
Lilium rubellum Baker	ヒメサユリ	NT
Lilium speciosum Thunb. var. *speciosum*	カノコユリ	VU
Lilium speciosum Thunb. var. *clivorum* S. Abe et T. Tamura	タキユリ	VU
Metanarthecium luteoviride Maxim. var. *nutans* Masam.	ヤクシマノギラン	
Narthecium asiaticum Maxim.	キンコウカ	
Ophiopogon planiscapus Nakai	オオバジャノヒゲ	
Paris japonica (Franch. et Sav.) Franch.	キヌガサソウ	
Paris tetraphylla A. Gray	ツクバネソウ	
Polygonatum falcatum A. Gray var. *hyugaense* Hiyama	ヒュウガナルコユリ	
Polygonatum lasianthum Maxim. var. *lasianthum*	ミヤマナルコユリ	
Polygonatum macranthum (Maxim.) Koidz.	オオナルコユリ	
Polygonatum odoratum (Mill.) Druce var. *thunbergii* (C. Morren et Decne.) H. Hara	ヤマアマドコロ	
Rohdea japonica (Thunb.) Roth var. *latifolia* Hatus.	サツマオモト	CR
Smilacina viridiflora Nakai	ヤマトユキザサ	
Smilacina yesoensis Franch. et Sav.	ヒロハユキザサ	
Streptopus streptopoides (Ledeb.) Frye et Rigg. var. *japonicus* (Maxim.) Fassett	タケシマラン	
Tofieldia coccinea Richards. var. *akkana* (T. Shimizu) T. Shimizu	アッカゼキショウ	CR
Tofieldia coccinea Richards. var. *geibiensis* (M. Kikuchi) H. Hara	ゲイビゼキショウ	EN
Tofieldia coccinea Richards. var. *gracilis* (Franch. et Sav.) T. Shimizu	チャボゼキショウ	
Tofieldia coccinea Richards. var. *kiusiana* (Okuyama) H. Hara	ナガエチャボゼキショウ	CR
Tofieldia japonica Miq.	イワショウブ	
Tofieldia nuda Maxim. var. *nuda*	ハナゼキショウ	
Tofieldia okuboi Makino	ヒメイワショウブ	
Tricyrtis affinis Makino	ヤマジノホトトギス	
Tricyrtis flava Maxim.	キバナノホトトギス	VU
Tricyrtis hirta (Thunb.) Hook. var. *hirta*	ホトトギス	
Tricyrtis hirta (Thunb.) Hook. var. *masamunei* (Makino) Masam.	サツマホトトギス	
Tricyrtis hirta (Thunb.) Hook. var. *saxicola* Honda	イワホトトギス	
Tricyrtis ishiiana (Kitag. et T. Koyama) Ohwi et Okuyama var. *ishiiana*	サガミジョウロウホトトギス	EN
Tricyrtis ishiiana (Kitag. et T. Koyama) Ohwi et Okuyama var. *surugensis* T. Yamaz.	スルガジョウロウホトトギス	EN
Tricyrtis latifolia Maxim.	タマガワホトトギス	
Tricyrtis macrantha Maxim.	ジョウロウホトトギス	VU
Tricyrtis macranthopsis Masam.	キイジョウロウホトトギス	EN
Tricyrtis macropoda Miq. var. *nomurae* Hir. Takah.	イヨホトトギス	
Tricyrtis nana Yatabe	チャボホトトギス	
Tricyrtis ohsumiensis Masam.	タカクマホトトギス	NT
Tricyrtis perfoliata Masam.	キバナノツキヌキホトトギス	CR
Tricyrtis setouchiensis Hir. Takah.	セトウチホトトギス	
Trillium tschonoskii Maxim. var. *atrorubens* Miyabe et Tatew.	エゾノミヤマエンレイソウ	
Veratrum oxysepalum Turcz. var. *maximum* (Nakai) Hir. Tahah.	オオバイケイソウ	
Veratrum stamineum Maxim. var. *stamineum*	コバイケイソウ	
Veratrum stamineum Maxim. var. *micranthum* Satake	ミカワバイケイソウ	VU
Stemonaceae　ビャクブ科		
Croomia heterosepala (Baker) Okuyama	ナベワリ	
Croomia hyugaensis Kadota	ヒュウガナベワリ	
Croomia saitoana Kadota	コバナナベワリ	
Amaryllidaceae　ヒガンバナ科		
Lycoris sanguinea Maxim. var. *sanguinea*	キツネノカミソリ	
Dioscoreaceae　ヤマノイモ科		
Dioscorea asclepiadea Prain et Burkill	ツクシタチドコロ	EN
Dioscorea septemloba Thunb. var. *sititoana* (Honda et Jotani) Ohwi	シマウチワドコロ	
Dioscorea tabatae Hatus. ex Yamashita et M. N. Tamura	ユワンオニドコロ	CR

学名	和名	絶滅危惧ランク
Iridaceae アヤメ科		
Iris gracilipes A. Gray	ヒメシャガ	NT
Iris sanguinea Hornem. var. *tobataensis* S. Akiyama et Iwashina	トバタアヤメ	
Iris setosa Pall. ex Link var. *hondoensis* Honda	キリガミネヒオウギアヤメ	EN
Iris setosa Pall. ex Link var. *nasuensis* H. Hara	ナスヒオウギアヤメ	CR
Burmanniaceae ヒナノシャクジョウ科		
Oxygyne hyodoi C. Abe et Akasawa	ヒナノボンボリ	CR
Oxygyne shinzatoi (Hatus.) C. Abe et Akasawa	ホシザキシャクジョウ	CR
Oxygyne yamashitae Yahara et Tsukaya	ヤクノヒナホシ	
Thismia abei (Akasawa) Hatus.	タヌキノショクダイ	EN
Thismia tuberculata Hatus.	キリシマタヌキノショクダイ	EX
Juncaceae イグサ科		
Luzula jimboi Miyabe et Kudô subsp. *atrotepala* Z. Kaplan	ミヤマヌカボシソウ	
Luzula lutescens (Koidz.) Kirschner et Miyam.	アサギスズメノヒエ	
Luzula plumosa E. Mey. subsp. *dilatata* Z. Kaplan	クロボシソウ	
Eriocaulaceae ホシクサ科		
Eriocaulon cauliferum Makino	タカノホシクサ	EX
Eriocaulon dimorphoelytrum T. Koyama	ユキイヌノヒゲ	EN
Eriocaulon heleocharioides Satake	コシガヤホシクサ	EW
Eriocaulon japonicum Koern.	ヤマトホシクサ	VU
Eriocaulon mikawanum Satake et T. Koyama	ミカワイヌノヒゲ	VU
Eriocaulon monococcon Nakai	エゾホシクサ	
Eriocaulon nudicuspe Maxim.	シラタマホシクサ	VU
Eriocaulon pallescens (Nakai ex Miyabe et Kudô) Satake	シロエゾホシクサ	VU
Eriocaulon perplexum Satake et H. Hara	エゾイヌノヒゲ	CR
Eriocaulon takaii Koidz.	アズマホシクサ	VU
Eriocaulon zyotanii Satake	イズノシマホシクサ	VU
Poaceae (Gramineae) イネ科		
Agrostis hideoi Ohwi	ユキクラヌカボ	EN
Agrostis osakae Honda	キタヤマヌカボ	
Agrostis tateyamensis Tateoka	タテヤマヌカボ	
Agrostis valvata Steud.	ヒメコヌカグサ	NT
Aniselytron treutleri (Kunze) Soják var. *japonicum* (Hack.) N. X. Zhao	ヒロハノコヌカグサ	
Anthoxanthum japonicum (Maxim.) Hack. ex Matsum. subsp. *japonicum*	タカネコウボウ	
Aristida boninensis Ohwi et Tuyama	マツバシバ	EN
Aristida takeoi Ohwi	オオマツバシバ	EN
Arundinella hirta (Thunb.) Tanaka var. *glauca* (Koidz.) Honda	シロトダシバ	
Arundinella riparia Honda subsp. *riparia*	ミギワトダシバ	VU
Arundinella riparia Honda subsp. *breviaristata* Ibaragi	オオボケガヤ	
Calamagrostis adpressiramea Ohwi	コバナノガリヤス	
Calamagrostis autumnalis Koidz. subsp. *autumnalis* var. *autumnalis*	キリシマノガリヤス	
Calamagrostis autumnalis Koidz. subsp. *autumnalis* var. *microtis* Ohwi	クジュウノガリヤス	
Calamagrostis autumnalis Koidz. subsp. *insularis* (Honda) Tateoka	シマノガリヤス	
Calamagrostis fauriei Hack. var. *fauriei*	カニツリノガリヤス	
Calamagrostis fauriei Hack. var. *intermedia* T. Shimizu	シロウマガリヤス	
Calamagrostis gigas Takeda	オニノガリヤス	
Calamagrostis grandiseta Takeda	オオヒゲガリヤス	
Calamagrostis longiseta Hack.	ヒゲノガリヤス	
Calamagrostis masamunei Honda	ヤクシマノガリヤス	
Calamagrostis matsumurae Maxim.	ムツノガリヤス	
Calamagrostis nana Takeda subsp. *nana*	ヒナガリヤス	
Calamagrostis nana Takeda subsp. *hayachinensis* (Ohwi) Tateoka	ザラツキヒナガリヤス	EN
Calamagrostis nana Takeda subsp. *ohminensis* Tateoka	オオミネヒナノガリヤス	DD
Calamagrostis onibitoana Tateoka	オニビトノガリヤス	EN
Calamagrostis tashiroi Ohwi subsp. *tashiroi*	タシロノガリヤス	EN
Calamagrostis tashiroi Ohwi subsp. *sikokiana* (Ohwi) Tateoka	シコクノガリヤス	
Chikusichloa brachyanthera Ohwi	イリオモテガヤ	VU
Coelachne japonica Hack.	ヒナザサ	
Cynodon dactylon (L.) Pers. var. *nipponicus* Ohwi	オオギョウギシバ	
Deschampsia cespitosa (L.) P. Beauv. var. *levis* (Takeda) Ohwi	ユウバリカニツリ	EN
Digitaria violascens Link var. *intersita* (Ohwi) Ohwi	ウスゲアキメヒシバ	

学名	和名	絶滅危惧ランク
Elymus humidus (Ohwi et Sakam.) A. Löve	ミズタカモジ	VU
Elymus tsukushiensis Honda var. *tsukushiensis*	オニカモジグサ	
Elymus yubaridakensis (Honda) Ohwi	タカネエゾムギ	CR
Eragrostis aquatica Honda	ヌマカゼクサ	
Festuca parvigluma Steud. var. *breviaristata* Ohwi	イブキトボシガラ	VU
Festuca rubra L. var. *hondoensis* Ohwi	ヤマオウシノケグサ	EN
Festuca rubra L. var. *muramatsui* Ohwi	ハマオウシノケグサ	
Festuca takedana Ohwi	タカネソモソモ	VU
Glyceria depauperata Ohwi var. *infirma* (Ohwi) Ohwi	ウキガヤ	
Hakonechloa macra (Munro ex S. Moore) Makino ex Honda	ウラハグサ	
Helictotrichon hideoi (Honda) Ohwi	ミサヤマチャヒキ	
Hierochloe pluriflora Koidz. var. *pluriflora*	エゾコウボウ	EN
Hierochloe pluriflora Koidz. var. *intermedia* (Hack.) Ohwi	エゾヤマコウボウ	
Hystrix japonica (Hack.) Ohwi	イワタケソウ	
Isachne lutchuensis Hatus. et T. Koyama	ケナシハイチゴザサ	CR
Isachne subglobosa Hatus. et T. Koyama	オオチゴザサ	
Ischaemum ischaemoides (Hook. et Arn.) Nakai	シマカモノハシ	EN
Leptatherum boreale (Ohwi) C.-H. Chen, C.-S. Kuoh et Veldk.	キタササガヤ	
Miscanthus boninensis Nakai ex Honda	ムニンススキ	
Miscanthus intermedius (Honda) Honda	オオヒゲナガカリヤスモドキ	
Miscanthus oligostachyus Stapf var. *oligostachyus*	カリヤスモドキ	
Miscanthus oligostachyus Stapf var. *shinanoensis* Y. N. Lee	シナノカリヤスモドキ	
Miscanthus tinctorius (Steud.) Hack.	カリヤス	
Muhlenbergia curviaristata (Ohwi) Ohwi var. *curviaristata*	コシノネズミガヤ	
Pennisetum sordidum Koidz.	シマチカラシバ	
Poa crassinervis Honda	ツクシスズメノカタビラ	
Poa glauca Vahl subsp. *kitadakensis* (Ohwi) T. Koyama	キタダケイチゴツナギ	CR
Poa hakusanensis Hack.	ハクサンイチゴツナギ	
Poa hayachinensis Koidz.	ナンブソモソモ	EN
Poa ogamontana Mochizuki	オガタチイチゴツナギ	
Poa tuberifera Faurie ex Hack.	ムカゴツヅリ	
Poa yatsugatakensis Honda	タニイチゴツナギ	DD
Saccharum spontaneum L. var. *arenicola* (Ohwi) Ohwi	ワセオバナ	
Spodiopogon depauperatus Hack.	ミヤマアブラススキ	
Stipa coreana Honda var. *japonica* (Hack.) Y. N. Lee	ヒロハノハネガヤ	
Tripogon longearistatus Honda var. *japonicus* Honda	フクロダガヤ	EN
Trisetum koidzumianum Ohwi	ミヤマカニツリ	VU
Bambusoideae　タケ亜科		
Hibanobambusa transquillans (Koidz.) Maruy. et H. Okamura	インヨウチク	
Neosasamorpha kagamiana (Makino et Uchida) Koidz. subsp. *kagamiana*	カガミナンブスズ	
Neosasamorpha kagamiana (Makino et Uchida) Koidz. subsp. *yoshinoi* (Koidz.) Sad. Suzuki	アリマコスズ	
Neosasamorpha magnifica (Nakai) Sad. Suzuki subsp. *maginifica*	イッショウチザサ	
Neosasamorpha magnifica (Nakai) Sad. Suzuki subsp. *fujitae* (Sad. Suzuki) Sad. Suzuki	セトウチコスズ	
Neosasamorpha oshidensis (Makino et Uchida) Tatew. subsp. *oshidensis*	オオシダザサ	
Neosasamorpha oshidensis (Makino et Uchida) Tatew. subsp. *glabra* (Koidz.) Sad. Suzuki	ケナシカシダザサ	
Neosasamorpha pubiculmis (Makino) Sad. Suzuki subsp. *pubiculmis* var. *pubiculmis*	オモエザサ	
Neosasamorpha pubiculmis (Makino) Sad. Suzuki subsp. *pubiculmis* var. *chitosensis* (Nakai) Sad.Suzauki	イブリザサ	
Neosasamorpha pubiculmis (Makino) Sad. Suzuki subsp. *sugimotoi* (Nakai) Sad. Suzuki	ミカワザサ	
Neosasamorpha shimidzuana (Makino) Koidz. subsp. *shimidzuana*	ハコネナンブスズ	
Neosasamorpha shimidzuana (Makino) Koidz. subsp. *kashidensis* (Makino et Koidz.) Sad. Suzuki	カシダザサ	
Neosasamorpha stenophylla (Koidz.) Sad. Suzuki subsp. *stenophylla*	サイヨウザサ	
Neosasamorpha stenophylla (Koidz.) Sad. Suzuki subsp. *tobagenzoana* (Koidz.) Sad. Suzuki	ヒメカミザサ	

学名	和名	絶滅危惧ランク
Neosasamorpha takizawana (Makino et Uchida) Tatew. subsp. *takizawana* var. *takizawana*	タキザワザサ	
Neosasamorpha takizawana (Makino et Uchida) Tatew. subsp. *takizawana* var. *lasioclada* (Makino et Nakai) Sad. Suzuki	チトセナンブスズ	
Neosasamorpha takizawana (Makino et Uchida) Tatew. subsp. *nakashimana* (Koidz.) Sad. Suzuki	キリシマザサ	
Neosasamorpha tsukubensis (Nakai) Sad. Suzuki subsp. *tsukubensis*	ツクバナンブスズ	
Neosasamorpha tsukubensis (Nakai) Sad. Suzuki subsp. *pubifolia* (Koidz.) Sad. Suzuki	イナコスズ	
Pleioblastus chino (Franch. et Sav.) Makino var. *chino*	アズマネザサ	
Pleioblastus chino (Franch. et Sav.) Makino var. *vaginatus* (Hack.) Sad. Suzuki	ハコネダケ	
Pleioblastus chino (Franch. et Sav.) Makino var. *viridis* (Makino) Sad. Suzuki	ネザサ	
Pleioblastus hattorianus Koidz.	アラゲネザサ	
Pleioblastus humilis (Mitford) Nakai	トヨオカザサ	
Pleioblastus kodzumae Makino	キボウシノ	
Pleioblastus kongosanensis Makino	コンゴウダケ	
Pleioblastus linearis (Hack.) Nakai	リュウキュウチク	
Pleioblastus matsunoi Nakai	ヨコハマダケ	
Pleioblastus nabeshimanus Koidz.	シラシマメダケ	
Pleioblastus nagashima (Mitford) Nakai var. *nagashima*	ヒロウザサ	
Pleioblastus nagashima (Mitford) Nakai var. *koidzumii* (Makino ex Koidz.) Sad. Suzuki	エチゼンネザサ	
Pleioblastus pseudosasaoides Sad. Suzuki	エチゴメダケ	
Pleioblastus shibuyanus Makino ex Nakai	シブヤザサ	
Pleioblastus simonii (Carrière) Nakai	メダケ	
Pseudosasa japonica (Siebold et Zucc. ex Steud.) Makino ex Nakai	ヤダケ	
Pseudosasa owatarii (Makino) Makino ex Nakai	ヤクシマヤダケ	
Sasa chartacea (Makino) Makino et Shibata var. *chartacea*	センダイザサ	
Sasa chartacea (Makino) Makino et Shibata var. *mollis* (Nakai) Sad. Suzuki	ビロードミヤコザサ	
Sasa chartacea (Makino) Makino et Shibata var. *nana* (Makino) Sad. Suzuki	ニッコウザサ	
Sasa chartacea (Makino) Makino et Shibata var. *simotsukensis* Sad. Suzuki	アズマミヤコザサ	
Sasa elegantissima Koidz.	タンガザサ	
Sasa fugeshiensis Koidz.	フゲシザサ	
Sasa gracillima Nakai	ウンゼンザサ	
Sasa hayatae Makino var. *hayatae*	ミヤマクマザサ	
Sasa hayatae Makino var. *hirtella* (Nakai) Sad. Suzuki	シコクザサ	
Sasa heterotricha Koidz. var. *heterotricha*	クテガワザサ	
Sasa heterotricha Koidz. var. *nagatoensis* Sad. Suzuki	イヌクテガワザサ	
Sasa hibaconuca Koidz.	オヌカザサ	
Sasa jotanii (Ke. Inoue et Tanimoto) M. Kobay.	ミクラザサ	
Sasa kogasensis Nakai var. *kogasensis*	コガシザサ	
Sasa kogasensis Nakai var. *nasuensis* (Kimura et Sad. Suzuki) Sad. Suzuki	ナスノユカワザサ	
Sasa kurilensis (Rupr.) Makino et Shibata var. *uchidae* (Makino) Makino	ナガバネマガリダケ	
Sasa maculata Nakai var. *maculata*	マキヤマザサ	
Sasa maculata Nakai var. *abei* Sad. Suzuki	ケマキヤマザサ	
Sasa miakeana Sad. Suzuki	ミアケザサ	
Sasa minensis Sad. Suzuki var. *minensis*	ミネザサ	
Sasa minensis Sad. Suzuki var. *awaensis* Sad. Suzuki	アワノミネザサ	
Sasa nipponica (Makino) Makino et Shibata	ミヤコザサ	
Sasa occidentalis Sad. Suzuki	サイゴクザサ	
Sasa palmata - *S. nipponica* complex	ミヤコザサ-チマキザサ複合体	
Sasa pubens Nakai	ケザサ	
Sasa pulcherrima Koidz.	ウツクシザサ	
Sasa samaniana Nakai var. *samaniana*	アボイザサ	
Sasa samaniana Nakai var. *villosa* (Makino et Nakai) Sad. Suzuki	ケミヤコザサ	

学名	和名	絶滅危惧ランク
Sasa samaniana Nakai var. *yoshinoi* (Koidz.) Sad. Suzuki	ビッチュウミヤコザサ	
Sasa scytophylla Koidz.	イヌトクガワザサ	
Sasa tokugawana Makino	トクガワザサ	
Sasa tsuboiana Makino	イブキザサ	
Sasa veitchii (Carrière) Rehder	クマザサ	
Sasa yahikoensis Makino var. *yahikoensis*	ヤヒコザサ	
Sasa yahikoensis Makino var. *rotundissima* (Makino et Uchida) Sad. Suzuki	イワテザサ	
Sasaella atamiana (Nakai) Sad. Suzuki var. *atamiana*	アタミシノ	
Sasaella atamiana (Nakai) Sad. Suzuki var. *kanayamensis* (Nakai) Sad. Suzuki	ケスエコザサ	
Sasaella bitchuensis (Makino) Makino ex Koidz. var. *bitchuensis*	ジョウボウザサ	
Sasaella bitchuensis (Makino) Makino ex Koidz. var. *tashirozentaroana* (Koidz.) Sad. Suzuki	グジョウシノ	
Sasaella caudiceps (Koidz.) Koidz. var. *caudiceps*	オニグジョウシノ	
Sasaella caudiceps (Koidz.) Koidz. var. *psilovaginula* Sad. Suzuki	メオニグジョウシノ	
Sasaella hidaensis (Makino) Makino var. *hidaensis*	ヒシュウザサ	
Sasaella hidaensis (Makino) Makino var. *iwatekensis* (Makino et Uchida) Sad. Suzuki	ヤブザサ	
Sasaella hisauchii (Makino) Makino	ヒメスズダケ	
Sasaella ikegamii (Nakai) Sad. Suzuki	カリワシノ	
Sasaella kogasensis (Nakai) Nakai ex Koidz. var. *kogasensis*	コガシアズマザサ	
Sasaella kogasensis (Nakai) Nakai ex Koidz. var. *yoshinoi* (Koidz.) Sad. Suzuki	アリマシノ	
Sasaella masamuneana (Makino) Hatus. et Muroi var. *masamuneana*	クリオザサ	
Sasaella masamuneana (Makino) Hatus. et Muroi var. *amoena* (Nakai) Sad. Suzuki	ヨモギダコチク	
Sasaella midoensis Hatakeyama	ミドウシノ	
Sasaella ramosa (Makino) Makino var. *ramosa*	アズマザサ	
Sasaella ramosa (Makino) Makino var. *latifolia* (Nakai) Sad. Suzuki	オオバアズマザサ	
Sasaella ramosa (Makino) Makino var. *suwekoana* (Makino) Sad. Suzuki	スエコザサ	
Sasaella sadoensis (Nakai) Sad. Suzuki	サドザサ	
Sasaella sasakiana Makino et Uchida	トウゲダケ	
Sasaella sawadae (Makino) Makino ex Koidz. var. *sawadae*	ハコネシノ	
Sasaella sawadae (Makino) Makino ex Koidz. var. *aobayamana* Sad. Suzuki	アオバヤマザサ	
Sasaella shiobarensis (Nakai) Nakai ex Koidz. var. *shiobarensis*	シオバラザサ	
Sasaella shiobarensis (Nakai) Nakai ex Koidz. var. *yessaensis* (Koidz.) Sad. Suzuki	エッサシノ	
Sasaella takinagawaensis Hatak.	タキナガワシノ	
Sasamorpha borealis (Hack.) Nakai var. *pilosa* (Uchida) Sad. Suzuki	ウラゲスズダケ	
Sasamorpha borealis (Hack.) Nakai var. *viridescens* (Nakai) Sad. Suzuki	ハチジョウスズダケ	
Sasamorpha mollis Nakai	ケスズ	
Semiarundinaria fastuosa (Mitford) Makino ex Nakai var. *fastuosa*	ナリヒラダケ	
Semiarundinaria fastuosa (Mitford) Makino ex Nakai var. *viridis* Makino	アオナリヒラ	
Semiarundinaria fortis Koidz.	クマナリヒラ	
Semiarundinaria kagamiana Makino	リクチュウダケ	
Semiarundinaria okuboi Makino	ビゼンナリヒラ	
Semiarundinaria yashadake (Makino) Makino	ヤシャダケ	
Arecaceae (Palmae) ヤシ科		
Clinostigma savoryanum (Rehder et E. H. Wilson) H. E. Moore et Fosberg	ノヤシ	VU
Livistona chinensis (Jacq.) R. Br. ex Mart. var. *boninensis* Becc.	オガサワラビロウ	
Satakentia liukiuensis (Hatus.) H. E. Moore	ヤエヤマヤシ	NT
Araceae サトイモ科		
Arisaema abei Seriz.	ツルギテンナンショウ	EN
Arisaema aequinoctiale Nakai et F. Maek.	ヒガンマムシグサ	
Arisaema angustatum Franch. et Sav.	ホソバテンナンショウ	
Arisaema aprile J. Murata	オドリコテンナンショウ	CR

学名	和名	絶滅危惧ランク
Arisaema cucullatum M. Hotta	ホロテンナンショウ	CR
Arisaema ehimense J. Murata et J. Ohno	エヒメテンナンショウ	
Arisaema galeiforme Seriz.	ヤマザトマムシグサ	
Arisaema hatizyoense Nakai	ハチジョウテンナンショウ	
Arisaema heterocephalum Koidz. subsp. *heterocephalum*	アマミテンナンショウ	EN
Arisaema heterocephalum Koidz. subsp. *majus* (Seriz.) J. Murata	オオアマミテンナンショウ	CR
Arisaema heterocephalum Koidz. subsp. *okinawense* H. Ohashi et J. Murata	オキナワテンナンショウ	CR
Arisaema inaense (Seriz.) Seriz. ex K. Sasam. et J. Murata	イナヒロハテンナンショウ	CR
Arisaema ishizuchiense Murata	イシヅチテンナンショウ	CR
Arisaema iyoanum Makino subsp. *iyoanum*	オモゴウテンナンショウ	EN
Arisaema iyoanum Makino subsp. *nakaianum* (Kitag. et Ohba) H. Ohashi et J. Murata	シコクテンナンショウ	EN
Arisaema kawashimae Seriz.	トクノシマテンナンショウ	CR
Arisaema kishidae Makino ex Nakai	キシダマムシグサ	
Arisaema kiushianum Makino	ヒメウラシマソウ	
Arisaema kuratae Seriz.	アマギテンナンショウ	CR
Arisaema limbatum Nakai et F. Maek.	ミミガタテンナンショウ	
Arisaema longilaminum Nakai	ヤマトテンナンショウ	
Arisaema longipedunculatum M. Hotta	シコクヒロハテンナンショウ	EN
Arisaema maekawae S. Kakish. et J. Murata	ウメガシマテンナンショウ	
Arisaema maximowiczii Nakai	ツクシマムシグサ	
Arisaema mayebarae Nakai	ヒトヨシテンナンショウ	
Arisaema minamitanii Seriz.	ヒュウガヒロハテンナンショウ	CR
Arisaema minus (Seriz.) J. Murata	ハリママムシグサ	VU
Arisaema monophyllum Nakai	ヒトツバテンナンショウ	
Arisaema nagiense T. Kobay., K. Sasam. et J. Murata	ナギヒロハテンナンショウ	
Arisaema nambae Kitam.	タカハシテンナンショウ	EN
Arisaema negishii Makino	シマテンナンショウ	
Arisaema nikoense Nakai subsp. *nikoense*	ユモトマムシグサ	
Arisaema nikoense Nakai subsp. *alpicola* (Seriz.) J. Murata	ハリノキテンナンショウ	
Arisaema nikoense Nakai subsp. *australe* (M. Hotta) Seriz.	オオミネテンナンショウ	EN
Arisaema nikoense Nakai subsp. *brevicollum* (H. Ohashi et J. Murata) J. Murata	カミコウチテンナンショウ	VU
Arisaema ogatae Koidz.	オガタテンナンショウ	CR
Arisaema ovale Nakai	ヒロハテンナンショウ	
Arisaema planilaminum J. Murata	ミクニテンナンショウ	
Arisaema sazensoo (Buerger ex Blume) Makino	キリシマテンナンショウ	
Arisaema seppikoense Kitam.	セッピコテンナンショウ	CR
Arisaema sikokianum Franch. et Sav.	ユキモチソウ	VU
Arisaema solenochlamis Nakai ex F. Maek.	ヤマジノテンナンショウ	
Arisaema suwoense Nakai	ヤマグチテンナンショウ	
Arisaema takedae Makino	オオマムシグサ	
Arisaema tashiroi Kitam.	タシロテンナンショウ	
Arisaema ternatipartitum Makino	ミツバテンナンショウ	
Arisaema thunbergii Blume subsp. *urashima* (H. Hara) H. Ohashi et J. Murata	ウラシマソウ	
Arisaema tosaense Makino	アオテンナンショウ	
Arisaema undulatifolium Nakai subsp. *undulatifolium*	ナガバマムシグサ	
Arisaema undulatifolium Nakai subsp. *uwajimense* T. Kobay. et J. Murata	ウワジマテンナンショウ	
Arisaema unzenense Seriz.	ウンゼンマムシグサ	
Arisaema yamatense (Nakai) Nakai subsp. *yamatense*	ムロウテンナンショウ	
Arisaema yamatense (Nakai) Nakai subsp. *sugimotoi* (Nakai) H. Ohashi et J. Murata	スルガテンナンショウ	
Pinellia tripartita (Blume) Schott	オオハンゲ	
Symplocarpus nabekuraensis Otsuka et K. Inoue	ナベクラザゼンソウ	
Lemnaceae　ウキクサ科		
Lemna aoukikusa Beppu et Murata subsp. *hokurikuensis* Beppu et Murata	ホクリクアオウキクサ	
Pandanaceae　タコノキ科		
Pandanus boninensis Warb.	タコノキ	

学名	和名	絶滅危惧ランク
Cyperaceae　カヤツリグサ科		
Carex albata Boott ex Franch. et Sav. var. *franchetiana* (Ohwi) Akiyama	ツクシミノボロスゲ	
Carex alterniflora Franch. var. *arimaensis* Ohwi	アリマイトスゲ	
Carex alterniflora Franch. var. *aureobrunnea* Ohwi	チャイトスゲ	
Carex alterniflora Franch. var. *fulva* Ohwi	キイトスゲ	
Carex angustisquama Franch.	ヤマタヌキラン	
Carex aphyllopus Kük. var. *aphyllopus*	タテヤマスゲ	
Carex aphyllopus Kük. var. *impura* (Ohwi) T. Koyama	ヒルゼンスゲ	VU
Carex apoiensis Akiyama	アポイタヌキラン	VU
Carex arakiana (Ohwi) Ohwi	ヒロハノオオタマツリスゲ	
Carex augustini Tuyama	ウミノサチスゲ	
Carex bitchuensis T. Hoshino et H. Ikeda	ビッチュウヒカゲスゲ	
Carex boninensis Koidz.	シマイソスゲ	
Carex chichijimensis Katsuy.	チチジマナキリスゲ	EN
Carex chrysolepis Franch. et Sav.	コイワカンスゲ	
Carex clivorum Ohwi	ヤマオイトスゲ	
Carex collifera Ohwi	リュウキュウヒエスゲ	CR
Carex confertiflora Boott	ミヤマシラスゲ	
[*Carex conica* Boott var. *scabrifolia* (T. Koyama) Hatus., comb. ined.]	トカラカンスゲ	VU
Carex conicoides Honda	ワタリスゲ	
Carex curvicollis Franch. et Sav.	ナルコスゲ	
Carex daisenensis Nakai	ダイセンスゲ	
Carex discoidea Boott var. *discoidea*	ヒメアオスゲ	
Carex discoidea Boott var. *perangusta* (Ohwi) Katsuy.	ヤクシマイトスゲ	
Carex dissitiflora Franch.	ミヤマジュズスゲ	
Carex doenitzii Boeck. var. *doenitzii*	コタヌキラン	
Carex doenitzii Boeck. var. *okuboi* (Franch.) Kük. ex Matsum.	シマタヌキラン	NT
Carex filipes Franch. et Sav. var. *filipes*	タマツリスゲ	
Carex filipes Franch. et Sav. var. *kuzakaiensis* (M. Kikuchi) T. Koyama	オクタマツリスゲ	CR
Carex flabellata H. Lév. et Vaniot	ヤマテキリスゲ	
Carex foliosissima F. Schmidt var. *pallidivaginata* J. Oda et Nagam.	ウスイロオクノカンスゲ	
Carex fulta Franch.	ニッコウハリスゲ	
Carex gifuensis Franch.	クロヒナスゲ	
Carex grallatoria Maxim. var. *grallatoria*	ヒナスゲ	
Carex hachijoensis Akiyama	ハチジョウカンスゲ	
Carex hakonemontana Katsuy.	ハコネイトスゲ	
Carex hashimotoi Ohwi	サヤマスゲ	VU
Carex hattoriana Nakai ex Tuyama	ムニンナキリスゲ	
Carex hirtifructus Kük.	ツクバスゲ	
Carex hondoensis Ohwi	アイヅスゲ	
Carex hymenodon Ohwi	ヤマクボスゲ	NT
Carex incisa Boott	カワラスゲ	
Carex insaniae Koidz.	ヒロバスゲ	
Carex ischnostachya Steud. var. *fastigiata* T. Koyama	オキナワジュズスゲ	
Carex jubozanensis J. Oda et A. Tanaka	サンインヒエスゲ	
Carex kagoshimensis Tak. Shimizu	カゴシマスゲ	
Carex karashidaniensis Akiyama	イセアオスゲ	
Carex kiotensis Franch. et Sav.	テキリスゲ	
Carex koyaensis J. Oda et Nagam. var. *koyaensis*	コウヤハリスゲ	
Carex koyaensis J. Oda et Nagam. var. *yakushimensis* Katsuy.	コケハリガネスゲ	
Carex lasiolepis Franch.	アズマスゲ	
Carex leucochlora Bunge var. *horikawae* (K. Okamoto) Katsuy.	ミセンアオスゲ	
Carex leucochlora Bunge var. *meridiana* Akiyama	イソアオスゲ	
Carex makinoensis Franch.	イワカンスゲ	
Carex maximowiczii Miq. var. *levisaccus* Ohwi	ホシナシゴウソ	
Carex mayebarana Ohwi	ケヒエスゲ	
Carex miyabei Franch.	ビロードスゲ	
Carex mochomuensis Katsuy.	アキザキバケイスゲ	
Carex morrowii Boott var. *morrowii*	カンスゲ	
Carex morrowii Boott var. *laxa* Ohwi	ヤクシマカンスゲ	NT
Carex multifolia Ohwi var. *multifolia*	ミヤマカンスゲ	

学名	和名	絶滅危惧ランク
Carex multifolia Ohwi var. *glaberrima* Ohwi	ケナシミヤマカンスゲ	
Carex multifolia Ohwi var. *imbecillis* Ohwi	ヤワラミヤマカンスゲ	
Carex multifolia Ohwi var. *pallidisquama* Ohwi	アオミヤマカンスゲ	
Carex multifolia Ohwi var. *toriiana* T. Koyama	コミヤマカンスゲ	
Carex omiana Franch. et Sav. var. *monticola* Ohwi	カワズスゲ	
Carex omiana Franch. et Sav. var. *yakushimana* Ohwi	チャボカワズスゲ	CR
Carex omurae T. Koyama	スルガスゲ	EN
Carex oshimensis Nakai	オオシマカンスゲ	
Carex otaruensis Franch.	オタルスゲ	
Carex otayae Ohwi	ナガエスゲ	
Carex oxyandra (Franch. et Sav.) Kudô var. *lanceata* (Kük.) Ohwi	ナガミヒメスゲ	
Carex pachygyna Franch. et Sav.	ササノハスゲ	
Carex papillaticulmis Ohwi	アオバスゲ	
Carex persistens Ohwi	キンキカサスゲ	
Carex phaeodon T. Koyama	ハシナガカンスゲ	VU
Carex pisiformis Boott	ホンモンジスゲ	
Carex planata Franch. et Sav. var. *planata*	タカネマスクサ	
Carex planata Franch. et Sav. var. *angustealata* Akiyama	ホザキマスクサ	VU
Carex podogyna Franch. et Sav.	タヌキラン	
Carex pudica Honda	マメスゲ	
Carex pyrenaica Wahlenb. var. *altior* Kük.	キンスゲ	
Carex reinii Franch. et Sav.	コカンスゲ	
Carex rhizopoda Maxim.	シラコスゲ	
Carex rouyana Franch.	オオタマツリスゲ	
Carex ruralis J. Oda et Nagam.	サトヤマハリスゲ	
Carex sachalinensis F. Schmidt var. *elongatula* (Ohwi) Ohwi	クジュウスゲ	
Carex sachalinensis F. Schmidt var. *iwakiana* Ohwi	コイトスゲ	
Carex sachalinensis F. Schmidt var. *longiuscula* Ohwi	ミヤマアオスゲ	
Carex sacrosancta Honda	ジングウスゲ	NT
Carex scita Maxim. var. *scita*	ミヤマアシボソスゲ	
Carex scita Maxim. var. *brevisquama* (Koidz.) Ohwi	アシボソスゲ	NT
Carex scita Maxim. var. *parvisquama* T. Koyama	ダイセンアシボソスゲ	CR
Carex semihyalofructa Tak. Shimizu	ユキグニハリスゲ	
Carex senanensis Ohwi	ホスゲ	
Carex sikokiana Franch. et Sav.	ツルミヤマカンスゲ	
Carex stenantha Franch. et Sav. var. *stenantha*	イワスゲ	
Carex stenostachys Franch. et Sav. var. *stenostachys*	ニシノホンモンジスゲ	
Carex stenostachys Franch. et Sav. var. *cuneata* (Ohwi) Ohwi et T. Koyama	ミチノクホンモンジスゲ	
Carex subdita Ohwi	アオヒエスゲ	
Carex subumbellata Meinsh. var. *verecunda* Ohwi	クモマシバスゲ	
Carex tamakii T. Koyama	オキナワヒメナキリスゲ	NT
Carex tashiroana Ohwi	ノスゲ	VU
Carex temnolepis Franch.	ホソバカンスゲ	
Carex tenuinervis Ohwi	ツルナシオオイトスゲ	
Carex tenuior T. Koyama et Chuang	コバケイスゲ	
Carex tetsuoi Ohwi	リュウキュウタチスゲ	
Carex tokarensis T. Koyama	フサカンスゲ	VU
Carex toyoshimae Tuyama	セキモンスゲ	VU
Carex tsushimensis (Ohwi) Ohwi	ツシマスゲ	VU
Carex tumidula Ohwi	イワヤスゲ	VU
Carex uber Ohwi	ツクシスゲ	
Carex vaniotii H. Lév.	ナガボノコジュズスゲ	
Carex yasuii Katsu.	ムニンヒョウタンスゲ	EN
Cyperus extremiorientalis Ohwi	ヒメアオガヤツリ	
Cyperus niigatensis Ohwi	ニイガタガヤツリ	CR
Cyperus rotundus L. var. *yoshinagae* (Ohwi) Ohwi	トサノハマスゲ	EN
Eleocharis parvinux Ohwi	コツブヌマハリイ	VU
Eleocharis tsurumachii Ohwi	カドハリイ	CR
Fimbristylis boninensis Hayata	ムニンテンツキ	VU
Fimbristylis kadzusana Ohwi	イッスンテンツキ	CR
Fimbristylis longispica Steud. var. *hahajimensis* (Tuyama) Ohwi	ハハジマテンツキ	EN

学名	和名	絶滅危惧ランク
Fimbristylis pacifica Ohwi	イソテンツキ	
Fimbristylis takamineana Ohwi	チャイロテンツキ	EX
Fimbristylis tashiroana Ohwi	ツクシテンツキ	VU
Fimbristylis tonensis Makino	トネテンツキ	VU
Rhynchospora boninensis Nakai ex Tuyama	シマイガクサ	EN
Rhynchospora fauriei Franch.	オオイヌノハナヒゲ	
Rhynchospora yasudana Makino	ミヤマイヌノハナヒゲ	
Schoenoplectus hondoensis (Ohwi) Soják	ミヤマホタルイ	
Schoenoplectus mucronatus (L.) Palla var. *ishizawae* K. Kohno, Iokawa et Daigobo	ロッカクイ	CR
Schoenoplectus multisetus Hayas. et C. Sato	ツクシカンガレイ	
Schoenoplectus orthorhizomatus (Arai et Miyam.) Hayas. et H. Ohashi	ミチノクホタルイ	
Scirpus fuirenoides Maxim.	コマツカサススキ	
Scirpus mitsukurianus Makino	マツカサススキ	
Scirpus rosthornii Diels var. *kiushuensis* (Ohwi) Ohwi	ツクシアブラガヤ	CR

Zingiberaceae　ショウガ科

Alpinia boninsimensis Makino	シマクマタケラン	VU

Orchidaceae　ラン科

Amitostigma keiskei (Maxim. ex Franch. et Sav.) Schltr.	イワチドリ	EN
Amitostigma lepidum (Rchb. f.) Schltr.	オキナワチドリ	VU
Apostasia nipponica Masam.	ヤクシマラン	EN
Bulbophyllum boninense (Schltr.) J. J. Sm.	オガサワラシコウラン	EN
Calanthe amamiana Fukuy.	アマミエビネ	CR
Calanthe bungoana Ohwi	タガネラン	CR
Calanthe hattorii Schltr.	アサヒエビネ	EN
Calanthe hoshii S. Kobay.	ホシツルラン	CR
Calanthe izuinsularis (Satomi) Ohwi et Satomi	ニオイエビネ	EN
Cremastra aphylla T. Yukawa	モイワラン	CR
Cymbidium nipponicum (Franch. et Sav.) Rolfe	サガミラン	EN
Cypripedium macranthos Sw. var. *rebunense* (Kudô) Miyabe et Kudô	レブンアツモリソウ	EN
Eleorchis japonica (A. Gray) F. Maek. var. *conformis* (F. Maek.) F. Maek. ex H. Hara et M. Mizush.	キリガミネアサヒラン	EN
Ephippianthus sawadanus (F. Maek.) Ohwi ex Masam. et Satomi	ハコネラン	VU
Galearis fauriei (Finet) P. F. Hunt	オノエラン	
Gastrodia boninensis Tuyama	ムニンヤツシロラン	VU
Gastrodia nipponica (Honda) Tuyama	ハルザキヤツシロラン	VU
Goodyera augustini Tuyama	ナンカイシュスラン	
Goodyera hachijoensis Yatabe var. *boninensis* (Nakai) T. Hashim.	ムニンシュスラン	
Goodyera pendula Maxim. var. *brachyphylla* F. Maek.	ヒロハツリシュスラン	EN
Habenaria linearifolia Maxim. var. *brachycentra* H. Hara	ヒメミズトンボ	VU
[*Kuhlhasseltia fissa* (F. Maek.) T. Yukawa, comb. ined.]	オオハクウンラン	VU
Lecanorchis flavicans Fukuy.	サキシマスケロクラン	CR
Lecanorchis japonica Blume var. *hokurikuensis* (Masam.) T. Hashim.	ホクリクムヨウラン	
Lecanorchis japonica Blume var. *kiiensis* (Murata) T. Hashim.	キイムヨウラン	
Lecanorchis japonica Blume var. *tubiformis* T. Hashim.	ヤエヤマスケロクラン	CR
Lecanorchis kiusiana Tuyama var. *suginoana* (Tuyama) T. Hashim.	エンシュウムヨウラン	
Lecanorchis nigricans Honda var. *yakusimensis* T. Hashim.	ヤクムヨウラン	CR
Lecanorchis trachycaula Ohwi	アワムヨウラン	CR
Liparis fujisanensis F. Maek. ex F. Konta et S. Matsumoto	フガクスズムシソウ	VU
Liparis hostifolia (Koidz.) Koidz. ex Nakai	シマクモキリソウ	CR
Liparis purpureovittata Tsutsumi, T. Yukawa et M. Kato	シテンクモキリ	
Liparis truncata F. Maek. ex T. Hashim.	クモイジガバチ	CR
Liparis uchiyamae Schltr.	キノエササラン	EW
Luisia boninensis Schltr.	ムニンボウラン	EN
Malaxis boninensis (Koidz.) Nackej.	シマホザキラン	CR
Malaxis hahajimensis S. Kobay.	ハハジマホザキラン	EN
Malaxis kandae T. Hashim.	カンダヒメラン	EN
Myrmechis tsukusiana Masam.	ツクシアリドオシラン	CR
Neottia furusei T. Yukawa et Yagame	カイサカネラン	CR
Neottia inagakii Yagame, Katuy. et T. Yukawa	タンザワサカネラン	
Neottia makinoana (Ohwi) Szlach.	アオフタバラン	
[*Neottianthe fujisanensis* (Sugim.) F. Maek., comb. ined.]	フジチドリ	EN

学名	和名	絶滅危惧ランク
Nervilia nipponica Makino	ムカゴサイシン	EN
Odontochilus hatusimanus Ohwi et T. Koyama	ハツシマラン	CR
Peristylus hatusimanus T. Hashim.	ダケトンボ	
Platanthera amabilis Koidz.	ヤクシマチドリ	EN
Platanthera boninensis Koidz.	シマツレサギソウ	EN
Platanthera florentia Franch. et Sav.	ジンバイソウ	
Platanthera hondoensis (Ohwi) K. Inoue	オオバナオオヤマサギソウ	CR
Platanthera iinumae (Makino) Makino	イイヌマムカゴ	EN
Platanthera mandarinorum Rchb. f. subsp. *hachijoensis* (Honda) Murata var. *hachijoensis*	ハチジョウチドリ	
Platanthera mandarinorum Rchb. f. subsp. *hachijoensis* (Honda) Murata var. *amamiana* (Ohwi) K. Inoue	アマミトンボ	VU
Platanthera mandarinorum Rchb. f. subsp. *hachijoensis* (Honda) Murata var. *masamunei* K. Inoue	ヤクシマトンボ	CR
Platanthera okuboi Makino	ハチジョウツレサギ	CR
Platanthera sonoharae Masam.	クニガミトンボソウ	CR
Platanthera stenoglossa Hayata subsp. *hottae* K. Inoue	ソハヤキトンボソウ	CR
Platanthera stenoglossa Hayata subsp. *iriomotensis* (Masam.) K. Inoue	イリオモテトンボソウ	EN
Platanthera takedae Makino subsp. *takedae*	ミヤマチドリ	
Platanthera takedae Makino subsp. *uzenensis* (Ohwi) K. Inoue	ガッサンチドリ	EN
Platanthera tipuloides (L. f.) Lindl. subsp. *linearifolia* (Ohwi) K. Inoue	ナガバトンボソウ	VU
Ponerorchis chidori (Makino) Ohwi	ヒナチドリ	VU
Ponerorchis graminifolia Rchb. f. var. *kurokamiana* (Ohwi et Hatus.) T. Hashim.	クロカミラン	CR
Ponerorchis graminifolia Rchb. f. var. *suzukiana* (Ohwi) Soó	アワチドリ	CR
Tainia laxiflora Makino	ヒメトケンラン	VU
Tipularia japonica Matsum. var. *harae* F. Maek.	ヒトツボクロモドキ	
Tropidia nipponica Masam. var. *hachijoensis* F. Maek.	ハチジョウネッタイラン	EN
Yoania amagiensis Nakai et F. Maek.	キバナノショウキラン	EN
Yoania flava K. Inoue et T. Yukawa	シナノショウキラン	EN
Zeuxine boninensis Tuyama	ムニンキヌラン	EX

裸子植物

Cycadaceae ソテツ科
Cycas revoluta Thunb.	ソテツ	

Pinaceae マツ科
Abies firma Siebold et Zucc.	モミ	
Abies homolepis Siebold et Zucc.	ウラジロモミ	
Abies mariesii Mast.	オオシラビソ	
Abies shikokiana Nakai	シコクシラベ	
Abies veitchii Lindl.	シラビソ	
Larix kaempferi (Lamb.) Carrière	カラマツ	
Picea bicolor (Maxim.) Mayr	イラモミ	
Picea jezoensis (Siebold et Zucc.) Carrière var. *hondoensis* (Mayr) Rehder	トウヒ	
Picea koyamae Shiras.	ヤツガタケトウヒ	EN
Picea maximowiczii Regel ex Carrière	ヒメバラモミ	VU
Picea polita (Siebold et Zucc.) Carrière	ハリモミ	
Picea shirasawae Hayashi	ヒメマツハダ	
Pinus amamiana Koidz.	ヤクタネゴヨウ	EN
Pinus luchuensis Mayr	リュウキュウマツ	
Pinus parviflora Siebold et Zucc. var. *pentaphylla* (Mayr) A. Henry	キタゴヨウ	
Pseudotsuga japonica (Shiras.) Beissner	トガサワラ	VU
Tsuga diversifolia (Maxim.) Mast.	コメツガ	

Sciadopityaceae コウヤマキ科
Sciadopitys verticillata (Thunb.) Siebold et Zucc.	コウヤマキ	

Taxodiaceae スギ科
Cryptomeria japonica (L. f.) D. Don	スギ	

Cupressaceae ヒノキ科
Chamaecyparis obtusa (Siebold et Zucc.) Endl. var. *obtusa*	ヒノキ	
Chamaecyparis pisifera (Siebold et Zucc.) Endl.	サワラ	
Juniperus communis L. var. *hondoensis* (Satake) Satake ex Sugim.	ホンドミヤマネズ	
Juniperus taxifolia Hook. et Arn. var. *taxifolia*	シマムロ	VU

学名	和名	絶滅危惧ランク
Juniperus taxifolia Hook. et Arn. var. *lutchuensis* (Koidz.) Satake	オキナワハイネズ	
Thuja standishii (Gordon) Carrière	ネズコ	
Thujopsis dolabrata (L. f.) Siebold et Zucc. var. *dolabrata*	アスナロ	
Thujopsis dolabrata (L. f.) Siebold et Zucc. var. *hondae* Makino	ヒノキアスナロ	
Cephalotaxaceae　イヌガヤ科		
Cephalotaxus harringtonia (Knight ex Forbes) K. Koch var. *nana* (Nakai) Rehder	ハイイヌガヤ	
Taxaceae　イチイ科		
Taxus cuspidata Siebold et Zucc. var. *nana* Hort. ex Rehder	キャラボク	
Torreya nucifera Siebold et Zucc. var. *radicans* Nakai	チャボガヤ	

シダ植物
小葉類

学名	和名	絶滅危惧ランク
Selaginellaceae　イワヒバ科		
Selaginella doederleinii Hieron. var. *opaca* Seriz.	コウヅシマクラマゴケ	NT
Selaginella lutchuensis Koidz.	ヒメムカデクラマゴケ	
Selaginella tamamontana Seriz.	ヤマクラマゴケ	
Isoetaceae　ミズニラ科		
Isoetes pseudojaponica M. Takamiya, Mitsu. Watan. et K. Ono	ミズニラモドキ	VU

シダ類

学名	和名	絶滅危惧ランク
Ophioglossaceae　ハナヤスリ科		
Botrychium atrovirens (Sahashi) M. Kato	シチトウハナワラビ	
Botrychium microphyllum (Sahashi) K. Iwats.	イブリハナワラビ	CR
Botrychium nipponicum Makino var. *minus* (H. Hara) K. Iwats.	ウスイハナワラビ	
Botrychium ternatum (Thunb.) Sw. var. *pseudoternatum* (Sahashi) M. Kato	アカフユノハナワラビ	
Botrychium triangularifolium (Sahashi) M. Kato	ミドリハナワラビ	
Ophioglossum kawamurae Tagawa	サクラジマハナヤスリ	EN
Ophioglossum namegatae M. Nishida et Kurita	トネハナヤスリ	VU
Ophioglossum parvum M. Nishida et Kurita	チャボハナヤスリ	VU
Marattiaceae　リュウビンタイ科		
Marattia boninensis Nakai	リュウビンタイモドキ	VU
Osmundaceae　ゼンマイ科		
Osmunda lancea Thunb.	ヤシャゼンマイ	
Hymenophyllaceae　コケシノブ科		
Abrodictyum boninense Tagawa et K. Iwats.	ハハジマホラゴケ	EN
Vandenboschia hokurikuensis Ebihara	ホクリクハイホラゴケ	
Vandenboschia liukiuensis (Y. Yabe) Tagawa	リュウキュウホラゴケ	
Vandenboschia miuraensis Ebihara	ミウラハイホラゴケ	
Vandenboschia nipponica (Nakai) Ebihara	ヒメハイホラゴケ	
Vandenboschia orientalis (C. Chr.) Ching	イズハイホラゴケ	
Vandenboschia oshimensis (H. Christ) Ebihara	リュウキュウオオハイホラゴケ	
Vandenboschia subclathrata K. Iwats.	コケハイホラゴケ	
Salviniaceae　サンショウモ科		
Azolla japonica (Franch. et Sav.) Franch. et Sav. ex Nakai	オオアカウキクサ	VU
Plagiogyriaceae　キジノオシダ科		
Plagiogyria adnata (Blume) Bedd. var. *yakushimensis* (Kansei Sato) Tagawa	ヤクシマキジノオ	
Plagiogyria japonica Nakai var. *pseudojaponica* (Nakaike) K. Iwats.	ヒメキジノオ	
Cyatheaceae　ヘゴ科		
Cyathea mertensiana (Kunze) Copel.	マルハチ	
Cyathea ogurae (Hayata) Domin	メヘゴ	VU
Cyathea tuyamae H. Ohba	エダウチヘゴ	
Lindsaeaceae　ホングウシダ科		
Lindsaea kawabatae Sa. Kurata	シノブホングウシダ	CR
Lindsaea repanda Kunze	ムニンエダウチホングウシダ	VU
Sphenomeris gracilis (Tagawa) Sa. Kurata	ヒメホラシノブ	
Sphenomeris intermedia S. J. Lin, M. Kato et K. Iwats.	アイノコホラシノブ	
Sphenomeris minutula Sa. Kurata	コビトホラシノブ	CR
Sphenomeris yaeyamensis S. J. Lin, M. Kato et K. Iwats.	ヤエヤマホラシノブ	CR
Dennstaedtiaceae　コバノイシカグマ科		
Microlepia izupeninsulae Sa. Kurata	オドリコカグマ	
Microlepia obtusiloba Hayata var. *angustata* Seriz.	ホソバコウシュンシダ	

学名	和名	絶滅危惧ランク
Monachosorum arakii Tagawa	ヒメムカゴシダ	
Pteridaceae　イノモトソウ科		
Adiantum ogasawarense Tagawa	イワホウライシダ	EN
Cheilanthes brandtii Franch. et Sav.	ミヤマウラジロ	
Cheilanthes krameri Franch. et Sav.	イワウラジロ	EN
Coniogramme gracilis Ogata	ホソバイワガネソウ	CR
Pteris boninensis H. Ohba	オガサワラハチジョウシダ	
Pteris kawabatae Sa. Kurata	カワバタハチジョウシダ	CR
Pteris kiuschiuensis Hieron.	ニシノコハチジョウシダ	
Pteris nakasimae Tagawa	ヒノタニシダ	EN
Pteris natiensis Tagawa	ヤワラハチジョウシダ	
Pteris satsumana Sa. Kurata	サツマハチジョウシダ	
Pteris yakuinsularis Sa. Kurata	ヤクシマハチジョウシダ	
Pteris yamatensis (Tagawa) Tagawa	ヒメイノモトソウ	CR
Aspleniaceae　チャセンシダ科		
Asplenium micantifrons (Tuyama) Tuyama ex H. Ohba	ナンカイシダ	VU
Asplenium oligophlebium Baker var. *oligophlebium*	カミガモシダ	
Asplenium oligophlebium Baker var. *iezimaense* (Tagawa) Tagawa	イエジマチャセンシダ	EN
Woodsiaceae　イワデンダ科		
Athyrium kenzo-satakei Sa. Kurata	シビイヌワラビ	CR
Athyrium kirisimaense Tagawa	キリシマヘビノネゴザ	
Athyrium masamunei Seriz.	ヤクイヌワラビ	CR
Athyrium neglectum Seriz. subsp. *neglectum*	コシノサトメシダ	
Athyrium neglectum Seriz. subsp. *australe* Seriz.	シイバサトメシダ	CR
Athyrium nikkoense Makino	イワイヌワラビ	
Athyrium oblitescens Sa. Kurata	サキモリイヌワラビ	
Athyrium otophorum (Miq.) Koidz. var. *okanum* Sa. Kurata	ヤマグチタニイヌワラビ	
Athyrium palustre Seriz.	サカバサトメシダ	EN
Athyrium pinetorum Tagawa	タカネサトメシダ	
Athyrium setuligerum Sa. Kurata	トゲカラクサイヌワラビ	
Athyrium spinescens Sa. Kurata	トゲヤマイヌワラビ	
Athyrium viridescentipes Sa. Kurata	アオグキイヌワラビ	
Athyrium wardii (Hook.) Makino var. *inadae* Tagawa	ルリデライヌワラビ	
Athyrium yakusimense Tagawa	ヤクシマタニイヌワラビ	CR
Deparia bonincola (Nakai) M. Kato	オオシケシダ	NT
Deparia minamitanii Seriz.	ヒュウガシケシダ	EN
Deparia otomasui (Sa. Kurata) Seriz.	アソシケシダ	EN
Deparia petersenii (Kunze) M. Kato var. *yakusimensis* (H. Itô) M. Kato	ヒメシケシダ	
Deparia pseudoconilii (Seriz.) Seriz. var. *pseudoconilii*	フモトシケシダ	
Deparia pseudoconilii (Seriz.) Seriz. var. *subdeltoidofrons* (Seriz.) Seriz.	コヒロハシケシダ	
Diplazium amamianum Tagawa	アマミシダ	
Diplazium deciduum N. Ohta et M. Takamiya	ウスバミヤマノコギリシダ	
Diplazium dilatatum Blume var. *heterolepis* Seriz.	ニセヒロハノコギリシダ	
Diplazium hayatamae N. Ohta et M. Takamiya	オオバミヤマノコギリシダ	
Diplazium longicarpum Kodama	シマクジャク	EN
Diplazium subtripinnatum Nakai	ムニンミドリシダ	CR
Diplazium wichurae (Mett.) Diels var. *amabile* Tagawa	ヒメノコギリシダ	
Thelypteridaceae　ヒメシダ科		
Stegnogramma gymnocarpa (Copel.) K. Iwats. subsp. *amabilis* (Tagawa) K. Iwats.	ヒメミゾシダ	NT
Thelypteris boninensis (Kodama ex Koidz.) K. Iwats.	オオホシダ	EN
Thelypteris ogasawarensis (Nakai) H. Itô ex Honda	ムニンヒメワラビ	
Thelypteris quelpaertensis (H. Christ) Ching var. *yakumontana* (Masam.) Tagawa	ヤクシマショリマ	
Blechnaceae　シシガシラ科		
Blechnum amabile Makino	オサシダ	
Blechnum castaneum Makino	ミヤマシシガシラ	
Blechnum niponicum (Kunze) Makino	シシガシラ	
Dryopteridaceae　オシダ科		
Arachniodes amabilis (Blume) Tindale var. *okinawensis* (Nakaike) Seriz.	オキナワカナワラビ	
Arachniodes cantilenae Sa. Kurata	イツキカナワラビ	EN

学名	和名	絶滅危惧ランク
Arachniodes dimorphophylla (Hayata) Ching	ホザキカナワラビ	
Arachniodes hiugana Sa. Kurata	ヒュウガカナワラビ	CR
Arachniodes miqueliana Ohwi	ナンゴクナライシダ	
Arachniodes quadripinnata (Hayata) Seriz. subsp. *fimbriata* (Koidz.) Seriz.	ヒロハナライシダ	
Arachniodes yasu-inouei Sa. Kurata	ハガクレカナワラビ	
Ctenitis iriomotensis (H. Itô) Nakaike	コミダケシダ	VU
Ctenitis microlepigera (Nakai) Ching	コキンモウイノデ	CR
[*Cyrtomium falcatum* (L. f.) C. Presl subsp. *littorale* S. Matsumoto, nom. nud.]	ヒメオニヤブソテツ	
Cyrtomium fortunei J. Sm. var. *atropunctatum* (Sa. Kurata) K. Iwats.	イズヤブソテツ	
[*Dryopteris anadroma* Mitsuta, nom. nud.]	ムカシベニシダ	VU
Dryopteris anthracinisquama Miyam.	クマイワヘゴ	CR
Dryopteris commixta Tagawa	ツクシイワヘゴ	
[*Dryopteris ebinoensis* Sa. Kurata, nom. nud.]	エビノオオクジャク	
Dryopteris gymnosora (Makino) C. Chr. var. *angustata* H. Itô	ホソバヌカイタチシダ	CR
Dryopteris hadanoi Sa. Kurata	ニセヨゴレイタチシダ	NT
Dryopteris insularis Kodama var. *insularis*	ムニンベニシダ	VU
Dryopteris insularis Kodama var. *chichisimensis* (Nakai ex H. Itô) H. Itô	チチジマベニシダ	
Dryopteris kinokuniensis Sa. Kurata	キノクニベニシダ	
Dryopteris koidzumiana Tagawa	ホコザキベニシダ	
Dryopteris sabae (Franch. et Sav.) C. Chr.	ミヤマイタチシダ	
Dryopteris shibipedis Sa. Kurata	シビイタチシダ	EX
Dryopteris shiroumensis Sa. Kurata et T. Nakam.	シロウマイタチシダ	
Dryopteris simasakii (H. Itô) Sa. Kurata var. *simasakii*	ヌカイタチシダマガイ	
Dryopteris sparsa (Buch.-Ham. ex D. Don) Kuntze var. *ryukyuensis* Seriz.	リュウキュウイタチシダ	
Dryopteris tsugiwoi Sa. Kurata	マルバヌカイタチシダモドキ	CR
Dryopteris tsutsuiana Sa. Kurata	ツツイイワヘゴ	CR
Dryopteris yakusilvicola Sa. Kurata	コスギイタチシダ	NT
Elaphoglossum tosaense (Yatabe) Makino	ヒロハアツイタ	VU
Hypodematium crenatum (Forssk.) Kuhn subsp. *fauriei* (Kodama) K. Iwats.	キンモウワラビ	VU
Polystichum fibrillosopaleaceum (Kodama) Tagawa var. *fibrillosopaleaceum*	アスカイノデ	
Polystichum fibrillosopaleaceum (Kodama) Tagawa var. *marginale* Seriz.	スルガイノデ	CR
Polystichum gracilipes C. Chr. var. *gemmiferum* Tagawa	センジョウデンダ	EN
Polystichum igaense Tagawa	チャボイノデ	
Polystichum inaense (Tagawa) Tagawa	イナデンダ	NT
Polystichum longifrons Sa. Kurata	アイアスカイノデ	
Polystichum microchlamys (H. Christ) Matsum. var. *azumiense* Seriz.	アズミイノデ	
Polystichum obae Tagawa	アマミデンダ	CR
Polystichum ohmurae Sa. Kurata	トヨグチイノデ	
Polystichum polyblepharon (Roem. ex Kunze) C. Presl var. *scabiosum* Sa. Kurata	カズサイノデ	
Polystichum tagawanum Sa. Kurata	イノデモドキ	
Polystichum yaeyamense (Makino) Makino	ヤエヤマトラノオ	
Polypodiaceae　ウラボシ科		
Crypsinus yakuinsularis (Masam.) Tagawa	ヤクシマウラボシ	EN
Ctenopteris kanashiroi (Hayata) K. Iwats.	シマムカデシダ	
Ctenopteris sakaguchiana (Koidz.) H. Itô	キレハオオクボシダ	EN
Grammitis nipponica Tagawa et K. Iwats.	ヒロハヒメウラボシ	CR
Grammitis tuyamae H. Ohba	ナガバコウラボシ	CR
Lepisorus boninensis (H. Christ) Ching	ホソバクリハラン	NT
Lepisorus hachijoensis Sa. Kurata	ハチジョウウラボシ	
Lepisorus uchiyamae (Makino) H. Itô	コウラボシ	
Loxogramme boninensis Nakai	ムニンサジラン	VU
Polypodium amamianum Tagawa	アマミアオネカズラ	CR
Polypodium someyae Yatabe	ミョウギシダ	EN

| 学名 | 和名 | 絶滅危惧ランク |

コケ植物
蘚類
  Sphagnaceae　ミズゴケ科
    Sphagnum calymmatophyllum Warnst. et Cardot　　コバノミズゴケ
  Diphysciaceae　イクビゴケ科
    Diphyscium perminutum Takaki　　コバノイクビゴケ　　CR+EN
    Diphyscium suzukii Z. Iwats.　　スズキイクビゴケ　　CR+EN
  Polytrichaceae　スギゴケ科
    Pogonatum otaruense Besch.　　チャボスギゴケ
  Fissidentaceae　ホウオウゴケ科
    Fissidens boninensis Z. Iwats.　　オガサワラホウオウゴケ
    Fissidens fujiensis Tad. Suzuki et Z. Iwats.　　フジホウオウゴケ
    Fissidens neomagofukui Z. Iwats. et Tad. Suzuki　　マゴフクホウオウゴケ
    Fissidens pseudoadelphinus Z. Iwats. et Tad. Suzuki　　コホウオウゴケモドキ
    Fissidens pseudohollianus Z. Iwats.　　ニセイボエホウオウゴケ
  Ditrichaceae　キンシゴケ科
    Ditrichum brevisetum H. Kiguchi, Tad. Suzuki et Z. Iwats.　　チビッコキンシゴケ
    Ditrichum sekii Ando et Deguchi ex Matsui et Z. Iwats.　　ミヤジマキンシゴケ
    Pleuridium japonicum Deguchi, Matsui et Z. Iwats.　　ヤマトキンチャクゴケ
  Seligeriaceae　キヌシッポゴケ科
    Brachydontium noguchii Z. Iwats., Tad. Suzuki et H. Kiguchi　　ノグチゴケ　　CR+EN
    Brachydontium pseudodonnianum (Tad. Suzuki et Z. Iwats.) Tad. Suzuki et Z. Iwats.　　ヤツガタケキヌシッポゴケ
  Dicranaceae　シッポゴケ科
    Dicranella dilatatinervis Dixon　　ミチノクオバナゴケ
    Dicranella ditrichoides Broth.　　キンシゴケモドキ
    Dicranella globuligera Cardot　　タマススキゴケ
    Dicranella mayebarae (Sakurai) Matsui et Z. Iwats.　　ツクシハナゴケ
    Dicranella subsecunda Besch.　　ミヤマススキゴケ
    Dicranella yezoana Cardot　　エゾススキゴケ
    Dicranoloma cylindrothecium (Mitt.) Sakurai var. *brachycarpum* (Broth.) Takaki　　チョクミシッポゴケ
    Dicranoloma cylindrothecium (Mitt.) Sakurai var. *maedae* (Sakurai) Takaki　　ナガバシッポゴケ
    Oncophorus wahlenbergii Brid. var. *perbrevipes* Deguchi et H. Suzuki　　ヒメエゾノコブゴケ
    Trematodon mayebarae Takaki　　マエバラナガダイゴケ　　CR+EN
  Calymperaceae　カタシロゴケ科
    Calymperes boninense Z. Iwats.　　オガサワラカタシロゴケ　　DD
    Syrrhopodon kiiensis Z. Iwats.　　キイアミゴケ　　CR+EN
    Syrrhopodon yakushimensis Takaki et Z. Iwats.　　ヤクシマアミゴケ　　CR+EN
  Pottiaceae　センボンゴケ科
    Barbula hiroshii K. Saito　　イノウエネジクチゴケ
    Barbula horrinervis K. Saito　　イボスジネジクチゴケ
    Bryoerythrophyllum linearifolium K. Saito　　ホソバアカハマキゴケ
    Bryoerythrophyllum rubrum (Jur. ex Geh.) Chen var. *minus* K. Saito　　コアカハマキゴケ
    Didymodon leskeoides K. Saito　　イトヒキフタゴゴケ
    Hyophila acutifolia K. Saito　　トガリバハマキゴケ
    Pachyneuropsis miyagii T. Yamag.　　フチドリコゴケ
    Tortella japonica (Besch.) Broth.　　コネジレゴケ
    Uleobryum naganoi Kiguchi　　ツチノウエノハリゴケ
    Weissia atrocaulis K. Saito　　クロジクトジクチゴケ
    Weissia deciduaefolia K. Saito　　ヤマトトジクチゴケ
  Grimmiaceae　ギボウシゴケ科
    Grimmia brachydictyon (Cardot) Deguchi　　コアミメギボウシゴケ
    Grimmia percarinata (Dixon et Sakurai) Nog. ex Deguchi　　コフタゴケ
    Ptychomitrium gardneri Lesq. var. *angustifolium* (Nog.) T. Cao　　ホソバシナチヂレゴケ
    Racomitrium fasciculare (Hedw.) Brid. var. *hayachinense* Nog.　　ハヤチネミヤマスナゴケ
    Racomitrium vulcanicola Frisvoll et Deguchi　　コモチシモフリゴケ
  Bryaceae　ハリガネゴケ科
    Plagiobryum hultenii (Ochi et H. Perss.) Hedderson　　コゴメイトサワゴケ
    Pohlia otaruensis (Cardot) Iisiba　　オタルミスゴケ
    Pohlia pseudo-defecta Ochi　　イワマヘチマゴケ

学名	和名	絶滅危惧ランク
Mniaceae　チョウチンゴケ科		
Mnium orientale R. E. Wyatt	トウヨウチョウチンゴケ	
Pseudobryum speciosum (Mitt.) T. J. Kop.	ムツデチョウチンゴケ	
Orthotrichaceae　タチヒダゴケ科		
Macromitrium tosae Besch.	トサミノゴケ	
Orthotrichum ibukiense Toyama	イブキタチヒダゴケ	DD
Ulota yakushimensis Z. Iwats.	ヤクシマキンモウゴケ	CR+EN
Rhachitheciaceae　キブネゴケ科		
Hypnodontopsis apiculata Z. Iwats. et Nog.	キサゴゴケ	CR+EN
Rhachithecium nipponicum (Toyama) Wijk et Margad.	キブネゴケ	CR+EN
Daltoniaceae		
Distichophyllum yakumontanum H. Akiyama et Matsui	キノボリヒメツガゴケ	
Fontinalaceae　カワゴケ科		
Dichelyma japonicum Cardot	コシノヤバネゴケ	CR+EN
Leucodontaceae　イタチゴケ科		
Leucodon alpinus H. Akiyama	ツヤダシタカネイタチゴケ	CR+EN
Leucodon giganteus (Nog.) Nog.	オオヤマトイタチゴケ	CR+EN
Leucodon sohayakiensis H. Akiyama	ヨコグライタチゴケ	CR+EN
Meteoriaceae　ハイヒモゴケ科		
Aerobryum speciosum (Dozy et Molk.) Dozy et Molk. var. *nipponicum* Nog.	ミハラシゴケ	CR+EN
Meteorium buchananii (Broth.) Broth. subsp. *helminthocladulum* (Cardot) Nog. var. *cuspidatum* (S. Okamura) Nog.	サイコクサガリゴケ	
Neckeraceae　ヒラゴケ科		
Neckera nakazimae (Iisiba) Nog.	モロハヒラゴケ	
Neckera pusilla Mitt. var. *pendula* Nog.	サガリヒメヒラゴケ	
Thamnobryaceae　オオトラノオゴケ科		
Thamnobryum planifrons (Broth. et M. Yasuda) Nog. et Z. Iwats.	ヒラトラノオゴケ	
Lembophyllaceae　トラノオゴケ科		
Dolichomitra cymbifolia (Lindb.) Broth. var. *subintegerrima* S. Okamura	ハナシエボウシゴケ	
Dolichomitriopsis crenulata S. Okamura	イヌエボウシゴケ	
Dolichomitriopsis obtusifolia (Dixon) Nog.	サジバエボウシゴケ	
Leskeaceae　ウスグロゴケ科		
Okamuraea brevipes Broth. ex S. Okamura	コシノオカムラゴケ	
Okamuraea plicata Cardot	キノクニオカムラゴケ	
Rigodiadelphus arcuatus (Nog.) Nog.	シワナシキツネゴケ	
Thuidiaceae　シノブゴケ科		
Heterocladium tenellum Deguchi et H. Suzuki	ホソイトツルゴケ	
Amblystegiaceae　ヤナギゴケ科		
Amblystegium calcareum (Kanda) Nog.	イシバイヤナギゴケ	
Hygrohypnum alpinum (Lindb.) Broth. var. *tsurugizanicum* (Cardot) Nog. et Z. Iwats.	テリハミズハイゴケ	
Hygrohypnum subeugyrium (Lindb.) Loesk. var. *japonicum* Cardot	ニセタカネシメリゴケ	
Leptodictyum mizushimae (Sakurai) Kanda	オニシメリゴケ	CR+EN
Platydictya fauriei (Cardot) Z. Iwats. et Nog.	フォーリーイトヤナギゴケ	
Platydictya hattorii Kanda	ハットリイトヤナギゴケ	
Brachytheciaceae　アオギヌゴケ科		
Brachythecium camptothecioides Takaki	シワバヒツジゴケ	
Brachythecium hastile Broth. et Paris	ヤリヒツジゴケ	
Brachythecium nitidulum (Broth.) Nog.	ツヤヤナギゴケ	
Brachythecium otaruense Cardot	オタルヒツジゴケ	
Brachythecium pseudo-uematsui Nog.	ニセコヒツジゴケ	
Brachythecium uyematsui Broth. ex Cardot	コヒツジゴケ	
Bryhnia tenerrima Broth. et M. Yasuda	ヒメヤノネゴケ	
Bryhnia tokubuchii (Broth.) Paris	エゾヤノネゴケ	
Eurhynchium yezoanum S. Okamura	エゾツルハシゴケ	
Helicodontium kiusianum (Sakurai) Taoda	ツクシゲゴケ	
Myuriaceae　ナワゴケ科		
Oedicladium rufescens (Reinw. et Hornsch.) Mitt. var. *yakushimense* (Sakurai) Z. Iwats.	ヤクシマナワゴケ	VU
Sematophyllaceae　ナガハシゴケ科		

| 学名 | 和名 | 絶滅危惧ランク |

Brotherella complanata Reimers et Sakurai　　　ヒメカガミゴケ
Rhaphidorrhynchium chichibuense Seki　　　チチブニセカガミゴケ
Rhaphidorrhynchium hyoji-suzukii Seki　　　スズキニセカガミゴケ
Taxithelium liukiuense Sakurai　　　リュウキュウイボゴケ
Wijkia concavifolia (Cardot) H. A. Crum　　　フナバトガリゴケ
Hypnaceae　ハイゴケ科
　Ctenidium percrassum Sakurai　　　オニクシノハゴケ
　Ctenidium pulchellum Cardot　　　イボエクシノハゴケ
　Ectropothecium andoi N. Nishim.　　　ウルワシウシオゴケ
　Glossadelphus yakoushimae (Cardot) Nog.　　　ヤクシマヒラツボゴケ　　　CR+EN
　Gollania splendens (Iisiba) Nog.　　　オオカギイトゴケ　　　CR+EN
　Pseudotaxiphyllum maebarae (Sakurai) Z. Iwats.　　　ヒゴイチイゴケ
　Pylaisia nana Mitt.　　　アズマキヌゴケ
　Taxiphyllopsis iwatsukii Higuchi et Deguchi　　　キャラハゴケモドキ　　　CR+EN
苔類
　Lepidoziaceae　ムチゴケ科
　　Telaranea iriomotensis T. Yamag. et Mizut.　　　テララゴケ　　　VU
　Calypogeiaceae　ツキヌキゴケ科
　　Calypogeia angusta Steph.　　　ツキヌキゴケ
　　Calypogeia asakawana Inoue　　　アサカワホラゴケモドキ
　　Calypogeia contracta Inoue　　　イイデホラゴケモドキ
　　Calypogeia fujisana Inoue　　　フジホラゴケモドキ
　　Calypogeia neesiana (C. Massal. et Carestia) Muell. Frib. subsp.　　　タカネツキヌキゴケ
　　　subalpina (Inoue) Inoue
　Cephaloziellaceae　コヤバネゴケ科
　　Cephaloziella acanthophora (S. Hatt.) Horik.　　　トゲヤバネゴケ
　Jungermanniaceae　ツボミゴケ科
　　Anastrophyllum ellipticum Inoue　　　オノイチョウゴケ　　　CR+EN
　　Hattoria yakushimensis (Horik.) R. M. Schust.　　　ヤクシマアミバゴケ　　　CR+EN
　　Jungermannia cephalozioides Amakawa　　　ヤハズツボミゴケ
　　Jungermannia hattoriana (Amakawa) Amakawa　　　ハットリツボミゴケ
　　Jungermannia hattorii Amakawa　　　ヘリトリツボミゴケ
　　Jungermannia hiugaensis (Amakawa) Amakawa　　　ヒュウガソロイゴケ
　　Jungermannia hokkaidensis Vana　　　リシリツボミゴケ　　　DD
　　Jungermannia japonica Amakawa　　　ヒメツボミゴケ
　　Jungermannia kyushuensis Amakawa　　　カタツボミゴケ
　　Jungermannia shimizuana Vana　　　オオアミメツボミゴケ
　　Jungermannia unispiris (Amakawa) Amakawa　　　ヒトスジツボミゴケ
　　Leiocolea mayebarae (S. Hatt.) Furuki et Mizut.　　　マエバラヤバネゴケ
　　Lophozia silvicoloides N. Kitag.　　　タカネイチョウゴケ
　　Nardia minutifolia Furuki　　　イトウロコゴケ
　　Nardia scalaris Gray subsp. *harae* (Amakawa) Amakawa　　　ハラウロコゴケ
　Gymnomitriaceae　ミゾゴケ科
　　Gymnomitrion mucronulatum (N. Kitag.) N. Kitag.　　　アカサキジロゴケ
　　Gymnomitrion noguchianum S. Hatt.　　　ノグチサキジロゴケ
　　Marsupella alata S. Hatt. et N. Kitag.　　　ヒレミゾゴケ
　Acrobolbaceae　チチブイチョウゴケ科
　　Lethocolea naruto-toganensis Furuki　　　モグリゴケ　　　CR+EN
　Radulaceae　ケビラゴケ科
　　Radula campanigera Mont. subsp. *obiensis* (S. Hatt.) K. Yamada　　　オビケビラゴケ　　　CR+EN
　　Radula boninensis Furuki et K. Yamada　　　オガサワラケビラゴケ　　　CR+EN
　　Radula fujitae Furuki　　　フジタケビラゴケ
　Porellaceae　クラマゴケモドキ科
　　Porella densifolia (Steph.) S. Hatt. var. *oviloba* (Steph.) N. Kitag.　　　アカクラマゴケモドキ
　　Porella densifolia (Steph.) S. Hatt. var. *robusta* (Steph.) S. Hatt.　　　サンカククラマゴケモドキ
　Frullaniaceae　ヤスデゴケ科
　　Frullania amamiensis Kamim.　　　アマミヤスデゴケ
　　Frullania cristata S. Hatt.　　　エゾヤスデゴケ
　　Frullania iriomotensis S. Hatt.　　　イリオモテヤスデゴケ　　　VU
　　Frullania iwatsukii S. Hatt.　　　イワツキヤスデゴケ
　　Frullania okinawensis Kamim.　　　オキナワヤスデゴケ　　　DD
　　Frullania pseudoalstonii Tsudo et J. Haseg.　　　ゴマダラヤスデゴケ

学名	和名	絶滅危惧ランク
Frullania schensiana C. Massal. var. *punctata* (S. Hatt.) Kamim.	ホシオンタケヤスデゴケ	
Frullania zennoskeana S. Hatt.	オガサワラヤスデゴケ	
Lejeuneaceae　クサリゴケ科		
Cheilolejeunea boninensis Mizut.	オガサワラシゲリゴケ	
Cololejeunea inoueana Mizut.	イノウエヨウジョウゴケ	
Cololejeunea nakajimae S. Hatt.	ナカジマヒメクサリゴケ	
Cololejeunea uchimae Amakawa	ウチマキララゴケ	
Drepanolejeunea obtusifolia T. Yamag.	マルバサンカクゴケ	VU
Lejeunea aquatica Horik. var. *apiculata* S. Hatt.	トガリバサワクサリゴケ	
Lejeunea syoshii Inoue	オノクサリゴケ	DD
Leucolejeunea japonica (Horik.) Verd.	ヒメシロクサリゴケ	
Pycnolejeunea minutilobula (Amakawa) Amakawa	オキナワシゲリゴケ	
Stictolejeunea iwatsukii Mizut.	ゴマダラクサリゴケ	CR+EN
Pallaviciniaceae　クモノスゴケ科		
Moerckia japonica Inoue	ヤマトヤハズゴケ	CR+EN
Blasiaceae　ウスバゼニゴケ科		
Cavicularia densa Steph.	シャクシゴケ	
Aneuraceae　スジゴケ科		
Aneura gemmifera Furuki	コモチミドリゼニゴケ	
Aneura hirsuta Furuki	ケミドリゼニゴケ	VU
Lobatiriccardia yakusimensis (S. Hatt.) Furuki	ヤクシマテングサゴケ	
Riccardia aeruginosa Furuki	アオテングサゴケ	
Riccardia arcuata Furuki	ユミスジゴケ	
Riccardia glauca Furuki	シロテングサゴケ	
Riccardia subalpina Furuki	タカネスジゴケ	
Riccardia vitrea Furuki	ニセテングサゴケ	
Aytoniaceae　ジンガサゴケ科		
Asterella mussuriensis (Kashyap) Kashyap var. *crassa* (Shimizu et S. Hatt.) D. G. Long	アツバサイハイゴケ	
Cleveaceae　ジンチョウゴケ科		
Sauteria yatsuensis S. Hatt.	ヤツガタケジンチョウゴケ	VU
Ricciaceae　ウキゴケ科		
Riccia miyakeana Schiffn.	ミヤケハタケゴケ	
Riccia nipponica S. Hatt.	カンハタケゴケ	
Riccia pubescens S. Hatt.	ケハタケゴケ	

IV
日本固有植物分布図

日本固有植物分布図
Distribution maps of endemic land plants of Japan

- 「日本固有植物目録」に対応する分布図である．
- 本分布図は主要な標本庫に収められた標本の産地情報に基づいて作成した．したがって現存しない産地を含んでいる可能性がある．
- 分布情報の一部は，新種発表時の原記載文や博物館の収蔵品目録等，標本の所在が明確な文献情報に基づいている．
- 文献等で産地が報告されていても，証拠標本が個人所有のものは引用していない．
- 栽培品や国内帰化と判断されたものは原則除いたが，種によっては判断が難しい場合もあり，自生でないものがプロットされている可能性もある．
- 分布図作成に用いた標本データ件数は，国立科学博物館植物標本庫（TNS）所蔵の全ての固有種標本（123,061点）に，外部の標本庫に収められた標本の情報を加え，計212,017件である．
- 分布の報告はあるものの，標本の所在が不明なためにプロットできなかった事例も多数存在した．そのため，「日本の固有植物図鑑」中の分布の記述と完全には対応していない種もある．
- 分布図は各科の解説執筆担当者が監修した．しかし，膨大な数の標本に基づく都合上，必ずしも全ての標本の現物を検討しているとは限らない．
- 品種は区別せずにプロットしている（例：メアカンフスマの分布図には品種のチョウカイフスマも含まれる）．
- 本分布図作成に用いたデータセットは国立科学博物館植物研究部で保管している．

オオキツネヤナギ *Salix futura* 1	**ユビソヤナギ** *Salix hukaoana* 2	**シバヤナギ** *Salix japonica* 3
シロヤナギ *Salix jessoensis* subsp. *jessoensis* 4	**コゴメヤナギ** *Salix jessoensis* subsp. *serissifolia* 5	**コマイワヤナギ** *Salix rupifraga* 6
シライヤナギ *Salix shiraii* 7	**ヤマヤナギ** *Salix sieboldiana* 8	**キツネヤナギ** *Salix vulpina* 9
ヨシノヤナギ *Salix yoshinoi* 10	**ミヤマカワラハンノキ** *Alnus fauriei* 11	**ヤシャブシ** *Alnus firma* ミヤマヤシャブシを含む 12
サルクラハンノキ *Alnus hakkodensis* 13	**ヤハズハンノキ** *Alnus matsumurae* 14	**カワラハンノキ** *Alnus serrulatoides* 15

種子植物／ヤナギ科～カバノキ科

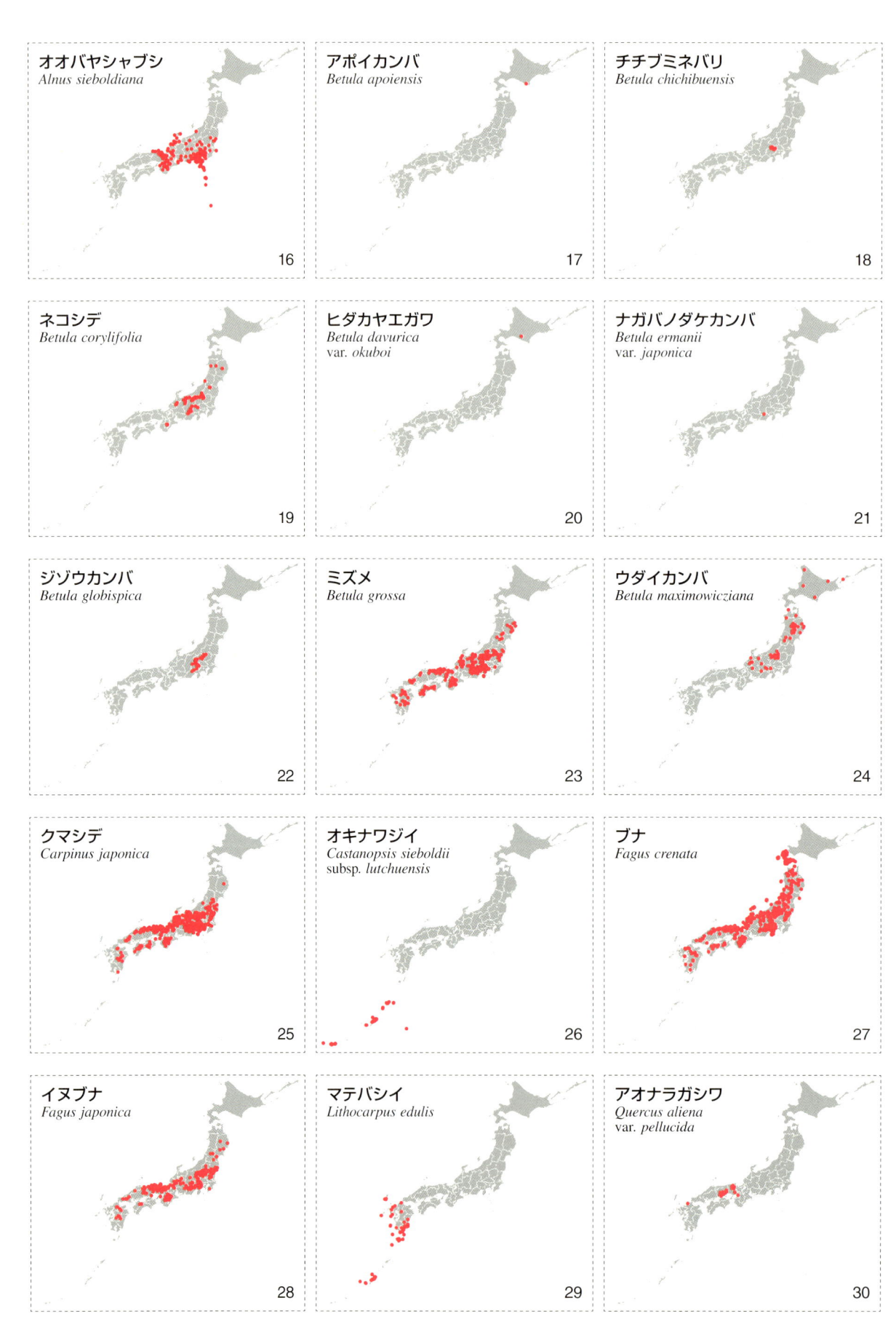

オオバヤシャブシ *Alnus sieboldiana* 16	アポイカンバ *Betula apoiensis* 17	チチブミネバリ *Betula chichibuensis* 18
ネコシデ *Betula corylifolia* 19	ヒダカヤエガワ *Betula davurica* var. *okuboi* 20	ナガバノダケカンバ *Betula ermanii* var. *japonica* 21
ジゾウカンバ *Betula globispica* 22	ミズメ *Betula grossa* 23	ウダイカンバ *Betula maximowicziana* 24
クマシデ *Carpinus japonica* 25	オキナワジイ *Castanopsis sieboldii* subsp. *lutchuensis* 26	ブナ *Fagus crenata* 27
イヌブナ *Fagus japonica* 28	マテバシイ *Lithocarpus edulis* 29	アオナラガシワ *Quercus aliena* var. *pellucida* 30

284　Ⅳ　日本固有植物分布図

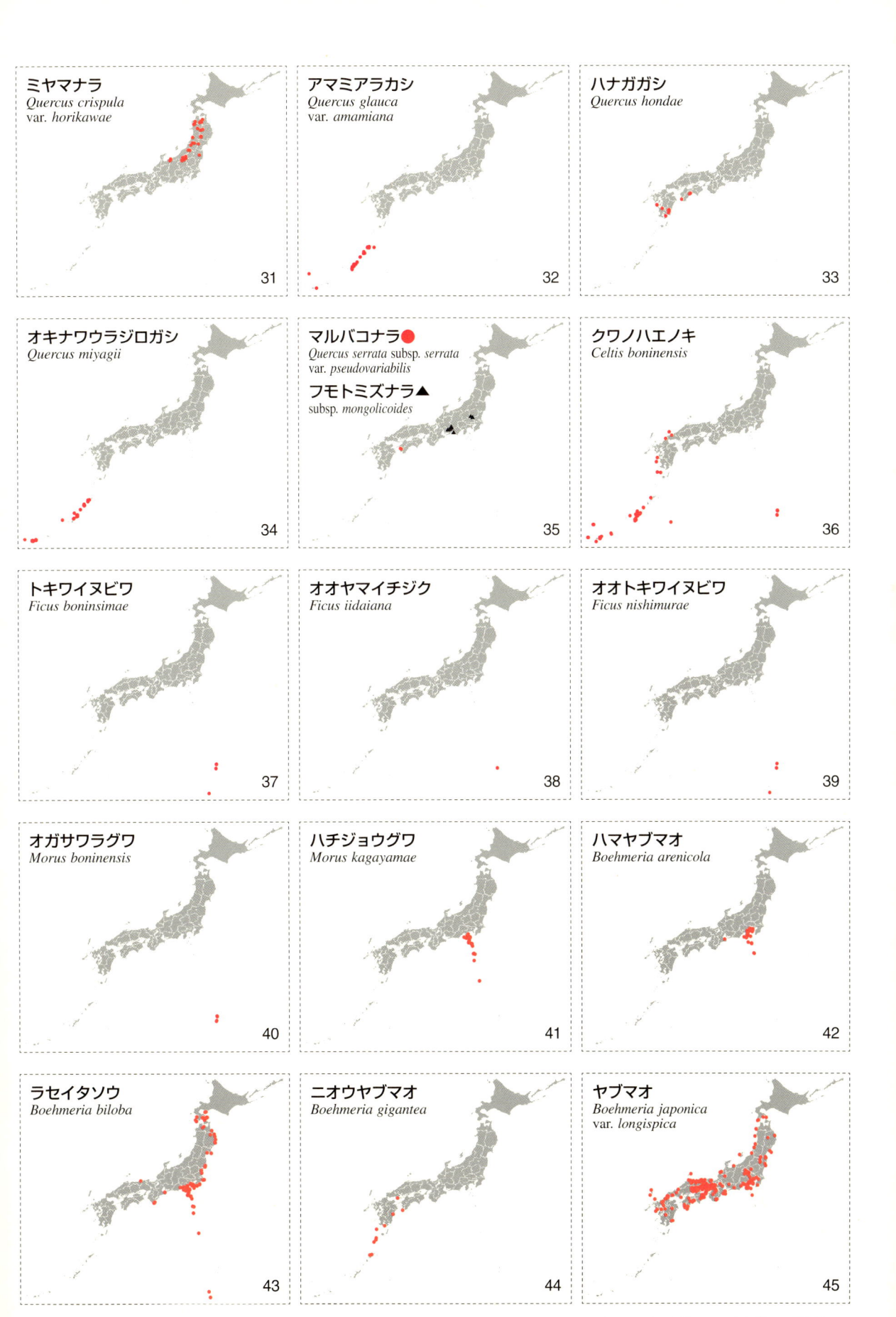

31 ミヤマナラ *Quercus crispula* var. *horikawae*	32 アマミアラカシ *Quercus glauca* var. *amamiana*	33 ハナガガシ *Quercus hondae*
34 オキナワウラジロガシ *Quercus miyagii*	35 マルバコナラ● *Quercus serrata* subsp. *serrata* var. *pseudovariabilis* / フモトミズナラ▲ subsp. *mongolicoides*	36 クワノハエノキ *Celtis boninensis*
37 トキワイヌビワ *Ficus boninsimae*	38 オオヤマイチジク *Ficus iidaiana*	39 オオトキワイヌビワ *Ficus nishimurae*
40 オガサワラグワ *Morus boninensis*	41 ハチジョウグワ *Morus kagayamae*	42 ハマヤブマオ *Boehmeria arenicola*
43 ラセイタソウ *Boehmeria biloba*	44 ニオウヤブマオ *Boehmeria gigantea*	45 ヤブマオ *Boehmeria japonica* var. *longispica*

種子植物／カバノキ科〜イラクサ科

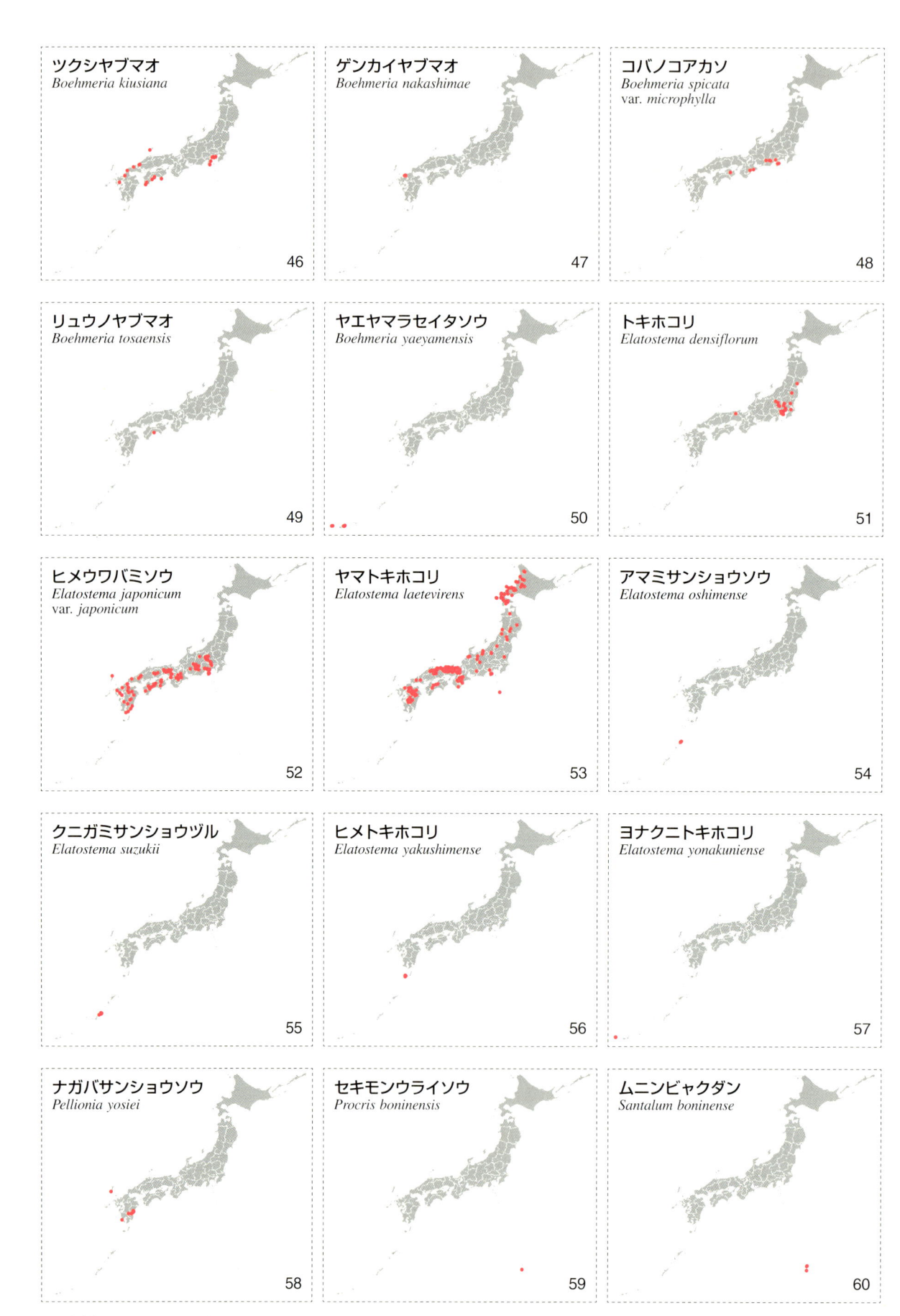

ツクシヤブマオ *Boehmeria kiusiana* 46	ゲンカイヤブマオ *Boehmeria nakashimae* 47	コバノコアカソ *Boehmeria spicata* var. *microphylla* 48
リュウノヤブマオ *Boehmeria tosaensis* 49	ヤエヤマラセイタソウ *Boehmeria yaeyamensis* 50	トキホコリ *Elatostema densiflorum* 51
ヒメウワバミソウ *Elatostema japonicum* var. *japonicum* 52	ヤマトキホコリ *Elatostema laetevirens* 53	アマミサンショウソウ *Elatostema oshimense* 54
クニガミサンショウヅル *Elatostema suzukii* 55	ヒメトキホコリ *Elatostema yakushimense* 56	ヨナクニトキホコリ *Elatostema yonakuniense* 57
ナガバサンショウソウ *Pellionia yosiei* 58	セキモンウライソウ *Procris boninensis* 59	ムニンビャクダン *Santalum boninense* 60

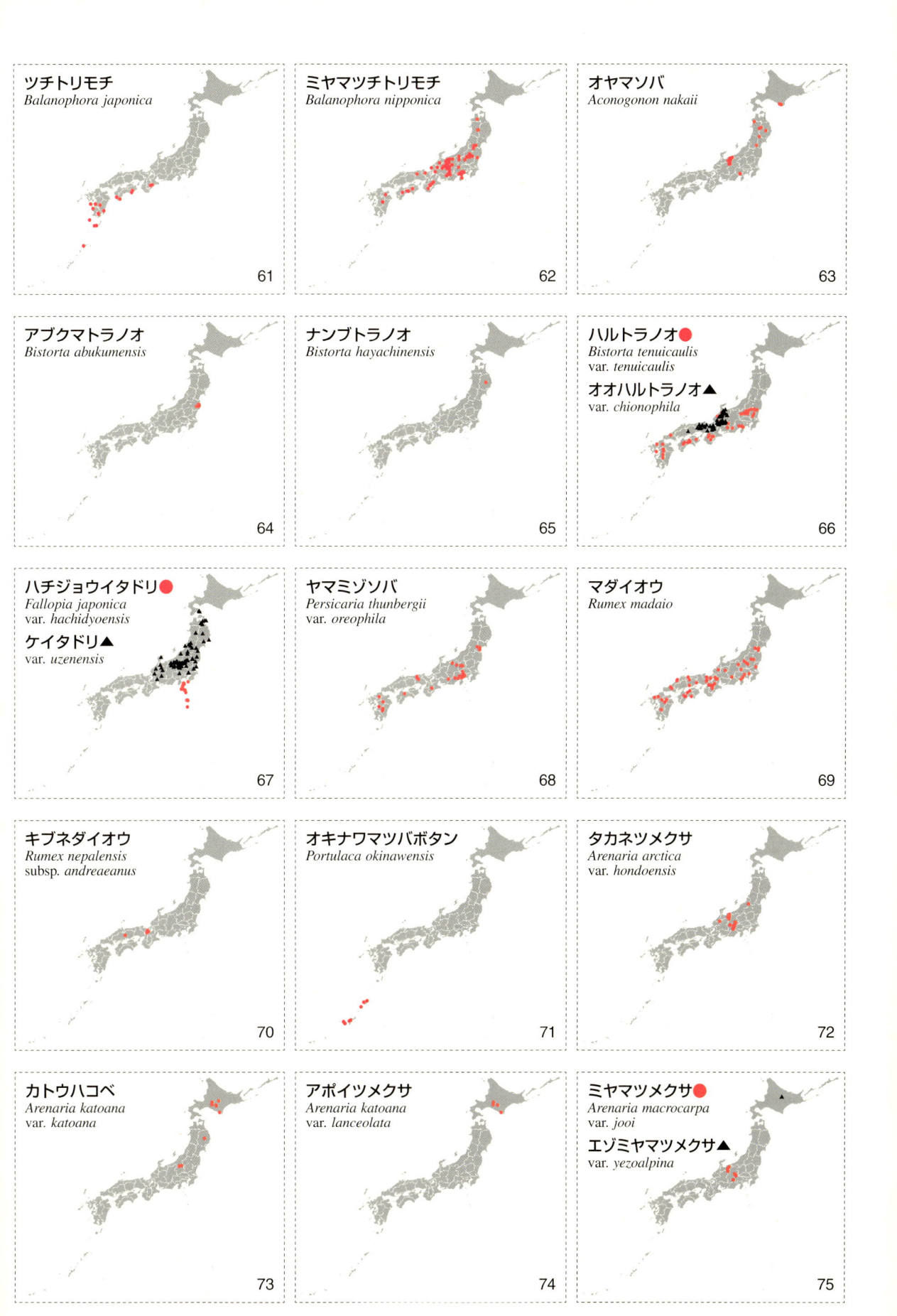

ツチトリモチ *Balanophora japonica* 61	**ミヤマツチトリモチ** *Balanophora nipponica* 62	**オヤマソバ** *Aconogonon nakaii* 63
アブクマトラノオ *Bistorta abukumensis* 64	**ナンブトラノオ** *Bistorta hayachinensis* 65	**ハルトラノオ**● *Bistorta tenuicaulis* var. *tenuicaulis* **オオハルトラノオ**▲ var. *chionophila* 66
ハチジョウイタドリ● *Fallopia japonica* var. *hachidyoensis* **ケイタドリ**▲ var. *uzenensis* 67	**ヤマミゾソバ** *Persicaria thunbergii* var. *oreophila* 68	**マダイオウ** *Rumex madaio* 69
キブネダイオウ *Rumex nepalensis* subsp. *andreaeanus* 70	**オキナワマツバボタン** *Portulaca okinawensis* 71	**タカネツメクサ** *Arenaria arctica* var. *hondoensis* 72
カトウハコベ *Arenaria katoana* var. *katoana* 73	**アポイツメクサ** *Arenaria katoana* var. *lanceolata* 74	**ミヤマツメクサ**● *Arenaria macrocarpa* var. *jooi* **エゾミヤマツメクサ**▲ var. *yezoalpina* 75

種子植物／イラクサ科〜ナデシコ科

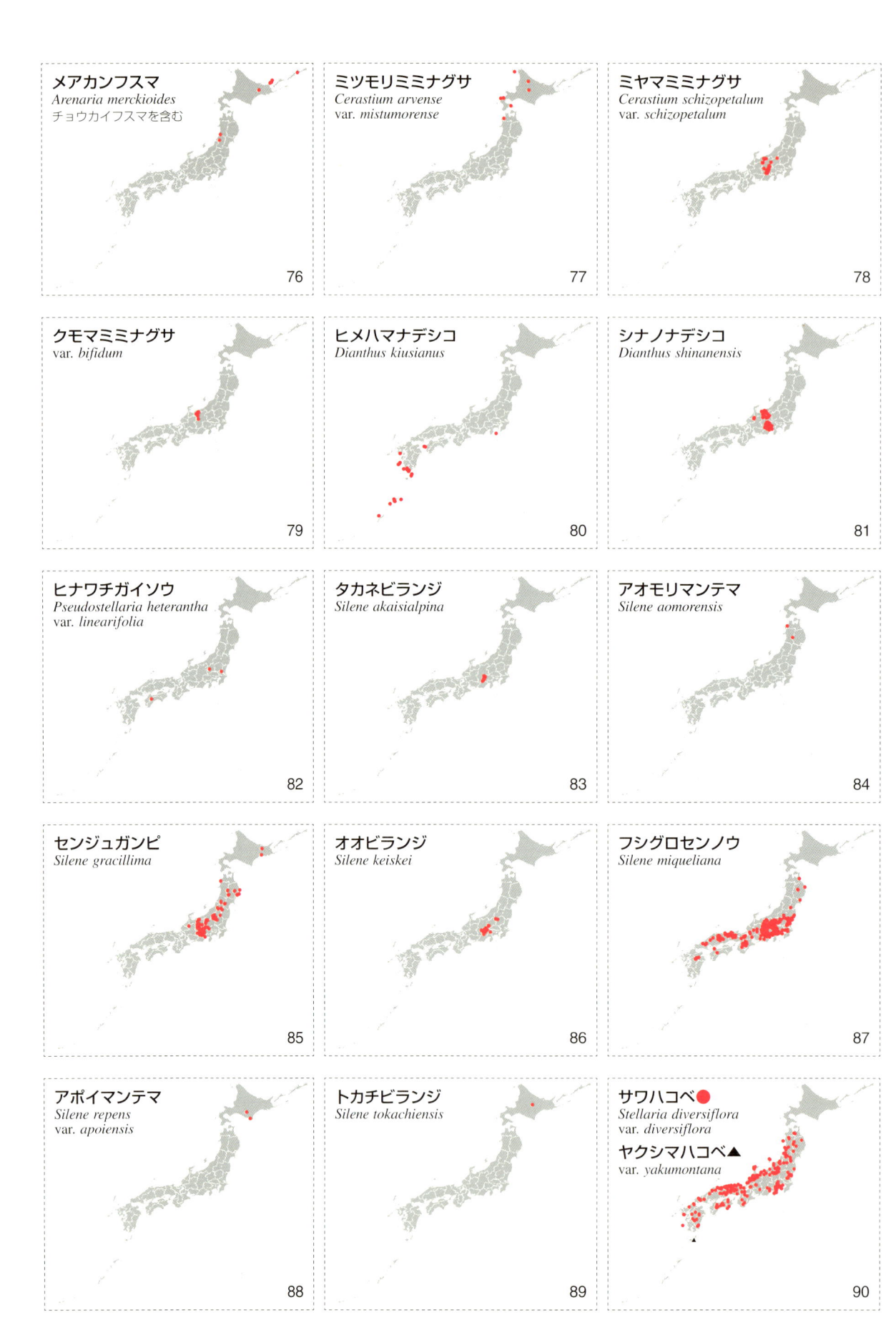

メアカンフスマ *Arenaria merckioides* チョウカイフスマを含む 76	**ミツモリミミナグサ** *Cerastium arvense* var. *mistumorense* 77	**ミヤマミミナグサ** *Cerastium schizopetalum* var. *schizopetalum* 78
クモマミミナグサ var. *bifidum* 79	**ヒメハマナデシコ** *Dianthus kiusianus* 80	**シナノナデシコ** *Dianthus shinanensis* 81
ヒナワチガイソウ *Pseudostellaria heterantha* var. *linearifolia* 82	**タカネビランジ** *Silene akaisialpina* 83	**アオモリマンテマ** *Silene aomorensis* 84
センジュガンピ *Silene gracillima* 85	**オオビランジ** *Silene keiskei* 86	**フシグロセンノウ** *Silene miqueliana* 87
アポイマンテマ *Silene repens* var. *apoiensis* 88	**トカチビランジ** *Silene tokachiensis* 89	**サワハコベ●** *Stellaria diversiflora* var. *diversiflora* **ヤクシマハコベ▲** var. *yakumontana* 90

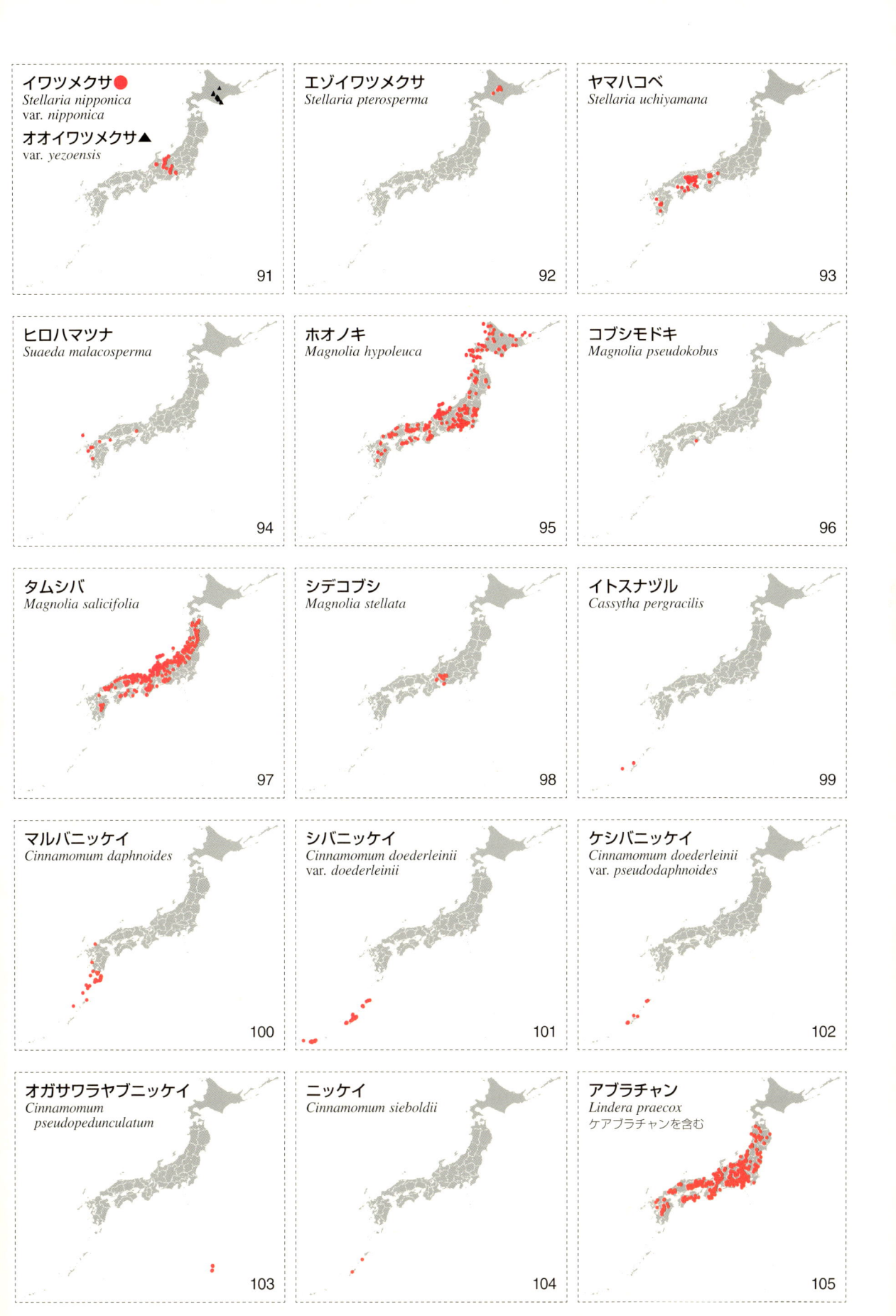

91 イワツメクサ *Stellaria nipponica* var. *nipponica* ● / オオイワツメクサ var. *yezoensis* ▲	92 エゾイワツメクサ *Stellaria pterosperma*	93 ヤマハコベ *Stellaria uchiyamana*
94 ヒロハマツナ *Suaeda malacosperma*	95 ホオノキ *Magnolia hypoleuca*	96 コブシモドキ *Magnolia pseudokobus*
97 タムシバ *Magnolia salicifolia*	98 シデコブシ *Magnolia stellata*	99 イトスナヅル *Cassytha pergracilis*
100 マルバニッケイ *Cinnamomum daphnoides*	101 シバニッケイ *Cinnamomum doederleinii* var. *doederleinii*	102 ケシバニッケイ *Cinnamomum doederleinii* var. *pseudodaphnoides*
103 オガサワラヤブニッケイ *Cinnamomum pseudopedunculatum*	104 ニッケイ *Cinnamomum sieboldii*	105 アブラチャン *Lindera praecox* ケアブラチャンを含む

ウスゲクロモジ *Lindera sericea* var. *glabrata* 106	**ヒメクロモジ** *Lindera sericea* var. *lancea* 107	**シロモジ** *Lindera triloba* 108
クロモジ *Lindera umbellata* var. *umbellata* 109	**オオバクロモジ** *Lindera umbellata* var. *membranacea* 110	**オガサワラアオグス** *Machilus boninensis* 111
コブガシ *Machilus kobu* 112	**オガサワラシロダモ** *Neolitsea boninensis* 113	**ナガバシロダモ** *Neolitsea gilva* 114
ダイトウシロダモ *Neolitsea sericea* var. *argentea* 115	**フサザクラ** *Euptelea polyandra* 116	**ヒロハカツラ** *Cercidiphyllum magnificum* 117
アズミトリカブト *Aconitum azumiense* 118	**ガッサントリカブト** *Aconitum gassanense* 119	**エゾレイジンソウ** *Aconitum gigas* 120

カワチブシ *Aconitum grossedentatum* var. *grossedentatum* 121	**シコクブシ** *Aconitum grossedentatum* var. *sikokianum* 122	**オオレイジンソウ** *Aconitum hondoense* 123
イイデトリカブト *Aconitum iidemontanum* 124	**セイヤブシ** *Aconitum ito-seiyanum* 125	**センウヅモドキ** *Aconitum jaluense* subsp. *iwatekense* 126
ヤマトリカブト● *Aconitum japonicum* subsp. *japonicum* **イブキトリカブト▲** subsp. *ibukiense* 127	**ツクバトリカブト** *Aconitum japonicum* subsp. *maritimum* var. *maritimum* 128	**イヤリトリカブト** *Aconitum japonicum* subsp. *maritimum* var. *iyariense* 129
オクトリカブト *Aconitum japonicum* subsp. *subcuneatum* 130	**キタダケトリカブト** *Aconitum kitadakense* 131	**キヨミトリカブト** *Aconitum kiyomiense* 132
レイジンソウ *Aconitum loczyanum* 133	**マシケレイジンソウ** *Aconitum mashikense* 134	**シコタントリカブト** *Aconitum maximum* subsp. *kurilense* 135

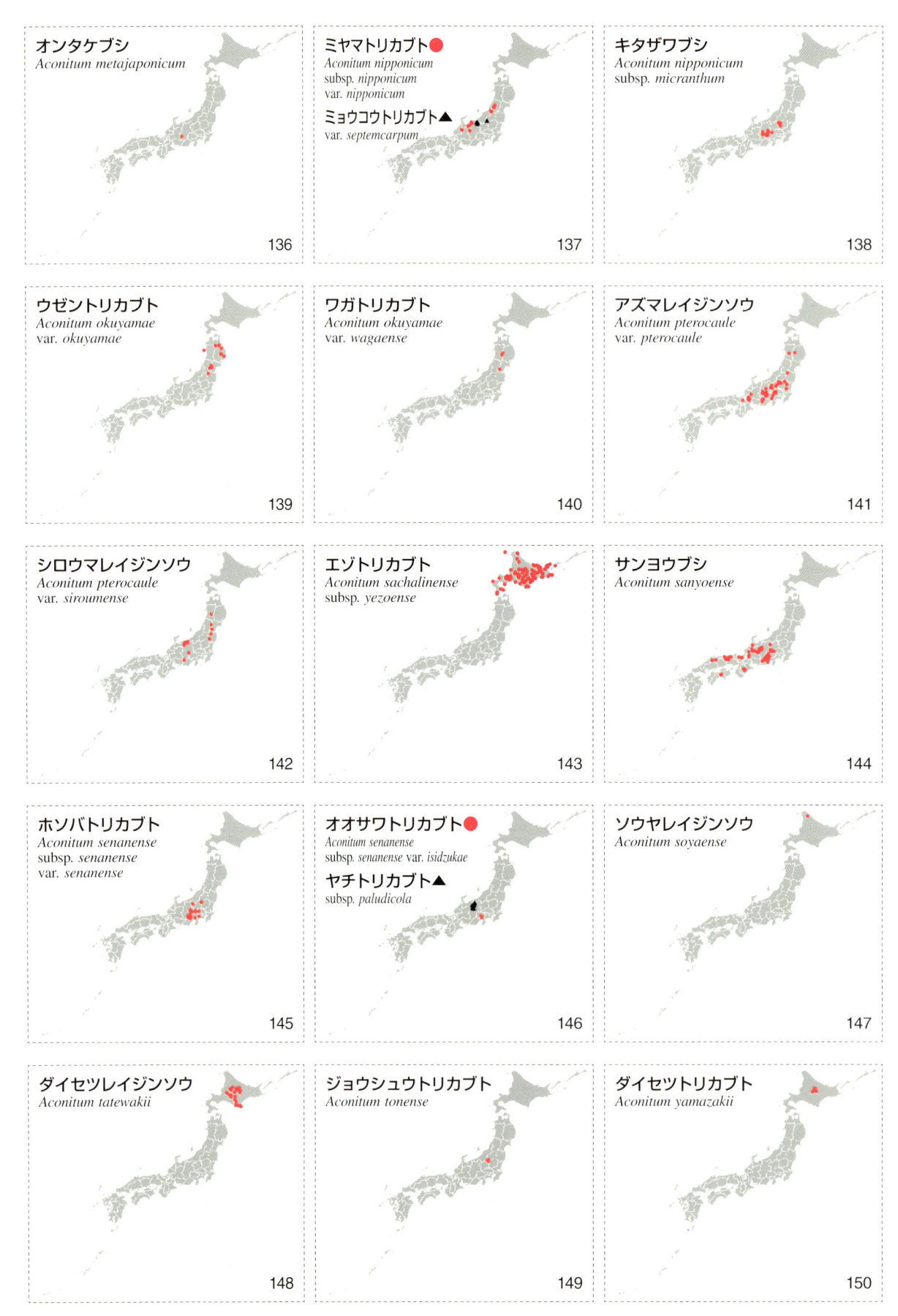

オンタケブシ *Aconitum metajaponicum* 136	**ミヤマトリカブト●** *Aconitum nipponicum* subsp. *nipponicum* var. *nipponicum* **ミョウコウトリカブト▲** var. *septemcarpum* 137	**キタザワブシ** *Aconitum nipponicum* subsp. *micranthum* 138
ウゼントリカブト *Aconitum okuyamae* var. *okuyamae* 139	**ワガトリカブト** *Aconitum okuyamae* var. *wagaense* 140	**アズマレイジンソウ** *Aconitum pterocaule* var. *pterocaule* 141
シロウマレイジンソウ *Aconitum pterocaule* var. *siroumense* 142	**エゾトリカブト** *Aconitum sachalinense* subsp. *yezoense* 143	**サンヨウブシ** *Aconitum sanyoense* 144
ホソバトリカブト *Aconitum senanense* subsp. *senanense* var. *senanense* 145	**オオサワトリカブト●** *Aconitum senanense* subsp. *senanense* var. *isidzukae* **ヤチトリカブト▲** subsp. *paludicola* 146	**ソウヤレイジンソウ** *Aconitum soyaense* 147
ダイセツレイジンソウ *Aconitum tatewakii* 148	**ジョウシュウトリカブト** *Aconitum tonense* 149	**ダイセツトリカブト** *Aconitum yamazakii* 150

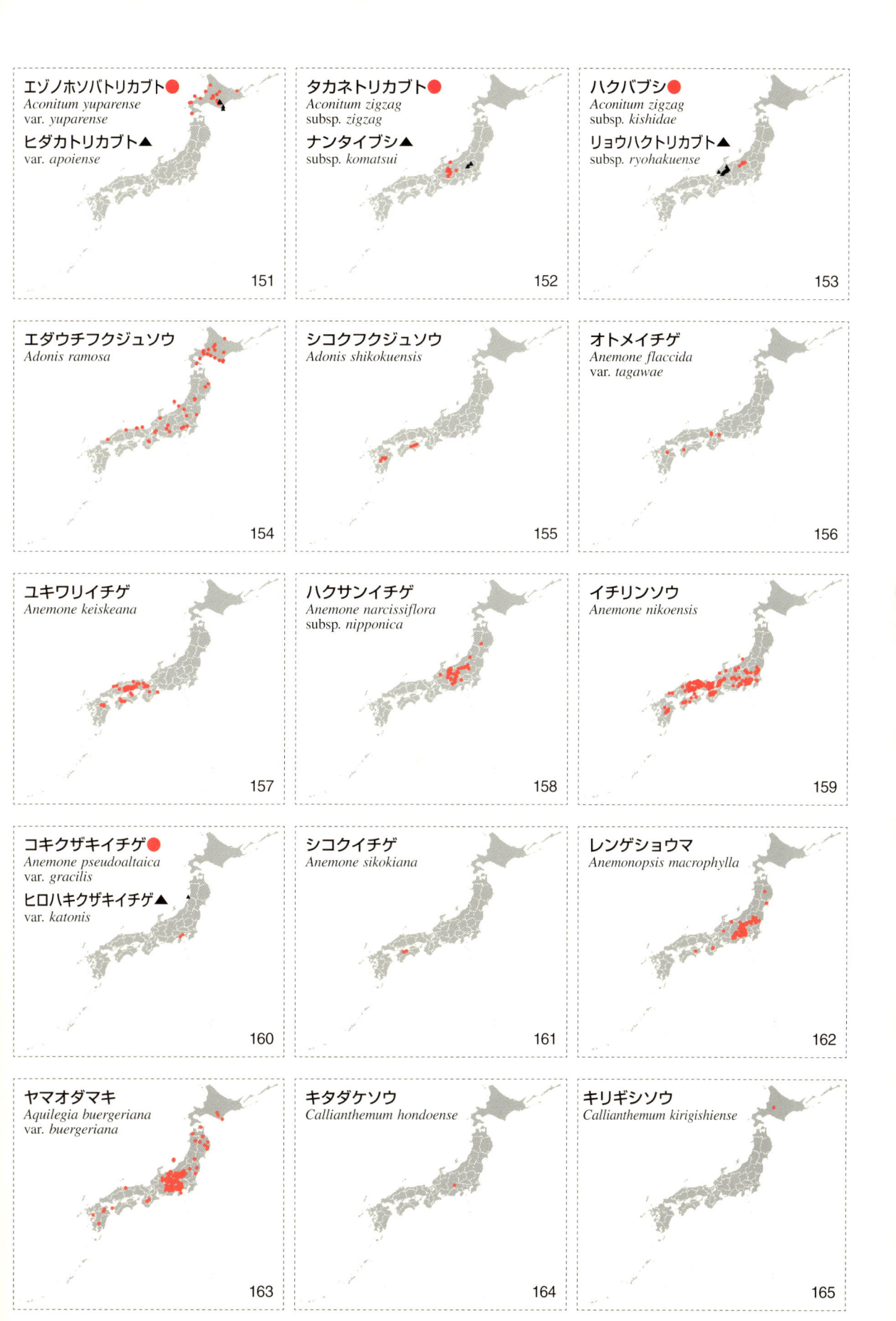

エゾノホソバトリカブト● *Aconitum yuparense* var. *yuparense* **ヒダカトリカブト**▲ var. *apoiense* 151	**タカネトリカブト**● *Aconitum zigzag* subsp. *zigzag* **ナンタイブシ**▲ subsp. *komatsui* 152	**ハクバブシ**● *Aconitum zigzag* subsp. *kishidae* **リョウハクトリカブト**▲ subsp. *ryohakuense* 153
エダウチフクジュソウ *Adonis ramosa* 154	**シコクフクジュソウ** *Adonis shikokuensis* 155	**オトメイチゲ** *Anemone flaccida* var. *tagawae* 156
ユキワリイチゲ *Anemone keiskeana* 157	**ハクサンイチゲ** *Anemone narcissiflora* subsp. *nipponica* 158	**イチリンソウ** *Anemone nikoensis* 159
コキクザキイチゲ● *Anemone pseudoaltaica* var. *gracilis* **ヒロハキクザキイチゲ**▲ var. *katonis* 160	**シコクイチゲ** *Anemone sikokiana* 161	**レンゲショウマ** *Anemonopsis macrophylla* 162
ヤマオダマキ *Aquilegia buergeriana* var. *buergeriana* 163	**キタダケソウ** *Callianthemum hondoense* 164	**キリギシソウ** *Callianthemum kirigishiense* 165

ヒダカソウ *Callianthemum miyabeanum* 166	キケンショウマ *Cimicifuga japonica* var. *peltata* 167	コボタンヅル *Clematis apiifolia* var. *biternata* 168
フジセンニンソウ *Clematis fujisanensis* 169	ハンショウヅル *Clematis japonica* 170	コウヤハンショウヅル *Clematis obvallata* var. *obvallata* 171
シコクハンショウヅル *Clematis obvallata* var. *shikokiana* 172	ミヤマハンショウヅル *Clematis ochotensis* var. *japonica* 173	キイセンニンソウ *Clematis ovatifolia* 174
ホクリククサボタン *Clematis satomiana* 175	エゾワクノテ *Clematis sibiricoides* 176	オオクサボタン *Clematis speciosa* 177
クサボタン● *Clematis stans* var. *stans* ツクシクサボタン▲ var. *austrojaponensis* 178	ムラサキボタンヅル *Clematis takedana* 179	トリガタハンショウヅル *Clematis tosaensis* 180

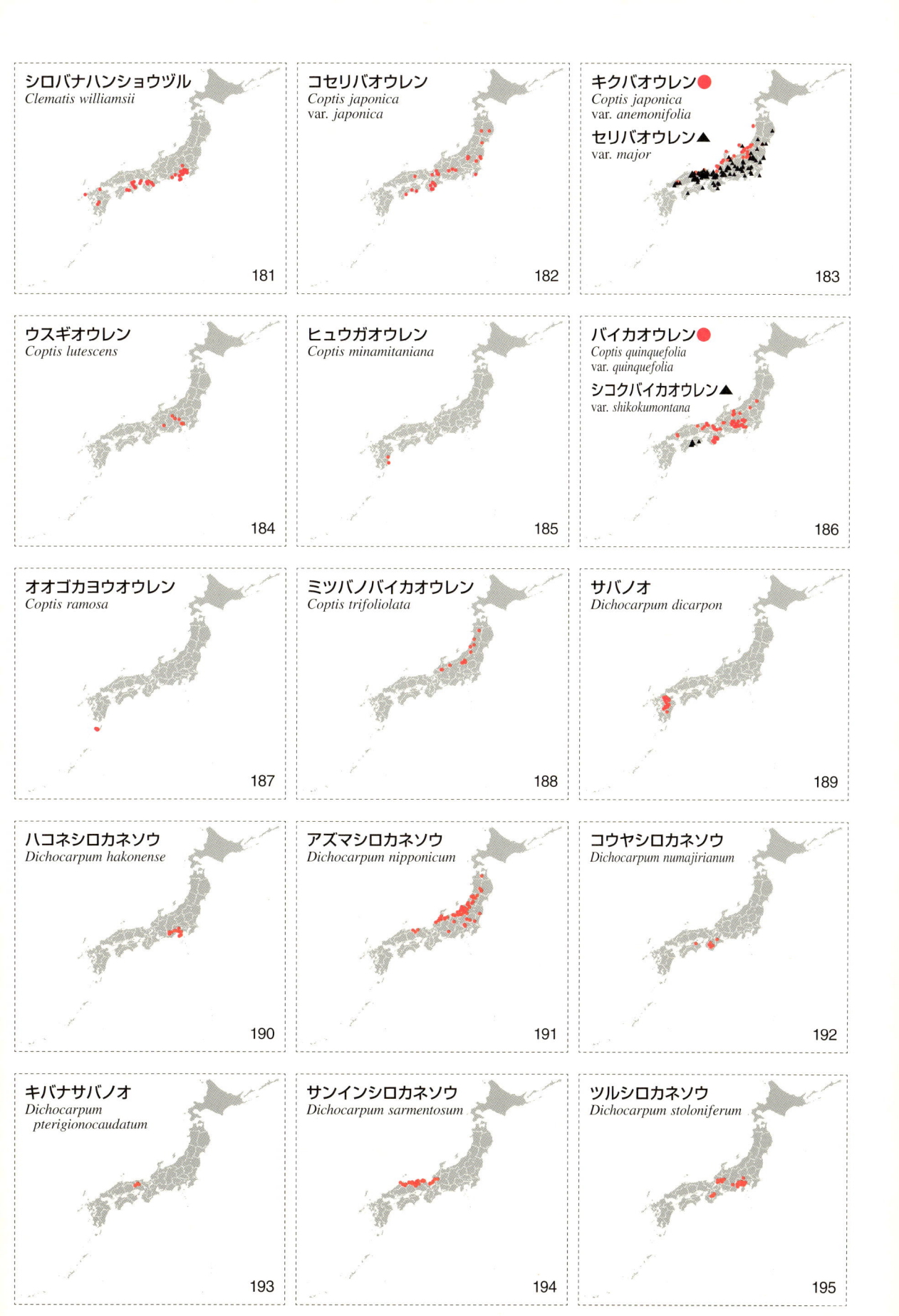

シロバナハンショウヅル *Clematis williamsii* 181	**コセリバオウレン** *Coptis japonica* var. *japonica* 182	**キクバオウレン**● *Coptis japonica* var. *anemonifolia* **セリバオウレン**▲ var. *major* 183
ウスギオウレン *Coptis lutescens* 184	**ヒュウガオウレン** *Coptis minamitaniana* 185	**バイカオウレン**● *Coptis quinquefolia* var. *quinquefolia* **シコクバイカオウレン**▲ var. *shikokumontana* 186
オオゴカヨウオウレン *Coptis ramosa* 187	**ミツバノバイカオウレン** *Coptis trifoliolata* 188	**サバノオ** *Dichocarpum dicarpon* 189
ハコネシロカネソウ *Dichocarpum hakonense* 190	**アズマシロカネソウ** *Dichocarpum nipponicum* 191	**コウヤシロカネソウ** *Dichocarpum numajirianum* 192
キバナサバノオ *Dichocarpum pterigionocaudatum* 193	**サンインシロカネソウ** *Dichocarpum sarmentosum* 194	**ツルシロカネソウ** *Dichocarpum stoloniferum* 195

種子植物／キンポウゲ科

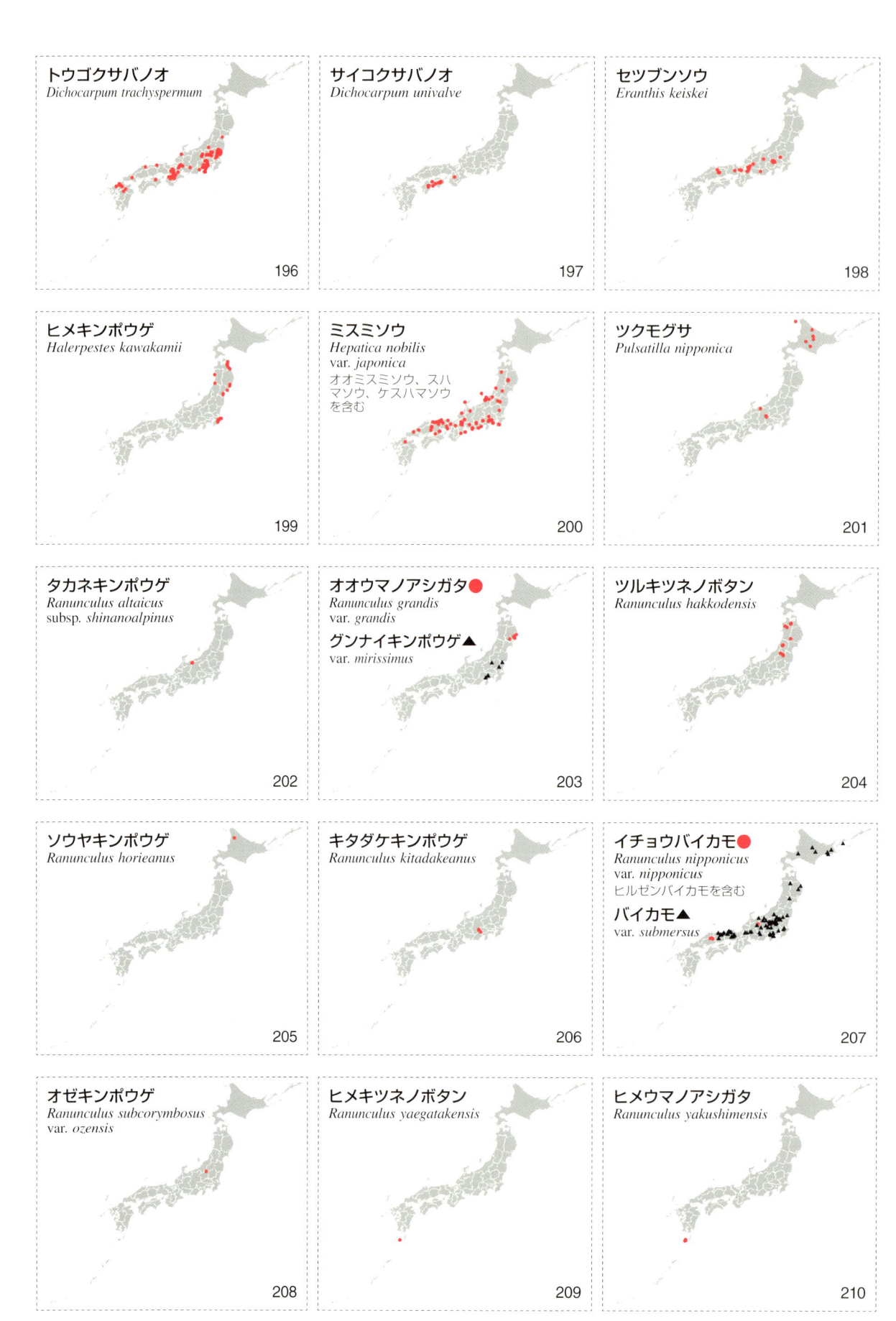

| トウゴクサバノオ *Dichocarpum trachyspermum* 196 | サイコクサバノオ *Dichocarpum univalve* 197 | セツブンソウ *Eranthis keiskei* 198 |

| ヒメキンポウゲ *Halerpestes kawakamii* 199 | ミスミソウ *Hepatica nobilis* var. *japonica* オオミスミソウ、スハマソウ、ケスハマソウを含む 200 | ツクモグサ *Pulsatilla nipponica* 201 |

| タカネキンポウゲ *Ranunculus altaicus* subsp. *shinanoalpinus* 202 | オオウマノアシガタ● *Ranunculus grandis* var. *grandis* グンナイキンポウゲ▲ var. *mirissimus* 203 | ツルキツネノボタン *Ranunculus hakkodensis* 204 |

| ソウヤキンポウゲ *Ranunculus horieanus* 205 | キタダケキンポウゲ *Ranunculus kitadakeanus* 206 | イチョウバイカモ● *Ranunculus nipponicus* var. *nipponicus* ヒルゼンバイカモを含む バイカモ▲ var. *submersus* 207 |

| オゼキンポウゲ *Ranunculus subcorymbosus* var. *ozensis* 208 | ヒメキツネノボタン *Ranunculus yaegatakensis* 209 | ヒメウマノアシガタ *Ranunculus yakushimensis* 210 |

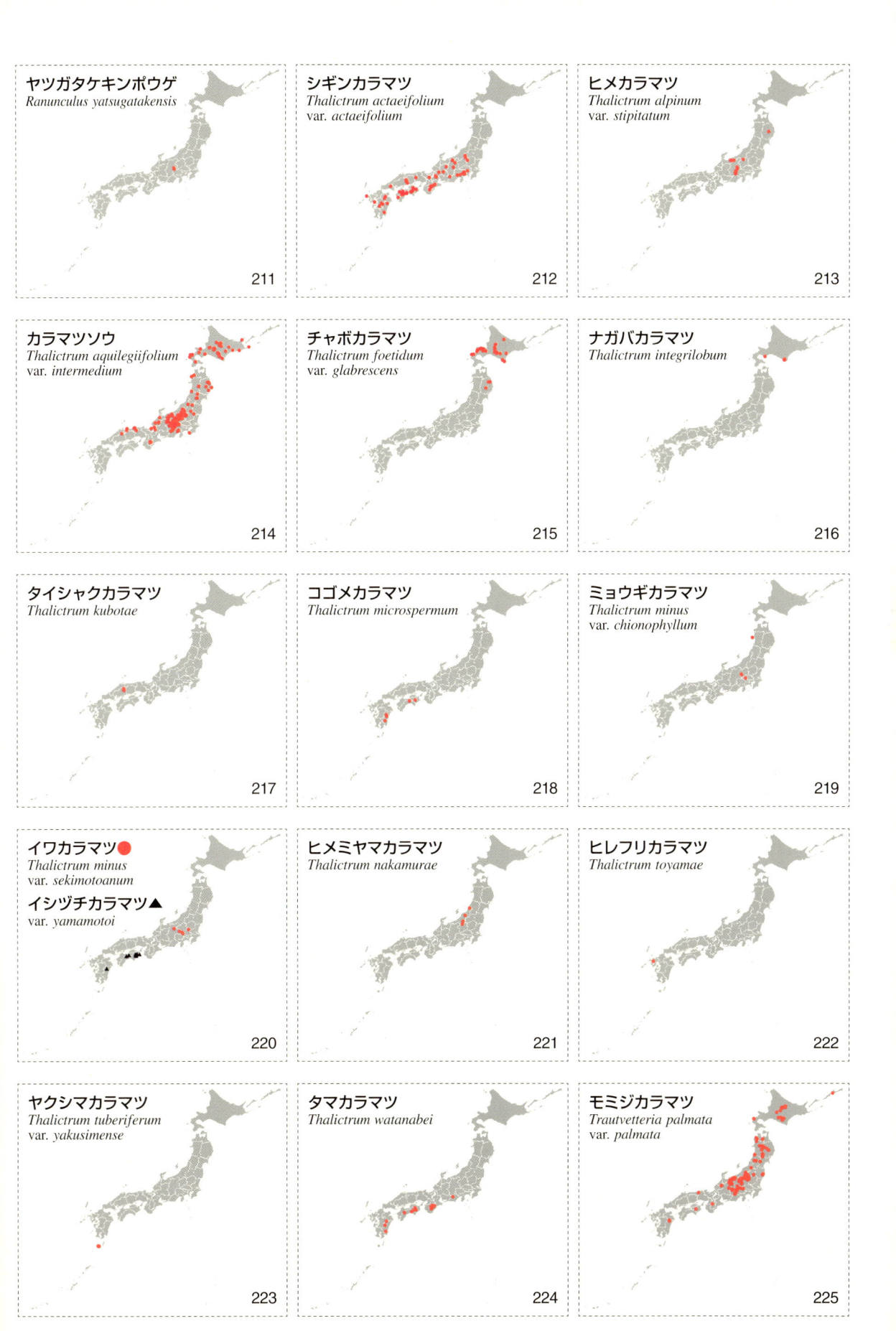

ヤツガタケキンポウゲ *Ranunculus yatsugatakensis* 211	**シギンカラマツ** *Thalictrum actaeifolium* var. *actaeifolium* 212	**ヒメカラマツ** *Thalictrum alpinum* var. *stipitatum* 213
カラマツソウ *Thalictrum aquilegiifolium* var. *intermedium* 214	**チャボカラマツ** *Thalictrum foetidum* var. *glabrescens* 215	**ナガバカラマツ** *Thalictrum integrilobum* 216
タイシャクカラマツ *Thalictrum kubotae* 217	**コゴメカラマツ** *Thalictrum microspermum* 218	**ミョウギカラマツ** *Thalictrum minus* var. *chionophyllum* 219
イワカラマツ● *Thalictrum minus* var. *sekimotoanum* **イシヅチカラマツ▲** var. *yamamotoi* 220	**ヒメミヤマカラマツ** *Thalictrum nakamurae* 221	**ヒレフリカラマツ** *Thalictrum toyamae* 222
ヤクシマカラマツ *Thalictrum tuberiferum* var. *yakusimense* 223	**タマカラマツ** *Thalictrum watanabei* 224	**モミジカラマツ** *Trautvetteria palmata* var. *palmata* 225

種子植物／キンポウゲ科

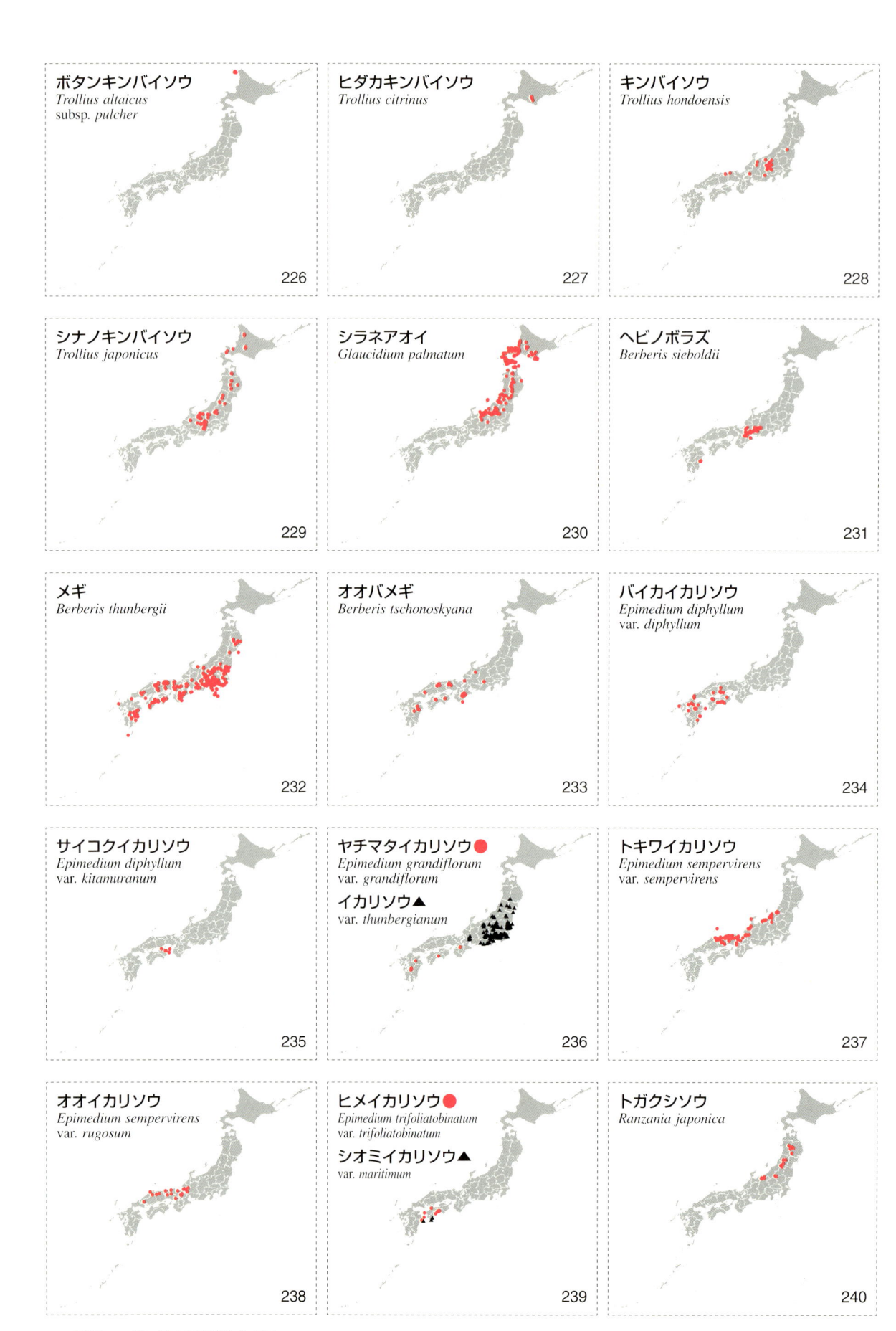

ボタンキンバイソウ *Trollius altaicus* subsp. *pulcher* 226	**ヒダカキンバイソウ** *Trollius citrinus* 227	**キンバイソウ** *Trollius hondoensis* 228
シナノキンバイソウ *Trollius japonicus* 229	**シラネアオイ** *Glaucidium palmatum* 230	**ヘビノボラズ** *Berberis sieboldii* 231
メギ *Berberis thunbergii* 232	**オオバメギ** *Berberis tschonoskyana* 233	**バイカイカリソウ** *Epimedium diphyllum* var. *diphyllum* 234
サイコクイカリソウ *Epimedium diphyllum* var. *kitamuranum* 235	**ヤチマタイカリソウ**● *Epimedium grandiflorum* var. *grandiflorum* **イカリソウ**▲ var. *thunbergianum* 236	**トキワイカリソウ** *Epimedium sempervirens* var. *sempervirens* 237
オオイカリソウ *Epimedium sempervirens* var. *rugosum* 238	**ヒメイカリソウ**● *Epimedium trifoliatobinatum* var. *trifoliatobinatum* **シオミイカリソウ**▲ var. *maritimum* 239	**トガクシソウ** *Ranzania japonica* 240

241 オグラコウホネ *Nuphar oguraensis* var. *oguraensis* ● / ベニオグラコウホネ var. *akiensis* ▲	242 オゼコウホネ *Nuphar pumila* var. *ozeensis*	243 ヒメコウホネ *Nuphar subintegerrima*
244 シモツケコウホネ *Nuphar submersa*	245 シマゴショウ *Peperomia boninsimensis*	246 タイヨウフウトウカズラ *Piper postelsianum*
247 オオバウマノスズクサ *Aristolochia kaempferi* var. *kaempferi*	248 タンザワウマノスズクサ *Aristolochia kaempferi* var. *tanzawana*	249 リュウキュウウマノスズクサ *Aristolochia liukiuensis*
250 タイリンアオイ *Asarum asaroides*	251 ミヤコアオイ *Asarum asperum* var. *asperum* ● / ツチグリカンアオイ var. *geaster* ▲	252 ランヨウアオイ *Asarum blumei*
253 ミヤビカンアオイ *Asarum celsum*	254 トサノアオイ *Asarum costatum*	255 ナンゴクアオイ *Asarum crassum*

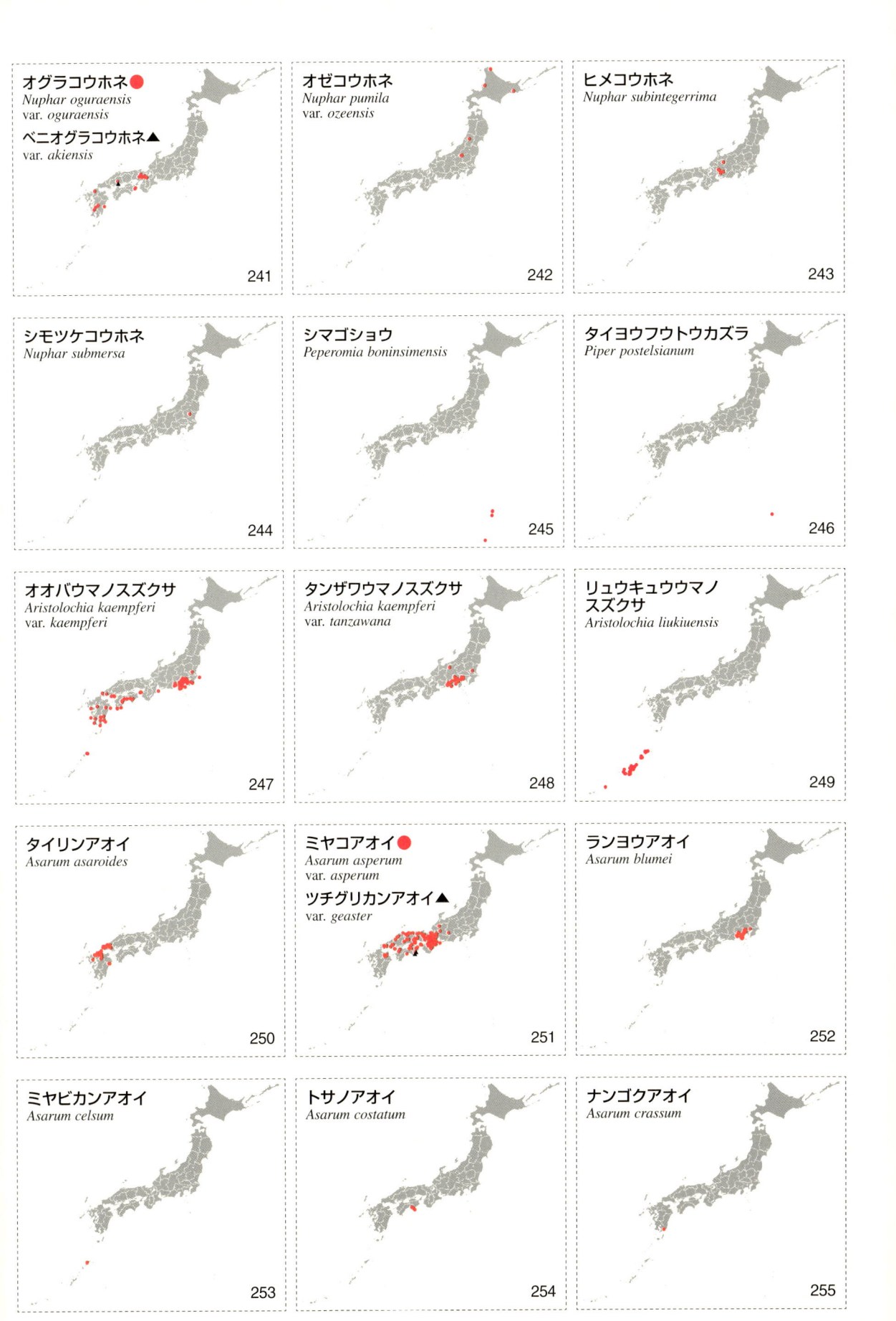

種子植物／キンポウゲ科〜ウマノスズクサ科

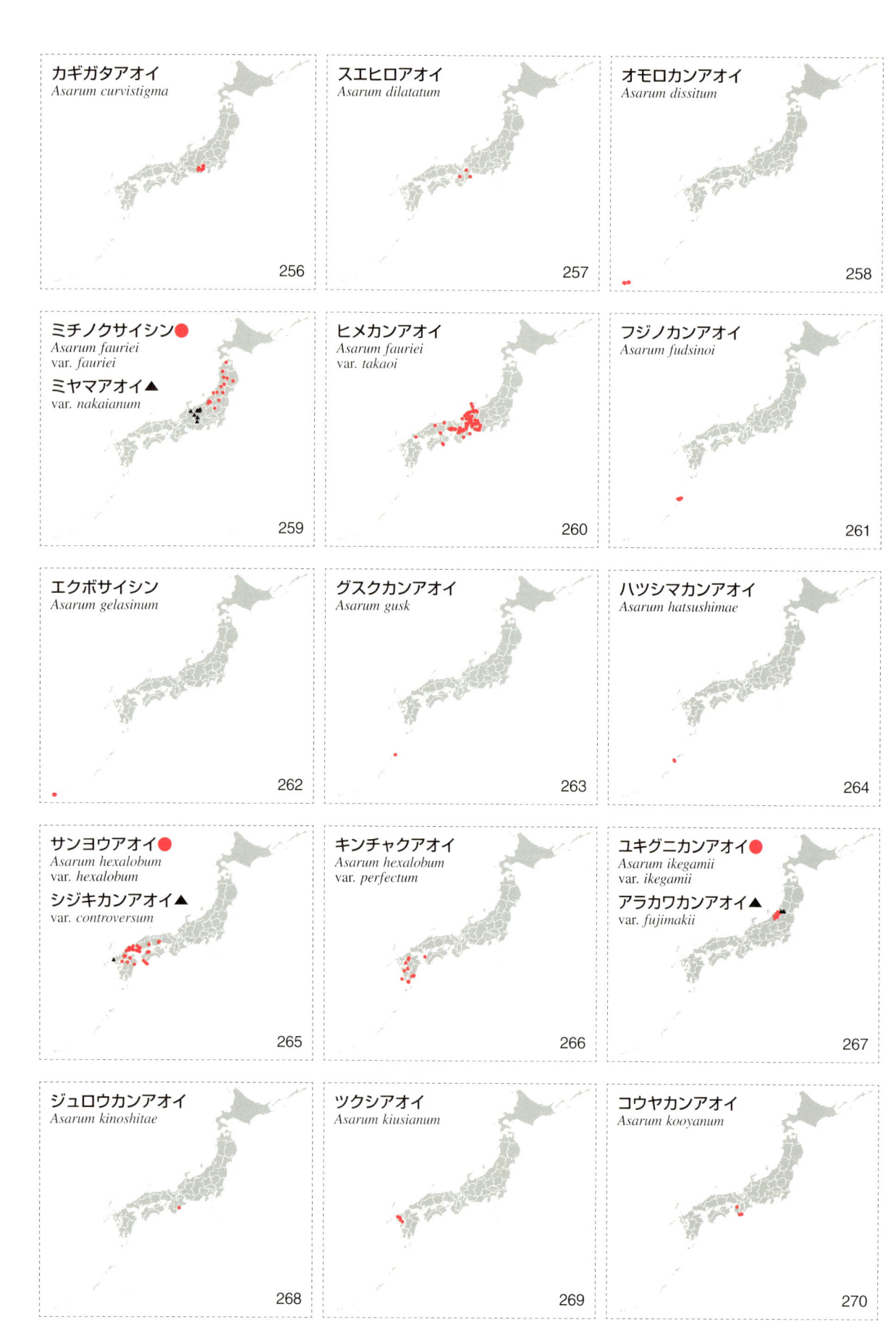

カギガタアオイ *Asarum curvistigma* 256	**スエヒロアオイ** *Asarum dilatatum* 257	**オモロカンアオイ** *Asarum dissitum* 258
ミチノクサイシン● *Asarum fauriei* var. *fauriei* **ミヤマアオイ▲** var. *nakaianum* 259	**ヒメカンアオイ** *Asarum fauriei* var. *takaoi* 260	**フジノカンアオイ** *Asarum fudsinoi* 261
エクボサイシン *Asarum gelasinum* 262	**グスクカンアオイ** *Asarum gusk* 263	**ハツシマカンアオイ** *Asarum hatsushimae* 264
サンヨウアオイ● *Asarum hexalobum* var. *hexalobum* **シジキカンアオイ▲** var. *controversum* 265	**キンチャクアオイ** *Asarum hexalobum* var. *perfectum* 266	**ユキグニカンアオイ●** *Asarum ikegamii* var. *ikegamii* **アラカワカンアオイ▲** var. *fujimakii* 267
ジュロウカンアオイ *Asarum kinoshitae* 268	**ツクシアオイ** *Asarum kiusianum* 269	**コウヤカンアオイ** *Asarum kooyanum* 270

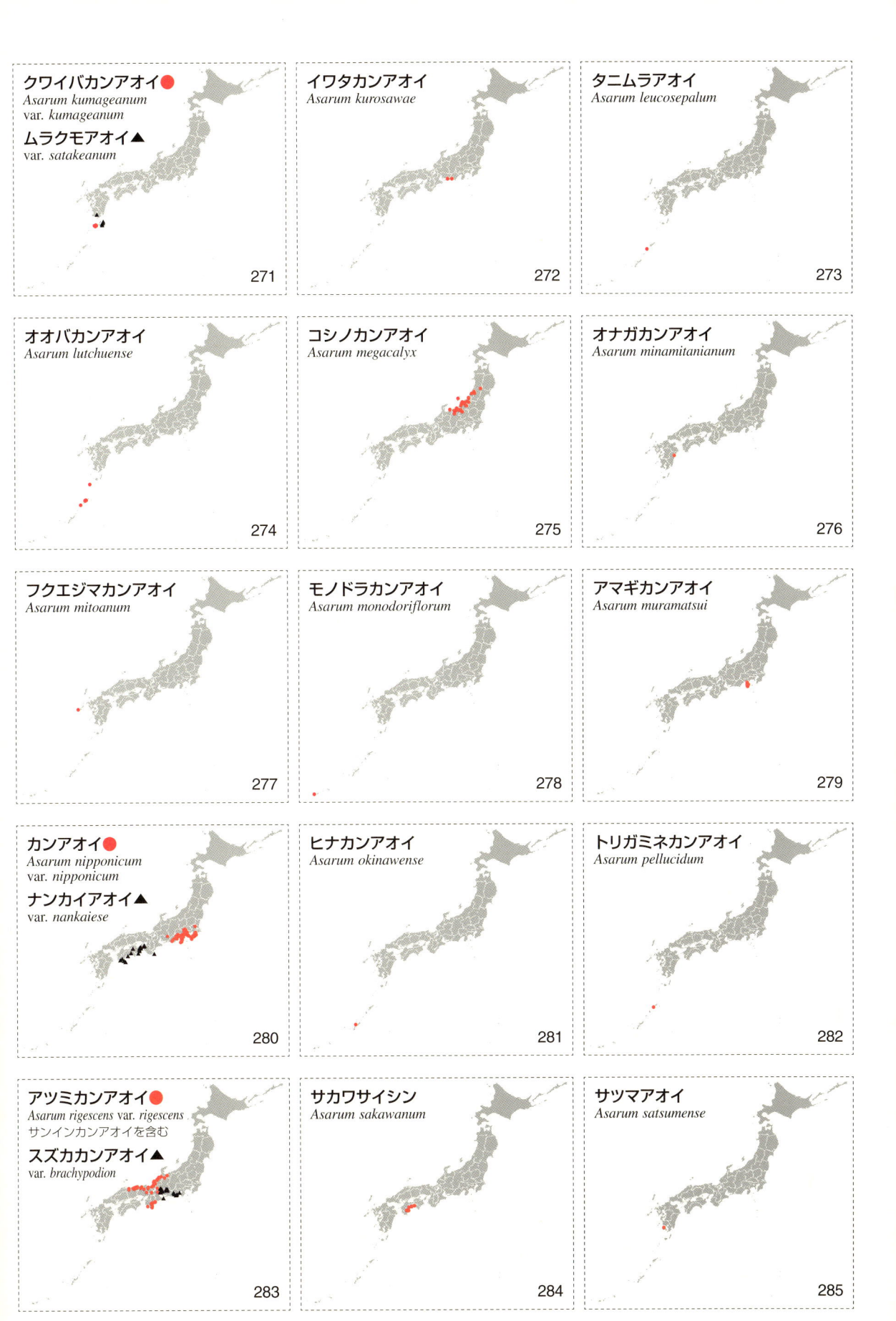

クワイバカンアオイ●	イワタカンアオイ	タニムラアオイ
Asarum kumageanum var. *kumageanum*	*Asarum kurosawae*	*Asarum leucosepalum*
ムラクモアオイ▲ var. *satakeanum*		
271	272	273

オオバカンアオイ	コシノカンアオイ	オナガカンアオイ
Asarum lutchuense	*Asarum megacalyx*	*Asarum minamitanianum*
274	275	276

フクエジマカンアオイ	モノドラカンアオイ	アマギカンアオイ
Asarum mitoanum	*Asarum monodoriflorum*	*Asarum muramatsui*
277	278	279

カンアオイ●	ヒナカンアオイ	トリガミネカンアオイ
Asarum nipponicum var. *nipponicum*	*Asarum okinawense*	*Asarum pellucidum*
ナンカイアオイ▲ var. *nankaiese*		
280	281	282

アツミカンアオイ●	サカワサイシン	サツマアオイ
Asarum rigescens var. *rigescens* サンインカンアオイを含む	*Asarum sakawanum*	*Asarum satsumense*
スズカカンアオイ▲ var. *brachypodion*		
283	284	285

種子植物／ウマノスズクサ科　301

オトメアオイ *Asarum savatieri* subsp. *savatieri* 286	ズソウカンアオイ ● *Asarum savatieri* subsp. *pseudosavatieri* var. *pseudosavatieri* イセノカンアオイ ▲ var. *iseanum* 287	センカクカンアオイ *Asarum senkakuinsulare* 288
クロフネサイシン *Asarum sieboldii* var. *dimidiatum* 289	トクノシマカンアオイ *Asarum simile* 290	ホシザキカンアオイ *Asarum stellatum* 291
マルミカンアオイ *Asarum subglobosum* 292	タマノカンアオイ *Asarum tamaense* シモダカンアオイを含む 293	トカラカンアオイ *Asarum tokarense* 294
サンコカンアオイ *Asarum trigynum* 295	カケロマカンアオイ *Asarum trinacriforme* 296	ウンゼンカンアオイ *Asarum unzen* 297
ヤエヤマカンアオイ *Asarum yaeyamense* 298	オニカンアオイ *Asarum yakusimense* 299	クロヒメカンアオイ *Asarum yoshikawae* 300

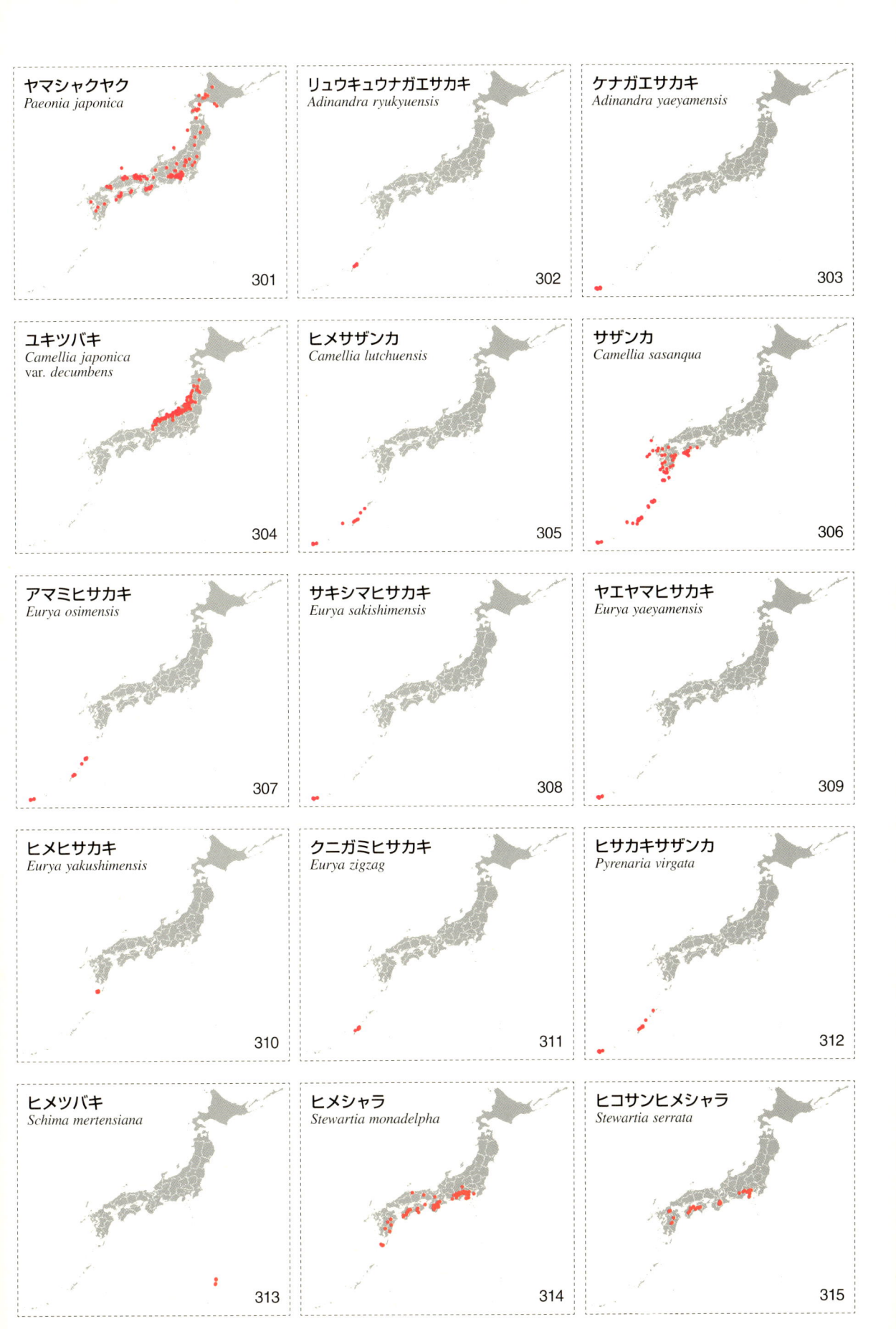

ヤマシャクヤク *Paeonia japonica* 301	リュウキュウナガエサカキ *Adinandra ryukyuensis* 302	ケナガエサカキ *Adinandra yaeyamensis* 303
ユキツバキ *Camellia japonica* var. *decumbens* 304	ヒメサザンカ *Camellia lutchuensis* 305	サザンカ *Camellia sasanqua* 306
アマミヒサカキ *Eurya osimensis* 307	サキシマヒサカキ *Eurya sakishimensis* 308	ヤエヤマヒサカキ *Eurya yaeyamensis* 309
ヒメヒサカキ *Eurya yakushimensis* 310	クニガミヒサカキ *Eurya zigzag* 311	ヒサカキサザンカ *Pyrenaria virgata* 312
ヒメツバキ *Schima mertensiana* 313	ヒメシャラ *Stewartia monadelpha* 314	ヒコサンヒメシャラ *Stewartia serrata* 315

種子植物／ウマノスズクサ科〜ツバキ科　303

ダイセンオトギリ *Hypericum asahinae* 316	**フルセオトギリ** *Hypericum furusei* 317	**オクヤマオトギリ** *Hypericum gracillimum* 318
ハチジョウオトギリ *Hypericum hachijyoense* 319	**ハコネオトギリ** *Hypericum hakonense* 320	**シオカゼオトギリ** *Hypericum iwatelittorale* 321
カワラオトギリ *Hypericum kawaranum* 322	**ミネオトギリ** *Hypericum kimurae* 323	**ミヤコオトギリ** *Hypericum kinashianum* 324
キタミオトギリ *Hypericum kitamense* 325	**ナガサキオトギリ●** *Hypericum kiusianum* var. *kiusianum* **ヤクシマオトギリ▲** var. *yakusimense* 326	**エゾヤマオトギリ** *Hypericum kurodakeanum* 327
セイタカオトギリ *Hypericum momoseanum* 328	**サマニオトギリ●** *Hypericum nakaii* subsp. *nakaii* **トウゲオトギリ▲** subsp. *miyabei* 329	**シラトリオトギリ** *Hypericum nakaii* subsp. *tatewakii* 330

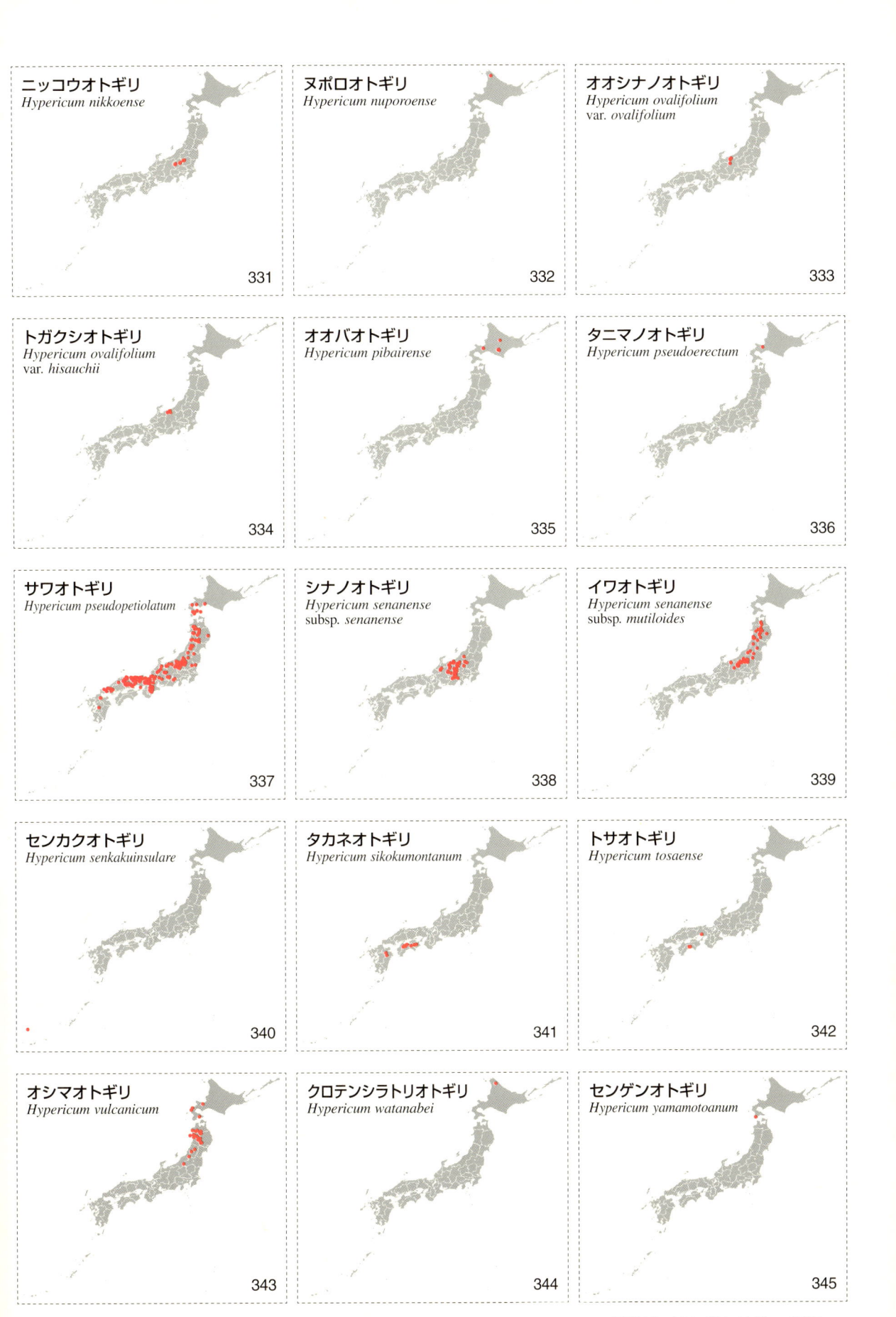

ニッコウオトギリ *Hypericum nikkoense* 331	ヌポロオトギリ *Hypericum nuporoense* 332	オオシナノオトギリ *Hypericum ovalifolium* var. *ovalifolium* 333
トガクシオトギリ *Hypericum ovalifolium* var. *hisauchii* 334	オオバオトギリ *Hypericum pibairense* 335	タニマノオトギリ *Hypericum pseudoerectum* 336
サワオトギリ *Hypericum pseudopetiolatum* 337	シナノオトギリ *Hypericum senanense* subsp. *senanense* 338	イワオトギリ *Hypericum senanense* subsp. *mutiloides* 339
センカクオトギリ *Hypericum senkakuinsulare* 340	タカネオトギリ *Hypericum sikokumontanum* 341	トサオトギリ *Hypericum tosaense* 342
オシマオトギリ *Hypericum vulcanicum* 343	クロテンシラトリオトギリ *Hypericum watanabei* 344	センゲンオトギリ *Hypericum yamamotoanum* 345

種子植物／オトギリソウ科

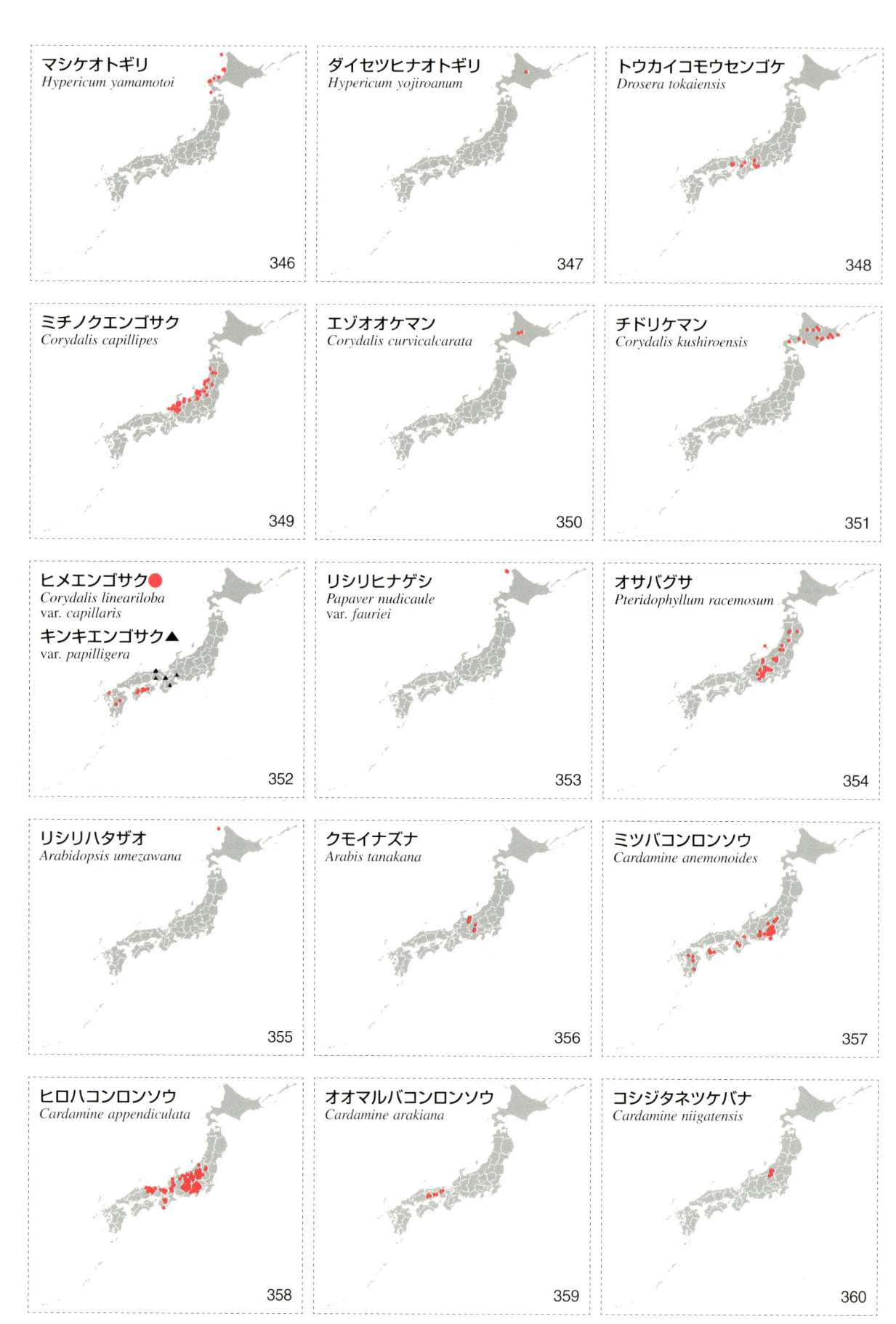

マシケオトギリ *Hypericum yamamotoi* 346	ダイセツヒナオトギリ *Hypericum yojiroanum* 347	トウカイコモウセンゴケ *Drosera tokaiensis* 348
ミチノクエンゴサク *Corydalis capillipes* 349	エゾオオケマン *Corydalis curvicalcarata* 350	チドリケマン *Corydalis kushiroensis* 351
ヒメエンゴサク● *Corydalis lineariloba* var. *capillaris* キンキエンゴサク▲ var. *papilligera* 352	リシリヒナゲシ *Papaver nudicaule* var. *fauriei* 353	オサバグサ *Pteridophyllum racemosum* 354
リシリハタザオ *Arabidopsis umezawana* 355	クモイナズナ *Arabis tanakana* 356	ミツバコンロンソウ *Cardamine anemonoides* 357
ヒロハコンロンソウ *Cardamine appendiculata* 358	オオマルバコンロンソウ *Cardamine arakiana* 359	コシジタネツケバナ *Cardamine niigatensis* 360

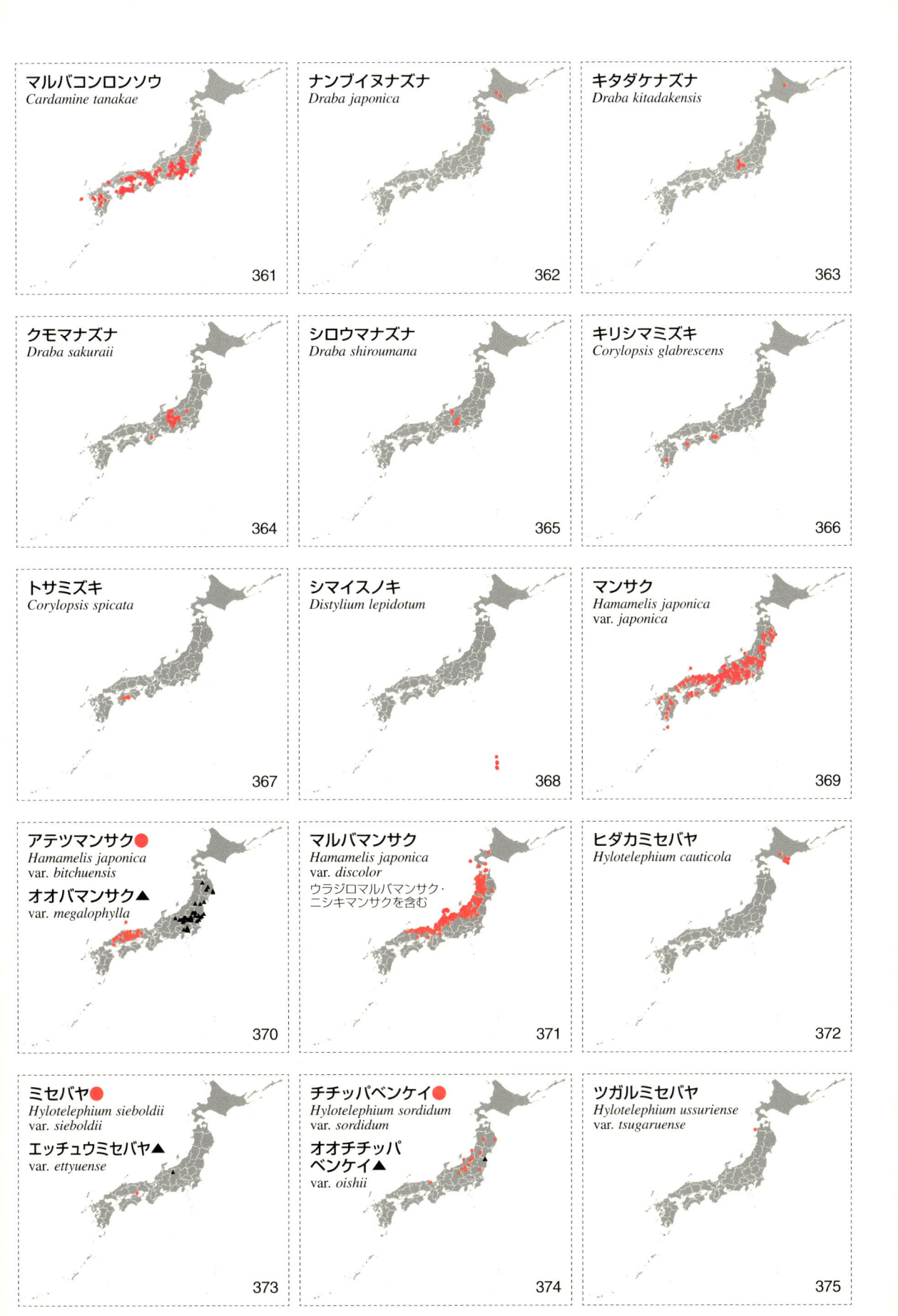

マルバコンロンソウ *Cardamine tanakae* 361	ナンブイヌナズナ *Draba japonica* 362	キタダケナズナ *Draba kitadakensis* 363
クモマナズナ *Draba sakuraii* 364	シロウマナズナ *Draba shiroumana* 365	キリシマミズキ *Corylopsis glabrescens* 366
トサミズキ *Corylopsis spicata* 367	シマイスノキ *Distylium lepidotum* 368	マンサク *Hamamelis japonica* var. *japonica* 369
アテツマンサク● *Hamamelis japonica* var. *bitchuensis* オオバマンサク▲ var. *megalophylla* 370	マルバマンサク *Hamamelis japonica* var. *discolor* ウラジロマルバマンサク・ ニシキマンサクを含む 371	ヒダカミセバヤ *Hylotelephium cauticola* 372
ミセバヤ● *Hylotelephium sieboldii* var. *sieboldii* エッチュウミセバヤ▲ var. *ettyuense* 373	チチッパベンケイ● *Hylotelephium sordidum* var. *sordidum* オオチチッパ ベンケイ▲ var. *oishii* 374	ツガルミセバヤ *Hylotelephium ussuriense* var. *tsugaruense* 375

種子植物／オトギリソウ科〜ベンケイソウ科

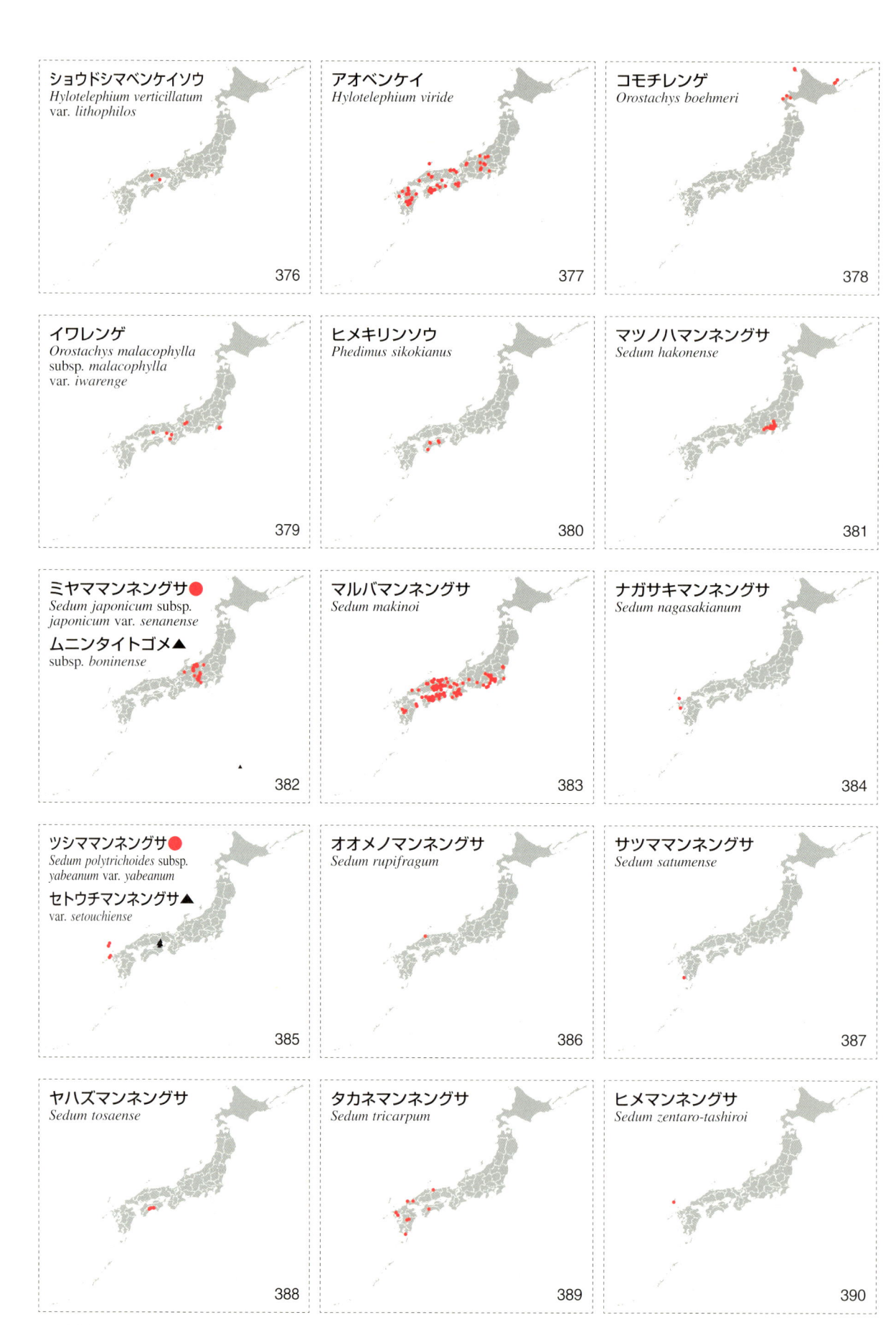

ショウドシマベンケイソウ *Hylotelephium verticillatum* var. *lithophilos* 376	**アオベンケイ** *Hylotelephium viride* 377	**コモチレンゲ** *Orostachys boehmeri* 378
イワレンゲ *Orostachys malacophylla* subsp. *malacophylla* var. *iwarenge* 379	**ヒメキリンソウ** *Phedimus sikokianus* 380	**マツノハマンネングサ** *Sedum hakonense* 381
ミヤママンネングサ● *Sedum japonicum* subsp. *japonicum* var. *senanense* **ムニンタイトゴメ▲** subsp. *boninense* 382	**マルバマンネングサ** *Sedum makinoi* 383	**ナガサキマンネングサ** *Sedum nagasakianum* 384
ツシママンネングサ● *Sedum polytrichoides* subsp. *yabeanum* var. *yabeanum* **セトウチマンネングサ▲** var. *setouchiense* 385	**オオメノマンネングサ** *Sedum rupifragum* 386	**サツママンネングサ** *Sedum satumense* 387
ヤハズマンネングサ *Sedum tosaense* 388	**タカネマンネングサ** *Sedum tricarpum* 389	**ヒメマンネングサ** *Sedum zentaro-tashiroi* 390

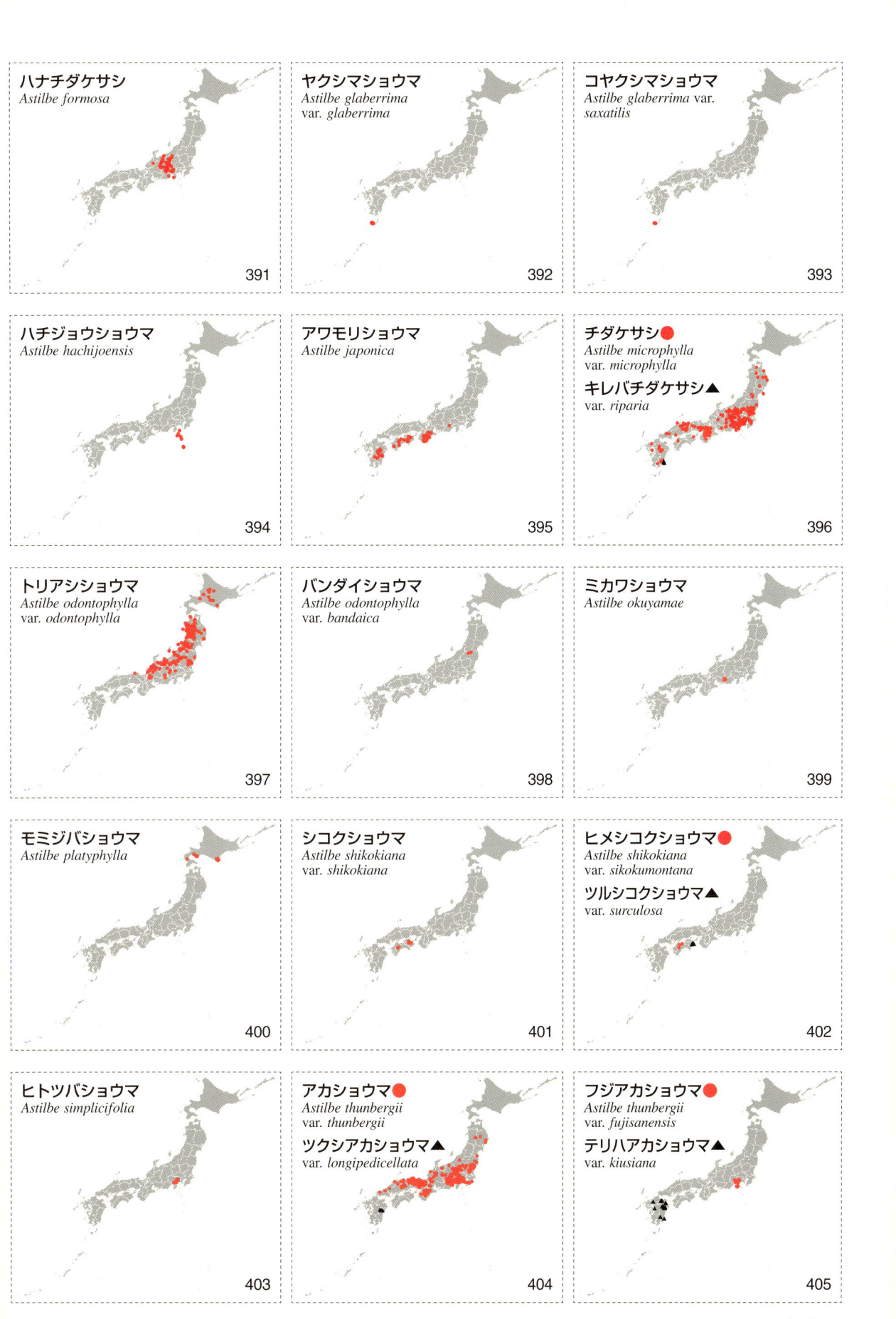

ハナチダケサシ *Astilbe formosa* 391	ヤクシマショウマ *Astilbe glaberrima* var. *glaberrima* 392	コヤクシマショウマ *Astilbe glaberrima* var. *saxatilis* 393
ハチジョウショウマ *Astilbe hachijoensis* 394	アワモリショウマ *Astilbe japonica* 395	チダケサシ● *Astilbe microphylla* var. *microphylla* キレバチダケサシ▲ var. *riparia* 396
トリアシショウマ *Astilbe odontophylla* var. *odontophylla* 397	バンダイショウマ *Astilbe odontophylla* var. *bandaica* 398	ミカワショウマ *Astilbe okuyamae* 399
モミジバショウマ *Astilbe platyphylla* 400	シコクショウマ *Astilbe shikokiana* var. *shikokiana* 401	ヒメシコクショウマ● *Astilbe shikokiana* var. *sikokumontana* ツルシコクショウマ▲ var. *surculosa* 402
ヒトツバショウマ *Astilbe simplicifolia* 403	アカショウマ● *Astilbe thunbergii* var. *thunbergii* ツクシアカショウマ▲ var. *longipedicellata* 404	フジアカショウマ● *Astilbe thunbergii* var. *fujisanensis* テリハアカショウマ▲ var. *kiusiana* 405

種子植物／ベンケイソウ科〜ユキノシタ科

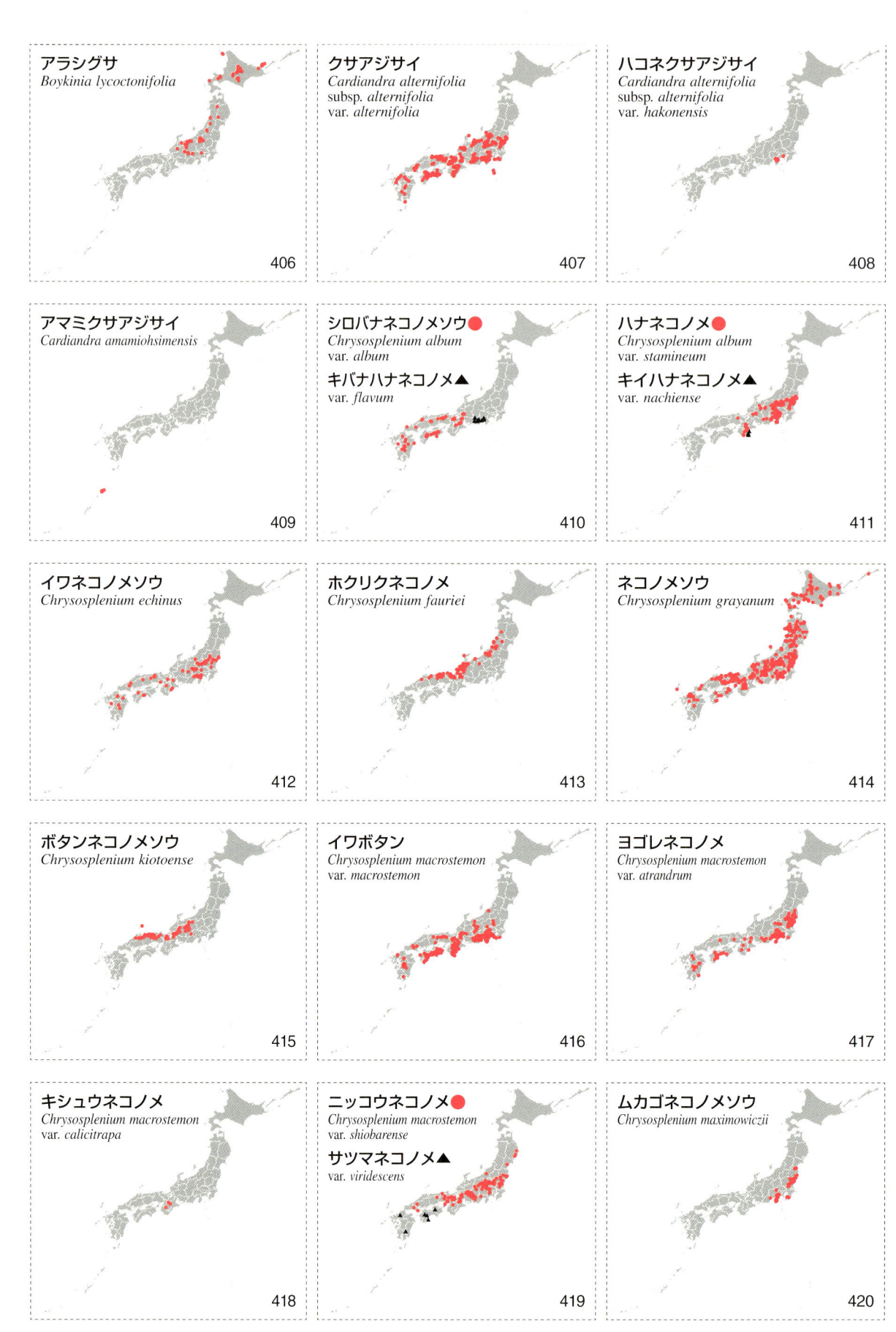

アラシグサ *Boykinia lycoctonifolia* 406	クサアジサイ *Cardiandra alternifolia* subsp. *alternifolia* var. *alternifolia* 407	ハコネクサアジサイ *Cardiandra alternifolia* subsp. *alternifolia* var. *hakonensis* 408
アマミクサアジサイ *Cardiandra amamiohsimensis* 409	シロバナネコノメソウ● *Chrysosplenium album* var. *album* キバナハナネコノメ▲ var. *flavum* 410	ハナネコノメ● *Chrysosplenium album* var. *stamineum* キイハナネコノメ▲ var. *nachiense* 411
イワネコノメソウ *Chrysosplenium echinus* 412	ホクリクネコノメ *Chrysosplenium fauriei* 413	ネコノメソウ *Chrysosplenium grayanum* 414
ボタンネコノメソウ *Chrysosplenium kiotoense* 415	イワボタン *Chrysosplenium macrostemon* var. *macrostemon* 416	ヨゴレネコノメ *Chrysosplenium macrostemon* var. *atrandrum* 417
キシュウネコノメ *Chrysosplenium macrostemon* var. *calicitrapa* 418	ニッコウネコノメ● *Chrysosplenium macrostemon* var. *shiobarense* サツマネコノメ▲ var. *viridescens* 419	ムカゴネコノメソウ *Chrysosplenium maximowiczii* 420

310 　Ⅳ　日本固有植物分布図

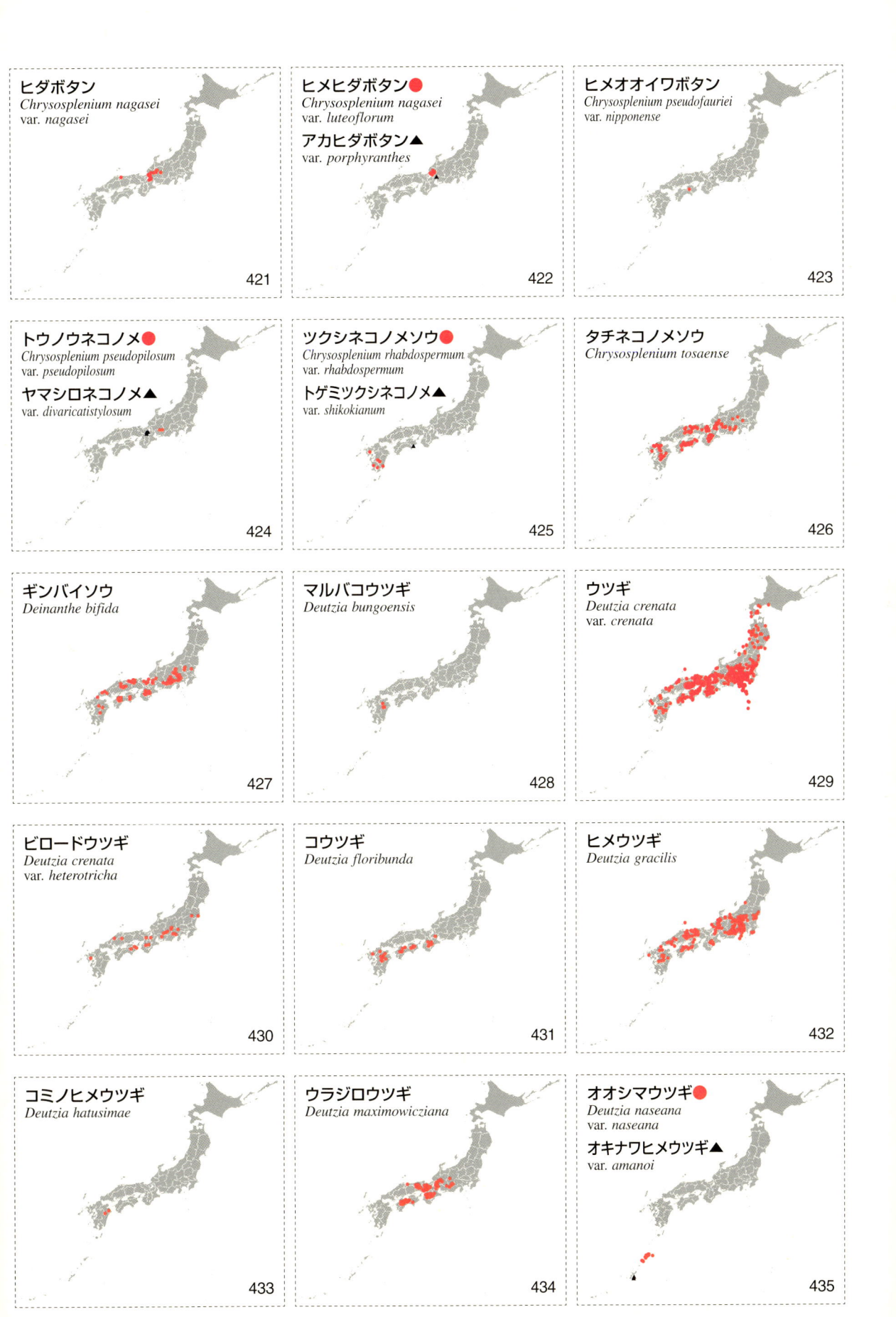

ヒダボタン *Chrysosplenium nagasei* var. *nagasei* 421	ヒメヒダボタン● *Chrysosplenium nagasei* var. *luteoflorum* アカヒダボタン▲ var. *porphyranthes* 422	ヒメオオイワボタン *Chrysosplenium pseudofauriei* var. *nipponense* 423
トウノウネコノメ● *Chrysosplenium pseudopilosum* var. *pseudopilosum* ヤマシロネコノメ▲ var. *divaricatistylosum* 424	ツクシネコノメソウ● *Chrysosplenium rhabdospermum* var. *rhabdospermum* トゲミツクシネコノメ▲ var. *shikokianum* 425	タチネコノメソウ *Chrysosplenium tosaense* 426
ギンバイソウ *Deinanthe bifida* 427	マルバコウツギ *Deutzia bungoensis* 428	ウツギ *Deutzia crenata* var. *crenata* 429
ビロードウツギ *Deutzia crenata* var. *heterotricha* 430	コウツギ *Deutzia floribunda* 431	ヒメウツギ *Deutzia gracilis* 432
コミノヒメウツギ *Deutzia hatusimae* 433	ウラジロウツギ *Deutzia maximowicziana* 434	オオシマウツギ● *Deutzia naseana* var. *naseana* オキナワヒメウツギ▲ var. *amanoi* 435

種子植物／ユキノシタ科

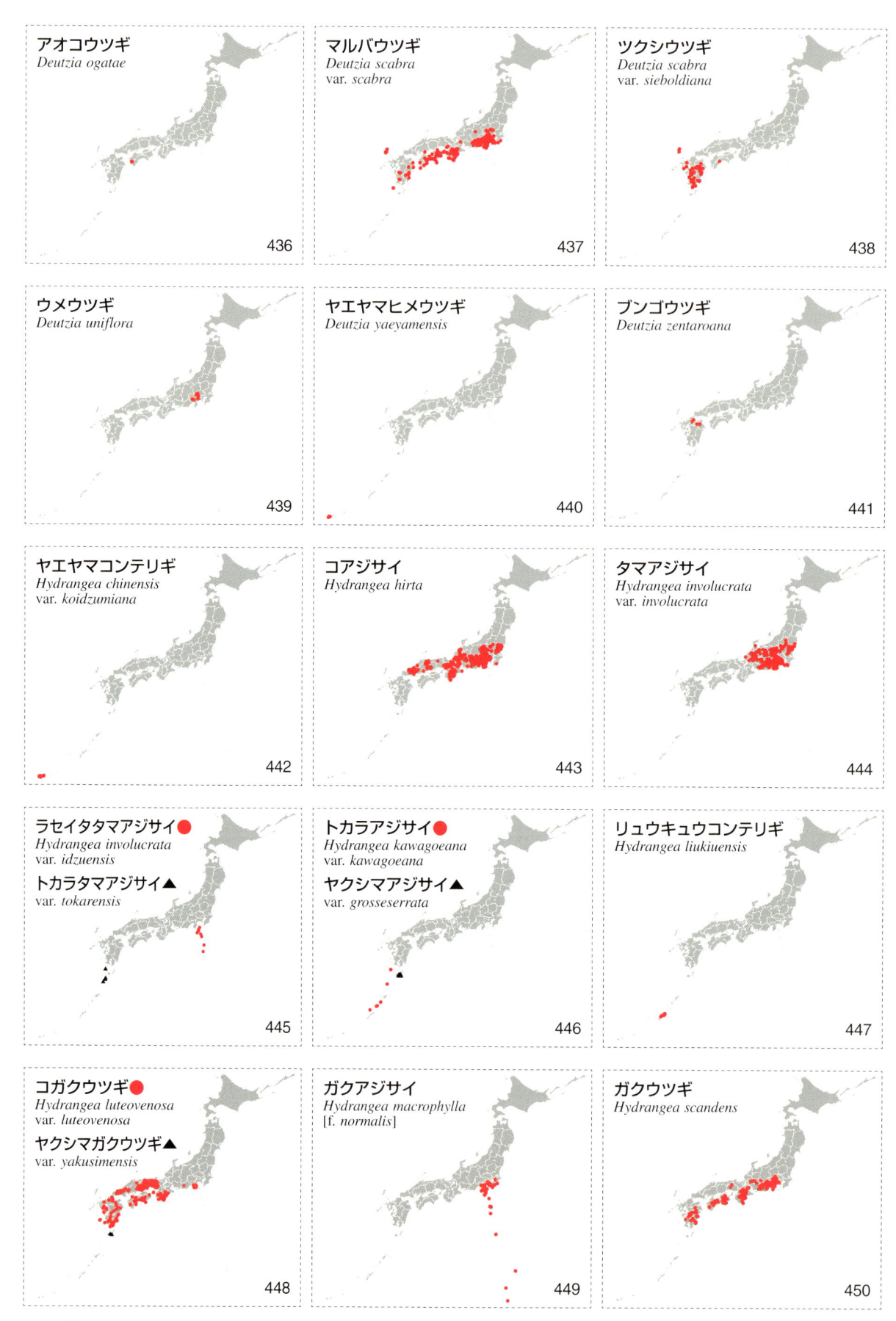

アオコウツギ *Deutzia ogatae* 436	マルバウツギ *Deutzia scabra* var. *scabra* 437	ツクシウツギ *Deutzia scabra* var. *sieboldiana* 438
ウメウツギ *Deutzia uniflora* 439	ヤエヤマヒメウツギ *Deutzia yaeyamensis* 440	ブンゴウツギ *Deutzia zentaroana* 441
ヤエヤマコンテリギ *Hydrangea chinensis* var. *koidzumiana* 442	コアジサイ *Hydrangea hirta* 443	タマアジサイ *Hydrangea involucrata* var. *involucrata* 444
ラセイタタマアジサイ● *Hydrangea involucrata* var. *idzuensis* トカラタマアジサイ▲ var. *tokarensis* 445	トカラアジサイ● *Hydrangea kawagoeana* var. *kawagoeana* ヤクシマアジサイ▲ var. *grosseserrata* 446	リュウキュウコンテリギ *Hydrangea liukiuensis* 447
コガクウツギ● *Hydrangea luteovenosa* var. *luteovenosa* ヤクシマガクウツギ▲ var. *yakusimensis* 448	ガクアジサイ *Hydrangea macrophylla* [f. *normalis*] 449	ガクウツギ *Hydrangea scandens* 450

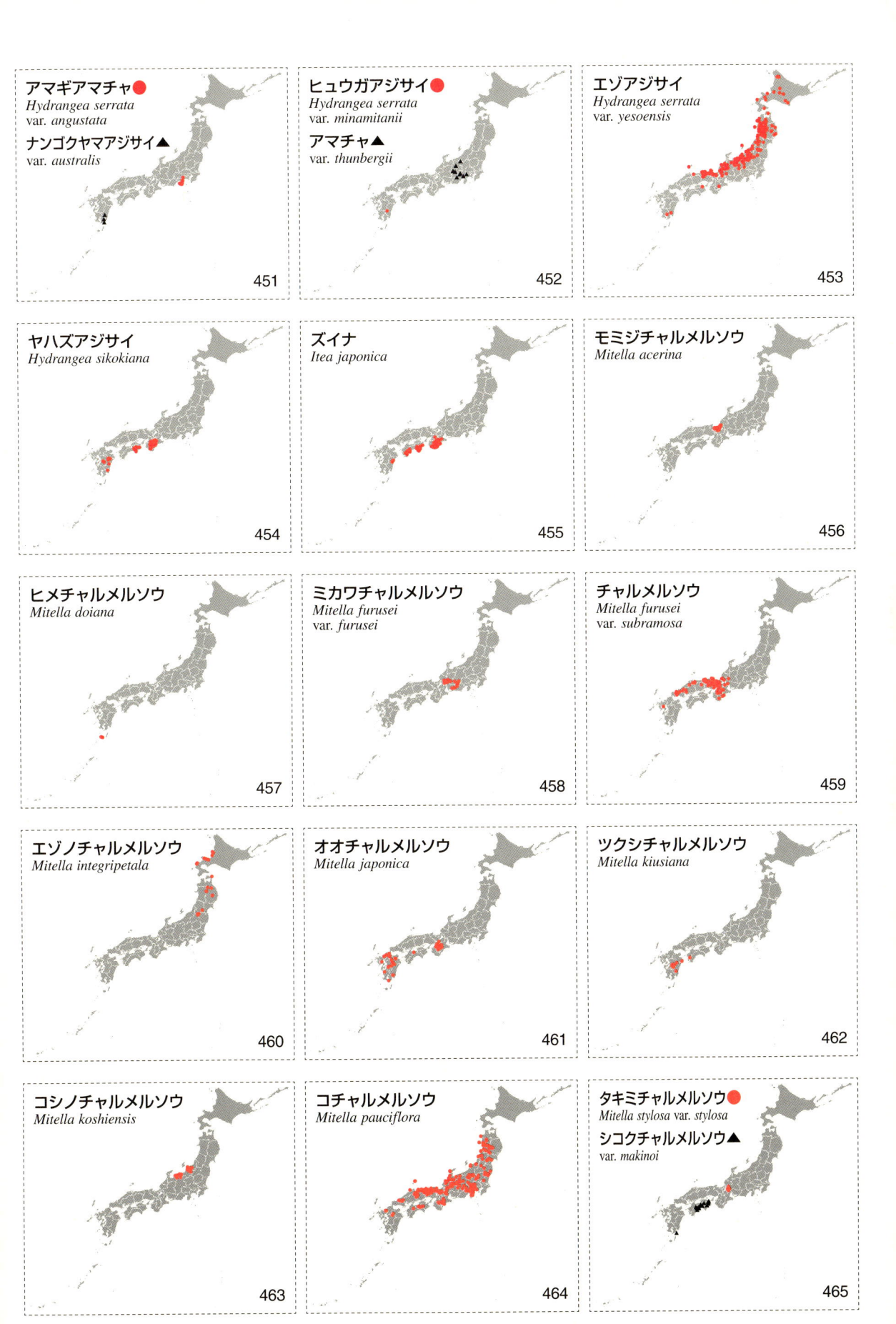

アマギアマチャ● *Hydrangea serrata* var. *angustata* ナンゴクヤマアジサイ▲ var. *australis* 451	ヒュウガアジサイ● *Hydrangea serrata* var. *minamitanii* アマチャ▲ var. *thunbergii* 452	エゾアジサイ *Hydrangea serrata* var. *yesoensis* 453
ヤハズアジサイ *Hydrangea sikokiana* 454	ズイナ *Itea japonica* 455	モミジチャルメルソウ *Mitella acerina* 456
ヒメチャルメルソウ *Mitella doiana* 457	ミカワチャルメルソウ *Mitella furusei* var. *furusei* 458	チャルメルソウ *Mitella furusei* var. *subramosa* 459
エゾノチャルメルソウ *Mitella integripetala* 460	オオチャルメルソウ *Mitella japonica* 461	ツクシチャルメルソウ *Mitella kiusiana* 462
コシノチャルメルソウ *Mitella koshiensis* 463	コチャルメルソウ *Mitella pauciflora* 464	タキミチャルメルソウ● *Mitella stylosa* var. *stylosa* シコクチャルメルソウ▲ var. *makinoi* 465

種子植物／ユキノシタ科 313

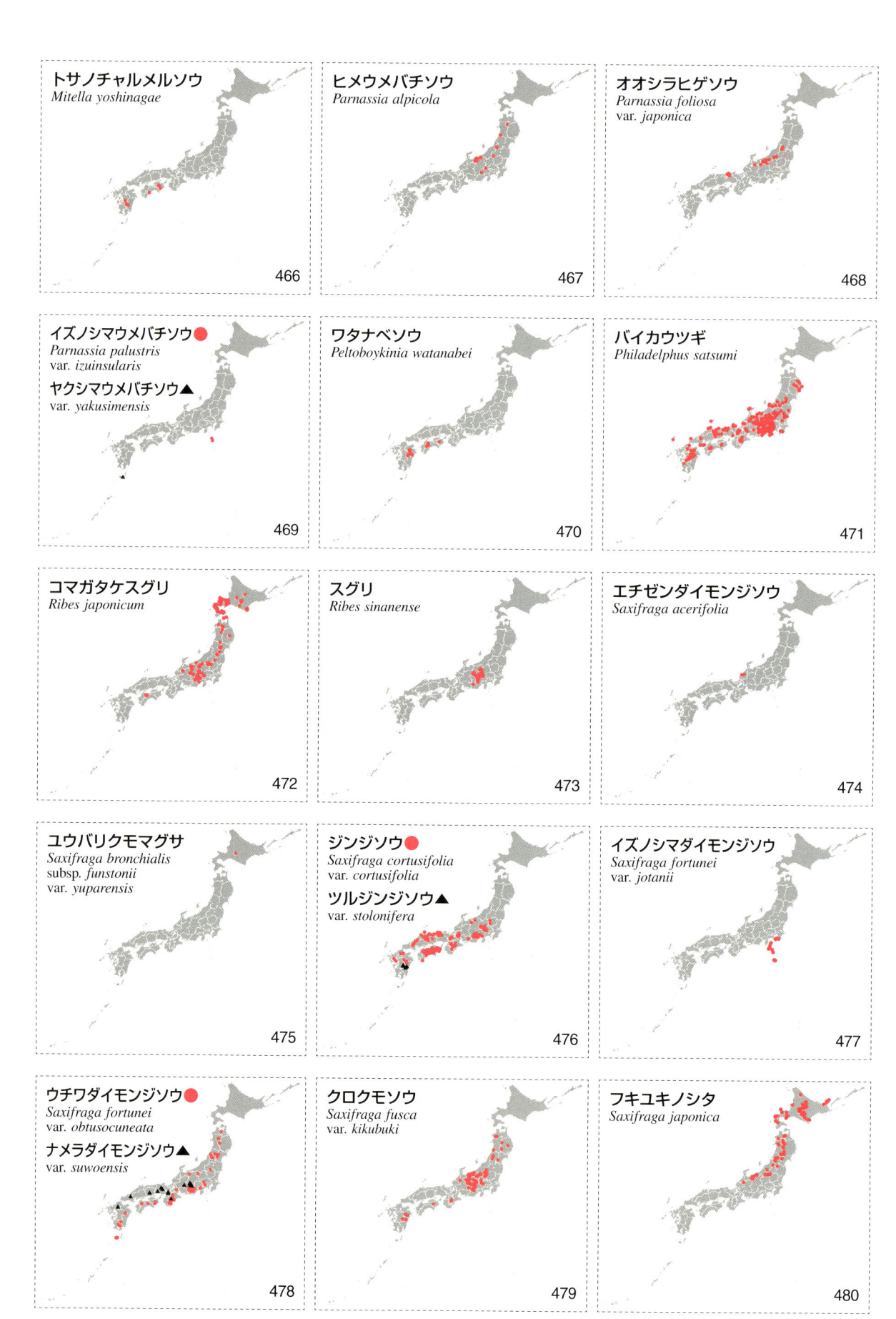

トサノチャルメルソウ	ヒメウメバチソウ	オオシラヒゲソウ
Mitella yoshinagae	*Parnassia alpicola*	*Parnassia foliosa* var. *japonica*
466	467	468

イズノシマウメバチソウ●	ワタナベソウ	バイカウツギ
Parnassia palustris var. *izuinsularis*	*Peltoboykinia watanabei*	*Philadelphus satsumi*
ヤクシマウメバチソウ▲ var. *yakusimensis*		
469	470	471

コマガタケスグリ	スグリ	エチゼンダイモンジソウ
Ribes japonicum	*Ribes sinanense*	*Saxifraga acerifolia*
472	473	474

ユウバリクモマグサ	ジンジソウ●	イズノシマダイモンジソウ
Saxifraga bronchialis subsp. *funstonii* var. *yuparensis*	*Saxifraga cortusifolia* var. *cortusifolia*	*Saxifraga fortunei* var. *jotanii*
	ツルジンジソウ▲ var. *stolonifera*	
475	476	477

ウチワダイモンジソウ●	クロクモソウ	フキユキノシタ
Saxifraga fortunei var. *obtusocuneata*	*Saxifraga fusca* var. *kikubuki*	*Saxifraga japonica*
ナメラダイモンジソウ▲ var. *suwoensis*		
478	479	480

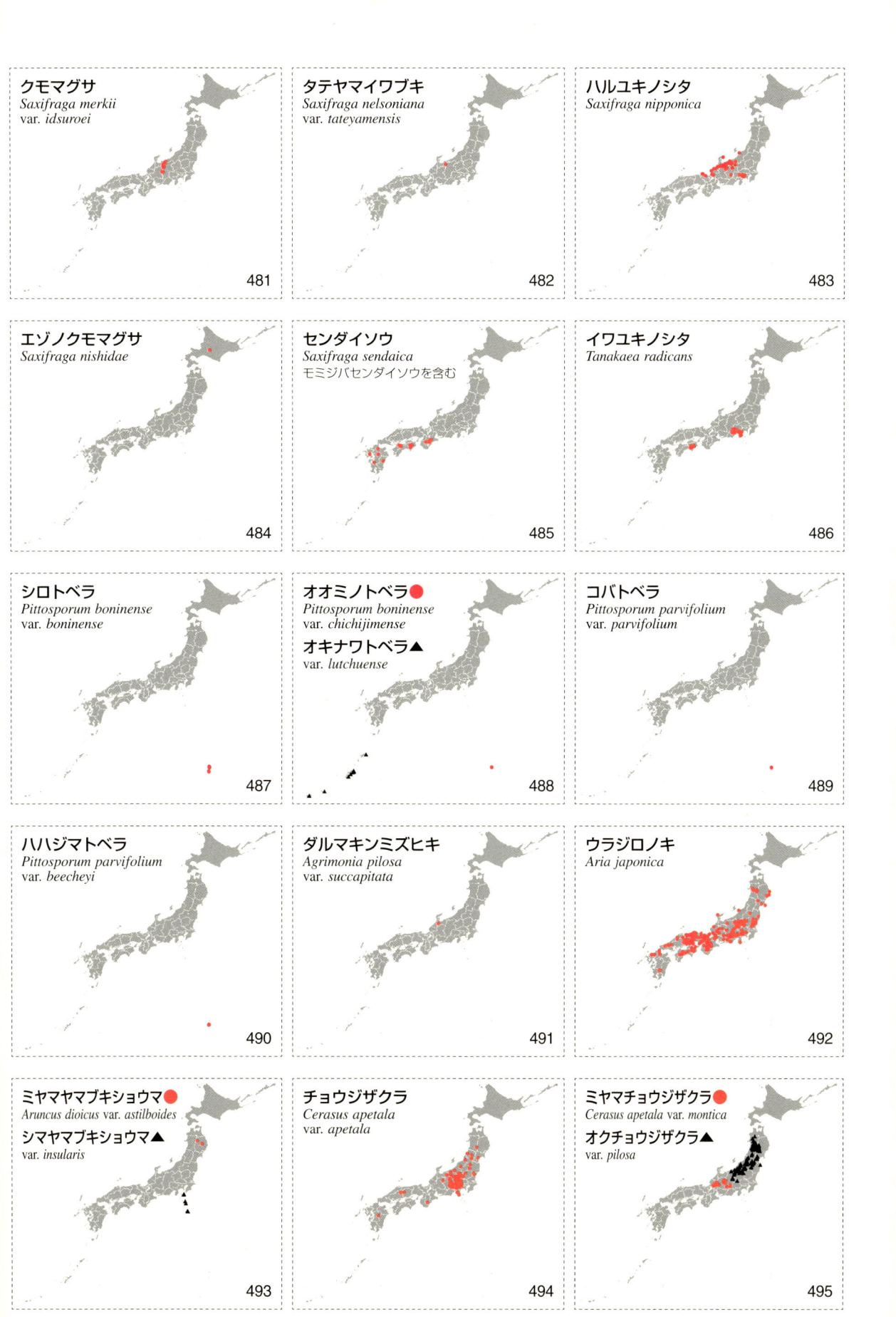

クモマグサ *Saxifraga merkii* var. *idsuroei* 481	**タテヤマイワブキ** *Saxifraga nelsoniana* var. *tateyamensis* 482	**ハルユキノシタ** *Saxifraga nipponica* 483
エゾノクモマグサ *Saxifraga nishidae* 484	**センダイソウ** *Saxifraga sendaica* モミジバセンダイソウを含む 485	**イワユキノシタ** *Tanakaea radicans* 486
シロトベラ *Pittosporum boninense* var. *boninense* 487	**オオミノトベラ**● *Pittosporum boninense* var. *chichijimense* **オキナワトベラ**▲ var. *lutchuense* 488	**コバトベラ** *Pittosporum parvifolium* var. *parvifolium* 489
ハハジマトベラ *Pittosporum parvifolium* var. *beecheyi* 490	**ダルマキンミズヒキ** *Agrimonia pilosa* var. *succapitata* 491	**ウラジロノキ** *Aria japonica* 492
ミヤマヤマブキショウマ● *Aruncus dioicus* var. *astilboides* **シマヤマブキショウマ**▲ var. *insularis* 493	**チョウジザクラ** *Cerasus apetala* var. *apetala* 494	**ミヤマチョウジザクラ**● *Cerasus apetala* var. *montica* **オクチョウジザクラ**▲ var. *pilosa* 495

マメザクラ *Cerasus incisa* var. *incisa* 496	ブコウマメザクラ ● *Cerasus incisa* var. *bukosanensis* キンキマメザクラ ▲ var. *kinkiensis* 497	ヤマザクラ *Cerasus jamasakura* var. *jamasakura* 498
ツクシヤマザクラ *Cerasus jamasakura* var. *chikusiensis* 499	クモイザクラ *Cerasus nipponica* var. *alpina* 500	キリタチヤマザクラ *Cerasus sargentii* var. *akimotoi* 501
オオシマザクラ *Cerasus speciosa* 502	クサボケ *Chaenomeles japonica* 503	コシジシモツケソウ *Filipendula auriculata* 504
シモツケソウ *Filipendula multijuga* var. *multijuga* 505	アカバナシモツケソウ *Filipendula multijuga* var. *ciliata* 506	シコクシモツケソウ *Filipendula tsuguwoi* 507
ノカイドウ *Malus spontanea* 508	オオウラジロノキ *Malus tschonoskii* 509	ウワミズザクラ *Padus grayana* 510

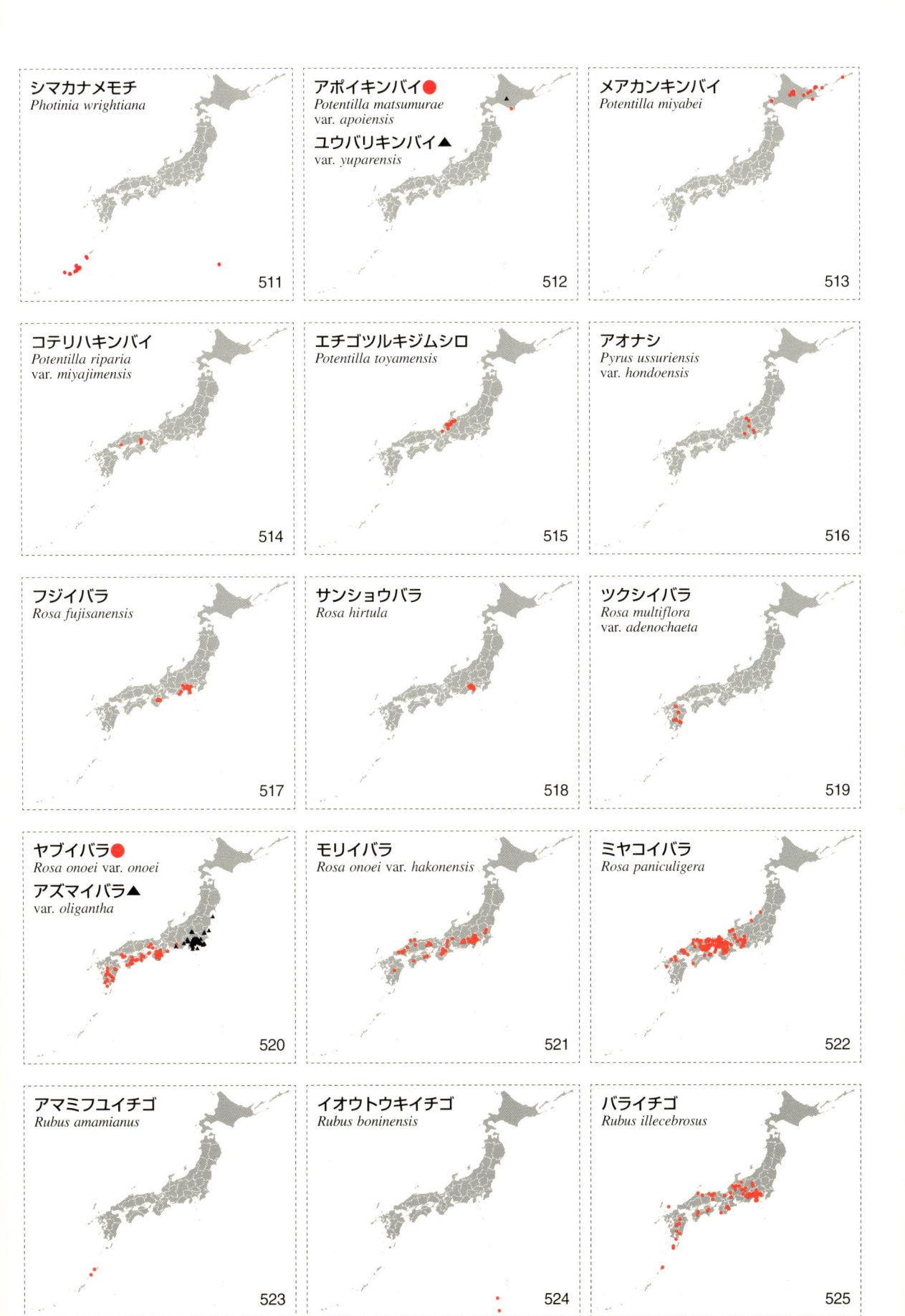

シマカナメモチ *Photinia wrightiana* 511	アポイキンバイ● *Potentilla matsumurae* var. *apoiensis* ユウバリキンバイ▲ var. *yuparensis* 512	メアカンキンバイ *Potentilla miyabei* 513
コテリハキンバイ *Potentilla riparia* var. *miyajimensis* 514	エチゴツルキジムシロ *Potentilla toyamensis* 515	アオナシ *Pyrus ussuriensis* var. *hondoensis* 516
フジイバラ *Rosa fujisanensis* 517	サンショウバラ *Rosa hirtula* 518	ツクシイバラ *Rosa multiflora* var. *adenochaeta* 519
ヤブイバラ● *Rosa onoei* var. *onoei* アズマイバラ▲ var. *oligantha* 520	モリイバラ *Rosa onoei* var. *hakonensis* 521	ミヤコイバラ *Rosa paniculigera* 522
アマミフユイチゴ *Rubus amamianus* 523	イオウトウキイチゴ *Rubus boninensis* 524	バライチゴ *Rubus illecebrosus* 525

種子植物／バラ科

キソイチゴ *Rubus kisoensis* 526	クワノハイチゴ *Rubus nesiotes* 527	ハチジョウクサイチゴ *Rubus nishimuranus* 528
オキナワバライチゴ *Rubus okinawensis* 529	ミヤマモミジイチゴ *Rubus pseudoacer* 530	ヒメゴヨウイチゴ *Rubus pseudojaponicus* 531
ホウロクイチゴ *Rubus sieboldii* 532	ベニバナイチゴ *Rubus vernus* 533	シロバナトウウチソウ *Sanguisorba albiflora* 534
カライトソウ *Sanguisorba hakusanensis* 535	エゾノトウウチソウ *Sanguisorba japonensis* 536	ナンブトウウチソウ *Sanguisorba obtusa* 537
サビバナナカマド *Sorbus commixta* var. *rufoferruginea* 538	ナンキンナナカマド *Sorbus gracilis* 539	ウラジロナナカマド *Sorbus matsumurana* 540

ウラジロイワガサ *Spiraea blumei* var. *hayatae* 541	イヨノミツバイワガサ *Spiraea blumei* var. *pubescens* 542	エゾノシジミバナ *Spiraea faurieana* 543
ウラジロシモツケ● *Spiraea japonica* var. *hypoglauca* ドロノシモツケ▲ var. *ripensis* 544	イブキシモツケ *Spiraea nervosa* 545	イワシモツケ● *Spiraea nipponica* var. *nipponica* トサシモツケ▲ var. *tosaensis* 546
シマコゴメウツギ *Stephanandra incisa* var. *macrophylla* 547	カナウツギ *Stephanandra tanakae* 548	モメンヅル *Astragalus reflexistipulus* 549
シロウマオウギ *Astragalus shiroumensis* 550	ナルトオウギ *Astragalus sikokianus* 551	トカチオウギ *Astragalus tokachiensis* 552
カリバオウギ *Astragalus yamamotoi* 553	ハカマカズラ *Bauhinia japonica* 554	ユクノキ *Cladrastis sikokiana* 555

種子植物／バラ科〜マメ科

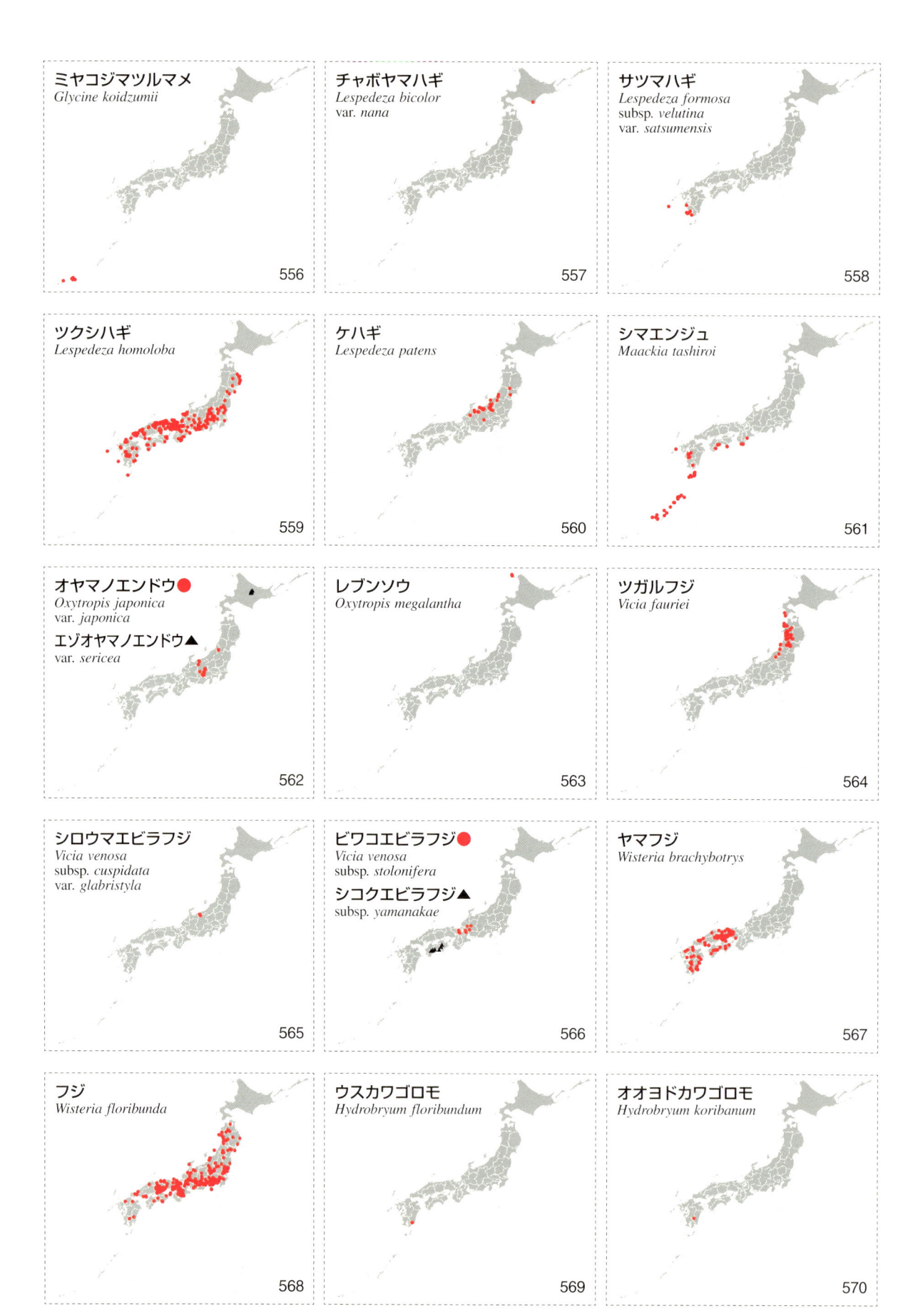

ミヤコジマツルマメ *Glycine koidzumii* 556	チャボヤマハギ *Lespedeza bicolor* var. *nana* 557	サツマハギ *Lespedeza formosa* subsp. *velutina* var. *satsumensis* 558
ツクシハギ *Lespedeza homoloba* 559	ケハギ *Lespedeza patens* 560	シマエンジュ *Maackia tashiroi* 561
オヤマノエンドウ ● *Oxytropis japonica* var. *japonica* エゾオヤマノエンドウ ▲ var. *sericea* 562	レブンソウ *Oxytropis megalantha* 563	ツガルフジ *Vicia fauriei* 564
シロウマエビラフジ *Vicia venosa* subsp. *cuspidata* var. *glabristyla* 565	ビワコエビラフジ ● *Vicia venosa* subsp. *stolonifera* シコクエビラフジ ▲ subsp. *yamanakae* 566	ヤマフジ *Wisteria brachybotrys* 567
フジ *Wisteria floribunda* 568	ウスカワゴロモ *Hydrobryum floribundum* 569	オオヨドカワゴロモ *Hydrobryum koribanum* 570

320　Ⅳ　日本固有植物分布図

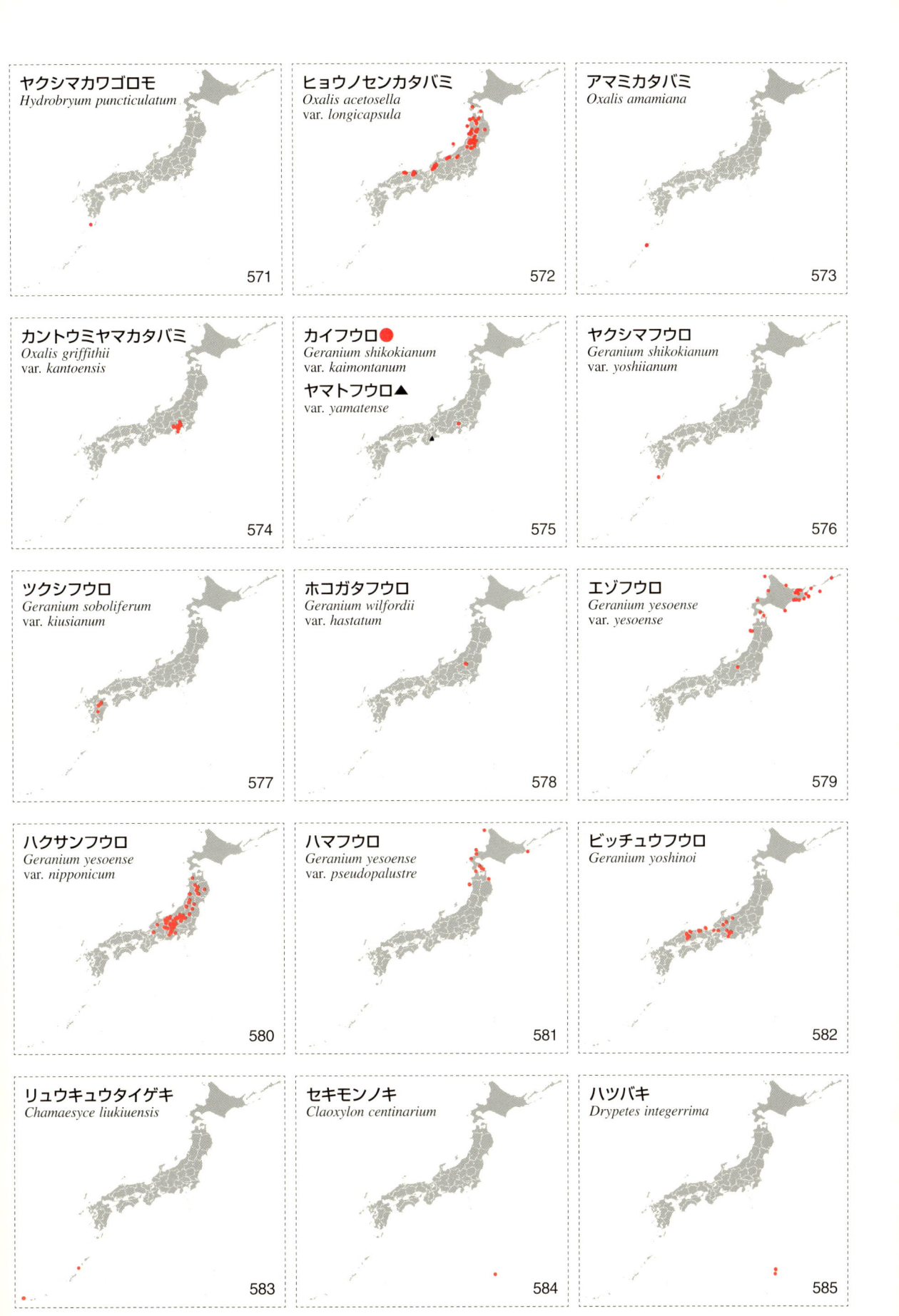

ヤクシマカワゴロモ *Hydrobryum puncticulatum* 571	**ヒョウノセンカタバミ** *Oxalis acetosella* var. *longicapsula* 572	**アマミカタバミ** *Oxalis amamiana* 573
カントウミヤマカタバミ *Oxalis griffithii* var. *kantoensis* 574	**カイフウロ●** *Geranium shikokianum* var. *kaimontanum* **ヤマトフウロ▲** var. *yamatense* 575	**ヤクシマフウロ** *Geranium shikokianum* var. *yoshiianum* 576
ツクシフウロ *Geranium soboliferum* var. *kiusianum* 577	**ホコガタフウロ** *Geranium wilfordii* var. *hastatum* 578	**エゾフウロ** *Geranium yesoense* var. *yesoense* 579
ハクサンフウロ *Geranium yesoense* var. *nipponicum* 580	**ハマフウロ** *Geranium yesoense* var. *pseudopalustre* 581	**ビッチュウフウロ** *Geranium yoshinoi* 582
リュウキュウタイゲキ *Chamaesyce liukiuensis* 583	**セキモンノキ** *Claoxylon centinarium* 584	**ハツバキ** *Drypetes integerrima* 585

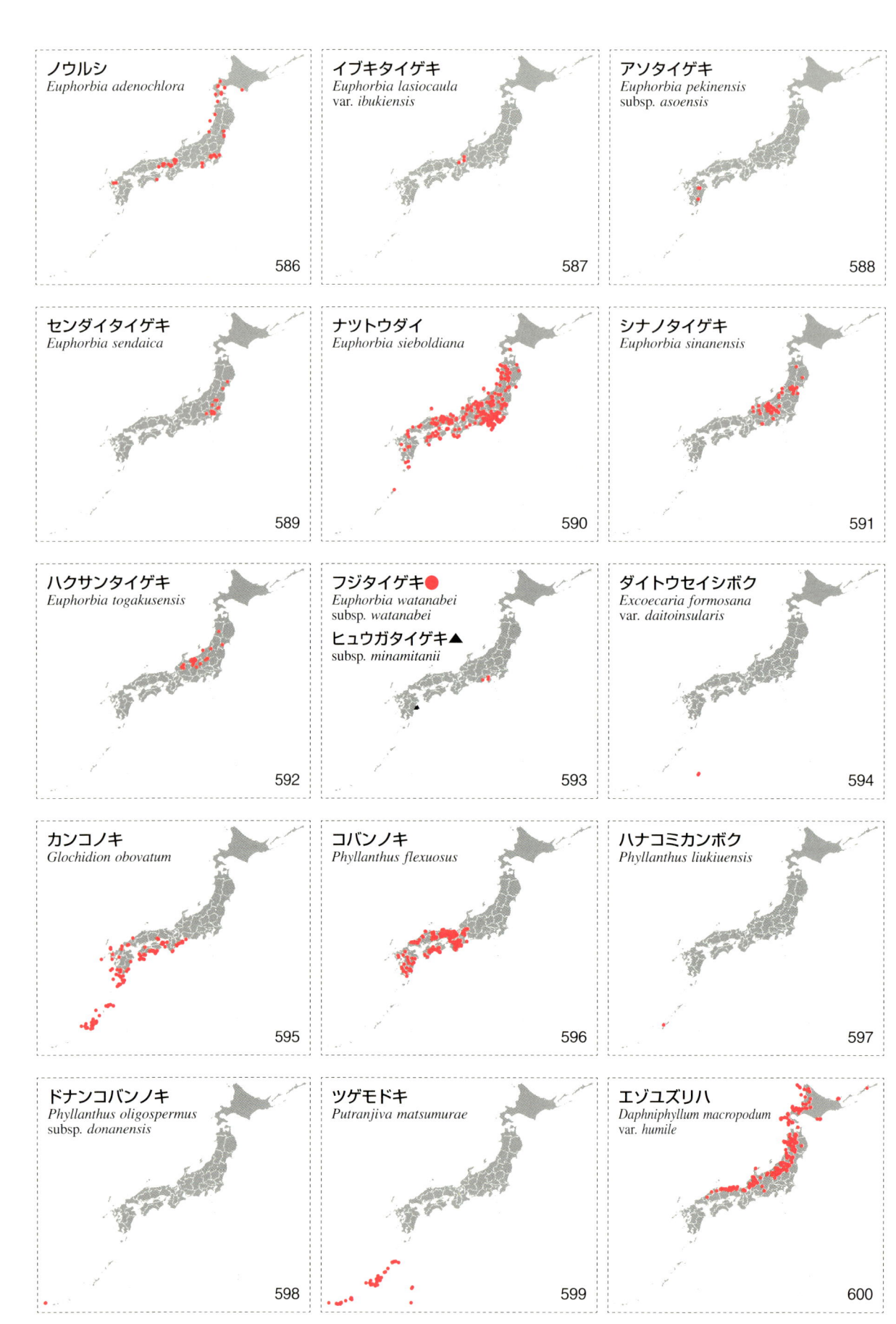

ノウルシ *Euphorbia adenochlora* 586	**イブキタイゲキ** *Euphorbia lasiocaula* var. *ibukiensis* 587	**アソタイゲキ** *Euphorbia pekinensis* subsp. *asoensis* 588
センダイタイゲキ *Euphorbia sendaica* 589	**ナツトウダイ** *Euphorbia sieboldiana* 590	**シナノタイゲキ** *Euphorbia sinanensis* 591
ハクサンタイゲキ *Euphorbia togakusensis* 592	**フジタイゲキ●** *Euphorbia watanabei* subsp. *watanabei* **ヒュウガタイゲキ▲** subsp. *minamitanii* 593	**ダイトウセイシボク** *Excoecaria formosana* var. *daitoinsularis* 594
カンコノキ *Glochidion obovatum* 595	**コバンノキ** *Phyllanthus flexuosus* 596	**ハナコミカンボク** *Phyllanthus liukiuensis* 597
ドナンコバンノキ *Phyllanthus oligospermus* subsp. *donanensis* 598	**ツゲモドキ** *Putranjiva matsumurae* 599	**エゾユズリハ** *Daphniphyllum macropodum* var. *humile* 600

322　Ⅳ　日本固有植物分布図

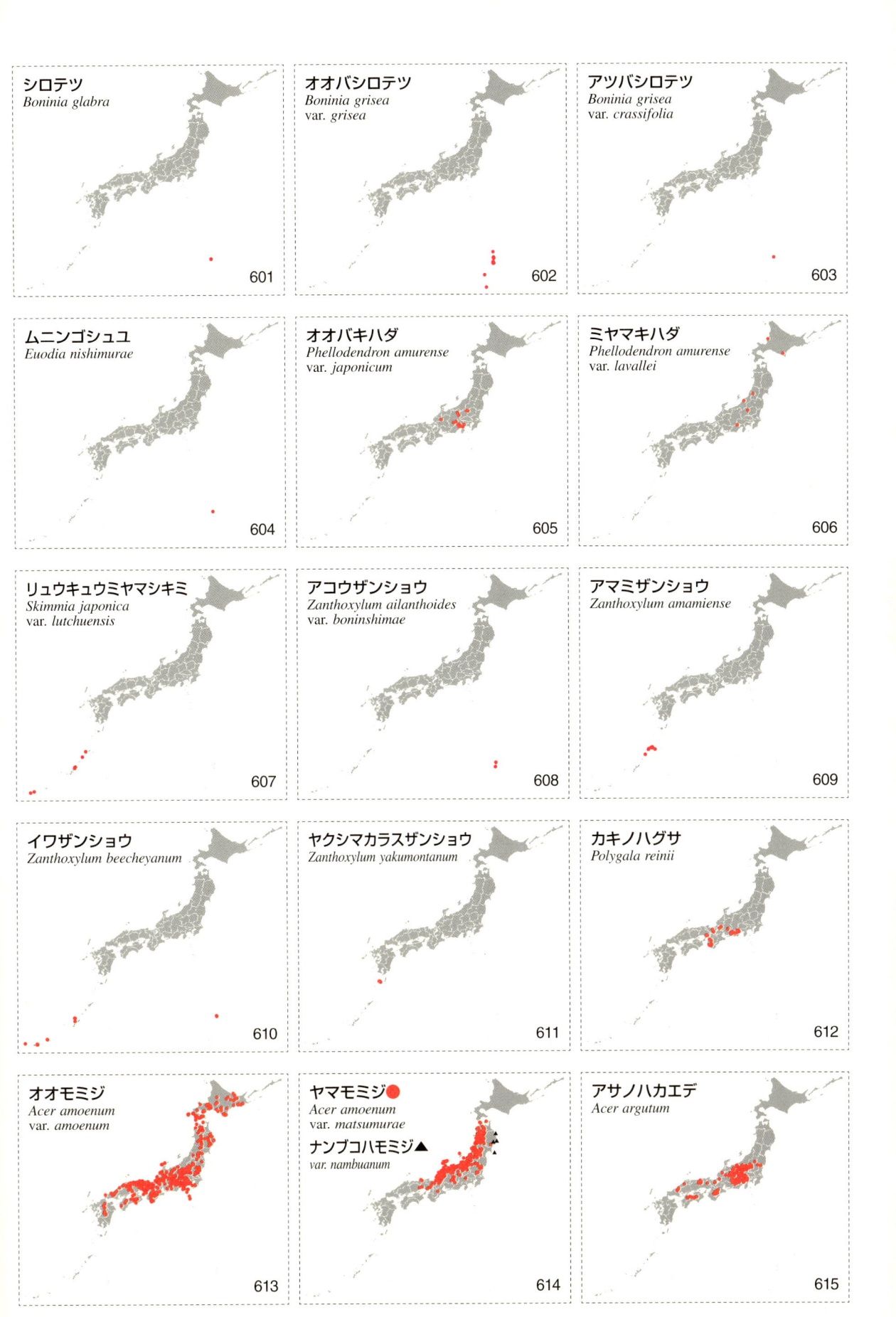

シロテツ *Boninia glabra* 601	オオバシロテツ *Boninia grisea* var. *grisea* 602	アツバシロテツ *Boninia grisea* var. *crassifolia* 603
ムニンゴシュユ *Euodia nishimurae* 604	オオバキハダ *Phellodendron amurense* var. *japonicum* 605	ミヤマキハダ *Phellodendron amurense* var. *lavallei* 606
リュウキュウミヤマシキミ *Skimmia japonica* var. *lutchuensis* 607	アコウザンショウ *Zanthoxylum ailanthoides* var. *boninshimae* 608	アマミザンショウ *Zanthoxylum amamiense* 609
イワザンショウ *Zanthoxylum beecheyanum* 610	ヤクシマカラスザンショウ *Zanthoxylum yakumontanum* 611	カキノハグサ *Polygala reinii* 612
オオモミジ *Acer amoenum* var. *amoenum* 613	ヤマモミジ● *Acer amoenum* var. *matsumurae* ナンブコハモミジ▲ var. *nambuanum* 614	アサノハカエデ *Acer argutum* 615

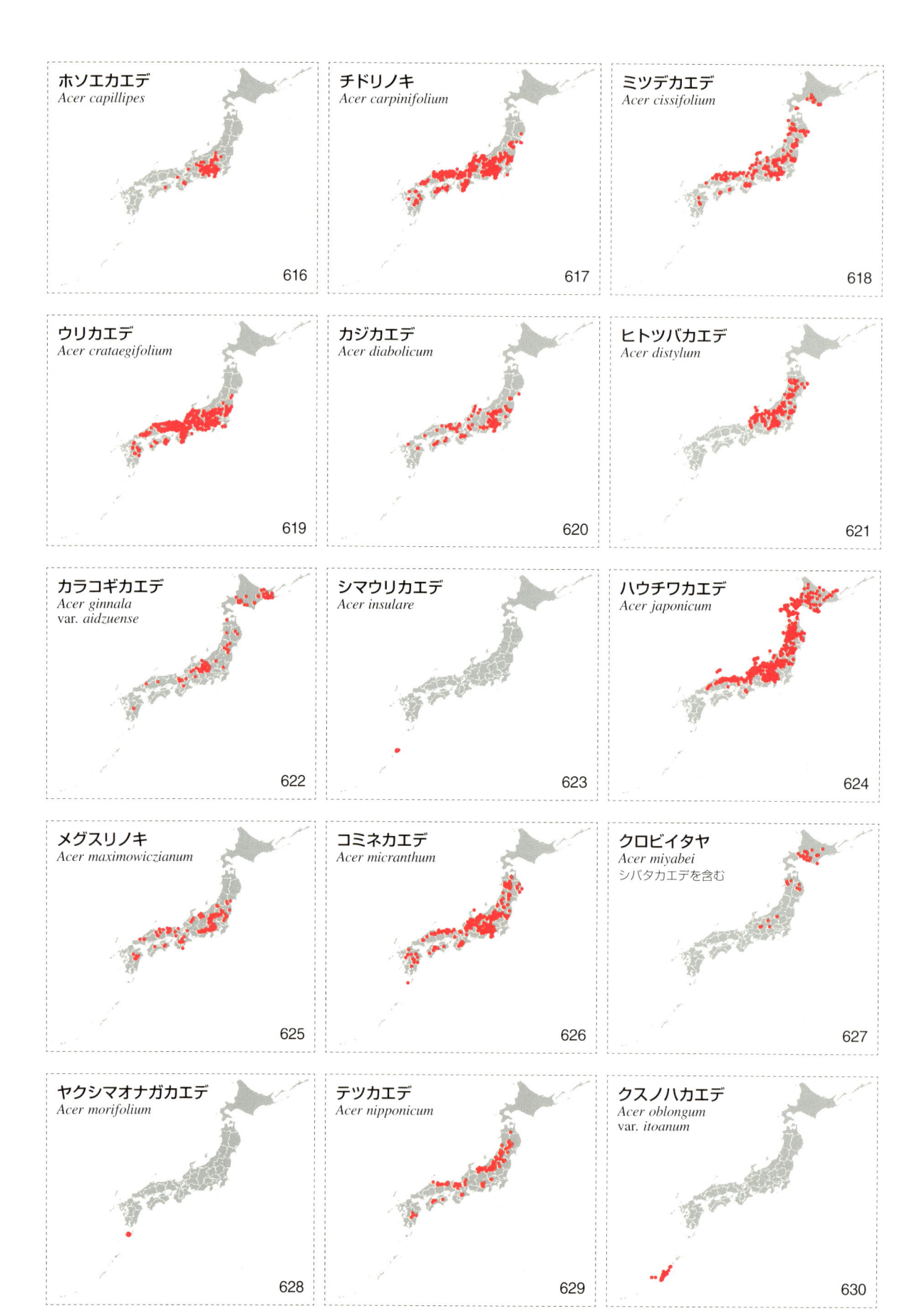

ホソエカエデ *Acer capillipes* 616	チドリノキ *Acer carpinifolium* 617	ミツデカエデ *Acer cissifolium* 618
ウリカエデ *Acer crataegifolium* 619	カジカエデ *Acer diabolicum* 620	ヒトツバカエデ *Acer distylum* 621
カラコギカエデ *Acer ginnala* var. *aidzuense* 622	シマウリカエデ *Acer insulare* 623	ハウチワカエデ *Acer japonicum* 624
メグスリノキ *Acer maximowiczianum* 625	コミネカエデ *Acer micranthum* 626	クロビイタヤ *Acer miyabei* シバタカエデを含む 627
ヤクシマオナガカエデ *Acer morifolium* 628	テツカエデ *Acer nipponicum* 629	クスノハカエデ *Acer oblongum* var. *itoanum* 630

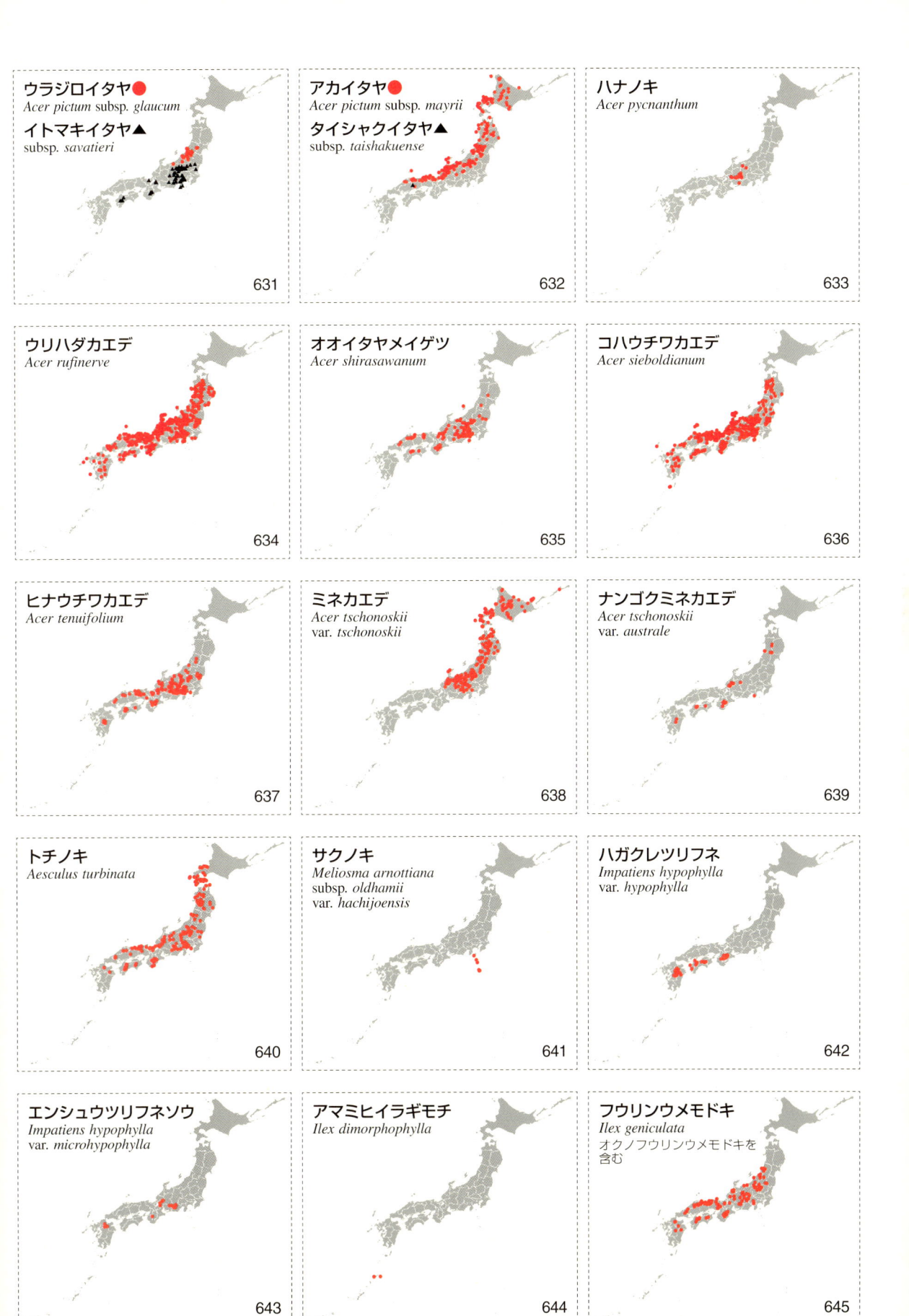

ウラジロイタヤ● *Acer pictum* subsp. *glaucum* イトマキイタヤ▲ subsp. *savatieri* 631	アカイタヤ● *Acer pictum* subsp. *mayrii* タイシャクイタヤ▲ subsp. *taishakuense* 632	ハナノキ *Acer pycnanthum* 633
ウリハダカエデ *Acer rufinerve* 634	オオイタヤメイゲツ *Acer shirasawanum* 635	コハウチワカエデ *Acer sieboldianum* 636
ヒナウチワカエデ *Acer tenuifolium* 637	ミネカエデ *Acer tschonoskii* var. *tschonoskii* 638	ナンゴクミネカエデ *Acer tschonoskii* var. *australe* 639
トチノキ *Aesculus turbinata* 640	サクノキ *Meliosma arnottiana* subsp. *oldhamii* var. *hachijoensis* 641	ハガクレツリフネ *Impatiens hypophylla* var. *hypophylla* 642
エンシュウツリフネソウ *Impatiens hypophylla* var. *microhypophylla* 643	アマミヒイラギモチ *Ilex dimorphophylla* 644	フウリンウメモドキ *Ilex geniculata* オクノフウリンウメモドキを含む 645

種子植物／カエデ科〜モチノキ科

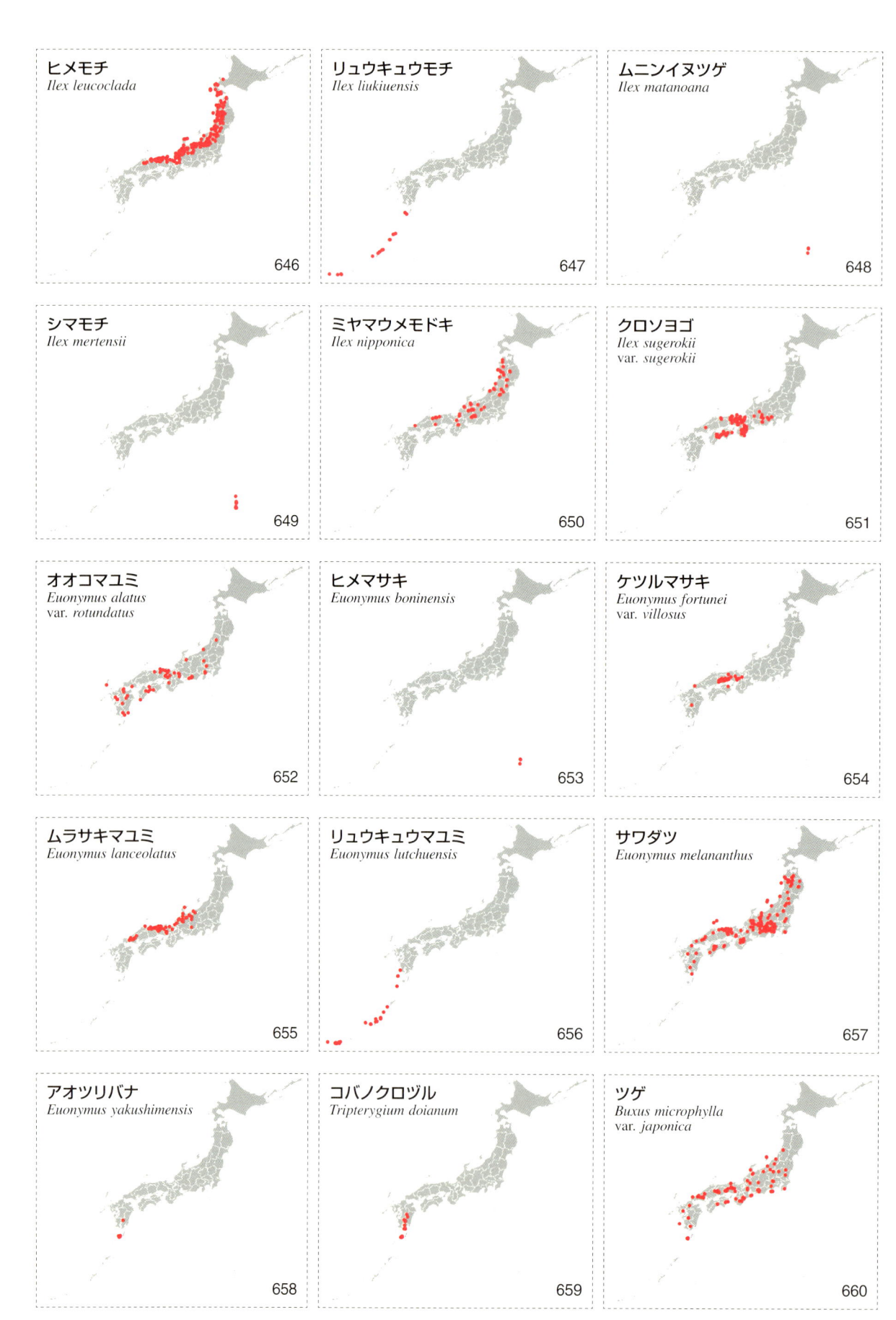

ヒメモチ *Ilex leucoclada* 646	リュウキュウモチ *Ilex liukiuensis* 647	ムニンイヌツゲ *Ilex matanoana* 648
シマモチ *Ilex mertensii* 649	ミヤマウメモドキ *Ilex nipponica* 650	クロソヨゴ *Ilex sugerokii* var. *sugerokii* 651
オオコマユミ *Euonymus alatus* var. *rotundatus* 652	ヒメマサキ *Euonymus boninensis* 653	ケツルマサキ *Euonymus fortunei* var. *villosus* 654
ムラサキマユミ *Euonymus lanceolatus* 655	リュウキュウマユミ *Euonymus lutchuensis* 656	サワダツ *Euonymus melananthus* 657
アオツリバナ *Euonymus yakushimensis* 658	コバノクロヅル *Tripterygium doianum* 659	ツゲ *Buxus microphylla* var. *japonica* 660

ベンテンツゲ ● *Buxus microphylla* var. *kitashimae* コツゲ ▲ var. *riparia* 661	クロタキカズラ *Hosiea japonica* 662	ワダツミノキ *Nothapodytes amamianus* 663
ホナガクマヤナギ *Berchemia longiracemosa* 664	ミヤマクマヤナギ *Berchemia pauciflora* 665	クマヤナギ *Berchemia racemosa* 666
ヨコグラノキ *Berchemiella berchemiifolia* 667	ケケンポナシ *Hovenia tomentella* 668	ヤエヤマネコノチチ *Rhamnella franguloides* var. *inaequilatera* 669
クロカンバ *Rhamnus costata* 670	ミヤマハンモドキ *Rhamnus ishidae* 671	エゾノクロウメモドキ *Rhamnus japonica* var. *japonica* 672
クロウメモドキ *Rhamnus japonica* var. *decipiens* 673	コバノクロウメモドキ *Rhamnus japonica* var. *microphylla* 674	リュウキュウクロウメモドキ *Rhamnus liukiuensis* 675

種子植物／モチノキ科〜クロウメモドキ科

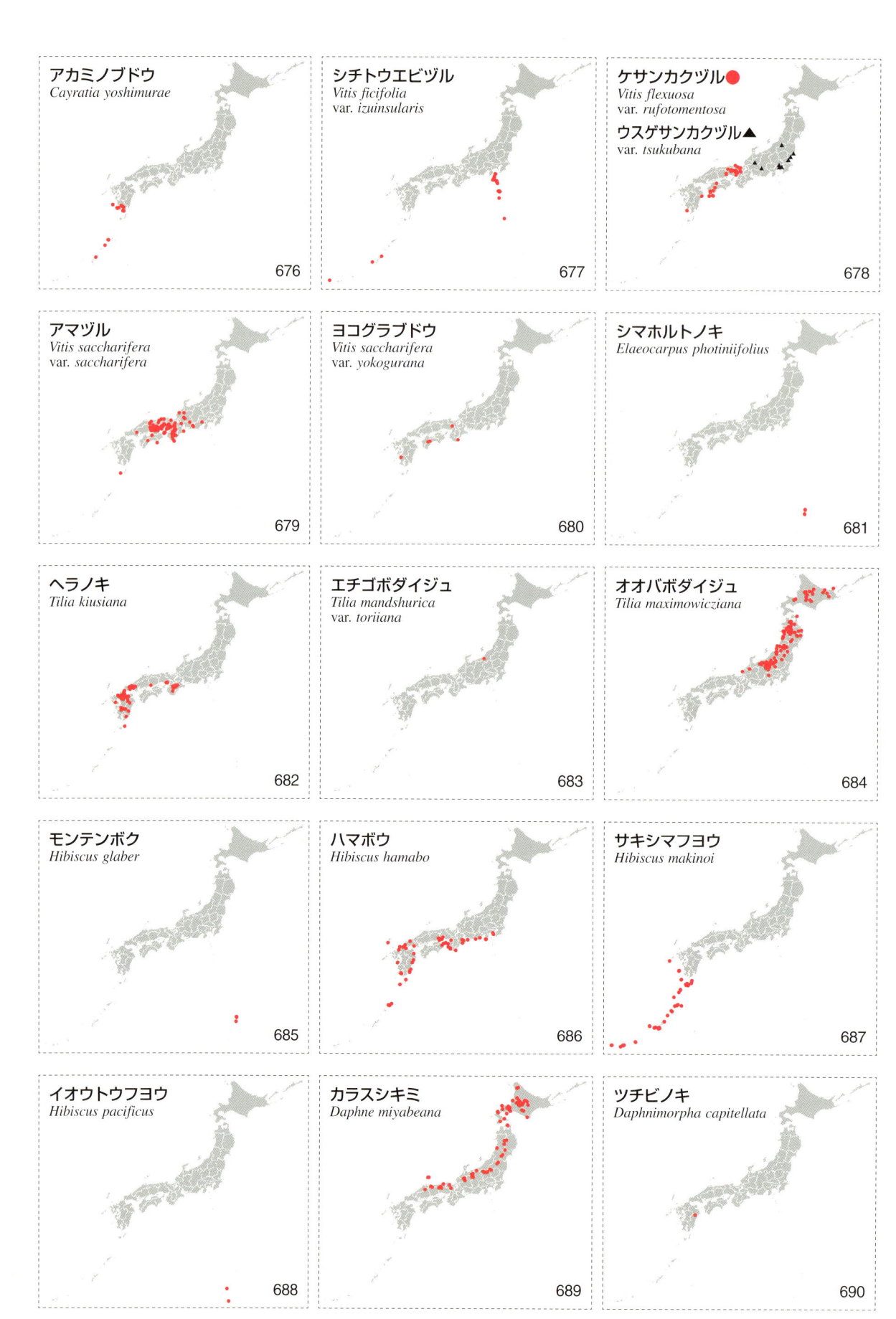

アカミノブドウ *Cayratia yoshimurae*	シチトウエビヅル *Vitis ficifolia* var. *izuinsularis*	ケサンカクヅル● *Vitis flexuosa* var. *rufotomentosa* ウスゲサンカクヅル▲ var. *tsukubana*
676	677	678
アマヅル *Vitis saccharifera* var. *saccharifera*	ヨコグラブドウ *Vitis saccharifera* var. *yokogurana*	シマホルトノキ *Elaeocarpus photiniifolius*
679	680	681
ヘラノキ *Tilia kiusiana*	エチゴボダイジュ *Tilia mandshurica* var. *toriiana*	オオバボダイジュ *Tilia maximowicziana*
682	683	684
モンテンボク *Hibiscus glaber*	ハマボウ *Hibiscus hamabo*	サキシマフヨウ *Hibiscus makinoi*
685	686	687
イオウトウフヨウ *Hibiscus pacificus*	カラスシキミ *Daphne miyabeana*	ツチビノキ *Daphnimorpha capitellata*
688	689	690

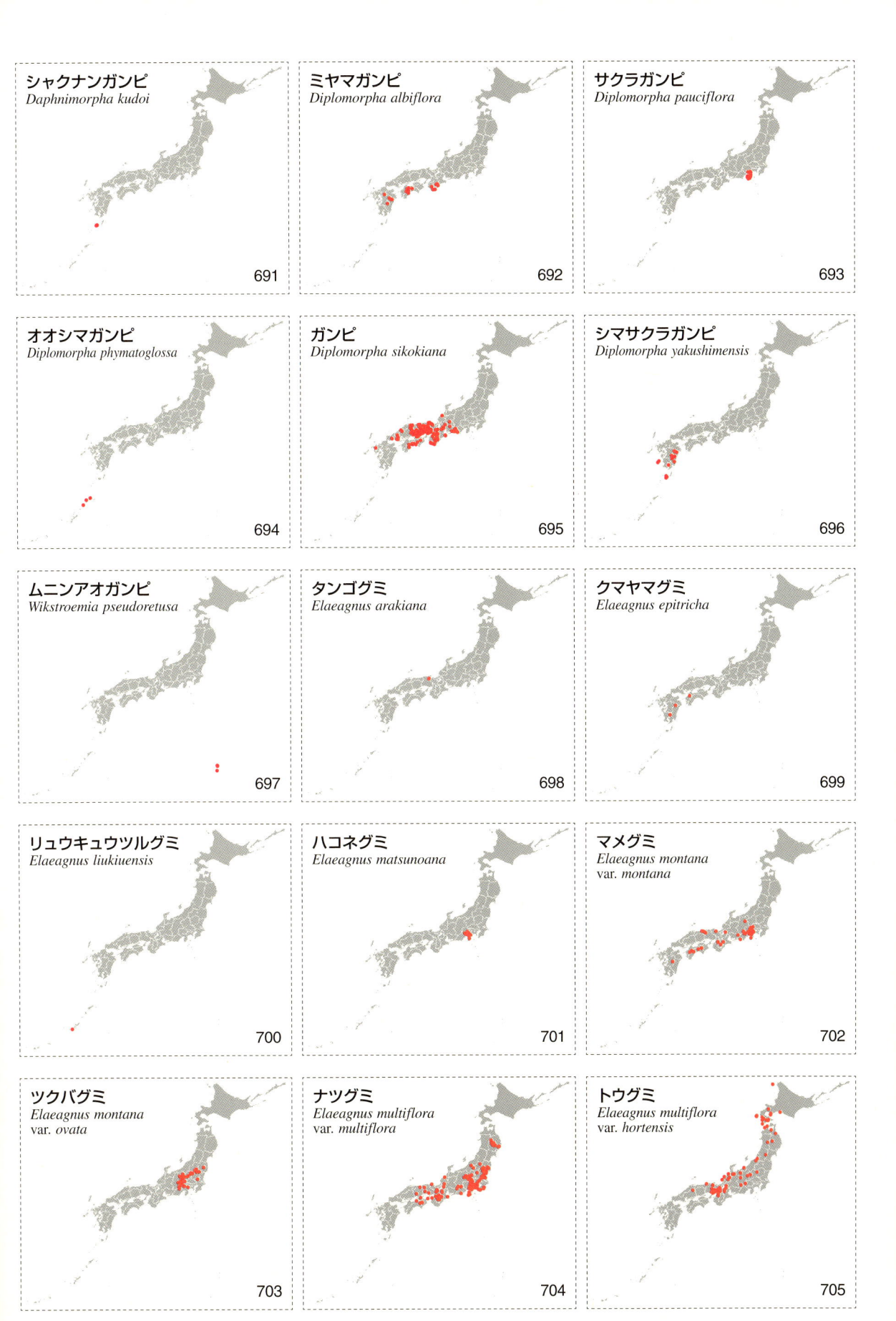

シャクナンガンピ *Daphnimorpha kudoi* 691	ミヤマガンピ *Diplomorpha albiflora* 692	サクラガンピ *Diplomorpha pauciflora* 693
オオシマガンピ *Diplomorpha phymatoglossa* 694	ガンピ *Diplomorpha sikokiana* 695	シマサクラガンピ *Diplomorpha yakushimensis* 696
ムニンアオガンピ *Wikstroemia pseudoretusa* 697	タンゴグミ *Elaeagnus arakiana* 698	クマヤマグミ *Elaeagnus epitricha* 699
リュウキュウツルグミ *Elaeagnus liukiuensis* 700	ハコネグミ *Elaeagnus matsunoana* 701	マメグミ *Elaeagnus montana* var. *montana* 702
ツクバグミ *Elaeagnus montana* var. *ovata* 703	ナツグミ *Elaeagnus multiflora* var. *multiflora* 704	トウグミ *Elaeagnus multiflora* var. *hortensis* 705

種子植物／ブドウ科〜グミ科

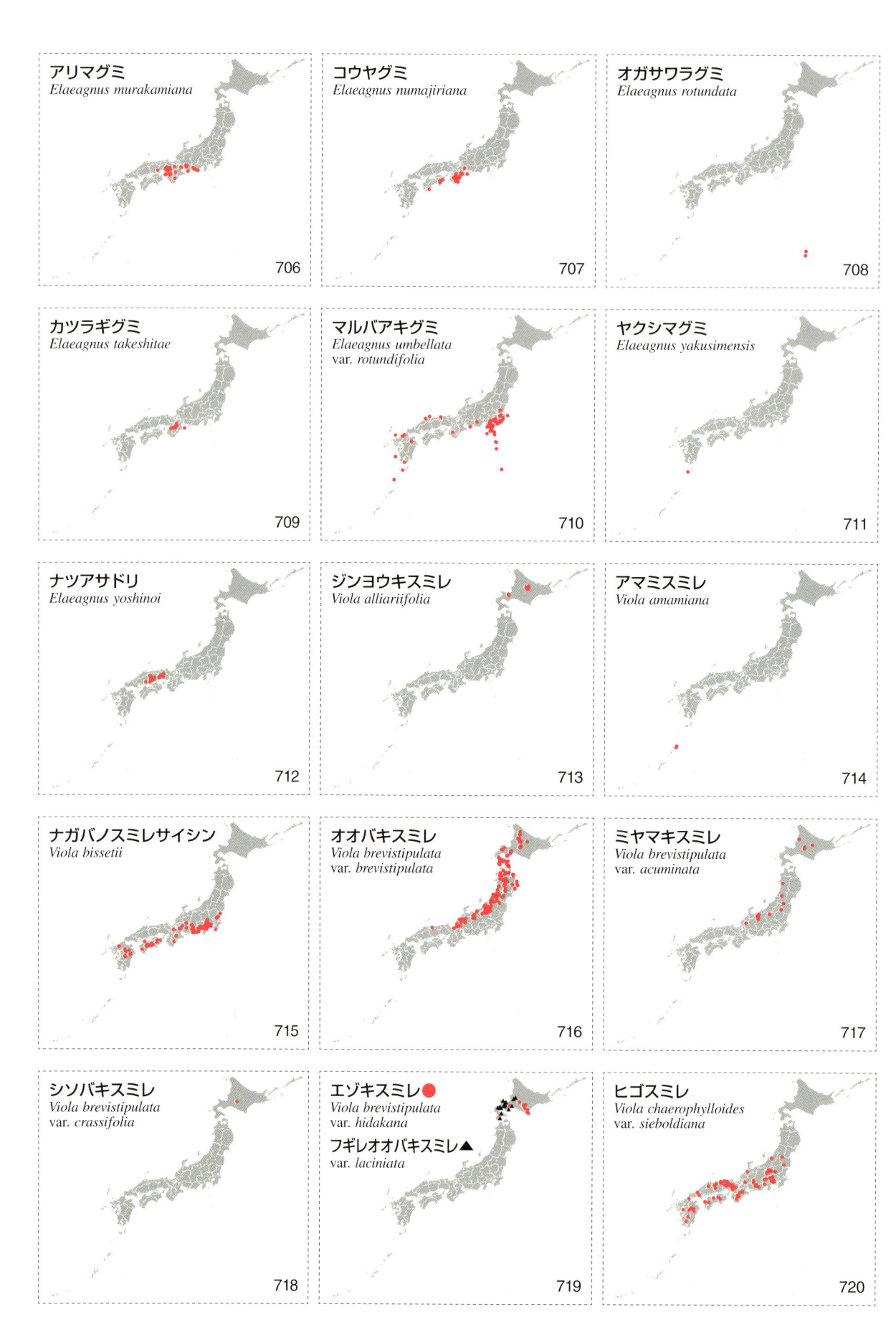

706 アリマグミ *Elaeagnus murakamiana*	707 コウヤグミ *Elaeagnus numajiriana*	708 オガサワラグミ *Elaeagnus rotundata*
709 カツラギグミ *Elaeagnus takeshitae*	710 マルバアキグミ *Elaeagnus umbellata* var. *rotundifolia*	711 ヤクシマグミ *Elaeagnus yakusimensis*
712 ナツアサドリ *Elaeagnus yoshinoi*	713 ジンヨウキスミレ *Viola alliariifolia*	714 アマミスミレ *Viola amamiana*
715 ナガバノスミレサイシン *Viola bissetii*	716 オオバキスミレ *Viola brevistipulata* var. *brevistipulata*	717 ミヤマキスミレ *Viola brevistipulata* var. *acuminata*
718 シソバキスミレ *Viola brevistipulata* var. *crassifolia*	719 エゾキスミレ ● *Viola brevistipulata* var. *hidakana* / フギレオオバキスミレ ▲ var. *laciniata*	720 ヒゴスミレ *Viola chaerophylloides* var. *sieboldiana*

330 Ⅳ 日本固有植物分布図

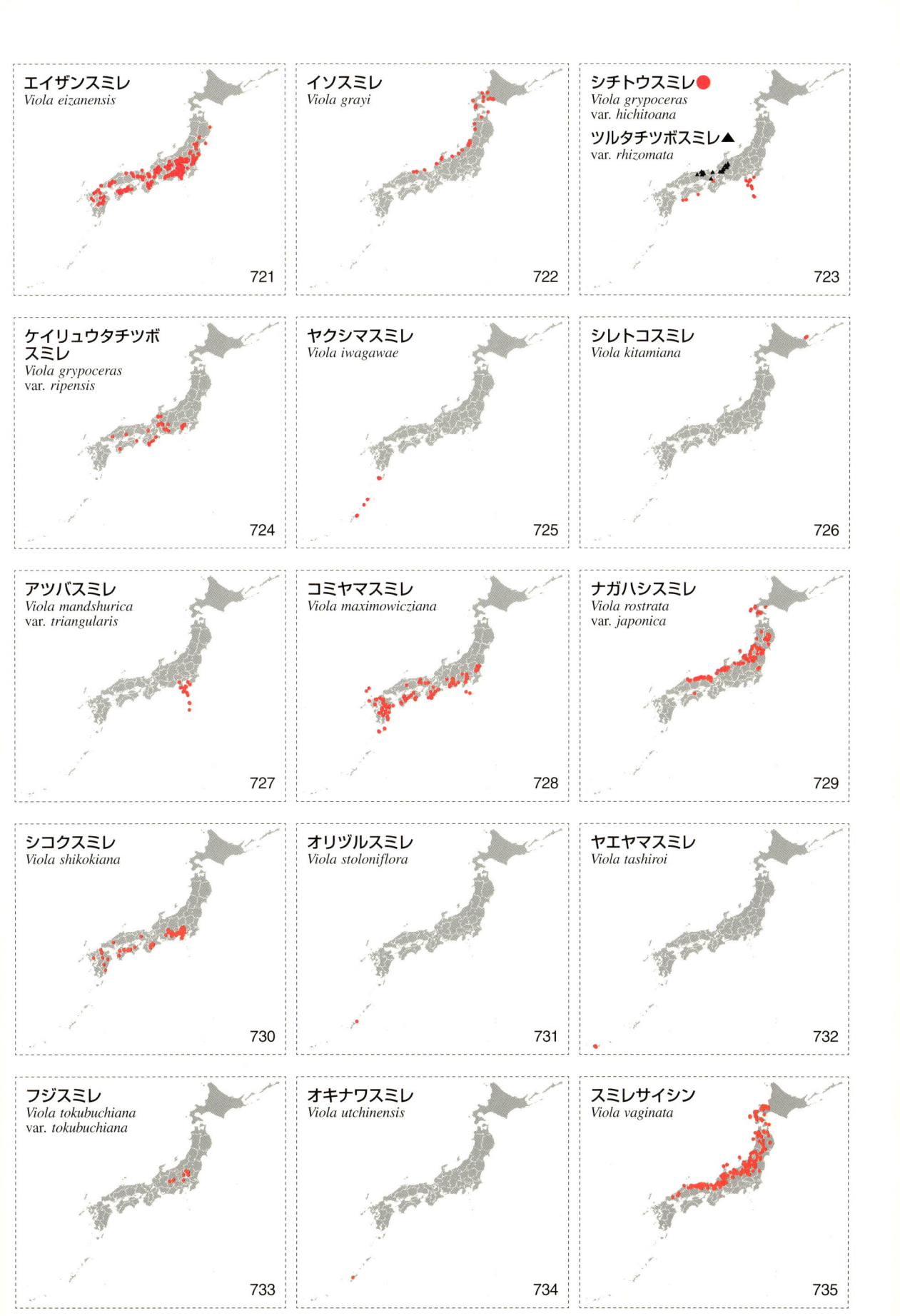

エイザンスミレ *Viola eizanensis* 721	イソスミレ *Viola grayi* 722	シチトウスミレ● *Viola grypoceras* var. *hichitoana* ツルタチツボスミレ▲ var. *rhizomata* 723
ケイリュウタチツボスミレ *Viola grypoceras* var. *ripensis* 724	ヤクシマスミレ *Viola iwagawae* 725	シレトコスミレ *Viola kitamiana* 726
アツバスミレ *Viola mandshurica* var. *triangularis* 727	コミヤマスミレ *Viola maximowicziana* 728	ナガハシスミレ *Viola rostrata* var. *japonica* 729
シコクスミレ *Viola shikokiana* 730	オリヅルスミレ *Viola stoloniflora* 731	ヤエヤマスミレ *Viola tashiroi* 732
フジスミレ *Viola tokubuchiana* var. *tokubuchiana* 733	オキナワスミレ *Viola utchinensis* 734	スミレサイシン *Viola vaginata* 735

コケスミレ *Viola verecunda* var. *yakushimana* 736	リュウキュウコスミレ *Viola yedoensis* var. *pseudojaponica* 737	キブシ *Stachyurus praecox* var. *praecox* 738
ケキブシ● *Stachyurus praecox* var. *leucotrichus* ナガバキブシ▲ var. *macrocarpus* 739	ハチジョウキブシ *Stachyurus praecox* var. *matsuzakii* 740	イシガキカラスウリ *Trichosanthes ishigakiensis* 741
キカラスウリ *Trichosanthes kirilowii* var. *japonica* 742	リュウキュウカラスウリ *Trichosanthes miyagii* 743	モミジカラスウリ *Trichosanthes multiloba* 744
ムニンカラスウリ *Trichosanthes ovigera* var. *boninensis* 745	クロミノオキナワ スズメウリ *Zehneria liukiuensis* 746	ホソガタスズメウリ *Zehneria perpusilla* var. *deltifrons* 747
ヤクシマサルスベリ *Lagerstroemia subcostata* var. *fauriei* 748	ヒメキカシグサ *Rotala elatinomorpha* 749	ミズスギナ *Rotala hippuri* 750

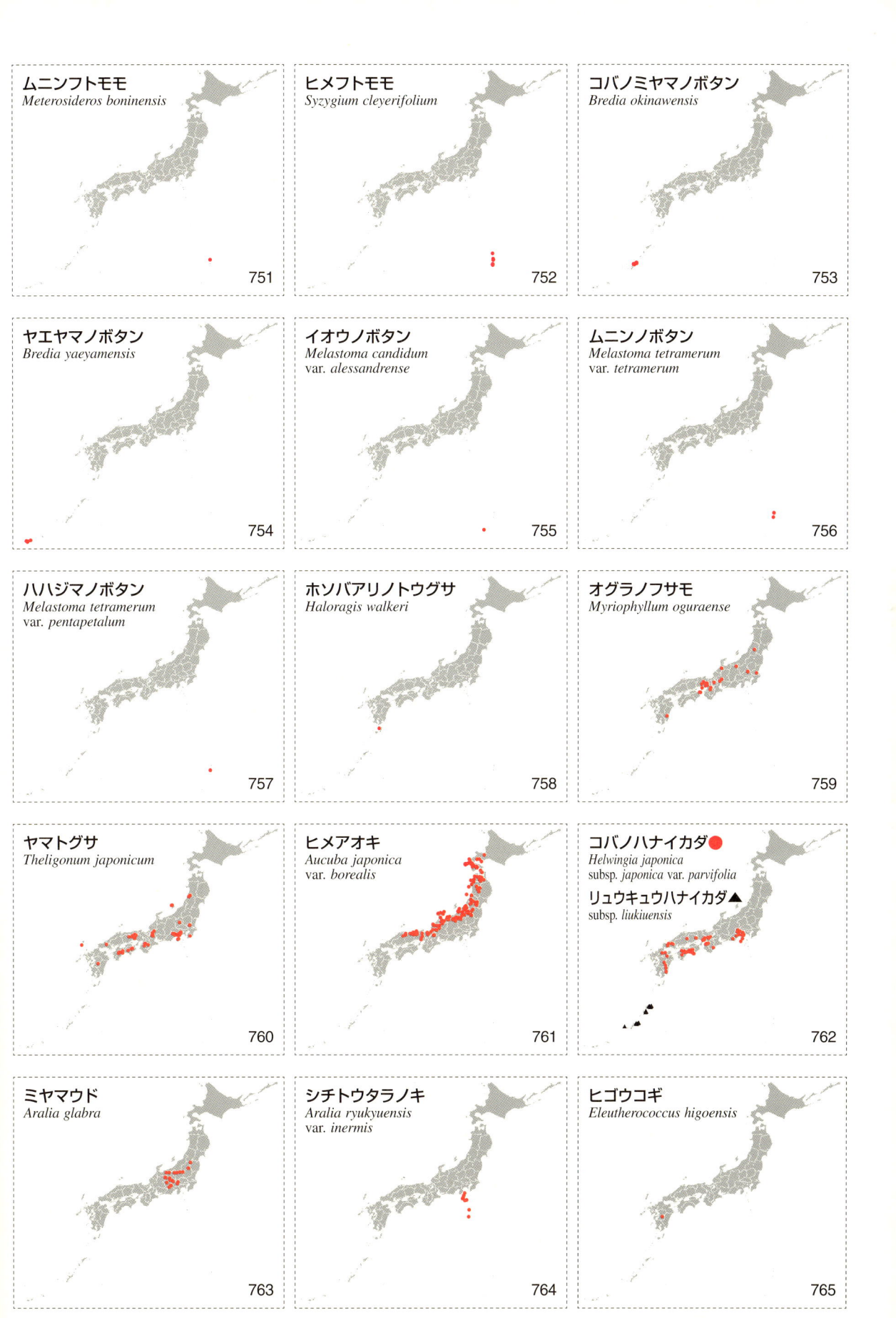

ムニンフトモモ *Meterosideros boninensis* 751	ヒメフトモモ *Syzygium cleyerifolium* 752	コバノミヤマノボタン *Bredia okinawensis* 753
ヤエヤマノボタン *Bredia yaeyamensis* 754	イオウノボタン *Melastoma candidum* var. *alessandrense* 755	ムニンノボタン *Melastoma tetramerum* var. *tetramerum* 756
ハハジマノボタン *Melastoma tetramerum* var. *pentapetalum* 757	ホソバアリノトウグサ *Haloragis walkeri* 758	オグラノフサモ *Myriophyllum oguraense* 759
ヤマトグサ *Theligonum japonicum* 760	ヒメアオキ *Aucuba japonica* var. *borealis* 761	コバノハナイカダ● *Helwingia japonica* subsp. *japonica* var. *parvifolia* リュウキュウハナイカダ▲ subsp. *liukiuensis* 762
ミヤマウド *Aralia glabra* 763	シチトウタラノキ *Aralia ryukyuensis* var. *inermis* 764	ヒゴウコギ *Eleutherococcus higoensis* 765

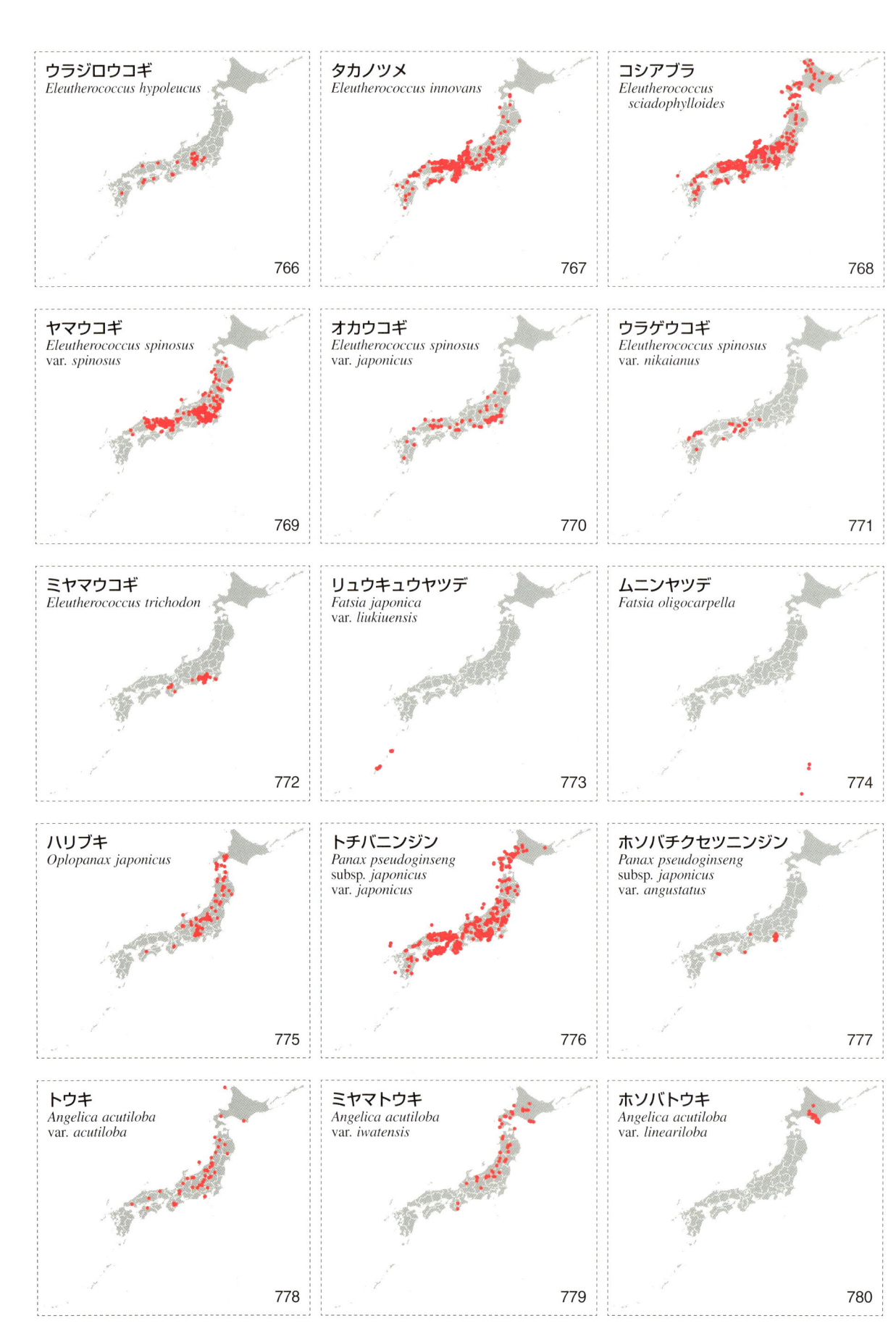

ウラジロウコギ *Eleutherococcus hypoleucus* 766	**タカノツメ** *Eleutherococcus innovans* 767	**コシアブラ** *Eleutherococcus sciadophylloides* 768
ヤマウコギ *Eleutherococcus spinosus* var. *spinosus* 769	**オカウコギ** *Eleutherococcus spinosus* var. *japonicus* 770	**ウラゲウコギ** *Eleutherococcus spinosus* var. *nikaianus* 771
ミヤマウコギ *Eleutherococcus trichodon* 772	**リュウキュウヤツデ** *Fatsia japonica* var. *liukiuensis* 773	**ムニンヤツデ** *Fatsia oligocarpella* 774
ハリブキ *Oplopanax japonicus* 775	**トチバニンジン** *Panax pseudoginseng* subsp. *japonicus* var. *japonicus* 776	**ホソバチクセツニンジン** *Panax pseudoginseng* subsp. *japonicus* var. *angustatus* 777
トウキ *Angelica acutiloba* var. *acutiloba* 778	**ミヤマトウキ** *Angelica acutiloba* var. *iwatensis* 779	**ホソバトウキ** *Angelica acutiloba* var. *lineariloba* 780

ミチノクヨロイグサ *Angelica anomala* subsp. *sachalinensis* var. *glabra* 781	ミヤマノダケ● *Angelica cryptotaeniifolia* var. *cryptotaeniifolia* ツクシミヤマノダケ▲ var. *kyushiana* 782	イワニンジン *Angelica hakonensis* var. *hakonensis* 783
ノダケモドキ *Angelica hakonensis* var. *nikoensis* 784	ハナビゼリ *Angelica inaequalis* 785	ムニンハマウド *Angelica japonica* var. *boninensis* 786
アシタバ *Angelica keiskei* 787	ツクシゼリ● *Angelica longiradiata* var. *longiradiata* ヒナボウフウ▲ var. *yakushimensis* 788	ヒュウガセンキュウ *Angelica minamitanii* 789
ツクシトウキ *Angelica pseudoshikokiana* 790	シシウド *Angelica pubescens* var. *pubescens* 791	ミヤマシシウド *Angelica pubescens* var. *matsumurae* 792
イシヅチボウフウ *Angelica saxicola* var. *saxicola* 793	トサボウフウ *Angelica saxicola* var. *yoshinagae* 794	イヌトウキ *Angelica shikokiana* 795

種子植物／ウコギ科〜セリ科

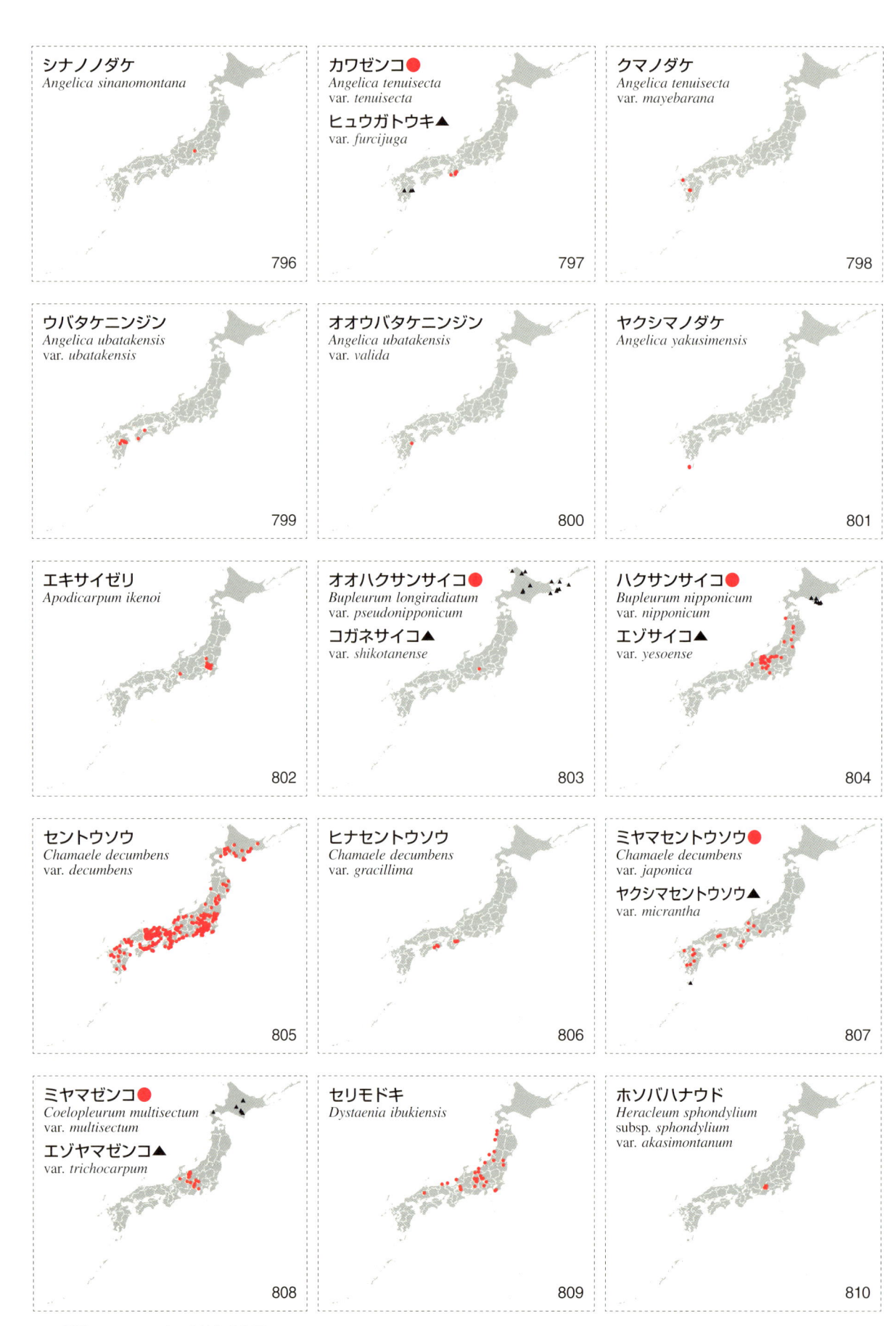

シナノノダケ *Angelica sinanomontana* 796	カワゼンコ● *Angelica tenuisecta* var. *tenuisecta* ヒュウガトウキ▲ var. *furcijuga* 797	クマノダケ *Angelica tenuisecta* var. *mayebarana* 798
ウバタケニンジン *Angelica ubatakensis* var. *ubatakensis* 799	オオウバタケニンジン *Angelica ubatakensis* var. *valida* 800	ヤクシマノダケ *Angelica yakusimensis* 801
エキサイゼリ *Apodicarpum ikenoi* 802	オオハクサンサイコ● *Bupleurum longiradiatum* var. *pseudonipponicum* コガネサイコ▲ var. *shikotanense* 803	ハクサンサイコ● *Bupleurum nipponicum* var. *nipponicum* エゾサイコ▲ var. *yesoense* 804
セントウソウ *Chamaele decumbens* var. *decumbens* 805	ヒナセントウソウ *Chamaele decumbens* var. *gracillima* 806	ミヤマセントウソウ● *Chamaele decumbens* var. *japonica* ヤクシマセントウソウ▲ var. *micrantha* 807
ミヤマゼンコ● *Coelopleurum multisectum* var. *multisectum* エゾヤマゼンコ▲ var. *trichocarpum* 808	セリモドキ *Dystaenia ibukiensis* 809	ホソバハナウド *Heracleum sphondylium* subsp. *sphondylium* var. *akasimontanum* 810

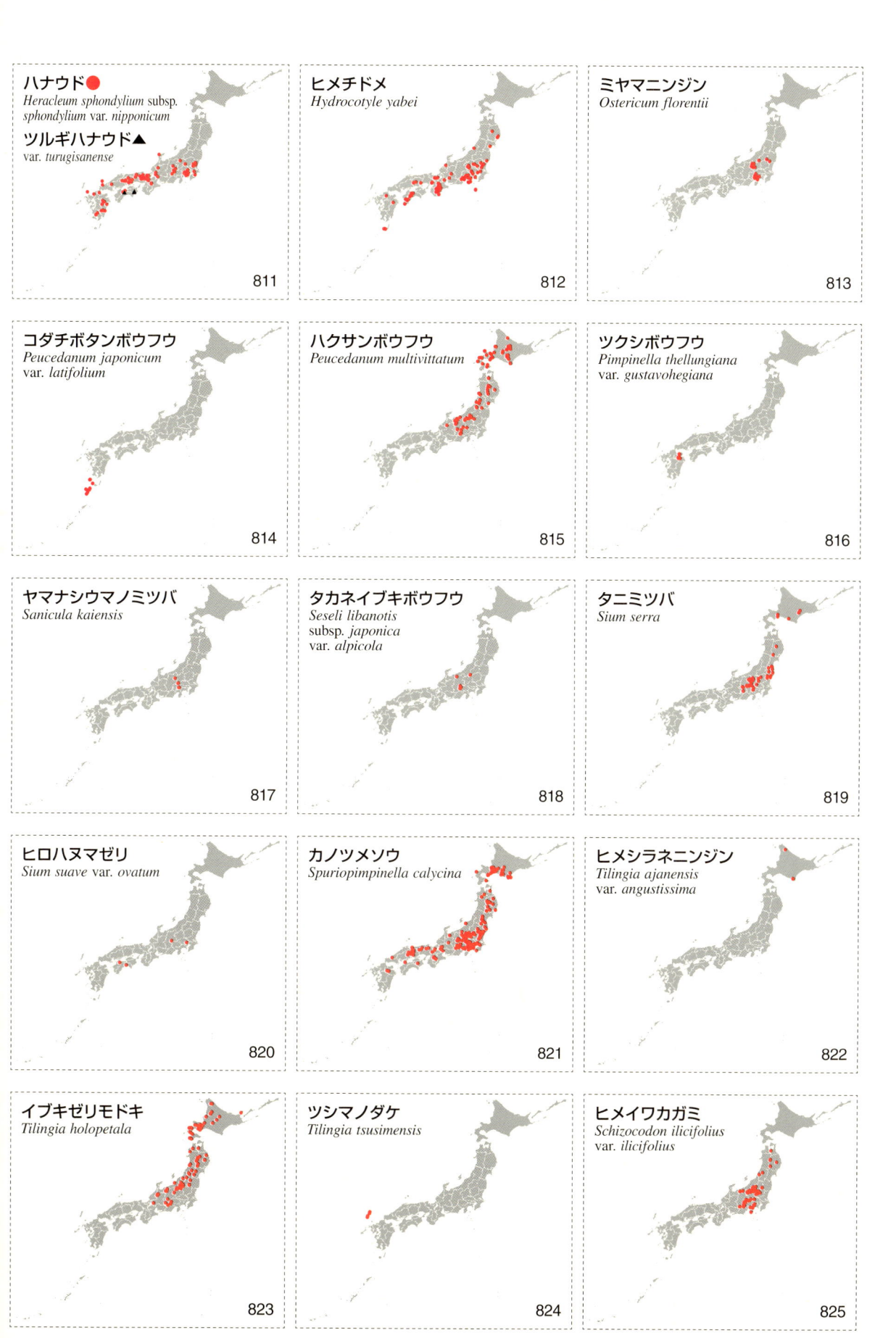

ハナウド● *Heracleum sphondylium* subsp. *sphondylium* var. *nipponicum* ツルギハナウド▲ var. *turugisanense* 811	ヒメチドメ *Hydrocotyle yabei* 812	ミヤマニンジン *Ostericum florentii* 813
コダチボタンボウフウ *Peucedanum japonicum* var. *latifolium* 814	ハクサンボウフウ *Peucedanum multivittatum* 815	ツクシボウフウ *Pimpinella thellungiana* var. *gustavohegiana* 816
ヤマナシウマノミツバ *Sanicula kaiensis* 817	タカネイブキボウフウ *Seseli libanotis* subsp. *japonica* var. *alpicola* 818	タニミツバ *Sium serra* 819
ヒロハヌマゼリ *Sium suave* var. *ovatum* 820	カノツメソウ *Spuriopimpinella calycina* 821	ヒメシラネニンジン *Tilingia ajanensis* var. *angustissima* 822
イブキゼリモドキ *Tilingia holopetala* 823	ツシマノダケ *Tilingia tsusimensis* 824	ヒメイワカガミ *Schizocodon ilicifolius* var. *ilicifolius* 825

アカバナヒメイワカガミ *Schizocodon ilicifolius* var. *australis* 826	ヤマイワカガミ *Schizocodon ilicifolius* var. *intercedens* 827	ヒメコイワカガミ● *Schizocodon ilicifolius* var. *minimus* ナンカイヒメイワカガミ▲ var. *nankaiensis* 828
イワカガミ *Schizocodon soldanelloides* var. *soldanelloides* 829	ナガバイワカガミ *Schizocodon soldanelloides* var. *longifolius* 830	オオイワカガミ *Schizocodon soldanelloides* var. *magnus* 831
オオイワウチワ *Shortia uniflora* var. *uniflora* 832	イワウチワ *Shortia uniflora* var. *kantoensis* 833	トクワカソウ *Shortia uniflora* var. *orbicularis* 834
コバノイチヤクソウ *Pyrola alpina* 835	マルバノイチヤクソウ *Pyrola nephrophylla* 836	ミヤマホツツジ *Elliottia bracteata* 837
ホツツジ *Elliottia paniculata* 838	サラサドウダン● *Enkianthus campanulatus* var. *campanulatus* ベニサラサドウダンを含む ツクシドウダン▲ var. *longilobus* 839	シロドウダン *Enkianthus cernuus* 840

338　Ⅳ　日本固有植物分布図

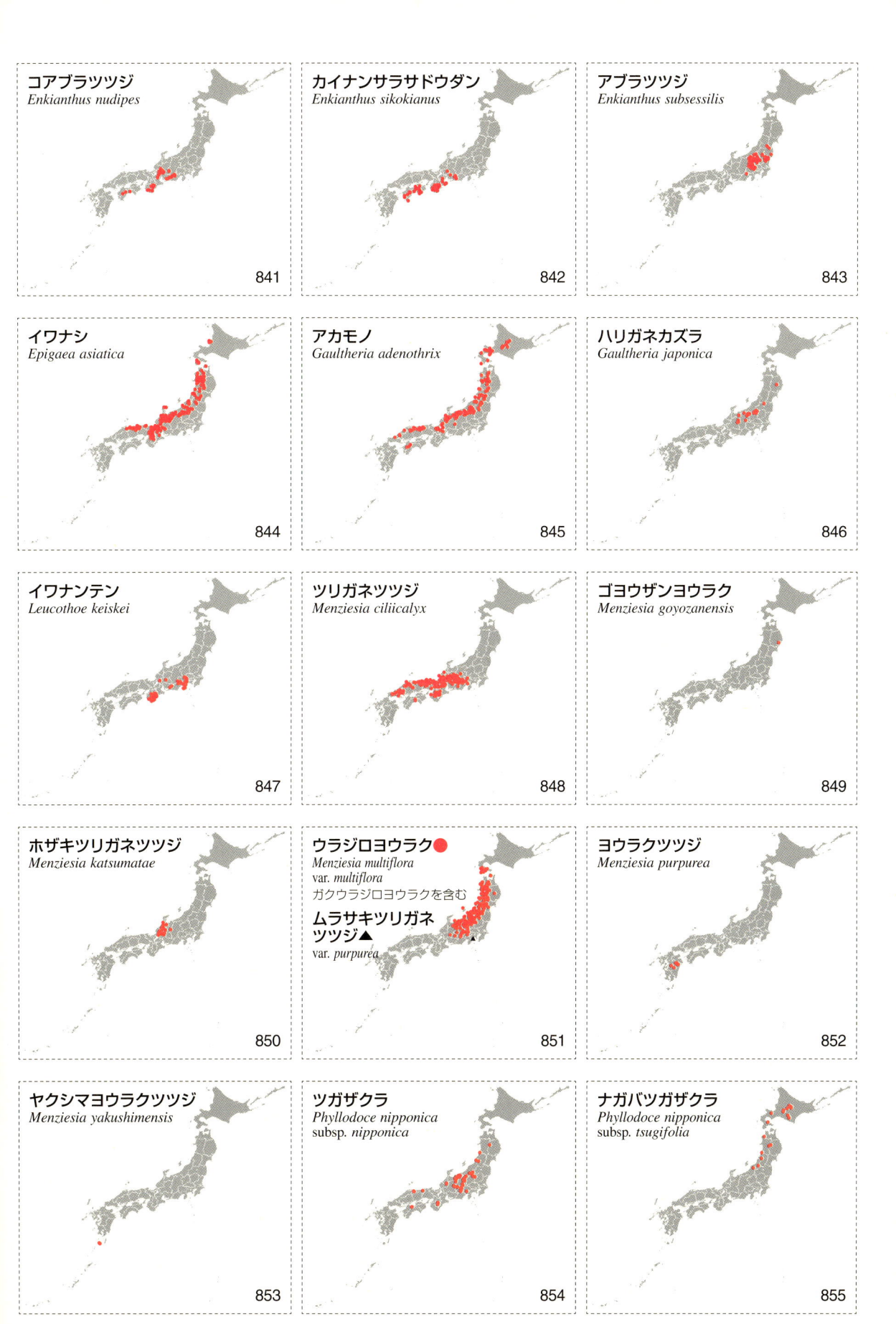

コアブラツツジ *Enkianthus nudipes* 841	**カイナンサラサドウダン** *Enkianthus sikokianus* 842	**アブラツツジ** *Enkianthus subsessilis* 843
イワナシ *Epigaea asiatica* 844	**アカモノ** *Gaultheria adenothrix* 845	**ハリガネカズラ** *Gaultheria japonica* 846
イワナンテン *Leucothoe keiskei* 847	**ツリガネツツジ** *Menziesia ciliicalyx* 848	**ゴヨウザンヨウラク** *Menziesia goyozanensis* 849
ホザキツリガネツツジ *Menziesia katsumatae* 850	**ウラジロヨウラク●** *Menziesia multiflora* var. *multiflora* ガクウラジロヨウラクを含む **ムラサキツリガネツツジ▲** var. *purpurea* 851	**ヨウラクツツジ** *Menziesia purpurea* 852
ヤクシマヨウラクツツジ *Menziesia yakushimensis* 853	**ツガザクラ** *Phyllodoce nipponica* subsp. *nipponica* 854	**ナガバツガザクラ** *Phyllodoce nipponica* subsp. *tsugifolia* 855

種子植物／イワウメ科〜ツツジ科　339

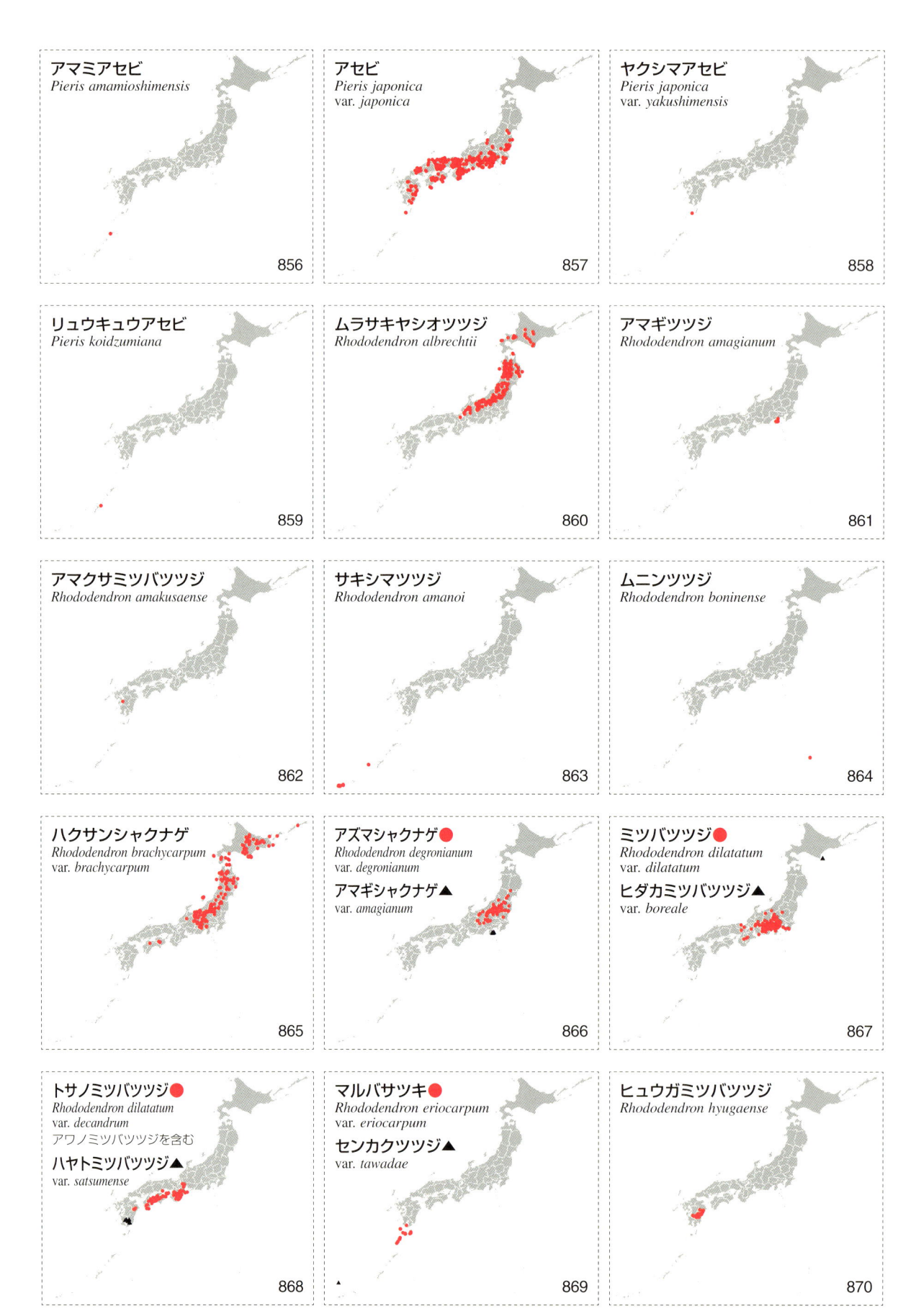

アマミアセビ *Pieris amamioshimensis* 856	アセビ *Pieris japonica* var. *japonica* 857	ヤクシマアセビ *Pieris japonica* var. *yakushimensis* 858
リュウキュウアセビ *Pieris koidzumiana* 859	ムラサキヤシオツツジ *Rhododendron albrechtii* 860	アマギツツジ *Rhododendron amagianum* 861
アマクサミツバツツジ *Rhododendron amakusaense* 862	サキシマツツジ *Rhododendron amanoi* 863	ムニンツツジ *Rhododendron boninense* 864
ハクサンシャクナゲ *Rhododendron brachycarpum* var. *brachycarpum* 865	アズマシャクナゲ● *Rhododendron degronianum* var. *degronianum* アマギシャクナゲ▲ var. *amagianum* 866	ミツバツツジ● *Rhododendron dilatatum* var. *dilatatum* ヒダカミツバツツジ▲ var. *boreale* 867
トサノミツバツツジ● *Rhododendron dilatatum* var. *decandrum* アワノミツバツツジを含む ハヤトミツバツツジ▲ var. *satsumense* 868	マルバサツキ● *Rhododendron eriocarpum* var. *eriocarpum* センカクツツジ▲ var. *tawadae* 869	ヒュウガミツバツツジ *Rhododendron hyugaense* 870

| サツキ
Rhododendron indicum
871 | ツクシシャクナゲ●
Rhododendron japonoheptamerum
var. *japonoheptamerum*
キョウマルシャクナゲ▲
var. *kyomaruense*
872 | ホンシャクナゲ●
Rhododendron japonoheptamerum
var. *hondoense*
オキシャクナゲ▲
var. *okiense*
873 |
|---|---|---|
| ヤマツツジ
Rhododendron kaempferi
var. *kaempferi*
874 | オオシマツツジ●
Rhododendron kaempferi
var. *macrogemma*
ミカワツツジ▲
var. *mikawanum*
875 | サイカイツツジ
Rhododendron kaempferi
var. *saikaiense*
876 |
| ヒメヤマツツジ
Rhododendron kaempferi
var. *tubiflorum*
877 | ヒカゲツツジ
Rhododendron keiskei
var. *keiskei*
878 | ウラジロヒカゲツツジ●
Rhododendron keiskei
var. *hypoglaucum*
ハイヒカゲツツジ▲
var. *ozawae*
879 |
| ミヤマキリシマ
Rhododendron kiusianum
880 | キヨスミミツバツツジ
Rhododendron kiyosumense
881 | アシタカツツジ
Rhododendron komiyamae
882 |
| ダイセンミツバツツジ
Rhododendron lagopus
var. *lagopus*
883 | ユキグニミツバツツジ
Rhododendron lagopus
var. *niphophilum*
884 | アマミセイシカ
Rhododendron latoucheae
var. *amamiense*
885 |

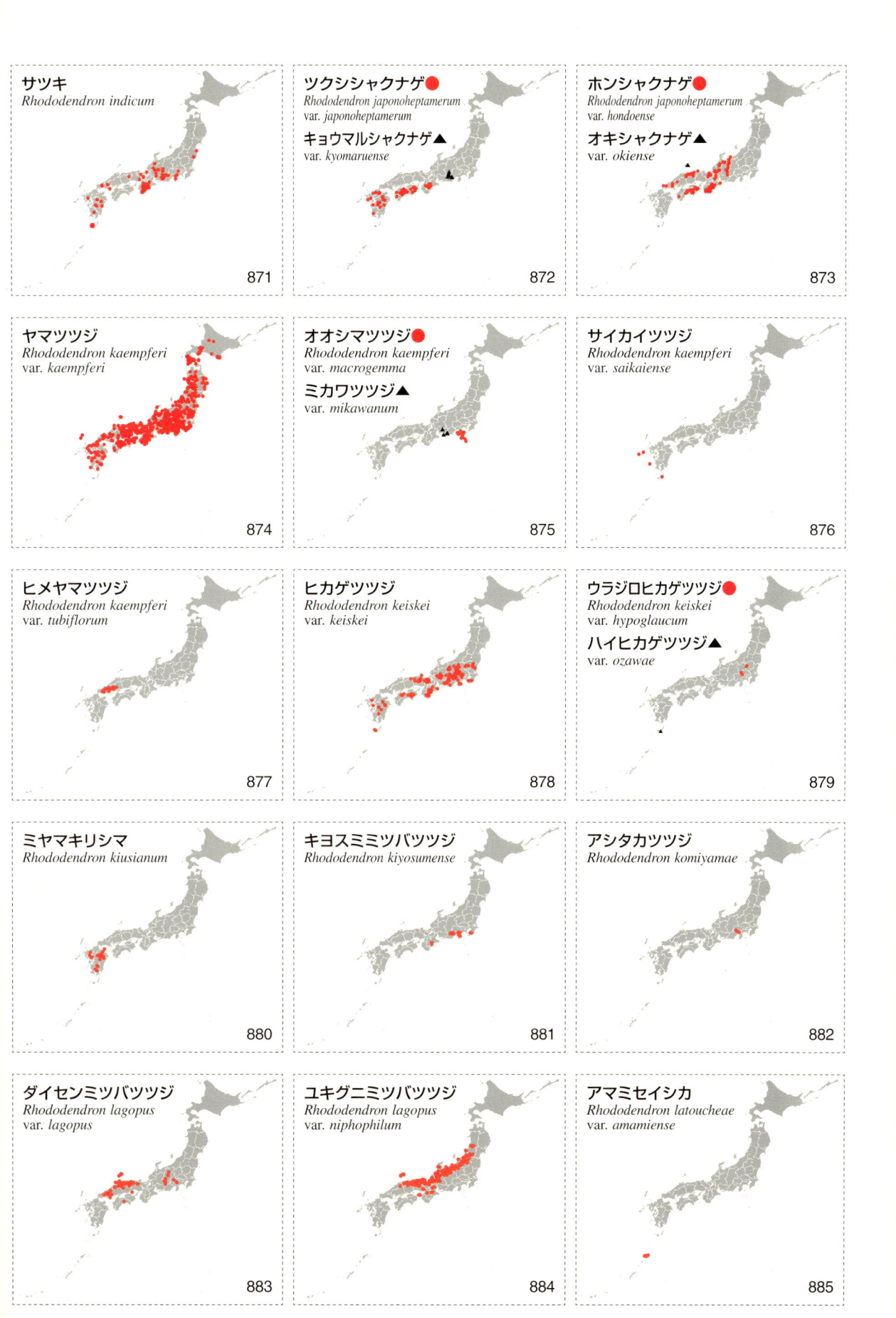

種子植物／ツツジ科

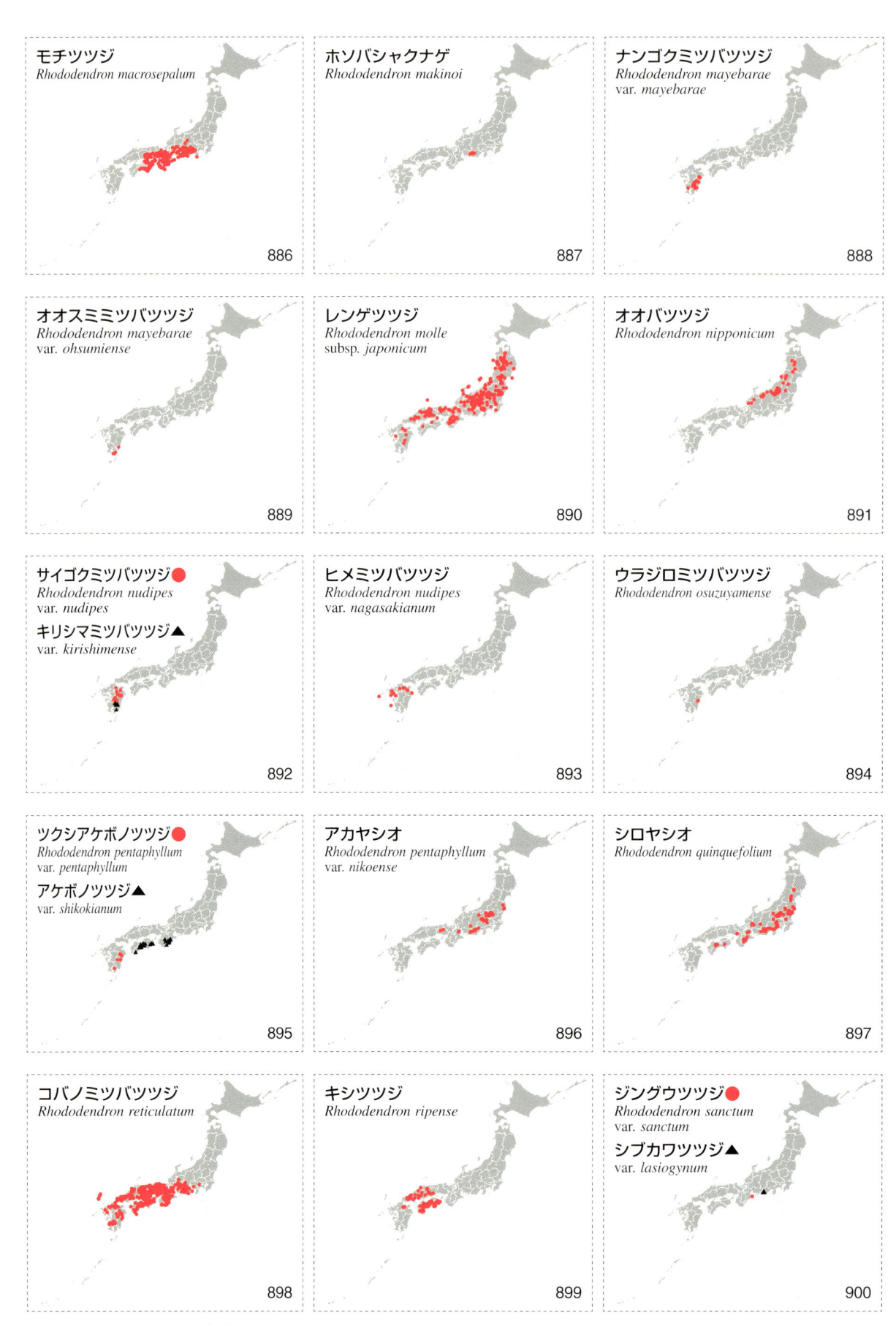

モチツツジ *Rhododendron macrosepalum* 886	ホソバシャクナゲ *Rhododendron makinoi* 887	ナンゴクミツバツツジ *Rhododendron mayebarae* var. *mayebarae* 888
オオスミミツバツツジ *Rhododendron mayebarae* var. *ohsumiense* 889	レンゲツツジ *Rhododendron molle* subsp. *japonicum* 890	オオバツツジ *Rhododendron nipponicum* 891
サイゴクミツバツツジ● *Rhododendron nudipes* var. *nudipes* キリシマミツバツツジ▲ var. *kirishimense* 892	ヒメミツバツツジ *Rhododendron nudipes* var. *nagasakianum* 893	ウラジロミツバツツジ *Rhododendron osuzuyamense* 894
ツクシアケボノツツジ● *Rhododendron pentaphyllum* var. *pentaphyllum* アケボノツツジ▲ var. *shikokianum* 895	アカヤシオ *Rhododendron pentaphyllum* var. *nikoense* 896	シロヤシオ *Rhododendron quinquefolium* 897
コバノミツバツツジ *Rhododendron reticulatum* 898	キシツツジ *Rhododendron ripense* 899	ジングウツツジ● *Rhododendron sanctum* var. *sanctum* シブカワツツジ▲ var. *lasiogynum* 900

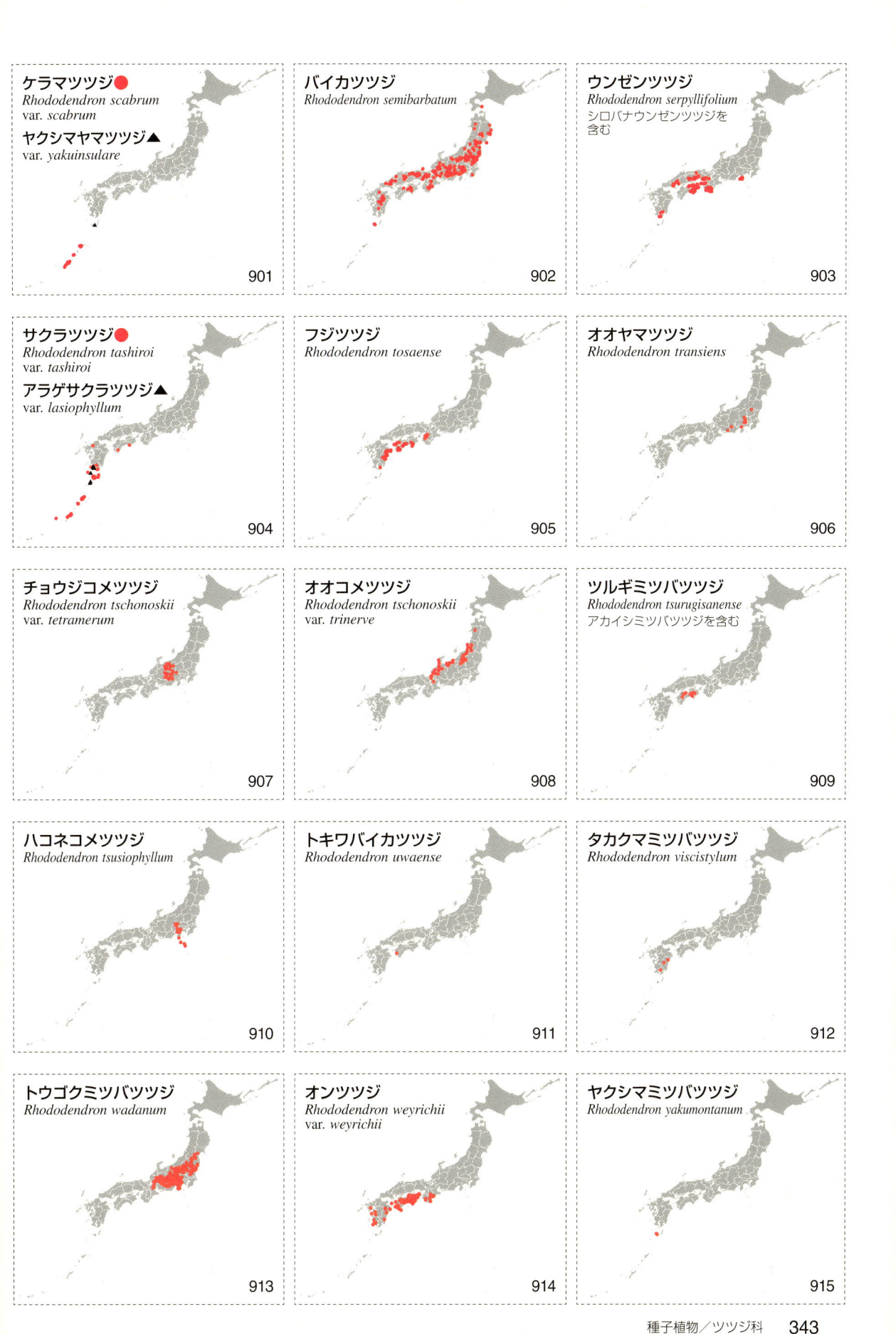

ケラマツツジ● *Rhododendron scabrum* var. *scabrum* **ヤクシマヤマツツジ**▲ var. *yakuinsulare* 901	**バイカツツジ** *Rhododendron semibarbatum* 902	**ウンゼンツツジ** *Rhododendron serpyllifolium* シロバナウンゼンツツジを含む 903
サクラツツジ● *Rhododendron tashiroi* var. *tashiroi* **アラゲサクラツツジ**▲ var. *lasiophyllum* 904	**フジツツジ** *Rhododendron tosaense* 905	**オオヤマツツジ** *Rhododendron transiens* 906
チョウジコメツツジ *Rhododendron tschonoskii* var. *tetramerum* 907	**オオコメツツジ** *Rhododendron tschonoskii* var. *trinerve* 908	**ツルギミツバツツジ** *Rhododendron tsurugisanense* アカイシミツバツツジを含む 909
ハコネコメツツジ *Rhododendron tsusiophyllum* 910	**トキワバイカツツジ** *Rhododendron uwaense* 911	**タカクマミツバツツジ** *Rhododendron viscistylum* 912
トウゴクミツバツツジ *Rhododendron wadanum* 913	**オンツツジ** *Rhododendron weyrichii* var. *weyrichii* 914	**ヤクシマミツバツツジ** *Rhododendron yakumontanum* 915

種子植物／ツツジ科　343

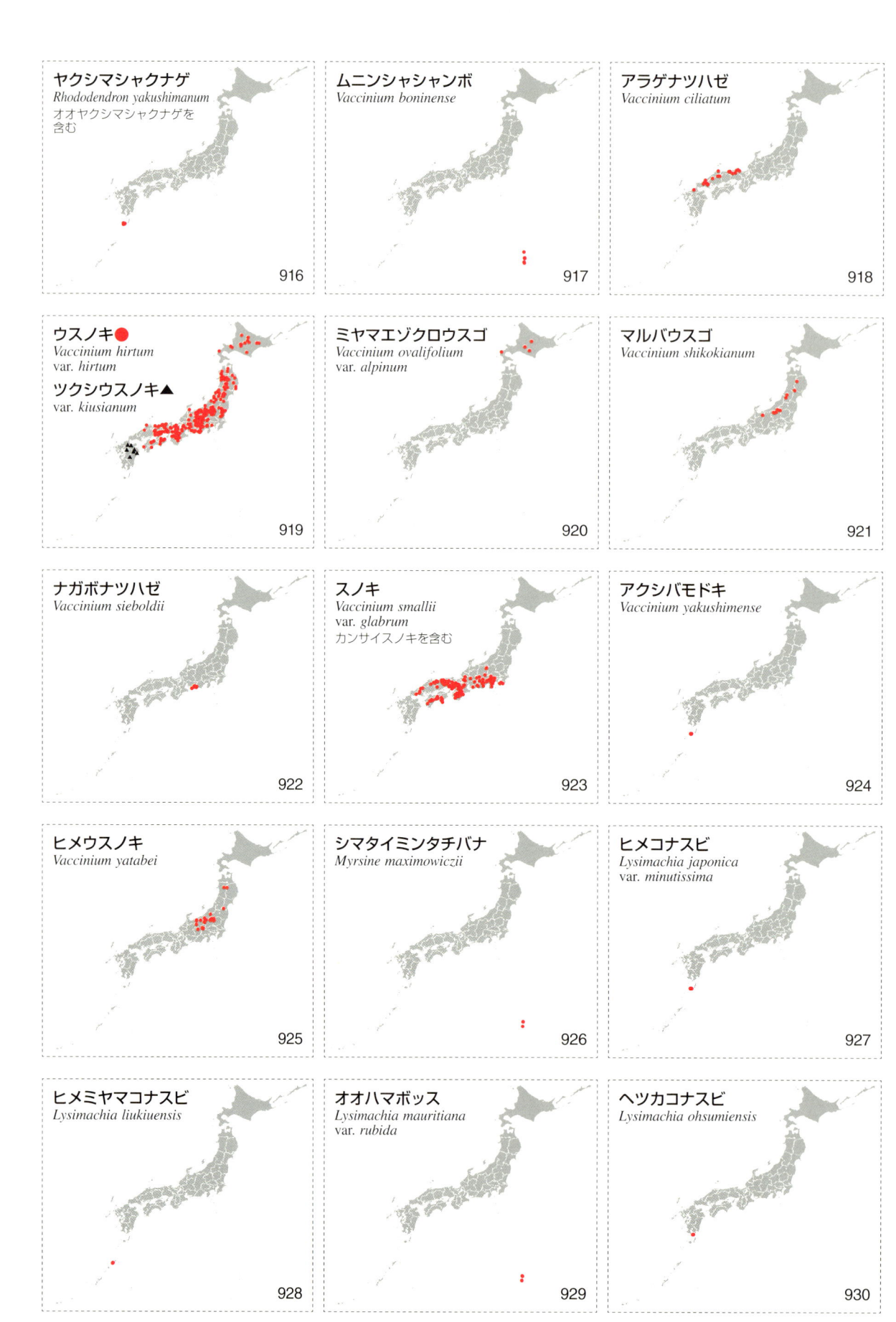

ヤクシマシャクナゲ *Rhododendron yakushimanum* オオヤクシマシャクナゲを含む 916	**ムニンシャシャンボ** *Vaccinium boninense* 917	**アラゲナツハゼ** *Vaccinium ciliatum* 918
ウスノキ● *Vaccinium hirtum* var. *hirtum* **ツクシウスノキ▲** var. *kiusianum* 919	**ミヤマエゾクロウスゴ** *Vaccinium ovalifolium* var. *alpinum* 920	**マルバウスゴ** *Vaccinium shikokianum* 921
ナガボナツハゼ *Vaccinium sieboldii* 922	**スノキ** *Vaccinium smallii* var. *glabrum* カンサイスノキを含む 923	**アクシバモドキ** *Vaccinium yakushimense* 924
ヒメウスノキ *Vaccinium yatabei* 925	**シマタイミンタチバナ** *Myrsine maximowiczii* 926	**ヒメコナスビ** *Lysimachia japonica* var. *minutissima* 927
ヒメミヤマコナスビ *Lysimachia liukiuensis* 928	**オオハマボッス** *Lysimachia mauritiana* var. *rubida* 929	**ヘツカコナスビ** *Lysimachia ohsumiensis* 930

344　Ⅳ　日本固有植物分布図

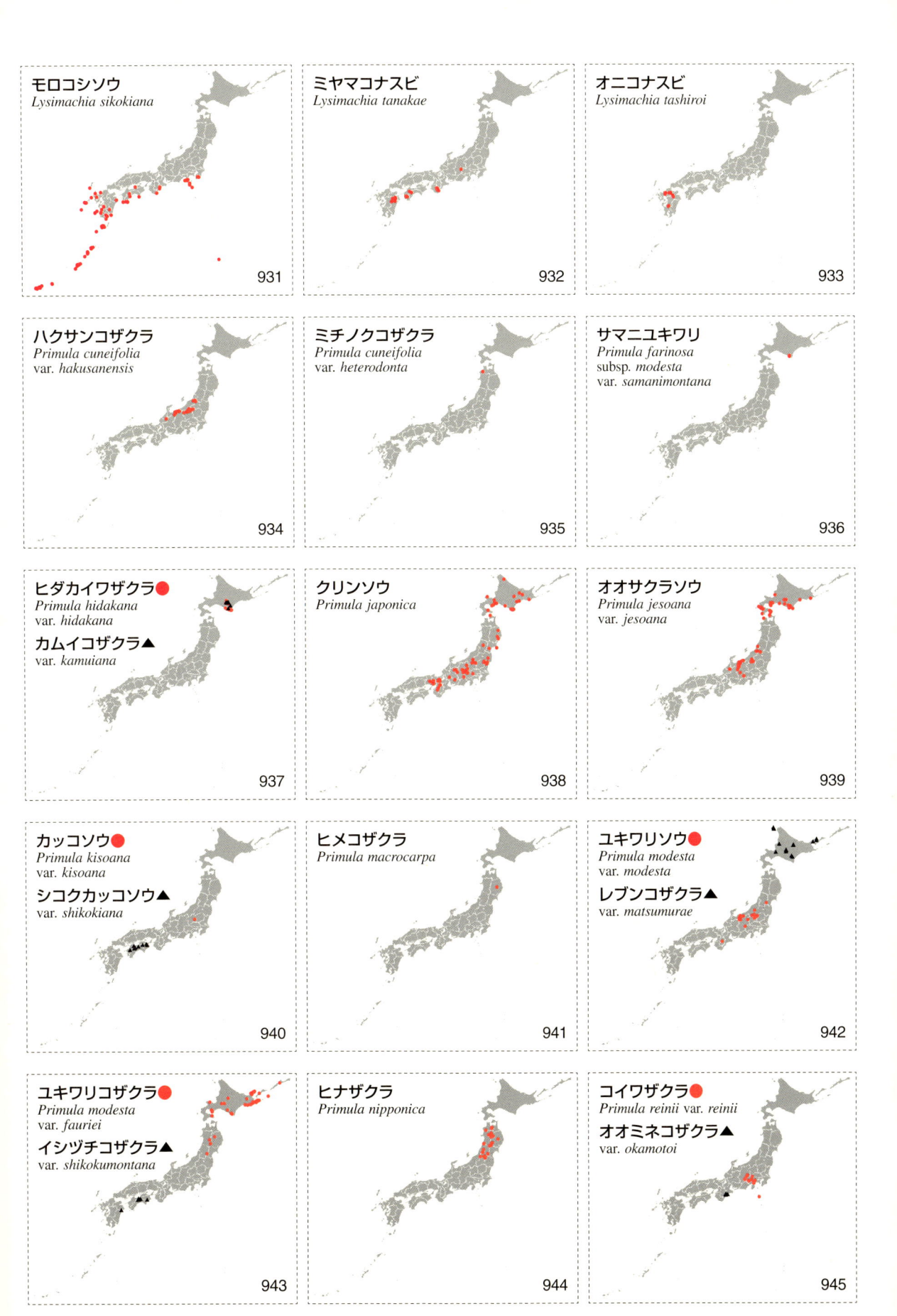

モロコシソウ *Lysimachia sikokiana* 931	ミヤマコナスビ *Lysimachia tanakae* 932	オニコナスビ *Lysimachia tashiroi* 933
ハクサンコザクラ *Primula cuneifolia* var. *hakusanensis* 934	ミチノクコザクラ *Primula cuneifolia* var. *heterodonta* 935	サマニユキワリ *Primula farinosa* subsp. *modesta* var. *samanimontana* 936
ヒダカイワザクラ● *Primula hidakana* var. *hidakana* カムイコザクラ▲ var. *kamuiana* 937	クリンソウ *Primula japonica* 938	オオサクラソウ *Primula jesoana* var. *jesoana* 939
カッコソウ● *Primula kisoana* var. *kisoana* シコクカッコソウ▲ var. *shikokiana* 940	ヒメコザクラ *Primula macrocarpa* 941	ユキワリソウ● *Primula modesta* var. *modesta* レブンコザクラ▲ var. *matsumurae* 942
ユキワリコザクラ● *Primula modesta* var. *fauriei* イシヅチコザクラ▲ var. *shikokumontana* 943	ヒナザクラ *Primula nipponica* 944	コイワザクラ● *Primula reinii* var. *reinii* オオミネコザクラ▲ var. *okamotoi* 945

種子植物／ツツジ科〜サクラソウ科　345

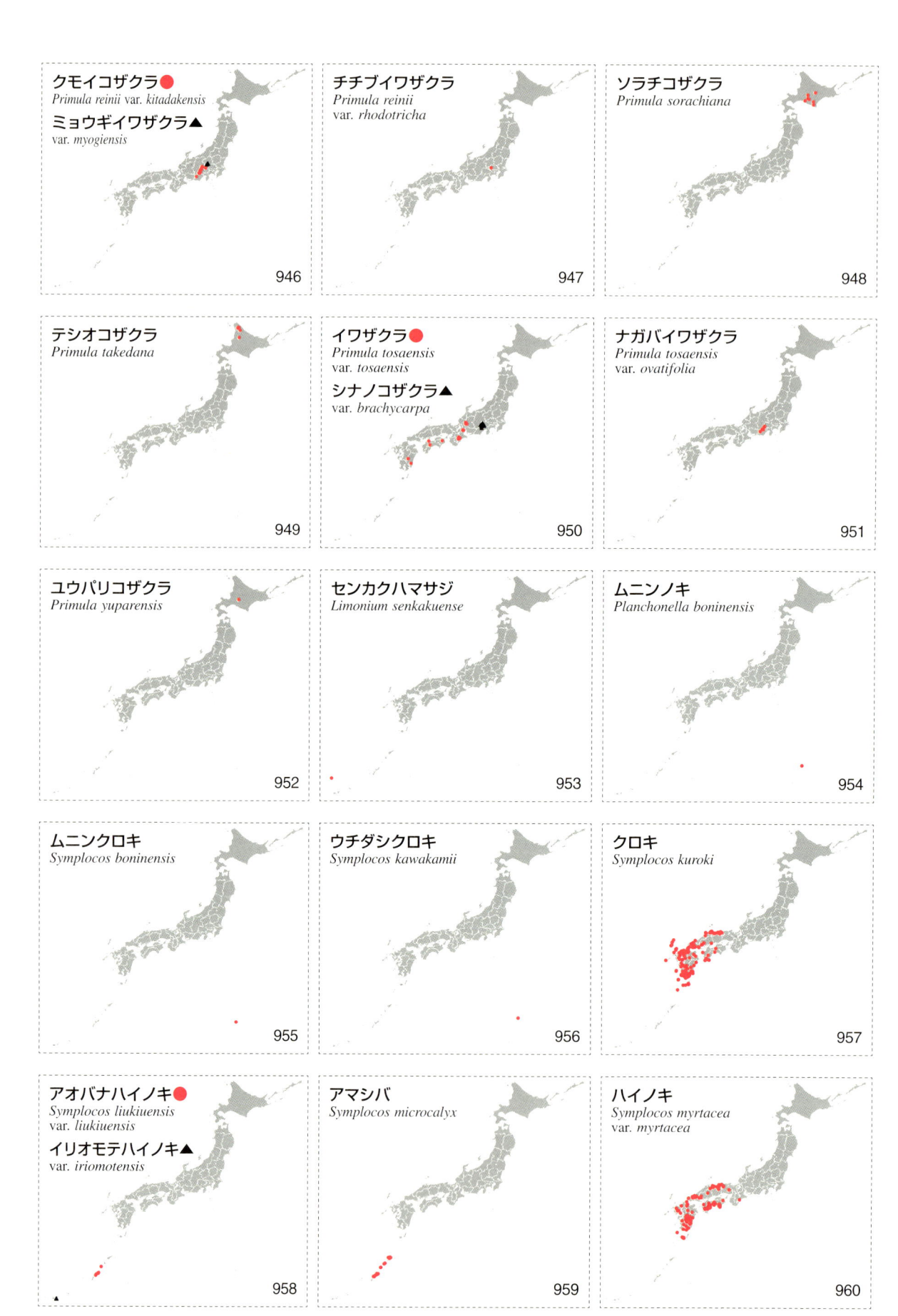

クモイコザクラ● *Primula reinii* var. *kitadakensis* **ミョウギイワザクラ**▲ var. *myogiensis* 946	**チチブイワザクラ** *Primula reinii* var. *rhodotricha* 947	**ソラチコザクラ** *Primula sorachiana* 948
テシオコザクラ *Primula takedana* 949	**イワザクラ**● *Primula tosaensis* var. *tosaensis* **シナノコザクラ**▲ var. *brachycarpa* 950	**ナガバイワザクラ** *Primula tosaensis* var. *ovatifolia* 951
ユウパリコザクラ *Primula yuparensis* 952	**センカクハマサジ** *Limonium senkakuense* 953	**ムニンノキ** *Planchonella boninensis* 954
ムニンクロキ *Symplocos boninensis* 955	**ウチダシクロキ** *Symplocos kawakamii* 956	**クロキ** *Symplocos kuroki* 957
アオバナハイノキ● *Symplocos liukiuensis* var. *liukiuensis* **イリオモテハイノキ**▲ var. *iriomotensis* 958	**アマシバ** *Symplocos microcalyx* 959	**ハイノキ** *Symplocos myrtacea* var. *myrtacea* 960

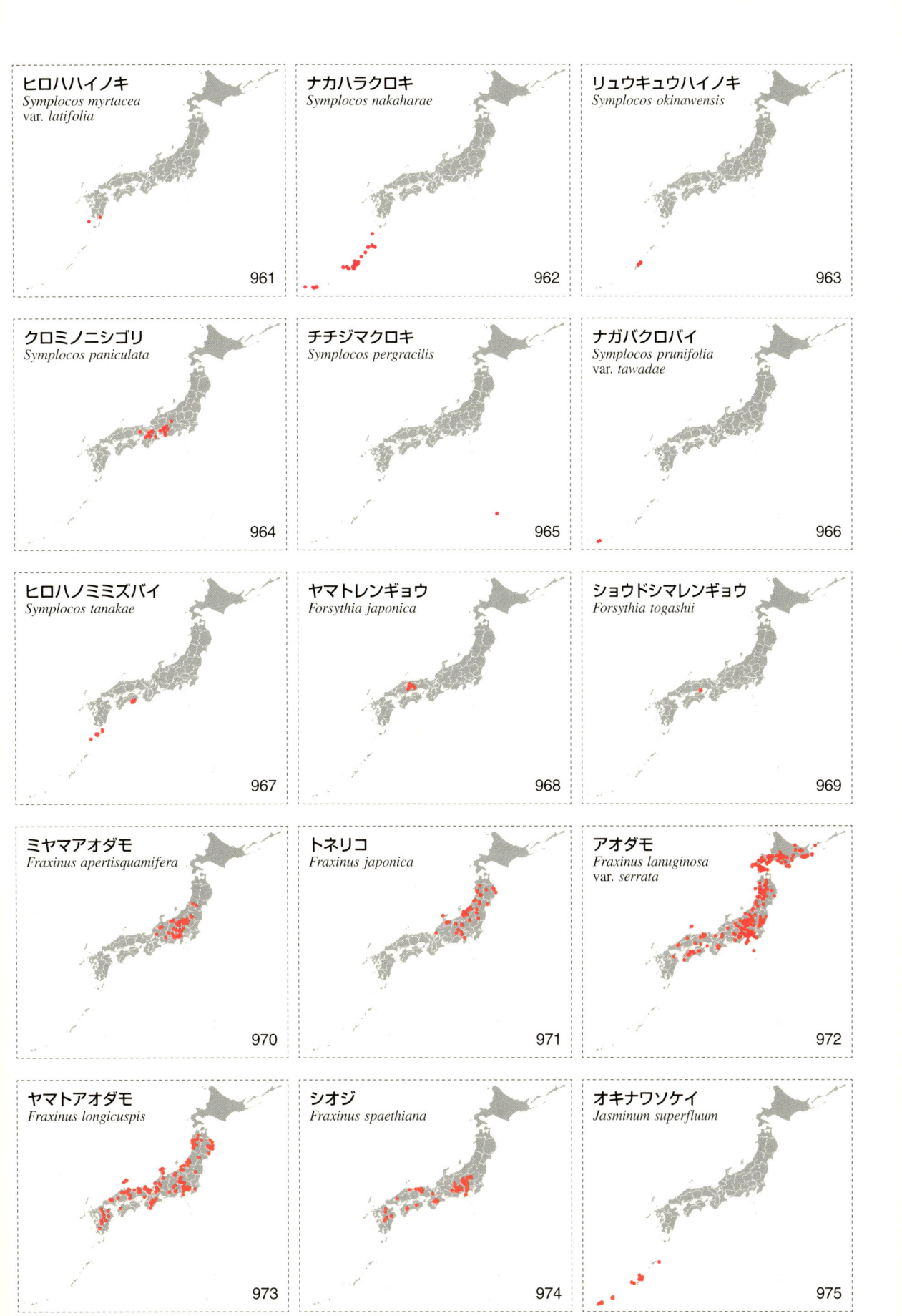

ヒロハハイノキ *Symplocos myrtacea* var. *latifolia* 961	ナカハラクロキ *Symplocos nakaharae* 962	リュウキュウハイノキ *Symplocos okinawensis* 963
クロミノニシゴリ *Symplocos paniculata* 964	チチジマクロキ *Symplocos pergracilis* 965	ナガバクロバイ *Symplocos prunifolia* var. *tawadae* 966
ヒロハノミミズバイ *Symplocos tanakae* 967	ヤマトレンギョウ *Forsythia japonica* 968	ショウドシマレンギョウ *Forsythia togashii* 969
ミヤマアオダモ *Fraxinus apertisquamifera* 970	トネリコ *Fraxinus japonica* 971	アオダモ *Fraxinus lanuginosa* var. *serrata* 972
ヤマトアオダモ *Fraxinus longicuspis* 973	シオジ *Fraxinus spaethiana* 974	オキナワソケイ *Jasminum superfluum* 975

サイゴクイボタ *Ligustrum ibota* 976	オキナワイボタ *Ligustrum liukiuense* 977	ムニンネズミモチ *Ligustrum micranthum* 978
オカイボタ *Ligustrum ovalifolium* var. *hisauchii* 979	ハチジョウイボタ *Ligustrum ovalifolium* var. *pacificum* 980	トゲイボタ *Ligustrum tamakii* 981
キヨズミイボタ *Ligustrum tschonoskii* var. *kiyozumianum* 982	オオモクセイ *Osmanthus rigidus* 983	ホウライカズラ *Gardneria nutans* 984
オガサワラモクレイシ *Geniostoma glabrum* 985	サンプクリンドウ *Comastoma sectum* 986	コヒナリンドウ *Gentiana laeviuscula* 987
オヤマリンドウ *Gentiana makinoi* 988	ミヤマリンドウ *Gentiana nipponica* var. *nipponica* 989	イイデリンドウ *Gentiana nipponica* var. *robusta* 990

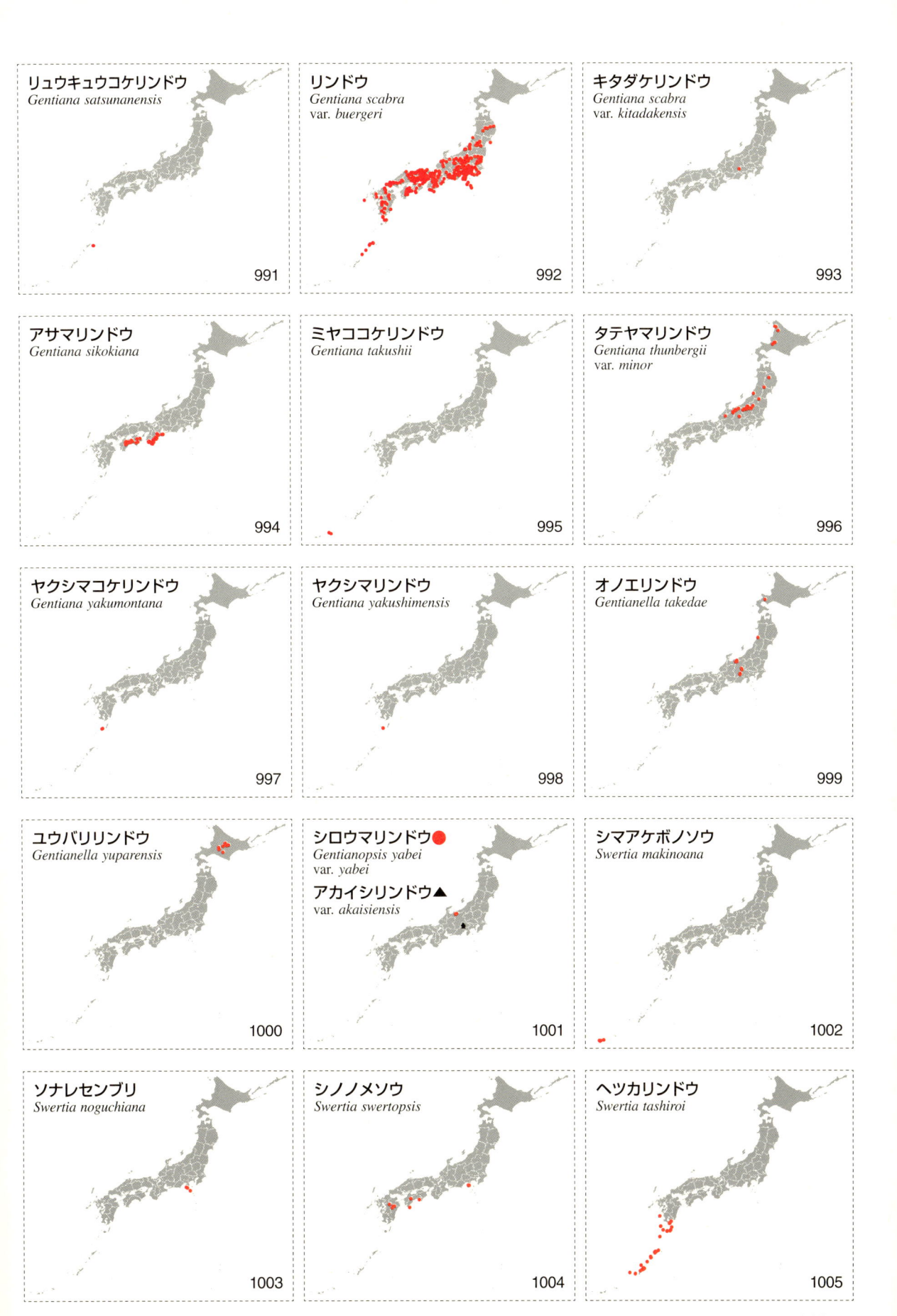

リュウキュウコケリンドウ *Gentiana satsunanensis* 991	リンドウ *Gentiana scabra* var. *buergeri* 992	キタダケリンドウ *Gentiana scabra* var. *kitadakensis* 993
アサマリンドウ *Gentiana sikokiana* 994	ミヤココケリンドウ *Gentiana takushii* 995	タテヤマリンドウ *Gentiana thunbergii* var. *minor* 996
ヤクシマコケリンドウ *Gentiana yakumontana* 997	ヤクシマリンドウ *Gentiana yakushimensis* 998	オノエリンドウ *Gentianella takedae* 999
ユウバリリンドウ *Gentianella yuparensis* 1000	シロウマリンドウ● *Gentianopsis yabei* var. *yabei* アカイシリンドウ▲ var. *akaisiensis* 1001	シマアケボノソウ *Swertia makinoana* 1002
ソナレセンブリ *Swertia noguchiana* 1003	シノノメソウ *Swertia swertopsis* 1004	ヘツカリンドウ *Swertia tashiroi* 1005

種子植物／モクセイ科〜リンドウ科　349

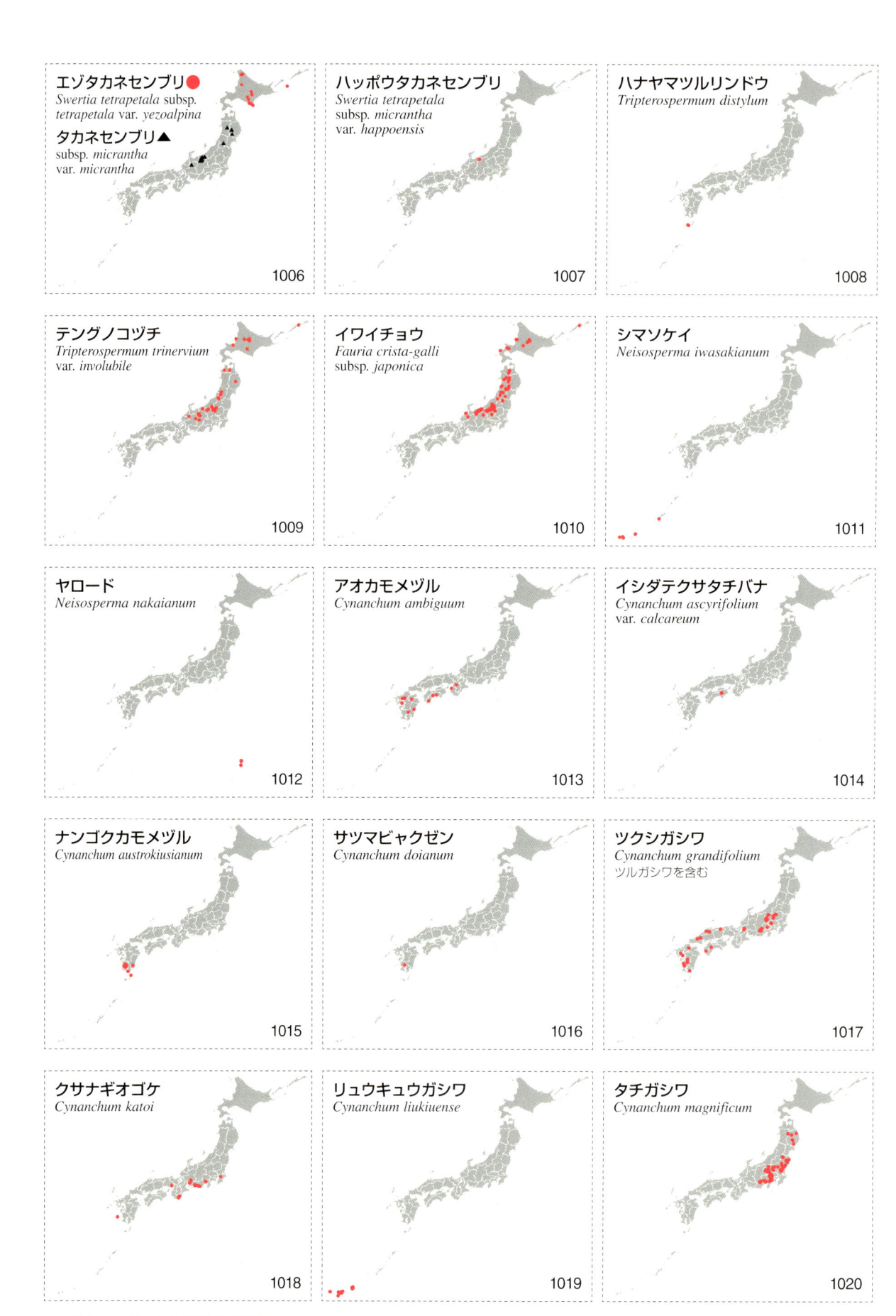

エゾタカネセンブリ●	ハッポウタカネセンブリ	ハナヤマツルリンドウ
Swertia tetrapetala subsp. *tetrapetala* var. *yezoalpina*	*Swertia tetrapetala* subsp. *micrantha* var. *happoensis*	*Tripterospermum distylum*
タカネセンブリ▲ subsp. *micrantha* var. *micrantha*		
1006	1007	1008
テングノコヅチ	イワイチョウ	シマソケイ
Tripterospermum trinervium var. *involubile*	*Fauria crista-galli* subsp. *japonica*	*Neisosperma iwasakianum*
1009	1010	1011
ヤロード	アオカモメヅル	イシダテクサタチバナ
Neisosperma nakaianum	*Cynanchum ambiguum*	*Cynanchum ascyrifolium* var. *calcareum*
1012	1013	1014
ナンゴクカモメヅル	サツマビャクゼン	ツクシガシワ
Cynanchum austrokiusianum	*Cynanchum doianum*	*Cynanchum grandifolium* ツルガシワを含む
1015	1016	1017
クサナギオゴケ	リュウキュウガシワ	タチガシワ
Cynanchum katoi	*Cynanchum liukiuense*	*Cynanchum magnificum*
1018	1019	1020

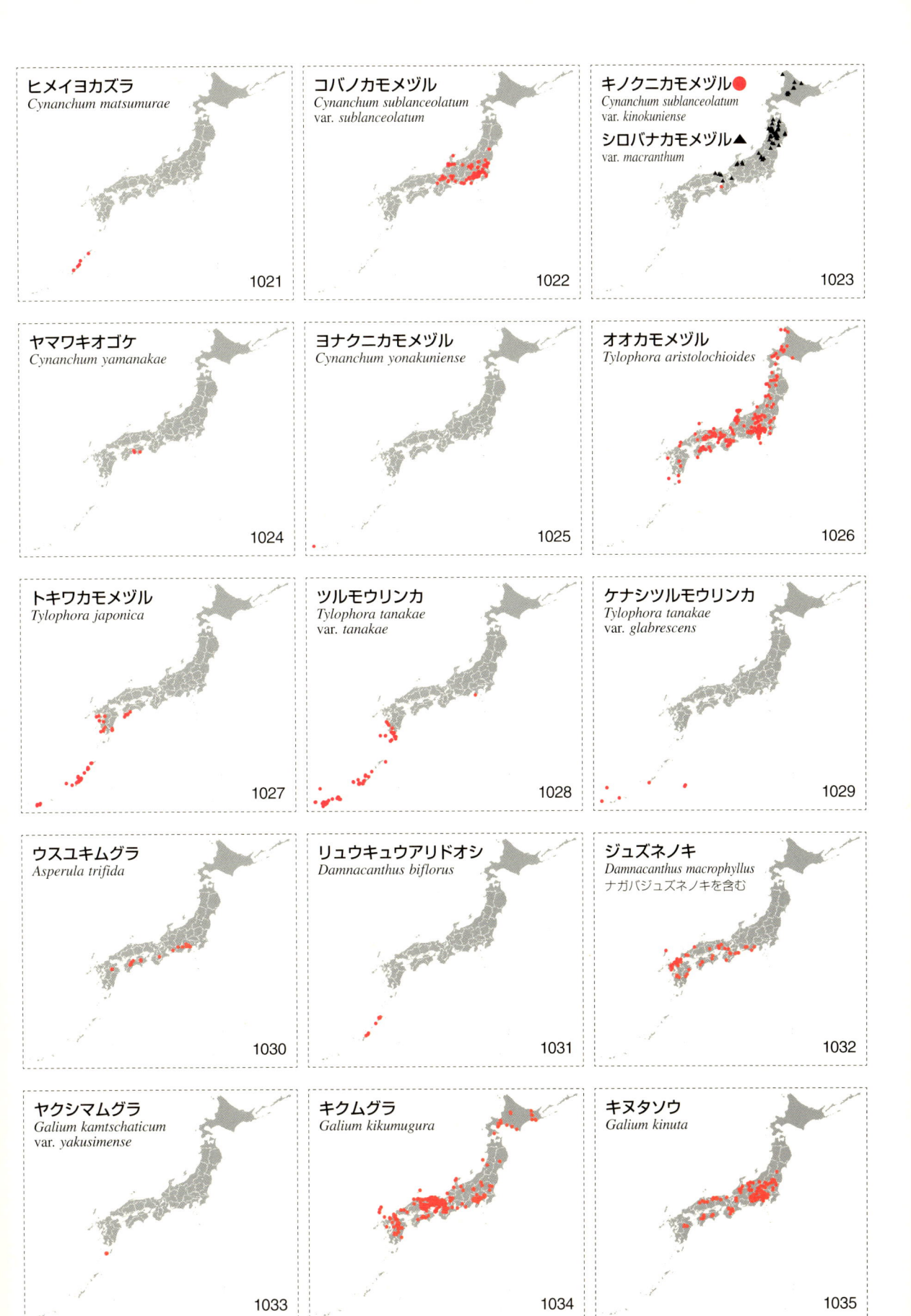

ヒメイヨカズラ *Cynanchum matsumurae* 1021	コバノカモメヅル *Cynanchum sublanceolatum* var. *sublanceolatum* 1022	キノクニカモメヅル● *Cynanchum sublanceolatum* var. *kinokuniense* シロバナカモメヅル▲ var. *macranthum* 1023
ヤマワキオゴケ *Cynanchum yamanakae* 1024	ヨナクニカモメヅル *Cynanchum yonakuniense* 1025	オオカモメヅル *Tylophora aristolochioides* 1026
トキワカモメヅル *Tylophora japonica* 1027	ツルモウリンカ *Tylophora tanakae* var. *tanakae* 1028	ケナシツルモウリンカ *Tylophora tanakae* var. *glabrescens* 1029
ウスユキムグラ *Asperula trifida* 1030	リュウキュウアリドオシ *Damnacanthus biflorus* 1031	ジュズネノキ *Damnacanthus macrophyllus* ナガバジュズネノキを含む 1032
ヤクシマムグラ *Galium kamtschaticum* var. *yakusimense* 1033	キクムグラ *Galium kikumugura* 1034	キヌタソウ *Galium kinuta* 1035

種子植物／リンドウ科〜アカネ科

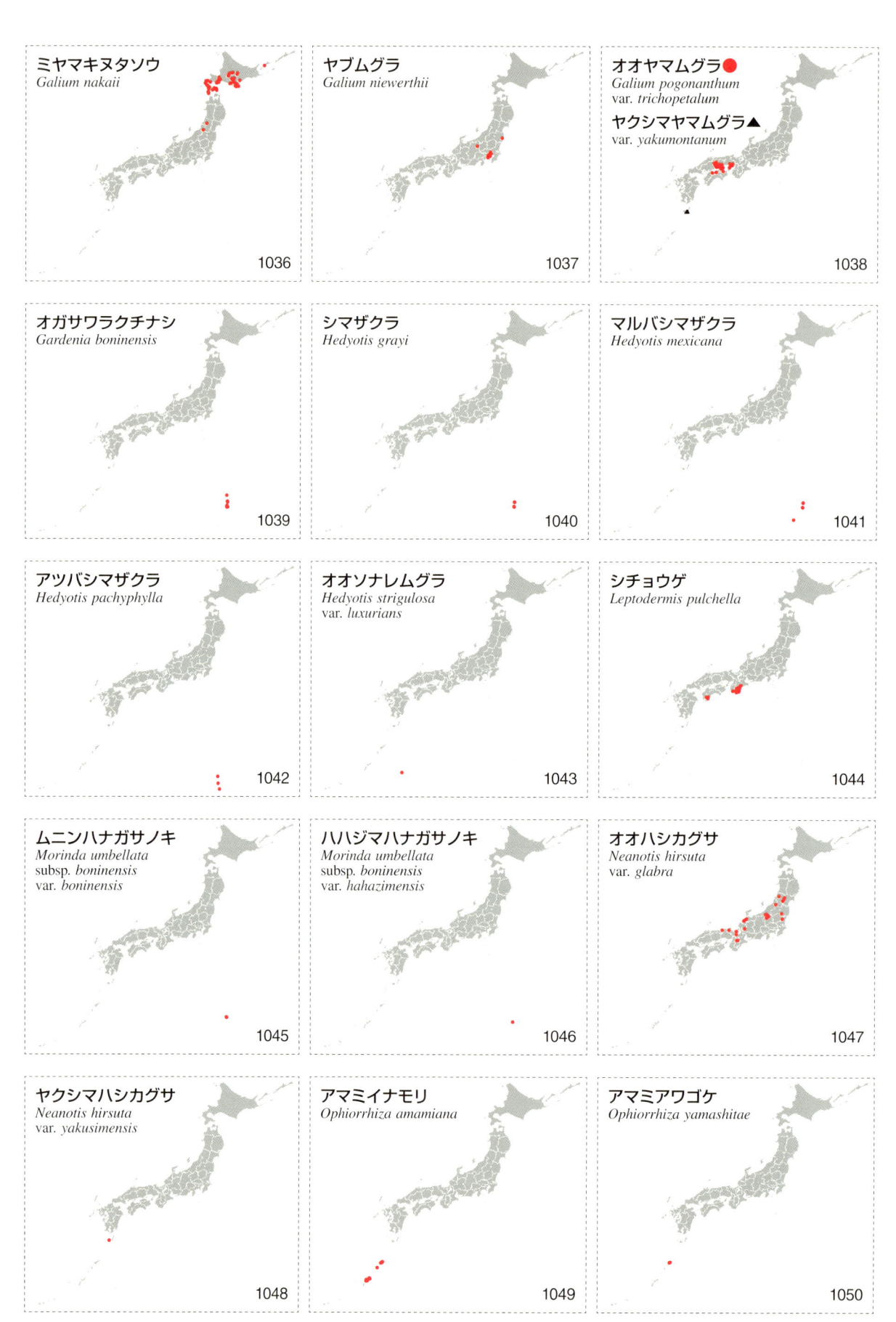

ミヤマキヌタソウ *Galium nakaii* 1036	ヤブムグラ *Galium niewerthii* 1037	オオヤマムグラ● *Galium pogonanthum* var. *trichopetalum* ヤクシマヤマムグラ▲ var. *yakumontanum* 1038
オガサワラクチナシ *Gardenia boninensis* 1039	シマザクラ *Hedyotis grayi* 1040	マルバシマザクラ *Hedyotis mexicana* 1041
アツバシマザクラ *Hedyotis pachyphylla* 1042	オオソナレムグラ *Hedyotis strigulosa* var. *luxurians* 1043	シチョウゲ *Leptodermis pulchella* 1044
ムニンハナガサノキ *Morinda umbellata* subsp. *boninensis* var. *boninensis* 1045	ハハジマハナガサノキ *Morinda umbellata* subsp. *boninensis* var. *hahazimensis* 1046	オオハシカグサ *Neanotis hirsuta* var. *glabra* 1047
ヤクシマハシカグサ *Neanotis hirsuta* var. *yakusimensis* 1048	アマミイナモリ *Ophiorrhiza amamiana* 1049	アマミアワゴケ *Ophiorrhiza yamashitae* 1050

352　Ⅳ　日本固有植物分布図

イナモリソウ *Pseudopyxis depressa* 1051	**シロバナイナモリソウ** *Pseudopyxis heterophylla* 1052	**オオシラタマカズラ** *Psychotria boninensis* 1053
オガサワラボチョウジ *Psychotria homalosperma* 1054	**シマギョクシンカ** *Tarenna subsessilis* 1055	**エゾハナシノブ●** *Polemonium caeruleum* subsp. *yezoense* var. *yezoense* **ミヤマハナシノブ▲** var. *nipponicum* 1056
シロガネガラクサ *Evolvulus boninensis* 1057	**サワルリソウ** *Ancistrocarya japonica* 1058	**ミヤマムラサキ** *Eritrichium nipponicum* var. *nipponicum* 1059
シロバナミヤマムラサキ *Eritrichium nipponicum* var. *albiflorum* 1060	**エゾルリソウ** *Mertensia pterocarpa* var. *yezoensis* 1061	**アキノハイルリソウ** *Omphalodes akiensis* 1062
ヤマルリソウ *Omphalodes japonica* var. *japonica* 1063	**トゲヤマルリソウ** *Omphalodes japonica* var. *echinosperma* 1064	**ルリソウ** *Omphalodes krameri* 1065

種子植物／アカネ科〜ムラサキ科

エチゴルリソウ *Omphalodes laevisperma* 1066	ハイルリソウ *Omphalodes prolifera* 1067	ミズタビラコ *Trigonotis brevipes* 1068
コシジタビラコ *Trigonotis coronata* 1069	タチカメバソウ *Trigonotis guilielmii* 1070	ツルカメバソウ *Trigonotis iinumae* 1071
シマムラサキ *Callicarpa glabra* 1072	オオシマムラサキ● *Callicarpa oshimensis* var. *oshimensis* イリオモテムラサキ▲ var. *iriomotensis* 1073	オキナワヤブムラサキ *Callicarpa oshimensis* var. *okinawensis* 1074
ウラジロコムラサキ *Callicarpa parvifolia* 1075	トサムラサキ *Callicarpa shikokiana* 1076	オオバシマムラサキ *Callicarpa subpubescens* 1077
シマカコソウ *Ajuga boninsimae* 1078	カイジンドウ *Ajuga ciliata* var. *villosior* 1079	ヒイラギソウ *Ajuga incisa* 1080

354　Ⅳ　日本固有植物分布図

オウギカズラ *Ajuga japonica* 1081	タチキランソウ *Ajuga makinoi* 1082	ツルカコソウ *Ajuga shikotanensis* 1083
ツクバキンモンソウ *Ajuga tsukubana* 1084	ニシキゴロモ *Ajuga yesoensis* 1085	タニジャコウソウ *Chelonopsis longipes* 1086
ジャコウソウ *Chelonopsis moschata* 1087	アシタカジャコウソウ *Chelonopsis yagiharana* 1088	ヒロハヤマトウバナ *Clinopodium latifolium* 1089
ミヤマクルマバナ *Clinopodium macranthum* 1090	コケトウバナ *Clinopodium multicaule* var. *minimum* 1091	フトボナギナタコウジュ *Elsholtzia nipponica* 1092
シモバシラ *Keiskea japonica* 1093	マネキグサ *Lamium ambiguum* 1094	ヤマジオウ *Lamium humile* 1095

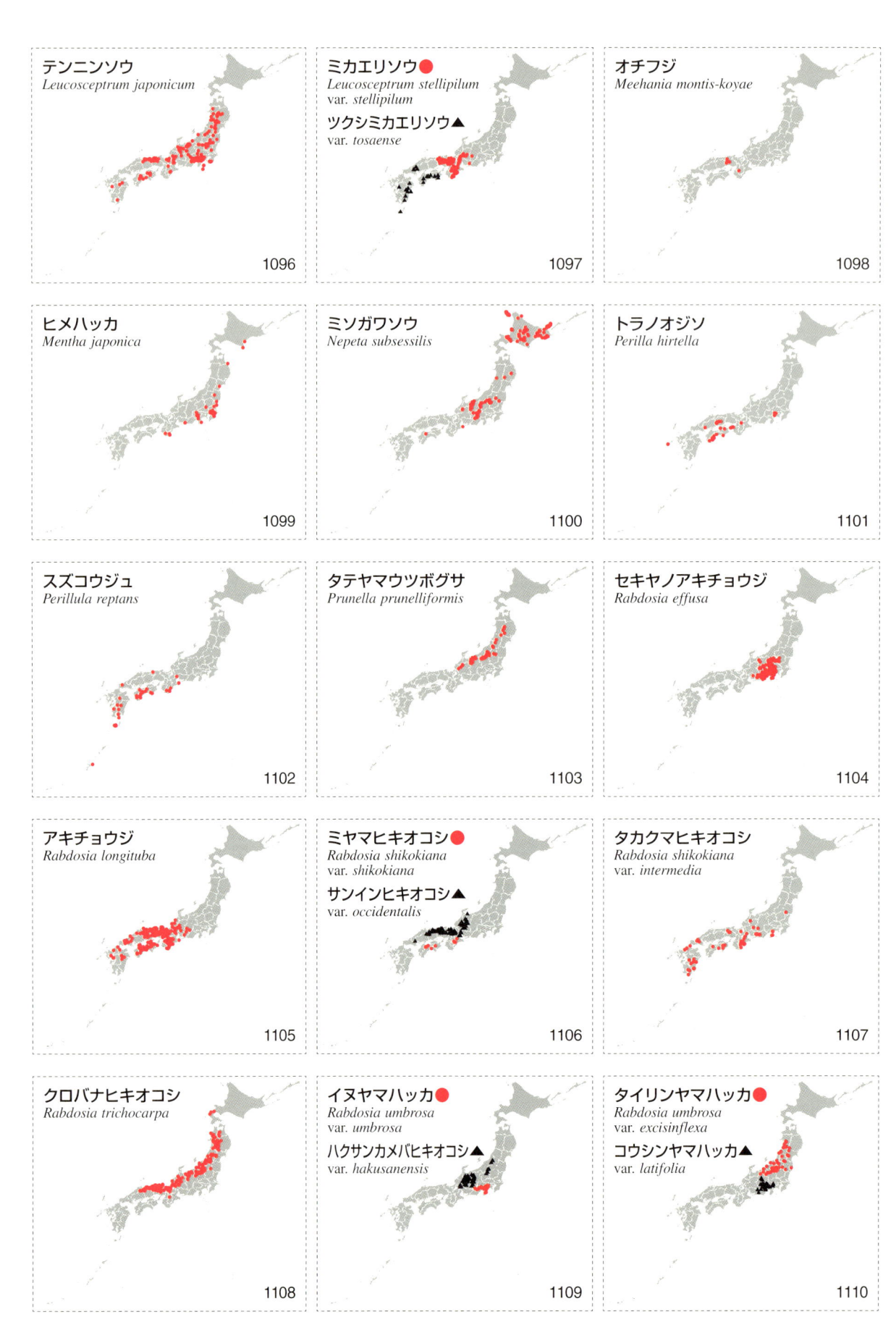

テンニンソウ *Leucosceptrum japonicum* 1096	ミカエリソウ● *Leucosceptrum stellipilum* var. *stellipilum* ツクシミカエリソウ▲ var. *tosaense* 1097	オチフジ *Meehania montis-koyae* 1098
ヒメハッカ *Mentha japonica* 1099	ミソガワソウ *Nepeta subsessilis* 1100	トラノオジソ *Perilla hirtella* 1101
スズコウジュ *Perillula reptans* 1102	タテヤマウツボグサ *Prunella prunelliformis* 1103	セキヤノアキチョウジ *Rabdosia effusa* 1104
アキチョウジ *Rabdosia longituba* 1105	ミヤマヒキオコシ● *Rabdosia shikokiana* var. *shikokiana* サンインヒキオコシ▲ var. *occidentalis* 1106	タカクマヒキオコシ *Rabdosia shikokiana* var. *intermedia* 1107
クロバナヒキオコシ *Rabdosia trichocarpa* 1108	イヌヤマハッカ● *Rabdosia umbrosa* var. *umbrosa* ハクサンカメバヒキオコシ▲ var. *hakusanensis* 1109	タイリンヤマハッカ● *Rabdosia umbrosa* var. *excisinflexa* コウシンヤマハッカ▲ var. *latifolia* 1110

		種子植物／シソ科
コマヤマハッカ *Rabdosia umbrosa* var. *komaensis* 1111	**カメバヒキオコシ** *Rabdosia umbrosa* var. *leucantha* 1112	**アキギリ** *Salvia glabrescens* var. *glabrescens* 1113
ハイコトジソウ *Salvia glabrescens* var. *repens* 1114	**シマジタムラソウ** *Salvia isensis* 1115	**シナノアキギリ** *Salvia koyamae* 1116
キバナナツノタムラソウ● *Salvia lutescens* var. *lutescens* **ミヤマタムラソウ▲** var. *crenata* 1117	**ナツノタムラソウ** *Salvia lutescens* var. *intermedia* 1118	**ダンドタムラソウ** *Salvia lutescens* var. *stolonifera* 1119
キバナアキギリ *Salvia nipponica* var. *nipponica* 1120	**キソキバナアキギリ●** *Salvia nipponica* var. *kisoensis* **ミツデコトジソウ▲** var. *trisecta* 1121	**タジマタムラソウ●** *Salvia omerocalyx* var. *omerocalyx* **ハイタムラソウ▲** var. *prostrata* 1122
ヒメタムラソウ *Salvia pygmaea* var. *pygmaea* 1123	**アマミタムラソウ** *Salvia pygmaea* var. *simplicior* 1124	**ハルノタムラソウ** *Salvia ranzaniana* 1125

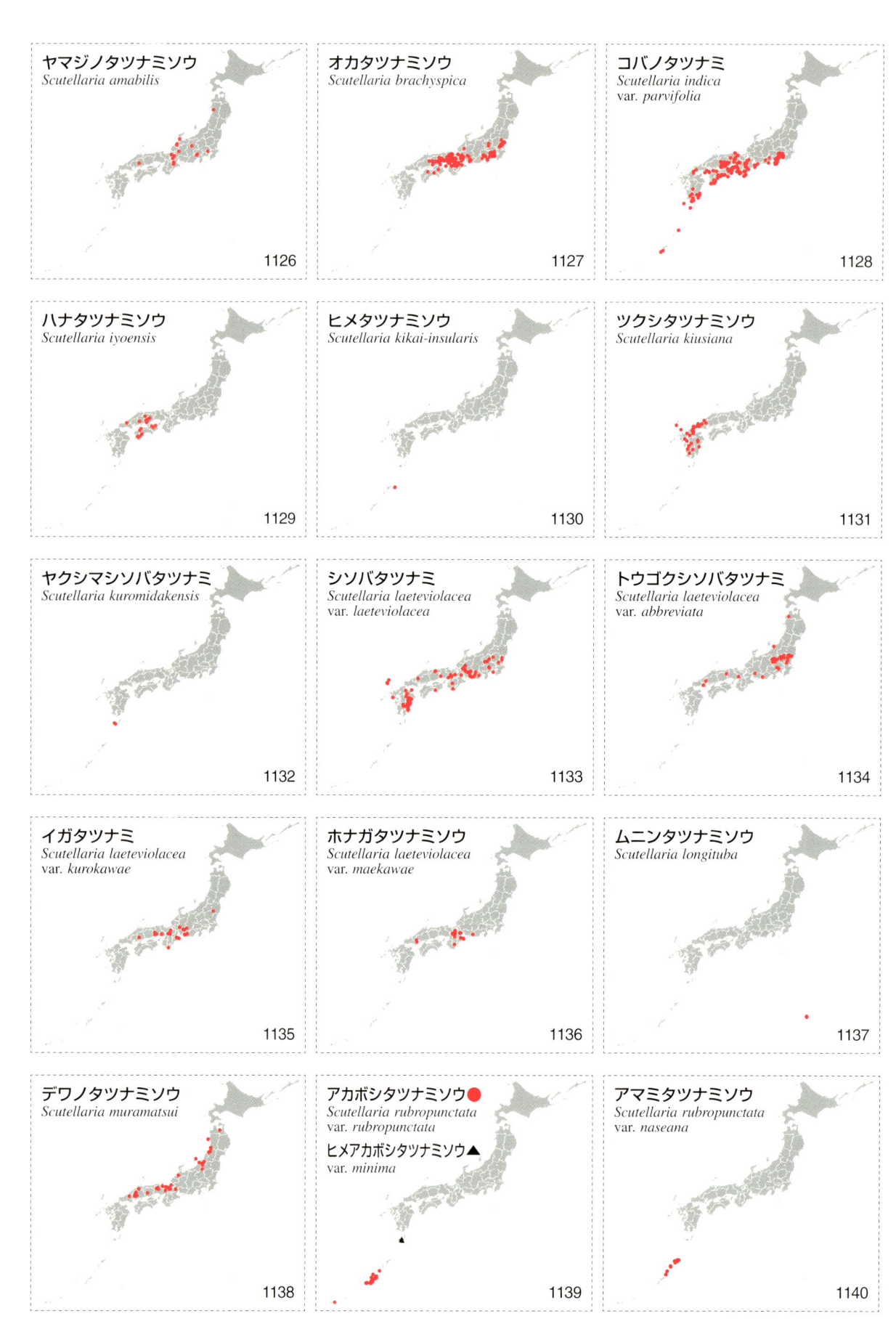

ヤマジノタツナミソウ *Scutellaria amabilis* 1126	オカタツナミソウ *Scutellaria brachyspica* 1127	コバノタツナミ *Scutellaria indica* var. *parvifolia* 1128
ハナタツナミソウ *Scutellaria iyoensis* 1129	ヒメタツナミソウ *Scutellaria kikai-insularis* 1130	ツクシタツナミソウ *Scutellaria kiusiana* 1131
ヤクシマシソバタツナミ *Scutellaria kuromidakensis* 1132	シソバタツナミ *Scutellaria laeteviolacea* var. *laeteviolacea* 1133	トウゴクシソバタツナミ *Scutellaria laeteviolacea* var. *abbreviata* 1134
イガタツナミ *Scutellaria laeteviolacea* var. *kurokawae* 1135	ホナガタツナミソウ *Scutellaria laeteviolacea* var. *maekawae* 1136	ムニンタツナミソウ *Scutellaria longituba* 1137
デワノタツナミソウ *Scutellaria muramatsui* 1138	アカボシタツナミソウ● *Scutellaria rubropunctata* var. *rubropunctata* ヒメアカボシタツナミソウ▲ var. *minima* 1139	アマミタツナミソウ *Scutellaria rubropunctata* var. *naseana* 1140

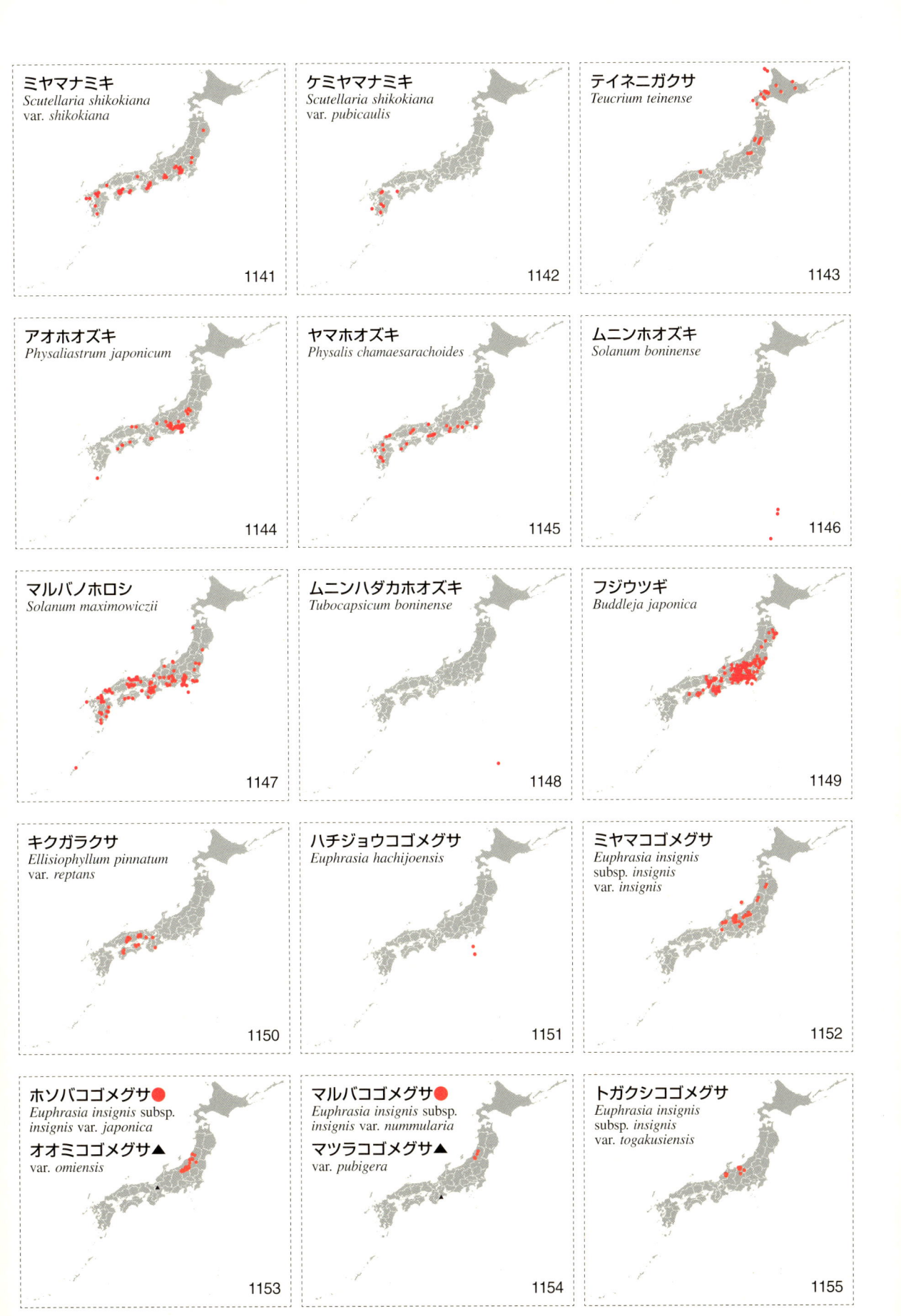

ミヤマナミキ *Scutellaria shikokiana* var. *shikokiana* 1141	ケミヤマナミキ *Scutellaria shikokiana* var. *pubicaulis* 1142	テイネニガクサ *Teucrium teinense* 1143
アオホオズキ *Physaliastrum japonicum* 1144	ヤマホオズキ *Physalis chamaesarachoides* 1145	ムニンホオズキ *Solanum boninense* 1146
マルバノホロシ *Solanum maximowiczii* 1147	ムニンハダカホオズキ *Tubocapsicum boninense* 1148	フジウツギ *Buddleja japonica* 1149
キクガラクサ *Ellisiophyllum pinnatum* var. *reptans* 1150	ハチジョウコゴメグサ *Euphrasia hachijoensis* 1151	ミヤマコゴメグサ *Euphrasia insignis* subsp. *insignis* var. *insignis* 1152
ホソバコゴメグサ● *Euphrasia insignis* subsp. *insignis* var. *japonica* オオミコゴメグサ▲ var. *omiensis* 1153	マルバコゴメグサ● *Euphrasia insignis* subsp. *insignis* var. *nummularia* マツラコゴメグサ▲ var. *pubigera* 1154	トガクシコゴメグサ *Euphrasia insignis* subsp. *insignis* var. *togakusiensis* 1155

イブキコゴメグサ● *Euphrasia insignis* subsp. *iinumae* var. *iinumae* **トサノコゴメグサ▲** var. *makinoi* 1156	**イズコゴメグサ●** *Euphrasia insignis* subsp. *iinumae* var. *idzuensis* **キュウシュウコ ゴメグサ▲** var. *kiusiana* 1157	**コケコゴメグサ** *Euphrasia kisoalpina* 1158
コバノコゴメグサ *Euphrasia matsumurae* 1159	**ミチノクコゴメグサ●** *Euphrasia maximowiczii* var. *arcuata* **シライワコゴメグサ▲** var. *calcarea* 1160	**エゾコゴメグサ** *Euphrasia maximowiczii* var. *yezoensis* 1161
ナヨナヨコゴメグサ *Euphrasia microphylla* 1162	**イナコゴメグサ●** *Euphrasia multifolia* var. *inaensis* **クモイコゴメグサ▲** var. *kirisimana* 1163	**エゾノダッタンコゴメグサ** *Euphrasia pectinata* var. *obtusiserrata* 1164
ヒナコゴメグサ *Euphrasia yabeana* 1165	**カミガモソウ** *Gratiola fluviatilis* 1166	**シコクママコナ** *Melampyrum laxum* var. *laxum* 1167
タカネママコナ *Melampyrum laxum* var. *arcuatum* 1168	**ミヤマママコナ●** *Melampyrum laxum* var. *nikkoense* **ヤクシマママコナ▲** var. *yakusimense* 1169	**エゾママコナ** *Melampyrum yezoense* 1170

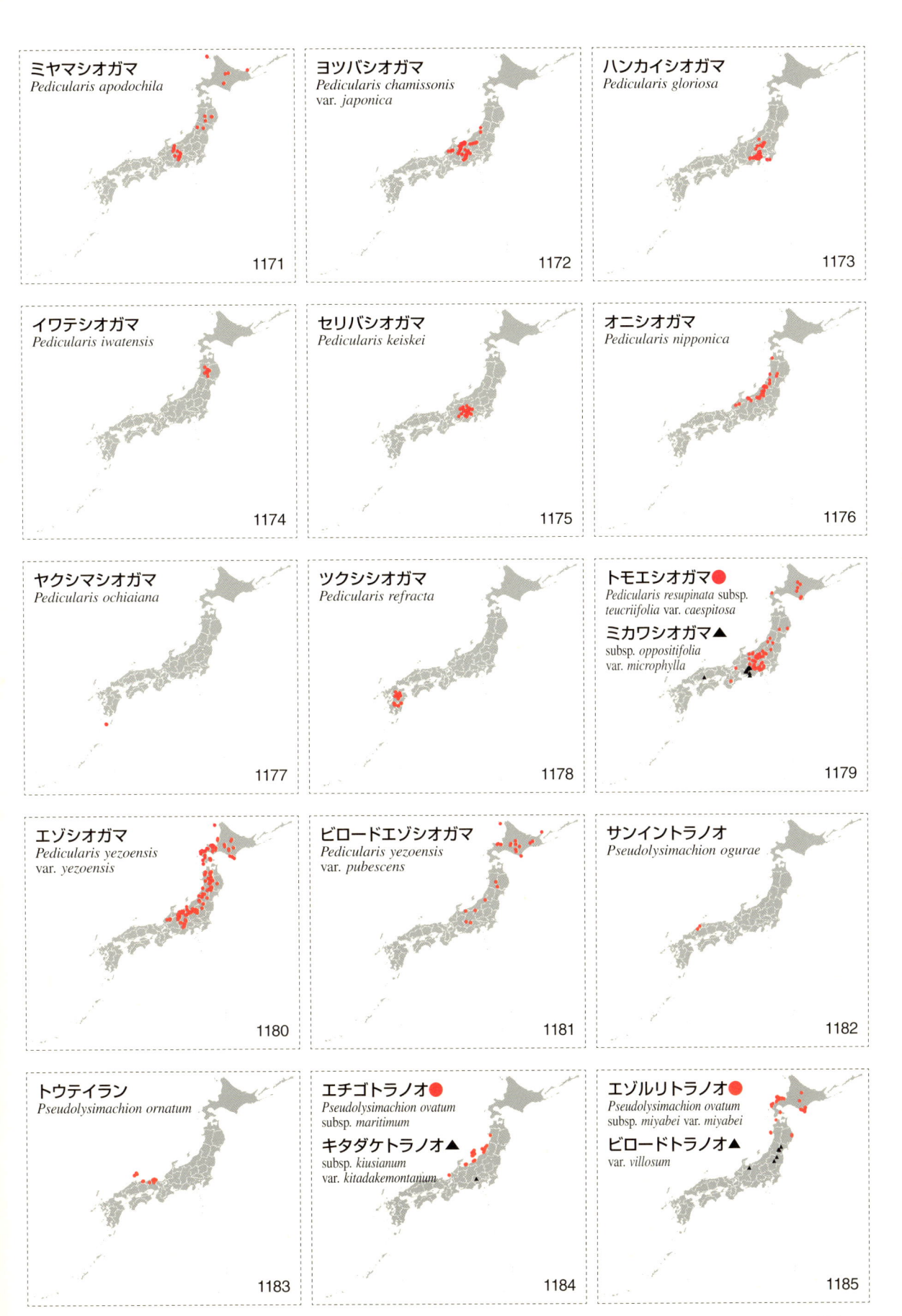

ミヤマシオガマ *Pedicularis apodochila* 1171	**ヨツバシオガマ** *Pedicularis chamissonis* var. *japonica* 1172	**ハンカイシオガマ** *Pedicularis gloriosa* 1173
イワテシオガマ *Pedicularis iwatensis* 1174	**セリバシオガマ** *Pedicularis keiskei* 1175	**オニシオガマ** *Pedicularis nipponica* 1176
ヤクシマシオガマ *Pedicularis ochiaiana* 1177	**ツクシシオガマ** *Pedicularis refracta* 1178	**トモエシオガマ●** *Pedicularis resupinata* subsp. *teucriifolia* var. *caespitosa* **ミカワシオガマ▲** subsp. *oppositifolia* var. *microphylla* 1179
エゾシオガマ *Pedicularis yezoensis* var. *yezoensis* 1180	**ビロードエゾシオガマ** *Pedicularis yezoensis* var. *pubescens* 1181	**サンイントラノオ** *Pseudolysimachion ogurae* 1182
トウテイラン *Pseudolysimachion ornatum* 1183	**エチゴトラノオ●** *Pseudolysimachion ovatum* subsp. *maritimum* **キタダケトラノオ▲** subsp. *kiusianum* var. *kitadakemontanum* 1184	**エゾルリトラノオ●** *Pseudolysimachion ovatum* subsp. *miyabei* var. *miyabei* **ビロードトラノオ▲** var. *villosum* 1185

種子植物／ゴマノハグサ科

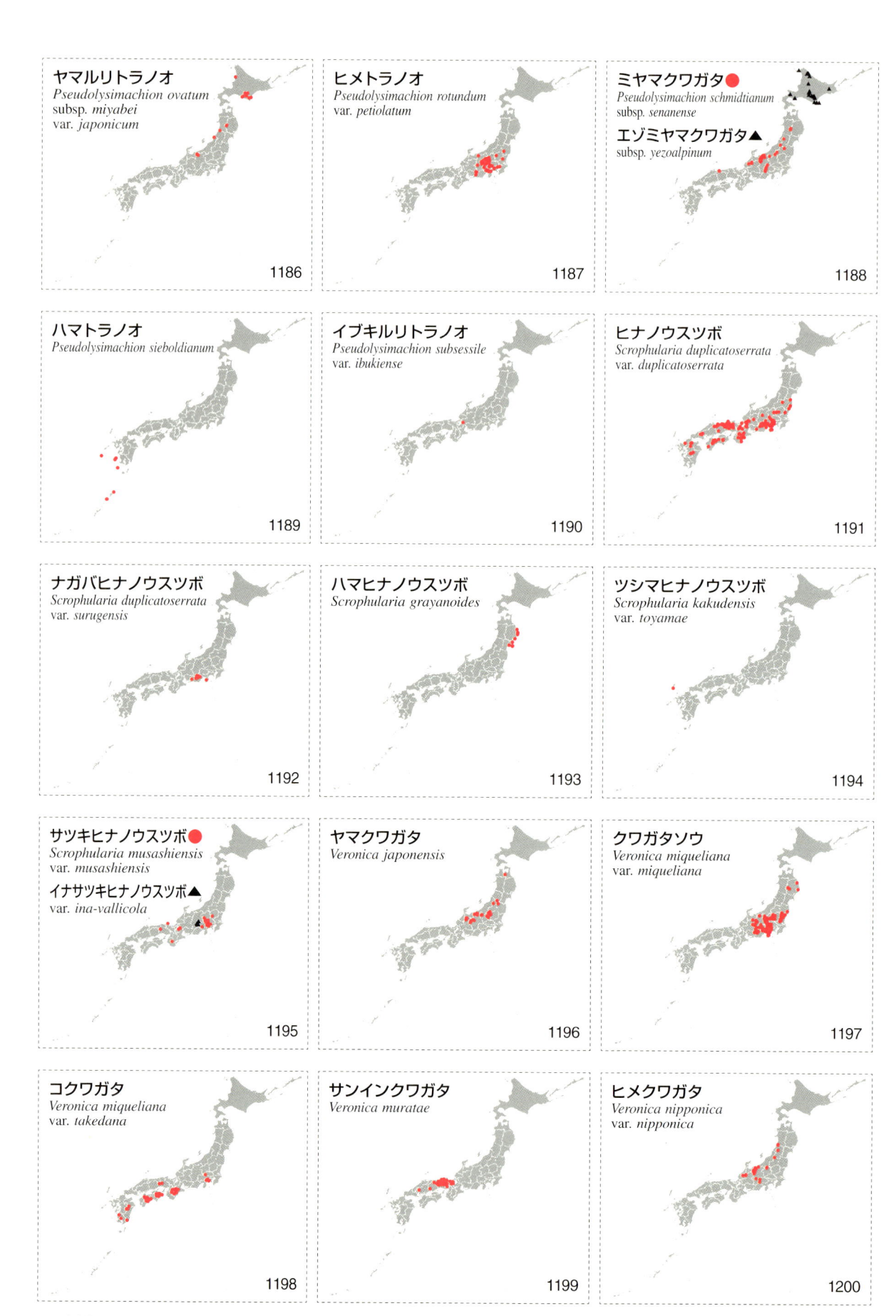

1186 ヤマルリトラノオ *Pseudolysimachion ovatum* subsp. *miyabei* var. *japonicum*	1187 ヒメトラノオ *Pseudolysimachion rotundum* var. *petiolatum*	1188 ミヤマクワガタ● *Pseudolysimachion schmidtianum* subsp. *senanense* エゾミヤマクワガタ▲ subsp. *yezoalpinum*
1189 ハマトラノオ *Pseudolysimachion sieboldianum*	1190 イブキルリトラノオ *Pseudolysimachion subsessile* var. *ibukiense*	1191 ヒナノウスツボ *Scrophularia duplicatoserrata* var. *duplicatoserrata*
1192 ナガバヒナノウスツボ *Scrophularia duplicatoserrata* var. *surugensis*	1193 ハマヒナノウスツボ *Scrophularia grayanoides*	1194 ツシマヒナノウスツボ *Scrophularia kakudensis* var. *toyamae*
1195 サツキヒナノウスツボ● *Scrophularia musashiensis* var. *musashiensis* イナサツキヒナノウスツボ▲ var. *ina-vallicola*	1196 ヤマクワガタ *Veronica japonensis*	1197 クワガタソウ *Veronica miqueliana* var. *miqueliana*
1198 コクワガタ *Veronica miqueliana* var. *takedana*	1199 サンインクワガタ *Veronica muratae*	1200 ヒメクワガタ *Veronica nipponica* var. *nipponica*

シナノヒメクワガタ *Veronica nipponica* var. *sinanoalpina* 1201	グンバイヅル *Veronica onoei* 1202	クガイソウ *Veronicastrum japonicum* var. *japonicum* 1203
ナンゴククガイソウ● *Veronicastrum japonicum* var. *australe* イブキクガイソウ▲ var. *humile* 1204	リュウキュウスズカケ *Veronicastrum liukiuense* 1205	キノクニスズカケ *Veronicastrum tagawae* 1206
ユウバリソウ *Lagotis takedana* 1207	ホソバウルップソウ *Lagotis yesoensis* 1208	オキナワスズムシソウ *Strobilanthes tashiroi* 1209
ユキミバナ *Strobilanthes wakasana* 1210	イワギリソウ *Opithandra primuloides* 1211	シマウツボ *Orobanche boninsimae* 1212
コウシンソウ *Pinguicula ramosa* 1213	フサタヌキモ *Utricularia dimorphantha* 1214	ハクサンオオバコ *Plantago hakusanensis* 1215

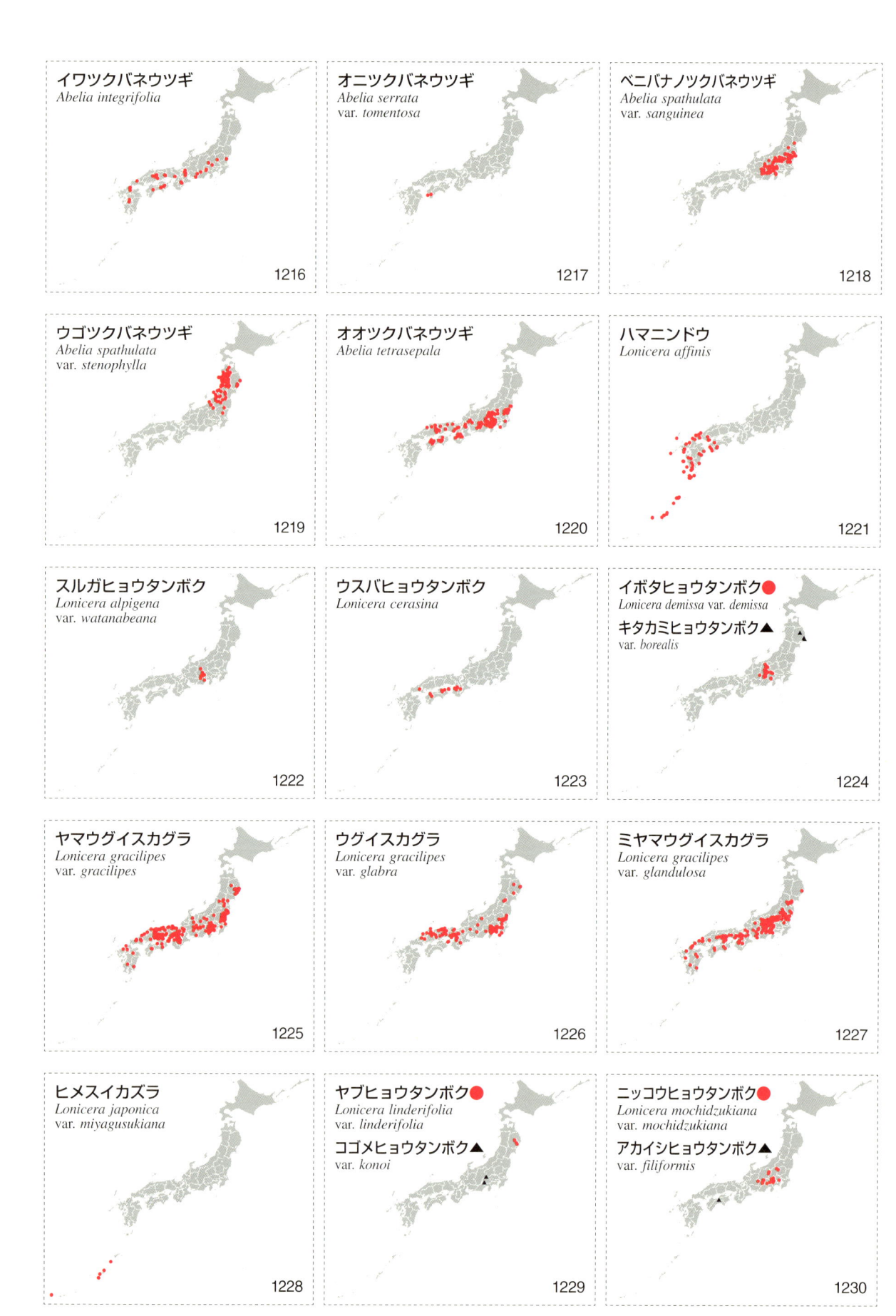

イワツクバネウツギ *Abelia integrifolia* 1216	オニツクバネウツギ *Abelia serrata* var. *tomentosa* 1217	ベニバナノツクバネウツギ *Abelia spathulata* var. *sanguinea* 1218
ウゴツクバネウツギ *Abelia spathulata* var. *stenophylla* 1219	オオツクバネウツギ *Abelia tetrasepala* 1220	ハマニンドウ *Lonicera affinis* 1221
スルガヒョウタンボク *Lonicera alpigena* var. *watanabeana* 1222	ウスバヒョウタンボク *Lonicera cerasina* 1223	イボタヒョウタンボク● *Lonicera demissa* var. *demissa* キタカミヒョウタンボク▲ var. *borealis* 1224
ヤマウグイスカグラ *Lonicera gracilipes* var. *gracilipes* 1225	ウグイスカグラ *Lonicera gracilipes* var. *glabra* 1226	ミヤマウグイスカグラ *Lonicera gracilipes* var. *glandulosa* 1227
ヒメスイカズラ *Lonicera japonica* var. *miyagusukiana* 1228	ヤブヒョウタンボク● *Lonicera linderifolia* var. *linderifolia* コゴメヒョウタンボク▲ var. *konoi* 1229	ニッコウヒョウタンボク● *Lonicera mochidzukiana* var. *mochidzukiana* アカイシヒョウタンボク▲ var. *filiformis* 1230

364　Ⅳ　日本固有植物分布図

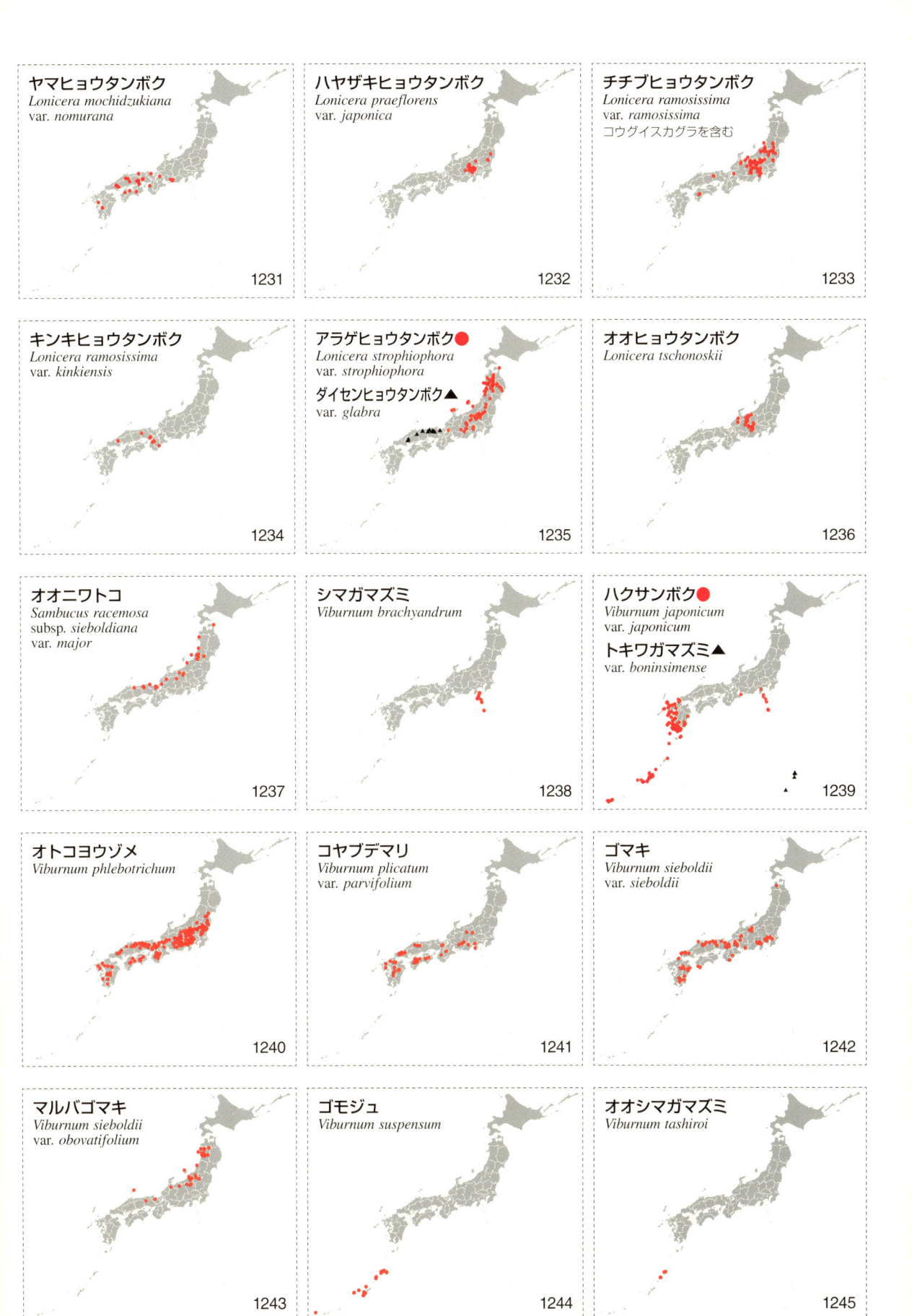

ヤマヒョウタンボク *Lonicera mochidzukiana* var. *nomurana* 1231	ハヤザキヒョウタンボク *Lonicera praeflorens* var. *japonica* 1232	チチブヒョウタンボク *Lonicera ramosissima* var. *ramosissima* コウグイスカグラを含む 1233
キンキヒョウタンボク *Lonicera ramosissima* var. *kinkiensis* 1234	アラゲヒョウタンボク● *Lonicera strophiophora* var. *strophiophora* ダイセンヒョウタンボク▲ var. *glabra* 1235	オオヒョウタンボク *Lonicera tschonoskii* 1236
オオニワトコ *Sambucus racemosa* subsp. *sieboldiana* var. *major* 1237	シマガマズミ *Viburnum brachyandrum* 1238	ハクサンボク● *Viburnum japonicum* var. *japonicum* トキワガマズミ▲ var. *boninsimense* 1239
オトコヨウゾメ *Viburnum phlebotrichum* 1240	コヤブデマリ *Viburnum plicatum* var. *parvifolium* 1241	ゴマキ *Viburnum sieboldii* var. *sieboldii* 1242
マルバゴマキ *Viburnum sieboldii* var. *obovatifolium* 1243	ゴモジュ *Viburnum suspensum* 1244	オオシマガマズミ *Viburnum tashiroi* 1245

種子植物／スイカズラ科

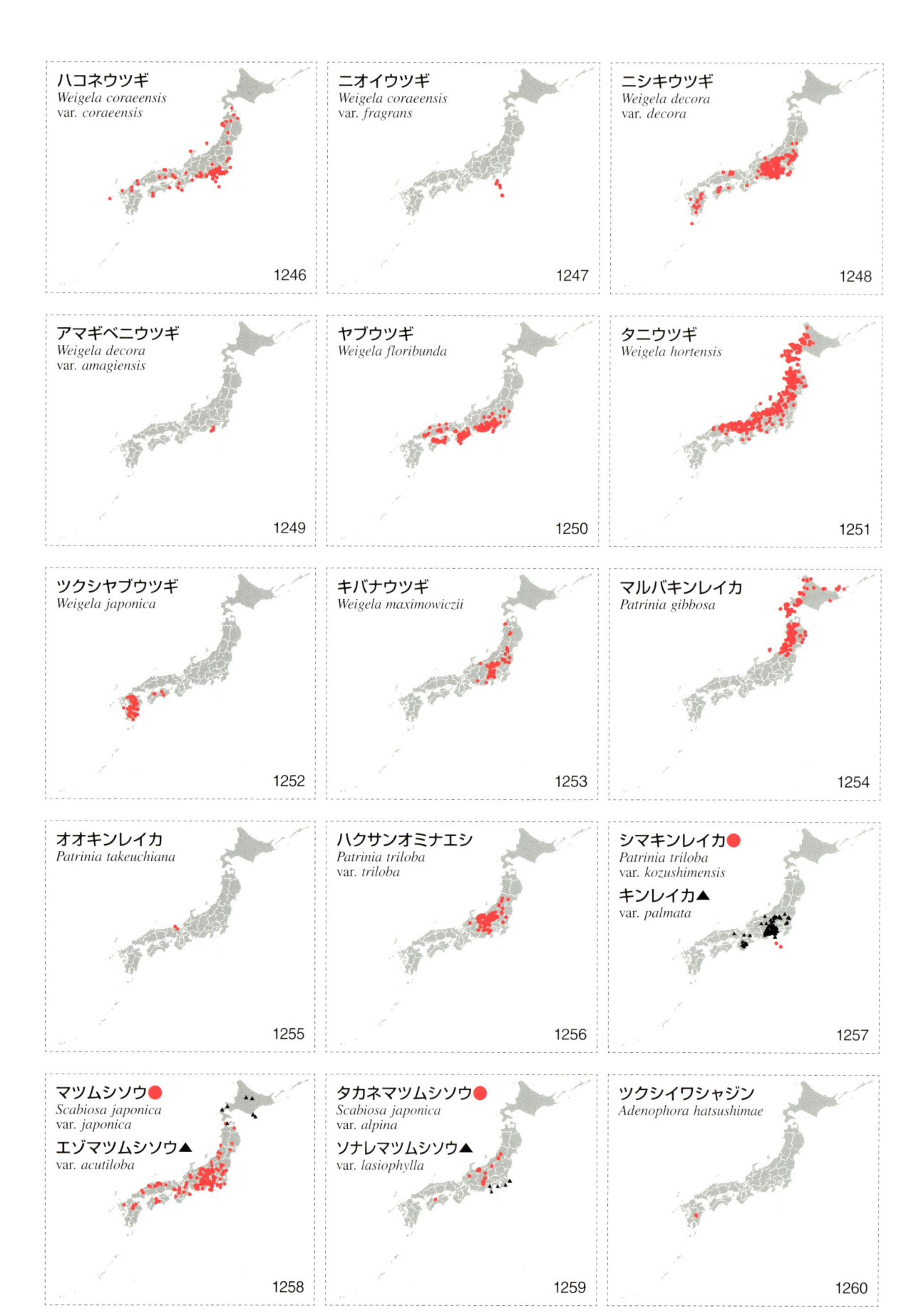

| ハコネウツギ
Weigela coraeensis
var. *coraeensis*
1246 | ニオイウツギ
Weigela coraeensis
var. *fragrans*
1247 | ニシキウツギ
Weigela decora
var. *decora*
1248 |
|---|---|---|
| アマギベニウツギ
Weigela decora
var. *amagiensis*
1249 | ヤブウツギ
Weigela floribunda
1250 | タニウツギ
Weigela hortensis
1251 |
| ツクシヤブウツギ
Weigela japonica
1252 | キバナウツギ
Weigela maximowiczii
1253 | マルバキンレイカ
Patrinia gibbosa
1254 |
| オオキンレイカ
Patrinia takeuchiana
1255 | ハクサンオミナエシ
Patrinia triloba
var. *triloba*
1256 | シマキンレイカ●
Patrinia triloba
var. *kozushimensis*
キンレイカ▲
var. *palmata*
1257 |
| マツムシソウ●
Scabiosa japonica
var. *japonica*
エゾマツムシソウ▲
var. *acutiloba*
1258 | タカネマツムシソウ●
Scabiosa japonica
var. *alpina*
ソナレマツムシソウ▲
var. *lasiophylla*
1259 | ツクシイワシャジン
Adenophora hatsushimae
1260 |

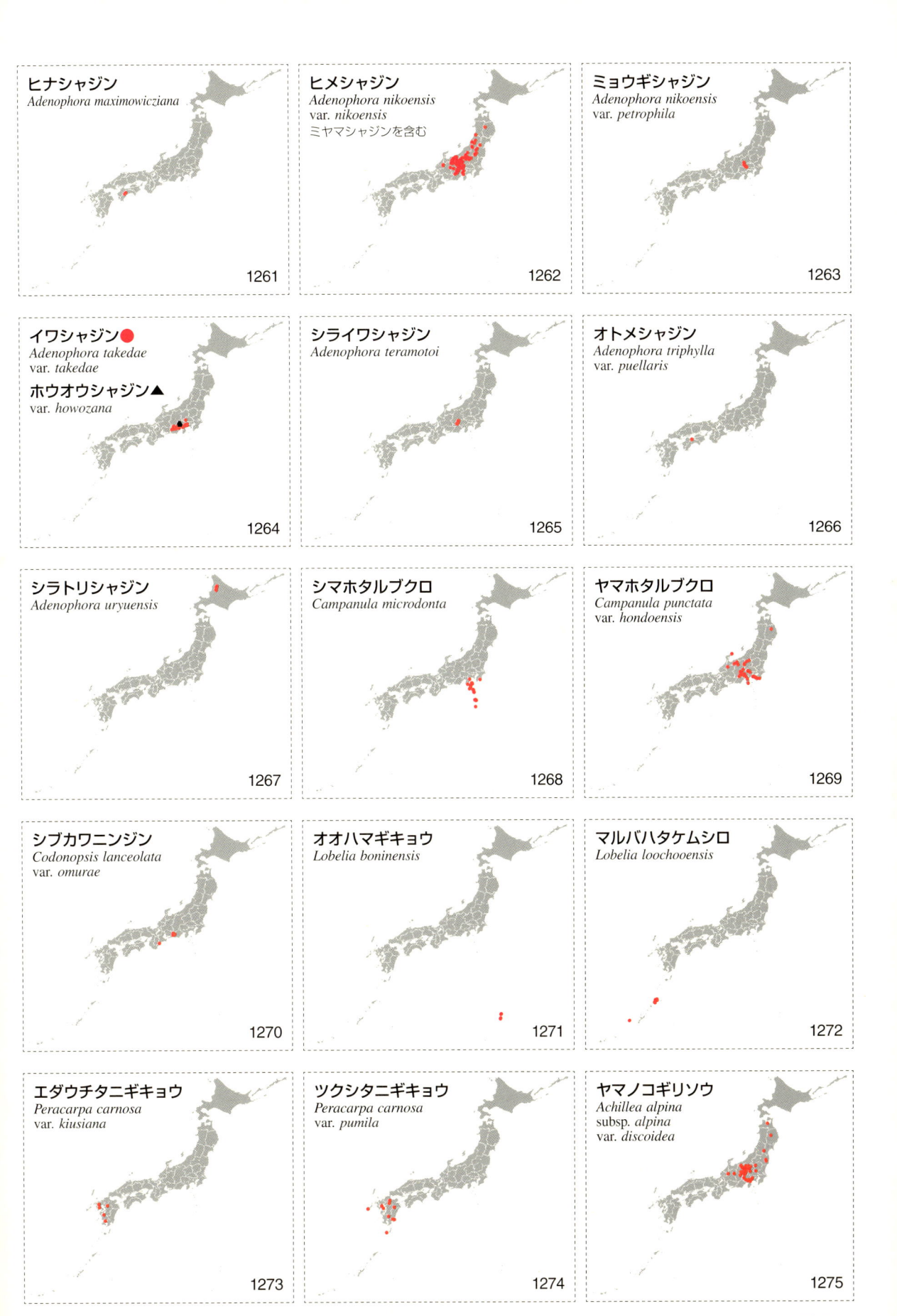

ヒナシャジン *Adenophora maximowicziana* 1261	ヒメシャジン *Adenophora nikoensis* var. *nikoensis* ミヤマシャジンを含む 1262	ミョウギシャジン *Adenophora nikoensis* var. *petrophila* 1263
イワシャジン● *Adenophora takedae* var. *takedae* ホウオウシャジン▲ var. *howozana* 1264	シライワシャジン *Adenophora teramotoi* 1265	オトメシャジン *Adenophora triphylla* var. *puellaris* 1266
シラトリシャジン *Adenophora uryuensis* 1267	シマホタルブクロ *Campanula microdonta* 1268	ヤマホタルブクロ *Campanula punctata* var. *hondoensis* 1269
シブカワニンジン *Codonopsis lanceolata* var. *omurae* 1270	オオハマギキョウ *Lobelia boninensis* 1271	マルバハタケムシロ *Lobelia loochooensis* 1272
エダウチタニギキョウ *Peracarpa carnosa* var. *kiusiana* 1273	ツクシタニギキョウ *Peracarpa carnosa* var. *pumila* 1274	ヤマノコギリソウ *Achillea alpina* subsp. *alpina* var. *discoidea* 1275

種子植物／スイカズラ科〜キク科

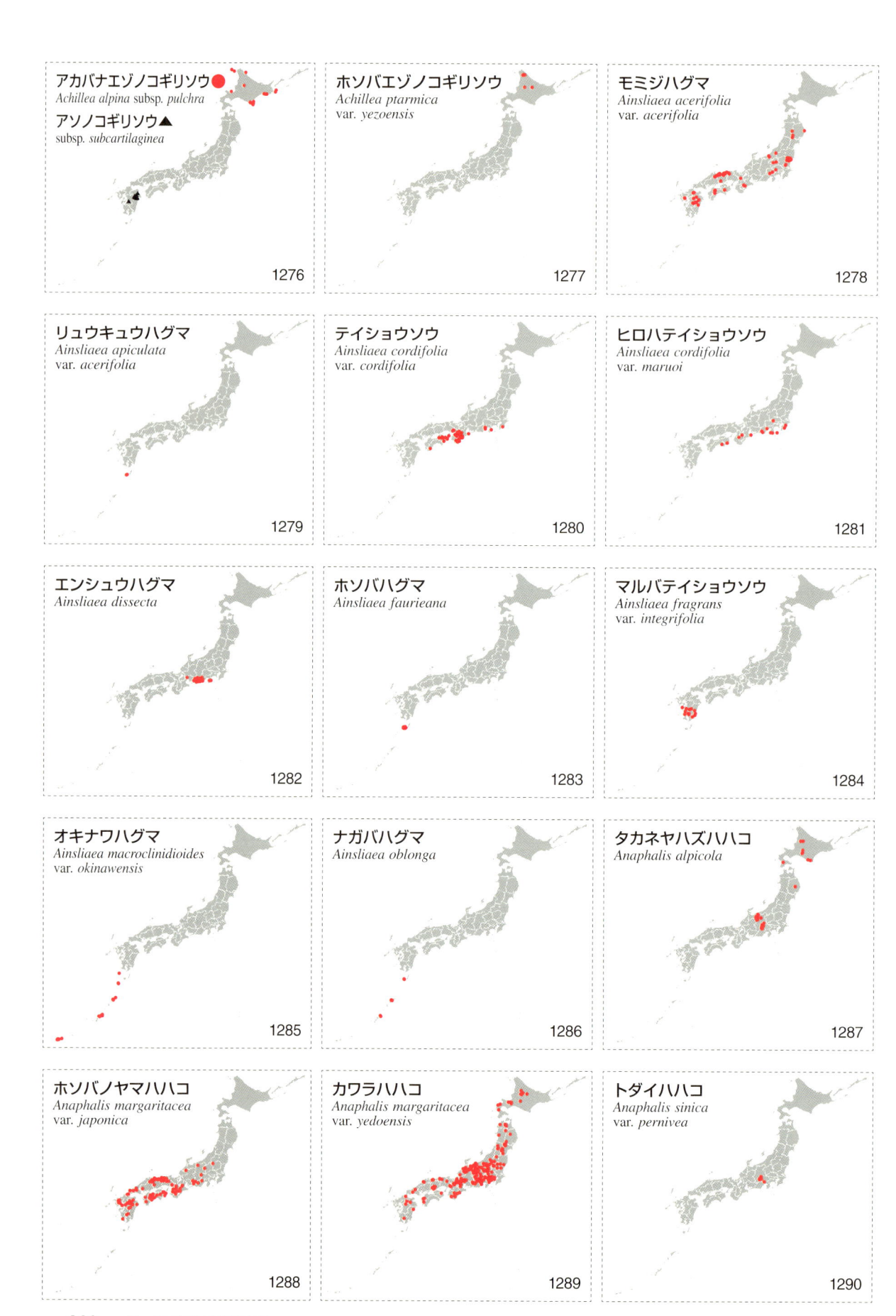

アカバナエゾノコギリソウ ● *Achillea alpina* subsp. *pulchra* アソノコギリソウ ▲ subsp. *subcartilaginea* 1276	ホソバエゾノコギリソウ *Achillea ptarmica* var. *yezoensis* 1277	モミジハグマ *Ainsliaea acerifolia* var. *acerifolia* 1278
リュウキュウハグマ *Ainsliaea apiculata* var. *acerifolia* 1279	テイショウソウ *Ainsliaea cordifolia* var. *cordifolia* 1280	ヒロハテイショウソウ *Ainsliaea cordifolia* var. *maruoi* 1281
エンシュウハグマ *Ainsliaea dissecta* 1282	ホソバハグマ *Ainsliaea faurieana* 1283	マルバテイショウソウ *Ainsliaea fragrans* var. *integrifolia* 1284
オキナワハグマ *Ainsliaea macroclinidioides* var. *okinawensis* 1285	ナガバハグマ *Ainsliaea oblonga* 1286	タカネヤハズハハコ *Anaphalis alpicola* 1287
ホソバノヤマハハコ *Anaphalis margaritacea* var. *japonica* 1288	カワラハハコ *Anaphalis margaritacea* var. *yedoensis* 1289	トダイハハコ *Anaphalis sinica* var. *pernivea* 1290

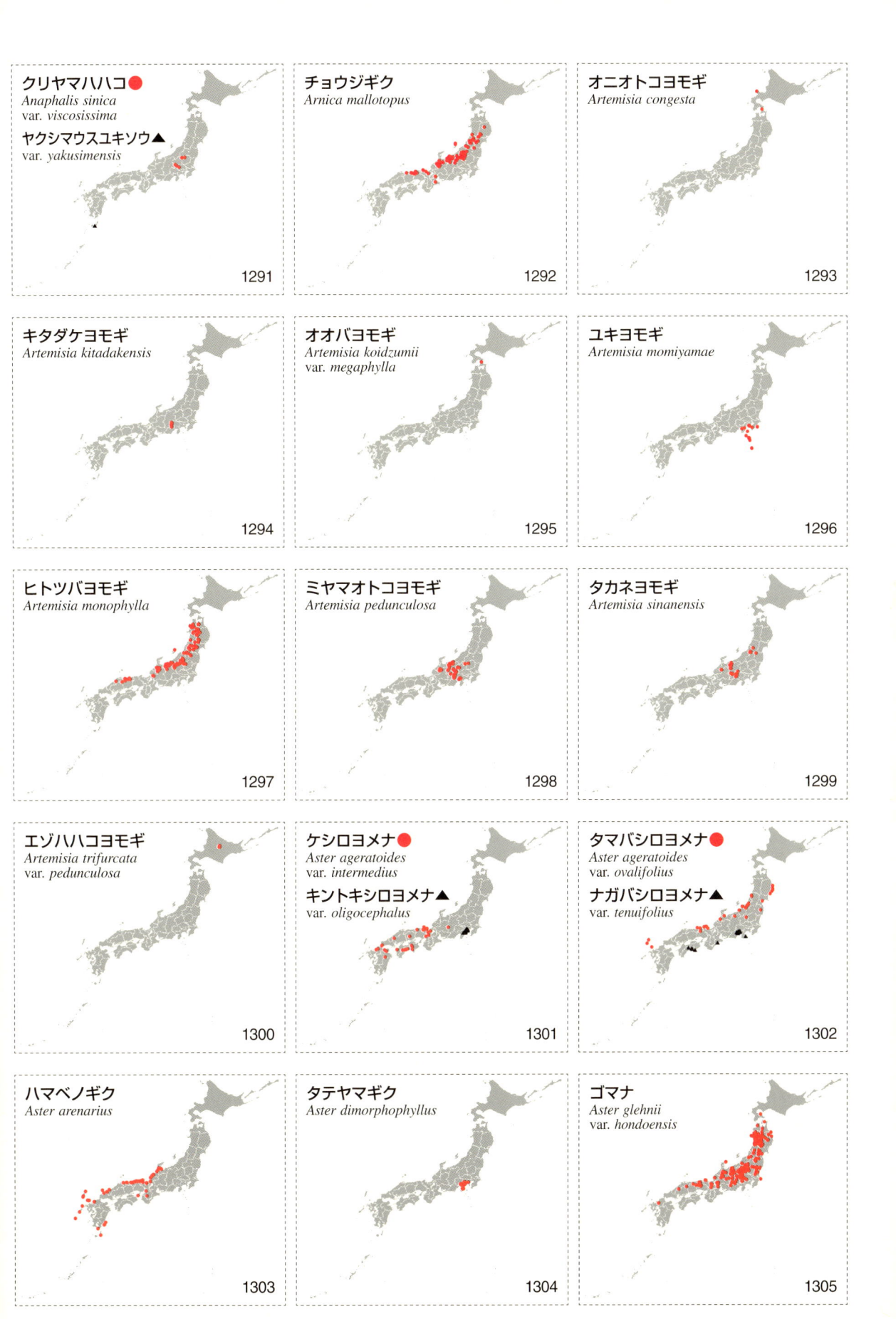

クリヤマハハコ ● *Anaphalis sinica* var. *viscosissima* ヤクシマウスユキソウ ▲ var. *yakusimensis* 1291	チョウジギク *Arnica mallotopus* 1292	オニオトコヨモギ *Artemisia congesta* 1293
キタダケヨモギ *Artemisia kitadakensis* 1294	オオバヨモギ *Artemisia koidzumii* var. *megaphylla* 1295	ユキヨモギ *Artemisia momiyamae* 1296
ヒトツバヨモギ *Artemisia monophylla* 1297	ミヤマオトコヨモギ *Artemisia pedunculosa* 1298	タカネヨモギ *Artemisia sinanensis* 1299
エゾハハコヨモギ *Artemisia trifurcata* var. *pedunculosa* 1300	ケシロヨメナ ● *Aster ageratoides* var. *intermedius* キントキシロヨメナ ▲ var. *oligocephalus* 1301	タマバシロヨメナ ● *Aster ageratoides* var. *ovalifolius* ナガバシロヨメナ ▲ var. *tenuifolius* 1302
ハマベノギク *Aster arenarius* 1303	タテヤマギク *Aster dimorphophyllus* 1304	ゴマナ *Aster glehnii* var. *hondoensis* 1305

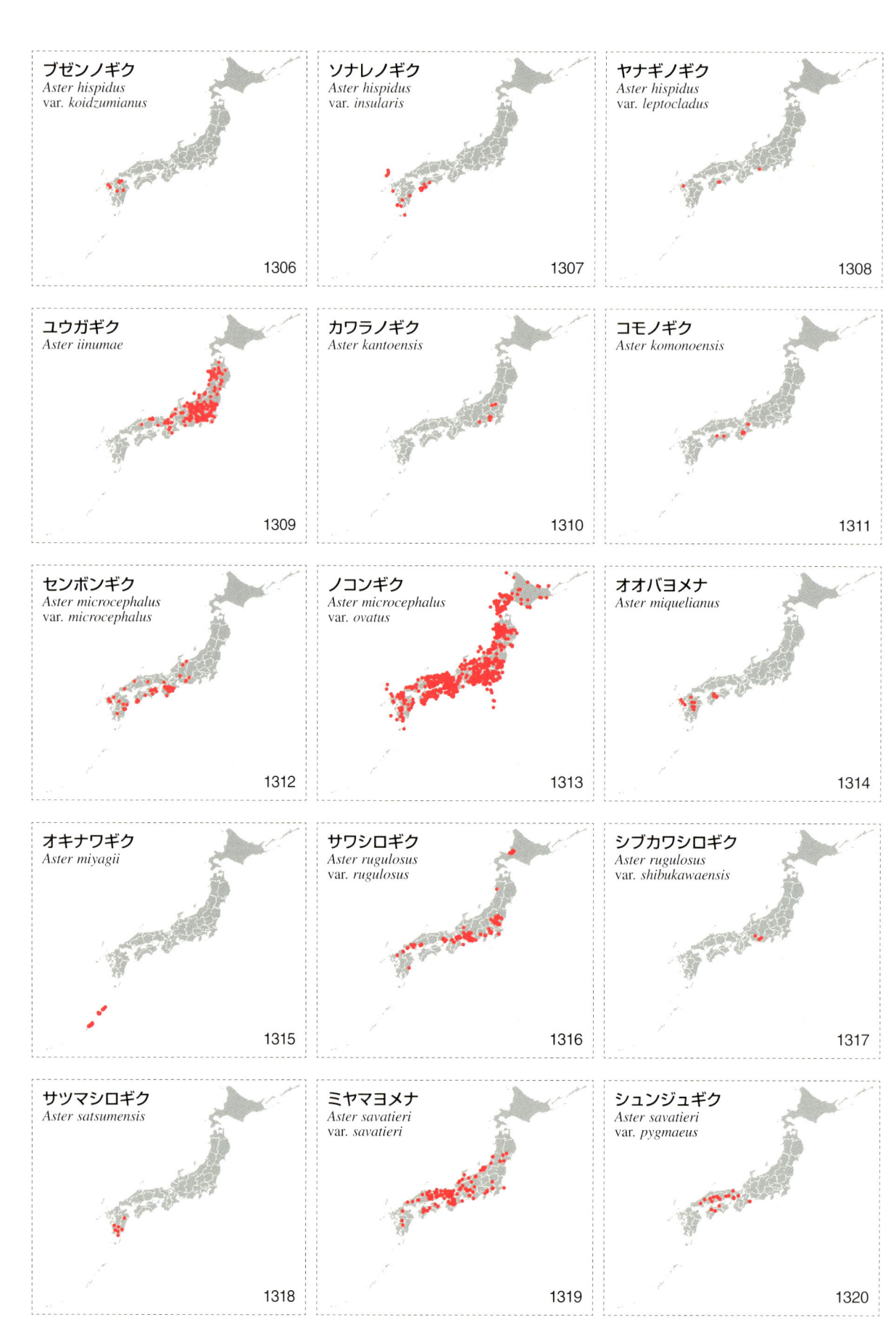

ブゼンノギク *Aster hispidus* var. *koidzumianus* 1306	ソナレノギク *Aster hispidus* var. *insularis* 1307	ヤナギノギク *Aster hispidus* var. *leptocladus* 1308
ユウガギク *Aster iinumae* 1309	カワラノギク *Aster kantoensis* 1310	コモノギク *Aster komonoensis* 1311
センボンギク *Aster microcephalus* var. *microcephalus* 1312	ノコンギク *Aster microcephalus* var. *ovatus* 1313	オオバヨメナ *Aster miquelianus* 1314
オキナワギク *Aster miyagii* 1315	サワシロギク *Aster rugulosus* var. *rugulosus* 1316	シブカワシロギク *Aster rugulosus* var. *shibukawaensis* 1317
サツマシロギク *Aster satsumensis* 1318	ミヤマヨメナ *Aster savatieri* var. *savatieri* 1319	シュンジュギク *Aster savatieri* var. *pygmaeus* 1320

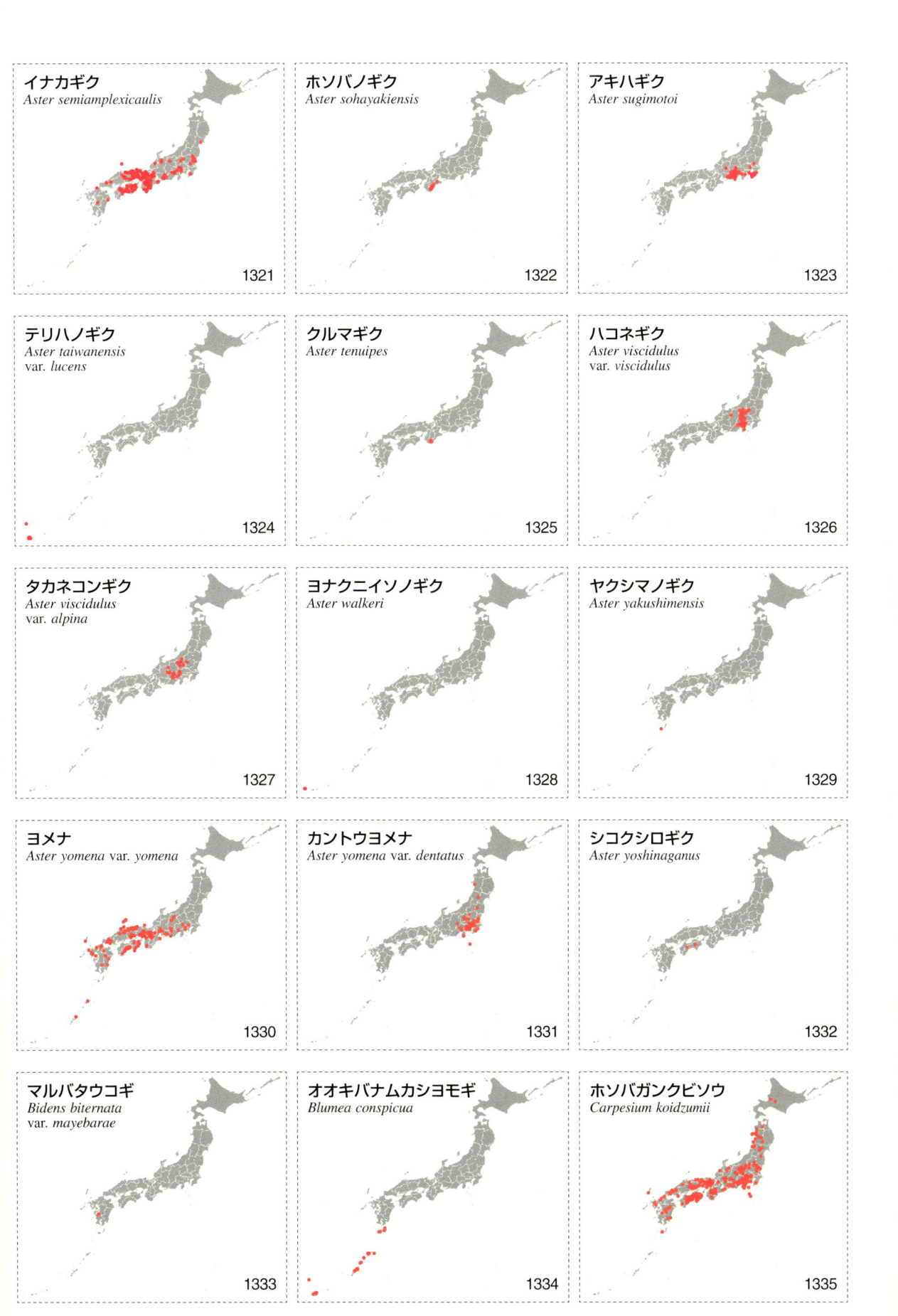

イナカギク *Aster semiamplexicaulis* 1321	ホソバノギク *Aster sohayakiensis* 1322	アキハギク *Aster sugimotoi* 1323
テリハノギク *Aster taiwanensis* var. *lucens* 1324	クルマギク *Aster tenuipes* 1325	ハコネギク *Aster viscidulus* var. *viscidulus* 1326
タカネコンギク *Aster viscidulus* var. *alpina* 1327	ヨナクニイソノギク *Aster walkeri* 1328	ヤクシマノギク *Aster yakushimensis* 1329
ヨメナ *Aster yomena* var. *yomena* 1330	カントウヨメナ *Aster yomena* var. *dentatus* 1331	シコクシロギク *Aster yoshinaganus* 1332
マルバタウコギ *Bidens biternata* var. *mayebarae* 1333	オオキバナムカシヨモギ *Blumea conspicua* 1334	ホソバガンクビソウ *Carpesium koidzumii* 1335

種子植物／キク科 371

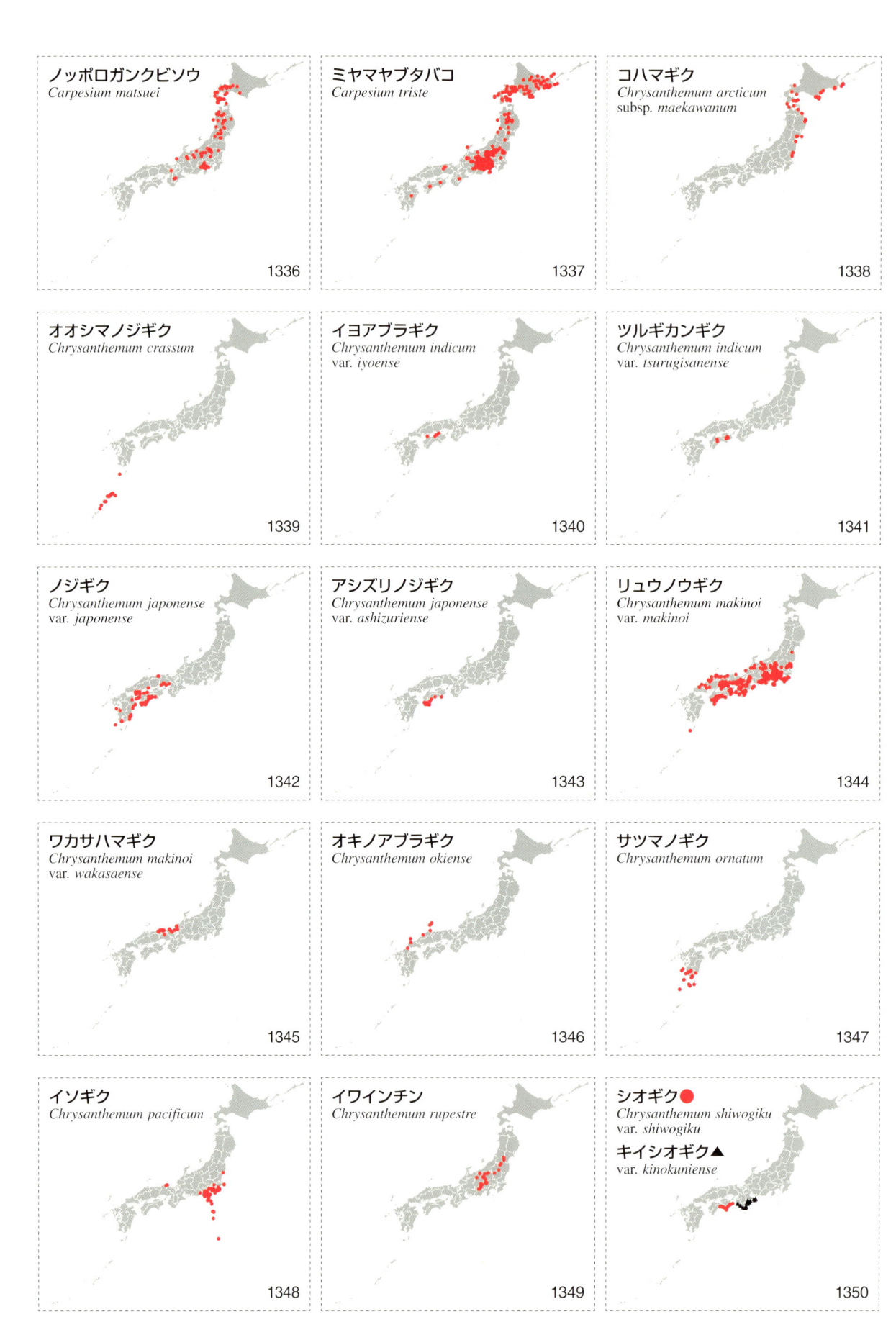

ノッポロガンクビソウ *Carpesium matsuei* 1336	ミヤマヤブタバコ *Carpesium triste* 1337	コハマギク *Chrysanthemum arcticum* subsp. *maekawanum* 1338
オオシマノジギク *Chrysanthemum crassum* 1339	イヨアブラギク *Chrysanthemum indicum* var. *iyoense* 1340	ツルギカンギク *Chrysanthemum indicum* var. *tsurugisanense* 1341
ノジギク *Chrysanthemum japonense* var. *japonense* 1342	アシズリノジギク *Chrysanthemum japonense* var. *ashizuriense* 1343	リュウノウギク *Chrysanthemum makinoi* var. *makinoi* 1344
ワカサハマギク *Chrysanthemum makinoi* var. *wakasaense* 1345	オキノアブラギク *Chrysanthemum okiense* 1346	サツマノギク *Chrysanthemum ornatum* 1347
イソギク *Chrysanthemum pacificum* 1348	イワインチン *Chrysanthemum rupestre* 1349	シオギク● *Chrysanthemum shiwogiku* var. *shiwogiku* キイシオギク▲ var. *kinokuniense* 1350

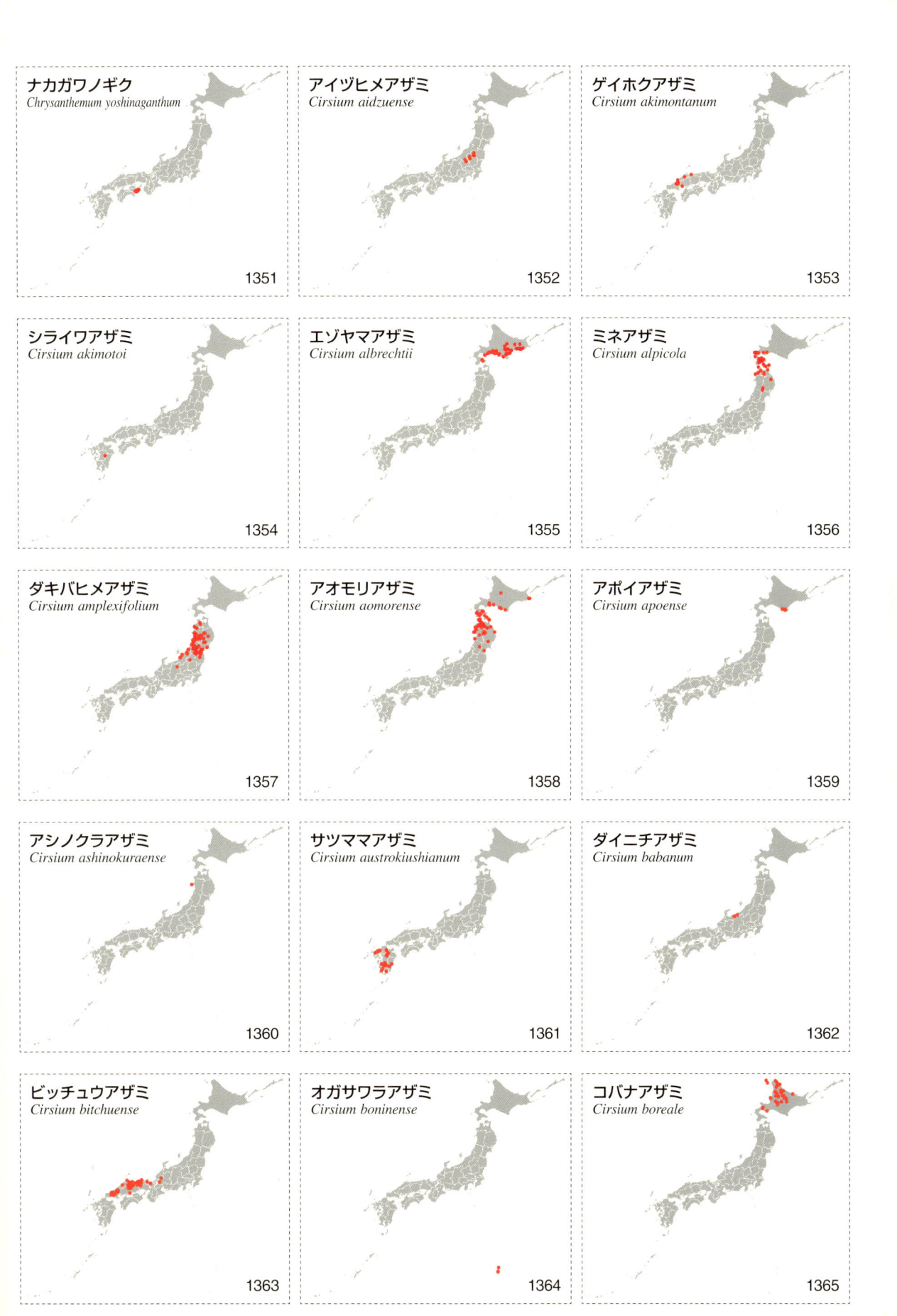

ナカガワノギク *Chrysanthemum yoshinaganthum* 1351	**アイヅヒメアザミ** *Cirsium aidzuense* 1352	**ゲイホクアザミ** *Cirsium akimontanum* 1353
シライワアザミ *Cirsium akimotoi* 1354	**エゾヤマアザミ** *Cirsium albrechtii* 1355	**ミネアザミ** *Cirsium alpicola* 1356
ダキバヒメアザミ *Cirsium amplexifolium* 1357	**アオモリアザミ** *Cirsium aomorense* 1358	**アポイアザミ** *Cirsium apoense* 1359
アシノクラアザミ *Cirsium ashinokuraense* 1360	**サツママアザミ** *Cirsium austrokiushianum* 1361	**ダイニチアザミ** *Cirsium babanum* 1362
ビッチュウアザミ *Cirsium bitchuense* 1363	**オガサワラアザミ** *Cirsium boninense* 1364	**コバナアザミ** *Cirsium boreale* 1365

種子植物／キク科

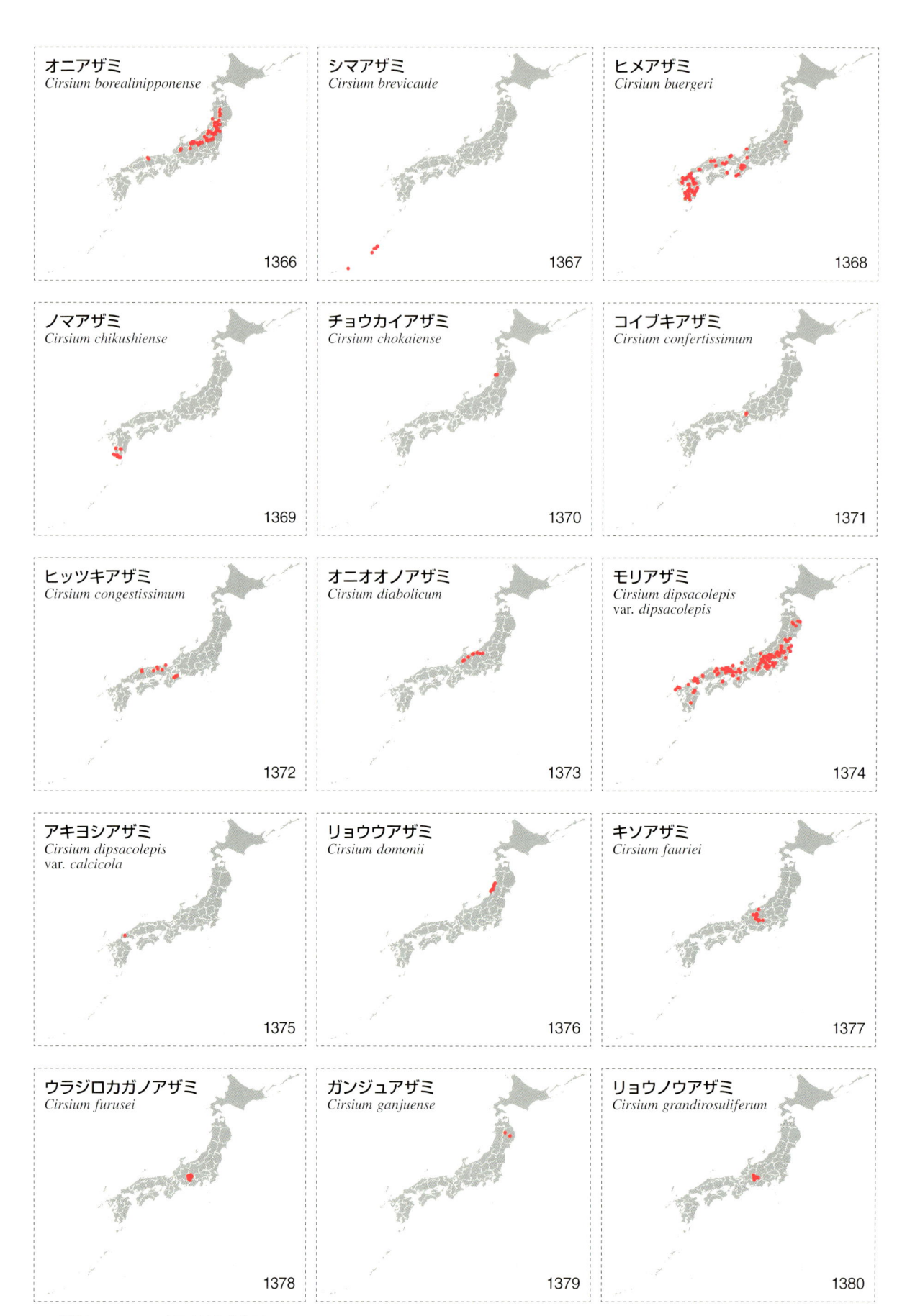

オニアザミ *Cirsium borealinipponense* 1366	シマアザミ *Cirsium brevicaule* 1367	ヒメアザミ *Cirsium buergeri* 1368
ノマアザミ *Cirsium chikushiense* 1369	チョウカイアザミ *Cirsium chokaiense* 1370	コイブキアザミ *Cirsium confertissimum* 1371
ヒッツキアザミ *Cirsium congestissimum* 1372	オニオノアザミ *Cirsium diabolicum* 1373	モリアザミ *Cirsium dipsacolepis* var. *dipsacolepis* 1374
アキヨシアザミ *Cirsium dipsacolepis* var. *calcicola* 1375	リョウウアザミ *Cirsium domonii* 1376	キソアザミ *Cirsium fauriei* 1377
ウラジロカガノアザミ *Cirsium furusei* 1378	ガンジュアザミ *Cirsium ganjuense* 1379	リョウノウアザミ *Cirsium grandirosuliferum* 1380

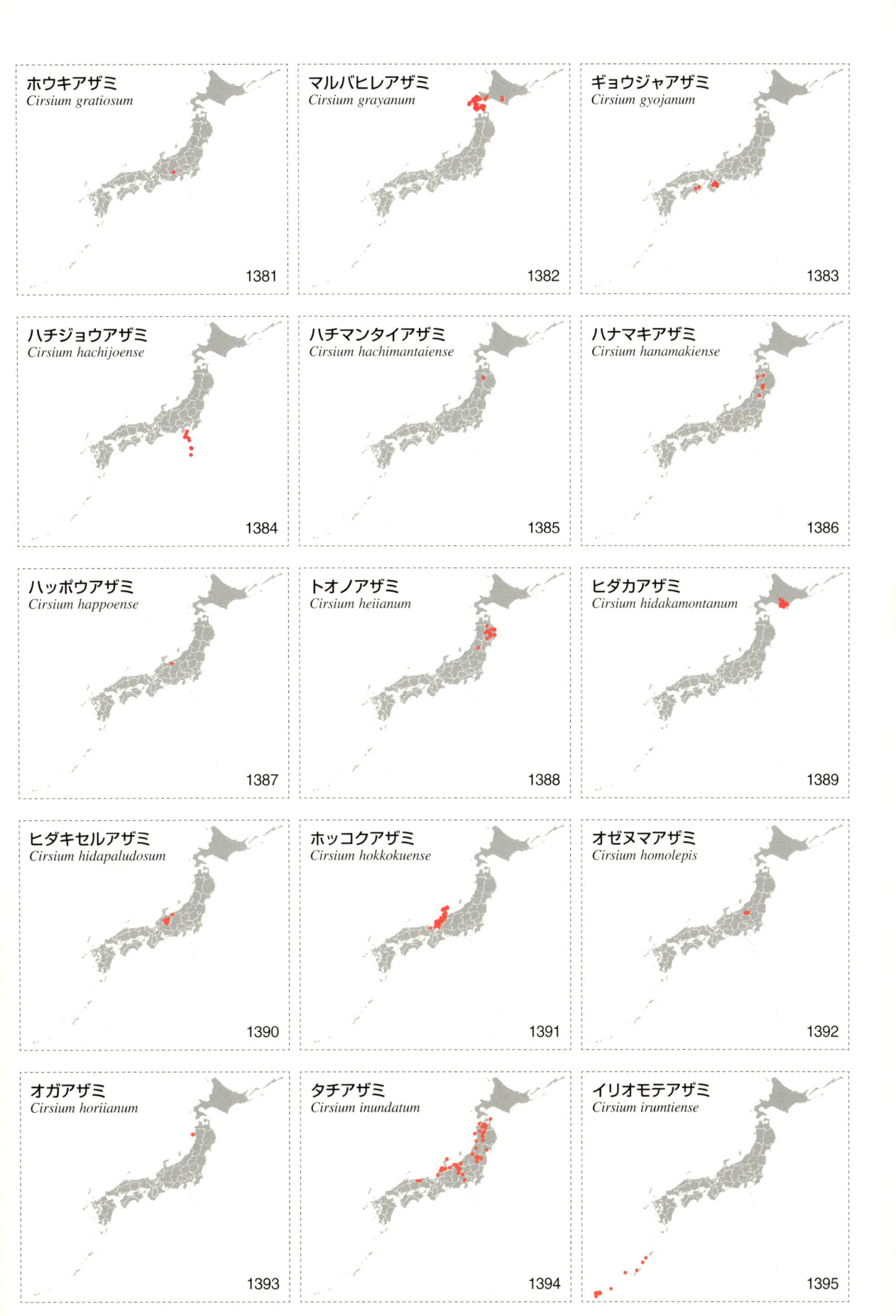

ホウキアザミ *Cirsium gratiosum* 1381	マルバヒレアザミ *Cirsium grayanum* 1382	ギョウジャアザミ *Cirsium gyojanum* 1383
ハチジョウアザミ *Cirsium hachijoense* 1384	ハチマンタイアザミ *Cirsium hachimantaiense* 1385	ハナマキアザミ *Cirsium hanamakiense* 1386
ハッポウアザミ *Cirsium happoense* 1387	トオノアザミ *Cirsium heiianum* 1388	ヒダカアザミ *Cirsium hidakamontanum* 1389
ヒダキセルアザミ *Cirsium hidapaludosum* 1390	ホッコクアザミ *Cirsium hokkokuense* 1391	オゼヌマアザミ *Cirsium homolepis* 1392
オガアザミ *Cirsium horiianum* 1393	タチアザミ *Cirsium inundatum* 1394	イリオモテアザミ *Cirsium irumtiense* 1395

種子植物／キク科

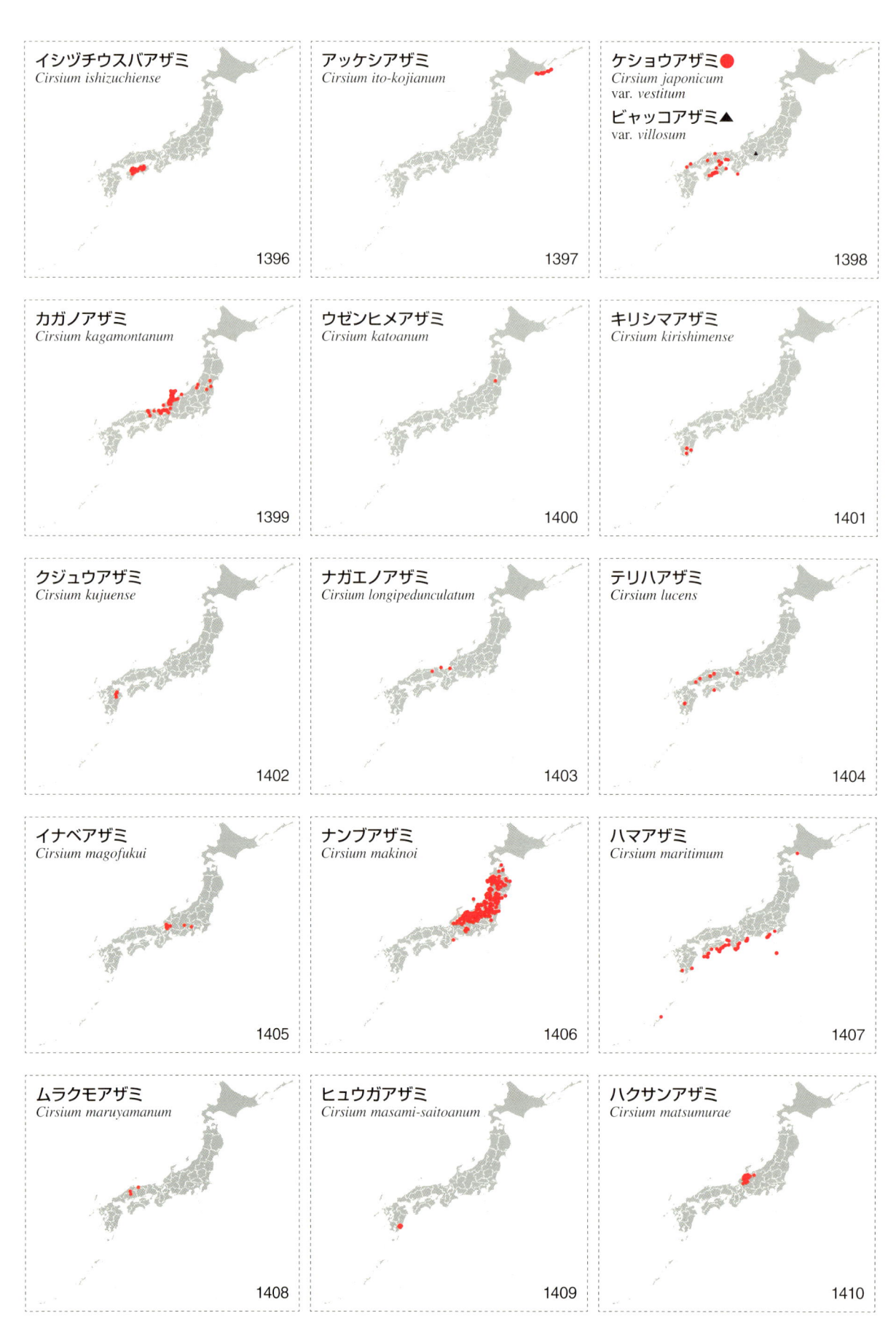

イシヅチウスバアザミ *Cirsium ishizuchiense* 1396	アッケシアザミ *Cirsium ito-kojianum* 1397	ケショウアザミ● *Cirsium japonicum* var. *vestitum* ビャッコアザミ▲ var. *villosum* 1398
カガノアザミ *Cirsium kagamontanum* 1399	ウゼンヒメアザミ *Cirsium katoanum* 1400	キリシマアザミ *Cirsium kirishimense* 1401
クジュウアザミ *Cirsium kujuense* 1402	ナガエノアザミ *Cirsium longipedunculatum* 1403	テリハアザミ *Cirsium lucens* 1404
イナベアザミ *Cirsium magofukui* 1405	ナンブアザミ *Cirsium makinoi* 1406	ハマアザミ *Cirsium maritimum* 1407
ムラクモアザミ *Cirsium maruyamanum* 1408	ヒュウガアザミ *Cirsium masami-saitoanum* 1409	ハクサンアザミ *Cirsium matsumurae* 1410

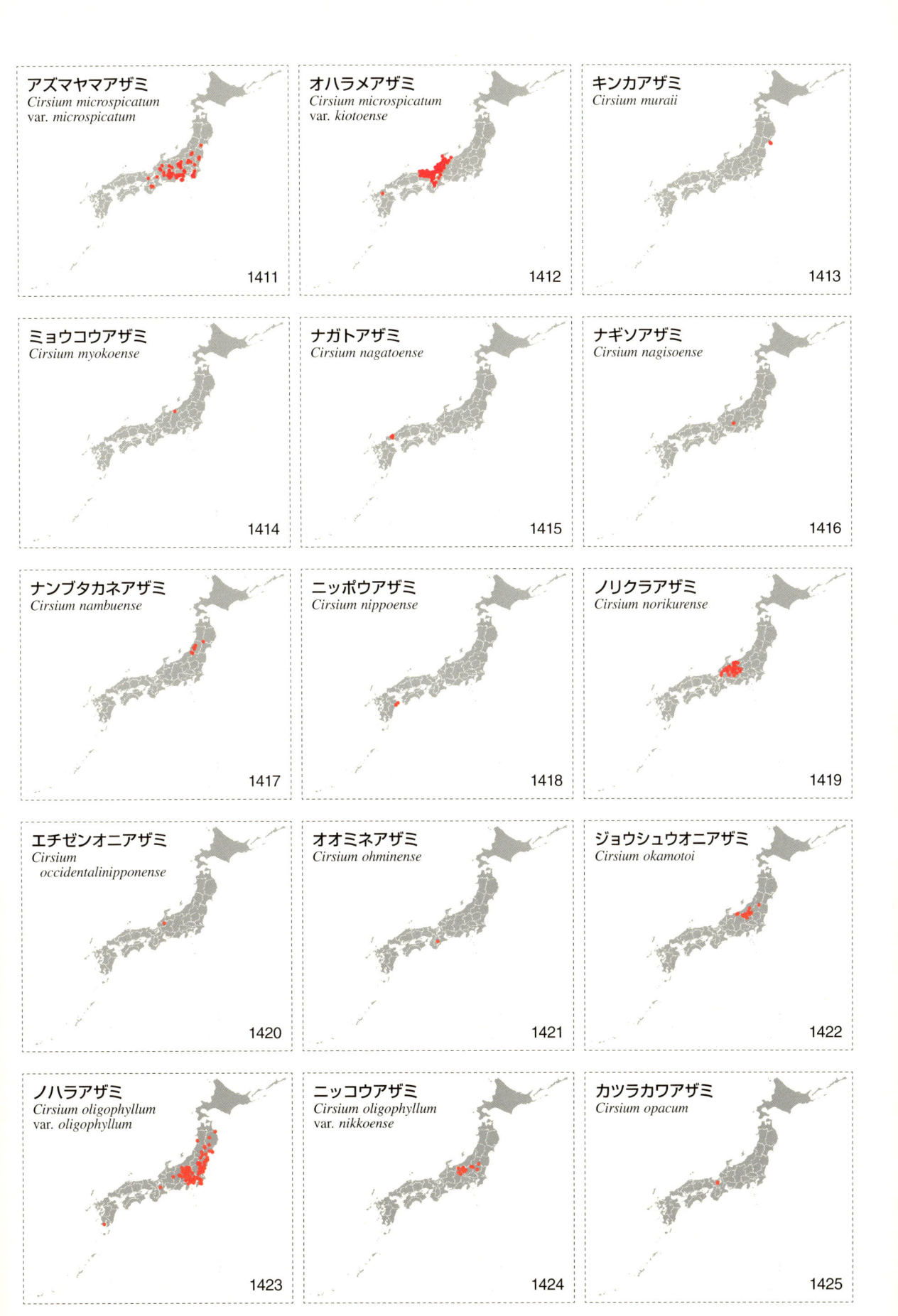

アズマヤマアザミ *Cirsium microspicatum* var. *microspicatum* 1411	オハラメアザミ *Cirsium microspicatum* var. *kiotoense* 1412	キンカアザミ *Cirsium muraii* 1413
ミョウコウアザミ *Cirsium myokoense* 1414	ナガトアザミ *Cirsium nagatoense* 1415	ナギソアザミ *Cirsium nagisoense* 1416
ナンブタカネアザミ *Cirsium nambuense* 1417	ニッポウアザミ *Cirsium nippoense* 1418	ノリクラアザミ *Cirsium norikurense* 1419
エチゼンオニアザミ *Cirsium* 　*occidentalinipponense* 1420	オオミネアザミ *Cirsium ohminense* 1421	ジョウシュウオニアザミ *Cirsium okamotoi* 1422
ノハラアザミ *Cirsium oligophyllum* var. *oligophyllum* 1423	ニッコウアザミ *Cirsium oligophyllum* var. *nikkoense* 1424	カツラカワアザミ *Cirsium opacum* 1425

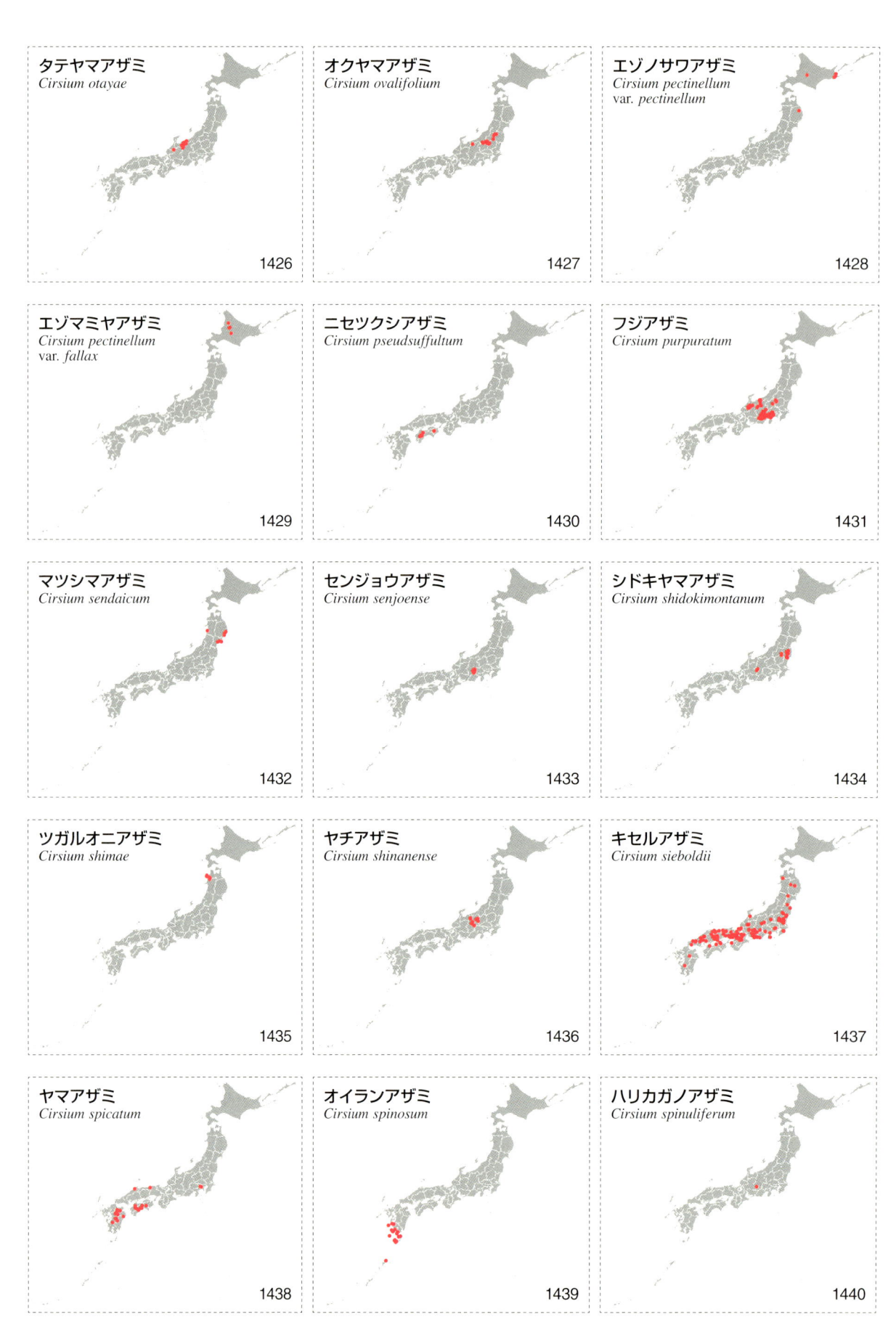

タテヤマアザミ *Cirsium otayae* 1426	オクヤマアザミ *Cirsium ovalifolium* 1427	エゾノサワアザミ *Cirsium pectinellum* var. *pectinellum* 1428
エゾミヤアザミ *Cirsium pectinellum* var. *fallax* 1429	ニセツクシアザミ *Cirsium pseudsuffultum* 1430	フジアザミ *Cirsium purpuratum* 1431
マツシマアザミ *Cirsium sendaicum* 1432	センジョウアザミ *Cirsium senjoense* 1433	シドキヤマアザミ *Cirsium shidokimontanum* 1434
ツガルオニアザミ *Cirsium shimae* 1435	ヤチアザミ *Cirsium shinanense* 1436	キセルアザミ *Cirsium sieboldii* 1437
ヤマアザミ *Cirsium spicatum* 1438	オイランアザミ *Cirsium spinosum* 1439	ハリカガノアザミ *Cirsium spinuliferum* 1440

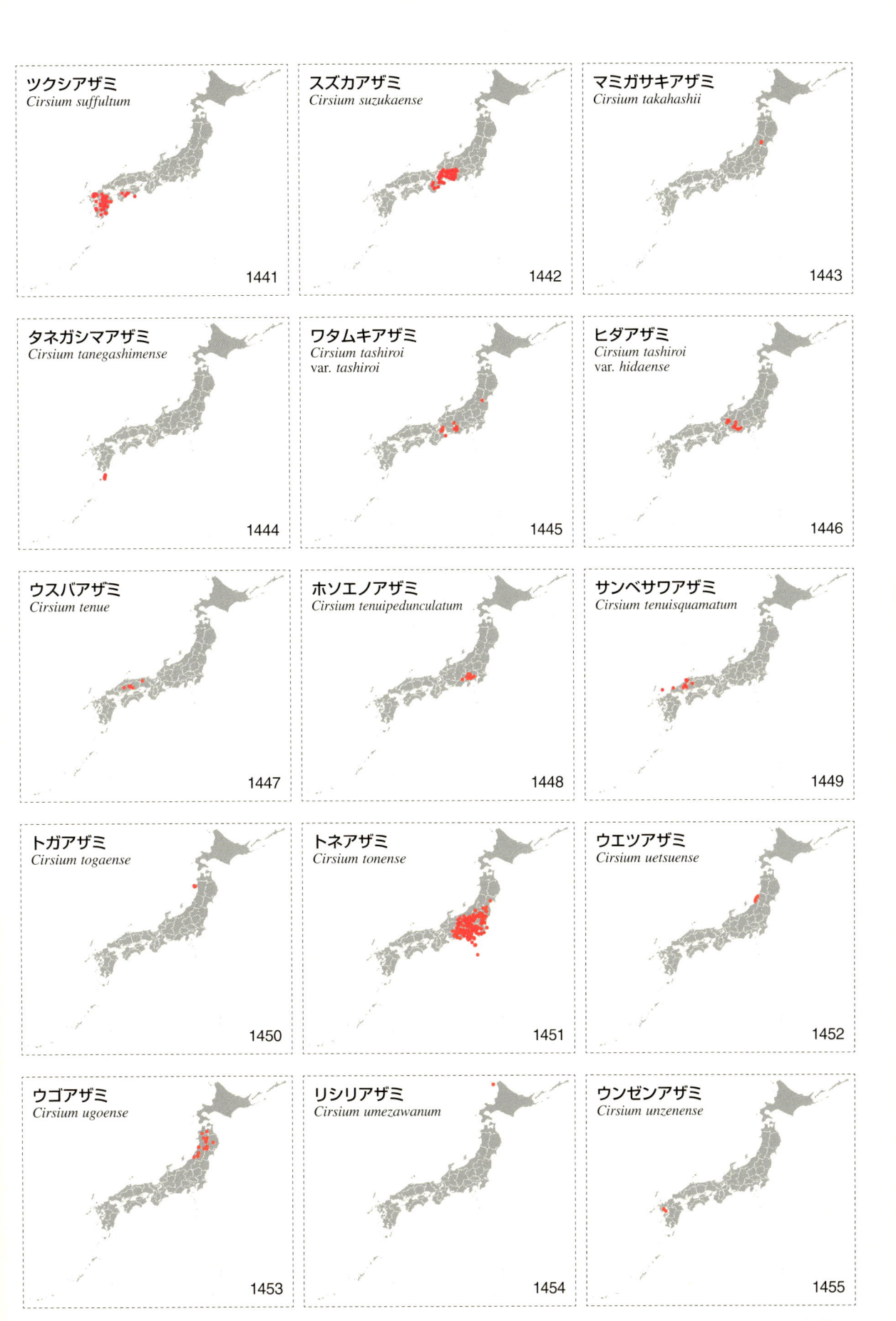

ツクシアザミ *Cirsium suffultum* 1441	スズカアザミ *Cirsium suzukaense* 1442	マミガサキアザミ *Cirsium takahashii* 1443
タネガシマアザミ *Cirsium tanegashimense* 1444	ワタムキアザミ *Cirsium tashiroi* var. *tashiroi* 1445	ヒダアザミ *Cirsium tashiroi* var. *hidaense* 1446
ウスバアザミ *Cirsium tenue* 1447	ホソエノアザミ *Cirsium tenuipedunculatum* 1448	サンベサワアザミ *Cirsium tenuisquamatum* 1449
トガアザミ *Cirsium togaense* 1450	トネアザミ *Cirsium tonense* 1451	ウエツアザミ *Cirsium uetsuense* 1452
ウゴアザミ *Cirsium ugoense* 1453	リシリアザミ *Cirsium umezawanum* 1454	ウンゼンアザミ *Cirsium unzenense* 1455

種子植物／キク科

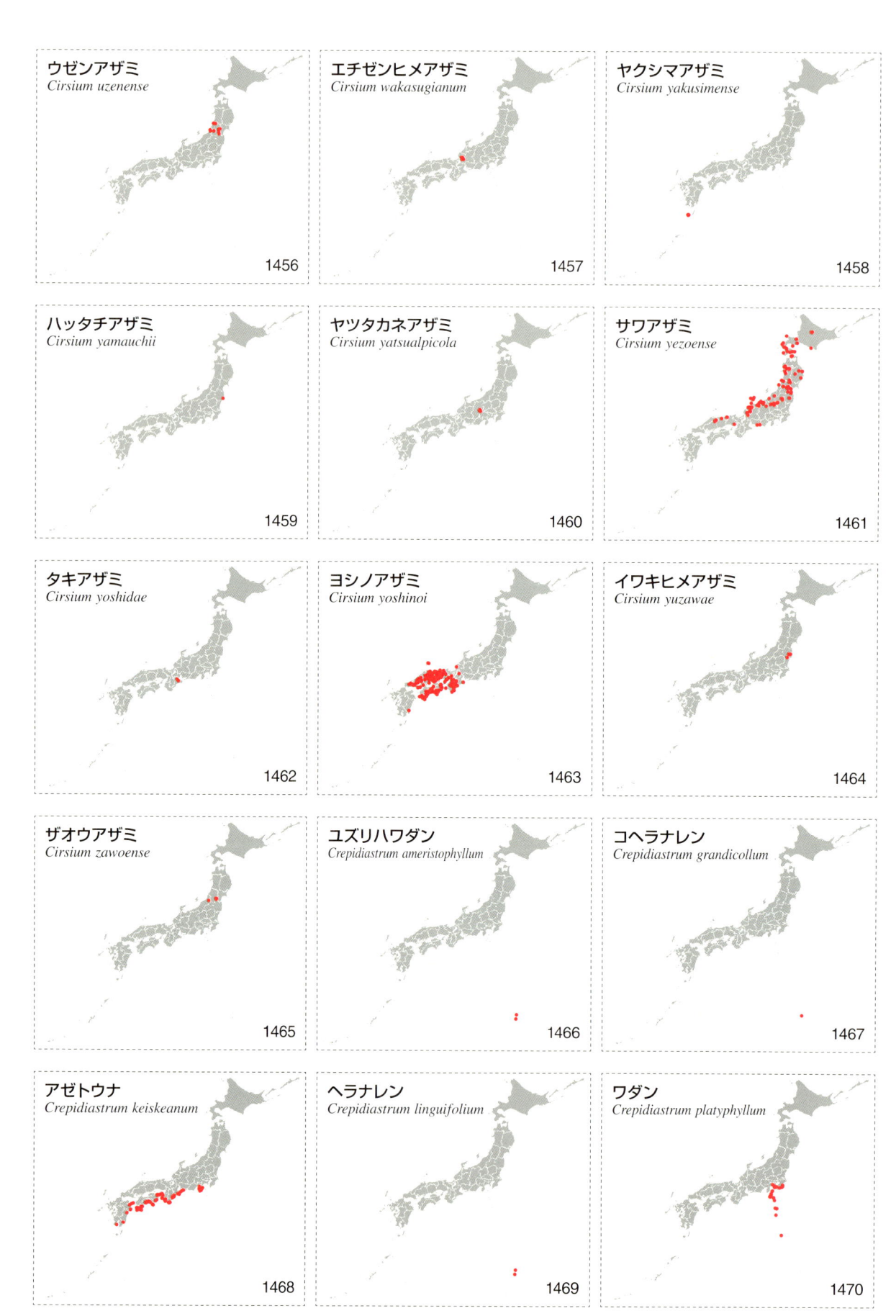

ウゼンアザミ *Cirsium uzenense* 1456	**エチゼンヒメアザミ** *Cirsium wakasugianum* 1457	**ヤクシマアザミ** *Cirsium yakusimense* 1458
ハッタチアザミ *Cirsium yamauchii* 1459	**ヤツタカネアザミ** *Cirsium yatsualpicola* 1460	**サワアザミ** *Cirsium yezoense* 1461
タキアザミ *Cirsium yoshidae* 1462	**ヨシノアザミ** *Cirsium yoshinoi* 1463	**イワキヒメアザミ** *Cirsium yuzawae* 1464
ザオウアザミ *Cirsium zawoense* 1465	**ユズリハワダン** *Crepidiastrum ameristophyllum* 1466	**コヘラナレン** *Crepidiastrum grandicollum* 1467
アゼトウナ *Crepidiastrum keiskeanum* 1468	**ヘラナレン** *Crepidiastrum linguifolium* 1469	**ワダン** *Crepidiastrum platyphyllum* 1470

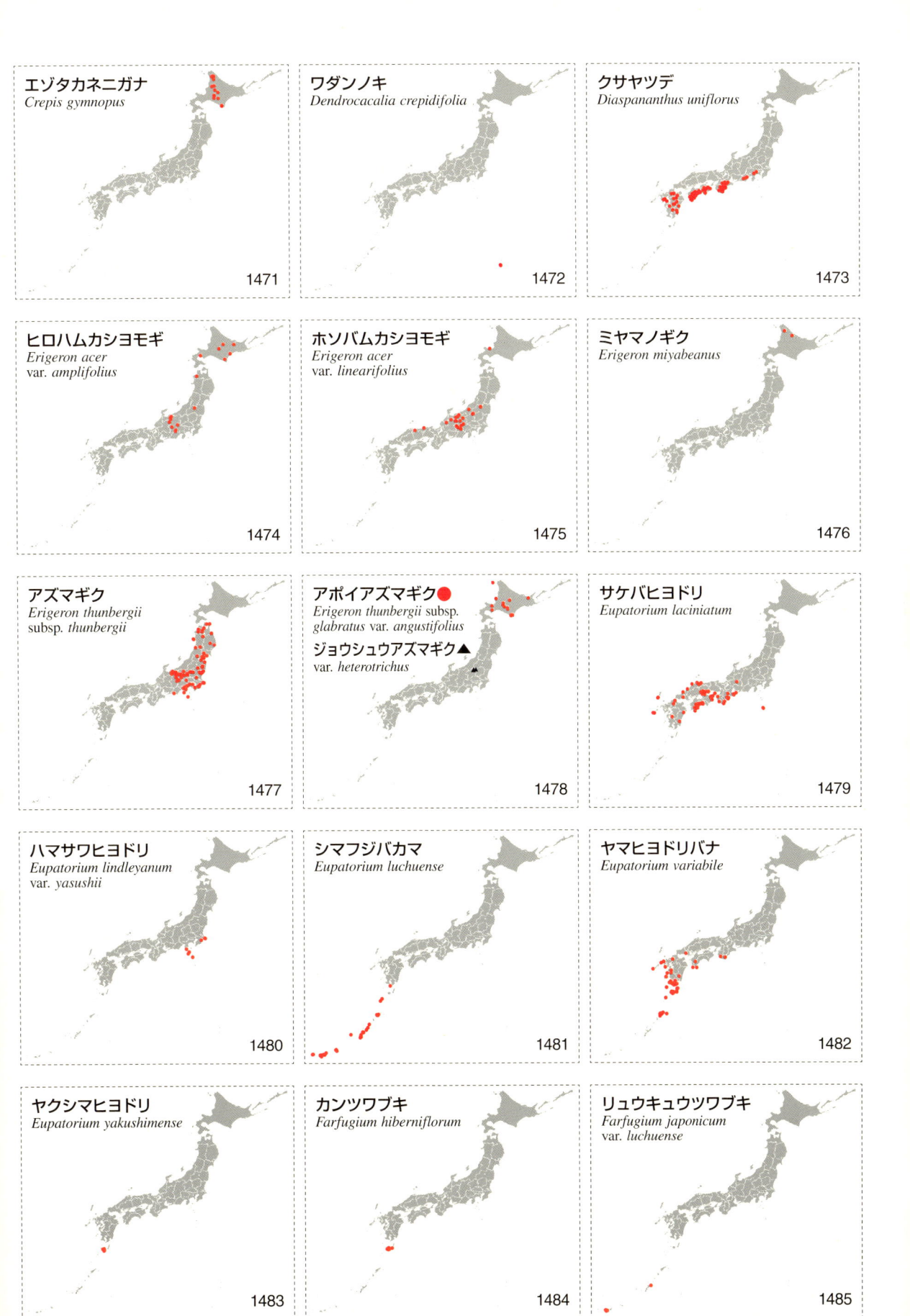

エゾタカネニガナ *Crepis gymnopus* 1471	ワダンノキ *Dendrocacalia crepidifolia* 1472	クサヤツデ *Diaspananthus uniflorus* 1473
ヒロハムカシヨモギ *Erigeron acer* var. *amplifolius* 1474	ホソバムカシヨモギ *Erigeron acer* var. *linearifolius* 1475	ミヤマノギク *Erigeron miyabeanus* 1476
アズマギク *Erigeron thunbergii* subsp. *thunbergii* 1477	アポイアズマギク● *Erigeron thunbergii* subsp. *glabratus* var. *angustifolius* ジョウシュウアズマギク▲ var. *heterotrichus* 1478	サケバヒヨドリ *Eupatorium laciniatum* 1479
ハマサワヒヨドリ *Eupatorium lindleyanum* var. *yasushii* 1480	シマフジバカマ *Eupatorium luchuense* 1481	ヤマヒヨドリバナ *Eupatorium variabile* 1482
ヤクシマヒヨドリ *Eupatorium yakushimense* 1483	カンツワブキ *Farfugium hiberniflorum* 1484	リュウキュウツワブキ *Farfugium japonicum* var. *luchuense* 1485

ミヤマコウゾリナ *Hieracium japonicum* 1486	スイラン *Hololeion krameri* 1487	エゾコウゾリナ *Hypochaeris crepidioides* 1488
ミズギク *Inula ciliaris* var. *ciliaris* 1489	オゼミズギク *Inula ciliaris* var. *glandulosa* 1490	タカネニガナ *Ixeris alpicola* 1491
クモマニガナ● *Ixeris dentata* subsp. *kimurana* イソニガナ▲ subsp. *nipponica* 1492	ツルワダン *Ixeris longirostra* 1493	ヤクシマニガナ *Ixeris parva* 1494
ミヤマウスユキソウ● *Leontopodium fauriei* var. *fauriei* ホソバヒナウスユキソウ▲ var. *angustifolium* 1495	ハヤチネウスユキソウ *Leontopodium hayachinense* 1496	ヤマウスユキソウ● *Leontopodium japonicum* var. *orogenes* カワラウスユキソウ▲ var. *perniveum* 1497
ミネウスユキソウ● *Leontopodium japonicum* var. *shiroumense* コウスユキソウ▲ var. *spathulatum* 1498	チシマウスユキソウ *Leontopodium kurilense* 1499	オオヒラウスユキソウ *Leontopodium miyabeanum* 1500

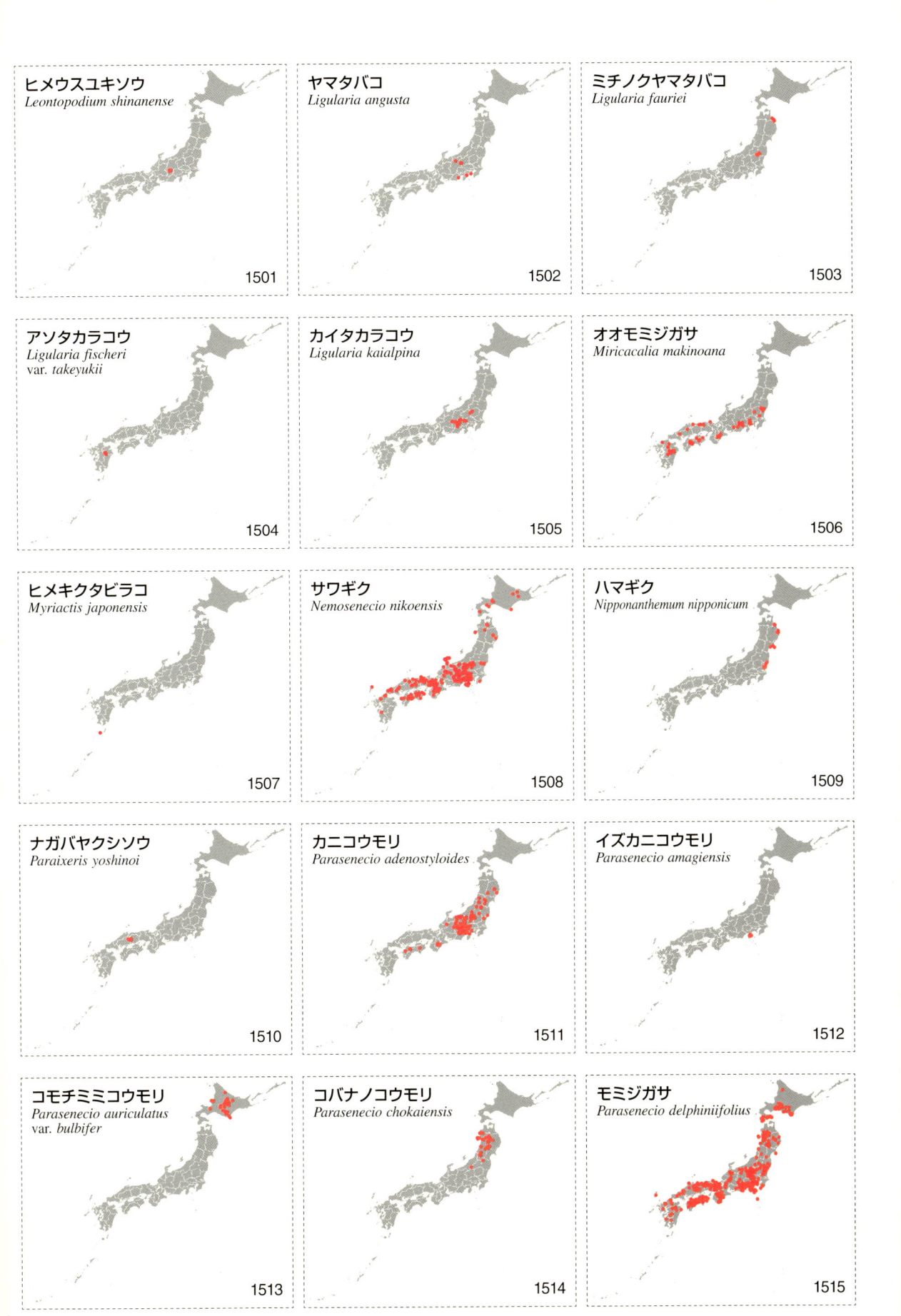

ヒメウスユキソウ *Leontopodium shinanense* 1501	ヤマタバコ *Ligularia angusta* 1502	ミチノクヤマタバコ *Ligularia fauriei* 1503
アソタカラコウ *Ligularia fischeri* var. *takeyukii* 1504	カイタカラコウ *Ligularia kaialpina* 1505	オオモミジガサ *Miricacalia makinoana* 1506
ヒメキクタビラコ *Myriactis japonensis* 1507	サワギク *Nemosenecio nikoensis* 1508	ハマギク *Nipponanthemum nipponicum* 1509
ナガバヤクシソウ *Paraixeris yoshinoi* 1510	カニコウモリ *Parasenecio adenostyloides* 1511	イズカニコウモリ *Parasenecio amagiensis* 1512
コモチミミコウモリ *Parasenecio auriculatus* var. *bulbifer* 1513	コバナノコウモリ *Parasenecio chokaiensis* 1514	モミジガサ *Parasenecio delphiniifolius* 1515

種子植物／キク科　383

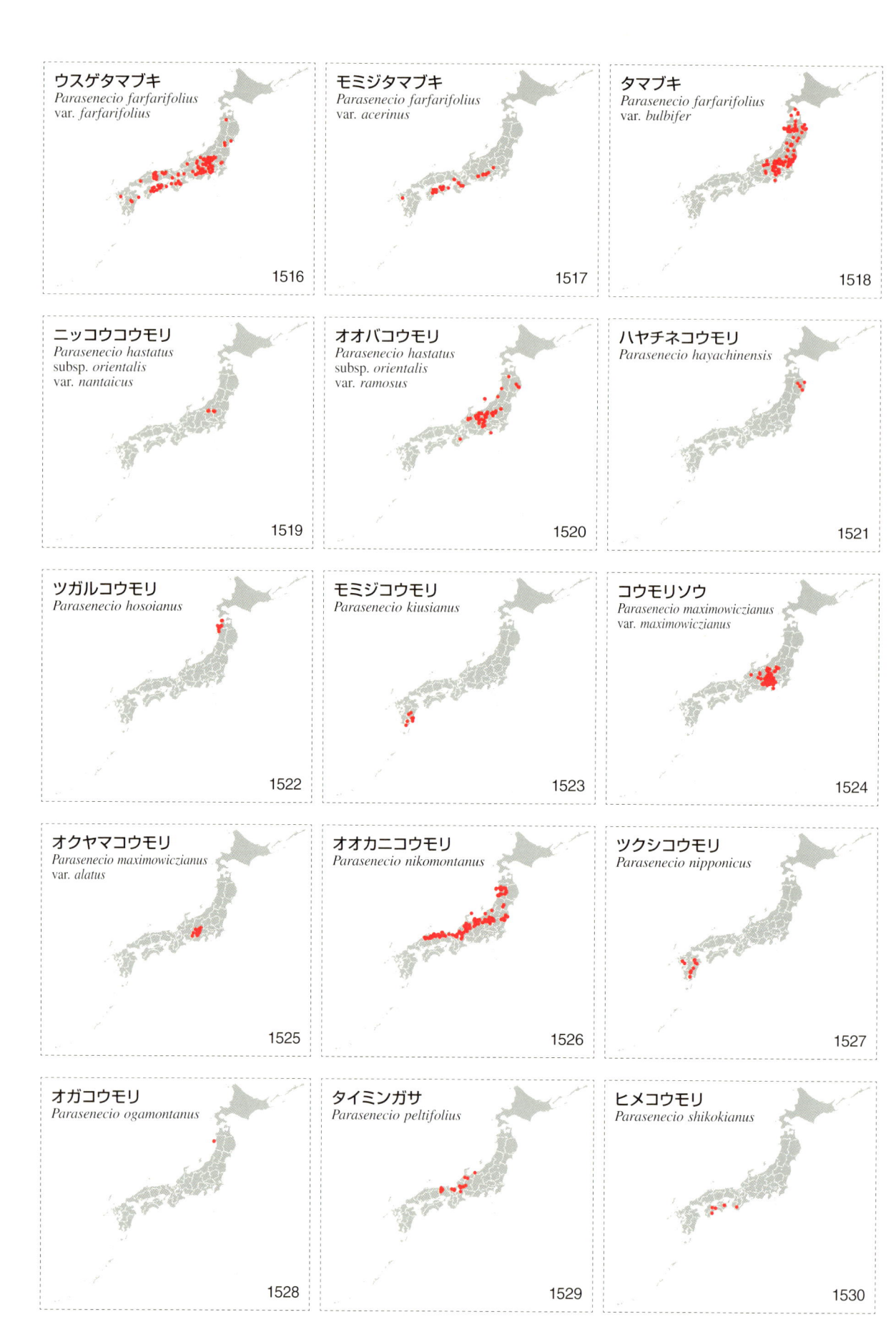

ウスゲタマブキ *Parasenecio farfarifolius* var. *farfarifolius* 1516	モミジタマブキ *Parasenecio farfarifolius* var. *acerinus* 1517	タマブキ *Parasenecio farfarifolius* var. *bulbifer* 1518
ニッコウコウモリ *Parasenecio hastatus* subsp. *orientalis* var. *nantaicus* 1519	オオバコウモリ *Parasenecio hastatus* subsp. *orientalis* var. *ramosus* 1520	ハヤチネコウモリ *Parasenecio hayachinensis* 1521
ツガルコウモリ *Parasenecio hosoianus* 1522	モミジコウモリ *Parasenecio kiusianus* 1523	コウモリソウ *Parasenecio maximowiczianus* var. *maximowiczianus* 1524
オクヤマコウモリ *Parasenecio maximowiczianus* var. *alatus* 1525	オオカニコウモリ *Parasenecio nikomontanus* 1526	ツクシコウモリ *Parasenecio nipponicus* 1527
オガコウモリ *Parasenecio ogamontanus* 1528	タイミンガサ *Parasenecio peltifolius* 1529	ヒメコウモリ *Parasenecio shikokianus* 1530

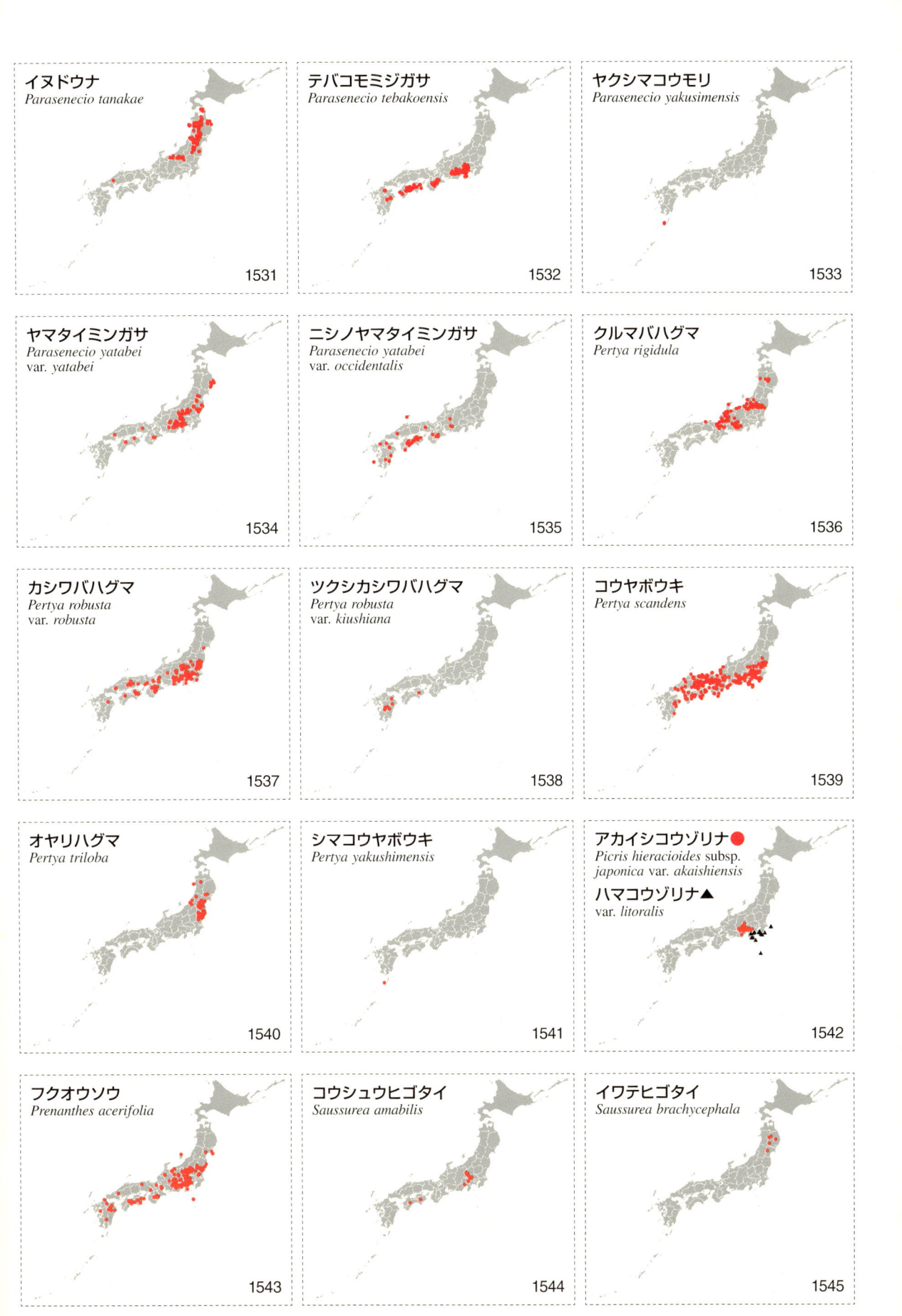

イヌドウナ *Parasenecio tanakae* 1531	テバコモミジガサ *Parasenecio tebakoensis* 1532	ヤクシマコウモリ *Parasenecio yakusimensis* 1533
ヤマタイミンガサ *Parasenecio yatabei* var. *yatabei* 1534	ニシノヤマタイミンガサ *Parasenecio yatabei* var. *occidentalis* 1535	クルマバハグマ *Pertya rigidula* 1536
カシワバハグマ *Pertya robusta* var. *robusta* 1537	ツクシカシワバハグマ *Pertya robusta* var. *kiushiana* 1538	コウヤボウキ *Pertya scandens* 1539
オヤリハグマ *Pertya triloba* 1540	シマコウヤボウキ *Pertya yakushimensis* 1541	アカイシコウゾリナ● *Picris hieracioides* subsp. *japonica* var. *akaishiensis* ハマコウゾリナ▲ var. *litoralis* 1542
フクオウソウ *Prenanthes acerifolia* 1543	コウシュウヒゴタイ *Saussurea amabilis* 1544	イワテヒゴタイ *Saussurea brachycephala* 1545

種子植物／キク科 385

ユキバヒゴタイ *Saussurea chionophylla* 1546	フォーリーアザミ *Saussurea fauriei* 1547	ミヤマキタアザミ *Saussurea franchetii* 1548
フボウトウヒレン *Saussurea fuboensis* 1549	ツクシトウヒレン *Saussurea higomontana* 1550	タンザワヒゴタイ *Saussurea hisauchii* 1551
ホクロクトウヒレン *Saussurea hokurokuensis* 1552	ムツトウヒレン *Saussurea hosoiana* 1553	イナトウヒレン *Saussurea inaensis* 1554
シマトウヒレン *Saussurea insularis* 1555	タカネヒゴタイ *Saussurea kaimontana* 1556	キリガミネトウヒレン *Saussurea kiriganensis* 1557
ツクシヒゴタイ *Saussurea kiusiana* 1558	タイシャクトウヒレン *Saussurea kubotae* 1559	ヒダカトウヒレン *Saussurea kudoana* var. *kudoana* 1560

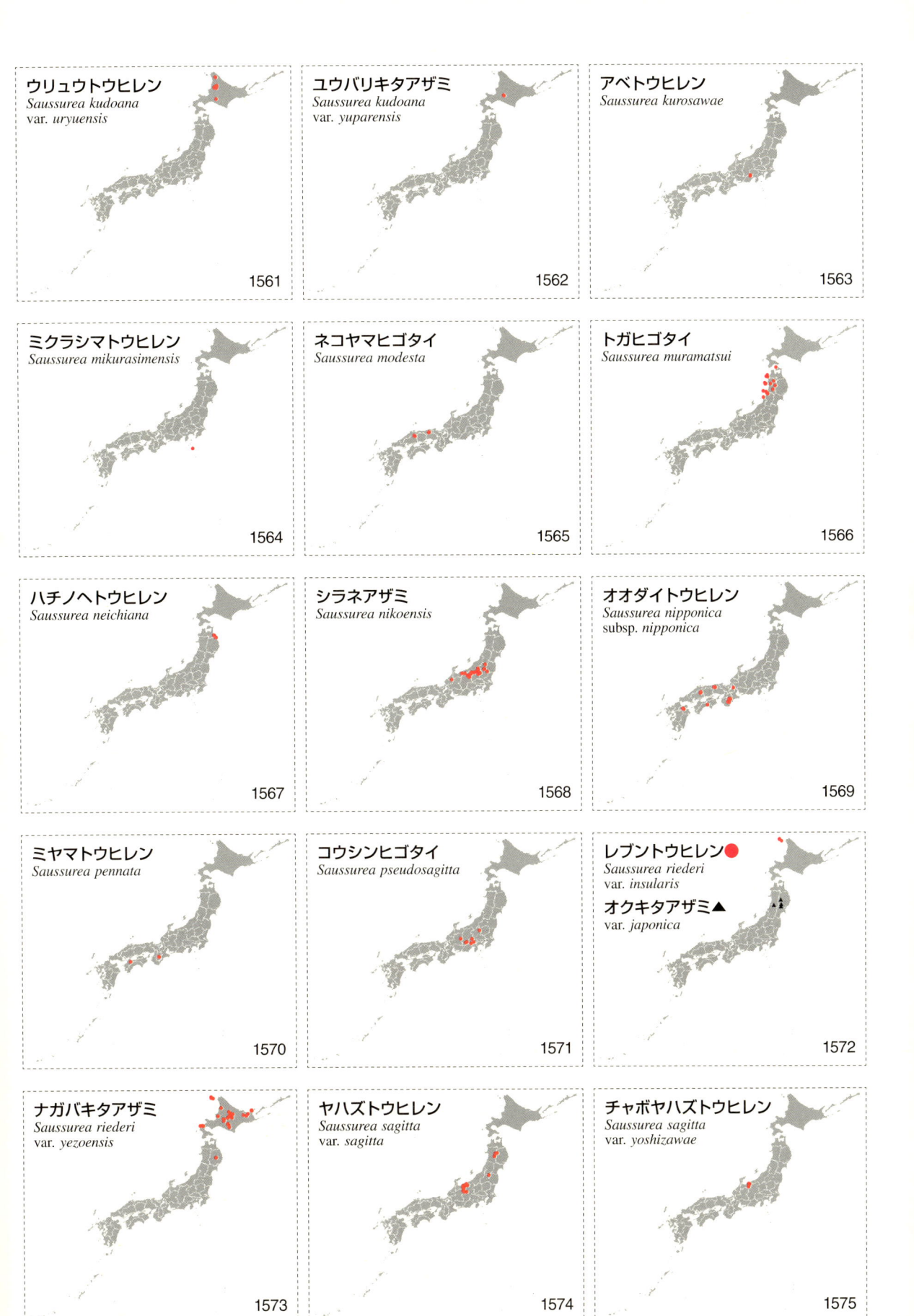

ウリュウトウヒレン *Saussurea kudoana* var. *uryuensis* 1561	ユウバリキタアザミ *Saussurea kudoana* var. *yuparensis* 1562	アベトウヒレン *Saussurea kurosawae* 1563
ミクラシマトウヒレン *Saussurea mikurasimensis* 1564	ネコヤマヒゴタイ *Saussurea modesta* 1565	トガヒゴタイ *Saussurea muramatsui* 1566
ハチノヘトウヒレン *Saussurea neichiana* 1567	シラネアザミ *Saussurea nikoensis* 1568	オオダイトウヒレン *Saussurea nipponica* subsp. *nipponica* 1569
ミヤマトウヒレン *Saussurea pennata* 1570	コウシンヒゴタイ *Saussurea pseudosagitta* 1571	レブントウヒレン● *Saussurea riederi* var. *insularis* オクキタアザミ▲ var. *japonica* 1572
ナガバキタアザミ *Saussurea riederi* var. *yezoensis* 1573	ヤハズトウヒレン *Saussurea sagitta* var. *sagitta* 1574	チャボヤハズトウヒレン *Saussurea sagitta* var. *yoshizawae* 1575

種子植物／キク科

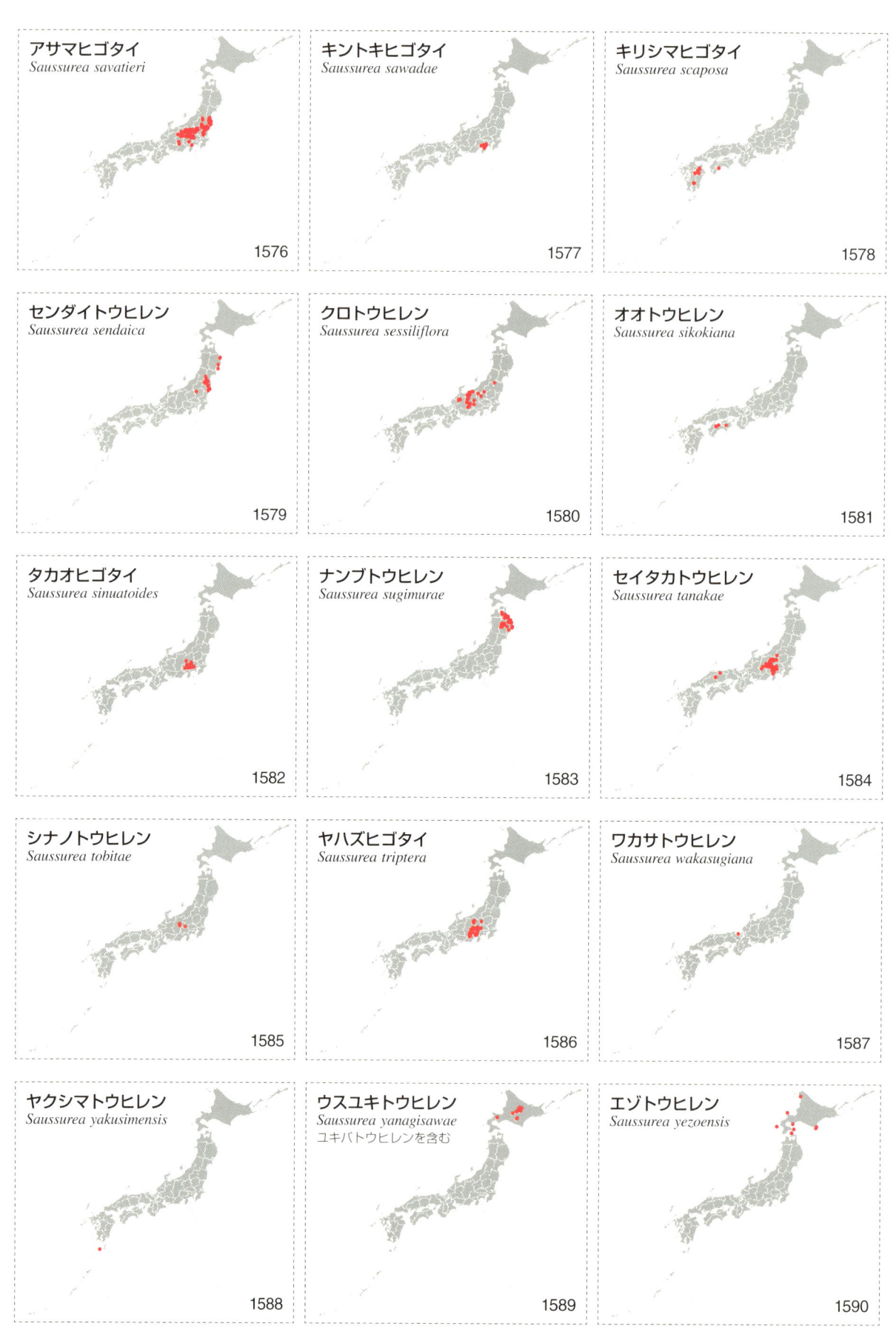

アサマヒゴタイ *Saussurea savatieri* 1576	キントキヒゴタイ *Saussurea sawadae* 1577	キリシマヒゴタイ *Saussurea scaposa* 1578
センダイトウヒレン *Saussurea sendaica* 1579	クロトウヒレン *Saussurea sessiliflora* 1580	オオトウヒレン *Saussurea sikokiana* 1581
タカオヒゴタイ *Saussurea sinuatoides* 1582	ナンブトウヒレン *Saussurea sugimurae* 1583	セイタカトウヒレン *Saussurea tanakae* 1584
シナノトウヒレン *Saussurea tobitae* 1585	ヤハズヒゴタイ *Saussurea triptera* 1586	ワカサトウヒレン *Saussurea wakasugiana* 1587
ヤクシマトウヒレン *Saussurea yakusimensis* 1588	ウスユキトウヒレン *Saussurea yanagisawae* ユキバトウヒレンを含む 1589	エゾトウヒレン *Saussurea yezoensis* 1590

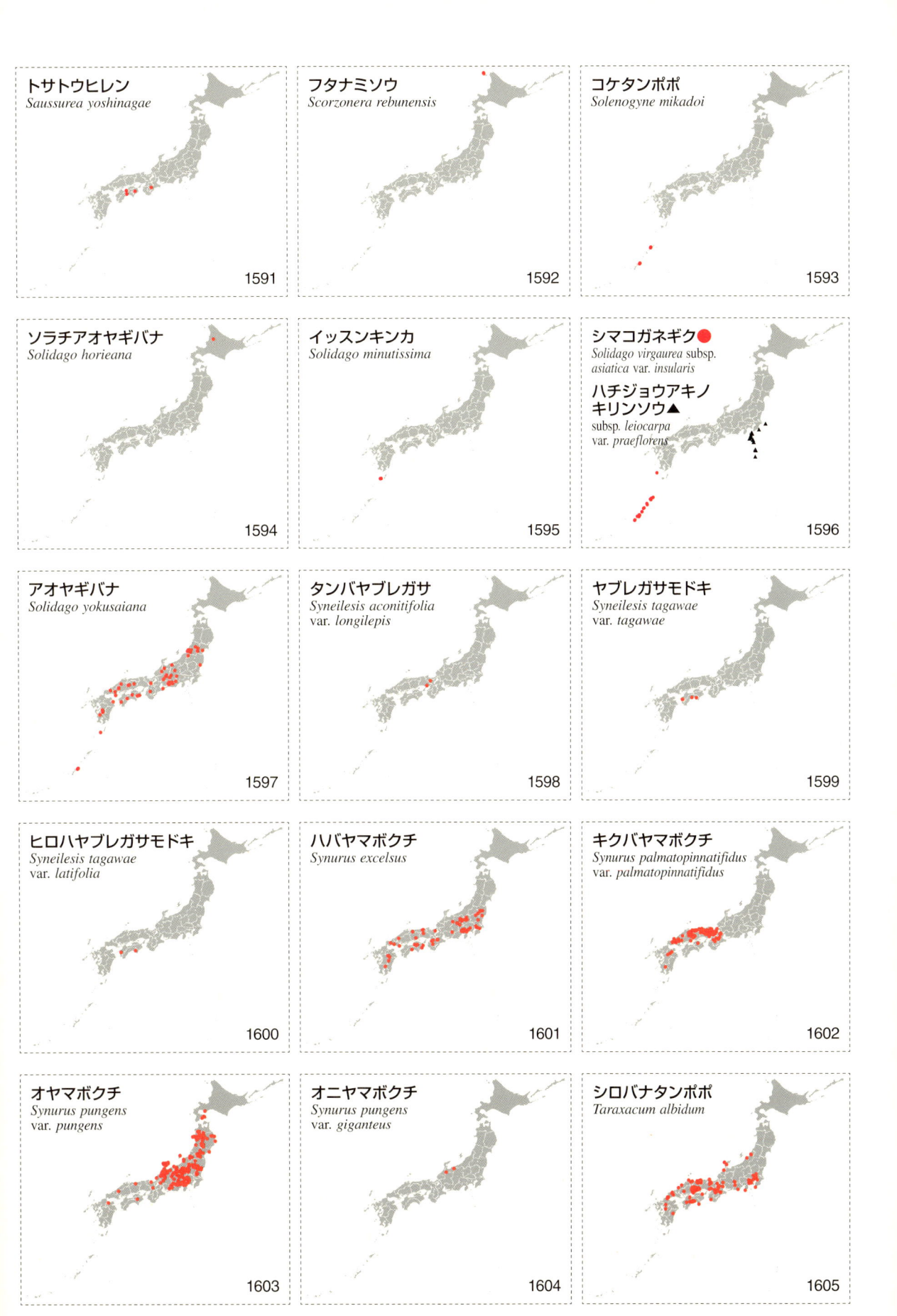

トサトウヒレン *Saussurea yoshinagae* 1591	フタナミソウ *Scorzonera rebunensis* 1592	コケタンポポ *Solenogyne mikadoi* 1593
ソラチアオヤギバナ *Solidago horieana* 1594	イッスンキンカ *Solidago minutissima* 1595	シマコガネギク● *Solidago virgaurea* subsp. *asiatica* var. *insularis* ハチジョウアキノキリンソウ▲ subsp. *leiocarpa* var. *praeflorens* 1596
アオヤギバナ *Solidago yokusaiana* 1597	タンバヤブレガサ *Syneilesis aconitifolia* var. *longilepis* 1598	ヤブレガサモドキ *Syneilesis tagawae* var. *tagawae* 1599
ヒロハヤブレガサモドキ *Syneilesis tagawae* var. *latifolia* 1600	ハバヤマボクチ *Synurus excelsus* 1601	キクバヤマボクチ *Synurus palmatopinnatifidus* var. *palmatopinnatifidus* 1602
オヤマボクチ *Synurus pungens* var. *pungens* 1603	オニヤマボクチ *Synurus pungens* var. *giganteus* 1604	シロバナタンポポ *Taraxacum albidum* 1605

種子植物／キク科　389

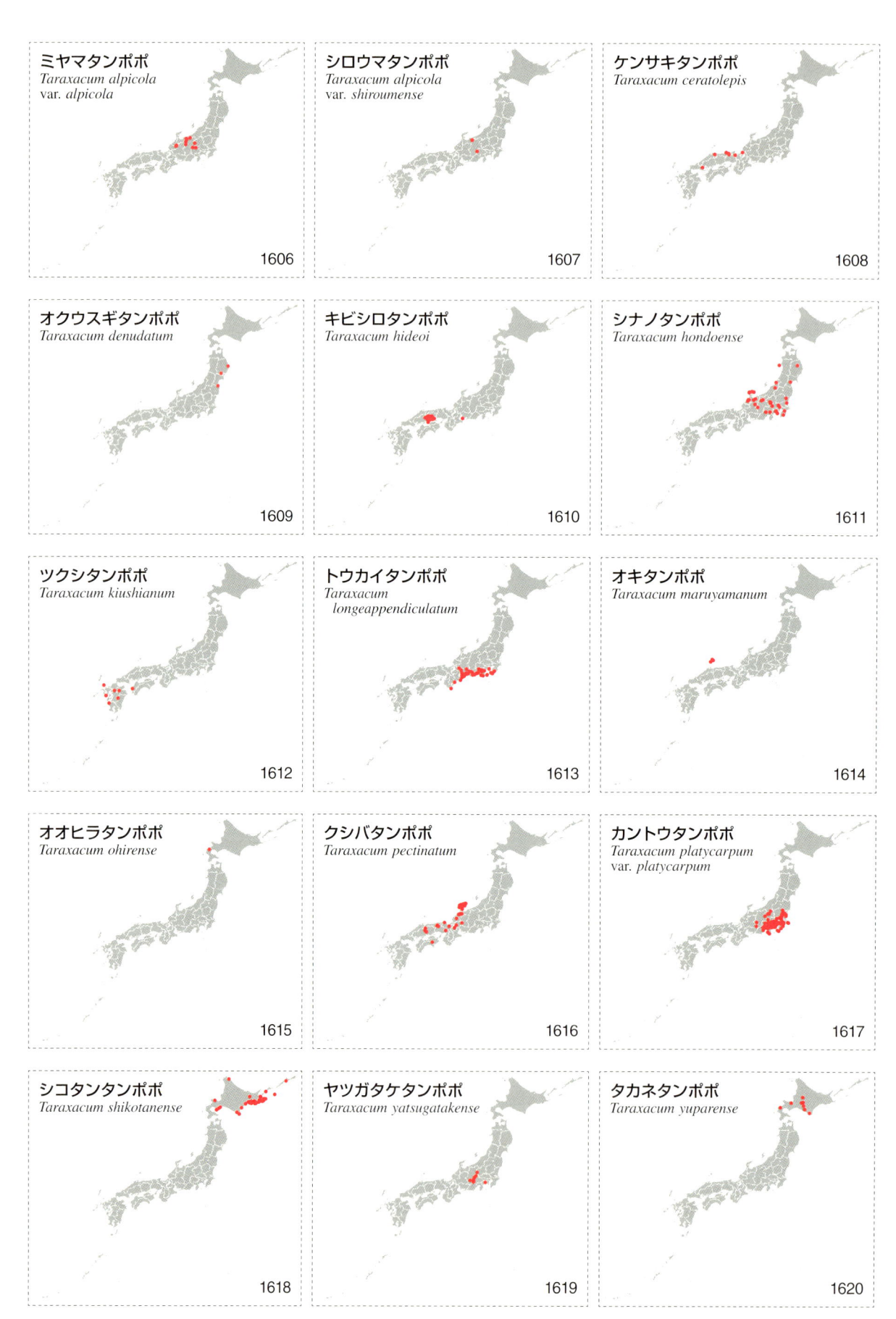

ミヤマタンポポ *Taraxacum alpicola* var. *alpicola* 1606	シロウマタンポポ *Taraxacum alpicola* var. *shiroumense* 1607	ケンサキタンポポ *Taraxacum ceratolepis* 1608
オクウスギタンポポ *Taraxacum denudatum* 1609	キビシロタンポポ *Taraxacum hideoi* 1610	シナノタンポポ *Taraxacum hondoense* 1611
ツクシタンポポ *Taraxacum kiushianum* 1612	トウカイタンポポ *Taraxacum longeappendiculatum* 1613	オキタンポポ *Taraxacum maruyamanum* 1614
オオヒラタンポポ *Taraxacum ohirense* 1615	クシバタンポポ *Taraxacum pectinatum* 1616	カントウタンポポ *Taraxacum platycarpum* var. *platycarpum* 1617
シコタンタンポポ *Taraxacum shikotanense* 1618	ヤツガタケタンポポ *Taraxacum yatsugatakense* 1619	タカネタンポポ *Taraxacum yuparense* 1620

390　IV　日本固有植物分布図

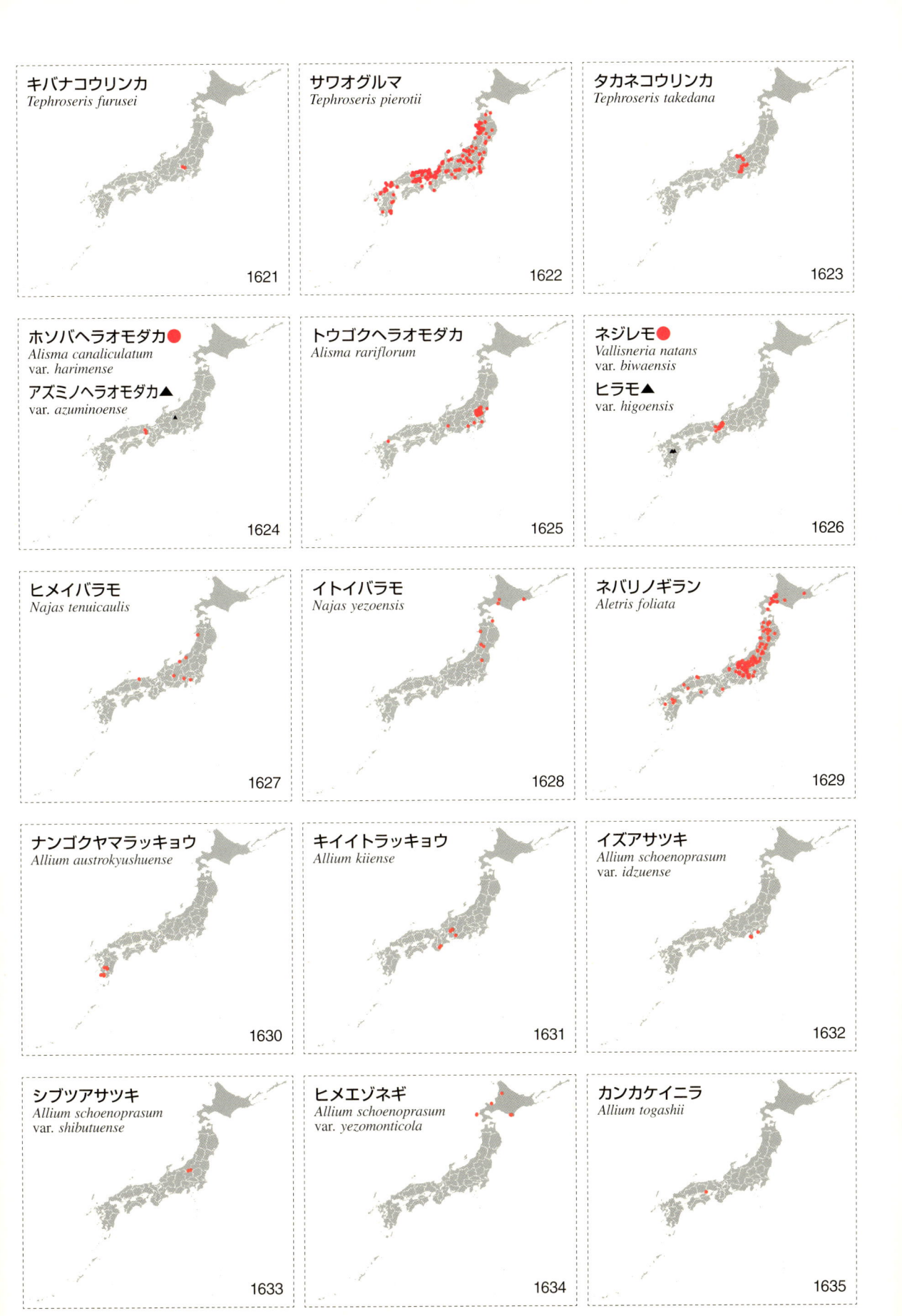

キバナコウリンカ *Tephroseris furusei* 1621	サワオグルマ *Tephroseris pierotii* 1622	タカネコウリンカ *Tephroseris takedana* 1623
ホソバヘラオモダカ ● *Alisma canaliculatum* var. *harimense* アズミノヘラオモダカ ▲ var. *azuminoense* 1624	トウゴクヘラオモダカ *Alisma rariflorum* 1625	ネジレモ ● *Vallisneria natans* var. *biwaensis* ヒラモ ▲ var. *higoensis* 1626
ヒメイバラモ *Najas tenuicaulis* 1627	イトイバラモ *Najas yezoensis* 1628	ネバリノギラン *Aletris foliata* 1629
ナンゴクヤマラッキョウ *Allium austrokyushuense* 1630	キイイトラッキョウ *Allium kiiense* 1631	イズアサツキ *Allium schoenoprasum* var. *idzuense* 1632
シブツアサツキ *Allium schoenoprasum* var. *shibutuense* 1633	ヒメエゾネギ *Allium schoenoprasum* var. *yezomonticola* 1634	カンカケイニラ *Allium togashii* 1635

種子植物／キク科〜ユリ科

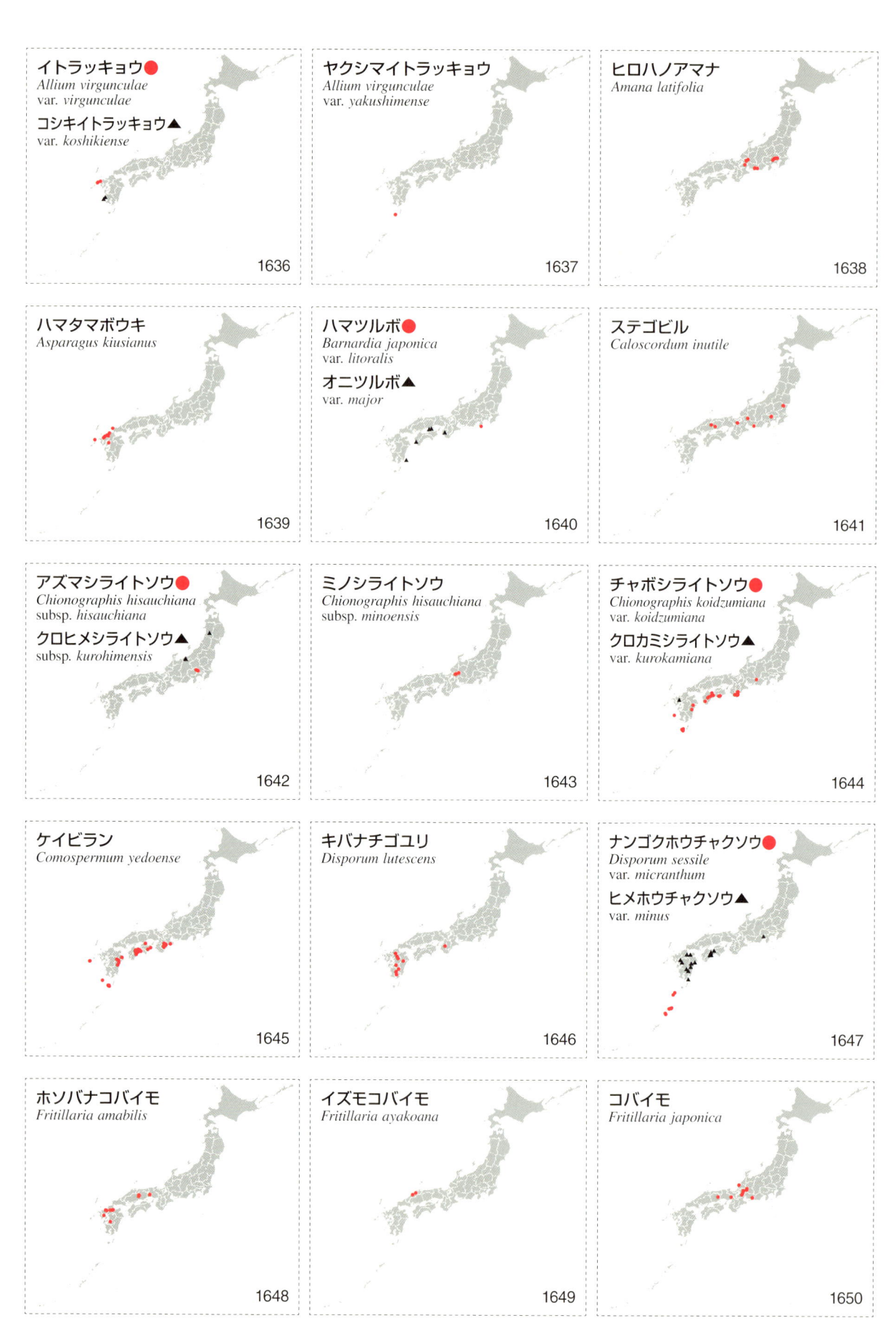

1636
イトラッキョウ ●
Allium virgunculae
var. *virgunculae*

コシキイトラッキョウ ▲
var. *koshikiense*

1637
ヤクシマイトラッキョウ
Allium virgunculae
var. *yakushimense*

1638
ヒロハノアマナ
Amana latifolia

1639
ハマタマボウキ
Asparagus kiusianus

1640
ハマツルボ ●
Barnardia japonica
var. *litoralis*

オニツルボ ▲
var. *major*

1641
ステゴビル
Caloscordum inutile

1642
アズマシライトソウ ●
Chionographis hisauchiana
subsp. *hisauchiana*

クロヒメシライトソウ ▲
subsp. *kurohimensis*

1643
ミノシライトソウ
Chionographis hisauchiana
subsp. *minoensis*

1644
チャボシライトソウ ●
Chionographis koidzumiana
var. *koidzumiana*

クロカミシライトソウ ▲
var. *kurokamiana*

1645
ケイビラン
Comospermum yedoense

1646
キバナチゴユリ
Disporum lutescens

1647
ナンゴクホウチャクソウ ●
Disporum sessile
var. *micranthum*

ヒメホウチャクソウ ▲
var. *minus*

1648
ホソバナコバイモ
Fritillaria amabilis

1649
イズモコバイモ
Fritillaria ayakoana

1650
コバイモ
Fritillaria japonica

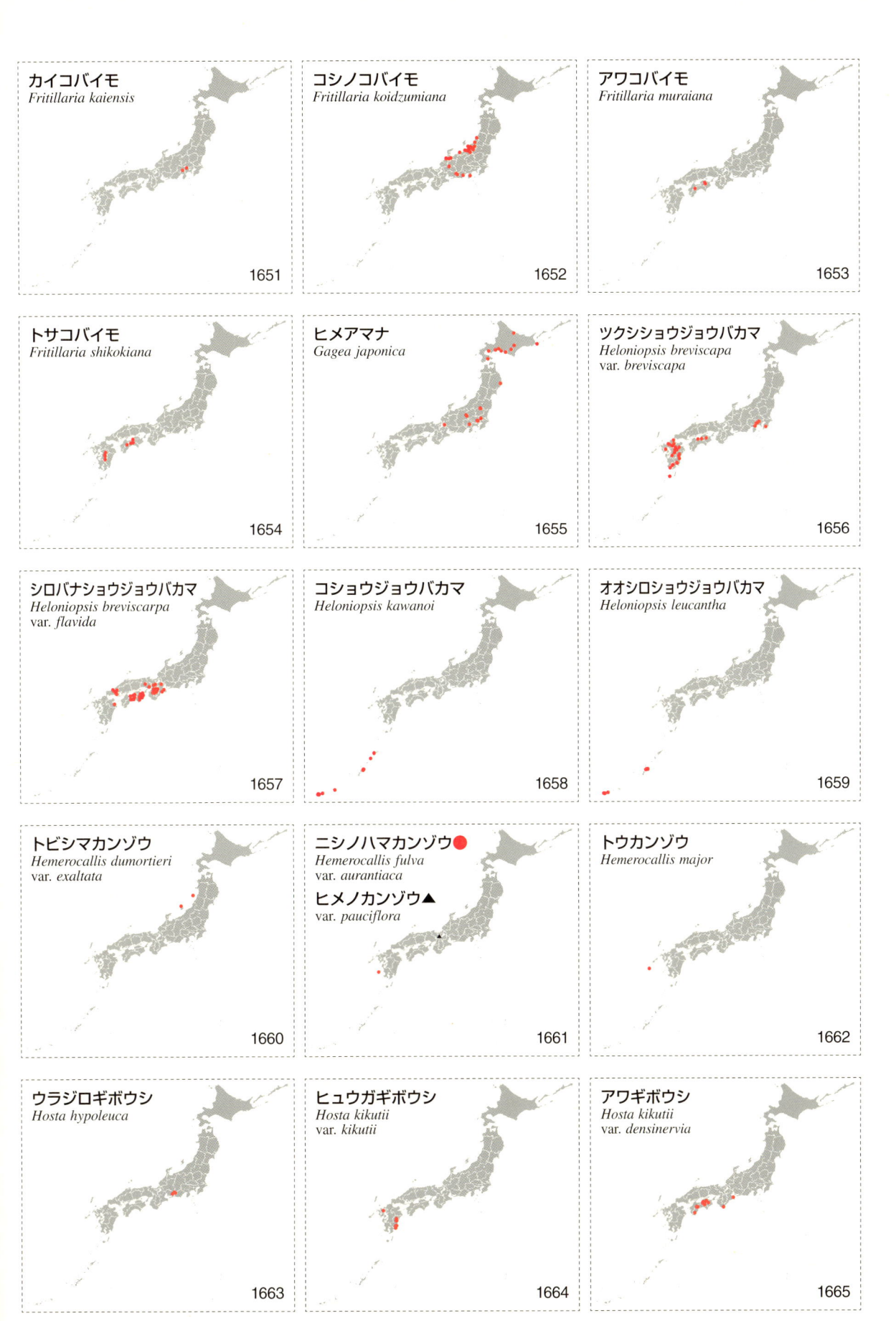

カイコバイモ *Fritillaria kaiensis* 1651	**コシノコバイモ** *Fritillaria koidzumiana* 1652	**アワコバイモ** *Fritillaria muraiana* 1653
トサコバイモ *Fritillaria shikokiana* 1654	**ヒメアマナ** *Gagea japonica* 1655	**ツクシショウジョウバカマ** *Heloniopsis breviscapa* var. *breviscapa* 1656
シロバナショウジョウバカマ *Heloniopsis breviscarpa* var. *flavida* 1657	**コショウジョウバカマ** *Heloniopsis kawanoi* 1658	**オオシロショウジョウバカマ** *Heloniopsis leucantha* 1659
トビシマカンゾウ *Hemerocallis dumortieri* var. *exaltata* 1660	**ニシノハマカンゾウ** ● *Hemerocallis fulva* var. *aurantiaca* **ヒメノカンゾウ** ▲ var. *pauciflora* 1661	**トウカンゾウ** *Hemerocallis major* 1662
ウラジロギボウシ *Hosta hypoleuca* 1663	**ヒュウガギボウシ** *Hosta kikutii* var. *kikutii* 1664	**アワギボウシ** *Hosta kikutii* var. *densinervia* 1665

種子植物／ユリ科

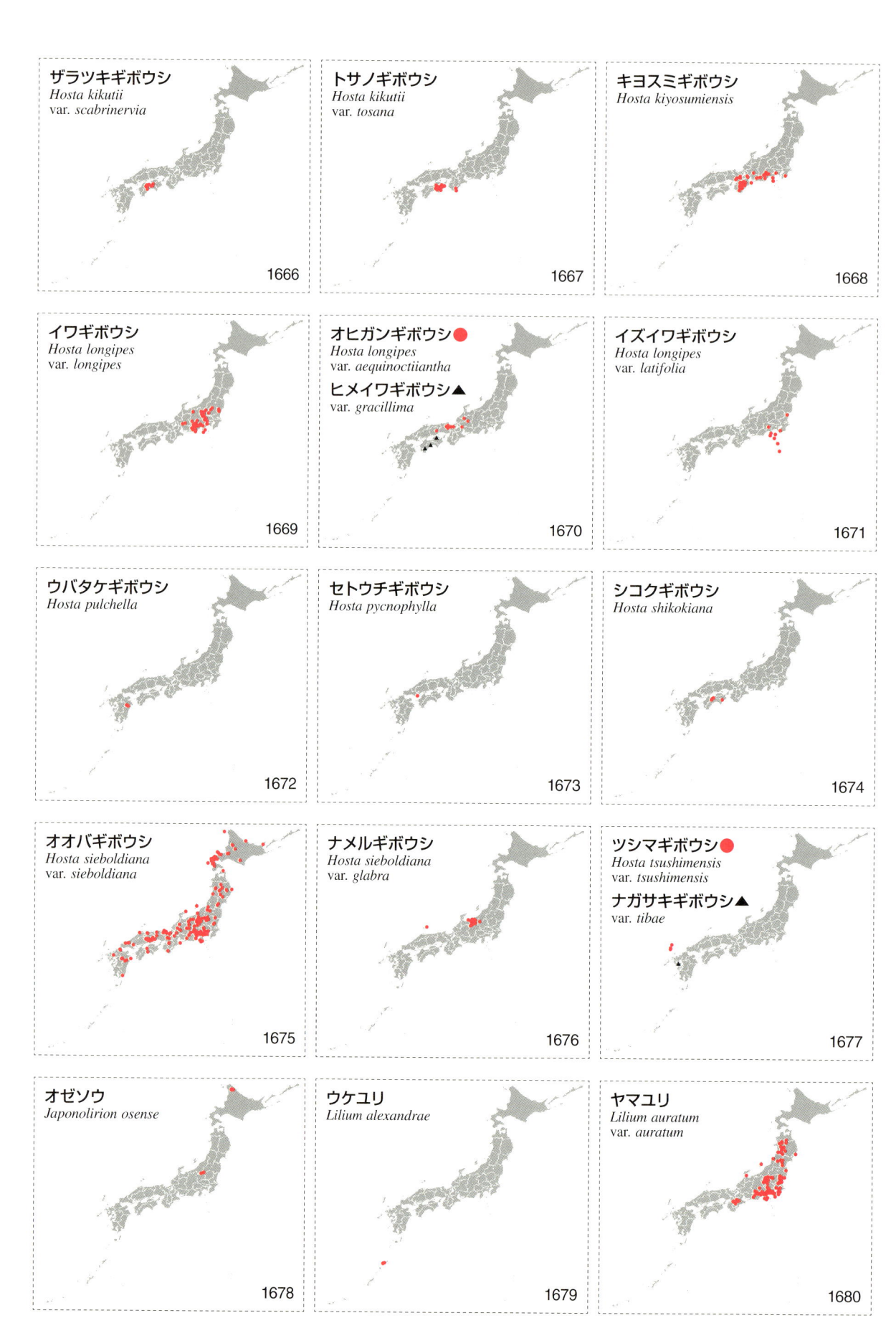

| ザラツキギボウシ
Hosta kikutii
var. scabrinervia
1666 | トサノギボウシ
Hosta kikutii
var. tosana
1667 | キヨスミギボウシ
Hosta kiyosumiensis
1668 |
|---|---|---|
| イワギボウシ
Hosta longipes
var. longipes
1669 | オヒガンギボウシ ●
Hosta longipes
var. aequinoctiiantha
ヒメイワギボウシ ▲
var. gracillima
1670 | イズイワギボウシ
Hosta longipes
var. latifolia
1671 |
| ウバタケギボウシ
Hosta pulchella
1672 | セトウチギボウシ
Hosta pycnophylla
1673 | シコクギボウシ
Hosta shikokiana
1674 |
| オオバギボウシ
Hosta sieboldiana
var. sieboldiana
1675 | ナメルギボウシ
Hosta sieboldiana
var. glabra
1676 | ツシマギボウシ ●
Hosta tsushimensis
var. tsushimensis
ナガサキギボウシ ▲
var. tibae
1677 |
| オゼソウ
Japonolirion osense
1678 | ウケユリ
Lilium alexandrae
1679 | ヤマユリ
Lilium auratum
var. auratum
1680 |

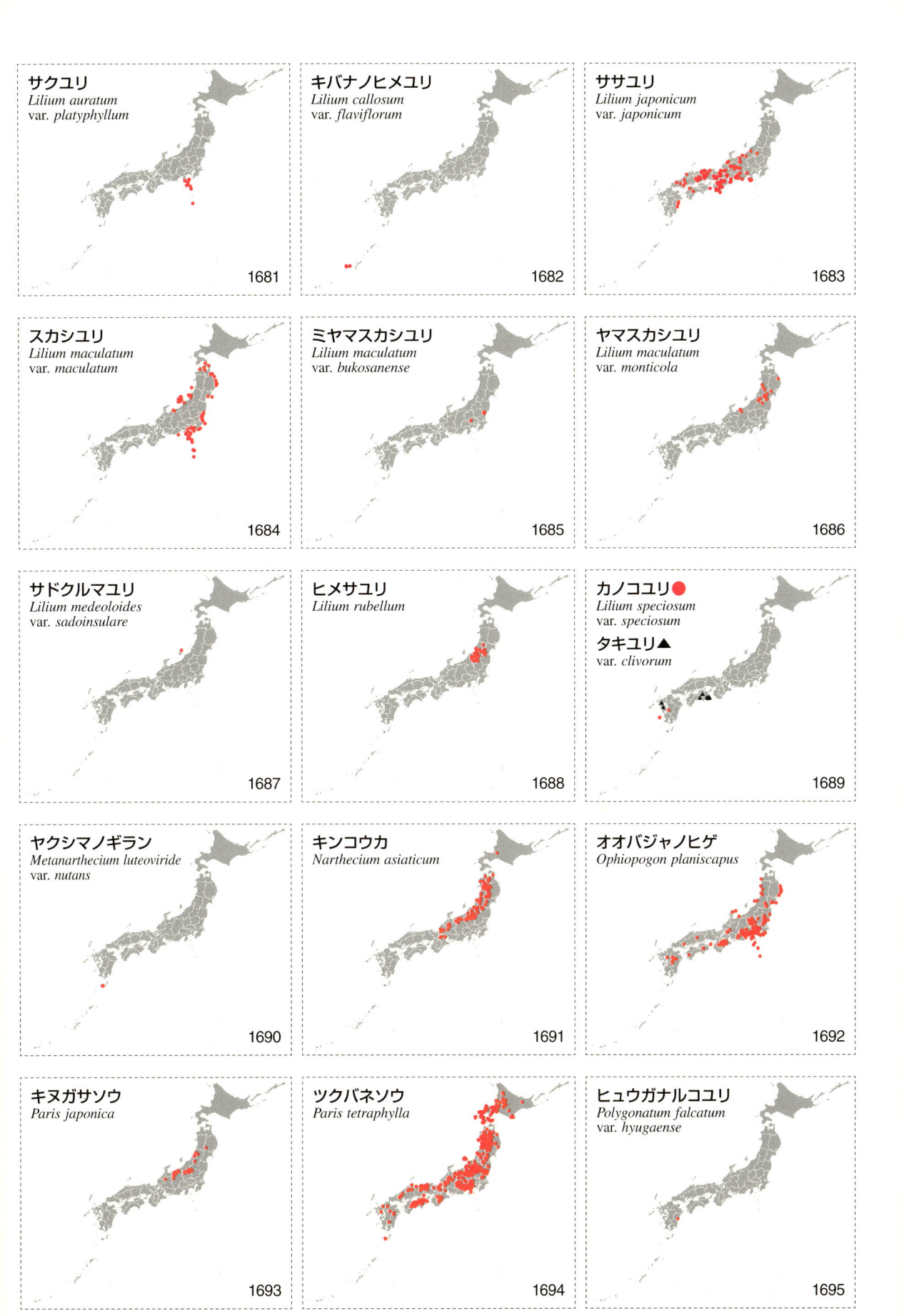

サクユリ *Lilium auratum* var. *platyphyllum* 1681	**キバナノヒメユリ** *Lilium callosum* var. *flaviflorum* 1682	**ササユリ** *Lilium japonicum* var. *japonicum* 1683
スカシユリ *Lilium maculatum* var. *maculatum* 1684	**ミヤマスカシユリ** *Lilium maculatum* var. *bukosanense* 1685	**ヤマスカシユリ** *Lilium maculatum* var. *monticola* 1686
サドクルマユリ *Lilium medeoloides* var. *sadoinsulare* 1687	**ヒメサユリ** *Lilium rubellum* 1688	**カノコユリ●** *Lilium speciosum* var. *speciosum* **タキユリ▲** var. *clivorum* 1689
ヤクシマノギラン *Metanarthecium luteoviride* var. *nutans* 1690	**キンコウカ** *Narthecium asiaticum* 1691	**オオバジャノヒゲ** *Ophiopogon planiscapus* 1692
キヌガサソウ *Paris japonica* 1693	**ツクバネソウ** *Paris tetraphylla* 1694	**ヒュウガナルコユリ** *Polygonatum falcatum* var. *hyugaense* 1695

種子植物／ユリ科　395

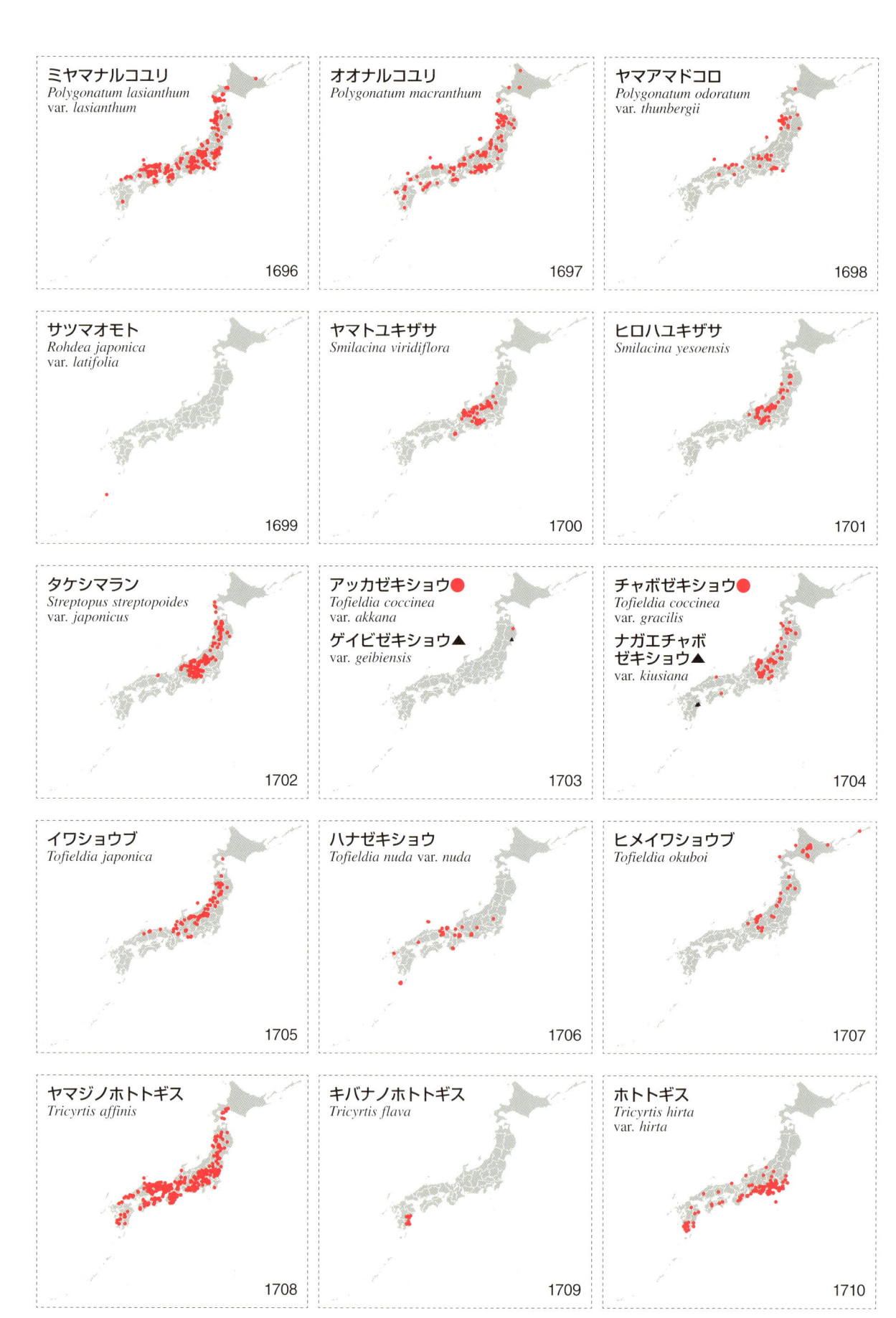

ミヤマナルコユリ *Polygonatum lasianthum* var. *lasianthum* 1696	オオナルコユリ *Polygonatum macranthum* 1697	ヤマアマドコロ *Polygonatum odoratum* var. *thunbergii* 1698
サツマオモト *Rohdea japonica* var. *latifolia* 1699	ヤマトユキザサ *Smilacina viridiflora* 1700	ヒロハユキザサ *Smilacina yesoensis* 1701
タケシマラン *Streptopus streptopoides* var. *japonicus* 1702	アッカゼキショウ● *Tofieldia coccinea* var. *akkana* ゲイビゼキショウ▲ var. *geibiensis* 1703	チャボゼキショウ● *Tofieldia coccinea* var. *gracilis* ナガエチャボ ゼキショウ▲ var. *kiusiana* 1704
イワショウブ *Tofieldia japonica* 1705	ハナゼキショウ *Tofieldia nuda* var. *nuda* 1706	ヒメイワショウブ *Tofieldia okuboi* 1707
ヤマジノホトトギス *Tricyrtis affinis* 1708	キバナノホトトギス *Tricyrtis flava* 1709	ホトトギス *Tricyrtis hirta* var. *hirta* 1710

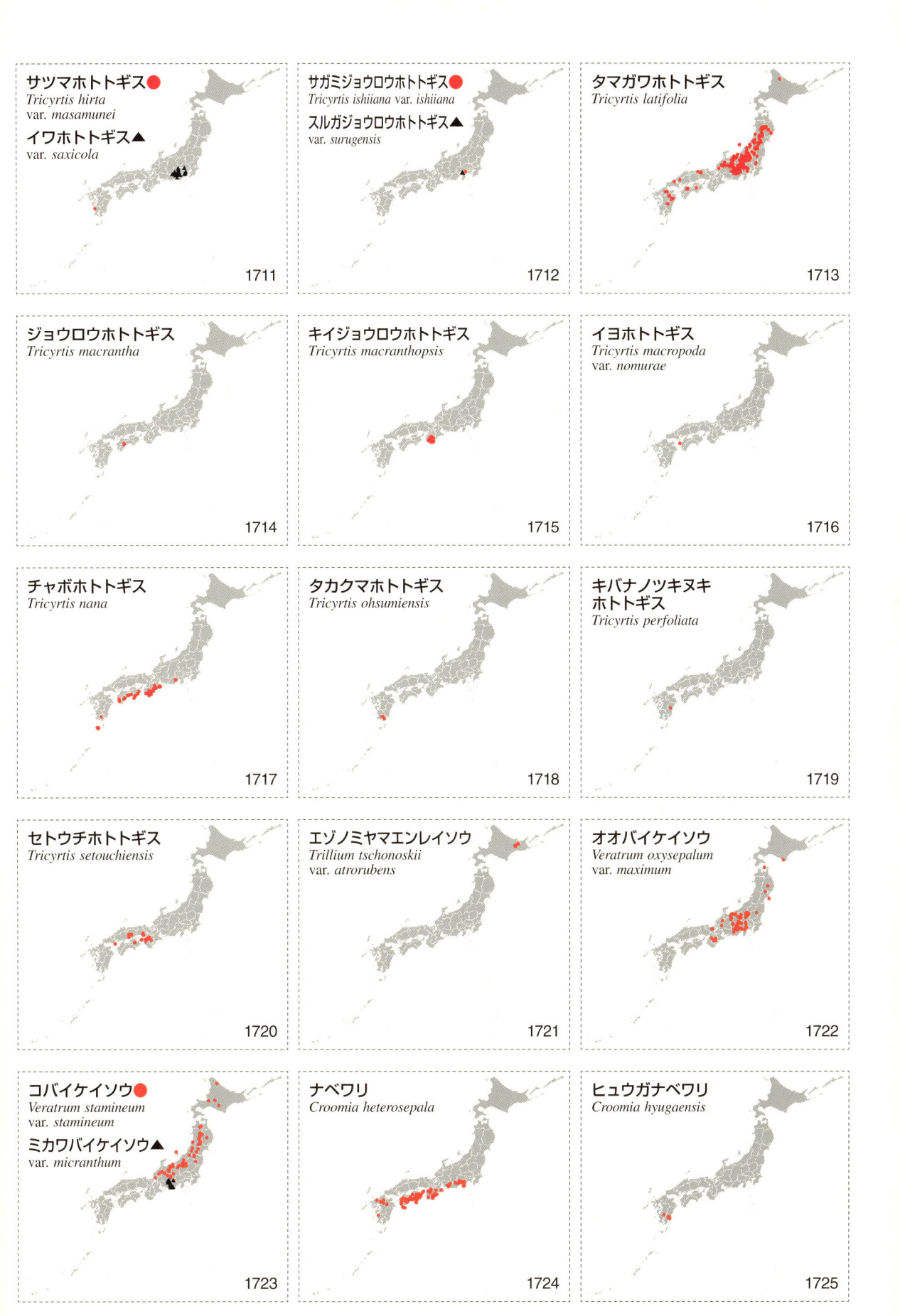

サツマホトトギス● *Tricyrtis hirta* var. *masamunei* イワホトトギス▲ var. *saxicola* 1711	サガミジョウロウホトトギス● *Tricyrtis ishiiana* var. *ishiiana* スルガジョウロウホトトギス▲ var. *surugensis* 1712	タマガワホトトギス *Tricyrtis latifolia* 1713
ジョウロウホトトギス *Tricyrtis macrantha* 1714	キイジョウロウホトトギス *Tricyrtis macranthopsis* 1715	イヨホトトギス *Tricyrtis macropoda* var. *nomurae* 1716
チャボホトトギス *Tricyrtis nana* 1717	タカクマホトトギス *Tricyrtis ohsumiensis* 1718	キバナノツキヌキホトトギス *Tricyrtis perfoliata* 1719
セトウチホトトギス *Tricyrtis setouchiensis* 1720	エゾノミヤマエンレイソウ *Trillium tschonoskii* var. *atrorubens* 1721	オオバイケイソウ *Veratrum oxysepalum* var. *maximum* 1722
コバイケイソウ● *Veratrum stamineum* var. *stamineum* ミカワバイケイソウ▲ var. *micranthum* 1723	ナベワリ *Croomia heterosepala* 1724	ヒュウガナベワリ *Croomia hyugaensis* 1725

種子植物／ユリ科〜ビャクブ科　397

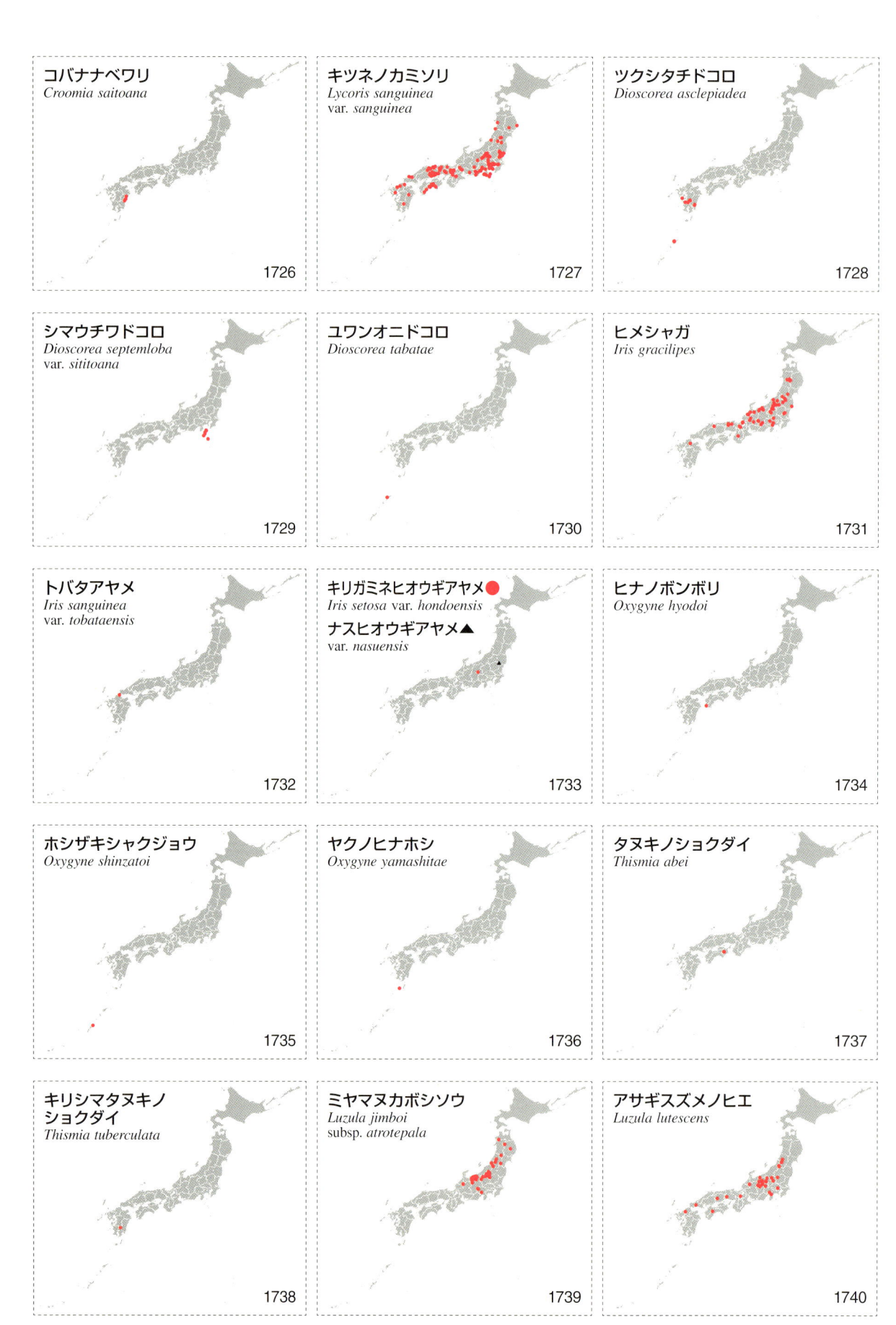

1726 コバナナベワリ *Croomia saitoana*	1727 キツネノカミソリ *Lycoris sanguinea* var. *sanguinea*	1728 ツクシタチドコロ *Dioscorea asclepiadea*
1729 シマウチワドコロ *Dioscorea septemloba* var. *sititoana*	1730 ユワンオニドコロ *Dioscorea tabatae*	1731 ヒメシャガ *Iris gracilipes*
1732 トバタアヤメ *Iris sanguinea* var. *tobataensis*	1733 キリガミネヒオウギアヤメ● *Iris setosa* var. *hondoensis* / ナスヒオウギアヤメ▲ var. *nasuensis*	1734 ヒナノボンボリ *Oxygyne hyodoi*
1735 ホシザキシャクジョウ *Oxygyne shinzatoi*	1736 ヤクノヒナホシ *Oxygyne yamashitae*	1737 タヌキノショクダイ *Thismia abei*
1738 キリシマタヌキノショクダイ *Thismia tuberculata*	1739 ミヤマヌカボシソウ *Luzula jimboi* subsp. *atrotepala*	1740 アサギスズメノヒエ *Luzula lutescens*

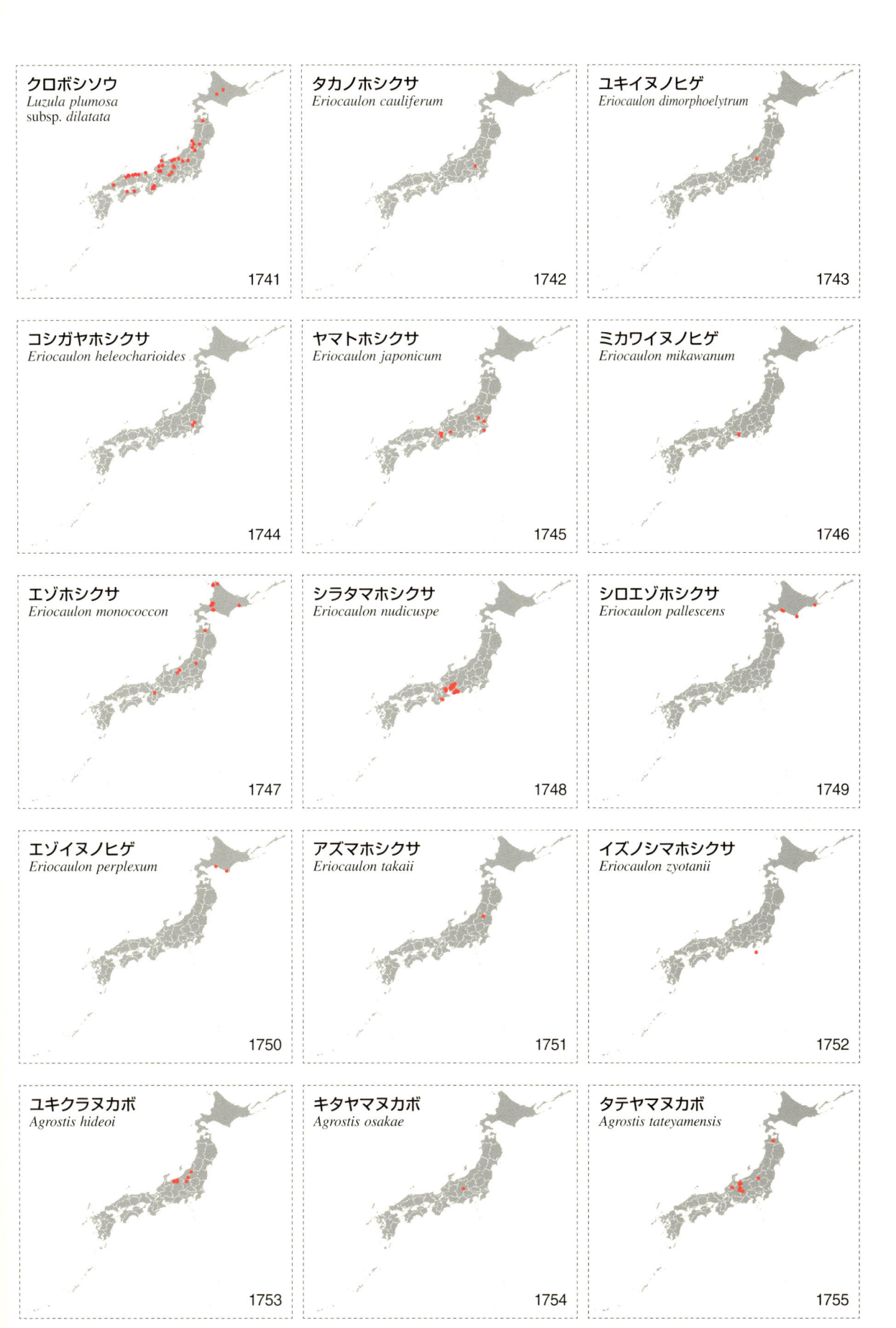

クロボシソウ *Luzula plumosa* subsp. *dilatata* 1741	タカノホシクサ *Eriocaulon cauliferum* 1742	ユキイヌノヒゲ *Eriocaulon dimorphoelytrum* 1743
コシガヤホシクサ *Eriocaulon heleocharioides* 1744	ヤマトホシクサ *Eriocaulon japonicum* 1745	ミカワイヌノヒゲ *Eriocaulon mikawanum* 1746
エゾホシクサ *Eriocaulon monococcon* 1747	シラタマホシクサ *Eriocaulon nudicuspe* 1748	シロエゾホシクサ *Eriocaulon pallescens* 1749
エゾイヌノヒゲ *Eriocaulon perplexum* 1750	アズマホシクサ *Eriocaulon takaii* 1751	イズノシマホシクサ *Eriocaulon zyotanii* 1752
ユキクラヌカボ *Agrostis hideoi* 1753	キタヤマヌカボ *Agrostis osakae* 1754	タテヤマヌカボ *Agrostis tateyamensis* 1755

種子植物／ビャクブ科〜イネ科　399

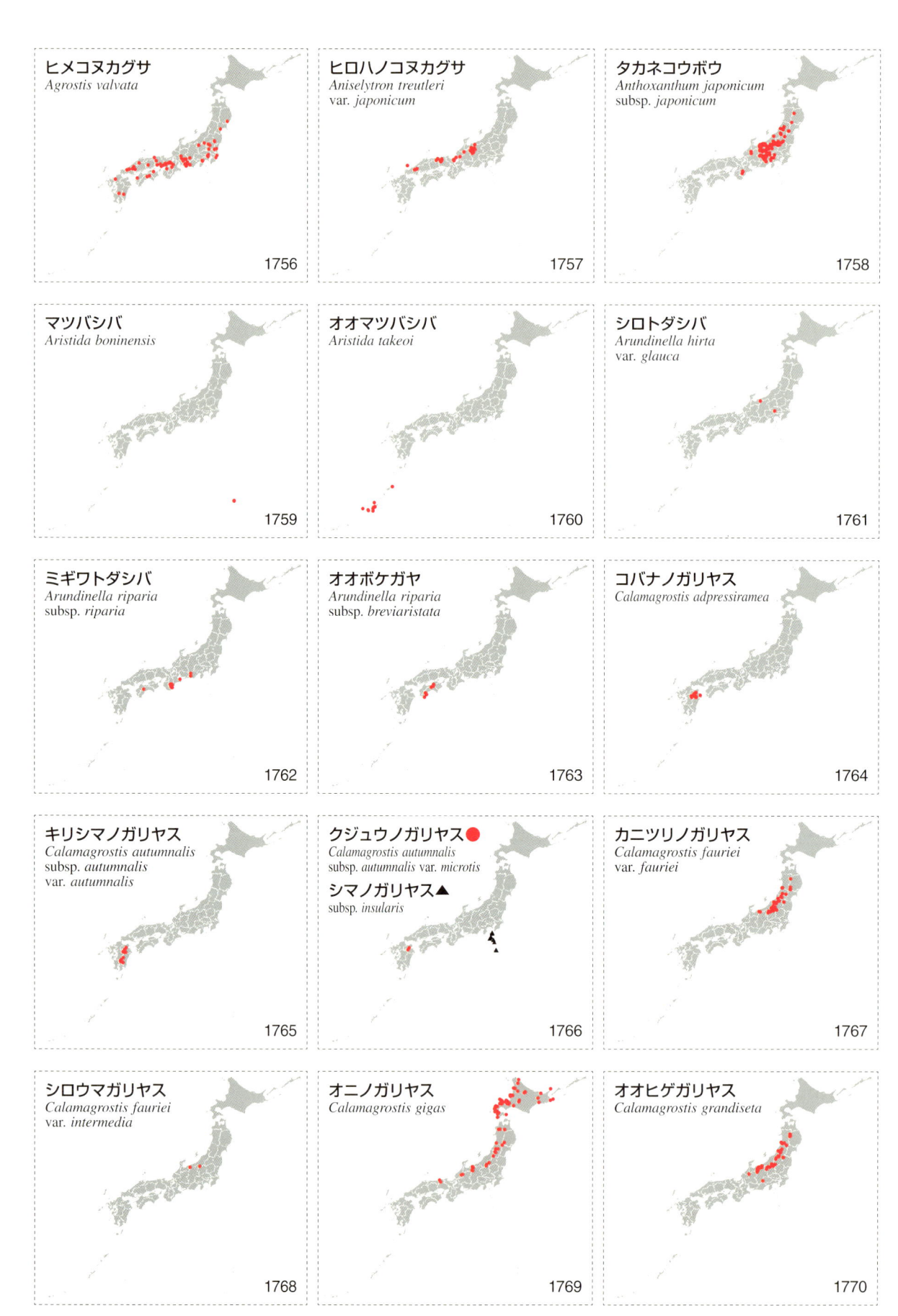

ヒメコヌカグサ *Agrostis valvata* 1756	ヒロハノコヌカグサ *Aniselytron treutleri* var. *japonicum* 1757	タカネコウボウ *Anthoxanthum japonicum* subsp. *japonicum* 1758
マツバシバ *Aristida boninensis* 1759	オオマツバシバ *Aristida takeoi* 1760	シロトダシバ *Arundinella hirta* var. *glauca* 1761
ミギワトダシバ *Arundinella riparia* subsp. *riparia* 1762	オオボケガヤ *Arundinella riparia* subsp. *breviaristata* 1763	コバナノガリヤス *Calamagrostis adpressiramea* 1764
キリシマノガリヤス *Calamagrostis autumnalis* subsp. *autumnalis* var. *autumnalis* 1765	クジュウノガリヤス● *Calamagrostis autumnalis* subsp. *autumnalis* var. *microtis* シマノガリヤス▲ subsp. *insularis* 1766	カニツリノガリヤス *Calamagrostis fauriei* var. *fauriei* 1767
シロウマガリヤス *Calamagrostis fauriei* var. *intermedia* 1768	オニノガリヤス *Calamagrostis gigas* 1769	オオヒゲガリヤス *Calamagrostis grandiseta* 1770

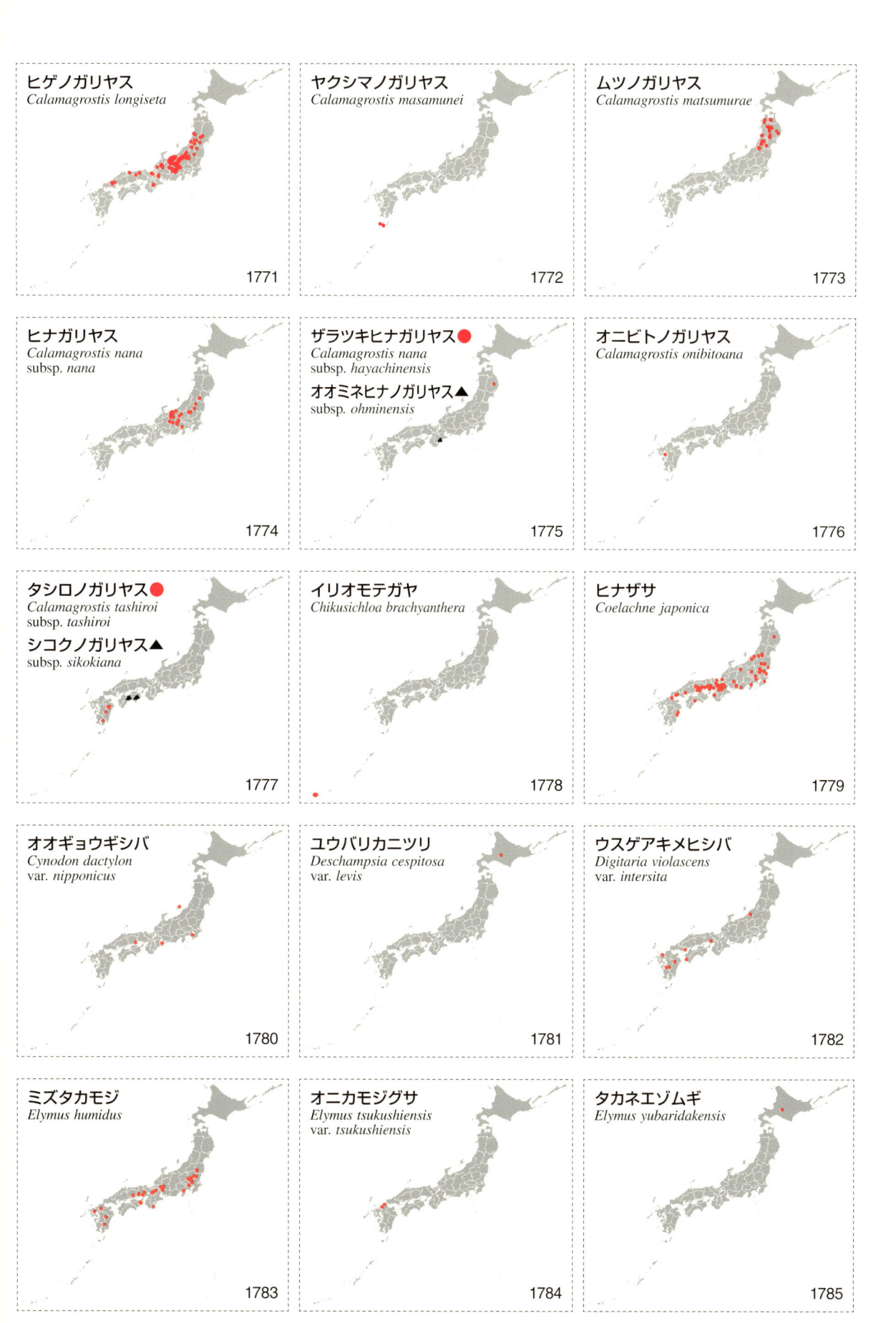

ヒゲノガリヤス *Calamagrostis longiseta* 1771	ヤクシマノガリヤス *Calamagrostis masamunei* 1772	ムツノガリヤス *Calamagrostis matsumurae* 1773
ヒナガリヤス *Calamagrostis nana* subsp. *nana* 1774	ザラツキヒナガリヤス● *Calamagrostis nana* subsp. *hayachinensis* オオミネヒナノガリヤス▲ subsp. *ohminensis* 1775	オニビトノガリヤス *Calamagrostis onibitoana* 1776
タシロノガリヤス● *Calamagrostis tashiroi* subsp. *tashiroi* シコクノガリヤス▲ subsp. *sikokiana* 1777	イリオモテガヤ *Chikusichloa brachyanthera* 1778	ヒナザサ *Coelachne japonica* 1779
オオギョウギシバ *Cynodon dactylon* var. *nipponicus* 1780	ユウバリカニツリ *Deschampsia cespitosa* var. *levis* 1781	ウスゲアキメヒシバ *Digitaria violascens* var. *intersita* 1782
ミズタカモジ *Elymus humidus* 1783	オニカモジグサ *Elymus tsukushiensis* var. *tsukushiensis* 1784	タカネエゾムギ *Elymus yubaridakensis* 1785

種子植物／イネ科

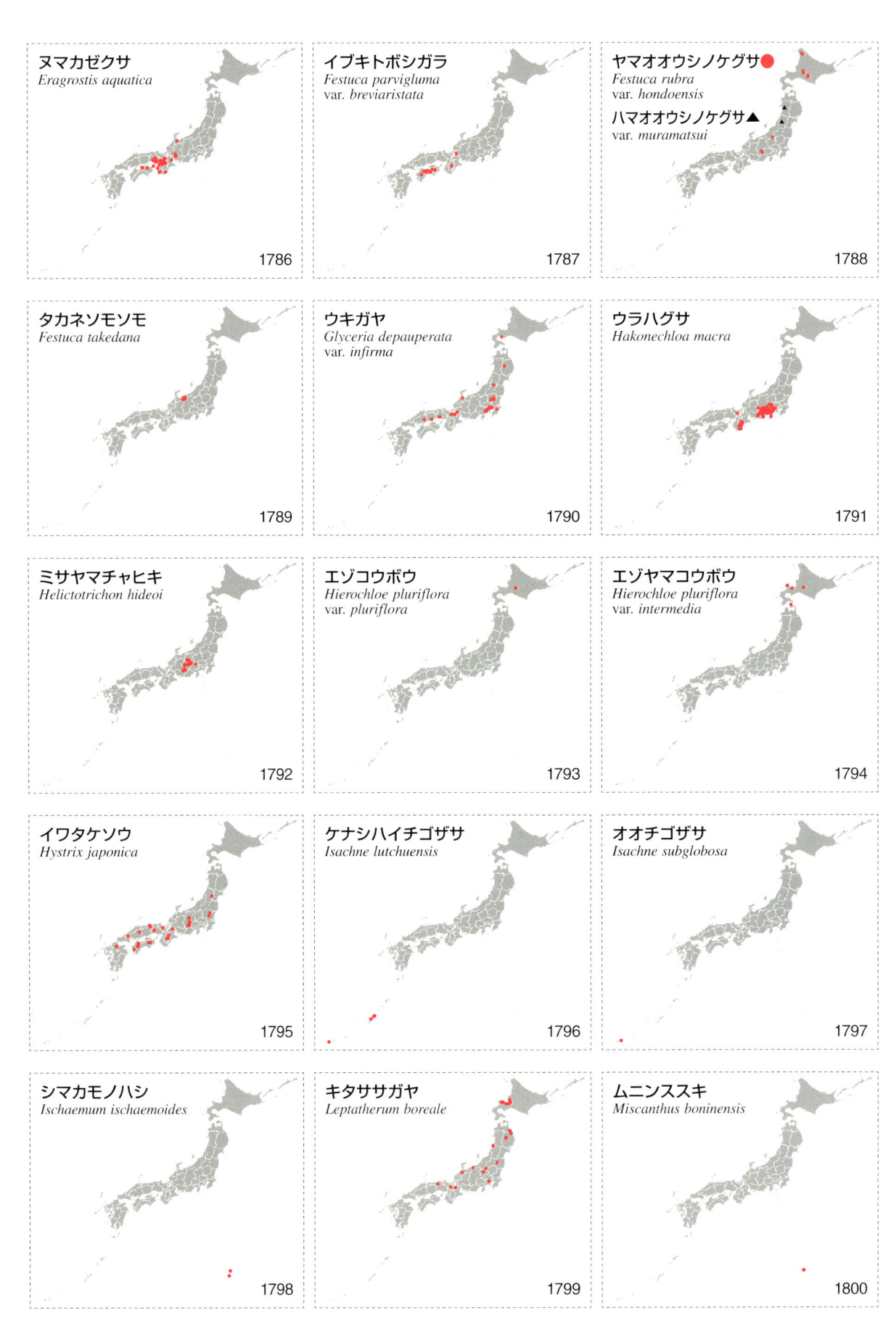

ヌマカゼクサ *Eragrostis aquatica* 1786	イブキトボシガラ *Festuca parvigluma* var. *breviaristata* 1787	ヤマオオウシノケグサ● *Festuca rubra* var. *hondoensis* ハマオオウシノケグサ▲ var. *muramatsui* 1788
タカネソモソモ *Festuca takedana* 1789	ウキガヤ *Glyceria depauperata* var. *infirma* 1790	ウラハグサ *Hakonechloa macra* 1791
ミサヤマチャヒキ *Helictotrichon hideoi* 1792	エゾコウボウ *Hierochloe pluriflora* var. *pluriflora* 1793	エゾヤマコウボウ *Hierochloe pluriflora* var. *intermedia* 1794
イワタケソウ *Hystrix japonica* 1795	ケナシハイチゴザサ *Isachne lutchuensis* 1796	オオチゴザサ *Isachne subglobosa* 1797
シマカモノハシ *Ischaemum ischaemoides* 1798	キタササガヤ *Leptatherum boreale* 1799	ムニンススキ *Miscanthus boninensis* 1800

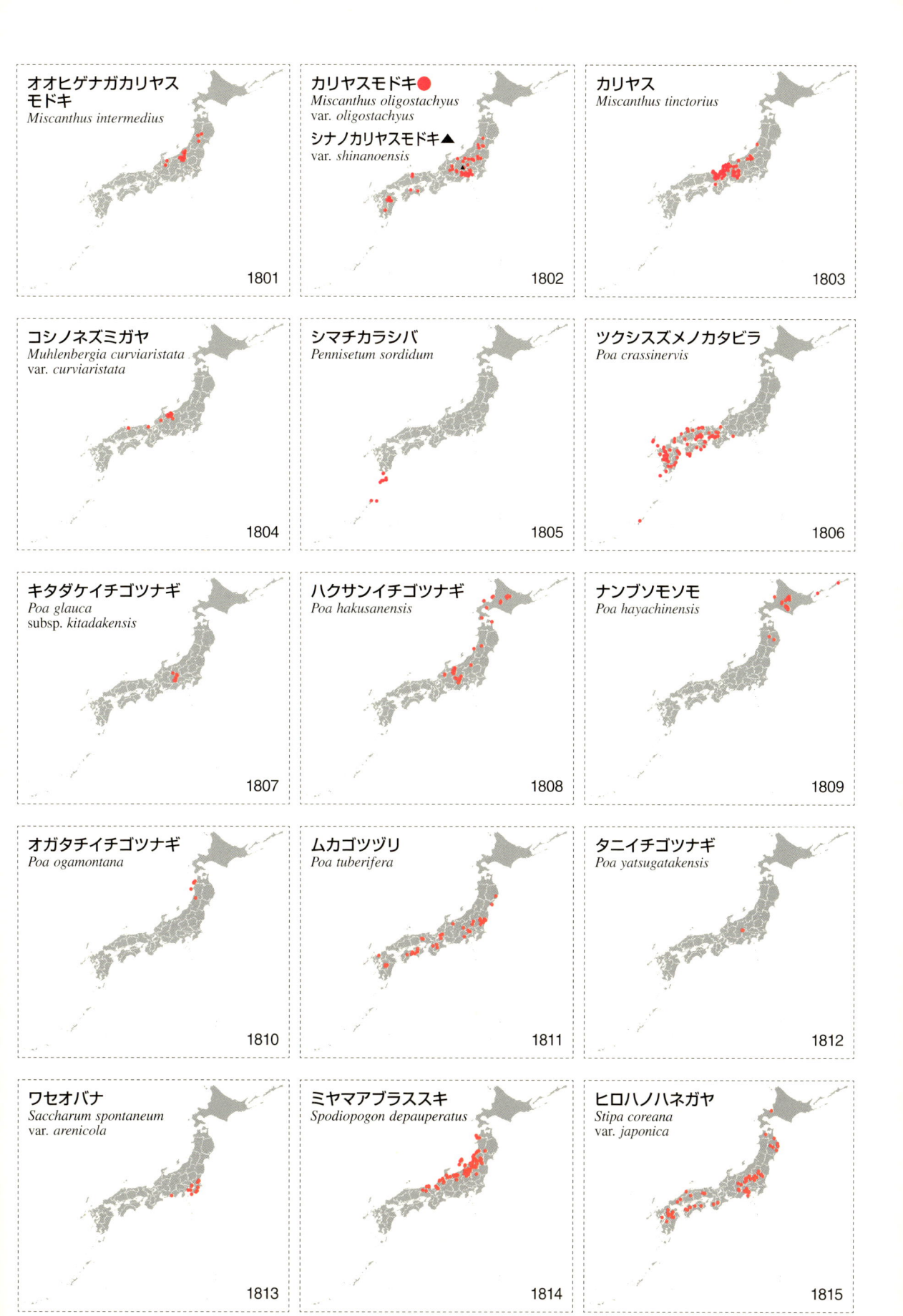

オオヒゲナガカリヤスモドキ *Miscanthus intermedius* 1801	カリヤスモドキ● *Miscanthus oligostachyus* var. *oligostachyus* シナノカリヤスモドキ▲ var. *shinanoensis* 1802	カリヤス *Miscanthus tinctorius* 1803
コシノネズミガヤ *Muhlenbergia curviaristata* var. *curviaristata* 1804	シマチカラシバ *Pennisetum sordidum* 1805	ツクシスズメノカタビラ *Poa crassinervis* 1806
キタダケイチゴツナギ *Poa glauca* subsp. *kitadakensis* 1807	ハクサンイチゴツナギ *Poa hakusanensis* 1808	ナンブソモソモ *Poa hayachinensis* 1809
オガタチイチゴツナギ *Poa ogamontana* 1810	ムカゴツヅリ *Poa tuberifera* 1811	タニイチゴツナギ *Poa yatsugatakensis* 1812
ワセオバナ *Saccharum spontaneum* var. *arenicola* 1813	ミヤマアブラススキ *Spodiopogon depauperatus* 1814	ヒロハノハネガヤ *Stipa coreana* var. *japonica* 1815

種子植物／イネ科 403

フクロダガヤ *Tripogon longearistatus* var. *japonicus* 1816	**ミヤマカニツリ** *Trisetum koidzumianum* 1817	**インヨウチク** *Hibanobambusa transquillans* 1818
カガミナンブスズ● *Neosasamorpha kagamiana* subsp. *kagamiana* **アリマコスズ▲** subsp. *yoshinoi* 1819	**イッショウチザサ●** *Neosasamorpha magnifica* subsp. *maginifica* **セトウチコスズ▲** subsp. *fujitae* 1820	**オオシダザサ●** *Neosasamorpha oshidensis* subsp. *oshidensis* **ケナシカシダザサ▲** subsp. *glabra* 1821
オモエザサ *Neosasamorpha pubiculmis* subsp. *pubiculmis* 1822	**イブリザサ** *Neosasamorpha pubiculmis* subsp. *pubiculmis* var. *chitosensis* 1823	**ミカワザサ** *Neosasamorpha pubiculmis* subsp. *sugimotoi* 1824
ハコネナンブスズ *Neosasamorpha shimidzuana* subsp. *shimidzuana* 1825	**カシダザサ** *Neosasamorpha shimidzuana* subsp. *kashidensis* 1826	**サイヨウザサ●** *Neosasamorpha stenophylla* subsp. *stenophylla* **ヒメカミザサ▲** subsp. *tobagenzoana* 1827
タキザワザサ *Neosasamorpha takizawana* subsp. *takizawana* var. *takizawana* 1828	**チトセナンブスズ●** *Neosasamorpha takizawana* subsp. *takizawana* var. *lasioclada* **キリシマザサ▲** subsp. *nakashimana* 1829	**ツクバナンブスズ** *Neosasamorpha tsukubensis* subsp. *tsukubensis* 1830

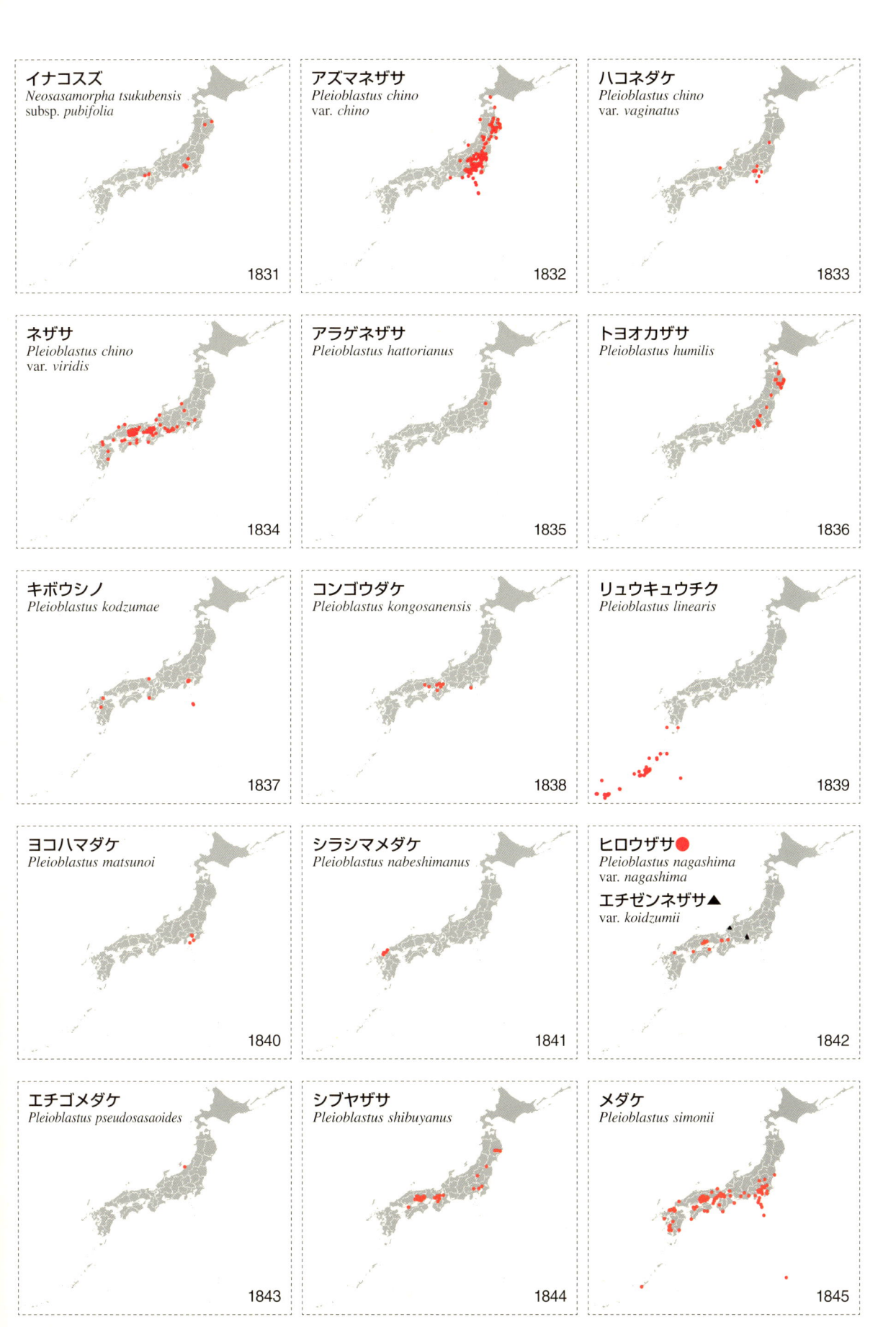

イナコスズ *Neosasamorpha tsukubensis* subsp. *pubifolia* 1831	**アズマネザサ** *Pleioblastus chino* var. *chino* 1832	**ハコネダケ** *Pleioblastus chino* var. *vaginatus* 1833
ネザサ *Pleioblastus chino* var. *viridis* 1834	**アラゲネザサ** *Pleioblastus hattorianus* 1835	**トヨオカザサ** *Pleioblastus humilis* 1836
キボウシノ *Pleioblastus kodzumae* 1837	**コンゴウダケ** *Pleioblastus kongosanensis* 1838	**リュウキュウチク** *Pleioblastus linearis* 1839
ヨコハマダケ *Pleioblastus matsunoi* 1840	**シラシマメダケ** *Pleioblastus nabeshimanus* 1841	**ヒロウザサ●** *Pleioblastus nagashima* var. *nagashima* **エチゼンネザサ▲** var. *koidzumii* 1842
エチゴメダケ *Pleioblastus pseudosasaoides* 1843	**シブヤザサ** *Pleioblastus shibuyanus* 1844	**メダケ** *Pleioblastus simonii* 1845

種子植物／イネ科

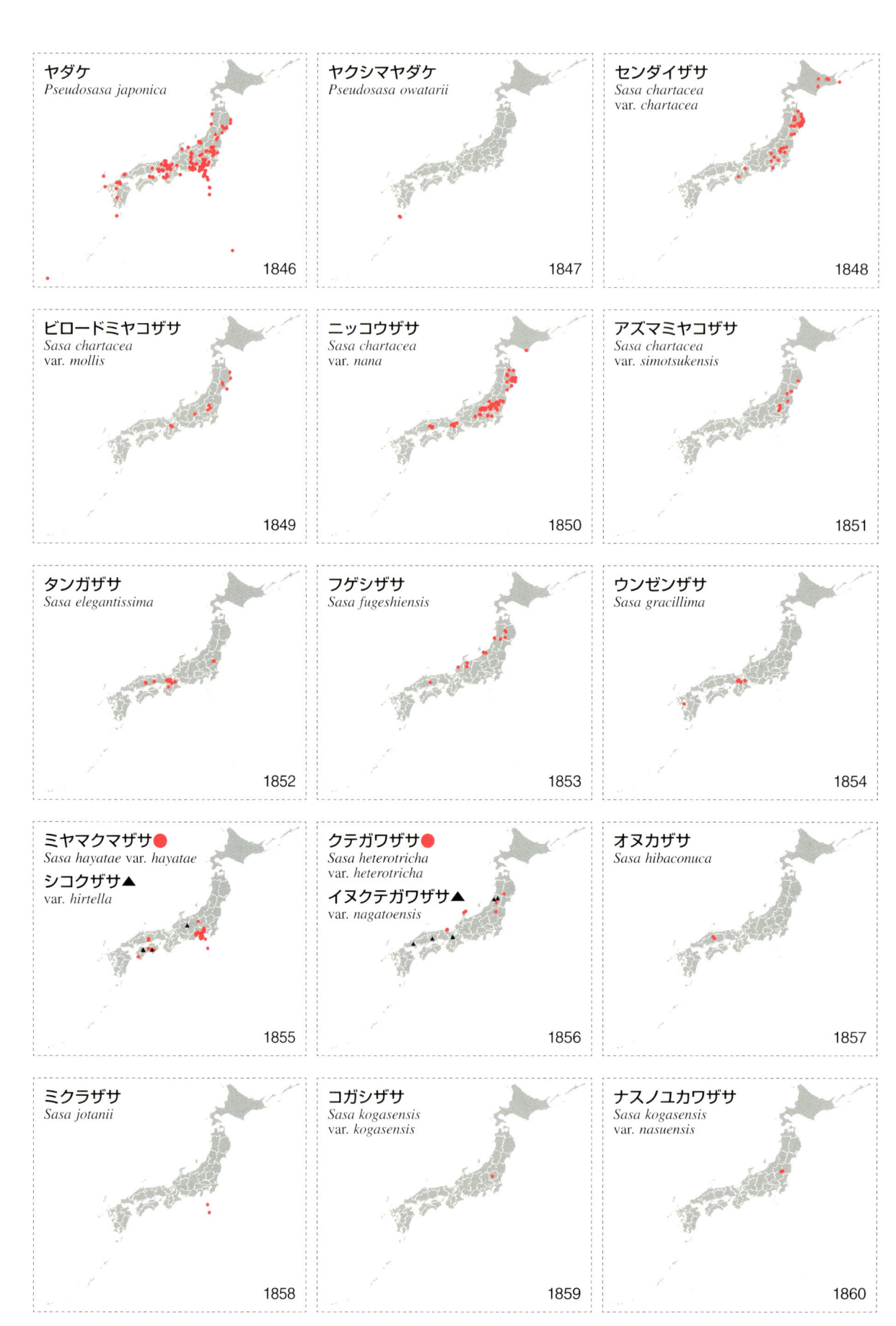

ヤダケ *Pseudosasa japonica* 1846	ヤクシマヤダケ *Pseudosasa owatarii* 1847	センダイザサ *Sasa chartacea* var. *chartacea* 1848
ビロードミヤコザサ *Sasa chartacea* var. *mollis* 1849	ニッコウザサ *Sasa chartacea* var. *nana* 1850	アズマミヤコザサ *Sasa chartacea* var. *simotsukensis* 1851
タンガザサ *Sasa elegantissima* 1852	フゲシザサ *Sasa fugeshiensis* 1853	ウンゼンザサ *Sasa gracillima* 1854
ミヤマクマザサ● *Sasa hayatae* var. *hayatae* シコクザサ▲ var. *hirtella* 1855	クテガワザサ● *Sasa heterotricha* var. *heterotricha* イヌクテガワザサ▲ var. *nagatoensis* 1856	オヌカザサ *Sasa hibaconuca* 1857
ミクラザサ *Sasa jotanii* 1858	コガシザサ *Sasa kogasensis* var. *kogasensis* 1859	ナスノユカワザサ *Sasa kogasensis* var. *nasuensis* 1860

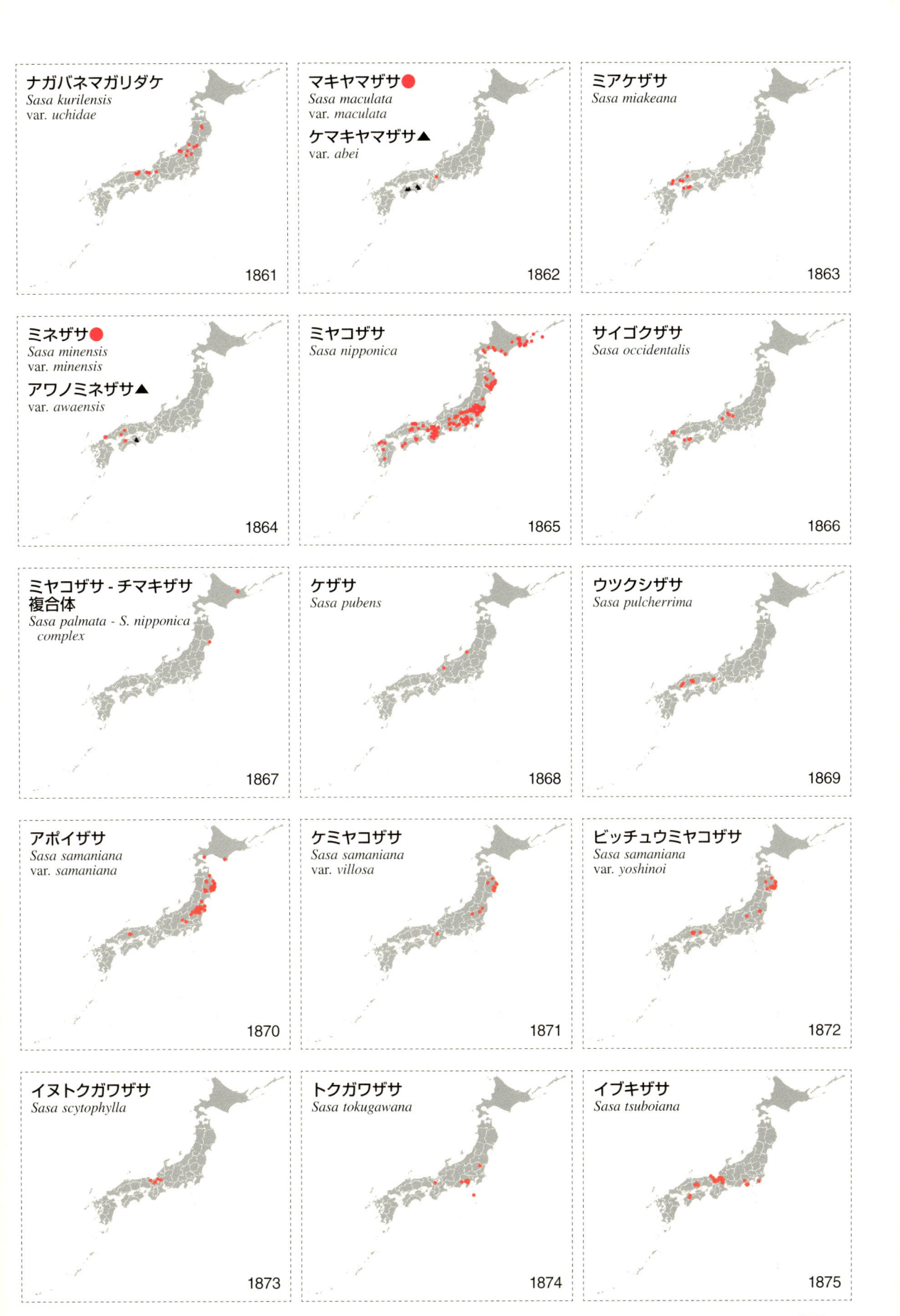

ナガバネマガリダケ *Sasa kurilensis* var. *uchidae* 1861	マキヤマザサ● *Sasa maculata* var. *maculata* ケマキヤマザサ▲ var. *abei* 1862	ミアケザサ *Sasa miakeana* 1863
ミネザサ● *Sasa minensis* var. *minensis* アワノミネザサ▲ var. *awaensis* 1864	ミヤコザサ *Sasa nipponica* 1865	サイゴクザサ *Sasa occidentalis* 1866
ミヤコザサ - チマキザサ 複合体 *Sasa palmata - S. nipponica* complex 1867	ケザサ *Sasa pubens* 1868	ウツクシザサ *Sasa pulcherrima* 1869
アポイザサ *Sasa samaniana* var. *samaniana* 1870	ケミヤコザサ *Sasa samaniana* var. *villosa* 1871	ビッチュウミヤコザサ *Sasa samaniana* var. *yoshinoi* 1872
イヌトクガワザサ *Sasa scytophylla* 1873	トクガワザサ *Sasa tokugawana* 1874	イブキザサ *Sasa tsuboiana* 1875

種子植物／イネ科 407

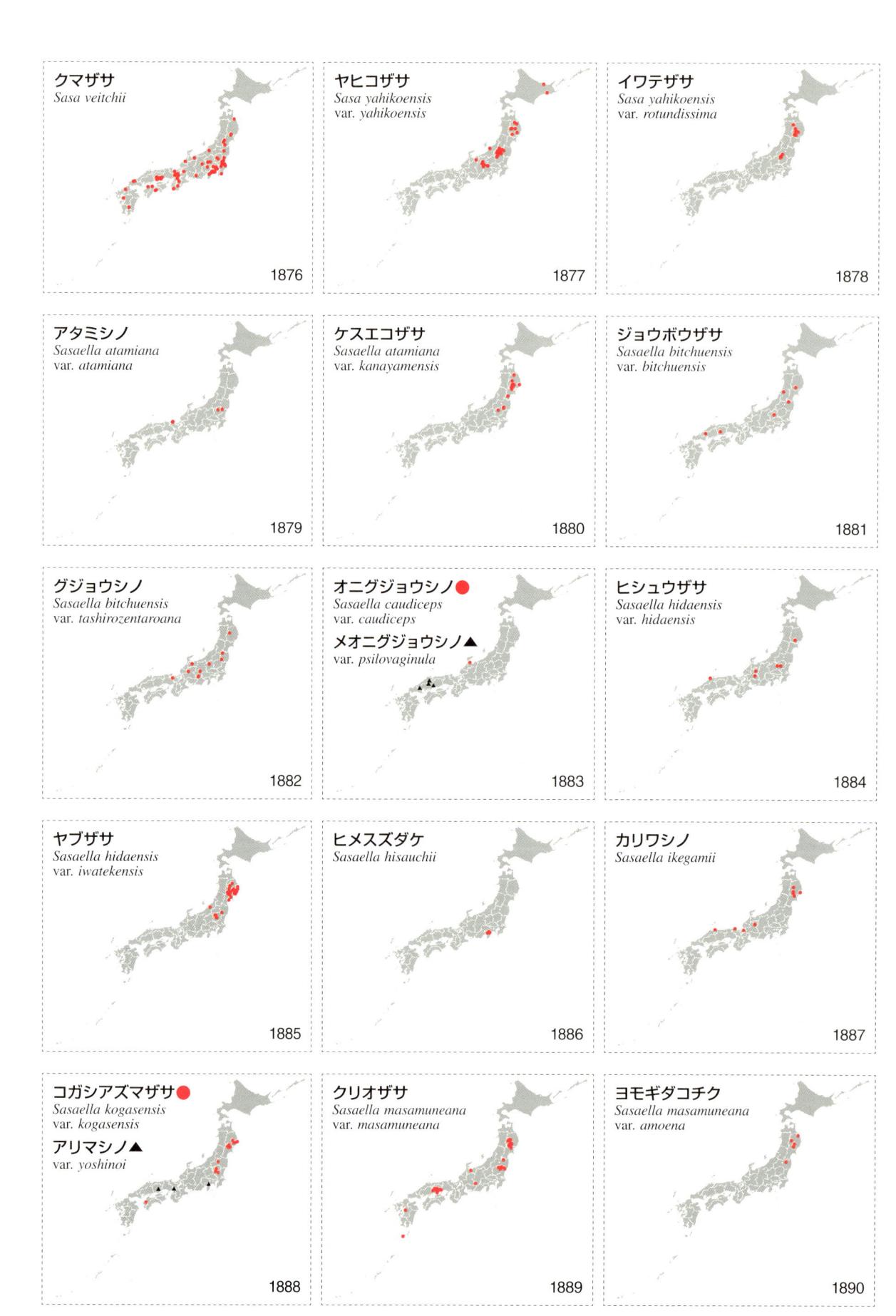

クマザサ *Sasa veitchii* 1876	ヤヒコザサ *Sasa yahikoensis* var. *yahikoensis* 1877	イワテザサ *Sasa yahikoensis* var. *rotundissima* 1878
アタミシノ *Sasaella atamiana* var. *atamiana* 1879	ケスエコザサ *Sasaella atamiana* var. *kanayamensis* 1880	ジョウボウザサ *Sasaella bitchuensis* var. *bitchuensis* 1881
グジョウシノ *Sasaella bitchuensis* var. *tashirozentaroana* 1882	オニグジョウシノ ● *Sasaella caudiceps* var. *caudiceps* メオニグジョウシノ ▲ var. *psilovaginula* 1883	ヒシュウザサ *Sasaella hidaensis* var. *hidaensis* 1884
ヤブザサ *Sasaella hidaensis* var. *iwatekensis* 1885	ヒメスズダケ *Sasaella hisauchii* 1886	カリワシノ *Sasaella ikegamii* 1887
コガシアズマザサ ● *Sasaella kogasensis* var. *kogasensis* アリマシノ ▲ var. *yoshinoi* 1888	クリオザサ *Sasaella masamuneana* var. *masamuneana* 1889	ヨモギダコチク *Sasaella masamuneana* var. *amoena* 1890

ミドウシノ *Sasaella midoensis* 1891	**アズマザサ** *Sasaella ramosa* var. *ramosa* 1892	**オオバアズマザサ** *Sasaella ramosa* var. *latifolia* 1893
スエコザサ *Sasaella ramosa* var. *suwekoana* 1894	**サドザサ** *Sasaella sadoensis* 1895	**トウゲダケ** *Sasaella sasakiana* 1896
ハコネシノ *Sasaella sawadae* var. *sawadae* 1897	**アオバヤマザサ** *Sasaella sawadae* var. *aobayamana* 1898	**シオバラザサ** *Sasaella shiobarensis* var. *shiobarensis* 1899
エッサシノ *Sasaella shiobarensis* var. *yessaensis* 1900	**タキナガワシノ** *Sasaella takinagawaensis* 1901	**ウラゲスズダケ●** *Sasamorpha borealis* var. *pilosa* **ハチジョウスズダケ▲** var. *viridescens* 1902
ケスズ *Sasamorpha mollis* 1903	**ナリヒラダケ** *Semiarundinaria fastuosa* var. *fastuosa* 1904	**アオナリヒラ** *Semiarundinaria fastuosa* var. *viridis* 1905

種子植物／イネ科

クマナリヒラ *Semiarundinaria fortis* 1906	**リクチュウダケ** *Semiarundinaria kagamiana* 1907	**ビゼンナリヒラ** *Semiarundinaria okuboi* 1908
ヤシャダケ *Semiarundinaria yashadake* 1909	**ノヤシ** *Clinostigma savoryanum* 1910	**オガサワラビロウ** *Livistona chinensis* var. *boninensis* 1911
ヤエヤマヤシ *Satakentia liukiuensis* 1912	**ツルギテンナンショウ** *Arisaema abei* 1913	**ヒガンマムシグサ** *Arisaema aequinoctiale* 1914
ホソバテンナンショウ *Arisaema angustatum* 1915	**オドリコテンナンショウ** *Arisaema aprile* 1916	**ホロテンナンショウ** *Arisaema cucullatum* 1917
エヒメテンナンショウ *Arisaema ehimense* 1918	**ヤマザトマムシグサ** *Arisaema galeiforme* 1919	**ハチジョウテンナンショウ** *Arisaema hatizyoense* 1920

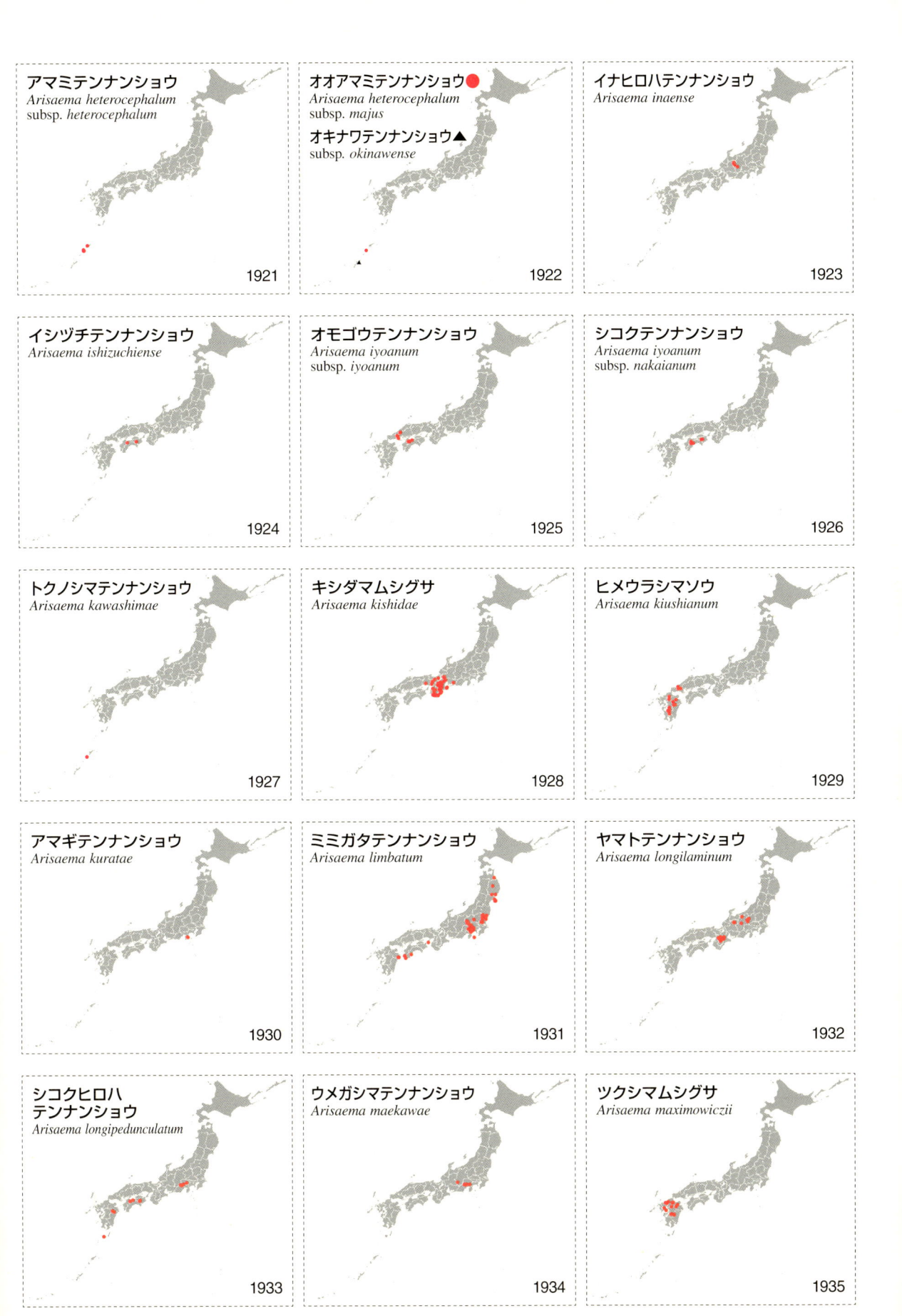

アマミテンナンショウ *Arisaema heterocephalum* subsp. *heterocephalum* 1921	**オオアマミテンナンショウ** ● *Arisaema heterocephalum* subsp. *majus* **オキナワテンナンショウ** ▲ subsp. *okinawense* 1922	**イナヒロハテンナンショウ** *Arisaema inaense* 1923
イシヅチテンナンショウ *Arisaema ishizuchiense* 1924	**オモゴウテンナンショウ** *Arisaema iyoanum* subsp. *iyoanum* 1925	**シコクテンナンショウ** *Arisaema iyoanum* subsp. *nakaianum* 1926
トクノシマテンナンショウ *Arisaema kawashimae* 1927	**キシダマムシグサ** *Arisaema kishidae* 1928	**ヒメウラシマソウ** *Arisaema kiushianum* 1929
アマギテンナンショウ *Arisaema kuratae* 1930	**ミミガタテンナンショウ** *Arisaema limbatum* 1931	**ヤマトテンナンショウ** *Arisaema longilaminum* 1932
シコクヒロハ **テンナンショウ** *Arisaema longipedunculatum* 1933	**ウメガシマテンナンショウ** *Arisaema maekawae* 1934	**ツクシマムシグサ** *Arisaema maximowiczii* 1935

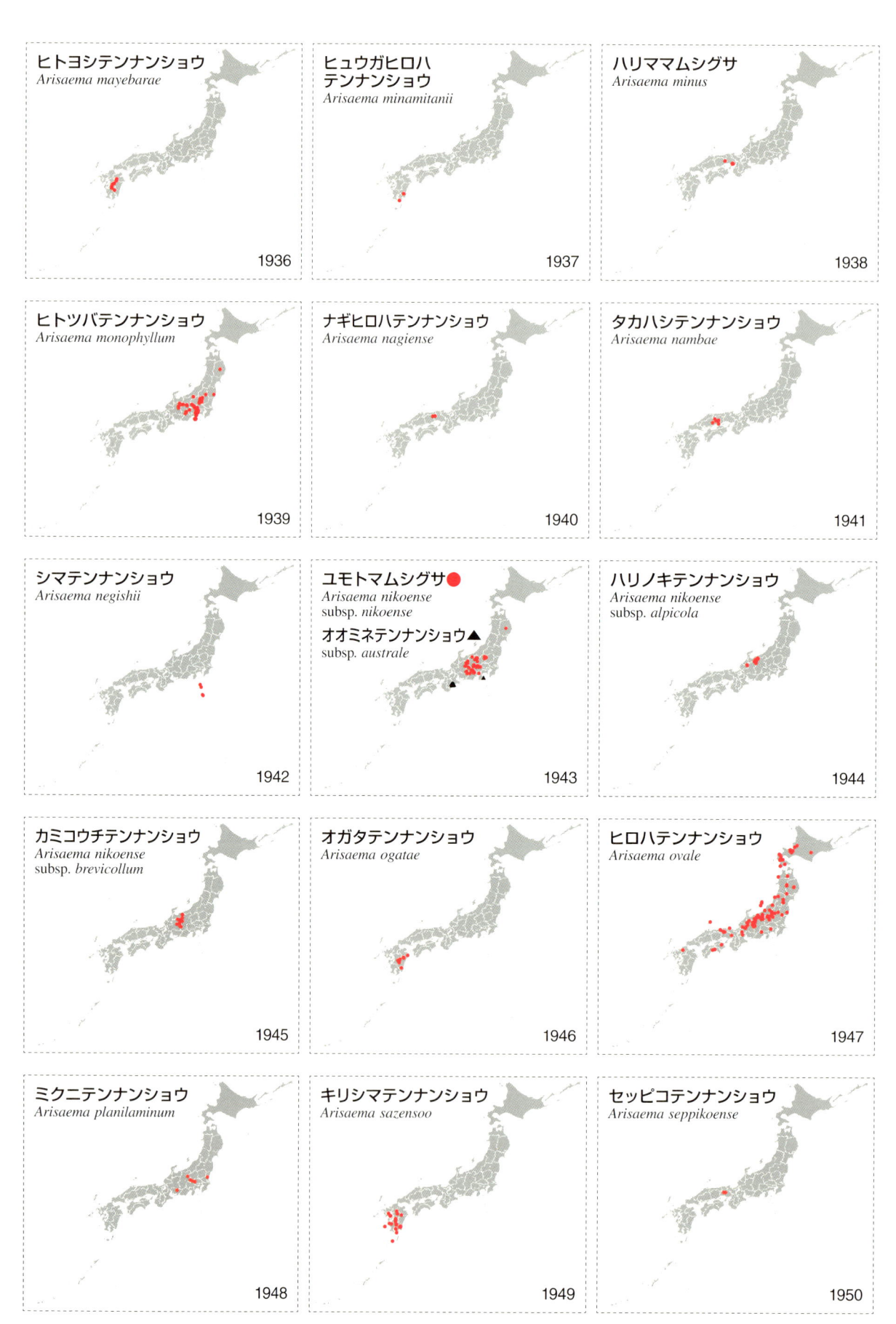

ヒトヨシテンナンショウ *Arisaema mayebarae* 1936	**ヒュウガヒロハテンナンショウ** *Arisaema minamitanii* 1937	**ハリママムシグサ** *Arisaema minus* 1938
ヒトツバテンナンショウ *Arisaema monophyllum* 1939	**ナギヒロハテンナンショウ** *Arisaema nagiense* 1940	**タカハシテンナンショウ** *Arisaema nambae* 1941
シマテンナンショウ *Arisaema negishii* 1942	**ユモトマムシグサ●** *Arisaema nikoense* subsp. *nikoense* **オオミネテンナンショウ▲** subsp. *australe* 1943	**ハリノキテンナンショウ** *Arisaema nikoense* subsp. *alpicola* 1944
カミコウチテンナンショウ *Arisaema nikoense* subsp. *brevicollum* 1945	**オガタテンナンショウ** *Arisaema ogatae* 1946	**ヒロハテンナンショウ** *Arisaema ovale* 1947
ミクニテンナンショウ *Arisaema planilaminum* 1948	**キリシマテンナンショウ** *Arisaema sazensoo* 1949	**セッピコテンナンショウ** *Arisaema seppikoense* 1950

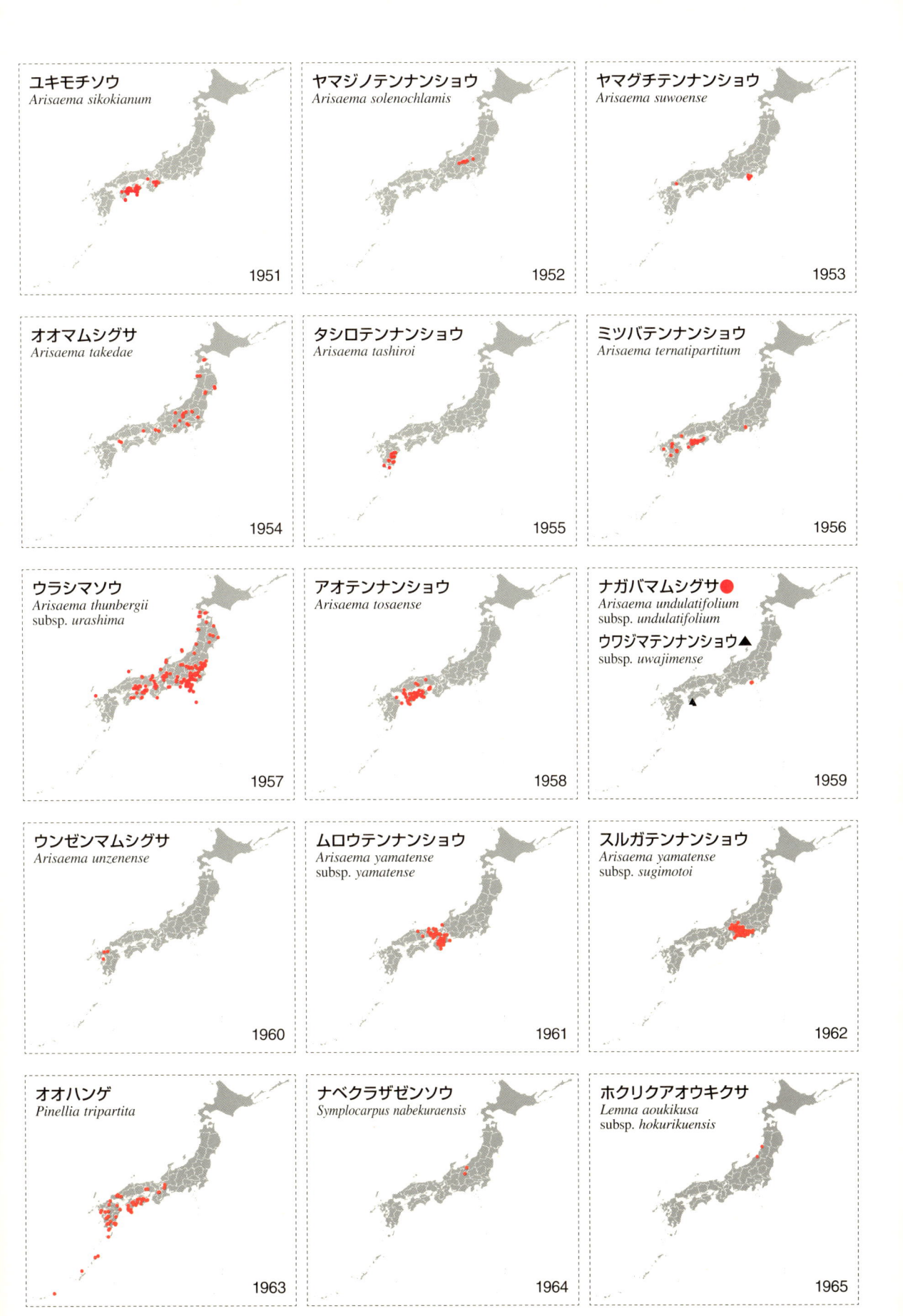

ユキモチソウ *Arisaema sikokianum* 1951	ヤマジノテンナンショウ *Arisaema solenochlamis* 1952	ヤマグチテンナンショウ *Arisaema suwoense* 1953
オオマムシグサ *Arisaema takedae* 1954	タシロテンナンショウ *Arisaema tashiroi* 1955	ミツバテンナンショウ *Arisaema ternatipartitum* 1956
ウラシマソウ *Arisaema thunbergii* subsp. *urashima* 1957	アオテンナンショウ *Arisaema tosaense* 1958	ナガバマムシグサ● *Arisaema undulatifolium* subsp. *undulatifolium* ウワジマテンナンショウ▲ subsp. *uwajimense* 1959
ウンゼンマムシグサ *Arisaema unzenense* 1960	ムロウテンナンショウ *Arisaema yamatense* subsp. *yamatense* 1961	スルガテンナンショウ *Arisaema yamatense* subsp. *sugimotoi* 1962
オオハンゲ *Pinellia tripartita* 1963	ナベクラザゼンソウ *Symplocarpus nabekuraensis* 1964	ホクリクアオウキクサ *Lemna aoukikusa* subsp. *hokurikuensis* 1965

種子植物／サトイモ科〜ウキクサ科

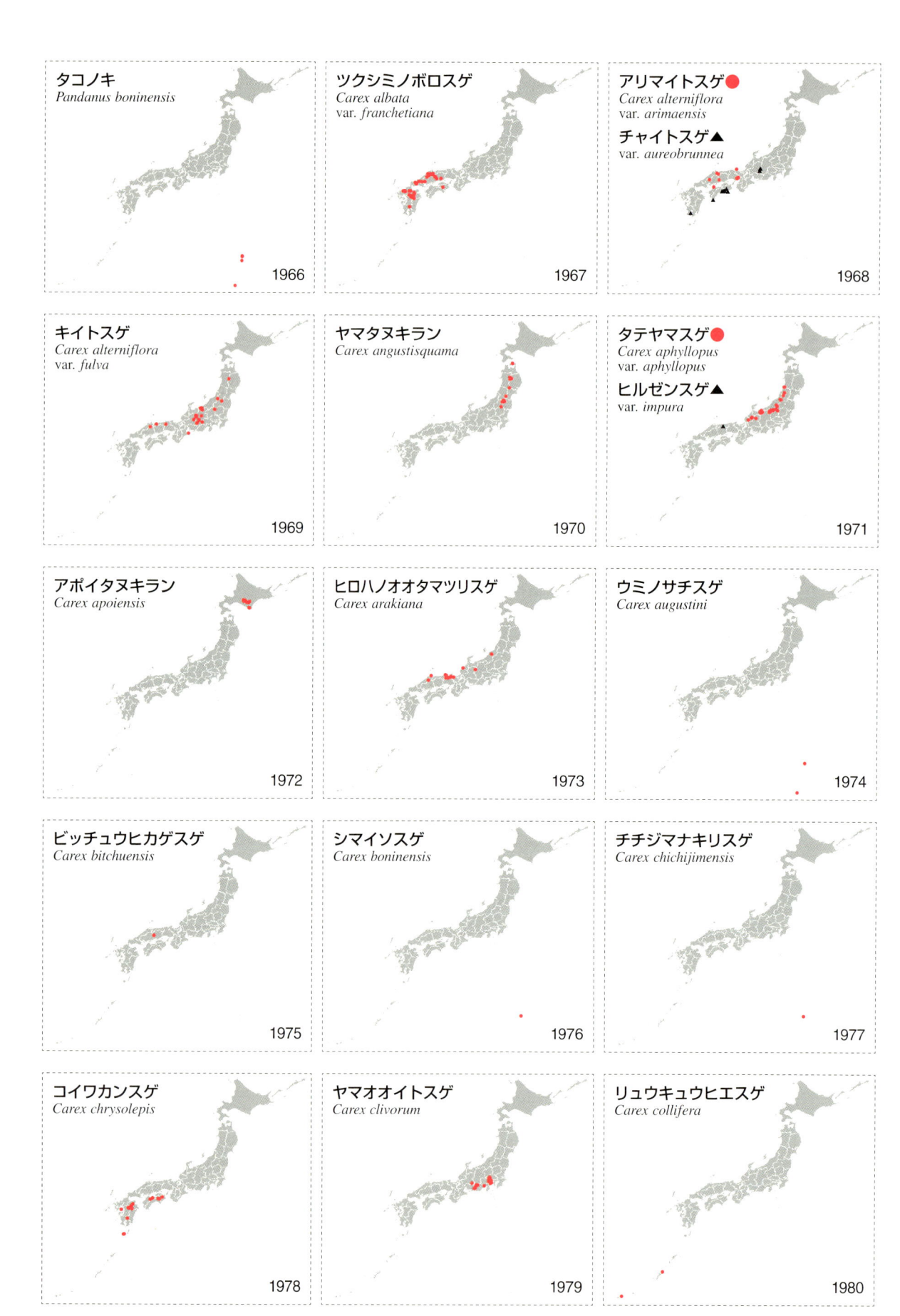

タコノキ *Pandanus boninensis* 1966	ツクシミノボロスゲ *Carex albata* var. *franchetiana* 1967	アリマイトスゲ● *Carex alterniflora* var. *arimaensis* チャイトスゲ▲ var. *aureobrunnea* 1968
キイトスゲ *Carex alterniflora* var. *fulva* 1969	ヤマタヌキラン *Carex angustisquama* 1970	タテヤマスゲ● *Carex aphyllopus* var. *aphyllopus* ヒルゼンスゲ▲ var. *impura* 1971
アポイタヌキラン *Carex apoiensis* 1972	ヒロハノオオタマツリスゲ *Carex arakiana* 1973	ウミノサチスゲ *Carex augustini* 1974
ビッチュウヒカゲスゲ *Carex bitchuensis* 1975	シマイソスゲ *Carex boninensis* 1976	チチジマナキリスゲ *Carex chichijimensis* 1977
コイワカンスゲ *Carex chrysolepis* 1978	ヤマオオイトスゲ *Carex clivorum* 1979	リュウキュウヒエスゲ *Carex collifera* 1980

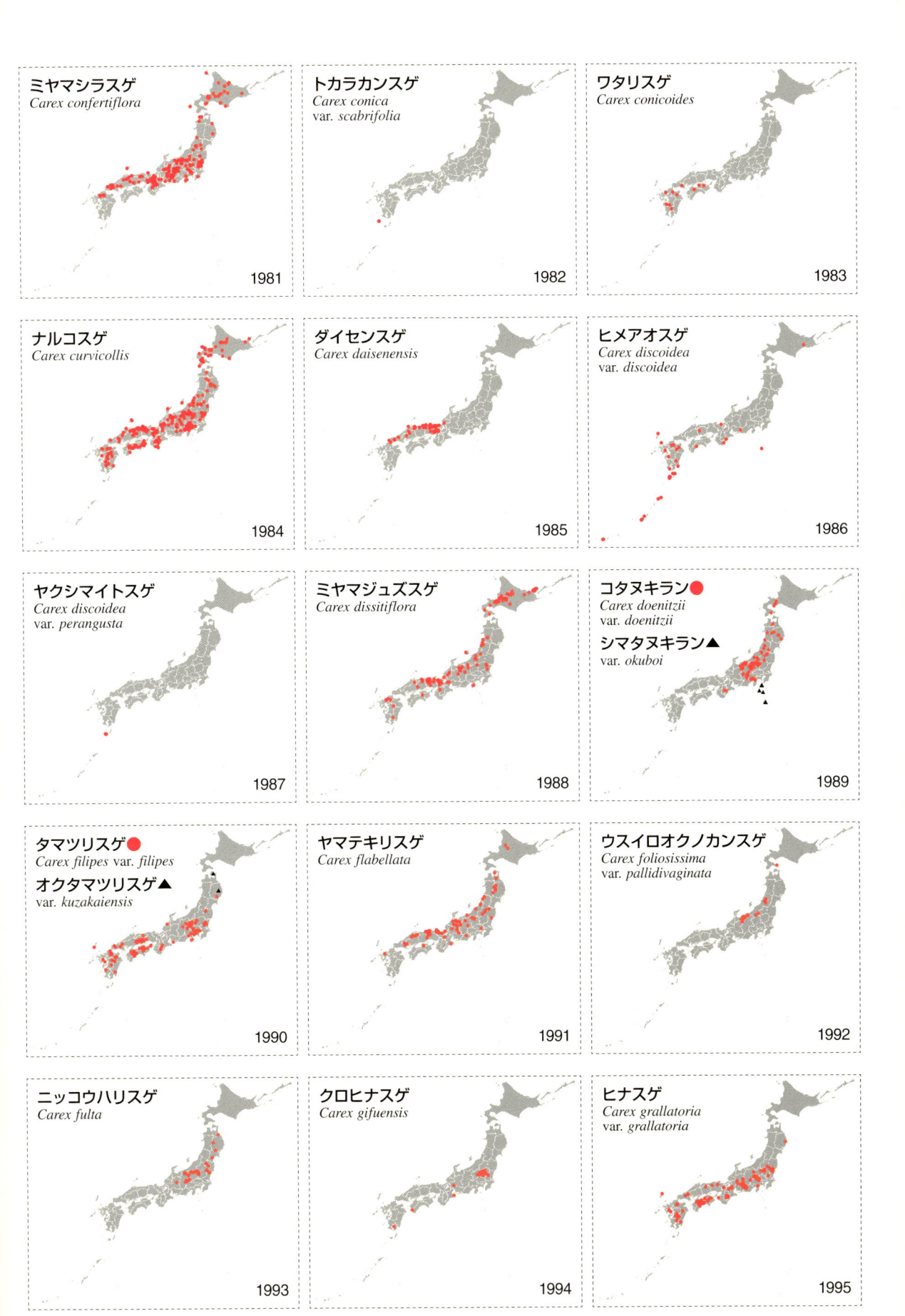

ミヤマシラスゲ *Carex confertiflora* 1981	トカラカンスゲ *Carex conica* var. *scabrifolia* 1982	ワタリスゲ *Carex conicoides* 1983
ナルコスゲ *Carex curvicollis* 1984	ダイセンスゲ *Carex daisenensis* 1985	ヒメアオスゲ *Carex discoidea* var. *discoidea* 1986
ヤクシマイトスゲ *Carex discoidea* var. *perangusta* 1987	ミヤマジュズスゲ *Carex dissitiflora* 1988	コタヌキラン● *Carex doenitzii* var. *doenitzii* シマタヌキラン▲ var. *okuboi* 1989
タマツリスゲ● *Carex filipes* var. *filipes* オクタマツリスゲ▲ var. *kuzakaiensis* 1990	ヤマテキリスゲ *Carex flabellata* 1991	ウスイロオクノカンスゲ *Carex foliosissima* var. *pallidivaginata* 1992
ニッコウハリスゲ *Carex fulta* 1993	クロヒナスゲ *Carex gifuensis* 1994	ヒナスゲ *Carex grallatoria* var. *grallatoria* 1995

種子植物／カヤツリグサ科　415

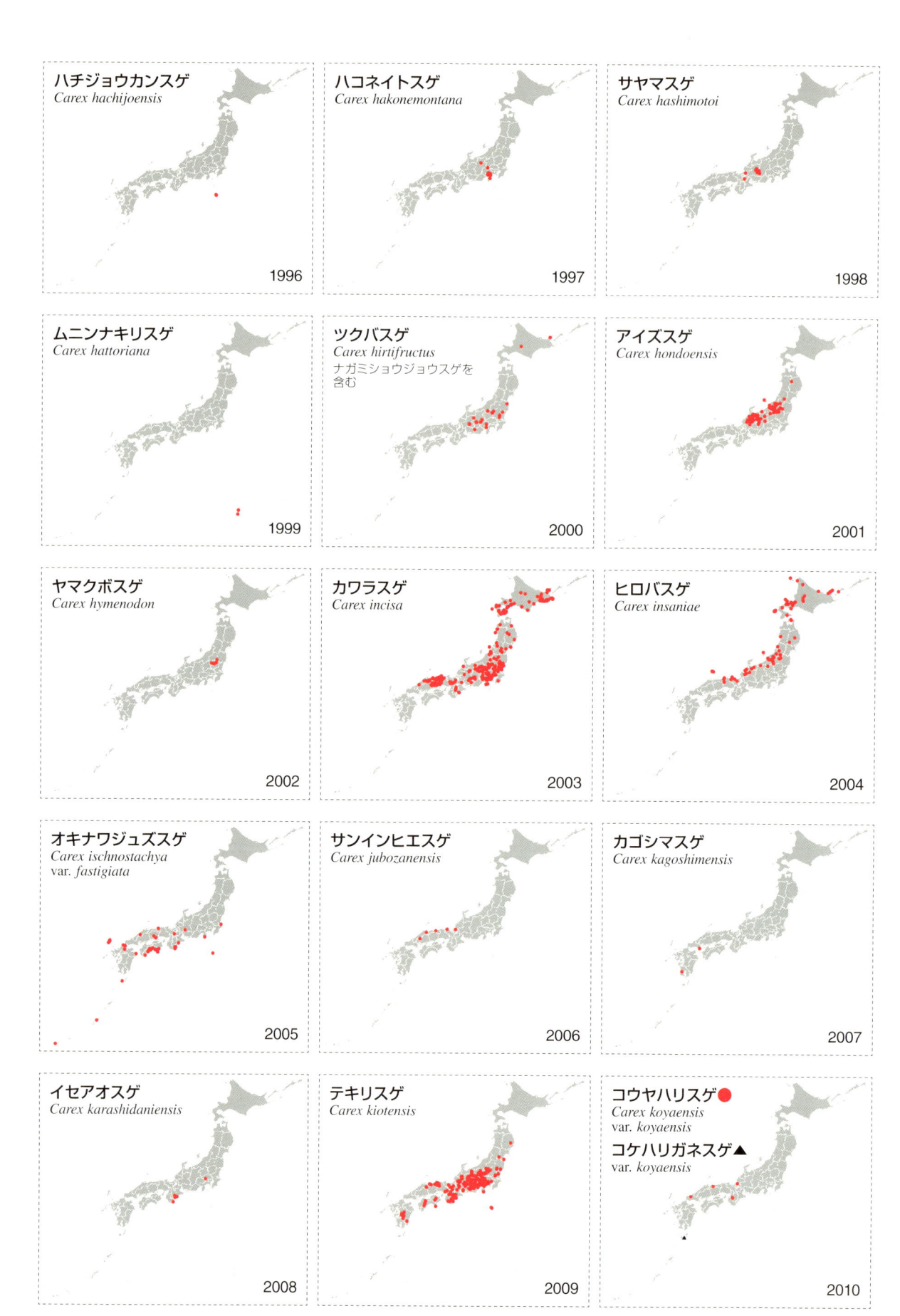

ハチジョウカンスゲ *Carex hachijoensis* 1996	ハコネイトスゲ *Carex hakonemontana* 1997	サヤマスゲ *Carex hashimotoi* 1998
ムニンナキリスゲ *Carex hattoriana* 1999	ツクバスゲ *Carex hirtifructus* ナガミショウジョウスゲを含む 2000	アイヅスゲ *Carex hondoensis* 2001
ヤマクボスゲ *Carex hymenodon* 2002	カワラスゲ *Carex incisa* 2003	ヒロバスゲ *Carex insaniae* 2004
オキナワジュズスゲ *Carex ischnostachya* var. *fastigiata* 2005	サンインヒエスゲ *Carex jubozanensis* 2006	カゴシマスゲ *Carex kagoshimensis* 2007
イセアオスゲ *Carex karashidaniensis* 2008	テキリスゲ *Carex kiotensis* 2009	コウヤハリスゲ● *Carex koyaensis* var. *koyaensis* コケハリガネスゲ▲ var. *koyaensis* 2010

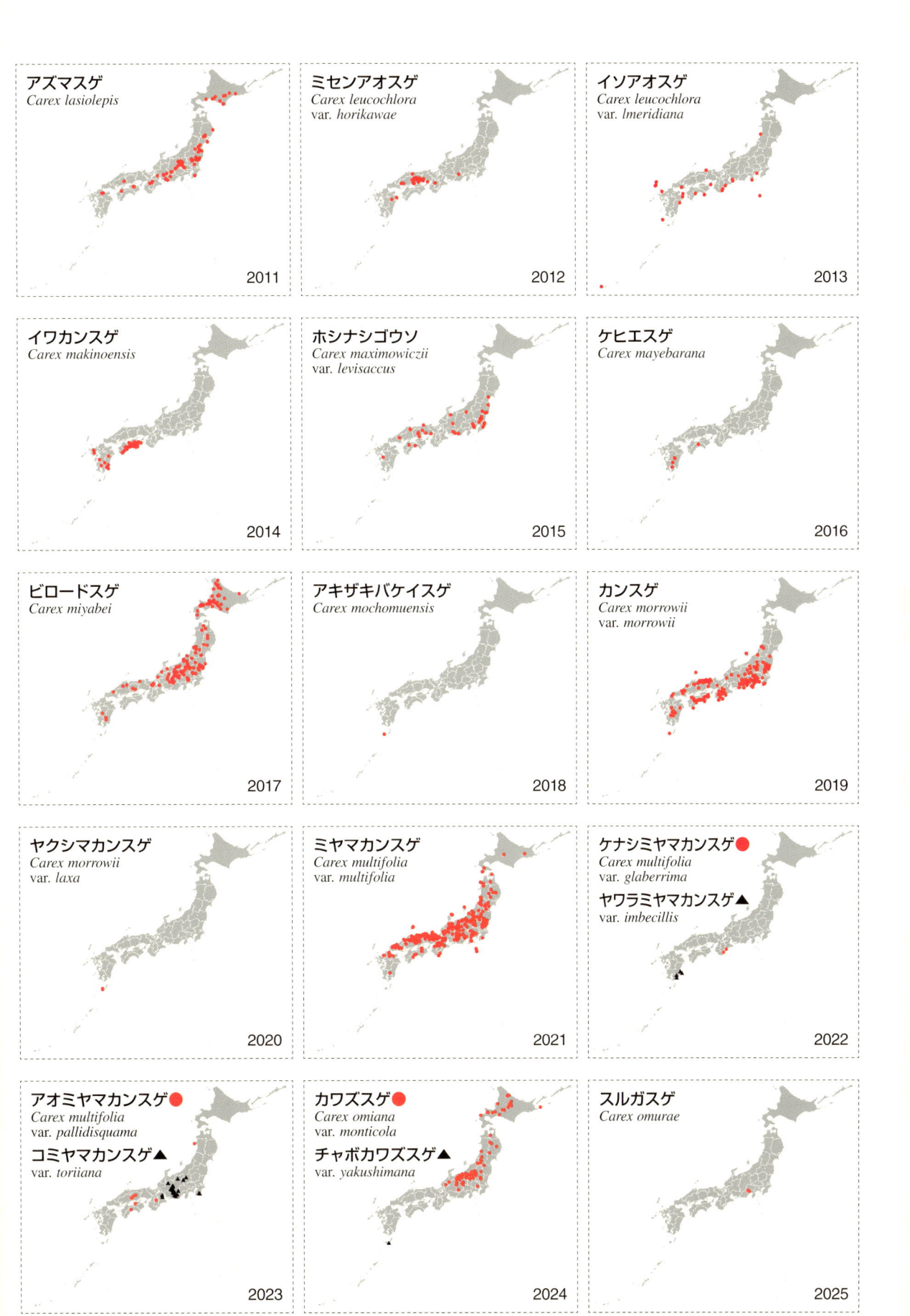

アズマスゲ *Carex lasiolepis* 2011	ミセンアオスゲ *Carex leucochlora* var. *horikawae* 2012	イソアオスゲ *Carex leucochlora* var. *lmeridiana* 2013
イワカンスゲ *Carex makinoensis* 2014	ホシナシゴウソ *Carex maximowiczii* var. *levisaccus* 2015	ケヒエスゲ *Carex mayebarana* 2016
ビロードスゲ *Carex miyabei* 2017	アキザキバケイスゲ *Carex mochomuensis* 2018	カンスゲ *Carex morrowii* var. *morrowii* 2019
ヤクシマカンスゲ *Carex morrowii* var. *laxa* 2020	ミヤマカンスゲ *Carex multifolia* var. *multifolia* 2021	ケナシミヤマカンスゲ ● *Carex multifolia* var. *glaberrima* ヤワラミヤマカンスゲ ▲ var. *imbecillis* 2022
アオミヤマカンスゲ ● *Carex multifolia* var. *pallidisquama* コミヤマカンスゲ ▲ var. *toriiana* 2023	カワズスゲ ● *Carex omiana* var. *monticola* チャボカワズスゲ ▲ var. *yakushimana* 2024	スルガスゲ *Carex omurae* 2025

種子植物／カヤツリグサ科　417

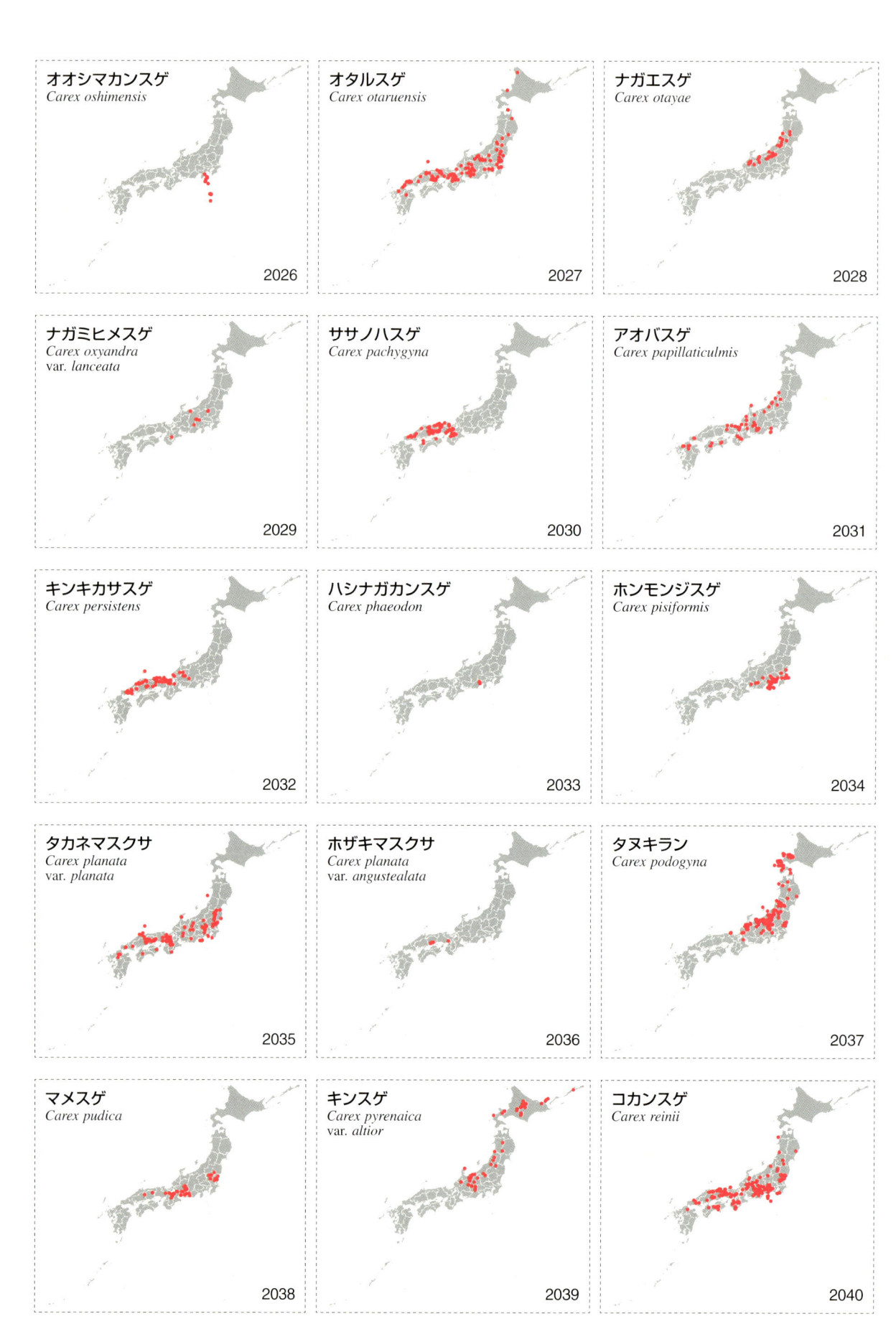

オオシマカンスゲ *Carex oshimensis* 2026	オタルスゲ *Carex otaruensis* 2027	ナガエスゲ *Carex otayae* 2028
ナガミヒメスゲ *Carex oxyandra* var. *lanceata* 2029	ササノハスゲ *Carex pachygyna* 2030	アオバスゲ *Carex papillaticulmis* 2031
キンキカサスゲ *Carex persistens* 2032	ハシナガカンスゲ *Carex phaeodon* 2033	ホンモンジスゲ *Carex pisiformis* 2034
タカネマスクサ *Carex planata* var. *planata* 2035	ホザキマスクサ *Carex planata* var. *angustealata* 2036	タヌキラン *Carex podogyna* 2037
マメスゲ *Carex pudica* 2038	キンスゲ *Carex pyrenaica* var. *altior* 2039	コカンスゲ *Carex reinii* 2040

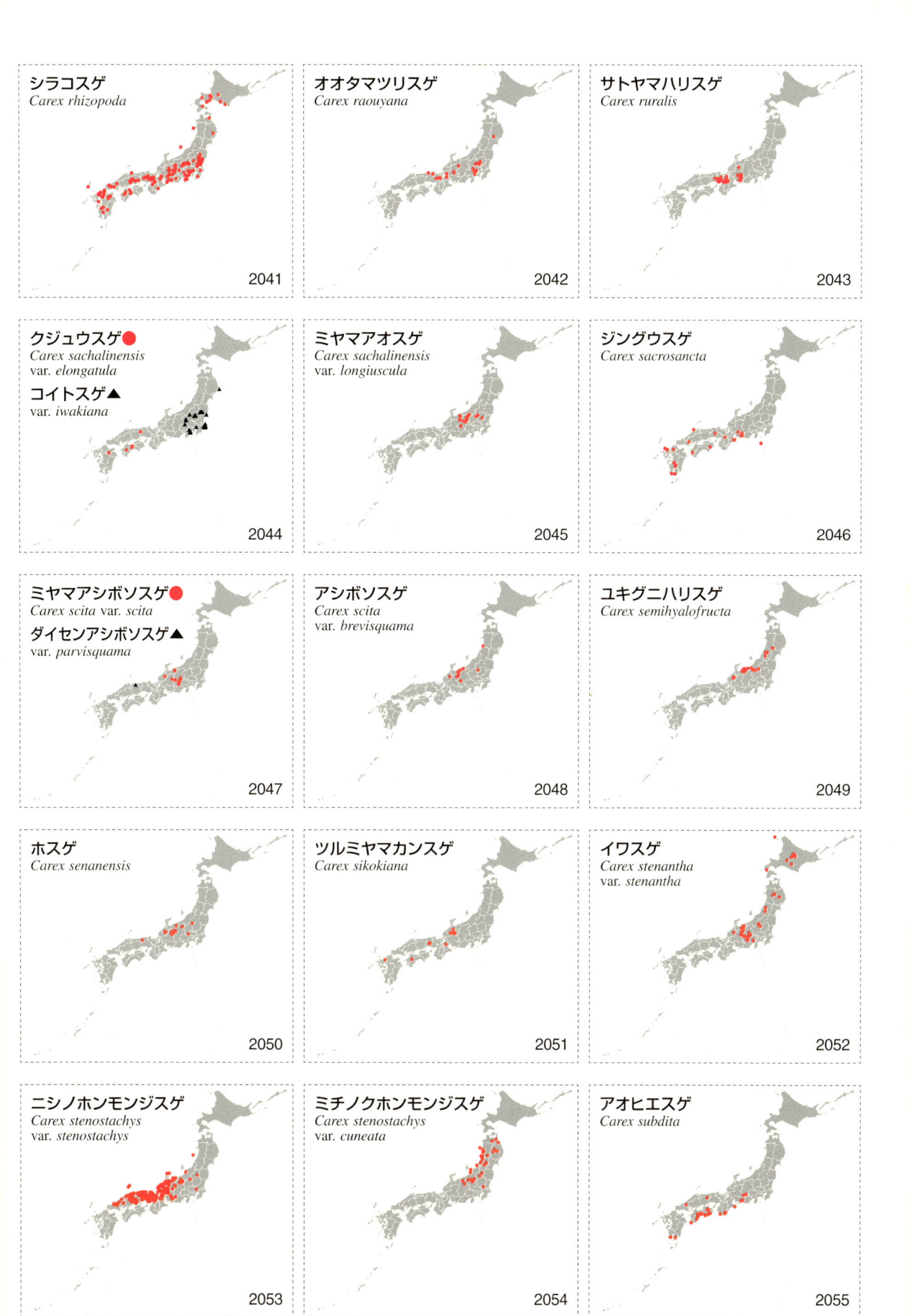

シラコスゲ *Carex rhizopoda* 2041	オオタマツリスゲ *Carex raouyana* 2042	サトヤマハリスゲ *Carex ruralis* 2043
クジュウスゲ● *Carex sachalinensis* var. *elongatula* コイトスゲ▲ var. *iwakiana* 2044	ミヤマアオスゲ *Carex sachalinensis* var. *longiuscula* 2045	ジングウスゲ *Carex sacrosancta* 2046
ミヤマアシボソスゲ● *Carex scita* var. *scita* ダイセンアシボソスゲ▲ var. *parvisquama* 2047	アシボソスゲ *Carex scita* var. *brevisquama* 2048	ユキグニハリスゲ *Carex semihyalofructa* 2049
ホスゲ *Carex senanensis* 2050	ツルミヤマカンスゲ *Carex sikokiana* 2051	イワスゲ *Carex stenantha* var. *stenantha* 2052
ニシノホンモンジスゲ *Carex stenostachys* var. *stenostachys* 2053	ミチノクホンモンジスゲ *Carex stenostachys* var. *cuneata* 2054	アオヒエスゲ *Carex subdita* 2055

種子植物／カヤツリグサ科

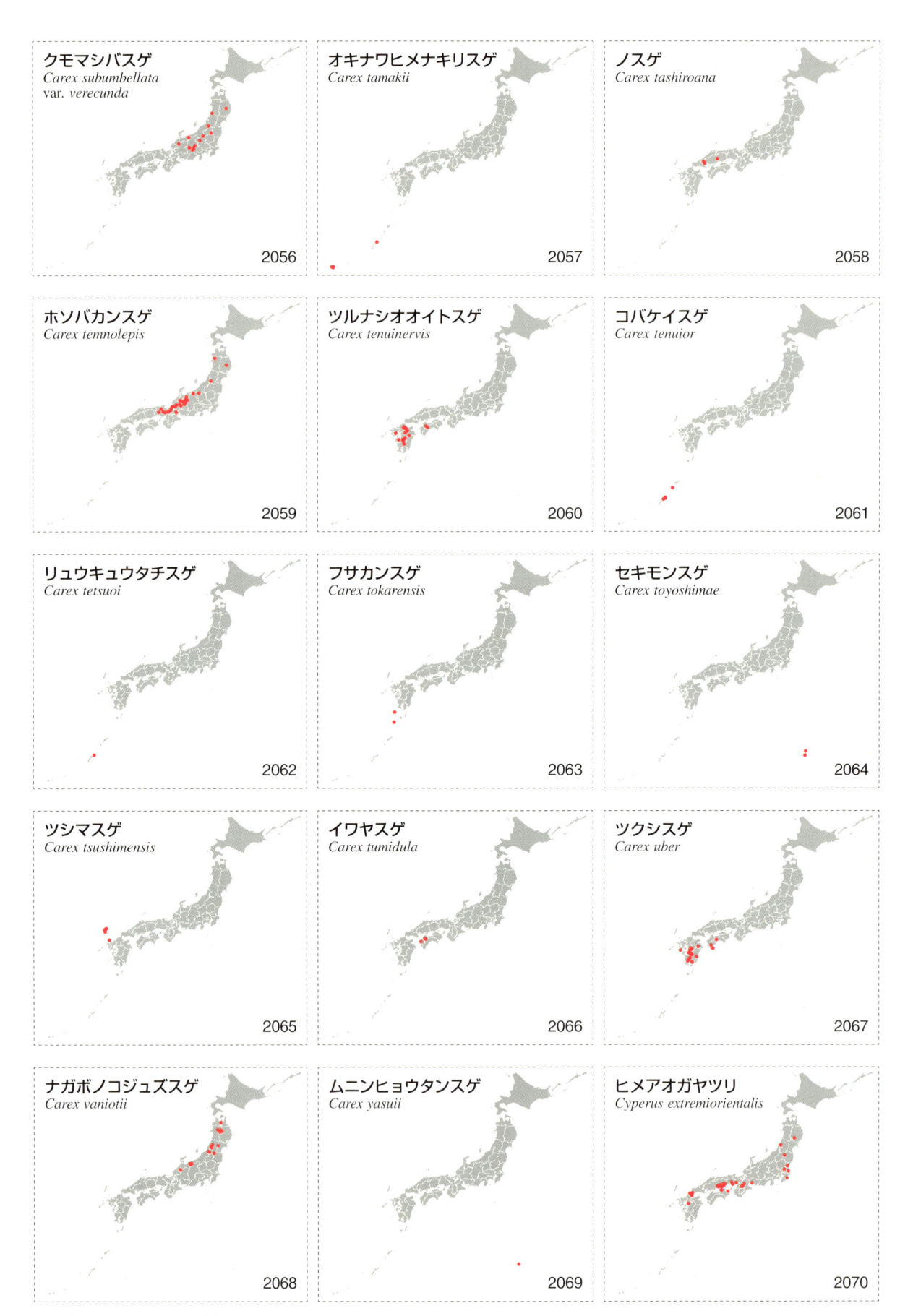

クモマシバスゲ *Carex subumbellata* var. *verecunda* 2056	オキナワヒメナキリスゲ *Carex tamakii* 2057	ノスゲ *Carex tashiroana* 2058
ホソバカンスゲ *Carex temnolepis* 2059	ツルナシオオイトスゲ *Carex tenuinervis* 2060	コバケイスゲ *Carex tenuior* 2061
リュウキュウタチスゲ *Carex tetsuoi* 2062	フサカンスゲ *Carex tokarensis* 2063	セキモンスゲ *Carex toyoshimae* 2064
ツシマスゲ *Carex tsushimensis* 2065	イワヤスゲ *Carex tumidula* 2066	ツクシスゲ *Carex uber* 2067
ナガボノコジュズスゲ *Carex vaniotii* 2068	ムニンヒョウタンスゲ *Carex yasuii* 2069	ヒメアオガヤツリ *Cyperus extremiorientalis* 2070

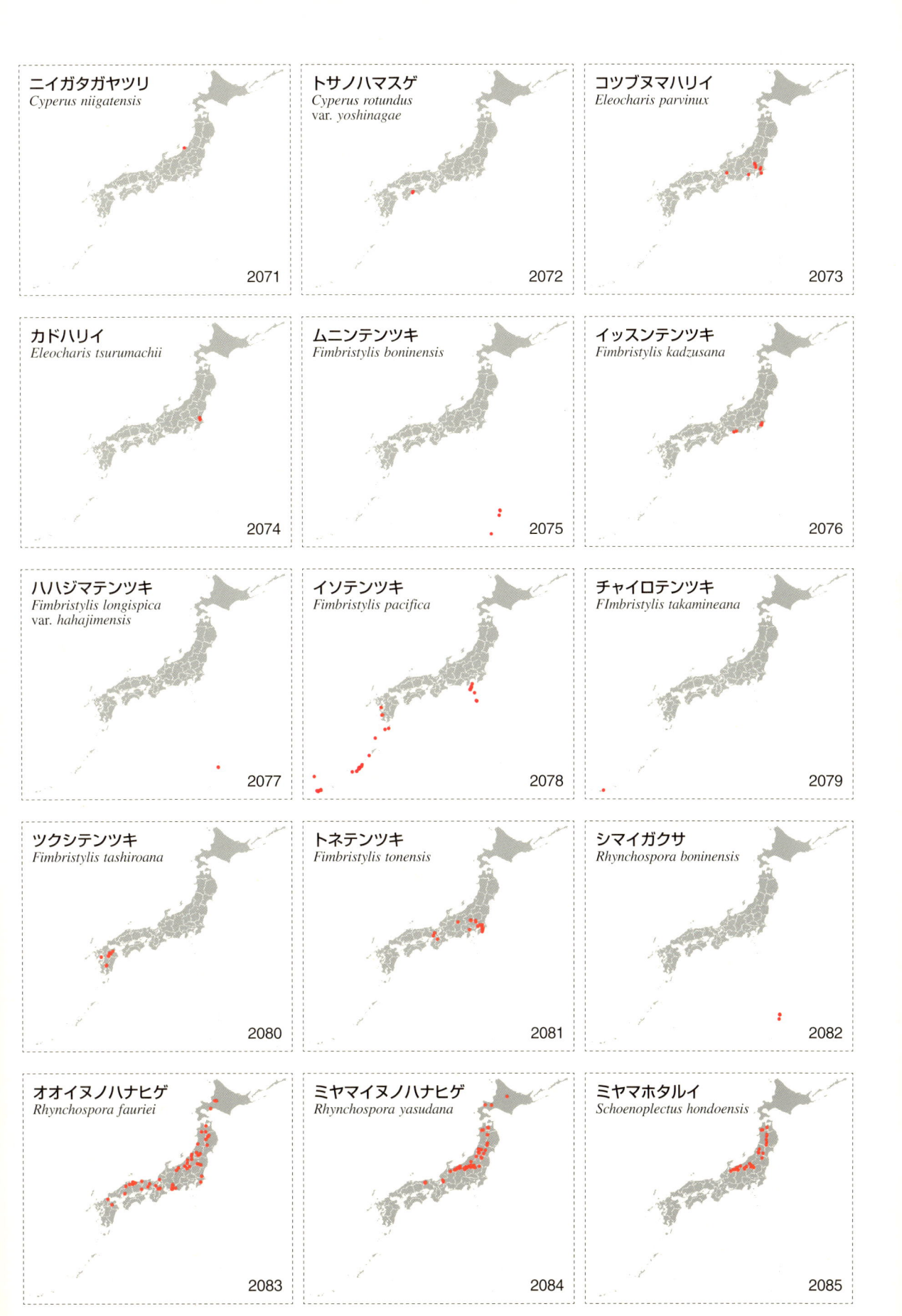

ニイガタガヤツリ *Cyperus niigatensis* 2071	**トサノハマスゲ** *Cyperus rotundus* var. *yoshinagae* 2072	**コツブヌマハリイ** *Eleocharis parvinux* 2073
カドハリイ *Eleocharis tsurumachii* 2074	**ムニンテンツキ** *Fimbristylis boninensis* 2075	**イッスンテンツキ** *Fimbristylis kadzusana* 2076
ハハジマテンツキ *Fimbristylis longispica* var. *hahajimensis* 2077	**イソテンツキ** *Fimbristylis pacifica* 2078	**チャイロテンツキ** *FImbristylis takamineana* 2079
ツクシテンツキ *Fimbristylis tashiroana* 2080	**トネテンツキ** *Fimbristylis tonensis* 2081	**シマイガクサ** *Rhynchospora boninensis* 2082
オオイヌノハナヒゲ *Rhynchospora fauriei* 2083	**ミヤマイヌノハナヒゲ** *Rhynchospora yasudana* 2084	**ミヤマホタルイ** *Schoenoplectus hondoensis* 2085

種子植物／カヤツリグサ科

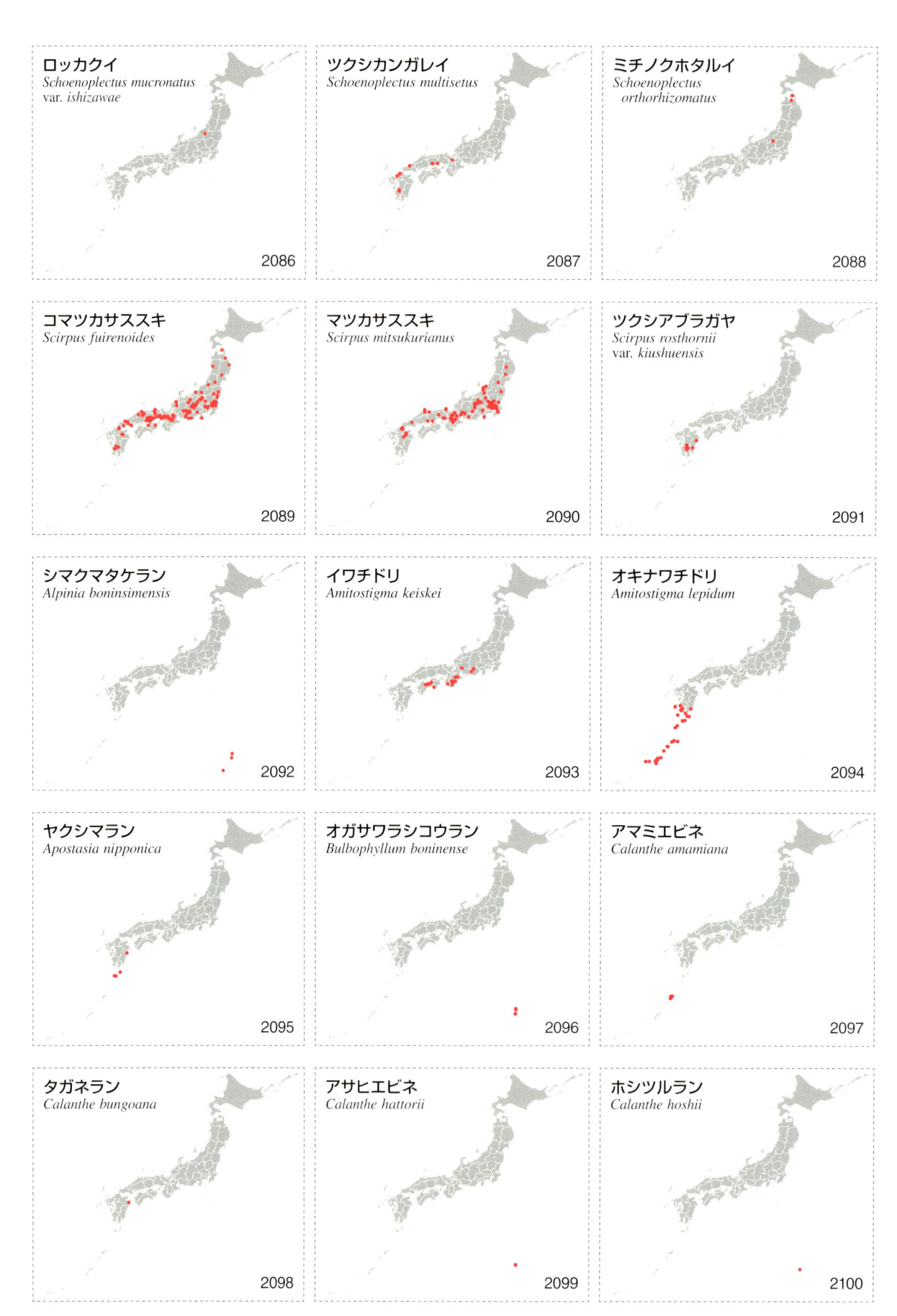

ロッカクイ *Schoenoplectus mucronatus* var. *ishizawae* 2086	**ツクシカンガレイ** *Schoenoplectus multisetus* 2087	**ミチノクホタルイ** *Schoenoplectus orthorhizomatus* 2088
コマツカサススキ *Scirpus fuirenoides* 2089	**マツカサススキ** *Scirpus mitsukurianus* 2090	**ツクシアブラガヤ** *Scirpus rosthornii* var. *kiushuensis* 2091
シマクマタケラン *Alpinia boninsimensis* 2092	**イワチドリ** *Amitostigma keiskei* 2093	**オキナワチドリ** *Amitostigma lepidum* 2094
ヤクシマラン *Apostasia nipponica* 2095	**オガサワラシコウラン** *Bulbophyllum boninense* 2096	**アマミエビネ** *Calanthe amamiana* 2097
タガネラン *Calanthe bungoana* 2098	**アサヒエビネ** *Calanthe hattorii* 2099	**ホシツルラン** *Calanthe hoshii* 2100

422　Ⅳ　日本固有植物分布図

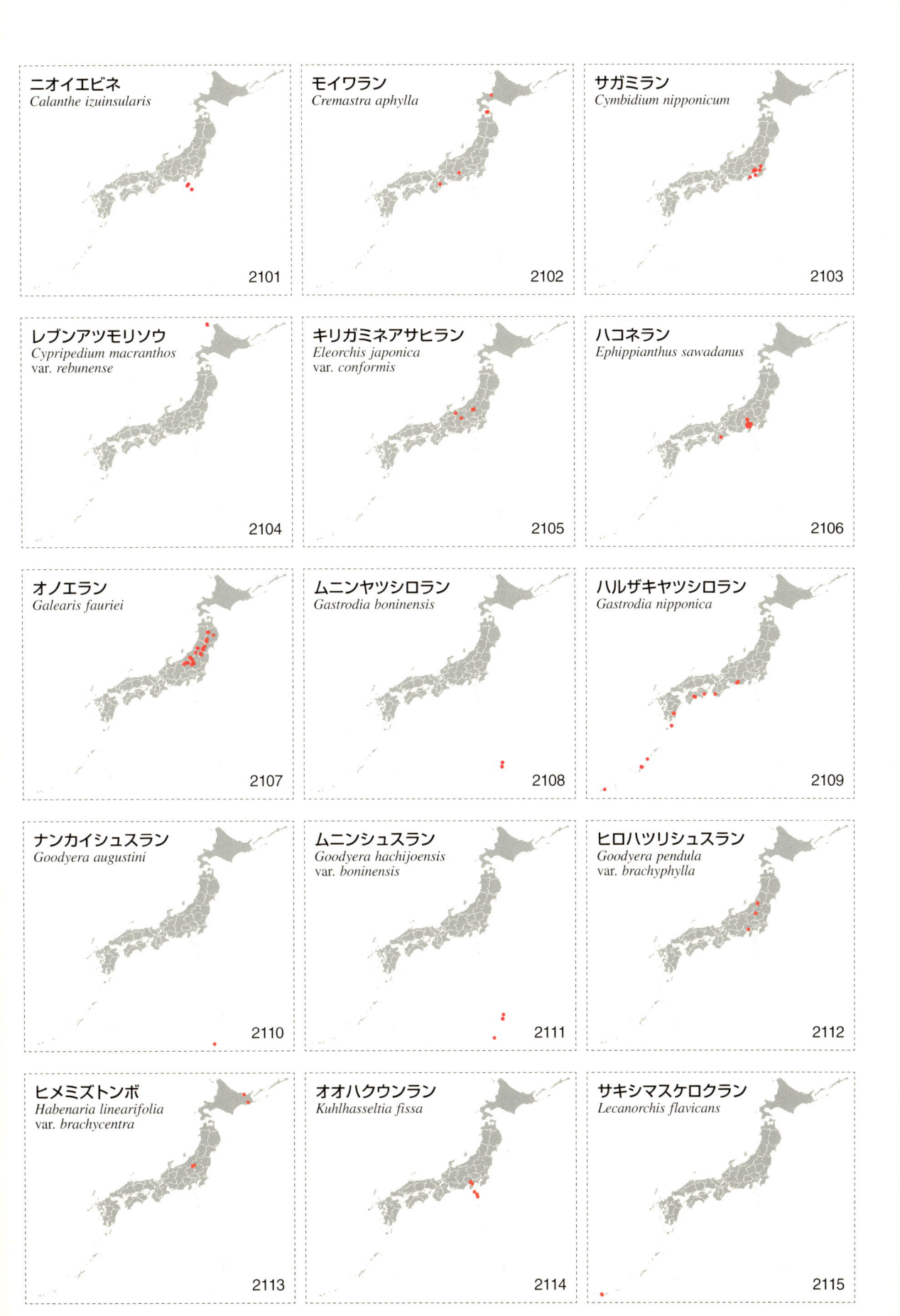

ニオイエビネ *Calanthe izuinsularis* 2101	モイワラン *Cremastra aphylla* 2102	サガミラン *Cymbidium nipponicum* 2103
レブンアツモリソウ *Cypripedium macranthos* var. *rebunense* 2104	キリガミネアサヒラン *Eleorchis japonica* var. *conformis* 2105	ハコネラン *Ephippianthus sawadanus* 2106
オノエラン *Galearis fauriei* 2107	ムニンヤツシロラン *Gastrodia boninensis* 2108	ハルザキヤツシロラン *Gastrodia nipponica* 2109
ナンカイシュスラン *Goodyera augustini* 2110	ムニンシュスラン *Goodyera hachijoensis* var. *boninensis* 2111	ヒロハツリシュスラン *Goodyera pendula* var. *brachyphylla* 2112
ヒメミズトンボ *Habenaria linearifolia* var. *brachycentra* 2113	オオハクウンラン *Kuhlhasseltia fissa* 2114	サキシマスケロクラン *Lecanorchis flavicans* 2115

種子植物／カヤツリグサ科〜ラン科

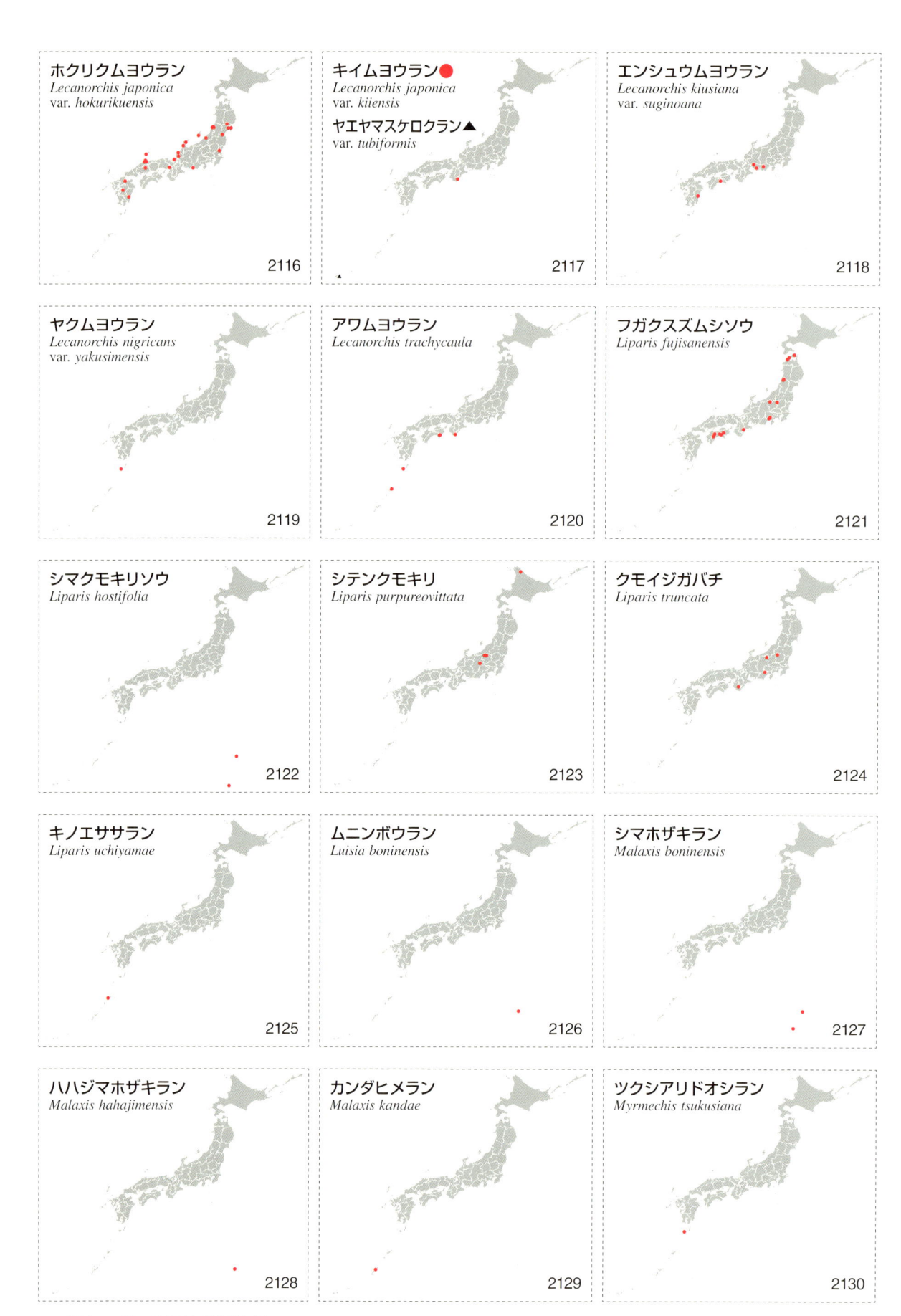

ホクリクムヨウラン *Lecanorchis japonica* var. *hokurikuensis* 2116	キイムヨウラン● *Lecanorchis japonica* var. *kiiensis* ヤエヤマスケロクラン▲ var. *tubiformis* 2117	エンシュウムヨウラン *Lecanorchis kiusiana* var. *suginoana* 2118
ヤクムヨウラン *Lecanorchis nigricans* var. *yakusimensis* 2119	アワムヨウラン *Lecanorchis trachycaula* 2120	フガクスズムシソウ *Liparis fujisanensis* 2121
シマクモキリソウ *Liparis hostifolia* 2122	シテンクモキリ *Liparis purpureovittata* 2123	クモイジガバチ *Liparis truncata* 2124
キノエササラン *Liparis uchiyamae* 2125	ムニンボウラン *Luisia boninensis* 2126	シマホザキラン *Malaxis boninensis* 2127
ハハジマホザキラン *Malaxis hahajimensis* 2128	カンダヒメラン *Malaxis kandae* 2129	ツクシアリドオシラン *Myrmechis tsukusiana* 2130

カイサカネラン *Neottia furusei* 2131	**タンザワサカネラン** *Neottia inagakii* 2132	**アオフタバラン** *Neottia makinoana* 2133
フジチドリ *Neottianthe fujisanensis* 2134	**ムカゴサイシン** *Nervilia nipponica* 2135	**ハツシマラン** *Odontochilus hatusimanus* 2136
ダケトンボ *Peristylus hatusimanus* 2137	**ヤクシマチドリ** *Platanthera amabilis* 2138	**シマツレサギソウ** *Platanthera boninensis* 2139
ジンバイソウ *Platanthera florentia* 2140	**オオバナオオヤマサギソウ** *Platanthera hondoensis* 2141	**イイヌマムカゴ** *Platanthera iinumae* 2142
ハチジョウチドリ *Platanthera mandarinorum* subsp. *hachijoensis* var. *hachijoensis* 2143	**アマミトンボ●** *Platanthera mandarinorum* subsp. *hachijoensis* var. *amamiana* **ヤクシマトンボ▲** var. *masamunei* 2144	**ハチジョウツレサギ** *Platanthera okuboi* 2145

種子植物／ラン科

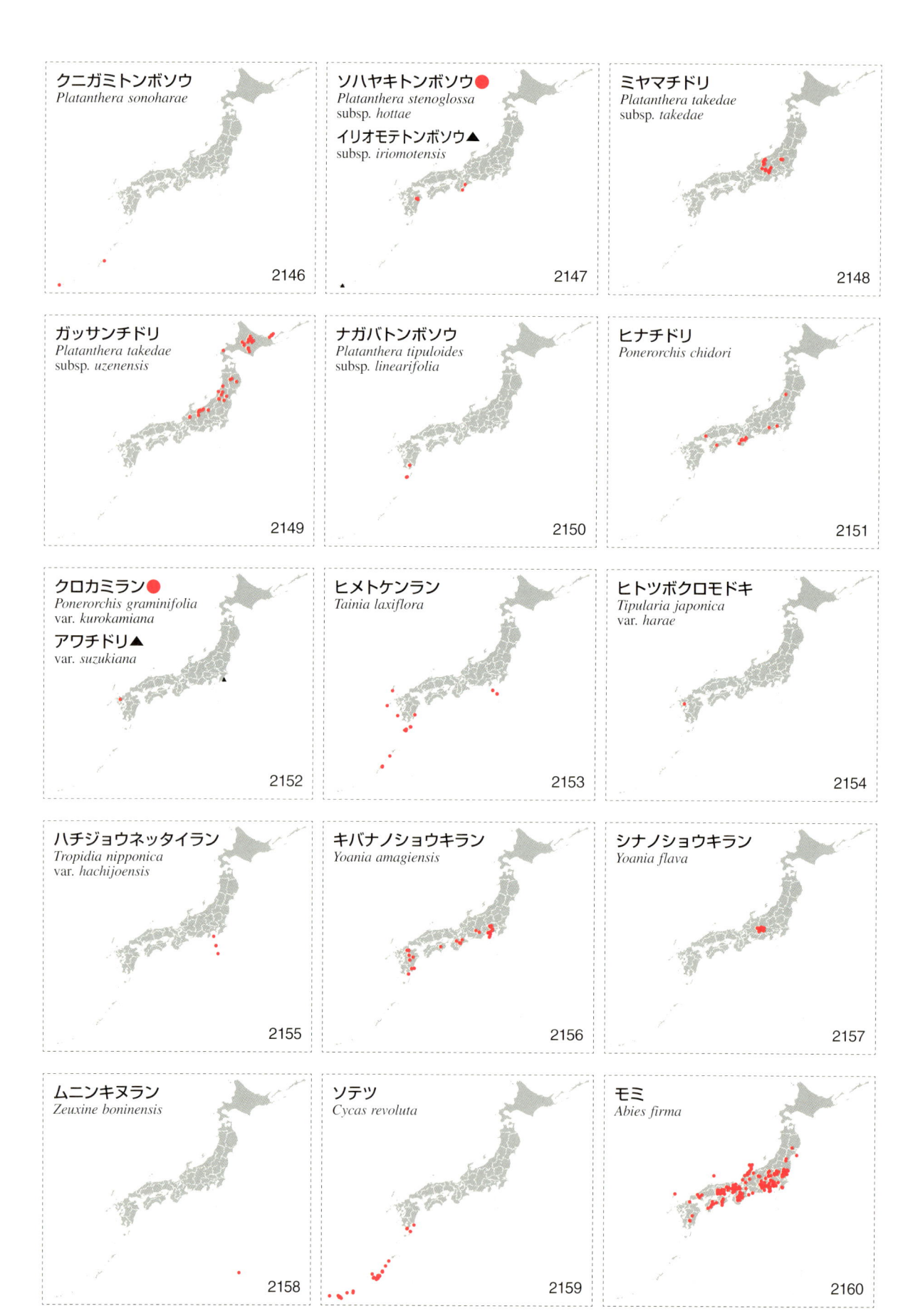

クニガミトンボソウ *Platanthera sonoharae* 2146	ソハヤキトンボソウ● *Platanthera stenoglossa* subsp. *hottae* イリオモテトンボソウ▲ subsp. *iriomotensis* 2147	ミヤマチドリ *Platanthera takedae* subsp. *takedae* 2148
ガッサンチドリ *Platanthera takedae* subsp. *uzenensis* 2149	ナガバトンボソウ *Platanthera tipuloides* subsp. *linearifolia* 2150	ヒナチドリ *Ponerorchis chidori* 2151
クロカミラン● *Ponerorchis graminifolia* var. *kurokamiana* アワチドリ▲ var. *suzukiana* 2152	ヒメトケンラン *Tainia laxiflora* 2153	ヒトツボクロモドキ *Tipularia japonica* var. *harae* 2154
ハチジョウネッタイラン *Tropidia nipponica* var. *hachijoensis* 2155	キバナノショウキラン *Yoania amagiensis* 2156	シナノショウキラン *Yoania flava* 2157
ムニンキヌラン *Zeuxine boninensis* 2158	ソテツ *Cycas revoluta* 2159	モミ *Abies firma* 2160

426　Ⅳ　日本固有植物分布図

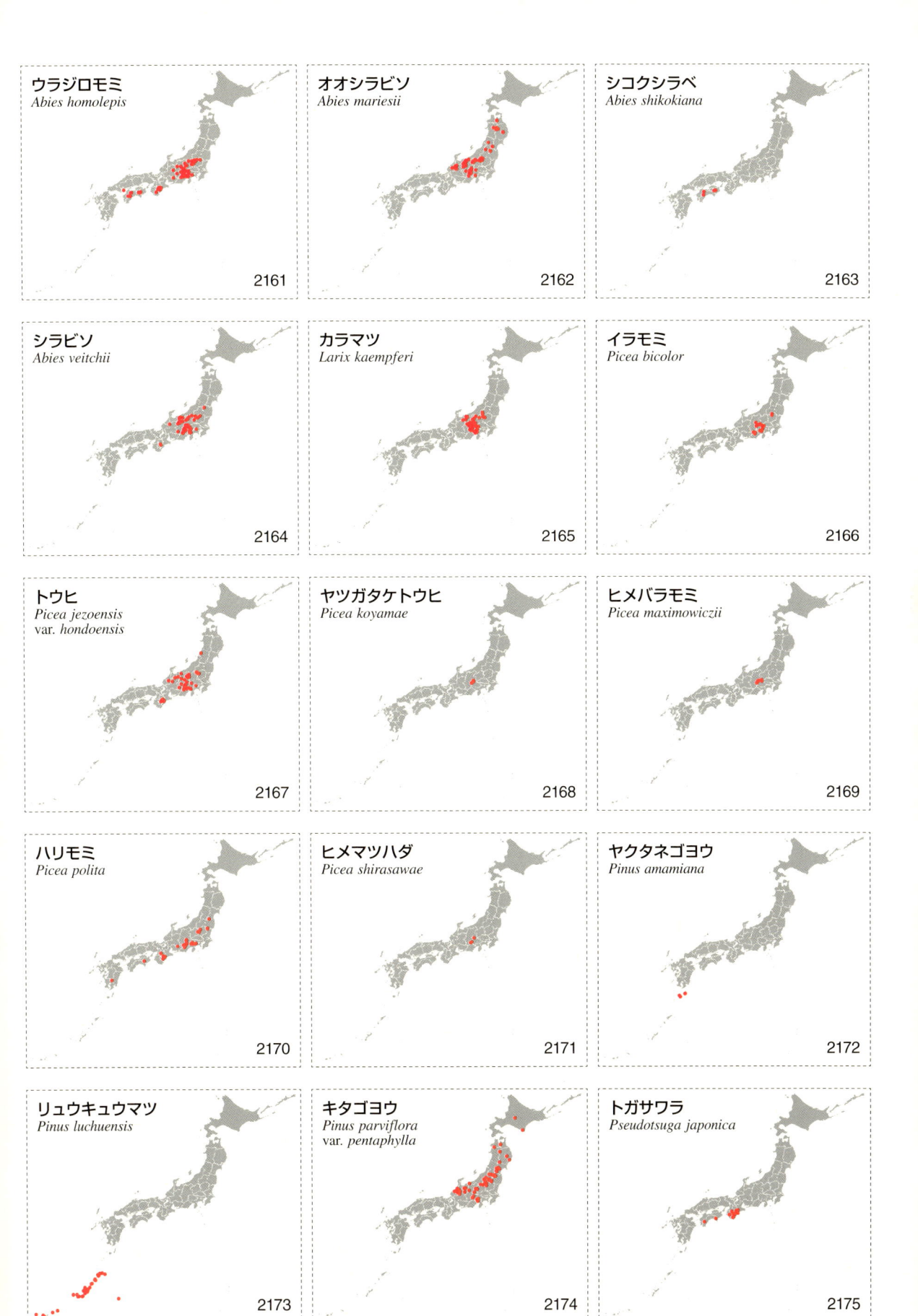

ウラジロモミ *Abies homolepis* 2161	**オオシラビソ** *Abies mariesii* 2162	**シコクシラベ** *Abies shikokiana* 2163
シラビソ *Abies veitchii* 2164	**カラマツ** *Larix kaempferi* 2165	**イラモミ** *Picea bicolor* 2166
トウヒ *Picea jezoensis* var. *hondoensis* 2167	**ヤツガタケトウヒ** *Picea koyamae* 2168	**ヒメバラモミ** *Picea maximowiczii* 2169
ハリモミ *Picea polita* 2170	**ヒメマツハダ** *Picea shirasawae* 2171	**ヤクタネゴヨウ** *Pinus amamiana* 2172
リュウキュウマツ *Pinus luchuensis* 2173	**キタゴヨウ** *Pinus parviflora* var. *pentaphylla* 2174	**トガサワラ** *Pseudotsuga japonica* 2175

種子植物／ラン科〜マツ科

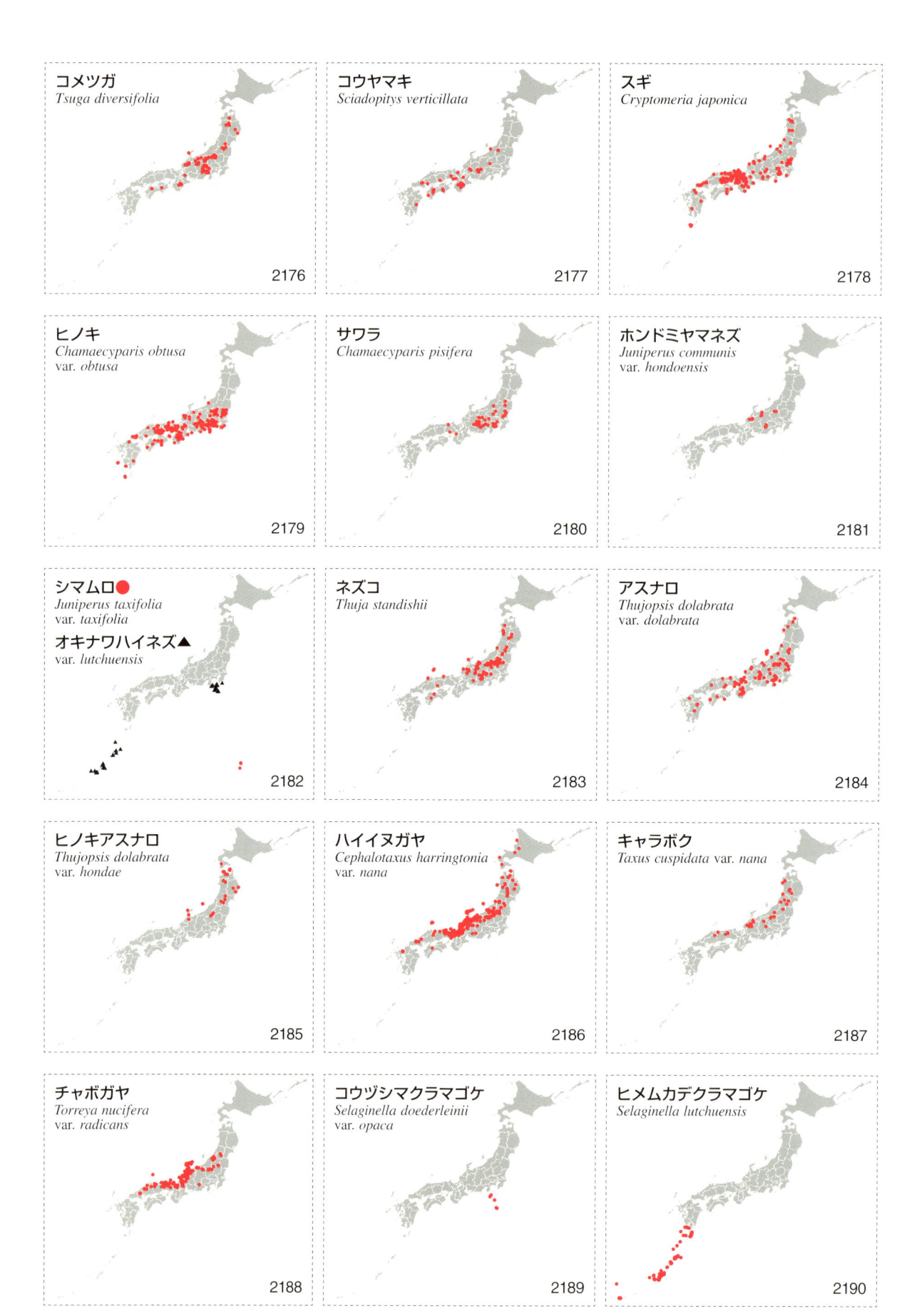

コメツガ *Tsuga diversifolia* 2176	**コウヤマキ** *Sciadopitys verticillata* 2177	**スギ** *Cryptomeria japonica* 2178
ヒノキ *Chamaecyparis obtusa* var. *obtusa* 2179	**サワラ** *Chamaecyparis pisifera* 2180	**ホンドミヤマネズ** *Juniperus communis* var. *hondoensis* 2181
シマムロ● *Juniperus taxifolia* var. *taxifolia* **オキナワハイネズ▲** var. *lutchuensis* 2182	**ネズコ** *Thuja standishii* 2183	**アスナロ** *Thujopsis dolabrata* var. *dolabrata* 2184
ヒノキアスナロ *Thujopsis dolabrata* var. *hondae* 2185	**ハイイヌガヤ** *Cephalotaxus harringtonia* var. *nana* 2186	**キャラボク** *Taxus cuspidata* var. *nana* 2187
チャボガヤ *Torreya nucifera* var. *radicans* 2188	**コウヅシマクラマゴケ** *Selaginella doederleinii* var. *opaca* 2189	**ヒメムカデクラマゴケ** *Selaginella lutchuensis* 2190

Ⅳ　日本固有植物分布図

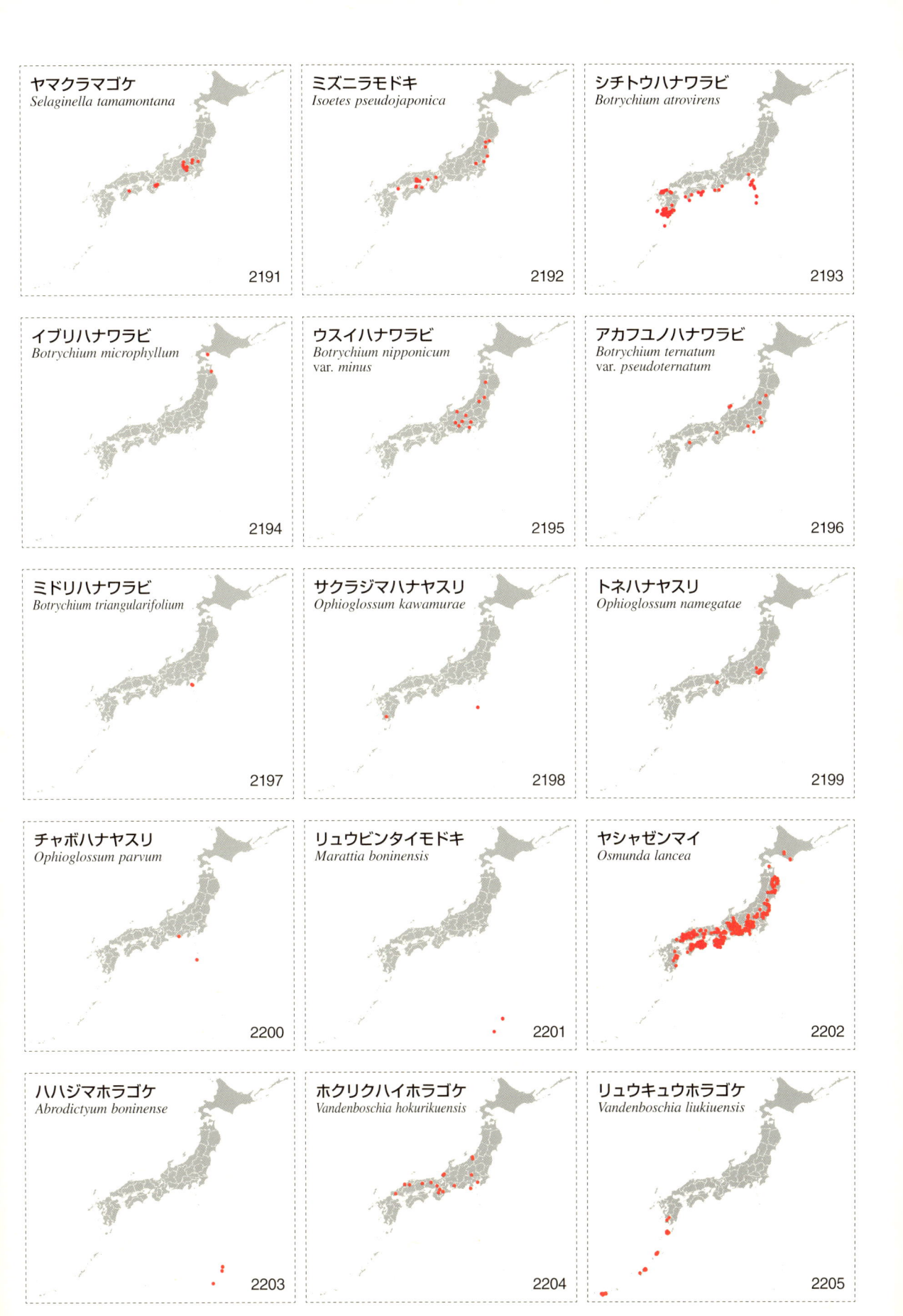

ヤマクラマゴケ *Selaginella tamamontana* 2191	**ミズニラモドキ** *Isoetes pseudojaponica* 2192	**シチトウハナワラビ** *Botrychium atrovirens* 2193
イブリハナワラビ *Botrychium microphyllum* 2194	**ウスイハナワラビ** *Botrychium nipponicum* var. *minus* 2195	**アカフユノハナワラビ** *Botrychium ternatum* var. *pseudoternatum* 2196
ミドリハナワラビ *Botrychium triangularifolium* 2197	**サクラジマハナヤスリ** *Ophioglossum kawamurae* 2198	**トネハナヤスリ** *Ophioglossum namegatae* 2199
チャボハナヤスリ *Ophioglossum parvum* 2200	**リュウビンタイモドキ** *Marattia boninensis* 2201	**ヤシャゼンマイ** *Osmunda lancea* 2202
ハハジマホラゴケ *Abrodictyum boninense* 2203	**ホクリクハイホラゴケ** *Vandenboschia hokurikuensis* 2204	**リュウキュウホラゴケ** *Vandenboschia liukiuensis* 2205

種子植物／マツ科〜シダ植物／コケシノブ科

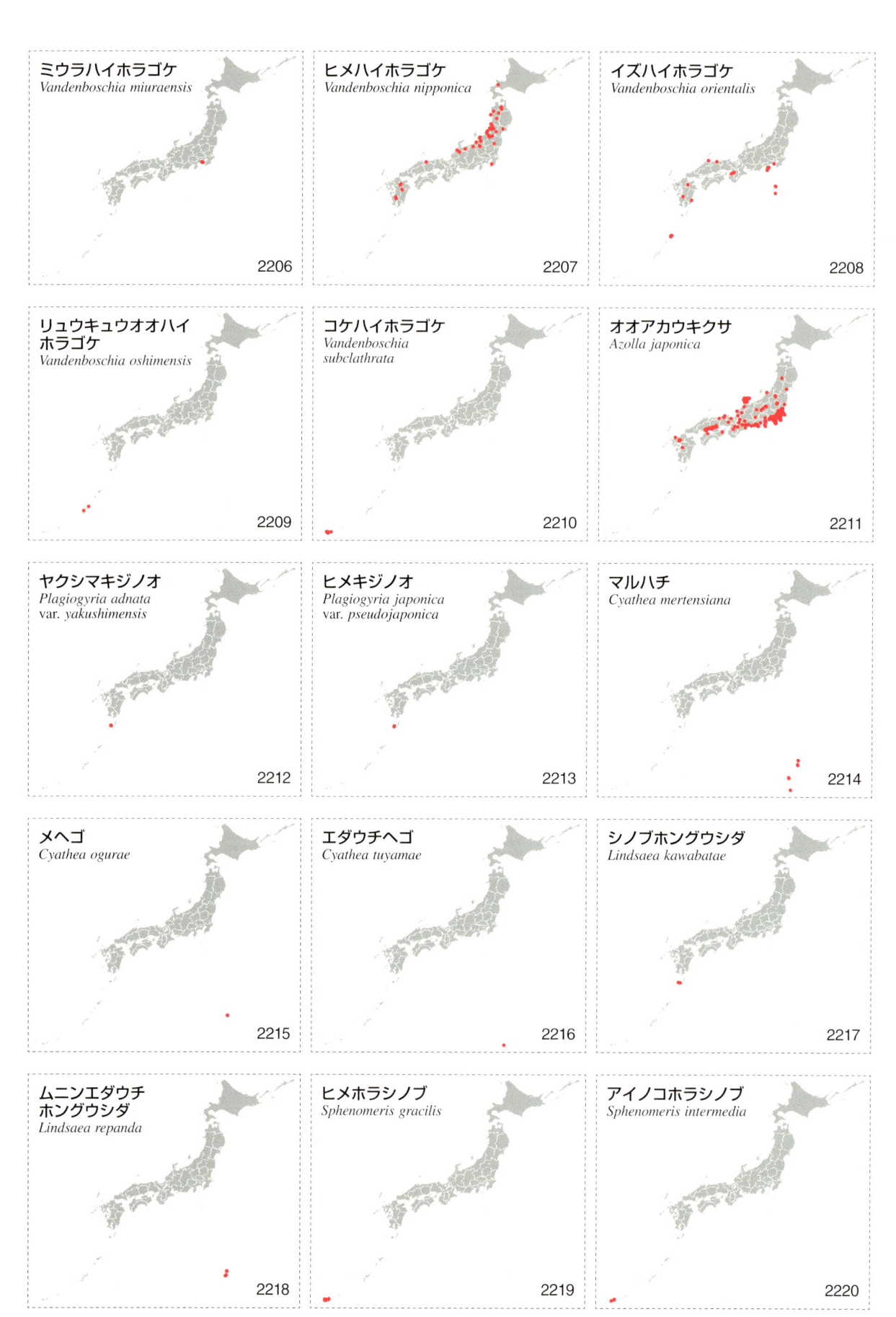

ミウラハイホラゴケ *Vandenboschia miuraensis* 2206	**ヒメハイホラゴケ** *Vandenboschia nipponica* 2207	**イズハイホラゴケ** *Vandenboschia orientalis* 2208
リュウキュウオオハイホラゴケ *Vandenboschia oshimensis* 2209	**コケハイホラゴケ** *Vandenboschia subclathrata* 2210	**オオアカウキクサ** *Azolla japonica* 2211
ヤクシマキジノオ *Plagiogyria adnata* var. *yakushimensis* 2212	**ヒメキジノオ** *Plagiogyria japonica* var. *pseudojaponica* 2213	**マルハチ** *Cyathea mertensiana* 2214
メヘゴ *Cyathea ogurae* 2215	**エダウチヘゴ** *Cyathea tuyamae* 2216	**シノブホングウシダ** *Lindsaea kawabatae* 2217
ムニンエダウチホングウシダ *Lindsaea repanda* 2218	**ヒメホラシノブ** *Sphenomeris gracilis* 2219	**アイノコホラシノブ** *Sphenomeris intermedia* 2220

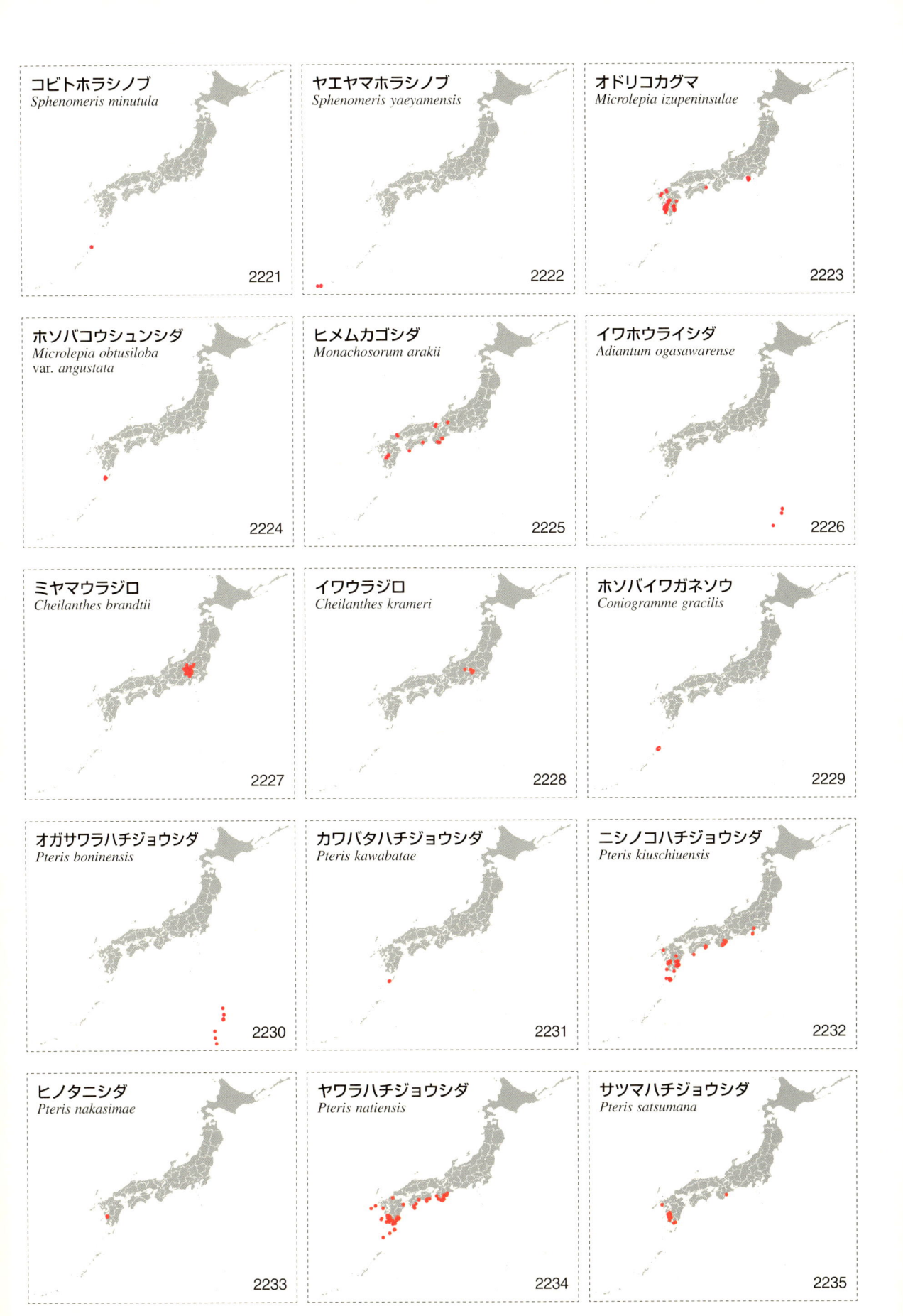

コビトホラシノブ *Sphenomeris minutula* 2221	ヤエヤマホラシノブ *Sphenomeris yaeyamensis* 2222	オドリコカグマ *Microlepia izupeninsulae* 2223
ホソバコウシュンシダ *Microlepia obtusiloba* var. *angustata* 2224	ヒメムカゴシダ *Monachosorum arakii* 2225	イワホウライシダ *Adiantum ogasawarense* 2226
ミヤマウラジロ *Cheilanthes brandtii* 2227	イワウラジロ *Cheilanthes krameri* 2228	ホソバイワガネソウ *Coniogramme gracilis* 2229
オガサワラハチジョウシダ *Pteris boninensis* 2230	カワバタハチジョウシダ *Pteris kawabatae* 2231	ニシノコハチジョウシダ *Pteris kiuschiuensis* 2232
ヒノタニシダ *Pteris nakasimae* 2233	ヤワラハチジョウシダ *Pteris natiensis* 2234	サツマハチジョウシダ *Pteris satsumana* 2235

シダ植物／コケシノブ科〜イノモトソウ科

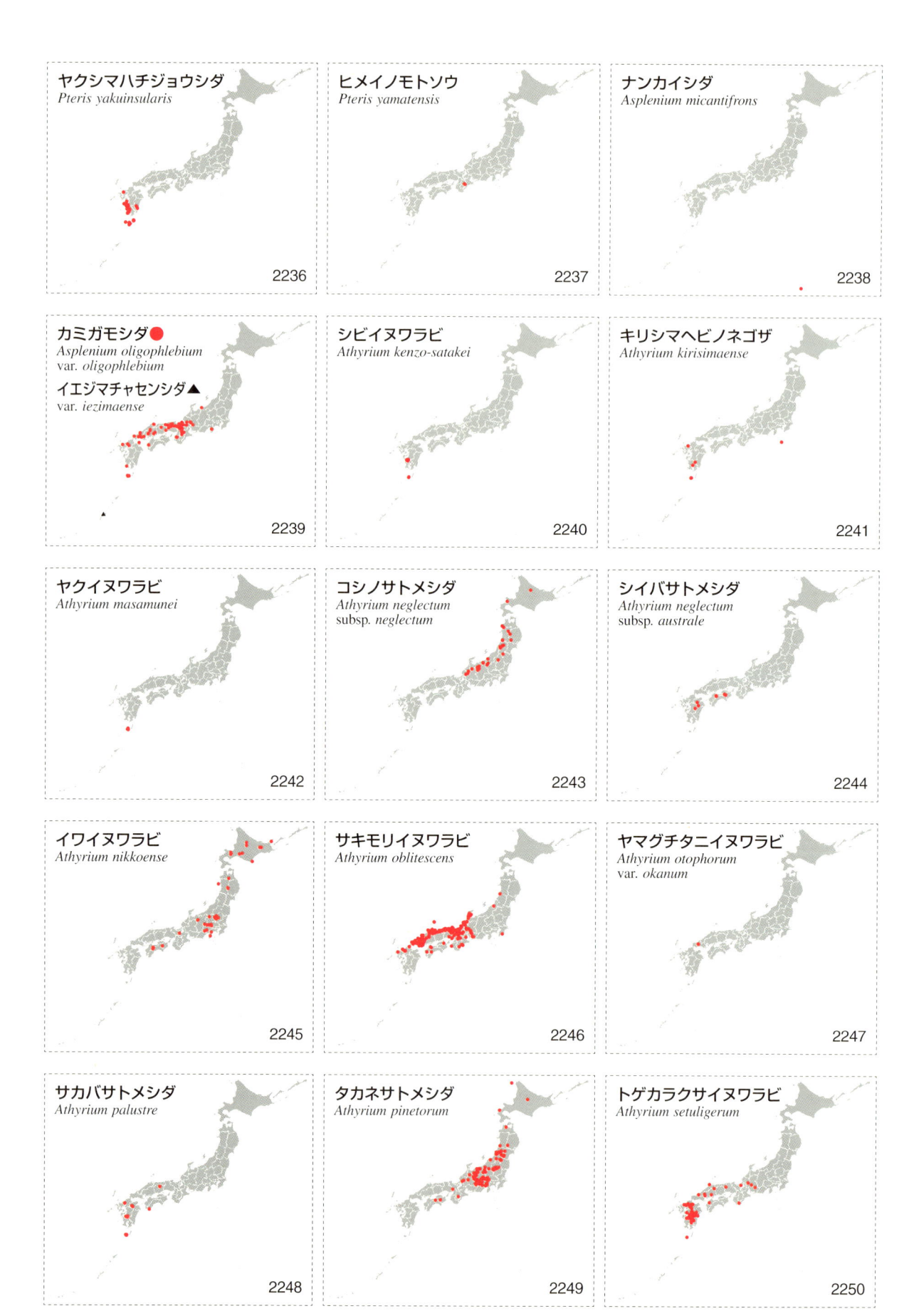

ヤクシマハチジョウシダ *Pteris yakuinsularis* 2236	**ヒメイノモトソウ** *Pteris yamatensis* 2237	**ナンカイシダ** *Asplenium micantifrons* 2238
カミガモシダ● *Asplenium oligophlebium* var. *oligophlebium* **イエジマチャセンシダ▲** var. *iezimaense* 2239	**シビイヌワラビ** *Athyrium kenzo-satakei* 2240	**キリシマヘビノネゴザ** *Athyrium kirisimaense* 2241
ヤクイヌワラビ *Athyrium masamunei* 2242	**コシノサトメシダ** *Athyrium neglectum* subsp. *neglectum* 2243	**シイバサトメシダ** *Athyrium neglectum* subsp. *australe* 2244
イワイヌワラビ *Athyrium nikkoense* 2245	**サキモリイヌワラビ** *Athyrium oblitescens* 2246	**ヤマグチタニイヌワラビ** *Athyrium otophorum* var. *okanum* 2247
サカバサトメシダ *Athyrium palustre* 2248	**タカネサトメシダ** *Athyrium pinetorum* 2249	**トゲカラクサイヌワラビ** *Athyrium setuligerum* 2250

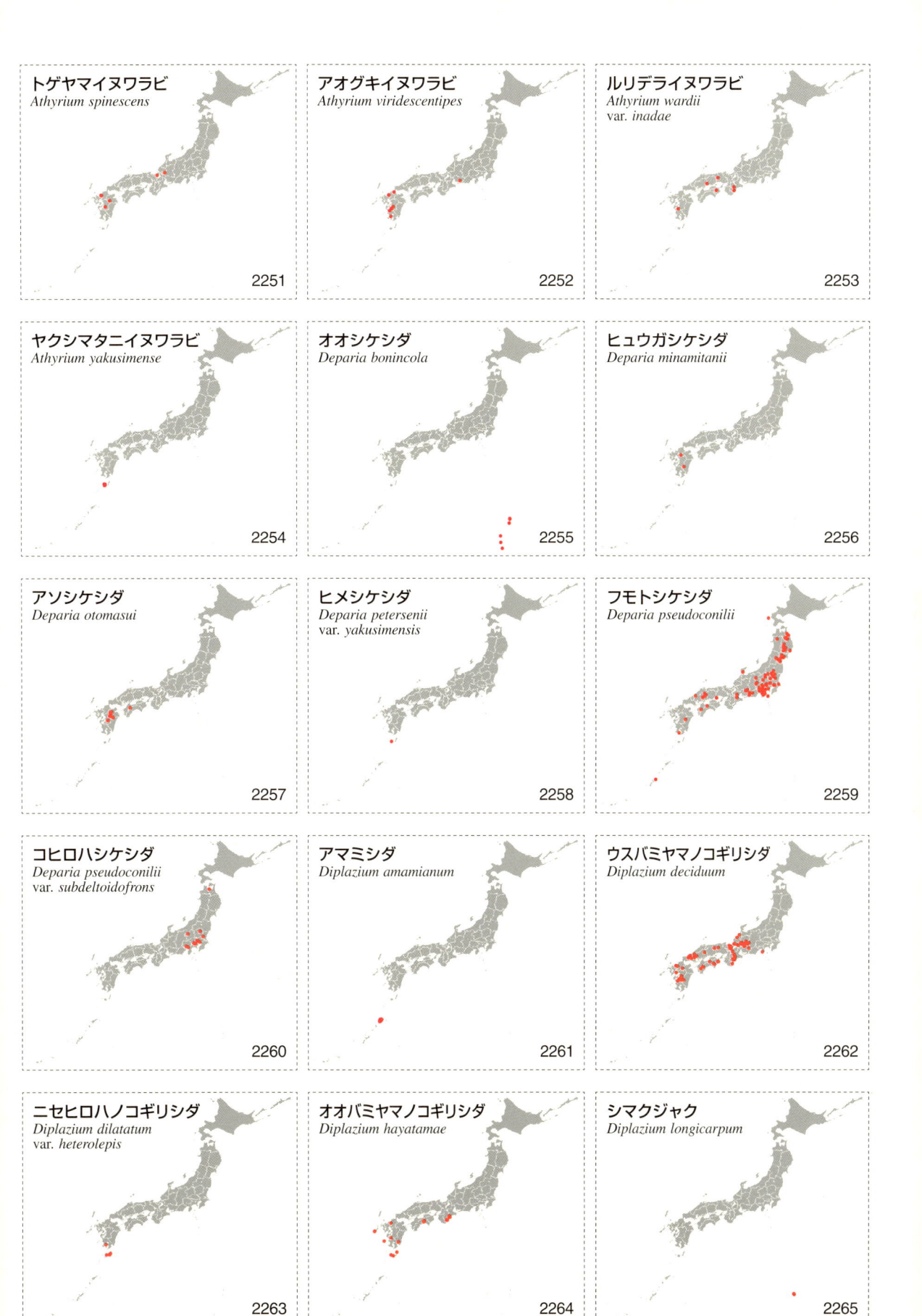

トゲヤマイヌワラビ *Athyrium spinescens* 2251	アオグキイヌワラビ *Athyrium viridescentipes* 2252	ルリデライヌワラビ *Athyrium wardii* var. *inadae* 2253
ヤクシマタニイヌワラビ *Athyrium yakusimense* 2254	オオシケシダ *Deparia bonincola* 2255	ヒュウガシケシダ *Deparia minamitanii* 2256
アソシケシダ *Deparia otomasui* 2257	ヒメシケシダ *Deparia petersenii* var. *yakusimensis* 2258	フモトシケシダ *Deparia pseudoconilii* 2259
コヒロハシケシダ *Deparia pseudoconilii* var. *subdeltoidofrons* 2260	アマミシダ *Diplazium amamianum* 2261	ウスバミヤマノコギリシダ *Diplazium deciduum* 2262
ニセヒロハノコギリシダ *Diplazium dilatatum* var. *heterolepis* 2263	オオバミヤマノコギリシダ *Diplazium hayatamae* 2264	シマクジャク *Diplazium longicarpum* 2265

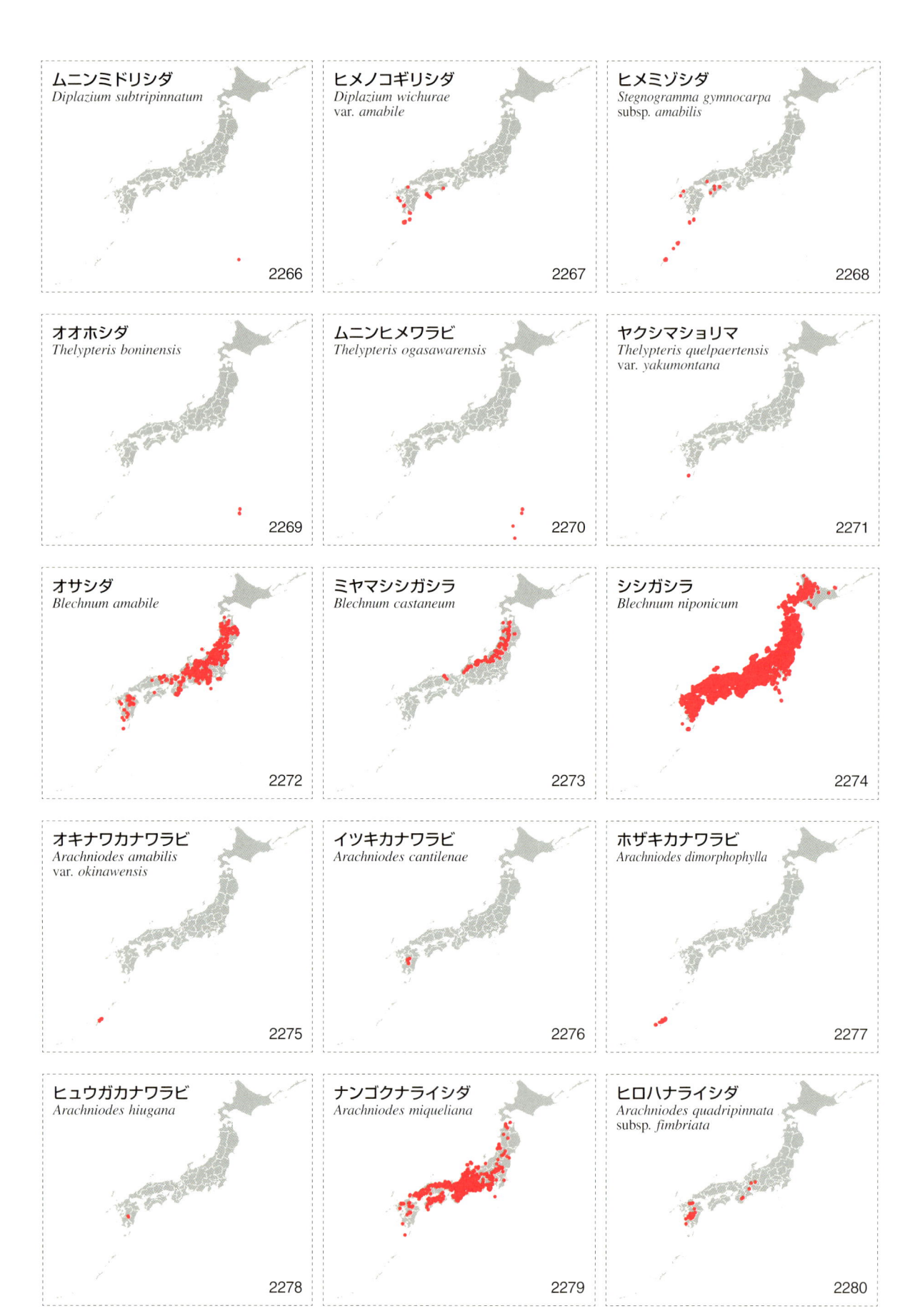

ムニンミドリシダ *Diplazium subtripinnatum* 2266	ヒメノコギリシダ *Diplazium wichurae* var. *amabile* 2267	ヒメミゾシダ *Stegnogramma gymnocarpa* subsp. *amabilis* 2268
オオホシダ *Thelypteris boninensis* 2269	ムニンヒメワラビ *Thelypteris ogasawarensis* 2270	ヤクシマショリマ *Thelypteris quelpaertensis* var. *yakumontana* 2271
オサシダ *Blechnum amabile* 2272	ミヤマシシガシラ *Blechnum castaneum* 2273	シシガシラ *Blechnum niponicum* 2274
オキナワカナワラビ *Arachniodes amabilis* var. *okinawensis* 2275	イツキカナワラビ *Arachniodes cantilenae* 2276	ホザキカナワラビ *Arachniodes dimorphophylla* 2277
ヒュウガカナワラビ *Arachniodes hiugana* 2278	ナンゴクナライシダ *Arachniodes miqueliana* 2279	ヒロハナライシダ *Arachniodes quadripinnata* subsp. *fimbriata* 2280

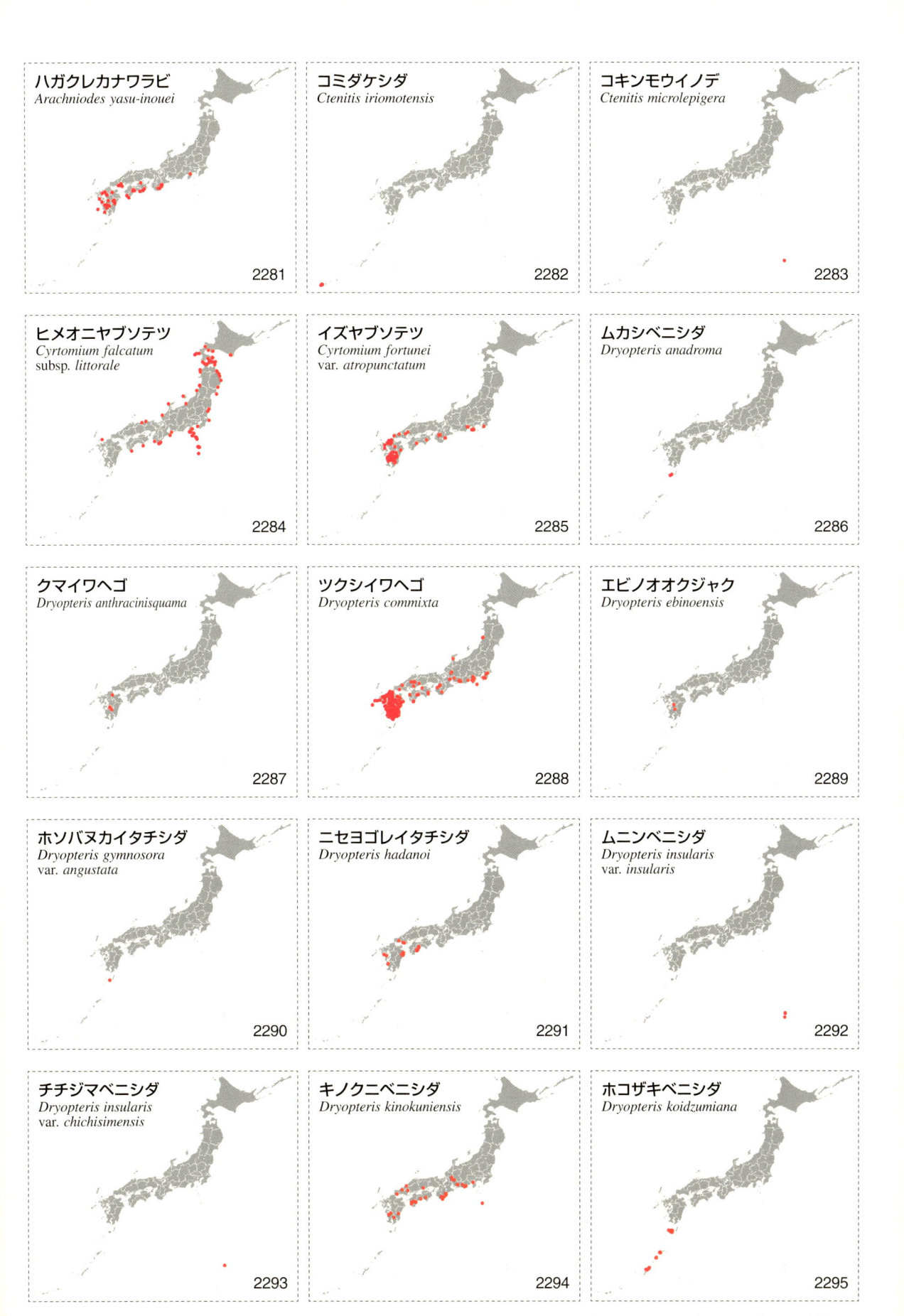

ハガクレカナワラビ *Arachniodes yasu-inouei* 2281	コミダケシダ *Ctenitis iriomotensis* 2282	コキンモウイノデ *Ctenitis microlepigera* 2283
ヒメオニヤブソテツ *Cyrtomium falcatum* subsp. *littorale* 2284	イズヤブソテツ *Cyrtomium fortunei* var. *atropunctatum* 2285	ムカシベニシダ *Dryopteris anadroma* 2286
クマイワヘゴ *Dryopteris anthracinisquama* 2287	ツクシイワヘゴ *Dryopteris commixta* 2288	エビノオオクジャク *Dryopteris ebinoensis* 2289
ホソバヌカイタチシダ *Dryopteris gymnosora* var. *angustata* 2290	ニセヨゴレイタチシダ *Dryopteris hadanoi* 2291	ムニンベニシダ *Dryopteris insularis* var. *insularis* 2292
チチジマベニシダ *Dryopteris insularis* var. *chichisimensis* 2293	キノクニベニシダ *Dryopteris kinokuniensis* 2294	ホコザキベニシダ *Dryopteris koidzumiana* 2295

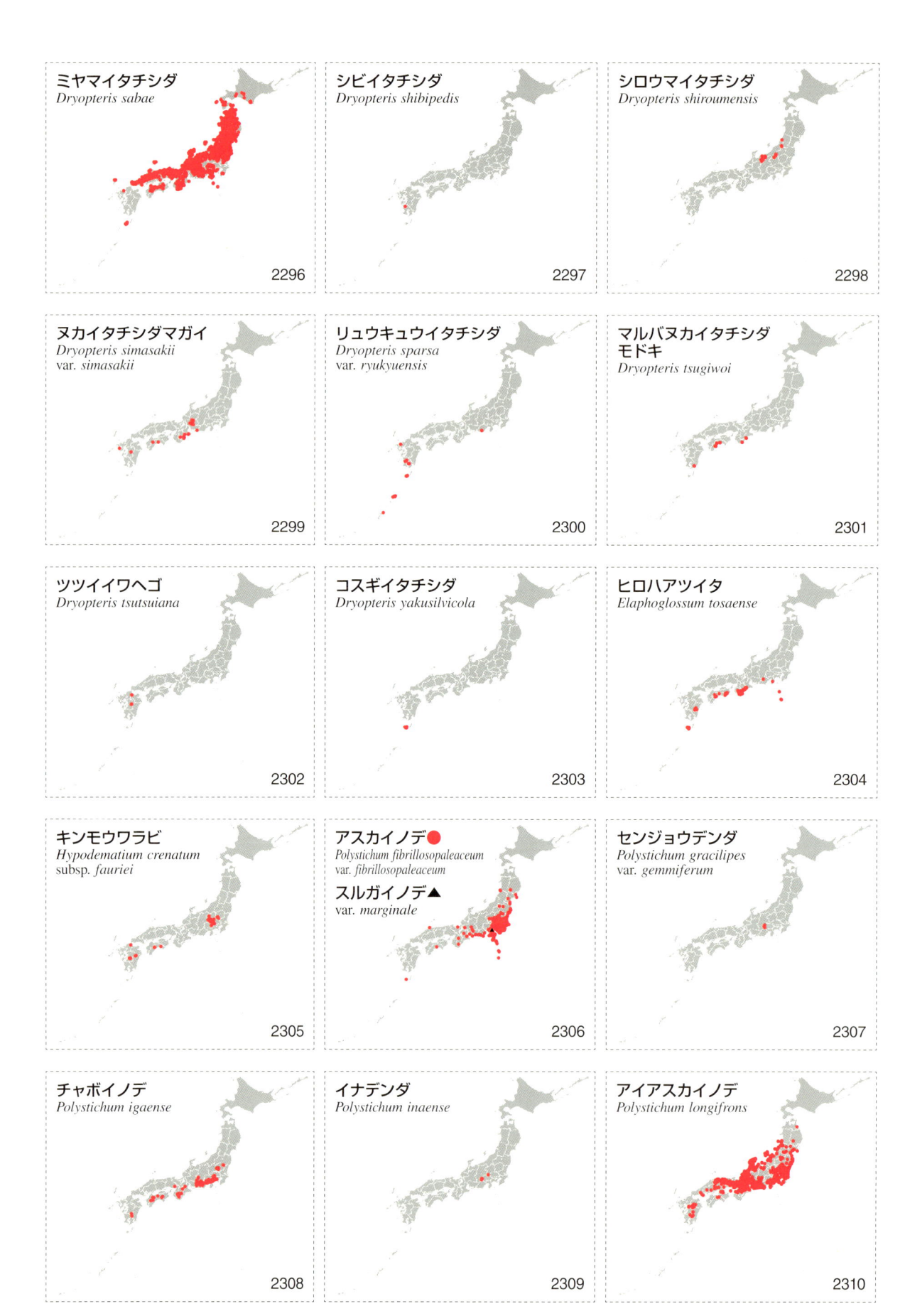

ミヤマイタチシダ *Dryopteris sabae* 2296	シビイタチシダ *Dryopteris shibipedis* 2297	シロウマイタチシダ *Dryopteris shiroumensis* 2298
ヌカイタチシダマガイ *Dryopteris simasakii* var. *simasakii* 2299	リュウキュウイタチシダ *Dryopteris sparsa* var. *ryukyuensis* 2300	マルバヌカイタチシダモドキ *Dryopteris tsugiwoi* 2301
ツツイイワヘゴ *Dryopteris tsutsuiana* 2302	コスギイタチシダ *Dryopteris yakusilvicola* 2303	ヒロハアツイタ *Elaphoglossum tosaense* 2304
キンモウワラビ *Hypodematium crenatum* subsp. *fauriei* 2305	アスカイノデ● *Polystichum fibrillosopaleaceum* var. *fibrillosopaleaceum* スルガイノデ▲ var. *marginale* 2306	センジョウデンダ *Polystichum gracilipes* var. *gemmiferum* 2307
チャボイノデ *Polystichum igaense* 2308	イナデンダ *Polystichum inaense* 2309	アイアスカイノデ *Polystichum longifrons* 2310

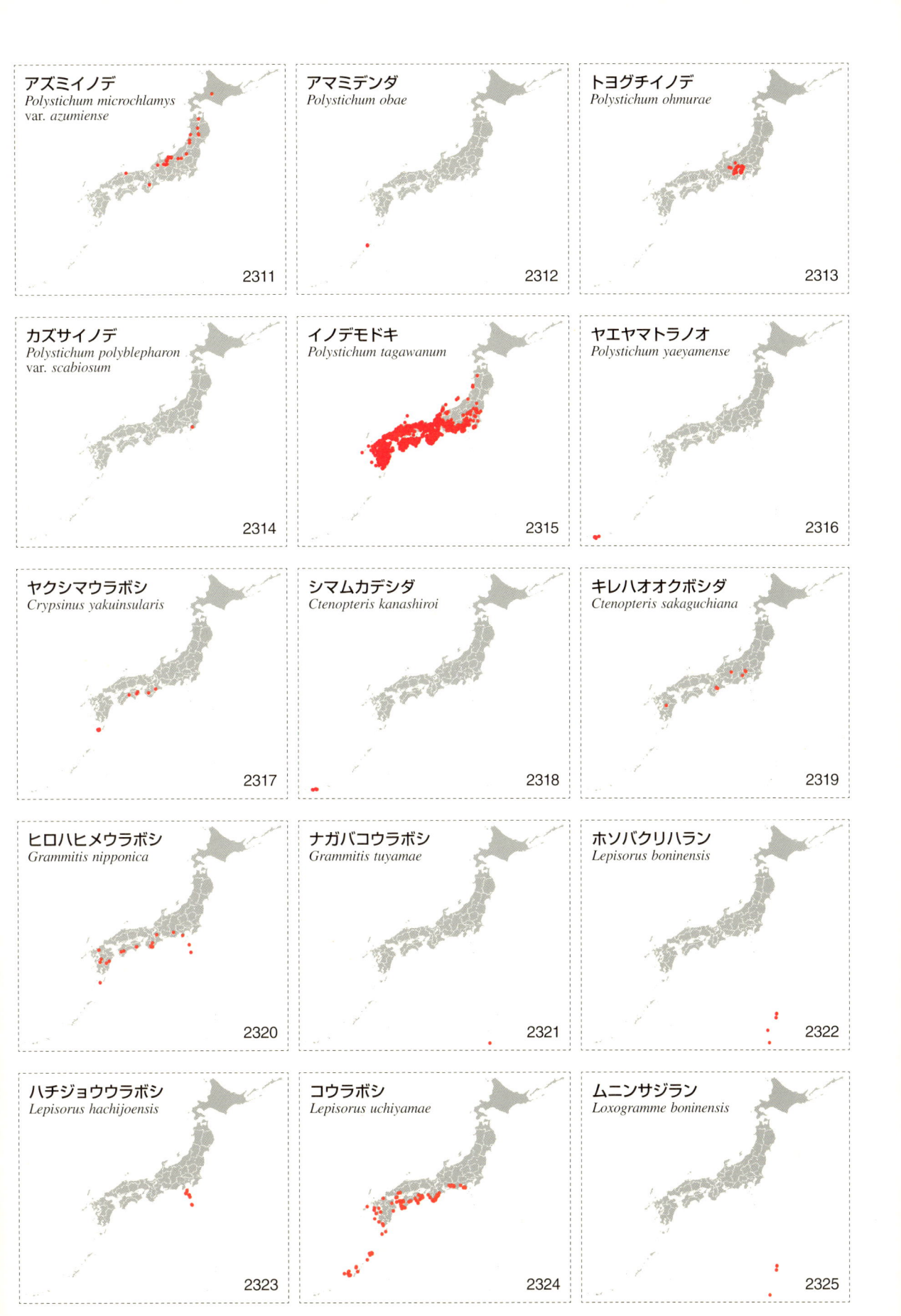

アズミイノデ *Polystichum microchlamys* var. *azumiense* 2311	アマミデンダ *Polystichum obae* 2312	トヨグチイノデ *Polystichum ohmurae* 2313
カズサイノデ *Polystichum polyblepharon* var. *scabiosum* 2314	イノデモドキ *Polystichum tagawanum* 2315	ヤエヤマトラノオ *Polystichum yaeyamense* 2316
ヤクシマウラボシ *Crypsinus yakuinsularis* 2317	シマムカデシダ *Ctenopteris kanashiroi* 2318	キレハオオクボシダ *Ctenopteris sakaguchiana* 2319
ヒロハヒメウラボシ *Grammitis nipponica* 2320	ナガバコウラボシ *Grammitis tuyamae* 2321	ホソバクリハラン *Lepisorus boninensis* 2322
ハチジョウウラボシ *Lepisorus hachijoensis* 2323	コウラボシ *Lepisorus uchiyamae* 2324	ムニンサジラン *Loxogramme boninensis* 2325

シダ植物／オシダ科～ウラボシ科　437

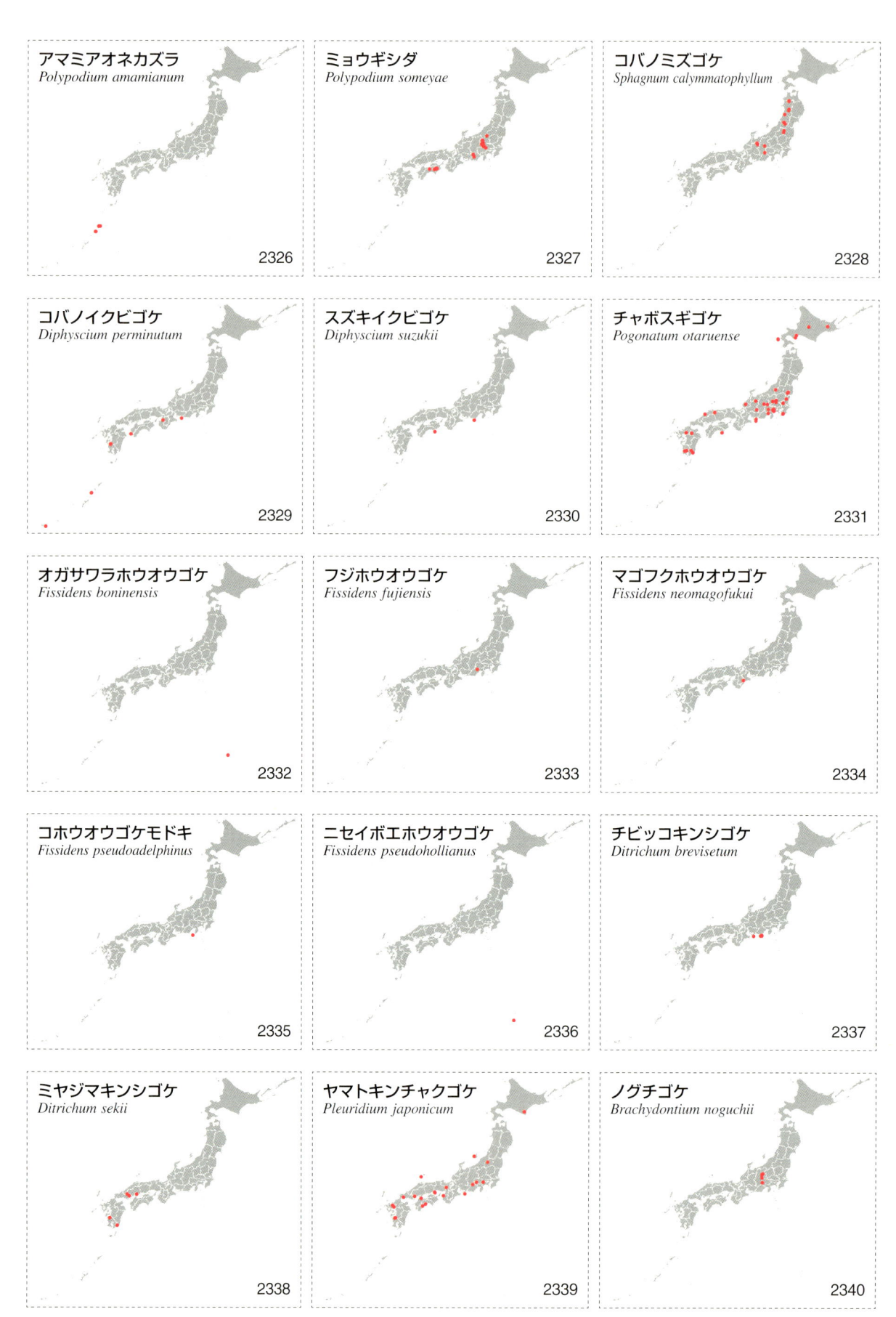

アマミアオネカズラ *Polypodium amamianum* 2326	ミョウギシダ *Polypodium someyae* 2327	コバノミズゴケ *Sphagnum calymmatophyllum* 2328
コバノイクビゴケ *Diphyscium perminutum* 2329	スズキイクビゴケ *Diphyscium suzukii* 2330	チャボスギゴケ *Pogonatum otaruense* 2331
オガサワラホウオウゴケ *Fissidens boninensis* 2332	フジホウオウゴケ *Fissidens fujiensis* 2333	マゴフクホウオウゴケ *Fissidens neomagofukui* 2334
コホウオウゴケモドキ *Fissidens pseudoadelphinus* 2335	ニセイボエホウオウゴケ *Fissidens pseudohollianus* 2336	チビッコキンシゴケ *Ditrichum brevisetum* 2337
ミヤジマキンシゴケ *Ditrichum sekii* 2338	ヤマトキンチャクゴケ *Pleuridium japonicum* 2339	ノグチゴケ *Brachydontium noguchii* 2340

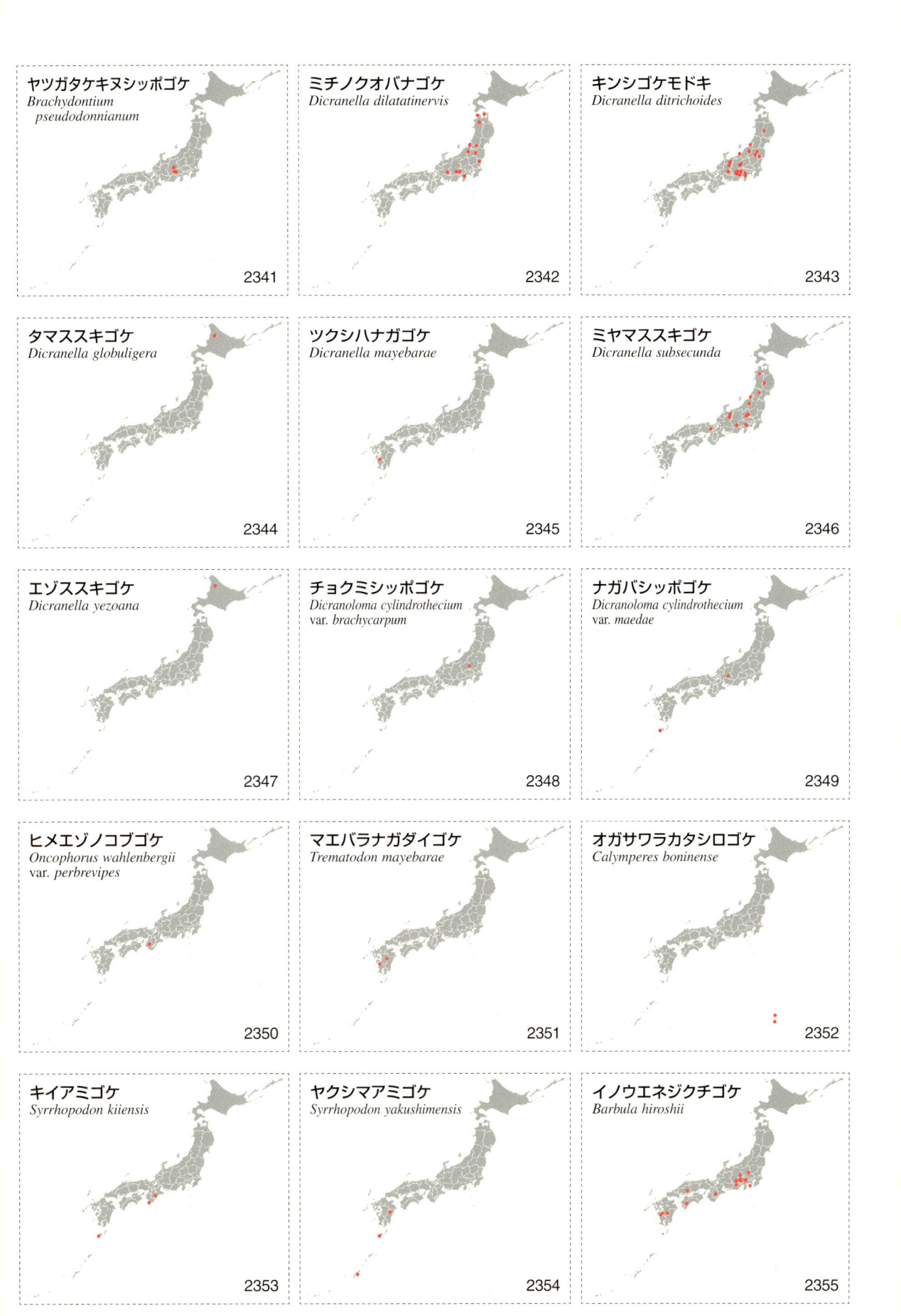

ヤツガタケキヌシッポゴケ *Brachydontium pseudodonnianum* 2341	ミチノクオバナゴケ *Dicranella dilatatinervis* 2342	キンシゴケモドキ *Dicranella ditrichoides* 2343
タマススキゴケ *Dicranella globuligera* 2344	ツクシハナガゴケ *Dicranella mayebarae* 2345	ミヤマススキゴケ *Dicranella subsecunda* 2346
エゾススキゴケ *Dicranella yezoana* 2347	チョクミシッポゴケ *Dicranoloma cylindrothecium* var. *brachycarpum* 2348	ナガバシッポゴケ *Dicranoloma cylindrothecium* var. *maedae* 2349
ヒメエゾノコブゴケ *Oncophorus wahlenbergii* var. *perbrevipes* 2350	マエバラナガダイゴケ *Trematodon mayebarae* 2351	オガサワラカタシロゴケ *Calymperes boninense* 2352
キイアミゴケ *Syrrhopodon kiiensis* 2353	ヤクシマアミゴケ *Syrrhopodon yakushimensis* 2354	イノウエネジクチゴケ *Barbula hiroshii* 2355

シダ植物／ウラボシ科〜コケ植物／センボンゴケ科　439

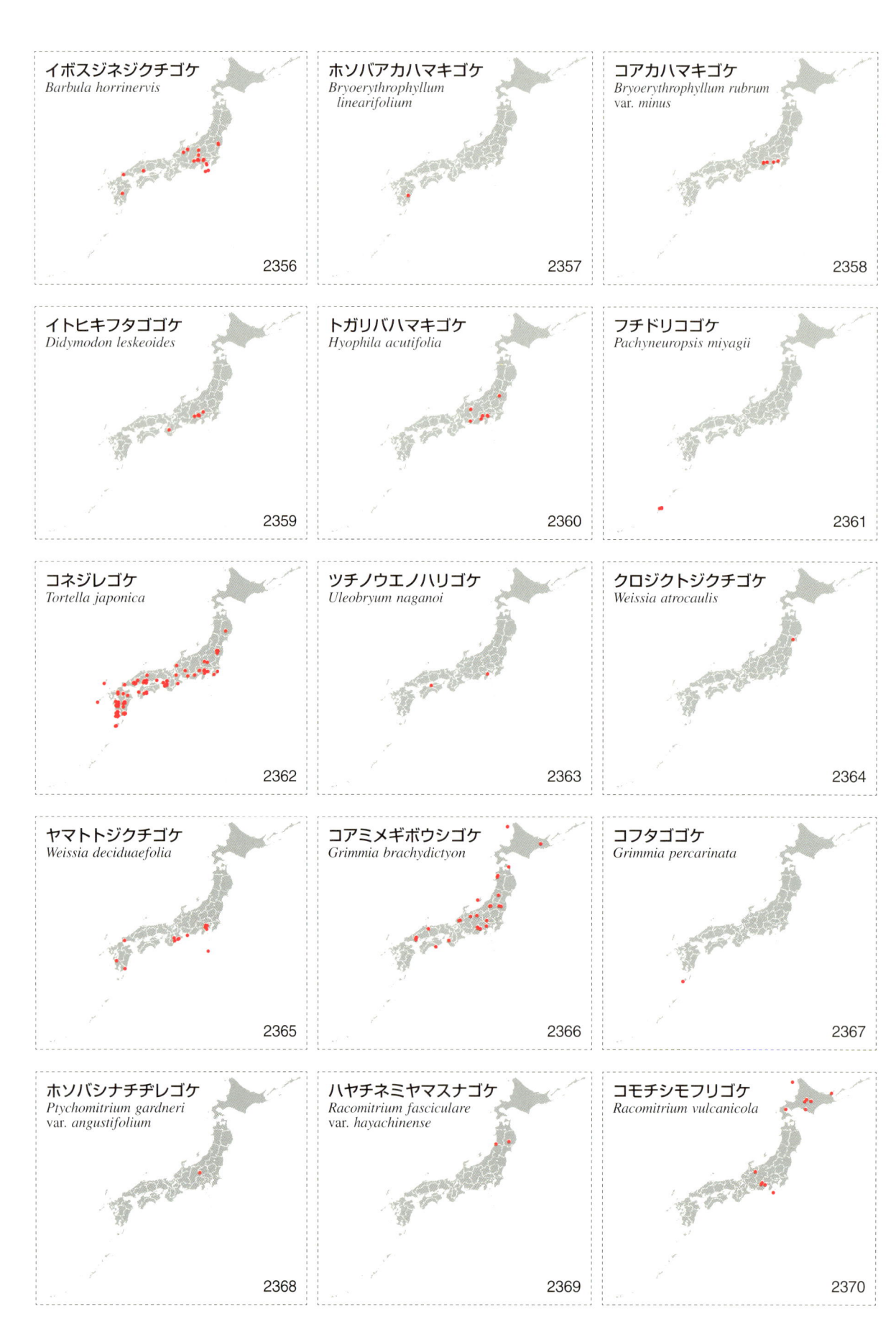

イボスジネジクチゴケ *Barbula horrinervis* 2356	ホソバアカハマキゴケ *Bryoerythrophyllum linearifolium* 2357	コアカハマキゴケ *Bryoerythrophyllum rubrum* var. *minus* 2358
イトヒキフタゴゴケ *Didymodon leskeoides* 2359	トガリバハマキゴケ *Hyophila acutifolia* 2360	フチドリコゴケ *Pachyneuropsis miyagii* 2361
コネジレゴケ *Tortella japonica* 2362	ツチノウエノハリゴケ *Uleobryum naganoi* 2363	クロジクトジクチゴケ *Weissia atrocaulis* 2364
ヤマトトジクチゴケ *Weissia deciduaefolia* 2365	コアミメギボウシゴケ *Grimmia brachydictyon* 2366	コフタゴゴケ *Grimmia percarinata* 2367
ホソバシナチヂレゴケ *Ptychomitrium gardneri* var. *angustifolium* 2368	ハヤチネミヤマスナゴケ *Racomitrium fasciculare* var. *hayachinense* 2369	コモチシモフリゴケ *Racomitrium vulcanicola* 2370

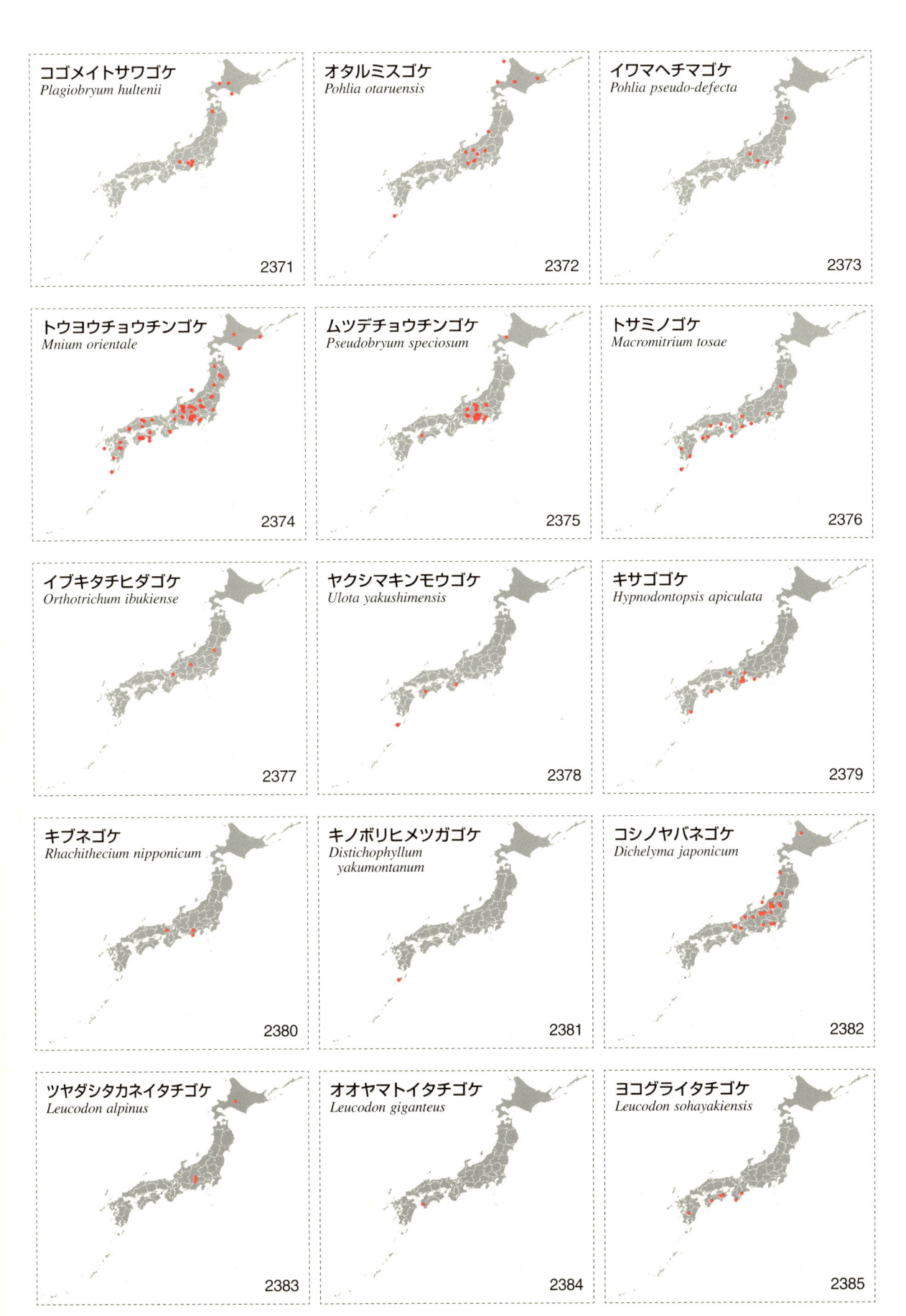

コゴメイトサワゴケ *Plagiobryum hultenii* 2371	オタルミスゴケ *Pohlia otaruensis* 2372	イワマヘチマゴケ *Pohlia pseudo-defecta* 2373
トウヨウチョウチンゴケ *Mnium orientale* 2374	ムツデチョウチンゴケ *Pseudobryum speciosum* 2375	トサミノゴケ *Macromitrium tosae* 2376
イブキタチヒダゴケ *Orthotrichum ibukiense* 2377	ヤクシマキンモウゴケ *Ulota yakushimensis* 2378	キサゴゴケ *Hypnodontopsis apiculata* 2379
キブネゴケ *Rhachithecium nipponicum* 2380	キノボリヒメツガゴケ *Distichophyllum yakumontanum* 2381	コシノヤバネゴケ *Dichelyma japonicum* 2382
ツヤダシタカネイタチゴケ *Leucodon alpinus* 2383	オオヤマトイタチゴケ *Leucodon giganteus* 2384	ヨコグライタチゴケ *Leucodon sohayakiensis* 2385

コケ植物／センボンゴケ科〜イタチゴケ科　441

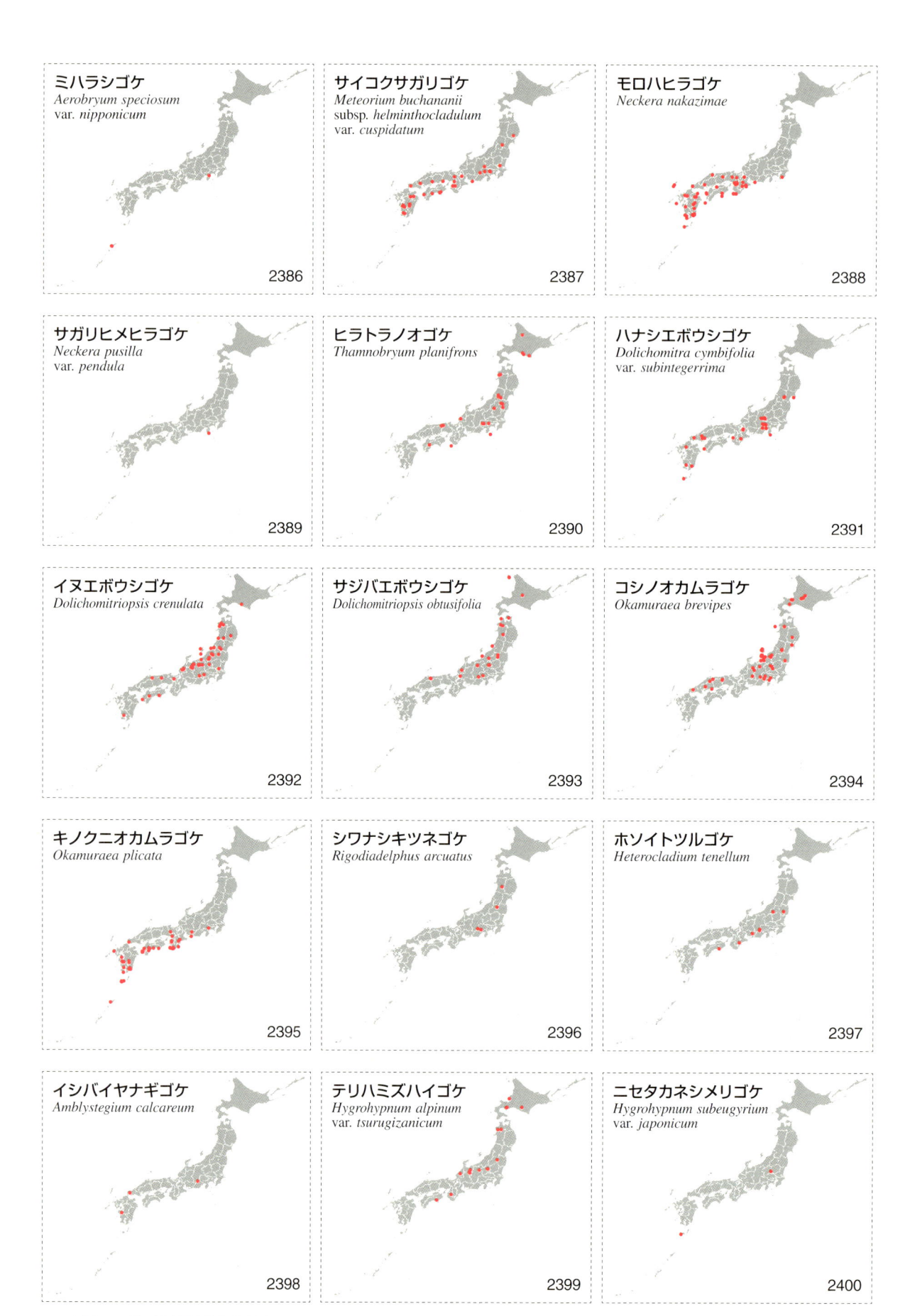

ミハラシゴケ *Aerobryum speciosum* var. *nipponicum* 2386	サイコクサガリゴケ *Meteorium buchananii* subsp. *helminthocladulum* var. *cuspidatum* 2387	モロハヒラゴケ *Neckera nakazimae* 2388
サガリヒメヒラゴケ *Neckera pusilla* var. *pendula* 2389	ヒラトラノオゴケ *Thamnobryum planifrons* 2390	ハナシエボウシゴケ *Dolichomitra cymbifolia* var. *subintegerrima* 2391
イヌエボウシゴケ *Dolichomitriopsis crenulata* 2392	サジバエボウシゴケ *Dolichomitriopsis obtusifolia* 2393	コシノオカムラゴケ *Okamuraea brevipes* 2394
キノクニオカムラゴケ *Okamuraea plicata* 2395	シワナシキツネゴケ *Rigodiadelphus arcuatus* 2396	ホソイトツルゴケ *Heterocladium tenellum* 2397
イシバイヤナギゴケ *Amblystegium calcareum* 2398	テリハミズハイゴケ *Hygrohypnum alpinum* var. *tsurugizanicum* 2399	ニセタカネシメリゴケ *Hygrohypnum subeugyrium* var. *japonicum* 2400

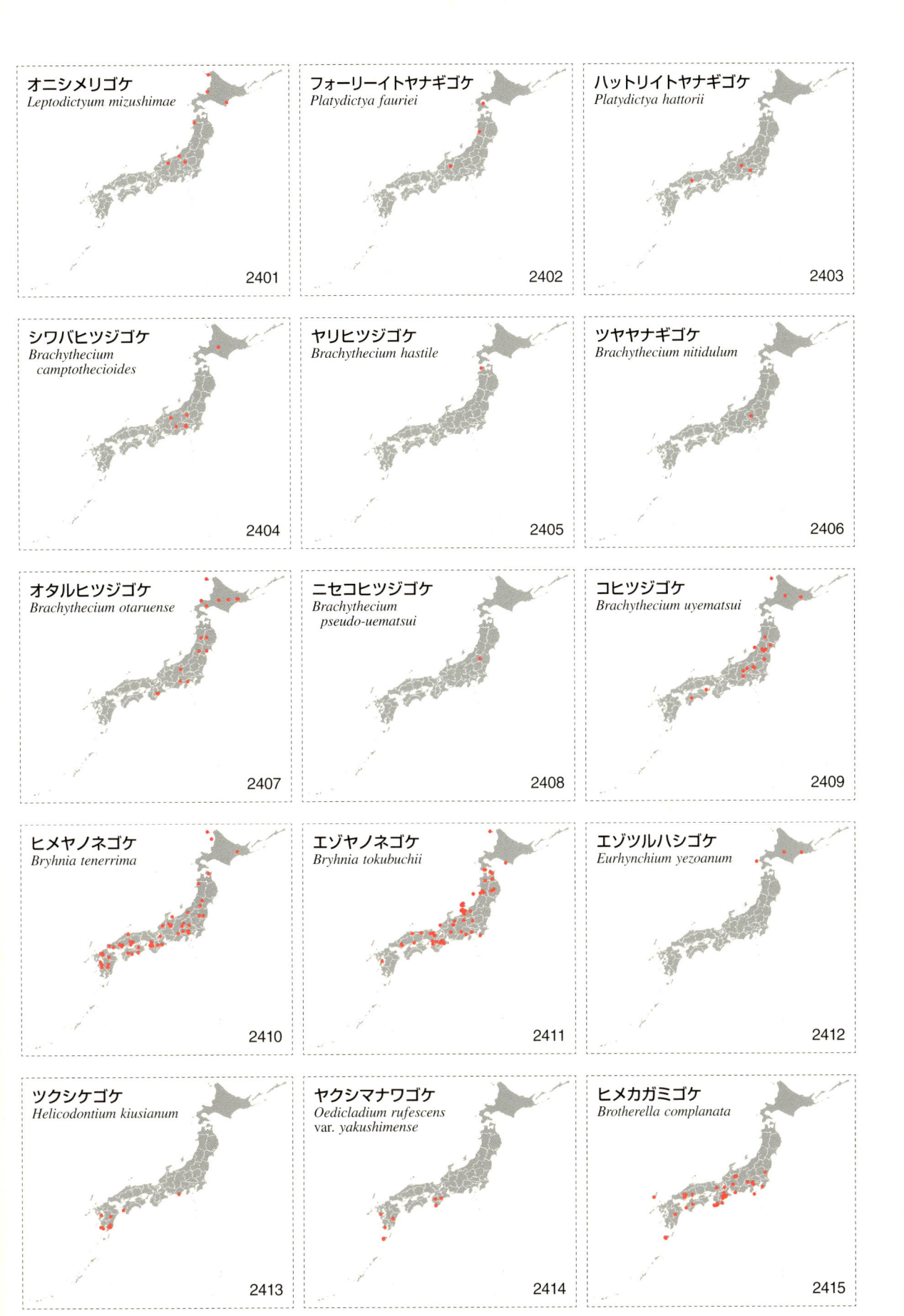

オニシメリゴケ *Leptodictyum mizushimae* 2401	フォーリーイトヤナギゴケ *Platydictya fauriei* 2402	ハットリイトヤナギゴケ *Platydictya hattorii* 2403
シワバヒツジゴケ *Brachythecium camptothecioides* 2404	ヤリヒツジゴケ *Brachythecium hastile* 2405	ツヤヤナギゴケ *Brachythecium nitidulum* 2406
オタルヒツジゴケ *Brachythecium otaruense* 2407	ニセコヒツジゴケ *Brachythecium pseudo-uematsui* 2408	コヒツジゴケ *Brachythecium uyematsui* 2409
ヒメヤノネゴケ *Bryhnia tenerrima* 2410	エゾヤノネゴケ *Bryhnia tokubuchii* 2411	エゾツルハシゴケ *Eurhynchium yezoanum* 2412
ツクシケゴケ *Helicodontium kiusianum* 2413	ヤクシマナワゴケ *Oedicladium rufescens* var. *yakushimense* 2414	ヒメカガミゴケ *Brotherella complanata* 2415

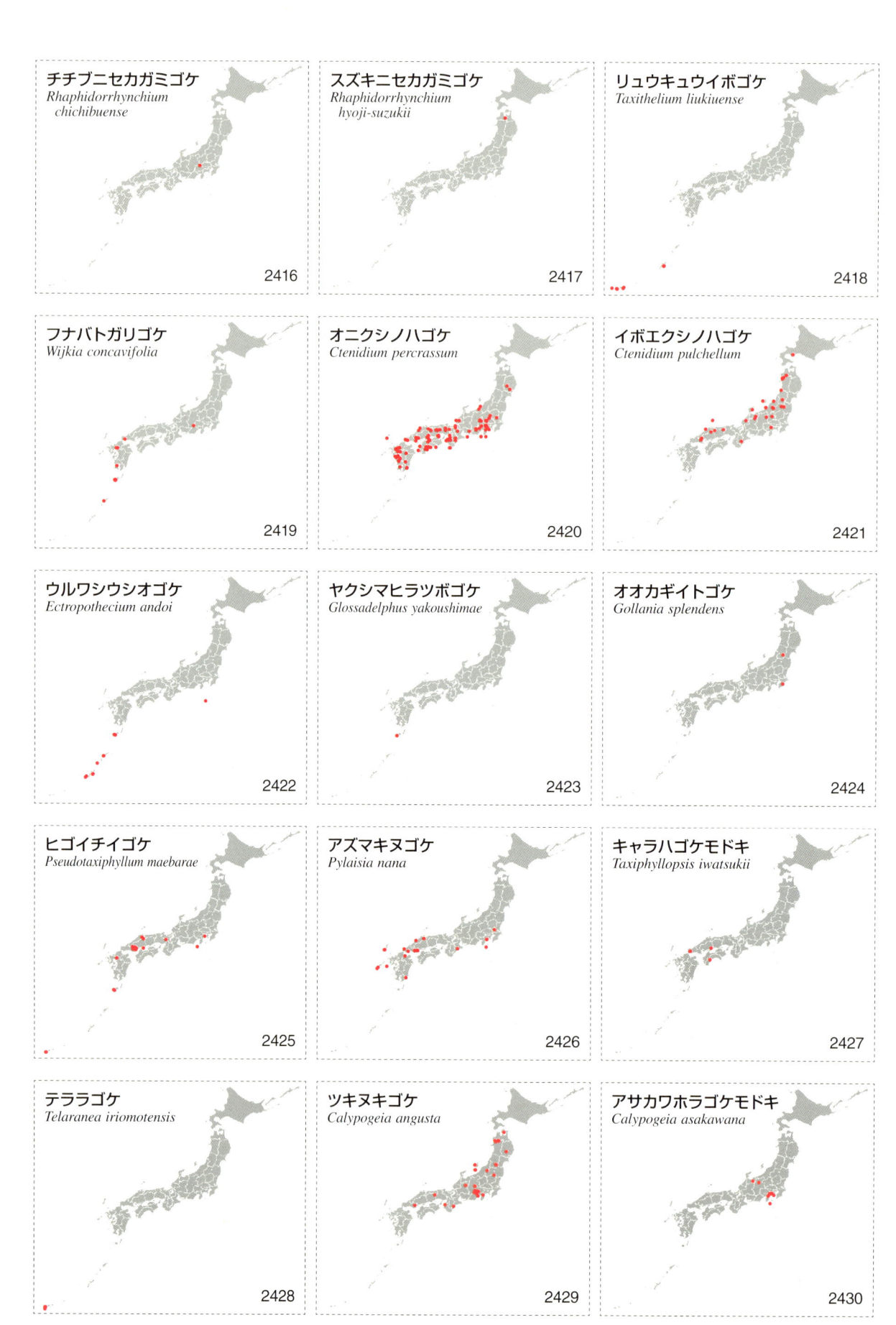

チチブニセカガミゴケ *Rhaphidorrhynchium chichibuense* 2416	スズキニセカガミゴケ *Rhaphidorrhynchium hyoji-suzukii* 2417	リュウキュウイボゴケ *Taxithelium liukiuense* 2418
フナバトガリゴケ *Wijkia concavifolia* 2419	オニクシノハゴケ *Ctenidium percrassum* 2420	イボエクシノハゴケ *Ctenidium pulchellum* 2421
ウルワシウシオゴケ *Ectropothecium andoi* 2422	ヤクシマヒラツボゴケ *Glossadelphus yakoushimae* 2423	オオカギイトゴケ *Gollania splendens* 2424
ヒゴイチイゴケ *Pseudotaxiphyllum maebarae* 2425	アズマキヌゴケ *Pylaisia nana* 2426	キャラハゴケモドキ *Taxiphyllopsis iwatsukii* 2427
テララゴケ *Telaranea iriomotensis* 2428	ツキヌキゴケ *Calypogeia angusta* 2429	アサカワホラゴケモドキ *Calypogeia asakawana* 2430

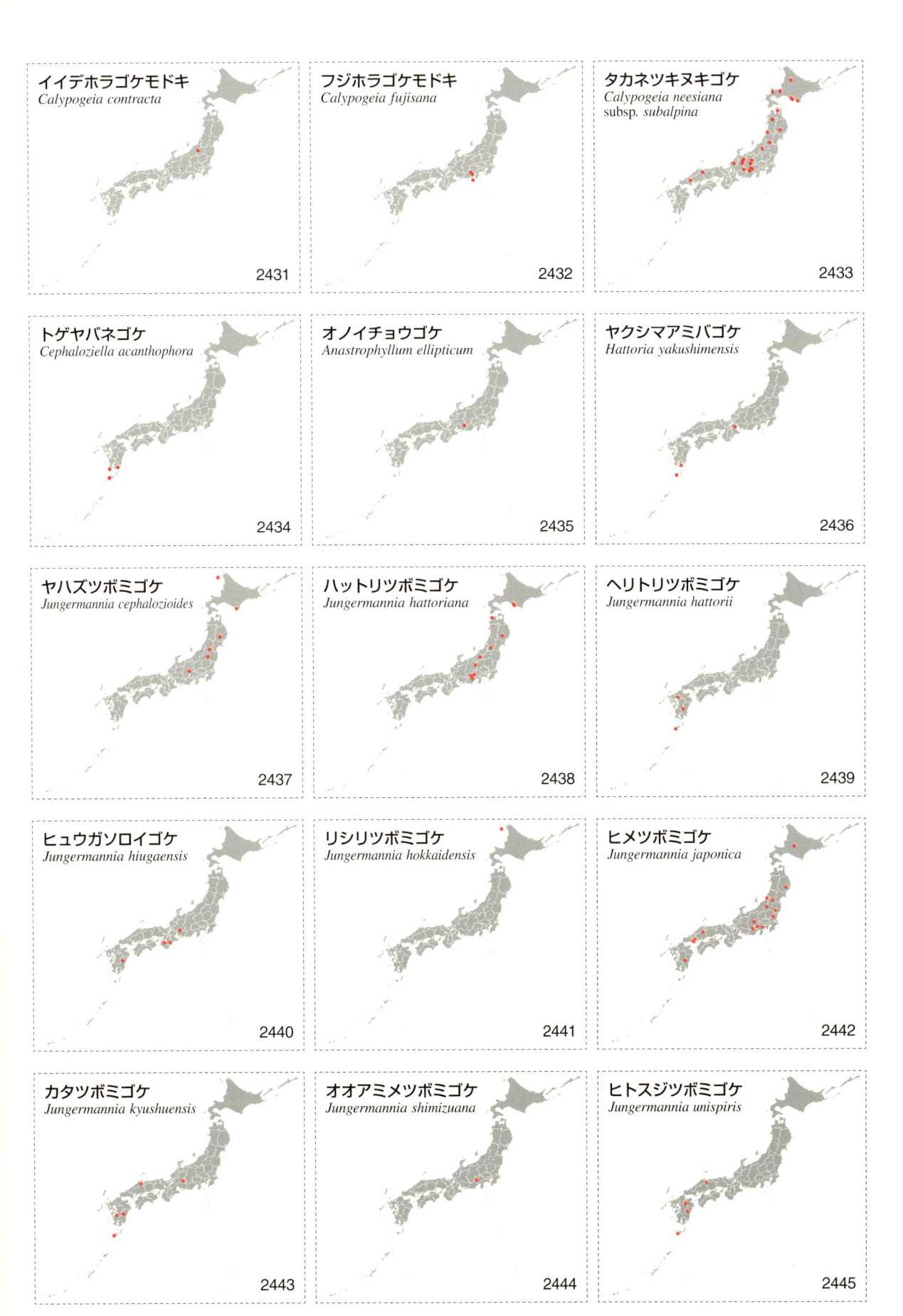

イイデホラゴケモドキ *Calypogeia contracta* 2431	フジホラゴケモドキ *Calypogeia fujisana* 2432	タカネツキヌキゴケ *Calypogeia neesiana* subsp. *subalpina* 2433
トゲヤバネゴケ *Cephaloziella acanthophora* 2434	オノイチョウゴケ *Anastrophyllum ellipticum* 2435	ヤクシマアミバゴケ *Hattoria yakushimensis* 2436
ヤハズツボミゴケ *Jungermannia cephalozioides* 2437	ハットリツボミゴケ *Jungermannia hattoriana* 2438	ヘリトリツボミゴケ *Jungermannia hattorii* 2439
ヒュウガソロイゴケ *Jungermannia hiugaensis* 2440	リシリツボミゴケ *Jungermannia hokkaidensis* 2441	ヒメツボミゴケ *Jungermannia japonica* 2442
カタツボミゴケ *Jungermannia kyushuensis* 2443	オオアミメツボミゴケ *Jungermannia shimizuana* 2444	ヒトスジツボミゴケ *Jungermannia unispiris* 2445

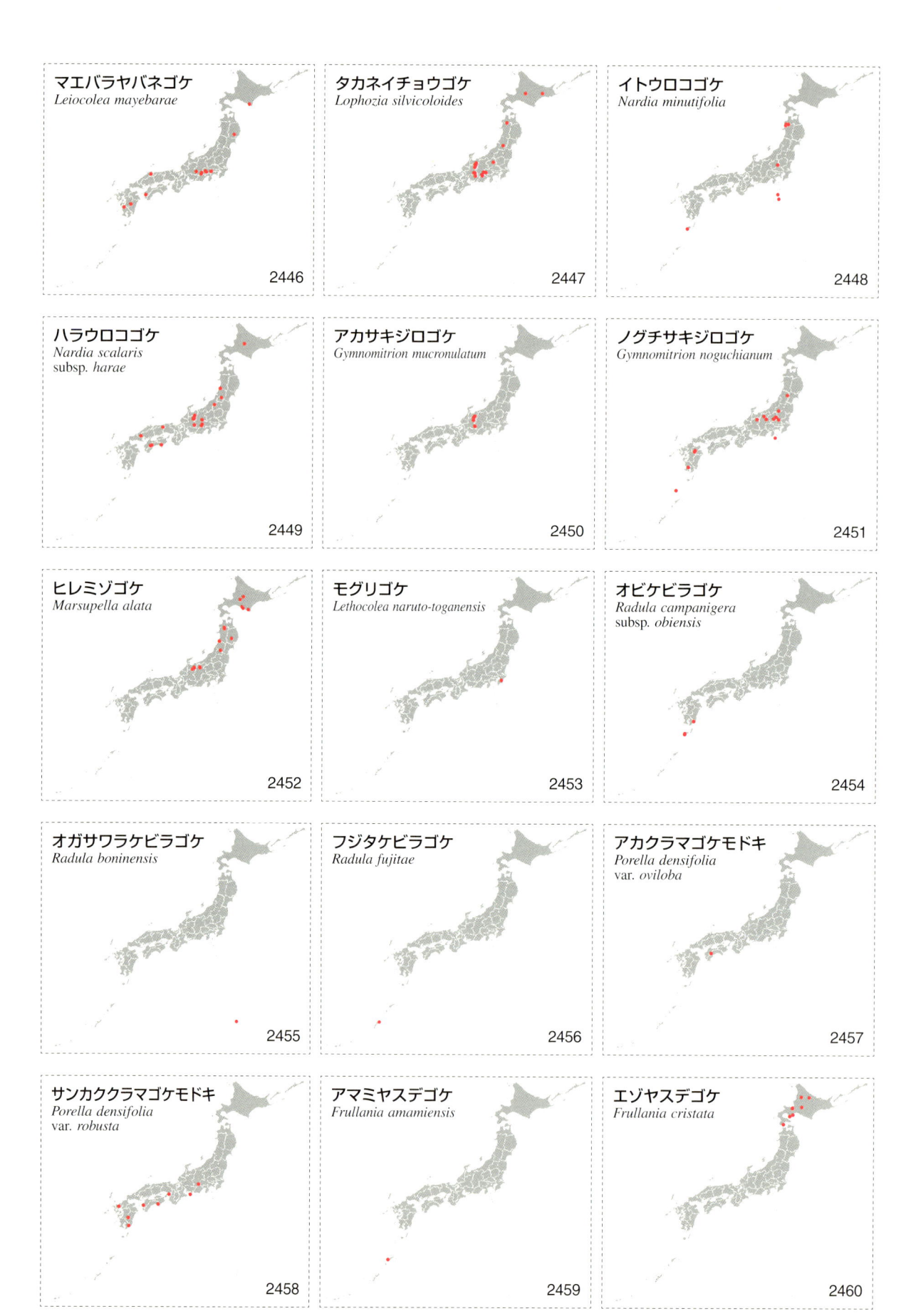

マエバラヤバネゴケ *Leiocolea mayebarae* 2446	タカネイチョウゴケ *Lophozia silvicoloides* 2447	イトウロコゴケ *Nardia minutifolia* 2448
ハラウロコゴケ *Nardia scalaris* subsp. *harae* 2449	アカサキジロゴケ *Gymnomitrion mucronulatum* 2450	ノグチサキジロゴケ *Gymnomitrion noguchianum* 2451
ヒレミゾゴケ *Marsupella alata* 2452	モグリゴケ *Lethocolea naruto-toganensis* 2453	オビケビラゴケ *Radula campanigera* subsp. *obiensis* 2454
オガサワラケビラゴケ *Radula boninensis* 2455	フジタケビラゴケ *Radula fujitae* 2456	アカクラマゴケモドキ *Porella densifolia* var. *oviloba* 2457
サンカククラマゴケモドキ *Porella densifolia* var. *robusta* 2458	アマミヤスデゴケ *Frullania amamiensis* 2459	エゾヤスデゴケ *Frullania cristata* 2460

イリオモテヤスデゴケ *Frullania iriomotensis* 2461	**イワツキヤスデゴケ** *Frullania iwatsukii* 2462	**オキナワヤスデゴケ** *Frullania okinawensis* 2463
ゴマダラヤスデゴケ *Frullania pseudoalstonii* 2464	**ホシオンタケヤスデゴケ** *Frullania schensiana* var. *punctata* 2465	**オガサワラヤスデゴケ** *Frullania zennoskeana* 2466
オガサワラシゲリゴケ *Cheilolejeunea boninensis* 2467	**イノウエヨウジョウゴケ** *Cololejeunea inoueana* 2468	**ナカジマヒメクサリゴケ** *Cololejeunea nakajimae* 2469
ウチマキララゴケ *Cololejeunea uchimae* 2470	**マルバサンカクゴケ** *Drepanolejeunea obtusifolia* 2471	**トガリバサワクサリゴケ** *Lejeunea aquatica* var. *apiculata* 2472
オノクサリゴケ *Lejeunea syoshii* 2473	**ヒメシロクサリゴケ** *Leucolejeunea japonica* 2474	**オキナワシゲリゴケ** *Pycnolejeunea minutilobula* 2475

コケ植物／ツボミゴケ科〜クサリゴケ科　447

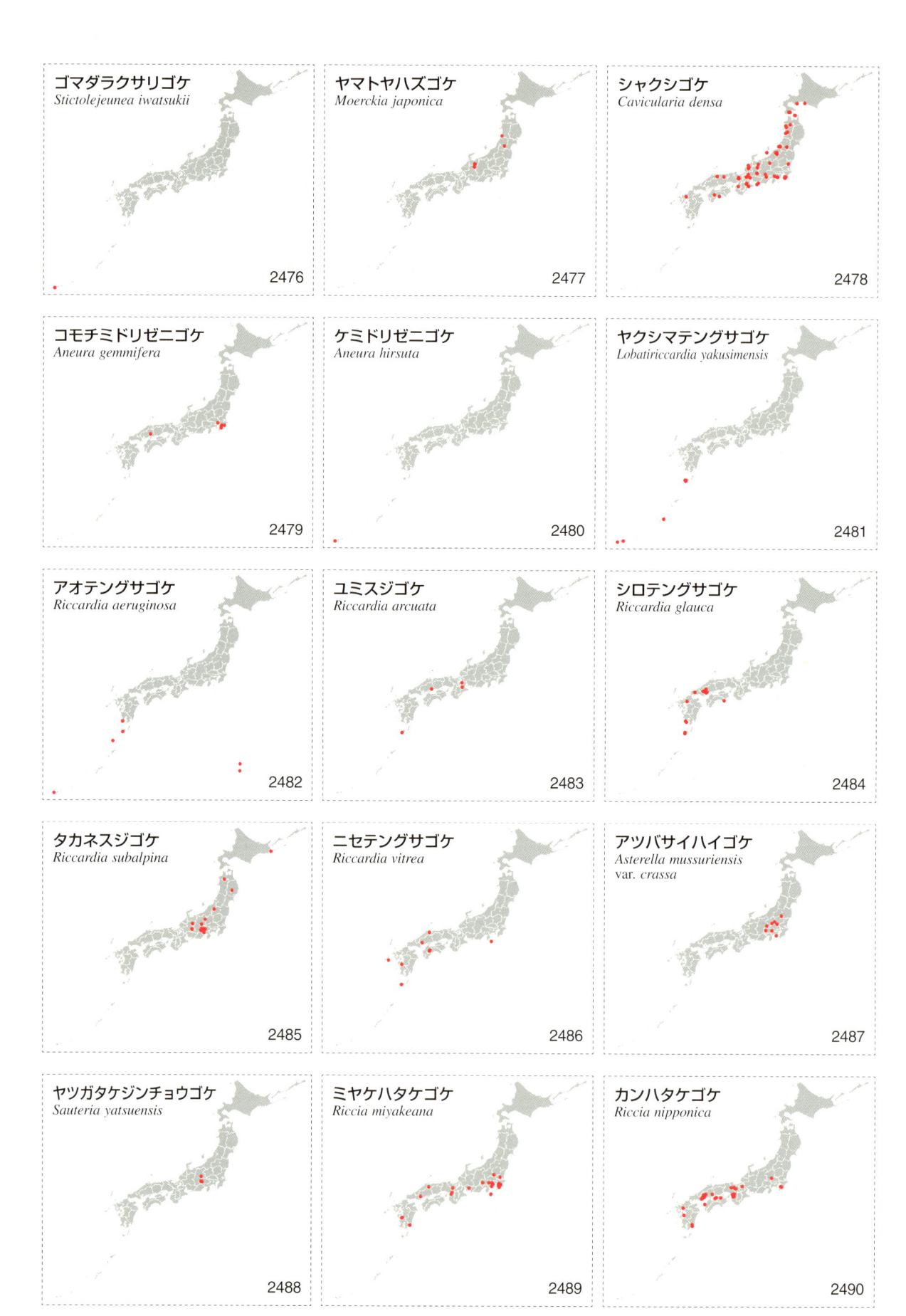

ゴマダラクサリゴケ *Stictolejeunea iwatsukii* 2476	**ヤマトヤハズゴケ** *Moerckia japonica* 2477	**シャクシゴケ** *Cavicularia densa* 2478
コモチミドリゼニゴケ *Aneura gemmifera* 2479	**ケミドリゼニゴケ** *Aneura hirsuta* 2480	**ヤクシマテングサゴケ** *Lobatiriccardia yakusimensis* 2481
アオテングサゴケ *Riccardia aeruginosa* 2482	**ユミスジゴケ** *Riccardia arcuata* 2483	**シロテングサゴケ** *Riccardia glauca* 2484
タカネスジゴケ *Riccardia subalpina* 2485	**ニセテングサゴケ** *Riccardia vitrea* 2486	**アツバサイハイゴケ** *Asterella mussuriensis* var. *crassa* 2487
ヤツガタケジンチョウゴケ *Sauteria yatsuensis* 2488	**ミヤケハタケゴケ** *Riccia miyakeana* 2489	**カンハタケゴケ** *Riccia nipponica* 2490

ケハタケゴケ
Riccia pubescens

2491

「日本固有植物分布図」作成にあたって

　日本は生物相の解明が進んでいるとよく言われるが，誰もがアクセス可能な形で種の分布情報が整理されている生物群は決して多くない．種子植物については「日本種子植物分布図集」（金井・原 1958-1959），「Atlas of the Japanese Flora」（Horikawa 1972-1976）などいくつかの資料が過去に出版されているが，いずれも数ある日本産種のごく一部を対象としているにすぎなかった．シダ植物では，ほとんどの種の国内分布が「日本のシダ植物図鑑」（倉田・中池 1978-1997）にまとめられている．近年編纂された県植物誌には県内の植物分布図が添付されているものが多いが，全ての都道府県についてそのようなものが利用可能状況にはない．

　本章は亜種・変種レベルを含む全固有植物の分布図を網羅的に掲載しているが，わずか2年弱の本書の編集期間を考慮するといささか背伸びをした感は否めない．標本調査すら行うことができなかった標本庫も多く存在し，「分布しているはずの植物が分布図にプロットされていない」とのご指摘を出版後に多数受けることになるかもしれない．しかし，現時点で把握できている情報をまとめることは，さらに完成度を高めていく過程において不可欠である．完璧な分布図としてではなく，将来に向けての一つの叩き台と位置づけていただければ幸いである．

　本章の分布図はまた，2009年末時点でサイエンスミュージアムネット http://science-net.kahaku.go.jp/ に登録されていた標本の情報も活用している．このポータルサイトに登録されることで，1点1点の標本の情報は世界に向けて羽ばたくことになる．言い換えれば本書でプロットされていない標本の情報は，存在はしていたとしても，まだ標本庫の中から羽ばたいていないのである．本書の分布図がきっかけとなって，国立科学博物館を含む公的標本庫の収蔵標本が一層充実するとともに，それらの情報の共有が進むことを期待している．

（海老原淳）

謝辞

本書はまえがきで触れたように，非常に多くの方々から種々の情報，資料，写真を提供あるいは許可していただいた．お名前を以下にあげて心より感謝の意を表したい．

写真を提供して下さった方
五百川裕，池田博，梅沢俊，石橋正行，内野秀重，海老原章子，大谷雅人，岡武利，勝山輝男，加藤英寿，川内野姿子，川原勝征，菊池健，木口博史，久原泰雅，窪田正彦，黒木秀一，小池周司，高知県立牧野植物園，小久保恭子，小坂清巳，後藤龍太郎，斉藤政美，坂井奈緒子，佐藤広行，志賀隆，新城和治，菅原敬，鈴木武，多田雅充，高橋裕子，高宮正之，多田雅充，立石幸敏，辻田有紀，戸苅淳，富永孝昭，中川さやか，仲澤恒輝，中路真嘉，中藤成実，中村和夫，中村剛，中村武久，永田芳男，中山博史，能城修一，橋本光政，長谷部光泰，伴野英雄，久本洋子，福田泰二，福原達人，藤井猛，藤井紀行，藤田明嗣，古木達郎，別府敏夫，細川健太郎，保谷彰彦，堀江健二，前田綾子，牧野純子，南谷忠志，村川博實，谷亀高広，山口富美夫，山下弘，山本伸子，横田昌嗣，吉田豊，米倉浩司，若杉孝生，綿野泰行，上原歩，植村仁美，佐藤絹枝，二階堂太郎，八田洋章，保坂健太郎，松本定，水野貴行

情報・資料を整理・提供下さった方
大場秀章，岩槻邦男，大原雅，角野康郎，田中伸幸，田村実，塚谷裕一，鳴橋直弘，林一彦，福岡誠行，布施静香，堀田満，堀内洋，牧雅之，路川宗夫，宮本旬子，宮本太，山下純，横田昌嗣（以上，Flora of Japan の未公表データ提供），阿部宗明，井上康彦，海老沢豊子，海老原久夫，大平豊，大野めぐ実，小嶋あけみ，菊池由美子，木下覺，倉重祐二，小林茂子，小山博滋，坂口慶輔，佐藤杏奈，佐橋紀男，神保宇嗣，瀬崎賢二，副島顕子，高橋瞳，高宮正之，武田桂子，辻寛文，永田翔，西村貴皓，濱崎恭美，引地雅子，藤井伸二，藤本沙由美，古木達郎，細倉哲穂，水谷正美，皆川礼子，簑田清隆，宮崎弘規，森野奈都子，矢島正美，山岡和興，山田耕作，G.T. Prance

標本情報を提供して下さった博物館等
北海道大学博物館，岩手県立博物館，山形県立博物館，栃木県立博物館，首都大学東京牧野標本館，金沢大学理学部，倉敷市立自然史博物館，鳥取県立博物館，島根県立三瓶自然館サヒメル，宮崎県総合博物館，琉球大学理学部

標本庫の利用でお世話になった博物館等
ミュージアムパーク 茨城県自然博物館，千葉県立中央博物館，岐阜県立博物館，京都大学総合博物館，大阪市立自然史博物館，兵庫県立人と自然の博物館，広島大学理学部，服部植物研究所

サイエンスミュージアムネットへの植物標本データ提供機関
秋田県立博物館，群馬県立自然史博物館，神奈川県立生命の星地球博物館，厚木市郷土資料館，相模原市立博物館，平塚市博物館，静岡県自然学習資料保存事業室，滋賀県立琵琶湖博物館，多賀町立博物館，きしわだ自然資料館，徳島県立博物館，高知県立牧野植物園，北九州市立自然史・歴史博物館，九州大学総合研究博物館

イラスト描画
中島睦子

和名索引

([ ] 内はIV章の分布図 No.)

【ア】

アイアスカイノデ	206, 276, [2310]
アイヅスゲ	187, 270, [2001]
アイヅヒメアザミ	140, 257, [1352]
アイノコハラシノブ	201, 274, [2220]
アイホラシノブ	201
アオイ科	91
アオウキクサ	180
アオウキクサ属	180
アオカモメヅル	117, 250, [1013]
アオガヤツリ	180
アオガンピ	91
アオガンピ属	91
アオキ	36, 97
アオキ属	97
アオギヌゴケ科	218
アオギヌゴケ属	218
アオグキイヌワラビ	204, 275, [2252]
アオコウツギ	74, 238, [436]
アオジクキヌラン	189
アオダモ	112, 249, [972]
アオダモ属	112
アオツリバナ	88, 242, [658]
アオテングサゴケ	225, 280, [2482]
アオテンナンショウ	178, 269, [1958]
アオナシ	79, 239, [516]
アオナラガシワ	43, 229, [30]
アオナリヒラ	174, 268, [1905]
アオネカズラ	210
アオノイワレンゲ	68
アオバスゲ	183, 271, [2031]
アオバナハイノキ	112, 249, [958]
アオバヤマザサ	171, 268, [1898]
アオヒエスゲ	183, 271, [2055]
アオフタバラン	190, 272, [2133]
アオベンケイ	68, 236, [377]
アオホオズキ	126, 253, [1144]
アオミヤマカンスゲ	184, 271, [2023]
アオモリアザミ	139, 257, [1358]
アオモリトドマツ	195
アオモリマンテマ	47, 230, [84]
アオヤギバナ	138, 262, [1597]
アカイシコウゾリナ	143, 261, [1542]
アカイシヒョウタンボク	134, 255, [1230]
アカイシミツバツツジ	108
アカイシリンドウ	114, 250, [1001]
アカイタヤ	86, 242, [632]
アカイチイゴケ属	220
アカウキクサ属	200
アカウロコゴケ属	221
アカクラマゴケモドキ	223, 279, [2457]
アカザ科	48
アカサキジロゴケ	222, 279, [2450]
アカショウマ	69, 237, [404]
アカテツ	111
アカテツ科	111
アカテツ属	111
アカネ科	117
アカバナエゾノコギリソウ	149, 256, [1276]
アカバナシモツケソウ	78, 239, [506]
アカバナヒメイワカガミ	102, 246, [826]
アカハナワラビ	199
アカハマキゴケ属	213
アカヒダボタン	71, 237, [422]
アカフユノハナワラビ	199, 274, [2196]
アカボシタツナミソウ	125, 253, [1139]
アカミノイヌツゲ	87
アカミノブドウ	90, 243, [676]
アカモノ	104, 246, [845]
アカヤシオ	106, 247, [896]
アキギリ	122, 252, [1113]
アキギリ属	122
アキグミ	92
アキザキバケイスゲ	186, 270, [2018]
アキチョウジ	123, 252, [1105]
アキチョウジ属	36, 122
アキノキリンソウ属	138
アキノハイルリソウ	121, 251, [1062]
アキハギク	145, 257, [1323]
アキメヒシバ	169
アキヨシアザミ	138, 258, [1375]
アクシバモドキ	104, 248, [924]
アケボノイヌブナ	27
アケボノツツジ	106, 247, [895]
アコウザンショウ	84, 241, [608]
アサガオガラクサ	120
アサガオガラクサ属	120
アサカワホラゴケモドキ	221, 279, [2430]
アサギスズメノヒエ	163, 265, [1740]
アサツキ	158
アサノハカエデ	85, 241, 615
アサヒエビネ	189, 272, [2099]
アサマヒゴタイ	148, 261, [1576]
アサマフウロ	82
アサマリンドウ	115, 249, [994]
アザミ属	36, 138
アシ	165
アジサイ属	74
アシズリノジギク	143, 257, [1343]
アシタカジャコウソウ	124, 252, [1088]
アシタカツツジ	107, 247, [882]
アシタカマツムシソウ	136
アシタバ	100, 245, [787]
アシノクラアザミ	141, 257, [1360]
アシボソスゲ	182, 271, [2048]
アスカイノデ	206, 276, [2306]
アズキナシ属	76
アスナロ	196, 274, [2184]
アスナロ属	26, 196
アズマイバラ	78, 239, [520]
アズマガヤ属	164
アズマギク	151, 259, [1477]
アズマキヌゴケ	220, 279, [2426]
アズマザサ	170, 268, [1892]
アズマザサ属	170
アズマシャクナゲ	105, 247, [866]
アズマシライトソウ	156, 263, [1642]
アズマシロカネソウ	54, 232, [191]
アズマスゲ	186, 270, [2011]
アズマネザサ	175, 267, [1832]
アズマホシクサ	163, 265, [1751]
アズマミヤコザサ	173, 267, [1851]
アズマヤマアザミ	140, 258, [1411]
アズマレイジンソウ	55, 231, [141]
アズミノデ	207, 276, [2311]
アズミトリカブト	56, 231, 118
アズミノヘラオモダカ	153, 262, [1624]
アゼスゲ節	182
アゼトウナ	141, 259, [1468]
アゼトウナ属	20, 141
アセビ	13, 103, 247, [857]
アセビ属	13, 103
アソシケシダ	205, 275, [2257]
アソタイゲキ	83, 241, [588]
アソタカラコウ	38, 142, 260, [1504]
アソノコギリソウ	38, 149, 256, [1276]
アタミシノ	170, 268, [1879]
アダン	180
アツイタ	206
アツイタ属	206
アッカゼキショウ	157, 264, [1703]
アツギノヌカイタチシダマガイ	207
アッケシアザミ	139, 258, [1397]
アツバサイハイゴケ	225, 280, [2487]
アツバシマザクラ	118, 251, [1042]
アツバシロテツ	84, 241, [603]
アツバスミレ	93, 244, [727]
アツミカンアオイ	61, 234, [283]
アツモリソウ	188
アツモリソウ属	188
アデク	95
アデクモドキ	95
アテツマンサク	67, 236, [370]
アブクマトラノオ	46, 230, [64]
アブラチャン	49, 231, [105]
アブラツツジ	108, 246, [843]
アブラナ科	66
アベトウヒレン	148, 261, [1563]

アポイアザミ	139, 257, [1359]	
アポイアズマギク	151, 259, [1478]	
アポイカンバ	42, 229, [17]	
アポイキンバイ	77, 239, [512]	
アポイザサ	173, 267, [1870]	
アポイタヌキラン	182, 270, [1972]	
アポイツメクサ	47, 230, [74]	
アポイマンテマ	48, 230, [88]	
アマギアマチャ	74, 238, [451]	
アマギカンアオイ	61, 234, [279]	
アマギザサ節	171	
アマギシャクナゲ	105, 247, [866]	
アマギツツジ	107, 247, [861]	
アマギテンナンショウ	177, 269, [1930]	
アマギベニウツギ	135, 255, [1249]	
アマクサミツバツツジ	107, 247, [862]	
アマシバ	112, 249, [959]	
アマチャ	74, 238, [452]	
アマヅル	90, 243, [679]	
アマドコロ属	154	
アマナ属	154	
アマミアオネカズラ	210, 276, [2326]	
アマミアセビ	13, 103, 247, [856]	
アマミアラカシ	43, 229, [32]	
アマミアワゴケ	118, 251, [1050]	
アマミイナモリ	118, 251, [1049]	
アマミエビネ	189, 272, [2097]	
アマミカタバミ	81, 240, [573]	
アマミクサアジサイ	75, 237, [409]	
アマミザンショウ	84, 241, [609]	
アマミサンショウソウ	44, 230, [54]	
アマミシダ	205, 275, [2261]	
アマミスミレ	93, 243, [714]	
アマミセイシカ	105, 247, [885]	
アマミタチドコロ	161	
アマミタツナミソウ	125, 253, [1140]	
アマミタムラソウ	122, 252, [1124]	
アマミデンダ	207, 276, [2312]	
アマミテンナンショウ	176, 269, [1921]	
アマミテンナンショウ節	176	
アマミトンボ	191, 273, [2144]	
アマミヒイラギモチ	88, 242, [644]	
アマミヒサカキ	63, 235, [307]	
アマミフユイチゴ	76, 239, [523]	
アマミヤスデゴケ	223, 279, [2459]	
アミゴケ属	213	
アミバゴケ属	221	
アムールテンナンショウ	179	
アメリカハマボウ	22	
アヤメ	162	
アヤメ科	161	
アヤメ属	162	
アラカワカンアオイ	61, 234, [267]	
アラゲサクラツツジ	107, 248, [904]	
アラゲナツハゼ	104, 248, [918]	
アラゲネザサ	175, 267, [1835]	
アラゲヒメワラビ	206	
アラゲヒョウタンボク	134, 255, [1235]	
アラシグサ	69, 237, [406]	
アラシグサ属	69	
アリサンアイ	131	
アリドオシ属	117	
アリドオシラン	189	
アリドオシラン属	189	
アリノトウグサ	96	
アリノトウグサ科	96	
アリノトウグサ属	96	
アリマイトスゲ	185, 270, [1968]	
アリマウマノスズクサ	60	
アリマグミ	92, 243, [706]	
アリマコスズ	173, 266, [1819]	
アリマシノ	170, 268, [1888]	
アワギボウシ	155, 263, [1665]	
アワコバイモ	158, 263, [1653]	
アワダン属	84	
アワチドリ	189, 273, [2152]	
アワノミネザサ	172, 267, [1864]	
アワブキ科	87	
アワブキ属	87	
アワムヨウラン	193, 272, [2120]	
アワモリショウマ	38, 69, 237, [395]	
アンチボフブナ	27	

【イ】

イイデトリカブト	56, 231, [124]	
イイデホラゴケモドキ	221, 279, [2431]	
イイデリンドウ	115, 249, [990]	
イイヌマムカゴ	191, 273, [2142]	
イエジマチャセンシダ	203, 275, [2239]	
イオウトウキイチゴ	76, 239, [524]	
イオウトウフヨウ	91, 243, [688]	
イオウノボタン	96, 244, [755]	
イガクサ	188	
イガタツナミ	125, 253, [1135]	
イカリソウ	58, 233, [236]	
イカリソウ属	58	
イグサ科	162	
イクビゴケ科	211	
イクビゴケ属	211	
イシガキカラスウリ	94, 244, [741]	
イシカグマ	202	
イシダテクサタチバナ	117, 250, [1014]	
イシヅチウスバアザミ	140, 258, [1396]	
イシヅチカラマツ	52, 233, [220]	
イシヅチコウボウ	168	
イシヅチコザクラ	110, 248, [943]	
イシヅチテンナンショウ	177, 269, [1924]	
イシヅチボウフウ	99, 245, [793]	
イシバイヤナギゴケ	218, 278, [2398]	
イジュ	64	
イズアサツキ	158, 262, [1632]	
イズイワギボウシ	155, 263, [1671]	
イズカニコウモリ	144, 260, [1512]	
イズコゴメグサ	128, 253, [1157]	
イスノキ属	67	
イズノシマウメバチソウ	73, 238, [469]	
イズノシマダイモンジソウ	72, 238, [477]	
イズノシマホシクサ	163, 265, [1752]	
イズハイホラゴケ	200, 274, [2208]	
イズモコバイモ	158, 263, [1649]	
イズヤブソテツ	209, 276, [2285]	
イセアオスゲ	185, 270, [2008]	
イセノイトツルゴケ属	218	
イセノカンアオイ	61, 234, [287]	
イセハナビ	131	
イセハナビ属	131	
イソアオスゲ	185, 270, [2013]	
イソギク	142, 257, [1348]	
イソスミレ	93, 243, [722]	
イソツツジ	105	
イソテンツキ	187, 272, [2078]	
イソニガナ	149, 260, [1492]	
イソマツ科	111	
イソマツ属	111	
イタチゴケ科	216	
イタチゴケ属	216	
イタドリ	46	
イタドリ属	46	
イチイ	197	
イチイ科	26, 197	
イチイ属	197	
イチゴツナギ属	164	
イチジク属	21, 44	
イチヤクソウ科	103	
イチヤクソウ属	103	
イチョウ	7, 195	
イチョウシダ	4	
イチョウ属	24	
イチョウバイカモ	53, 233, [207]	
イチリンソウ	57, 232, [159]	
イツキカナワラビ	209, 275, [2276]	
イッショウチザサ	173, 266, [1820]	
イッスンキンカ	38, 138, 262, [1595]	
イッスンテンツキ	187, 271, [2076]	
イトアオスゲ	185	
イトイバラモ	154, 262, [1628]	
イトウロコゴケ	221, 279, [2448]	
イトスゲ	185	
イトスズメガヤ	166	
イトスナヅル	34, 49, 231, [99]	
イトヒキフタゴゴケ	214, 277, [2359]	
イトマキイタヤ	86, 242, [631]	
イトヤナギゴケ属	218	
イトラッキョウ	158, 262, [1636]	
イナカギク	145, 257, [1321]	
イナゴメグサ	129, 253, [1163]	
イナコスズ	174, 267, [1831]	
イナサツキヒナノウスツボ	130, 254, [1195]	
イナデンダ	207, 276, [2309]	
イナトウヒレン	148, 261, [1554]	
イナヒロハテンナンショウ	177, 269, [1923]	
イナベアザミ	138, 258, [1405]	

イナモリソウ	118, 251, [1051]	
イナモリソウ属	xiv, 118	
イヌエボウシゴケ	217, 278, [2392]	
イヌエボウシゴケ属	217	
イヌエンジュ	80	
イヌガヤ	36, 197	
イヌガヤ科	26, 196	
イヌガヤ属	197	
イヌカラマツ	24	
イヌクテガワザサ	172, 267, [1856]	
イヌケホシダ	205	
イヌシデ属	42	
イヌタデ属	46	
イヌトウキ	99, 245, [795]	
イヌドウナ	144, 260, [1531]	
イヌトクガワザサ	171, 268, [1873]	
イヌナズナ属	66	
イヌハッカ属	123	
イヌビワ	44	
イヌブナ	27, 43, 229, [28]	
イヌヤマハッカ	123, 252, [1109]	
イヌワラビ属	203	
イネ科	163	
イノウエネジクチゴケ	214, 277, [2355]	
イノウエヨウジョウゴケ		
	224, 280, [2468]	
イノデ属	206	
イノデモドキ	206, 276, [2315]	
イノモトソウ科	202	
イノモトソウ属	202	
イバラモ	154	
イバラモ科	153	
イバラモ属	154	
イブキクガイソウ	127, 254, [1204]	
イブキコゴメグサ	128, 253, [1156]	
イブキザサ	171, 268, [1875]	
イブキシモツケ	78, 240, [545]	
イブキゼリモドキ	100, 246, [823]	
イブキタイゲキ	83, 241, [587]	
イブキタチヒダゴケ	215, 278, [2377]	
イブキトボシガラ	164, 266, [1787]	
イブキトラノオ属	46	
イブキトリカブト	57, 231, [127]	
イブキボウフウ	98	
イブキボウフウ属	98	
イブキルリトラノオ	131, 254, [1190]	
イブリザサ	174, 266, [1823]	
イブリハナワラビ	199, 274, [2194]	
イボエクシノハゴケ	220, 279, [2421]	
イボゴケ属	219	
イボスジネジクチゴケ	214, 277, [2356]	
イボタ属	113	
イボタヒョウタンボク	134, 255, [1224]	
イヤリトリカブト	57, 231, [129]	
イヨアブラギク	143, 257, [1340]	
イヨノミツバイワガサ	78, 240, [542]	
イヨホトトギス	159, 264, [1716]	
イラクサ科	44	
イラモミ	194, 273, [2166]	
イリオモテアザミ	138, 258, [1395]	
イリオモテガヤ	167, 265, [1778]	
イリオモテトンボソウ	191, 273, [2147]	
イリオモテハイノキ	112, 249, [958]	
イリオモテムラサキ	121, 251, [1073]	
イリオモテヤスデゴケ	223, 279, [2461]	
イワイチョウ	116, 250, [1010]	
イワイチョウ属	116	
イワイヌワラビ	204, 275, [2245]	
イワインチン	142, 257, [1349]	
イワウチワ	102, 246, [833]	
イワウチワ属	102	
イワウメ科	102	
イワウラジロ	203, 275, [2228]	
イワオトギリ	64, 235, [339]	
イワカガミ	103, 246, [829]	
イワカガミ属	102	
イワガサ	78	
イワガネソウ	203	
イワガネソウ属	203	
イワカラマツ	52, 233, [220]	
イワカンスゲ	186, 270, [2014]	
イワカンスゲ節	186	
イワキヒメアザミ	140, 259, [1464]	
イワギボウシ	155, 263, [1669]	
イワギリソウ	132, 254, [1211]	
イワギリソウ属	132	
イワザクラ	110, 249, [950]	
イワザンショウ	84, 241, [610]	
イワシモツケ	78, 240, [546]	
イワシャジン	137, 256, [1264]	
イワショウブ	157, 264, [1705]	
イワスゲ	186, 271, [2052]	
イワタイゲキ	83	
イワタカンアオイ	61, 234, [272]	
イワタケソウ	164, 266, [1795]	
イワタバコ科	132	
イワチドリ	189, 272, [2093]	
イワチドリ属	189	
イワツキヤスデゴケ	223, 279, [2462]	
イワツクバネウツギ	135, 255, [1216]	
イワツメクサ	47, 230, [91]	
イワテザサ	172, 268, [1878]	
イワテシオガマ	129, 254, [1174]	
イワテヒゴタイ	148, 261, [1545]	
イワデンダ科	203	
イワナシ	104, 246, [844]	
イワナシ属	104	
イワナンテン	104, 246, [847]	
イワナンテン属	104	
イワニンジン	100, 245, [783]	
イワネコノメソウ	71, 237, [412]	
イワヒバ科	198	
イワヒバ属	198	
イワヘゴ	207	
イワホウライシダ	203, 275, [2226]	
イワボタン	71, 237, [416]	
イワホトトギス	159, 264, [1711]	
イワマヘチマゴケ	215, 277, [2373]	
イワヤスゲ	183, 271, [2066]	
イワヤナギシダ	210	
イワユキノシタ	69, 239, [486]	
イワユキノシタ属	69	
イワレンゲ	68, 236, [379]	
イワレンゲ属	68	
インヨウチク	171, 266, [1818]	
インヨウチク属	171	

【ウ】

ウエツアザミ	140, 259, [1452]	
ウキガヤ	167, 266, [1790]	
ウキクサ科	180	
ウキゴケ科	226	
ウキゴケ属	226	
ウグイスカグラ	134, 255, [1226]	
ウケユリ	160, 263, [1679]	
ウゴアザミ	140, 259, [1453]	
ウコギ科	97	
ウコギ属	97	
ウゴックバネウツギ	135, 255, [1219]	
ウサギギク属	141	
ウシオゴケ属	220	
ウシノケグサ属	164	
ウスイハナワラビ	199, 274, [2195]	
ウスイロオクノカンスゲ		
	184, 270, [1992]	
ウスカワゴロモ	81, 240, [569]	
ウスギオウレン	51, 232, [184]	
ウスキムヨウラン	193	
ウスグロゴケ科	217	
ウスゲアキメヒシバ	169, 265, [1782]	
ウスゲクロモジ	49, 231, [106]	
ウスゲサンカクヅル	90, 243, [678]	
ウスゲタマブキ	144, 260, [1516]	
ウスゲミヤマシケシダ	205	
ウスノキ	104, 248, [919]	
ウスバアザミ	140, 259, [1447]	
ウスバゼニゴケ科	225	
ウスバヒョウタンボク	134, 255, [1223]	
ウスバミツバショウマ	54	
ウスバミヤマノコギリシダ		
	205, 275, [2262]	
ウスユキソウ	141	
ウスユキソウ属	36, 141	
ウスユキトウヒレン	148, 262, [1589]	
ウスユキムグラ	118, 250, [1030]	
ウゼンアザミ	140, 259, [1456]	
ウゼントリカブト	56, 231, [139]	
ウゼンヒメアザミ	140, 258, [1400]	
ウダイカンバ	42, 229, [24]	
ウチダシクロキ	112, 249, [956]	
ウチマキララゴケ	224, 280, [2470]	
ウチョウラン	189	
ウチョウラン属	189	
ウチワダイモンジソウ	72, 238, [478]	
ウツギ	74, 237, [429]	
ウツギ属	74	
ウックシザサ	173, 267, [1869]	

ウツボグサ属	123	
ウナズキギボウシ	155	
ウバタケギボウシ	155, 263, [1672]	
ウバタケニンジン	99, 245, [799]	
ウマスゲ	187	
ウマノアシガタ	53	
ウマノスズクサ科	59	
ウマノスズクサ属	60	
ウマノミツバ	98	
ウマノミツバ属	98	
ウミノサチスゲ	183, 270, [1974]	
ウメウツギ	74, 238, [439]	
ウメガシマテンナンショウ	179, 269, [1934]	
ウメザキサバノオ	52	
ウメバチソウ	73	
ウメバチソウ属	73	
ウライソウ属	44	
ウラゲウコギ	97, 245, [771]	
ウラゲスズタケ	174, 268, [1902]	
ウラシマソウ	177, 269, [1957]	
ウラシマソウ節	177	
ウラジロイカリソウ	58	
ウラジロイタヤ	86, 242, [631]	
ウラジロイワガサ	78, 240, [541]	
ウラジロウコギ	98, 245, [766]	
ウラジロウツギ	75, 237, [434]	
ウラジロカガノアザミ	140, 258, [1378]	
ウラジロギボウシ	155, 263, [1663]	
ウラジロコムラサキ	121, 251, [1075]	
ウラジロシモツケ	78, 240, [544]	
ウラジロタデ属	46	
ウラジロナナカマド	79, 240, [540]	
ウラジロノキ	76, 239, [492]	
ウラジロハナヒリノキ	104	
ウラジロヒカゲツツジ	105, 247, [879]	
ウラジロマルバマンサク	67	
ウラジロミツバツツジ	107, 247, [894]	
ウラジロモミ	195, 273, [2161]	
ウラジロヨウラク	108, 246, [851]	
ウラハグサ	165, 266, [1791]	
ウラハグサ属	164	
ウラボシ科	209	
ウリ科	94	
ウリカエデ	85, 241, [619]	
ウリハダカエデ	85, 242, [634]	
ウリュウトウヒレン	148, 261, [1561]	
ウルップソウ	131	
ウルップソウ科	131	
ウルップソウ属	131	
ウルワシウシオゴケ	220, 279, [2422]	
ウワジマテンナンショウ	178, 269, [1959]	
ウワバミソウ属	44	
ウワミズザクラ	76, 239, [510]	
ウワミズザクラ属	76	
ウンゼンアザミ	139, 259, [1455]	
ウンゼンカンアオイ	62, 235, [297]	
ウンゼンザサ	173, 267, [1854]	
ウンゼンツツジ	107, 248, [903]	
ウンゼンマムシグサ	179, 269, [1960]	
ウンゼンマンネングサ	68	

【エ】

エイザンスミレ	93, 243, [721]	
エキサイゼリ	xiv, 38, 99, 245, [802]	
エキサイゼリ属	xiv, 99	
エクボサイシン	62, 234, [262]	
エゾアジサイ	74, 238, [453]	
エゾイヌノヒゲ	163, 265, [1750]	
エゾイワツメクサ	47, 230, [92]	
エゾウラジロハナヒリノキ	104	
エゾオオケマン	65, 236, [350]	
エゾオヤマノエンドウ	80, 240, [562]	
エゾキスミレ	94, 243, [719]	
エゾコウゾリナ	142, 260, [1488]	
エゾコウゾリナ属	142	
エゾコウボウ	165, 266, [1793]	
エゾコゴメグサ	129, 253, [1161]	
エゾサイコ	102, 245, [804]	
エゾシオガマ	130, 254, [1180]	
エゾススキゴケ	213, 277, [2347]	
エゾタカネセンブリ	114, 250, [1006]	
エゾタカネニガナ	150, 259, [1471]	
エゾチドリ	191	
エゾツルハシゴケ	219, 278, [2412]	
エゾデンダ属	210	
エゾトウヒレン	148, 262, [1590]	
エゾトリカブト	56, 231, [143]	
エゾノクモマグサ	73, 239, [484]	
エゾノクロウメモドキ	89, 242, [672]	
エゾノサワアザミ	139, 259, [1428]	
エゾノサワアザミ亜節	139	
エゾノシウド属	99	
エゾノシジミバナ	78, 240, [543]	
エゾノダッタンコゴメグサ	129, 253, [1164]	
エゾノチャルメルソウ	70, 238, [460]	
エゾノトウウチソウ	79, 240, [536]	
エゾノホソバトリカブト	56, 232, [151]	
エゾノミヤマエンレイソウ	154, 264, [1721]	
エゾノヨツバムグラ	119	
エゾハナシノブ	119, 251, [1056]	
エゾハハコヨモギ	152, 256, [1300]	
エゾヒナノウスツボ	130	
エゾフウロ	82, 241, [579]	
エゾホシクサ	163, 265, [1747]	
エゾマツ	194	
エゾマツムシソウ	136, 255, [1258]	
エゾママコナ	130, 253, [1170]	
エゾミヤマアザミ	139, 259, [1429]	
エゾミヤマクワガタ	131, 254, [1188]	
エゾミヤマツメクサ	47, 230, [75]	
エゾムギ	165	
エゾムギ属	165	
エゾヤスデゴケ	223, 279, [2460]	
エゾヤノネゴケ	219, 278, [2411]	
エゾヤマアザミ	140, 257, [1355]	
エゾヤマオトギリ	65, 235, [327]	
エゾヤマコウボウ	166, 266, [1794]	
エゾヤマゼンコ	99, 246, [808]	
エゾユズリハ	84, 241, [600]	
エゾルリソウ	120, 251, [1061]	
エゾルリトラノオ	130, 254, [1185]	
エゾレイジンソウ	55, 231, [120]	
エゾワクノテ	54, 232, [176]	
エダウチタニギキョウ	136, 256, [1273]	
エダウチフクジュソウ	57, 232, [154]	
エダウチヘゴ	201, 274, [2216]	
エダウチムニンヘゴ	201	
エチゴツルキジムシロ	77, 239, [515]	
エチゴトラノオ	130, 254, [1184]	
エチゴボダイジュ	90, 243, [683]	
エチゴメダケ	175, 267, [1843]	
エチゴルリソウ	121, 251, [1066]	
エチゼンオニアザミ	139, 258, [1420]	
エチゼンダイモンジソウ	72, 238, [474]	
エチゼンネザサ	175, 267, [1842]	
エチゼンヒメアザミ	140, 259, [1457]	
エッサシノ	170, 268, [1900]	
エッチュウミセバヤ	68, 236, [373]	
エノキ属	43	
エビガラシダ属	203	
エビヅル	90	
エビヅル属	90	
エビネ	189	
エビネ属	189	
エビノオクジャク	207, 276, [2289]	
エヒメテンナンショウ	178, 269, [1918]	
エンシュウシャクナゲ	105	
エンシュウツリフネソウ	87, 242, [643]	
エンシュウハグマ	151, 256, [1282]	
エンシュウムヨウラン	193, 272, [2118]	
エンレイソウ属	154	

【オ】

オイランアザミ	138, 259, [1439]	
オウギカズラ	123, 251, [1081]	
オウレン属	51	
オオアカウキクサ	200, 274, [2211]	
オオアブノメ属	127	
オオアブラガヤ	180	
オオアブラススキ	165	
オオアブラススキ属	165	
オオアマミテンナンショウ	176, 269, [1922]	
オオアミメツボミゴケ	222, 279, [2444]	
オオアリドオシ	118	
オオイカリソウ	58, 233, [238]	
オオイタチシダ	208	
オオイタヤメイゲツ	86, 242, [635]	
オオイヌノハナヒゲ	188, 272, [2083]	
オオイワウチワ	102, 246, [832]	

オオイワカガミ	103, 246, [831]	
オオイワツメクサ	47, 230, [91]	
オオウバタケニンジン	99, 245, [800]	
オオウマノアシガタ	53, 233, [203]	
オオウラジロノキ	79, 239, [509]	
オオカギイトゴケ	220, 279, [2424]	
オオカナワラビ	209	
オオカニコウモリ	144, 260, [1526]	
オオカモメヅル	116, 250, [1026]	
オオカモメヅル属	116	
オオキツネノカミソリ	161	
オオキツネヤナギ	41, 229, [1]	
オオヌタゴケ属	219	
オオキバナムカシヨモギ	149, 257, [1334]	
オオギョウギシバ	165, 265, [1780]	
オオキンレイカ	136, 255, [1255]	
オオクサボタン	55, 232, [177]	
オオクジャクシダ	207	
オオクマザサ	173	
オオゴカヨウオウレン	51, 232, [187]	
オオコマユミ	88, 242, [652]	
オオコメツツジ	106, 248, [908]	
オオサクラソウ	110, 248, [939]	
オオサワトリカブト	37, 56, 232, [146]	
オオシケシダ	205, 275, [2255]	
オオシケシダ属	205	
オオシダザサ	173, 266, [1821]	
オオシナノオトギリ	65, 235, [333]	
オオシマウツギ	75, 238, [435]	
オオシマガマズミ	133, 255, [1245]	
オオシマカンスゲ	184, 271, [2026]	
オオシマガンピ	91, 243, [694]	
オオシマザクラ	77, 239, [502]	
オオシマツツジ	107, 247, [875]	
オオシマノジギク	143, 257, [1339]	
オオシマハイネズ	196	
オオシマムラサキ	121, 251, [1073]	
オオシラタマカズラ	119, 251, [1053]	
オオシラヒゲソウ	73, 238, [468]	
オオシラビソ	195, 273, [2162]	
オオシロショウジョウバカマ	156, 263, [1659]	
オオスミミツバツツジ	108, 247, [889]	
オオソナレムグラ	119, 251, [1043]	
オオダイトウヒレン	148, 261, [1569]	
オオタマツリスゲ	187, 271, [2042]	
オオチゴザサ	166, 266, [1797]	
オオチチッパベンケイ	68, 236, [374]	
オオチャルメルソウ	70, 238, [461]	
オオツクバネウツギ	135, 255, [1220]	
オオトウヒレン	148, 261, [1581]	
オオトキワイヌビワ	44, 229, [39]	
オオトラノオゴケ科	217	
オオトラノオゴケ属	217	
オオナルコユリ	154, 264, [1697]	
オオニワトコ	135, 255, [1237]	
オオヌマハリイ	187	
オオバアズマザサ	170, 268, [1893]	
オオバイケイソウ	156, 264, [1722]	
オオバイボタ	113	
オオバウマノスズクサ	60, 234, [247]	
オオバオトギリ	64, 235, [335]	
オオバカンアオイ	62, 234, [274]	
オオバキスミレ	94, 243, [716]	
オオバキハダ	84, 241, [605]	
オオバギボウシ	155, 263, [1675]	
オオバハクウンラン	192, 272, [2114]	
オオバハクサンサイコ	101, 245, [803]	
オオバクロモジ	49, 231, [110]	
オオバコウモリ	144, 260, [1520]	
オオバコ科	133	
オオバコ属	133	
オオハシカグサ	118, 251, [1047]	
オオバシマムラサキ	122, 251, [1077]	
オオバジャノヒゲ	156, 264, [1692]	
オオバショウマ	54	
オオバショリマ	206	
オオバシロテツ	84, 241, [602]	
オオバスノキ	104	
オオバツツジ	106, 247, [891]	
オオバナオオヤマサギソウ	191, 273, [2141]	
オオハナワラビ	199	
オオバヒルギ属	22	
オオバボダイジュ	91, 243, [684]	
オオハマギキョウ	137, 256, [1271]	
オオハマボウ	22, 91	
オオハマボッス	109, 248, [929]	
オオバマンサク	67, 236, [370]	
オオバミネカエデ	85	
オオバミヤマノコギリシダ	205, 275, [2264]	
オオバメギ	59, 233, [233]	
オオバヤシャブシ	42, 229, [16]	
オオバヨメナ	146, 257, [1314]	
オオバヨモギ	152, 256, [1295]	
オオハルトラノオ	46, 230, [66]	
オオハンゲ	179, 269, [1963]	
オオヒゲガリヤス	168, 265, [1770]	
オオヒゲナガカリヤスモドキ	166, 266, [1801]	
オオヒナノウスツボ	130	
オオヒョウタンボク	134, 255, [1236]	
オオヒラウスユキソウ	37, 141, 260, [1500]	
オオヒラタンポポ	147, 262, [1615]	
オオビランジ	47, 230, [86]	
オオボケガヤ	167, 265, [1763]	
オオホシダ	205, 275, [2269]	
オオマツバシバ	169, 265, [1760]	
オオマムシグサ	179, 269, [1954]	
オオマルバコンロンソウ	66, 236, [359]	
オオマルバノテンニンソウ	125	
オオミコゴメグサ	128, 253, [1153]	
オオミズトンボ	192	
オオミスミソウ	54	
オオミネアザミ	139, 258, [1421]	
オオミネコザクラ	110, 249, [945]	
オオミネテンナンショウ	177, 269, [1943]	
オオミネヒナノガリヤス	168, 265, [1775]	
オオミノトベラ	20, 76, 239, [488]	
オオムギスゲ	183	
オオメノマンネングサ	68, 236, [386]	
オオモクセイ	113, 249, [983]	
オオモミジ	86, 241, [613]	
オオモミジガサ	xvi, 36, 142, 260, [1506]	
オオモミジガサ属	xvi, 142	
オオヤクシマシャクナゲ	106	
オオヤマイチジク	44, 229, [38]	
オオヤマサギソウ	191	
オオヤマザクラ	78	
オオヤマツツジ	107, 248, [906]	
オオヤマトイタチゴケ	216, 278, [2384]	
オオヤマムグラ	119, 250, [1038]	
オオヨドカワゴロモ	81, 240, [570]	
オオレイジンソウ	55, 231, [123]	
オガアザミ	140, 258, [1393]	
オカイボタ	113, 249, [979]	
オカウコギ	97, 245, [770]	
オガコウモリ	144, 260, [1528]	
オガサワラアオグス	50, 231, [111]	
オガサワラアザミ	138, 258, [1364]	
オガサワラカタシロゴケ	213, 277, [2352]	
オガサワラクチナシ	118, 251, [1039]	
オガサワラグミ	92, 243, [708]	
オガサワラグワ	44, 229, [40]	
オガサワラケビラゴケ	223, 279, [2455]	
オガサワラシゲリゴケ	224, 280, [2467]	
オガサワラシコウラン	192, 272, [2096]	
オガサワラシロダモ	49, 231, [113]	
オガサワラハチジョウシダ	203, 275, [2230]	
オガサワラビロウ	176, 268, [1911]	
オガサワラホウオウゴケ	211, 277, [2332]	
オガサワラボチョウジ	119, 251, [1054]	
オガサワラホラゴケ	200	
オガサワラモクレイシ	114, 249, [985]	
オガサワラモクレイシ属	114	
オガサワラヤスデゴケ	223, 280, [2466]	
オガサワラヤブニッケイ	50, 231, [103]	
オガタチイチゴツナギ	164, 266, [1810]	
オカタツナミソウ	125, 252, [1127]	
オガタテンナンショウ	177, 269, [1946]	
オカトラノオ属	109	
オカムラゴケ	217	
オカムラゴケ属	217	
オキシャクナゲ	106, 247, [873]	
オキタンポポ	147, 262, [1614]	
オキナグサ属	51	
オキナワイボタ	113, 249, [977]	

オキナワウラジロガシ	43, 229, [34]	
オキナワカナワラビ	209, 275, [2275]	
オキナワカモメラン	192	
オキナワギク	146, 257, [1315]	
オキナワサザンカ	63	
オキナワジイ	43, 229, [26]	
オキナワシゲリゴケ	224, 280, [2475]	
オキナワシゲリゴケ属	224	
オキナワジュズスゲ	187, 270, [2005]	
オキナワスズムシソウ	131, 254, [1209]	
オキナワスミレ	93, 244, [734]	
オキナワソケイ	113, 249, [975]	
オキナワチドリ	189, 272, [2094]	
オキナワテンナンショウ	176, 269, [1922]	
オキナワトベラ	76, 239, [488]	
オキナワハイネズ	196, 274, [2182]	
オキナワハグマ	15, 151, 256, [1285]	
オキナワバライチゴ	76, 239, [529]	
オキナワヒメウツギ	75, 238, [435]	
オキナワヒメナキリスゲ	181, 271, [2057]	
オキナワヒメラン	193	
オキナワマツバボタン	46, 230, [71]	
オキナワヤスデゴケ	223, 279, [2463]	
オキナワヤブムラサキ	121, 251, [1074]	
オキノアブラギク	143, 257, [1346]	
オクウスギタンポポ	147, 262, [1609]	
オクキタアザミ	148, 261, [1572]	
オクタマツリスゲ	186, 270, [1990]	
オクチョウジザクラ	77, 239, [495]	
オクトリカブト	57, 231, [130]	
オクノカンスゲ	184	
オクノフウリンウメモドキ	87	
オクヤマアザミ	140, 259, [1427]	
オクヤマオトギリ	65, 235, [318]	
オクヤマコウモリ	144, 260, [1525]	
オグラコウホネ	59, 233, [241]	
オグラノフサモ	96, 244, [759]	
オグルマ属	142	
オサシダ	206, 275, [2272]	
オサバグサ	xii, 36, 65, 236, [354]	
オサバグサ属	xii, 65	
オシダ科	206	
オシダ属	207	
オシマオトギリ	64, 235, [343]	
オゼキンポウゲ	38, 53, 233, [208]	
オゼコウホネ	38, 59, 233, [242]	
オゼソウ	xvii, 37, 155, 263, [1678]	
オゼソウ属	xvii, 155	
オゼヌマアザミ	38, 140, 258, [1392]	
オゼミズギク	142, 260, [1490]	
オタカラコウ	142	
オタカラコウ属	142	
オダマキ属	51	
オタルスゲ	182, 271, [2027]	
オタルヒツジゴケ	218, 278, [2407]	
オタルミスゴケ	215, 277, [2372]	
オチフジ	126, 252, [1098]	
オトギリソウ科	64	
オトギリソウ属	64	
オトギリソウ列	64	
オトコヨウゾメ	133, 255, [1240]	
オトメアオイ	61, 234, [286]	
オトメイチゲ	57, 232, [156]	
オトメシャジン	137, 256, [1266]	
オドリコカグマ	202, 274, [2223]	
オドリコソウ属	123	
オドリコテンナンショウ	177, 268, [1916]	
オナガカンアオイ	62, 234, [276]	
オニアザミ	139, 258, [1366]	
オニアザミ亜節	139	
オニイタヤ	86	
オニオオノアザミ	139, 258, [1373]	
オニオトコヨモギ	153, 256, [1293]	
オニカナワラビ	209	
オニカモジグサ	165, 266, [1784]	
オニカンアオイ	62, 235, [299]	
オニクシノハゴケ	220, 279, [2420]	
オニグジョウシノ	170, 268, [1883]	
オニクラマゴケ	198	
オニコナスビ	109, 248, [933]	
オニシオガマ	129, 254, [1176]	
オニシメリゴケ	218, 278, [2401]	
オニゼンマイ	199	
オニックバネウツギ	135, 255, [1217]	
オニツルボ	158, 263, [1640]	
オニノガリヤス	168, 265, [1769]	
オニノヤガラ属	189	
オニビトノガリヤス	168, 265, [1776]	
オニヤブソテツ	209	
オニヤブマオ	45	
オニヤマボクチ	152, 262, [1604]	
オヌカザサ	173, 267, [1857]	
オノイチョウゴケ	221, 279, [2435]	
オノエラン	189, 272, [2107]	
オノエリンドウ	115, 250, [999]	
オノクサリゴケ	224, 280, [2473]	
オハラメアザミ	140, 258, [1412]	
オヒガンギボウシ	155, 263, [1670]	
オビケビラゴケ	223, 279, [2454]	
オミナエシ科	135	
オミナエシ属	135	
オモエザサ	174, 266, [1822]	
オモゴウテンナンショウ	178, 269, [1925]	
オモダカ科	153	
オモト	155	
オモト属	155	
オモロカンアオイ	62, 234, [258]	
オヤマソバ	46, 230, [63]	
オヤマノエンドウ	80, 240, [562]	
オヤマノエンドウ属	79	
オヤマボクチ	152, 262, [1603]	
オヤマリンドウ	115, 249, [988]	
オヤリハグマ	143, 261, [1540]	
オリヅルスミレ	93, 244, [731]	
オトヨウゾメ		
オンタケブシ	56, 231, [136]	
オンツツジ	107, 248, [914]	

【カ】

カイコバイモ	158, 263, [1651]	
カイサカネラン	190, 272, [2131]	
カイジンドウ	124, 251, [1079]	
カイタカラコウ	142, 260, [1505]	
カイナンサラサドウダン	108, 246, [842]	
カイフウロ	82, 240, [575]	
カエデ科	85	
カエデ属	85	
ガガイモ科	116	
カガノアザミ	140, 258, [1399]	
カガノアザミ亜節	139	
カガミゴケ属	219	
カガミナンブスズ	173, 266, [1819]	
カギガタアオイ	61, 234, [256]	
カキノハグサ	85, 241, [612]	
ガクアジサイ	74, 238, [449]	
ガクウツギ	74, 238, [450]	
ガクウラジロヨウラク	108	
カクミノスノキ	104	
カケロマカンアオイ	62, 235, [296]	
カゴシマスゲ	183, 270, [2007]	
カジカエデ	86, 241, [620]	
カシダザサ	174, 266, [1826]	
カシワバハグマ	143, 261, [1537]	
カズサイノデ	207, 276, [2314]	
カタシロゴケ	213	
カタシロゴケ科	213	
カタシロゴケ属	213	
カタツボミゴケ	222, 279, [2443]	
カタバミ科	81	
カタバミ属	81	
カッコソウ	110, 248, [940]	
ガッサンチドリ	191, 273, [2149]	
ガッサントリカブト	56, 231, [119]	
カツモウイノデ属	208	
カツラ	24	
カツラ科	27, 50	
カツラカワアザミ	139, 259, [1425]	
カツラギグミ	92, 243, [709]	
カツラ属	50	
カトウハコベ	47, 230, [73]	
カドハリイ	188, 271, [2074]	
カナウツギ	77, 240, [548]	
カナメモチ属	76	
カナワラビ属	208	
カニコウモリ	144, 260, [1511]	
カニツリグサ属	165	
カニツリノガリヤス	168, 265, [1767]	
カノコユリ	160, 264, [1689]	
カノツメソウ	99, 246, [821]	
カノツメソウ属	99	
カバノキ	24	
カバノキ科	42	
カバノキ属	42	

ガマズミ属		133
カミガモシダ		203, 275, [2239]
カミガモソウ		127, 253, [1166]
カミコウチテンナンショウ		
		177, 269, [1945]
カムイコザクラ		110, 248, [937]
カメバヒキオコシ		123, 252, [1112]
カモノハシ属		165
カモメヅル属		117
カモメラン属		189
カヤ		197
カヤ属		197
カヤツリグサ科		180
カヤツリグサ属		180
カライトソウ		79, 240, [535]
カラクサイヌワラビ		204
カラコギカエデ		86, 241, [622]
カラスウリ		94
カラスウリ属		94
カラスザンショウ		84
カラスシキミ		92, 243, [689]
カラフトヒロハテンナンショウ		179
カラフトマンテマ		48
カラフトミヤマイチゲ		52
カラマツ		24, 194, 273, [2165]
カラマツソウ		52, 233, [214]
カラマツソウ属		51
カラマツ属		194
カラムシ属		44
カラヤスデゴケ		223
カリア		24
カリバオウギ		80, 240, [553]
カリヤス		166, 266, [1803]
カリヤスモドキ		166, 266, [1802]
カリワシノ		170, 268, [1887]
カワイスギ		195
カワゴケ科		216
カワゴケソウ		81
カワゴケソウ科		7, 81
カワゴケソウ属		81
カワゴロモ		81
カワゴロモ属		81
カワズスゲ		181, 271, [2024]
カワズスゲ節		181
カワゼンコ		99, 245, [797]
カワチブシ		56, 231, [121]
カワバタハチジョウシダ		
		202, 275, [2231]
カワラウスユキソウ		142, 260, [1497]
カワラオトギリ		64, 235, [322]
カワラスゲ		182, 270, [2003]
カワラノギク		38, 146, 257, [1310]
カワラハハコ		150, 256, [1289]
カワラハンノキ		42, 229, [15]
カンアオイ		61, 234, [280]
カンアオイ属		60
カンカケイニラ		158, 262, [1635]
カンガレイ		188
カンコノキ		17, 82, 241, [595]
カンコノキ属		82
カンコハナホソガ		17
カンサイスノキ		104
ガンジュアザミ		140, 258, [1379]
カンスゲ		184, 270, [2019]
カンダヒメラン		193, 272, [2129]
カンツワブキ		149, 260, [1484]
カントウタンポポ		147, 262, [1617]
カントウマムシグサ		179
カントウミヤマカタバミ		
		81, 240, [574]
カントウヨメナ		146, 257, [1331]
カンハタケゴケ		226, 280, [2490]
ガンピ		91, 243, [695]
ガンピ属		91

【キ】

キアミゴケ		213, 277, [2353]
キイイトラッキョウ		158, 262, [1631]
キイシオギク		142, 257, [1350]
キイジョウロウホトトギス		
		159, 264, [1715]
キイセンニンソウ		55, 232, [174]
キイチゴ属		76
キイトスゲ		185, 270, [1969]
キイハナネコノメ		71, 237, [411]
ギーマ		105
キイムヨウラン		193, 272, [2117]
キールンヤマノイモ		161
キカシグサ		95
キカシグサ属		95
キカラスウリ		94, 244, [742]
キキョウ科		136
キク科		138
キクガラクサ		127, 253, [1150]
キクガラクサ属		127
キクザキイチゲ		57
キク属		142
キクバオウレン		51, 232, [183]
キクバドコロ		161
キクバヤマボクチ		152, 262, [1602]
キクムグラ		119, 250, [1034]
キケマン属		65
キケンショウマ		54, 232, [167]
キサゴケ		215, 278, [2379]
キサゴケ属		215
キシダマムシグサ		178, 269, [1928]
キシツツジ		106, 248, [899]
キジノオシダ		201
キジノオシダ科		201
キジノオシダ属		201
キジムシロ属		77
キシュウネコノメ		72, 237, [418]
キセルアザミ		139, 259, [1437]
キセルアザミ亜節		139
キセワタ		126
キソアザミ		140, 258, [1377]
キソアザミ列		140
キソイチゴ		76, 239, [526]
キソウラジロアザミ		140
キソキバナアキギリ		122, 252, [1121]
キソチドリ		191
キタカミヒョウタンボク		
		134, 255, [1224]
キタゴヨウ		194, 273, [2174]
キタササガヤ		166, 266, [1799]
キタザワブシ		56, 231, [138]
キタダケイチゴツナギ		164, 266, [1807]
キタダケキンポウゲ		53, 233, [206]
キタダケソウ		52, 232, [164]
キタダケソウ属		52
キタダケトラノオ		131, 254, [1184]
キタダケトリカブト		56, 231, [131]
キタダケナズナ		66, 236, [363]
キタダケヨモギ		152, 256, [1294]
キタダケリンドウ		115, 249, [993]
キタミオトギリ		65, 235, [325]
キタヤマヌカボ		167, 265, [1754]
キッコウハグマ		15, 38, [151]
キツネゴケ属		217
キツネノカミソリ		161, 264, [1727]
キツネノボタン		53
キツネノマゴ科		131
キツネヤナギ		41, 229, [9]
キドイノモトソウ		203
キヌガサソウ		158, 264, [1693]
キヌゴケ属		220
キヌシッポゴケ科		212
キヌシッポゴケモドキ属		212
キヌタソウ		119, 250, [1035]
キヌラン属		189
キノエササラン		190, 272, [2125]
キノクニオカムラゴケ		217, 278, [2395]
キノクニカモメヅル		117, 250, [1023]
キノクニシオギク		142
キノクニスズカケ		128, 254, [1206]
キノクニベニシダ		208, 276, [2294]
キノコバエ		18
キノボリヒメツガゴケ		216, 278, [2381]
キハダ		84
キハダ属		84
キバナアキギリ		122, 252, [1120]
キバナウツギ		134, 255, [1253]
キバナコウリンカ		145, 262, [1621]
キバナサバノオ		54, 232, [193]
キバナシャクナゲ		105
キバナチゴユリ		157, 263, [1646]
キバナナツノタムラソウ		
		122, 252, [1117]
キバナノアマナ属		[155]
キバナノショウキラン		191, 273, [2156]
キバナノツキヌキホトトギス		
		159, 264, [1719]
キバナノヒメユリ		160, 263, [1682]
キバナノホトトギス		159, 264, [1709]
キバナハナネコノメ		71, 237, [410]
キバナヤマオダマキ		51
キビシロタンポポ		147, 262, [1610]

和名索引　[カ]-[キ]　459

キブシ	94, 244, [738]	
キブシ科	94	
キブシ属	94	
ギフチョウ	18	
キブネゴケ	216, 278, [2380]	
キブネゴケ科	215	
キブネゴケ属	216	
キブネダイオウ	46, 230, [70]	
ギフベニシダ	208	
ギボウシゴケ科	214	
ギボウシゴケ属	214	
ギボウシ属	155	
キボウシノ	175, 267, [1837]	
キャラハゴケモドキ	220, 279, [2427]	
キャラハゴケモドキ属	220	
キャラボク	197, 274, [2187]	
キュウシュウコゴメグサ	128, 253, [1157]	
キュウリグサ属	120	
ギョウギシバ	165	
ギョウギシバ属	165	
ギョウジャアザミ	138, 258, [1383]	
キョウチクトウ科	116	
キョウマルシャクナゲ	106, 247, [872]	
ギョクシンカ	118	
ギョクシンカ属	118	
キヨズミイボタ	113, 249, [982]	
キヨスミギボウシ	155, 263, [1668]	
キヨスミミツバツツジ	108, 247, [881]	
キヨミトリカブト	56, 231, [132]	
キランソウ属	123	
キリガミネアサヒラン	190, 272, [2105]	
キリガミネトウヒレン	148, 261, [1557]	
キリガミネヒオウギアヤメ	162, 265, [1733]	
キリギシソウ	37, 52, 232, [165]	
キリシマアザミ	139, 258, [1401]	
キリシマアザミ亜節	139	
キリシマザサ	174, 267, [1829]	
キリシマタヌキノショクダイ	162, 265, [1738]	
キリシマテンナンショウ	177, 269, [1949]	
キリシマノガリヤス	168, 265, [1765]	
キリシマヒゴタイ	148, 261, [1578]	
キリシマヘビノネゴザ	204, 275, [2241]	
キリシマミズキ	67, 236, [366]	
キリシマミツバツツジ	108, 247, [892]	
キリタチヤマザクラ	77, 239, [501]	
キリンソウ	68	
キリンソウ属	68	
キレハオクボシダ	210, 276, [2319]	
キレハオクボシダ属	210	
キレバチダケサシ	69, 237, [396]	
キンカアザミ	141, 258, [1413]	
キンキエンゴサク	66, 236, [352]	
キンキカサスゲ	187, 271, [2032]	
キンキヒョウタンボク	134, 255, [1234]	
キンキマメザクラ	77, 239, [497]	
キンコウカ	156, 264, [1691]
キンコウカ属	156
キンシゴケ科	212
キンシゴケ属	212
キンシゴケモドキ	212, 277, [2343]
キンショクダモ	49
キンスゲ	181, 271, [2039]
キンスゲ節	181
キンチャクアオイ	61, 234, [266]
キンチャクゴケ属	212
キントキシロヨメナ	145, 256, [1301]
キントキヒゴタイ	148, 261, [1577]
キンバイソウ	53, 233, [228]
ギンバイソウ	75, 237, [427]
キンバイソウ属	53
ギンバイソウ属	75
キンポウゲ科	51
キンポウゲ属	53
キンミズヒキ	77
キンミズヒキ属	77
キンモウゴケ属	215
キンモウワラビ	209, 276, [2305]
キンモウワラビ属	209
キンレイカ	135, 255, [1257]
【ク】	
クガイソウ	127, 254, [1203]
クガイソウ属	127
クサアジサイ	75, 237, [407]
クサアジサイ属	14, 75
クサスギカズラ	156
クサスギカズラ属	156
クサタチバナ	117
クサナギオゴケ	117, 250, [1018]
クサボケ	79, 239, [503]
クサボタン	55, 232, [178]
クサミズキ	89
クサミズキ属	89
クサヤツデ	xv, 143, 259, [1473]
クサヤツデ属	xv, 143
クサリゴケ科	223
クサリゴケ属	224
クシノハゴケ	220
クシノハゴケ属	220
クシバタンポポ	147, 262, [1616]
クジャクフモトシダ	202
クジュウアザミ	139, 258, [1402]
クジュウスゲ	185, 271, [2044]
クジュウノガリヤス	168, 265, [1766]
グジョウシノ	170, 268, [1882]
グスクカンアオイ	62, 234, [263]
クスノキ科	49
クスノハカエデ	86, 242, [630]
クチナシ	118
クチナシ属	118
クテガワザサ	172, 267, [1856]
クニガミサンショウヅル	44, 230, [55]
クニガミトンボソウ	191, 273, [2146]
クニガミヒサカキ	63, 235, [311]
クマイワヘゴ	207, 276, [2287]
クマザサ	172, 268, [1876]
クマシデ	42, 229, [25]
クマタケラン	188
クマツヅラ科	121
クマナリヒラ	175, 268, [1906]
クマノダケ	100, 245, [798]
クマヤナギ	89, 242, [666]
クマヤナギ属	89
クマヤマグミ	92, 243, [699]
グミ科	92
グミ属	92
クモイコゴメグサ	129, 253, [1163]
クモイコザクラ	110, 249, [946]
クモイザクラ	77, 239, [500]
クモイジガバチ	190, 272, [2124]
クモイナズナ	67, 236, [356]
クモキリソウ	190
クモキリソウ属	190
クモノスゴケ科	224
クモマグサ	73, 238, [481]
クモマシバスゲ	186, 271, [2056]
クモマナズナ	66, 236, [364]
クモマニガナ	149, 260, [1492]
クモマミミナグサ	48, 230, [79]
クラマゴケモドキ科	223
クラマゴケモドキ属	223
クリオザサ	170, 268, [1889]
クリヤマハハコ	149, 256, [1291]
クリンソウ	110, 248, [938]
クルマギク	145, 257, [1325]
クルマバソウ属	118
クルマバハグマ	143, 261, [1536]
クルマバハグマ属	143
グレーンスゲ	187
クロアブラガヤ属	180
クロウスゴ	104
クロウメモドキ	89, 242, [673]
クロウメモドキ科	89
クロウメモドキ属	89
クロカミシライトソウ	157, 263, [1644]
クロカミラン	189, 273, [2152]
クロカンバ	89, 242, [670]
クロキ	111, 249, [957]
クロクモソウ	72, 238, [479]
クロジクトジクチゴケ	213, 277, [2364]
クロソヨゴ	87, 242, [651]
クロタキカズラ	89, 242, [662]
クロタキカズラ科	89
クロタキカズラ属	89
クロヅル	88
クロヅル属	88
クロテンシラトリオトギリ	64, 235, [344]
クロトウヒレン	148, 261, [1580]
クロバイ	112
クロバナヒキオコシ	123, 252, [1108]
クロビイタヤ	86, 242, [627]

クロヒナスゲ	186, 270, [1994]	
クロヒメカンアオイ	61, 235, [300]	
クロヒメシライトソウ	157, 263, [1642]	
クロフネサイシン	60, 234, [289]	
クロベ	196	
クロヘゴ	201	
クロボシソウ	163, 265, [1741]	
クロボスゲ節	182	
クロマメノキ	104	
クロミノオキナワスズメウリ	95, 244, [746]	
クロミノニシゴリ	112, 249, [964]	
クロムヨウラン	193	
クロモジ	49, 231, [109]	
クロモジ属	49	
クワイバカンアオイ	62, 234, [271]	
クワ科	44	
クワガタソウ	128, 254, [1197]	
クワガタソウ属	128	
クワ属	44	
クワノハイチゴ	76, 239, [527]	
クワノハエノキ	43, 229, [36]	
グンナイキンポウゲ	53, 233, [203]	
グンバイヅル	128, 254, [1202]	
グンバイヒルガオ	22	

【ケ】

ケアブラチャン	49	
ケイタドリ	46, 230, [67]	
ゲイビゼキショウ	157, 264, [1703]	
ケイビラン	xvii, 156, 263, [1645]	
ケイビラン属	xvii, 156	
ゲイホクアザミ	140, 257, [1353]	
ケイリュウタチツボスミレ	38, 93, 244, [724]	
ケウスノキ	104	
ケキブシ	94, 244, [739]	
ケクロモジ	49	
ケケンポナシ	89, 242, [668]	
ケザサ	172, 267, [1868]	
ケサンカクヅル	90, 243, [678]	
ケシ科	65	
ケシ属	66	
ケシバニッケイ	50, 231, [102]	
ケショウアザミ	138, 258, [1398]	
ケシロヨメナ	145, 256, [1301]	
ケスエコザサ	170, 268, [1880]	
ケスズ	174, 268, [1903]	
ケスハマソウ	54	
ケツルマサキ	88, 242, [654]	
ケナガエサカキ	63, 235, [303]	
ケナシカシダザサ	173, 266, [1821]	
ケナシツルモウリンカ	117, 250, [1029]	
ケナシハイチゴザサ	166, 266, [1796]	
ケナシミヤマカンスゲ	184, 271, [2022]	
ケハギ	80, 240, [560]	
ケハタケゴケ	226, 280, [2491]	
ケヒエスゲ	184, 270, [2016]	
ケビラゴケ科	223	

ケビラゴケ属	223	
ケマキヤマザサ	172, 267, [1862]	
ケミドリゼニゴケ	225, 280, [2480]	
ケミヤコザサ	173, 267, [1871]	
ケミヤマナミキ	125, 253, [1142]	
ケラトバシディウム属	11	
ケラマツツジ	106, 248, [901]	
ゲンカイヤブマオ	45, 229, [47]	
ゲンゲ属	80	
ケンサキタンポポ	147, 262, [1608]	
ケンポナシ	89	
ケンポナシ属	89	

【コ】

コアカハマキゴケ	213, 277, [2358]	
コアジサイ	74, 238, [443]	
コアブラツツジ	108, 246, [841]	
コアミメギボウシゴケ	214, 277, [2366]	
コイチョウラン	190	
コイチョウラン属	190	
コイトスゲ	185, 271, [2044]	
コイブキアザミ	140, 258, [1371]	
コイワカンスゲ	186, 270, [1978]	
コイワザクラ	110, 249, [945]	
コウシュウヒゴタイ	148, 261, [1544]	
コウシンソウ	132, 255, [1213]	
コウシンヒゴタイ	148, 261, [1571]	
コウシンヤマハッカ	123, 252, [1110]	
コウスユキソウ	142, 260, [1498]	
ゴウソ	182	
コウゾリナ属	143	
コウツギ	74, 237, [431]	
コウヅシマクラマゴケ	198, 274, [2189]	
コウボウ属	165	
コウホネ属	59	
コウモリソウ	144, 260, [1524]	
コウモリソウ節	144	
コウモリソウ属	36, 144	
コウヤカンアオイ	61, 234, [270]	
コウヤグミ	92, 243, [707]	
コウヤシロカネソウ	54, 232, [192]	
コウヤハリスゲ	181, 270, [2010]	
コウヤハンショウヅル	54, 232, [171]	
コウヤボウキ	143, 261, [1539]	
コウヤマキ	x, 7, 9, 12, 195, 273, [2177]	
コウヤマキ科	x, 26, 195	
コウヤマキ属	195	
コウヤミズキ	67	
コウヨウザン	26	
コウライテンナンショウ	179	
コウラボシ	210, 276, [2324]	
コオニユリ	160	
コガクウツギ	74, 238, [448]	
コガシアズマザサ	170, 268, [1888]	
コガシザサ	173, 267, [1859]	
コガネサイコ	101, 245, [803]	
コガネコノメソウ	71	
コカンスゲ	183, 271, [2040]	
コカンスゲ節	183	

コガンピ	91	
コキクザキイチゲ	57, 232, [160]	
コキンモウイノデ	208, 276, [2283]	
コクワガタ	128, 254, [1198]	
コケコゴメグサ	129, 253, [1158]	
コケサンゴ属	118	
コケシノブ科	200	
コケスミレ	93, 244, [736]	
コケタンポポ	144, 262, [1593]	
コケタンポポ属	144	
コケトウバナ	126, 252, [1091]	
コケハイホラゴケ	200, 274, [2210]	
コケハリガネスゲ	181, 270, [2010]	
コゴケ属	213	
コゴメイトサワゴケ	215, 277, [2371]	
コゴメウツギ	77	
コゴメウツギ属	77	
コゴメカラマツ	52, 233, [218]	
コゴメグサ属	36, 128	
コゴメヒョウタンボク	134, 255, [1229]	
コゴメヤナギ	41, 229, [5]	
ゴザダケザサ	175	
コシアブラ	98, 245, [768]	
コシガヤホシクサ	163, 265, [1744]	
コシキイトラッキョウ	158, 262, [1636]	
コシジシモツケソウ	78, 239, [504]	
コシジタネツケバナ	66, 236, [360]	
コシジタビラコ	120, 251, [1069]	
コシノオカムラゴケ	217, 278, [2394]	
コシノカンアオイ	60, 234, [275]	
コシノコバイモ	158, 263, [1652]	
コシノサトメシダ	204, 275, [2243]	
コシノチャルメルソウ	70, 238, [463]	
コシノネズミガヤ	167, 266, [1804]	
コシノヤネゴケ	216, 278, [2382]	
コシノヤネゴケ属	216	
ゴシュユ属	84	
コショウ科	59	
コショウジョウバカマ	156, 263, [1658]	
コショウ属	59	
コスギイタチシダ	208, 276, [2303]	
コセリバオウレン	51, 232, [182]	
コダチボタンボウフウ	101, 246, [814]	
コタヌキラン	182, 270, [1989]	
コチャルメルソウ	70, 238, [464]	
コツクバネウツギ	135	
コツゲ	88, 242, [661]	
コツブヌマハリイ	187, 271, [2073]	
コテリハキンバイ	77, 239, [514]	
コナスビ	109	
コナラ属	43	
コネジレゴケ	214, 277, [2362]	
コバイケイソウ	156, 264, [1723]	
コバイホラゴケ	200	
コバイモ	158, 263, [1650]	
コハウチワカエデ	86, 242, [636]	
コバケイスゲ	186, 271, [2061]	
コバトベラ	20, 76, 239, [489]	
コバナアザミ	139, 258, [1365]	

コバナナベワリ	161, 264, [1726]	
コバナノガリヤス	167, 265, [1764]	
コバナノコウモリ	144, 260, [1514]	
コバノイクビゴケ	211, 277, [2329]	
コバノイシカグマ科	202	
コバノイチヤクソウ	103, 246, [835]	
コバノカナワラビ	208	
コバノカモメヅル	117, 250, [1022]	
コバノクロウメモドキ	89, 242, [674]	
コバノクロヅル	88, 242, [659]	
コバノコアカソ	44, 229, [48]	
コバノコゴメグサ	129, 253, [1159]	
コバノタツナミ	125, 252, [1128]	
コバノニシキソウ	83	
コバノハナイカダ	97, 244, [762]	
コバノミズゴケ	211, 277, [2328]	
コバノミツバツツジ	108, 248, [898]	
コバノミヤマノボタン	96, 244, [753]	
コハマギク	142, 257, [1338]	
コバンノキ	82, 241, [596]	
コヒツジゴケ	218, 278, [2409]	
コビトホラシノブ	201, 274, [2221]	
コヒナリンドウ	115, 249, [987]	
コヒロハシケシダ	205, 275, [2260]	
コブガシ	50, 231, [112]	
コブゴケ属	212	
コブシモドキ	48, 231, [96]	
コフタゴゴケ	214, 277, [2367]	
コヘラナレン	20, 141, 259, [1467]	
コホウオウゴケモドキ	211, 277, [2335]	
コボタンヅル	55, 232, [168]	
コマイワヤナギ	41, 229, [6]	
コマガタケスグリ	73, 238, [472]	
ゴマキ	133, 255, [1242]	
ゴマダラクサリゴケ	224, 280, [2476]	
ゴマダラクサリゴケ属	224	
ゴマダラヤスデゴケ	223, 279, [2464]	
コマツカサススキ	180, 272, [2089]	
ゴマナ	146, 256, [1305]	
ゴマノハグサ科	127	
コマヤマハッカ	123, 252, [1111]	
コミカンソウ属	82	
コミゾソバ	46	
コミダケシダ	208, 276, [2282]	
コミネカエデ	86, 241, [626]	
コミノヒメウツギ	75, 237, [433]	
コミヤマカタバミ	81	
コミヤマカンスゲ	184, 271, [2023]	
コミヤマスミレ	93, 244, [728]	
コミヤマヌカボ	167	
コメススキ属	166	
コメツガ	194, 273, [2176]	
コメツツジ	106	
コモウセンゴケ	65	
ゴモジュ	133, 255, [1244]	
コモチシモフリゴケ	214, 277, [2370]	
コモチミドリゼニゴケ	225, 280, [2479]	
コモチミミコウモリ	144, 260, [1513]	
コモチレンゲ	68, 236, [378]	
コモノギク	145, 257, [1311]	
コヤクシマショウマ	69, 237, [393]	
コヤバネゴケ科	221	
コヤバネゴケ属	221	
コヤブデマリ	133, 255, [1241]	
ゴヨウザンヨウラク	109, 246, [849]	
ゴヨウマツ	194	
コヨウラクツツジ	108	
コンゴウダケ	175, 267, [1838]	
コンテリケゴケ属	219	
【サ】		
サイカイツツジ	107, 247, [876]	
サイコクイカリソウ	58, 233, [235]	
サイゴクイボタ	113, 249, [976]	
サイコクサガリゴケ	216, 278, [2387]	
サイゴクザサ	172, 267, [1866]	
サイコクサバノオ	54, 233, [197]	
サイゴクベニシダ	207	
サイゴクミツバツツジ	108, 247, [892]	
サイハイゴケ属	225	
サイハイラン	190	
サイハイラン属	190	
サイヨウザサ	173, 266, [1827]	
サイヨウシャジン	137	
ザオウアザミ	140, 259, [1465]	
サカネラン属	190	
サカバイヌワラビ	204	
サカバサトメシダ	204, 275, [2248]	
サガミジョウロウホトトギス	159, 264, [1712]	
サガミラン	191, 272, [2103]	
サガリヒメヒラゴケ	217, 278, [2389]	
サカワサイシン	61, 234, [284]	
サキシマスケロクラン	193, 272, [2115]	
サキシマツツジ	106, 247, [863]	
サキシマヒサカキ	63, 235, [308]	
サキシマフヨウ	91, 243, [687]	
サキジロゴケ属	222	
サキモリイヌワラビ	204, 275, [2246]	
サクノキ	87, 242, [641]	
サクユリ	160, 263, [1681]	
サクラガンピ	91, 243, [693]	
サクラジマハナヤスリ	199, 274, [2198]	
サクラソウ科	109	
サクラソウ属	110	
サクラ属	77	
サクラツツジ	107, 248, [904]	
サケバヒヨドリ	150, 259, [1479]	
サコスゲ	183	
ササガヤ	166	
ササガヤ属	166	
ササ属	171	
ササノハスゲ	183, 271, [2030]	
ササユリ	160, 264, [1683]	
サザンカ	63, 235, [306]	
サジバエボウシゴケ	217, 278, [2393]	
サジラン属	210	
ザゼンソウ属	176	
サダソウ	59	
サダソウ属	59	
サツキ	107, 247, [871]	
サツキヒナノウスツボ	130, 254, [1195]	
サツマアオイ	62, 234, [285]	
サツマイナモリ	118	
サツマイナモリ属	118	
サツマオモト	155, 264, [1699]	
サツマシロギク	145, 257, [1318]	
サツマネコノメ	72, 237, [419]	
サツマノギク	143, 257, [1347]	
サツマハギ	80, 240, [558]	
サツマハチジョウシダ	202, 275, [2235]	
サツマビャクゼン	117, 250, [1016]	
サツマホトトギス	159, 264, [1711]	
サツママアザミ	139, 257, [1361]	
サツママンネングサ	68, 236, [387]	
サドアザミ	140	
サトイモ科	176	
サドクルマユリ	160, 264, [1687]	
サドザサ	170, 268, [1895]	
サトヤマハリスゲ	181, 271, [2043]	
サナダゴケモドキ属	216	
サバノオ	54, 232, [189]	
サビバナナカマド	79, 240, [538]	
サマニオトギリ	64, 235, [329]	
サマニユキワリ	110, 248, [936]	
サヤマスゲ	186, 270, [1998]	
サラサドウダン	108, 246, [839]	
サラシナショウマ属	54	
ザラツキギボウシ	155, 263, [1666]	
ザラツキヒナガリヤス	168, 265, [1775]	
サルクラハンノキ	42, 229, [13]	
サルスベリ属	95	
サワアザミ	139, 259, [1461]	
サワオグルマ	145, 262, [1622]	
サワオグルマ属	145	
サワオトギリ	65, 235, [337]	
サワギク	145, 260, [1508]	
サワギク属	145	
サワシバ	42	
サワシロギク	145, 257, [1316]	
サワダツ	88, 242, [657]	
サワハコベ	47, 230, [90]	
サワラ	196, 273, [2180]	
サワラン	190	
サワラン属	190	
サワルリソウ	120, 251, [1058]	
サワルリソウ属	120	
サンインカンアオイ	61	
サンインクワガタ	128, 254, [1199]	
サンインシロカネソウ	54, 232, [194]	
サンイントラノオ	131, 254, [1182]	
サンインヒエスゲ	183, 270, [2006]	
サンインヒキオコシ	123, 252, [1106]	
サンカククラマゴケモドキ	223, 279, [2458]	
サンカクゴケ属	224	
サンコカンアオイ	62, 235, [295]	

サンショウソウ	45	シソバキスミレ	37, 94, 243, [718]	シマギョクシンカ	118, 251, [1055]
サンショウソウ属	45	シソバタツナミ	125, 253, [1133]	シマキンレイカ	136, 255, [1257]
サンショウ属	84	シチトウエビヅル	90, 243, [677]	シマクジャク	205, 275, [2265]
サンショウバラ	78, 239, [518]	シチトウスミレ	93, 243, [723]	シマクマタケラン	188, 272, [2092]
サンショウモ科	200	シチトウタラノキ	98, 244, [764]	シマクモキリソウ	190, 272, [2122]
サンプクリンドウ	114, 249, [986]	シチトウハナワラビ	199, 274, [2193]	シマコウヤボウキ	143, 261, [1541]
サンプクリンドウ属	114	シチメンソウ	48	シマコガネギク	138, 262, [1596]
サンベサワアザミ	139, 259, [1449]	シチョウゲ	118, 251, [1044]	シマコゴメウツギ	77, 240, [547]
サンヨウアオイ	61, 234, [265]	シチョウゲ属	118	シマゴショウ	59, 233, [245]
サンヨウブシ	56, 231, [144]	シッポゴケ科	212	シマザクラ	118, 251, [1040]
		シデコブシ	38, 48, 231, [98]	シマサクラガンピ	91, 243, [696]
【シ】		シテンクモキリ	190, 272, [2123]	シマサルスベリ	95
シイ属	43	シドキヤマアザミ	141, 259, [1434]	シマジタムラソウ	122, 252, [1115]
シイバサトメシダ	204, 275, [2244]	シナノアキギリ	122, 252, [1116]	シマジリスミレ	93
シオカゼオトギリ	64, 235, [321]	シナノオトギリ	64, 235, [338]	シマソケイ	116, 250, [1011]
シオガマギク属	129	シナノオトギリ列	64	シマタイミンタチバナ	109, 248, [926]
シオギク	142, 257, [1350]	シナノカリヤスモドキ	166, 266, [1802]	シマタヌキラン	182, 270, [1989]
シオジ	112, 249, [974]	シナノキ科	90	シマチカラシバ	166, 266, [1805]
シオバラザサ	170, 268, [1899]	シナノキ属	90	シマツレサギソウ	191, 273, [2139]
シオミイカリソウ	58, 233, [239]	シナノキンバイソウ	53, 233, [229]	シマテンナンショウ	176, 269, [1942]
シオン属	145	シナノコザクラ	110, 249, [950]	シマトウヒレン	148, 261, [1555]
シカクイ	188	シナノショウキラン	191, 273, [2157]	シマノガリヤス	168, 265, [1766]
ジガバチソウ	190	シナノタイゲキ	83, 241, [591]	シマフジバカマ	150, 259, [1481]
シギンカラマツ	52, 233, [212]	シナノタンポポ	147, 262, [1611]	シマホザキラン	193, 272, [2127]
シゲリゴケ属	224	シナノトウヒレン	148, 261, [1585]	シマホタルブクロ	137, 256, [1268]
シコクアザミ	140	シナノナデシコ	47, 230, [81]	シマホルトノキ	90, 243, [681]
シコクイチゲ	57, 232, [161]	シナノノダケ	99, 245, [796]	シマムカデシダ	210, 276, [2318]
シコクエビラフジ	80, 240, [566]	シナノヒメクワガタ	128, 254, [1201]	シマムラサキ	121, 251, [1072]
シコクカッコウソウ	110, 248, [940]	シノノメソウ	114, 250, [1004]	シマムロ	196, 273, [2182]
シコクギボウシ	155, 263, [1674]	シノブゴケ科	218	シマモチ	88, 242, [649]
シコクザサ	172, 267, [1855]	シノブホングウシダ	202, 274, [2217]	シマヤマブキショウマ	79, 239, [493]
シコクシモツケソウ	78, 239, [507]	シバスゲ	185, 186	シメリゴケ属	218
シコクショウマ	70, 237, [401]	シバタカエデ	86	シモツケコウホネ	59, 233, [244]
シコクシラベ	195, 273, [2163]	シバニッケイ	50, 231, [101]	シモツケソウ	78, 239, [505]
シコクシロギク	145, 257, [1332]	シバヤナギ	41, 229, [3]	シモツケソウ属	78
シコクスミレ	93, 244, [730]	シバヤブニッケイ	50	シモツケ属	78
シコクチャルメルソウ	70, 238, [465]	シビイタチシダ	208, 276, [2297]	シモバシラ	36, 124, 252, [1093]
シコクテンナンショウ	178, 269, [1926]	シビイヌワラビ	204, 275, [2240]	シモバシラ属	124
シコクノガリヤス	168, 265, [1777]	シビカナワラビ	209	シモフリゴケ属	214
シコクバイカオウレン	51, 232, [186]	シブカワシロギク	145, 257, [1317]	シャクシゴケ	225, 280, [2478]
シコクハンショウヅル	55, 232, [172]	シブカワツツジ	107, 248, [900]	シャクシゴケ属	225
シコクヒロハテンナンショウ		シブカワニンジン	137, 256, [1270]	シャクナゲ亜属	105
	177, 269, [1933]	シブツアサツキ	158, 262, [1633]	シャクナンガンピ	xiii, 92, 243, [691]
シコクフクジュソウ	57, 232, [155]	シブヤザサ	175, 267, [1844]	シャクナンガンピ属	xiii, 92
シコクブシ	56, 231, [122]	シマアケボノソウ	114, 250, [1002]	ジャコウソウ	124, 252, [1087]
シコクママコナ	130, 253, [1167]	シマアザミ	138, 258, [1367]	ジャコウソウ属	124
シコタンタンポポ	147, 262, [1618]	シマイガクサ	188, 272, [2082]	シャシャンボ	105
シコタントリカブト	57, 231, [135]	シマイスノキ	67, 236, [368]	ジャノヒゲ	156
シシウド	100, 245, [791]	シマイソスゲ	183, 270, [1976]	ジャノヒゲ属	156
シシウド属	99	シマウチワドコロ	161, 264, [1729]	ジュズスゲ	187
シシガシラ	206, 275, [2274]	シマウツボ	132, 255, [1212]	ジュズスゲ節	187
シシガシラ科	206	シマウリカエデ	85, 241, [623]	ジュズネノキ	117, 250, [1032]
シジキカンアオイ	61, 234, [265]	シマエンジュ	80, 240, [561]	シュスラン属	190
シジミバナ	78	シマエンジュ属	80	ジュロウカンアオイ	61, 234, [268]
シシンラン	132	シマカコソウ	124, 251, [1078]	シュロソウ属	156
シセンネズコ	196	シマカナメモチ	76, 239, [511]	シュンジュギク	145, 257, [1320]
ジゾウカンバ	42, 229, [22]	シマガマズミ	133, 255, [1238]	シュンラン属	191
シソ科	122	シマカモノハシ	165, 266, [1798]	ショウガ科	188
シソ属	124	シマカンギク	143	ショウキラン	191

ショウキラン属	191	シロダモ属	49	スズカアザミ	140, 259, [1442]
ジョウシュウアズマギク	151, 259, [1478]	シロテツ	xiii, 84, 241, [601]	スズカカンアオイ	61, 234, [283]
ジョウシュウオニアザミ	139, 258, [1422]	シロテツ属	xiii, 84	スズカケノキ	24
ジョウシュウトリカブト	56, 232, [149]	シロテングサゴケ	225, 280, [2484]	ススキ	166
ショウジョウスゲ	186	シロドウダン	108, 246, [840]	スズキイクビゴケ	211, 277, [2330]
ショウジョウバカマ	156	シロトダシバ	167, 265, [1761]	ススキゴケ属	212
ショウジョウバカマ属	156	シロトベラ	20, 76, 239, [487]	ススキ属	166
ショウドシマベンケイソウ	68, 236, [376]	シロバナイナモリソウ	xiv, 118, 251, [1052]	スズキニセカガミゴケ	219, 279, [2417]
ショウドシマレンギョウ	113, 249, [969]	シロバナウンゼンツツジ	107, 248	スズコウジュ	xiv, 124, 252, [1102]
ジョウボウザサ	170, 268, [1881]	シロバナカモメヅル	117, 250, [1023]	スズコウジュ属	xiv, 124
ジョウロウホトトギス	159, 264, [1714]	シロバナショウジョウバカマ	156, 263, [1657]	スズザサ属	173
シライトソウ	157	シロバナタンポポ	147, 262, [1605]	スズダケ	171, 173
シライトソウ属	156	シロバナトウウチソウ	79, 240, [534]	スズダケ属	174
シライヤナギ	41, 229, [7]	シロバナネコノメソウ	71, 237, [410]	スズムシバナ	131
シライワアザミ	139, 257, [1354]	シロバナハンショウヅル	55, 232, [181]	スズメウリ属	95
シライワコゴメグサ	129, 253, [1160]	シロバナミヤマムラサキ	121, 251, [1060]	スズメガヤ属	166
シライワシャジン	137, 256, [1265]	シロモジ	49, 231, [108]	スズメノカタビラ	164
シラコスゲ	181, 271, [2041]	シロヤシオ	106, 247, [897]	スズメノヤリ属	162
シラコスゲ節	181	シロヤナギ	41, 229, [4]	ズソウカンアオイ	61, 234, [287]
シラシマメダケ	175, 267, [1841]	シワナシキツネゴケ	217, 278, [2396]	スダジイ	43
シラタマカズラ	119	シワバヒツジゴケ	218, 278, [2404]	ステゴビル	159, 263, [1641]
シラタマノキ	104	シンエダウチホングウシダ	202	スナヅル属	49
シラタマノキ属	104	ジンガサゴケ科	225	スノキ	104, 248, [923]
シラタマホシクサ	163, 265, [1748]	ジングウスゲ	181, 271, [2046]	スノキ属	104
シラトリオトギリ	64, 235, [330]	ジングウツツジ	107, 248, [900]	スハマソウ	54
シラトリシャジン	137, 256, [1267]	ジンジソウ	72, 238, [476]	スハマソウ属	54
シラネアオイ	ix, 9, 12, 36, 58, 233, [230]	ジンチョウゲ科	91	スベリヒユ科	46
シラネアオイ科	ix, 58	ジンチョウゲ属	92	スベリヒユ属	46
シラネアオイ属	58	ジンチョウゴケ科	225	スミレ	93
シラネアザミ	148, 261, [1568]	ジンチョウゴケ属	226	スミレ科	93
シラネニンジン	100	ジンパイソウ	191, 273, [2140]	スミレサイシン	93, 244, [735]
シラネニンジン属	100	ジンヨウキスミレ	94, 243, [713]	スミレ属	93
シラネヒゴタイ列	148	【ス】		スルガノデ	207, 276, [2306]
シラヒゲソウ	73	スイカズラ	134	スルガジョウロウホトトギス	159, 264, [1712]
シラビソ	195, 273, [2164]	スイカズラ科	133	スルガスゲ	184, 271, [2025]
シリベシナズナ	66	スイカズラ属	133	スルガテンナンショウ	178, 269, [1962]
シレトコスミレ	94, 244, [726]	スイショウ	24, 26	スルガヒョウタンボク	134, 255, [1222]
シロイヌナズナ属	66	ズイナ	73, 238, [455]	【セ】	
シロウマイタチシダ	208, 276, [2298]	ズイナ属	73	セイシカ	105
シロウマエビラフジ	80, 240, [565]	スイラン	146, 260, [1487]	セイシボク属	83
シロウマオウギ	80, 240, [550]	スイラン属	146	セイタカオトギリ	64, 235, [328]
シロウマガリヤス	168, 265, [1768]	スイレン科	59	セイタカトウヒレン	148, 261, [1584]
シロウマタンポポ	147, 262, [1607]	スエコザサ	170, 268, [1894]	セイヤブシ	57, 231, [125]
シロウマナズナ	66, 236, [365]	スエヒロアオイ	61, 234, [257]	セキショウモ	153
シロウマリンドウ	114, 250, [1001]	スカシユリ	160, 264, [1684]	セキショウモ属	153
シロウマリンドウ属	114	スギ	195, 273, [2178]	セキモンウライソウ	44, 230, [59]
シロウマレイジンソウ	55, 231, [142]	スギ科	26, 195	セキモンスゲ	183, 271, [2064]
シロエゾホシクサ	163, 265, [1749]	スギゴケ科	211	セキモンノキ	83, 241, [584]
シロガネガラクサ	120, 251, [1057]	スギ属	195	セキモンノキ属	83
シロカネソウ属	54	スグリ	73, 238, [473]	セキヤノアキチョウジ	123, 252, [1104]
シロガヤツリ	180	スグリ属	73	セコイア	26
シロクサリゴケ属	224	スゲ属	180	セッピコテンナンショウ	178, 269, [1950]
シロダモ	49	スジゴケ科	225	セツブンソウ	54, 233, [198]
		スジゴケ属	225	セツブンソウ属	54
				セトウチギボウシ	155, 263, [1673]

セトウチコスズ	174, 266, [1820]	ダイセツヒゴタイ	148	タカネママコナ	130, 253, [1168]
セトウチホトトギス	159, 264, [1720]	ダイセツヒナオトギリ	65, 235, [347]	タカネマンネングサ	69, 236, [389]
セトウチマンネングサ	68, 236, [385]	ダイセツレイジンソウ	55, 232, [148]	タカネヤハズハハコ	149, 256, [1287]
セトエゴマ	124	ダイセンアシボソスゲ	182, 271, [2047]	タカネヨモギ	152, 256, [1299]
セリ科	98	ダイセンオトギリ	65, 235, [316]	タガネラン	189, 272, [2098]
セリバオウレン	51, 232, [183]	ダイセンスゲ	184, 270, [1985]	タカノツメ	98, 245, [767]
セリバシオガマ	129, 254, [1175]	ダイセンヒョウタンボク		タカノホシクサ	163, 265, [1742]
セリモドキ	100, 246, [809]		134, 255, [1235]	タカハシテンナンショウ	
セリモドキ属	100	ダイセンミツバツツジ	108, 247, [883]		178, 269, [1941]
センウヅモドキ	56, 231, [126]	ダイトウシロダモ	49, 231, [115]	タキアザミ	138, 259, [1462]
センカクオトギリ	64, 235, [340]	ダイトウセイシボク	83, 241, [594]	タキザワザサ	174, 267, [1828]
センカクカンアオイ	62, 234, [288]	ダイニチアザミ	139, 257, [1362]	タキナガワシノ	171, 268, [1901]
センカクツツジ	107, 247, [869]	ダイニチアザミ亜節	139	ダキバヒメアザミ	140, 257, [1357]
センカクハマサジ	111, 249, [953]	タイミンガサ	144, 260, [1529]	ダキバヒメアザミ亜節	140
センゲンオトギリ	64, 235, [345]	タイミンガサ節	144	タキミチャルメルソウ	70, 238, [465]
センジュガンピ	48, 230, [85]	タイミンタチバナ	109	タキユリ	160, 264, [1689]
センジョウアザミ	140, 259, [1433]	タイヨウフウトウカズラ	59, 234, [246]	タケ亜科	169
センジョウデンダ	207, 276, [2307]	タイリンアオイ	62, 234, [250]	ダケカンバ	42
センダイザサ	173, 267, [1848]	タイリンヤマハッカ	123, 252, [1110]	タケシマラン	157, 264, [1702]
センダイソウ	72, 239, [485]	タイワンアセビ	103	タケシマラン属	157
センダイタイゲキ	83, 241, [589]	タイワンイワタバコ	34	ダケトンボ	193, 273, [2137]
センダイトウヒレン	148, 261, [1579]	タイワンカモノハシ	165	タコノキ	180, 269, [1966]
センダングサ	146	タイワンキンシバイ節	64	タコノキ科	180
センダングサ属	146	タイワンジュウモンジシダ	207	タコノキ属	180
セントウソウ	100, 245, [805]	タイワンスギ	26	タジマタムラソウ	122, 252, [1122]
セントウソウ属	100	タイワンハマサジ	111	タシロカワゴケソウ	81
センニンソウ属	54	タイワンヒノキ	196	タシロテンナンショウ	179, 269, [1955]
センブリ属	114	タカオヒゴタイ	148, 261, [1582]	タシロノガリヤス	168, 265, [1777]
センボンギク	146, 257, [1312]	タクマヒキオコシ	123, 252, [1107]	タチアザミ	140, 258, [1394]
センボンゴケ科	213	タクマホトトギス	159, 264, [1718]	タチアザミ亜節	140
ゼンマイ	38, 199	タクマミツバツツジ	107, 248, [912]	タチガシワ	117, 250, [1020]
ゼンマイ科	199	タカサゴキジノオ	201	タチカメバソウ	120, 251, [1070]
ゼンマイ属	199	タカトウダイ	83	タチキランソウ	124, 251, [1082]
		タカネイチョウゴケ	221, 279, [2447]	タチクラマゴケ	198
【ソ】		タカネイチョウゴケ属	221	タチコゴメグサ	129
ソウウンナズナ	66	タカネイブキボウフウ	98, 246, [818]	タチスゲ	186
ソウヤキンポウゲ	53, 233, [205]	タカネウシノケグサ	164	タチスゲ節	186
ソウヤレイジンソウ	55, 232, [147]	タカネエゾムギ	165, 266, [1785]	タチスズシロソウ	67
ソクシンラン属	157	タカネオトギリ	64, 235, [341]	タチツボスミレ	93
ソケイ属	113	タカネキンポウゲ	53, 233, [202]	タチドコロ	161
ソテツ	194, 273, [2159]	タカネコウボウ	168, 265, [1758]	タチネコノメソウ	72, 237, [426]
ソテツ科	193	タカネコウリンカ	145, 262, [1623]	タチヒダゴケ科	215
ソテツ属	193	タカネゴヨウ	194	タチヒダゴケ属	215
ソナレセンブリ	115, 250, [1003]	タカネコンギク	146, 257, [1327]	タツナミソウ属	124
ソナレノギク	146, 257, [1307]	タカネサトメシダ	204, 275, [2249]	タデ科	46
ソナレマツムシソウ	136, 256, [1259]	タカネスジゴケ	225, 280, [2485]	タテヤマアザミ	140, 259, [1426]
ソナレムグラ	119	タカネセンブリ	114, 250, [1006]	タテヤマイワブキ	73, 238, [482]
ソハヤキトンボソウ	191, 273, [2147]	タガネソウ節	183	タテヤマウツボグサ	123, 252, [1103]
ソハヤキミズ	44	タカネソモソモ	164, 266, [1789]	タテヤマギク	145, 256, [1304]
ソラチアオヤギバナ	138, 262, [1594]	タカネタンポポ	147, 262, [1620]	タテヤマスゲ	182, 270, [1971]
ソラチコザクラ	110, 249, [948]	タカネツキヌキゴケ	221, 279, [2433]	タテヤマヌカボ	167, 265, [1755]
ソラマメ属	80	タカネツメクサ	47, 230, [72]	タテヤマリンドウ	115, 250, [996]
		タカネトリカブト	56, 232, [152]	タニイチゴツナギ	164, 266, [1812]
【タ】		タカネニガナ	149, 260, [1491]	タニイヌワラビ	204
ダイオウ属	46	タカネヒカゲノカズラ	198	タニウツギ	135, 255, [1251]
タイシャクイタヤ	86, 242, [632]	タカネヒゴタイ	148, 261, [1556]	タニウツギ属	134
タイシャクカラマツ	51, 233, [217]	タカネビランジ	47, 230, [83]	タニガワコンギク	146
タイシャクトウヒレン	148, 261, [1559]	タカネマスクサ	181, 271, [2035]	タニギキョウ	136
ダイセツトリカブト	56, 232, [150]	タカネマツムシソウ	136, 256, [1259]	タニギキョウ属	136

タニジャコウソウ	124, 252, [1086]	チダケサシ	69, 237, [396]	ツガルミセバヤ	68, 236, [375]
タニマノオトギリ	64, 235, [336]	チダケサシ属	69	ツキヌキゴケ	221, 279, [2429]
タニミツバ	101, 246, [819]	チチジマクロキ	112, 249, [965]	ツキヌキゴケ科	221
タニミツバ属	101	チチジマナキリスゲ	181, 270, [1977]	ツキヌキゴケ属	221
タニムラアオイ	62, 234, [273]	チチジマベニシダ	208, 276, [2293]	ツクシアオイ	62, 234, [269]
タヌキノショクダイ	162, 265, [1737]	チチッパベンケイ	68, 236, [374]	ツクシアカショウマ	70, 237, [404]
タヌキノショクダイ属	162	チチブイチョウゴケ科	222	ツクシアケボノツツジ	106, 247, [895]
タヌキモ科	132	チチブイワザクラ	110, 249, [947]	ツクシアザミ	139, 259, [1441]
タヌキモ属	132	チチブニセカガミゴケ	219, 279, [2416]	ツクシアザミ亜節	139
タヌキラン	182, 271, [2037]	チチブヒョウタンボク	134, 255, [1233]	ツクシアブラガヤ	180, 272, [2091]
タヌキラン節	182	チチブミネバリ	42, 229, [18]	ツクシアリドオシラン	189, 272, [2130]
タネガシマアザミ	140, 259, [1444]	チヂレゴケ属	214	ツクシイヌワラビ	204
タネツケバナ属	66	チヂレヤハズゴケ属	224	ツクシイバラ	78, 239, [519]
タビラコ属	147	チトセナンブスズ	174, 267, [1829]	ツクシイワシャジン	136, 256, [1260]
タブノキ属	21, 50	チドメグサ属	101	ツクシイワヘゴ	207, 276, [2288]
タマアジサイ	74, 238, [444]	チドリケマン	66, 236, [351]	ツクシウスノキ	104, 248, [919]
タマカラマツ	52, 233, [224]	チドリノキ	85, 241, 617	ツクシウツギ	75, 238, [438]
タマガワホトトギス	160, 264, [1713]	チビッコキンシゴケ	212, 277, [2337]	ツクシガシワ	117, 250, [1017]
タマザキヤマビワソウ	132	チマキザサ節	172	ツクシカシワバハグマ	143, 261, [1538]
タマススキゴケ	212, 277, [2344]	チャイトスゲ	185, 270, [1968]	ツクシガヤ	167
タマツリスゲ	186, 270, [1990]	チャイロテンツキ	187, 272, [2079]	ツクシガヤ属	167
タマツリスゲ節	186	チャセンシダ科	203	ツクシカンガレイ	188, 272, [2087]
タマノカンアオイ	17, 18, 61, 234, [293]	チャセンシダ属	203	ツクシクサボタン	55, 232, [178]
タマバシロヨメナ	145, 256, [1302]	チャボイノデ	206, 276, [2308]	ツクシケゴケ	219, 278, [2413]
タマブキ	144, 260, [1518]	チャボガヤ	197, 274, [2188]	ツクシコウモリ	144, 260, [1527]
タムシバ	48, 231, [97]	チャボカラマツ	52, 233, [215]	ツクシサカネラン	190
タラノキ属	98	チャボカワズスゲ	181, 271, [2024]	ツクシシオガマ	129, 254, [1178]
ダルマキンミズヒキ	77, 239, [491]	チャボシライトソウ	157, 263, [1644]	ツクシシャクナゲ	105, 247, [872]
タンガザサ	173, 267, [1852]	チャボスギゴケ	211, 277, [2331]	ツクシショウジョウバカマ	
タンゴグミ	92, 243, [698]	チャボゼキショウ	157, 264, [1704]		156, 263, [1656]
タンゴシノチク	170	チャボハナヤスリ	199, 274, [2200]	ツクシスゲ	183, 271, [2067]
タンザワウマノスズクサ		チャボヘゴ	201	ツクシスズメノカタビラ	
	60, 234, [248]	チャボホトトギス	159, 264, [1717]		164, 266, [1806]
タンザワサカネラン	190, 272, [2132]	チャボヤハズトウヒレン		ツクシゼリ	99, 245, [788]
タンザワヒゴタイ	148, 261, [1551]		148, 261, [1575]	ツクシタチドコロ	161, 264, [1728]
ダンチク	165	チャボヤマハギ	80, 240, [557]	ツクシタツナミソウ	125, 252, [1131]
ダンチク亜科	165	チャルメルソウ	17, 70, 238, [459]	ツクシタニギキョウ	136, 256, [1274]
ダンドタムラソウ	122, 252, [1119]	チャルメルソウ属	70	ツクシタンポポ	147, 262, [1612]
ダンドミズキ	67	チョウカイアザミ	139, 258, [1370]	ツクシチャルメルソウ	70, 238, [462]
タンバヤブレガサ	152, 262, [1598]	チョウカイコウモリ	144	ツクシテンツキ	187, 272, [2080]
タンポポ属	147	チョウカイフスマ	47	ツクシトウキ	99, 245, [790]
		チョウジギク	141, 256, [1292]	ツクシドウダン	108, 246, [839]
【チ】		チョウジギク属	141	ツクシトウヒレン	148, 261, [1550]
チカラシバ	166	チョウジコメツツジ	106, 248, [907]	ツクシネコノメソウ	71, 237, [425]
チカラシバ属	166	チョウジザクラ	77, 239, [494]	ツクシハギ	80, 240, [559]
チギ	90	チョウチンゴケ科	215	ツクシハナゴケ	212, 277, [2345]
チクリンカ	188	チョウチンゴケ属	215	ツクシハナミョウガ	188
チケイラン	190	チョウノスケソウ	36	ツクシヒゴタイ	148, 261, [1558]
チゴザサ	167	チョクミシッポゴケ	213, 277, [2348]	ツクシヒラツボゴケ	220
チゴザサ属	166			ツクシフウロ	38, 82, 241, [577]
チゴユリ	157	【ツ】		ツクシボウフウ	101, 246, [816]
チゴユリ属	157	ツガ	194	ツクシボウフウ属	101
チシマアザミ亜節	139	ツガゴケ属	216	ツクシムシゲサ	178, 269, [1935]
チシマウスユキソウ	141, 260, [1499]	ツガザクラ	105, 247, [854]	ツクシミカエリソウ	125, 252, [1097]
チシマザサ	170, 171	ツガザクラ属	105	ツクシミノボロスゲ	181, 270, [1967]
チシマザサ節	171	ツガ属	194	ツクシミヤマノダケ	100, 245, [782]
チシマゼキショウ	157	ツガルオニアザミ	139, 259, [1435]	ツクシヤブツギ	134, 255, [1252]
チシマゼキショウ属	157	ツガルコウモリ	144, 260, [1522]	ツクシヤブマオ	45, 229, [46]
チシマリンドウ属	115	ツガルフジ	80, 240, [564]	ツクシヤマザクラ	77, 239, [499]

ツクバキンモンソウ	124, 251, [1084]	
ツクバグミ	92, 243, [703]	
ツクバスゲ	186, 270, [2000]	
ツクバトリカブト	57, 231, [128]	
ツクバナンブスズ	174, 267, [1830]	
ツクバネウツギ	135	
ツクバネウツギ属	135	
ツクバネソウ	157, 264, [1694]	
ツクバネソウ属	157	
ツクモグサ	51, 233, [201]	
ツゲ	88, 242, [660]	
ツゲ科	88	
ツゲ属	88	
ツゲモドキ	83, 241, [599]	
ツゲモドキ属	83	
ツシマギボウシ	155, 263, [1677]	
ツシマスゲ	183, 271, [2065]	
ツシマノダケ	100, 246, [824]	
ツシマヒナノウスツボ	130, 254, [1194]	
ツシママンネングサ	68, 236, [385]	
ツチグリカンアオイ	61, 234, [251]	
ツチトリモチ	45, 230, [61]	
ツチトリモチ科	45	
ツチトリモチ属	45	
ツチノウエノハリゴケ	214, 277, [2363]	
ツチノウエノハリゴケ属	213	
ツチビノキ	xiii, 92, 243, [690]	
ツツイイワヘゴ	207, 276, [2302]	
ツツジ亜属	106	
ツツジ科	103	
ツツジ節	106	
ツツジ属	105	
ツバキ科	63	
ツバキ属	63	
ツバメザサ	174	
ツボスメレ	93	
ツボミゴケ科	221	
ツボミゴケ属	221	
ツヤダシタカネイタチゴケ	216, 278, [2383]	
ツヤヤナギゴケ	218, 278, [2406]	
ツユクサシュスラン	190	
ツリガネツツジ	108, 246, [848]	
ツリガネニンジン属	136	
ツリシュスラン	190	
ツリフネソウ科	87	
ツリフネソウ属	87	
ツルカコソウ	124, 251, [1083]	
ツルガシワ	117	
ツルカメバソウ	120, 251, [1071]	
ツルギカンギク	143, 257, [1341]	
ツルキツネノボタン	53, 233, [204]	
ツルギテンナンショウ	178, 268, [1913]	
ツルギハナウド	101, 246, [811]	
ツルギミツバツツジ	108, 248, [909]	
ツルシコクショウマ	70, 237, [402]	
ツルシロカネソウ	54, 232, [195]	
ツルジンジソウ	72, 238, [476]	
ツルタチツボスミレ	93, 244, [723]	
ツルデンダ	207	
ツルナシオオイトスゲ	185, 271, [2060]	
ツルニンジン	137	
ツルニンジン属	137	
ツルネコノメソウ	72	
ツルハグマ属	149	
ツルハシゴケ属	219	
ツルボ	158	
ツルボ属	158	
ツルマサキ	88	
ツルマメ属	80	
ツルマンリョウ属	109	
ツルミヤマカンスゲ	184, 271, [2051]	
ツルモウリンカ	116, 250, [1028]	
ツルラン	189	
ツルリンドウ	115	
ツルリンドウ属	115	
ツルワダン	149, 260, [1493]	
ツレサギソウ属	191	
ツワブキ	149	
ツワブキ属	149	

【テ】

テイショウソウ	15, 151, 256, [1280]	
テイネニガクサ	126, 253, [1143]	
テキリスゲ	182, 270, [2009]	
テシオコザクラ	110, 249, [949]	
テツカエデ	86, 242, [629]	
テバコモミジガサ	144, 261, [1532]	
テララゴケ	220, 279, [2428]	
テララゴケ属	220	
テリハアカショウマ	70, 237, [405]	
テリハアザミ	139, 258, [1404]	
テリハキンバイ	77	
テリハノギク	145, 257, [1324]	
テリハハマボウ	91	
テリハミズハイゴケ	218, 278, [2399]	
デワノタツナミソウ	125, 253, [1138]	
テングノコヅチ	115, 250, [1009]	
テンツキ	187	
テンツキ属	187	
テンナンショウ属	176	
テンニンソウ	125, 252, [1096]	
テンニンソウ属	125	

【ト】

トウカイコモウセンゴケ	65, 235, [348]	
トウカイタンポポ	147, 262, [1613]	
トウカンゾウ	160, 263, [1662]	
トウキ	99, 245, [778]	
トウグミ	92, 243, [705]	
トウゲオトギリ	64, 235, [329]	
トウゲダケ	170, 268, [1896]	
トウゴクサバノオ	54, 232, [196]	
トウゴクシソバタツナミ	125, 253, [1134]	
トウゴクシダ	208	
トウゴクヘラオモダカ	153, 262, [1625]	
トウゴクミツバツツジ	108, 248, [913]	
トウダイグサ科	82	
トウダイグサ属	83	
トウタカトウダイ	83	
ドウダンツツジ	108	
ドウダンツツジ属	108	
トウテイラン	131, 254, [1183]	
トウヌマゼリ	101	
トウノウネコノメ	72, 237, [424]	
トウバナ属	126	
トウヒ	24, 194, 273, [2167]	
トウヒ属	194	
トウヒレン節	148	
トウヒレン属	36, 147	
トウヒレン列	148	
トウヨウチョウチンゴケ	215, 278, [2374]	
トオノアザミ	140, 258, [1388]	
トガアザミ	141, 259, [1450]	
トガクシオトギリ	65, 235, [334]	
トガクシコゴメグサ	128, 253, [1155]	
トガクシショウマ	58	
トガクシソウ	xii, 9, 12, 36, 58, 233, [240]	
トガクシソウ属	xii, 58	
トガサワラ	194, 273, [2175]	
トガサワラ属	194	
トカチオウギ	80, 240, [552]	
トカチビランジ	47, 230, [89]	
トガヒゴタイ	148, 261, [1566]	
トカラアジサイ	74, 238, [446]	
トカラカンアオイ	62, 234, [294]	
トカラカンスゲ	183, 270, [1982]	
トカラタマアジサイ	74, 238, [445]	
トガリバイヌワラビ	204	
トガリバサワクサリゴケ	224, 280, [2472]	
トガリバハマキゴケ	214, 277, [2360]	
トキホコリ	44, 230, [51]	
トキワイカリソウ	58, 233, [237]	
トキワイヌビワ	44, 229, [37]	
トキワガマズミ	133, 255, [1239]	
トキワカモメヅル	116, 250, [1027]	
トキワバイカツツジ	105, 248, [911]	
トキワバイカツツジ亜属	105	
トクガワザサ	172, 268, [1874]	
トクノシマカンアオイ	62, 234, [290]	
トクノシマテンナンショウ	178, 269, [1927]	
トクワカソウ	102, 246, [834]	
トケイボタ	113, 249, [981]	
トゲカラクサイヌワラビ	204, 275, [2250]	
トゲハイゴケ属	219	
トゲミックシネコノメ	71, 237, [425]	
トゲヤバネゴケ	221, 279, [2434]	
トゲヤマイヌワラビ	204, 275, [2251]	
トゲヤマルリソウ	121, 251, [1064]	
トサオトギリ	64, 235, [342]	

トサコバイモ	159, 263, [1654]	ナカジマヒメクサリゴケ	224, 280, [2469]	ナメラダイモンジソウ	72, 238, [478]
トサシモツケ	78, 240, [546]	ナガダイゴケ属	213	ナメルギボウシ	155, 263, [1676]
トサトウヒレン	148, 262, [1591]	ナガトアザミ	140, 258, [1415]	ナヨナヨコゴメグサ	129, 253, [1162]
トサノアオイ	61, 234, [254]	ナガバアリノトウグサ	96	ナリヒラダケ	174, 268, [1904]
トサノギボウシ	155, 263, [1667]	ナガバイワカガミ	103, 246, [830]	ナリヒラダケ属	174
トサノコゴメグサ	128, 253, [1156]	ナガバイワザクラ	110, 249, [951]	ナルコスゲ	182, 270, [1984]
トサノチャルメルソウ	71, 238, [466]	ナガバカラマツ	52, 233, [216]	ナルコユリ	154
トサノハマスゲ	180, 271, [2072]	ナガバキタアザミ	148, 261, [1573]	ナルトオウギ	80, 240, [551]
トサノミツバツツジ	107, 247, [868]	ナガバキブシ	94, 244, [739]	ナワゴケ科	219
トサボウフウ	99, 245, [794]	ナガバクロバイ	112, 249, [966]	ナンカイアオイ	61, 234, [280]
トサミズキ	67, 236, [367]	ナガバコウラボシ	210, 276, [2321]	ナンカイシダ	203, 275, [2238]
トサミズキ属	67	ナガバサンショウソウ	45, 230, [58]	ナンカイシュスラン	190, 272, [2110]
トサミノゴケ	215, 278, [2376]	ナガハシゴケ科	219	ナンカイヒメイワカガミ	102, 246, [828]
トサムラサキ	121, 251, [1076]	ナガハシスミレ	93, 244, [729]	ナンキンナナカマド	79, 240, [539]
ドジョウツナギ属	167	ナガバシッポゴケ	213, 277, [2349]	ナンゴクアオイ	62, 234, [255]
トダイハハコ	149, 256, [1290]	ナガバジュズネノキ	118	ナンゴクアオキ	97
トダシバ	167	ナガバシロダモ	49, 231, [114]	ナンゴクウラシマソウ	179
トダシバ属	167	ナガバシロヨメナ	145, 256, [1302]	ナンゴクカモメヅル	117, 250, [1015]
トチカガミ科	153	ナガバツガザクラ	105, 247, [855]	ナンゴククガイソウ	128, 254, [1204]
トチノキ	87, 242, [640]	ナガバトンボソウ	192, 273, [2150]	ナンゴクナライシダ	209, 276, [2279]
トチノキ科	87	ナガバネマガリダケ	171, 267, [1861]	ナンゴクホウチャクソウ	157, 263, [1647]
トチノキ属	87	ナガバノイタチシダ	208	ナンゴクミツバツツジ	108, 247, [888]
トチバニンジン	98, 245, [776]	ナガバノスミレサイシン	93, 243, [715]	ナンゴクミネカエデ	86, 242, [639]
トチバニンジン属	98	ナガバノダケカンバ	42, 229, [21]	ナンゴクヤマアジサイ	74, 238, [451]
ドナンコバンノキ	82, 241, [598]	ナガバハグマ	15, 151, 256, [1286]	ナンゴクヤマラッキョウ	158, 262, [1630]
トネアザミ	140, 259, [1451]	ナガバヒナノウスツボ	130, 254, [1192]	ナンタイブシ	56, 232, [152]
トネテンツキ	187, 272, [2081]	ナガバムシガサ	178, 269, [1959]	ナンバンキブシ	94
トネハナヤスリ	199, 274, [2199]	ナガバヤクシソウ	151, 260, [1510]	ナンブアザミ	140, 258, [1406]
トネリコ	112, 249, [971]	ナカハラクロキ	112, 249, [962]	ナンブアザミ亜節	140
トバタアヤメ	162, 265, [1732]	ナガボテンツキ	187	ナンブアザミ節	138
トビシマカンゾウ	160, 263, [1660]	ナガボナツハゼ	104, 248, [922]	ナンブアザミ列	140
トベラ科	75	ナガボノコジュズスゲ	187, 271, [2068]	ナンブイヌナズナ	37, 66, 236, [362]
トベラ属	20, 76	ナガミハマナタマメ	22	ナンブコハモミジ	86, 241, [614]
トボシガラ	164	ナガミヒメスゲ	186, 271, [2029]	ナンブソモソモ	164, 266, [1809]
トモエシオガマ	130, 254, [1179]	ナギソアザミ	140, 258, [1416]	ナンブタカネアザミ	138, 258, [1417]
トヨオカザサ	175, 267, [1836]	ナギナタコウジュ属	126	ナンブトウウチソウ	79, 240, [537]
トヨグチイノデ	207, 276, [2313]	ナギヒロハテンナンショウ	177, 269, [1940]	ナンブトウヒレン	148, 261, [1583]
トラノオゴケ科	217	ナキリスゲ節	181	ナンブトラノオ	46, 230, [65]
トラノオゴケ属	217	ナシ属	79		
トラノオジソ	124, 252, [1101]	ナス科	126	【ニ】	
トリアシショウマ	70, 237, [397]	ナス属	126	ニイガタガヤツリ	180, 271, [2071]
トリガタハンショウヅル	55, 232, [180]	ナスノユカワザサ	173, 267, [1860]	ニオイウツギ	135, 255, [1247]
トリカブト亜属	55	ナスヒオウギアヤメ	162, 265, [1733]	ニオイエビネ	189, 272, [2101]
トリカブト属	36, 55	ナチシケシダ	205	ニオウヤブマオ	45, 229, [44]
トリガミネカンアオイ	62, 234, [282]	ナツアサドリ	92, 243, [712]	ニガクサ属	126
ドロノシモツケ	78, 240, [544]	ナツグミ	92, 243, [704]	ニガナ属	149
トンボソウ	191	ナツツバキ属	63	ニシキウツギ	135, 255, [1248]
		ナットウダイ	83, 241, [590]	ニシキギ科	88
【ナ】		ナツノタムラソウ	122, 252, [1118]	ニシキギ属	88
ナガエサカキ属	63	ナツハゼ	104	ニシキゴロモ	124, 252, [1085]
ナガエスゲ	182, 271, [2028]	ナデシコ科	47	ニシキソウ属	83
ナガエチャボゼキショウ	157, 264, [1704]	ナデシコ属	47	ニシキマンサク	67
ナガエノアザミ	140, 258, [1403]	ナナカマド	79	ニシノオオアカウキクサ	200
ナカガワノギク	143, 257, [1351]	ナナカマド属	76, 79	ニシノコハチジョウシダ	202, 275, [2232]
ナガサキオトギリ	65, 235, [326]	ナベクラザゼンソウ	176, 269, [1964]	ニシノハマカンゾウ	160, 263, [1661]
ナガサキギボウシ	155, 263, [1677]	ナベワリ	161, 264, [1724]		
ナガサキマンネングサ	68, 236, [384]	ナベワリ属	161		

ニシノホンモンジスゲ	184, 271, [2053]	ネズミサシ属	196	ハイホラゴケ属	200
ニシノヤマタイミンガサ		ネッタイラン属	192	ハイマツ	194
	144, 261, [1535]	ネバリノギラン	157, 262, [1629]	バイモ属	158
ニシミゾソバ	46			ハイルリソウ	121, 251, [1067]
ニセイボエホウオウゴケ		【ノ】		ハウチワカエデ	86, 241, [624]
	212, 277, [2336]	ノアザミ亜節	138	ハガクレカナワラビ	208, 276, [2281]
ニセカガミゴケ属	219	ノアザミ列	138	ハガクレスゲ	185
ニセコヒツジゴケ	218, 278, [2408]	ノイバラ	78	ハガクレツリフネ	87, 242, [642]
ニセタカネシメリゴケ	218, 278, [2400]	ノウルシ	83, 241, [586]	ハカマカズラ	80, 240, [554]
ニセックシアザミ	139, 259, [1430]	ノカイドウ	79, 239, [508]	ハカマカズラ属	80
ニセテングサゴケ	225, 280, [2486]	ノガリヤス	167	ハギ属	80
ニセヒロハノコギリシダ		ノガリヤス属	167	ハクウンシダ	206
	205, 275, [2263]	ノカンゾウ	160	ハクウンラン	192
ニセヨゴレイタチシダ	208, 276, [2291]	ノキシノブ属	210	ハクウンラン属	192
ニッケイ	50, 231, [104]	ノギラン	158	ハクサンアザミ	140, 258, [1410]
ニッケイ属	50	ノギラン属	158	ハクサンイチゲ	57, 232, [158]
ニッコウアザミ	138, 259, [1424]	ノグチゴケ	212, 277, [2340]	ハクサンイチゴツナギ	164, 266, [1808]
ニッコウオトギリ	65, 235, [331]	ノグチサキジロゴケ	222, 279, [2451]	ハクサンオオバコ	133, 255, [1215]
ニッコウコウモリ	144, 260, [1519]	ノコギリシダ	205	ハクサンオミナエシ	135, 255, [1256]
ニッコウザサ	173, 267, [1850]	ノコギリシダ属	205	ハクサンカメバヒキオコシ	
ニッコウネコノメ	72, 237, [419]	ノコギリソウ属	149		123, 252, [1109]
ニッコウハリスゲ	181, 270, [1993]	ノコンギク	146, 257, [1313]	ハクサンコザクラ	111, 248, [934]
ニッコウヒョウタンボク		ノジギク	143, 257, [1342]	ハクサンコザクラ	37
	134, 255, [1230]	ノスゲ	185, 271, [2058]	ハクサンサイコ	101, 245, [804]
ニッポウアザミ	140, 258, [1418]	ノダケモドキ	100, 245, [784]	ハクサンシャクナゲ	106, 247, [865]
ニッポウアザミ亜節	140	ノッポロガンクビソウ	152, 257, [1336]	ハクサンタイゲキ	83, 241, [592]
ニョホウチドリ	189	ノハラアザミ	138, 258, [1423]	ハクサンハタザオ	66, 67
ニリンソウ	57	ノハラアザミ列	138	ハクサンフウロ	82, 241, [580]
ニレ科	43	ノヒメユリ	160	ハクサンボウフウ	101, 246, [815]
ニワスギゴケ属	211	ノボタン	96	ハクサンボク	133, 255, [1239]
ニワトコ属	135	ノボタン科	95	バクチノキ属	78
		ノボタン属	96	ハクバブシ	56, 232, [153]
【ヌ】		ノマアザミ	139, 258, [1369]	ハクモウイノデ	205
ヌカイタチシダ	207, 208	ノミノツヅリ属	47	バケイスゲ	186
ヌカイタチシダマガイ	207, 276, [2299]	ノヤシ	176, 268, [1910]	ハコネイトスゲ	185, 270, [1997]
ヌカイタチシダモドキ	207, 208	ノヤシ属	176	ハコネウツギ	135, 255, [1246]
ヌカスゲ節	183	ノリクラアザミ	140, 258, [1419]	ハコネオトギリ	65, 235, [320]
ヌカボ属	167			ハコネギク	146, 257, [1326]
ヌポロオトギリ	65, 235, [332]	【ハ】		ハコネクサアジサイ	75, 237, [408]
ヌマゼクサ	166, 266, [1786]	ハイイヌガヤ	36, 197, 274, [2186]	ハコネグミ	92, 243, [701]
ヌマガヤ	165	バイカイカリソウ	58, 233, [234]	ハコネコメツツジ	106, 248, [910]
ヌマスギ	24, 26	バイカウツギ	75, 238, [471]	ハコネコメツツジ属	105
ヌリトラノオ	203	バイカウツギ属	75	ハコネシノ	171, 268, [1897]
		バイカオウレン	51, 232, [186]	ハコネシロカネソウ	54, 232, [190]
【ネ】		バイカツツジ	105, 248, [902]	ハコネダケ	175, 267, [1833]
ネギ属	158	バイカツツジ亜属	105	ハコネナンブスズ	174, 266, [1825]
ネコシデ	42, 229, [19]	バイカモ	53, 233, [207]	ハコネハナヒリノキ	104
ネコノチチ	89	バイケイソウ	156	ハコネラン	190, 272, [2106]
ネコノチチ属	89	ハイゴケ科	220	ハコベ属	47
ネコノメソウ	71, 237, [414]	ハイコトジソウ	122, 252, [1114]	ハシカグサ	118
ネコノメソウ属	71	ハイタムラソウ	122, 252, [1122]	ハシカグサ属	118
ネコヤマヒゴタイ	148, 261, [1565]	ハイチゴザサ	166	ハシカンボク属	96
ネザサ	175, 267, [1834]	ハイノキ	111, 249, [960]	ハシナガカンスゲ	184, 271, [2033]
ネザサ節	175	ハイノキ科	111	ハダカホオズキ	127
ネジクチゴケ属	214	ハイノキ属	21, 111	ハダカホオズキ属	127
ネジレモ	153, 262, [1626]	ハイヒカゲツツジ	105, 247, [879]	ハタケテンツキ	187
ネズコ	196, 274, [2183]	ハイヒモゴケ科	216	ハタベカンガレイ	188
ネズコ属	196	ハイヒモゴケ属	216	ハチジョウアキノキリンソウ	
ネズミガヤ属	167	ハイホラゴケ	200		138, 262, [1596]

ハチジョウアザミ	139, 258, [1384]	ハナヤマツルリンドウ	115, 250, [1008]		177, 269, [1944]
ハチジョウイタドリ	46, 230, [67]	ハナワラビ属	199	ハリブキ	98, 245, [775]
ハチジョウイボタ	113, 249, [980]	ハネガヤ	168	ハリブキ属	98
ハチジョウウラボシ	210, 276, [2323]	ハネガヤ属	168	ハリママムシグサ	178, 269, [1938]
ハチジョウオトギリ	65, 235, [319]	ハハコグサ属	149	ハリモミ	194, 273, [2170]
ハチジョウカンスゲ	184, 270, [1996]	ハハジマテンツキ	187, 271, [2077]	ハルガヤ属	168
ハチジョウキブシ	94, 244, [740]	ハハジマトベラ	20, 76, 239, [490]	ハルザキヤツシロラン	189, 272, [2109]
ハチジョウクサイチゴ	76, 239, [528]	ハハジマノボタン	96, 244, [757]	ハルトラノオ	46, 230, [66]
ハチジョウグワ	44, 229, [41]	ハハジマハナガサノキ	119, 251, [1046]	ハルノタムラソウ	122, 252, [1125]
ハチジョウコゴメグサ	128, 253, [1151]	ハハジマホザキラン	193, 272, [2128]	ハルユキノシタ	72, 239, [483]
ハチジョウシダモドキ	203	ハハジマホラゴケ	200, 274, [2203]	ハンカイシオガマ	129, 253, [1173]
ハチジョウショウマ	69, 237, [394]	ハバヤマボクチ	152, 262, [1601]	ハンゲ属	179
ハチジョウススキ	166	ハマアザミ	138, 258, [1407]	ハンショウヅル	54, 232, [170]
ハチジョウスズダケ	174, 268, [1902]	ハマアザミ亜節	138	バンダイショウマ	70, 237, [398]
ハチジョウチドリ	191, 273, [2143]	ハマウツボ	132	ハンノキ	24
ハチジョウツレサギ	191, 273, [2145]	ハマウツボ科	132	ハンノキ属	42
ハチジョウテンナンショウ		ハマウツボ属	132		
	179, 269, [1920]	ハマオウシノケグサ	164, 266, [1788]	【ヒ】	
ハチジョウネッタイラン		ハマギク	xv, 150, 260, [1509]	ヒイラギソウ	124, 251, [1080]
	192, 273, [2155]	ハマギク属	xv, 150	ヒイラギヤブカラシ	90
ハチジョウベニシダ	208	ハマキゴケ属	214	ヒエスゲ節	183
ハチノヘトウヒレン	148, 261, [1567]	ハマコウゾリナ	144, 261, [1542]	ヒオウギアヤメ	162
ハチマンタイアザミ	139, 258, [1385]	ハマサジ	111	ヒカゲアマクサシダ	203
ハッカ属	126	ハマサワヒヨドリ	150, 259, [1480]	ヒカゲスゲ	186
ハツシマカンアオイ	62, 234, [264]	ハマスゲ	180	ヒカゲスゲ節	186
ハツシマラン	192, 273, [2136]	ハマタマボウキ	156, 263, [1639]	ヒカゲツツジ	105, 247, [878]
ハツシマラン属	192	ハマツルボ	158, 263, [1640]	ヒカゲツツジ亜属	105
ハッタチアザミ	140, 259, [1459]	ハマトラノオ	131, 254, [1189]	ヒカゲノカズラ科	198
ハットリイトヤナギゴケ		ハマニンドウ	134, 255, [1221]	ヒカゲヘゴ	201
	218, 278, [2403]	ハマヒナノウスツボ	130, 254, [1193]	ヒカゲワラビ	205
ハットリツボミゴケ	221, 279, [2438]	ハマフウロ	82, 241, [581]	ヒガンバナ科	161
ハツバキ	84, 241, [585]	ハマベノギク	146, 256, [1303]	ヒガンバナ属	161
ハツバキ属	84	ハマベノギク属	146	ヒガンマムシグサ	178, 268, [1914]
ハッポウアザミ	140, 258, [1387]	ハマベンケイソウ属	120	ヒゲスゲ	183
ハッポウタカネセンブリ		ハマボウ	22, 91, 243, [686]	ヒゲノガリヤス	168, 265, [1771]
	114, 250, [1007]	ハマボッス	109	ヒゴイチイゴケ	220, 279, [2425]
ハナイカダ	97	ハマホラシノブ	201	ヒゴウコギ	98, 245, [765]
ハナイカダ属	97	ハママツナ	48	ヒコサンヒメシャラ	63, 235, [315]
ハナウド	101, 246, [811]	ハママンネングサ	68	ヒゴスミレ	93, 243, [720]
ハナウド属	101	ハマヤブマオ	45, 229, [42]	ヒゴタイ	38
ハナガガシ	43, 229, [33]	ハヤザキヒョウタンボク		ヒサカキサザンカ	64, 235, [312]
ハナガサノキ	119		134, 255, [1232]	ヒサカキサザンカ属	64
ハナコミカンボク	82, 241, [597]	ハヤチネウスユキソウ	141, 260, [1496]	ヒサカキ属	63
ハナシエボウシゴケ	217, 278, [2391]	ハヤチネウスユキソウ	4	ヒシュウザサ	170, 268, [1884]
ハナシノブ	38	ハヤチネコウモリ	144, 260, [1521]	ビゼンナリヒラ	175, 268, [1908]
ハナシノブ科	119	ハヤチネミヤマスナゴケ		ヒダアザミ	139, 259, [1446]
ハナシノブ属	119		214, 277, [2369]	ヒダカアザミ	139, 258, [1389]
ハナゼキショウ	157, 264, [1706]	ハヤトミツバツツジ	107, 247, [868]	ヒダカイワザクラ	110, 248, [937]
ハナタツナミソウ	125, 252, [1129]	バライチゴ	76, 239, [525]	ヒダカキンバイソウ	53, 233, [227]
ハナチダケサシ	69, 236, [391]	ハラウロコゴケ	221, 279, [2449]	ヒダカソウ	52, 232, [166]
ハナネコノメ	71, 237, [411]	バラ科	76	ヒダカトウヒレン	148, 261, [1560]
ハナノキ	38, 86, 242, [633]	バラ属	78	ヒダカトリカブト	56, 232, [151]
ハナビゼリ	100, 245, [785]	ハリイ属	187	ヒダカミセバヤ	68, 236, [372]
ハナビニラ属	159	ハリガノアザミ	140, 259, [1440]	ヒダカミツバツツジ	107, 247, [867]
ハナヒリノキ	104	ハリガネカズラ	104, 246, [846]	ヒダカヤエガワ	42, 229, [20]
ハナマキアザミ	140, 258, [1386]	ハリガネゴケ科	215	ヒダキセルアザミ	139, 258, [1390]
ハナミョウガ属	188	ハリガネスゲ	181	ヒダボタン	71, 237, [421]
ハナヤスリ科	198	ハリスゲ節	181	ビッチュウアザミ	140, 257, [1363]
ハナヤスリ属	199	ハリノキテンナンショウ		ビッチュウヒカゲスゲ	186, 270, [1975]

ビッチュウフウロ	82, 241, [582]	ヒメウツギ	75, 237, [432]	ヒメタムラソウ	122, 252, [1123]
ビッチュウミヤコザサ	173, 268, [1872]	ヒメウマノアシガタ	38, 53, 233, [210]	ヒメチドメ	101, 246, [812]
ビッチュウヤマハギ	80	ヒメウメバチソウ	73, 238, [467]	ヒメチャルメルソウ	70, 238, [457]
ヒツツキアザミ	140, 258, [1372]	ヒメウラシマソウ	177, 269, [1929]	ヒメツゲ	89
ヒトスジツボミゴケ	222, 279, [2445]	ヒメウラボシ科	209	ヒメツバキ	64, 235, [313]
ヒトツバカエデ	86, 241, [621]	ヒメウラボシ属	210	ヒメツバキ属	64
ヒトツバショウマ	69, 237, [403]	ヒメウワバミソウ	44, 230, [52]	ヒメツボミゴケ	222, 279, [2442]
ヒトツバテンナンショウ	178, 269, [1939]	ヒメエゾネギ	158, 262, [1634]	ヒメトキホコリ	44, 230, [56]
ヒトツバヨモギ	152, 256, [1297]	ヒメエゾノコブゴケ	212, 277, [2350]	ヒメトケンラン	192, 273, [2153]
ヒトツボクロ	192	ヒメエンゴサク	66, 236, [352]	ヒメトケンラン属	192
ヒトツボクロ属	192	ヒメオオイワボタン	71, 237, [423]	ヒメトラノオ	131, 254, [1187]
ヒトツボクロモドキ	192, 273, [2154]	ヒメオニヤブソテツ	209, 276, [2284]	ヒメナツトウダイ	83
ヒトヨシテンナンショウ	179, 269, [1936]	ヒメカガミゴケ	219, 279, [2415]	ヒメナベワリ	161
ヒナウチワカエデ	86, 242, [637]	ヒメカミザサ	173, 266, [1827]	ヒメノカンゾウ	160, 263, [1661]
ヒナガリヤス	168, 265, [1774]	ヒメカラマツ	52, 233, [213]	ヒメノキシノブ	210
ヒナカンアオイ	62, 234, [281]	ヒメカンアオイ	18, 60, 234, [260]	ヒメノコギリシダ	205, 275, [2267]
ヒナゴメグサ	129, 253, [1165]	ヒメカンスゲ	183	ヒメハイホラゴケ	200, 274, [2207]
ヒナザクラ	111, 249, [944]	ヒメカシグサ	95, 244, [749]	ヒメハギ科	85
ヒナザクラ	37	ヒメキクタビラコ	150, 260, [1507]	ヒメハギ属	85
ヒナザサ	169, 265, [1779]	ヒメキクタビラコ属	150	ヒメハッカ	126, 252, [1099]
ヒナザサ属	169	ヒメキジノオ	201, 274, [2213]	ヒメハナヒリノキ	104
ヒナシャジン	136, 256, [1261]	ヒメキツネノボタン	53, 233, [209]	ヒメハマナデシコ	47, 230, [80]
ヒナスゲ	180, 270, [1995]	ヒメキリンソウ	68, 236, [380]	ヒメバラモミ	194, 273, [2169]
ヒナスゲ節	180	ヒメキンシゴケ	212	ヒメヒサカキ	63, 235, [310]
ヒナセントウソウ	101, 245, [806]	ヒメキンポウゲ	57, 233, [199]	ヒメヒダボタン	71, 237, [422]
ヒナチドリ	189, 273, [2151]	ヒメキンポウゲ属	57	ヒメフトモモ	95, 244, [752]
ヒナノウスツボ	130, 254, [1191]	ヒメクサリゴケ属	224	ヒメホウチャクソウ	157, 263, [1647]
ヒナノウスツボ属	130	ヒメクラマゴケ	198	ヒメホラシノブ	201, 274, [2219]
ヒナノシャクジョウ科	162	ヒメクロウメモドキ	89	ヒメマサキ	88, 242, [653]
ヒナノボンボリ	162, 265, [1734]	ヒメクロモジ	49, 231, [107]	ヒメマツハダ	194, 273, [2171]
ヒナノボンボリ属	162	ヒメクワガタ	128, 254, [1200]	ヒメマンネングサ	69, 236, [390]
ヒナボウフウ	99, 245, [788]	ヒメコイワカガミ	102, 246, [828]	ヒメミズトンボ	192, 272, [2113]
ヒナリンドウ	36	ヒメコウホネ	59, 233, [243]	ヒメミゾシダ	206, 275, [2268]
ヒナワチガイソウ	48, 230, [82]	ヒメコウモリ	144, 260, [1530]	ヒメミツバツツジ	108, 247, [893]
ヒノキ	196, 273, [2179]	ヒメコゴメグサ	129	ヒメミヤマカラマツ	52, 233, [221]
ヒノキアスナロ	196, 274, [2185]	ヒメコザクラ	111, 248, [941]	ヒメミヤマコナスビ	109, 248, [928]
ヒノキ科	26, 196	ヒメコナスビ	109, 248, [927]	ヒメムカゴシダ	202, 275, [2225]
ヒノキ属	196	ヒメヌカガサ	167, 265, [1756]	ヒメムカデクラマゴケ	198, 274, [2190]
ヒノタニシダ	203, 275, [2233]	ヒメゴヨウイチゴ	77, 240, [531]	ヒメモチ	87, 242, [646]
ヒメアオガヤツリ	180, 271, [2070]	ヒメサザンカ	63, 235, [305]	ヒメヤナギゴケ属	218
ヒメアオキ	36, 97, 244, [761]	ヒメザゼンソウ	176	ヒメヤノネゴケ	219, 278, [2410]
ヒメアオスゲ	185, 270, [1986]	ヒメサユリ	160, 264, [1688]	ヒメヤマツツジ	107, 247, [877]
ヒメアカボシタツナミソウ	125, 253, [1139]	ヒメシケシダ	205, 275, [2258]	ビャクダン科	45
ヒメアザミ	140, 258, [1368]	ヒメシコクショウマ	70, 237, [402]	ビャクダン属	45
ヒメアザミ亜節	140	ヒメシダ科	205	ビャクブ科	161
ヒメアマナ	155, 263, [1655]	ヒメシダ属	205	ビャッコアザミ	138, 258, [1398]
ヒメイカリソウ	58, 233, [239]	ヒメシャガ	162, 265, [1731]	ヒュウガアザミ	139, 258, [1409]
ヒメイノモトソウ	203, 275, [2237]	ヒメシャジン	137, 256, [1262]	ヒュウガアジサイ	74, 238, [452]
ヒメイバラモ	154, 262, [1627]	ヒメシャラ	63, 235, [314]	ヒュウガオウレン	51, 232, [185]
ヒメイヨカズラ	117, 250, [1021]	ヒメジュズスゲ	186	ヒュウガカナワラビ	209, 276, [2278]
ヒメイワカガミ	102, 246, [825]	ヒメシラネニンジン	100, 246, [822]	ヒュウガギボウシ	155, 263, [1664]
ヒメイワギボウシ	155, 263, [1670]	ヒメシロクサリゴケ	224, 280, [2474]	ヒュウガシケシダ	205, 275, [2256]
ヒメイワショウブ	157, 264, [1707]	ヒメスイカズラ	134, 255, [1228]	ヒュウガセンキュウ	100, 245, [789]
ヒメウキガヤ	167	ヒメスゲ	186	ヒュウガソロイゴケ	222, 279, [2440]
ヒメウスノキ	104, 248, [925]	ヒメスゲ節	186	ヒュウガタイゲキ	83, 241, [593]
ヒメウスユキソウ	141, 260, [1501]	ヒメスズダケ	171, 268, [1886]	ヒュウガトウキ	100, 245, [797]
		ヒメセンブリ	36	ヒュウガナベワリ	161, 264, [1725]
		ヒメタケシマラン	157	ヒュウガナルコユリ	154, 264, [1695]
		ヒメタツナミソウ	125, 252, [1130]	ヒュウガヒロハテンナンショウ	

	178, 269, [1937]	
ヒュウガミツバツツジ	107, 247, [870]	
ヒョウタンハリガネゴケ属	215	
ヒョウノセンカタバミ	81, 240, [572]	
ヒヨドリバナ属	150	
ヒラゴケ科	217	
ヒラゴケ属	217	
ヒラツボゴケ属	220	
ヒラトラノオゴケ	217, 278, [2390]	
ヒラモ	153, 262, [1626]	
ヒリュウシダ	206	
ヒリュウシダ属	206	
ヒルガオ科	120	
ヒルゼンスゲ	182, 270, [1971]	
ヒルゼンバイカモ	53	
ヒレフリカラマツ	52, 233, [222]	
ヒレミゾゴケ	222, 279, [2452]	
ビロウ	176	
ビロウザサ	175, 267, [1842]	
ビロウ属	176	
ビロードウツギ	75, 237, [430]	
ビロードエゾシオガマ	130, 254, [1181]	
ビロードスゲ	187, 270, [2017]	
ビロードスゲ節	187	
ビロードトラノオ	130, 254, [1185]	
ビロードミヤコザサ	173, 267, [1849]	
ヒロハアツイタ	206, 276, [2304]	
ヒロハイヌワラビ	204	
ヒロハウラジロヨモギ	153	
ヒロハカツラ	50, 231, [117]	
ヒロハキクザキイチゲ	57, 232, [160]	
ヒロハコンロンソウ	66, 236, [358]	
ヒロバスゲ	183, 270, [2004]	
ヒロハツリシュスラン	190, 272, [2112]	
ヒロハテイショウソウ	151, 256, [1281]	
ヒロハテンナンショウ	177, 269, [1947]	
ヒロハナライシダ	209, 276, [2280]	
ヒロハヌマゼリ	101, 246, [820]	
ヒロハノアマナ	154, 263, [1638]	
ヒロハノオオタマツリスゲ		
	187, 270, [1973]	
ヒロハノコギリシダ	205	
ヒロハノコヌカグサ	169, 265, [1757]	
ヒロハノコヌカグサ属	169	
ヒロハノハネガヤ	168, 266, [1815]	
ヒロハノミミズバイ	112, 249, [967]	
ヒロハハイノキ	111, 249, [961]	
ヒロハヒメウラボシ	210, 276, [2320]	
ヒロハマツナ	48, 230, [94]	
ヒロハムカシヨモギ	150, 259, [1474]	
ヒロハヤブレガサモドキ		
	152, 262, [1600]	
ヒロハヤマトウバナ	126, 252, [1089]	
ヒロハユキザサ	160, 264, [1701]	
ビワコエビラフジ	80, 240, [566]	

【フ】
フウリンウメモドキ	87, 242, [645]	
フウロソウ科	82	

フウロソウ属	82	
フォーリーアザミ	148, 261, [1547]	
フォーリーイトヤナギゴケ		
	218, 278, [2402]	
フガクスズムシソウ	190, 272, [2121]	
フキユキノシタ	73, 238, [480]	
フギレオオバキスミレ	94, 243, [719]	
フクエジマカンアオイ	62, 234, [277]	
フクオウソウ	150, 261, [1543]	
フクオウソウ属	150	
フクジュソウ	57	
フクジュソウ属	57	
フクロダガヤ	169, 266, [1816]	
フクロダガヤ属	169	
フゲシザサ	172, 267, [1853]	
ブコウマメザクラ	77, 239, [497]	
フサカンスゲ	183, 271, [2063]	
フサザクラ	50, 231, [116]	
フサザクラ科	27, 50	
フサザクラ属	50	
フサスゲ節	187	
フサタヌキモ	132, 255, [1214]	
フサモ	96	
フサモ属	96	
フジ	81, 240, [568]	
フジアカショウマ	37, 70, 237, [405]	
フジアザミ	138, 259, [1431]	
フジアザミ亜節	138	
フジイノデ	207	
フジイバラ	78, 239, [517]	
フジウツギ	127, 253, [1149]	
フジウツギ科	127	
フジウツギ属	127	
フジキ	81	
フジキ属	81	
フシグロセンノウ	48, 230, [87]	
フジシダ属	202	
フジスミレ	93, 244, [733]	
フジセンニンソウ	55, 232, [169]	
フジ属	81	
フジタイゲキ	83, 241, [593]	
フジタケビラゴケ	223, 279, [2456]	
フジチドリ	192, 272, [2134]	
フジツツジ	107, 248, [905]	
フジノカンアオイ	62, 234, [261]	
フシノハアワブキ	87	
フジホウオウゴケ	211, 277, [2333]	
フジホラゴケモドキ	221, 279, [2432]	
ブシュカンゴケ属	222	
ブゼンノギク	146, 257, [1306]	
フタゴゴケ属	214	
フタナミソウ	150, 262, [1592]	
フタナミソウ属	150	
フタバムグラ属	118	
フタマタタンポポ属	150	
フチドリゴケ	214, 277, [2361]	
フチドリゴケ属	214	
フトイ属	188	
ブドウ科	90	

フトボナギナタコウジュ		
	126, 252, [1092]	
フトモモ科	95	
フトモモ属	95	
ブナ	27, 43, 229, [27]	
ブナ科	43	
ブナ属	27, 43	
フナバトガリゴケ	219, 279, [2419]	
フボウトウヒレン	148, 261, [1549]	
フモトカグマ	202	
フモトシケシダ	205, 275, [2259]	
フモトシダ	202	
フモトシダ属	202	
フモトミズナラ	43, 229, [35]	
フユノハナワラビ	199	
フヨウ属	91	
フルセオトギリ	65, 235, [317]	
ブンゴウツギ	75, 238, [441]	

【ヘ】
ヘゴ	201	
ヘゴ科	201	
ヘゴ属	201	
ヘチマゴケ	215	
ヘチマゴケ属	215	
ヘツカコナスビ	109, 248, [930]	
ヘツカリンドウ	114, 250, [1005]	
ベニオグラコウホネ	59, 233, [241]	
ベニサラサドウダン	108	
ベニドウダン	108	
ベニバナイチゴ	76, 240, [533]	
ベニバナニシキウツギ	135	
ベニバナノツクバネウツギ		
	135, 255, [1218]	
ヘビノネゴザ	204	
ヘビノボラズ	59, 233, [231]	
ヘラオモダカ	153	
ヘラオモダカ属	153	
ヘラナレン	20, 141, 259, [1469]	
ヘラノキ	90, 243, [682]	
ヘリトリシッポゴケ属	213	
ヘリトリツボミゴケ	222, 279, [2439]	
ベンケイソウ科	67	
ベンケイソウ属	68	
ヘンゴダマ	176	
ベンテンツゲ	88, 242, [661]	

【ホ】
ホウオウゴケ科	211	
ホウオウゴケ属	211	
ホウオウシャジン	137, 256, [1264]	
ホウキアザミ	140, 258, [1381]	
ホウザンスゲ	183	
ホウチャクソウ	157	
ホウライオバナゴケ	212	
ホウライカズラ	114, 249, [984]	
ホウライカズラ属	114	
ホウライシダ	203	
ホウライシダ属	203	

ボウラン	192
ボウラン属	192
ホウロクイチゴ	76, 240, [532]
ホオズキ属	127
ホオノキ	48, 230, [95]
ホクリクアオウキクサ	180, 269, [1965]
ホクリククサボタン	55, 232, [175]
ホクリクネコノメ	71, 237, [413]
ホクリクハイホラゴケ	200, 274, [2204]
ホクリクムヨウラン	193, 272, [2116]
ホクロクトウヒレン	148, 261, [1552]
ボケ属	79
ホコガタフウロ	82, 241, [578]
ホコザキベニシダ	208, 276, [2295]
ホザキカナワラビ	208, 276
ホザキツリガネツツジ	108, 246, [850]
ホザキマスクサ	181, 271, [2036]
ホシオンタケヤスデゴケ	223, 280, [2465]
ホシクサ科	163
ホシクサ属	163
ホシザキカンアオイ	61, 234, [291]
ホシザキシャクジョウ	162, 265, [1735]
ホシザキシャクジョウ属	162
ホシツルラン	189, 272, [2100]
ホシナシゴウソ	182, 270, [2015]
ホスゲ	181, 271, [2050]
ホソイトツルゴケ	218, 278, [2397]
ホソエカエデ	85, 241, [616]
ホソエノアザミ	140, 259, [1448]
ホソガタスズメウリ	95, 244, [747]
ホソバアカハマキゴケ	213, 277, [2357]
ホソバアブラツツジ	108
ホソバアリノトウグサ	96, 244, [758]
ホソバイヌワラビ	204
ホソバイワガネソウ	203, 275, [2229]
ホソバウルップソウ	131, 254, [1208]
ホソバエゾノコギリソウ	149, 256, [1277]
ホソバガンクビソウ	151, 257, [1335]
ホソバカンスゲ	184, 271, [2059]
ホソバクリハラン	210, 276, [2322]
ホソバコウシュンシダ	202, 274, [2224]
ホソバコゴメグサ	128, 253, [1153]
ホソバシケシダ	205
ホソバシナチヂレゴケ	214, 277, [2368]
ホソバシャクナゲ	105, 247, [887]
ホソバタブ	50
ホソバチクセツニンジン	98, 245, [777]
ホソバツガゴケ科	216
ホソバテンナンショウ	179, 268, [1915]
ホソバトウキ	37, 99, 245, [780]
ホソバトリカブト	56, 231, [145]
ホソバナコバイモ	158, 263, [1648]
ホソバナライシダ	209
ホソバヌカイタチシダ	207, 276, [2290]
ホソバノギク	145, 257, [1322]
ホソバノキソチドリ	191, 192
ホソバノヤマハハコ	150, 256, [1288]
ホソバハグマ	15, 38, 151, 256, [1283]
ホソバハナウド	101, 246, [810]
ホソバヒナウスユキソウ	141, 260, [1495]
ホソバヘラオモダカ	153, 262, [1624]
ホソバホラゴケ属	200
ホソバムカシヨモギ	151, 259, [1475]
ホソバヤロード	116
ホタルサイコ	101
ホタルブクロ	137
ホタルブクロ属	137
ボタン科	63
ボタンキンバイソウ	53, 233, [226]
ボタン属	63
ボタンヅル	55
ボタンネコノメソウ	71, 237, [415]
ボタンボウフウ	101
ボタンボウフウ属	101
ボチョウジ	119
ボチョウジ属	119
ホッコクアザミ	140, 258, [1391]
ホツツジ	108, 246, [838]
ホツツジ属	108
ホテイアツモリソウ	188
ホトトギス	159, 264, [1710]
ホトトギス属	159
ホナガクマヤナギ	89, 242, [664]
ホナガタツナミソウ	125, 253, [1136]
ホラカグマ	208
ホラシノブ	201
ホラシノブ属	201
ホルトノキ	90
ホルトノキ科	90
ホルトノキ属	90
ホロテンナンショウ	178, 269, [1917]
ホングウシダ科	201
ホングウシダ属	202
ホンシャクナゲ	105, 247, [873]
ホンドミヤマネズ	196, 273, [2181]
ホンモンジスゲ	185, 271, [2034]

【マ】

マエバラナガダイゴケ	213, 277, [2351]
マエバラヤバネゴケ	222, 279, [2446]
マキ科	26
マキヤマザサ	172, 267, [1862]
マゴフクホウオウゴケ	211, 277, [2334]
マシケオトギリ	64, 235, [346]
マシケレイジンソウ	55, 231, [134]
マダイオウ	46, 230, [69]
マダケ	171
マチン科	113
マツ	24
マツ科	26, 194
マツカサススキ	180, 272, [2090]
マツシマアザミ	141, 259, [1432]
マツ属	194
マツナ属	48
マツノハマンネングサ	68, 236, [381]
マツバシバ	165, 169, 265, [1759]
マツバシバ亜科	165
マツバシバ属	169
マツハダ	194
マツムシソウ	136, 255, [1258]
マツムシソウ科	136
マツムシソウ属	136
マツラゴゴメグサ	128, 253, [1154]
マテバシイ	43, 229, [29]
マテバシイ属	43
マネキグサ	123, 252, [1094]
ママコナ属	130
マミガサキアザミ	140, 259, [1443]
マムシグサ	179
マムシグサ節	177
マメ科	79
マメグミ	92, 243, [702]
マメザクラ	77, 239, [496]
マメスゲ	185, 271, [2038]
マメヅタラン属	192
マヤラン	191
マユミ	88
マルバアキグミ	92, 243, [710]
マルバウスゴ	104, 248, [921]
マルバウツギ	75, 238, [437]
マルバキンレイカ	136, 255, [1254]
マルバケツメクサ	47
マルバコウツギ	75, 237, [428]
マルバコゴメグサ	128, 253, [1154]
マルバコナラ	43, 229, [35]
マルバゴマキ	133, 255, [1243]
マルバコンロンソウ	66, 236, [361]
マルバサツキ	107, 247, [869]
マルバサンカクゴケ	224, 280, [2471]
マルバシマザクラ	118, 251, [1041]
マルバタイミンタチバナ	109
マルバタウコギ	146, 257, [1333]
マルハチ	201, 274, [2214]
マルバテイショウソウ	151, 256, [1284]
マルバニッケイ	50, 231, [100]
マルバヌカイタチシダモドキ	208, 276, [2301]
マルバノイチヤクソウ	103, 246, [836]
マルバノホロシ	126, 253, [1147]
マルバハタケムシロ	137, 256, [1272]
マルバヒレアザミ	140, 258, [1382]
マルバベニシダ	208
マルバマンサク	67, 236, [371]
マルバマンネングサ	68, 236, [383]
マルミカンアオイ	62, 234, [292]
マンサク	67, 236, [369]
マンサク科	67
マンサク属	67
マンシュウボダイジュ	91
マンテマ属	47
マンネングサ属	68

【ミ】

和名	ページ
ミアケザサ	171, 267, [1863]
ミウラハイホラゴケ	200, 274, [2206]
ミカエリソウ	125, 252, [1097]
ミカヅキグサ属	188
ミカドシギキノコバエ	18
ミカワイヌノヒゲ	163, 265, [1746]
ミカワコケシノブ	200
ミカワザサ	174, 266, [1824]
ミカワシオガマ	129, 254, [1179]
ミカワショウマ	69, 237, [399]
ミカワチャルメルソウ	70, 238, [458]
ミカワツツジ	107, 247, [875]
ミカワバイケイソウ	156, 264, [1723]
ミカン科	84
ミギワトダシバ	167, 265, [1762]
ミクニテンナンショウ	179, 269, [1948]
ミクラザサ	171, 267, [1858]
ミクラシマトウヒレン	148, 261, [1564]
ミクラツゲ	88
ミサヤマチャヒキ	169, 266, [1792]
ミサヤマチャヒキ属	169
ミシマサイコ属	101
ミズキ科	97
ミズギク	142, 260, [1489]
ミズゴケ科	211
ミズゴケ属	211
ミズスギナ	95, 244, [750]
ミズタカモジ	165, 266, [1783]
ミズタビラコ	120, 251, [1068]
ミズトンボ属	192
ミズニラ	198
ミズニラ科	198
ミズニラ属	198
ミズニラモドキ	198, 274, [2192]
ミスミソウ	54, 233, [200]
ミズメ	42, 229, [23]
ミセバヤ	68, 236, [373]
ミセンアオスゲ	185, 270, [2012]
ミゾカクシ属	137
ミゾガワソウ	123, 252, [1100]
ミゾゴケ科	222
ミゾゴケ属	222
ミゾシダ	206
ミゾシダ属	206
ミゾソバ	46
ミソハギ科	95
ミチノクエンゴサク	65, 235, [349]
ミチノクオバナゴケ	212, 277, [2342]
ミチノクコゴメグサ	129, 253, [1160]
ミチノクコザクラ	111, 248, [935]
ミチノクサイシン	60, 234, [259]
ミチノクナシ	79
ミチノクホタルイ	188, 272, [2088]
ミチノクホンモンジスゲ	184, 271, [2054]
ミチノクヤマタバコ	142, 260, [1503]
ミチノクヨロイグサ	100, 245, [781]
ミツガシワ科	116
ミツデウラボシ属	210
ミツデカエデ	85, 241, [618]
ミツデコトジソウ	122, 252, [1121]
ミツバオウレン	51
ミツバコトジソウ	122
ミツバコンロンソウ	66, 236, [357]
ミツバツツジ	107, 247, [867]
ミツバツツジ節	107
ミツバテンナンショウ	177, 269, [1956]
ミツバノバイカオウレン	51, 232, [188]
ミツモリミミナグサ	48, 230, [77]
ミドウシノ	171, 268, [1891]
ミトガンピ	91
ミドリカナワラビ	209
ミドリゼニゴケ属	225
ミドリハナワラビ	199, 274, [2197]
ミネアザミ	140, 257, [1356]
ミネウスユキソウ	141, 260, [1498]
ミネオトギリ	64, 235, [323]
ミネカエデ	85, 242, [638]
ミネザサ	172, 267, [1864]
ミノゴケ属	215
ミノコバイモ	158
ミノシライトソウ	157, 263, [1643]
ミノボロスゲ	181
ミノボロスゲ節	181
ミハラシゴケ	216, 278, [2386]
ミミガタテンナンショウ	178, 269, [1931]
ミミナグサ属	48
ミヤケハタケゴケ	226, 280, [2489]
ミヤコアオイ	61, 234, [251]
ミヤコアザミ節	148
ミヤコイヌワラビ	204
ミヤコイバラ	78, 239, [522]
ミヤコオトギリ	65, 235, [324]
ミヤココケリンドウ	116, 250, [995]
ミヤコザサ	173, 267, [1865]
ミヤコザサ節	172
ミヤコザサ-チマキザサ複合体	172, 267, [1867]
ミヤコジマツルマメ	80, 240, [556]
ミヤコヤブソテツ	209
ミヤジマキンシゴケ	212, 277, [2338]
ミヤビカンアオイ	62, 234, [253]
ミヤマアオイ	60, 234, [259]
ミヤマアオスゲ	185, 271, [2045]
ミヤマアオダモ	112, 249, [970]
ミヤマアシボソスゲ	182, 271, [2047]
ミヤマアブラススキ	165, 266, [1814]
ミヤマイタチシダ	208, 276, [2296]
ミヤマイヌノハナヒゲ	188, 272, [2084]
ミヤマイワスゲ	186
ミヤマウグイスカグラ	134, 255, [1227]
ミヤマウコギ	97, 245, [772]
ミヤマウスユキソウ	141, 260, [1495]
ミヤマウド	98, 244, [763]
ミヤマウメモドキ	87, 242, [650]
ミヤマウラジロ	203, 275, [2227]
ミヤマエゾクロウスゴ	104, 248, [920]
ミヤマエンレイソウ	154
ミヤマオトコヨモギ	152, 256, [1298]
ミヤマカタバミ	81
ミヤマカニツリ	165, 266, [1817]
ミヤマカワラハンノキ	42, 229, [11]
ミヤマカンスゲ	184, 270, [2021]
ミヤマガンピ	91, 243, [692]
ミヤマキスミレ	94, 243, [717]
ミヤマキタアザミ	148, 261, [1548]
ミヤマキスタソウ	119, 250, [1036]
ミヤマキハダ	84, 241, [606]
ミヤマキリシマ	107, 247, [880]
ミヤマキンポウゲ	53
ミヤマクマザサ	172, 267, [1855]
ミヤマクマヤナギ	89, 242, [665]
ミヤマクマワラビ	207
ミヤマクルマバナ	126, 252, [1090]
ミヤマクワガタ	131, 254, [1188]
ミヤマコウゾリナ	150, 260, [1486]
ミヤマコウゾリナ属	150
ミヤマコウボウ	165
ミヤマコウモリソウ	144
ミヤマコゴメグサ	128, 253, [1152]
ミヤマコナスビ	109, 248, [932]
ミヤマシオガマ	129, 253, [1171]
ミヤマシキミ	85
ミヤマシキミ属	85
ミヤマシケシダ	205
ミヤマシシウド	100, 245, [792]
ミヤマシシガシラ	206, 275, [2273]
ミヤマジュズスゲ	182, 270, [1988]
ミヤマジュズスゲ節	182
ミヤマシラスゲ	187, 270, [1981]
ミヤマシラスゲ節	187
ミヤマスカシユリ	160, 264, [1685]
ミヤマススキゴケ	212, 277, [2346]
ミヤマセンキュウ	102
ミヤマセンキュウ属	102
ミヤマゼンコ	99, 246, [808]
ミヤマセントウソウ	101, 245, [807]
ミヤマタニワタシ	80
ミヤマタムラソウ	122, 252, [1117]
ミヤマタンポポ	147, 262, [1606]
ミヤマチドリ	191, 273, [2148]
ミヤマチョウジザクラ	77, 239, [495]
ミヤマツチトリモチ	45, 230, [62]
ミヤマツメクサ	47, 230, [75]
ミヤマトウキ	99, 245, [779]
ミヤマトウヒレン	148, 261, [1570]
ミヤマトリカブト	56, 231, [137]
ミヤマナミキ	124, 253, [1141]
ミヤマナラ	43, 229, [31]
ミヤマナルコユリ	154, 264, [1696]
ミヤマニワトコ	135
ミヤマニンジン	102, 246, [813]
ミヤマヌカボシソウ	162, 265, [1739]
ミヤマネズ	196

ミヤマネズミガヤ	167	ムニンサジラン	210, 276, [2325]	メヘゴ	201, 274, [2215]
ミヤマノギク	151, 259, [1476]	ムニンシャシャンボ	105, 248, [917]		
ミヤマノダケ	100, 245, [782]	ムニンシュスラン	190, 272, [2111]	【モ】	
ミヤマハタザオ	66	ムニンススキ	166, 266, [1800]	モイワラン	190, 272, [2102]
ミヤマハナシノブ	120, 251, [1056]	ムニンタイトゴメ	68, 236, [382]	モウセンゴケ	65
ミヤマハンショウヅル	54, 232, [173]	ムニンタツナミソウ	125, 253, [1137]	モウセンゴケ科	65
ミヤマハンモドキ	89, 242, [671]	ムニンツツジ	106, 247, [864]	モウセンゴケ属	65
ミヤマヒキオコシ	123, 252, [1106]	ムニンテンツキ	187, 271, [2075]	モクセイ科	112
ミヤマホタルイ	188, 272, [2085]	ムニンナキリスゲ	181, 270, [1999]	モクセイ属	113
ミヤマホツツジ	108, 246, [837]	ムニンネズミモチ	113, 249, [978]	モグリゴケ	222, 279, [2453]
ミヤママコナ	130, 253, [1169]	ムニンノキ	111, 249, [954]	モグリゴケ属	222
ミヤママンネングサ	68, 236, [382]	ムニンノボタン	96, 244, [756]	モクレン科	48
ミヤマミミナグサ	48, 230, [78]	ムニンハダカホオズキ	127, 253, [1148]	モクレン属	48
ミヤマムラサキ	120, 251, [1059]	ムニンハナガサノキ	119, 251, [1045]	モチツツジ	106, 247, [886]
ミヤマムラサキ属	120	ムニンハマウド	100, 245, [786]	モチノキ科	87
ミヤマモジズリ	192	ムニンヒメツバキ	64	モチノキ属	87
ミヤマモジズリ属	192	ムニンヒメワラビ	205, 275, [2270]	モノドラカンアオイ	62, 234, [278]
ミヤマモミジイチゴ	76, 240, [530]	ムニンビャクダン	45, 230, [60]	モミ	195, 273, [2160]
ミヤマヤシャブシ	42	ムニンヒョウタンスゲ	183, 271, [2069]	モミジガサ	144, 260, [1515]
ミヤマヤブタバコ	152, 257, [1337]	ムニンフトモモ	95, 244, [751]	モミジガサ節	144
ミヤマヤマブキショウマ		ムニンフトモモ属	95	モミジカラスウリ	94, 244, [744]
	79, 239, [493]	ムニンベニシダ	208, 276, [2292]	モミジカラマツ	57, 233, [225]
ミヤマヨメナ	145, 257, [1319]	ムニンボウラン	192, 272, [2126]	モミジカラマツ属	57
ミヤマリンドウ	115, 249, [989]	ムニンホオズキ	126, 253, [1146]	モミジコウモリ	144, 260, [1523]
ミョウギイワザクラ	110, 249, [946]	ムニンホラゴケ	200	モミジタマブキ	144, 260, [1517]
ミョウギカラマツ	52, 233, [219]	ムニンミドリシダ	205, 275, [2266]	モミジチャルメルソウ	70, 238, [456]
ミョウギシダ	210, 276, [2327]	ムニンモチ	88	モミジハグマ	15, 151, 256, [1278]
ミョウギシャジン	137, 256, [1263]	ムニンヤツシロラン	189, 272, [2108]	モミジハグマ属	15, 151
ミョウコウアザミ	140, 258, [1414]	ムニンヤツデ	98, 245, [774]	モミジバショウマ	69, 237, [400]
ミョウコウトリカブト	56, 231, [137]	ムニンヤツデ属	98	モミ属	195
		ムヨウラン	193	モメンヅル	80, 240, [549]
【ム】		ムヨウラン属	193	モリアザミ	138, 258, [1374]
ムカゴサイシン	192, 273, [2135]	ムラクモアオイ	62, 234, [271]	モリアザミ節	138
ムカゴサイシン属	192	ムラクモアザミ	139, 258, [1408]	モリイバラ	78, 239, [521]
ムカゴツヅリ	164, 266, [1811]	ムラサキ科	120	モロコシソウ	109, 248, [931]
ムカゴトンボ	193	ムラサキシキブ属	121	モロハヒラゴケ	217, 278, [2388]
ムカゴトンボ属	193	ムラサキツリガネツツジ		モンゴリナラ	43
ムカゴネコノメソウ	71, 237, [420]		108, 247, [851]	モンテンボク	22, 91, 243, [685]
ムカシブナ	27	ムラサキボタンヅル	55, 232, [179]		
ムカシベニシダ	208, 276, [2286]	ムラサキマユミ	88, 242, [655]	【ヤ】	
ムカシヨモギ属	150	ムラサキヤシオツツジ	106, 247, [860]	ヤエムグラ属	119
ムクゲシケシダ	205	ムロウテンナンショウ	178, 269, [1961]	ヤエヤマカンアオイ	62, 235, [298]
ムサシアブミ	179			ヤエヤマクロバイ	111
ムシトリスミレ属	132	【メ】		ヤエヤマコンテリギ	74, 238, [442]
ムジナノカミソリ	161	メアオスゲ	185	ヤエヤマケロクラン	193, 272, [2117]
ムチゴケ科	220	メアカンキンバイ	77, 239, [513]	ヤエヤマスズコウジュ	126
ムッチャガラ	88	メアカンフスマ	47, 230, [76]	ヤエヤマスズコウジュ属	126
ムツデチョウチンゴケ	215, 278, [2375]	メオニグジョウシノ	170, 268, [1883]	ヤエヤマスミレ	93, 244, [732]
ムツデチョウチンゴケ属	215	メギ	59, 233, [232]	ヤエヤマトラノオ	207, 276, [2316]
ムットウヒレン	148, 261, [1553]	メギ科	58	ヤエヤマネコノチチ	89, 242, [669]
ムツノガリヤス	168, 265, [1773]	メギ属	59	ヤエヤマノボタン	96, 244, [754]
ムニンアオガンピ	91, 243, [697]	メグスリノキ	85, 241, [625]	ヤエヤマヒサカキ	63, 235, [309]
ムニンイヌツゲ	88, 242, [648]	メダケ	175, 267, [1845]	ヤエヤマヒメウツギ	75, 238, [440]
ムニンエダウチホングウシダ		メダケ節	175	ヤエヤマホラシノブ	201, 274, [2222]
	202, 274, [2218]	メダケ属	175	ヤエヤマヤシ	xviii, 176, 268, [1912]
ムニンカラスウリ	94, 244, [745]	メタセコイア	8, 24, 26, [195]	ヤエヤマヤシ属	xviii, 176
ムニンキヌラン	189, 273, [2158]	メノマンネングサ	68	ヤエヤマラセイタソウ	45, 229, [50]
ムニンクロキ	112, 249, [955]	メハジキ属	126	ヤクイヌワラビ	204, 275, [2242]
ムニンゴシュユ	84, 241, [604]	メヒシバ属	169	ヤクザサ	176

ヤクソウ 151	ヤクシマヤダケ 176, 267, [1847]	ヤブタバコ属 151
ヤクソウ属 151	ヤクシマヤマツツジ 106, 248, [901]	ヤブタビラコ 147
ヤクシマアザミ 139, 259, [1458]	ヤクシマヤマムグラ 119, 251, [1038]	ヤブツバキ 36
ヤクシマアジサイ 74, 238, [446]	ヤクシマヨウラクツツジ	ヤブデマリ 133
ヤクシマアセビ 13, 103, 247, [858]	109, 247, [853]	ヤブニッケイ 50
ヤクシマアミゴケ 213, 277, [2354]	ヤクシマラン 11, 193, 272, [2095]	ヤブヒョウタンボク 134, 255, [1229]
ヤクシマアミバゴケ 222, 279, [2436]	ヤクシマラン属 193	ヤブマオ 44, 229, [45]
ヤクシマアミバゴケ属 222	ヤクシマリンドウ 115, 250, [998]	ヤブムグラ 119, 250, [1037]
ヤクシマイトスゲ 186, 270, [1987]	ヤクタネゴヨウ 194, 273, [2172]	ヤブレガサ 152
ヤクシマイトラッキョウ	ヤクノヒナホシ 162, 265, [1736]	ヤブレガサ属 152
158, 263, [1637]	ヤクムヨウラン 193, 272, [2119]	ヤブレガサモドキ 152, 262, [1599]
ヤクシマウスユキソウ 150, 256, [1291]	ヤシ科 176	ヤマアザミ 140, 259, [1438]
ヤクシマウメバチソウ 73, 238, [469]	ヤシャゼンマイ 38, 199, 274, [2202]	ヤマアジサイ 74
ヤクシマウラボシ 210, 276, [2317]	ヤシャダケ 174, 268, [1909]	ヤマアマドコロ 154, 264, [1698]
ヤクシマオナガカエデ 85, 242, [628]	ヤシャブシ 42, 229, [12]	ヤマイ 187
ヤクシマガクウツギ 74, 238, [448]	ヤスデゴケ科 223	ヤマイヌワラビ 204
ヤクシマカラスザンショウ	ヤスデゴケ属 223	ヤマイワカガミ 102, 246, [827]
84, 241, [611]	ヤダケ 176, 267, [1846]	ヤマウグイスカグラ 134, 255, [1225]
ヤクシマカラマツ 52, 233, [223]	ヤダケ属 175	ヤマウコギ 97, 245, [769]
ヤクシマカワゴロモ 81, 240, [571]	ヤチアザミ 140, 259, [1436]	ヤマウスユキソウ 141, 260, [1497]
ヤクシマカンスゲ 184, 270, [2020]	ヤチアザミ亜節 140	ヤマエンゴサク 65, 66
ヤクシマキジノオ 201, 274, [2212]	ヤチカワズスゲ 181	ヤマオオイトスゲ 185, 270, [1979]
ヤクシマキンモウゴケ 215, 278, [2378]	ヤチカンバ 42	ヤマオオウシノケグサ 164, 266, [1788]
ヤクシマグミ 92, 243, [711]	ヤチトリカブト 56, 232, [146]	ヤマオダマキ 51, 232, [163]
ヤクシマコウモリ 144, 261, [1533]	ヤチマタイカリソウ 58, 233, [236]	ヤマキタダケ 171
ヤクシマコオトギリ 65, 235, [326]	ヤチラン属 193	ヤマグチタニイヌワラビ
ヤクシマコケリンドウ 115, 250, [997]	ヤツガタケアザミ 140	204, 275, [2247]
ヤクシマサルスベリ 95, 244, [748]	ヤツガタケキヌシッポゴケ	ヤマグチテンナンショウ
ヤクシマシオガマ 129, 254, [1177]	212, 277, [2341]	179, 269, [1953]
ヤクシマシソバタツナミ	ヤツガタケキンポウゲ 53, 233, [211]	ヤマクボスゲ 187, 270, [2002]
125, 252, [1132]	ヤツガタケジンチョウゴケ	ヤマクラマゴケ 198, 274, [2191]
ヤクシマシャクナゲ 106, 248, [916]	226, 280, [2488]	ヤマグルマ科 27
ヤクシマショウマ 69, 236, [392]	ヤツガタケタンポポ 147, 262, [1619]	ヤマグワ 44
ヤクシマショリマ 206, 275, [2271]	ヤツガタケトウヒ 194, 273, [2168]	ヤマクワガタ 128, 254, [1196]
ヤクシマスミレ 93, 244, [725]	ヤツガタケナズナ 66	ヤマザクラ 77, 239, [498]
ヤクシマセントウソウ 101, 246, [807]	ヤツタカネアザミ 140, 259, [1460]	ヤマザトマムシグサ 179, 269, [1919]
ヤクシマタニイヌワラビ	ヤツデ 98	ヤマジオウ 123, 252, [1095]
204, 275, [2254]	ヤツデ属 98	ヤマジノタツナミソウ 125, 252, [1126]
ヤクシマチドリ 191, 273, [2138]	ヤナギ科 41	ヤマジノテンナンショウ
ヤクシマテングサゴケ 225, 280, [2481]	ヤナギゴケ科 218	179, 269, [1952]
ヤクシマトウヒレン 148, 261, [1588]	ヤナギゴケ属 218	ヤマジノホトトギス 159, 264, [1708]
ヤクシマトンボ 191, 273, [2144]	ヤナギ属 41	ヤマシャクヤク 63, 235, [301]
ヤクシマナミキ 125	ヤナギノギク 146, 257, [1308]	ヤマシロネコノメ 72, 237, [424]
ヤクシマナワゴケ 219, 278, [2414]	ヤノネゴケ属 219	ヤマスカシユリ 160, 264, [1686]
ヤクシマニガナ 149, 260, [1494]	ヤハズアジサイ 74, 238, [454]	ヤマゼリ属 102
ヤクシマノガリヤス 168, 265, [1772]	ヤハズツボミゴケ 221, 279, [2437]	ヤマタイミンガサ 144, 261, [1534]
ヤクシマノギク 146, 257, [1329]	ヤハズトウヒレン 148, 261, [1574]	ヤマタイミンガサ節 144
ヤクシマノギラン 158, 264, [1690]	ヤハズハンノキ 42, 229, [14]	ヤマタヌキラン 182, 270, [1970]
ヤクシマノダケ 99, 245, [801]	ヤハズヒゴタイ 148, 261, [1586]	ヤマタバコ 142, 260, [1502]
ヤクシマハコベ 47, 230, [90]	ヤハズマンネングサ 68, 236, [388]	ヤマツツジ 107, 247, [874]
ヤクシマハシカグサ 118, 251, [1048]	ヤヒコザサ 172, 268, [1877]	ヤマテキリスゲ 182, 270, [1991]
ヤクシマハチジョウシダ	ヤブイバラ 78, 239, [520]	ヤマトアオダモ 112, 249, [973]
202, 275, [2236]	ヤブウツギ 134, 255, [1250]	ヤマトキホコリ 44, 230, [53]
ヤクシマヒヨドリ 150, 260, [1483]	ヤブガラシ属 90	ヤマトキンチャクゴケ 212, 277, [2339]
ヤクシマヒラツボゴケ 220, 279, [2423]	ヤブコウジ科 109	ヤマトグサ 96, 244, [760]
ヤクシマフウロ 82, 240, [576]	ヤブザサ 170, 268, [1885]	ヤマトグサ科 96
ヤクシマママコナ 130, 253, [1169]	ヤブスゲ 181	ヤマトグサ属 96
ヤクシマミツバツツジ 108, 248, [915]	ヤブスゲ節 181	ヤマトテンナンショウ 179, 269, [1932]
ヤクシマムグラ 119, 250, [1033]	ヤブソテツ属 209	ヤマトトジクチゴケ 213, 277, [2365]

ヤマトフウロ	82, 240, [575]	
ヤマトホシクサ	163, 265, [1745]	
ヤマトヤハズゴケ	224, 280, [2477]	
ヤマトユキザサ	160, 264, [1700]	
ヤマトリカブト	57, 231, [127]	
ヤマトレンギョウ	113, 249, [968]	
ヤマナシウマノミツバ	98, 246, [817]	
ヤマノイモ	161	
ヤマノイモ科	161	
ヤマノイモ属	161	
ヤマノコギリソウ	149, 256, [1275]	
ヤマハギ	80	
ヤマハコベ	47, 230, [93]	
ヤマハタザオ属	67	
ヤマヒョウタンボク	134, 255, [1231]	
ヤマヒヨドリバナ	150, 260, [1482]	
ヤマビワソウ	132	
ヤマブキショウマ	79	
ヤマブキショウマ属	79	
ヤマフジ	81, 240, [567]	
ヤマホオズキ	127, 253, [1145]	
ヤマボクチ属	152	
ヤマホタルブクロ	137, 256, [1269]	
ヤマホトトギス	159	
ヤママフウ	22	
ヤマミゾソバ	46, 230, [68]	
ヤマムグラ	119	
ヤマモミジ	86, 241, [614]	
ヤマヤナギ	41, 229, [8]	
ヤマユリ	160, 263, [1680]	
ヤマルリソウ	121, 251, [1063]	
ヤマルリトラノオ	130, 254, [1186]	
ヤマワキオゴケ	117, 250, [1024]	
ヤリヒツジゴケ	218, 278, [2405]	
ヤロード	116, 250, [1012]	
ヤロード属	116	
ヤワタソウ	72	
ヤワタソウ属	72	
ヤワラゴケ属	225	
ヤワラハチジョウシダ	202, 275, [2234]	
ヤワラミヤマカンスゲ	184, 271, [2022]	
ヤンバルアリドオシ	118	

【ユ】

ユウガギク	146, 257, [1309]	
ユウバリカニツリ	166, 265, [1781]	
ユウバリキタアザミ	148, 261, [1562]	
ユウバリキンバイ	77, 239, [512]	
ユウバリクモマグサ	73, 238, [475]	
ユウバリコザクラ	110, 249, [952]	
ユウバリソウ	4, 131, 254, [1207]	
ユウバリリンドウ	115, 250, [1000]	
ユキイヌノヒゲ	163, 265, [1743]	
ユキグニカンアオイ	61, 234, [267]	
ユキグニハリスゲ	181, 271, [2049]	
ユキグニミツバツツジ	108, 247, [884]	
ユキクラヌカボ	167, 265, [1753]	
ユキザサ属	160	
ユキツバキ	36, 63, 235, [304]	

ユキノシタ科	69	
ユキノシタ属	72	
ユキバヒゴタイ	147, 261, [1546]	
ユキバヒゴタイ節	147	
ユキミバナ	131, 254, [1210]	
ユキモチソウ	177, 269, [1951]	
ユキヨモギ	152, 256, [1296]	
ユキワリイチゲ	57, 232, [157]	
ユキワリコザクラ	110, 248, [943]	
ユキワリソウ	110, 248, [942]	
ユクノキ	81, 240, [555]	
ユズリハ	84	
ユズリハ科	84	
ユズリハ属	84	
ユズリハワダン	20, 141, 259, [1466]	
ユビソヤナギ	41, 229, [2]	
ユミスジゴケ	225, 280, [2483]	
ユモトマムシグサ	177, 269, [1943]	
ユリ科	154	
ユリ属	160	
ユワンオニドコロ	161, 264, [1730]	

【ヨ】

ヨウラクツツジ	109, 247, [852]	
ヨウラクツツジ属	108	
ヨコグライタチゴケ	216, 278, [2385]	
ヨコグラノキ	90, 242, [667]	
ヨコグラノキ属	90	
ヨコグラブドウ	90, 243, [680]	
ヨコハマダケ	175, 267, [1840]	
ヨゴレイタチシダ	208	
ヨゴレネコノメ	72, 237, [417]	
ヨシノアザミ	140, 259, [1463]	
ヨシノヤナギ	41, 229, [10]	
ヨツバシオガマ	129, 253, [1172]	
ヨナクニイソノギク	146, 257, [1328]	
ヨナクニカモメヅル	117, 250, [1025]	
ヨナクニトキホコリ	44, 230, [57]	
ヨメナ	146, 257, [1330]	
ヨメナ属	146	
ヨモギ属	152	
ヨモギダコチク	170, 268, [1890]	
ヨリイトゴケ属	214	

【ラ】

ラショウモンカズラ属	126	
ラセイタソウ	45, 229, [43]	
ラセイタタマアジサイ	74, 238, [445]	
ラッキョウヤダケ	176	
ラッコゴケ属	220	
ラン科	11, 188	
ランヨウアオイ	61, 234, [252]	

【リ】

リクチュウダケ	174, 268, [1907]	
リシリアザミ	140, 259, [1454]	
リシリアザミ亜節	140	
リシリツボミゴケ	222, 279, [2441]	
リシリハタザオ	66, 236, [355]	

リシリヒナゲシ	66, 236, [353]	
リュウキュウアセビ	13, 103, 247, [859]	
リュウキュウアリドオシ	118, 250, [1031]	
リュウキュウイタチシダ	208, 276, [2300]	
リュウキュウイナモリ	118	
リュウキュウイボゴケ	219, 279, [2418]	
リュウキュウウマノスズクサ	60, 234, [249]	
リュウキュウオオハイホラゴケ	200, 274, [2209]	
リュウキュウガシワ	117, 250, [1019]	
リュウキュウカラスウリ	95, 244, [743]	
リュウキュウクロウメモドキ	89, 243, [675]	
リュウキュウコケリンドウ	115, 249, [991]	
リュウキュウコスミレ	93, 244, [737]	
リュウキュウコンテリギ	74, 238, [447]	
リュウキュウスズカケ	128, 254, [1205]	
リュウキュウタイゲキ	83, 241, [583]	
リュウキュウタチスゲ	186, 271, [2062]	
リュウキュウタラノキ	98	
リュウキュウチク	175, 267, [1839]	
リュウキュウチク節	175	
リュウキュウツルグミ	92, 243, [700]	
リュウキュウツワブキ	149, 260, [1485]	
リュウキュウナガエサカキ	63, 235, [302]	
リュウキュウハイノキ	112, 249, [963]	
リュウキュウハグマ	151, 256, [1279]	
リュウキュウハナイカダ	97, 244, [762]	
リュウキュウヒエスゲ	183, 270, [1980]	
リュウキュウホウライカズラ	114	
リュウキュウホラゴケ	200, 274, [2205]	
リュウキュウマツ	194, 273, [2173]	
リュウキュウマユミ	88, 242, [656]	
リュウキュウミヤマシキミ	85, 241, [607]	
リュウキュウモチ	88, 242, [647]	
リュウキュウヤツデ	98, 245, [773]	
リュウキュウヤブカラシ	90	
リュウノウギク	143, 257, [1344]	
リュウノヤブマオ	45, 229, [49]	
リュウビンタイ科	199	
リュウビンタイモドキ	199, 274, [2201]	
リュウビンタイモドキ属	199	
リョウウアザミ	141, 258, [1376]	
リョウノウアザミ	138, 258, [1380]	
リョウノウアザミ亜節	138	
リョウハクトリカブト	56, 232, [153]	
リンゴ属	79	
リンドウ	115, 249, [992]	
リンドウ科	114	

リンドウ属	115	レブンソウ	79, 240, [563]	ワガトリカブト	56, 231, [140]
リンボク	78	レブントウヒレン	148, 261, [1572]	ワスレグサ属	160
		レモンエゴマ	124	ワセオバナ	169, 266, [1813]
【ル】		レンギョウ属	113	ワセオバナ属	169
ルリソウ	121, 251, [1065]	レンゲショウマ	xi, 9, 12, 57, 232, [162]	ワダツミノキ	89, 242, [663]
ルリソウ属	121	レンゲショウマ属	xi, 57	ワタナベソウ	72, 238, [470]
ルリデライヌワラビ	204, 275, [2253]	レンゲツツジ	106, 247, [890]	ワタムキアザミ	139, 259, [1445]
ルリトラノオ属	36, 130	レンゲツツジ亜属	106	ワタムキアザミ亜節	139
				ワタリスゲ	185, 270, [1983]
【レ】		【ロ】		ワダン	141, 259, [1470]
レイジンソウ	55, 231, [133]	ロッカクイ	188, 272, [2086]	ワダンノキ	xvi, 153, 259, [1472]
レイジンソウ亜属	55			ワダンノキ属	xvi, 153
レガリスゼンマイ	199	【ワ】		ワチガイソウ	48
レブンアツモリソウ	188, 272, [2104]	ワカサトウヒレン	148, 261, [1587]	ワチガイソウ属	48
レブンコザクラ	110, 248, [942]	ワカサハマギク	143, 257, [1345]	ワレモコウ属	79

学名索引

([ ] 内はIV章の分布図 No.)

【A】

Abelia integrifolia	135, 255, [1216]
A. serrata var. tomentosa	135, 255, [1217]
A. spathulata var. sanguinea	135, 255, [1218]
A. spathulata var. stenophylla	135, 255, [1219]
A. tetrasepala	135, 255, [1220]
Abies firma	195, 273, [2160]
A. homolepis	195, 273, [2161]
A. mariesii	195, 273, [2162]
A. shikokiana	195, 273, [2163]
A. veitchii	195, 273, [2164]
Abrodictyum boninense	200, 274, [2203]
Acer amoenum var. amoenum	86, 241, [613]
A. amoenum var. matsumurae	86, 241, [614]
A. amoenum var. nambuanum	86, 241, [614]
A. argutum	85, 241, [615]
A. capillipes	85, 241, [616]
A. carpinifolium	85, 241, [617]
A. cissifolium	85, 241, [618]
A. crataegifolium	85, 241, [619]
A. diabolicum	86, 241, [620]
A. distylum	86, 241, [621]
A. ginnala var. aidzuense	86, 241, [622]
A. insulare	85, 241, [623]
A. japonicum	86, 241, [624]
A. maximowiczianum	85, 241, [625]
A. micranthum	86, 241, [626]
A. miyabei	86, 242, [627]
A. morifolium	85, 242, [628]
A. nipponicum	86, 242, [629]
A. oblongum var. itoanum	86, 242, [630]
A. pictum subsp. glaucum	86, 242, [631]
A. pictum subsp. mayrii	86, 242, [632]
A. pictum subsp. savatieri	86, 242, [631]
A. pictum subsp. taishakuense	86, 242, [632]
A. pycnanthum	86, 242, [633]
A. rufinerve	85, 242, [634]
A. shirasawanum	86, 242, [635]
A. sieboldianum	86, 242, [636]
A. tenuifolium	86, 242, [637]
A. tschonoskii var. australe	86, 242, [639]
Acer tschonoskii var. tschonoskii	85, 242, [638]
Achillea alpina subsp. alpina var. discoidea	149, 256, [1275]
A. alpina subsp. pulchra	149, 256, [1276]
A. alpina subsp. subcartilaginea	149, 256, [1276]
A. ptarmica var. yezoensis	149, 256, [1277]
Aconitum azumiense	56, 231, [118]
A. gassanense	56, 231, [119]
A. gigas	55, 231, [120]
A. grossedentatum var. grossedentatum	56, 231, [121]
A. grossedentatum var. sikokianum	56, 231, [122]
A. hondoense	55, 231, [123]
A. iidemontanum	56, 231, [124]
A. ito-seiyanum	57, 231, [125]
A. jaluense subsp. iwatekense	56, 231, [126]
A. japonicum subsp. ibukiense	57, 231, [127]
A. japonicum subsp. japonicum	57, 231, [127]
A. japonicum subsp. maritimum var. iyariense	57, 231, [129]
A. japonicum subsp. maritimum var. maritimum	57, 231, [128]
A. japonicum subsp. subcuneatum	57, 231, [130]
A. kitadakense	56, 231, [131]
A. kiyomiense	56, 231, [132]
A. loczyanum	55, 231, [133]
A. mashikense	55, 231, [134]
A. maximum subsp. kurilense	57, 231, [135]
A. metajaponicum	56, 231, [136]
A. nipponicum subsp. micranthum	56, 231, [138]
A. nipponicum subsp. nipponicum var. nipponicum	56, 231, [137]
A. nipponicum subsp. nipponicum var. septemcarpum	56, 231, [137]
A. okuyamae var. okuyamae	56, 231, [139]
A. okuyamae var. wagaense	56, 231, [140]
A. pterocaule var. pterocaule	55, 231, [141]
A. pterocaule var. siroumense	55, 231, [142]
Aconitum sachalinense subsp. yezoense	56, 231, [143]
A. sanyoense	56, 231, [144]
A. senanense subsp. paludicola	56, 232, [146]
A. senanense subsp. senanense var. isidzukae	56, 232, [146]
A. senanense subsp. senanense var. senanense	56, 231, [145]
A. soyaense	55, 232, [147]
A. tatewakii	55, 232, [148]
A. tonense	56, 232, [149]
A. yamazakii	56, 232, [150]
A. yuparense var. apoiense	56, 232, [151]
A. yuparense var. yuparense	56, 232, [151]
A. zigzag subsp. kishidae	56, 232, [153]
A. zigzag subsp. komatsui	56, 232, [152]
A. zigzag subsp. ryohakuense	56, 232, [153]
A. zigzag subsp. zigzag	56, 232, [152]
Aconogonon nakaii	46, 230, [63]
Adenophora hatsushimae	136, 256, [1260]
A. maximowicziana	136, 256, [1261]
A. nikoensis var. nikoensis	137, 256, [1262]
A. nikoensis var. petrophila	137, 256, [1263]
A. takedae var. howozana	137, 256, [1264]
A. takedae var. takedae	137, 256, [1264]
A. teramotoi	137, 256, [1265]
A. triphylla var. puellaris	137, 256, [1266]
A. uryuensis	137, 256, [1267]
Adiantum ogasawarense	203, 274, [2226]
Adinandra ryukyuensis	63, 235, [302]
A. yaeyamensis	63, 235, [303]
Adonis ramosa	57, 232, [154]
A. shikokuensis	57, 232, [155]
Aerobryum speciosum var. nipponicum	216, 278, [2386]
Aesculus turbinata	87, 242, [640]
Agrimonia pilosa var. succapitata	77, 239, [491]
Agrostis hideoi	167, 265, [1753]
A. osakae	167, 265, [1754]

Agrostis tateyamensis 167, 265, [1755]	218, 278, [2398]	*Angelica pseudoshikokiana* 99, 245, [790]
A. *valvata* 167, 265, [1756]	*Amitostigma keiskei* 189, 272, [2093]	A. *pubescens* var. *matsumurae* 100, 245, [792]
Ainsliaea acerifolia var. *acerifolia* 151, 256, [1278]	A. *lepidum* 189, 272, [2094]	A. *pubescens* var. *pubescens* 100, 245, [791]
A. *apiculata* var. *acerifolia* 151, 256, [1279]	*Anaphalis alpicola* 149, 256, [1287]	A. *saxicola* var. *saxicola* 99, 245, [793]
A. *cordifolia* var. *cordifolia* 151, 256, [1280]	A. *margaritacea* var. *japonica* 150, 256, [1288]	A. *saxicola* var. *yoshinagae* 99, 245, [794]
A. *cordifolia* var. *maruoi* 151, 256, [1281]	A. *margaritacea* var. *yedoensis* 150, 256, [1289]	A. *shikokiana* 99, 245, [795]
A. *dissecta* 151, 256, [1282]	A. *sinica* var. *pernivea* 149, 256, [1290]	A. *sinanomontana* 99, 245, [796]
A. *faurieana* 151, 256, [1283]	A. *sinica* var. *viscosissima* 149, 256, [1291]	A. *tenuisecta* var. *furcijuga* 100, 245, [797]
A. *fragrans* var. *integrifolia* 151, 256, [1284]	A. *sinica* var. *yakusimensis* 150, 256, [1291]	A. *tenuisecta* var. *mayebarana* 100, 245, [798]
A. *macroclinidioides* var. *okinawensis* 151, 256, [1285]	*Anastrophyllum ellipticum* 221, 279, [2435]	A. *tenuisecta* var. *tenuisecta* 99, 245, [797]
A. *oblonga* 151, 256, [1286]	*Ancistrocarya japonica* 120, 251, [1058]	A. *ubatakensis* var. *ubatakensis* 99, 245, [799]
Ajuga boninsimae 124, 251, [1078]	*Anemone flaccida* var. *tagawae* 57, 232, [156]	A. *ubatakensis* var. *valida* 99, 245, [800]
A. *ciliata* var. *villosior* 124, 251, [1079]	A. *keiskeana* 57, 232, [157]	A. *yakusimensis* 99, 245, [801]
A. *incisa* 124, 251, [1080]	A. *narcissiflora* subsp. *nipponica* 57, 232, [158]	*Aniselytron treutleri* var. *japonicum* 169, 265, [1757]
A. *japonica* 123, 251, [1081]	A. *nikoensis* 57, 232, [159]	*Anthoxanthum japonicum* subsp. *japonicum* 168, 265, [1758]
A. *makinoi* 124, 251, [1082]	A. *pseudoaltaica* var. *gracilis* 57, 232, [160]	*Apodicarpum ikenoi* xiv, 99, 245, [802]
A. *shikotanensis* 124, 251, [1083]	A. *pseudoaltaica* var. *katonis* 57, 232, [160]	*Apostasia nipponica* 193, 272, [2095]
A. *tsukubana* 124, 251, [1084]	A. *sikokiana* 57, 232, [161]	*Aquilegia buergeriana* var. *buergeriana* 51, 232, [163]
A. *yesoensis* 124, 252, [1085]	*Anemonopsis macrophylla* xi, 57, 232, [162]	*Arabidopsis umezawana* 66, 236, [355]
Aletris foliata 157, 262, [1629]	*Aneura gemmifera* 225, 280, [2479]	*Arabis tanakana* 67, 236, [356]
Alisma canaliculatum var. *azuminoense* 153, 262, [1624]	A. *hirsuta* 225, 280, [2480]	*Arachniodes amabilis* var. *okinawensis* 209, 275, [2275]
A. *canaliculatum* var. *harimense* 153, 262, [1624]	*Angelica acutiloba* var. *acutiloba* 99, 245, [778]	A. *cantilenae* 209, 275, [2276]
A. *rariflorum* 153, 262, [1625]	A. *acutiloba* var. *iwatensis* 99, 245, [779]	A. *dimorphophylla* 208, 276, [2277]
Allium austrokyushuense 158, 262, [1630]	A. *acutiloba* var. *lineariloba* 99, 245, [780]	A. *hiugana* 209, 276, [2278]
A. *kiiense* 158, 262, [1631]	A. *anomala* subsp. *sachalinensis* var. *glabra* 100, 245, [781]	A. *miqueliana* 209, 276, [2279]
A. *schoenoprasum* var. *idzuense* 158, 262, [1632]	A. *cryptotaeniifolia* var. *cryptotaeniifolia* 100, 245, [782]	A. *quadripinnata* subsp. *fimbriata* 209, 276, [2280]
A. *schoenoprasum* var. *shibutuense* 158, 262, [1633]	A. *cryptotaeniifolia* var. *kyushiana* 100, 245, [782]	A. *yasu-inouei* 208, 276, [2281]
A. *schoenoprasum* var. *yezomonticola* 158, 262, [1634]	A. *hakonensis* var. *hakonensis* 100, 245, [783]	*Aralia glabra* 98, 244, [763]
A. *togashii* 158, 262, [1635]	A. *hakonensis* var. *nikoensis* 100, 245, [784]	A. *ryukyuensis* var. *inermis* 98, 244, [764]
A. *virgunculae* var. *koshikiense* 158, 262, [1636]	A. *inaequalis* 100, 245, [785]	*Arenaria arctica* var. *hondoensis* 47, 230, [72]
A. *virgunculae* var. *virgunculae* 158, 262, [1636]	A. *japonica* var. *boninensis* 100, 245, [786]	A. *katoana* var. *katoana* 47, 230, [73]
A. *virgunculae* var. *yakushimense* 158, 263, [1637]	A. *keiskei* 100, 245, [787]	A. *katoana* var. *lanceolata* 47, 230, [74]
Alnus fauriei 42, 229, [11]	A. *longiradiata* var. *longiradiata* 99, 245, [788]	A. *macrocarpa* var. *jooi* 47, 230, [75]
A. *firma* 42, 229, [12]	A. *longiradiata* var. *yakushimensis* 99, 245, [788]	A. *macrocarpa* var. *yezoalpina* 47, 230, [75]
A. *hakkodensis* 42, 229, [13]	A. *minamitanii* 100, 245, [789]	A. *merckioides* 47, 230, [76]
A. *matsumurae* 42, 229, [14]		*Aria japonica* 76, 239, [492]
A. *serrulatoides* 42, 229, [15]		*Arisaema abei* 178, 268, [1913]
A. *sieboldiana* 42, 229, [16]		
Alpinia boninsimensis 188, 272, [2092]		
Amana latifolia 154, 263, [1638]		
Amblystegium calcareum		

Arisaema aequinoctiale 178, 268, [1914]	*Arisaema undulatifolium* subsp. *undulatifolium* 178, 269, [1959]	*Asarum hexalobum* var. *hexalobum* 61, 234, [265]
A. *angustatum* 179, 268, [1915]	A. *undulatifolium* subsp. *uwajimense* 178, 269, [1959]	A. *hexalobum* var. *perfectum* 61, 234, [266]
A. *aprile* 177, 268, [1916]	A. *unzenense* 179, 269, [1960]	A. *ikegamii* var. *fujimakii* 61, 234, [267]
A. *cucullatum* 178, 269, [1917]	A. *yamatense* subsp. *sugimotoi* 178, 269, [1962]	A. *ikegamii* var. *ikegamii* 61, 234, [267]
A. *ehimense* 178, 269, [1918]	A. *yamatense* subsp. *yamatense* 178, 269, [1961]	A. *kinoshitae* 61, 234, [268]
A. *galeiforme* 179, 269, [1919]	*Aristida boninensis* 169, 265, [1759]	A. *kiusianum* 62, 234, [269]
A. *hatizyoense* 179, 269, [1920]	A. *takeoi* 169, 265, [1760]	A. *kooyanum* 61, 234, [270]
A. *heterocephalum* subsp. *heterocephalum* 176, 269, [1921]	*Aristolochia kaempferi* var. *kaempferi* 60, 234, [247]	A. *kumageanum* var. *kumageanum* 62, 234, [271]
A. *heterocephalum* subsp. *majus* 176, 269, [1922]	A. *kaempferi* var. *tanzawana* 60, 234, [248]	A. *kumageanum* var. *satakeanum* 62, 234, [271]
A. *heterocephalum* subsp. *okinawense* 176, 269, [1922]	A. *liukiuensis* 60, 234, [249]	A. *kurosawae* 61, 234, [272]
A. *inaense* 177, 269, [1923]	*Arnica mallotopus* 141, 256, [1292]	A. *leucosepalum* 62, 234, [273]
A. *ishizuchiense* 177, 269, [1924]	*Artemisia congesta* 153, 256, [1293]	A. *lutchuense* 62, 234, [274]
A. *iyoanum* subsp. *iyoanum* 178, 269, [1925]	A. *kitadakensis* 152, 256, [1294]	A. *megacalyx* 60, 234, [275]
A. *iyoanum* subsp. *nakaianum* 178, 269, [1926]	A. *koidzumii* var. *megaphylla* 152, 256, [1295]	A. *minamitanianum* 62, 234, [276]
A. *kawashimae* 178, 269, [1927]	A. *momiyamae* 152, 256, [1296]	A. *mitoanum* 62, 234, [277]
A. *kishidae* 178, 269, [1928]	A. *monophylla* 152, 256, [1297]	A. *monodoriflorum* 62, 234, [278]
A. *kiushianum* 177, 269, [1929]	A. *pedunculosa* 152, 256, [1298]	A. *muramatsui* 61, 234, [279]
A. *kuratae* 177, 269, [1930]	A. *sinanensis* 152, 256, [1299]	A. *nipponicum* var. *nankaiese* 61, 234, [280]
A. *limbatum* 178, 269, [1931]	A. *trifurcata* var. *pedunculosa* 152, 256, [1300]	A. *nipponicum* var. *nipponicum* 61, 234, [280]
A. *longilaminum* 179, 269, [1932]	*Aruncus dioicus* var. *astilboides* 79, 239, [493]	A. *okinawense* 62, 234, [281]
A. *longipedunculatum* 177, 269, [1933]	A. *dioicus* var. *insularis* 79, 239, [493]	A. *pellucidum* 62, 234, [282]
A. *maekawae* 179, 269, [1934]	*Arundinella hirta* var. *glauca* 167, 265, [1761]	A. *rigescens* var. *brachypodion* 61, 234, [283]
A. *maximowiczii* 178, 269, [1935]	A. *riparia* subsp. *breviaristata* 167, 265, [1763]	A. *rigescens* var. *rigescens* 61, 234, [283]
A. *mayebarae* 179, 269, [1936]	A. *riparia* subsp. *riparia* 167, 265, [1762]	A. *sakawanum* 61, 234, [284]
A. *minamitanii* 178, 269, [1937]	*Asarum asaroides* 62, 234, [250]	A. *satsumense* 62, 234, [285]
A. *minus* 178, 269, [1938]	A. *asperum* var. *asperum* 61, 234, [251]	A. *savatieri* subsp. *pseudosavatieri* var. *iseanum* 61, 234, [287]
A. *monophyllum* 178, 269, [1939]	A. *asperum* var. *geaster* 61, 234, [251]	A. *savatieri* subsp. *pseudosavatieri* var. *pseudosavatieri* 61, 234, [287]
A. *nagiense* 177, 269, [1940]	A. *blumei* 61, 234, [252]	A. *savatieri* subsp. *savatieri* 61, 234, [286]
A. *nambae* 178, 269, [1941]	A. *celsum* 62, 234, [253]	A. *senkakuinsulare* 62, 234, [288]
A. *negishii* 176, 269, [1942]	A. *costatum* 61, 234, [254]	A. *sieboldii* var. *dimidiatum* 60, 234, [289]
A. *nikoense* subsp. *alpicola* 177, 269, [1944]	A. *crassum* 62, 234, [255]	A. *simile* 62, 234, [290]
A. *nikoense* subsp. *australe* 177, 269, [1943]	A. *curvistigma* 61, 234, [256]	A. *stellatum* 61, 234, [291]
A. *nikoense* subsp. *brevicollum* 177, 269, [1945]	A. *dilatatum* 61, 234, [257]	A. *subglobosum* 62, 234, [292]
A. *nikoense* subsp. *nikoense* 177, 269, [1943]	A. *dissitum* 62, 234, [258]	A. *tamaense* 61, 234, [293]
A. *ogatae* 177, 269, [1946]	A. *fauriei* var. *fauriei* 60, 234, [259]	A. *tokarense* 62, 234, [294]
A. *ovale* 177, 269, [1947]	A. *fauriei* var. *nakaianum* 60, 234, [259]	A. *trigynum* 62, 235, [295]
A. *planilaminum* 179, 269, [1948]	A. *fauriei* var. *takaoi* 60, 234, [260]	A. *trinacriforme* 62, 235, [296]
A. *sazensoo* 177, 269, [1949]	A. *fudsinoi* 62, 234, [261]	A. *unzen* 62, 235, [297]
A. *seppikoense* 178, 269, [1950]	A. *gelasinum* 62, 234, [262]	A. *yaeyamense* 62, 235, [298]
A. *sikokianum* 177, 269, [1951]	A. *gusk* 62, 234, [263]	A. *yakusimense* 62, 235, [299]
A. *solenochlamis* 179, 269, [1952]	A. *hatsushimae* 62, 234, [264]	A. *yoshikawae* 61, 235, [300]
A. *suwoense* 179, 269, [1953]	A. *hexalobum* var. *controversum* 61, 234, [265]	*Asparagus kiusianus* 156, 263, [1639]
A. *takedae* 179, 269, [1954]		*Asperula trifida* 118, 250, [1030]
A. *tashiroi* 179, 269, [1955]		*Asplenium micantifrons*
A. *ternatipartitum* 177, 269, [1956]		
A. *thunbergii* subsp. *urashima* 177, 269, [1957]		
A. *tosaense* 178, 269, [1958]		

        203, 275, [2238]
Asplenium oligophlebium var. *iezimaense*
        203, 275, [2239]
 A. oligophlebium var. *oligophlebium*
        203, 275, [2239]
Aster ageratoides var. *intermedius*
        145, 256, [1301]
 A. ageratoides var. *oligocephalus*
        145, 256, [1301]
 A. ageratoides var. *ovalifolius*
        145, 256, [1302]
 A. ageratoides var. *tenuifolius*
        145, 256, [1302]
 A. arenarius 146, 256, [1303]
 A. dimorphophyllus 145, 256, [1304]
 A. glehnii var. *hondoensis*
        146, 256, [1305]
 A. hispidus var. *insularis*
        146, 257, [1307]
 A. hispidus var. *koidzumianus*
        146, 257, [1306]
 A. hispidus var. *leptocladus*
        146, 257, [1308]
 A. iinumae 146, 257, [1309]
 A. kantoensis 146, 257, [1310]
 A. komonoensis 145, 257, [1311]
 A. microcephalus var. *microcephalus*
        146, 257, [1312]
 A. microcephalus var. *ovatus*
        146, 257, [1313]
 A. miquelianus 146, 257, [1314]
 A. miyagii 146, 257, [1315]
 A. rugulosus var. *rugulosus*
        145, 257, [1316]
 A. rugulosus var. *shibukawaensis*
        145, 257, [1317]
 A. satsumensis 145, 257, [1318]
 A. savatieri var. *pygmaeus*
        145, 257, [1320]
 A. savatieri var. *savatieri*
        145, 257, [1319]
 A. semiamplexicaulis 145, 257, [1321]
 A. sohayakiensis 145, 257, [1322]
 A. sugimotoi 145, 257, [1323]
 A. taiwanensis var. *lucens*
        145, 257, [1324]
 A. tenuipes 145, 257, [1325]
 A. viscidulus var. *alpina*
        146, 257, [1327]
 A. viscidulus var. *viscidulus*
        146, 257, [1326]
 A. walkeri 146, 257, [1328]
 A. yakushimensis 146, 257, [1329]
 A. yomena var. *dentatus*
        146, 257, [1331]
 A. yomena var. *yomena*
        146, 257, [1330]
 A. yoshinaganus 145, 257, [1332]
Asterella mussuriensis var. *crassa*

        225, 280, [2487]
Astilbe formosa 69, 236, [391]
 A. glaberrima var. *glaberrima*
        69, 236, [392]
 A. glaberrima var. *saxatilis*
        69, 237, [393]
 A. hachijoensis 69, 237, [394]
 A. japonica 69, 237, [395]
 A. microphylla var. *microphylla*
        69, 237, [396]
 A. microphylla var. *riparia*
        69, 237, [396]
 A. odontophylla var. *bandaica*
        70, 237, [398]
 A. odontophylla var. *odontophylla*
        70, 237, [397]
 A. okuyamae 69, 237, [399]
 A. platyphylla 69, 237, [400]
 A. shikokiana var. *shikokiana*
        70, 237, [401]
 A. shikokiana var. *sikokumontana*
        70, 237, [402]
 A. shikokiana var. *surculosa*
        70, 237, [402]
 A. simplicifolia 69, 237, [403]
 A. thunbergii var. *fujisanensis*
        70, 237, [405]
 A. thunbergii var. *kiusiana*
        70, 237, [405]
 A. thunbergii var. *longipedicellata*
        70, 237, [404]
 A. thunbergii var. *thunbergii*
        69, 237, [404]
Astragalus reflexistipulus
        80, 240, [549]
 A. shiroumensis 80, 240, [550]
 A. sikokianus 80, 240, [551]
 A. tokachiensis 80, 240, [552]
 A. yamamotoi 80, 240, [553]
Athyrium kenzo-satakei
        204, 275, [2240]
 A. kirisimaense 204, 275, [2241]
 A. masamunei 204, 275, [2242]
 A. neglectum subsp. *australe*
        204, 275, [2244]
 A. neglectum subsp. *neglectum*
        204, 275, [2243]
 A. nikkoense 204, 275, [2245]
 A. oblitescens 204, 275, [2246]
 A. otophorum var. *okanum*
        204, 275, [2247]
 A. palustre 204, 275, [2248]
 A. pinetorum 204, 275, [2249]
 A. setuligerum 204, 275, [2250]
 A. spinescens 204, 275, [2251]
 A. viridescentipes 204, 275, [2252]
 A. wardii var. *inadae*
        204, 275, [2253]
 A. yakusimense 204, 275, [2254]

Aucuba japonica var. *borealis*
        97, 244, [761]
Azolla japonica 200, 274, [2211]

【B】
Balanophora japonica 45, 230, [61]
 B. nipponica 45, 230, [62]
Barbula hiroshii 214, 277, [2355]
 B. horrinervis 214, 277, [2356]
Barnardia japonica var. *litoralis*
        158, 263, [1640]
 B. japonica var. *major*
        158, 263, [1640]
Bauhinia japonica 80, 240, [554]
Berberis sieboldii 59, 233, [231]
 B. thunbergii 59, 233, [232]
 B. tschonoskyana 59, 233, [233]
Berchemia longiracemosa
        89, 242, [664]
 B. pauciflora 89, 242, [665]
 B. racemosa 89, 242, [666]
Berchemiella berchemiifolia
        90, 242, [667]
Betula apoiensis 42, 229, [17]
 B. chichibuensis 42, 229, [18]
 B. corylifolia 42, 229, [19]
 B. davurica var. *okuboi* 42, 229, [20]
 B. ermanii var. *japonica*
        42, 229, [21]
 B. globispica 42, 229, [22]
 B. grossa 42, 229, [23]
 B. maximowicziana 42, 229, [24]
Bidens biternata var. *mayebarae*
        146, 257, [1333]
Bistorta abukumensis 46, 230, [64]
 B. hayachinensis 46, 230, [65]
 B. tenuicaulis var. *chionophila*
        46, 230, [66]
 B. tenuicaulis var. *tenuicaulis*
        46, 230, [66]
Blechnum amabile 206, 275, [2272]
 B. castaneum 206, 275, [2273]
 B. niponicum 206, 275, [2274]
Blumea conspicua 149, 257, [1334]
Boehmeria arenicola 45, 229, [42]
 B. biloba 45, 229, [43]
 B. gigantea 45, 229, [44]
 B. japonica var. *longispica*
        44, 229, [45]
 B. kiusiana 45, 229, [46]
 B. nakashimae 45, 229, [47]
 B. spicata var. *microphylla*
        44, 229, [48]
 B. tosaensis 45, 229, [49]
 B. yaeyamensis 45, 229, [50]
Boninia glabra xiii, 84, 241, [601]
 B. grisea var. *crassifolia*
        84, 241, [603]
 B. grisea var. *grisea* 84, 241, [602]

Botrychium atrovirens
      199, 274, [2193]
 B. microphyllum 199, 274, [2194]
 B. nipponicum var. *minus*
      199, 274, [2195]
 B. ternatum var. *pseudoternatum*
      199, 274, [2196]
 B. triangularifolium 199, 274, [2197]
Boykinia lycoctonifolia
      69, 237, [406]
Brachydontium noguchii
      212, 277, [2340]
 B. pseudodonnianum
      212, 277, [2341]
Brachythecium camptothecioides
      218, 278, [2404]
 B. hastile 218, 278, [2405]
 B. nitidulum 218, 278, [2406]
 B. otaruense 218, 278, [2407]
 B. pseudo-uematsui
      218, 278, [2408]
 B. uyematsui 218, 278, [2409]
Bredia okinawensis 96, 244, [753]
 B. yaeyamensis 96, 244, [754]
Brotherella complanata
      219, 279, [2415]
Bryhnia tenerrima 219, 278, [2410]
 B. tokubuchii 219, 278, [2411]
Bryoerythrophyllum linearifolium
      213, 277, [2357]
 B. rubrum var. *minus*
      213, 277, [2358]
Buddleja japonica 127, 253, [1149]
Bulbophyllum boninense
      192, 272, [2096]
Bupleurum longiradiatum var.
 pseudonipponicum 101, 245, [803]
 B. longiradiatum var. *shikotanense*
      101, 245, [803]
 B. nipponicum var. *nipponicum*
      101, 245, [804]
 B. nipponicum var. *yesoense*
      102, 245, [804]
Buxus microphylla var. *japonica*
      88, 242, [660]
 B. microphylla var. *kitashimae*
      88, 242, [661]
 B. microphylla var. *riparia*
      88, 242, [661]

【C】
Calamagrostis adpressiramea
      167, 265, [1764]
 C. autumnalis subsp. *autumnalis* var.
  autumnalis 168, 265, [1765]
 C. autumnalis subsp. *autumnalis* var.
  microtis 168, 265, [1766]
 C. autumnalis subsp. *insularis*
      168, 265, [1766]

Calamagrostis fauriei var. *fauriei*
      168, 265, [1767]
 C. fauriei var. *intermedia*
      168, 265, [1768]
 C. gigas 168, 265, [1769]
 C. grandiseta 168, 265, [1770]
 C. longiseta 168, 265, [1771]
 C. masamunei 168, 265, [1772]
 C. matsumurae 168, 265, [1773]
 C. nana subsp. *hayachinensis*
      168, 265, [1775]
 C. nana subsp. *nana*
      168, 265, [1774]
 C. nana subsp. *ohminensis*
      168, 265, [1775]
 C. onibitoana 168, 265, [1776]
 C. tashiroi subsp. *sikokiana*
      168, 265, [1777]
 C. tashiroi subsp. *tashiroi*
      168, 265, [1777]
Calanthe amamiana
      189, 272, [2097]
 C. bungoana 189, 272, [2098]
 C. hattorii 189, 272, [2099]
 C. hoshii 189, 272, [2100]
 C. izuinsularis 189, 272, [2101]
Callianthemum hondoense
      52, 232, [164]
 C. kirigishiense 52, 232, [165]
 C. miyabeanum 52, 232, [166]
Callicarpa glabra 121, 251, [1072]
 C. oshimensis var. *iriomotensis*
      121, 251, [1073]
 C. oshimensis var. *okinawensis*
      121, 251, [1074]
 C. oshimensis var. *oshimensis*
      121, 251, [1073]
 C. parvifolia 121, 251, [1075]
 C. shikokiana 121, 251, [1076]
 C. subpubescens 122, 251, [1077]
Caloscordum inutile
      159, 263, [1641]
Calymperes boninense
      213, 277, [2352]
Calypogeia angusta 221, 279, [2429]
 C. asakawana 221, 279, [2430]
 C. contracta 221, 279, [2431]
 C. fujisana 221, 279, [2432]
 C. neesiana subsp. *subalpina*
      221, 279, [2433]
Camellia japonica var. *decumbens*
      63, 235, [304]
 C. lutchuensis 63, 235, [305]
 C. sasanqua 63, 235, [306]
Campanula microdonta
      137, 256, [1268]
 C. punctata var. *hondoensis*
      137, 256, [1269]
Cardamine anemonoides

      66, 236, [357]
Cardamine appendiculata
      66, 236, [358]
 C. arakiana 66, 236, [359]
 C. niigatensis 66, 236, [360]
 C. tanakae 66, 236, [361]
Cardiandra alternifolia subsp. *alternifolia*
 var. *alternifolia*
      75, 237, [407]
 C. alternifolia subsp. *alternifolia* var.
  hakonensis 75, 237, [408]
 C. amamiohsimensis 75, 237, [409]
Carex albata var. *franchetiana*
      181, 270, [1967]
 C. alterniflora var. *arimaensis*
      185, 270, [1968]
 C. alterniflora var. *aureobrunnea*
      185, 270, [1968]
 C. alterniflora var. *fulva*
      185, 270, [1969]
 C. angustisquama 182, 270, [1970]
 C. aphyllopus var. *aphyllopus*
      182, 270, [1971]
 C. aphyllopus var. *impura*
      182, 270, [1971]
 C. apoiensis 182, 270, [1972]
 C. arakiana 187, 270, [1973]
 C. augustini 183, 270, [1974]
 C. bitchuensis 186, 270, [1975]
 C. boninensis 183, 270, [1976]
 C. chichijimensis 181, 270, [1977]
 C. chrysolepis 186, 270, [1978]
 C. clivorum 185, 270, [1979]
 C. collifera 183, 270, [1980]
 C. confertiflora 187, 270, [1981]
 C. conica var. *scabrifolia*
      183, 270, [1982]
 C. conicoides Honda 185, 270, [1983]
 C. curvicollis 182, 270, [1984]
 C. daisenensis 184, 270, [1985]
 C. discoidea var. *discoidea*
      185, 270, [1986]
 C. discoidea var. *perangusta*
      186, 270, [1987]
 C. dissitiflora 182, 270, [1988]
 C. doenitzii var. *doenitzii*
      182, 270, [1989]
 C. doenitzii var. *okuboi*
      182, 270, [1989]
 C. filipes var. *filipes* 186, 270, [1990]
 C. filipes var. *kuzakaiensis*
      186, 270, [1990]
 C. flabellata 182, 270, [1991]
 C. foliosissima var. *pallidivaginata*
      184, 270, [1992]
 C. fulta 181, 270, [1993]
 C. gifuensis 186, 270, [1994]
 C. grallatoria var. *grallatoria*
      180, 270, [1995]

Carex hachijoensis 184, 270, [1996]	*Carex planata* var. *angustealata* 181, 271, [2036]	*Celtis boninensis* 43, 229, [36]
C. hakonemontana 185, 270, [1997]	*C. planata* var. *planata* 181, 271, [2035]	*Cephalotaxus harringtonia* var. *nana* 197, 274, [2186]
C. hashimotoi 186, 270, [1998]	*C. podogyna* 182, 271, [2037]	*Cephaloziella acanthophora* 221, 279, [2434]
C. hattoriana 181, 270, [1999]	*C. pudica* 185, 271, [2038]	*Cerastium arvense* var. *mistumorense* 48, 230, [77]
C. hirtifructus 186, 270, [2000]	*C. pyrenaica* var. *altior* 181, 271, [2039]	*C. schizopetalum* var. *bifidum* 48, 230, [79]
C. hondoensis 187, 270, [2001]	*C. raouyana* 187, 271, [2042]	*C. schizopetalum* var. *schizopetalum* 48, 230, [78]
C. hymenodon 187, 270, [2002]	*C. reinii* 183, 271, [2040]	*Cerasus apetala* var. *apetala* 77, 239, [494]
C. incisa 182, 270, [2003]	*C. rhizopoda* 181, 271, [2041]	*C. apetala* var. *montica* 77, 239, [495]
C. insaniae 183, 270, [2004]	*C. ruralis* 181, 271, [2043]	*C. apetala* var. *pilosa* 77, 239, [495]
C. ischnostachya var. *fastigiata* 187, 270, [2005]	*C. sachalinensis* var. *elongatula* 185, 271, [2044]	*C. incisa* var. *bukosanensis* 77, 239, [497]
C. jubozanensis 183, 270, [2006]	*C. sachalinensis* var. *iwakiana* 185, 271, [2044]	*C. incisa* var. *incisa* 77, 239, [496]
C. kagoshimensis 183, 270, [2007]	*C. sachalinensis* var. *longiuscula* 185, 271, [2045]	*C. incisa* var. *kinkiensis* 77, 239, [497]
C. karashidaniensis 185, 270, [2008]	*C. sacrosancta* 181, 271, [2046]	*C. jamasakura* var. *chikusiensis* 77, 239, [499]
C. kiotensis 182, 270, [2009]	*C. scita* var. *brevisquama* 182, 271, [2048]	*C. jamasakura* var. *jamasakura* 77, 239, [498]
C. koyaensis var. *koyaensis* 181, 270, [2010]	*C. scita* var. *parvisquama* 182, 271, [2047]	*C. nipponica* var. *alpina* 77, 239, [500]
C. koyaensis var. *koyaensis* 181, 270, [2010]	*C. scita* var. *scita* 182, 271, [2047]	*C. sargentii* var. *akimotoi* 77, 239, [501]
C. lasiolepis 186, 270, [2011]	*C. semihyalofructa* 181, 271, [2049]	*C. speciosa* 77, 239, [502]
C. leucochlora var. *horikawae* 185, 270, [2012]	*C. senanensis* 181, 271, [2050]	*Cercidiphyllum magnificum* 50, 231, [117]
C. leucochlora var. *meridiana* 185, 270, [2013]	*C. sikokiana* 184, 271, [2051]	*Chaenomeles japonica* 79, 239, [503]
C. makinoensis 186, 270, [2014]	*C. stenantha* var. *stenantha* 186, 271, [2052]	*Chamaecyparis obtusa* var. *obtusa* 196, 273, [2179]
C. maximowiczii var. *levisaccus* 182, 270, [2015]	*C. stenostachys* var. *cuneata* 184, 271, [2054]	*C. pisifera* 196, 273, [2180]
C. mayebarana 184, 270, [2016]	*C. stenostachys* var. *stenostachys* 184, 271, [2053]	*Chamaele decumbens* var. *decumbens* 100, 245, [805]
C. miyabei 187, 270, [2017]	*C. subdita* 183, 271, [2055]	*C. decumbens* var. *gracillima* 101, 245, [806]
C. mochomuensis 186, 270, [2018]	*C. subumbellata* var. *verecunda* 186, 271, [2056]	*C. decumbens* var. *japonica* 101, 245, [807]
C. morrowii var. *laxa* 184, 270, [2020]	*C. tamakii* 181, 271, [2057]	*C. decumbens* var. *micrantha* 101, 246, [807]
C. morrowii var. *morrowii* 184, 270, [2019]	*C. tashiroana* 185, 271, [2058]	*Chamaesyce liukiuensis* 83, 241, [583]
C. multifolia var. *glaberrima* 184, 271, [2022]	*C. temnolepis* 184, 271, [2059]	*Cheilanthes brandtii* 203, 275, [2227]
C. multifolia var. *imbecillis* 184, 271, [2022]	*C. tenuinervis* 185, 271, [2060]	*C. krameri* 203, 275, [2228]
C. multifolia var. *multifolia* 184, 270, [2021]	*C. tenuior* 186, 271, [2061]	*Cheilolejeunea boninensis* 224, 279, [2467]
C. multifolia var. *pallidisquama* 184, 271, [2023]	*C. tetsuoi* 186, 271, [2062]	*Chelonopsis longipes* 124, 252, [1086]
C. multifolia var. *toriiana* 184, 271, [2023]	*C. tokarensis* 183, 271, [2063]	*C. moschata* 124, 252, [1087]
C. omiana var. *monticola* 181, 271, [2024]	*C. toyoshimae* 183, 271, [2064]	*C. yagiharana* 124, 252, [1088]
C. omiana var. *yakushimana* 181, 271, [2024]	*C. tsushimensis* 183, 271, [2065]	*Chikusichloa brachyanthera* 167, 265, [1778]
C. omurae 184, 271, [2025]	*C. tumidula* 183, 271, [2066]	*Chionographis hisauchiana* subsp. *hisauchiana* 156, 263, [1642]
C. oshimensis 184, 271, [2026]	*C. uber* 183, 271, [2067]	
C. otaruensis 182, 271, [2027]	*C. vaniotii* 187, 271, [2068]	
C. otayae 182, 271, [2028]	*C. yasuii* 183, 271, [2069]	
C. oxyandra var. *lanceata* 186, 271, [2029]	*Carpesium koidzumii* 151, 257, [1335]	
C. pachygyna 183, 271, [2030]	*C. matsuei* 152, 257, [1336]	
C. papillaticulmis 183, 271, [2031]	*C. triste* 152, 257, [1337]	
C. persistens 187, 271, [2032]	*Carpinus japonica* 42, 229, [25]	
C. phaeodon 184, 271, [2033]	*Cassytha pergracilis* 49, 231, [99]	
C. pisiformis 185, 271, [2034]	*Castanopsis sieboldii* subsp. *lutchuensis* 43, 229, [26]	
	Cavicularia densa 225, 280, [2478]	
	Cayratia yoshimurae 90, 243, [676]	

Chionographis hisauchiana subsp.
　　kurohimensis　　157, 263, [1642]
C. hisauchiana subsp. *minoensis*
　　　　　　　　157, 263, [1643]
C. koidzumiana var. *koidzumiana*
　　　　　　　　157, 263, [1644]
C. koidzumiana var. *kurokamiana*
　　　　　　　　157, 263, [1644]
Chrysanthemum arcticum subsp.
　　maekawanum　　142, 257, [1338]
C. crassum　　　　143, 257, [1339]
C. indicum var. *iyoense*
　　　　　　　　143, 257, [1340]
C. indicum var. *tsurugisanense*
　　　　　　　　143, 257, [1341]
C. japonense var. *ashizuriense*
　　　　　　　　143, 257, [1343]
C. japonense var. *japonense*
　　　　　　　　143, 257, [1342]
C. makinoi var. *makinoi*
　　　　　　　　143, 257, [1344]
C. makinoi var. *wakasaense*
　　　　　　　　143, 257, [1345]
C. okiense　　　　143, 257, [1346]
C. ornatum　　　 143, 257, [1347]
C. pacificum　　　142, 257, [1348]
C. rupestre　　　 142, 257, [1349]
C. shiwogiku var. *kinokuniense*
　　　　　　　　142, 257, [1350]
C. shiwogiku var. *shiwogiku*
　　　　　　　　142, 257, [1350]
C. yoshinaganthum　143, 257, [1351]
Chrysosplenium album var. *album*
　　　　　　　　71, 237, [410]
C. album var. *flavum*　71, 237, [410]
C. album var. *nachiense*
　　　　　　　　71, 237, [411]
C. album var. *stamineum*
　　　　　　　　71, 237, [411]
C. echinus　　　　71, 237, [412]
C. fauriei　　　　71, 237, [413]
C. grayanum　　　71, 237, [414]
C. kiotoense　　　71, 237, [415]
C. macrostemon var. *atrandrum*
　　　　　　　　72, 237, [417]
C. macrostemon var. *calicitrapa*
　　　　　　　　72, 237, [418]
C. macrostemon var. *macrostemon*
　　　　　　　　71, 237, [416]
C. macrostemon var. *shiobarense*
　　　　　　　　72, 237, [419]
C. macrostemon var. *viridescens*
　　　　　　　　72, 237, [419]
C. maximowiczii　　71, 237, [420]
C. nagasei var. *luteoflorum*
　　　　　　　　71, 237, [422]
C. nagasei var. *nagasei*　71, 237, [421]
C. nagasei var. *porphyranthes*
　　　　　　　　71, 237, [422]

Chrysosplenium pseudofauriei var.
　　nipponense　　71, 237, [423]
C. pseudopilosum var. *divaricatistylosum*
　　　　　　　　72, 237, [424]
C. pseudopilosum var. *pseudopilosum*
　　　　　　　　72, 237, [424]
C. rhabdospermum var. *rhabdospermum*
　　　　　　　　71, 237, [425]
C. rhabdospermum var. *shikokianum*
　　　　　　　　71, 237, [425]
C. tosaense　　　 72, 237, [426]
Cimicifuga japonica var. *peltata*
　　　　　　　　54, 232, [167]
Cinnamomum daphnoides
　　　　　　　　50, 231, [100]
C. doederleinii var. *doederleinii*
　　　　　　　　50, 231, [101]
C. doederleinii var. *pseudodaphnoides*
　　　　　　　　50, 231, [102]
C. pseudopedunculatum
　　　　　　　　50, 231, [103]
C. sieboldii　　　 50, 231, [104]
Cirsium aidzuense　140, 257, [1352]
C. akimontanum　　140, 257, [1353]
C. akimotoi　　　 139, 257, [1354]
C. albrechtii　　　140, 257, [1355]
C. alpicola　　　　140, 257, [1356]
C. amplexifolium　 140, 257, [1357]
C. aomorense　　　139, 257, [1358]
C. apoense　　　 139, 257, [1359]
C. ashinokuraense　141, 257, [1360]
C. austrokiushianum　139, 257, [1361]
C. babanum　　　139, 257, [1362]
C. bitchuense　　 140, 257, [1363]
C. boninense　　　138, 258, [1364]
C. boreale　　　　139, 258, [1365]
C. borealinipponense　139, 258, [1366]
C. brevicaule　　 138, 258, [1367]
C. buergeri　　　 140, 258, [1368]
C. chikushiense　　139, 258, [1369]
C. chokaiense　　 139, 258, [1370]
C. confertissimum　140, 258, [1371]
C. congestissimum　140, 258, [1372]
C. diabolicum　　 139, 258, [1373]
C. dipsacolepis var. *calcicola*
　　　　　　　　138, 258, [1375]
C. dipsacolepis var. *dipsacolepis*
　　　　　　　　138, 258, [1374]
C. domonii　　　 141, 258, [1376]
C. fauriei　　　　140, 258, [1377]
C. furusei　　　　140, 258, [1378]
C. ganjuense　　　140, 258, [1379]
C. grandirosuliferum　138, 258, [1380]
C. gratiosum　　　140, 258, [1381]
C. grayanum　　　140, 258, [1382]
C. gyojanum　　　138, 258, [1383]
C. hachijoense　　139, 258, [1384]
C. hachimantaiense　139, 258, [1385]
C. hanamakiense　　140, 258, [1386]

Cirsium happoense　140, 258, [1387]
C. heiianum　　　140, 258, [1388]
C. hidakamontanum
　　　　　　　　139, 258, [1389]
C. hidapaludosum　139, 258, [1390]
C. hokkokuense　　140, 258, [1391]
C. homolepis　　　140, 258, [1392]
C. horiianum　　　140, 258, [1393]
C. inundatum　　　140, 258, [1394]
C. irumtiense　　 138, 258, [1395]
C. ishizuchiense　 140, 258, [1396]
C. ito-kojianum　　139, 258, [1397]
C. japonicum var. *vestitum*
　　　　　　　　138, 258, [1398]
C. japonicum var. *villosum*
　　　　　　　　138, 258, [1398]
C. kagamontanum　140, 258, [1399]
C. katoanum　　　140, 258, [1400]
C. kirishimense　　139, 258, [1401]
C. kujuense　　　 139, 258, [1402]
C. longipedunculatum
　　　　　　　　140, 258, [1403]
C. lucens　　　　139, 258, [1404]
C. magofukui　　　138, 258, [1405]
C. makinoi　　　　140, 258, [1406]
C. maritimum　　　138, 258, [1407]
C. maruyamanum　139, 258, [1408]
C. masami-saitoanum
　　　　　　　　139, 258, [1409]
C. matsumurae　　140, 258, [1410]
C. microspicatum var. *kiotoense*
　　　　　　　　140, 258, [1412]
C. microspicatum var. *microspicatum*
　　　　　　　　140, 258, [1411]
C. muraii　　　　141, 258, [1413]
C. myokoense　　　140, 258, [1414]
C. nagatoense　　 140, 258, [1415]
C. nagisoense　　 140, 258, [1416]
C. nambuense　　　138, 258, [1417]
C. nippoense　　　140, 258, [1418]
C. norikurense　　140, 258, [1419]
C. occidentalinipponense
　　　　　　　　139, 258, [1420]
C. ohminense　　　139, 258, [1421]
C. okamotoi　　　 139, 258, [1422]
C. oligophyllum var. *nikkoense*
　　　　　　　　138, 259, [1424]
C. oligophyllum var. *oligophyllum*
　　　　　　　　138, 258, [1423]
C. opacum　　　　139, 259, [1425]
C. otayae　　　　140, 259, [1426]
C. ovalifolium　　 140, 259, [1427]
C. pectinellum　　139, 259, [1428]
C. pectinellum var. *fallax*
　　　　　　　　139, 259, [1429]
C. pseudsuffultum　139, 259, [1430]
C. purpuratum　　 138, 259, [1431]
C. sendaicum　　　141, 259, [1432]
C. senjoense　　　140, 259, [1433]

Cirsium shidokimontanum
                              141, 259, [1434]
  C. shimae   139, 259, [1435]
  C. shinanense   140, 259, [1436]
  C. sieboldii   139, 259, [1437]
  C. spicatum   140, 259, [1438]
  C. spinosum   138, 259, [1439]
  C. spinuliferum   140, 259, [1440]
  C. suffultum   139, 259, [1441]
  C. suzukaense   140, 259, [1442]
  C. takahashii   140, 259, [1443]
  C. tanegashimense   140, 259, [1444]
  C. tashiroi var. *hidaense*
                              139, 259, [1446]
  C. tashiroi var. *tashiroi*
                              139, 259, [1445]
  C. tenue   140, 259, [1447]
  C. tenuipedunculatum
                              140, 259, [1448]
  C. tenuisquamatum   139, 259, [1449]
  C. togaense   141, 259, [1450]
  C. tonense   140, 259, [1451]
  C. uetsuense   140, 259, [1452]
  C. ugoense   140, 259, [1453]
  C. umezawanum   140, 259, [1454]
  C. unzenense   139, 259, [1455]
  C. uzenense   140, 259, [1456]
  C. wakasugianum   140, 259, [1457]
  C. yakusimense   139, 259, [1458]
  C. yamauchii   140, 259, [1459]
  C. yatsualpicola   140, 259, [1460]
  C. yezoense   139, 259, [1461]
  C. yoshidae   138, 259, [1462]
  C. yoshinoi   140, 259, [1463]
  C. yuzawae   140, 259, [1464]
  C. zawoense   140, 259, [1465]
Cladrastis sikokiana   81, 240, [555]
Claoxylon centinarium
                              83, 241, [584]
Clematis apiifolia var. *biternata*
                              55, 232, [168]
  C. fujisanensis   55, 232, [169]
  C. japonica   54, 232, [170]
  C. obvallata var. *obvallata*
                              54, 232, [171]
  C. obvallata var. *shikokiana*
                              55, 232, [172]
  C. ochotensis var. *japonica*
                              54, 232, [173]
  C. ovatifolia   55, 232, [174]
  C. satomiana   55, 232, [175]
  C. sibiricoides   54, 232, [176]
  C. speciosa   55, 232, [177]
  C. stans var. *austrojaponensis*
                              55, 232, [178]
  C. stans var. *stans*   55, 232, [178]
  C. takedana   55, 232, [179]
  C. tosaensis   55, 232, [180]
  C. williamsii   55, 232, [181]

Clinopodium latifolium
                              126, 252, [1089]
  C. macranthum   126, 252, [1090]
  C. multicaule var. *minimum*
                              126, 252, [1091]
Clinostigma savoryanum
                              176, 268, [1910]
Codonopsis lanceolata var. *omurae*
                              137, 256, [1270]
Coelachne japonica   169, 265, [1779]
Coelopleurum multisectum var.
  multisectum   99, 246, [808]
  C. multisectum var. *trichocarpum*
                              99, 246, [808]
Cololejeunea inoueana
                              224, 280, [2468]
  C. nakajimae   224, 280, [2469]
  C. uchimae   224, 280, [2470]
Comastoma sectum   114, 249, [986]
Comospermum yedoense
                              xvii, 156, 263, [1645]
Coniogramme gracilis
                              203, 275, [2229]
Coptis japonica var. *anemonifolia*
                              51, 232, [183]
  C. japonica var. *japonica*
                              51, 232, [182]
  C. japonica var. *major* 51, 232, [183]
  C. lutescens   51, 232, [184]
  C. minamitaniana   51, 232, [185]
  C. quinquefolia var. *quinquefolia*
                              51, 232, [186]
  C. quinquefolia var. *shikokumontana*
                              51, 232, [186]
  C. ramosa   51, 232, [187]
  C. trifoliolata   51, 232, [188]
Corydalis capillipes   65, 235, [349]
  C. curvicalcarata   65, 236, [350]
  C. kushiroensis   66, 236, [351]
  C. lineariloba var. *capillaris*
                              66, 236, [352]
  C. lineariloba var. *papilligera*
                              66, 236, [352]
Corylopsis glabrescens   67, 236, [366]
  C. spicata   67, 236, [367]
Cremastra aphylla   190, 272, [2102]
Crepidiastrum ameristophyllum
                              141, 259, [1466]
  C. grandicollum   141, 259, [1467]
  C. keiskeanum   141, 259, [1468]
  C. linguifolium   141, 259, [1469]
  C. platyphyllum   141, 259, [1470]
Crepis gymnopus   150, 259, [1471]
Croomia heterosepala
                              161, 264, [1724]
  C. hyugaensis   161, 264, [1725]
  C. saitoana   161, 264, [1726]
Crypsinus yakuinsularis
                              210, 276, [2317]

Cryptomeria japonica
                              195, 273, [2178]
Ctenidium percrassum
                              220, 279, [2420]
  C. pulchellum   220, 279, [2421]
Ctenitis iriomotensis
                              208, 276, [2282]
  C. microlepigera   208, 276, [2283]
Ctenopteris kanashiroi
                              210, 276, [2318]
  C. sakaguchiana   210, 276, [2319]
Cyathea mertensiana
                              201, 274, [2214]
  C. ogurae   201, 274, [2215]
  C. tuyamae   201, 274, [2216]
Cycas revoluta   194, 273, [2159]
Cymbidium nipponicum
                              191, 272, [2103]
Cynanchum ambiguum
                              117, 250, [1013]
  C. ascyrifolium var. *calcareum*
                              117, 250, [1014]
  C. austrokiusianum   117, 250, [1015]
  C. doianum   117, 250, [1016]
  C. grandifolium   117, 250, [1017]
  C. katoi   117, 250, [1018]
  C. liukiuense   117, 250, [1019]
  C. magnificum   117, 250, [1020]
  C. matsumurae   117, 250, [1021]
  C. sublanceolatum var. *kinokuniense*
                              117, 250, [1023]
  C. sublanceolatum var. *macranthum*
                              117, 250, [1023]
  C. sublanceolatum var. *sublanceolatum*
                              117, 250, [1022]
  C. yamanakae   117, 250, [1024]
  C. yonakuniense   117, 250, [1025]
Cynodon dactylon var. *nipponicus*
                              165, 265, [1780]
Cyperus extremiorientalis
                              180, 271, [2070]
  C. niigatensis   180, 271, [2071]
  C. rotundus var. *yoshinagae*
                              180, 271, [2072]
Cypripedium macranthos var. *rebunense*
                              188, 272, [2104]
Cyrtomium falcatum subsp. *littorale*
                              209, 276, [2284]
  C. fortunei var. *atropunctatum*
                              209, 276, [2285]

【D】
Damnacanthus biflorus
                              118, 250, [1031]
  D. macrophyllus   117, 250, [1032]
Daphne miyabeana   92, 243, [689]
Daphnimorpha capitellata
                              xiii, 92, 243, [690]
  D. kudoi   xiii, 92, 243, [691]

Daphniphyllum macropodum var. *humile* 84, 241, [600]	*Dicranoloma cylindrothecium* var. *maedae* 213, 277, [2349]	*Dryopteris hadanoi* 208, 276, [2291]
Deinanthe bifida 75, 237, [427]	*Didymodon leskeoides* 214, 277, [2359]	*D. insularis* var. *chichisimensis* 208, 276, [2293]
Dendrocacalia crepidifolia xvi, 153, 259, [1472]	*Digitaria violascens* var. *intersita* 169, 265, [1782]	*D. insularis* var. *insularis* 208, 276, [2292]
Deparia bonincola 205, 275, [2255]	*Dioscorea asclepiadea* 161, 264, [1728]	*D. kinokuniensis* 208, 276, [2294]
D. minamitanii 205, 275, [2256]	*D. septemloba* var. *sititoana* 161, 264, [1729]	*D. koidzumiana* 208, 276, [2295]
D. otomasui 205, 275, [2257]	*D. tabatae* 161, 264, [1730]	*D. sabae* 208, 276, [2296]
D. petersenii var. *yakusimensis* 205, 275, [2258]	*Diphyscium perminutum* 211, 277, [2329]	*D. shibipedis* 208, 276, [2297]
D. pseudoconilii 205, 275, [2259]	*D. suzukii* 211, 277, [2330]	*D. shiroumensis* 208, 276, [2298]
D. pseudoconilii var. *subdeltoidofrons* 205, 275, [2260]	*Diplazium amamianum* 205, 275, [2261]	*D. simasakii* var. *simasakii* 207, 276, [2299]
Deschampsia cespitosa var. *levis* 166, 265, [1781]	*D. deciduum* 205, 275, [2262]	*D. sparsa* var. *ryukyuensis* 208, 276, [2300]
Deutzia bungoensis 75, 237, [428]	*D. dilatatum* var. *heterolepis* 205, 275, [2263]	*D. tsugiwoi* 208, 276, [2301]
D. crenata var. *crenata* 74, 237, [429]	*D. hayatamae* 205, 275, [2264]	*D. tsutsuiana* 207, 276, [2302]
D. crenata var. *heterotricha* 75, 237, [430]	*D. longicarpum* 205, 275, [2265]	*D. yakusilvicola* 208, 276, [2303]
D. floribunda 74, 237, [431]	*D. subtripinnatum* 205, 275, [2266]	*Drypetes integerrima* 84, 241, [585]
D. gracilis 75, 237, [432]	*D. wichurae* var. *amabile* 205, 275, [2267]	*Dystaenia ibukiensis* 100, 246, [809]
D. hatusimae 75, 237, [433]	*Diplomorpha albiflora* 91, 243, [692]	【E】
D. maximowicziana 75, 237, [434]	*D. pauciflora* 91, 243, [693]	*Ectropothecium andoi* 220, 279, [2422]
D. naseana var. *amanoi* 75, 238, [435]	*D. phymatoglossa* 91, 243, [694]	*Elaeagnus arakiana* 92, 243, [698]
D. naseana var. *naseana* 75, 238, [435]	*D. sikokiana* 91, 243, [695]	*E. epitricha* 92, 243, [699]
D. ogatae 74, 238, [436]	*D. yakushimensis* 91, 243, [696]	*E. liukiuensis* 92, 243, [700]
D. scabra var. *scabra* 75, 238, [437]	*Disporum lutescens* 157, 263, [1646]	*E. matsunoana* 92, 243, [701]
D. scabra var. *sieboldiana* 75, 238, [438]	*D. sessile* var. *micranthum* 157, 263, [1647]	*E. montana* var. *montana* 92, 243, [702]
D. uniflora 74, 238, [439]	*D. sessile* var. *minus* 157, 263, [1647]	*E. montana* var. *ovata* 92, 243, [703]
D. yaeyamensis 75, 238, [440]	*Distichophyllum yakumontanum* 216, 278, [2381]	*E. multiflora* var. *hortensis* 92, 243, [705]
D. zentaroana 75, 238, [441]	*Distylium lepidotum* 67, 236, [368]	*E. multiflora* var. *multiflora* 92, 243, [704]
Dianthus kiusianus 47, 230, [80]	*Ditrichum brevisetum* 212, 277, [2337]	*E. murakamiana* 92, 243, [706]
D. shinanensis 47, 230, [81]	*D. sekii* 212, 277, [2338]	*E. numajiriana* 92, 243, [707]
Diaspananthus uniflorus xv, 143, 259, [1473]	*Dolichomitra cymbifolia* var. *subintegerrima* 217, 278, [2391]	*E. rotundata* 92, 243, [708]
Dichelyma japonicum 216, 278, [2382]	*Dolichomitriopsis crenulata* 217, 278, [2392]	*E. takeshitae* 92, 243, [709]
Dichocarpum dicarpon 54, 232, [189]	*D. obtusifolia* 217, 278, [2393]	*E. umbellata* var. *rotundifolia* 92, 243, [710]
D. hakonense 54, 232, [190]	*Draba japonica* 66, 236, [362]	*E. yakusimensis* 92, 243, [711]
D. nipponicum 54, 232, [191]	*D. kitadakensis* 66, 236, [363]	*E. yoshinoi* 92, 243, [712]
D. numajirianum 54, 232, [192]	*D. sakuraii* 66, 236, [364]	*Elaeocarpus photiniifolius* 90, 243, [681]
D. pterigionocaudatum 54, 232, [193]	*D. shiroumana* 66, 236, [365]	*Elaphoglossum tosaense* 206, 276, [2304]
D. sarmentosum 54, 232, [194]	*Drepanolejeunea obtusifolia* 224, 280, [2471]	*Elatostema densiflorum* 44, 230, [51]
D. stoloniferum 54, 232, [195]	*Drosera tokaiensis* 65, 235, [348]	*E. japonicum* var. *japonicum* 44, 230, [52]
D. trachyspermum 54, 232, [196]	*Dryopteris anadroma* 208, 276, [2286]	*E. laetevirens* 44, 230, [53]
D. univalve 54, 233, [197]	*D. anthracinisquama* 207, 276, [2287]	*E. oshimense* 44, 230, [54]
Dicranella dilatatinervis 212, 277, [2342]	*D. commixta* 207, 276, [2288]	*E. suzukii* 44, 230, [55]
D. ditrichoides 212, 277, [2343]	*D. ebinoensis* 207, 276, [2289]	*E. yakushimense* 44, 230, [56]
D. globuligera 212, 277, [2344]	*D. gymnosora* var. *angustata* 207, 276, [2290]	*E. yonakuniense* 44, 230, [57]
D. mayebarae 212, 277, [2345]		*Eleocharis parvinux* 187, 271, [2073]
D. subsecunda 212, 277, [2346]		*E. tsurumachii* 188, 271, [2074]
D. yezoana 213, 277, [2347]		*Eleorchis japonica* var. *conformis*
Dicranoloma cylindrothecium var. *brachycarpum* 213, 277, [2348]		

190, 272, [2105]
Eleutherococcus higoensis
　　　　　　　　　98, 245, [765]
　E. hypoleucus　　　98, 245, [766]
　E. innovans　　　　98, 245, [767]
　E. sciadophylloides　98, 245, [768]
　E. spinosus var. *japonicus*
　　　　　　　　　97, 245, [770]
　E. spinosus var. *nikaianus*
　　　　　　　　　97, 245, [771]
　E. spinosus var. *spinosus*
　　　　　　　　　97, 245, [769]
　E. trichodon　　　97, 245, [772]
Elliottia bracteata　108, 246, [837]
　E. paniculata　　　108, 246, [838]
Ellisiophyllum pinnatum var. *reptans*
　　　　　　　　　127, 253, [1150]
Elsholtzia nipponica
　　　　　　　　　126, 252, [1092]
Elymus humidus　165, 266, [1783]
　E. tsukushiensis var. *tsukushiensis*
　　　　　　　　　165, 266, [1784]
　E. yubaridakensis　165, 266, [1785]
Enkianthus campanulatus var.
　campanulatus　　108, 246, [839]
　E. campanulatus var. *longilobus*
　　　　　　　　　108, 246, [839]
　E. cernuus　　　108, 246, [840]
　E. nudipes　　　108, 246, [841]
　E. sikokianus　　108, 246, [842]
　E. subsessilis　　108, 246, [843]
Ephippianthus sawadanus
　　　　　　　　　190, 272, [2106]
Epigaea asiatica　　104, 246, [844]
Epimedium diphyllum var. *diphyllum*
　　　　　　　　　58, 233, [234]
　E. diphyllum var. *kitamuranum*
　　　　　　　　　58, 233, [235]
　E. grandiflorum var. *grandiflorum*
　　　　　　　　　58, 233, [236]
　E. grandiflorum var. *thunbergianum*
　　　　　　　　　58, 233, [236]
　E. sempervirens var. *rugosum*
　　　　　　　　　58, 233, [238]
　E. sempervirens var. *sempervirens*
　　　　　　　　　58, 233, [237]
　E. trifoliatobinatum var. *maritimum*
　　　　　　　　　58, 233, [239]
　E. trifoliatobinatum var.
　　trifoliatobinatum　58, 233, [239]
Eragrostis aquatica　166, 266, [1786]
Eranthis keiskei　　54, 233, [198]
Erigeron acer var. *amplifolius*
　　　　　　　　　150, 259, [1474]
　E. acer var. *linearifolius*
　　　　　　　　　151, 259, [1475]
　E. miyabeanus　151, 259, [1476]
　E. thunbergii subsp. *glabratus* var.
　　angustifolius　151, 259, [1478]

Erigeron thunbergii subsp. *glabratus* var.
　heterotrichus　151, 259, [1478]
　E. thunbergii subsp. *thunbergii*
　　　　　　　　　151, 259, [1477]
Eriocaulon cauliferum
　　　　　　　　　163, 265, [1742]
　E. dimorphoelytrum　163, 265, [1743]
　E. heleocharioides　163, 265, [1744]
　E. japonicum　　163, 265, [1745]
　E. mikawanum　163, 265, [1746]
　E. monococcon　163, 265, [1747]
　E. nudicuspe　　163, 265, [1748]
　E. pallescens　　163, 265, [1749]
　E. perplexum　　163, 265, [1750]
　E. takaii　　　163, 265, [1751]
　E. zyotanii　　163, 265, [1752]
Eritrichium nipponicum var. *albiflorum*
　　　　　　　　　121, 251, [1060]
　E. nipponicum var. *nipponicum*
　　　　　　　　　120, 251, [1059]
Euodia nishimurae　84, 241, [604]
Euonymus alatus var. *rotundatus*
　　　　　　　　　88, 242, [652]
　E. boninensis　　88, 242, [653]
　E. fortunei var. *villosus*　88, 242, [654]
　E. lanceolatus　　88, 242, [655]
　E. lutchuensis　　88, 242, [656]
　E. melananthus　　88, 242, [657]
　E. yakushimensis　88, 242, [658]
Eupatorium laciniatum
　　　　　　　　　150, 259, [1479]
　E. lindleyanum var. *yasushii*
　　　　　　　　　150, 259, [1480]
　E. luchuense　　150, 259, [1481]
　E. variabile　　150, 260, [1482]
　E. yakushimense　150, 260, [1483]
Euphorbia adenochlora
　　　　　　　　　83, 241, [586]
　E. lasiocaula var. *ibukiensis*
　　　　　　　　　83, 241, [587]
　E. pekinensis subsp. *asoensis*
　　　　　　　　　83, 241, [588]
　E. sendaica　　83, 241, [589]
　E. sieboldiana　　83, 241, [590]
　E. sinanensis　　83, 241, [591]
　E. togakusensis　83, 241, [592]
　E. watanabei subsp. *minamitanii*
　　　　　　　　　83, 241, [593]
　E. watanabei subsp. *watanabei*
　　　　　　　　　83, 241, [593]
Euphrasia hachijoensis
　　　　　　　　　128, 253, [1151]
　E. insignis subsp. *iinumae* var. *idzuensis*
　　　　　　　　　128, 253, [1157]
　E. insignis subsp. *iinumae* var. *iinumae*
　　　　　　　　　128, 253, [1156]
　E. insignis subsp. *iinumae* var. *kiusiana*
　　　　　　　　　128, 253, [1157]
　E. insignis subsp. *iinumae* var. *makinoi*

　　　　　　　　　128, 253, [1156]
　Euphrasia insignis subsp. *insignis* var.
　　insignis　　　128, 253, [1152]
　E. insignis subsp. *insignis* var. *japonica*
　　　　　　　　　128, 253, [1153]
　E. insignis subsp. *insignis* var.
　　nummularia　128, 253, [1154]
　E. insignis subsp. *insignis* var. *omiensis*
　　　　　　　　　128, 253, [1153]
　E. insignis subsp. *insignis* var. *pubigera*
　　　　　　　　　128, 253, [1154]
　E. insignis subsp. *insignis* var.
　　togakusiensis　128, 253, [1155]
　E. kisoalpina　　129, 253, [1158]
　E. matsumurae　129, 253, [1159]
　E. maximowiczii var. arcuata
　　　　　　　　　129, 253, [1160]
　E. maximowiczii var. *calcarea*
　　　　　　　　　129, 253, [1160]
　E. maximowiczii var. *yezoensis*
　　　　　　　　　129, 253, [1161]
　E. microphylla　129, 253, [1162]
　E. multifolia var. *inaensis*
　　　　　　　　　129, 253, [1163]
　E. multifolia var. *kirisimana*
　　　　　　　　　129, 253, [1163]
　E. pectinata var. *obtusiserrata*
　　　　　　　　　129, 253, [1164]
　E. yabeana　　129, 253, [1165]
Euptelea polyandra　50, 231, [116]
Eurhynchium yezoanum
　　　　　　　　　219, 278, [2412]
Eurya osimensis　　63, 235, [307]
　E. sakishimensis　63, 235, [308]
　E. yaeyamensis　　63, 235, [309]
　E. yakushimensis　63, 235, [310]
　E. zigzag　　　63, 235, [311]
Evolvulus boninensis
　　　　　　　　　120, 251, [1057]
Excoecaria formosana var. *daitoinsularis*
　　　　　　　　　83, 241, [594]

【F】
Fagus crenata　　43, 229, [27]
　F. japonica　　43, 229, [28]
Fallopia japonica var. *hachidyoensis*
　　　　　　　　　46, 230, [67]
　F. japonica var. *uzenensis*
　　　　　　　　　46, 230, [67]
Farfugium hiberniflorum
　　　　　　　　　149, 260, [1484]
　F. japonicum var. *luchuense*
　　　　　　　　　149, 260, [1485]
Fatsia japonica var. *liukiuensis*
　　　　　　　　　98, 245, [773]
　F. oligocarpella　98, 245, [774]
Fauria crista-galli subsp. *japonica*
　　　　　　　　　116, 250, [1010]
Festuca parvigluma var. *breviaristata*

164, 266, [1787]
Festuca rubra var. *hondoensis*
164, 266, [1788]
F. rubra var. *muramatsui*
164, 266, [1788]
F. takedana 164, 266, [1789]
Ficus boninsimae 44, 229, [37]
F. iidaiana 44, 229, [38]
F. nishimurae 44, 229, [39]
Filipendula auriculata
78, 239, [504]
F. multijuga var. *ciliata*
78, 239, [506]
F. multijuga var. *multijuga*
78, 239, [505]
F. tsuguwoi 78, 239, [507]
Fimbristylis boninensis
187, 271, [2075]
F. kadzusana 187, 271, [2076]
F. longispica var. *hahajimensis*
187, 271, [2077]
F. pacifica 187, 272, [2078]
F. takamineana 187, 272, [2079]
F. tashiroana 187, 272, [2080]
F. tonensis 187, 272, [2081]
Fissidens boninensis
211, 277, [2332]
F. fujiensis 211, 277, [2333]
F. neomagofukui 211, 277, [2334]
F. pseudoadelphinus 211, 277, [2335]
F. pseudohollianus 212, 277, [2336]
Forsythia japonica 113, 249, [968]
F. togashii 113, 249, [969]
Fraxinus apertisquamifera
112, 249, [970]
F. japonica 112, 249, [971]
F. lanuginosa var. *serrata*
112, 249, [972]
F. longicuspis 112, 249, [973]
F. spaethiana 112, 249, [974]
Fritillaria amabilis 158, 263, [1648]
F. ayakoana 158, 263, [1649]
F. japonica 158, 263, [1650]
F. kaiensis 158, 263, [1651]
F. koidzumiana 158, 263, [1652]
F. muraiana 158, 263, [1653]
F. shikokiana 159, 263, [1654]
Frullania amamiensis
223, 279, [2459]
F. cristata 223, 279, [2460]
F. iriomotensis 223, 279, [2461]
F. iwatsukii 223, 279, [2462]
F. okinawensis 223, 279, [2463]
F. pseudoalstonii 223, 279, [2464]
F. schensiana var. *punctata*
223, 280, [2465]
F. zennoskeana 223, 279, [2466]

【G】
Gagea japonica 155, 263, [1655]
Galearis fauriei 189, 272, [2107]
Galium kamtschaticum var. *yakusimense*
119, 250, [1033]
G. kikumugura 119, 250, [1034]
G. kinuta 119, 250, [1035]
G. nakaii 119, 250, [1036]
G. niewerthii 119, 250, [1037]
G. pogonanthum var. *trichopetalum*
119, 250, [1038]
G. pogonanthum var. *yakumontanum*
119, 251, [1038]
Gardenia boninensis
118, 251, [1039]
Gardneria nutans 114, 249, [984]
Gastrodia boninensis
189, 272, [2108]
G. nipponica 189, 272, [2109]
Gaultheria adenothrix
104, 246, [845]
G. japonica 104, 246, [846]
Geniostoma glabrum 114, 249, [985]
Gentiana laeviuscula
115, 249, [987]
G. makinoi 115, 249, [988]
G. nipponica var. *nipponica*
115, 249, [989]
G. nipponica var. *robusta*
115, 249, [990]
G. satsunanensis 115, 249, [991]
G. scabra var. *buergeri*
115, 249, [992]
G. scabra var. *kitadakensis*
115, 249, [993]
G. sikokiana 115, 249, [994]
G. takushii 116, 250, [995]
G. thunbergii var. *minor*
115, 250, [996]
G. yakumontana 115, 250, [997]
G. yakushimensis 115, 250, [998]
Gentianella takedae 115, 250, [999]
G. yuparensis 115, 250, [1000]
Gentianopsis yabei var. *akaisiensis*
114, 250, [1001]
G. yabei var. *yabei* 114, 250, [1001]
Geranium shikokianum var. *kaimontanum* 82, 240, [575]
G. shikokianum var. *yamatense*
82, 240, [575]
G. shikokianum var. *yoshiianum*
82, 240, [576]
G. soboliferum var. *kiusianum*
82, 241, [577]
G. wilfordii var. *hastatum*
82, 241, [578]
G. yesoense var. *nipponicum*
82, 241, [580]
G. yesoense var. *pseudopalustre*
82, 241, [581]
Geranium yesoense var. *yesoense*
82, 241, [579]
G. yoshinoi 82, 241, [582]
Glaucidium palmatum
ix, 58, 233, [230]
Glochidion obovatum 82, 241, [595]
Glossadelphus yakoushimae
220, 279, [2423]
Glyceria depauperata var. *infirma*
167, 266, [1790]
Glycine koidzumii 80, 240, [556]
Gollania splendens 220, 279, [2424]
Goodyera augustini 190, 272, [2110]
G. hachijoensis var. *boninensis*
190, 272, [2111]
G. pendula var. *brachyphylla*
190, 272, [2112]
Grammitis nipponica
210, 276, [2320]
G. tuyamae 210, 276, [2321]
Gratiola fluviatilis 127, 253, [1166]
Grimmia brachydictyon
214, 277, [2366]
G. percarinata 214, 277, [2367]
Gymnomitrion mucronulatum
222, 279, [2450]
G. noguchianum 222, 279, [2451]

【H】
Habenaria linearifolia var. *brachycentra*
192, 272, [2113]
Hakonechloa macra
165, 266, [1791]
Halerpestes kawakamii
57, 233, [199]
Haloragis walkeri 96, 244, [758]
Hamamelis japonica var. *bitchuensis*
67, 236, [370]
H. japonica var. *discolor*
67, 236, [371]
H. japonica var. *japonica*
67, 236, [369]
H. japonica var. *megalophylla*
67, 236, [370]
Hattoria yakushimensis
222, 279, [2436]
Hedyotis grayi 118, 251, [1040]
H. mexicana 118, 251, [1041]
H. pachyphylla 118, 251, [1042]
H. strigulosa var. *luxurians*
119, 251, [1043]
Helicodontium kiusianum
219, 278, [2413]
Helictotrichon hideoi
169, 266, [1792]
Heloniopsis breviscapa var. *breviscapa*
156, 263, [1656]
H. breviscapa var. *flavida*

      156, 263, [1657]
Heloniopsis kawanoi
      156, 263, [1658]
 H. leucantha 156, 263, [1659]
Helwingia japonica subsp. *japonica* var. *parvifolia* 97, 244, [762]
 H. japonica subsp. *liukiuensis*
      97, 244, [762]
Hemerocallis dumortieri var. *exaltata*
      160, 263, [1660]
 H. fulva var. *aurantiaca*
      160, 263, [1661]
 H. fulva var. *pauciflora*
      160, 263, [1661]
 H. major 160, 263, [1662]
Hepatica nobilis var. *japonica*
      54, 233, [200]
Heracleum sphondylium subsp. *sphondylium* var. *akasimontanum*
      101, 246, [810]
 H. sphondylium subsp. *sphondylium* var. *nipponicum* 101, 246, [811]
 H. sphondylium subsp. *sphondylium* var. *turugisanense* 101, 246, [811]
Heterocladium tenellum
      218, 278, [2397]
Hibanobambusa transquillans
      171, 266, [1818]
Hibiscus glaber 91, 243, [685]
 H. hamabo 91, 243, [686]
 H. makinoi 91, 243, [687]
 H. pacificus 91, 243, [688]
Hieracium japonicum
      150, 260, [1486]
Hierochloe pluriflora var. *intermedia*
      166, 266, [1794]
 H. pluriflora var. *pluriflora*
      165, 266, [1793]
Hololeion krameri 146, 260, [1487]
Hosiea japonica 89, 242, [662]
Hosta hypoleuca 155, 263, [1663]
 H. kikutii var. *densinervia*
      155, 263, [1665]
 H. kikutii var. *kikutii*
      155, 263, [1664]
 H. kikutii var. *scabrinervia*
      155, 263, [1666]
 H. kikutii var. *tosana*
      155, 263, [1667]
 H. kiyosumiensis 155, 263, [1668]
 H. longipes var. *aequinoctiiantha*
      155, 263, [1670]
 H. longipes var. *gracillima*
      155, 263, [1670]
 H. longipes var. *latifolia*
      155, 263, [1671]
 H. longipes var. *longipes*
      155, 263, [1669]
 H. pulchella 155, 263, [1672]

Hosta pycnophylla 155, 263, [1673]
 H. shikokiana 155, 263, [1674]
 H. sieboldiana var. *glabra*
      155, 263, [1676]
 H. sieboldiana var. *sieboldiana*
      155, 263, [1675]
 H. tsushimensis var. *tibae*
      155, 263, [1677]
 H. tsushimensis var. *tsushimensis*
      155, 263, [1677]
Hovenia tomentella 89, 242, [668]
Hydrangea chinensis var. *koidzumiana*
      74, 238, [442]
 H. hirta 74, 238, [443]
 H. involucrata var. *idzuensis*
      74, 238, [445]
 H. involucrata var. *involucrata*
      74, 238, [444]
 H. involucrata var. *tokarensis*
      74, 238, [445]
 H. kawagoeana var. *grosseserrata*
      74, 238, [446]
 H. kawagoeana var. *kawagoeana*
      74, 238, [446]
 H. liukiuensis 74, 238, [447]
 H. luteovenosa var. *luteovenosa*
      74, 238, [448]
 H. luteovenosa var. *yakusimensis*
      74, 238, [448]
 H. macrophylla [f. *normalis*]
      74, 238, [449]
 H. scandens 74, 238, [450]
 H. serrata var. *angustata*
      74, 238, [451]
 H. serrata var. *australis*
      74, 238, [451]
 H. serrata var. *minamitanii*
      74, 238, [452]
 H. serrata var. *thunbergii*
      74, 238, [452]
 H. serrata var. *yesoensis*
      74, 238, [453]
 H. sikokiana 74, 238, [454]
Hydrobryum floribundum
      81, 240, [569]
 H. koribanum 81, 240, [570]
 H. puncticulatum 81, 240, [571]
Hydrocotyle yabei 101, 246, [812]
Hygrohypnum alpinum var. *tsurugizanicum* 218, 278, [2399]
 H. subeugyrium var. *japonicum*
      218, 278, [2400]
Hylotelephium cauticola
      68, 236, [372]
 H. sieboldii var. *ettyuense*
      68, 236, [373]
 H. sieboldii var. *sieboldii*
      68, 236, [373]
 H. sordidum var. *oishii* 68, 236, [374]

Hylotelephium sordidum var. *sordidum*
      68, 236, [374]
 H. ussuriense var. *tsugaruense*
      68, 236, [375]
 H. verticillatum var. *lithophilos*
      68, 236, [376]
 H. viride 68, 236, [377]
Hyophila acutifolia 214, 277, [2360]
Hypericum asahinae 65, 235, [316]
 H. furusei 65, 235, [317]
 H. gracillimum 65, 235, [318]
 H. hachijyoense 65, 235, [319]
 H. hakonense 65, 235, [320]
 H. iwatelittorale 64, 235, [321]
 H. kawaranum 64, 235, [322]
 H. kimurae 64, 235, [323]
 H. kinashianum 65, 235, [324]
 H. kitamense 65, 235, [325]
 H. kiusianum var. *kiusianum*
      65, 235, [326]
 H. kiusianum var. *yakusimense*
      65, 235, [326]
 H. kurodakeanum 65, 235, [327]
 H. momoseanum 64, 235, [328]
 H. nakaii subsp. *miyabei*
      64, 235, [329]
 H. nakaii subsp. *nakaii*
      64, 235, [329]
 H. nakaii subsp. *tatewakii*
      64, 235, [330]
 H. nikkoense 65, 235, [331]
 H. nuporoense 65, 235, [332]
 H. ovalifolium var. *hisauchii*
      65, 235, [334]
 H. ovalifolium var. *ovalifolium*
      65, 235, [333]
 H. pibairense 64, 235, [335]
 H. pseudoerectum 64, 235, [336]
 H. pseudopetiolatum 65, 235, [337]
 H. senanense subsp. *mutiloides*
      64, 235, [339]
 H. senanense subsp. *senanense*
      64, 235, [338]
 H. senkakuinsulare 64, 235, [340]
 H. sikokumontanum 64, 235, [341]
 H. tosaense 64, 235, [342]
 H. vulcanicum 64, 235, [343]
 H. watanabei 64, 235, [344]
 H. yamamotoanum 64, 235, [345]
 H. yamamotoi 64, 235, [346]
 H. yojiroanum 65, 235, [347]
Hypnodontopsis apiculata
      215, 278, [2379]
Hypochaeris crepidioides
      142, 260, [1488]
Hypodematium crenatum subsp. *fauriei*
      209, 276, [2305]
Hystrix japonica 164, 266, [1795]

【I】

Ilex dimorphophylla	88, 242, [644]
I. geniculata	87, 242, [645]
I. leucoclada	87, 242, [646]
I. liukiuensis	88, 242, [647]
I. matanoana	88, 242, [648]
I. mertensii	88, 242, [649]
I. nipponica	87, 242, [650]
I. sugerokii var. *sugerokii*	87, 242, [651]
Impatiens hypophylla var. *hypophylla*	87, 242, [642]
I. hypophylla var. *microhypophylla*	87, 242, [643]
Inula ciliaris var. *ciliaris*	142, 260, [1489]
I. ciliaris var. *glandulosa*	142, 260, [1490]
Iris gracilipes	162, 265, [1731]
I. sanguinea var. *tobataensis*	162, 265, [1732]
I. setosa var. *hondoensis*	162, 265, [1733]
I. setosa var. *nasuensis*	162, 265, [1733]
Isachne lutchuensis	166, 266, [1796]
I. subglobosa	166, 266, [1797]
Ischaemum ischaemoides	165, 266, [1798]
Isoetes pseudojaponica	198, 274, [2192]
Itea japonica	73, 238, [455]
Ixeris alpicola	149, 260, [1491]
I. dentata subsp. *kimurana*	149, 260, [1492]
I. dentata subsp. *nipponica*	149, 260, [1492]
I. longirostra	149, 260, [1493]
I. parva	149, 260, [1494]

【J】

Japonolirion osense	xvii, 155, 263, [1678]
Jasminum superfluum	113, 249, [975]
Jungermannia cephalozioides	221, 279, [2437]
J. hattoriana	221, 279, [2438]
J. hattorii	222, 279, [2439]
J. hiugaensis	222, 279, [2440]
J. hokkaidensis	222, 279, [2441]
J. japonica	222, 279, [2442]
J. kyushuensis	222, 279, [2443]
J. shimizuana	222, 279, [2444]
J. unispiris	222, 279, [2445]
Juniperus communis var. *hondoensis*	196, 273, [2181]
J. taxifolia var. *lutchuensis*	196, 274, [2182]
Juniperus taxifolia var. *taxifolia*	196, 273, [2182]

【K】

Keiskea japonica	124, 252, [1093]
Kuhlhasseltia fissa	192, 272, [2114]

【L】

Lagerstroemia subcostata var. *fauriei*	95, 244, [748]
Lagotis takedana	131, 254, [1207]
L. yesoensis	131, 254, [1208]
Lamium ambiguum	123, 252, [1094]
L. humile	123, 252, [1095]
Larix kaempferi	194, 273, [2165]
Lecanorchis flavicans	193, 272, [2115]
L. japonica var. *hokurikuensis*	193, 272, [2116]
L. japonica var. *kiiensis*	193, 272, [2117]
L. japonica var. *tubiformis*	193, 272, [2117]
L. kiusiana var. *suginoana*	193, 272, [2118]
L. nigricans var. *yakusimensis*	193, 272, [2119]
L. trachycaula	193, 272, [2120]
Leiocolea mayebarae	222, 279, [2446]
Lejeunea aquatica var. *apiculata*	224, 280, [2472]
L. syoshii	224, 280, [2473]
Lemna aoukikusa subsp. *hokurikuensis*	180, 269, [1965]
Leontopodium fauriei var. *angustifolium*	141, 260, [1495]
L. fauriei var. *fauriei*	141, 260, [1495]
L. hayachinense	141, 260, [1496]
L. japonicum var. *orogenes*	141, 260, [1497]
L. japonicum var. *perniveum*	142, 260, [1497]
L. japonicum var. *shiroumense*	141, 260, [1498]
L. japonicum var. *spathulatum*	142, 260, [1498]
L. kurilense	141, 260, [1499]
L. miyabeanum	141, 260, [1500]
L. shinanense	141, 260, [1501]
Lepisorus boninensis	210, 276, [2322]
L. hachijoensis	210, 276, [2323]
L. uchiyamae	210, 276, [2324]
Leptatherum boreale	166, 266, [1799]
Leptodermis pulchella	118, 251, [1044]
Leptodictyum mizushimae	218, 278, [2401]
Lespedeza bicolor var. *nana*	80, 240, [557]
L. formosa subsp. *velutina* var. *satsumensis*	80, 240, [558]
L. homoloba	80, 240, [559]
L. patens	80, 240, [560]
Lethocolea naruto-toganensis	222, 279, [2453]
Leucodon alpinus	216, 278, [2383]
L. giganteus	216, 278, [2384]
L. sohayakiensis	216, 278, [2385]
Leucolejeunea japonica	224, 280, [2474]
Leucosceptrum japonicum	125, 252, [1096]
L. stellipilum var. *stellipilum*	125, 252, [1097]
L. stellipilum var. *tosaense*	125, 252, [1097]
Leucothoe keiskei	104, 246, [847]
Ligularia angusta	142, 260, [1502]
L. fauriei	142, 260, [1503]
L. fischeri var. *takeyukii*	142, 260, [1504]
L. kaialpina	142, 260, [1505]
Ligustrum ibota	113, 249, [976]
L. liukiuense	113, 249, [977]
L. micranthum	113, 249, [978]
L. ovalifolium var. *hisauchii*	113, 249, [979]
L. ovalifolium var. *pacificum*	113, 249, [980]
L. tamakii	113, 249, [981]
L. tschonoskii var. *kiyozumianum*	113, 249, [982]
Lilium alexandrae	160, 263, [1679]
L. auratum var. *auratum*	160, 263, [1680]
L. auratum var. *platyphyllum*	160, 263, [1681]
L. callosum var. *flaviflorum*	160, 263, [1682]
L. japonicum var. *japonicum*	160, 264, [1683]
L. maculatum var. *bukosanense*	160, 264, [1685]
L. maculatum var. *maculatum*	160, 264, [1684]
L. maculatum var. *monticola*	160, 264, [1686]
L. medeoloides var. *sadoinsulare*	160, 264, [1687]
L. rubellum	160, 264, [1688]
L. speciosum var. *clivorum*	160, 264, [1689]
L. speciosum var. *speciosum*	

160, 264, [1689]
Limonium senkakuense
        111, 249, [953]
Lindera praecox   49, 231, [105]
 L. sericea var. *glabrata* 49, 231, [106]
 L. sericea var. *lancea* 49, 231, [107]
 L. triloba   49, 231, [108]
 L. umbellata var. *membranacea*
         49, 231, [110]
 L. umbellata var. *umbellata*
         49, 231, [109]
Lindsaea kawabatae
        202, 274, [2217]
 L. repanda   202, 274, [2218]
Liparis fujisanensis 190, 272, [2121]
 L. hostifolia   190, 272, [2122]
 L. purpureovittata 190, 272, [2123]
 L. truncata   190, 272, [2124]
 L. uchiyamae   190, 272, [2125]
Lithocarpus edulis   43, 229, [29]
Livistona chinensis var. *boninensis*
        176, 268, [1911]
Lobatiriccardia yakusimensis
        225, 280, [2481]
Lobelia boninensis 137, 256, [1271]
 L. loochooensis 137, 256, [1272]
Lonicera affinis   134, 255, [1221]
 L. alpigena var. *watanabeana*
        134, 255, [1222]
 L. cerasina   134, 255, [1223]
 L. demissa var. *borealis*
        134, 255, [1224]
 L. demissa var. *demissa*
        134, 255, [1224]
 L. gracilipes var. *glabra*
        134, 255, [1226]
 L. gracilipes var. *glandulosa*
        134, 255, [1227]
 L. gracilipes var. *gracilipes*
        134, 255, [1225]
 L. japonica var. *miyagusukiana*
        134, 255, [1228]
 L. linderifolia var. *konoi*
        134, 255, [1229]
 L. linderifolia var. *linderifolia*
        134, 255, [1229]
 L. mochidzukiana var. *filiformis*
        134, 255, [1230]
 L. mochidzukiana var. *mochidzukiana*
        134, 255, [1230]
 L. mochidzukiana var. *nomurana*
        134, 255, [1231]
 L. praeflorens var. *japonica*
        134, 255, [1232]
 L. ramosissima var. *kinkiensis*
        134, 255, [1234]
 L. ramosissima var. *ramosissima*
        134, 255, [1233]
 L. strophiophora var. *glabra*

        134, 255, [1235]
 Lonicera strophiophora var. *strophiophora*
        134, 255, [1235]
 L. tschonoskii 134, 255, [1236]
Lophozia silvicoloides
        221, 279, [2447]
Loxogramme boninensis
        210, 276, [2325]
Luisia boninensis 192, 272, [2126]
Luzula jimboi subsp. *atrotepala* 162, 265, [1739]
 L. lutescens   163, 265, [1740]
 L. plumosa subsp. *dilatata*
        163, 265, [1741]
Lycoris sanguinea var. *sanguinea*
        161, 264, [1727]
Lysimachia japonica var. *minutissima*
        109, 248, [927]
 L. liukiuensis   109, 248, [928]
 L. mauritiana var. *rubida*
        109, 248, [929]
 L. ohsumiensis 109, 248, [930]
 L. sikokiana   109, 248, [931]
 L. tanakae   109, 248, [932]
 L. tashiroi   109, 248, [933]

【M】
Maackia tashiroi   80, 240, [561]
Machilus boninensis 50, 231, [111]
 M. kobu   50, 231, [112]
Macromitrium tosae
        215, 278, [2376]
Magnolia hypoleuca 48, 230, [95]
 M. pseudokobus 48, 231, [96]
 M. salicifolia   48, 231, [97]
 M. stellata   48, 231, [98]
Malaxis boninensis 193, 272, [2127]
 M. hahajimensis 193, 272, [2128]
 M. kandae   193, 272, [2129]
Malus spontanea   79, 239, [508]
 M. tschonoskii   79, 239, [509]
Marattia boninensis
        199, 274, [2201]
Marsupella alata   222, 279, [2452]
Meehania montis-koyae
        126, 252, [1098]
Melampyrum laxum var. *arcuatum*
        130, 253, [1168]
 M. laxum var. *laxum* 130, 253, [1167]
 M. laxum var. *nikkoense*
        130, 253, [1169]
 M. laxum var. *yakusimense*
        130, 253, [1169]
 M. yezoense   130, 253, [1170]
Melastoma candidum var. *alessandrense*
        96, 244, [755]
 M. tetramerum var. *pentapetalum*
        96, 244, [757]
 M. tetramerum var. *tetramerum*

        96, 244, [756]
Meliosma arnottiana subsp. *oldhamii* var. *hachijoensis*   87, 242, [641]
Mentha japonica   126, 252, [1099]
Menziesia ciliicalyx 108, 246, [848]
 M. goyozanensis 109, 246, [849]
 M. katsumatae 108, 246, [850]
 M. multiflora var. *multiflora*
        108, 246, [851]
 M. multiflora var. *purpurea*
        108, 247, [851]
 M. purpurea   109, 247, [852]
 M. yakushimensis 109, 247, [853]
Mertensia pterocarpa var. *yezoensis*
        120, 251, [1061]
Metanarthecium luteoviride var. *nutans*
        158, 264, [1690]
Meteorium buchananii subsp. *helminthocladulum* var. *cuspidatum*
        216, 278, [2387]
Meterosideros boninensis
        95, 244, [751]
Microlepia izupeninsulae
        202, 274, [2223]
 M. obtusiloba var. *angustata*
        202, 274, [2224]
Miricacalia makinoana
       xvi, 142, 260, [1506]
Miscanthus boninensis
        166, 266, [1800]
 M. intermedius 166, 266, [1801]
 M. oligostachyus var. *oligostachyus*
        166, 266, [1802]
 M. oligostachyus var. *shinanoensis*
        166, 266, [1802]
 M. tinctorius   166, 266, [1803]
Mitella acerina   70, 238, [456]
 M. doiana   70, 238, [457]
 M. furusei var. *furusei* 70, 238, [458]
 M. furusei var. *subramosa*
        70, 238, [459]
 M. integripetala   70, 238, [460]
 M. japonica   70, 238, [461]
 M. kiusiana   70, 238, [462]
 M. koshiensis   70, 238, [463]
 M. pauciflora   70, 238, [464]
 M. stylosa var. *makinoi* 70, 238, [465]
 M. stylosa var. *stylosa* 70, 238, [465]
 M. yoshinagae   71, 238, [466]
Mnium orientale   215, 278, [2374]
Moerckia japonica 224, 280, [2477]
Monachosorum arakii
        202, 275, [2225]
Morinda umbellata subsp. *boninensis* var. *boninensis* 119, 251, [1045]
 M. umbellata subsp. *boninensis* var. *hahazimensis* 119, 251, [1046]
Morus boninensis   44, 229, [40]
 M. kagayamae   44, 229, [41]

Muhlenbergia curviaristata var.
　curviaristata　　167, 266, [1804]
Myriactis japonensis
　　　　　　　　150, 260, [1507]
Myriophyllum oguraense
　　　　　　　　96, 244, [759]
Myrmechis tsukusiana
　　　　　　　　189, 272, [2130]
Myrsine maximowiczii
　　　　　　　　109, 248, [926]

【N】
Najas tenuicaulis　　154, 262, [1627]
　N. yezoensis　　　154, 262, [1628]
Nardia minutifolia　221, 279, [2448]
　N. scalaris subsp. *harae*
　　　　　　　　221, 279, [2449]
Narthecium asiaticum
　　　　　　　　156, 264, [1691]
Neanotis hirsuta var. *glabra*
　　　　　　　　118, 251, [1047]
　N. hirsuta var. *yakusimensis*
　　　　　　　　118, 251, [1048]
Neckera nakazimae　217, 278, [2388]
　N. pusilla var. *pendula*
　　　　　　　　217, 278, [2389]
Neisosperma iwasakianum
　　　　　　　　116, 250, [1011]
　N. nakaianum　　116, 250, [1012]
Nemosenecio nikoensis
　　　　　　　　145, 260, [1508]
Neolitsea boninensis　49, 231, [113]
　N. gilva　　　　　49, 231, [114]
　N. sericea var. *argentea*
　　　　　　　　49, 231, [115]
Neosasamorpha kagamiana subsp.
　kagamiana　　　173, 266, [1819]
　N. kagamiana subsp. *yoshinoi*
　　　　　　　　173, 266, [1819]
　N. magnifica subsp. *fujitae*
　　　　　　　　174, 266, [1820]
　N. magnifica subsp. *maginifica*
　　　　　　　　173, 266, [1820]
　N. oshidensis subsp. *glabra*
　　　　　　　　173, 266, [1821]
　N. oshidensis subsp. *oshidensis*
　　　　　　　　173, 266, [1821]
　N. pubiculmis subsp. *pubiculmis*
　　　　　　　　174, 266, [1822]
　N. pubiculmis subsp. *pubiculmis* var.
　chitosensis　　　174, 266, [1823]
　N. pubiculmis subsp. *sugimotoi*
　　　　　　　　174, 266, [1824]
　N. shimidzuana subsp. *kashidensis*
　　　　　　　　174, 266, [1826]
　N. shimidzuana subsp. *shimidzuana*
　　　　　　　　174, 266, [1825]
　N. stenophylla subsp. *stenophylla*
　　　　　　　　173, 266, [1827]

Neosasamorpha stenophylla subsp.
　tobagenzoana　　173, 266, [1827]
　N. takizawana subsp. *nakashimana*
　　　　　　　　174, 267, [1829]
　N. takizawana subsp. *takizawana* var.
　lasioclada　　　174, 267, [1829]
　N. takizawana subsp. *takizawana* var.
　takizawana　　　174, 267, [1828]
　N. tsukubensis subsp. *pubifolia*
　　　　　　　　174, 267, [1831]
　N. tsukubensis subsp. *tsukubensis*
　　　　　　　　174, 267, [1830]
Neottia furusei　　　190, 272, [2131]
　N. inagakii　　　　190, 272, [2132]
　N. makinoana　　　190, 272, [2133]
Neottianthe fujisanensis
　　　　　　　　192, 272, [2134]
Nepeta subsessilis　123, 252, [1100]
Nervilia nipponica　192, 273, [2135]
Nipponanthemum nipponicum
　　　　　　　xv, 150, 260, [1509]
Nothapodytes amamianus
　　　　　　　　89, 242, [663]
Nuphar oguraensis var. *akiensis*
　　　　　　　　59, 233, [241]
　N. oguraensis var. *oguraensis*
　　　　　　　　59, 233, [241]
　N. pumila var. *ozeensis*　59, 233, [242]
　N. subintegerrima　59, 233, [243]
　N. submersa　　　59, 233, [244]

【O】
Odontochilus hatusimanus
　　　　　　　　192, 273, [2136]
Oedicladium rufescens var. *yakushimense*
　　　　　　　　219, 278, [2414]
Okamuraea brevipes
　　　　　　　　217, 278, [2394]
　O. plicata　　　　217, 278, [2395]
Omphalodes akiensis
　　　　　　　　121, 251, [1062]
　O. japonica var. *echinosperma*
　　　　　　　　121, 251, [1064]
　O. japonica var. *japonica*
　　　　　　　　121, 251, [1063]
　O. krameri　　　　121, 251, [1065]
　O. laevisperma　　121, 251, [1066]
　O. prolifera　　　121, 251, [1067]
Oncophorus wahlenbergii var. *perbrevipes*
　　　　　　　　212, 277, [2350]
Ophioglossum kawamurae
　　　　　　　　199, 274, [2198]
　O. namegatae　　　199, 274, [2199]
　O. parvum　　　　199, 274, [2200]
Ophiopogon planiscapus
　　　　　　　　156, 264, [1692]
Ophiorrhiza amamiana
　　　　　　　　118, 251, [1049]
　O. yamashitae　　118, 251, [1050]

Opithandra primuloides
　　　　　　　　132, 254, [1211]
Oplopanax japonicus　98, 245, [775]
Orobanche boninsimae
　　　　　　　　132, 255, [1212]
Orostachys boehmeri　68, 236, [378]
　O. malacophylla subsp. *malacophylla*
　var. *iwarenge*　　68, 236, [379]
Orthotrichum ibukiense
　　　　　　　　215, 278, [2377]
Osmanthus rigidus　113, 249, [983]
Osmunda lancea　　199, 274, [2202]
Ostericum florentii　102, 246, [813]
Oxalis acetosella var. *longicapsula*　81,
　240, [572]
　O. amamiana　　　81, 240, [573]
　O. griffithii var. *kantoensis*
　　　　　　　　81, 240, [574]
Oxygyne hyodoi　　162, 265, [1734]
　O. shinzatoi　　　162, 265, [1735]
　O. yamashitae　　162, 265, [1736]
Oxytropis japonica var. *japonica*
　　　　　　　　80, 240, [562]
　O. japonica var. *sericea*
　　　　　　　　80, 240, [562]
　O. megalantha　　79, 240, [563]

【P】
Pachyneuropsis miyagii
　　　　　　　　214, 277, [2361]
Padus grayana　　　76, 239, [510]
Paeonia japonica　　63, 235, [301]
Panax pseudoginseng subsp. *japonicus*
　var. *angustatus*　98, 245, [777]
　P. pseudoginseng subsp. *japonicus* var.
　japonicus　　　　98, 245, [776]
Pandanus boninensis
　　　　　　　　180, 269, [1966]
Papaver nudicaule var. *fauriei*
　　　　　　　　66, 236, [353]
Paraixeris yoshinoi　151, 260, [1510]
Parasenecio adenostyloides
　　　　　　　　144, 260, [1511]
　P. amagiensis　　144, 260, [1512]
　P. auriculatus var. *bulbifer*
　　　　　　　　144, 260, [1513]
　P. chokaiensis　　144, 260, [1514]
　P. delphiniifolius　144, 260, [1515]
　P. farfarifolius var. *acerinus*
　　　　　　　　144, 260, [1517]
　P. farfarifolius var. *bulbifer*
　　　　　　　　144, 260, [1518]
　P. farfarifolius var. *farfarifolius*
　　　　　　　　144, 260, [1516]
　P. hastatus subsp. *orientalis* var.
　nantaicus　　　144, 260, [1519]
　P. hastatus subsp. *orientalis* var. *ramosus*
　　　　　　　　144, 260, [1520]
　P. hayachinensis　144, 260, [1521]

Parasenecio hosoianus
　　　　　　　　　144, 260, [1522]
　P. kiusianus　　　144, 260, [1523]
　P. maximowiczianus var. *alatus*
　　　　　　　　　144, 260, [1525]
　P. maximowiczianus var.
　　maximowiczianus
　　　　　　　　　144, 260, [1524]
　P. nikomontanus　144, 260, [1526]
　P. nipponicus　　144, 260, [1527]
　P. ogamontanus　144, 260, [1528]
　P. peltifolius　　144, 260, [1529]
　P. shikokianus　 144, 260, [1530]
　P. tanakae　　　 144, 260, [1531]
　P. tebakoensis　 144, 261, [1532]
　P. yakusimensis　144, 261, [1533]
　P. yatabei var. *occidentalis*
　　　　　　　　　144, 261, [1535]
　P. yatabei var. *yatabei*
　　　　　　　　　144, 261, [1534]
Paris japonica　　158, 264, [1693]
　P. tetraphylla　　157, 264, [1694]
Parnassia alpicola　73, 238, [467]
　P. foliosa var. *japonica*　73, 238, [468]
　P. palustris var. *izuinsularis*
　　　　　　　　　　73, 238, [469]
　P. palustris var. *yakusimensis*
　　　　　　　　　　73, 238, [469]
Patrinia gibbosa　 136, 255, [1254]
　P. takeuchiana　 136, 255, [1255]
　P. triloba var. *kozushimensis*
　　　　　　　　　136, 255, [1257]
　P. triloba var. *palmata*
　　　　　　　　　135, 255, [1257]
　P. triloba var. *triloba*　135, 255, [1256]
Pedicularis apodochila
　　　　　　　　　129, 253, [1171]
　P. chamissonis var. *japonica*
　　　　　　　　　129, 253, [1172]
　P. gloriosa　　　129, 253, [1173]
　P. iwatensis　　 129, 254, [1174]
　P. keiskei　　　 129, 254, [1175]
　P. nipponica　　129, 254, [1176]
　P. ochiaiana　　129, 254, [1177]
　P. refracta　　　129, 254, [1178]
　P. resupinata subsp. *oppositifolia* var.
　　microphylla　　129, 254, [1179]
　P. resupinata subsp. *teucriifolia* var.
　　caespitosa　　 130, 254, [1179]
　P. yezoensis var. *pubescens*
　　　　　　　　　130, 254, [1181]
　P. yezoensis var. *yezoensis*
　　　　　　　　　130, 254, [1180]
Pellionia yosiei　　45, 230, [58]
Peltoboykinia watanabei
　　　　　　　　　　72, 238, [470]
Pennisetum sordidum
　　　　　　　　　166, 266, [1805]
Peperomia boninsimensis
　　　　　　　　　　59, 233, [245]
Peracarpa carnosa var. *kiusiana*　136,
　　256, [1273]
　P. carnosa var. *pumila*
　　　　　　　　　136, 256, [1274]
Perilla hirtella　　124, 252, [1101]
Perillula reptans
　　　　　　　xiv, 124, 252, [1102]
Peristylus hatusimanus
　　　　　　　　　193, 273, [2137]
Persicaria thunbergii var. *oreophila*
　　　　　　　　　　46, 230, [68]
Pertya rigidula　　143, 261, [1536]
　P. robusta var. *kiushiana*
　　　　　　　　　143, 261, [1538]
　P. robusta var. *robusta*
　　　　　　　　　143, 261, [1537]
　P. scandens　　 143, 261, [1539]
　P. triloba　　　 143, 261, [1540]
　P. yakushimensis　143, 261, [1541]
Peucedanum japonicum var. *latifolium*
　　　　　　　　　101, 246, [814]
　P. multivittatum　101, 246, [815]
Phedimus sikokianus　68, 236, [380]
Phellodendron amurense var. *japonicum*
　　　　　　　　　　84, 241, [605]
　P. amurense var. *lavallei*
　　　　　　　　　　84, 241, [606]
Philadelphus satsumi　75, 238, [471]
Photinia wrightiana　76, 239, [511]
Phyllanthus flexuosus　82, 241, [596]
　P. liukiuensis　　 82, 241, [597]
　P. oligospermus subsp. *donanensis*
　　　　　　　　　　82, 241, [598]
Phyllodoce nipponica subsp. *nipponica*
　　　　　　　　　105, 247, [854]
　P. nipponica subsp. *tsugifolia*
　　　　　　　　　105, 247, [855]
Physaliastrum japonicum
　　　　　　　　　126, 253, [1144]
Physalis chamaesarachoides
　　　　　　　　　127, 253, [1145]
Picea bicolor　　 194, 273, [2166]
　P. jezoensis var. *hondoensis*
　　　　　　　　　194, 273, [2167]
　P. koyamae　　 194, 273, [2168]
　P. maximowiczii　194, 273, [2169]
　P. polita　　　　194, 273, [2170]
　P. shirasawae　 194, 273, [2171]
Picris hieracioides subsp. *japonica* var.
　　akaishiensis　 143, 261, [1542]
　P. hieracioides subsp. *japonica* var.
　　litoralis　　　144, 261, [1542]
Pieris amamioshimensis
　　　　　　　　　103, 247, [856]
　P. japonica var. *japonica*
　　　　　　　　　103, 247, [857]
　P. japonica var. *yakushimensis*
　　　　　　　　　103, 247, [858]
　P. koidzumiana　103, 247, [859]
Pimpinella thellungiana var.
　　gustavohegiana　101, 246, [816]
Pinellia tripartita　179, 269, [1963]
Pinguicula ramosa　132, 255, [1213]
Pinus amamiana　194, 273, [2172]
　P. luchuensis　　194, 273, [2173]
　P. parviflora var. *pentaphylla*
　　　　　　　　　194, 273, [2174]
Piper postelsianum　59, 234, [246]
Pittosporum boninense var. *boninense*
　　　　　　　　　　76, 239, [487]
　P. boninense var. *chichijimense*
　　　　　　　　　　76, 239, [488]
　P. boninense var. *lutchuense*
　　　　　　　　　　76, 239, [488]
　P. parvifolium var. *beecheyi*
　　　　　　　　　　76, 239, [490]
　P. parvifolium var. *parvifolium*
　　　　　　　　　　76, 239, [489]
Plagiobryum hultenii
　　　　　　　　　215, 277, [2371]
Plagiogyria adnata var. *yakushimensis*
　　　　　　　　　201, 274, [2212]
　P. japonica var. *pseudojaponica*
　　　　　　　　　201, 274, [2213]
Planchonella boninensis
　　　　　　　　　111, 249, [954]
Plantago hakusanensis
　　　　　　　　　133, 255, [1215]
Platanthera amabilis
　　　　　　　　　191, 273, [2138]
　P. boninensis　　191, 273, [2139]
　P. florentia　　　191, 273, [2140]
　P. hondoensis　　191, 273, [2141]
　P. iinumae　　　191, 273, [2142]
　P. mandarinorum subsp. *hachijoensis*
　　var. *amamiana*　191, 273, [2144]
　P. mandarinorum subsp. *hachijoensis*
　　var. *hachijoensis*　191, 273, [2143]
　P. mandarinorum subsp. *hachijoensis*
　　var. *masamunei*　191, 273, [2144]
　P. okuboi　　　　191, 273, [2145]
　P. sonoharae　　191, 273, [2146]
　P. stenoglossa subsp. *hottae*
　　　　　　　　　191, 273, [2147]
　P. stenoglossa subsp. *iriomotensis*
　　　　　　　　　191, 273, [2147]
　P. takedae subsp. *takedae*
　　　　　　　　　191, 273, [2148]
　P. takedae subsp. *uzenensis*
　　　　　　　　　191, 273, [2149]
　P. tipuloides subsp. *linearifolia*
　　　　　　　　　192, 273, [2150]
Platydictya fauriei　218, 278, [2402]
　P. hattorii　　　 218, 278, [2403]
Pleioblastus chino var. *chino*
　　　　　　　　　175, 267, [1832]
　P. chino var. *vaginatus*

　　　　　　　　　　175, 267, [1833]
Pleioblastus chino var. *viridis*
　　　　　　　　　　175, 267, [1834]
P. hattorianus 　　175, 267, [1835]
P. humilis 　　　　175, 267, [1836]
P. kodzumae 　　　175, 267, [1837]
P. kongosanensis 　175, 267, [1838]
P. linearis 　　　　175, 267, [1839]
P. matsunoi 　　　175, 267, [1840]
P. nabeshimanus 　175, 267, [1841]
P. nagashima var. *koidzumii*
　　　　　　　　　　175, 267, [1842]
P. nagashima var. *nagashima*
　　　　　　　　　　175, 267, [1842]
P. pseudosasaoides 　175, 267, [1843]
P. shibuyanus 　　175, 267, [1844]
P. simonii 　　　　175, 267, [1845]
Pleuridium japonicum
　　　　　　　　　　212, 277, [2339]
Poa crassinervis 　　164, 266, [1806]
P. glauca subsp. *kitadakensis*
　　　　　　　　　　164, 266, [1807]
P. hakusanensis 　　164, 266, [1808]
P. hayachinensis 　　164, 266, [1809]
P. ogamontana 　　164, 266, [1810]
P. tuberifera 　　　164, 266, [1811]
P. yatsugatakensis 　164, 266, [1812]
Pogonatum otaruense
　　　　　　　　　　211, 277, [2331]
Pohlia otaruensis 　　215, 277, [2372]
P. pseudo-defecta 　215, 277, [2373]
Polemonium caeruleum subsp. *yezoense*
　　var. *nipponicum* 　120, 251, [1056]
P. caeruleum subsp. *yezoense* var.
　　yezoense 　　　119, 251, [1056]
Polygala reinii 　　　85, 241, [612]
Polygonatum falcatum var. *hyugaense*
　　　　　　　　　　154, 264, [1695]
P. lasianthum var. *lasianthum*
　　　　　　　　　　154, 264, [1696]
P. macranthum 　　154, 264, [1697]
P. odoratum var. *thunbergii*
　　　　　　　　　　154, 264, [1698]
Polypodium amamianum
　　　　　　　　　　210, 276, [2326]
P. someyae 　　　　210, 276, [2327]
Polystichum fibrillosopaleaceum var.
　　fibrillosopaleaceum
　　　　　　　　　　206, 276, [2306]
P. fibrillosopaleaceum var. *marginale*
　　　　　　　　　　207, 276, [2306]
P. gracilipes var. *gemmiferum*
　　　　　　　　　　207, 276, [2307]
P. igaense 　　　　206, 276, [2308]
P. inaense 　　　　207, 276, [2309]
P. longifrons 　　　206, 276, [2310]
P. microchlamys var. *azumiense*
　　　　　　　　　　207, 276, [2311]
P. obae 　　　　　207, 276, [2312]

Polystichum ohmurae
　　　　　　　　　　207, 276, [2313]
P. polyblepharon var. *scabiosum*
　　　　　　　　　　207, 276, [2314]
P. tagawanum 　　206, 276, [2315]
P. yaeyamense 　　207, 276, [2316]
Ponerorchis chidori 　189, 273, [2151]
P. graminifolia var. *kurokamiana*
　　　　　　　　　　189, 273, [2152]
P. graminifolia var. *suzukiana*
　　　　　　　　　　189, 273, [2152]
Porella densifolia var. *oviloba*
　　　　　　　　　　223, 279, [2457]
P. densifolia var. *robusta*
　　　　　　　　　　223, 279, [2458]
Portulaca okinawensis 　46, 230, [71]
Potentilla matsumurae var. *apoiensis*
　　　　　　　　　　77, 239, [512]
P. matsumurae var. *yuparensis*
　　　　　　　　　　77, 239, [512]
P. miyabei 　　　　77, 239, [513]
P. riparia var. *miyajimensis*
　　　　　　　　　　77, 239, [514]
P. toyamensis 　　　77, 239, [515]
Prenanthes acerifolia
　　　　　　　　　　150, 261, [1543]
Primula cuneifolia var. *hakusanensis*
　　　　　　　　　　111, 248, [934]
P. cuneifolia var. *heterodonta*
　　　　　　　　　　111, 248, [935]
P. farinosa subsp. *modesta* var.
　　samanimontana 　110, 248, [936]
P. hidakana var. *hidakana*
　　　　　　　　　　110, 248, [937]
P. hidakana var. *kamuiana*
　　　　　　　　　　110, 248, [937]
P. japonica 　　　　110, 248, [938]
P. jesoana var. *jesoana*
　　　　　　　　　　110, 248, [939]
P. kisoana var. *kisoana*
　　　　　　　　　　110, 248, [940]
P. kisoana var. *shikokiana*
　　　　　　　　　　110, 248, [940]
P. macrocarpa 　　111, 248, [941]
P. modesta var. *fauriei* 　110, 248, [943]
P. modesta var. *matsumurae*
　　　　　　　　　　110, 248, [942]
P. modesta var. *modesta*
　　　　　　　　　　110, 248, [942]
P. modesta var. *shikokumontana*
　　　　　　　　　　110, 248, [943]
P. nipponica 　　　111, 249, [944]
P. reinii var. *kitadakensis*
　　　　　　　　　　110, 249, [946]
P. reinii var. *myogiensis*
　　　　　　　　　　110, 249, [946]
P. reinii var. *okamotoi* 　110, 249, [945]
P. reinii var. *reinii* 　110, 249, [945]
P. reinii var. *rhodotricha*

　　　　　　　　　　110, 249, [947]
Primula sorachiana 　110, 249, [948]
P. takedana 　　　110, 249, [949]
P. tosaensis var. *brachycarpa*
　　　　　　　　　　110, 249, [950]
P. tosaensis var. *ovatifolia*
　　　　　　　　　　110, 249, [951]
P. tosaensis var. *tosaensis*
　　　　　　　　　　110, 249, [950]
P. yuparensis 　　　110, 249, [952]
Procris boninensis 　　44, 230, [59]
Prunella prunelliformis
　　　　　　　　　　123, 252, [1103]
Pseudobryum speciosum
　　　　　　　　　　215, 278, [2375]
Pseudolysimachion ogurae
　　　　　　　　　　131, 254, [1182]
P. ornatum 　　　　131, 254, [1183]
P. ovatum subsp. *kiusianum* var.
　　kitadakemontanum
　　　　　　　　　　131, 254, [1184]
P. ovatum subsp. *maritimum*
　　　　　　　　　　130, 254, [1184]
P. ovatum subsp. *miyabei* var. *japonicum*
　　　　　　　　　　130, 254, [1186]
P. ovatum subsp. *miyabei* var. *miyabei*
　　　　　　　　　　130, 254, [1185]
P. ovatum subsp. *miyabei* var. *villosum*
　　　　　　　　　　130, 254, [1185]
P. rotundum var. *petiolatum*
　　　　　　　　　　131, 254, [1187]
P. schmidtianum subsp. *senanense*
　　　　　　　　　　131, 254, [1188]
P. schmidtianum subsp. *yezoalpinum*
　　　　　　　　　　131, 254, [1188]
P. sieboldianum 　　131, 254, [1189]
P. subsessile var. *ibukiense*
　　　　　　　　　　131, 254, [1190]
Pseudopyxis depressa
　　　　　　　　　　118, 251, [1051]
P. heterophylla 　xiv, 118, 251, [1052]
Pseudosasa japonica
　　　　　　　　　　176, 267, [1846]
P. owatarii 　　　　176, 267, [1847]
Pseudostellaria heterantha var. *linearifolia*
　　　　　　　　　　48, 230, [82]
Pseudotaxiphyllum maebarae
　　　　　　　　　　220, 279, [2425]
Pseudotsuga japonica
　　　　　　　　　　194, 273, [2175]
Psychotria boninensis
　　　　　　　　　　119, 251, [1053]
P. homalosperma 　119, 251, [1054]
Pteridophyllum racemosum
　　　　　　　　　　xii, 65, 236, [354]
Pteris boninensis 　　203, 275, [2230]
P. kawabatae 　　　202, 275, [2231]
P. kiuschiuensis 　　202, 275, [2232]
P. nakasimae 　　　203, 275, [2233]

Pteris natiensis	202, 275, [2234]	
P. satsumana	202, 275, [2235]	
P. yakuinsularis	202, 275, [2236]	
P. yamatensis	203, 275, [2237]	
Ptychomitrium gardneri var. *angustifolium*		214, 277, [2368]
Pulsatilla nipponica	51, 233, [201]	
Putranjiva matsumurae		83, 241, [599]
Pycnolejeunea minutilobula		224, 280, [2475]
Pylaisia nana	220, 279, [2426]	
Pyrenaria virgata	64, 235, [312]	
Pyrola alpina	103, 246, [835]	
P. nephrophylla	103, 246, [836]	
Pyrus ussuriensis var. *hondoensis*		79, 239, [516]

【Q】

Quercus aliena var. *pellucida*		43, 229, [30]
Q. crispula var. *horikawae*		43, 229, [31]
Q. glauca var. *amamiana*		43, 229, [32]
Q. hondae	43, 229, [33]	
Q. miyagii	43, 229, [34]	
Q. serrata subsp. *mongolicoides*		43, 229, [35]
Q. serrata subsp. *serrata* var. *pseudovariabilis*		43, 229, [35]

【R】

Rabdosia effusa	123, 252, [1104]	
R. longituba	123, 252, [1105]	
R. shikokiana var. *intermedia*		123, 252, [1107]
R. shikokiana var. *occidentalis*		123, 252, [1106]
R. shikokiana var. *shikokiana*		123, 252, [1106]
R. trichocarpa	123, 252, [1108]	
R. umbrosa var. *excisinflexa*		123, 252, [1110]
R. umbrosa var. *hakusanensis*		123, 252, [1109]
R. umbrosa var. *komaensis*		123, 252, [1111]
R. umbrosa var. *latifolia*		123, 252, [1110]
R. umbrosa var. *leucantha*		123, 252, [1112]
R. umbrosa var. *umbrosa*		123, 252, [1109]
Racomitrium fasciculare var. *hayachinense*		214, 277, [2369]
R. vulcanicola	214, 277, [2370]	
Radula boninensis	223, 279, [2455]	
R. campanigera subsp. *obiensis*		223, 279, [2454]
Radula fujitae	223, 279, [2456]	
Ranunculus altaicus subsp. *shinanoalpinus*		53, 233, [202]
R. grandis var. *grandis*	53, 233, [203]	
R. grandis var. *mirissimus*		53, 233, [203]
R. hakkodensis	53, 233, [204]	
R. horieanus	53, 233, [205]	
R. kitadakeanus	53, 233, [206]	
R. nipponicus var. *nipponicus*		53, 233, [207]
R. nipponicus var. *submersus*		53, 233, [207]
R. subcorymbosus var. *ozensis*		53, 233, [208]
R. yaegatakensis	53, 233, [209]	
R. yakushimensis	53, 233, [210]	
R. yatsugatakensis	53, 233, [211]	
Ranzania japonica	xii, 58, 233, [240]	
Rhachithecium nipponicum		216, 278, [2380]
Rhamnella franguloides var. *inaequilatera*		89, 242, [669]
Rhamnus costata	89, 242, [670]	
R. ishidae	89, 242, [671]	
R. japonica var. *decipiens*		89, 242, [673]
R. japonica var. *japonica*		89, 242, [672]
R. japonica var. *microphylla*		89, 242, [674]
R. liukiuensis	89, 243, [675]	
Rhaphidorrhynchium chichibuense		219, 279, [2416]
R. hyoji-suzukii	219, 278, [2417]	
Rhododendron albrechtii		106, 247, [860]
R. amagianum	107, 247, [861]	
R. amakusaense	107, 247, [862]	
R. amanoi	106, 247, [863]	
R. boninense	106, 247, [864]	
R. brachycarpum var. *brachycarpum*		106, 247, [865]
R. degronianum var. *amagianum*		105, 247, [866]
R. degronianum var. *degronianum*		105, 247, [866]
R. dilatatum var. *boreale*		107, 247, [867]
R. dilatatum var. *decandrum*		107, 247, [868]
R. dilatatum var. *dilatatum*		107, 247, [867]
R. dilatatum var. *satsumense*		107, 247, [868]
R. eriocarpum var. *eriocarpum*		107, 247, [869]
Rhododendron eriocarpum var. *tawadae*		107, 247, [869]
R. hyugaense	107, 247, [870]	
R. indicum	107, 247, [871]	
R. japonoheptamerum var. *hondoense*		105, 247, [873]
R. japonoheptamerum var. *japonoheptamerum*		106, 247, [872]
R. japonoheptamerum var. *kyomaruense*		105, 247, [872]
R. japonoheptamerum var. *okiense*		106, 247, [873]
R. kaempferi var. *kaempferi*		107, 247, [874]
R. kaempferi var. *macrogemma*		107, 247, [875]
R. kaempferi var. *mikawanum*		107, 247, [875]
R. kaempferi var. *saikaiense*		107, 247, [876]
R. kaempferi var. *tubiflorum*		107, 247, [877]
R. keiskei var. *hypoglaucum*		105, 247, [879]
R. keiskei var. *keiskei*	105, 247, [878]	
R. keiskei var. *ozawae*	105, 247, [879]	
R. kiusianum	107, 247, [880]	
R. kiyosumense	108, 247, [881]	
R. komiyamae	107, 247, [882]	
R. lagopus var. *lagopus*		108, 247, [883]
R. lagopus var. *niphophilum*		108, 247, [884]
R. latoucheae var. *amamiense*		105, 247, [885]
R. macrosepalum	106, 247, [886]	
R. makinoi	105, 247, [887]	
R. mayebarae var. *mayebarae*		108, 247, [888]
R. mayebarae var. *ohsumiense*		108, 247, [889]
R. molle subsp. *japonicum*		106, 247, [890]
R. nipponicum	106, 247, [891]	
R. nudipes var. *kirishimense*		108, 247, [892]
R. nudipes var. *nagasakianum*		108, 247, [893]
R. nudipes var. *nudipes*		108, 247, [892]
R. osuzuyamense	107, 247, [894]	
R. pentaphyllum var. *nikoense*		106, 247, [896]
R. pentaphyllum var. *pentaphyllum*		106, 247, [895]
R. pentaphyllum var. *shikokianum*		106, 247, [895]
R. quinquefolium	106, 247, [897]	

Rhododendron reticulatum 108, 248, [898]	*Rosa onoei* var. *oligantha* 78, 239, [520]	122, 252, [1122]
R. ripense 106, 248, [899]	*R. onoei* var. *onoei* 78, 239, [520]	*Salvia pygmaea* var. *pygmaea* 122, 252, [1123]
R. sanctum var. *lasiogynum* 107, 248, [900]	*R. paniculigera* 78, 239, [522]	*S. pygmaea* var. *simplicior* 122, 252, [1124]
R. sanctum var. *sanctum* 107, 248, [900]	*Rotala elatinomorpha* 95, 244, [749]	*S. ranzaniana* 122, 252, [1125]
R. scabrum var. *scabrum* 106, 248, [901]	*R. hippuris* 95, 244, [750]	*Sambucus racemosa* subsp. *sieboldiana* var. *major* 135, 255, [1237]
R. scabrum var. *yakuinsulare* 106, 248, [901]	*Rubus amamianus* 76, 239, [523]	*Sanguisorba albiflora* 79, 240, [534]
R. semibarbatum 105, 248, [902]	*R. boninensis* 76, 239, [524]	*S. hakusanensis* 79, 240, [535]
R. serpyllifolium 107, 248, [903]	*R. illecebrosus* 76, 239, [525]	*S. japonensis* 79, 240, [536]
R. serpyllifolium var. *albiflorum* 107, 248	*R. kisoensis* 76, 239, [526]	*S. obtusa* 79, 240, [537]
R. tashiroi var. *lasiophyllum* 107, 248, [904]	*R. nesiotes* 76, 239, [527]	*Sanicula kaiensis* 98, 246, [817]
R. tashiroi var. *tashiroi* 107, 248, [904]	*R. nishimuranus* 76, 239, [528]	*Santalum boninense* 45, 230, [60]
R. tosaense 107, 248, [905]	*R. okinawensis* 76, 239, [529]	*Sasa chartacea* var. *chartacea* 173, 267, [1848]
R. transiens 107, 248, [906]	*R. pseudoacer* 76, 240, [530]	*S. chartacea* var. *mollis* 173, 267, [1849]
R. tschonoskii var. *tetramerum* 106, 248, [907]	*R. pseudojaponicus* 77, 240, [531]	*S. chartacea* var. *nana* 173, 267, [1850]
R. tschonoskii var. *trinerve* 106, 248, [908]	*R. sieboldii* 76, 240, [532]	*S. chartacea* var. *simotsukensis* 173, 267, [1851]
R. tsurugisanense 108, 248, [909]	*R. vernus* 76, 240, [533]	*S. elegantissima* 173, 267, [1852]
R. tsusiophyllum 106, 248, [910]	*Rumex madaio* 46, 230, [69]	*S. fugeshiensis* 172, 267, [1853]
R. uwaense 105, 248, [911]	*R. nepalensis* subsp. *andreaeanus* 46, 230, [70]	*S. gracillima* 173, 267, [1854]
R. viscistylum 107, 248, [912]		*S. hayatae* 172, 267, [1855]
R. wadanum 108, 248, [913]	【S】	*S. hayatae* var. *hirtella* 172, 267, [1855]
R. weyrichii var. *weyrichii* 107, 248, [914]	*Saccharum spontaneum* var. *arenicola* 169, 266, [1813]	*S. heterotricha* var. *heterotricha* 172, 267, [1856]
R. yakumontanum 108, 248, [915]	*Salix futura* 41, 229, [1]	*S. heterotricha* var. *nagatoensis* 172, 267, [1856]
R. yakushimanum 106, 248, [916]	*S. hukaoana* 41, 229, [2]	*S. hibaconuca* 173, 267, [1857]
Rhynchospora boninensis 188, 272, [2082]	*S. japonica* 41, 229, [3]	*S. jotanii* 171, 267, [1858]
R. fauriei 188, 272, [2083]	*S. jessoensis* subsp. *jessoensis* 41, 229, [4]	*S. kogasensis* var. *kogasensis* 173, 267, [1859]
R. yasudana 188, 272, [2084]	*S. jessoensis* subsp. *serissifolia* 41, 229, [5]	*S. kogasensis* var. *nasuensis* 173, 267, [1860]
Ribes japonicum 73, 238, [472]	*S. rupifraga* 41, 229, [6]	*S. kurilensis* var. *uchidae* 171, 267, [1861]
R. sinanense 73, 238, [473]	*S. shiraii* 41, 229, [7]	*S. maculata* var. *abei* 172, 267, [1862]
Riccardia aeruginosa 225, 280, [2482]	*S. sieboldiana* 41, 229, [8]	*S. maculata* var. *maculata* 172, 267, [1862]
R. arcuata 225, 280, [2483]	*S. vulpina* 41, 229, [9]	*S. miakeana* 171, 267, [1863]
R. glauca 225, 280, [2484]	*S. yoshinoi* 41, 229, [10]	*S. minensis* var. *awaensis* 172, 267, [1864]
R. subalpina 225, 280, [2485]	*Salvia glabrescens* var. *glabrescens* 122, 252, [1113]	*S. minensis* var. *minensis* 172, 267, [1864]
R. vitrea 225, 280, [2486]	*S. glabrescens* var. *repens* 122, 252, [1114]	*S. nipponica* 173, 267, [1865]
Riccia miyakeana 226, 280, [2489]	*S. isensis* 122, 252, [1115]	*S. occidentalis* 172, 267, [1866]
R. nipponica 226, 280, [2490]	*S. koyamae* 122, 252, [1116]	*S. palmata* - *S. nipponica* 172, 267, [1867]
R. pubescens 226, 280, [2491]	*S. lutescens* var. *crenata* 122, 252, [1117]	*S. pubens* 172, 267, [1868]
Rigodiadelphus arcuatus 217, 278, [2396]	*S. lutescens* var. *intermedia* 122, 252, [1118]	*S. pulcherrima* 173, 267, [1869]
Rohdea japonica var. *latifolia* 155, 264, [1699]	*S. lutescens* var. *lutescens* 122, 252, [1117]	*S. samaniana* var. *samaniana* 173, 267, [1870]
Rosa fujisanensis 78, 239, [517]	*S. lutescens* var. *stolonifera* 122, 252, [1119]	*S. samaniana* var. *villosa* 173, 267, [1871]
R. hirtula 78, 239, [518]	*S. nipponica* var. *kisoensis* 122, 252, [1121]	
R. multiflora var. *adenochaeta* 78, 239, [519]	*S. nipponica* var. *nipponica* 122, 252, [1120]	
R. onoei var. *hakonensis* 78, 239, [521]	*S. nipponica* var. *trisecta* 122, 252, [1121]	
	S. omerocalyx var. *omerocalyx* 122, 252, [1122]	
	S. omerocalyx var. *prostrata*	

Sasa samaniana var. *yoshinoi*	*Satakentia liukiuensis*	*Sauteria yatsuensis* 226, 280, [2488]
173, 268, [1872]	xviii, 176, 268, [1912]	*Saxifraga acerifolia* 72, 238, [474]
S. *scytophylla* 171, 268, [1873]	*Saussurea amabilis* 148, 261, [1544]	S. *bronchialis* subsp. *funstonii* var.
S. *tokugawana* 172, 268, [1874]	S. *brachycephala* 148, 261, [1545]	*yuparensis* 73, 238, [475]
S. *tsuboiana* 171, 268, [1875]	S. *chionophylla* 147, 261, [1546]	S. *cortusifolia* var. *cortusifolia*
S. *veitchii* 172, 268, [1876]	S. *fauriei* 148, 261, [1547]	72, 238, [476]
S. *yahikoensis* var. *rotundissima*	S. *franchetii* 148, 261, [1548]	S. *cortusifolia* var. *stolonifera*
172, 268, [1878]	S. *fuboensis* 148, 261, [1549]	72, 238, [476]
S. *yahikoensis* var. *yahikoensis*	S. *higomontana* 148, 261, [1550]	S. *fortunei* var. *jotanii* 72, 238, [477]
172, 268, [1877]	S. *hisauchii* 148, 261, [1551]	S. *fortunei* var. *obtusocuneata*
Sasaella atamiana var. *atamiana*	S. *hokurokuensis* 148, 261, [1552]	72, 238, [478]
170, 268, [1879]	S. *hosoiana* 148, 261, [1553]	S. *fortunei* var. *suwoensis*
S. *atamiana* var. *kanayamensis*	S. *inaensis* 148, 261, [1554]	72, 238, [478]
170, 268, [1880]	S. *insularis* 148, 261, [1555]	S. *fusca* var. *kikubuki* 72, 238, [479]
S. *bitchuensis* var. *bitchuensis*	S. *kaimontana* 148, 261, [1556]	S. *japonica* 73, 238, [480]
170, 268, [1881]	S. *kirigaminensis* 148, 261, [1557]	S. *merkii* var. *idsuroei* 73, 238, [481]
S. *bitchuensis* var. *tashirozentaroana*	S. *kiusiana* 148, 261, [1558]	S. *nelsoniana* var. *tateyamensis*
170, 268, [1882]	S. *kubotae* 148, 261, [1559]	73, 238, [482]
S. *caudiceps* var. *caudiceps*	S. *kudoana* var. *kudoana*	S. *nipponica* 72, 239, [483]
170, 268, [1883]	148, 261, [1560]	S. *nishidae* 73, 239, [484]
S. *caudiceps* var. *psilovaginula*	S. *kudoana* var. *uryuensis*	S. *sendaica* 72, 239, [485]
170, 268, [1883]	148, 261, [1561]	*Scabiosa japonica* var. *acutiloba*
S. *hidaensis* var. *hidaensis*	S. *kudoana* var. *yuparensis*	136, 255, [1258]
170, 268, [1884]	148, 261, [1562]	S. *japonica* var. *alpina*
S. *hidaensis* var. *iwatekensis*	S. *kurosawae* 148, 261, [1563]	136, 256, [1259]
170, 268, [1885]	S. *mikurasimensis* 148, 261, [1564]	S. *japonica* var. *japonica*
S. *hisauchii* 171, 268, [1886]	S. *modesta* 148, 261, [1565]	136, 255, [1258]
S. *ikegamii* 170, 268, [1887]	S. *muramatsui* 148, 261, [1566]	S. *japonica* var. *lasiophylla*
S. *kogasensis* var. *kogasensis*	S. *neichiana* 148, 261, [1567]	136, 256, [1259]
170, 268, [1888]	S. *nikoensis* 148, 261, [1568]	*Schima mertensiana* 64, 235, [313]
S. *kogasensis* var. *yoshinoi*	S. *nipponica* subsp. *nipponica*	*Schizocodon ilicifolius* var. *australis*
170, 268, [1888]	148, 261, [1569]	102, 246, [826]
S. *masamuneana* var. *amoena*	S. *pennata* 148, 261, [1570]	S. *ilicifolius* var. *ilicifolius*
170, 268, [1890]	S. *pseudosagitta* 148, 261, [1571]	102, 246, [825]
S. *masamuneana* var. *masamuneana*	S. *riederi* var. *insularis*	S. *ilicifolius* var. *intercedens*
170, 268, [1889]	148, 261, [1572]	102, 246, [827]
S. *midoensis* 171, 268, [1891]	S. *riederi* var. *japonica*	S. *ilicifolius* var. *minimus*
S. *ramosa* var. *latifolia*	148, 261, [1572]	102, 246, [828]
170, 268, [1893]	S. *riederi* var. *yezoensis*	S. *ilicifolius* var. *nankaiensis*
S. *ramosa* var. *ramosa*	148, 261, [1573]	102, 246, [828]
170, 268, [1892]	S. *sagitta* var. *sagitta* 148, 261, [1574]	S. *soldanelloides* var. *longifolius*
S. *ramosa* var. *suwekoana*	S. *sagitta* var. *yoshizawae*	103, 246, [830]
170, 268, [1894]	148, 261, [1575]	S. *soldanelloides* var. *magnus*
S. *sadoensis* 170, 268, [1895]	S. *savatieri* 148, 261, [1576]	103, 246, [831]
S. *sasakiana* 170, 268, [1896]	S. *sawadae* 148, 261, [1577]	S. *soldanelloides* var. *soldanelloides*
S. *sawadae* var. *aobayamana*	S. *scaposa* 148, 261, [1578]	103, 246, [829]
171, 268, [1898]	S. *sendaica* 148, 261, [1579]	*Schoenoplectus hondoensis*
S. *sawadae* var. *sawadae*	S. *sessiliflora* 148, 261, [1580]	188, 272, [2085]
171, 268, [1897]	S. *sikokiana* 148, 261, [1581]	S. *mucropnatus* var. *ishizawae*
S. *shiobarensis* var. *shiobarensis*	S. *sinuatoides* 148, 261, [1582]	188, 272, [2086]
170, 268, [1899]	S. *sugimurae* 148, 261, [1583]	S. *multisetus* 188, 272, [2087]
S. *shiobarensis* var. *yessaensis*	S. *tanakae* 148, 261, [1584]	S. *orthorhizomatus* 188, 272, [2088]
170, 268, [1900]	S. *tobitae* 148, 261, [1585]	*Sciadopitys verticillata*
S. *takinagawaensis* 171, 268, [1901]	S. *triptera* 148, 261, [1586]	x, 195, 273, [2177]
Sasamorpha borealis var. *pilosa*	S. *wakasugiana* 148, 261, [1587]	*Scirpus fuirenoides* 180, 272, [2089]
174, 268, [1902]	S. *yakusimensis* 148, 261, [1588]	S. *mitsukurianus* 180, 272, [2090]
S. *borealis* var. *viridescens*	S. *yanagisawae* 148, 262, [1589]	S. *rosthornii* var. *kiushuensis*
174, 268, [1902]	S. *yezoensis* 148, 262, [1590]	180, 272, [2091]
S. *mollis* 174, 268, [1903]	S. *yoshinagae* 148, 262, [1591]	*Scorzonera rebunensis*

150, 262, [1592]
Scrophularia duplicatoserrata var.
　duplicatoserrata　130, 254, [1191]
S. duplicatoserrata var. *surugensis*
　　　　　　　　　130, 254, [1192]
S. grayanoides　130, 254, [1193]
S. kakudensis var. *toyamae*
　　　　　　　　　130, 254, [1194]
S. musashiensis var. *ina-vallicola*
　　　　　　　　　130, 254, [1195]
S. musashiensis var. *musashiensis*
　　　　　　　　　130, 254, [1195]
Scutellaria amabilis
　　　　　　　　　125, 252, [1126]
S. brachyspica　125, 252, [1127]
S. indica var. *parvifolia*
　　　　　　　　　125, 252, [1128]
S. iyoensis　　　125, 252, [1129]
S. kikai-insularis　125, 252, [1130]
S. kiusiana　　　125, 252, [1131]
S. kuromidakensis　125, 252, [1132]
S. laeteviolacea var. *abbreviata*
　　　　　　　　　125, 253, [1134]
S. laeteviolacea var. *kurokawae*
　　　　　　　　　125, 253, [1135]
S. laeteviolacea var. *laeteviolacea*
　　　　　　　　　125, 253, [1133]
S. laeteviolacea var. *maekawae*
　　　　　　　　　125, 253, [1136]
S. longituba　　125, 253, [1137]
S. muramatsui　125, 253, [1138]
S. rubropunctata var. *minima*
　　　　　　　　　125, 253, [1139]
S. rubropunctata var. *naseana*
　　　　　　　　　125, 253, [1140]
S. rubropunctata var. *rubropunctata*
　　　　　　　　　125, 253, [1139]
S. shikokiana var. *pubicaulis*
　　　　　　　　　125, 253, [1142]
S. shikokiana var. *shikokiana*
　　　　　　　　　124, 253, [1141]
Sedum hakonense　68, 236, [381]
S. japonicum subsp. *boninense*
　　　　　　　　　68, 236, [382]
S. japonicum subsp. *japonicum* var.
　senanense　　 68, 236, [382]
S. makinoi　　　68, 236, [383]
S. nagasakianum　68, 236, [384]
S. polytrichoides subsp. *yabeanum* var.
　setouchiense　68, 236, [385]
S. polytrichoides subsp. *yabeanum* var.
　yabeanum　　68, 236, [385]
S. rupifragum　68, 236, [386]
S. satumense　68, 236, [387]
S. tosaense　　68, 236, [388]
S. tricarpum　69, 236, [389]
S. zentaro-tashiroi　69, 236, [390]
Selaginella doederleinii var. *opaca*
　　　　　　　　　198, 274, [2189]

Selaginella lutchuensis
　　　　　　　　　198, 274, [2190]
S. tamamontana　198, 274, [2191]
Semiarundinaria fastuosa var. *fastuosa*
　　　　　　　　　174, 268, [1904]
S. fastuosa var. *viridis*
　　　　　　　　　174, 268, [1905]
S. fortis　　　　175, 268, [1906]
S. kagamiana　174, 268, [1907]
S. okuboi　　　175, 268, [1908]
S. yashadake　174, 268, [1909]
Seseli libanotis subsp. *japonica* var.
　alpicola　　　98, 246, [818]
Shortia uniflora var. *kantoensis*
　　　　　　　　　102, 246, [833]
S. uniflora var. *orbicularis*
　　　　　　　　　102, 246, [834]
S. uniflora var. *uniflora*
　　　　　　　　　102, 246, [832]
Silene akaisialpina　47, 230, [83]
S. aomorensis　47, 230, [84]
S. gracillima　48, 230, [85]
S. keiskei　　　47, 230, [86]
S. miqueliana　48, 230, [87]
S. repens var. *apoiensis*　48, 230, [88]
S. tokachiensis　47, 230, [89]
Sium serra　　101, 246, [819]
S. suave var. *ovatum*　101, 246, [820]
Skimmia japonica var. *lutchuensis*
　　　　　　　　　85, 241, [607]
Smilacina viridiflora
　　　　　　　　　160, 264, [1700]
S. yesoensis　160, 264, [1701]
Solanum boninense　126, 253, [1146]
S. maximowiczii　126, 253, [1147]
Solenogyne mikadoi　144, 262, [1593]
Solidago horieana　138, 262, [1594]
S. minutissima　138, 262, [1595]
S. virgaurea subsp. *asiatica* var.
　insularis　　　138, 262, [1596]
S. virgaurea subsp. *leiocarpa* var.
　praeflorens　138, 262, [1596]
S. yokusaiana　138, 262, [1597]
Sorbus commixta var. *rufoferruginea*
　　　　　　　　　79, 240, [538]
S. gracilis　　　79, 240, [539]
S. matsumurana　79, 240, [540]
Sphagnum calymmatophyllum
　　　　　　　　　211, 277, [2328]
Sphenomeris gracilis
　　　　　　　　　201, 274, [2219]
S. intermedia　201, 274, [2220]
S. minutula　　201, 274, [2221]
S. yaeyamensis　201, 274, [2222]
Spiraea blumei var. *hayatae*
　　　　　　　　　78, 240, [541]
S. blumei var. *pubescens*
　　　　　　　　　78, 240, [542]
S. faurieana　　78, 240, [543]

Spiraea japonica var. *hypoglauca*　78,
　240, [544]
S. japonica var. *ripensis*
　　　　　　　　　78, 240, [544]
S. nervosa　　　78, 240, [545]
S. nipponica var. *nipponica*
　　　　　　　　　78, 240, [546]
S. nipponica var. *tosaensis*
　　　　　　　　　78, 240, [546]
Spodiopogon depauperatus
　　　　　　　　　165, 266, [1814]
Spuriopimpinella calycina
　　　　　　　　　99, 246, [821]
Stachyurus praecox var. *leucotrichus*
　　　　　　　　　94, 244, [739]
S. praecox var. *macrocarpus*
　　　　　　　　　94, 244, [739]
S. praecox var. *matsuzakii*
　　　　　　　　　94, 244, [740]
S. praecox var. *praecox*　94, 244, [738]
Stegnogramma gymnocarpa subsp.
　amabilis　　　206, 275, [2268]
Stellaria diversiflora var. *diversiflora*
　　　　　　　　　47, 230, [90]
S. diversiflora var. *yakumontana*
　　　　　　　　　47, 230, [90]
S. nipponica var. *nipponica*
　　　　　　　　　47, 230, [91]
S. nipponica var. *yezoensis*
　　　　　　　　　47, 230, [91]
S. pterosperma　47, 230, [92]
S. uchiyamana　47, 230, [93]
Stephanandra incisa var. *macrophylla*
　　　　　　　　　77, 240, [547]
S. tanakae　　　77, 240, [548]
Stewartia monadelpha
　　　　　　　　　63, 235, [314]
S. serrata　　　63, 235, [315]
Stictolejeunea iwatsukii
　　　　　　　　　224, 280, [2476]
Stipa coreana var. *japonica*
　　　　　　　　　168, 266, [1815]
Streptopus streptopoides var. *japonicus*
　　　　　　　　　157, 264, [1702]
Strobilanthes tashiroi
　　　　　　　　　131, 254, [1209]
S. wakasana　　131, 254, [1210]
Suaeda malacosperma　48, 230, [94]
Swertia makinoana
　　　　　　　　　114, 250, [1002]
S. noguchiana　115, 250, [1003]
S. swertopsis　114, 250, [1004]
S. tashiroi　　　114, 250, [1005]
S. tetrapetala subsp. *micrantha* var.
　happoensis　　114, 250, [1007]
S. tetrapetala subsp. *micrantha* var.
　micrantha　　114, 250, [1006]
S. tetrapetala subsp. *tetrapetala* var.
　yezoalpina　　114, 250, [1006]

Symplocarpus nabekuraensis
    176, 269, [1964]
Symplocos boninensis
    112, 249, [955]
 S. kawakamii   112, 249, [956]
 S. kuroki   111, 249, [957]
 S. liukiuensis var. *iriomotensis*
    112, 249, [958]
 S. liukiuensis var. *liukiuensis*
    112, 249, [958]
 S. microcalyx   112, 249, [959]
 S. myrtacea var. *latifolia*
    111, 249, [961]
 S. myrtacea var. *myrtacea*
    111, 249, [960]
 S. nakaharae   112, 249, [962]
 S. okinawensis   112, 249, [963]
 S. paniculata   112, 249, [964]
 S. pergracilis   112, 249, [965]
 S. prunifolia var. *tawadae*
    112, 249, [966]
 S. tanakae   112, 249, [967]
Syneilesis aconitifolia var. *longilepis*
    152, 262, [1598]
 S. tagawae var. *latifolia*
    152, 262, [1600]
 S. tagawae var. *tagawae*
    152, 262, [1599]
Synurus excelsus   152, 262, [1601]
 S. palmatopinnatifidus var.
    palmatopinnatifidus
    152, 262, [1602]
 S. pungens var. *giganteus*
    152, 262, [1604]
 S. pungens var. *pungens*
    152, 262, [1603]
Syrrhopodon kiiensis
    213, 277, [2353]
 S. yakushimensis   213, 277, [2354]
Syzygium cleyerifolium
    95, 244, [752]

【T】
Tainia laxiflora   192, 273, [2153]
Tanakaea radicans   69, 239, [486]
Taraxacum albidum
    147, 262, [1605]
 T. alpicola var. *alpicola*
    147, 262, [1606]
 T. alpicola var. *shiroumense*
    147, 262, [1607]
 T. ceratolepis   147, 262, [1608]
 T. denudatum   147, 262, [1609]
 T. hideoi   147, 262, [1610]
 T. hondoense   147, 262, [1611]
 T. kiushianum   147, 262, [1612]
 T. longeappendiculatum
    147, 262, [1613]
 T. maruyamanum   147, 262, [1614]

Taraxacum ohirense
    147, 262, [1615]
 T. pectinatum   147, 262, [1616]
 T. platycarpum var. *platycarpum*
    147, 262, [1617]
 T. shikotanense   147, 262, [1618]
 T. yatsugatakense   147, 262, [1619]
 T. yuparense   147, 262, [1620]
Tarenna subsessilis   118, 251, [1055]
Taxiphyllopsis iwatsukii
    220, 279, [2427]
Taxithelium liukiuense
    219, 279, [2418]
Taxus cuspidata var. *nana*
    197, 274, [2187]
Telaranea iriomotensis
    220, 279, [2428]
Tephroseris furusei   145, 262, [1621]
 T. pierotii   145, 262, [1622]
 T. takedana   145, 262, [1623]
Teucrium teinense   126, 253, [1143]
Thalictrum actaeifolium var. *actaeifolium*
    52, 233, [212]
 T. alpinum var. *stipitatum*
    52, 233, [213]
 T. aquilegiifolium var. *intermedium*
    52, 233, [214]
 T. foetidum var. *glabrescens*
    52, 233, [215]
 T. integrilobum   52, 233, [216]
 T. kubotae   51, 233, [217]
 T. microspermum   52, 233, [218]
 T. minus var. *chionophyllum*
    52, 233, [219]
 T. minus var. *sekimotoanum*
    52, 233, [220]
 T. minus var. *yamamotoi*
    52, 233, [220]
 T. nakamurae   52, 233, [221]
 T. toyamae   52, 233, [222]
 T. tuberiferum var. *yakusimense*
    52, 233, [223]
 T. watanabei   52, 233, [224]
Thamnobryum planifrons
    217, 278, [2390]
Theligonum japonicum
    96, 244, [760]
Thelypteris boninensis
    205, 275, [2269]
 T. ogasawarensis   205, 275, [2270]
 T. quelpaertensis var. *yakumontana*
    206, 275, [2271]
Thismia abei   162, 265, [1737]
 T. tuberculata   162, 265, [1738]
Thuja standishii   196, 274, [2183]
Thujopsis dolabrata var. *dolabrata*
    196, 274, [2184]
 T. dolabrata var. *hondae*
    196, 274, [2185]

Tilia kiusiana   90, 243, [682]
 T. mandshurica var. *toriiana*
    90, 243, [683]
 T. maximowicziana   91, 243, [684]
Tilingia ajanensis var. *angustissima*
    100, 246, [822]
 T. holopetala   100, 246, [823]
 T. tsusimensis   100, 246, [824]
Tipularia japonica var. *harae*
    192, 273, [2154]
Tofieldia coccinea var. *akkana*
    157, 264, [1703]
 T. coccinea var. *geibiensis*
    157, 264, [1703]
 T. coccinea var. *gracilis*
    157, 264, [1704]
 T. coccinea var. *kiusiana*
    157, 264, [1704]
 T. japonica   157, 264, [1705]
 T. nuda var. *nuda*   157, 264, [1706]
 T. okuboi   157, 264, [1707]
Torreya nucifera var. *radicans*
    197, 274, [2188]
Tortella japonica   214, 277, [2362]
Trautvetteria palmata var. *palmata*
    57, 233, [225]
Trematodon mayebarae
    213, 277, [2351]
Trichosanthes ishigakiensis
    94, 244, [741]
 T. kirilowii var. *japonica*
    94, 244, [742]
 T. miyagii   95, 244, [743]
 T. multiloba   94, 244, [744]
 T. ovigera var. *boninensis*
    94, 244, [745]
Tricyrtis affinis   159, 264, [1708]
 T. flava   159, 264, [1709]
 T. hirta var. *hirta*   159, 264, [1710]
 T. hirta var. *masamunei*
    159, 264, [1711]
 T. hirta var. *saxicola*   159, 264, [1711]
 T. ishiiana var. *ishiiana*
    159, 264, [1712]
 T. ishiiana var. *surugensis*
    159, 264, [1712]
 T. latifolia   160, 264, [1713]
 T. macrantha   159, 264, [1714]
 T. macranthopsis   159, 264, [1715]
 T. macropoda var. *nomurae*
    159, 264, [1716]
 T. nana   159, 264, [1717]
 T. ohsumiensis   159, 264, [1718]
 T. perfoliata   159, 264, [1719]
 T. setouchiensis   159, 264, [1720]
Trigonotis brevipes   120, 251, [1068]
 T. coronata   120, 251, [1069]
 T. guilielmii   120, 251, [1070]
 T. iinumae   120, 251, [1071]

Trillium tschonoskii var. *atrorubens*
154, 264, [1721]
Tripogon longearistatus var. *japonicus*
169, 266, [1816]
Tripterospermum distylum
115, 250, [1008]
T. trinervium var. *involubile*
115, 250, [1009]
Tripterygium doianum
88, 242, [659]
Trisetum koidzumianum
165, 266, [1817]
Trollius altaicus subsp. *pulcher*
53, 233, [226]
T. citrinus 53, 233, [227]
T. hondoensis 53, 233, [228]
T. japonicus 53, 233, [229]
Tropidia nipponica var. *hachijoensis*
192, 273, [2155]
Tsuga diversifolia 194, 273, [2176]
Tubocapsicum boninense
127, 253, [1148]
Tylophora aristolochioides
116, 250, [1026]
T. japonica 116, 250, [1027]
T. tanakae var. *glabrescens*
117, 250, [1029]
T. tanakae var. *tanakae*
116, 250, [1028]

【U】
Uleobryum naganoi 214, 277, [2363]
Ulota yakushimensis
215, 278, [2378]
Utricularia dimorphantha
132, 255, [1214]

【V】
Vaccinium boninense
105, 248, [917]
V. ciliatum 104, 248, [918]
V. hirtum var. *hirtum* 104, 248, [919]
V. hirtum var. *kiusianum*
104, 248, [919]
V. ovalifolium var. *alpinum*
104, 248, [920]
V. shikokianum 104, 248, [921]
V. sieboldii 104, 248, [922]
V. smallii var. *glabrum*
104, 248, [923]
V. yakushimense 104, 248, [924]
V. yatabei 104, 248, [925]
Vallisneria natans var. *biwaensis* 153, 262, [1626]
V. natans var. *higoensis*
153, 262, [1626]
Vandenboschia hokurikuensis
200, 274, [2204]
V. liukiuensis 200, 274, [2205]

Vandenboschia miuraensis
200, 274, [2206]
V. nipponica 200, 274, [2207]
V. orientalis 200, 274, [2208]
V. oshimensis 200, 274, [2209]
V. subclathrata 200, 274, [2210]
Veratrum oxysepalum var. *maximum*
156, 264, [1722]
V. stamineum var. *micranthum*
156, 264, [1723]
V. stamineum var. *stamineum*
156, 264, [1723]
Veronica japonensis 128, 254, [1196]
V. miqueliana var. *miqueliana*
128, 254, [1197]
V. miqueliana var. *takedana*
128, 254, [1198]
V. muratae 128, 254, [1199]
V. nipponica var. *nipponica*
128, 254, [1200]
V. nipponica var. *sinanoalpina*
128, 254, [1201]
V. onoei 128, 254, [1202]
Veronicastrum japonicum var. *australe*
128, 254, [1204]
V. japonicum var. *humile*
127, 254, [1204]
V. japonicum var. *japonicum*
127, 254, [1203]
V. liukiuense 128, 254, [1205]
V. tagawae 128, 254, [1206]
Viburnum brachyandrum
133, 255, [1238]
V. japonicum var. *boninsimense*
133, 255, [1239]
V. japonicum var. *japonicum*
133, 255, [1239]
V. phlebotrichum 133, 255, [1240]
V. plicatum var. *parvifolium*
133, 255, [1241]
V. sieboldii var. *obovatifolium*
133, 255, [1243]
V. sieboldii var. *sieboldii*
133, 255, [1242]
V. suspensum 133, 255, [1244]
V. tashiroi 133, 255, [1245]
Vicia fauriei 80, 240, [564]
V. venosa subsp. *cuspidata* var. *glabristyla* 80, 240, [565]
V. venosa subsp. *stolonifera*
80, 240, [566]
V. venosa subsp. *yamanakae*
80, 240, [566]
Viola alliariifolia 94, 243, [713]
V. amamiana 93, 243, [714]
V. bissetii 93, 243, [715]
V. brevistipulata var. *acuminata*
94, 243, [717]
V. brevistipulata var. *brevistipulata*

94, 243, [716]
Viola brevistipulata var. *crassifolia*
94, 243, [718]
V. brevistipulata var. *hidakana*
94, 243, [719]
V. brevistipulata var. *laciniata*
94, 243, [719]
V. chaerophylloides var. *sieboldiana*
93, 243, [720]
V. eizanensis 93, 243, [721]
V. grayi 93, 243, [722]
V. grypoceras var. *hichitoana*
93, 243, [723]
V. grypoceras var. *rhizomata*
93, 244, [723]
V. grypoceras var. *ripensis*
93, 244, [724]
V. iwagawae 93, 244, [725]
V. kitamiana 94, 244, [726]
V. mandshurica var. *triangularis*
93, 244, [727]
V. maximowicziana 93, 244, [728]
V. rostrata var. *japonica*
93, 244, [729]
V. shikokiana 93, 244, [730]
V. stoloniflora 93, 244, [731]
V. tashiroi 93, 244, [732]
V. tokubuchiana var. *tokubuchiana*
93, 244, [733]
V. utchinensis 93, 244, [734]
V. vaginata 93, 244, [735]
V. verecunda var. *yakushimana*
93, 244, [736]
V. yedoensis var. *pseudojaponica*
93, 244, [737]
Vitis ficifolia var. *izuinsularis*
90, 243, [677]
V. flexuosa var. *rufotomentosa*
90, 243, [678]
V. flexuosa var. *tsukubana*
90, 243, [678]
V. saccharifera var. *saccharifera*
90, 243, [679]
V. saccharifera var. *yokogurana*
90, 243, [680]

【W】
Weigela coraeensis var. *coraeensis*
135, 255, [1246]
W. coraeensis var. *fragrans*
135, 255, [1247]
W. decora var. *amagiensis*
135, 255, [1249]
W. decora var. *decora*
135, 255, [1248]
W. floribunda 134, 255, [1250]
W. hortensis 135, 255, [1251]
W. japonica 134, 255, [1252]
W. maximowiczii 134, 255, [1253]

Weissia atrocaulis	213, 277, [2364]
W. deciduaefolia	213, 277, [2365]
Wijkia concavifolia	219, 279, [2419]
Wikstroemia pseudoretusa	91, 243, [697]
Wisteria brachybotrys	81, 240, [567]
W. floribunda	81, 240, [568]

【Y】

Yoania amagiensis	191, 273, [2156]
Y. flava	191, 273, [2157]

【Z】

Zanthoxylum ailanthoides var. *boninshimae*	84, 241, [608]
Z. amamiense	84, 241, [609]
Z. beecheyanum	84, 241, [610]
Z. yakumontanum	84, 241, [611]
Zehneria liukiuensis	95, 244, [746]
Z. perpusilla var. *deltifrons*	95, 244, [747]
Zeuxine boninensis	189, 273, [2158]

事項索引

【C】
COP10　34

【G】
GBIF　29

【イ】
生きた化石　8
異所的種分化　5
遺存　12
遺存固有　12
遺存種　6
異地性　6
遺伝的同一度　20
隠蔽種　16

【オ】
小笠原諸島　19

【カ】
外生菌根菌　10
隔離　13
河原　38
環境適応　13

【キ】
菌共生　4
菌根菌　10

【ク】
区系地理学　3
グロムス菌　10

【ケ】
系統地理学　3
渓流沿い植物　4, 14, 15, 38
原地性　6

【コ】
高山植物　36
酵素多型解析　20
古固有　6, 12, 19, 36
昆虫媒　17

【サ】
サイエンスミュージアムネット　30

【シ】
子のう菌　10
周辺種分化　5
周北極分布種　5
周北極要素　36
植食性昆虫　18
植物地理学　3
新固有　6, 12, 19, 36

【セ】
生態系サービス　34
生態ニッチモデリング　31
生態ニッチモデル　4, 8
生物多様性条約第10回締約国会議　34
生物多様性ホットスポット　10, 29
生物地理学　3
石灰岩　37
絶対送粉共生系　17
雪田　36
絶滅危惧植物　33, 34

【ソ】
送受粉　17
送粉様式　17
側所的種分化　5
ソハヤキ要素　9, 10, 36

【タ】
ダーウィン　3
大洋島　4, 19, 38
大陸島　19, 38
単型属　12
担子菌　10

【チ】
地球規模生物多様性情報機構　29
超塩基性岩　37
地理的隔離　5

【テ】
適応放散　19

【ト】
ド・カンドル　3
東海丘陵要素　38
同所的種分化　5

【ニ】
日華区系　3, 27
日華植物区系要素　13
日本海形成　25
日本海要素　36

【ハ】
ハワイ諸島　19
汎熱帯海流散布植物　22
汎熱帯種　5

【ヒ】
避難地　6

【フ】
フォッサマグナ　9
フォッサマグナ要素　37
富士箱根要素　37
分岐年代　7
フンボルト　3

【マ】
マイヤーズ　10
満鮮草原要素　38

【ミ】
宮部線　30

【モ】
モンスーン気候　24

【ヤ】
谷戸　38

【リ】
琉球石灰岩地　37

【レ】
レフュージア　6

執筆者一覧

秋山　忍（あきやま　しのぶ）
国立科学博物館　植物研究部　陸上植物研究グループ　研究主幹

伊藤元己（いとう　もとみ）
東京大学　大学院総合文化研究科　教授

茨木　靖（いばらぎ　やすし）
徳島県立博物館　自然課　主任

岩科　司（いわしな　つかさ）
国立科学博物館　植物研究部　多様性解析保全グループ長

植村和彦（うえむら　かずひこ）
国立科学博物館　地学研究部　生命進化史研究グループ長

奥山雄大（おくやま　ゆうだい）
国立科学博物館　植物研究部　多様性解析保全グループ　研究員

門田裕一（かどた　ゆういち）
国立科学博物館　植物研究部　陸上植物研究グループ　研究主幹

梶田　忠（かじた　ただし）
千葉大学　理学部生物学科　准教授

黒沢高秀（くろさわ　たかひで）
福島大学　共生システム理工学類　准教授

國府方吾郎（こくぶがた　ごろう）
国立科学博物館　植物研究部　多様性解析保全グループ　研究主幹

木場英久（こば　ひでひさ）
桜美林大学　自然科学系　准教授

小林幹夫（こばやし　みきお）
宇都宮大学　農学部森林科学科　教授

瀬戸口浩彰（せとぐち　ひろあき）
京都大学　大学院人間・環境学研究科　准教授

高橋　弘（たかはし　ひろし）
岐阜大学　教育学部　教授

高山浩二（たかやま　こうじ）
ウィーン大学　植物系統進化学科　研究員

田中法生（たなか　のりお）
国立科学博物館　植物研究部　多様性解析保全グループ　研究主幹

堤　千絵（つつみ　ちえ）
国立科学博物館　植物研究部　多様性解析保全グループ　研究員

樋口正信（ひぐち　まさのぶ）
国立科学博物館　植物研究部　陸上植物研究グループ長

星野卓二（ほしの　たくじ）
岡山理科大学　総合情報学部　生物地球システム学科　教授

正木智美（まさき　ともみ）
岡山理科大学　総合情報学部　生物地球システム学科　非常勤講師

邑田　仁（むらた　じん）
東京大学　大学院理学系研究科附属植物園　教授

遊川知久（ゆかわ　ともひさ）
国立科学博物館　植物研究部　多様性解析保全グループ　研究主幹

編著者略歴

加藤雅啓（かとう　まさひろ）
前 国立科学博物館　植物研究部長・筑波実験植物園長
1946年生
1976年京都大学大学院理学研究科修了
専門：植物分類学
著書：『バイオディバーシティ・シリーズ2．植物の多様性と系統』1997（共編著，裳華房），『The Biology of Biodiversity』1999（編著，Springer-Verlag, Tokyo），『植物の進化形態学』1999（東京大学出版会），『多様性の植物学．全3巻（植物の世界；植物の系統；植物の種）』2000（共編著，東京大学出版会）．

海老原　淳（えびはら　あつし）
国立科学博物館　植物研究部　陸上植物研究グループ　研究主幹
1978年生
2006年東京大学大学院総合文化研究科修了
専門：植物分類学

国立科学博物館叢書──⑪
日本の固有植物（にほんこゆうしょくぶつ）

2011年3月20日　第1版第1刷発行
2015年9月30日　第1版第2刷発行

編　者　加藤雅啓・海老原　淳
発行者　橋本敏明
発行所　東海大学出版部
　　　　〒257-0003 神奈川県秦野市南矢名3-10-35
　　　　東海大学同窓会館内
　　　　TEL 0463-79-3921　FAX 0463-69-5087
　　　　URL http://www.press.tokai.ac.jp/
　　　　振替 00100-5-46614
印刷所　港北出版印刷株式会社
製本所　誠製本株式会社

©National Museum of Nature and Science, 2011　　ISBN978-4-486-01897-1

Ⓡ〈日本複製権センター委託出版物〉
本書の全部または一部を無断で複写複製（コピー）することは，著者権法上の例外を除き，禁じられています．本書から複写複製する場合は日本複製権センターへご連絡の上，許諾を得てください．日本複製権センター（電話03-3401-2382）